U0275196

病虫害绿色防控与农产品质量安全

◎ 陈万权　主编

中国农业科学技术出版社

图书在版编目（CIP）数据

病虫害绿色防控与农产品质量安全 / 陈万权主编 . —北京：中国农业科学技术出版社，2015. 8
ISBN 978 – 7 – 5116 – 2202 – 0

Ⅰ.①病… Ⅱ.①陈… Ⅲ.①病虫害防治 – 无污染技术 – 关系 – 农产品 – 产品质量 – 文集 Ⅳ.①S43 – 53②S37 – 53

中国版本图书馆 CIP 数据核字（2015）第 169553 号

责任编辑 姚 欢
责任校对 贾晓红

出 版 者 中国农业科学技术出版社
北京市中关村南大街 12 号 邮编：100081
电 话 （010）82106636（编辑室） （010）82109702（发行部）
（010）82109709（读者服务部）
传 真 （010）82106631
网 址 http：//www. castp. cn
经 销 者 各地新华书店
印 刷 者 北京富泰印刷有限责任公司
开 本 787 mm × 1 092 mm 1/16
印 张 43. 25
字 数 1 000 千字
版 次 2015 年 8 月第 1 版 2015 年 8 月第 1 次印刷
定 价 120. 00 元

前　言

　　2015 年是"十二五"收官之年，是谋划"十三五"发展蓝图的关键之年。值此重要时期，中国植物保护学会 2015 年学术年会将于 2015 年 9 月在吉林省长春市隆重召开。来自全国植物保护领域科研院所、高等院校、技术推广等单位的专家学者、科技工作者和植保学会的理事、会员欢聚一堂总结、交流近年来植保学科取得的研究进展，探讨学科发展趋势和研究方向，是全国植物保护行业科技工作者的又一次盛会。年会期间还将召开中国植物保护学会第十一届理事会第三次全体会议，贯彻落实中央党的群团工作会议精神。

　　随着我国农业基础的不断巩固，强农惠农富农政策力度的不断加大，粮食产量实现"十一连增"、农民收入"五连快"。植保防灾减灾工作发挥了重要作用，有效地控制了重大病虫害暴发危害。为了不断增强粮食生产能力，中央 2015 年 1 号文件提出要走产出高效、产品安全、资源节约、环境友好的现代农业发展道路，深入推进创建粮食高产和绿色增产模式，实施植物保护建设工程，开展农作物病虫害专业化统防统治。中国植物保护学会要充分发挥学会专业权威性强、人才智力雄厚、组织覆盖面广泛、科普资源丰富的优势，积极投入国家创新驱动发展主战场，努力成为国家创新服务体系建设的主力军，紧盯国际植保科技前沿，大力推进植保科技创新，研究提高病虫害监测预警和防控能力，为减轻生物灾害暴发、保障国家粮食安全、农业生产安全提供科技支撑，提升农产品质量和食品安全水平。为此，本届学术年会主题确定为"病虫害绿色防控与农产品质量安全"，希望通过交流与研讨，推动我国植保科技和应用技术的发展。

　　本届学术年会由中国植物保护学会主办，吉林省植物保护学会、吉林省农业科学院、吉林农业大学、吉林大学、吉林省农业技术推广总站承办。植物病虫害生物学国家重点实验室和中国农业科学院植物保护研究所协办。年会在编辑出版论文集过程中，得到了学会各分支机构、省级植保学会的大力支持，广大会员和科技工作者积极投文参会，共收录论文 307 篇。论文集分为大会报告、研究论文、研究简报及摘要三部分，包含了植物病害、农业害虫和有害生物综合防治等内容。年会将以大会报告、分会场交流、墙报展示等形式开展学术交流活动。

因时间紧，本论文集的论文按作者原文内容和文字未加修改，各篇论文文责自负。论文集在编排和文字处理中有不当之处，敬请读者批评指正。

预祝中国植物保护学会 2015 年学术年会圆满成功！

编　者

2015 年 8 月

目 录

特邀大报告

研究论文

·植物病害·

·农业害虫·

研究简报及摘要

·植物病害·

特邀大报告

基于墨尔本大会菌物分类学所面临的机遇与挑战

李　玉

（食药用菌教育工程研究中心，吉林农业大学，长春　130118）

自 1900 年以来，国际植物学大会（International Botanical Cogress，IBC）每 6 年举行 1 次，在每次正式会程之前一周为命名法规的会议（Nomenclature Section）的专门会议。2011 年 7 月在墨尔本举行了第 18 届国际植物大会，此次会议对命名法规做了重大的改动，并在大会上得到了全体参会人员的接受。法规上主要的改动如下：

（1）命名法规的名称变化。为了反映命名法规所涵盖的生物类群的多样性。《国际植物命名法规》已经被更改为《国际藻类，菌物和植物命名法规》《International Code of Nomenclature for algae，fungi and plants》。

（2）拉丁文或英文的特征集要。以拉丁文或英文摘要撰写菌物分类单元特征集要或描述，这一法规修改自 2012 年 1 月 1 日起生效。

（3）电子出版物。从 2012 年 1 月 1 日，在具有 ISSN 或 ISBN 号码的期刊或书籍中，以电子版 PDF（PDF/A）格式发表的新名称。

（4）菌物名称注册。菌物名称发表之前必须在认可的信息库进行登记并存储名称等重要信息。

（5）1 个菌物 1 个名称。有性型名称和无性型名称以菌物的合格名称同等对待，而不再以其模式是生活史中的哪一个阶段而进行命名。

1　分子生物学的研究，不断的深入

AFTOL 真菌生命之树的项目和 DNA Barcoding 等分子手段，利用基因组及 DNA 片段序列的证据，将会描述发现大量的新物种和新类群，但是其正确性还有待进一步考证。

2　一大批新科、新属和新种的出现

分子生物学的研究的深入，大量的新物种将被描述，应结合形态和生态等特征，使得菌物的分类系统在门一级的界定上更趋于合理性，纲、目级及以下分类单元也将会做出重大调整，使各个分类等级更趋于自然。

3　1 个物种 1 个名称，带来巨大的问题

大量无性型的物种将允许以新种来发表，这将会导致大量的物种以无性型的阶段进行命名，而其有性型的名称会被忽略。所以这一问题会给大量分类学家和学者对物种的认识带来误解和认识的混乱。

4 传统分类人才的缺失，分子数据的可靠性问题越来越突出

越来越多的菌物分类工作集中分子生物学工作上，导致对传统分类学的忽视，从而使传统分类人才的缺失。同时大量的分子数据虽然快速简洁的鉴定物种，但其数据的可靠性越来越突出。

5 传统分类群地位不确定

随着分子生物学的全面开展，人们的认识水平从宏观到微观到分子上不断发展。《菌物字典》（Ainsworth & Bisby's Dictionary of the Fungi）第 8、9、10 版的出版也逐步修改和完善了菌物分类系统，其中在第 8、9 版中将原来的菌物界划分为原生动物界、藻物界和真菌界，真菌界中仅包括 4 个门，即壶菌门（Chytridiomycota）、接合菌门（Zygomycota）、子囊菌门（Ascomycota）和担子菌门（Basidiomycota）。然而，在第 10 版中对真菌的分类系统进行了重大的修订：新设立了 2 个门 [即微孢子虫门（Microsporidia）和球囊菌门（Glomeromycota）] 和 6 个亚门 [子囊菌门中新增设了 3 个亚门，即盘菌亚门（Pezizomycotina）、酵母菌亚门（Saccharomycotina）和外囊菌亚门（Taphrinomycotina）；担子菌门新增设 3 个亚门，即伞菌亚门（Agaricomycotina）、锈菌亚门（Pucciniomycotina）和黑粉菌亚门（Ustilaginomycotina）]。

2011 年埃伯斯贝格尔（Ebersberger 2011），摩尔（Moore 2011）等依据真菌分子系统分类的分析，报道了真菌界主要类群包括 7 个门：壶菌门（Chytridiomycota，105 属，706 种）、新丽鞭毛菌门（Neocallimastigomycota，6 属，20 种）、芽枝霉门（Blastocladiomycota，14 属，179 种）、微孢菌门（Microsporidia，170 属，> 1 300种）、球囊菌门（Glomeromycota）（12 属，169 种）、子囊菌门（Ascomycota，6 359属，64 163种）、担子菌门（Basidiomycota，1 589属，31 515种）（表1）。由于从分子水平上进一步构建系统树，使得真菌界的分类系统发生了较大变动。如，在传统分类系统中目级分类单元芽枝霉孢（Blastocladiales）在新分类系统提升为门级分类单元，即芽枝霉门（Blastocladiomycota）；同样厌氧的瘤胃微生物壶菌类在传统的分类系统中为目级分类单元，即新丽鞭毛菌目（Neocallimastigales），已提升为门级的分类单元，即新丽鞭毛菌门（Neocallimastigota）；而接合菌门在新的分类系统中已被分别放在球囊菌门（Glomeromycota）和 4 个分类地位未定的亚门（Incertae sedis）：毛霉亚门（Mucoromycotina）、梳霉亚门（Kickxellomycotina）、捕虫霉亚门（Zoopagomycotina）、虫霉亚门（Entomophthoromycotina）之中。

目前在真菌界中增加了几个新成员，即肺囊虫（Pneumocystis）、隐菌门（Crytomycota）、微孢子虫（Microsporidia）和透明针行藻属（*Hyaloraphidium*）。

6 物种的概念有待考证（生物种，形态学，系统发育种和生态学）

物种的概念一直是人们争议的问题，多数以生物种、形态种、系统学发育种或者是生态学种的概念进行定义。但都不是其准确的概念。物种代表的是一个独立进化中的谱系枝（lineage segment），是进化长河中一个谱系（lineage）的某个分支或片段，而非该谱系的全部（de Queiroz）。

菌物

原生动物界	藻物界	真菌界
包括 5 个支系	丝壶菌门 Hyphochytriomycota	微孢菌门 Microsporidia
根肿菌 Plasmodiophorids	网黏菌门 Labyrinthulomycota	壶菌门 Chytridiomycota
类黏菌 Copromyxida	卵菌门 Oomycota	球囊菌门 Glomeromycota
涌泉菌 Fonticulida		新丽鞭毛菌门 Neocallimastigomycota
异裂菌 Heterolobosea		芽枝霉门 Blastocladiomycota
枝冠菌 Ramicristates		子囊菌门 Ascomycota
原柄菌纲 Protostelea		外囊菌亚门 Taphrinomycotina
黏菌纲 Myxogastrea		酵母菌亚门 Saccharomycotina
（Myxomycetes）		盘菌亚门 Pezizomycotina
网柄菌纲 Dictyostelea		担子菌门 Basidiomycota
（Dictyosteliomycetes）		锈菌亚门 Pucciniomycotina
		黑粉菌亚门 Ustilaginomycotina
		伞菌亚门 Agaricomycotina

新常态下重塑植保科技创新与服务体系的思考

陈剑平　王　强

（浙江省农业科学院，杭州　310021）

1　我国植保科技取得的成就和存在的问题

我国植保科技工作经过几十年的发展，取得了重大成就，主要表现在建立了庞大的植保科技队伍和众多条件先进的研究平台，提出了绿色植保和统防统治的理念，颁布了农作物病虫害防治条例。各级政府对重大作物病虫害基础、防治技术研究和技术服务投入了大量的资金，在重大作物病虫害发生规律、预测预报和综合防控技术的研究和服务等方面取得一系列重大成果，并在重大作物病虫害的防控中发挥了重要作用。但是，我国植保科技工作也存在一些问题，难以适应新常态下现代农业发展的要求，主要表现在科技布局不全面，粮食等大宗作物病虫害研究和防控技术力量强，经济作物等效益农业病虫害研究和防控技术力量弱；生产环节研究和技术力量强，产前和产后、加工、流通环节研究和技术弱；单病单虫研究和防控技术研究多，综合性病虫害研究和防控技术研究少；战术性、应急性研究多，战略性、系统性研究少；实验室研究多、大田研究少；植保单学科研究多，多学科协同研究少、跨界跨行业协同研究更少；病虫害防治过多依赖农药的应用，而生物多样性、抗性品种、物理防治、生物防治等综合措施在病虫害防控中的作用没有得到充分的协同和发挥；病虫害基础研究水平高、论文多、有的已达到国际先进水平，但先进农药、植保器械的研发和应用尚跟不上绿色植保发展的需求；病虫害防控技术数量多、技术复杂，虽然经过植保内部的评价，但大多数没有经过技术就绪度评价或社会第三方评价，有的技术农民难以掌握应用。此外，还存在农药生产、经营和管理等问题和绿色植保知识普及问题。因此，植保工作不仅是一个科技问题，也是一个社会问题、经济问题和管理问题。基于当下食品安全和环境安全已成为公众最为关注、政府极为重视的热点和焦点问题，如何实施农药减量使用，更科学、更经济、更有效、更绿色地开展作物病虫害防控工作，我们应当对过去的工作进行总结反思，并提出新的思路和举措。

2　植保科技创新与服务工作需要适应农产品质量和环境安全的新常态

2.1　农药减量使用

现代植保科技创新和服务工作不仅需要追求农作物产量、农产品质量和农业效益，而且更要注重农产品安全、生态环境友好和农业低能耗生产，要求高产优质高效与低投入低能耗兼顾。特别是需要在农作物稳产高产的前提下，大幅度减少和控制化学农药的使用量，通过农药替代技术和安全使用技术，解决过去三十多年来过度依赖化学农药的问题，确保农产品质量安全，保护生态环境，并提高农产品国内外市场竞争力。

2.2 病虫害全过程和综合性防控

任何作物在全生长期中均会发生多种病虫害，根据传统的植保研发思维，一种病虫害就至少一种推荐的控防技术，有的技术甚至十分繁琐复杂，生产者（农民）难以掌握使用。一季作物上或一个区域内众多单一防控技术或单一标准（如针对某一种病虫害的防治技术规程）的应用，也必定造成化学农药过量使用，农业成本提高，带来食品和环境安全问题。在新常态下，农产品安全必须遵循"从田头到餐桌""从围栏到餐具"的全程质量管理理念，从源头开始控制，关键控制点则是产地环境和农业投入品。同时，要改变原来针对单一病虫害开展的防控技术研发为围绕一种作物甚至一个区域主要病虫害的综合性防控技术体系的研发，将众多单一病虫害防治技术进行有机集成和组装配套，形成多种病虫害综合性防控技术体系，并从产前、产中、产后开展全程质量管理和安全控制。因此，基于高产优质高效并保持低投入低能耗的植保技术的研发，需要创新研究和服务的思维。

2.3 植保科技创新与服务工作范围的拓展和延伸

随着现代农业进一步与第二、第三产业融合发展和农业产业链向两端延伸，现代植保科技创新与服务的工作范围也需要及时得到拓展和延伸，以追踪为害农产品生物因子踪迹，分析农产品质量安全风险隐患，保障食品和环境安全。如农产品在收储运、初加工和消费等环节有害生物防控及"三剂"等化学投入品残留控制技术的研发与服务，生态循环农业和休闲观光旅游农业中的农作物保护与农产品安全保障技术，甚至新农村建设中有关植保与农产品安全问题的技术支撑问题。

2.4 多学科协同创新植保科技

传统的植保科技通常以单个病虫害为研究单元，由单个或少数几个高等院校、科研机构、推广部门承担完成，有时会出现研究思路狭窄、信息不共享、低水平重复等现象。虽然科研项目很多、研究论文很多、科技成果很多、经济生态和社会效益也很显著，但病虫害照样发生，有的种类在一定区域一定时期仍然流行暴发，造成巨大损失，问题总是不能得到根本性解决。现代植保科技创新必须将植保学科与生态学、抗病虫育种、作物栽培、土壤肥料、农业机械、食品加工、质量标准、生物技术、数字农业、产业经济和政策法规等相关学科进行跨学科协同，形成植保学科内外开放交流、信息共享、集团作战的研究新体系。

2.5 跨界跨行业联动开展植保服务

传统植保工作只是植保专业人员自己研究开发、自己宣传推广、自我评价欣赏，甚至连农民也只是其推广应用的被动对象。现代植保科技服务需要以问题为导向，作物相为导向，生态区域为导向，针对多种重要病虫害的综合性防控，开展跨界跨行业联动，除了农业科技和推广人员之外，还要协同众多其他非农业技术人员，包括农民、农资生产与经销商、农产品营销商、信息网络、媒体、产业经济、法律和政策制定者等共同参与。

3 适应农产品质量和环境安全新常态的植保科技创新与服务体系的重塑

适应农产品质量和环境安全新常态的植保科技创新与服务体系的重塑，需要政府根据产业发展规律和科学研究规律，聚焦重大问题，资源优化配置，进行科学设计和协同作战。

3.1 技术研发系统

以作物相或生态区域为单元，针对该作物或区域主要病虫害为目标，择优选择科技创新研发机构，组建由不同学科组建的集团式创新团队，形成协作网络或虚拟实验室，统一设计、多方参与、协同作战，开展多学科协同和综合性研发，建立全国性或区域性大数据平台和真正有用的数据库，最后形成针对以该作物或区域主要病虫害综合性治理案例。如果以这种方式开展多种和区域性病虫害综合性防控技术研发，那么，植保科技立项首先需要重大改革，变单一病虫害防控技术研究立项为综合性、区域性病虫害防控技术研究立项。

3.2 技术评估系统

新常态下的植保科技创新成果，必须从经济、生态、社会、管理等角度进行全方位的评价，并且这种评判必须来自于第三方的评估，以真正达到高产优质高效与低投入低能耗的兼顾，并确保农产品质量安全、生态环境保护的最终目标。

3.3 技术培训系统

新常态下的植保科技创新成果的科学应用，需要建立技术培训系统，通过作物保护案例或区域生态保护案例，对农产品生产者（农户、基地、企业等）和农业技术专业服务组织开展针对性和可操作性的技术培训。同时，针对农产品消费者进行植保与农产品质量安全方面的科普宣传，以引导理性消费，增强消费信心。

3.4 技术服务系统

以作物相或生态区域为单元，应用综合性病虫害防控技术，开展跨界联动的技术示范推广和服务。首先需要动员农产品生产者和农业技术专业服务组织积极主动应用综合性病虫害防控技术；同时需要信息网络部门参与，进行防控技术大数据平台的搭建与传播；需要各种媒体参与，提供防控技术的科普和宣传服务。需要由农产品经销商参与，提出有关农产品质量安全标准要求，实行优质优价；需要加强对农资生产与经营者的资质管理，并由他们根据技术要求，提供高效安全优质农业投入品；需要专业协会或合作社参与，在生产过程中提供技术指导、协调和监督；需要行政部门参与，制定相关政策法规，并对这些防控技术的应用进行监控。只有这些机构和部门的共同参与，才能使新常态下植保科技与服务工作更好地发挥作用。

参考文献（略）

双生病毒种类鉴定、分子变异及致病机理研究

周雪平[1,2]

（1. 中国农业科学院植物保护研究所，北京　100193；

2. 浙江大学生物技术研究所，杭州　310058）

双生病毒是一类在多种作物上造成毁灭性危害的植物 DNA 病毒。双生病毒分布广、种类多、危害重、传播快，病害控制困难。了解双生病毒的种类分布、流行规律、变异进化及致病机理是制定安全、高效的双生病毒防控策略的关键。为此对我国双生病毒开展了系统研究。

明确了我国双生病毒的种类分布、生物学特性及病害侵染循环特征。建立了双生病毒快速诊断检测技术，提高了病害的预测预警水平；系统调查了双生病毒在我国的发生分布，明确了双生病毒在 22 个省市发生，分离鉴定 41 种双生病毒，其中 31 种为新种；发现 17 种双生病毒伴随有卫星 DNA，测定了 250 种卫星 DNA 的全长基因组序列；构建了双生病毒及卫星 DNA 的侵染性克隆，明确了病毒及卫星 DNA 在致病中的作用；确定了多种双生病毒的侵染循环特征，即通过烟粉虱在杂草—作物或作物—作物间循环传播，为双生病毒病的控制奠定了基础。

解析了双生病毒的种群遗传结构和变异进化规律。发现双生病毒遗传结构是异质种群，病毒种群具有准种特征，具有与 RNA 病毒相似的突变率；双生病毒卫星 DNA 的变异主要集中在 βC1 蛋白邻近 C 端区以及卫星保守区与 A-rich 之间的非编码区，卫星 DNA 与伴随的双生病毒基因组存在共进化关系；发现我国多种双生病毒基因组之间存在重组。双生病毒种群的突变和基因组之间的重组导致了新病毒的产生，这对阐明双生病毒快速变异与进化的机制及合理使用抗病品种控制病毒病害具有指导意义。

阐明了双生病毒及其伴随的卫星 DNA 的致病机理。首次揭示了双生病毒卫星 DNA 编码的 βC1 是重要致病因子和 RNA 沉默抑制子。发现 βC1 能够通过与甲基循环中的关键酶 S-腺苷高半胱氨酸水解酶（SAHH）互作并且降低 SAHH 的活性来达到抑制植物防御反应即转录水平基因沉默（TGS）的作用。发现 βC1 上调烟草和番茄等植物一个钙调素类似蛋白 rgs-CaM 的表达，rgs-CaM 对于 βC1 的 RNA 沉默抑制和致病功能是必需的。深入分析发现，βC1 通过上调 rgs-CaM 表达抑制植物 RNA 沉默通路中一个重要组分 RNA 依赖的 RNA 聚合酶 6（RDR6）的功能、双链 RNA 的形成以及 siRNA 的生物合成。RDR6 下调表达的转基因烟草对双生病毒的侵染表现为超敏感，在该植株中，病毒来源的 RNA 不能有效触发植物 RNA 沉默介导的抗病毒机制，使得病毒基因组和 mRNA 转录本大量积累。研究结果揭示了植物与双生病毒在防御与反防御斗争中复杂的分子互作，可为该类病害防治策略提供新的思路和靶标。

病毒调控的绿色农药创新与应用*

宋宝安** 李向阳 俞 露 杨 松 池永贵 金林红

陈 卓 王贞超 贺 鸣 胡德禹 曾 松

（贵州大学绿色农药与农业生物工程国家重点实验室，

培育基地和教育部重点实验室，贵阳 550025）

摘 要：本文系统地介绍了本课题组开展病毒调控的绿色农药创新与应用研究进展，包括抗植物病毒剂靶标发现与作用机制研究、新型抗植物病毒先导结构发现、毒氟磷产业化开发及其应用研究等方面。

关键词：抗病毒剂；候选药物；先导发现；分子靶标；作用机理；田间防控应用

　　植物病毒病号称"植物癌症"，防治极其困难。近年来由于全球气候变暖、环境生态恶化、农业种植结构、耕作模式的改变等原因，传媒害虫及其传播的作物病毒病日益严重，对我国水稻、玉米等重要粮食作物、蔬菜、水果、烟草等重要经济作物的安全生产造成了严重的威胁，带来了巨大的损失。如2010年南方水稻黑条矮缩病在我国南方水稻主产区大规模暴发，受害面积1 780万亩，产量损失高达30%，经济损失高达100亿元，严重威胁着我国农业生产和粮食安全。而当前对作物重大病毒病的防控还存在着病毒复制、侵染、传播、致病分子机制等不明确、缺乏绿色抗植物病毒高效先导、缺乏针对媒介害虫的反抗性高效杀虫先导、植物免疫调控分子机制和现有抗植物病毒剂的分子作用机制不明确、防控新策略缺乏等重大科学问题，因此，急需针对上述问题进行深入研究，弄清病毒侵染复制传播的分子机制，明晰现有抗病毒剂的分子作用机制，发现绿色高效抗植物病毒、杀虫高效先导，为我国农业重大病毒病防控提供绿色高效候选新农药品种。本课题组在国家自然科学基金和国家973计划及科技支撑计划等项目资助下，在病毒调控的绿色农药创新研究及应用取得了新进展。针对水稻、蔬菜、烟草等农业经济作物上的病毒病害，以"氮杂卡宾"（NHC）及金鸡纳碱为手性催化剂、构建结构新颖的新型抗病毒先导化合物，进行新结构手性吲哚醌化合物和手性 α-氨基膦酸酯化合物的合成及生物活性测试；以现有候选药物为基础，验证抗病毒的作用靶标，阐明免疫激活机制的抗病毒药物小分子与靶标大分子相互作用，并由此出发，筛选出新的高活性先导与候选药物。并研究抗植物病毒化合物调控植物病毒重要蛋白新靶标的组装和解聚作用机制。首次在绵羊体天然氨基膦酸分子中引入氟原子及杂环结构单元，实现了生物活性和成药性的优化，仿生合成了一系列 α-氨基膦酸酯类化合物，从中创制出我国唯一具有自主知识产权的全新结构抗植物

---

　　* 基金项目：国家基金重点项目（21132003）和国家973计划资助项目（2010CB134504）与农业部公益行业专项（201203022）

　　** 通讯作者：宋宝安，教授，主要研究方向：新农药创制与应用及有害生物防控；E-mail：basong@gzu.edu.cn

病毒仿生新农药——毒氟磷，研发了无溶剂催化合成新工艺，实现工业化清洁生产。研发了以毒氟磷防治作物病毒病及吡蚜酮防治媒介昆虫为核心的应用技术，构建了以毒氟磷免疫激活防病、毒氟磷与吡蚜酮种子处理、秧田重点保护和分蘖期协同作用的控害新技术，通过试验示范和应用推广，解决了农作物病毒病防控重大难题。取得了如下研究结果。

1 抗植物病毒剂靶标发现与作用机制研究

近年来，植物病毒蛋白的组装和解聚机制在病毒侵染过程中起着重要作用，是学术界普遍关注的热点。在人们研究植物病毒的防治近几十年中，最突出的贡献是通过外壳蛋白介导抗性控制病毒的组装和解聚来达到防治病毒的侵染。然而，通过小分子化合物控制病毒关键蛋白的组装和解聚研究很少，考虑到大多数植物病毒和宿主的重要蛋白功能主要通过组装和解聚来实现的，如何通过小分子抑制病毒和宿主重要蛋白的组装和解聚是寻找和发现抗植物病毒药物的关键。本课题组以筛选出具有抗植物病毒活性的天然产物、手性农药分子为化合物库，通过开展基于植物病毒新靶标——关键蛋白的组装和解聚来发现抗植物病毒候选药物，研究抗植物病毒化合物调控植物病毒重要蛋白新靶标的组装和解聚作用机制。以植物病毒新靶标 TMV CP 四层聚集体蛋白、HrBP1 蛋白和 SRBSDV P9-1 多聚物蛋白为研究对象，确定 Ningnanmycin 促使 TMV CP 四层聚集体蛋白解聚作用机制，并将 TMV CP 四层聚集体蛋白的解聚这一特征应用到抗病毒药物的筛选中，以现有候选药物 NK007、F-27 和 Cytosinpeptidemycin 为基础，佐证药物的 TMV CP 解聚作用靶标，确认了 TMV CP 解聚机制的抗病毒药物小分子与靶标大分子相互作用；明晰了 Dufulin 免疫激活烟草蛋白靶点 HrBP1，验证了 Dufulin 对 HrBP1 蛋白的组装具有诱导作用，探寻了 Dufulin 的免疫激活水稻蛋白的靶点；获得了与南方水稻黑条矮缩病毒（SRBSDV）侵染和复制密切相关的重要蛋白靶酶 P9-1，并发现了促使蛋白靶酶 P9-1 解聚的候选药物 Dufulin，为发现的新型高效、低毒的绿色农药提供帮助，为解决我国重大抗植物病毒提供创新农药。

1.1 基于抗植物病毒候选药物新靶标 TMV CP 蛋白解聚机制的研究

针对植物病毒外壳蛋白，本课题组通过克隆表达获得了基因重组的 TMV CP 高分辨率的晶体，解析了 TMV CP 的晶体结构[1]（图 1）。在国际蛋白质数据库中存放了 TMV CP 蛋白质原子坐标。

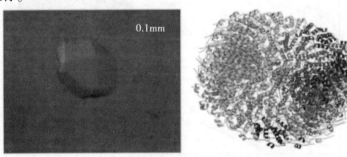

图 1　TMV CP 单晶与晶体的结构

本课题组构筑了基因重组的 TMV CP 与 TMV RNA 的体外组装体，获得了具有感病能力的重组 TMV 病毒粒子（图 2）。在国际上发表了第一个具有组装功能的基因重组的 TMV CP 四层聚集体（Disk）结构[2]。

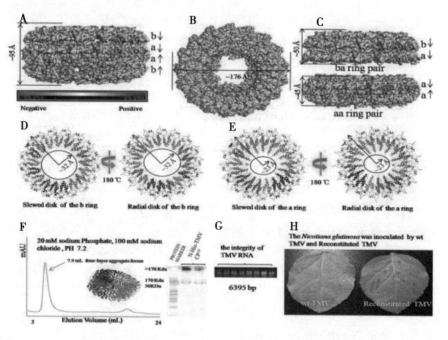

图2　具有组装功能的基因重组的 TMV CP 四层聚集体结构

　　笔者课题组以 TMV CP Disk 为靶标蛋白，筛选出了一个作用在靶标蛋白 TMV CP Disk 上的小分子化合物 Ningnanmycin，推测 Ningnanmycin 的作用机制是通过抑制 TMV CP Disk 的正常组装来影响病毒粒子的正常装配。因此，笔者通过改变小分子的浓度来研究小分子对 TMV CP Disk 解聚能力，发现了 TMV CP Disk 的解聚对小分子具有浓度依赖性，并最终被解聚成单体 TMV CP Monomers（图3）；进而，笔者通过热力学实验发现了 Ningnanmycin 与 TMV CP Disk 之间有很强的亲和力，其亲和力可以达到微摩级（图4）。

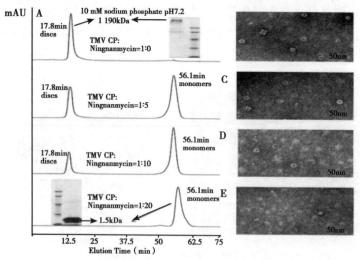

**图3　通过 ITC 和 TEM 研究 TMV CP Disk
与 Ningnanmycin 的相互作用**

　　为了进一步验证 Ningnanmycin 与 TMV CP 四聚体之间的相互作用，笔者与华中师范大学杨光富教授合作，利用分子模拟的方法来加以确定和解释，动力学数据显示了小分子 Ningnanmycin 与 TMV CP Monomer 结合力远强于 TMV CP Dimmer 自身的结合力（图 5）。揭示了小分子 Ningnanmycin 的作用位点位于 TMV CP Monomer 的亚基与亚基结合的界面之间，同时发现了小分子与 TMV CP Monomer 形成了 6 个较强的氢键相互作用，很好地解释了实验中出现的现象。

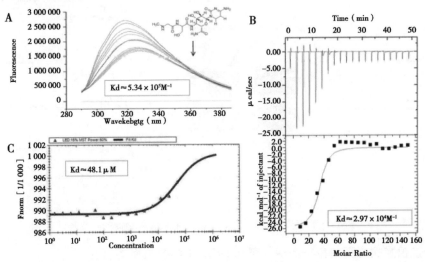

图 4　通过 Fluorescence、ITC and MST 研究 TMV CP
与 Ningnanmycin 之间的相互作用力

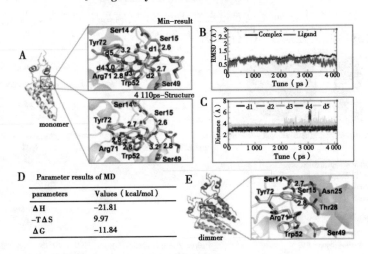

图 5　通过分子模拟比较 Ningnanmycin 与 TMV CP
Monomer 和 TMV CP Dimmers 的相互作用

　　笔者课题组将通过分子模拟计算获得的 6 个关键氨基酸进行突变、组装，并进行与 RNA 装配后的活体实验，发现突变体的自组装能力和侵染能力远远低于野生型病毒（图 6A），揭示了 TMV CP Monomer 的 6 个关键氨基酸对 TMV 的致病性有一定的影响。因此，笔者推测 Ningnanmycin 的作用位点可能位于 TMV CP 组装过程中亚基与亚基之间的氢键或盐桥上，从而阻碍 TMV CP Disk 的正常组装。然后，笔者将 TMV CP 四层聚集体蛋白的解聚这一特征应用到抗病毒药物的筛选中，以现有候选药物 NK007、F-27 和 Cytosinpeptide-mycin 为基础，佐证证药物的 TMV CP 解聚作用靶标，确认了 TMV CP 解聚机制的抗植物病毒杂环候选药物小分子与靶标大分子相互作用（图 6B）。

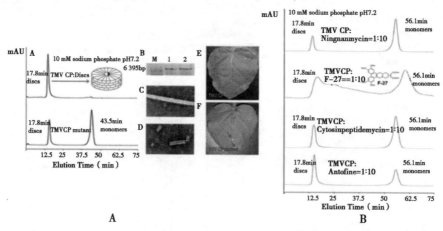

图 6　TMV CP 突变体验证与基于 TMV CP 解聚靶标的药物发现

1.2　基于抗植物病毒药物免疫激活新靶标 HrBP 1 组装机制的研究

笔者课题组采用分子生物学方法对 Dufulin 处理感染 TMV 烟草中的差异表达蛋白质点进行表达验证，选取 SA 信号通路中关键蛋白——脂质体相关蛋白进行 Western blot 验证，发现了 Dufulin 处理感染 TMV 烟草中存在明显表达上调趋势。针对蛋白质组学中差异蛋白质，采用生物信息学方法研究差异蛋白在 Dufulin 抗病毒中的机制，探寻了起始作用蛋白和最终功能蛋白，构建了 DAG 分析图谱（图 7），发现了信号转导过程中 Cytoplasmic

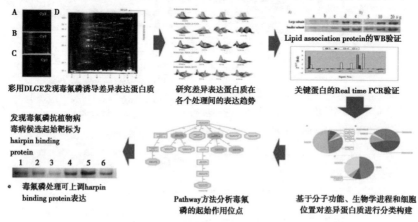

图 7　毒氟磷的免疫激活作用机制

membrane-bounded vesicle 处于一个起始点，注释了 Dufulin 抗 TMV 的作用机制为激活细胞壁受体 Harpin Binding Protein（HrBP1），启动了细胞内的 SA/JA/ET 信号通路之一或者多条，诱导植物产生系统性获得性抗性，发挥抗病毒活性。HrBP1 是 SA 信号通路中的信号起始蛋白，它在植物 SAR 中起着重要作用[3,4]。

笔者课题组采用 BLAST 和 Clustal X2 软件对 HrBP1 进行序列同源性分析，发现其序列较保守，采用 CPH 进行 HrBP1 空间结构预测，发现以膜蛋白为模板进行同源模建的蛋白具有相似的空间结构（图8）。

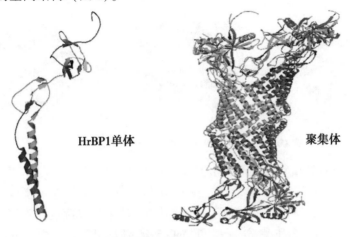

HrBP1单体 聚集体

图 8 同源模建 HrBP1 单体和聚集体

为了研究 Dufulin 与 HrBP1 的相互作用方式，项目组获得了重组表达的 HrBP1，发现了 Dufulin 能够促使 HrBP1 组装形成具有抵御病毒和提高自身抗性的多聚物结构，明晰了 Dufulin 免疫激活烟草蛋白靶点 HrBP1，验证了 Dufulin 对 HrBP1 蛋白的组装具有诱导作用。

1.3 基于抗植物病毒化合物新靶标 SRBSDV P9-1 蛋白解聚机制研究

南方水稻黑条矮缩病毒（SRBSDV）是当前严重为害我国南方稻区的一种新型病毒，该病毒的基质蛋白 P9-1 是基因组核酸的合成复制部位，与病毒的侵染密切相关。项目组克隆表达了基因重组的基质蛋白 P9-1，进行了该靶标蛋白纯化[5]与晶体结构剖析研究（图9～图10），获得分辨度达2.2埃的晶体。

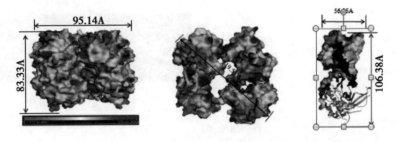

图 9 SRBSDV P9-1 晶体八聚物的晶体结构

SRBSDV P9-1 由 4 个二聚物组成内部中空的圆柱体，宽、高和直径分别为95.14Å、83.33Å 和119.51Å；每个二聚物通过两个单体的 C 端氨基酸残基上的氢键连接，SRBSDV P9-1 二聚体的长和宽分别为106.38Å 和56.95Å（图9）。SRBSDV P9-1 内部中空的圆柱体顶部孔洞直径为39.51Å；底部孔洞直径为18.48Å，推测这种顶部宽大底部狭窄的孔径有利于容纳核酸物质（图10）。随后，笔者分析了 SRBSDV P9-1 单体的晶体结构，发现 SRBSDV P9-1 单体由 9 个 α helices（螺旋）、9 个 β sheets（折叠）和 loops（环状结构）

组成，与 RBSDV P9-1 相比，多了 1 个 α helices（螺旋）和 4 个 β sheets（折叠）。SRBS-DV P9-1 单体与 RBSDV P9-1 的单体相比，α helices（螺旋）和 β sheets（折叠）较多，SRBSDV P9-1 结构较 SRBSDV P9-1 复杂，推测 SRBSDV P9-1 更不稳定。

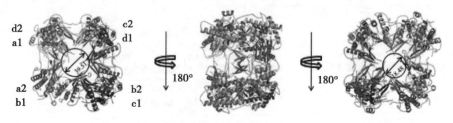

图 10　SRBSDV P9-1 八聚物内部结构分析

针对 Dufulin 等候选抗植物病毒剂，本课题组通过微量热力学实验，发现了 Dufulin 与 SRBSDV P9-1 之间存在很强的亲和力（$5.24 \times 10^{-4} mol^{-1}$）；为了进一步验证 Dufulin 与 SRBSDV P9-1 之间的相互作用，我们利用分子模拟的方法来加以确定和解释，采用 DS 中的 mmpbsa 模块对小分子和大分子之间的结合情况进行分析。并采用 DS 中 CHARMmmmpbsa 模块对小分子和大分子之间的结合能进行计算，得到计算吉布斯自由能 $\Delta G = -4.81 kcal/mol$，与通过 ITC 实验结果基本一致，验证了 ITC 的实验结果，初步确定了 Dufulin 与 SRBSDV P9-1 之间的相互作用关系（图 11），为基于抗 SRBSDV 病毒新靶标蛋白的作用机制研究提供帮助[6,7]。

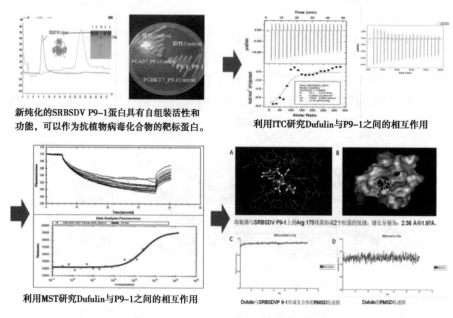

图 11　抗病毒化合物与 SRBSDV P9-1 之间的相互作用研究

1.4　活体与分子水平相结合的抗植物病毒药物筛选模型

在传统的新的抗病毒药剂筛选的研究中，传统的化合物活性方法是"CMV-苋色藜枯斑模型"、"TMV-心叶烟枯斑模型"以及基于"RSV-武运粳 3 号互作模型"，这些筛选模型具有直观方便的特点，但存在周期长（这些方法试材的准备需要较长时间）、筛选结构受操作影响较大，为了克服这些缺点，实验室建立了"基于 TMV-CP 的 west blot"、"间接-Elisa 测定 SRBSDV 含量"等筛选模型，成功用于抗 TMV 及水稻病毒病的活性的离体筛选模型。将活体与分子水平相结合的方式进行抗植物病毒药物筛选模型，大大提高了抗病毒活性的筛选准确度与精确度[8~10]（图12）。

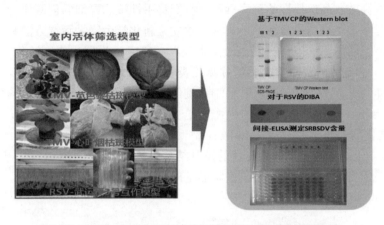

图12　活体与分子水平相结合的抗植物病毒药物筛选模型

1.5　基于 PEG 介导法的南方水稻黑条矮缩病筛选模型

采用 PEG 介导法将 SRBSDV 介导至水稻悬浮细胞，以 SRBSDV S7-1 基因的相对表达量为筛选指标，首次建立了抗 SRBSDV 药剂筛选模型。利用水稻悬浮细胞筛选模型，对常规抗病毒剂毒氟磷、氨基寡糖素、宁南霉素、香菇多糖、超敏蛋白、NK007、GU188、盐酸吗啉胍和安托酚进行了测试，结果表明毒氟磷对 SRBSDV S7-1 基因表达具有较高抑制活性。探索了毒氟磷对 SRBSDV 抑制作用的酶活性变化，毒氟磷可以显著提高接毒细胞内 POD 和 PPO 的活性，从而提高水稻悬浮细胞抵抗 SRBSDV 侵害的能力。通过毒氟磷防治 SRBSDV 的活体实验验证，在活体水平上毒氟磷对 SRBSDV 具有一定的防治效果。采用水稻悬浮细胞筛选模型，进行抗 SRBSDV 药剂筛选具有较好的可靠性[11]（图13）。

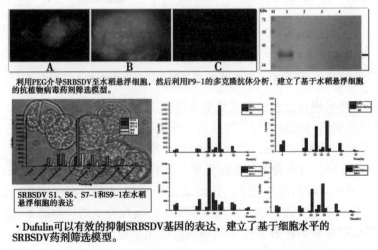

图13　基于 PEG 介导法的南方水稻黑条矮缩病筛选模型

2 新型抗植物病毒先导结构发现

2.1 以"氮杂卡宾"（NHC）及金鸡纳碱为手性催化剂、构建结构新颖的新型抗病毒先导化合物

为了得到高效、高选择性的抗病毒剂，我们将手性抗病毒剂的创制作为主要的研究方向之一，同时基于免疫诱导激活分子靶标，建立全新化学生物学筛选方法和针对多种植物病毒病的离体、活体筛选模型，以"氮杂卡宾"（NHC）为催化剂，活化吲哚-3-甲醛 α-支链（或含有 α-支链的苯并呋喃及苯并噻吩类化合物）的 sp3 C 原子，形成邻醌二甲烷的关键中间体（Ⅱ），随后与三氟甲基酮，靛红发生高对映选择性的 [4+2] 环加成反应，形成多杂环（及螺环）体系的内酯化合物（图14）；另外，同样以"氮杂卡宾"（NHC）为催化剂，通过手性金鸡纳碱控制反应的对应选择性，实现烯酮的磺化（图15），在此基础上合成了一批高选择性的及其结构十分新颖的手性化合物，用于新型抗病毒剂的筛选，为新先导的发现奠定了坚实的基础[12~15]。

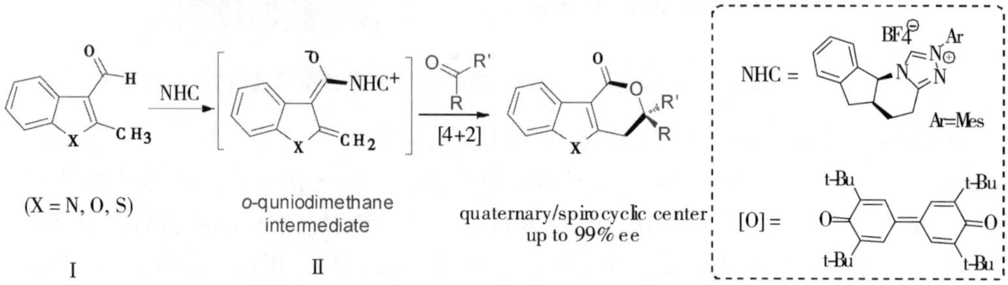

图14 手性多杂环（及螺环）体系的内酯化合物的构建

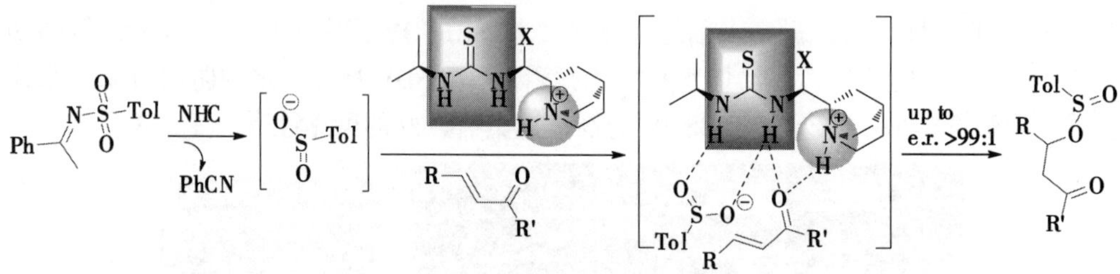

图15 手性 β-磺酰基酮类化合物的构建

2.2 新结构手性吲哚醌化合物的合成及生物活性

针对天然活性物质吲哚醌进行结构改造，采用铜催化剂与氮杂卡宾催化剂协同催化策略，合成了一系列吲哚醌衍生物，其结构如图16所示，生物活性测试表明其具有良好的抗 TMV 活体治疗活性，可作为原创手性先导，具有进一步开发价值[16]。采用氮杂卡宾有机催化构建功能芳环类农药活性分子，比传统方法步骤缩短了80%以上；如把过去需要7~10步的化学合成方法变成1步，实现抗病毒生物活性分子的快速制备[17]。

2.3 高光学活性抗植物病毒的手性 α-氨基膦酸酯化合物设计合成

课题组选择含苯并噻唑的亚胺为底物，采用手性催化剂硫脲奎宁衍生物，进行膦氢化不对称合成抗植物病毒活性手性 α-氨基膦酸酯化合物。即采用10% 硫脲奎宁催化剂，4A

分子筛为助催化剂，使用二氯甲烷为溶剂，亚胺与亚膦酸二苯酯的反应比为 1∶1.1，以亚胺与手性催化剂先混合半小时，再加亚膦酸二苯酯的投料顺序，获得 36 个高收率高光学活性手性 α-氨基膦酸酯新化合物。通过抗病毒 CMV 活性筛选，发现手性 S 体的抗病毒活性明显高于 R 体的抗病毒活性，活性高于对照药剂，为开发性抗植物病毒活性 α-氨基膦酸酯新化合物提供了可能。

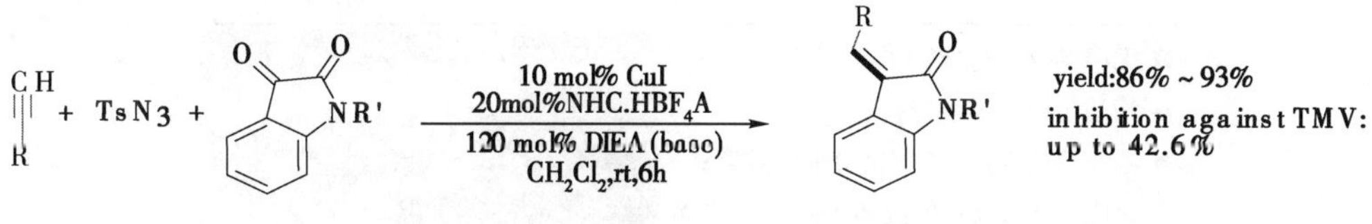

图 16　结构新颖的吲哚醌衍生物

3　毒氟磷产业化开发及其应用研究

3.1　毒氟磷产业化开发

以动物绵羊体内活性成分 α-氨基膦酸酯为先导，通过引入氟原子和杂环结构单元，实现了抗植物病毒病活性和成药性的优化，仿生合成了氰基丙烯酯、β-氨基酸酯、吡唑硫醚和杂环氨基膦酸酯等多系列 1 200 余个新化合物[18~40]；经生物活性测定和免疫诱导机制研究，优选出具有高效抗植物病毒活性新化合物——毒氟磷（N-［2-（4-甲基苯并噻唑基）］-2-氨基-2-氟代苯基-O,O-二乙基膦酸酯），成为第一个仿生合成的植物免疫激活抗病毒新农药，其优点为：①抗病毒谱广，防效好，对南方水稻黑条矮缩病和番茄病毒病的防效达 50% ~ 80%，比传统抗病毒药剂提高 10 ~ 15 个百分点；②安全环保，属微毒农药，原粉急性经口毒性 $LD_{50} > 5 000$mg/（kg·bw）；亚慢性和慢性毒性均为低毒，无致畸、致癌和致突变风险；对蜂、蚕、鸟和水生生物等非靶标生物安全；③具内吸传导特性，施用途径多；④性能稳定，便于大规模生产和应用。研发了无溶剂催化合成新工艺，实现工业化清洁生产。新型植物抗病毒剂"毒氟磷"已取得了我国新农药临时登记证（LS20071280、LS20071282），并在番茄和水稻上获得扩作登记（LS20130358，LS20130359）。建成了年产 200t 原粉生产线，获得了国家重点新产品（图17）。毒氟磷的创制提升了我国农药工业的自主创新能力[41~47]。

3.2　"毒氟磷"全程免疫控害新技术应用

针对近年来我国南方水稻黑条矮缩病为害情况，开展了南方水稻黑条矮缩病流行规律、介体传毒特性、早期快速诊断、综合防治等方面的研究和试验示范[48~52]，尤其是研发了以毒氟磷防治作物病毒病及吡蚜酮防治媒介昆虫为核心的应用技术，该技术具有内吸传导和施用灵活等特点；创新提出了抗病毒药剂与媒介昆虫防治药剂联用的全程免疫控害新策略，成功构建了以毒氟磷免疫激活防病、毒氟磷与吡蚜酮种子处理、秧田重点保护和分蘖期协同作用的成套控害新技术；创新"产—学—研—推—用"协作研究模式，通过试验示范和应用推广，解决了农作物病毒病防控重大难题，亩增产 >100 kg，减少农药用量 20% 以上，增收节支效果突出，提升了我国水稻病毒病及其媒介昆虫全程免疫防控技术水平（图18）[53~55]。

此外，2013 年以来，本课题组与华东理工大学开展合作，在云南施甸县开展了"环氧虫啶"与"毒氟磷"共用防虫治病（图19），连续两年在南方黑条矮缩病与锯齿矮缩病混发重灾区进行大面积的田间试验示范。其中，2014 年，采用抗病毒剂 + "环氧虫啶"配合防虫网物理防治技术，对南方水稻黑条矮缩病和锯齿叶矮缩病效果明显，其中，以"环氧虫啶"与"毒氟磷"组配的防效最高，相对防效达到 84.6%，优于其他组配。

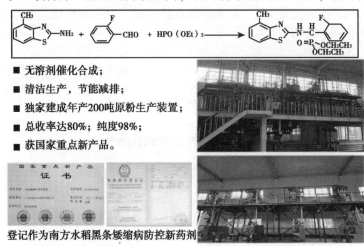

登记作为南方水稻黑条矮缩病防控新药剂

图 17　毒氟磷获得扩作登记和国家重点新产品，实现了年产 200 原粉产业化

图 18　以毒氟磷为核心全程免疫防控的技术

A. 云南省施甸县田间应用示范区；B. "环氧虫啶"与"毒氟磷"处理；C. 农户自防田

图19 "环氧虫啶" + "毒氟磷"田间示范应用情况

4 小结

经过近5年课题研究，基于"氮杂卡宾"（NHC）及金鸡纳碱等手性催化剂，成功构建了包含多杂环（及螺环）体系的内酯化合物及手性 α-氨基膦酸酯类化合物等一批结构新颖的手性新型抗病毒先导；以烟草花叶病毒外壳蛋白作为研究模型，采用化学生物学及结构生物学相关技术对 TMV CP 蛋白进行了系统的研究，利用悬滴挥发蒸汽技术和微量接种技术获取了基因重组的 TMV CP 高分辨率的晶体，发现农药小分子 Ningnanmycin 的作用于 TMV CP 亚基之间，进而阻碍 TMV CP Disk 的正常组装，该结果得到了分子模拟计算结果的解释和佐证；采用生物信息学方法研究差异蛋白在 Dufulin 抗病毒中的机制，寻找起始作用蛋白和最终功能蛋白，最终发现 Dufulin 抗 TMV 的作用机制为激活细胞壁受体——harpin binding protein-HrBP1，从而启动细胞内的信号转导机制，激活 SA 信号通路，最终激活 PR、防御酶等系列蛋白，最终产生抗病毒效应。采用等温滴定量热法进一步研究表明，Dufulin 能够促使 HrBP1 形成具有抵御病毒和提高自身抗性的多聚物结构；通过分子克隆的方法表达获得了基因重组的 SRBSDV P9-1 蛋白，率先解析出高分辨度晶体结构，通过微量热力学等方法研究抗病毒剂与 SRBSDV P9-1 之间的作用，发现 Dufulin 与 SRBSDV P9-1 间存在很强的氢键作用；采用 PEG 介导法，将 SRBSDV 介导至水稻悬浮细胞，以 SRBSDV S7-1 基因的相对表达量为筛选指标，成功建立了抗 SRBSDV 药剂筛选模型；开展了基于全程免疫激活理论的"防虫治病"研究与应用推广工作，提出"诱导抗性、全程免疫"控害策略，建立抗病毒剂与杀虫剂相结合的全程免疫控害技术，对南方水稻黑条矮缩病和齿叶矮缩病的防控效果显著。

参考文献

［1］Li X Y，Song BA，Hu DY，Wang ZC，Zeng MJ，Yu DD，Chen Z，Jin LH，Yang S. The development and application of new crystallization method for tobacco mosaic virus coat protein［J］. Virology Journal. 2012，9：279.

［2］Li X Y，Song B A，Chen X，WangZ C，Zeng M J，Yu D D，Hu D Y，Chen Z，Jin L H，Hu D Y，Yang S，Yang C G，Chen B E. Crystal structure of a four-layer aggregate of engineered TMV CP implies the importance of terminal residues for oligomer assembly［J］. Plos One，2013，8：e77 717.

［3］Song BA，Yang S，Jin LH，BhaduryPS. Environment-friendly anti-plant viral agent［M］Springer press：Berlin，2010.

〔4〕 Chen Z, Zeng M J, Song B A, HouC R, Hu D Y, Li X Y, Wang Z C, Fan H T, Bi L, Liu J J, Yu D D, Jin L H, Yang S. Dufulin Activates HrBP1 to Produce Antiviral Responsesin Tobacco 〔J〕. PLoS ONE. 2012, 7 (5): e37 944.

〔5〕 Li X Y, Zhang W Y, Ding Y, Wang Z C, Wu Z X, Yu L, Hu D Y, Song B A. Characterization of the Importance of Terminal Residues for SRBSDV P9-1 Viroplasm Formations 〔J〕. Protein Expression and Purification, 2015, 111: 98 – 104.

〔6〕 Wang Z C, Li X Y, Wang W L, Zhang W Y, Yu L, Hu D Y, Song B A. Interaction Research on the Antiviral Molecule Dufulin Targeting on Southern Rice Black Streaked Dwarf Virus P9-1 Nonstructural Protein 〔J〕. Viruses. 2015, 7 (3): 1 454 – 1 473.

〔7〕 Li X Y, Liu J, Yang X, Ding Y, Wu J, Hu D Y, Song B A. Influence of Binding Interactions between Dufulin and Southern Rice Black-Streaked Dwarf Virus P9-1 〔J〕. Bioorg. &Med Chem, 2015, 23 (13): 3 629 – 3 637.

〔8〕 李向阳, 陈卓, 杨松, 等. 分子靶标烟草花叶病毒外壳蛋白的结构生物学研究进展 〔J〕. 农药学学报, 2010, 12: 391 – 401.

〔9〕 陈卓, 于丹丹, 郭勤, 等. 烟草 HrBP 的研究与应用 〔J〕. 生物技术通报, 2012, 9: 59 – 68.

〔10〕 陈卓, 刘开心, 刘家驹, 等. 病程相关蛋白 – 1a 多克隆抗体的制备与应用 〔J〕. 中国农学通报, 2012, 28 (21): 174 – 182.

〔11〕 Yu D D, Wang Z C, Liu J, Lv M M, Liu J J, Li X Y, Chen Z. Jin L H, Hu DY, Yang S, Song B A. Screening anti-southern rice black-streaked dwarf virus drugs based on S7-1 gene expression in rice suspension cells 〔J〕. J. Agric. Food Chem. , 2013, 61: 8 049 – 8 055.

〔12〕 Jin ZC, Xu JF, Yang S, Song BA, Chi YG. Enantioselective sulfonation of enones with sulfonylimine via cooperative NHC/thiourea/tertiary amine multi- catalysis 〔J〕. Angew. Chem. Int. Ed. , 2013, 52: 12 354 – 12 358.

〔13〕 Xu J F, Mou C L, Zhu T S, Song B A, Chi Y R. NHC-catalyzed chemoselectivecross-aza-benzoin reaction of enals withisatin-derivedketimines: Accesstochiralquaternaryaminooxindoles 〔J〕. Org. Letter, 2014, 16: 3 272 – 3 275.

〔14〕 Chen XK, Yang S, Song BA, Chi YG. Functionalization of benzylic C (sp3) -H bondsofheteroaryl aldehydes through N-heterocyclic carbeneorganocatalysis 〔J〕. Angew. Chem. Int. Ed, 2013, 52: 11 134 – 11 137.

〔15〕 Zhu T S, Mou C L, Li B L, Smetankova M, Song B A, Chi Y R. N-Heterocyclic Carbene-Catalyzed δ-Carbon LUMO Activation of Unsaturated Aldehydes 〔J〕. J. Am. Chem. Soc. , 2015, 137 (17): 5 658 – 5 661.

〔16〕 Namitharan K, ZhuTS, Cheng JJ, Zheng PC, Li XY, Yang S, SongBA, Chi YR. . Metalandcarbeneorganocatalytic relay activationofalkynesforstereoselective reactions 〔J〕. Nat. Commu. , 2014, 5: 3 982, DOI: 10. 1 038/ncomms 4 982.

〔17〕 Zhu TS, Zheng PC, MoCL, Yang S, Song BA, Chi YR. . Benzene construction via organocatalytic formal 〔3 + 3〕 cycloaddition reaction 〔J〕. Nature Comm. , 2014, 5: 5 027, DOI: 10. 1 038/ ncomms 6 027.

〔18〕 Xiao H, LiP. , HuDY, SongBA. . Synthesis and Antiviral Activity of novel Amino Acid Ester Derivatives containing Quinazoline and Benzothiazoles moieties 〔J〕. Bioorg. Med. Chem. Lett. , 2014, 24 (15): 3 452 – 3 454.

〔19〕 Li W H, Song B A, Bhadury P S, Li L, Wang Z C, Zhang X Y, Hu D Y, Chen Z, Zhang Y P, Bai S, Wu J, Yang S. Chiral cinchona alkaloid-derived thiourea catalyst for enantioselective synthesis of novel β-amino esters by mannich reaction [J]. Chiralty, 2012, 24: 223 – 231.

[20] Li J Z, Song B A, Bhadury P S, HuDY, Yang S, Xu W. Synthesis and Bioactivities of Thioureas Containing Benzothiazole and Phosphonate Moieties [J]. Phosphorus, Sulfur, and Silicon, 2012, 187: 61 – 70.

[21] Luo H, Hu DY, Wu J, He M, Jin LH, YangS, Song BA. Rapid synthesis and antiviral activity of (quinazolin-4-ylamino) methyl-phosphonates through microwave irradiation [J]. Int. J. Mol. Sci., 2012, 13: 6 730 – 6 746.

[22] Li L. ;, SongBA, Bhadury PS, Zhang YP, Hu DY, Yang S. Enantioselective synthesis of bata-amino esters bearing a benzothiazole moiety via a mannich-type reaction catalyzed by a cinchona alkaloid [J]. Eur. J. Org. Chem, 2011, 25: 4 743 – 4 746.

[23] Zhang Y, Zhang X, ZhouJ, Song B A, Bhadury PS, Hu D Y, Yang S. Analytical and semi-preparative HPLC enantioseparation of novel pyridazin-3 (2H) -one derivatives with α-aminophosphonate moiety using immobilized polysaccharide chiral stationary phases [J]. J. Sep. Sci., 2011, 34: 402 – 408.

[24] BaiS, Liang XP, Song BA, Bhadury PS, Hu DY, Yang S. Asymmetric mannich reactions catalyzed by cinchona alkaloid thiourea: enantioselective one-pot synthesis of novel β-amino ester derivatives [J]. Tetrahedron: Asymmetry, 2011, 22: 518 – 523.

[25] MaJ, Li P, LiXY, Shi QC, WanZH, Hu DY, Jin LH, Song BA. Synthesis and Antiviral Bioactivity of Novel 3 - ((2 - ((1E, 4E) -3 – oxo-5-arylpenta-1, 4-dien-1-yl) phenoxy) methyl) -4 (3H) - quinazolinone Derivatives [J]. J. Agric. Food. Chem. 2014, 62 (36): 8 928 – 8 934.

[26] Fan H, Song BA, Bhadury PS, Jin L, Hu D, Yang S. Antiviral activity and mechanism of action of novel thiourea containing chiral phosphonate on tobacco mosaic virus [J]. Int. J. Mol. Sci., 2011, 12: 4 522 – 4 535.

[27] Yang X, Song B A, Jin LH, Wei X, BhadurySP, LiXY, Yang S, Hu D Y. Synthesis and antiviral bioactivities of novel chiral bis-thiourea-type derivatives containing α-aminophosphonate moiety [J]. Sci. Chin. Chem., 2011, 54: 103 – 109.

[28] He M, Pan ZX, Bai S, Li P, Zhang YP, Jin LH, Hu DY, Yang S, Song BA. Enantioselective synthesis of β-amino esters bearing a quinazoline moiety via a Mannich-type reaction catalyzed by a cinchona alkaloid derivative [J]. Sci. Chin. Chem., 2013, 56: 321 – 328.

[29] LuoH, Liu J, Jin L H, Hu D Y, Chen Z, Yang S, Wu J, Song B A. Synthesis and antiviral bioactivity of novel (1E, 4E) -1-aryl-5- (2- (quinazolin-4-yloxy) phenyl) -1, 4-pentadien-3-one derivatives [J]. Eur. J. Med. Chem., 2013, 63: 662 – 669.

[30] Yang J Q, Song B A, Bhadury P S, Chen Z, Yang S, Cai XJ, HuD Y, Xue W. Synthesis and antiviral bioactivities of 2-cyano-3-substituted-amino (phenyl) Methylphosphonyl acrylates (acrylamides) containing alkoxyethyl moieties [J]. J. Agric. Food Chem. 2010, 58 (5): 2 730 – 2 735.

[31] Shi FQ, Song B A. Origins of enantioselectivity in the chiral Bronsted acid catalyzed hydrophosphonylation of imines [J]. Org &Biomol Chem. 2009, 7: 1 292 – 1 298.

[32] Chen M H, Chen Z, Song B A, Bhadury PS, YangS, Cai XJ, HuD Y, XueW, Zeng S. Synthesis and antiviral activities of chiral thiourea derivatives containing α-aminophosphonate Moiety [J]. J. Agric. Food Chem. 2009, 57: 1 383 – 1 388.

[33] Long N, Cai X J, Song BA, Yang S, Chen Z, Bhadury P S, Hu D Y, Jin L H, Xue W. Synthesis and antiviral activities of cyanoacrylate derivatives containing an α-aminophosphonate moiety [J]. J. Agric. Food Chem. 2008, 56 (13): 5 242 – 5 246.

[34] Ouyang G P, Cai X J, Chen Z, Song B A, Bhadury P S, Yang S, Jin L H, Xue W, Hu D Y, Zeng

S. Synthesis and antiviral activities of pyrazole derivatives containing oxime ethers moiety ［J］. J. Agric. Food Chem, 2008, 56：10 160 – 1 0167.

［35］ Hu D Y, Wan Q Q, Yang S, Song B A, Bhadury P S, Jin L H, Yan K, Liu F, Chen Z, Xue W. Synthesis and Antiviral Activities of Amide Derivatives Containing α-Aminophosphonate Moiety ［J］. J. Agric. Food Chem. , 2008, 56：998 – 1 001.

［36］ Ouyang G P, Chen Z, Cai X J, Song B A, Bhadury P S, Yang S, Jin LH, Xue W, Hu DY, Zeng S. Synthesis and antiviral activities of pyrazole derivatives containing oxime esters group ［J］. Bioorg. & Med. Chem. , 2008, 16：9 699 – 9 707.

［37］ Chen Z, Wang X Y, Song B A, Wang H, Bhadury PS, Yan K, Zhang H P, Yang S, Jin L H, Hu D Y, Xue W, Zeng S, Wang J. Synthesis and antiviral activities of novel chiral cyanoacrylate derivatives with （E） configuration ［J］. Bioorg. & Med. Chem. , 2008, 16：3 076 – 3083.

［38］ Han Y, Ding Y, Xie, D D, Hu D Y, Li P, Li X Y, Xue W, Jin L H, Song B A. Design, synthesis, and antiviral activity of novel Rutin derivatives containing a 1, 4-pentadien-3-one moiety ［J］. Eur J. Med. Chem. , 2015, 92：732 – 737.

［39］ Gan X H, Hu D Y, Wu J, Li P, Chen X W, Xue W, Song B A. Design, synthesis, antiviral activity, and 3D-QSAR study of novel 1, 4-pentadien-3-one derivatives containing 1, 3, 4-oxadi- azolemoiety ［J］. Pest Manag Sci. 2015, DOI：10. 1002/ps. 4018.

［40］ Chen Z W, Li P, Hu D Y, Dong L R, Pan J K, Luo L Z, Zhang W Y, Xue W, Jin L H, Song B A. Synthesis, Antiviral Activity, and 3D-QSAR Study of Novel Chalcone Derivatives Containing Malonate and Pyridine Moieties ［J］. Arabian J. Chem. , 2015, 10. 1016/j. arabjc. 2015. 05. 003.

［41］ Zhang K K, Hu D Y, Zhu H J, Yang J C, Yang S, He M, Song B A. Enantioselective degradation of Dufulin in four types of soil ［J］. J. Agric. Food. Chem. , 2014, 62：1 771 – 1 776.

［42］ Zhang K K, Hu D Y, Zhu H J, Yang J C, Wu J, He M, Jin L H, Yang S, Song B A. Enantioselective hydrolyzation and photolyzation of dufulin in water ［J］. Chem. Cent. J. , 2013, 7：86.

［43］ Lu P, Yang S, Hu D Y, Ding X Y, Shi M M. Synthesis of hapten and development of immunoassay based on monoclonal antibody for the detection of Dufulin in agricultural samples ［J］. J. Agric. Food Chem. , 2013, 61：10 302 – 10 309.

［44］ Zhang K K, Jiang D, Hu D Y, Zhang Y P, Lu P, Zeng S, Yang S, Song B A. The dissipation rates of dufulin and residue analysis in paddy, soil and water using ultra-performance liquid chromatography. The dissipation rates of dufulin and residue analysis in paddy, soil and water using ultra-performance liquid chromatography ［J］. Intern. J. Environ. Anal. Chem. , 2014, 94 （4）：370 – 380.

［45］ Zhu H J, Meng X G, Zhang K K, Zhang Y P, Lu P, Zeng S, Yang S, Song. BA, Hu D Y. Dissipation and Residue of Dufulin in Tomato and Soil Under Field Conditions ［J］. Bull. Environ Contam. Toxicol. , 2014, 92 （6）：752 – 757.

［46］ 宋宝安, 杨松, 胡德禹, 等. 新型抗病毒剂病毒星的创制研究 ［J］. 华中师范大学学报 （自然科学版）, 2007, 41 （2）：218 – 222.

［47］ 陈卓, 杨松. 自主创制抗植物病毒新农药：毒氟磷 ［J］. 世界农药, 2009, 31 （2）：52 – 53.

［48］ He P, Liu J J, He M, Wang Z C, Chen Z, Guo R, Correll J C, Yang S, Song B A. Quantitative detection of relative expression levels of the whole genome of Southern rice black-streaked dwarf virus and its replication in different hosts ［J］. Virology J. , 2013, 10：136.

［49］ Wang Z C, Yu D D, Li XY, Zeng M J, Chen Z, Bi L, Liu J J, Jin L H, Hu DY, Yang S, Song B A. The development and application of a Dot-ELISA assay for diagnosis of southern rice black-streaked dwarf disease in the field ［J］. Viruses, 2012, 4：167 – 183.

［50］ Chen Z, Yin CY, Zeng M J, Wang Z C, Yu D D, Bi L, LiXY, Jin L H, Song BA, Yang S. Improved DIBA technology for the detection of southern rice black-streaked dwarf virus ［J］. Molecules, 2012, 17: 6 886 – 6 900.

［51］ Chen Z, Yin C J, Liu J J, Zeng M J, Wang ZC, Yu D D, Bi L, Jin L H, Yang S, Song B A. Methodology for antibody preparation and detection of southern rice black-streaked dwarf virus ［J］. Arch Virol. , 2012, 157: 2 327 – 2 333.

［52］ He M, Jiang Z Q, Li S, He P. Presence of Poly（A）Tails at the 3′-Termini of Some mRNAs of a Double-Stranded RNA Virus, Southern Rice Black-Streaked Dwarf Virus ［J］. Viruses, 2015, 7: 1 642 – 1 650.

［53］ 陈卓, 宋宝安, 郭荣, 等. 水稻病毒病及其防治技术的研究与应用 ［J］. 中国植保导刊, 2010, 12: 12 – 18.

［54］ 陈卓, 宋宝安, 郭荣, 等. 水稻病毒病田间药效试验方法的探讨 ［J］. 农药, 2010, 11: 854 – 856.

［55］ 宋宝安, 金林红, 郭荣. 南方水稻黑条矮缩病识别与防控技术 ［M］. 北京: 化学工业出版社, 2014.

"一带一路"框架下的植保国际合作与发展契机

万方浩　刘万学

（中国农业科学院植物保护研究所，北京　100193）

"一带一路"沿线国家是新时期我国农业对外合作的主要伙伴，是我国农产品进出口贸易的主要国家，农业合作基础良好，前景广阔。随着"一带一路"战略的推动，如已经建立/正建立/拟建立的公路、铁路、港口及开发区、自贸区、边境边贸区等，以及农产品贸易和人员流动加剧，"一带一路"沿线国家的农业有害生物的传入呈现迅速加剧的趋势。据统计，我国的农业外来入侵生物中几占一半来自于"一带一路"沿线国家。另外，"一带一路"活跃经济圈中的大部分国家总体上农业 GDP 占的比重大，农业有害生物问题突出。因此，通过共建国际联合实验室、技术转移中心和人才培育中心、提升研发植保产品，促进国际学术交流与人才培育，发展形成"一带一路"全链式绿色植保技术与体系，防治有害生物入侵（输入与输出），引领植保新技术，规避贸易技术壁垒，保障农产品绿色通道畅通，这不仅是外方的国际合作需求，也是保障我国粮食安全、生态安全和促进农产品贸易安全并保证贸易安全的国家需求；同时，也有利于促进"民心相同"，最终助力我国的"一带一路"战略，提升我国的国家形象及影响力。

国际合作的目标在于创建"一带一路"国际一体化绿色植保技术与体系，构筑农产品贸易安全通道与绿色屏障，保障粮食安全、生物安全与生态安全。具体目标是实现大数据综合风险分析、物联网早期预警、现代远程识别与监控、入侵/反入侵狙击与拦截和区域减灾保产；同时促进中国的绿色植保技术的可复制和可转移，植保产品的国际化、标准化、规范化和出口贸易，帮助中方企业增强国际竞争力。项目最终目标助力国家的"一带一路"经济战略，提升大国形象和影响力。

主要合作内容可为 4 个方面：①通过共建联合实验室/研究中心/技术平台，进行关口外移；研发预警技术，实现源头监控，防止农业有害生物入侵传入和扩散。②通过双多边国际合作，实现技术共享（技术引进、技术提升、技术输出），促进中国植保技术和产品的转移，增强"一带一路"沿线国家（尤其是经济发展潜力带）的有害生物防控能力。③通过合作开展农业有害生物的区域性联防联控，重点是共性跨境传播和具入侵扩散特性的区域性有害生物；④农业有害生物防控实践。重点是针对农业入侵生物和跨境传播的有害生物，开展在扩散前沿的预警和监控实践，防止和狙击有害生物的扩散蔓延。

农业科技创新驱动与改革发展

梅旭荣

（中国农业科学院科技管理局，北京 100081）

当前，新一轮世界科技革命正在孕育兴起，推动世界农业变革，科技型高产农业、集约化高效农业、智能型低碳农业、工厂化基因农业、生物质能源农业、都市型生态农业日新月异，呈现出明显的现代产业特征。

我国确立了到 2020 年全面建成小康社会、进入创新型国家行列的奋斗目标，系统部署实施创新驱动发展战略和全面深化科技体制改革。农业科技虽然已经成为农业增长的第一驱动力，但要进入创新型国家行列，要求在世界农业科技革命中成为若干重要农业科技领域的"开拓者"，推动农业科技率先进入世界前列和农业与农村经济发展的核心动力，增强科技引领和支撑农业可持续发展的能力。

面对世界农业科技革命和我国现代农业发展新需求，必须坚持面向世界科技前沿、面向国家重大需求、面向经济建设主战场，坚持需求导向和问题导向，牢牢把握国家实施创新驱动发展战略和深化科技体制改革的历史机遇，按照"顶天立地，重点跨越，协同创新，科学评价"的总体思路，谋划部署"世界级农业科学中心"和"国家级农业科学技术中心"，在世界农业主要学科领域占有一席之地；密切跟踪国际科技前沿，聚焦农业发展重大需求，拓展一批新兴交叉学科领域，开辟一批新技术创新和产品创制重点方向，加强农业发展急需的传统特色学科建设；按照提供综合解决方案的要求，逐步实现农业学科领域、机构和力量在全国主要农业生态区全覆盖；加快培育一批国际知名团队、国内领先团队和行业特色团队，成为世界级农业科学中心和国家级农业科学技术中心的核心支撑。

综上，着眼于满足国家战略需求和应对国际竞争，支撑现代农业发展和国家规划实施，必须加快农业科技改革发展，在战略必争的基础和前沿领域、受制于人的产业核心关键技术、区域发展综合解决方案等方面，部署一批协同创新重大任务，充分发挥国家农业科技创新联盟的作用，开展跨院、跨所、多学科团队融合的协同创新，力争实现重大突破。同时，着力构建有利于科技人才成长和重大科技成果产出的分类评价制度，即：基础性工作重点评价工作量和对科技创新的支撑作用；基础和应用基础研究以代表性成果的同行评价为主，更加重视学术成果被引用和认可情况；应用研究以国家目标和社会责任评价为主，更加突出代表性成果的技术创新性、先进性和成熟度；开发研究以市场和用户评价为主，更加突出对产业发展的实质贡献。在评价机制方面，探索委托第三方国内外评估咨询专业机构进行评价，不断提高评价的专业性和公信力。

精准农业航空技术现状及未来展望

兰玉彬*

（华南农业大学，广州　510642）

1　精准农业航空技术的研究现状

精准农业技术是利用各种技术和信息工具来实现农作物生产率的最大化。这种新的技术可以使航空施药更加精确、更有效率。近几年来，包括全球定位系统、地理信息系统、土壤地图、产量监测、养分管理地图、航拍、变量控制器和新类型的喷嘴如宽频调制变量喷嘴等精准农业技术，进一步促进了航空应用技术的发展。机载遥感系统可以产生精确的空间图像用来分析农田植物的水分、营养状况，病虫害的状况；空间统计学可以更好地分析空间图像，通过图像处理将遥感数据转换成处方图，从而实现航空变量施药作业。因此，遥感、空间统计学、变量施药控制技术对于航空精准变量施药作业系统都是至关重要的。

1.1　遥感技术

近几年，随着一系列探测地球资源卫星的发射，卫星遥感技术已成为用于特定地点监测和管理作物生长状况的重要和有效的工具。一些商业卫星公司通过遥感技术提供不同的空间、光谱特性和分辨率的卫星影像，再利用这些动态变化的卫星影像来监测作物长势，并对作物产量进行预测。卫星遥感技术虽然在成像幅度和成像摆角等方面有显著优势，但是也有很多不足，例如确定这些系统的光谱波段，飞行位置以及高度和采集时间是很困难的。随着地理信息系统（GIS）、全球卫星定位系统（GPS）、图像处理技术和数码摄录技术的发展，开发高效的航空遥感系统来克服卫星遥感系统的不足，成为一种新趋势。

航空遥感系统的主要特点是机动灵活、作业选择性强、时效性好、准确度高。遥感装置包括：数码相机、CCD（电耦合器件）照相机、摄像机、高光谱照相机、多光谱照相机、热成像照相机。高光谱成像和多光谱成像的区别在于光谱波段的数量。多光谱一般包含几个光谱波段数据，光谱往往并不是连续的。高光谱包含了几十个到数百个波段数据，并且是一套连续的光谱波段。在过去的 10 年里，航空高光谱遥感技术在农业中的应用一直稳步增长。在实际的航空遥感应用中，要基于经济和技术可行性来选择不同类型的光谱成像系统。

1.2　空间统计学

空间统计学首次提出和形成于 20 世纪 50 年代。近些年来，随着地理信息系统 GIS 技

---

　　* 作者简介：兰玉彬，千人计划国家特聘专家；国际精准农业航空应用技术中心主任；国际农业与生物工程师学会精准农业航空分会主席；中国农业工程师学会农业航空分会常务副主任；E-mail：ylan@scau.edu.cn

术的发展，空间统计学已经引起越来越多的重视，已被广泛用于空间数据的建模与分析，并且用于自然科学如地球物理学、生物学、流行病学和农业。有大量的研究成果表明，空间统计学在农业管理中应用的优越性和好处。遥感图像数据和空间统计方法，可以提供有价值的、完整的信息管理。这些信息可用于制作配方、产量等应用地图，支持变量精准农业技术。

2 精准农业航空技术未来展望

目前，精准农业航空技术方面的研究热点，主要有以下 3 个方面：

2.1 图像实时处理系统

图像的实时处理可以弥合遥感和航空变量喷洒的差距。数据的采集和处理是精细航空喷洒的重要部分之一，无论是空中图像采集、地面传感器及仪器的监测、人们的观察、或实验室样品的检测、其数据分析必须正确，这样才便于更好的了解因果关系。为了能准确的绘制航空变量喷洒的地图，收集实时的多光谱图像是一个挑战。研究的最终目标是建立一个界面友好的图像处理软件系统，旨在快速分析空中图像的数据，以便于在数据采集后可立即进行变量喷洒。

2.2 多传感器数据融合技术

多传感器数据融合技术可以把不同位置的多光谱数据、多分辨率数据、环境数据、生物数据加以综合，消除传感器间可能存在的冗余和矛盾的数据互补，降低其不确定性，形成对系统的相对完整一致的感知描述，从而提高遥感系统的决策、规划、反映的快速性和正确性，降低决策风险。

2.3 变量喷洒系统

目前，现有的商业变量喷洒控制设备成本高并且操作困难，因此在应用方面受到限制。所以需要开发一种经济的、应用软件界面友好的整合系统，可以实时处理空间分布信息并指导在有效面积上的喷洒作业。此外，喷嘴的设计应达到释放最佳雾滴大小的目的，并提供最大的应用效果，尤其是喷嘴的大小应根据适当的压力界限而设计，同时可以调节喷嘴的最佳压力范围。精确的航空喷洒作业系统使得农药的利用更加合理和有效，从而满足农民的要求，达到节能环保的目的。

总之，随着精准农业技术的应用，农业航空发展空间更为广阔。病虫害管理和农药使用更合理，对环境影响更小。学习并借鉴先进国家的技术和经验，对推动我国农业航空的发展具有积极作用。

生物农药与健康植保

杨自文

（国家生物农药工程技术研究中心，湖北省生物农药工程研究中心，武汉 430064）

微生物农药作为生物农药核心组成，在过去的几年间成为跨国公司竞相并购的热点。据预测，2014—2019 年，全球农业生物制剂市场市值将从 2013 年的 39.541 亿美元增长至 2019 年的 89.518 亿美元，2013—2018 年的复合年增长率达到 14.6%。全球农业生物制品市场大致分为三大类，生物农药、生物刺激素和生物肥料。2014—2019 年，相比于其他两种类型，生物农药细分市场预计将获得最大的复合年增长率。2014 年全球农业微生物制剂市场价值约为 21.8278 亿美元，到 2019 年，该市场预计将以 15.3% 的较高复合年增长率达到 45.5637 亿美元。农业微生物制剂大致分为细菌、真菌和其他类型（病毒和原生动物）。2014 年，全球生物刺激素市场价值估计为 14.0215 亿美元。由于有机产品在农业产业中的重要性日益增加，预计到 2019 年，将以 12.5% 的复合年增长率增长至 25.2402 亿美元。实际上生物刺激素既非农药也不是肥料，而是另一类能促进植物生长代谢并提高农作物产品质量的物质，不同于植物生长调节剂，生物刺激素能在植物生长过程中刺激植物自身分泌所需激素，从而提高作物生命力以及农产品质量。欧洲生物刺激素产业联盟对其定义是一种包含某些成分和微生物的物质，这些成分和微生物在施用于植物或者根围时，其功效是对植物的自然进程起到刺激作用，包括加强、有益于营养吸收、营养功效、非生物胁迫抗力及作物品质，而与营养成分无关。2014 年全球生物种子处理市场价值为 3.0432 亿美元，预计到 2019 年将以复合年增长率 13% 的速度增至 5.6098 亿美元。生物种子处理剂大致可分为微生物和植物性两类。生物种子处理剂市场也可按照不同的应用作物分类，如谷物和粮食、油籽和豆类、蔬果、以及其他（草坪、森林、景观植物）。农业微生物制剂市场的领先企业包括巴斯夫（德国）、拜耳作物科学公司（德国）、孟山都（美国）、住友化学株式会社（日本）、先正达公司（瑞士）、陶氏（美国）、爱利思达（日本）以及诺维信（丹麦）。这些企业纷纷采用差异化的策略来实现在农业微生物市场的增长和发展。新产品的推出和收购已经成为这些领先企业进行全球扩张所采取的关键举措。

生物农药特别是微生物农药具有多重功能。直接生物拮抗功能：如杀虫、防病、占位、竞争等；间接植物免疫功能：增强植物自身对病虫害和逆境的抗性；生物激活功能：增强植物活力；促进植物生长功能：PGPR 活性；有机废弃物降解和转化功能：木质纤维素、淀粉、蛋白质、脂肪等碳氮的降解和转化等；生物修复功能：土壤团粒结构改良、酸化碱化土壤修复、化合物降解、重金属钝化等。生物农药除农用抗生素外，微生物农药、植物源农药、生化农药、天敌生物等均存在显效较慢、靶标单一，应用技术复杂等问题，面对混合发生的植物病虫害，使用者对靶标单一的生物农药往往无所适从，不容易获得满意的防治效果，与此同时化学农药思维定式根深蒂固，习惯不见病虫不打药，打药乐见

"一喷死、一扫光"，这种"治"的思维模式导致片面寻求特效药和速效药，生物农药自然沦为低效药和慢效药。传统"药"的概念是生物农药遭遇推广难的症结所在。目前微生物解决方案已经成为生物农业的重要组成部分，是农业可持续发展的生物解决方案，2013 年的销售额已达 23 亿美元。它以作物健康栽培生物解决方案为着眼点，采用生物和生态措施种植健康植物，最大限度地减少病虫害发生和危害的机率，只是在病虫害暴发时才有控制地使用绿色超高效农药，从而达到减少化学农药使用次数和数量的目的，确保农产品的品质和食品安全。生物农药恰恰是以预防促健康的生态种植模式的不二选择。生物农药特别是微生物农药同时拥有生物肥料、生物刺激素和生物环保等多重功能。以作物健康栽培为目标的生物农药资源在土壤、种子、苗期和花果期的组合应用解决方案是实现生态循环农业的核心所在。现代工业生物技术和后基因组时代为超级功能微生物构建提供了可能。优良的菌种是确保生物农药产品在循环农业中发挥核心作用的保障，规模化、智能化和标准化的工艺和装备对行业的健康发展至关重要。

据不完全统计，我国每年产生有机废弃物（畜禽粪便，秸秆，部分农产品畜产品、加工业的废弃物，部分乡镇生活垃圾等）40 亿 t，其中秸秆 7 亿 t、畜禽粪便 30 亿 t；我国化肥年使用量达到 4 200 万 t，占世界的 35%，氮肥平均利用率仅 30%～40%、磷肥仅 10%～20%、钾肥只有 35%～50%；每年 200 万 t 化学农药包括 40 万 t 二甲苯溶剂用于病虫草害的防治。有机废弃物、化肥和农药及其生产过程中产生大量有毒废水废气废渣对食品、空气、土壤、地下水、河流及湖泊造成严重污染，土地沙化碱化酸化现象日趋严重。长期以来，随着自然环境受到污染，农田严重板结，作物损失的 1/3 由土壤病虫害引起，仅线虫病造成的危害损失全球每年就高达 1 250 亿美元。土壤病虫害化学防治往往缺少有效的解决办法，成为农业生产最为头疼的难题，并不断往恶性循环方向发展。

以作物秸秆、畜禽粪便、生活垃圾、加工废弃物等有机废弃物低成本生产农业生物制剂，大量用于改良土壤、提升肥力，治理重茬、防虫抗病、促生抗逆，达到提升品质、增产增收目的。基于标准化的作物健康栽培全程生物解决方案是大幅度降低化肥农药用量、实现"两减"目标的必由之路，并拥有巨大的商业机会，必将从源头上解决我国的粮食安全、食品安全、环境保护问题，并从根本上转变我国的农业发展方式。

褐飞虱功能基因组及其在害虫防治上的
潜在应用价值[*]

张传溪[**]

（浙江大学昆虫科学研究所，杭州　310058）

水稻是亚洲地区超过世界半数人口的主食来源。而褐飞虱（半翅目：飞虱科）已经成为我国及东南亚水稻产区的主要害虫，其密集刺吸水稻汁液为害会造成水稻枯萎（即"虱烧"），还传播水稻齿叶矮缩病毒和草丛矮缩病毒，常对水稻生产造成毁灭性损失。褐飞虱所具有一些特殊生物学特性如远距离迁飞能力、短时间超高繁殖率、单食性和快速适应各种抗性水稻品种的能力（致害性变化）以及快速产生抵抗化学农药的能力（抗药性），加上拥有多种脂肪体细胞内的内共生真菌和细菌帮助等生物学特性，使得那些新的抗性水稻品种和杀虫剂，以及害虫综合防治（IPM）策略很容易失去威力，特别是在单一密植栽培、频繁大量地使用氮肥和农药的水稻高产区，频频暴发成灾，对我国粮食安全造成很大威胁。为了探索褐飞虱防治新策略，我们针对褐飞虱重要生物学特性，开展了其功能基因组研究，目前，已经取得如下进展：①解析了褐飞虱—共生真菌—共生细菌互补基因组。水稻韧皮汁液营养组成成分极不平衡，不能满足稻飞虱正常生长发育需要。为了更好的适应水稻寄生生活，褐飞虱与真菌 YLS 和细菌 *Arsenophonus nilaparvatae* 组成了共生系统。褐飞虱基因组大小 1.14Gb，编码 27 571 个蛋白，YLS 基因组为 26.8Mb，编码 7 155 个蛋白，*A. nilaparvatae* 基因组 2.96Mb 编码 2 762 个蛋白。基因组分析发现褐飞虱缺少组氨酸、精氨酸、苯丙氨酸、色氨酸、亮氨酸、异亮氨酸、蛋（甲硫）氨酸、苏氨酸、赖氨酸、缬氨酸等 10 种必需氨基酸合成能力，其吸取的水稻汁液中亦缺乏，而在 YLS 中都能找到对应的氨基酸合成基因。还发现 YLS 有能力利用尿酸，跟褐飞虱一块形成了氮素循环的完整途径。YLS 能合成酵母甾醇中间产物，褐飞虱参与利用酵母甾醇中间产物进一步合成胆固醇，从而形成完整的胆固醇合成途径。另外，YLS 和褐飞虱在维生素生物合成途径上都有缺陷，但 *A. nilaparvatae* 带有完整的维生素 B 合成途径，预示这种共生细菌为褐飞虱提供维生素。这解释了共生真菌和细菌是如何与宿主"狼狈为奸"，使褐飞虱能仅依赖水稻汁液就能快速繁殖成灾，也为"抑菌治虫"提供了靶标。②褐飞虱若虫需要脱皮 5 次，几丁质是昆虫表皮的主要成分，也是重要的新农药靶标。我们分析了褐飞虱几丁质合成和降解所需要的关键基因，提出了其完成几丁质代谢所需参与关键酶的"1 + 5 + 1 + 3"模式，即褐飞虱几丁质合成需要 1 个合酶（2 个可变剪切本），几丁质降解至少需要 5 个内切酶（NlCht），1 个外切酶（NlHex）和 3 个脱乙酰氨酶（NlCDA）的共同参与。③褐飞虱成虫有 2 种翅型，短翅型繁殖速度快，而长翅型则能在环境不利时迁飞到合适的

* 基金项目：国家"973"课题（No. 2010CB126205）和国家自然科学基金项目（31471765，31272374）

** 通讯作者：张传溪；E-mail：chxzhang@ zju. edu. cn

生活环境。翅二型分化和长距离迁飞是该虫成为"国际性、迁飞性、暴发性、毁灭性"的大害虫主要原因之一。我们的研究发现了其长短翅可塑性发育分子机制，2 个同源性很高的胰岛素受体通过胰岛素信号途径，正负调控 Forkhead 转录因子 FOXO 活性，进而控制长短翅型，在翅型分化中起"开关"作用。该研究被誉为"多型现象分子机理研究的一个里程碑"。④大多数植物病毒由昆虫传播，但其机制并不太清楚。我们发现水稻齿叶矮缩病毒（RRSV）通过诱导褐飞虱唾液腺部分细胞 caspase 依赖型的凋亡机制，从而实现从昆虫传递给植物。⑤RNAi 在害虫防治上具有很大应用潜力，果蝇和鳞翅目昆虫缺乏系统性 RNAi，但赤拟谷盗等具有很好的 RNAi 效果。我们发现 5 龄期褐飞虱注射 dεDll，其缺爪表型可以持续到下一代，表明其具有系统性 RNAi 效应。我们进而干扰了 300 多个褐飞虱重要基因，发现一批基因对 RNAi 十分敏感，如 0.05pg/虫的 dsNlBicC，即可导致卵巢发育异常，提示基于 RNAi 的技术今后有望被用于褐飞虱防治。

如何利用移动互联网推进现代植保健康发展

王兆勇

（农医生，北京）

摘　要： 提高农业技术服务水平，可以有效解决中国粮食安全和食品安全的问题，智能手机在农村的逐渐普及，为农技专家掌握的农业技术快速、便捷的到达农民一端提供了可能，农技服务最后一公里的问题有望得以解决。基于这样的形势，国家社科基金成果、专注于病虫害远程诊断的移动互联网工具——农医生，于 2014 年 11 月 22 日正式上线。

农医生是一款典型的农业互联网产品，主要连接农户和专家，快速、及时、有效地解决农户种植问题，使传统农业与互联网紧密结合。农医生 APP 的功能专门为农民开发，一键提问，使用起来非常简单，10 万专家在线提供免费农技服务。目前，农民在农医生 APP 上提问，10 分钟内问题即可得到解决。

现在，农医生 APP 可以为农民提供专业、权威和唯一的答案；未来，农医生将继续为中国农民提供永久免费的农技服务，推动中国农业绿色、健康发展。

关键词： 移动互联网；新型农业；绿色食品；现代植保

研究论文

植物病害

不同水分管理模式对旱稻孢囊线虫发生的影响*

陈　琪[1]** 杨　平[1] 彭德良[2] 黄文坤[2] 丁　中[1]***

(1. 湖南农业大学植物保护学院，植物病虫害生物学与防控湖南省
重点实验室，长沙　410128；2. 中国农业科学院植物保护研究所，
植物病虫害生物学国家重点实验室，北京　100193)

摘　要：通过两年室外盆栽试验，分别采用红黄泥、黄泥土、河潮泥和麻沙泥，以及常规稻、三系杂交稻和两系杂交稻不同水稻品种，研究了不同水分管理模式对旱稻孢囊线虫发生的影响。结果表明，半干旱控水及干湿交替灌溉模式有利于旱稻孢囊线虫的发生和繁殖，浅水层连续灌溉不利于孢囊线虫的发生；砂质土麻沙泥不利于旱稻孢囊线虫的发生；旱稻孢囊线虫在两系杂交稻Y两优1号的孢囊数量明显高于在三系杂交稻Ⅱ优416、T优272和常规稻黄华占发生的数量。

关键词：旱稻孢囊线虫；水稻；水分管理模式

旱稻孢囊线虫（*Heterodera elachista*）是近年来在湖南省长沙县等地的丘陵地水稻田新发现的一种水稻根部寄生线虫[1]。该线虫影响水稻生长和发育，显著降低水稻对水的利用效率[2]，致使植物的产量减少，品质下降。一般可造成水稻产量 7% ~ 19% 的损失[3]，对丘陵山地水稻生产具有潜在的巨大威胁。近年来研究表明，随着全球气候变化，植物线虫对植物的为害性正在加大[4]。原局限在少数地方为害的线虫病害有扩大的趋势。其中，重要原因之一在于在气候变化、水资源的日益短缺等问题日趋严重的大背景下农田水分的改变所致。阐明田间水分状况的改变与旱稻孢囊线虫发生程度的关系是本研究的主要内容。

1　材料与方法

1.1　供试材料

1.1.1　水稻土采集和处理

黄泥土、红黄泥、河潮泥、麻沙泥 4 种不同水稻土分别采自湖南农业大学教学实验基地、长沙县干杉镇、华容县塔市驿镇和长沙县福临镇。土壤经阳光暴晒风干，粉碎去杂质后备用。

1.1.2　水稻品种

常规稻：湘晚籼 13、黄华占；两系杂交稻：Y 两优 1 号；三系杂交稻：Ⅱ优 416、T优 272。

---

* 基金项目：公益性行业（农业）科研专项经费资助项目（200903040、201503114）

** 第一作者：陈琪，男，农业推广硕士研究生；E-mail：zailushang1798@163. com

*** 通讯作者：丁中，博士，教授，研究方向为植物线虫；E-mail：dingzx88@aliyun. com

1.1.3　虫源

2013 年、2014 年 5 ~ 6 月在湖南省长沙县干杉镇采集残余水稻根系及根系附近土壤。土壤样本采用蔗糖液离心法分离样品中孢囊[5]，在体视显微镜下选择新鲜饱满的孢囊接种。

1.2　试验方法

1.2.1　不同水分管理模式对旱稻孢囊线虫发生的影响

在湖南农业大学校内教学实验基地网室内进行。分别于 2013 年采用黄泥土、红黄泥，2014 年采用麻沙泥和河潮土两种不同质地水稻土，用盆栽的方法，每盆土 10kg。水稻品种均为Ⅱ优 416。采用裂区设计方法，4 个重复。

设定干湿交替、半干旱控水和浅水层连续灌溉 3 种水分管理模式。其中，干湿交替灌溉模式，即从水稻返青至分蘖初期，田间保持 3.0 ~ 5.0cm 的深水层，分蘖中、后期均采取干湿交替灌水，即每次灌水至 5.0cm 深，当土壤逐渐落干，土壤水势 – 30 ~ – 25kPa，再灌下一次水。半干旱控水模式，即返青期保持 1.0 ~ 2.0cm 水层外，其余阶段不建立水层，土壤水分保持在土壤饱和含水量的土壤水势 – 30 ~ – 25kPa。浅水层连续灌溉模式，即整个生育期保持水层。

人工接种方法是将收集的孢囊用橡皮头磨破并收集虫、卵，于水稻分蘖始期每盆接种 5 000 头 2 龄幼虫和 6 000 粒虫卵。

水稻成熟后采用蔗糖液离心法分离盆栽土中孢囊，检查各处理的孢囊数。

采用统计软件包 DPS7.05 对试验数据进行裂区试验统计分析，下同。

1.2.2　旱稻孢囊线虫在不同水稻品种上发生数量的比较

在网室内分别于 2013 年采用黄泥水稻土，盆栽方法同 1.2.1，采用 4 个水稻品种：常规稻，湘晚籼 13、黄华占；三系杂交稻，Ⅱ优 416、T优 272。2014 年采用河潮土和麻沙泥，水稻品种：两系杂交稻，Y 两优 1 号；三系杂交稻，Ⅱ优 416、T优 272；常规稻：黄华占。

水分管理模式为干湿交替灌溉模式。人工接种孢囊，采用裂区设计方法，4 个重复。水稻成熟后测定各处理的孢囊数。

2　结果与分析

2.1　不同水分管理模式对旱稻孢囊线虫发生及繁殖的影响

试验结果表明（图 1），采用红黄泥栽培在控水灌溉模式下有利于旱稻孢囊线虫的发生和繁殖，水稻收获时其每盆平均孢囊数量达 3 483 个孢囊，在红黄泥干湿交替及黄泥控水、干湿交替灌溉模式下其每盆平均孢囊数量分别为 2 178 个、1 271 个和 1 215 个，三者间无显著性差异。浅水层连续灌溉在红黄泥和黄泥两种水稻土下均不利于孢囊线虫的发生和繁殖，其每盆平均孢囊数量仅分别为 39 个和 78 个。裂区分析结果表明，红黄泥较黄泥有利于孢囊线虫的发生和繁殖；在黄泥水稻土条件下，在控水灌溉模式和干湿交替灌溉模式下孢囊数量无显著性差异，在红黄泥水稻土条件下，控水灌溉模式下孢囊数量显著高于干湿交替灌溉模式下的孢囊数量。

采用河潮土和麻沙泥重复进行盆栽试验，结果表明（图 2）河潮土处理干湿交替模式每盆平均孢囊数量达 1 099.5 个孢囊，控水模式下每盆平均孢囊数量达 824.75 个孢囊，而浅水处理只有每盆平均孢囊数量93.25个孢囊；麻沙泥处理干湿交替模式每盆平均孢囊数量达156个孢囊，控水模式每盆平均孢囊数量达190个孢囊，麻沙泥浅水处理只有每盆平均48.5个孢囊；裂区实验结果表明，干湿交替模式和控水模式下有利于旱稻孢囊线虫的发生和繁殖；浅水层连续灌溉模式不利于旱稻孢囊线虫的发生和繁殖；砂质土麻沙泥不利于旱稻孢囊线虫的发生。

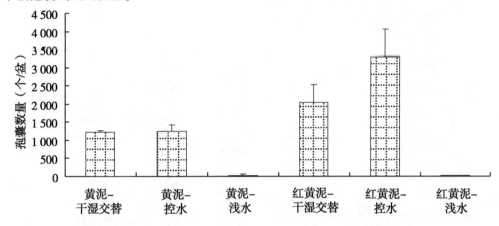

图1　两种水稻土及不同水分管理模式的旱稻孢囊线虫孢囊数量（2013）

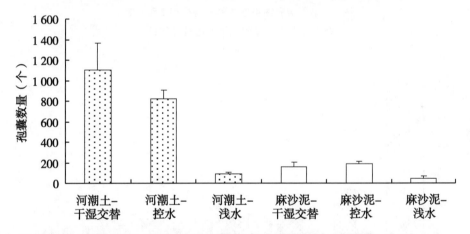

图2　两种水稻土及不同水分管理模式的旱稻孢囊线虫孢囊数量（2014）

2.2　旱稻孢囊线虫在不同水稻品种上发生数量的比较

采用湘晚籼13号和黄华占2个常规稻品种，Ⅱ优416和T优272两个三系杂交稻品种进行盆栽试验。结果表明（图3），常规水稻湘晚籼13号和黄华占两个品种在成熟期其平均孢囊数量分别为103个和315个，三系杂交水稻Ⅱ优416、T优272其平均孢囊数量分别为655.7个和537.2个。通过分析可知，湘晚籼13相对于黄华占不利于旱稻孢囊线虫的发生；两种三系杂交水稻Ⅱ优416、T优272相对于常规稻有利于旱稻孢囊线虫的发生，旱稻孢囊线虫在两种杂交水稻发生的数量无明显差异。

采用河潮土、麻沙泥两种水稻土和四种水稻（常规稻黄华占；两系杂交稻Y两优1号；三系杂交稻Ⅱ优416、T优272）进行裂区试验，结果表明（图4），河潮土栽培下Y两优1号每盆平均孢囊数量达2 436.25个孢囊，黄华占、Ⅱ优416、T优272收获时期每盆平均孢囊数量分别是 759.5 个、605.5 个、902.75 个,Y 两优 1 号与其他三种水稻有明显的差异;麻沙泥栽培下 Y 两优 1 号、黄华占、Ⅱ优 416、T 优 272 每盆平均孢囊数量分别为 695.75 个、150.75 个、128.5 个、155.25 个。结果表明,麻沙泥不利于旱稻孢囊线虫的发生和繁殖;两系杂交水稻 Y 两优 1 号利于旱稻孢囊线虫的发生。常规稻与三系杂交稻旱稻孢囊线虫发生数量之间差异不明显。

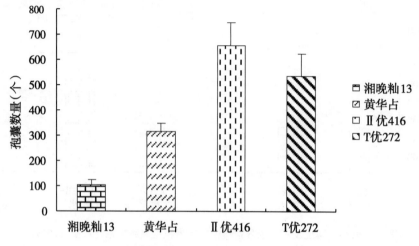

图 3　旱稻孢囊线虫在 2 种常规稻和 2 种三系
杂交稻上孢囊发生数量的比较 (2013)

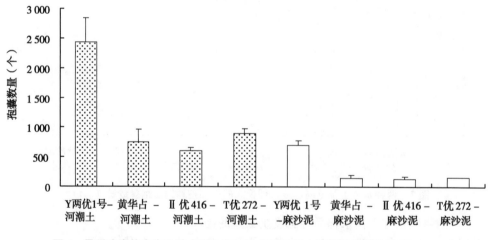

图 4　旱稻孢囊线虫在 2 种水稻土和 4 种水稻品种上孢囊数量的比较 (2014)

3　讨论

植物线虫和其他害虫一样在长期与寄主协同进化的过程形成了寄主植物和线虫的生活史高度一致的特点,以适应农田生态环境提高线虫侵染、存活和繁殖的几率。线虫对农田环境的适应性除对寄主植物表现出高度的适应性外,土壤的水、肥、气、热等非生物因子对线虫个体发育和群体密度的变化有着直接影响[6]。在非生物因子中,农田土壤的水分状况是决定一些植物线虫的发生发展及为害程度的重要影响因子。不同灌水方式将导致土壤通气性、结构和含水量不同，从而强烈影响到土壤中植物寄生性线虫的发生[7]。同样孢囊线虫的发生也受土壤水分的影响，淹水条件下不利于孢囊线虫的侵染[8]。本实验研究结果表明，半干旱控水及干湿交替灌溉模式有利于旱稻孢囊线虫的发生和繁殖，浅水层连续灌溉则不利于孢囊线虫的发生。

两种不同土壤的裂区实验以及与不同水分管理模式结合的实验表明，红黄泥较黄土泥有利于孢囊线虫的发生和繁殖；湖南长沙地区的砂质土麻沙泥相对于河潮泥不利于旱稻孢囊线虫的发生和繁殖。推测其与土壤的保水能力、土壤肥力、理化性质有关。壤土比例较高土壤有利于水分的保持，进而有利于线虫的活动，另外砂土比例较高的土壤易于造成土壤水分的流失，土壤干燥则不利于线虫的活动与侵染[9]。

参考文献

[1] Ding Z, Namphueng J, He X F, *et al*. First Report of the Cyst Nematode (*Heterodera elachista*) on Rice in Hunan Province [J], China. *Plant disease*. 2012, 96 (1): 151.

[2] Rahi G S, Rich J R and Hodge C. Effect of Meloidogyne incognita and M. javanica on leaf water potential and water use of tobacco [J]. *J. Nematol.* 1988, 20: 516 –522.

[3] Bridge J, Luc M, Plowright R A. Nematode parasites of rice // Plant parasitic nematodes in tropical and subtropical agriculture [M]. Wallingford, UK: CAB International. 1990.

[4] Rosenzweig C, Iglesias A, Yang XB, Epstein PR, Chivian E. Implications of climate change for U. S. agriculture: extreme weather events, plant diseases, and pests [M]. Center for Health and the Global Environment, Harvard Medical School, Cambridge, 2000.

[5] 郑经武, 程瑚瑞, 方中达. 土壤中线虫孢囊的三种分离方法及综合评价 [J]. 植物保护, 1995, 21 (1): 50 –51.

[6] Bridge J, Plowright RA, Peng D. Nematode parasites of rice. In: Luc M, Sikora RA, Bridge J (eds) Plant parasitic nematodes in subtropical and tropical agriculture, 2nd edn [M]. CABI Publishing, Wallingford, 2005.

[7] 欧伟, 李琪, 梁文举, 等. 稻田不同水分管理方式对土壤线虫群落的影响 [J]. 应用生态学报 2004, 15 (10): 1 921 –1 925.

[8] 丁中, Namphueng J, 何旭峰, 等. 旱稻孢囊线虫生活史及侵染特性 [J]. 中国水稻科学, 2012, 26 (6): 746 –750.

[9] 李秀花, 马娟, 高波, 等. 不同土壤质地对禾谷孢囊线虫侵染及种群动态的影响 [J]. 植物保护学报, 2013, 06: 523 –528.

二穗短柄草——水稻黑条矮缩病毒的新寄主*

张爱红** 邸垫平 杨 菲 闫 冲 苗洪芹***

（河北省农林科学院植物保护研究所，河北省农业有害生物综合防治工程技术研究中心，农业部华北北部作物有害生物综合治理重点实验室，保定 071000）

摘 要：二穗短柄草属禾本科早熟禾亚科，是一新型的模式植物。为更深入的研究水稻黑条矮缩病毒与寄主植物的互作机理，本文利用传毒介体灰飞虱将水稻黑条矮缩病毒人工接种于二穗短柄草 Bd21，观察了水稻黑条矮缩病毒是否可侵染短柄草，以及侵染后的症状发展过程，同时对病毒进行了 PCR 检测。结果显示：水稻黑条矮缩病毒可侵染短柄草；初期症状为节间缩短，随后表现植株矮缩、心叶扭曲、缺刻等症状；PCR 检测有明显条带。因此，二穗短柄草是水稻黑条矮缩病毒的新寄主，可作为该病毒与寄主互作的研究材料；并为 RBSDV 抗病基因鉴定、基因组学研究及为农作物的抗病育种提供了研究基础。

关键词：二穗短柄草；RBSDV

水稻黑条矮缩病毒（Rice black-streaked dwarf virus，RBSDV）是一种双链 RNA 病毒，属于呼肠孤病毒科斐济病毒属，曾在中国、日本等东南亚国家流行，造成水稻、小麦、大麦、玉米、高粱的产量严重损失[1]。RBSDV 侵染玉米引起玉米粗缩病，侵染小麦引起小麦绿矮病，侵染水稻引起水稻黑条矮缩病，3 种病害为我国小麦、玉米、水稻种植区内重要的共生病毒病害[2]。

水稻黑条矮缩病毒（RBSDV）主要传播介体为灰飞虱，以持久性方式传播 RBSDV，一经获毒可终生间歇传毒[3]。国内报道报道 RBSDV 可侵染禾本科的 28 属 57 种植物，国外报道可侵染侵染禾本科的 13 属 16 种[4]植物。

短柄草（*Brachypodium distachyon*）属禾本科（Poaceae）、早熟禾亚科（Pooideae）、短柄草家族（*Brachypodieae*）、短柄草属植物，与小麦、大麦同属一个亚科[5]。随着短柄草基因组测序基本完成，短柄草因其生长周期短、基因组小，及在进化上与水稻、小麦等接近的特点，成为继水稻之后新型的禾草类模式植物。明确 RBSDV 是否侵染二穗短柄草，将有利于禾本科作物抗 RBSDV 基因的筛选和鉴定。

1 材料与方法

1.1 材料

毒源：河北省农林科学院植物保护研究所温室自繁小麦绿矮毒源。

---

* 基金项目：973 计划项目：农作物重要病毒病昆虫传播与致害的生物学基础（2014CB138400）
** 第一作者：张爱红，女，汉族，河北保定人，助理研究员
*** 通讯作者：苗洪芹，女，河北泊头人，研究员，主要从事植物病毒病的研究；E-mail：miao5058345@163.com

传毒介体：河北省农林科学院植物保护研究所温室饲养无毒灰飞虱群体。

二穗短柄草：二倍体材料 Bd21。

1.2 方法

将温室饲养的 2～3 龄无毒灰飞虱群体饲毒于自繁小麦绿矮毒源，饲毒 4 天后，在（23±2）℃环境中的健康小麦苗上渡过 30 天循回期，以获得带毒灰飞虱。采用小网箱集团接种的方式，按照平均 5 虫/苗的虫量，接种于 3 叶期二穗短柄草，接种 4 天。接种环境温度（23±2）℃、相对湿度（70±5）%、L:D=14h:10h。同时设未接种对照。逐日调查接种后植株的表现。对疑似病株，进行进一步 PCR 检测，检测方法参照工朝晖报道[6]。

2 结果与分析

二穗短柄草接种 45 天后，节间逐渐缩短，50 天后叶片开始扭曲、逐渐变形，出现缺刻症状，植株逐渐矮化，接种 60 天后植株矮化明显（图 1）。发病短柄草可抽穗，但较正常株穗小且不饱满（图 2）。将显症株采样，进行 PCR 检测，检测结果 RBSDV 均为阳性（图 3）。

图 1　A 接种 RBSDV 后短柄草发病株与健株；B 心叶扭曲；C 叶片缺刻

3 讨论

二穗短柄草（*Brachypodium distachyon*）是一种冷季型温带禾本科植物，与小麦、柳枝稷等同属禾本科早熟禾亚科，其植株矮小（U20 cm），柔弱，颖果长而狭窄，每穗收获 10～12 粒种子，全株可收获 80～200 粒，自花授粉，种子不散落，生活周期短（8～11 周），生长条件简单，易进行高密度种植[6]。二穗短柄草 Bd21 的测序及功能注释已经完成，是禾本科早熟禾亚科第一个被测序的物种。

短柄草基因组序列与黑麦草、小麦、大麦等早熟禾亚科植物高度相似，很多重要农艺性状与温带禾草类植物相似，如株型、穗型、粒型、病原菌（锈病、白粉病、赤霉病等）。近年来，RBSDV 与水稻的互作研究较多，而与其他寄主的互作研究较少。探索 RBSDV 与其他植物，尤其是禾本科植物的致病过程及特点，对于建立病毒-植物互作模式系统以及获得新的抗性资源具有重要意义。本研究发现 RBSDV 可侵染二穗短柄草，并表现典型症状，为进一步进行 RBSDV 抗病基因的筛选和鉴定奠定基础。

图 2　病、健短柄草果穗

D. 健株果穗；E. 病株果穗

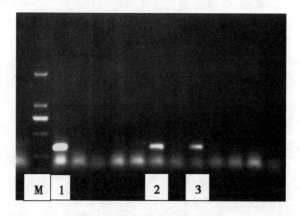

图 3　RBSDV PCR 检测结果

1. 阳性对照；2、3. 检测样品

参考文献

［1］龚祖埙. 我国禾谷类病毒病的病原问题Ⅷ——玉米粗缩病病原的研究［J］. 生物化学与生物物理学报，1981，13（1）：55 – 60.

［2］张爱红，路银贵，苗洪芹. 河北省小麦病毒病种类生物学和血清学鉴定初报［C］//中国植物保护学会 2009 年学术年会，粮食安全与植保科技创新，武汉：中国农业科学技术出版社，2009：116 – 120.

［3］周广和. 我国玉米病毒病防治研究中有待解决的问题［J］. 植物保护学报，1996，22（1）：32 – 34.

［4］杨本荣. 玉米粗缩病的病毒寄主范围研究［J］. 植物病理学报，1983，13（3）：1 – 8.

［5］Robertson I H. Chromosome numbers in *Brachypodium* Beauv. （Gramineae）［J］. Genetica，1981，56：55 – 60.

［6］王朝晖. 水稻黑条矮缩病毒玉米分离物的分子特性及其侵染体系［D］. 中国农业大学博士学位论文，2004.

［7］Garvin D. Brachypodiumdistachyon：A new model plant forstructural and functional analysis of grass genomes［C］//ModelPlants and Crop Improvement，CRC Press，Boca Raton，Flori-da，USA，2006：109 – 123.

安徽省审定玉米品种对纹枯病的抗病性评价 *

梅玉云　齐永霞** 丁克坚　陈　莉

（安徽农业大学植物保护学院，合肥　230036）

摘　要： 本研究运用人工麦粒接种法对安徽省近几年的玉米报审品种进行了抗病性鉴定，分析了近几年玉米报审品种对玉米纹枯病的抗性程度。结果表明，2011—2014 年参与鉴定的 636 个品种中，未发现抗性等级为高抗（HR）和抗病（R）的品种；抗性等级为中抗（MR）的品种占鉴定总数的比例呈上升趋势，2011 年为 22.06%、2012 年为 30.11%、2013 年为 46.08%、2014 年为 56.83%；感病（S）和高感（HS）品种所占比例呈下降趋势，2011 年为 77.94%、2012 年为 69.9%、2013 年为 53.92%、2014 年为 43.17%。

关键词： 玉米纹枯病；抗病性鉴定；安徽省；玉米品种

玉米纹枯病（Maize sheaht bligh）又被称作玉米尖眼斑病，是玉米生长过程中一种重要的土传病害[1,2]。近几年，随着感病品种的种植和推广，高产栽培技术的利用使得玉米纹枯病的发生和为害日趋普遍和严重[3]。玉米田间抗病性鉴定则成为确保玉米品种抗病性的重要指标[4]。本文通过人工接种法研究了安徽省审定的玉米品种对小斑病的抗性情况及 2014 年正试和预试品种的抗性比较，研究结果可以为安徽省的玉米抗病育种、抗病品种的合理布局提供科学依据，以便在生产上进行推广，对玉米的选种工作给予了一定的指导。

1　材料与方法

1.1　试验时间及地点

2011 年 6 月至 2014 年 10 月，安徽农业大学校农场。

1.2　试验材料

1.2.1　供试菌株

玉米纹枯病菌（*Rhizoctonia solani*）由安徽省农作物抗病性鉴定与研究中心菌种库提供。

1.2.2　供试玉米品种

供试玉米品种（系）均由安徽省农委种子管理总站提供，2011 年供试品种 68 个；2012 年供试品种 93 个；2013 年供试品种 102 个、2014 年供试品种 373 个（正试品种 112 个、预试品种 261 个）。

1.3　试验方法

依照玉米纹枯病抗病性鉴定技术规范（PSJG 1104.3—2011），人工营造抗性鉴定圃，

---

* 基金项目：安徽省教育厅自然基金项目（编号：KJ2013A111）

** 通讯作者：齐永霞；E-mail：superpowerqyx@163.com

鉴定品种随机排列，品种种植的时间与大田生产播种时间一致，使植株的接种期和发病期能够与适宜的气候（温度和湿度）相遇，种植小区的行长 5m，行距 0.7m，每个品种种植 1 行，留苗 30 株。土壤施肥和田间管理情况与大田生产相同。接种前将活化后的玉米纹枯病菌接种到麦粒培养基上，在 25℃黑暗环境中培养 5~7 天，待菌丝布满整个麦粒后用于接种。接种时间为玉米拔节后期，采用下部叶鞘带菌麦粒接种法，将麦粒培养物以每株 5 粒小麦粒的用量接种于玉米第 3 片叶的叶鞘内。为确保接种成功率，鉴定接种前应先进行田间浇灌或在雨后进行接种，接种后若遇持续干旱，应及时进行田间浇灌。病情调查在玉米乳熟期进行，调查接种的 10 株玉米病情级别，主要调查果穗以下茎节，按照玉米纹枯病鉴定病情级别划分标准（表 1）记录数据。按照表 2 划分抗性等级。病情指数计算公式如下：

$$病情指数 = \frac{\sum（病情级数 \times 各级株数）}{调查株数 \times 最高级别值}$$

表 1　玉米纹枯病病情级别划分及其症状描述

病情级别	症状描述
0 级	全株无症状
1 级	果穗下第 4 叶鞘及以下叶鞘发病
3 级	果穗下第 3 叶鞘及以下叶鞘发病
5 级	果穗下第 2 叶鞘及以下叶鞘发病
7 级	果穗下第 1 叶鞘及以下叶鞘发病
9 级	果穗及其以上叶鞘发病

表 2　玉米纹枯病鉴定病情级别划分标准

抗性级别	病情指数（DI）	抗性评价
1	≤10	高抗（HR）
3	10 < DI ≤ 30	抗（R）
5	30 < DI ≤ 50	中抗（MR）
7	50 < DI ≤ 70	感（S）
9	DI > 70	高感（HS）

2　结果与分析

从 2011—2014 年参与鉴定的 636 个品种结果看，抗性等级为高抗（HR）和抗病（R）的品种暂未发现，抗性等级为中抗（MR）的品种占鉴定总数的比例呈上升趋势，2011 年为 22.06%、2012 年为 30.11%、2013 年为 46.08%、2014 年为 56.83%；感病（S）和高感（HS）品种所占比例呈下降趋势，2011 年为 77.94%、2012 年为 69.9%、2013 年为 53.92%、2014 年为 43.17%。（表 3，图 1）。

2014 年玉米正试与预试品种对玉米纹枯病的抗性评价比较发现，抗性等级为中抗（MR）的玉米正试品种比例高于预试品种，正试品种为 74.11%，预试品种为 49.42%。抗性等级为感病（S）和高感（HS）的玉米预试品种比例都高于正试品种（图 2）。

表 3　2011—2014 年玉米品种对纹枯病抗性鉴定结果汇总表

抗性级别	2011 年		2012 年		2013 年		2014 年	
	品种数	比例（%）	品种数	比例（%）	品种数	比例（%）	品种数	比例（%）
HR	0	0.00	0	0.00	0	0.00	0	0.00
R	0	0.00	0	0.00	0	0.00	0	0.00
MR	15	22.06	28	30.11	47	46.08	212	56.84
S	31	45.59	58	62.37	43	42.16	135	36.2
HS	22	32.35	7	7.53	12	11.76	26	6.97

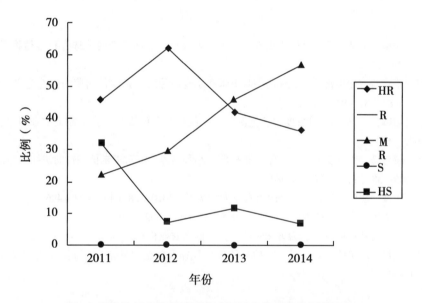

图 1　玉米纹枯病的抗性评价在不同年份所占比例的比较

3　小结与讨论

玉米纹枯病是土传病害，其病原菌可以在土壤中长期存活，故使用普通药剂会很难防治[5,6]。一般年份的损失在 10%～35%，严重时达到 50%，若产生穗"霉包"则会绝收[7,8]。本文采用人工接种方法对安徽省 636 份玉米种质材料进行抗性鉴定，暂未发现高抗（HR）和抗病（R）的品种，抗性等级为中抗（MR）的品种占鉴定总数的比例呈上升趋势。并且抗性等级为中抗（MR）的玉米正试品种比例高于预试品种。抗性等级为感病（S）和高感（HS）的玉米预试品种比例都高于正试品种。表明自安徽省实行报审玉米品种抗病性鉴定结果纳入品种审定程序以来，玉米抗纹枯病的育种水平总体呈上升趋势。通过对2014年玉米预试品种和正试品种对纹枯病抗性研究发现实行报审玉米品种预试抗病性鉴定，可以提高报审玉米品种的通过率。

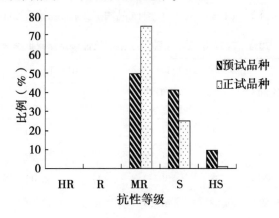

图2　2014年玉米纹枯病预试和正试品种所占比例对比结果

参考文献

[1] 丁婷，孙薇薇，王帅，等. 杜仲内生真菌中抗玉米纹枯病活性菌株的筛选 [J]. 植物保护，2014，40（6）：29–35.

[2] 刘启丽，张建新，徐瑞富，等. 河南主栽玉米和小麦品种对玉米纹枯病菌的抗性鉴定 [J]. 种子，2011，30（8）：89–91.

[3] 李静，梁丽卿，王芳. 不同浓度碳、氮源对玉米纹枯病菌的影响 [J]. 湖北农业科学，2009，48（3）：622–624.

[4] 马春红，翟彩霞，王立安，等. 玉米小斑病菌T小种培养滤液对玉米抗病性的诱导 [J]. 中国农业科学，2005，38（8）：1 578–1 584.

[5] 邱小燕，张敏，胡晓，等. [J]. 四川农业大学学报，2010，28（4）：492–496.

[6] 张广志，文成敬. [J]. 植物保护学报，2005，32（4）：353–356.

[7] 唐海涛. 玉米纹枯病的发生、为害和防治 [J]. 四川农业科技，2003（4）：18–21.

[8] 王兆富，闻禄，胡美静，等. 玉米纹枯病的发生规律及防治策略展望 [J]. 辽宁农业科学，2011（6）：41–46.

大麦黄条点花叶病毒生物学传播特性研究初报*

闫 冲** 张爱红 杨 菲 赵亚星 郭桂洪 邸垫平*** 苗洪芹***

（河北省农林科学院植物保护研究所，河北省农业有害生物综合防治工程技术研究中心，农业部华北北部作物有害生物综合治理重点实验室，保定 071000）

摘 要：为明确大麦黄条点花叶病毒（Barley yellow striate mosaic rhabdo virus，BYSMV）的传播特性，在温室条件下对该病毒的传播方式、介体传毒特性进行了研究。结果表明：BYSMV 可通过昆虫灰飞虱（*Laodelphax striatellus* Fallén）传播，不能通过机械摩擦、土壤和病残体传播；该病毒在灰飞虱体内循回期最短为 6 天；灰飞虱最短获毒和传毒时间均为 1min；病毒在小麦苗上最短潜育期为 5 天。BYSMV 是我国新发现的一种病毒，本研究为进一步研究该病毒的寄主范围、病害的发生规律等提供了技术手段，也为生产上预防和防治由该病毒引起的病害提供了理论依据。

关键词：大麦黄条点花叶病毒；小麦；灰飞虱；传播特性

小麦是我国主要粮食作物，生产上发生并造成小麦为害的病毒种类主要有大麦黄矮病毒（Barley yellow dwarf virus，BYDV）、小麦矮缩病毒（Wheat dwarf virus，WDV）、水稻黑条矮缩病毒（Rice black-streaked dwarf virus，RBSDV）、小麦黄花叶病毒（Wheat yellow mosaic virus，WYMV）、北方禾谷花叶病毒（Northern cereal mosaic virus，NCMV）、大麦条纹花叶病毒（Barley stripe mosaic hordeivirus，BSMV）、小麦土传花叶病毒（Wheat soil-borne mosaic virus，WSBMV）等（Wang *et al.*，2008；Wang *et al.*，2010；Xie *et al.*，2007；Yan *et al.*，2013；Zhang *et al.*，2001）。其中，河北省小麦上普遍发生、果园和大田混作区局部造成严重为害的病毒有大麦黄矮病毒、北方禾谷花叶病毒、水稻黑条矮缩病毒。近年来，通过对河北省小麦病毒病的种类及发生情况进行调查发现一种新的弹状病毒——大麦黄条点花叶病毒。田间小麦 4～5 月发病，表现植株矮化、旗叶发黄的病毒病症状。

大麦黄条点花叶病毒（Barley yellow striate mosaic rhabdo virus，BYSMV）为弹状病毒科，细胞质弹状病毒属（Cytorhabdovirus），可导致小麦叶片变黄，沿叶脉出现褪绿条纹和花叶，植株严重矮化。该病毒在灰飞虱中首次发现（Conti，1969）后，在摩洛哥、伊朗等不同国家陆续出现其侵染禾本科作物的相关报道（Lockhart *et al.*，1986；Izadpanah *et al.*，1991；Makkouk *et al.*，1996；Kumari *et al.*，2006；Analía *et al.*，2011）。1991 年，BYSMV 在伊朗（Izadpanah *et al.*，1991）大流行，导致农作物严重减产。

---

* 基金项目：河北省财政项目（F14C04）；国家科技计划研究任务（2012BAD19B04 – 08）

** 第一作者：闫冲，男，硕士研究生，助理研究员，植物病毒与生物技术；E-mail：yanchong986@126.com

*** 通讯作者：邸垫平；E-mail：chmrdv@163.com
苗洪芹；E-mail：miao5058345@163.com

2014 年 BYSMV 在我国首次报道，调查表明其在河北多地均有分布（Di *et al.*，2014）。该病毒易感寄主小麦为中国北方主要粮食作物，分布面积较广，其传播介体灰飞虱在我国亦有广泛分布，因此该病毒对小麦安全生产存在潜在威胁。然而，我国目前未见 BYSMV 传播特性相关报道。因此，探明该病毒的传播方式和传播特性，为进一步了解该病毒在我国传播规律，预防病害发生和发展提供必要的理论依据。

1 材料与方法

1.1 材料

供试无毒灰飞虱：春季用扣网采集麦田灰飞虱，饲养于小麦苗上。待成虫产卵、1 龄若虫孵化后，收集孵化幼虫，转至新鲜小麦苗继续饲养。在温室环境温度为 23 ±2℃、相对湿度为（70 ±5）%，光照 L：D = 14h：10h 条件下，继续扩大繁殖，以此获得无毒灰飞虱群体。

供试 BYSMV 毒源：冬前小麦分蘖后，采集田间植株矮化、叶片有褪绿条纹等具有典型 BYSMV 侵染症状的小麦病株，移栽至温室，作为初始毒源。室内以小麦病株饲喂 2 ~3 龄无毒灰飞虱，3 天后将灰飞虱转移至健康小麦上饲养待其度过循回期。以带毒灰飞虱群体接种健康小麦，3 天后移除灰飞虱，观察小麦接种后的症状，取表现为植株矮缩、叶片有明显褪绿条纹小麦植株，经 RT-PCR（Reverse transcription-polymerase chain reaction）检测为阳性株，作为人工接种实验用毒源。

供试小麦：品种为石新 828。

1.2 方法

1.2.1 病毒传播方式的测定

病残体和病土是否传毒的测定：对种植了感染 BYSMV 的小麦的土壤进行病土和病残体分离，分别播种小麦。同时，用灭菌土种植小麦为空白对照。

昆虫灰飞虱是否传毒的测定：温室条件下，分别以饲喂感染 BYSMV 小麦的灰飞虱和无毒灰飞虱（平均 10 头/株）群体接种灭菌土种植的 2 叶期健康小麦 3 天。

摩擦接种是否传毒的测定：用 pH 值 7.0 的磷酸缓冲液稀释并研磨本实验室保存的感染 BYSMV 的小麦病叶，稀释比例分别为 1：5、1：8 和 1：10。在常温下，采用常规摩擦接种方法对 2 叶期健康小麦进行摩擦接种，适当避光。

上述小麦均置于防虫网室内观察，每 5 ~7 天喷施一次内吸性杀虫剂。

1.2.2 病毒在灰飞虱体内循回期的测定

取 3 ~4 龄无毒灰飞虱若虫，饥饿处理 6h 后，饲毒 6h。饲毒结束后，以 10 头/株的虫量群体接种 2 叶期健康小麦，每隔 24h 将其转移至下一批健康小麦上，直至接种后 21 天。接种后的小麦移至温室，每天调查植株发病情况。以最早出现症状的时间记为最短循回期。每批次小麦不少于 45 株。对小麦进行症状观察、记录，每 5 ~7 天喷施一次内吸性杀虫剂。

1.2.3 传毒介体最短获毒时间的测定

取 3 ~4 龄无毒灰飞虱若虫，饥饿处理 6h 后饲毒，饲毒时间分别为 1min、2min、3min、4min、5min、12h、24h 和 48h，随后在健康小麦上度过循回期 20 天。再次饥饿 6h，以单虫单苗方法接种 2 叶期健康小麦，接种时间为 3 天，每个处理接种 100 株，重复

1次。接种后将小麦移栽于基质混合土中，置于防虫网室内（平均温度23±2℃）。接种后灰飞虱未死亡并且小麦移栽后正常生长则视为接种成功。接种后每天进行观察、记录，3周后统计植株发病率，每5~7天喷施一次内吸性杀虫剂。

1.2.4　传毒介体最短接种时间的测定

取3~4龄无毒灰飞虱若虫，饥饿处理6h后，饲毒3天，随后在健康小麦上度过循回期20天。再次饥饿6h，以单虫单苗方式接种2叶期健康小麦，接种时间分别为1min、2min、3min、4min、5min、12h、24h和48h，每个处理接种100株，重复1次。接种后将小麦移栽于基质混合土中，置于防虫网室内。接种后灰飞虱未死亡并且小麦移栽后正常生长则视为接种成功。接种后每天进行观察、记录，3周后统计植株发病率，每5~7天喷施一次内吸性杀虫剂。

1.2.5　病毒在小麦上最短潜育期的测定

灰飞虱饲毒、度过循回期、接种和症状观察方法同上述实验。记载最早发病的日期，即为BYSMV在小麦植株上的最短潜育期。

2　结果与分析

2.1　BYSMV传播方式

用于进行传播方式测定的小麦植株，除带毒灰飞虱接种小麦外均未发病，包括病土处理151株、病残体处理127株、摩擦接种154株、无毒灰飞虱接种225株和空白对照180株。带毒灰飞虱接种的处理为39株，发病33株，发病率达84.6%。结果表明：无毒灰飞虱均不携带BYSMV；该病毒可由介体灰飞虱传播，但不经病土、病残体及机械摩擦传播。

2.2　BYSMV在灰飞虱体内的循回期

群体接种实验结果表明：平均温度（23±2）℃饲毒6h后，BYSMV在灰飞虱体内的循回期最短为6天。植株发病率在测定初期随时间的推移逐渐提高，至循回期第10天显著提高，循回期第20天时发病率高达50%（图1）。

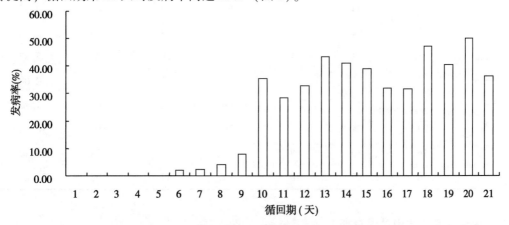

图1　饲毒6h后，BYSMV在灰飞虱体内的循回期测定

2.3　灰飞虱最短获毒时间

单虫单苗实验结果表明：平均温度（23±2）℃时，饲毒1min的灰飞虱度过循回期后接种小麦，即可使植株感病，发病率为 3.65%；饲毒 1～5min 时，植株发病率为 1.58%～5.73%；饲毒时间延长至 12～48h，植株发病率为 9.33%～14.44%（表1）。

表1　灰飞虱饲毒（BYSMV）时长与传毒效率的测定结果

时间	重复1		重复2		合计		平均发病率（%）
	病株数	总株数	病株数	总株数	病株数	总株数	
1min	6	97	1	95	7	192	3.65
2min	3	96	2	97	5	193	2.59
3min	1	95	2	95	3	190	1.58
4min	4	91	0	97	4	188	2.13
5min	9	96	2	96	11	192	5.73
12h	16	97	11	90	27	187	14.44
24h	4	93	18	92	22	185	11.89
48h	6	99	12	93	18	192	9.38

2.4　灰飞虱最短接种时间

单虫单苗实验结果表明：平均温度（23±2）℃时，灰飞虱度过循回期后接种小麦 1min，即出现感病植株，发病率为 2.75%；接种 1～5min 时，植株发病率为 1.20%～3.37%；接种时间延长至 12～48h，植株发病率为 15.19%～21.88%（表2）。

表2　带毒灰飞虱接种时长与传毒效率测试

时间	重复1		重复2		合计		平均发病率（%）
	病株数	总株数	病株数	总株数	病株数	总株数	
1min	1	94	4	88	5	182	2.75
2min	3	94	1	91	4	185	2.16
3min	5	83	1	95	6	178	3.37
4min	1	75	2	69	3	144	2.08
5min	1	77	1	89	2	166	1.20
12h	23	94	9	96	32	190	16.84
24h	16	80	8	78	24	158	15.19
48h	26	95	16	97	42	192	21.88

2.5　病毒在寄主体内的潜育期

不同接种虫量实验逐日观察结果表明，平均温度（23±2）℃，单虫单苗接种，植株潜育期最短为 7 天；群体接种，植株潜育期最短为 5 天。可见随接种压力增加，潜育期缩短。

2.6 症状观察

经室内人工接种的小麦其感病初期症状为：心叶自叶基部沿叶脉产生断续的褪绿条纹和花叶，随后逐渐发展为连续的贯穿整个叶片的褪绿条纹和花叶（图2）；感病植株较正常植株矮小，重症株心叶扭曲变形，甚至心叶枯死；感病后期植株严重矮化，无主茎，一般不能抽穗或仅抽蝇头小穗；抽穗病株一般无籽粒或整穗不实，且穗部自穗尖开始变白（图3）。室内人工接种症状较田间自然发病重。

图2 BYSMV 侵染小麦致叶片产生褪绿条纹

3 讨论

近年来，本实验室陆续在河北多个小麦产区发现部分小麦植株呈现矮化、旗叶变黄、下部叶片有明显褪绿条纹、小穗自穗尖开始白枯，与 NCMV 和 RBSDV 侵染小麦的症状有明显差异。温室条件下经灰飞虱多代传毒后，症状稳定，RT-PCR 检测表明，该病原物为 BYSMV。BYSMV 可经灰飞虱和褐飞虱传播，但前者传毒效率显著高于后者，且该病毒可经卵传（Conti，1980）。本研究证实了 BYSMV 不经机械摩擦接种传播，与先前报道一致（Lockhart *et al.*，1986）。实验结果还表明，该病毒不经病土和病残体传播。

研究表明，在饲毒6h 的情况下，BYSMV 在灰飞虱体内循回期最短为6天；在饲毒3天的情况下，自饲毒之日起第5天便有植株开始显症，8～14天发病植株迅速增多。灰飞虱的获毒和接种均在1min 内便可成功，但1～5min 效率较低。河北地区以灰飞虱为传毒介体的病毒除本文报道的 BYSMV 外，还有 NCMV（段西飞等，2010）和 RBSDV（苗洪芹等，1997）。灰飞虱传播 NCMV 最短获毒时间为5min，最短接种时间为5min，循回期最短为5天（阮义理等，1984）；灰飞虱传播 RBSDV 最短获毒时间为30min，最短接种时间为5min，循回期最短为7天（孙丽英，2003）。早期欧洲等地的 BYSMV 引起的病害发病率很低，一般不会造成较重损失，意大利 Makkouk 等（1996）调查的该地区农作物中感染 BYSMV 的不到1%，但 Izadpanah 等（1991）报道该病毒导致伊朗小麦和谷子大面积减产。分析其原因可能与地理环境、不同地域病毒株系存在差异等因素有关，具体原因有待于对不同地区病毒基因组进行分析。

BYSMV 是否经卵传递、雌雄虫的传毒是否存在差异、种子是否带毒，以及由该病毒引起的病害的发生为害规律和防治等有待进一步研究明确，为生产上高效防控病毒病的蔓延和流行提供理论依据和技术支撑。

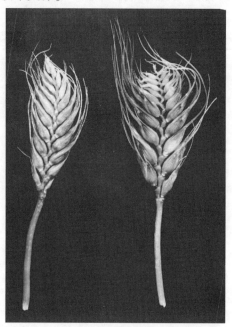

图3　BYSMV 侵染小麦致穗部畸形

参考文献

［1］段西飞，邸垫平，余庆波，等. 小麦丛矮病病原分子生物学鉴定［J］. 植物病理学报，2010，40（4）：337－342.

［2］苗洪芹，陈巽祯. 河北省玉米粗缩病发生为害与防治［J］. 植物保护，1997，23（6）：17－18.

［3］阮义理，金登迪，许如银. 灰飞虱传播小麦丛矮病毒的特性［J］. 浙江农业科学，1984，1：22－25.

［4］孙丽英. 水稻黑条矮缩病毒基因组片段 S3 和 S9 编码蛋白的表达分析［D］. 北京：中国农业大学. 2003.

［5］Analía D. Dumón1，Evangelina B，*et al*. Identification and biological characterization of *Barley yellow striate mosaic virus*（BYSMV）：a new wheat disease in Argentina［J］. Tropical Plant Pathology，2011，36（6）：374－382.

［6］Conti M. Investigation on a bullet-shaped virus of cereals isolated in Italy from planthoppers［J］. Journal of Phytopathology，1969，66（3）：275－279.

［7］Conti M. Vector relationships and other characteristics of barley striate mosaic virus（BYSMV）［J］. Annals of Applied Biology，1980，95：83－92.

［8］Di DP，Zhang YL，Yan C，*et al*. First report of barley yellow striate mosaic virus on wheat in China［J］. Plant Disease，2014，98（10）：1 450.

［9］ Izadpanah K, Ebrahim-Nesbat F, Afsharifar A R. *Barley yellow striate mosaic virus* as the cause of a major disease of wheat and millet in Iran ［J］. Journal Phytopathology, 1991, 131 (4): 290 – 296.

［10］ Kumari SG, Muharram I, Makkouk K M, *et al*. Identification of viral diseases affecting barley and bread wheat crops in Yemen ［J］. Australasian Plant Pathology, 2006, 35 (5): 563 – 568.

［11］ Lockhart BEL, Maataoui MEL, Carrol T W, *et al*. Identification of *barley yellow striate mosaic virus* in Morocco and its field detection by enzyme immune assay ［J］. Plant Disease, 1986, 70 (12): 1 113 – 1 117.

［12］ Makkouk KM, Ber tschinger L, Conti M, *et al*. Barley Yellow Striate Mosaic Rhabdovirus Naturally Infects Cereal Crops in the Anatolian Plateau of Turkey ［J］. Journal of phytopathology, 1996, 144: 413 – 415.

［13］ Wang XF, Wu B, Wang JF. First report of *Wheat dwarf virus* infecting barley in Yunnan, China ［J］. Journal of Plant Pathology, 2008, 90 (2): 400.

［14］ Wang XF, Liu Y, Han CG, *et al*. Present situation and development strategies for the research and control of wheat viral diseases (in Chinese) ［J］. Plant Protection (植物保护), 2010, 36 (3): 13 – 19.

［15］ Xie J, Wang X, Liu Y, *et al*. First report of the occurrence of *Wheat dwarf virus* in wheat in China ［J］. Plant Disease, 2007, 91 (1): 111.

［16］ Yan F, Sun LY, Shang YF, *et al*. Occurrence of cereal viral diseases and their control in China (in Chinese) ［J］. Plant Protection (植物保护), 2013, 39 (5): 33 – 37.

［17］ Zhang HM, Lei JL, Chen JP, *et al*. A Dwarf Disease on Rice, Wheat and Maize from Zhejiang and Hebei is Caused by Rice Black-streaked Dwarf Virus (in Chinese) ［J］. Virologica Sinica, 2001, 16 (3): 246 – 251.

设施蔬菜根结线虫成灾机理初步分析

李英梅　陈志杰　张　锋　张淑莲

（陕西省动物研究所，西安　710032）

摘　要：蔬菜根结线虫种类多、为害重，已遍布山东、河北、陕西、黑龙江等北方设施蔬菜产区，是近年来设施蔬菜生产上的毁灭性灾害，本文从根结线虫的繁殖、生态适应性、设施蔬菜发展趋势、栽培模式及防控技术方面对根结线虫成灾机理进行了初步分析，总结出灵活多变的生殖方式、超宽的寄主范围、设施蔬菜面积的不断增加、设施蔬菜多为易感品种、设施蔬菜的种植模式和有效防治技术的缺乏是其为害不断加重的重要因素。

关键词：设施蔬菜；根结线虫；成灾机理

世界上现已发现有90多种根结线虫[1]。根结线虫为害植物根部，形成根结，造成根系发育受阻和腐烂，植株地上部衰弱和枯死，一般造成减产10%～20%，严重的可达75%以上。在中国的北京、山东、河北、黑龙江、山西、陕西等北方地区的设施蔬菜产区均有分布，一般造成蔬菜减产20%～30%，甚至绝收[2~4]。以日光温室黄瓜为例，一般棚室当年发生根结线虫引起黄瓜减产5%左右，第2年10%～15%，第3年20%～30%，4年以上减产50%以上[5]。根结线虫已成为近年来设施蔬菜生产上的毁灭性灾害，部分菜农由于根结线虫的为害弃棚不种或改种玉米等大田作物，直接影响菜农发展设施蔬菜的积极性。本文是作者在多年研究工作的基础上，从设施蔬菜的栽培模式、品种、根结线虫生物学特性等方面进行分析，以探讨蔬菜根结线虫成灾的机理，为防治策略的科学制定提供一定理论基础。

1　根结线虫自身因素

1.1　繁殖速度快

根结线虫种类繁多，对作物为害较大的主要有南方根结线虫（*Meloidogyne incognita*）、爪哇根结线虫（*M. arenaria*）、花生根结线虫（*M. javanica*）、北方根结线虫（*M. hapla*）4个种类[6]，其中以南方根结线虫适应性最广，为害最严重，是全国各地的优势种。根结线虫在陕西日光温室内一年可发生5～6代，5～6月是其为害高峰期，也是第2代和第3代世代重叠发生期。根结线虫既可进行两性生殖也可以孤雌生殖进行繁殖，当寄主营养丰富时，根结线虫发育成雌虫，并以效率高、繁殖速度快的孤雌生殖方式进行繁殖[7]，每个雌虫可产卵300～800枚[8]；当营养物质减少时，发育的多是雄虫，且进行有性生殖的方式繁殖，这种灵活的生殖方式为保存其种群数量提供了保证。

1.2　寄主范围广

根结线虫的寄主作物范围非常广泛，多达3 000多种，张广民等研究表明，烟草根结线虫可侵染30科113种作物，其中包括蔬菜作物33种，粮食作物10种，油料及经济作物 9 种，果树类 3 种，杂草 50 种[9]。贾尝等对南方根结线虫在 24 种不同植物上的寄生情况进行了研究，报道结果显示南方根结线虫在豆科、葫芦科、十字花科、禾本科植物根系上的卵的数量都比较大，属于易感寄主[10]。说明生产中常见的蔬菜作物几乎都是根结线虫的寄主，而根结线虫最易侵染的黄瓜、番茄也是设施蔬菜栽培面积最大的两种蔬菜作物。寄主作物的多样性也是根结线虫的快速繁殖为害的关键因子。

1.3 生态适应性强

根结线虫的存活对温度的依赖性非常强，南方根结线虫在土温 25 ~ 30℃，土壤含水量为 40% 左右时，发育非常快，温度低于 10℃时，幼虫基本停止活动。南方根结线虫在 55℃温度条件下，瞬间死亡，44℃温度条件下，LD_{50} 时间需 18.3min。当土温低于 -1℃ 且持续一定时间时，南方根结线虫停止发育而死亡，且温度越低致死时间越短，如土温在 -1℃冷冻，对南方根结线虫二龄幼虫致死时间需要 775.2h，当温度降到 -5℃时，144h 即可冻死，到 -10℃ 时，二龄幼虫仅经过 16.8h 就会被冻死[7,11]。由于日光温室的特殊性，不但为根结线虫提供了充足的食物来源，而且为生存繁殖提供了一个非常适宜的环境，因此，根结线虫能够迅速地扩大自身的种群数量。

线虫和其他动物一样，对温度的变化也有一定的适应性，南方根结线虫 2000 年左右传入陕西时，在关中地区自然条件下 0 ~ 30cm 土壤中不能越冬，而现在在 10 ~ 30cm 土壤中可以正常越冬，在露地栽培条件下能建成有效种群，说明根结线虫对低温具有一定的适应性，致使其发生范围不断北移，为害逐年加重。

2 设施蔬菜栽培面积不断扩大

我国的设施蔬菜经过了近 30 年的发展，由于其在保证北方冬季蔬菜供应、提高农村经济快速发展、解决剩余劳动力等方面的积极作用，栽培面积持续增加，2004 年全国设施蔬菜栽培面积为 253.3 万 hm^2，2008 年全国设施蔬菜面积为 335 万 hm^2，2010 年年底，我国设施蔬菜面积 466.7 万 hm^2，分别占我国设施栽培的 95% 和世界设施园艺 80% 的面积，且仍以每年 10% 左右的速度在增长[12,13]。从设施类型上看，小拱棚约占 40%、大中棚约占 40%、日光温室约占 20%、连栋温室在 0.5% 以下。从产地分布看，环渤海湾及黄淮地区仍是我国设施蔬菜的最大产地，占全国面积的 55% ~ 60%。南方根结线虫过去主要发生在长江以南地区，设施蔬菜面积的发展，一方面为南方根结线虫提供了充足的食料条件，另一方面为南方根结线虫提供了适宜的越冬栖息场所。

3 栽培品种多为感病品种

控制蔬菜根结线虫发生和为害，最经济、有效、安全的方法是选用抗病品种，这对减少农药使用，保护环境，确保人类健康尤为重要。而黄瓜是对根结线虫最为敏感的作物之一，黄瓜的种植面积占整个蔬菜面积的 40% 以上，占设施蔬菜种植面积的 60% 以上，然而，黄瓜、西葫芦、苦瓜等对根结线虫高度敏感的葫芦科蔬菜却无一个抗病品种[14,15]。番茄、辣椒等茄科蔬菜虽然有一些抗病品种，由于品种品质（如厚皮红果型）和消费习惯不符，不受市场欢迎[16~19]，菜农也不愿意种植，目前生产面积很小。因此大面积栽培种植易感根结线虫的品种，也是导致蔬菜根结线虫大面积成灾的主要因素。

4 栽培模式有利于根结线虫的发生

4.1 复种指数高

设施栽培由于一次性投入大，加之日常生产投入的人力、物力多，菜农对经济效益的要求也更高，为了不断提高设施蔬菜的生产效益，充分利用大棚空间，提高复种指数，菜农均以"多茬栽培、周年利用、全年增收"为目标，因此设施内全年均有寄主植物，为根结线虫提供了充足的食物来源，虫口基数不断累积。

4.2 重茬连作普遍

设施蔬菜种植技术要求高，不同蔬菜的种植技术差异也较大，从销售渠道方面来讲，很多地区集中连片大面积种植同一蔬菜作物的现象非常普遍，如此一来，技术管理和销售渠道方便了，但设施内土壤多年种植单一蔬菜，甚至单一品种，导致土壤中根结线虫逐年积累，形成优势种群，并适应寄主植物，为害逐年加重，同时其他土传病害也日益严重。陈志杰等对设施栽培黄瓜连作与根结线虫发生情况进行研究报道[5]，结果显示黄瓜为害程度均随棚室土壤连作种植年限的延长依次加重，其原因可能是连作年限越长土壤环境越有利于蔬菜根结线虫的发生，且受根结线虫为害后自然补偿力低，蔬菜根结线虫一般在种植 4~5 年以后的棚室发生严重。

4.3 茬口安排不当

茬口安排不当，也是根结线虫迅速加重的重要原因之一。如就高感根结线虫的蔬菜作物种植模式而言，同一品种蔬菜连茬种植不论其为害株率还是发生程度均重于不同种类（科）蔬菜轮作种植模式。如越冬茬黄瓜—秋延黄瓜—越冬茬黄瓜的黄瓜连作模式，黄瓜平均发病株率 75.1%，为害指数 28.9，而越冬茬黄瓜—葱—越冬茬茄子轮作模式，茄子平均为害株率 49.5%，为害指数 12.5；前一种连作模式为害株率和为害指数均高于后一种轮作模式。感根结线虫的不同科蔬菜之间轮作其为害株率和为害程度明显重于与抗根结线虫蔬菜作物轮作模式[20]。如越冬茬黄瓜—秋延辣椒—越冬茬番茄感根结线虫作物轮作模式，番茄平均为害株率 59.1%，为害指数 17.5，越冬茬黄瓜—葱—越冬茬番茄轮作，番茄平均为害株率 51.2%，为为害指数 13.8。可见，高频次重茬连作，不合理轮作感根结线虫的蔬菜，种植栽培年限的延长，加重了根结线虫的发生及为害。

5 防治技术缺乏

5.1 农药种类少，防效差

一方面，根结线虫体表为不具细胞结构的角质层，神经系统又不发达，虫体通气性、透水性较差，对化学物质反应迟钝，开发防治根结线虫的有效药剂困难。另一方面，土壤是线虫赖以生存的场所，杀线虫剂又是主要施于土壤中保护植物的，而土壤中一部分微生物对杀线虫剂具有降解作用，并且微生物繁殖快、易变异。杀线虫剂的使用使得土壤中具有代谢杀线虫剂作用的微生物种群上升为优势种群，这样逐年使用的结果使得优势种群进而加速对杀线虫剂的分解代谢，在一定程度上减少了药剂与线虫接触的机会，使杀线虫剂防效变差。

5.2 根结线虫远程诊断和预警技术缺乏

20 世纪 90 年代以前南方根结线虫主要发生在长江以南地区，随着设施农业的发展，逐步蔓延到我国北方地区。2000年左右传入陕西境内，作为一种外来有害生物，未来发生范围和为害程度均为未知数，应对其未来发生区域、为害性和不同防治措施的控制效果等进行风险评估，建立预警系统，以便做到心中有底，积极应对。随着计算机技术和网络技术的发展和普及，为线虫的远程诊断和预警技术系统的建立，奠定了基础，但这一领域研究开发目前尚处于空白阶段。

5.3 人为因素影响，导致短期内迅速成灾

根结线虫靠自身移动或自然因素传播的距离很有限，通常是通过人为因素做远距离传播。首先，主要通过从根结线虫分布区调运携带线虫的菜苗或施用外来的含线虫的肥料传播。这种传播极为高效，传入新区后，因新区环境条件适合及自然天敌缺乏，在应急控制无力的情况下，根结线虫可以毫无阻挡地迅速繁殖及为害。其次，机耕面积扩大，在病区用过的农具不经洗净消毒就到无病区继续使用，加速了根结线虫的传播；病区与无病区灌溉水串浇，田园清洁不彻底及病残株未妥善处理也在一定程度上造成根结线虫病发生或加重。再次，有根结线虫分布的温室再生产或再育苗加快了传播蔓延速度。广大菜农若在有根结线虫分布的温室中育苗，或育苗企业消毒不严格，使用含根结线虫的土壤或基质育苗，带有根结线虫的菜苗为其传播起到了推波助澜的作用，造成蔬菜根结线虫发生面积逐年迅速增加，为害加重。可见，人为活动贯穿于蔬菜生产的"产前、产中、产后"全过程，任何环节把关不严均可导致蔬菜根结线虫病发生蔓延。

参考文献

[1] Mai W F. Plant parasite nematode: their threat to agriculture, pp11 - 17 in Advanced treatise on meloidogyne, Vol. 1. Sasser, T. N And Carter, c. C. [eds], 1985, North Carolina State University Graphics Raleigh, NC.

[2] 孙运达, 王显杰. 蔬菜地根结线虫病的发生特点及综防技术 [J]. 中国蔬菜, 1996 (6): 36 - 37.

[3] 彭德良. 蔬菜病虫综合治理（十）：蔬菜线虫病害的发生和防治 [J]. 中国蔬菜, 1998 (4): 57 - 58.

[4] 段玉玺, 吴刚. 植物线虫病害防治 [M]. 北京: 中国农业科技出版社, 2002.

[5] 陈志杰, 张锋, 梁银丽, 等. 陕西设施蔬菜根结线虫病流行因素与控制对策 [J]. 西北农业学报, 2005, 14 (3) 32 - 37.

[6] 张锋, 张彦龙, 洪波, 等. 陕西设施蔬菜根结线虫的种类鉴定及分布 [J]. 西北农业学报, 2011, 20 (12): 178 - 182.

[7] 陈志杰, 张淑莲, 张锋, 等. 设施蔬菜根结线虫防治技术与技术 [M]. 北京: 科学出版社, 2012.

[8] 宋梅远. 蔬菜根结线虫病的发生与综合防治技术 [J]. 长江蔬菜, 2004, 3: 36 - 37.

[9] 张广民, 时呈奎, 吕军鸿, 等. 山东烟区侵染烟草的根结线虫寄主范围 [J]. 植物保护学报, 2003, 30 (3): 309 - 314.

[10] 贾尝, 张伟朴, 邓云颖, 等. 二十种植物与南方根结线虫寄主关系的研究 [J]. 北方园艺, 2011 (6): 167 - 171.

[11] 洪波, 张锋, 李英梅, 等. 基于GIS的南方根结线虫在陕西省越冬区划分析 [J]. 生态学报, 2014, 34 (16): 4 603 - 4 611.

[12] 张真和, 陈青云, 高丽红, 等. 我国设施蔬菜产业发展对策研究 [J]. 蔬菜, 2010, 5: 1 - 3.

[13] 段志坚, 马君珂, 刘记强, 等. 我国设施蔬菜产业发展态势——访中国农科院蔬菜花卉所栽培与产后加工室主任张志斌 [J]. 农家参谋, 2010, 4: 4 - 6.

［14］陈志杰，李英梅，张锋，等．陕西设施蔬菜主栽品种对根结线虫的抗性评价［J］．西北农业学报，2012，21（2）：202－206.

［15］王新荣，郑静君，汪国平，等．华南地区主要番茄品种对南方根结线虫的抗性评价［J］．植物保护，2009，35（1）：124－126.

［16］沈摘，李锡香，冯兰香，等．葫芦科蔬菜种质资源对南方根结线虫的抗性评价［J］．植物遗传资源学报，2007，8（3）：340－34.

［17］顾兴芳，张圣平，张思远，等．抗南方根结线虫黄瓜砧木的筛选［J］．中国蔬菜，2006（2）：4－8.

［18］张芸，郑建秋，师迎春，等．番茄抗根结线虫病品种筛选［J］．中国蔬菜，2006，10：23－24.

［19］王全华，葛晨辉，尹国香，等．番茄根结线虫病抗病育种研究进展［J］．莱阳农学院学报，2001，18（3）：216－220.

［20］陈志杰，张锋，张淑莲，等．温室黄瓜土传病害流行因素及环境友好型防治技术对策［J］．农业环境科学学报，2006，25（增刊）：697－700.

箭筈豌豆炭疽病病原形态与分子鉴定

徐 杉* 李彦忠**

(兰州大学草地农业科技学院，草地农业生态系统国家重点实验室，兰州 730020)

摘 要：炭疽病是箭筈豌豆的主要真菌性病害之一。2012 年秋，甘肃省庆阳市什社村黄土高原试验箭筈豌豆炭疽病暴发流行。为了明确该炭疽病菌的种类，为防治提供依据，对试验站内采集的箭筈豌豆炭疽病标本进行分离，获得相同性状的菌株，对其中 1 株代表性的菌株进行了种类鉴定。通过培养性状、形态学特征观测、核糖体 DNA 内转录间区（ITS）序列分析、系统发育关系比较和致病性测定等方面的研究，结果表明：病原菌株为小扁豆刺盘孢 *Colletotrichum lentis*，箭筈豌豆是 *C. lentis* 的新寄主，中国也是 *C. lentis* 的新分布地区。

关键词：庆阳；箭筈豌豆；炭疽病；rDNA-ITS 序列分析；小扁豆刺盘孢

箭筈豌豆（*Vicia sativa*）为一年生豆科牧草，是一种重要的栽培牧草（洪汝兴等，1985；宋敏等，2011）。它种子产量高，每亩产种可达 250kg（焦彬，1985）。同时，它蛋白质含量高，氮素量丰富，适口性强，被广泛种植于我国（刘云波等，2001）。

箭筈豌豆炭疽病是引起箭筈豌豆品质和产量降低的原因，该病是由刺盘孢属（*Colletotrichum* spp.）病菌引起的。其中，*C. viciae*（Dearness，1928）和 *C. villosum*（Weimer，1945）是报道最多和最常见的两种。

2012—2014 年，在甘肃庆阳地区黄土高原试验站连续 3 年均发生了箭筈豌豆的大规模的炭疽病害，对黄土高原试验站箭筈豌豆的产量造成了很大的影响。本研究意在对分离的病原物的形态、rRNA-ITS 区域的序列分析、致病性测定等方面进行试验研究，明确该病原物在种水平。从而为合理防治该类病害提供理论依据和技术指导。

1 材料与方法

1.1 供试菌株

2012—2014 年，对甘肃庆阳黄土高原试验站，成熟的箭筈豌豆植株样地进行采样。参照相关病原真菌的组织分离方法，对收集的叶、茎等组织进行病原菌分离。当菌落在马铃薯葡萄糖琼脂（PDA）培养基长出后，用灭菌的接种针挑取菌落边缘的菌丝进行病原菌的初步纯化，将纯化后的菌株，再进行单孢分离，获得菌株，在 PDA 试管斜面中培养好后，于 4℃冰箱中保存，备用（方中达，1998）。

1.2 培养性状观察和形态学鉴定

将保藏于 4℃冰箱中的菌种移植到直径 9cm 的 PDA 平板上活化，用打孔器在菌落边缘取直径 5mm 的菌块，然后转接至新的 PDA 上，置于 24℃、黑暗下培养。每个处理重复

---

* 第一作者：徐杉，男，在读博士研究生，牧草病害研究领域学习；E-mail：xush12@lzu.edu.cn

** 通讯作者：李彦忠；E-mail：liyzh@lzu.edu.cn

3 次，观察并记录菌落的形态、颜色、有无菌核等性状。

菌落在 PDA 平板上培养 10 天后，挑取培养物在显微镜下观察分生孢子形态，并测量分生孢子平均大小（n=50）、形状、有无刚毛等。

1.3　分子生物学鉴定

1.3.1　病原菌总 DNA 的提取和扩增

采用 Omega 真菌 DNA 提取试剂盒进行真菌 DNA 提取，参照其说明书进行 DNA 的提取。对提取的 DNA 进行 ITS 序列的扩增，其上下游引物分别为 ITS1 和 ITS4。PCR 扩增为 25μL 体系进行，各组分如下：1μL dNTP，12.5μL Taq mix，1μL primer ITS1，1μL primer ITS4，加 ddH$_2$O 至 25μL。扩增程序为：94℃ 预变性 5min；进入循环，94℃ 变性 40s，54℃ 退火 40s，72℃ 延伸 1min，30 个循环；72℃ 延伸 10min，4℃ 保存（White et al. 1990）。反应结束后，取 5μL 扩增产物，进行 1% 琼脂糖凝胶电泳检测。观察扩增产物的大小，并送至公司进行测序。

1.3.2　病原菌 rDNA-ITS 序列同源性比较

将菌株的 rDNA-ITS 序列在 NCBI 网站上用 BLAST 软件与 GenBank 中已知种属的 rDNA 进行序列比对和同源性分析，确定所试序列的 18S，ITS1，5.8S，ITS2，28S 区域。将比对的序列提交到 GenBank 中，获得相应的序列登录号。然后用 MEGA 5.0 软件的邻位加入法（neighbor-joining，NJ），对试验菌和相关豆类刺盘饱进行系统发育树构建。

1.4　致病性测定和柯赫氏法则（Koch's rule）验证

用 3 皿病原菌配制成浓度为 1×10^6/mL[1] 孢子悬浮液，对生长 2 周的 10 株箭筈豌豆幼苗进行喷雾接种。无菌水作为对照，接种另外 10 株幼苗（Gossen et al. 2009）。接种后，将花盆浇水至饱和，用黑色塑料袋覆盖，置于（25±2）℃温室中培养。24h 后，将塑料袋取下。转至温室培养 2 周后，观察病斑。若接种成功，从发病病斑中再次分离病原菌，并与原接种菌进行比较，确定再分离病原菌。

2　结果与分析

2.1　病菌的培养性状和形态学观察

分离的病原物炭疽菌的初为白色轮纹菌落，7 天后，菌落形成黑色纶纹状，圆形，边缘粉白色、整齐，菌丝较疏，向培养基内部生长。14 天后，菌落表面产生黑色菌核。正面和背面形成同心黑色轮纹。

分生孢子为直孢子，单胞。平均大小为 19.0μm×4.0μm。刚毛黑褐色，单生在分生孢子盘上，基部宽，顶部尖，1 至 2 个分隔，长度为 30～110μm。

2.2　病菌 ITS 区段通用引物扩增与序列分析

测得的序列用 Clustal W 比较后，将比对后的序列提交至 Genbank，序列编号 KJ809557。提交序列 541bp，1～10 为 18S，11～191 为 ITS1，192～345 为 5.8S，346～506 为 ITS2，507～541 为 28S。经过与 GenBank 上登录的已有序列进行比对同源性分析后，本研究菌物与 *Colletotrichum lentis*（JQ005766）同源性达到 99%。本研究进一步采用 MEGA 5.0 软件的 NJ（neighbor-joining）聚类分析法，以 *Botryosphaeria dothid* 为外群，构建了本研究病原菌与相关刺盘孢种的系统发育树。发现研究菌株与 *C. lentis*（JQ005766）位于同一分支，与其他 *Colletotrichum* sp. 菌株距离分支较远，且其自展率为 98%（图）。

2.3 致病性测定和柯赫氏法则 (Koch's rule) 验证

接种病原菌孢子悬浮液的箭筈豌豆幼苗叶片和茎秆全部产生炭疽症状,接无菌水的幼苗无任何症状产生。对产生炭疽症状的幼苗进行再分离,得到上述相同病原菌。根据柯赫氏法则,证明接种菌为引致箭筈豌豆炭疽病的病原菌。

3 结论与讨论

根据病原菌的形态和生物学特征,以及 ITS 序列同源性比较,致病性测得的结果,确定庆阳箭筈豌豆炭疽病的病原菌为小扁豆刺盘孢 (*Colletotrichum lentis*)。*C. lentis* 初命名为平头刺盘孢,2014 年经过形态学和分子生物学重新鉴定,认为 *C. lentis* 属于广义毁灭刺盘孢,重新命名为小扁豆刺盘孢 (Damm *et al.*,2014)。

炭疽菌属分布广,种类多,分生孢子、附着胞形态差异微小,而且不稳定,因此,利用形态学确定菌株种类在实际操作中存在较大困难 (曾大兴,2002;朱桂宁等,2007)。真菌在 rDNA-ITS 区段既具保守性,又在属间及同属不同种间存在着广泛的多态性,核糖体 DNA-ITS 转录区可以用于了解炭疽菌属的进化系统和发展情况 (赵杰,2004;Sreenivasaprasad *et al.*,1996)。因此,本研究通过形态学和分子生物学结合的方法,鉴定并确定病原菌到种水平。

C. lentis 常在加拿大小扁豆上发现。本研究表明,箭筈豌豆为 *C. lentis* 的新寄主,中国为 *C. lentis* 的新分布地区。

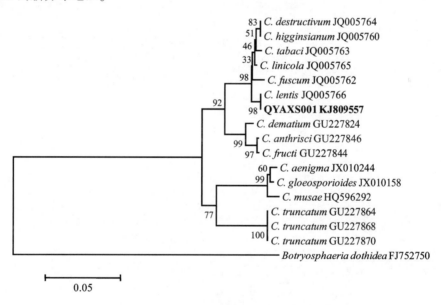

图 用 MEGA 5.0 软件的 NJ 法构建的箭筈豌豆刺盘孢菌株与
其他刺盘孢和外群菌株的系统发育树

参考文献

[1] 方中达. 植病研究方法 [M]. 北京:中国农业出版社,1998:1–427.

[2] 焦彬. 农区绿肥饲料兼用作物——箭筈豌豆 [J]. 作物杂志,1985 (1):0–26.

［3］ 洪汝兴，李荣．肥饲粮兼用作物——箭筈豌豆［J］．中国种业，1985（3）：6.

［4］ 刘云波，赵一之．蒙古高原野豌豆属植物的分类研究［J］．内蒙古大学学报（自然科学版），2001，32（1）：66－73.

［5］ 宋敏，于洪柱，娄玉洁，等．山野豌豆生物学特性及其利用［J］．草业与畜牧，2011（4）：005.

［6］ 曾大兴．炭疽菌属几个重要种的分子系统学研究［J］．植物病理学报，2002，32（4）：372－373.

［7］ 朱桂宁，蔡健和，胡春锦，等．广西山药炭疽病病原菌的鉴定与ITS序列分析［J］．植物病理学，2008，37（6）：572－577.

［8］ 赵杰．ITS序列分析及其在植物真菌病害分子检测中的应用［J］．陕西农业科学，2004：35－37.

［9］ Damm U，O'Connell RJ，Groenewald JZ，*et al.* The *Colletotrichum destructivum* species complex-hemi-biotrophic pathogens of forage and field crops［J］．Studies in mycology，2014，79：49－84.

［10］ Dearness J.，1926. New and Noteworthy Fungi：IV［J］．Mycologia，18，236－255.

［11］ Gossen B，Anderson K，Buchwaldt L. Host specificity of *Colletotrichum truncatum* from lentil［J］．Canadian Journal of Plant Pathology，2009：65－73.

［12］ Sreenivasaprasad S，Meehan B，Mills P. Phylogeny and systematics of 18 *Colletotrichum* species based on ribosomal DNA spacer sequences［J］．Genome，1996：499－512.

［13］ Weimer J. A new species of *Colletotrichum* on Vetch. Phytopathology，1945，35：977－990.

［14］ White TJ，Bruns T，Lee S，*et al.* Amplification and direct sequencing of fungal ribosomal RNA genes for phylogenetics［J］．PCR protocols：a guide to methods and applications，1990，18：315－322.

用平皿法评价苜蓿种质根和根颈腐烂病抗病性[*]

李雪萍[1,2][**]　漆永红[1]　郭　成[1]　王晓华[1]　刘　丹[2]　李敏权[1,2][***]

（1. 甘肃省农业科学院，兰州　730070；2. 甘肃农业大学草业学院，兰州　730070）

摘　要：以水琼脂培养基为基质，19 个苜蓿品种为材料，采用平皿法测定种质特性与病害发病率及病情指数的关系，评价苜蓿种质抗病性。其具体做法是：把 20 粒经表面消毒的苜蓿种子摆放在接种了苜蓿根和根颈腐烂病病原（三种镰刀菌）的水琼脂培养基的表面，置于 20℃培养箱培养 7 天后，观察记载发病情况，病害共分 5 级（0 级—健康无病；1 级—幼苗初生根尖部位出现坏死斑点症状，但不软腐；2 级—幼苗初生根上出现变软和腐烂症状；3 级—坏死幼苗，萌发种子幼苗胚根腐烂；4 级—霉烂坏死的种子或不萌发而腐烂的种子）。分别测定尖孢镰刀菌（*Fusarium oxysporum*）、锐顶镰刀菌（*F. acuminatum*）和半裸镰刀菌（*F. semitectum*）对 19 个苜蓿品种发病率、病情指数及发芽率的影响，结果表明：19 个苜蓿品种发病率与发芽率之间存在着显著差异。同时还测定了品种发病率与种质特性之间的相关性，结果发现种子千粒重，幼苗胚根鲜重，胚根长度等与发病率的相关性没有达到显著水平。而种子发芽率不论是在人工接种或不接种病原镰刀菌条件下，皆与病害的发病率存在显著负相关。

关键词：苜蓿；根和根颈腐烂病；抗病性；平皿法

植物种质资源的抗病性鉴定和筛选是开展病原致病性研究和抗病品种选育和利用的基础工作和核心技术。客观评价和鉴定种质抗病性，传统的做法是根据植物种类和病原类群灵活采用各种途径和方法：从植物生育期来看，可分为苗期鉴定、成株期鉴定；从试验条件上可分为大田鉴定、温室鉴定、实验室鉴定；从试验的地点选择上来看，可分为异地鉴定、本地鉴定；从鉴定材料来看，可用活体鉴定、离体鉴定；从发病条件看，可分为自然接种鉴定、人工接种鉴定；从鉴定手段上可分为群体鉴定、单株鉴定、器官鉴定、组织鉴定、细胞鉴定、生化技术鉴定及近年发展起来的分子鉴定等，当然还有些根据研究工作的侧重点不同，还从抗性机制上进行研究。这些方面也有成功的典型，仍有许多存在的难题（方中达，1998；李敏权，1995；徐素珍等，1985；李振岐，1995）。但不论采取什么方法，植物抗病性鉴定的基本要求是一致的，即目标明确，结果可靠，方法简便，快速，易于标准化。

苜蓿品种根和根颈腐烂病抗病性鉴定方面前人已做了大量的工作，尤其在抗病性鉴定技术方面亦有许多研究和探索。1974 年 Salter R 专门著文介绍了用斜面板法（Slantboard）

---

　* 基金项目：国家公益性行业（农业）计划项目"作物根腐病综合治理技术方案"子项目"西北地区麦类及蔬菜根腐类病害综合治理"（项目编号：201503112-3）

　** 第一作者：李雪萍，女，博士研究生，从事草地生物多样性及植物病理学研究；E-mail：lixueping0322@126.com

　*** 通讯作者：李敏权，教授，主要从事植物病理学研究；E-mail：lmq@gsau.edu.cn

进行根部病害抗病性鉴定的方法及所需要的设备，随后这种方法逐渐得以应用。Letth KT（1978）利用斜面板法评价了4种病原镰刀菌的致病性及8个苜蓿品种抗病性。Grau CR（1991）比较了在人工气候控制室和大田条件下苜蓿对轮枝菌引起的黄萎病的抗性评价方法。Tung M（1994）通过对四个苜蓿种群对丝核菌茎腐病的抗病性研究，探讨了进行苜蓿丝核菌茎腐病抗病性鉴定所需要的样品大小及重复次数，是一项很有意义的研究。Calpas JT（1994）则从轮枝黄萎病菌在苜蓿植株体内的分布趋势来进行抗性鉴定。Huang HC（1991）利用苜蓿轮枝菌黄萎病的抗性鉴定研究，建立了从育苗、接种到评价的操作规范。

1 材料与方法

1.1 供试品种

共19个供试品种，由甘肃省草原生态研究所及甘肃农业大学草业学院提供（表1）。

1.2 供试菌种

供试菌种为苜蓿根和根颈腐烂病病原菌尖孢镰刀菌（*Fusarium oxysporum*）、锐顶镰刀菌（*F. acuminatum*）和半裸镰刀菌（*F. semitectum*），由甘肃农业大学植物保护系植物病理实验室提供。

1.3 平皿培养法

采用改进的 Altier NA（1995）评价苜蓿种质对腐霉幼苗猝倒病抗病性的方法。具体做法是，先将供试菌种在马铃薯庶糖琼脂培养基（PSA）上培养7天，然后从培养皿中菌落边缘部位切下一块直径为4mm的菌饼（镰刀菌菌丝和分生孢子），置于事先制好的水琼脂（WA）培养皿中央，在26℃培养箱中培养3天后，然后将经0.1%升汞消毒2min的苜蓿种子20粒，无菌水冲洗3遍后，均匀排列在带菌水琼脂培养基上，在26℃培养箱中生长7天后，计测发病率和病情指数。试验设3重复，以不接菌的WA培养基上同样处理的20粒种子为对照（图1）。

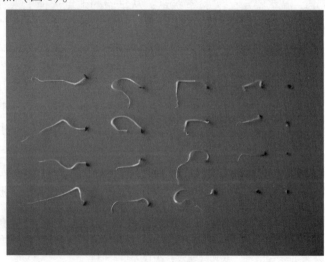

图1 对照种子

1.4 病害分级标准及抗病性测定

以苜蓿胚根上的发病症状准确计测。病害共分5级，0级—健康无病。1级—幼苗初生根尖部位出现坏死斑点症状，但不软腐。2级—幼苗初生根上出现变软和腐烂症状。3级—坏死幼苗，萌发种子幼苗胚根腐烂。4级—霉烂坏死的种子或不萌发而腐烂的种子（图2）。

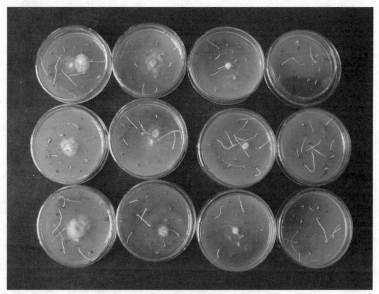

图2　平皿法评价苜蓿种质抗病性

$$病害发病率（\%）=（发病幼苗数/种子总数）\times 100$$
$$病情指数（DI）=（\sum 各级发病株数\times 病害分级代表值）/（4\times 种子总数）$$

1.5 品种种质测定

用发芽率作为测定标准，即培养5天时的（发芽种子数/总种子数）×100%。

1.6 试验结果统计与分析

将试验所得数据用SAS统计软件进行处理。

2 结果与分析

2.1 品种间抗病性评价

由表1、表2及表3可见，各品种接种不同的病原菌后的发病率达到了显著差异水平，说明品种的抗病性是不同的。但品种间的病情指数差异不明显。

2.2 品种间发芽率测定

由表4可见，各品种接种不同的病原菌后的发芽率达到了显著差异水平，说明品种的发芽率是不同的。

表1　用平皿法评价不同品种的相对发病率（%）

品种	来源	尖孢镰刀菌	品种	锐顶镰刀菌	品种	半裸镰刀菌
德宝	荷兰	63.3A	陕北	65.0A	陕北	56.7A

（续表）

品种	来源	尖孢镰刀菌	品种	锐顶镰刀菌	品种	半裸镰刀菌
晋南	中国	56.7AB	图牧2号	58.3AB	德宝	51.0AB
甘农2号	中国	50.0ABC	庆阳	56.0ABC	晋南	50.0AB
陕北	中国	50.0ABC	德宝	46.7BCD	庆阳	48.7AB
公农2号	中国	46.7BCD	晋南	46.7BCD	龙牧801	45.0ABC
图牧2号	中国	43.3BCDE	草原1号	45.0BCD	公农2号	40.0BC
龙牧801	中国	38.3CDEF	塞特	41.7CD	图牧2号	38.3BCD
庆阳	中国	35.0DEF	甘农2号	41.7CD	甘农2号	38.3BCD
塞特	荷兰	31.7EF	新疆大叶	41.7CD	阿尔冈金	38.3BCD
金皇后	加拿大	30.0EF	三德利	41.7CD	塞特	36.7BCDE
新疆大叶	中国	30.0EF	阿尔冈金	40.0D	三德利	36.7CDEF
草原1号	中国	30.0EF	公农2号	40.0D	德福	31.7CDEF
三德利	荷兰	28.3FG	龙牧801	40.0D	金皇后	30.0CDEF
巨人201	美国	26.7FG	金皇后	25.0E	巨人201	30.0CDEF
阿尔冈金	加拿大	26.7FG	德福	23.3E	柏拉图	23.3DEFG
柏拉图		26.7FG	草原2号	18.3E	新疆大叶	20.0FG
德福	荷兰	25.0FG	柏拉图	16.7E	草原1号	21.7EFG
草原2号	中国	25.0FG	甘农3号	16.7E	草原2号	18.3FG
甘农3号	中国	15.0G	巨人201	11.5E	甘农3号	12.7G

注：（1）表中数据为接种第7天统计的3次重复平均值

（2）同一栏目中标有相同字母的表示在 $P=0.05$ 水平上无显著差异

表2　用平皿法评价不同品种的相对病情指数

品种	来源	尖孢镰刀菌	品种	锐顶镰刀菌	品种	半裸镰刀菌
巨人201	美国	42.2A	庆阳	29.9A	甘农3号	28.7A
三德利	荷兰	33.9AB	龙牧801	26.8AB	庆阳	28.1AB
德宝	荷兰	27.4BC	图牧2号	25.5AB	陕北	25.5ABC
金皇后	加拿大	27.3BC	甘农3号	25.1AB	德宝	24.7ABCD
柏拉图		27.2BC	陕北	24.3AB	柏拉图	24.7ABCD
阿尔冈金	加拿大	26.7BC	三德利	24.2AB	龙牧801	24.3ABCD
庆阳	中国	25.6BC	德宝	24.1AB	三德利	24.2ABCD
草原1号	中国	25.5BC	草原1号	24.0AB	巨人201	24.2ABCD
德福	荷兰	25.4BC	草原2号	23.9AB	阿尔冈金	23.9ABCD

（续表）

品种	来源	尖孢镰刀菌	品种	锐顶镰刀菌	品种	半裸镰刀菌
图牧 2 号	中国	24.2C	金皇后	23.7AB	塞特	23.6BCD
龙牧 801	中国	24.0C	公农 2 号	23.1AB	金皇后	22.4CD
草原 2 号	中国	23.3C	甘农 2 号	23.1AB	公农 2 号	22.3CD
晋南	中国	22.7C	柏拉图	23.1AB	晋南	22.1CD
甘农 2 号	中国	22.7C	阿尔冈金	22.9AB	德福	22.1CD
公农 2 号	中国	22.3C	晋南	22.4AB	图牧 2 号	21.5CD
甘农 3 号	中国	21.7C	新疆大叶	22.3AB	草原 2 号	21.1CD
陕北	中国	21.5C	德福	22.1AB	甘农 2 号	21.1CD
塞特	荷兰	21.4C	塞特	22.0AB	草原 1 号	21.0CD
新疆大叶	中国	21.4C	巨人 201	18.2AB	新疆大叶	20.2D

注：（1）表中数据为接种第 7 天统计的三重复平均值

（2）同一栏目中标有相同字母的表示在 $P = 0.05$ 水平上无显著差异

表3 用平皿法评价不同品种的相对发芽率（%）

品种	来源	尖孢镰刀菌	品种	锐顶镰刀菌	品种	半裸镰刀菌	CK
甘农 3 号	中国	96.7A	甘农 3 号	96.7A	甘农 3 号	90.0A	100
巨人 201	美国	91.7AB	巨人 201	91.7AB	柏拉图	90.0A	95
三德利	荷兰	88.3ABC	柏拉图	88.3ABC	新疆大叶	85.0AB	75
柏拉图		85.0BC	德福	86.7ABC	草原 1 号	81.7ABC	85
阿尔冈金	加拿大	85.0BC	草原 2 号	86.7ABCD	草原 2 号	80.0ABC	95
德福	荷兰	85.0BC	金皇后	81.7ABCD	德福	76.7ABC	90
金皇后	加拿大	83.3BCD	草原 1 号	76.7BCD	塞特	71.7BCD	70
草原 1 号	中国	81.7BCD	塞特	75.0CD	三德利	71.7BCD	80
草原 2 号	中国	81.7BCD	龙牧 801	73.3CD	阿尔冈金	71.7BCD	90
庆阳	中国	78.3CDE	三德利	73.3CDE	庆阳	71.7BCD	70
龙牧 801	中国	73.3DEF	公农 2 号	73.3CDE	金皇后	70.0BCD	95
塞特	荷兰	73.3DEF	阿尔冈金	70.0DEF	公农 2 号	70.0BCD	60
新疆大叶	中国	73.3DEF	陕北	68.3DEF	德宝	70.0BCD	90
图牧 2 号	中国	70.0EFG	新疆大叶	65.0EF	巨人 201	68.3BCD	95
德宝	荷兰	66.7FG	晋南	63.3EF	龙牧 801	68.3BCD	85
公农 2 号	中国	66.7FG	甘农 2 号	63.3EF	陕北	66.7CD	80
甘农 2 号	中国	61.7GH	图牧 2 号	61.7EF	甘农 2 号	66.7CD	75
陕北	中国	60.0GH	庆阳	55.7EF	图牧 2 号	66.7CD	75
晋南	中国	53.3GH	德宝	35.0G	晋南	58.3D	85

注：（1）表中数据为接种第 7 天统计的三重复平均值

（2）同一栏目中标有相同字母的表示在 $P = 0.05$ 水平上无显著差异

2.3 品种抗病性与种质特性相关性分析

2.3.1 尖孢镰刀菌发病率与发芽率的相关性分析

如图3所示，发病率和发芽率呈显著的负相关，与其他的种质特性不相关。

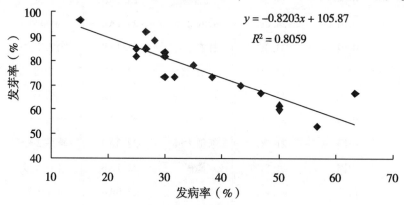

图3 接种尖孢镰刀菌的发芽率与发病率

2.3.2 锐顶镰刀菌发病率与种质特性相关性分析

如图4所示，结果与接种尖孢镰刀菌后的基本一致。

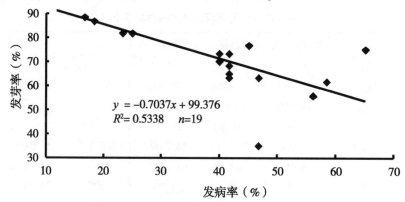

图4 接种锐顶镰刀菌后发芽率与发病率的关系

2.3.3 半裸镰刀菌发病率与种质特性相关性分析

如图5所示，结果与接种尖孢镰刀菌后的基本一致。

3 讨论

首先，利用平皿法测定苜蓿种质根和根颈腐烂病抗病性以往未见到过同类研究报道，从本实验结果看，平皿法能保证被测种质相对大群体，对于植物学材料，尤其是像苜蓿这样的杂合群体来讲，更具有优越性。同时该法易于操作，条件也很容易控制，便于使测定技术程序标准化。加之测定所需时日较少，更能减少误差。因此是一项相对其他测定方法更为优越的可推荐技术。有望通过进一步研究，作为测定镰刀菌类，甚至真菌引起的根部病害抗病性测定的重要手段加以推广应用。同时据 Altier NA（1995），Hawhorne BT（1988）及 Hancock JG（1983）在苜蓿腐霉根腐病抗性测定实验结果来看，平皿培养法对于其他根部病害的抗病性测定中亦可广泛应用。甚至在评价苜蓿种质特性方面也具有不可比拟的优性。

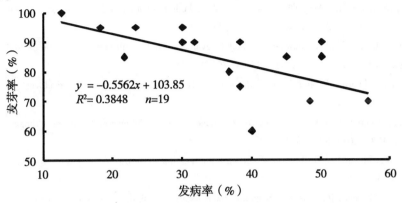

$$y = -0.5562x + 103.85$$
$$R^2 = 0.3848 \quad n=19$$

图5　接种半裸镰刀菌后发芽率与发病率的关系

其次，目前尚未见到过关于苜蓿种质特性，包括品种千粒重，种子发芽率，胚根长度以及胚根鲜重与苜蓿根和根颈腐烂病抗病性之间关系的研究报告。本试验结果表明，苜蓿种子发芽率与品种对根和根颈腐烂病的抗病性呈显著正相关（与发病率呈显著负相关）。这一结果与 Hancock JG（1983）在腐霉以及立枯丝核菌、镰刀菌等引起的幼苗猝倒病抗病性研究时的结论是一致的，此结果似乎说明，种子发芽率与品种对根部病害的抗病性存在一定的关系，此结论有待今后深入广泛研究进一步证实。本试验结果说明，可以用种子发芽率这一指标来衡量苜蓿品种根和根颈腐烂病的抗病性。其可靠性有待今后进一步研究。另外，本试验研究结果表明，苜蓿品种千粒重与根和根颈腐烂病的抗病性不相关，这一结论与 Hawthorne BT（1995）年在研究苜蓿种质腐霉幼苗猝倒病抗病性的结论相反。其原因有待于进一步探索。Sarojak DJ（1975）在其博士论文中，系统报道了立枯丝核菌（Rhizoctonia Solani）对苜蓿的致病性和苜蓿种质抗病性的影响因子。有关苜蓿种质其他特性和苜蓿根和根颈腐烂病抗病性的关系有待于今后进一步研究。

最后，由于平皿法测定时间短，从本实验结果来看，品种之间的病情指数差异不显著，因此，用平皿法评价苜蓿品种抗病性时不宜以病情指数作为指标。有关这一问题尚需进一步研究解决。

参考文献

[1] 方中达. 植病研究法［M］. 北京：中国农业出版社，1998.

[2] 李敏权. 苜蓿根和根茎腐烂病的病原及种质抗病性研究［D］. 甘肃：甘肃农业大学，2002.

[3] 李敏权. 苜蓿根和根颈腐烂病病原致病性及品种抗病性研究［J］. 中国草地，2003，25（1）：39－43.

[4] 徐素珍，陆金土，陈金萍，等. 小麦品种抗赤霉病性鉴定技术及评价标准［J］. 上海农业学报，1985，1（1）：27－3.

[5] Aung M，Rowe DE，Pratt RG. Necessity of replicated measurements for selection of alfalfa plants resistant or susceptible to stem inoculation by sclerotinia trifoliorum［J］. Plant Dis，1994，78：14－17.

[6] Calpas JT，Rahe JE. Distribution of Verticillium albo-atrum in the root systems of resistant and susceptible alfalfa plants［J］. Can. J. Plant Pathol，1994，17：240－246.

［7］ Emberger G，Welty RE. Evaluation of Virulence of *Fusariu oxysporum* f. sp. *medicagins* and *Fusarium wilt* resistance in alfalfa ［J］. Plant Dis. ，1983，67：94 – 98.

［8］ Grau CR，Nygaard SL，Arny DC. Comparison of methods to evaluate alfalfa cultivars for reaction to *Verticillium albo-atrum* ［J］. Plant Disease，1999，75：82 – 85.

［9］ Huang HC，Hanna MR. An efficient method to evaluate Alfalfa cultivars for resistance to *Verticillium* wilt ［J］. Can. J. Plant Sci. ，1991，71：871 – 875.

［10］ Kendall WA，Leath KT. Slant-board Culture methods for root observations of red clover ［J］. Crop Sci. ，1974，14：317 – 320.

［11］ Leath KT，Kendall WA. Fusarium root rot of forage species：Pathogenicity and host range ［J］. Phytopathology. ，1978，68：826 – 831.

［12］ Michand R，Richard C. Evaluation of cultivars for reaction to crown and root rot ［J］. Can. J. Plant Sci. ，1985，65：95 – 98.

［13］ Richard C，Michaud R，Freve A. Selection for resistance to alfalfa root and crown rot resistance in alfalfa ［J］. Crop Sci. ，1980，20：691 – 695.

［14］ Wilcoxson RD，Barnes DK，Frosheiser FI，*et al.* Evaluating and Selecting for reaction to crown rot ［J］. Crop. Sci. ，1977，17：93 – 96.

农业害虫

烟蚜微卫星引物的筛选

蒲　颇* 　张海悦　刘映红**

（西南大学植物保护学院，重庆市昆虫学及害虫控制工程重点实验室，重庆　400715）

摘　要： 为探究重庆烟区烟蚜（*Myzus persicae*）种群遗传多样性，拟从已报道蚜科中选取多态性较好的 40 对微卫星引物，初步筛选出适用于重庆烟区烟蚜种群遗传多样性研究的微卫星标记。结果表明，40 对微卫星引物中有 20 对引物对烟蚜有扩增条带，其同源率为 50.0%。9 对微卫星位点在烟蚜种群上共检测到 60 个等位基因，平均等位基因数为 6.667 个；9 对微卫星引物的平均多态信息含量（PIC）为 0.378 3，平均有效等位基因数（Ne）为 3.969 2，其平均遗传杂合度（h）为 0.651 9。表明所筛选出的 9 对微卫星引物表现出较好的多态性，可用于后续对烟蚜的种群遗传研究。

关键词： 烟蚜；微卫星；多态性；等位基因；遗传多样性

烟蚜（*Myzus persicae*），又名桃蚜（peach aphid），是分布广泛、为害极其严重的农业害虫，更是烟草的重要害虫之一（张广学和钟铁森，1983；Blackman 和 Eastop，1984）。烟蚜是多食性害虫，寄主范围广，为害 50 多科 400 多种植物（Blackman 和 Eastop，1984；张建亮等，2000；李军，2005）。除直接取食为害外，烟蚜还能传播至少 115 种植物病毒（Watson and Plumb，1972；张建亮等，2000），造成更大的经济损失。

微卫星标记（microsatellite，SSR）能通过扩增的串联重复序列分析种群遗传多样性，它较限制性片段长度多态性（restriction fragment length polymorphism，RFLP）、随机扩增多态性（random amplified polymorphic DNA，RAPD）及扩增片段长度多态性（amplified fragment length polymorphism，AFLP）等分子标记具有共显性、多态性丰富、易于检测等特点，被认为是生物群体遗传学研究中极有价值的分子标记（Powell *et al.*，1996；王永模等，2007；高立志等，2013；赖爱萍等，2014）。自 Sunnucks 等（1996）发表 4 对荻草谷网蚜（*Macrosiphum miscanthi*）微卫星位点及引物序列开始，目前已有桃蚜（*M. persicae*）、棉蚜（*Aphis gossypii*）、豌豆蚜（*Acyrthosiphon pisum*）、禾谷缢管蚜（*Rhopalosiphum padi*）、麦二叉蚜（*Schizaphis graminum*）等十多种蚜虫类上百个微卫星引物被开发（Simon *et al.*，2001；Sloane *et al.*，2001；Vanlerberghe *et al.*，1999；Weng *et al.*，2007，2010）。Wilson 等（2002）利用 17 对微卫星引物对澳大利亚西南部 5 个桃蚜种群的遗传多样性进行研究。刘永刚等（2010）基于微卫星标记探讨甘肃省马铃薯桃蚜不同地理种群的遗传分化，表明该省桃蚜种群具有丰富的遗传多样性，且遗传变异主要来自种群内部，种群间的基因交流较少，容易发生遗传漂变。吕召云等（2013）采用 SSR 分子标记对贵州省 25 个烟蚜

＊ 第一作者：蒲颇，男，硕士研究生，研究方向为昆虫生态与害虫综合治理；E-mail：puposl@ swu. edu. cn

＊＊ 通讯作者：刘映红，男，研究员；E-mail：yhliu@ swu. edu. cn

种群进行遗传多样性分析，认为种群的遗传分化不符合地理隔离模式，该省烟蚜种群分化复杂，其原因可能与其特殊地形和气候有关。

由于微卫星标记的特殊性，对引物的筛选是非常必要的。本试验选用已发表的蚜科40对微卫星引物，通过5个不同地理种群对其进行筛选，以期得到在重庆烟蚜种群上具有较高多态性的微卫星引物用于后续种群遗传多样性研究。

1　材料与方法

1.1　材料

1.1.1　样本采集

用于微卫星引物筛选的烟蚜地理种群采自重庆市的5个烟草主产区，分别为酉阳、石柱、彭水、丰都、巫山，寄主均为烟草 *Nicotiana tabacum*。所有供试样本均浸泡于无水乙醇中 –20℃保存，样本详细信息见表1。

表1　重庆烟蚜样本采集地信息表

采集地	代码	地理位置	采集时间
重庆酉阳	YY	108.398 012；28.982 345	2014.06
重庆石柱	SZ	108.283 914；29.572 067	2014.06
重庆彭水	PS	108.314 622；29.236 148	2014.07
重庆丰都	FD	107.573 834；29.593 021	2014.07
重庆巫山	WS	110.015 205；31.060 826	2014.06

1.1.2　引物的选择

参考 Simon 等（2001）、Sloane 等（2001）、Wilson 等（2004）、Vanlerberghe 等（1999）、Weng 等（2007，2010）发表的有关蚜科微卫星标记研究中报道的等位基因较多、多态性较好的40对微卫星引物序列。引物由上海英骏生物有限公司合成。引物信息见表2。

1.1.3　试剂及主要仪器

DNA 提取试剂盒：Promega 公司。DNA 聚合酶、dNTPs、Marker：宝生生物工程（大连）有限公司。丙烯酰胺、N，N′-亚双甲丙烯酰胺、二甲苯青 FF、溴酚蓝、去离子甲酰胺、乙二胺四乙酸钠（EDTA）、$AgNO_3$、过硫酸铵、Tris 碱、TEMED、尿素、冰乙酸、无水乙醇、37% 甲醛、NaOH：北京鼎国生物技术有限公司。

PCR 仪、电泳仪、凝胶成像系统、核酸浓度测定仪：美国 BIO-RAD 公司。常温离心机、微量离心机：德国 Eppendorf 公司。电子天平：上海精天电子仪器厂。纯水系统：无锡科达仪器厂。高压灭菌锅：日本 Tomy Kogyo 公司。

表2　微卫星引物序列及来源

位点	引物序列（5′-3′）	退火温度（℃）	产物大小（bp）	来源	参考文献
M35	GGCAATAAAGATTAGCGATG	55	178~198	烟蚜	Sloane et al., 2001
	TGTGTGTATAGATAGGATTTGTG			M. persicae	
M37	GTGTGAGTAAGTCGTATTG	55	155~157	烟蚜	
	TTGTATTATGTACCTGTGC			M. persicae	
M40	ACACGCATACAAGAATAGGG	55	123~135	烟蚜	
	AGAGGAGGCAGAGGTGAAAC			M. persicae	
M49	CCCATACATACCTCCAAGAC	55	130~199	烟蚜	
	AGAGAGAAAATAGGTTCGTG			M. persicae	
M55	TTAATCAATAACTGCTCAC	50	119~129	烟蚜	
	GAAGTAGGCAGACACG			M. persicae	
M62	CGCTGGGGACGAAAAACCTG	60	127~143	烟蚜	
	AACAAAAAACCGAAAACCCG			M. persicae	
M63	GCGGTTTTCTTTGTATTTTCG	48	163 207	烟蚜	
	GATTATGGTGCTCGGTGG			M. persicae	
M77	ACACTGCAATCGTGTTATAC	55	138	烟蚜	
	TTATATTGTATGGGCGGCGG			M. persicae	
M86	TCCACTAAGACCTCAAACAC	48	97~141	烟蚜	
	ATTTATTATGTCGTTCCGCC			M. persicae	
M107	TAAAAAACACACAATACACA	48	133~145	烟蚜	
	GACACCAATGAATGACC			M. persicae	
myz 2	TGGCGAGAGAGAAAGACCTGC	65	177~207	烟蚜	
	TCGGAAGACAGAGACATCGAGA			M. persicae	
myz 9	AACCTCACCTCGTGGAGTTCG	65	204~238	烟蚜	
	CTTGGATGTGTGTGGGGTGC			M. persicae	
myz 3	GGTGTCCTGCGTTATGATTATG	55	111~125	烟蚜	
	ATTCTTTTCCCGGCAGTTTAC			M. persicae	
myz 25	GATTATGGTGCTCGGTGG	55	119~126	烟蚜	
	GCGGTTTTCTTTGTATTTTCG			M. persicae	
A. go24	TTTTCCCGGCACACCGAGT	55	114~155	棉蚜	Vanlerberghe et al.,
	GCCAAACTTTACACCCCGC			A. gossypii	1999

（续表）

位点	引物序列（5'-3'）	退火温度（℃）	产物大小（bp）	来源	参考文献
A. go53	TGACGAACGTGGTTAGTCGT	55	112～118	棉蚜	
	GGCATAACGTCCTAGTCACA			A. gossypii	
A. go59	GCGAGTGGTATTCGCTTAGT	55	150～205	棉蚜	
	GTTACCCTCGACGATTGCGT			A. gossypii	
A. go66	TCGGTTTGGCAACGTCGGGC	63	133～166	棉蚜	
	GACTAGGGAGATGCCGGCGA			A. gossypii	
A. go69	CGACTCAGCCCCGAGATTT	55	95～117	棉蚜	
	ATACAAGCAAACATAGACGGAA			A. gossypii	
A. go84	GACAGTGGTGAGGTTTCAA	55	102～122	棉蚜	
	ACTGGCGTTACCTTGTCTA			A. gossypii	
ApEST05	TTTCCCATCGAACAAGATAC	55	180	豌豆蚜	Weng et al.，2007
	TAGATTCTGAGTGGAGCGAT			A. pisum	
ApEST18	CGCAGTGATATGCTTCCTA	55	210	豌豆蚜	
	AAACAATGGATGGATTATGC			A. pisum	
ApEST41	TCTTGCTTAACTGCACACAC	55	308	豌豆蚜	
	TCTTGCTTAACTGCACACAC			A. pisum	
ApEST42	CTCGCTCACTCCGCACTC	65	248	豌豆蚜	
	CTCGCTCACTCCGCACTC			A. pisum	
Apg20	CCGATGCAGTAGTTCTCATT	60	199	豌豆蚜	
	ACACACACACACACACACAA			A. pisum	
SmS16b	ATAAAACAAAGAGCAATTCC	55	166～206	荻草谷网蚜	Wilson et al.，2004
	GTAAAAGTAAAGGTTCCACG			S. miscanthi	
SmS17b	TTCTGGCTTCATTCCGGTCG	65	182～227	荻草谷网蚜	
	CGTCGCGTTAGTGAACCGTG			S. miscanthi	
SmS23	GGTCCGAGAGCATTCATTAGG	65	122～156	荻草谷网蚜	
	CGTCGTTGTCATTGTCGTCG			S. miscanthi	
Sm10	TCTTCTCTATACACCTATAAAC	55	86～120	荻草谷网蚜	
	TTATGCTAATCTCACAATAC			S. miscanthi	
Sm11	AACCCTACGGGTAACGCC	55	144～155	荻草谷网蚜	
	GGTACCCCTATGTTATTACGCG			S. miscanthi	

位点	引物序列（5′-3′）	退火温度（℃）	产物大小（bp）	来源	参考文献
R5.10	CCGACTAAGCTTAATATTGTTTG	55	256~274	禾谷缢管蚜	Simon et al., 2001
	CGGTTCGGAGAACATAAGAG			R. padi	
R2.73	CGTAGACCGCCGCGGG	63	262~285	禾谷缢管蚜	
	GTCGTTTCTGGTCAGCGGCC			R. padi	
R6.3	CGAAATGTACCCACTATAAAC	55	161~183	禾谷缢管蚜	
	CAAATTTAAATGTATAATCAATG			R. padi	
R5.50	TGTTACGCGGAGTGTGTAGG	55	297~403	禾谷缢管蚜	
	CCACAGAGCGTTGTCATC			R. padi	
Sgg01	GCCCTGTTAATTTGTCGACG	60	308	麦二叉蚜	Weng et al., 2007
	AGAAGCCCCCCAGTCGACGC			S. graminum	
Sgg02	GCCCGTATATAGTTAATGTATGA	60	262	麦二叉蚜	
	GGTATTATTCCCCGTAACTGC			S. graminum	
Sgg03	GAATAATACCGTTTATTATGGTA	63	212	麦二叉蚜	
	AAGCCCCGAAACCTCAACCG			S. graminum	
Sgg08	CTTTAACATTCCTCGCTGAC	55	160~220	麦二叉蚜	Weng et al., 2010
	CATTATACGTGCACAAATCG			S. graminum	
Sgg12	CAACGTTCTGAAGGTGTTTC	55	150~200	麦二叉蚜	
	CGAGCTAGTGCTACACATTG			S. graminum	
Sgg13	AAATCGAGTGCGAGAGTTTA	63	500	麦二叉蚜	
	GTTGTTGTTGTTGTTGTTGC			S. graminum	

1.2　方法

1.2.1　基因组 DNA 提取

基因组 DNA 提取参照 Promega 公司的 Genomic DNA Purification Kit 说明书进行。以核酸浓度测定仪检测 DNA 浓度，以 1.0% 琼脂糖凝胶电泳检查基因组 DNA 的完整性，于 −20℃ 保存备用。

1.2.2　PCR 扩增

PCR 扩增反应总体积为 25μL，其中 10×buffer 2.5μL，Mg^{2+}（25mmol/L）1.5μL，dNTPs（10 mmol/L）2.0μL，上下游引物（20μmol/L）各 0.15μL，模版 DNA 约为 25 ng，rTaq DNA 聚合酶（5 U/μL）0.25μL，不足 25μL 的部分以 ddH_2O 补齐（Sloane et al., 2001）。反应程序采用 Touchdown PCR 程序（Sunnucks et al., 1996）：94℃预变性 2min，94℃变性 15s，以 v，w，x，y℃退火 30s，每温度循环 1 次，72℃延伸 45s，然后以 z℃退火 30s，循环次数为 38，72℃最后延伸 2min（引物退火温度见表2）。

1.2.3 电泳及结果记录

PCR 产物以 3% 琼脂糖电泳进行初检测，选择目的片段在 50~500bp 的产物。取 3μL 初选扩增产物在 6% 变性聚丙烯酰胺凝胶 80V 电泳 2h，其中电泳缓冲液为 1×TBE。电泳结束后，常规银染法染色，照相并保存。

1.2.4 数据分析

按照电泳图谱中同一位置上 DNA 条带进行统计，记录条带清晰、稳定出现的扩增带，根据分子量大小依次记作 A、B、C……。采用 PopGene v1.32（Yeh et al., 1999）计算各个微卫星引物在不同地理种群的有效等位基因数（effective number of alleles, Ne）、遗传杂合度（genetic heterozygosity, h）、多态信息含量（polymorphism information content, PIC）。

2 结果

2.1 PCR 扩增结果及初筛选

40 对微卫星引物在烟蚜种群中扩增片段的长度为 83~527bp，部分 PCR 扩增结果如图 1 所示。其中，ApEST18、SmS17b、M35、M37、M40、myz25、Sgg02、Sgg13、R5.10 等 20 对引物能有效扩增，其余引物皆无扩增条带，扩增有目的条带概率为 50%。

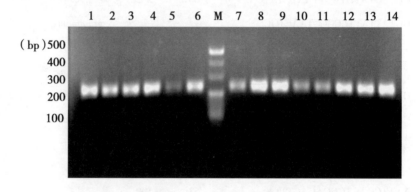

图 1 微卫星位点 myz9 在烟蚜上的部分扩增结果

M：20 bp DNA Ladder；1~14：14 个试验材料重复

2.2 变性聚丙烯酰胺凝胶电泳结果分析

经 6% 变性聚丙烯酰胺凝胶电泳的再次筛选，20 对在烟蚜种群上有扩增条带的引物中，只有 9 对引物表现出多态性，分别是 myz3、myz9、myz25、M35、M40、M49、M55、M63 及 M86，均来源于烟蚜种群，因此选择该 9 对引物作为其微卫星标记进行多态性分析。部分结果如图 2 所示。

2.3 等位基因组成及多态性分析

5 个烟蚜地理种群在 9 对微卫星位点共检测到 60 个等位基因，平均每个位点为 6.667 个等位基因。多态性位点为 56 个，多态性位点比例（percentage of polymorphic bands, PP）为 93.33%。其中，位点 M63 的等位基因数目最多，为 13 个；位点 myz25 的等位基因数目最少，仅为 4 个（表 3）。

有效等位基因数、遗传杂合度及多态信息含量等是判定基因位点多态性的重要指标。由表 3 可知，9 对微卫星引物的平均多态信息含量为 0.378 3，变化范围为 0.131 6~

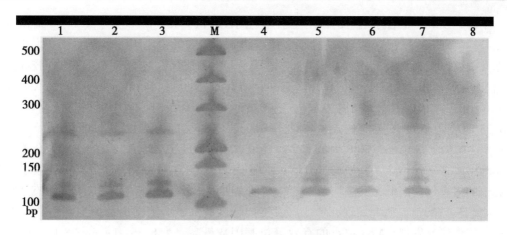

图2 部分 SSR-PCR 扩增结果

M：DL500 Marker；1~8：8个试验材料重复

0.512 3；其平均有效等位基因数为 3.969 2，变化范围为 2.363 4 ~ 8.351 1；其平均遗传杂合度为 0.651 9，变化范围为 0.454 3 ~ 0.794 5。

表3 9对微卫星位点在5个烟蚜种群的多样性指数

位点	样本数	等位基因数	有效等位基因数 Ne	遗传杂合度 h	多态信息含量 PIC
myz3	15	6	3.101 2	0.454 3	0.462 8
myz9	15	7	4.543 7	0.606 4	0.501 1
myz25	15	4	2.363 4	0.549 2	0.512 3
M35	15	6	3.131 6	0.674 4	0.371 7
M37	15	5	3.287 6	0.765 6	0.493 4
M40	15	6	3.052 7	0.784 3	0.434 6
M55	15	5	3.095 9	0.527 1	0.301 2
M63	15	13	8.351 1	0.794 5	0.131 6
M86	15	8	4.795 5	0.711 0	0.195 8
Mean	15	6.666 7	3.969 2	0.6519	0.378 3

3 讨论

遗传多态性（genetic polymorphism）是指在一个生物群体中，同时和经常存在两种或多种不连续的变异型或基因型（genotype）或等位基因（allele）。研究者一般采用平均观测等位基因数（observed number of alleles，Na）、有效等位基因数（Ne）、多态性位点比例（PP）、遗传杂合度（h）、多态信息含量（PIC）等遗传指标来表示遗传多样性的高低（周延清，2005；高帆等，2012）。本研究选用多态信息含量、遗传杂合度和有效等位基因数 3 个作为衡量微卫星引物适用性高低的指标。

本研究发现，适合于烟蚜的微卫星引物通用性较低，其同源率仅为50%，9对微卫星位点共检测到60个等位基因，平均每个位点为6.667个等位基因，多态性位点为56个，多态性位点比例为93.33%，说明这9对微卫星引物等位基因数丰富，且多态性较高。多态信息含量（PIC）是衡量基因位点多态性常用指标之一。据 Botstein 等（1980）的标准，当 PIC > 0.5 时，该位点为高度多态位点；0.25 < PIC < 0.5 时，为中度多态性位点；PIC < 0.25 时，为低度多态性位点。本研究中 myz9、myz25 为高度多态性位点，分别为0.501 1、0.512 3；M63、M86 为低度多态性位点，分别为0.131 6、0.195 8；其余5对引物均为中度多态性位点。其平均多态信息含量为0.378 3。平均杂合度的高低代表了该分子标记的多态性的高低，其平均杂合度越高，说明用作分子标记的基因位点的多态性越高（王永模等，2007）。研究发现，各位点遗传杂合度较高，所筛选出的微卫星引物的多态性较好。本研究发现，M63 位点的有效等位基因数最高，为8.351 1；myz25 位点的等位基因数最少，为2.363 4；其平均有效等位基因数为3.969 2，这也符合其观测等位基因数的趋势。

4 结论

综合多态信息含量、遗传杂合度及有效等位基因数等3项指标表明，本研究所筛选的9对微卫星引物在烟蚜上有较高的遗传多样性，适用于后续重庆烟区烟蚜种群遗传结构的研究。

参考文献

[1] 赖爱萍，易龙，苏华楠. 赣南柑橘溃疡病菌 SSR 引物筛选 [A]. 2014 年中国植物保护学会学术年会 [C]，2014.

[2] 李军. 诱导条件下蚜虫生态学反应 [D]. 杨凌：西北农林科技大学，2005.

[3] 刘永刚，漆永红，李慧霞，等. 甘肃不同地理种群桃蚜的遗传相似性 [J]. 2010，43（15）：3 134 – 3 142.

[4] 吕召云，杨茂发，师沛琼，等. 贵州省烟蚜遗传多样性分析 [J]. 2013，46（13）：2 685 – 2 694.

[5] 高立志，刘映红，万宣伍，等. 柑橘大实蝇微卫星标记的筛选 [J]. 中国农业科学，2013，46（15）：3 285 – 3 292.

[6] 高帆，张宗文，吴斌. 中国苦荞 SSR 分子标记体系构建及其在遗传多样性分析中的应用 [J]. 中国农业科学，2012，45（6）：1 042 – 1 053.

[7] 王永模，沈佐锐，高灵旺. 微卫星标记及其在蚜虫种群生物学研究中的应用 [J]. 昆虫学报，2007，50（6）：621 – 627.

[8] 张广学，钟铁森. 中国经济昆虫志第二十五册同翅目蚜虫类 [M]. 北京：科学出版社，1983.

[9] 周延清. DNA 分子标记技术在植物研究中的应用 [J]. 北京：化学工业出版社，2005：131 – 143.

[10] Blackman RL, Eastop VF. Aphids on the world's crops: An identification and information guide [M]. John Wiley，1984.

[11] Boststein D, White RL, Skolnick M, et al. Construction of agenetic linkage map in man using restriction fragment lengthpolymorphisms [J]. American Journal of Human Genetics，1980，32：314 – 331.

[12] Powell W, Morgante M, Andre C, et al. The comparison of RFLP, RAPD, AFLP and SSR（microsatel-lite）markers for germplasm analysis [J]. Molecular Breeding，1996，2：225 – 238.

[13] Simon JC, Leterme N, Delmotte F, et al. Isolation andcharacterization of microsatellite loci in the aphid

species, *Rhopalosiphumpadi*. Molecular Ecology Notes, 2001, 1: 4 – 5.

[14] Sloane MA, Sunnucks P, Wilson AC, *et al*. Microsatellite isolation, linkage group identification anddetermination of recombination frequency in the peachpotato aphid, *Myzus persicae* (Sulzer) (Hemiptera: Aphididae) [J]. Genetics Research, 2001, 77: 251 – 260.

[15] Sunnucks P, England PR, Taylor AC, *et al*. Microsatellite and chromosome evolution of parthenogenetic *Sitobion* aphids in Australia [J]. Genetics, 1996, 144: 747 – 756.

[16] Vanlerberghe P, Chavigny P, Fuller SJ. Characterization of microsatellite loci inthe aphid species *Aphis gossypii* Glover [J]. Molecular Ecology, 1999, 8: 685 – 702.

[17] Watson MA, Plumb RT. Transmission of plant-pathogenic viruses by aphids [J]. Annual review of entomology, 1972, 17 (1): 425 – 452.

[18] WengYP, AzhaguvelGJ, Michels J, *et al*. Cross-species transferability of microsatellite markers from six aphid (Hemiptera: Aphididae) speciesandtheir use for evaluating biotypic diversity in two cereal aphids. Insect Molecular Biology, 2007, 16: 613 – 622.

[19] WengYP, Perumal A, Burd JD, *et al*. Biotypic diversity in greenbug (Hemiptera: Aphididae): microsatellite-based regional divergence andhost-adapted differentiation [J]. Journal of Economic Entomology, 2010, 103 (4): 1 454 – 1 463.

[20] Wilson AC, Sunnucks P, BlackmanRL, *et al*. Microsatellitevariation in cyclically parthenogenetic populations of *Myzus persicae* in south-eastern Australia [J]. Heredity, 2002, 88: 258 – 266.

[21] Wilson AC, Massonnet B, Simon JC, *et al*. Cross-species amplification of microsatellite loci in aphids: assessment and application [J]. Molecular Ecology Notes, 2004, 4: 104 – 109.

[22] Yeh F, Yang R, Boyle T. Popgene version 1. 31 quick user guide [M]. University of Albert and Center for Inter forestry Res.

暗黑鳃金龟气味结合蛋白 HparOBP26
基因克隆与序列分析*

房迟琴[1,2]** 张鑫鑫[1,2] 刘丹丹[1] 李克斌[1] 樊 东[2] 张 帅[1] 尹 姣[1]***

（1. 中国农业科学院植物保护研究所，北京 100193；

2. 东北农业大学，哈尔滨 150036）

摘 要：在暗黑鳃金龟成虫触角转录组测序和分析的基础上，通过 RT-PCR 技术克隆得到气味结合蛋白 HparOBP26 的编码序列，利用生物信息学方法对暗黑鳃金龟气味结合蛋白 HparOBP26 的理化性质、物种间同源性、保守结构域、信号肽、亲水性/疏水性、蛋白质二级结构进行预测分析。分析表明，暗黑鳃金龟气味结合蛋白 HparOBP26 全长451bp，编码127个氨基酸（其中包含信号肽21个氨基酸），等电点6.10，属于 OBP 结合蛋白家族，属于亲水性蛋白；二级结构以α螺旋为主，含有6个α螺旋区。分析结果对于深入研究暗黑鳃金龟气味结合蛋白 HparOBP26 在其取食、交配中的作用奠定了基础。

关键词：气味结合蛋白；基因克隆；序列分析

自然界中，昆虫个体之间、昆虫与环境之间的信息传递是维持物种生存与发展的重要原因之一，而昆虫灵敏的嗅觉在其寻找食物、配偶、躲避天敌、识别同种个体、选择产卵地点等生存繁殖等密切相关的活动中起到关键作用[1]。触角作为感受外界环境的直接器官成为嗅觉系统中不可或缺的一部分，其中的各种有功能的蛋白则是维持正常嗅觉的基础，主要有气味结合蛋白、气味受体、化学感受蛋白、感受神经元膜蛋白、气味降解酶等[2]。其中，昆虫触角气味结合蛋白是一类水溶性的蛋白，呈酸性，多肽链全长约144个氨基酸，相对分子量较小，一般为15~17kDa，N-末端有一段20个氨基酸左右的信号肽，序列中有6个保守的半胱氨酸位点，具有相似的水溶性及次级结构[3]。

暗黑鳃金龟（*Holotrichia parallela* Motschulsky），属鞘翅目（Coleoptera），金龟总科（Scarabeidae），鳃金龟科（Melolonthidae），是我国严重发生的地下害虫优势类群[4]，在我国的主要农作物种植区均有分布。其以幼虫蛴螬为害为主，取食作物根部、嫩茎和其他地下组织，造成农产品品质下降、植株衰弱、作物缺株断行，甚至绝产。地下害虫的防治长期以来一直采用化学防治幼虫为主，然而化学防治存在着难以作用到目标害虫、污染环境、杀伤天敌和产生抗药性等问题。因此，采用"地下害虫，地上防治""防治成虫，控制幼虫"的策略，寻找一种高效、无污染的暗黑鳃金龟成虫防治新途径已成为当务之急。

* 基金项目：国家自然科学基金（31371997）

** 第一作者：房迟琴，女，硕士，东北农业大学，学生，专业为农业昆虫与害虫防治；E-mail：chiqinstudy@163.com

*** 通讯作者：尹姣，研究员，专业方向为昆虫分子生物学和行为学；E-mail：ajiaozi@163.com，jyin@ippcaas.cn

气味结合蛋白作为嗅觉识别的重要蛋白，对暗黑鳃金龟气味结合蛋白的研究不仅为明确暗黑鳃金龟对寄主识别机制奠定基础，也为暗黑鳃金龟的无害化防治提供了可能。因此，本文在暗黑鳃金龟成虫触角转录组测序和分析的基础上，通过 RT-PCR 技术克隆得到气味结合蛋白 HparOBP26 的编码序列，利用生物信息学方法对暗黑鳃金龟气味结合蛋白 Hpar-OBP26 的理化性质、物种间同源性、保守结构域、信号肽、亲水性/疏水性、蛋白质二级结构进行预测分析，为更深入了解气味结合蛋白的功能奠定基础。

1 材料与方法

1.1 供试虫源与主要试剂

试虫暗黑鳃金龟成虫于 2014 年 7 月在河北省沧州市郊区采集。采集后的成虫置于 25℃ 养虫室饲养，用镊子拔取成虫触角，置于液氮中速冻，于 −80℃ 保存。

总 RNA 提取试剂 Trizol 购自 Invitrogen 公司；cDNA 第一链合成试剂盒、AgaroseGel DNA Purification Kit Ver. 2.0 试剂盒购自 TaKaRa 公司；MIX 购自北京博迈德科技发展有限公司；感受态细胞 Trans 5α Chemically Competent Cell、DNA Marker 购自全式金公司；pGEM-TEasy vector 购自 promega 公司；其余试剂均购自上海生工生物工程股份有限公司。引物由上海生工生物工程股份有限公司合成，测序由北京华大基因生物技术公司完成。

1.2 试验方法

1.2.1 总 RNA 提取及 cDNA 第一链合成

从 −80℃ 冰箱取出 100 头暗黑鳃金龟成虫触角，将其倒入事先预冷的无 RNA 酶的研钵中，加入液氮，迅速研磨，向研钵中加入 1mL Trizol，充分混匀，小心转移至离心管中，室温静置 5min，加入 200μL 氯仿，振荡器混匀，室温孵育 5min，4℃，12 000 ×g，离心 15min，将上层水相移至新的离心管，加入 500uL 异丙醇，室温孵育 10min，再次 4℃，12 000 ×g，离心 10min，弃上清液，向管内加入 1mL 75% 乙醇（DEPC 水配制），4℃，7 500 ×g，离心 5min，洗去杂质，超净台晾干 RNA 沉淀，加入适量 DEPC 水溶解沉淀。

按照反转录系统说明书进行反转录合成 cDNA 第一链，作为 RT-PCR 的模板。

1.2.2 目的基因 PCR 扩增

在暗黑鳃金龟成虫触角转录组测序和分析的基础上，利用 Primer Premier 5 设计 Hpar-OBP26 的简并引物，引物序列如下：

HparOBP26F：5′-TTTGAAATACCCGACCATGCC-3′，

HparOBP26R：5′-TTATTTTGTAGGCTTTTTCGGAATT-3′。

以上述反转录得到的 cDNA 为模板，在 PCR 仪中扩增除编码 HparOBP26 的核苷酸序列。RT-PCR 反应体系为 25μL，其中，cDNA 模板 2μL，2×mixture 12.5μL，上下游引物各 0.5μL，其余用去离子水补足。PCR 反应条件：95℃ 预变性 3min，35 个循环条件：94℃ 30s，60℃ 30s，72℃ 30s，最后 72℃ 延伸 10min。扩增产物用 1% 琼脂糖凝胶电泳检测。

1.2.3 PCR 产物克隆及序列测定

按照 Agarose Gel DNA Purification Kit Ver. 2.0 试剂盒说明书，对 PCR 产物进行胶回收，将回收产物与 pGEM-TEasy vector 4℃ 过夜连接。取适量连接体系转化到 Trans 5α Chemically Competent Cell，进行蓝白斑筛选，随机挑取 5 个阳性克隆，送到公司测序。

1.2.4 序列分析

序列分析由 DNAman 软件完成，蛋白质的理化性质由 ProtParam（http://web.expasy.org/protparam/）分析，利用 SignalP4.0（http://www.cbs.dtu.dk/services/SignalP/），以及 ProtScale（http://web.expasy.org/protscale/）分析蛋白质的信号肽和疏水性，NCBI Conserved Domains 数据库（http://www.ncbi.nlm.nih.gov/Structure/cdd/）完成用来分析蛋白质的保守区域，在线软件 Jpred（http://www.compbio.dundee.ac.uk/www-jpred/）预测蛋白质二级结构。

2 结果与分析

2.1 暗黑鳃金龟气味结合蛋白 HparOBP26 基因的克隆

以反转录获得的 cDNA 为模板，利用 HparOBP26 的特异性引物进行 PCR 扩增，获得 320bp 左右的片段（图1）。对其进行胶回收，胶回收产物与 pGEM-TEasy vector 4℃过夜连接，转化到 Trans 5α Chemically Competent Cell，随机挑取 5 个阳性克隆，过夜培养，将菌液送到公司测序，测序结果与理论序列一致，表明 HparOBP26 序列（去除信号肽部分）已连接到 pGEM-TEasy vector 上。

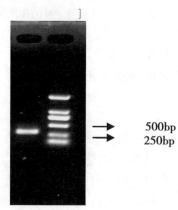

M：DNA分子量标准Trans 2k DNA Marker

1：HparOBP26 基因扩增产物

图1 暗黑鳃金龟气味结合蛋白 HparOBP26 基因扩增结果

2.2 序列分析

HparOBP26 基因片段全长为 451bp，其中开放阅读框长 321bp，含起始密码子 ATG，终止密码子 TAA，有一个多聚腺苷酸信号序列 AATAAA（图2）。HparOBP26 编码 127 个氨基酸，N 端带有 21 个氨基酸的信号肽，含有 6 个保守的半胱氨酸，具有 OBP 蛋白家族的典型特征。

起始密码子 ATG 和终止密码子 TAA 以双下划线显示；预测信号肽为单下划线；多聚腺苷酸信号序列为方框内显示；在保守位点上的半胱氨酸用黑色大号字母表示。

利用 NCBI BLAST network server，对 HparOBP26 进行 BLASTP，从中选取相似性高的暗黑鳃金龟 OBP 序列 9 种，基于序列的同源性比较发现（表），HparOBP26 与 HparOBP6 的同源性较高，平均相似度在 44.35%；与其余的 8 种 HparOBP 的相似度均低于 30%。

```
  1    CCAATATGAAGCACATCATCTCGTTTCTTCTTATTTCAGTGTTTATGTTATTCCAGAAGA
  1        M  K  H  I  I  S  F  L  L  I  S  V  F  M  L  F  Q  K

 61    GTCATTGTTTTGAAATACCCGACCATGCCGATGAGTGTTTGCAAGAGTTAGGTATGGATT
 19      S  H  C  F  E  I  P  D  H  A  D  E  C  L  Q  E  L  G  M  D

121    CAAGTGAGCTGCAGGATTTGAGAGAAAAACGGCGCGATAACATTGAACCGACGCACAATG
 39      S  S  E  L  Q  D  L  R  E  K  R  R  D  N  I  E  P  T  H  N

181    GTAAATGTTTAGCCCTTTGCATTGCAAAACGAGGTGGTTATGTTAAAGATACTGGAGTTA
 59      G  K  C  L  A  L  C  I  A  K  R  G  G  Y  V  K  D  T  G  V

241    ATGAGGAAGCTATTTTGAAAGGGCTACCTGCTGGCGTTTCTGTAAACTTTGAACAATGTC
 79      N  E  E  A  I  L  K  G  L  P  A  G  V  S  V  N  F  E  Q  C

301    GACCATCAAGTGACGCTGATGATTGCGAAAAGTTTTATAAAATATTTGAATGTCTTCGAC
 99      R  P  S  S  D  A  D  D  C  E  K  F  Y  K  I  F  E  C  L  R

361    AGCAAATTCCGAAAAAGCCTACAAAATAAATTACTAACTGCTCTGTCTGAAATATATTGA
119      Q  Q  I  P  K  K  P  T  K  *

421    AATAAATGAATAAATTATGTAAATTAAAAAA
```

图 2 暗黑鳃金龟气味结合蛋白 HparOBP26 核苷酸序列及其推导氨基酸序列

表 暗黑鳃金龟 OBP 氨基酸序列同源性比较（%）

	OBP26	OBP6	OBP8	OBP21	OBP17	OBP16	OBP14	OBP9	OBP2
HparOBP26	100								
HparOBP6	44.35	100.00							
HparOBP8	21.77	19.83	100.00						
HparOBP21	20.97	14.88	45.32	100.00					
HparOBP17	16.67	15.74	11.02	10.26	100.00				
HparOBP16	19.05	15.45	16.43	15.83	68.06	100.00			
HparOBP14	24.58	21.74	18.18	16.03	30.88	30.54	100.00		
HparOBP9	20.49	15.13	19.85	19.26	25.00	27.54	47.12	100.00	
HparOBP2	20.16	14.05	25.71	23.02	20.47	20.13	17.73	16.55	100.00

借助 MEGA5.0 软件，采用邻位相结法构建了鞘翅目部分昆虫气味结合蛋白的系统进化树（图4）。经过 500 次重复后，清楚地呈现了赤拟谷盗（*Tribolium castaneum*）、黄粉

虫（*Tenebrio molitor*）、中欧山松大小蠹（*Dendroctonus ponderosae*）、铜绿鳃金龟（*Anomala corpulenta*）、大黑鳃金龟（*Holotrichia oblita*）与暗黑鳃金龟 HparOBP26 的亲缘关系。从图中可以发现 HparOBP26 与 HparOBP6、HoblOBP18、HoblOBP10、HparOBP11 处于同一分支上，表明它们的亲缘关系较近。

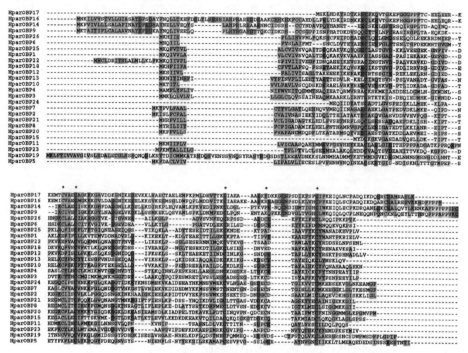

图3 暗黑鳃金龟 OBP 氨基酸序列同源性比较

采用邻位相接法，其中，赤拟谷盗 *Tribolium castaneum* 简写为 Tcas、黄粉虫 *Tenebrio molitor* 简写为 Tmol、中欧山松大小蠹 *Dendroctonus ponderosae* 简写为 Dpon、铜绿鳃金龟 *Anomala corpulenta* 简写为 Acor、大黑鳃金龟 *Holotrichia oblita* 简写为 Hobl，暗黑鳃金龟 *Holotrichia parallela* 简写为 Hpar。

使用 ProtParam 蛋白质理化性质预测网站预测分子量对 HparOBP26 进行理化性质预测。HparOBP26 相对分子量是 14 475.6，理论等电点为 6.08，说明 HparOBP26 是酸性蛋白质；其脂肪系数为 80.63，总平均亲水性系数为负值，表明该蛋白是亲水性蛋白。

ProtScale 程序用来绘制蛋白质的亲疏水性序列谱，反映蛋白质的折叠情况。蛋白质折叠时会形成疏水内核和亲水表面，同时在潜在跨膜区出现高疏水值区域。暗黑鳃金龟气味结合蛋白 HparOBP26 亲水性/疏水性分析借助工具 ProtScale，HparOBP26 疏水性最强位点出现在 12 位，分值为 2.978，这个位置的氨基酸是缬氨酸（Valine，V）；HparOBP26 亲水性最强位点出现在 47、48 位点，分值为 -3.067，这 2 个位点的氨基酸分别是谷氨酸（Glutanine，E）、赖氨酸（Lysine，K）。ProtParam 对 HparOBP26 的预测结果显示其具有平均亲水性，ProtScale 的预测结果显示 HparOBP26 的大部分区域为亲水性，两个预测结果均证明 HparOBP26 是亲水蛋白质。

蛋白质二级结构主要有 α 螺旋，β-折叠，β-转角，无规则卷曲。利用二级结构预测服务器 Jpred4.0，预测 HparOBP26 二级结构（图6）。结果显示，HparOBP26 含有 6 个 α 螺旋结构，α 螺旋氨基酸占整个氨基酸的 68.5%，说明 HparOBP26 二级结构以 α 螺旋为主。

**图4 暗黑鳃金龟 HparOBP26 同其他鞘翅目昆虫气味结合
蛋白序列构建的系统进化树**

3 讨论

过去几十年间，有 8 个目 40 多种昆虫的 OBPs 被分离和鉴定出来[5]。截至 2015 年 6 月 20 日，NCBI 数据库已公布的鳞翅目 OBP 有 700 余种，而鞘翅目 OBP 不到 200 种。鞘翅目昆虫主要为赤拟谷盗（*Tribolium castaneum*）OBP（51 种）、中欧山松大小蠹 OBP（*Dendroctonus ponderosae*）（42 种）、暗黑鳃金龟 OBP（29 种）、铜绿鳃金龟（*Anomala corpulenta*）OBP（19 种）。相比之下，鞘翅目昆虫 OBP 的研究工作开展的较少。

典型的 OBPs 基因通常具有 6 个保守的 Cys 位点，且分别交叉形成 3 个二硫键（Cys I-CysIII，CysII-CysV，CysIV-CysVI）。根据气味结合蛋白序列中半胱氨酸的数量和序列特征可分成不同的亚型：Classic OBPs（具有上述所有特征）、Dimer OBPs（具有两个 6-Cys）、Plus-C OBPs（拥有 8 个保守的半胱氨酸和 1 个脯氨酸位点）、Minus-C OBPs（缺失两个保守的半胱氨酸位点，即 2 号半胱氨酸位点和 5 号半胱氨酸位点）、Atypical OBPs（具有 9～10 个半胱氨酸位点和长的碳末端）[6~7]。

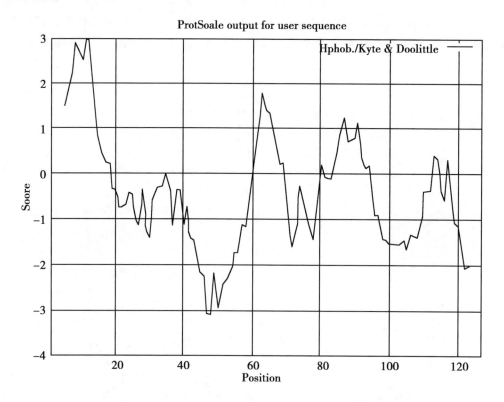

图 5　暗黑鳃金龟气味结合蛋白 **HparOBP26** 亲水性╱疏水性分析

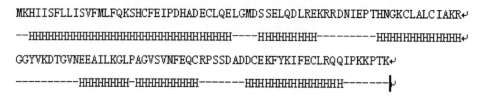

图 6　暗黑鳃金龟气味结合蛋白 **HparOBP26** 二级结构分析

H，α 螺旋结构；E，β-折叠结构

　　根据 OBPs 蛋白中半胱氨酸位点（Cys）的数量和位置的保守性，李飞等对昆虫纲鳞翅目、直翅目、鞘翅目、膜翅目、双翅目、半翅目的气味结合蛋白氨基酸序列模式进行分析，明确鞘翅目昆虫 OBP 一般模式为 C_1- X_{22-44}- C_2-X_3- C_3- X_{21-42}- C_4- X_{8-12}- C_5- X_8- C_6（X 为任意氨基酸），或者是 C_1- X_{21-68}- C_2-X_3- C_3- X_{21-46}- C_4- X_{8-28}- C_5- X_{8-9}- C_6（X 为任意氨基酸），虽然存在两种结构，但两个模式共同表明第 2 位和第 3 位 Cys 通常间隔 3 个氨基酸，第 5 位和第 6 位 Cys 通常间隔 8/9 个氨基酸[8]。本试验通过 RT-PCR 技术克隆得到气味结合蛋白 HparOBP26 基因，推导该基因编码的氨基酸序列，HparOBP26 全长 451bp，编码 127 个氨基酸（其中包含信号肽 21 个氨基酸），编码的氨基酸序列中包含 7 个半胱氨酸位点，即位于信号肽中的 1 个半胱氨酸和 6 个保守的半胱氨酸位点（图 3）。这 6 个保守的半胱氨酸所在位置如下：C_1- X_{29}- C_2- X_3- C_3- X_{32}- C_4- X_8- C_5-X_8- C_6（X 为任意氨基酸），符合鞘翅目普通气味结合蛋白的模式。

　　HparOBP26 等电点 6.10，呈酸性，属于 PBP_ GOBP 结合蛋白家族，属于亲水性蛋白。HparOBP26 二级结构以 α 螺旋为主，含有 6 个 α 螺旋区，这 6 个 α 螺旋区可能形成一个类似瓶状的结合位点，以供气味化合物结合。本研究对 HparOBP26 的分析结果，对于预测 HparOBP26 的三级结构、探索 HparOBP26 与化合物的结合、以及不同 OBP 的功能具有理论指导意义。

参考文献

［1］ Daria S. Hekmat-Scafe，Charles R. Scafe，Aimee J. Mckinney，and Mark A. Tanouye. Genome-Wide Analysis of the Odorant-binding protein gene family in *Drosophila melanogaster* ［J］. Genome Research，（12）：1 357 – 1 369，2002. 6. 1.

［2］ 胡颖颖，徐书法，AbebeJ. Wubie，李薇，国占宝，周婷. 昆虫嗅觉相关蛋白及嗅觉识别机理研究概述 ［J］. 基因组学与应用生物学，2013，32（5）：667 – 676.

［3］ Steinbrecht R A. Laue M. Ziegelberger G. Innunolocalization of pheromone-binding protein and general olfactory sensilla of the silk moths *Antheraea* and *Bombyx* ［J］. Cell Tissue Res.，1995：203 – 217.

［4］ 罗宗秀，李克斌，曹雅忠，尹姣，张杰，张静涛，尚光强. 河南部分地区花生地下害虫发生情况调查 ［J］. 植物保护，2009，35（2）：104 – 108.

［5］ Zhou J. J.，Chapter ten. Odorant-binding protein in insect. Vitamins & Hormones 2010，83：241 – 272.

［6］ Vieira FG，Sanchez-GraciaA，Rozas J. Comparative genomic analysis of the odorant-binding protein family in 12 *Drosophila* genomes：purifying selection and birth-and-death evolution ［J］. Genome Biology，2007，8：235.

［7］ Gong DP，Zhang HJ，Zhao P，XiaQY，Xiang ZH. The odorant binding protein gene family from the genome of silkworm，*Bombyx moru* ［J］. BMC Genomics，2009，10：332.

［8］ Xu YL，He P，Zhang L，Fang SQ，Dong SL，Zhang YJ，Li F. Large-scale identification ofodorant-binding proteins and chemosensory proteins from expressed sequence tags in insects. BMC Genomics，2009，10：632.

暗黑鳃金龟化学感受蛋白 HparCSP17 序列分析[*]

张鑫鑫[1,2][**]　　房迟琴[1,2]　　刘丹丹[1]　　尹　姣[1]　　于洪春[2]　　张　帅[1]　　李克斌[1][***]

(1. 中国农业科学院植物保护研究所，北京　100193；

2. 东北农业大学，哈尔滨　150030)

摘　要：在暗黑鳃金龟成虫触角转录组测序和分析的基础上，通过 RT-PCR 技术克隆得到化学感受蛋白 HparCSP17 的编码序列，利用生物信息学方法对暗黑鳃金龟化学感受蛋白 HparCSP17 的理化性质、物种间同源性、保守结构域、信号肽、亲水性/疏水性、蛋白质二级结构进行预测分析。分析表明，暗黑鳃金龟化学感受蛋白 HparCSP17 全长 641bp，编码 130 个氨基酸（其中包含信号肽 18 个氨基酸），等电点 6.31，属于 OS-D superfamily 结合蛋白家族，属于亲水性蛋白；二级结构以 α 螺旋为主。分析结果对暗黑鳃金龟化学感受蛋白 HparCSP17 随后研究有着指导意义。

关键词：暗黑鳃金龟；化学感受蛋白；序列分析

化学通讯是昆虫个体之间，以及与周遭环境传递和接收信息至关重要的方式，是属于生命的一种普遍属性。嗅觉系统是感受化学通讯最主要的生理系统。参与此过程的蛋白主要有化学感受蛋白（odorant binding proteins，OBPs）、化学感受蛋白（chemosensory proteins，CSPs）、气味受体（olfactory receptors，ORs）、气味降解酶（odorant degrading enzymes，ODEs）以及感觉神经元膜蛋白（sensory neuron membrane proteins，SNMPs）等。近年来，对昆虫 CSPs 功能的研究越来越深入。CSPs 广泛存在于昆虫各种化学感受器的淋巴液中，是一类低分子量、酸性、可溶性结合蛋白[1]，具有高度保守的区域结构，相对分子量平均为 13kDa，多肽链全长 100~115 个氨基酸，其氨基酸序列的典型特征是具有 4 个保守的半胱氨酸残基，序列相似性较高[2]。CSPs 除在昆虫嗅觉信号识别过程中发挥着重要的角色外，还可能参与调节昆虫的生长发育、寻找寄主和取食以及感受机械刺激等生理功能。昆虫化学感受蛋白的深入研究，对于阐明昆虫与环境化学信息联系规律、昆虫行为反应本质原因，探索害虫综合治理和益虫利用效率新途径，开辟创制昆虫行为控制剂新领域等具有重要的理论和实践意义。

暗黑鳃金龟（*Holotrichia parallela* Motschulsky），是鞘翅目鳃金龟科昆虫。该虫分布广，为害重，是世界范围内一类重要的地下害虫[3]。鳃金龟幼虫以植物、农作物的根为食，取食量大，造成农作物减产甚至绝产。其幼虫防控困难，传统的化学防治方法靶标性差，污染严重。对昆虫嗅觉识别机制的阐明，有助于人们开发更加有效，更加绿色的防治手段来控制害虫。本文在暗黑鳃金龟成虫触角转录组测序和分析的基础上，利用生物信息学方法对暗黑鳃

---

* 基金项目：国家自然科学基金（31371997）

** 第一作者：张鑫鑫，硕士，专业为植物保护；E-mail：13936346303@139.com

*** 通讯作者：李克斌，研究员，研究方向为昆虫生理；E-mail：kbil@ippcaas.cn

金龟化学感受蛋白 HparCSP17 的理化性质、物种间同源性、保守结构域、信号肽、亲水性/疏水性、蛋白质二级结构进行预测分析，为更深入了解其功能提供理论依据。

1 材料与方法

1.1 供试虫源

供试昆虫暗黑鳃金龟成虫采集于 2014 年 7 月河北省沧州市郊区。25℃养虫室饲养，用镊子拔取成虫触角，置于液氮中速冻，−80℃保存。

1.2 分析方法

序列分析由 DNAman 软件完成，其蛋白质的理化性质由 ProtParam（http://web.expasy.org/protparam/）分析，利用 SignalP4.0（http://www.cbs.dtu.dk/services/SignalP/），以及 ProtScale（http://web.expasy.org/protscale/）分析蛋白质的信号肽和疏水性，NCBI Conserved Domains 数据库（http://www.ncbi.nlm.nih.gov/Structure/cdd/）完成用来分析蛋白质的保守区域，在线软件 Jpred（http://www.compbio.dundee.ac.uk/www-jpred/）预测蛋白质二级结构。

2 结果与分析

2.1 序列分析

HparCSP17 基因片段全长 641bp，开放阅读框长 393bp，含起始密码子 ATG，终止密码子 TGA（图 1）。

```
121  AAGACACTTAGAAGTGTGAAGTAGTTTAGTGCGAACAAAAATGTGTAAAGTATTCATATT
1                                               M  C  K  V  F  I  L

181  AGTAATTATTGCCTTGGTGGTTGCTGTTACTTCAGAAAAAACGGACGATGACAAAGAACA
15   V  I  I  A  L  V  V  A  V  T  S  E  K  T  D  D  D  K  E  Q

241  ATATACTTCACAATACGATGGAATCGATATACCCGCGTTACTTGCCAACAGACGATTAGT
35   Y  T  S  Q  Y  D  G  I  D  I  P  A  L  L  A  N  R  R  L  V

301  GTTAGGATATTGTAAATGCCTTTTTGGGCAAAGGAGCTTGCAGTCCAGATGGTGCTGAATT
55   L  G  Y  C  K  C  L  L  G  K  G  A  C  S  P  D  G  A  E  L

361  GAAACGTGTTCTTCCTGAAGCCCTCGAAACAAATTGTGTTAAATGCAGTGAAAAACATAG
75   K  R  V  L  P  E  A  L  E  T  N  C  V  K  C  S  E  K  H  R

421  AAATGGCGCACGATTAGTGCTTAATCACCTCATCGACCATGAAGCTAAATGTTGGAAGGA
95   N  G  A  R  L  V  L  N  H  L  I  D  H  E  A  K  C  W  K  E

481  GCTGGAGGAGAAATTTGATCCAGAAGGAACATATGTAAAAAAATACAAAGAAGAATATAA
115  L  E  E  K  F  D  P  E  G  T  Y  V  K  K  Y  K  E  E  Y  K

541  ATTAAAGGATTGAGTGTTTATTACATATACACATATTATTGCAGGAACTATATGATGTAA
135  L  K  D  *
```

图 1 暗黑鳃金龟 HparCSP17 核苷酸序列及推导氨基酸序列

在 NCBI Conserved Domains 数据库分析蛋白质的保守区域，发现 HparCSP26 属于 OS-

D superfamily 结合蛋白家族。HparCSP17 编码 131 个氨基酸，N 端带有 18 个氨基酸的信号肽，含有 4 个保守的半胱氨酸，符合化学感受蛋白家族的典型特征。起始密码子 ATG 和终止密码子 TGA 以双下划线显示；预测信号肽为红色单下划线；在保守位点上的半胱氨酸以黄色底纹突显。

利用 NCBI BLAST network server，对 HparCSP17 进行 BLASTP，从中选取相似性高的暗黑鳃金龟 CSP 序列 8 种，基于序列的同源性比较发现（表 1），HparCSP17 与 HparC-SP13 的同源性较高，平均相似度在 58.54%；与其余的 7 种 HparCSP 的相似度约在 48%，符合其序列相似度高的特点（图 2）。

表 1 暗黑鳃金龟 CSPs 序列同源性比较 （%）

	CSP17	CSP13	CSP11	CSP10	CSP14	CSP2	CSP7	CSP8
HparCSP17	100.00							
HparCSP13	58.54	100.00						
HparCSP11	52.42	57.14	100.00					
HparCSP10	48.39	52.38	78.29	100.00				
HparCSP14	51.64	48.00	59.06	54.33	100.00			
HparCSP2	49.60	55.56	60.63	62.20	59.06	100.00		
HparCSP7	38.84	39.84	43.20	38.40	39.02	41.13	100.00	
HparCSP8	41.67	40.16	45.60	41.60	39.84	40.65	78.40	100.00

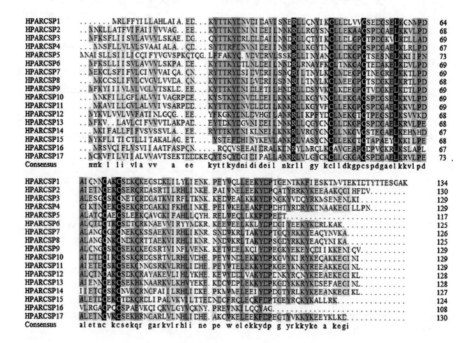

图 2 暗黑鳃金龟 CSPs 序列同源性比较

借助 Mega 5.0 软件，采用邻位相结法对鞘翅目昆虫 57 个化学感受蛋白构建了系统进化树（图3）。经过500次重复后，清楚地呈现了赤拟谷盗（*Tribolium castaneum*）、黄粉虫（*Tenebrio molitor*）、中欧山松大小蠹（*Dendroctonus ponderosae*）、铜绿鳃金龟（*Anomala corpulenta*）、大黑鳃金龟（*Holotrichia oblita*）化学感受蛋白与暗黑鳃金龟HparCSP17的亲缘关系。从图中可以发现HparCSP17与HoblCSP2、HoblCSP13、HparCSP4处于同一分支上，表明它们的亲缘关系较近。

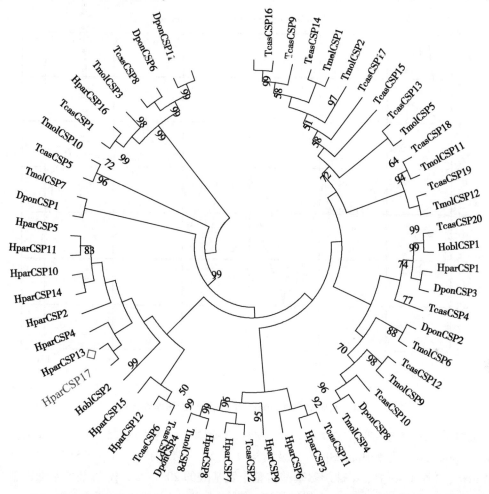

图3 暗黑鳃金龟HparCSP17同其他鞘翅目昆虫化学感受蛋白序列构建的系统进化树

采用邻位相接法，其中，赤拟谷盗（*Tribolium castaneum*）简写为Tcas、黄粉虫（*Tenebrio molitor*）简写为Tmol、中欧山松大小蠹（*Dendroctonus ponderosae*）简写为Dpon、铜绿鳃金龟（*Anomala corpulenta*）简写为Acor、大黑鳃金龟（*Holotrichia oblita*）简写为Hobl，与暗黑鳃金龟（*Holotrichia parallela*）简写为Hpar。

使用ProtParam蛋白质理化性质预测网站预测分子量对HparCSP17进行理化性质预测。HparCSP17相对分子量是14763.1，理论等电点为6.31，说明HparCSP17是酸性蛋白质；半衰期达到30h，不稳定系数超过33.37，说明该蛋白稳定性高；脂肪系数为95.23，总平均亲水性系数为负值，说明该蛋白是亲水性蛋白。

ProtScale程序用来绘制蛋白质的亲疏水性序列谱，反映蛋白质的折叠情况。蛋白质折叠时会形成疏水内核和亲水表面，同时在潜在跨膜区出现高疏水值区域。暗黑鳃金龟 HparCSP17 亲水性/疏水性分析借助工具 ProtScale，HparCSP17 疏水性最强位点出现在 10 位，最大分值为 3.944，这个位置的氨基酸是异亮氨酸（I）；HparCSP17 亲水性最强位点出现在 23 位，分值为-3.278，其氨基酸为天冬氨酸（D）。ProtParam 及 ProtScale 对 HparCSP17 的判断结果均证明其为亲水性蛋白（图4）。

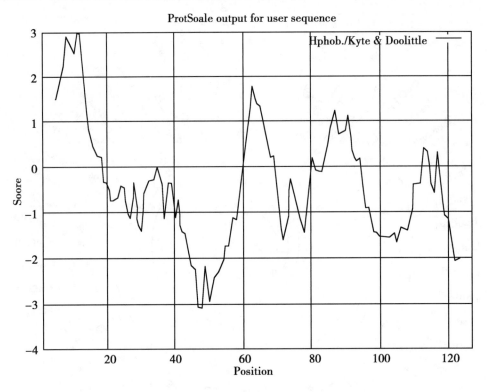

图4　暗黑鳃金龟 HparCSP17 亲水性/疏水性分析

蛋白质二级结构主要有 α 螺旋，β-折叠，β-转角，无规则卷曲。利用二级结构预测服务器 Jpred4.0，预测 HparCSP17 二级结构（图5）。结果显示，HparCSP17 含有 2 个 α 螺旋结构，4 个 β-折叠，α 螺旋氨基酸占整个氨基酸的 20.77%，β-折叠氨基酸占整个氨基酸的 20%，说明 HparCSP17 二级结构以 α 螺旋为主。

图5　暗黑鳃金龟 HparCSP17 二级结构分析

H：α 螺旋结构；E：β-折叠结构

3　讨论

截至目前，对 CSPs 的研究以鳞翅目昆虫的报道居多。化学感受蛋白保守的半胱氨酸序列已成为用以识别它的重要特征，鞘翅目昆虫 CSPs 的半胱氨酸排列方式多为 C1-X6-8-C2-X18-C3-X2-C4（X：任意氨基酸），氨基酸序列间的多样性可能决定了化学感受蛋白家族执行功能的多样性[8]。CSPs 在不同目昆虫中表达普遍，在昆虫的身体的各部位均有表达，分布非常广泛，且目前发现在身体各部分的表达分布具有全面性，同类蛋白在不同物种间表达部位不同，而且雌雄虫中都有表达，且有一定差异性，蛋白种类多样，这些特点表明 CSPs 不同与 OBPs 多专一表达于触角，与 OBPs 主要行使气味结合功能不同，CSPs 可能行使更复杂的化学感受功能[5]，对复杂的环境有更复杂的应答反应。化学感受蛋白`的多种特性使其成为昆虫学界目前研究热点之一。近年来的实验表明，某些化学感受蛋白除了与化学通讯功能相关，可能还与昆虫多种生活行为如取食、发育、交配、免疫、调节、再生以及分型等其他重要生理功能有关[5~7]。最近在主要研究了昆虫化学感受蛋白的生物进化意义后，分子结构，生理功能，与小分子配体的结合能力，表达谱分析，亚细胞定位，以及化学感受蛋白基因 5′调节基因[9]等。

本次分析表明，暗黑鳃金龟化学感受蛋白 HparCSP17 全长 641bp，编码 130 个氨基酸（其中包含信号肽 18 个氨基酸），编码的氨基酸序列中包含 4 个半胱氨酸位点（图1）。这 4 个保守的半胱氨酸所在位置如下：C1- X6- C2- X18- C3- X2- C4（X 为任意氨基酸），符合鞘翅目普通化学感受蛋白的模式。等电点 6.31，属于 OS-D superfamily 结合蛋白家族，为亲水性蛋白；二级结构以 α 螺旋为主。分析结果对暗黑鳃金龟化学感受蛋白 HparCSP17 随后研究中的大量表达以及研究该蛋白的结合特征奠定了良好基础。

参考文献

[1] Picimbon, J. F., K. Dietrich, H. Breer and J. Krieger. Chemosensory proteins of Locusta migratoria (Orthoptera: Acrididae). Insect Biochem [J]. 2000, Mol Biol., 30 (3): 233 – 241.

[2] 龚亮，陈永，程功，等. 昆虫化学感受蛋白 [J]. 昆虫知识，2009，46 (4)：646 – 652.

[3] 罗宗秀，李克斌，曹雅忠，等. 蛴螬无害化防治研究进展 [Z]. 中国湖北武汉：2009.7.

[4] 刘金香，钟国华，谢建军，等. 昆虫化学感受蛋白研究进展 [J]. 昆虫学报，2005，48 (3)：418 – 426.

[5] Guo, W., X. Wang, Z. Ma, L. Xue, J. Han, D. Yu and L. Kang. CSP and Takeout Genes Modulate the Switch between Attraction and Repulsion during Behavioral Phase Change in the Migratory Locust [J]. PLoS Genet, 2001, 7 (2): e1001291.

[6] Gu, S. -H., S. -Y. Wang, X. -Y. Zhang, P. Ji, J. -T. Liu, G. -R. Wang, K. -M. Wu, Y. -Y. Guo, J. -J. Zhou and Y. -J. Zhang. Functional Characterizations of Chemosensory Proteins of the Alfalfa Plant Bug Adelphocoris lineolatus Indicate Their Involvement in Host Recognition [J]. PLoS One, 2012, 7 (8): e42871.

[7] Gu, S. -H., J. -J. Zhou, G. -R. Wang, Y. -J. Zhang and Y. -Y. Guo. Sex pheromone recognition and immunolocalization of three pheromone binding proteins in the black cutworm moth Agrotis ipsilon [J]. Insect Biochemistry and Molecular Biology, 2013, 43 (3): 237 – 251.

[8] Xu YL, He P, Zhang L, Fang SQ, Dong SL, Zhang YJ, Li F. Large-scale identification ofodorant-binding proteins and chemosensory proteins from expressed sequence tags in insects [J]. BMC Genomics, 2009, 10: 632.

[9] Gong, L., G. -H. Zhong, M. -Y. Hu, Q. Luo and Z. -Z. Ren. Molecular cloning, expression profile and 5′ regulatory region analysis of two chemosensory protein genes from the diamondback moth, Plutella xylostella [J]. Journal of Insect Science, 2010, 10.

捕食不同寄主蚜虫对龟纹瓢虫繁殖力的影响*

何成兴[1]** 田育天[2] 张利斌[1] 戴 勋[2] 常 剑[2]

胡保文[2] 林 莉[1] 赵文军[2] 吴文伟[1]***

（1. 云南省农业科学院农业环境资源研究所，昆明 650205；

2. 红塔烟草（集团）有限责任公司，玉溪 653100）

摘 要：2011—2014 年，在室内（25 ± 0.5）℃条件下，利用甘蓝蚜虫、烟草蚜虫和茴香蚜虫分别饲养雌雄配对的龟纹瓢虫成虫，分别观察记录其产卵历期、卵块数、卵粒数以及卵孵化率，其结果表明龟纹瓢虫捕食甘蓝蚜虫、烟草蚜虫和茴香蚜虫的产卵历期分别为（34.3 ± 1.21）c、（61.9 ± 0.83）a 和（46.9 ± 1.33）b 天；卵块数分别为（35.7 ± 2.44）bc、（51.3 ± 0.47）a 和（33.7 ± 1.93）b 块；卵粒数分别为（288.6 ± 7.31）b、（363.6 ± 4.32）a和（196.8 ± 1.92）c 粒；卵孵化率分别为（71.4 ± 3.2%）c、（81.3 ± 1.6%）a 和（79.7 ± 2.3%）b（平均值 ± SE，$P < 0.5$）。结果显示捕食不同寄主蚜虫龟纹瓢虫的产卵历期、产卵量及卵孵化率均存在显著差异。其中，捕食烟草蚜虫对龟纹瓢虫的繁殖力影响最大，其次依次为茴香蚜虫、甘蓝蚜虫。

关键词：龟纹瓢虫；寄主蚜虫；繁殖力

龟纹瓢虫［*Propylaea japonica*（Thunberg）］分布于中国、日本、印度和前苏联等地，在我国大部分地区均有分布，也是我国北方干旱、半干旱地区农业生产中一种重要的捕食性天敌昆虫，除捕食多种蚜虫外，还可捕食粉虱、蓟马、棉铃虫、叶蝉、褐飞虱、稻纵卷叶螟等害虫[1~3]。利用捕食性瓢虫对蚜虫、粉虱、蓟马以及其他多种农林害虫进行生物防治，已经是现代绿色植物保护体系中的重要内容之一[4]。由于捕食性瓢虫食谱范围广、生存定殖能力强、繁殖效率高且种群易于扩张[5]，目前，已经成为各地农业生态系统中的优势种，并且显著影响引入地生态系统中物种多样性的结构和变化[6]。因此，捕食性瓢虫在释放前的饲养、扩繁以及最佳饲养食料的选择已经成为综合安全利用捕食性瓢虫进行生物防治的核心问题。全世界瓢虫约计 5 000 多种，中国约有 500 多种，除少数种类为植食性外，大多数种类为捕食性天敌，还有少数种类为菌食性[7]。常见和捕食害虫数量较大的有异色瓢虫、七星瓢虫、龟纹瓢虫、十三星瓢虫、红颈瓢虫、中华显盾瓢虫、澳洲瓢虫、大红瓢虫、红环瓢虫等。其中龟纹瓢虫（*Propylaea japonica*）是我国西南地区广泛分布的重要捕食性天敌，其对环境适应性较强、捕食量大，是生物防治重要的天敌之一。

* 基金项目：红塔集团普洱基地单元—烟草重要病虫害生物防治技术体系的构建及示范（K – 10008.7）和红塔生态特色原料（烟叶）基地—生物防治技术体系的构建及示范（K—12001.08）

** 第一作者：何成兴，男，研究员，主要从事农作物病虫害绿色防控及农药安全科学使用技术方面研究；E-mail：hechengxing69@163.com

*** 通讯作者：吴文伟；E-mail：kmny2000@163.com

不同寄主蚜虫对瓢虫的生理生化、行为表现、繁殖发育等方面都会产生不同程度的影响。寄主蚜虫体内所含的营养物质与瓢虫的消化生理特性间的联系、对瓢虫的存活率、发育速度、产卵量以及寿命均会产生一定的影响。本研究通过用不同寄主蚜虫饲养龟纹瓢虫，探索不同寄主蚜虫对其繁殖力的影响，为捕食性天敌龟纹瓢虫的规模化饲养和繁殖提供理论依据。

1 材料与方法

1.1 供试材料

1.1.1 龟纹瓢虫的饲养用具及仪器设备

培养皿、玻璃筒料方盘、喂饲成虫的蜂蜜等，人工气候箱（型号：BIC—250；生产厂家：上海博迅实业有限公司）。

1.1.2 供试虫源及饲养条件

在养虫室内，龟纹瓢虫已培育几代的实验种群；其养虫室的饲养条件温度为（25 ± 0.5）℃，相对湿度75%±5%，光照周期为（L：D = 14h：10h）。

1.1.3 供试作物以及寄主蚜虫繁殖

在温室大棚内，分批分时段栽种十字花科蔬菜甘蓝、烟草、茴香寄主作物，分别繁殖甘蓝蚜、烟蚜、茴香蚜虫等，为饲养龟纹瓢虫提供充足食料来源。

1.2 方法

1.2.1 捕食不同寄主蚜虫龟纹瓢虫的产卵历期

选取室内羽化一致的龟纹瓢虫的成虫，分别进行雌雄配对，配对后的龟纹瓢虫分别置于玻璃筒中，玻筒底部垫一层滤纸，放入棉球保湿，上部用纱布封紧，以免成虫逃逸。然后置于人工气候箱（25 ±0.5）℃、相对湿度75%±5%、光照周期为（L：D = 14h：10h）内。分别用甘蓝蚜、烟蚜以及茴香蚜虫进行饲养，每种寄主蚜虫饲养雌雄配对的龟纹瓢虫10对，每天更换一次寄主蚜虫。分别记录捕食不同寄主蚜虫的龟纹瓢虫的产卵前期、产卵历期、产卵天数以及产卵间隔期，直至雌成虫死亡为止。

1.2.2 捕食不同寄主蚜虫龟纹瓢虫雌虫的产卵量

选取室内羽化一致的龟纹瓢虫的成虫，分别进行雌雄配对，配对后的龟纹瓢虫分别置于玻璃筒中，玻筒底部垫一层滤纸，放入棉球保湿，上部用纱布封紧，以免成虫逃逸。然后置于人工气候箱（25 ±0.5）℃、相对湿度75%±5%、光照周期为（L：D = 14h：10h）内。分别用菜蚜、烟蚜以及茴香蚜虫进行饲养，每种寄主蚜虫饲养雌雄配对的龟纹瓢虫10对，每天更换一次寄主蚜虫。每天收集并记载每对成虫的每天产卵块数、每块卵粒数、产卵总量等。

1.2.3 捕食不同寄主蚜虫后龟纹瓢虫卵的孵化率

将每天收集饲喂不同寄主蚜虫的龟纹瓢虫的卵块进行计数，置于含有保湿滤纸的培养皿内，并分别放置在人工气候箱（25 ±0.5）℃、相对湿度75%±5%、光照周期为（L：D = 14h：10h）内，每天观察记录卵孵化数量，直至不再有卵孵化为止，计算孵化率。

1.3 数据统计方法

采用SPSS16.0for Windows和Excel软件进行统计，所得数据均用平均数 ± SE 表示，用Duncan新复极差法比较差异显著性（$P < 0.05$）。

2 结果与分析

2.1 捕食不同寄主蚜虫对龟纹瓢虫雌成虫产卵历期的影响

从表1的结果可看出，捕食不同寄主蚜虫对龟纹瓢虫雌成虫产卵前期的影响无显著差异，但对其产卵历期和产卵天数的影响存在显著差异，其中，捕食烟草蚜虫的龟纹瓢虫雌成虫的产卵历期和产卵天数均持续时间最长，分别达到了（61.9±0.8）天和（37.6±2.1）天，其次是捕食茴香蚜虫的龟纹瓢虫，其产卵历期和产卵天数分别为（46.9±1.3）天和（25.7±1.7）天，而捕食甘蓝蚜虫的龟纹瓢虫的产卵历期和产卵天数持续时间最短；同时，捕食不同寄主蚜虫对龟纹瓢虫的产卵间隔期也有一定影响，但捕食甘蓝蚜虫和茴香蚜虫的差异不明显，而捕食烟草蚜虫的产卵间隔期最短。

表1 捕食不同寄主蚜虫龟纹瓢虫的产卵历期

寄主蚜虫	产卵前期（天）	产卵历期（天）	产卵天数（天）	产卵间隔期（天）
甘蓝蚜虫	（10.5±0.8）a	（34.3±1.2）c	（24.0±1.5）c	（2.83±0.3）a
烟草蚜虫	（10.3±0.2）a	（61.9±0.8）a	（37.6±2.1）a	（1.76±0.1）b
茴香蚜虫	（10.8±0.5）a	（46.9±1.3）b	（25.7±1.7）bc	（2.33±0.6）a

注：表中数据为平均值±SE，同列数据后不同字母表示$P<0.05$水平下的差异显著性，表2、表3下同

2.2 捕食不同寄主蚜虫对龟纹瓢虫雌成虫产卵量的影响

从表2结果可看出，捕食不同寄主蚜虫对龟纹瓢虫雌成虫产卵量的影响有明显的差异。从每天的产卵量来看，捕食甘蓝蚜和烟蚜平均每天产卵量差异不明显，但显著高于捕食茴香蚜虫每天的产卵量；从平均产卵块数和产卵量来看，捕食烟草蚜虫的产卵块数和产卵量分别为（53.1±0.5）块和（363.6±4.3）粒，显著高于捕食甘蓝蚜虫和茴香蚜虫的卵块数和卵粒数。

表2 捕食不同寄主蚜虫龟纹瓢虫雌成虫的产卵量比较

寄主蚜虫	每天产卵粒数	产卵块数	产卵量（粒）
甘蓝蚜虫	（12.0±1.40）a	（35.7±2.4）bc	（288.6±7.3）b
烟草蚜虫	（10.7±0.9）ab	（51.3±0.5）a	（363.6±4.3）a
茴香蚜虫	（7.3±1.7）c	（33.7±1.9）b	（196.8±2.7）c

2.3 捕食不同寄主蚜虫对龟纹瓢虫卵孵化率的影响

从表3结果可看出，捕食不同寄主蚜虫对龟纹瓢虫的卵孵化历期及孵化率均存在明显差异。捕食烟蚜和茴香蚜虫的卵孵化历期最长，分别为（3.7±0.6）天和（3.9±0.4）天，而捕食甘蓝蚜虫的卵孵化历期最短，为（2.2±0.2）天；同时孵化率也不同，捕食烟蚜的孵化率最高，为81.3%±1.6%，其次是捕食茴香蚜虫的为79.7%±2.3%，而捕食甘蓝蚜虫的孵化率最低，为71.4%±3.2%。

表 3   捕食不同寄主蚜虫对龟纹瓢虫卵孵化率的影响

寄主蚜虫	处理卵粒数	卵孵化历期（天）	孵化率（%）
甘蓝蚜虫	2 500	(2.2 ± 0.2) b	(71.4 ± 3.2) c
烟草蚜虫	2 500	(3.7 ± 0.6) a	(81.3 ± 1.6) a
茴香蚜虫	2 500	(3.9 ± 0.4) a	(79.7 ± 2.3) b

3   讨论

捕食性瓢虫是一类被广泛应用于生物防治的重要天敌资源，解决其最佳饲料是饲养和扩繁核心关键问题。国内外有许多关于捕食瓢虫饲养的研究报道，但成功的范例不多。虽然有利用赤眼蜂的蛹或人工饲料饲养捕食性瓢虫获得了成功，但长时间用赤眼蜂蛹或人工饲料饲喂后，捕食性瓢虫的成虫寿命缩短，产卵量降低，甚至不产卵，最终还是达不到规模化饲养和扩繁的目的。因此，找到适合的寄主食料来饲养和繁殖捕食性瓢虫，一直是很难突破的科学问题。本研究通过 3 种寄主蚜虫饲喂龟纹瓢虫，探索不同寄主蚜虫对龟纹瓢虫繁殖力的影响，其结果表明捕食不同寄主蚜虫对龟纹瓢虫的繁殖力存在明显差异，捕食烟蚜的繁殖力 > 捕食茴香蚜虫 > 捕食甘蓝蚜虫，造成这种差异的原因可能不同寄主蚜虫体内的营养物质不同，直接影响到龟纹瓢虫卵巢的发育，有关这方面的原因有待进一步研究。

食物质量和种类是影响捕食性瓢虫生长发育和繁殖的重要因素之一[8]。一种食物的适合性可以通过测定食物对捕食者生物学特性的影响而获得[9]。根据食物对捕食者发育速率、存活率和繁殖力的影响，食物可划分为必需的（essential）、替代性的（alternative）和被拒绝的（rejected）食物 3 类[10]。由于捕食性瓢虫在害虫生物防治中的重要性，研究捕食性瓢虫的食物质量是非常重要的。近年来才有一些研究比较了多种蚜虫对捕食性瓢虫的适合性，主要有七星瓢虫（*Coccinella septempunctata*）[11~14]、异色瓢虫（*Harmonia axyridis*）[11,5~17]、*Propylea dissecta*[18,19]、横斑瓢虫（*Coccinella transversalis*）[20,21]等。此外，Hauge 等（1998）还比较了 3 种禾谷类蚜虫及其混合饲养对七星瓢虫幼虫存活、发育及成虫体重的影响[22]。关于食物种类对多异瓢虫适合性的研究，何文英等（2006）比较了麦长管蚜、桃粉蚜和瓜蚜等 3 种蚜虫对多异瓢虫 16 生长发育和繁殖的影响[23]；Wu 等（2010）比较了 5 种不同寄主植物瓜蚜对多异瓢虫生长发育和繁殖的影响[24]。上述研究表明，食物对捕食性瓢虫的适合性大小与食物及捕食者的种类有关，同一种食物对不同种瓢虫的适合性可能不同。

除食料等重要因素外，捕食性瓢虫内部存在自残现象，当食料不足时，高龄幼虫可捕食低龄幼虫和卵块，同样成虫也能捕食幼虫和卵块。因此，在饲养过程中，一方面要及时补充和更换食料，让其有充足的食料来源；另一方面，不同龄期的龟纹瓢虫要分开饲养，并及时取出已产下的卵块。减少或避免因食料或自残等原因影响龟纹瓢虫的饲养和扩繁。

参考文献

[1] De Clercq P, Peeters I, Vergauwe G, Thas O. Interaction between *Podisus maculiventris* and *Harmonia*

axyridis two predators used in augmentative biological control in greenhouse crops ［J］. BioControl, 2003, 48 (1): 39 – 55.

［2］ Koch R L. The multicoloured Asian lady beetle, *Harmonia axyridis*: A review of its biology, uses in biological control, and non – target impacts ［J］. Journal of Insect Science, 2003, 3: 1 – 16.

［3］ Trouve C, Ledee S, Ferran A, Brun J. Biological control of the damson – hop aphid, *Phorodon bumuli* (Hom.: Aphididae) using the ladybeetle *Harmonia axyridis* (Col.: Coccinellidae) ［J］. BioControl, 1997, 42 (1/2): 57 – 62.

［4］ Dixon A F G. Insect Predator – Prey Dynamics, Ladybird Beetles and Biological Control. Cambridge ［M］, UK: Cambridge University Press, 2000.

［5］ Kindlmann P, Dixon A F G. Optimal foraging ladybird beetles (Coleoptera: Coccinellidae) and its consequences for their use in biological control ［J］. European Journal of Entomology, 1993, 90: 443 – 450.

［6］ 王甦, 张润志, 张帆. 异色瓢虫生物生态学研究进展 ［J］. 应用生态学报, 2007, 18 (9): 2 117 – 2 126.

［7］ 荆英, 黄建, 黄蓬英. 有益瓢虫的生防利用研究概述 ［J］. 山西农业大学学报, 2002, 22 (4): 299 – 303.

［8］ Thompson S. N. Nutrition and Culture of Entomophagous Insects ［J］. Annual Review of Entomology, 1999, 44 (1): 561 – 592.

［9］ Kalushkov P., Hodek I. New Essential Aphid Prey for Anatis Ocellata and Clvia Quatuorde – Cimguttata (Coleoptera: Coccinellidae) ［J］. Biocontrol Science and Technology, 2001, 11: 35 – 39.

［10］ Hodek I., Honek A. Ecology of Coccinellidae ［M］. London: Kluwer Academic Publishers, 1996: p464.

［11］ Takizawa T., Yasuda H., Agarwala B. K. Effects of Parasitized Aphids (Homoptera: Aphididae) as Food on Larval Performance of Three *Predatory Ladybirds* (Coleoptera: Coccinellidae) ［J］. Applied Entomology and Zoology, 2000, 35 (4): 467 – 472.

［12］ Omkar, Srivastava S. Influence of Six Aphid Prey Species on Development and Reproduction of a Ladybird Beetle, *Coccinella Septempunctata* ［J］. BioControl, 2003, 48 (4): 379 – 393.

［13］ Kalushkov P., Hodek I. The Effects of Thirteen Species of Aphids on Some Life History Parameters of the Ladybird *Coccinella Septempunctata* ［J］. BioControl, 2004, 49 (1): 21 – 32.

［14］ Evans E. W., Richards D. R., Kalaskar A. Using Food for Different Purposes: Female Responses to Prey in the Predator *Coccinella Septempunctata* (Coleoptera: Coccinellidae) ［J］. Ecological Entomology, 2004, 29: 27 – 34.

［15］ Tsaganou F. C., Hodgson C. J., Athanassiou C. G., Kavallieratos N. G., Tomanovic Z. Effect of Aphis Gossypii Glover, *Brevicoryne Brassicae* (L.), and Megoura Vicia Buckton (Hemiptera: Aphidoidea) on the Development of the Predator *Harmonia Axyridis* (Pallas) (Coleoptera: Coccinellidae) ［J］. Biological Control, 2004, 31: 138 – 144.

［16］ Soares A. O., Coderre D., Schanderl H. Influence of Prey Quality on the Fitness of Two Phenotypes of *Harmonia Axyridis* Adults ［J］. Entomologia Experimentalis et Applicata, 2005, 114: 227 – 232.

［17］ Matos B., Obrycki J. J. Prey Suitability of Galerucella Calmariensis L. (Coleoptera: Chrysomelidae) and *Myzus Lythri* (Schrank) (Homoptera: Aphididae) for Development of Three Predatory Species ［J］. Environmental Entomology, 2006, 35 (2): 345 – 350.

［18］ Pervez A., Omkar. Prey – Dependent Life Attributes of an Aphidophagous Ladybird Beetle, Propylea Dissecta (Coleoptera: Chrysomelidae) ［J］. Biocontrol Science and Technology, 2004, 14 (4): 385 – 396.

［19］ Omkar，Mishra G. Preference Performance of a Generalist Predatory Ladybird：A Laboratory Study ［J］. Biological Control，2005，34（2）：187 – 195.

［20］ James B. E. Influence of Prey Species on Immature Survival，Development，Predation

［21］ Isikber A. A. ，Copland M. J. W. Effects of Various Aphid Foods on *Cycloneda Sanguinea* ［J］. Entomologia Experimentalis et Applicata，2002，102（1）：93 – 97.

［22］ Hauge M. S. ，Nielsen F. H. ，Toft S. The Influence of Three Cereal Aphid Species and Mixed Diet on Larval Survival，Development and Adult Weight of *Coccinella Septempunctata* ［J］. Entomologia Experimentalis et Applicata，1998，89（3）：319 – 322.

［23］ 何文英，庞保平，麻旭东，等 . 3 种蚜虫对多异瓢虫生长发育和繁殖的影响 ［J］. 内蒙古农业大学学报，2006，27（1）：43 – 46.

［24］ Wu X. H. ，Zhou X. R. ，Pang B. P. Influence of Five Host plants of *Aphis Gossypii* Glover on Some Population Parameters of *Hippodamia Variegata*（Goeze） ［J］. Journal of Pest Science，2010，83（2）：77 – 83.

食物和土壤湿度对铜绿丽金龟繁殖力的影响[*]

刘福顺[1**]　王庆雷[1***]　刘春琴[1]　席国成[1]　冯晓洁[1]

吴　娱[1]　李靖宇[1]　李玉虹[2]

（1. 沧州市农林科学院，沧州　061001；2. 沧州职业技术学院，沧州　061001）

摘　要：在铜绿丽金龟的室内人工饲养中，成虫的繁殖力受食物和土壤湿度的影响。试验表明，喂食海棠和小叶黄杨的铜绿丽金龟成虫单雌产卵量最高，平均为 46 粒和 42 粒，且卵的孵化率也最高，但喂饲不同食物对孵化后幼虫的成活率无明显影响。土壤的湿度保持在 18% 时成虫单雌产卵量、卵孵化率和幼虫成活率均最高，土壤湿度控制在 15% ~ 20% 比较适合铜绿丽金龟产卵，土壤湿度控制在 18% ~ 20% 时比较适合铜绿卵的孵化以及幼虫成活。

关键词：铜绿丽金龟；食物；土壤湿度；产卵量；成活率

铜绿丽金龟（*Anomala corpulenta* Motschulsky）属鞘翅目、丽金龟科，在我国各地广泛分布，幼虫多取食花生、大豆等粮食作物的地下部，成虫喜群集取食大量各种林果木叶片，在林木和果树种植较多的地区为害花生、大豆等农作物较重[1]，严重为害农林生产。

目前，国内对铜绿丽金龟的研究较少，该虫一年发生一代，生活史较长，且影响其生长和生殖的因素很多，要想建立铜绿丽金龟的室内种群非常困难。笔者总结多年养虫经验，在金龟子类昆虫的饲养中，食物和土壤湿度是影响其成活和繁殖的两个重要因素[2]，通过对这两个重要因素的系统性研究，明确了在饲养过程中食物和土壤湿度对铜绿丽金龟成虫繁殖力的影响。

1　材料和方法

1.1　铜绿丽金龟成虫来源

沧州市农林科学院试验地采集铜绿丽金龟越冬幼虫，用湿度为 18%[3] 菜园土保存，放置在温度为 25℃、相对湿度为 80% 的人工气候箱中使其化蛹并羽化。成虫出土后记录成虫的出土时间，选日龄一致的健壮成虫，于直径 8cm、高 18cm 的大罐头瓶中饲养，一瓶一对成虫（♀×♂），瓶中放 8cm 高的菜园土，两层薄膜封住瓶口。

1.2　不同食物对铜绿丽金龟繁殖的影响

1.2.1　不同食物对铜绿丽金龟成虫产卵量的影响

根据多年对铜绿丽金龟的生活观察及相关文献[4~6]用苘麻、榆树、小叶黄杨、白蜡、海棠、杨树 6 种植物的嫩叶喂食铜绿丽金龟成虫，每天更换一次。瓶内土壤湿度控制在

　＊　河北省科技计划项目（项目编号：142265010D－2）；植物病虫害生物学国家重点实验室（项目编号：SKLOF201501）

　＊＊　第一作者：刘福顺，女，硕士研究生，目前研究方向为植物保护；E-mail：liufushun1985@126.com

　＊＊＊　通讯作者：王庆雷；E-mail：wqlei02@163.com

18%左右。每种食物喂食成虫30对。

1.2.2　喂食不同食物对铜绿丽金龟卵质量的影响

将每次拣出的卵分不同的处理单独放置于装满土的培养皿中，皿中土壤湿度控制在18%～20%，记录卵孵化率，并将初孵幼虫亦分处理饲养，记录初孵幼虫10天后成活率。

1.3　不同土壤湿度对铜绿丽金龟成虫产卵量的影响

饲养铜绿丽金龟成虫的土壤为菜园土，土壤湿度设定为5%、10%、15%、18%、20%、25%，每种湿度喂食30对成虫。喂食食物均为小叶黄杨。

试验操作同上食物试验一样，每天更换食物，检查卵量，每处理的卵和初孵幼虫也均在该湿度土壤中孵化和饲养，记录每湿度处理下单雌产卵量、卵孵化率、初孵幼虫成活率。

1.4　数据统计

数据采用SPSS17.0 for Windows统计分析软件进行LSD方差分析。

2　结果与分析

2.1　不同食物对铜绿丽金龟单雌产卵量的影响

食物种类对铜绿成虫产卵量有直接影响，喂食海棠、小叶黄杨叶的铜绿成虫平均单雌产卵量最多，分别为46粒与42粒；其次为白蜡，平均单雌产卵量为38粒。喂食其他食物的铜绿单雌产卵量较少，榆树、苘麻与杨树的产卵量分别为31粒、28粒与19粒（图1）。

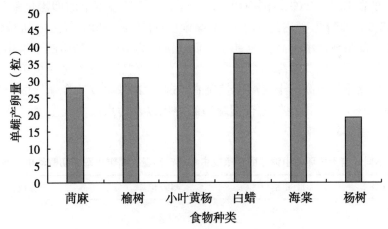

图1　喂食不同食物的铜绿丽金龟单雌产卵量

2.2　不同食物对铜绿丽金龟卵质量的影响

食物的种类对卵的孵化率也有很大的影响。喂食小叶黄杨与海棠叶的铜绿丽金龟的卵孵化率最高，分别为92.5%与95.7%，其次为白蜡，为88.7%，杨树与榆树的较低，分别为82.3%与75.4%，苘麻的最低为45.5%。食物对孵化后幼虫的成活率影响不大（图2）。

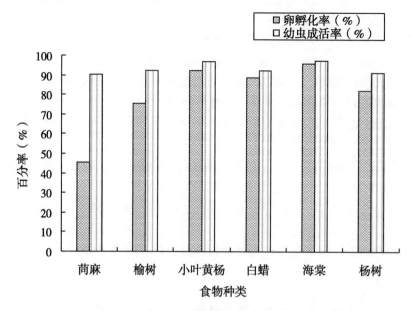

图2 喂食不同食物的铜绿丽金龟卵孵化率和初孵幼虫成活率

2.3 不同土壤湿度对铜绿丽金龟成虫生殖力的影响

室内饲养铜绿丽金龟的土壤湿度也直接影响成虫的生殖力（表）。成虫在10% ~25%的土壤湿度范围内均能产卵，土壤湿度为18%产卵量最高，在土壤湿度为5%时，成虫不产卵。土壤湿度在10% ~25%范围内卵可以孵化，各土壤湿度下的卵孵化率差异性显著，最适湿度为18%，卵孵化率达到91%。土壤湿度在15% ~20%范围内初孵幼虫可以成活，18%湿度下幼虫成活率最高，为90%。而在湿度为10%与25%的土壤中，初孵幼虫不能成活。可见，室内饲养铜绿丽金龟，土壤的湿度保持在18%时成虫单雌产卵量、卵孵化率和幼虫成活率均最高，土壤湿度控制在15% ~20%比较适合铜绿丽金龟产卵，土壤湿度控制在18% ~20%时比较适合铜绿卵的孵化以及幼虫成活，湿度过高或过低都对铜绿的生殖力产生不利影响。

表 不同湿度土壤环境中铜绿丽金龟成虫单雌产卵量、卵孵化率、初孵幼虫成活率

土壤湿度（%）	产卵量（粒）	卵孵化率（%）	幼虫成活率（%）
5	0e	—	—
10	11.2c	37d	0
15	39.2b	56c	33c
18	47.6a	91a	90a
20	40.3b	85b	75b
25	8.7d	4e	0

注：表中同一列数字后不同字母表示其差异显著性（$P = 0.05$）

3　结论与讨论

　　铜绿丽金龟作为华北地区三大金龟类害虫之一，仅次于华北大黑和暗黑鳃金龟，且成虫好取食幼龄果树叶片，以苹果属果树受害最重，给农业生产造成了很大的损失。营养条件对铜绿丽金龟成虫的生殖力和幼虫的生长发育有很大影响，充足的食料是保证其种群生长繁殖的基本条件。李为争等（2009）研究了铜绿丽金龟对不同植物叶片的选择和取食反应，发现铜绿丽金龟成虫非常喜欢取食花生、榆树和大豆叶片，其次为蓖麻叶片。成虫对蓖麻表现出明显的趋性，但趋向蓖麻叶片的目的不是为了取食。本文比较了喂饲 6 种植物嫩叶，铜绿丽金龟成虫单雌产卵量、卵孵化率和幼虫成活率的差异，更直观的反映出食物对种群生长繁殖的影响。结果发现，喂食海棠和小叶黄杨的铜绿丽金龟成虫单雌产卵量最高，且卵的孵化率也最高，但喂饲不同食物对孵化后幼虫的成活率无明显影响。

　　室内人工饲养铜绿丽金龟的过程中我们发现，除食物外，土壤湿度是另一个制约成虫成活、生殖的关键因素。试验表明，土壤湿度控制在 15%～20% 适合铜绿丽金龟产卵，湿度 18%～20% 时适合铜绿卵的孵化以及幼虫成活，18% 为铜绿丽金龟产卵、孵化和幼虫成活的最适湿度，湿度过高或过低都对铜绿的生殖力产生不利影响。这与王容燕等（2007）的研究结果比较一致，这一结果对于铜绿丽金龟的室内养殖以及田间防治都会起到重要的指导意义。

参考文献

[1] 袁锋. 农业昆虫学（第 3 版）[M]. 北京：中国农业出版社，2001.

[2] 刘春琴，李克斌，张平，等. 食物、土壤湿度对华北大黑鳃金龟成活时间和生殖力的影响植物保护与现代农业 [C] //中国植物保护学会 2008 年学术年会论文集，2008：662 - 666.

[3] 王容燕，王金耀，宋健，等. 铜绿丽金龟的室内人工饲养 [J]. 昆虫学报，2007，50（1）：20 - 24

[4] 罗益镇，崔景岳. 土壤昆虫学 [M]. 北京：中国农业出版社，1995.

[5] 魏鸿钧，张治良，王荫长. 中国地下害虫 [M]. 上海：上海科学技术出版社，1989.

[6] 李为争，袁莹华，原国辉，等. 铜绿丽金龟对不同植物叶片的选择和取食反应 [J]. 生态学杂志，2009，28（9）：1 905 - 1 908.

云南水稻稻飞虱的发生为害状况及其防治技术*

吴文伟[1]** 肖文祥[2] 何成兴[1] 孙 文[3] 张利斌[1] 罗雁婕[1]

韦加贵[4] 代玉华[5] 李琪彬[6] 陈艳秋[7]

（1. 云南省农业科学院农业环境资源研究所，昆明 650205；
2. 保山市植保植检工作站，保山 678000；3. 红河州建水县
植保植检站，红河 654300；4. 文山州富宁县植保植检站，
文山 663000；5. 玉溪市红塔区植保植检站，玉溪 653100；
6. 昆明市禄劝县植保植检站，昆明 651500；7. 安宁市植
保植检站，安宁 650300）

摘 要：水稻是云南省的主要粮食作物之一，常年种植面积在 100 万 hm² 左右；稻飞虱是我省水稻作物的重大害虫，近 10 年来时常暴发成灾，严重影响到我省水稻的优质丰产以及粮食安全。本项目经过近 4 年的研究开发工作，已取得下列主要研发成果。

关键词：稻飞虱；发生为害；病毒病；农药研发；综合防控技术；云南

1 云南省稻飞虱的种类

在云南省稻作区，稻飞虱的种类包括白背飞虱（*Sogatella furcifera*）、褐飞虱（*Nilaparvata lugens*）、灰飞虱（*Delphacodes striatella*）三种，其中，白背飞虱、褐飞虱为迁飞性害虫。

2 稻飞虱的发生规律及其为害状况

保山市稻飞虱的种类包括白背飞虱、褐飞虱、灰飞虱，稻飞虱在海拔 1 650m 以下的稻作区都可以越冬；其中，白背飞虱在保山市所有稻区均发生为害，灰飞虱主要发生在海拔 1 400～1 650m 稻作区的部分区域，褐飞虱主要发生在海拔 1 400m 以下的低热河谷稻作区。2010—2014 年保山市稻飞虱累计发生为害面积为 15.37 万 hm²，占全市水稻种植面积的 45.9%；除了本地虫源繁殖扩散为害水稻外，每年 5 月以后从怒江、澜沧江、龙江流域以及缅甸等第一次迁飞到保山市各稻区为害，种类以白背飞虱为主；7～8 月第二次迁飞到保山市各稻区，以褐飞虱为主；温热坝子稻区以白背飞虱、灰飞虱发生为害为主。在海拔 1 400m 以下稻区，白背飞虱直接为害的同时还能传毒引起南方水稻黑条矮缩病，褐飞虱直接为害并传毒引起水稻齿叶矮缩病，两者的本地毒源和外来毒源混合发生流行；其为害损失较为严重，有的稻田甚至绝收。在保山市灰飞虱的主要发生为害区域，灰飞虱

* 基金项目：云南省"十二五"科技计划项目（2011BB014）

** 第一作者：吴文伟，男，研究员，主要从事农业害虫综合防控技术研究及农药研发与应用；
E-mail：kmny2000@ 163. com

能传毒引起条纹叶枯病。

红河州建水县水稻分布在海拔 890 ~ 2 000m 范围内，稻飞虱的种类以白背飞虱为主，褐飞虱、灰飞虱次之；水稻生长发育的前、中期，以白背飞虱种群发生为害为主，后期以褐飞虱发生为害为主。经过多年的调查研究，均未发现建水县境内有越冬白背飞虱虫源；显然，建水县白背飞虱的发生以外来迁飞性虫源为主。进入 2000 年以后，稻飞虱发生为害频率仍在上升，发生面积常年维持在 0.33 万 ~ 0.53 万 hm² 次；每年 5 月上旬至 6 月中旬出现稻飞虱异地虫源迁入高峰期，大量稻飞虱伴随降水及暖湿气流迁入，这期间也是稻飞虱若虫的田间为害高峰期；同时，白背飞虱还能传播南方水稻黑条矮缩病。

文山州富宁县常年水稻播种面积为 0.67 万 hm² 以上，稻飞虱年发生 4 ~ 5 代，第 2、3 代是主害代；4 月中旬至 6 月下旬为水稻育秧至拔节期，主要以白背飞虱为害为主，发生比例占 80% 以上；7 月上旬至 9 月中旬为水稻抽穗至黄熟期，以褐飞虱为害为主，占发生比例的 60% 以上；同时，还伴随着一定数量灰飞虱的发生为害。近几年来，稻飞虱发生为害程度均为重发生，全县水稻种植区均有稻飞虱发生为害，其常年迁入峰普遍在 5 次以上，特别是在水稻生长的中、后期，其发生为害面积较大以及难以控制；稻飞虱防治不当可使水稻减产 10% 以上，个别田块常造成"穿顶"，甚至绝收。

玉溪市红塔区地处滇中腹地，坝区海拔高度为 1 630m 左右，2010 年以后每年水稻种植面积为 0.13 万 hm² 左右；稻飞虱的种类以白背飞虱为主，褐飞虱、灰飞虱仅少量发生；稻飞虱主要以白背飞虱在冬闲稻茬、小麦、杂草上越冬，但虫量较少；秧田期白背飞虱虫量也较低；其主害期在 6 ~ 7 月，以外地迁入虫源为害为主；近 4 年来，红塔区稻飞虱累计发生为害面积为 0.39 万 hm²；其中，2012 年发生为害程度属于中偏重发生，其余 3 年均为中等发生。

昆明市禄劝县水稻常年种植面积为 0.33 万 hm² 以上，稻飞虱的种类以白背飞虱为主，年发生 2 至 3 代，以第 2 代为害为主；白背飞虱一般在每年 3 月下旬水稻育秧时开始发生，7 月中旬虫口密度达到高峰期，此时水稻生育期为抽穗期 — 灌浆期，如果不及时防控，将严重影响水稻产量；近几年来，全县稻飞虱发生为害程度为中等发生，局部中等偏重，其中，2013 年我县稻飞虱发生为害面积为近几年来最大的一年。

安宁市稻飞虱的种类以白背飞虱为主，其始见期为每年 5 月下旬，6 月中下旬稻飞虱虫口密度达到高峰期；近几年来，稻飞虱发生为害程度均属于中等发生。

3 环境友好型的高效、低毒农药新产品的研究开发

本项目针对云南水稻重大害虫稻飞虱的发生为害状况以及防治难题，已研发出 25% 噻嗪酮（Buprofezin）可湿性粉剂；2012 年 9 月，该产品获得国家农业部颁发的农药正式登记证（证书编号：PD 20121416）；2013 年 5 月，该产品获得了国家质量监督检验检疫总局颁发的农药生产许可证（证书编号：XK 13 - 003 - 00039），25% 噻嗪酮 WP 执行的是国家标准（GB 23555—2009）。同时，根据稻飞虱的发生为害状况及其防治需求，进行了该产品的批量生产；通过稻飞虱大面积防治示范推广，取得了显著的经济、社会和生态效益。另外，本项目还开展了 2% 氨基寡糖素水剂（防控病毒病）的研发工作，今年底或明年初可申报国家农药正式登记证。

4 稻飞虱的综合防控技术

农业防治：改造及恶化稻飞虱的越冬虫源基地，集中消灭初始虫源；由于稻飞虱在杂交稻上发生为害较为严重，故在农业生态系统中采取杂交稻与常规稻品种的合理种植布局；等等。

生物防治：重视稻田生态系统中有益天敌的保护及利用，如捕食性瓢虫、蜘蛛、草蛉、蛙类、鸟类等；同时，有条件的地方，重视稻田养鱼、养鸭等。

物理防治：频振式杀虫灯监测及诱杀稻飞虱成虫、太阳能杀虫灯诱杀其成虫等。

化学防治：针对稻飞虱的发生为害特点，选择环境友好型的高效、低毒农药新产品，交替用药，避免稻飞虱抗药性的产生和发展；可选择的农药产品包括25%噻嗪酮WP、25%噻虫嗪WDG、50%吡蚜酮WDG、20%呋虫胺SG、50%烯啶虫胺SG、70%吡虫啉WDG及其相关复配制剂等；在稻飞虱的防控过程中，还需重视"治虫防病"的相应工作，即上述水稻齿叶矮缩病、南方水稻黑条矮缩病、条纹叶枯病这些病毒病在防治上以秧田期、大田前期统防、联防传毒稻飞虱为主，还应配套使用2%氨基寡糖素AS等进行病毒病的防控。

参考文献（略）

稻纵卷叶螟对 8 个水稻品种的趋性及影响因素分析

田 卉[1] 刘映红[2] 万宣伍[1]

(1. 四川省农业厅植物保护站，成都 610041；2. 西南大学植物保护学院，
昆虫学与害虫控制工程重庆市重点实验室，重庆 400716)

摘 要：为对生产上选择抗稻纵卷叶螟水稻品种提供依据，在室内研究了稻纵卷叶螟对 8 个水稻品种的趋性。结果表明，稻纵卷叶螟对不同水稻品种的产卵趋性与取食选择性均有显著差异，水稻损害级别与稻纵卷叶螟成虫产卵选择性呈正相关（$R^2 = 0.783\ 2$），与初孵幼虫取食趋性呈正相关（$R^2 = 0.708\ 2$）；稻纵卷叶螟产卵、取食趋性与水稻叶绿素含量均呈正相关，水稻叶长与稻纵卷叶螟产卵和取食选择趋性相关性较低，水稻叶宽与产卵趋性相关性较低，与初孵幼虫取食趋性呈较高正相关（$R^2 = 0.743\ 9$）。

关键词：稻纵卷叶螟；水稻；趋性

稻纵卷叶螟是威胁我国水稻生产安全的重要害虫之一（Zhang 等，1981）。种植对稻纵卷叶螟有抗性的水稻品种是控制其为害、减少产量损失的重要措施（嵇薇等，2010）。具有抗虫性的水稻通过阻碍或减少稻纵卷叶螟产卵或取食，可间接降低稻纵卷叶螟种群数量，减少水稻受害损失。本文测定了稻纵卷叶螟对 8 个水稻品种产卵和取食的选择趋性，分析了不同水稻品种叶绿素、叶长、叶宽等农艺性状与稻纵卷叶螟趋性间的关系。试验结果为合理选择水稻品种减轻稻纵卷叶螟为害提供了科学依据。

1 材料与方法

1.1 试验材料

1.1.1 主要仪器

RXZ-260B 型智能人工气候箱（宁波东南仪器有限公司），电子天平（上海精天电子仪器厂），TYS-A 叶绿素测定仪（浙江托普仪器有限公司）。

1.1.2 供试虫源

供试的稻纵卷叶螟为实验室继代饲养的实验种群，在温度（27 ± 1）℃、空气相对湿度（85 ± 5）%，光周期 L：D = 14h：10h 的人工气候箱内，以 7 天玉米苗饲养幼虫，3 ~ 7 天更换一次，化蛹后放入 350mL 塑料杯封口保存，羽化后用 1% 蜂蜜水喂养成虫待其产卵。

1.1.3 供试品种

试验所用水稻品种选自重庆稻区种植面积较大的 8 个主栽品种，分别为渝优 35、冈优 3 号、Q 优 18、陵优 1 号、K 优 88、准两优 893、红优 2009 和金优 18，对照品种为感虫品种 TN1。将催芽后水稻种子分批播于塑料方盆中（长 35cm，宽 30cm），待长至 30 天时移栽至塑料圆桶（直径 30cm，高 30cm），每桶 3 株，待水稻长至拔节孕穗期用于试验。

1.2 试验方法

1.2.1 稻纵卷叶螟成虫对水稻品种产卵选择性试验

待水稻进入孕穗期时，每品种水稻各取 1 桶，按圆圈形随机排列，用 80 目圆柱形尼龙保护网（高 1.5m，直径 1.2m）罩住，放入 10～15 对羽化 2 天的稻纵卷叶螟成虫，网罩中央悬挂浸有蜂蜜水的棉球，每天更换，4 天后揭开网罩，调查各品种水稻叶片上着卵量，计算着卵率。试验重复 5 次。

1.2.2 稻纵卷叶螟初孵幼虫对水稻品种取食选择性试验

截取拔节期水稻叶片，每品种各 6cm，将湿润棉球裹在叶片末端，以放射状放置在白瓷盘内，将稻纵卷叶螟初孵幼虫接入白瓷盘中央，每个重复接 60～200 头，3h 后观察水稻叶片上幼虫数量并记录。试验重复 13 次。计算不同品种水稻叶片上的幼虫比率。

1.2.3 水稻叶片叶绿素含量测定方法

在相同光照下，用 TYS-A 叶绿素测定仪，测量每丛水稻顶部完全展开叶的上中下 3 个点，每丛取 10 个叶片，计算 SPAD 平均值。试验重复 5 次。

1.3 数据统计分析

用 Excel 2003 及 Spss 16.0 for windows 统计软件进行试验数据的统计分析。对不同水稻品种的成虫着卵率、幼虫取食趋性采用 One-Way ANOVA 中 Duncan's multiple range test 方法对各组数据进行显著性分析（$P < 0.05$），数据分析前，将百分数进行反正弦平方根转换，以符合正态分布假设。

2 结果与分析

2.1 稻纵卷叶螟成虫对不同水稻品种的产卵趋性

表 1 可以看出，不同水稻品种间稻纵卷叶螟成虫着卵率存在显著性差异。感虫对照水稻品种 TN1 的着卵量显著偏高，为 14.35%，其次为宏优 2009 和 K 优 88，陵优 1 号和冈优 3 号上的着卵量显著偏低，陵优 1 号仅为 8.49%。经一元二次回归分析，结果如图 1，稻纵卷叶螟成虫的产卵选择性与水稻损害级别呈较高相关性（$y = 0.1917x^2 + 0.1194x + 0.0745$；$R^2 = 0.7832$；），即水稻抗性水平越低，稻纵卷叶螟成虫越趋向其叶片产卵。

表 1 稻纵卷叶螟成虫对不同水稻品种的产卵选择性

品种	着卵率（%）	方差分析
TN1	14.35 ± 0.90d	
陵优 1 号	8.49 ± 1.12a	
冈优 3 号	8.68 ± 1.08a	
Q 优 18	9.75 ± 0.95ab	$F = 3.83$；
渝优 35	9.94 ± 1.34ab	$df = 8, 36$；
K 优 88	12.38 ± 1.32cd	$P = 0.002$
金优 18	12.03 ± 0.60cd	
准两优 893	11.32 ± 0.92abc	
宏优 2009	13.04 ± 0.84cd	

注：表中同一列中不同字母表示同组数据在 0.05 水平上的差异显著（Duncan 多重比较法）

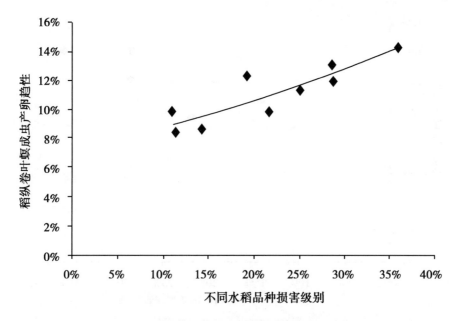

图1　稻纵卷叶螟成虫产卵选择性与损害级别的关系

2.2　稻纵卷叶螟初孵幼虫对不同水稻品种的取食趋性

稻纵卷叶螟初孵幼虫对不同水稻品种取食趋性如表2所示，各品种间稻纵卷叶螟初孵幼虫取食率存在显著性差异，TN1 和宏优 2009 上的虫量显著偏高，高于 14%，陵优 1 号则显著偏低，仅为 6.43%。如图 2 所示，稻纵卷叶螟初孵幼虫取食趋性与水稻损害级别呈较高相关性（$y = 0.052\,7\ln(x) + 0.195\,2$；$R^2 = 0.715\,6$），损害级别越高的水稻品种，取食的稻纵卷叶螟幼虫越多，即稻纵卷叶螟更趋向取食抗性水平较低的水稻叶片。

表2　稻纵卷叶螟初孵幼虫对不同水稻品种的取食选择性

品种	初孵幼虫取食趋性（%）	方差分析
TN1	14.73 ± 1.16e	
陵优 1 号	6.43 ± 1.21a	
冈优 3 号	10.30 ± 1.35abcd	
Q 优 18	8.28 ± 1.01ab	
渝优 35	9.05 ± 1.36abc	$F = 4.48$；
K 优 88	12.14 ± 1.76bcde	$df = 8,\ 108$；
金优 18	12.90 ± 1.36cde	$P = 0.0001$
准两优 893	11.89 ± 1.32bcde	
宏优 2009	14.27 ± 1.25de	

注：表中同一列中不同字母表示同组数据在 0.05 水平上的差异显著（Duncan 多重比较法）

2.3　水稻农艺性状与稻纵卷叶螟趋性的关系

2.3.1　叶绿素含量与稻纵卷叶螟选择性关系

回归分析结果显示（图 3），稻纵卷叶螟成虫产卵率与水稻叶绿素含量呈较高正相关

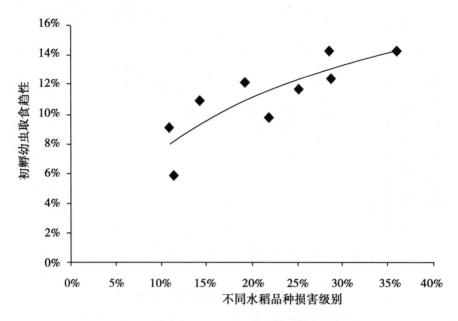

图2 稻纵卷叶螟初孵幼虫取食选择趋性与损害级别的关系

（$y = -0.000\,7x^2 + 0.066\,2x - 1.286\,8$；$R^2 = 0.713\,7$）。初孵幼虫选择率与水稻叶绿素含量有一定相关性（$y = 4E - 10x^{5.557\,7}$；$R = 0.736\,5$），即水稻叶绿素含量越高，稻纵卷叶螟的趋性也越高。

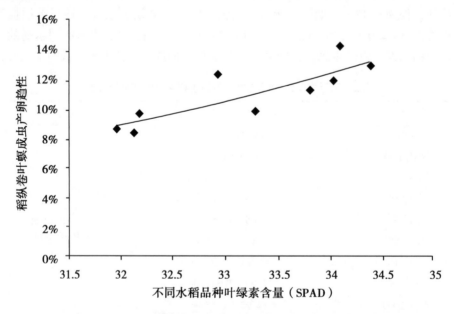

图3 不同水稻品种叶绿素含量与稻纵卷叶螟产卵选择性关系

2.3.2 水稻叶长与稻纵卷叶螟选择性关系

如图5、图6所示，稻纵卷叶螟成虫产卵选择性与水稻叶片长度相关性较低（$y = -0.000\,3x^2 + 0.025x - 0.379\,4$；$R^2 = 0.545$），稻纵卷叶螟初孵幼虫取食选择性与水稻叶长相关性较低（$y = -0.000\ 7x^2 + 0.059\ 2x - 1.18$；$R^2 = 0.450\ 2$）。

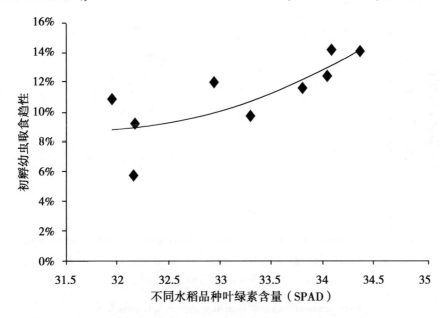

图4　不同水稻品种叶绿素含量与初孵幼虫取食选择性关系

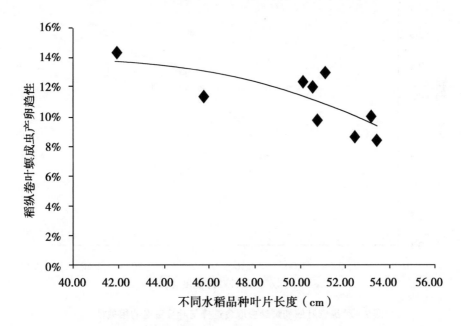

图5　稻纵卷叶螟成虫产卵选择性与不同水稻品种叶片长度关系

2.3.3　水稻叶宽与稻纵卷叶螟选择性关系

如图7和图8所示，水稻叶片宽度与稻纵卷叶螟初孵幼虫选择趋性呈正相关（$y = -0.747\ 4x^2 + 2.056\ 5x - 1.2812$；$R^2 = 0.743\ 9$），与稻纵卷叶螟成虫产卵趋性相关性较低（$y = -0.353\ 8x^2 + 0.975\ 2x - 0.55$；$R^2 = 0.294\ 6$）。

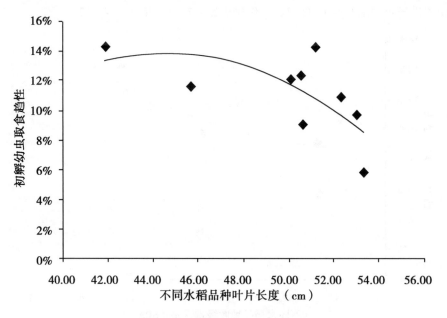

图6　稻纵卷叶螟初孵幼虫取食选择性与叶长的关系

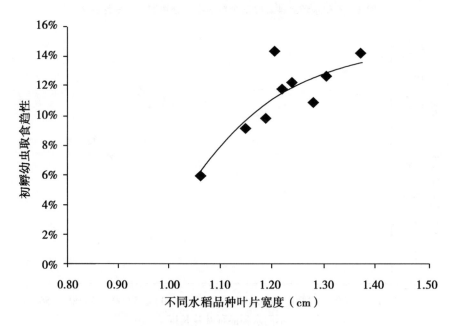

图7　稻纵卷叶螟初孵幼虫取食选择与叶片宽度的相关性

3　结论与讨论

　　水稻拒虫性大致可分为拒取食和拒产卵，表现为稻纵卷叶螟不喜欢产卵、栖居和取食抗性品种。有研究表明稻纵卷叶螟成虫趋向产卵于外部成熟的叶片上，而初孵幼虫更喜在水稻叶鞘处和幼嫩的心叶内取食（Fraenkel et al.，1981），降低着卵量和减少幼虫取食繁殖是作物抗虫的两个主要部分（Ramachandran and Khan，1991）。本文研究结果显示，

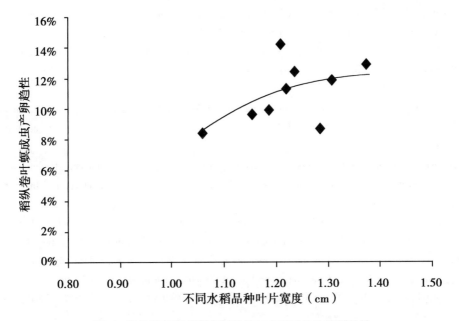

图8 稻纵卷叶螟成虫产卵趋性与水稻叶片宽度相关性

TN1、金优 18 和宏优 2009 等感性品种上成虫着卵量与幼虫选择率均显著高于陵优 1 号和 Q 优 18，水稻损害级别与稻纵卷叶螟产卵、取食选择趋性有较高相关性，表明稻纵卷叶螟更趋向取食和产卵于抗性水平低的水稻品种。

水稻叶绿素和游离氨含量对稻纵卷叶螟产卵选择性有引诱作用，一般叶色浓绿的田块落卵量较高。本试验结果显示，不同水稻品种叶绿素含量与成虫产卵、幼虫取食趋性均呈较高正相关，表明水稻叶绿素含量对稻纵卷叶螟成虫和幼虫的自由选择性均有一定影响。Dakshayani（1993）和 Islam（1997）也发现较宽的水稻叶片使稻纵卷叶螟更容易卷叶，也更提供更大的取食面积，较窄的叶片使稻纵卷叶螟卷苞困难，同时难以防御恶劣的天气和天敌的威胁。Preetinder 和 Manjit（2012）研究表明在水稻营养生长阶段水稻损害级别与叶片宽度呈较高正相关（$R^2 = 0.7764$），生殖生长阶段也呈一定正相关（$R^2 = 0.6178$）。本文研究结果显示，水稻叶宽与成虫产卵相关性较低，但与幼虫取食选择性呈较高正相关；水稻叶长与幼虫取食和成虫产卵的相关性较低，表明稻纵卷叶螟幼虫更趋向取食叶片较宽的水稻品种，而叶长对稻纵卷叶螟的选择趋性影响较小，该结果与 Laskar（2008）的研究结果相似。

植物拒虫性机制较为复杂，包括物理、机械以及生理生化作用等，有研究表明通常株型矮小紧凑、叶宽在 0.8~1.5 cm、叶片柔韧、含水量较高，主脉细窄、硅细胞低的水稻品种受稻纵卷叶螟为害偏重（脆薇等，2010）。本文仅从不同水稻品种水稻叶绿素含量、叶长、叶宽对稻纵卷叶螟选择性影响等方面，对生产上种植面积较大的 8 个水稻品种进行了稻纵卷叶螟选择趋性的初步探讨，水稻抗虫性的其他理化性质有待进一步研究。

参考文献

［1］ Dakshayani K，Bentur JS，Kalode MB. Nature of resistance in rice varieties against leaf folder-*Cnaphalocrocis medinalis*（Guenée）［J］. Insect Sci. Appl.，1993，14（1）：107 – 114.

［2］ Fraenkel G，Falllil F，Kumarasinghe KS. The feeding behaviour of the rice leaf folder，*Cnaphalocrocis medinalis* Guenée ［J］. Entomologia Experimentalis et Applicata，1981，29：147 – 161.

［3］ Islam Z，Karim ANMR. Leaf folding behaviour of Cnaphalocrocis medinalis（Guenée）and Marasmia patnalis Bradley，and the influence of rice leaf morphology on damage incidence ［J］. Crop Protection，1997，16（3）：215 – 220.

［4］ Laskar N，Ghimiray TS，Biswas S. Field evaluation of rice germplasms against leaf folder，Cnaphalocrocis medinalis Guenée and impact of morphological bases of resistance ［J］. SAARC Journal. of Agricalture，2008，6（2）：1 – 6.

［5］ Preetinder SS，Manjit SM. Evaluation of rice germplasm for resistance to a leaffolder，stemborer and planthopper under field and glasshouse conditions in India ［J］. International Journal of Tropical Insect Science，2012，32（3）：126 – 135.

［6］ Ramachandran R，Khan ZR. Feeding site selection of first-instar larvae of *Cnaphalocrocis medinalis* on susceptible and resistant rice plants ［J］. Entomologia Experimentalis et Applicata，1991，60：43 – 49.

［7］ Zhang XX，Gen JG，Zhou WJ. A study on regular of the migration of rice leaf roller *Cnaphalocrocis medinalis*（Guenée）［J］. Journal of Nanjing Agricultural University，1981，9（3）：43 – 54.

［8］ 峗薇，杨茂发，安建超，等. 不同水稻品种对稻纵卷叶螟的抗耐性 ［J］. 贵州农业科学，2010，38（2）：85 – 88.

4 种性诱剂诱捕器对吉林省二代
玉米螟引诱效果研究[*]

孙　嵬[1][**]　张　强[1]　周佳春[1]　程志加[2]　高月波[1][***]

(1. 吉林省农业科学院植物保护研究所，农业部东北作物有害生物综合
治理重点实验室，公主岭　136100；2. 吉林农业大学农学院，长春　130118)

摘　要：性诱剂是玉米螟监测与绿色防控的重要方法。本研究对于 4 种不同的性诱剂诱捕器针对于吉林省二代玉米螟的诱集效果进行了比较。研究结果显示，4 种诱捕器对成虫都具有一定的诱集能力，但不同的装置在诱捕效率上存在一定程度的差异，且有着各自的特点，可用于不同的研究及相关实验。

关键词：性诱剂；监测；诱集效果；玉米螟

性诱剂是依据昆虫成虫性成熟时分泌性信息素引诱异性成虫的原理，人工合成的昆虫性信息素化合物，用于干扰昆虫正常的性行为，影响其繁衍后代，从而达到虫害控制的目的。因其具有对害虫选择性高、不杀伤天敌、对环境安全、操作方法简便、可与其他防治技术兼容等优点，在害虫的监测以及害虫防治两方面有着较高的应用价值（宣维健等，2005；王方晓，2008；崔巍等，2009；杜艳丽等，2014）。本研究对于 4 种不同的性诱剂成虫诱捕器，应用于吉林省二代玉米螟的诱集效果进行了比较，以评价其对于吉林省二代玉米螟的应用效果。

1　材料与方法

1.1　试验装置

水盆诱捕器：将 3 根竹竿捆成支架，水盆放在支架上面。水盆设置距地面 96 ~ 124cm，水盆为普通市售淡蓝色塑料盆，盆口固定一根细铁丝，穿透诱芯后将其固定。在盆上相对挖数个排水小孔，使诱芯距离水面的距离保持在 0.5 ~ 2.3cm，水盆的盆口面积为 310.02cm²。盆内注入清水至排水孔，放入少量洗衣粉，以降低水的表面张力。

桶状诱捕器：购自青岛罗素生物技术有限公司，将竹竿捆成支架，挂上桶形诱捕器，诱捕器距离地面的高度为 102 ~ 122cm。桶状诱捕器外形由桶体与盆体两部分组成，自桶体上部开口放入性诱剂，玉米螟成虫自上部进入，桶体直径为 16cm，高度为 12.5cm，需放入约 1/3 体积的水，并加入少量洗衣粉。

---

* 基金项目：公益性行业（农业）科研专项（201303026）；吉林省农业科技创新工程重大产业技术领域关键技术研究

** 第一作者：孙嵬，男，博士，助理研究员，研究方向为害虫监测预警；E-mail：swswsw1221@sina.com

*** 通讯作者；E-mail：gaoyuebo8328@163.com

干式诱捕器：购自北京中捷四方生物科技股份有限公司，由竹竿支架挂起，距离地面的高度为 78 ~ 87 cm。干式诱捕器由桶体及采集袋两部分组成，桶体上部直径为 11cm，下部直径为 8.9cm，性诱剂诱芯自上部开口放入，桶上部有数个菱形小孔，以便诱集到玉米螟成虫进入，下部为集虫袋，虫袋口需扎紧，虫袋表面积为 759.5cm²。

三角粘胶式诱捕器：购自北京中捷四方生物科技股份有限公司，由竹竿支架挂起，距离地面的高度为 105 ~ 123cm。三角粘胶式诱捕器由白色纸板折叠而成，底部表面放入胶层，底部胶层面积为 525cm²。实物见图。

图　供试 4 种诱捕器

a. 水盆诱捕器；b. 桶状诱捕器；c. 干式诱捕器；d. 三角粘胶式诱捕器

1.2　试验方法

调查时间为吉林省二代玉米螟峰期从 8 月 9 日至 8 月 15 日，共计 7 个调查日。于公主岭市吉林省农业科学院试验田选择玉米田边中放置，各诱捕器间隔约 10m 同行放置，重复为 5 个。逐日捞取水盆中的玉米螟成虫，记录数量。每日补充水盆诱捕器中的水分。性诱剂诱芯来源相同，试验时间范围内不更换诱芯。

1.3　数据统计分析

试验数据应用 Excel 2003 软件记录及分析。

2　结果与分析

表为 4 种诱捕器在调查时期内捕捉到的玉米螟成虫数量的数据。总体来看，7 天内玉米螟成虫捕捉数量最多的是桶状诱捕器，共诱得到玉米螟成虫数量为 941 头，其次为水盆诱捕器，捕捉数量为 842 头，三角粘胶式诱捕器捕捉数量最少，为 330 头。逐日比较的结果来看，7 天内有 5 天水盆诱捕器捕捉得到的玉米螟成虫数量最多，另 2 天桶状诱捕器捕捉的数量最多。干式诱捕器捕捉到的成虫数量相对也较多，而且次日收集集虫袋中，多为活虫，可用于其他试验。三角粘胶式诱捕器捕捉到玉米螟成虫数量第 1 天较多，达到了 281 头成虫，但次日后，仅能捕捉到较少的玉米螟成虫，主要与其黏度下降有关。

表 4种诱捕器诱集数量上的比较

调查日期	水盆诱捕器	桶状诱捕器	干式诱捕器	三角粘胶式诱捕器
8~9	142	337	267	281
8~10	91	83	56	11
8~11	122	63	62	5
8~12	115	91	53	10
8~13	19	16	18	4
8~14	247	248	207	8
8~15	106	103	51	11
合计	842	941	714	330

3 讨论

利用性诱剂装置对于玉米螟成虫的诱集，不但可以用于监测此种害虫的发生期，也是绿色防控的有效方法（袁锋，2001）。从本研究的试验结果来看，4种不同的诱捕器装置对吉林省二代玉米螟成虫都具有诱集能力，但不同的装置在诱捕效率上存在一定程度的差异。总体来看，传统的水盆诱捕器有着良好使用效果，但存在着操作相对繁琐、在高温季节水分蒸发过快的缺点。桶状诱捕器在有着较好的诱集效果的同时，使用更为方便。干式诱捕器也有着较好的诱集效果，且捕捉到的均为活虫，可用于DNA提取等有特殊要求的实验。三角粘胶式诱捕器在使用初期，也有着良好的诱集效果，但随着黏度的下降，诱集效率显著降低，用于防治时，应加以注意。

参考文献

[1] 袁锋. 农业昆虫学 [M]. 北京：中国农业出版社，2001.
[2] 宣维健，吕昭智，施建国，等. 水盆与饮水瓶诱捕器诱捕棉铃虫雄蛾效果的比较 [J]. 昆虫知识，2005，42（6）：711-714.
[3] 王方晓，杨可辉，张秀衢，等. 2008. 斜纹夜蛾性诱剂的诱蛾效果 [J]. 昆虫知识，2008，45（2）：300-302.
[4] 崔巍，郑永利，姚士桐，等. 2009. 斜纹夜蛾性信息素诱捕器田间应用技术 [J]. 昆虫知识，2009，46（1）：97-101.
[5] 杜艳丽，张民照，马永强，等. 2014. 桃蛀螟性诱剂配方筛选与田间引诱试验 [J]. 植物保护学报，2014，41（2）：187-191.

高温对韭菜迟眼蕈蚊生长发育的影响*

王玉涛[1,2]**　　周仙红[2]　　张　帅[2]　　张思聪[2]　　庄乾营[2]　　翟一凡[2]　　于　毅[1,2]***

(1. 山东省农业科学院质量标准与检测技术研究所，山东省食品质量与安全
检测技术重点实验室；2. 山东省农业科学院植物保护研究所，山东省
植物病毒学重点实验室，济南　250100)

摘　要：为了探究夏季温度对韭菜迟眼蕈蚊发生的影响。本研究在25℃、28℃、31℃和34℃温度下组建了韭菜迟眼蕈蚊种群生命表，并对下一代卵的孵化情况进行统计。34℃下的韭蛆卵均不能成功孵化，无法完成世代发育。25℃、28℃和31℃卵的孵化率分别为78%、95%和64%。25℃、28、和31℃下幼虫的平均发育历期为20.33天、17.79天和20.08天；种群平均世代周期（T）分别为23.68天、20.39天和22.06天。各龄期幼虫死亡率最高，蛹最低；3种温度下的净生殖率（R_0）以28℃的最高为44.630后代/个体，25℃为41.179后代/个体，31℃的为14.340后代/个体；3种温度下的内禀增长率（r）分别为0.0157/天、0.187/天和0.121/天；周限增长率（1）分别为1.170/天、1.205/天和1.128/天。因此，在本试验设定温度下28℃高温对韭蛆比较适宜，31℃高温可抑制韭蛆生长，34℃高温可抑制韭蛆卵的孵化。

关键词：韭菜；韭菜迟眼蕈蚊；高温；生命表；生物学特性

　　韭菜迟眼蕈蚊又名韭蛆，属双翅目、迟眼蕈蚊科，地下为害，是百合科蔬菜的重要害虫。其为害最严重的就是韭菜，主要蛀食韭菜的鳞茎，造成韭菜植株断裂、叶片枯黄萎蔫直致枯死（张思佳等，2013）。该害虫发生范围广泛，主要分布在我国北方各省，西北、华北、东北等地均有分布（刘长眠等，1991；童玲和滕贤明，2000），韭蛆发生量大，为害始于点，行于团，扩散蔓延迅速，除与其独特的生殖对策有关外（杨景娟等，2006），还与温度有直接的关系，韭菜迟眼蕈蚊成虫寿命随温度升高而逐渐缩短，但温度过高或过低都不利于昆虫的种群繁衍（梅增霞等，2004），因为高温对昆虫有一定的致死效应（马春森等，2008），但昆虫在高温条件下有可能生殖率降低、滞育、生殖紊乱以及直接死亡，也有可能对高温具有一定的防卫机制，能够适应一定的高温（阳任峰等，2013）。为了探究高温下韭蛆的发育情况和高温的临界点，本次试验旨在通过观察韭蛆在不同高温下的韭蛆的生命表以及高温处理后的韭蛆雌虫的产卵量和各龄期阶段的存活率来探寻高温对韭蛆的影响，从而为高温防治和发生规律提供理论依据。

---

*　资金项目：公益性行业（农业）科研专项经费201303027和济南市农业科技创新计划项目；济南市高校院所自主创新项目

**　作者简介：王玉涛，男，硕士，助理研究员，主要从事分析测试技术和农产品质量安全风险评估研究；E-mail：76810875@qq.com

***　通讯作者：于毅，山东省农业科学院植物保护研究所；E-mail：robertyuyi@163.com

1　材料与方法

1.1　供试虫源

韭菜迟眼蕈蚊采集于山东济南韭菜田，于室内采用滤纸保湿培养皿法。温度为(25 ±
1)℃，L∶D = 16∶8，RH ＝（75 ± 5）％。试验环境为人工气候箱的恒定温度，分别为
28℃、31℃和34℃并以25℃常温下作为对照温度。误差均为 ± 1℃，L∶D = 16h∶8h，
RH ＝（75 ± 5）％。食材为人工饲料，配方如下：

配方	蘑菇粉	韭菜粉	琼脂粉	山梨酸	苯甲酸	酵母粉	VC	水
重量（g）	6	5	1.5	0.05	0.05	0.4	2.5	50

1.2　试验器材

RXZ 型多段编程人工气候箱（宁波江南仪器有限公司）培养皿（D = 3cm，h =
1cm）×360 个和培养皿（D = 3cm，h = 1cm）×100 个，塑料盒（L = 32cm，w = 20cm，
h = 6cm）×12 个，解剖镜型号 OLYMPUS-310593。

1.3　试验方法

1.3.1　高温处理下韭蛆两性生命表的制作

将正常饲养条件下的新生卵在产出 12h 内放入相应的试验温度培养箱内，单头饲养，
每隔 24h 观察，记录虫体的生长发育情况，并记录不同温度下的死亡虫数及蛹的羽化数，
且在试验过程中要及时更换培养皿和补充饲料并记录韭蛆各龄期的发育时间、存活数、产
卵数等数据，用 Office 2007 Excel 依照 Chi 和 Liu（1985）发表的两性龄日 – 龄期生命表
和 Chi（1988）的多行矩阵法生命表分析法，将种群结构以发育速率矩阵、两性龄日 – 龄
期生长矩阵、存活率矩阵、繁殖矩阵、稳定日龄分布矩阵和死亡分布矩阵表示，并计算周
限增长率（λ）、内禀增长率（r）、净生殖率（R_0 及种群平均世代时间（T）等种群参数
（Huang 和 Chi，2012；RoyaFarhadi，2011；Hu et al.，2011）。

1.3.2　高温处理对韭菜迟眼蕈蚊雌虫产卵量及其卵的孵化率的影响

将各个处理下新羽化的雌虫用吸虫管转移到具有 25% 的琼脂培养皿内，按照雌雄 1∶
1 的比例进行配对，雄虫死亡后及时补充雄虫，分别放入原来的温度下培养，并放入 1cm
大小的韭菜段，保证培养皿的湿度，每隔 24h 观察雌虫的产卵量，直至雌虫死亡并统计其
总产卵量并继续观察卵的孵化数量再进行统计分析。

1.4　数据分析

用 Two-sex Life Table 统计分析生命表中的雌虫产卵量，比较不同温度下对生殖力的差
异。统计获得死亡率和羽化率，通过分析获得雌虫产卵前期，产卵期、产卵后期以及成虫
寿命等参数。数据分析采用两性龄日—龄期生命表方法 Age-stage，two-sex life table analy-
sis-MSChar（Chi and Liu，1985；Chi，1988）分析。各生命表参数的平均值和标准差由该
软件所支持的 Bootstrap 技术[13]计算得出。本研究数据分析采用 Windows 操作系统的 Visu-
al Basic 编程以及由齐心教授（台湾中兴大学昆虫学系主任）提供的电脑程序。

世代净生殖率（R_0）、世代平均周期或平均历期（T）、种群内禀增长率（r）、周限增
长率（λ）、种群数量增倍时间（t）、种群增殖率（n）和生殖力（P）等种群参数的计算

公式如下：

$$世代净生殖率\ R_0 = \Sigma lx\ mx$$
$$种群内禀增长率\ r = \Sigma e - r\ (x+1)\ lx\ mx$$
$$世代平均周期或平均历期\ T = \ln R_0 / r$$
$$周限增长率\ \lambda = \exp\ (r)$$

其中，lx 为达到 x 龄日时的存活率，mx 为龄日为 x 的雌虫平均生殖量。

用 SPSS17.0 单因素方差的 Duncan（D）分析韭蛆的各虫态发育历期、产卵量、APOP 以及 TPOP 的显著性。

2 结果与分析

2.1 韭蛆的历期、存活率

2.1.1 韭蛆发育历期，成虫寿命，繁殖力（表1）

表1 韭菜迟眼蕈蚊在不同温度下的发育历期（天）、成虫寿命、繁殖力

参数	龄期	25℃			28℃			31℃		
		个体数	平均值	标准误	个体数	平均值	标准误	个体数	平均值	标准误
发育历期（天）	卵	63	4.05	0.03	91	2.42	0.06	83	2.60	0.05
	1 龄	61	3.21	0.08	87	3.15	0.05	54	3.56	0.12
	2 龄	58	3	0.09	87	2.08	0.04	54	2.26	0.07
	3 龄	57	2.79	0.07	86	2.26	0.06	53	2.49	0.13
	4 龄	57	4.42	0.16	86	4.85	0.09	53	6.00	0.17
	蛹期	52	3.58	0.09	81	3.06	0.05	51	3.27	0.08
成虫寿命（天）	成虫	52	3.4	0.14	81	3.14	0.11	51	3.27	0.08
成虫产卵前期（天）	雌成虫	33	1.36	0.10	34	1.17	0.48	14	0.00	0.19
成虫总产卵前期（天）	雌成虫	33	22.67	0.29	34	34.40	0.51	14	18	0.87
繁殖力（卵/雌成虫）	雌成虫	35	91.77	6.12	42	121.1	10.06	16	92.31	11.02

本研究中，25℃时一头雌虫平均产卵是 91.77 粒，28℃是 121.14 粒，31℃是 92.31 粒；25℃、28℃和31℃下韭蛆的卵在 2~3 天内成功孵化，而 34℃的处理卵全部没有成功孵化。25℃下有 82.54% 的成虫羽化，57.34% 的雌虫，27.87% 的雄虫（成虫前的存活率为 57.34%）；28℃下有 89.01% 的成虫羽化，46.15% 的雌虫，42.86% 的雄虫（成虫前的存活率为 46.15%）；28℃时一头雌虫平均产卵 121.14 粒，31℃是 92.31 粒；28℃、31℃下韭蛆的卵均在 2~3 天内成功孵化，28℃卵的孵化率为 95.60%，31℃处理卵的孵化率

为 65.06%，而 34℃ 的处理卵的孵化率为 0。28℃ 下有 89.01% 的成虫羽化，46.15% 的雌虫，42.86% 的雄虫（成虫前的存活率为 46.15%）；31℃ 的成虫羽化率为 61.45%，其中，雌虫 19.28%，雄虫 42.17%（成虫前的存活率为 19.28%）。产卵前期（APOP）定义为从成虫羽化到开始产卵的时间，忽略成虫前期的长度和变化，韭蛆在 25℃ 的产卵前期（AP-OP）分别为（1±0.10）天，在 28℃ 的产卵前期（APOP）分别为（1.17±0.48）天，在 31℃ 的产卵前期（APOP）为（0±0.19）天（mean ± SE）。总产卵前期（TPOP）定义为雌虫从出生到开始产卵的时间。韭蛆在 25℃，28℃ 和 31℃ 下的总产卵前期（TPOP）分别为（91.77±6.12）天，（121.14±10.06）天和（92.31±11.02）天。

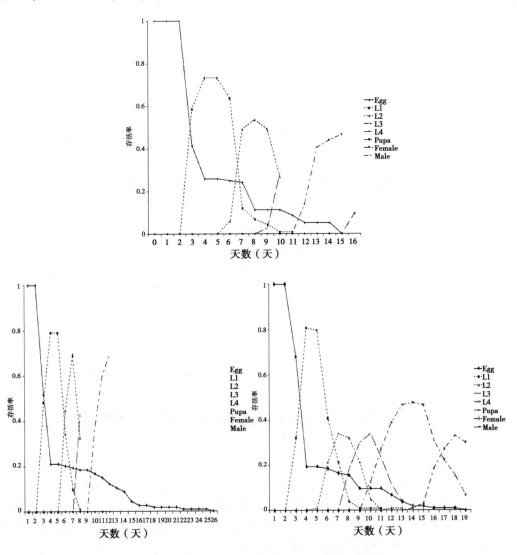

图1　不同温度下韭蛆特定龄日—龄期存活率

2.1.2　韭蛆日特征存活率

图1 和图2 给出了韭蛆龄日—龄期特征存活率（sij），其意义是一个新产的卵存活到 j 龄期的 i 龄日时的几率。该曲线也展示了存活率与龄期之间的分化以及各龄期间发育速率

的不同。25℃时一个新产的韭蛆卵存活到雄成虫的几率则为0.2179，雌成虫的几率为0.4487；28℃下一个新产的韭蛆卵存活到雄成虫的几率则为0.2895，雌成虫的几率为0.2982，而31℃下一个新产的韭蛆卵存活到雄成虫的几率为0.2330，雌成虫为0.0584。

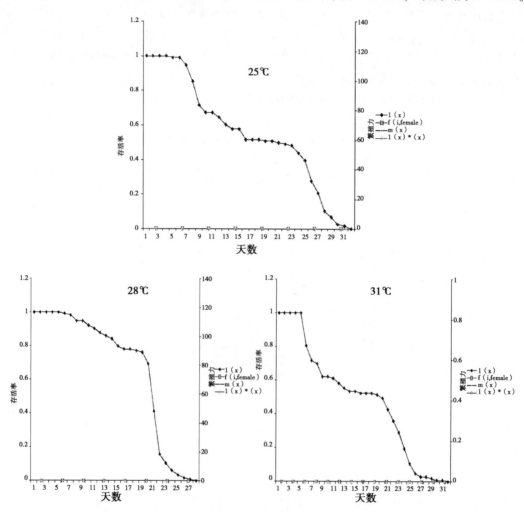

图2　不同温度下韭蛆龄日特征存活率、雌虫龄日—龄期特征繁殖力、
龄日—龄期特征繁殖力、产卵的雌虫率

2.1.3　特定年龄 – 龄期繁殖力

图3为特定年龄存活率（lx）、雌虫特定年龄—龄期繁殖力（fx）、特定年龄繁殖力（mx）和特定年龄产卵的雌虫率（lxmx）。特定年龄存活率（lx）为新产的卵存活到龄日 x 时的几率，是雌雄两性所有个体的统计。雌虫特定年龄—龄期繁殖力（fx）为雌成虫每天平均产卵量。特定年龄产卵的雌虫率（lxmx）为每天产卵的雌虫率。

结果显示，随时间延长，龄日特征存活率（lx）逐渐降低，雌虫龄日—龄期特征繁殖力（fx）、龄日特征繁殖力（mx）和龄日特征的产卵的雌虫率（lxmx）均随时间延长先增加后降低。25℃、28℃和31℃单头雌成虫总产卵量最高分别为137粒、196粒和145粒。

2.1.4 韭蛆各项种群参数

由表2可看出，韭蛆在25℃、28℃和31℃高温下的的内禀增长率（r）分别为0.015 7/天，0.187/天和0.121/天；周限增长率（λ）分别为1.170/天、1.205/天和1.128/天；净生殖率（R_0）分别为41.178后代/个体，44.630后代/个体，14.340后代/个体和世代平均周期（T）分别为23.680天、20.390天和22.060天。

表2 不同温度下韭蛆种群参数

种群参数	所有个体分析		
	25℃	28℃	31℃
内禀增长率（r/天）	0.157 ± 0.007	0.187 ± 0.008	0.122 ± 0.130
周限增长率（λ/天）	1.171 ± 0.008	1.207 ± 0.009	1.130 ± 0.015
净生殖率（后代/个体）R_0（offspring/individual）	41.180 ± 5.870	44.630 ± 6.620	14.340 ± 3.710
世代平均周期（T/天）	23.68 ± 0.320	20.280 ± 0.160	22.010 ± 0.720

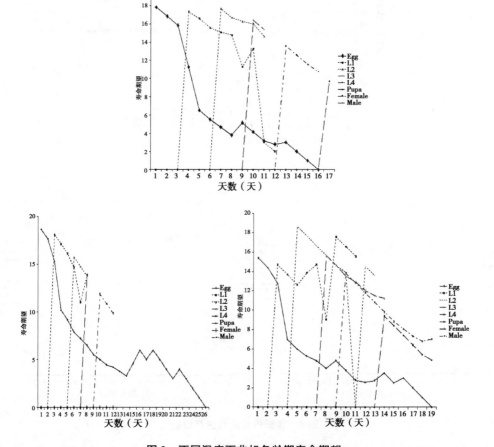

图3 不同温度下韭蛆各龄期寿命期望

2.1.5 韭蛆各龄期寿命期望

图 3 为各龄日—龄期寿命期望（eij）。龄日—龄期寿命期望（eij）评估了 j 龄期 i 龄日的个体被期望存活的时间。25℃的结果显示，韭蛆一个新产的卵的寿命期望为 20.33 天，新孵化的 1 龄幼虫期望寿命分别为 18.94 天，刚发育的 2 龄幼虫期望寿命为 16.51 天，3 龄幼虫期望寿命为 15.02 天，4 龄幼虫期望寿命为 12.34 天，蛹期期望寿命为 9.20 天，随着年龄和龄期增长期望寿命逐渐减少。当发育到雌成虫时，其寿命期望为 5.13 天，发育到雄成虫时，其寿命期望为 4.80 天。并随着龄日和龄期增长寿命期望逐渐减少。

28℃的结果显示，韭蛆一个新产的卵的寿命期望为 18.66 天，新孵化的 1 龄幼虫期望寿命分别为 18.11 天，刚发育的 2 龄幼虫期望寿命为 15.73 天，3 龄幼虫期望寿命为 13.72 天，4 龄幼虫期望寿命为 11.87 天，蛹期期望寿命为 8.84 天，随着年龄和龄期增长期望寿命逐渐减少。当发育到雌成虫时，其寿命期望为 3.29 天，发育到雄成虫时，其寿命期望为 5.82 天。并随着龄日和龄期增长寿命期望逐渐减少。

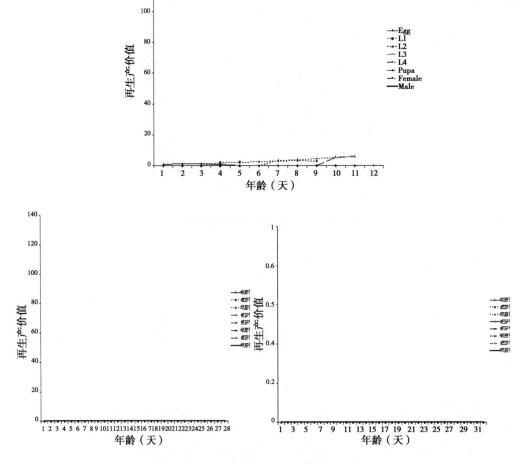

图 4 韭蛆各龄期再生产价值

31℃的结果显示，韭蛆一个新产的卵的寿命期望为 15.39 天，新孵化的 1 龄幼虫期望寿命分别为 17.55 天, 刚发育的 2 龄幼虫期望寿命为 18.63 天, 3 龄幼虫期望寿命为 14.64 天, 4 龄幼虫期望寿命为 12.81 天, 蛹期期望寿命为 8.81 天, 随着年龄和龄期增长期望寿命逐渐减少。当发育到雌成虫时, 其寿命期望为 2.99 天, 发育到雄成虫时, 其寿命期望为 4.35 天。并随着龄日和龄期增长寿命期望逐渐减少。

2.1.6　韭蛆各龄期再生产价值

图 4 为再生产价值 (vij) 为一个龄期为 j, 龄日为 i 的个体将来后代的期望数量。25℃, 28℃ 与 31℃ 时, 一个新卵的再生产价值 (v01) 分别为 1.17/天, 1.21/天和 1.13/天; 同种群的周限增长率 (λ) 分别相同, 新孵化的 1 龄幼虫的再生产价值分别为 2.71/天, 1.75/天和 1.44/天。25℃ 和 28℃ 时随着年龄及龄期增长, 再生产价值逐渐有提高, 同其他龄期相比雌成虫再生产价值最大, 最大的再生产价值分别出现在第 20 天和第 19 天, 分别为 82.9/天和 51.06/天, 从这一天开始, 雌成虫开始产卵。但 31℃ 时随着年龄及龄期增长, 再生产价值逐渐有提高, 同其他龄期相比雄虫比雌虫再造值大, 最大再生产出现在第 30 天, 为 101/天。

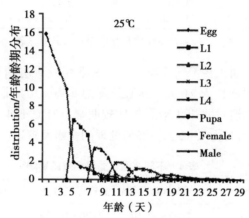

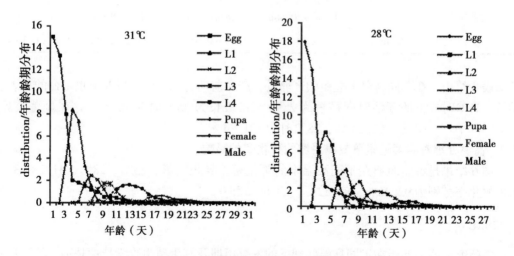

图 5　韭蛆各龄期稳定龄日 – 龄期分布

2.1.7　韭蛆各龄期稳定龄日分布

图 5 结果显示, 在稳定年龄—龄期分布 (SASD) 中, 温度为 25℃ 时, 出生率为

0.185，存活率为0.985，死亡率为0.015时韭蛆种群会达到稳定；温度为28℃时，出生率为0.2169，存活率为0.989，死亡率为0.011时韭蛆种群会达到稳定；当温度为31℃时，出生率为0.1698，存活率为0.9585，死亡率为0.0415时韭蛆种群会达到稳定。

2.1.8 韭蛆的各虫态发育历期、产卵量、APOP以及TPOP的显著性

表3 韭菜迟眼蕈蚊在不同温度下的发育历期（天）

温度 （℃）	样本	卵期	幼虫				蛹期	卵—成虫
			1龄	2龄	3龄	4龄		
25	63	4.05 ± 0.03a	3.21 ± 0.08a	3.00 ± 0.09a	2.79 ± 0.07a	4.42 ± 0.16a	3.58 ± 0.09a	21.00 ± 0.22a
28	91	2.42 ± 0.06b	3.15 ± 0.05a	2.08 ± 0.04b	2.26 ± 0.06b	4.85 ± 0.09b	3.06 ± 0.05b	17.79 ± 0.15b
31	83	2.60 ± 0.05c	3.56 ± 0.12b	2.26 ± 0.07c	2.49 ± 0.13b	6.00 ± 0.17c	3.27 ± 0.08a	20.08 ± 0.33c

表中数据为平均数±标准误，同列后英文字母相同表示差异不显著（$P > 0.05$），下同

此研究中，表3表明了在不同高温下处理的韭蛆发育历期与25℃的比较，25℃对照下的温度韭蛆发育历期最长为21天，28℃处理的韭蛆，历期最短为17.79天，3种温度下存在显著性差异。高温对韭蛆4龄影响比较明显，31℃下4龄的发育历期为6.00天，28℃下为4.85天，25℃时为4.42天。28℃处理的韭蛆发育速度最快，31℃时发育变缓。

表4 不同高温对韭蛆生殖的影响

温度（℃）	雌雄比	产卵前期（天）	总产卵期（天）	产卵量（粒）	寿命（天）
25	2.06	1.00 ± 0.10a	1.30 ± 0.02a	91.77 ± 6.12a	3.40 ± 0.14a
28	1.08	1.17 ± 0.48a	1.18 ± 0.01b	121.14 ± 10.06b	3.14 ± 0.11ab
31	0.46	0 ± 0.19b	1.14 ± 0.03a	92.31 ± 11.02a	2.96 ± 0.16bc

表4给出了在不同高温下韭蛆的产卵量，产卵前期，总产卵期以及成虫寿命的显著差异性。31℃时成虫的存活时间最短为2.96天。最长为25℃时3.40天。存在显著差异；31℃时的平均产卵量为92.31粒，28℃时为121.14粒。

2.2 高温处理对韭菜迟眼蕈蚊雌虫卵的孵化率的影响

图6结果显示韭蛆卵在不同高温下的孵化率差异很明显，25℃、28℃、31℃和34℃下的孵化率分别为92.26%，89.32%，63.86%和0。

3 讨论

本研究表明，韭蛆在不同高温处理下的发育历期及其生殖生物学特性是不同的，25℃的发育历期最长为21.00天，28℃的发育历期最短为17.79天，而31℃的发育历期为20.08天，34℃的卵不能孵化。高温对韭蛆的卵、2龄幼虫、4龄幼虫的发育历期以及成虫寿命的影响是显著的。随着温度的升高，成虫的寿命递减。31℃时已经抑制了韭蛆的生

长发育，31℃以上的温度影响更加明显甚至有致死的现象。34℃下处理的卵不能孵化，蛹的羽化率几乎为零，推测更高的温度对韭蛆的影响更大。成虫的寿命、种群参数、各龄期的期望寿命、日龄期特征存活率、再生产价值、各龄期的稳定分布以及其生殖力均在28℃达到最大值，在31℃时各项指标均达到最低值，相比其他温度31℃的种群不稳定，死亡率高。另外，刘柱东等（2004）发现高温影响棉铃虫的化蛹率，并且高温使得棉铃虫进入夏滞育。华爱等（2004）发现高温对环带锦斑蛾幼虫的生长发育有抑制作用。刘文静等（2011）发现高温使东亚小花蝽的存活率降低，寿命缩短。杜尧等（2007）认为，这是由于高温处理昆虫的表皮蜡质层瓦解，油脂易融化，渗透性变大，虫体失水严重，导致昆虫体内一些重要的离子浓度的改变等一系列的生理变化，从而影响了昆虫体内的大分子的功能，使其细胞遭受破坏，骨架瓦解与其体内的酶的活性等收到重要影响。在25～28℃下的韭蛆的内禀增长率、周限增长率、净生殖率（后代/个体）以及总产卵量均是较高的。更为关键的是高温对韭蛆的4龄幼虫的影响比较大，龄期延长，这可能是韭蛆的生长适宜温度，而夏季7、8月在试验地，我们测得地温基本30℃，不利于韭蛆生长发育，这同时也揭示了韭蛆在春秋季为害严重的可能原因。这与梅增霞（2004）的研究结果是相符的。

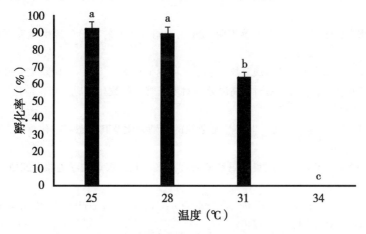

图6 韭蛆卵在不同高温下的孵化率

本研究中韭蛆的发育历期并非是随着温度的升高而一直变短的，它存在一个临界温度，早本研究中，这个温度可能是31℃。该温度下的平均发育历期比28℃的要长2～3天，产卵量以及各项种群参数呈下降的趋势。我们推测韭蛆的耐热性是有限的，试验中34℃处理的卵的孵化率几乎为零，这一结果也解释了夏季田间为害程度降低的可能原因。在本研究中观察到各温度下的雌虫产卵大多为20～50粒，个别不产卵或者产卵不孵化，此现象在31℃处理下出现的几率更大一些。这种现象的原因还有待进一步阐明和生理学论证。

本研究中的种群生命表与田间发生有相同之处，也有不同之处，可能是试验条件与田间的条件是不可能达到完全一致的。田间的现实湿度也是不能模拟的。此外，该研究中的韭蛆均是在主要成分为韭菜粉的人工饲料喂养的，与天然韭菜喂养的韭蛆有一定的差异，试验表明饲料喂养的韭蛆的比韭菜更容易饲养，可以解决韭菜发霉、腐烂的问题。本研究就温度的单因素控制试验的结论表明韭蛆对温度的变化是非常敏感的，提升地表温度对韭蛆的生存条件是不利的。这也就解释了在田间韭蛆在4~5月为害严重，6~7月由于高温多雨而害虫量减少，9月又大量发生为害的现象。本研究的试验结果可以为利用高温防治韭蛆提供理论基础，降低秋季发生为害的基数，降低其种群的密度，降低为害的程度，降低农药的使用量，提高效益，提高韭菜健康值，推动绿色无公害韭菜的生产。

参考文献

［1］杜尧，马春森，赵清华，等．高温对昆虫影响的生理生化作用机理研究进展［J］．生态学报，2007，27（04）：1 565 - 1 572.

［2］华爱，薛芳森，李峰，等．高温对环带锦斑蛾幼虫滞育的抑制作用［J］．昆虫学报，2004，47（3）：354 - 359.

［3］刘长眠，张美燕，蒋学本，等．韭菜地蛆消长规律及防治［J］．北方园艺，1991，10：6 - 8.

［4］刘文静，于毅，张安盛，等．高温冲击对东亚小花蝽存活及生殖特性的影响［J］．山东农业科学，2011，2：77 - 79，85.

［5］刘柱东，龚佩瑜，吴坤君，等．高温条件下棉铃虫化蛹率、夏滞育率和蛹重的变化［J］．昆虫学报，2004，47（1）：14 - 19.

［6］马春森，马罡，常向前．农业害虫高温调控的研究进展［J］．环境昆虫学报，2008，30（3）：257 - 264.

［7］梅增霞，吴青君，张友军，等．韭菜迟眼蕈蚊在不同温度下的实验种群生命表［J］．昆虫学报，2004，47（2）：219 - 222.

［8］滕玲，童贤明．杭州市郊韭菜迟眼蕈蚊（韭蛆）的发生与防治［J］．中国蔬菜，2000，06，17.

［9］阳任峰，李克斌，尹姣，等．短时间高温处理对麦长管蚜的致死效应［J］．应用昆虫学报，2013，06：1 594 - 1 599.

［10］杨景娟，孟庆俭，许永玉，等．韭菜迟眼蕈蚊的性别分化及其生态与进化意义［J］．昆虫知识，2006，43（4）：470 - 473.

［11］张思佳，许艳丽，潘凤娟．韭菜迟眼蕈蚊研究进展［J］．安徽农学通报，2013，19（01 - 02）：82 - 84.

［12］Chi H. , Liu, H. Two new methods for the study of insect population ecology［J］. Acadamy Sinica Bulletin Insect Zool, 1985, 24：225 - 240.

［13］Chi H. Life-table analysis incorporating both sexes and variable development rates among individuals［J］. Environmental Entomology, 1988, 17（1）：26 - 34.

［14］Liang-Xiong Hu, Hsin Chi, Jie Zhang, Qiang Zhou, Run-Jie Zhang. Life-Table Analysis of the Performance of *Nilaparvata lugens*（Hemiptera：Delphacidae）on Two Wild Rice Species［J］. Ecology and Behavior, 2010, 103（5）：1 628 - 1 635.

［15］Roya Farhadi, Hossein Allahyari, HsinChi. Life table and predation capacity of *Hippodamia variegata*（Coleoptera：Coccinellidae）feeding on *Aphis fabae*（Hemiptera：Aphididae）［J］. Biological Control, 2011, 59（2）：83 - 89.

［16］Yu-Bing Huang and Hsin Chi. Age-stage, two-sex life tables of *Bactrocera cucurbitae*（Coquillett）（Diptera：Tephritidae）with a discussion on the problem of applying female age-specific life tables to insect populations［J］. Insect Science, 2012, 19（2）：263 - 273.

性诱芯对梨小食心虫雄成虫诱捕距离试验研究*

刘文旭** 路子云 冉红凡 马爱红 屈振刚 李建成***

（河北省农林科学院植物保护研究所，农业部华北北部作物有害生物综合治理重点实验室，河北省农业有害生物综合防治工程技术研究中心，保定 071000）

摘　要：利用性诱剂诱捕诱杀是防治梨小食心虫的有效手段，本实验通过田间不同距离诱捕以及人工释放诱捕回收试验明确性诱芯对梨小食心虫雄成虫诱捕距离，为性诱剂田间应用防治梨小食心虫放置数量和间隔距离提供可靠依据。结果表明：距离梨园 25～500m 范围内均诱集到了梨小食心虫雄成虫，且有距离梨园越远诱捕量越少的趋势。田间定点释放梨小食心虫雄成虫再诱捕试验结果表明，在距离释放点 200m、250m、300m、400m 的东、西、南、北方位均能诱捕到梨小食心虫雄成虫，但不同方位诱捕量有差异，北面诱捕量最多，其次是东面，西面和南面诱捕量差异不大。

关键词：梨小食心虫；性诱芯；诱捕；距离；雄性成虫

梨小食心虫 [*Grapholita molesta*（Busck）] 属鳞翅目卷蛾科，又称东方蛀果蛾、梨小蛀果蛾、梨姬食心虫、桃折梢虫、桃折心虫等，俗称蛀虫、黑膏药，简称"梨小"，是世界性的蛀果害虫之一[1~2]。我国除西藏外均有分布[3~4]。梨小食心虫的寄主植物很多，包括苹果、梨、桃、李、杏等[1~2,5]。

由于梨小食心虫具有钻蛀为害的特点、隐蔽性强，药剂防治效果不理想，且农药的过度使用带来了很多副作用：害虫抗药性的产生，破坏生态平衡，污染食品和环境[6]。因此，国内外均在开展研究和探索防治的新途径、新方法。利用昆虫性信息素防治害虫是20世纪60年代以来发展起来的一项防治技术，具有特异性强、高效、无毒、无污染、不伤害天敌等优点[7]。梨小食心虫性信息素是由 George 在 1965 年从该种雌蛾的腹部分离得到的[8]，自 Roelofs 等[9]鉴定梨小食心虫性激素的主要成分为（Z）-8-十二碳烯-1-醇醋酸酯以来，有关梨小食心虫性信息素的合成与应用研究迅速展开。中国科学院动物研究所[10~11]、四川大学[12]分别合成了梨小食心虫性外激素顺-8-十二碳烯醋酸酯，并进行了田间诱蛾试验，结果表明，合成的梨小食心虫性外激素具有强烈的诱蛾活性。

目前，应用性信息素防治梨小食心虫已经成为一种趋势，尤其是在防治和测报中作用突出，对绿色有机果品生产具有很大潜力[13]。但是，在近几年果农实际应用调查中发现，性信息素应用技术尚不规范，防治使用性信息素的剂量不明确，诱捕器的数量、间隔距离、诱芯释放剂量等仍需要研究和规范。本文针对目前存在的问题，通过田间不同距离诱

＊ 基金项目：公益性行业（农业）科研专项"北方果树食心虫综合防控技术研究与示范推广"（201103024）

＊＊ 第一作者：刘文旭，副研究员，主要从事农业害虫生物防治研究；E-mail：lwx508@sina.com

＊＊＊ 通讯作者：李建成，研究员；E-mail：lijiancheng08@163.com

捕以及人工释放再诱捕回收试验明确梨小食心虫性诱芯对梨小食心虫雄成虫诱捕距离，为梨小食心虫性诱芯在田间应用防治梨小食心虫提供理论依据。

1 材料与方法

1.1 供试昆虫

供试昆虫为梨小食心虫成虫，一部分为室内人工饲养的梨小食心虫雄成虫；另一部分为田间自然发生的梨小食心虫雄成虫。

1.2 试验材料

梨小食心虫性诱芯由中国科学院动物所提供，三角型诱捕器由北京中捷四方生物科技股份有限公司提供。

1.3 试验地点

1.3.1 田间自然发生的梨小食心虫雄成虫诱捕试验

在河北省赵县南柏舍镇俞家岗村和唐家寨村，选择一处相对孤立的梨园，梨园为南北走向，周围为小麦田。

1.3.2 人工定点释放梨小食心虫雄成虫诱捕试验

在河北省赵县农业科学研究所院内试验田和赵县大吕村小麦田进行，周围5 000m范围内无果园。

1.4 试验方法

1.4.1 田间自然发生的梨小食心虫雄成虫诱捕试验

调查从4月上旬，即越冬代成虫发生盛期开始，将诱捕器捆绑在竹竿上，诱捕器距地面1.5m，诱捕器开口对准果园方向，连续诱捕调查2～5天。设距梨园直线距离为25m、50m、100m、200m、350m、400m、500m 7个处理，处理间诱捕器间距和直线距离相同，各处理均为梨园到诱捕器的直线距离，中间不能有其他处理，以免影响诱捕效果。

1.4.2 人工定点释放梨小食心虫雄成虫诱捕试验

释放前，在释放地点悬挂一套梨小食心虫性诱捕器，连续诱捕10天，确认当地没有梨小食心虫存在。确定释放地点后，在释放地点东、西、南、北直线方向200m、250m、300m、400m处分别设置一个诱捕器，诱捕器距地面1.5 m，诱捕器开口对准释放地点方向，然后在释放地点释放梨小食心虫雄成虫。2014年4月10日释放人工饲养的梨小食心虫雄成虫50头，2015年4月1日释放从赵县范庄村赵县梨树研究所梨园诱捕的梨小食心虫雄成虫100头，2015年4月15日释放从保定市郊区何辛庄村桃园诱捕的梨小食心虫雄成虫800头，2015年4月16日释放从保定市郊区何辛庄村桃园诱捕的梨小食心虫雄成虫300头，释放后连续诱捕3～5天，每天定时调查记载各诱捕器诱捕的梨小食心虫雄成虫数量。

2 结果与分析

2.1 不同距离对田间自然发生的梨小食心虫雄成虫诱捕试验

从表1可以看出，距离梨园25m的处理连续诱捕5 d均诱捕到雄成虫。距离梨园50m和100m的处理除第1天未诱捕到雄成虫外，其余4天均诱捕到雄成虫。距离梨园200m的处理连续诱捕2天均诱捕到雄成虫。距离梨园350m的处理连续诱捕3天均诱捕到雄成虫，且随着诱捕天数的推移，诱捕的雄成虫越多。距离梨园400m的处理连续诱捕2天，第1天未诱捕到，第2天诱捕到67头雄成虫。距离梨园420m的处理连续诱捕2天，第1天仅诱捕到1头，第2天诱捕到雄成虫4头。距离梨园500m的处理仅诱捕1天，诱捕到雄成虫4头。从平均每天诱捕数量看，有距离梨园越近诱捕量越多，距离梨园越远诱捕量越少的趋势。

表1　在不同距离对田间自然发生的梨小食心虫雄成虫诱捕数量比较

诱捕距离	不同天数诱捕到雄成虫数量（头）					合计	平均
	第1天	第2天	第3天	第4天	第5天		
25m	4	99	97	108	213	521	104.20
50m	0	30	45	176	142	393	78.60
100m	0	24	68	51	112	255	51.00
200m	41	45				86	43.00
350m	7	27	97			131	43.67
400m	0	67				67	33.50
420m	1	4				5	2.50
500m	4					4	4

2.2　人工定点释放梨小食心虫雄成虫诱捕试验

表2　不同方位、不同距离诱捕到人工释放梨小食心虫雄成虫数量

诱捕距离	方位	不同天数诱捕到雄成虫数量（头）					合计（头）
		第1天	第2天	第3天	第4天	第5天	
200m	东	3	0	1	0		4
	西	1	0	0	0		1
	南	2	0	0	1		3
	北	2	3	0	0		5
	合计	8	3	1	1		13
250m	东	0	0	1	0	1	2
	西	0	0	3	0	2	5
	南	0	0	3	0	0	3
	北	0	0	0	5	2	7
	合计	0	0	7	5	5	17

（续表）

诱捕距离	方位	不同天数诱捕到雄成虫数量（头）					合计（头）
		第1天	第2天	第3天	第4天	第5天	
300m	东	4	7	16	1		28
	西	0	3	8	1		12
	南	0	0	5	0		5
	北	2	4	19	0		25
	合计	6	14	48	2		70
400m	东	0	4	0			4
	西	0	4	1			5
	南	0	9	0			9
	北	0	10	3			13
	合计	0	27	4			31

从表2可以看出，4个处理不同方位均诱捕到梨小食心虫雄成虫。其中，距释放点200m处4个方位共诱捕到13头雄成虫，但是，各方位诱捕到的数量均不相同，其中，北方诱捕到5头，诱捕量最多，其次为东方4头，南方为3头，西方仅诱捕到1头。从每天诱捕数量看，第1天诱捕到8头，诱捕量最多，其次为第2天，诱捕到3头，第3天和第4天各诱捕到1头；距释放点250m处4个方位共诱捕到17头雄成虫，其中，北方诱捕到7头，诱捕量最多，其次为西方5头，南方为3头，东方仅诱捕到2头。从每天诱捕数量看，由于第1天和第2天降水（小到中雨），且温度较低（最低温度0℃），所以没诱捕到梨小食心虫雄成虫，第3天诱捕到7头，诱捕量最多，其次为第4天和第5天，分别诱捕到5头；距释放点300m处4个方位共诱捕到70头雄成虫，其中，东方诱捕到28头，诱捕量最多，其次为北方25头，西方为12头，南方仅诱捕到5头。从每天诱捕数量看，第3天诱捕到48头，诱捕量最多，其次为第2天，诱捕到14头，第1天诱捕到6头，第4天各诱捕到2头；距释放点400m处4个方位共诱捕到31头雄成虫，其中，北方诱捕到13头，诱捕量最多，其次为南方9头，西方为5头，东方仅诱捕到4头。从每天诱捕数量看，第1天没诱捕到梨小食心虫雄成虫，第2天诱捕到27头，第3天诱捕到4头。

2.3 人工定点释放梨小食心虫雄成虫各方位诱蛾量比较

从表3看出，释放人工饲养和从果园诱捕的梨小食心虫雄成虫各方位诱蛾量不同，其中，北方蛾量最多，共诱捕到50头，占总诱捕蛾量的38.17%，其次东方诱捕到38头，占29.00%，西和南方分别诱捕到23头和20头，分别占17.56%和15.27%。

表3　人工释放梨小食心虫雄成虫后不同方位诱蛾量比较

处理	方 位			
	东	西	南	北
200m	4	1	3	5
250m	2	5	3	7
300m	28	12	5	25
400m	4	5	9	13
合计	38	23	20	50
占总诱捕量（%）	29.00	17.56	15.27	38.17

3　讨论

梨小食心虫诱捕试验结果表明，从平均每天诱捕梨小食心虫雄虫数量看，有距离梨园越近诱捕量越多，相反距离梨园越远诱捕量越少的趋势。虽然距离梨园500m的处理仅诱捕到4头雄成虫，但足以证明性诱剂散发气味的距离和雄成虫飞翔距离至少达到了500m，因此，应用性诱剂诱杀雄成虫控制梨小食心虫为害，在果园内放置诱捕器的数量值得进一步研究。

释放人工饲养和从果园诱捕的梨小食心虫雄成虫诱捕试验结果表明，在距离释放点200m、250m、300m、400m的东、西、南、北方位均能诱捕到梨小食心虫雄成虫，但是，不同方位诱捕量有显著差别，北方诱捕量最多，其次是东方，西和南方诱捕量差距不大。不同方位诱捕量的差异可能与放飞地的风力大小和风向有关，有待进一步研究。

参考文献

[1] 郭普. 植保大典 [M]. 北京：中国三峡出版社，2006：996，1 029，1 049.

[2] 陈梅香，骆有庆，赵春江，等. 梨小食心虫研究进展 [J]. 北方园艺，2009 (8)：144 – 147.

[3] 中国农业百科全书总编辑委员会昆虫卷委员会. 中国农业百科全书昆虫卷 [M]. 北京：农业出版社，1990：226 – 227.

[4] 陈静，杨祎红，马天文，等. 梨小食心虫在蟠桃园的为害和发生动态初探 [J]. 安徽农业科学，2009，37 (30)：14 745，14 751.

[5] 中国科学院动物研究所. 中国农业昆虫（下册）[M]. 北京：农业出版社，1987：51.

[6] 范仁俊，刘中芳，陆俊娇，等. 我国梨小食心虫综合防治研究进展 [J]. 应用昆虫学报，2013，50 (6)：1 509 – 1 513.

[7] 李庆燕，刘金龙，赵龙龙，等. 缓释技术在性信息素防治害虫中的应用 [J]. 中国生物防治学报，2012，28 (4)：589 – 593.

[8] George J A. Sex pheromone of the oriental fruit moth *Grapholita molesta*（Busck）[J]. Can. Entomol, 1965，97：1 002 – 1 007.

[9] Roelofs W L，Comeau A，Selle R. Sex Pheromone of the Oriental Fruit Moth [J]. Nature, 1969，224：723 – 726.

[10] 中国科学院北京动物研究所药剂毒理室合成组，技术室外激素组，北京市通县果园科技组. 梨小

食心虫性外激素的合成与活性 [J]. 昆虫知识, 1976, 13 (2): 57 - 59.

[11] 中国科学院动物研究所药剂毒理室杀虫剂组. 梨小食心虫性外激素顺 - 8 - 十二碳烯醋酸酯的合成 [J]. 化学学报, 1977, 55 (Z1): 221.

[12] 四川大学化学系昆虫信息素组. 梨小食心虫性诱剂的合成及大田生测 [J]. 四川大学学报 (自然科学版), 1980 (2): 145 - 151.

[13] 李霞, 李先伟, 赵志国, 等. 桃小食心虫性诱芯合理有效使用方法的研究 [J]. 山西农业大学学报, 2011, 31 (3): 213 - 216.

[14] 冉红凡, 刘文旭, 屈振刚, 等. 河北省不同类型果园梨小食心虫成虫发生动态 [C] // 吴孔明. 植保科技创新与病虫防控专业化. 中国植物保护学会 2011 年学术年会论文集, 北京: 中国农业科技出版社, 2011: 225 - 231.

[15] 李丽莉, 张思聪, 张安盛, 等. 几种因素对梨小食心虫性诱剂诱捕量的影响 [J]. 山东农业科学, 2012, 44 (7): 95 - 97.

[16] 赵利鼎, 李先伟, 李纪刚, 等. 不同诱源对梨小食心虫引诱效果的研究 [J]. 山西农业科学, 2010, 38 (5): 51 - 54.

[17] 张顶武. 梨小食心虫干扰交配及诱杀综合技术研究 [D]. 北京: 中国农业大学, 2007.

[18] 康总江, 朱亮, 魏书军, 等. 六种不同处理诱捕器对梨小食心虫诱杀效果研究 [J]. 北方园艺, 2013 (14): 125 - 128.

三亚市橘小实蝇种群动态监测初探

陈川峰　李祖莅　王　硕　袁伟方　周国启

（海南省三亚市农业技术推广服务中心植保植检站，三亚　572016）

摘　要：利用性引诱剂诱捕橘小实蝇雄虫，进行其种群动态监测。结果表明，南滨农场青枣园橘小实蝇种群5～7月为虫口发生盛期，8月份虫口密度逐步开始下降，11月份至翌年1月份种群数量最低，为今后该虫的防治工作提供了依据。

关键词：橘小实蝇；种群动态；监测；三亚

橘小实蝇（*Bact rocera dorsalis*）又名东方果实蝇（Oriental fruit fly），是许多热带亚热带瓜果的重要害虫。该虫可为害属40个科的250余种水果蔬菜，已被许多国家列为重要检疫性害虫[1]。橘小实蝇于1912年首次报道于我国台湾，经90多年的扩散，迄今已广泛分布亚洲及环太平洋的多数国家和地区[2]。橘小实蝇生活周期短、寄主广泛、繁殖力强。通常一年发生3～5代，在环境极适宜的条件下，一年可发生10代，各世代重叠明显。每只雌虫一次可产卵10～30粒，一生可产卵1 000多粒[1]。卵产于寄主果实的表皮下，幼虫在果实中取食为害，幼虫发育成熟后跳离受害果实，钻入土中化蛹，成虫羽化出来离开土壤，飞到寄主瓜果上取食，由此形成新一轮的为害。

目前在我国橘小实蝇主要分布于华南地区、湖南、贵州、云南、四川等省[3]。三亚位于海南省最南部，属热带、亚热带海洋性气候，常年适宜橘小实蝇生长。近年来的研究表明，橘小实蝇在三亚1年发生11～12代，已蔓延至三亚各个地区，且为害相当严重，经调查发现果实受害率最高可达90%～98%，严重影响水果的产量和质量[3]。为了有效控制柑橘小实蝇的发生和蔓延，保障三亚市水果产业健康可持续发展，监测调查分析该虫在三亚常年分布区内的发生规律，为制定合理的防治对策提供科学依据。

1　材料与方法

1.1　试验材料

橘小实蝇引诱剂（11代），生产厂家为常州市禾丰生化研究所，引诱剂由中国热带农业科学研究所提供。

1.2　试验方法

试验时间从2010年8月10日至2012年8月30日，地点选取在三亚市崖城镇南滨农场青枣园，面积约3 335m²。试验设置5个点，每个点相距20m以上。

诱捕器挂于不受树叶遮荫、不受太阳暴晒的通风处，距离地面1.5m。用针或其他锐器在诱芯顶部扎几个小孔，将其悬挂于矿泉水瓶做成诱捕器开口处，诱捕器加入水瓶一半左右50%的酒精。每月10天、20天、30天调查一次，记录诱捕器捕获橘小实蝇成虫的数量，并清理干净诱捕器。每10天更换一次酒精，每月更换一次引诱剂。

2 结果与分析

通过调查监测，橘小实蝇种群数量变动趋势如图所示。结果表明，三亚地区橘小实蝇成虫种群变化为单峰型，即在一年中只发生一次种群增长高峰期，种群高峰期发生在每年的5～7月。两年中该地区橘小实蝇种群数量变动趋势基本一致，冬季橘小实蝇种群数量呈较低水平，夏季达到高峰期。每年11月至次年1月橘小实蝇成虫诱捕数量较少，说明这一时期橘小实蝇种群数量变动呈较低水平。2～4月橘小实蝇成虫诱捕数量逐渐增加，说明每年2～4月橘小实蝇种群活动逐渐加强。5～7月份橘小实蝇成虫诱捕数量迅速上升，达到最高值。以2011年为例，这段时间橘小实蝇成虫诱捕数量分别为2 132头、4 960头、2 472头，表明这一时期为橘小实蝇种群高峰期，也是该虫为害最为严重时期。种群数量的高峰期因年份不同，出现的月份也不相同。如2011年高峰值出现在为6月，2012为5月，这一现象可能与气象数据变化等因素有关。2012年6月份连续出现几天的强降水，造成果园土壤湿度过大、空气相对湿度过大，影响了橘小实蝇的化蛹率和成虫的羽化率，造成橘小实蝇种群数量急剧下降。另外，橘小实蝇种群数量高峰期也和果园果实成熟采摘期相吻合。8～10月，橘小实蝇成虫诱捕数量急剧下降，种群活动逐渐减弱。

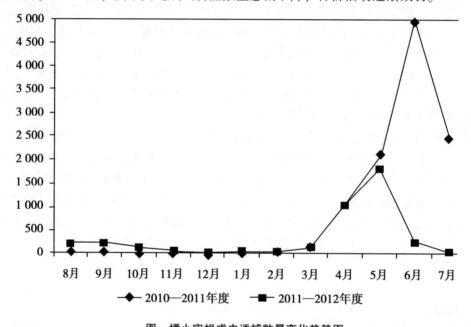

图 橘小实蝇成虫诱捕数量变化趋势图

综上所述，通过对橘小实蝇成虫性诱观察发现，橘小实蝇种群年变动规律是基本稳定的，种群数量高峰出现在夏季，应提前做好橘小实蝇防治工作。

3 防治建议

3.1 加强检疫和监测

对进出口岸等地点进行橘小实蝇寄主材料检查，同时对橘小实蝇监测是及时发现可能扩散传播的橘小实蝇疫情的重要手段。

3.2 人工防治

对田园进行清洁,这是有效控制虫源繁殖为害重要手段之一。

3.3 引诱

利用性引诱或毒饵进行诱杀,把握峰期,及时防治,压低虫源。

3.4 药剂防治

土壤杀虫处理。进行地面喷药,以杀死入土化蛹的幼虫或土壤中刚羽化的成虫,可用 50%硫磷喷施于结果树的滴水线内地面,每周一次,连喷 2~3 次。

树冠喷药。选用 80%敌敌畏或 90%晶体敌百虫或 1%阿维菌素类农药 15~20mL,对水 15kg 喷雾。

3.5 果实套袋

根据不同水果品种,选择相应果袋进行果实套袋。

3.6 生态防除

同一地区应种植同一品种或熟期相近的水果品种,尽量避免混栽,以断切其食物链。

参考文献

[1] 叶辉,刘建宏 [J]. 云南西双版纳橘小实蝇种群动态 [J]. 应用生态学报,2005,16 (7).

[2] 陈鹏,叶辉,刘建宏. 云南瑞丽橘小实蝇成虫种群数量变动及其影响因子分析 [J]. 生态学报,2006,6 (9).

沙打旺小食心虫的一个新寄主*

徐 娜** 汪治刚 王 娟 李彦忠***

（兰州大学草地农业科技学院，草地农业生态系统国家重点实验室，兰州 730020）

摘 要：沙打旺小食心虫（*Grapholita shadawana*）是豆科牧草沙打旺上的一种主要害虫，自2000年首次报道以来，尚未在其他植物上发现此虫害。本研究发现在甘肃兰州地区，沙打旺草地周边的苦马豆亦受沙打旺小食心虫的侵染，为验证这一结论，首先获得两种寄主中的幼虫共19个个体的线粒体CO1（细胞色素氧化酶亚基Ⅰ）基因序列，再通过MEGA软件邻接法构建系统发育树。结果显示，19个个体同在一个分支，节点支持率100%，因此，确定苦马豆上发现的昆虫为沙打旺小食心虫，形态学鉴定的结果与之一致。

关键词：沙打旺小食心虫；沙打旺；苦马豆；寄主

沙打旺（*Astragalus adsurgens*）是豆科多年生草本植物，抗逆性强，牧草产量和种子产量高，具有较高的经济价值和生态作用，是我国北方地区的重要牧草和水土保持植物（李彦忠，2007；刘爱萍，2005）。苦马豆（*Sphaerophysa salsula*）常作中药用（滕崇德等，1976）。沙打旺小食心虫（*Grapholita shadawana*）是由刘友樵和陈义晶于2000年在内蒙古地区首次报道，属鳞翅目（Lepidoptera）、卷蛾科（Tortricidae）、小食心虫属（*Grapholita*），是一世界新种（刘友樵和陈义晶，2000）。经调查，沙打旺小食心虫主要分布于内蒙古、吉林、辽宁、河北、山东、陕西、宁夏等沙打旺栽培面积较大的地区。在内蒙古地区，沙打旺小食心虫一年发生一代，以幼虫在沙打旺根茎部越冬，越冬前的距地面约10 cm的茎秆上蛀一个小孔作为羽化时成虫的出茎孔，蛀孔后分泌一种物质在孔下缘形成一膜，将髓孔堵住开始越冬（刘爱萍，2005；王梦龙等，2001）。

沙打旺小食心虫的大面积暴发会严重降低沙打旺的牧草产量，并有可能加重根腐病的发生，最终导致植株死亡。防治沙打旺小食心虫的方法有化学防治和农业防治（冬季压茬和适时刈割）。适时刈割把收获的牧草调制成青贮料、青干草等草产品，这种与饲草利用相结合的农业防治技术，无污染、低成本、高防效，可操作性强，具有较高的应用价值（刘爱萍，2005；王梦龙等，2001）。

本研究在兰州和平的沙打旺试验地周边的苦马豆植株中发现了与沙打旺小食心虫形态上极相似的昆虫，希望通过形态学和分子生物学的鉴定方法进一步确认这种昆虫即为沙打旺小食心虫。

---

* 基金项目：国家自然科学基金（No. 31272496）；公益性行业（农业）科研专项经费项目（No. 201303057）；国家牧草产业技术体系（CARS‒35）；教育部科学研究重大项目（No. 313028）

** 第一作者：徐娜，女，硕士研究生，研究方向草类植物病理学；E-mail：xun10@ lzu. edu. cn

*** 通讯作者：李彦忠；E-mail：liyzh@ lzu. edu. cn

1 材料与方法

1.1 标本采集

2015 年 3 月底在兰州和平沙打旺草地中选取髓孔被堵住的沙打旺残茬，连根颈一起拔出，共取 50 个枝条。抓住苦马豆枝条顶端轻轻摇动，若有虫，枝条易断，将这样的枝条连根颈部位剪下，共取 50 枝，带回室内进行下一步试验和观察。

1.2 幼虫 DNA 提取

分别取 10 条沙打旺和苦马豆枝条中的幼虫，每条幼虫分开单独提取 DNA。使用试剂盒为 TIANGEN 的血液/细胞/组织基因组 DNA 提取试剂盒（离心柱型），操作步骤按照试剂盒使用手册进行。将获得的 DNA 存放于 – 20℃ 冰箱。

1.3 PCR 扩增和测序

PCR 扩增所用引物为 LCO1490：5 ' - GGTCAACAAATCATAAAGATATTGG-3 '，HCO2198：5 ' -TAAACTTCAGGGTGACCAAAAAATCA-3 '。PCR 扩增体系（25μL）：Super-Mix12.5μL，正向引物 1.5μL，反向引物 1.5μL，模板 DNA3μL，无菌双蒸水 6.5μL，油 6μL。PCR 条件：94℃ 预变性 2min，94℃ 变性 20s，47℃ 退火 20s，72℃ 延伸 1min，反应 35 个循环，再 72℃ 延伸 5min。

PCR 产物（未纯化）由生工生物工程（上海）有限公司测序。

1.4 测序结果分析

在 GenBank 里下载其他小食心虫属的 CO1 基因序列，与测得的序列一起在 MEGA5.0 中用 Clustal X 程序对序列进行排序并加以手工校正；再用邻接法（NJ）1 000 次自展检验，构建系统发育树。

1.5 形态鉴定

取有虫的沙打旺和苦马豆枝条，纵向剖开，取出幼虫后在体视显微镜下观察其形态特征。另分别将 30 个有虫的沙打旺和苦马豆枝条置于植物标本盒中，并在盒中放入湿棉球以保持一定的湿度，标本盒放在 20 ~ 25℃ 的室内，待幼虫成蛹并羽化后进行鉴定（参照文献 4）。

2 结果与分析

2.1 系统发育树分析

从 GenBank 里下载的 CO1 基因序列，有 *Grapholita aureolana*、*Cydia illutana*、*C. nigricana*。通过系统发育树（图 1）可以看到，测得序列的 19 个个体形成一个单系，节点支持率 100%，因此，可以认为沙打旺和苦马豆中的小食心虫为同种。

2.2 形态学鉴定

从形态学的角度来看，沙打旺和苦马豆中的害虫均为沙打旺小食心虫（图 2），与分子生物学分析结果一致。

3 讨论

加拿大生物学家 Paul Hebert 首先提出将条形码技术应用到生物物种鉴定当中，提出 DNA 条形码（DNA Barcoding）的概念。之后通过一系列的研究，发现在动物中，线粒体

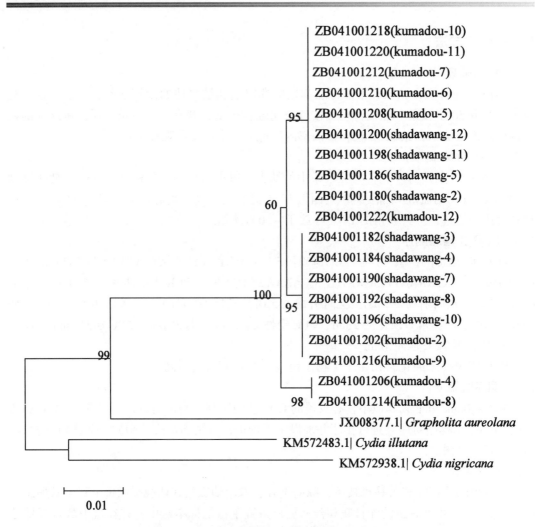

图1　小食心虫个体 CO1 基因序列系统发育树

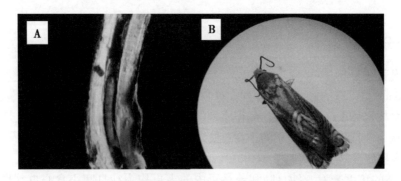

图2　沙打旺小食心虫（A. 幼虫，B. 成虫）

CO1 基因（细胞色素氧化酶亚基Ⅰ）靠近 5′端的一段序列能够对动物界的物种进行有效鉴定，且在多数动物类群中，CO1 基因都存在显著的序列变异，因此，目前 CO1 基因是 DNA 条形码技术应用在动物分类中的主要基因（Hebert *et al*., 2003；肖金花等，2004；岳巧云等，2011），所以，沙打旺和苦马豆中的小食心虫为同种的结论是有理论依据的。

李彦忠等认为沙打旺小食心虫成虫不能进行远距离迁飞（李彦忠和高峰，2012），但和平地区以前并未种植沙打旺，沙打旺小食心虫的来源是当地的其他植物还是其他原因还有待探究。

参考文献

［1］李彦忠. 沙打旺黄矮根腐病（*Embellisia astragali* nov. sp. Li and Nan）研究 ［D］. 兰州：兰州大学，2007.

［2］李彦忠，高峰. 甘肃环县两种沙打旺蛀秆害虫数量随季节、年份和草地年龄的变化动态 ［J］. 草业科学，2012，29（11）：1 778 – 1 784.

［3］刘爱萍. 沙打旺草地病虫害综合防治技术 ［J］. 内蒙古科技与经济，2005（24）：126 – 127.

［4］刘友樵，陈义晶. 内蒙古牧草上一新害虫——沙打旺小食心虫　鳞翅目　卷蛾科　小卷蛾亚科 ［J］. 昆虫分类学报，2000，22（4）：275 – 278.

［5］滕崇德，李继瓒，杨懋琛，等. 苦马豆 ［J］. 山西医药杂志，1976（1）：53.

［6］王梦龙，郑双悦，谢秉仁，等. 沙打旺小食心虫防治的研究 ［J］. 中国草地，2001，23（3）：38 – 44.

［7］肖金花，肖晖，黄大卫. 生物分类学的新动向——DNA条形编码 ［J］. 动物学报，2004，50（5）：852 – 855.

［8］岳巧云，邱德义，黄艺文，等. DNA条形码技术在未知昆虫幼虫种类鉴定中的应用 ［J］. 中国卫生检疫杂志，2011，21（3）：615 – 617.

［9］Hebert，PD，Ratnasingham S，deWaard JR. Barcoding animal life：cytochrome c oxidase subunit 1 divergences among closely related species ［J］. Proc Biol Sci，2003，270 Suppl 1.

新疆博乐地区天然草地昆虫群落组成初探*

赵 莉[1]** 邵 路[2] 李荣才[2] 刘福英[1]

（1. 新疆农业大学农学院，乌鲁木齐 830052；2. 博州草原工作站，博乐 8334002）

摘 要：博尔塔拉蒙古自治州地处东经 79°53′~83°53′北纬 44°02′~45°23′。西、南、北三面环山，中部是喇叭状的谷地平原，西部狭窄，东部开阔，全州地表像一片海棠叶，东西长 315km，南北宽 125km。最高山峰是北部阿拉套山的主峰厄尔格图尔格山——海拔 4 569m，最低为东北部的艾比湖，海拔 189m。地貌特征大致由南北两侧山地、中部谷地和东部盆地三大单元组成。地形由东向西呈坡形逐渐增高。2011 年 8 月上中旬通过对博州管辖的博乐市、温泉县、精河县 24 个区域 8 个草地型，40 个点进行百网调查，共采集 1153 号标本，分属于 7个目、20 科、62 种（由于是在 8 月上中旬的调查，时间有点偏晚，春秋荒漠草地的植被多数已经枯黄，故所捕到的昆虫种类和数量偏少）。根据该地区地貌特征和植被特点，分以下草地类型研究昆虫群落的组成。

关键词：博乐；地貌；地区；草地类型；昆虫群落

1 平原荒漠草地

平原荒漠草地是在极干旱气候条件下发育形成的草地类型，属中温带大陆性气候，主要由超旱生的小半乔木、灌木和半灌木组成，同时混生有相当数量的多年生和一年生草本植物。草地建群植物有博乐绢蒿、角果黎、叉毛蓬、猪毛菜等，主要伴生植物有无叶假木贼、小蓬、驼绒黎、木地肤、骆驼蓬、滨黎等。根据 18 个调查点的采集，此生境中的昆虫主要有蝗虫、多异瓢虫 Adonia variegata（Goeze）、叶甲、象甲、拟步甲、蚁蛉、黎花瓢虫 Bulaea lichatshovi Humm、盲蝽、螳螂等昆虫组成，其中，以蝗虫为优势。蝗虫种类主要有意大利蝗 Calliptamus italicus italicus（L.）、旋跳蝗 Helioscirtus moseri moseri Sauss.、黑腿星翅蝗 Calliptamus barbarus cephalotes F.-W.、简蚱蝗 Eremippus simplex simplex（Ev.）、伪星翅蝗 Metromerus coelesyriensis coelesyriensis F.-W.、黑条小车蝗 Oedaleus decorus（Germ.）、瘤背束颈蝗 Sphingonotu salinus（Pall.）、岩石束颈蝗 Sphingonotus ncbulosus（F.-W.）、朱腿痂蝗 Bryodema gebleri gebleri（F.-W.）、红斑翅蝗 Oedipoda miniata miniata（Pall.）、小米纹蝗 Notostaurus albicornis albicornis（Ev.）组成。其中数量较多的有意大利蝗、黑腿星翅蝗、伪星翅蝗、旋跳蝗、小米纹蝗。

在艾比湖周边地区，植物以耐盐的多汁、盐柴类半灌木盐节木、盐爪爪等为主，主要伴生植物有芦苇、花花柴等，此生境采集到蚱蜢、亚洲飞蝗 Locusta migratoria migratoria L.、象甲、蜻蜓、豆娘、草地螟 Loxostege sticticalis L. 等昆虫。

* 基金项目：公益性行业（农业）科研专项（201003079）

** 通讯作者：赵莉；E-mail：zl3823@163.com

2 山地荒漠草地

主要分布在阿拉山口、汗吉杂山等地的低山区，海拔 800~1 200m。山地荒漠草地是山区草地中最干旱的一类。草地建群植物以超旱生的灌木、蒿类半灌木、盐柴类半灌木为主。昆虫类群主要有蝗虫（意大利蝗、旋跳蝗、黑腿星翅蝗、简蚪蝗、红斑翅蝗、伪星翅蝗、黑条小车蝗、朱腿痂蝗、草地蝗、小米纹蝗）、多异瓢虫、蟒等。温泉县山地荒漠草地伴生数量较多的羊茅和苔草，因此采集到黑条小车蝗的数量较多。

3 平原草原化荒漠阜地

草原化荒漠草地是荒漠草地向荒漠草原草地演变的过渡性的草地类型。博乐市的平原草原化荒漠放牧场主要分布在海拔 1 000~1 200m 的哈拉吐鲁克山的山麓带及四台谷地，基本无带状分布规律。草地建群植物有博乐绢蒿、镰芒针茅、碱韭等，主要伴生植物有草原锦鸡儿、角果黎、木地肤、短柱苔草、羊茅、黄芪等。昆虫群落主要以旋跳蝗、简蚪蝗、岩石束颈蝗、黑伪星翅蝗组成，其个体数较少。

4 平原荒漠草原草地

荒漠草原草地是荒漠向典型草原过渡的类型、或者相反是典型草原旱化，向荒漠方向演替的结果，建群植物已不是超旱生的灌木和半灌木，而是以旱生多年生草本为主，但蒿类半灌木仍占据显著的地位。昆虫群落组成：蝗虫［欧亚草地蝗 Stenobothrus（S.） eurasius eurasius Zub.、旋跳蝗、意大利蝗、简蚪蝗、黑腿星翅蝗、黑条小车蝗、瘤背束颈蝗、朱腿痂蝗、蓝斑翅蝗 Oedipoda coerulescens（L）、小米纹蝗］、螽斯、拟步甲、蚁蛉、象甲等。以欧亚草地蝗、旋跳蝗数量较多。

5 山地草原草地

山地草原放牧场是在典型的草原性气候条件下形成的，水分状况良好，属于半干旱气候，草地呈带状分布。草地建群植物以灌木、小丛禾草为优势建群种，同时混有大量的草原杂类草、苔草等植物种。主要昆虫有意大利蝗、伪星翅蝗、黑条小车蝗、红胫戟纹蝗 Dociostaurus（S.）kraussi kraussi（Ingen）、黄胫戟纹蝗 Dociostaurus（S.）kraussi nigrogeniculatus Tarb.、多异瓢虫、拟步甲等。

6 山地荒漠草原草地

山地荒漠草原放牧场的植被成分、生态类型与平原荒漠草原相同，但地貌类型属于山地。草地植被以旱生性多年生草本、蒿类半灌木和灌木为主，建群种有草原锦鸡儿、博乐绢蒿、镰芒针茅、羊茅等，主要伴生植物有无芒隐子草、术地肤、叉毛蓬、木本猪毛菜、黄芪、短柱苔草等。以意大利蝗、黑腿星翅蝗、黑条小车蝗、朱腿痂蝗、蓝斑翅蝗、小米纹蝗组成，黑条小车蝗为优势种。

7 山地草原化荒漠草地

作为平原草原化荒漠草地的上延，草地建群植物有博乐绢蒿、镰芒针茅、刺旋花、草原锦鸡等，主要伴生植物有木地肤、短柱苔草、羊茅、黄芪等，昆虫类群主要有旋跳蝗、黑腿星翅蝗、黑条小车蝗、朱腿痂蝗、黑伪星翅蝗、瘤背束颈蝗等。

8　山地草甸草原

山地草甸草原草地是在半湿润气候条件下发育形成的，是草原草地向草甸草地过渡性的类型。草地植被组成仍以旱生性草原植物为主，但混生有相当数量的中生、旱中生植物，主要是根茎·疏丛禾草和杂类草。气候相对湿润，植物种类丰富。在这里采集到昆虫有蝗虫、拟步甲、熊蜂、七星瓢虫、多异瓢虫、螟蛾等。蝗虫主要有草地蝗、意大利蝗、简蚍蝗、黑条小车蝗、草地蝗、白边雏蝗、红腹牧草蝗组成。

参考文献（略）

有害生物综合防治

农产品质量安全与病虫害绿色防控技术

刘 红* 高一娜 孙 一

（哈尔滨市农产品质量安全检验检测中心，哈尔滨 150070）

摘 要：本文分析了农产品质量安全的重要性及影响因素，介绍了病虫害绿色防控技术，并叙述了病虫害绿色防控技术对保障农产品质量安全的重要性。

关键词：农产品质量安全；影响因素；病虫害绿色防控

农产品是指来源于农业的初级产品，即在农业活动中获得的动物、植物、微生物及其直接加工品，包括食用和非食用两个方面。但在农产品质量安全管理方面，多指食用农产品，它是研究农产品质量安全的主要对象，包括鲜活农产品及其直接加工品。

农产品质量安全是指该农产品是否对人体造成了现实的损害，或存在潜在的隐患，是涉及人体健康安全的质量要求。

1 农产品质量安全的重要性及影响因素

农产品是维持人类生存的基础。近些年，国外的"疯牛病""二噁英"等事件以及国内的"禽流感""三聚氰胺""毒豇豆""速成鸡"、2013 年的湖南万吨"毒大米"等农产品质量安全事件频发，使人们身心受到了极大的威胁。目前，农产品质量安全问题已经成为继人口、资源、环境后的第四大社会问题，是提升农产品竞争力、维护农业产业安全、促进农业可持续发展的现实选择，满足日益提高的小康家庭生活质量的客观要求，同时也是保护农民的合法利益、增加农民收入的可靠途径，更是社会经济可持续协调发展与社会和谐建设的内在需求。所以，尽快提高我国农产品的质量安全水平已成亟待解决的重要任务和课题。

影响农产品质量安全的因素是多方面的，现从以下几个方面进行分析。

1.1 产地环境因素

产地环境中的污染物会对农产品造成本底性污染，进而为害农产品质量安全。本底性污染主要指产地环境中水、土、气的污染，其治理难度大，需要通过净化产地环境或调整种养品种等措施加以解决。

1.1.1 农田大气污染

污染物以二氧化硫、烟尘和粉尘为主，其次是氮氧化物、一氧化碳、硫化氢、氟等，其中煤烟型大气污染最为严重。大气污染直接影响农作物生长发育的光合作用，形成弱苗，使其抗病虫能力减弱，从而使农产品的数量和质量下降。

1.1.2 农田灌溉水污染

地下水中氰化物、六价铬、铅、砷、铬、镉及 pH 的测定值是否符合《地下水质量标

---

* 作者简介：刘红，女，硕士，高级农艺师，研究方向质量安全

准》，氟化物、氯化物、挥发酚等是否超标，将直接影响着农产品质量安全。由于"工业三废"的不合理排放，我国许多河流湖泊遭到不同程度的污染，致使农产品受化学污染的几率大大增加。若铅、砷、汞以及燃煤中的氟等化学物质通过食物链进入人体，经过长期蓄积就会对健康造成慢性为害。

1.1.3 农田土壤污染

土壤本身含砷、镉、铬、汞、铅、铜、镍、锌等重金属元素。外来污染物进入农田又加重了土壤的污染程度。土壤污染问题具有隐蔽性和滞后性等特点，一旦受到污染，短时间很难治理修复。

1.2 农业投入品因素

农业投入品结构不合理，使用不科学，导致农产品污染严重，其中农药、化肥的使用是关系农产品质量安全的关键环节。

1.2.1 农药的影响

我国农药产量居世界第二位，农药中杀虫剂占69%，杀菌剂占12%，除草剂占17%，其中杀虫剂中70%是有机磷杀虫剂，而且高毒类又占70%。近年来我国农药使用量不断上升，且相当一部分是高毒、高残留农药。高毒有机磷农药的使用是导致农产品农药残留超标的主要原因。

1.2.2 化肥的影响

我国肥料用量居世界首位，氮、磷、钾比例失调，氮肥施用量过大，有机肥与无机肥施用比例失调，造成化肥利用率降低和环境中氮污染严重，使农产品中累积的硝酸盐含量增高，品质下降。

1.2.3 农用塑料薄膜的影响

由于农膜在农业生产中大量使用，影响了土壤的通透性，阻碍了农作物根系对水肥吸收和生长发育，尤其是塑料中的增塑剂——邻苯二甲酸烷基脂类化合物，能在环境中持久性残留，作物吸收、富集后导致农产品污染，并通过食物链浓缩，对人体构成潜在性为害。

1.2.4 激素、兽药、添加剂的影响

为追求农产品的数量，农户过量、过频地使用激素，虽然达到催长、催熟的目的，但是使农产品含水量增加，有效营养成分降低，不耐储运，品质变差，甚至影响城乡居民的身体健康。动物性农产品中的抗生素残留可引起病原菌对多种抗生素产生抗药性；高激素特别是性激素的残留，可以促进性早熟，对青少年的生长发育极为不利；瘦肉精会导致人的心率加快、代谢紊乱等不良后果。

1.3 农产品生产加工模式因素

我国农产品生产最显著的特点是农村人口多、人均耕地少、生产规模小且种养的产品种类多，品种杂而乱，生产的专业化、标准化水平低。

1.3.1 生产、经营分散，不利于规模生产和统一管理

千家万户分散生产，独立经营，无论是购进生产资料还是销售农产品，都是一家一户单独面向市场，这种分散的生产和经营即不利于控制投入品的质量，也不容易控制和统一产品质量，同时在产销之间也没有形成固定的供求合作关系，产销脱节，质量得不到保证，责任无法追溯。

1.3.2 栽培技术及农产品的"二次污染"

农作物的种子、播种期、栽培设施、施肥、浇水、病虫害防治等栽培管理技术和产品采集后的加工、包装、预冷、运输、储藏等商品化处理环节都对农产品质量安全有直接影响。有些农产品就是在商品化处理过程中由于设备、工艺操作等方面存在问题而形成严重的"二次污染"。

1.4 生产者因素

农户进行农产品生产，不仅是为了满足于自身的消费需求，更是为了获得经济利益。由于农产品只有在消费之后才能知道其是否具有安全性，而不能从其外·表看山，消费者在购买农产品时，只能凭借经验来做出自己的判断和选择。所以，目前一些农户由于缺乏科学知识，对农业标准认识不足或者是受经济利益的驱使，为了增加产量或其他目的，滥用化肥、农药和兽药，甚至使用激素、禁用兽药、农药、添加剂等，使这些物质在农产品中含量超标，对人们的身体健康形成了潜在的为害[5]。

1.5 监管因素

监控约束是保证质量的有效手段，虽然一些地方在农产品市场质量安全准入方面做了一些探索、但还没有取得预期的效果，农产品质量安全监控缺乏有效的强制性约束手段。产品质量的监督有政府监督，社会监督和生产者自我监督3种方式，但由于农产品质量安全相关法律法规的缺乏，我国对农产品质量安全的政府监督抽查制度也仅是刚刚确立。我国现阶段对农产品的认证虽然建立了无公害农产品认证、绿色食品认证、有机食品认证三大认证体系，但社会的认可度不高，社会监督尚未形成。分散生产的农民是自然法人，不是企业法人，无法承担质量安全责任，也不具备自我监督检验能力。总之，我国还没有形成像发达国家那样对农产品质量安全管理基本上是以农业行政主管部门为主，实施从"农田到餐桌"的全过程监管。

1.6 标准体系因素

1.6.1 农产品质量安全标准体系不完备

一是标准不配套、使得组织农产品生产加工以及实施监督缺乏有效的技术依据；二是标准的层次性差，国家标准、行业标准、地方标准的立项制定雷同，没有层次，侧重点没有体现；三是标准的针对性差，"大一统"的国家标准或行业标准针对性不强；四是标准的国际对接性差，国外一般用技术法规来规范生产，我国一律用标准，不同的贸易国有不同的质量要求，我们用一种标准来规范农产品质量难以与贸易国对接。

1.6.2 农产品质量安全检验检测体系不健全

一是机构缺乏。虽然农业系统已建成部级农产品质量检验检测机构160多个，但与面广、量大的生产和市场监督检验要求相比仍有较大差距，省级机构刚开始建设，面向生产基地和市场的基层质检机构严重缺乏。二是手段落后，一些质检机构的仪器设备陈旧落后，检验人员力量不足，检测能力不能适应新的检测项目和参数的要求。

1.6.3 农产品质量安全认证体系还处于初级阶段

一是认证的产品少；二是高级认证和体系认证还没有起步，发达国家除了对最终产品进行质量安全认证外，还普遍在生产企业推行 HACCP 认证，我国这方面的工作还未开展；三是认证工作与国际不接轨，我国的农产品质量安全认证至今还不被一些国际组织和国家认可，不能在贸易国发挥质量证明的作用。

1.7　技术因素

目前我国农产品质量安全相应技术数量少、水平低、应用慢，严重影响到质量农业的发展。

1.7.1　科研开发滞后

为了保证农业的数量安全，长期以来形成了以高产为主要目标的研究开发体系，农业科技攻关的重点刚开始转向农产品质量安全，相应的研究成果还没有大量出现。

1.7.2　推广转化不力

农技推广体系正在改革、基层乡镇农技推广机构撤并，人员编制压缩精简，事业经费严重不足，优质安全技术的试验示范，推广等活动难以组织开展，新知识、新品种、新技术、新产品的扩散渠道不畅。

1.7.3　接受应用缓慢

农业效益的相对低下，使小规模生产的农民舍不得花钱购买价格高，见效慢的生物型农药、肥料等投入品，同时，由于从事种养殖生产的农民，主要是老弱妇孺，文化素质低，接受新知识、新技术的意识差、能力弱，施肥、用药、喂料等生产管理习惯于传统的做法，质量提高和质量安全控制技术的实践应用非常缓慢。

2　病虫害绿色防控技术

病虫害绿色防控是以促进农作物安全生产，减少化学农药用量为目标，采取生态控制、生物防治、物理防治等环境友好型措施来控制有害生物的有效行为。实施绿色防控是贯彻"公共植保、绿色植保"的重大举措，是发展现代农业，建设"资源节约，环境友好"型农业，促进农业生产安全、农产品质量安全、农业生态安全和农业贸易安全的有效途径，主要包括以下几项技术。

2.1　生态调控技术

选用抗病、耐病等优良品种来提升农产品自身的抗病性，优化作物布局及水肥管理等栽培模式，培育健壮种苗，并结合农田生态工程、果园生草覆盖、天敌诱集带等生物多样性调控与自然天敌保护利用等技术，改造病虫害发生源头及滋生环境，人为增强自然控害能力和作物抗病虫能力。

2.2　生物防治技术

主要是通过选用生物农药、性诱剂来诱杀害虫。现今最好的办法是引进天敌，保持种植区环境的生态多样性并对其进行生态修复，从长远来看这是最环保、最生态的防治办法[6]。重点推广应用以虫治虫、以螨治螨、以菌治虫、以菌治菌等生物防治关键措施，加大赤眼蜂、捕食螨、绿僵菌、白僵菌、微孢子虫、苏云金杆菌、稻鸭共育等成熟产品和技术的示范推广力度，积极开发植物源农药、农用抗生素、植物诱抗剂等生物生化制剂应用技术。

2.3　物理防治技术

通过一些物理措施来达到防病虫的效果。重点推广昆虫信息素（性引诱剂、聚集素等）、诱虫灯、诱虫色板（黄板、蓝板）等防治农作物害虫，积极开发和推广应用植物诱控、食饵诱杀、防虫网阻隔和银灰膜驱避害虫等理化诱控技术。

2.4　化学防治技术

　　化学防治就是利用化学农药来防治病虫害，特点是见效快。但是，长期使用农药不但增强了病害虫的抗药性，也严重影响了农产品的质量安全，因此，在选用化学农药时一定要注意以下几点：一是药剂的选用要对症，而且是合格、高效、低毒、低残留的环境友好型农药；二是科学、安全、合理使用农药，正确掌握用药量，交替轮换用药；三是喷药技术要规范过硬且要严格把握农药的安全间隔期。

2.5　综合防治技术

　　在农业生产中，仅使用一种防治技术，很难起到很好的防治效果，例如，仅使用色板或者性引诱剂，在杀死害虫的同时也杀死了天敌，破坏了生态环境，因此要达到好的病虫害防治效果，必须注重相关防治技术的配套使用和集成创新，逐步减少化学农药用量，努力组建节能、环保、安全和高效的综合防治技术体系。

3　病虫害绿色防控技术对保障农产品质量安全的重要性

　　加强源头治理是完善农产品质量安全保障工作的根本措施，只有这样才能有效减少农产品质量安全事故频发。农业专家分析指出污染农产品质量安全的源头因素中，动植物病虫害的防治是污染的源头，只有消灭或减少病虫害，才能减少化学性污染，因此必须加强病虫害防治工作。

　　我国是一个农业大国，也是受病虫害影响较重的国家。长期以来，对于农业生产过程中出现的病虫害防治问题，人们一直都依赖化学农药，虽然化学农药的使用为保障农产品的供需和农民温饱问题做出了巨大贡献，但是，由于我国的很多农户往往以牺牲农产品质量为代价来确保产品产量，大量非理性施用化学农药，造成了环境污染，导致我国农产品农药残留超标等一系列问题，影响农产品质量安全，更关系到我国生态环境、人民身体健康和经济社会可持续发展。病虫害绿色防控技术属于资源节约型和环境友好型技术。推广应用绿色防控技术，是贯彻"预防为主、综合防治"的植保方针，实施绿色植保战略的重要举措，可以有效解决农作物标准化生产过程中的病虫害防治难题，有效替代高毒、高残留农药的使用，显著降低化学农药的使用量，不仅可以避免农产品中的农药残留超标，还能降低生产过程中的病虫害防控作业风险，避免人畜中毒事故的发生，同时，还能显著减少农药及其废弃物造成的面源污染，有助于保护农业生态环境，提升农产品质量安全水平，增加市场竞争力，促进农民增产增收。病虫害绿色防控技术有助于保护生物多样性，降低病虫害暴发概率，实现病虫害的可持续控制。农业部2011年的时候就提出力争到"十二五"末，全国蔬菜、水果、茶叶病虫害绿色防控覆盖面达到播种面积的50%以上，其他农作物病虫害绿色防控覆盖面达到30%以上，绿色防控实施区域内化学农药使用量减少20%以上，确保农药安全使用和农产品质量安全。

参考文献（略）

水稻病虫害绿色防控技术研究进展

栾 慧* 郭维士 张立群 艾 好 王春丽

(哈尔滨市农产品质量安全检验检测中心，哈尔滨 150038)

摘 要：我国水稻产量不但在世界中居于首位，在我国粮食生产中也具有举足轻重的地位。因此防治水稻病虫害的发生就对我国的粮食安全有着十分重要的意义。传统的防治手段已经不能满足现代农业的需要，所以绿色防控技术的研究就显得格外重要。本文主要综述了绿色防控技术的研究现状及发展的趋势。

关键词：水稻；病虫害；绿色防控技术

1 水稻病虫害及绿色防控的意义

水稻是我国重要的粮食作物，但是，我国各省水稻的病虫害都时常发生，如不得到有效控制，将严重为害我国水稻的产量。在水稻的生产过程中，不同地区遭遇的病虫害也各有不同，如湖南一省常见的水稻病虫就有 30 多种，其中，最为主要的病虫有 3 虫 4 病，病虫具体包括以下几种：稻螟虫、稻纵卷叶螟、稻飞虱、纹枯病、稻曲病、稻瘟病、黑条矮缩病[1,6]。传统的防治手段是施用农药，但此举必然会造成农药残留，影响水稻的品质，更影响水稻产业的可持续发展，给后代子孙带来无穷隐患。因此，绿色防控技术就成为研究热点，越来越多的专家和学者都在研究水稻病虫害的绿色防控技术，相信绿色水稻防控技术将会在现代农业中起到举足轻重的作用。

2 水稻病虫害绿色防控技术研究现状

目前关于水稻病虫害的绿色防控技的术研究很多，主要包括以下几个方面：改良抗性品种技术[5]，诱控技术[4,5,7]，稻鸭共作技术、稻鱼共作技术[4]，科学用药技术[3]，保护天敌技术[2]。其中，近年来研究最为广泛的就是诱控技术，而采用性诱剂来诱杀水稻二化螟是目前的研究热点。

2.1 改良抗性品种技术

改良水稻，生产出具有抵抗特定病虫害的抗性品种可以从源头上减少水稻特征病虫害的发生。彭红等针对豫南水稻病虫害发的规律，对不同地块采用不同的抗性品种。其对稻曲病和白叶枯病多发的田块，选用 D 优系列，并兼用扬两优 6 号、丰两优 6 号、65002 等抗性品种。而对多发稻瘟病和纹枯病的田块，则采用冈优系列，以减少病虫害的发生。研究结果显示，该方法有效，可以达到从源头上减少病虫害的发生的目的[5]。

2.2 诱控技术

目前，报道较多的诱控技术包括性诱控技术和杀虫灯诱控技术，其中，性诱控技术是

---

* 第一作者：栾慧，女，硕士学位，农艺师、农业环境研究；E-mail：luanhuiluanhui0923@163.com

目前的研究热点，并且许多研究中已经不局限于单一某种诱控技术的使用，而是多种手段结合使用。翟宏伟等研究了性诱空技术对二化螟的防治效果。其通过研究二化螟性信息素，找到了二化螟的最佳防治时期。并将短稳杆菌和性诱剂结合起来，共同作用。防治效果良好，其效果达到90%以上。另外，翟宏伟还将性诱剂与赤眼蜂结合起来，其防治效果高于单一使用其中一种防治手段。另外，还有一些关于杀虫灯的报道，包括太阳能杀虫灯诱杀害虫[5]，对二化螟控制效果较好，频振式杀虫灯，对大螟的诱杀效果较好[4]。

2.3 稻鸭、稻鱼共作技术及科学用药技术

李莲等研究了稻鸭、稻鱼共作技术，研究结果显示[5]，稻鸭共作技术可以达到控制杂草的目的，除草效果可以达到96%，稻鱼技术也可以达到控制杂草和虫害的作用。另外，李方[3]等针对巢湖市水稻病虫害发生的现状，依据科学用药的原理，对高效低毒的农药10%醚菊酯悬浮剂，和25%吡蚜酮可湿性粉剂进行了田间对比试验。试验结果显示：25%吡蚜酮可湿性粉剂对防治水稻稻飞虱具有较高的防治效果和较好持效性，并且最佳使用剂量为20g/亩。而10%醚菊酯悬浮剂在防治水稻稻飞虱时，其速效性和持效性均低于25%吡蚜酮可湿性粉剂。

2.4 保护天敌技术

胡佳贵等研究了保护天敌技术，以东至县为研究背景，保护青蛙和蜘蛛等虫害的天敌，并在路边种植豆类作物，为虫害的天敌提供栖息场所。此外还采用浅水勤灌的方法，为天敌创造良好的繁衍条件。并选用高效、低毒、低残留农药来减少天敌的死亡。实验结果显示东至县天敌数量呈现上升趋势[2]。

3 水稻病虫害绿色防控技术发展趋势

将来关于水稻病虫害的绿色防治，将上升到基因工程的层面。并且国内外已经有相关文献报道[8,9,10]。F. S. Song[8]研究了被改变的基因能否在水稻中表达。研究结果显示：被改变的基因能够在水稻中表达，并且能够稳定的遗传给后代，并且转基因水稻对稻纵卷叶螟有抗性。并且证明了低同义密码子和高GC含量并不影响水稻中转基因的表达。此外Yang Jiang等[10]报道了转苏云金芽孢杆菌的水稻已经培育成功，并研究了在四种不同模式下，转基因水稻的产量。研究表明转（cry1C* 或 cry2A*）基因的水稻能够抵抗稻纵卷叶螟的伤害。在对目标害虫进行化学防治的前提下，转cry1C*基因的明恢63的水稻产量比非转基因的明恢63低。在所有的害虫都进行化学防治和对目标害虫进行化学防治的前提下，转cry2A*的明恢63的水稻产量比非转基因的明恢63的低。但是当目标害虫无化学防治时，转基因水稻则有明显的优势。Xiuzi Tianpei[9]等通过优化昆虫的神经毒素LqhIT2，得到了一种肽（LMX），这种肽能够影响稻纵卷叶螟幼虫的生长和发育，降低其蜕皮激素含量，延迟其蜕皮，并能降低幼虫的解毒系统、消化系统及抗氧化系统的酶活性，增加幼虫的死亡率。从而减少稻纵卷叶螟给水稻带来的伤害，并且该结论在体内外实验中都得到了证实。可见未来可能通过基因工程的手段来从根本上减少水稻病虫害的发生。

参考文献

[1] 何超，青先国. 湖南省水稻病虫害绿色防控现状及发展趋势 [J]. 杂交水稻，2012，27（1）：

7 - 10.

[2] 胡佳贵. 实施水稻病虫害绿色防控对天敌的保护与影响试验研究 [J]. 安徽农学通报, 2013, 19 (14): 89, 98.

[3] 李方. 巢湖市水稻主要害虫绿色防控技术研究与示范 [D]. 安徽: 植物保护学院, 2013.

[4] 李莲, 朱春文, 康翠萍. 水稻病虫害绿色防控技术研究 [J]. 农村经济与科技, 2014, 25 (9): 37 - 38, 146.

[5] 彭红, 赵峰, 刘和玉, 等. 豫南稻区水稻病虫害绿色防控技术初探 [J]. 中国植保导刊, 2013, 33 (10): 42 - 46.

[6] 夏济柏. 水稻病虫害绿色防治技术推广分析 [J]. 南方农业, 2015, 9 (9): 19 - 20.

[7] 翟宏伟. 性诱剂在水稻二化螟绿色防控中的应用初步研究 [D]. 北京: 中国农业科学院, 2013.

[8] F. S. Song, D. H. Ni, H. Li, *et al.* A novel synthetic *Cry1Ab* gene resists rice insect pests [J]. Genetics and Molecular Research, 2014, 13 (2): 2 394 - 2 408.

[9] Xiuzi Tianpei, Affiliation: State Key Laboratory of Hybrid Rice; Key Laboratory for Research and Utilization of Heterosis in Indica Rice of Ministry of Agriculture; Engineering Research Center for Plant Biotechology and Germplasm Utilization of Ministry of Education; College of Life Sciences, Wuhan University, Wuhan, China? Yingguo Zhu, Affiliation: State Key Laboratory of Hybrid Rice; Key Laboratory for Research and Utilization of Heterosis in Indica Rice of Ministry of Agriculture; Engineering Research Center for Plant Biotechology and Germplasm Utilization of Ministry of Education; College of Life Sciences, Wuhan University, Wuhan, China? Shaoqing Li. Optimized Scorpion Polypeptide LMX: A Pest Control Protein Effective against Rice Leaf Folder [J]. plos on, 2014, 9 (6): 1 371.

[10] Yang Jiang, Shenggang Pan, Mingli Cai, *et al.* Assessment of yield advantages of *Bt*-MH63 with *cry1C* * or *cry2A* * genes over MH63 (*Oryza sativa* L.) under different pest control modes [J]. Field Crops Research, 2014, 1 (155): 153 - 158.

寒地水稻恶苗病防治配套技术*

穆娟微** 李德萍*** 李 鹏 伦志安 王振东 徐 瑶 尹 庆

(黑龙江省农垦科学院植物保护研究所, 哈尔滨 150038)

1 试验目的

水稻恶苗病(病原菌为 *Fusarium moniliforme* Sheld)是常见的水稻病害, 俗称白秆病、抢先稻、公子稻等。从苗期到抽穗期均可发病, 是为害性强的常见真菌性病害, 我国以江苏、浙江、上海、安徽、辽宁和黑龙江等地区发生较多, 发病地块一般减产 10% ~ 20%, 发病严重地块可减产 50% 以上。主要通过建立无病留种田、种子处理、加强栽培管理、及时拔除病株、处理病稻草等方法防治水稻恶苗病。黑龙江省地处寒地, 春季育苗温度低, 水稻浸种一般是 11 ~ 12℃, 浸种 5 ~ 7 天, 增加了恶苗病菌分生孢子在水中的扩散。

随着水稻种植面积的扩大、品种特性和旱育秧技术的推广, 使苗床通气性改善, 给恶苗病病菌的生长繁殖提供了有利条件, 咪鲜胺浸种防治水稻恶苗病在黑龙江已应用十多年, 单一化学药剂的长期使用, 病菌逐渐产生抗药性, 防治效果日益降低, 使黑龙江省水稻恶苗病发展蔓延发病率上升趋势, 本试验主要是对新引进的药剂——氰烯菌酯在室内试验的基础上, 在 2014 年黑龙江稻区进行基点小区试验与种植户大区示范, 对新药剂与常规药剂处理的田块进行取样分析, 提出一套能有效防治水稻恶苗病的种子处理配套技术, 为黑龙江省种子处理技术及药剂选择的更新提供依据。

2 材料与方法

2.1 试验材料

供试药剂成分及含量: 25% 氰烯菌酯; 剂型: 悬浮剂; 商品名称: 劲护; 生产厂家: 江苏省农药研究所股份有限公司。

常规药剂: 25% 咪鲜胺乳油、常规种衣剂。

2.2 试验方法

2.2.1 农垦总局植保站不同示范基点的恶苗病防治效果

示范基点设在建三江管理局的前锋农场科技园区、牡丹江管理局的八五六农场科技园区、牡丹江管理局的八五〇农场科技园区三地, 分别设计 25% 氰烯菌酯悬浮剂 3 000 倍液浸种、种衣剂包衣阴干后的种子浸种时加入 25% 氰烯菌酯 5 000 倍液学好种、种衣剂包衣的种子阴干后清水浸种、25% 咪鲜胺 3 000 倍液浸种及清水浸种 5 个处理, 包衣的种衣剂

* 论文来源: 植保所自选项目"寒地水稻包衣剂防治恶苗病配套技术研究"

** 第一作者, 穆娟微, 女, 硕士研究生导师, 研究员, 从事水稻植保工作; E-mail: mujuanwei@126.com

*** 通讯作者: 李德萍; E-mail: liping10276@126.com

为当地大面积使用的常规种衣剂。每地试验移栽田示范面积不小于 1 亩地，在水稻抽穗前或抽穗后调查各处理中间两行 20 穴总株数、病株数，计算病株率、防治效果，发病较轻地块或处理进行不小于 100m² 的病株数调查。

$$病株率（\%）=病苗数/调查总苗数×100$$

$$防治效果（\%）=（空白对照区病株率-处理区病株率）/空白对照区病株率×100$$

2.2.2 普通种植户使用 25% 氰烯菌酯悬浮剂对恶苗病防治效果

普通种植户示范效果主要是对 2014 年使用 25% 氰烯菌酯悬浮剂浸种的种植户进行跟踪调查，在水稻抽穗后选择使用 25% 氰烯菌酯的地块及周边使用常规药剂处理的地块同时进行病害调查，各户取池子中间两行 20 穴总株数、病株数，计算病株率、防治效果，发病较轻地块或处理进行不小于 100m² 的病株数调查。

$$病株率（\%）或（‰）=病苗数/调查总苗数×100（或 1 000）$$

$$防治效果（\%）=（空白对照区病株率-处理区病株率）/空白对照区病株率×100$$

3 结果与分析

3.1 基点小区示范恶苗病防治效果

综合 3 个示范基点不同处理恶苗病发生情况，应用 25% 氰烯菌酯悬浮剂 3 000 倍液浸种、种衣剂包衣 +25% 氰烯菌酯悬浮剂 5 000 倍液浸种的处理全区没有恶苗病发生，对恶苗病防治效果 100%；单独应用种衣剂包衣的处理恶苗病病株率为 1.08‰ ~ 1.39‰，防治效果为 63.51% ~ 89.89%；25% 咪鲜胺 3 000 倍液浸种的处理恶苗病病株率为 0.86‰ ~ 2.0‰，防治效果为 32.43% ~ 93.75%；清水浸种的处理恶苗病病株率为 1.0‰ ~ 13.75‰，说明无论哪个基点应用 25% 氰烯菌酯 3 000 倍液或与种衣剂配套使用对恶苗病防治效果达 100%。清水浸种、25% 咪鲜胺浸种各基点恶苗病发病率差异大，与当地气象条件、栽培条件及恶苗病菌株间均有关系，同时此次调查为 8 月初期，据介绍插秧时发病重的植株已经死亡，现田间可见病株均为较轻病株（表 1）。

表 1　农垦总局植保站不同基点小区示范恶苗病发病情况　（2014 年 7 月 28 日至 8 月 1 日）

地点	序号	品种	药剂处理	病株率（‰）	防治效果（%）
前锋农场	1	龙粳 31	25% 氰烯菌酯 3 000 倍液	0	100
	2	龙粳 31	包衣 + 25% 氰烯菌酯 5 000 倍液	0	100
	3	龙粳 31	25% 咪鲜胺 3 000 倍液	2.0	32.43
	4	龙粳 31	包衣 + 清水浸种	1.08	63.51
	5	龙粳 31	清水浸种	2.96	——
八五〇农场	1	龙粳 31	25% 氰烯菌酯 3 000 倍液	0	100
	2	龙粳 31	包衣 + 25% 氰烯菌酯 5 000 倍液	0	100
	3	龙粳 31	25% 咪鲜胺 3 000 倍液	0.86	93.75
	4	龙粳 31	包衣 + 清水浸种	1.39	89.89
	5	龙粳 31	清水浸种	13.75	——

（续表）

地点	序号	品种	药剂处理	病株率（‰）	防治效果（%）
八五六农场	1	龙粳31	25%氰烯菌酯3000倍液	0	100
	2	龙粳31	25%咪鲜胺3 000倍液	0.35	65
	3	龙粳31	清水浸种	1.0	—

3.2 普通种植户使用25%氰烯菌酯悬浮剂防治效果

通过对植户田间恶苗病发生情况调查总结，应用25%氰烯菌酯浸种的地块，仅有两处（前锋农场、军川农场两地块）有恶苗病发生，经调查是室外低温浸种时间过短、浸种不彻底造成的有恶苗病零星发生，其余地块恶苗病病株率为0；应用种衣剂包衣后与劲护混合浸种的地块恶苗病病株率为0‰~0.21‰，且发病田块比例多，主要原因是种植户对25%氰烯菌酯与种衣剂配套使用技术掌握不准确，造成防治效果降低；应用各种种衣剂包衣的地块均有不同程度的恶苗病发生，病株率在0~7.0‰；应用种衣剂包衣后＋常规药剂浸种的处理恶苗病病株率在0.23‰~23.0‰，与种衣剂单独应用的地块相比恶苗病病株率没有降低；常规药剂浸种的地块恶苗病病株率在0.3‰~173.0‰，多数地块病株率大于3.0‰，常规药剂浸种的地块恶苗病发病率在所有调查地块中最高（表2）。

表2　各地区应用不同药剂浸种对恶苗病病株率调查表（部分调查数据）

调查地点	水稻品种	药剂	病株率（‰）
梧桐河农场3队	龙粳31	氰烯菌酯浸种	0.0
八五三农场四分场	垦鉴稻6号	氰烯菌酯浸种	0.0
友谊农场五分场	龙粳31	氰烯菌酯浸种	0.0
庆丰农场38队	绥粳4	氰烯菌酯浸种	0.0
八五四农场36连	寒粳3	氰烯菌酯浸种	0.0
查哈阳农场金光2队	龙粳31	氰烯菌酯浸种	0.0
密山市和平乡	龙粳31	氰烯菌酯浸种	0.0
宝清县卫东村	龙粳41	氰烯菌酯浸种	0.0
前锋农场17队	牡丹江25	氰烯菌酯浸种	0.056
军川农场15队	上育397	氰烯菌酯浸种	0.11
新华农场39队	龙粳31	种衣剂包衣＋氰烯菌酯浸种	0.0
五九七农场2区	龙粳31	种衣剂包衣＋氰烯菌酯浸种	0.0
梧桐河农场1队	龙粳31	种衣剂包衣＋氰烯菌酯浸种	0.07
创业农场3队	龙粳31	种衣剂包衣＋氰烯菌酯浸种	0.21
五九七农场2区	金禾1号	种衣剂包衣	0.0
七星农场5队	垦稻23	种衣剂包衣	0.021

（续表）

调查地点	水稻品种	药剂	病株率（‰）
富锦市上街基镇	龙粳 31	种衣剂包衣	0.11
红卫农场 12 队	龙粳 31	种衣剂包衣	0.17
创业农场 3 队	龙粳 31	种衣剂包衣	0.25
五九七农场 2 区	绥粳 3 号	种衣剂包衣	7.0
兴凯湖农场 14 队	龙粳 26	种衣剂包衣 + 常规药剂浸种	0.24
八五四农场 17 连	龙粳 31	种衣剂包衣 + 常规药剂浸种	11.0
五大连池市三合村	—	种衣剂包衣 + 常规药剂浸种	23.0
铁力农场四队	—	常规药剂浸种	0.3
铁力农场四队	农稻 7	常规药剂浸种	10.0
讷河市六合	龙粳 31	常规药剂浸种	27.0
二九一农场一分场	龙粳 31	常规药剂浸种	37.0
八五〇农场 12 区	093-23	常规药剂浸种	40.0
查哈阳农场金光区	龙粳 31	常规药剂浸种	40.0
梧桐河农场 6 队	龙粳 31	常规药剂浸种	59.0
密山市和平乡	龙粳 31	常规药剂浸种	173.0

4 结论

4.1 2014 年示范结论

应用常规措施浸种或种衣剂包衣均有恶苗病发生，发病率在 0.3‰ ~ 173.0‰，多数地块发病率大于 3.0‰，常规药剂浸种恶苗病发病率在所有调查地块中最高。应用 25% 劲护（氰烯菌酯）悬浮剂 3 000 倍液浸种或应用种衣剂包衣后与 25% 劲护（氰烯菌酯）悬浮剂 5 000 倍液混合浸种防治水稻恶苗病，剂量使用准确，操作方法正确的基点防治效果 100%，普通种植户在大面积、非精准的操作条件下，95% 以上种植户对恶苗病防治效果 100%，个别地块恶苗病发病率为 0 ~ 0.21‰，且发病田块比例多，所以，新药剂配套技术需进一步明确、推广。

4.2 水稻恶苗病防治种子处理新技术

单用：25% 氰烯菌酯悬浮剂单独使用预防水稻恶苗病 3 000 ~ 4 000 倍液浸种，即 25% 氰烯菌酯 33 ~ 25mL 加水 100kg 浸 80 ~ 100kg 水稻种子，浸种温度 11 ~ 12℃，浸种时间 5 ~ 7 天，取出后直接催芽。

配套使用：种子包衣后与 25% 氰烯菌酯 5 000 ~ 7 000 倍液配套使用，即 15 ~ 20mL 25% 氰烯菌酯对水 100kg 浸 80 ~ 100kg 水稻种子（包衣的种子），浸种温度 11 ~ 12℃，浸种时间 5 ~ 7 天，取出后直接催芽。

水稻重大病虫害综合防控策略和组织措施研究[*]

彭昌家[1][**]　白体坤[1]　冯礼斌[1]　丁　攀[1]　陈如胜[2]　郭建全[2]　尹怀中[3]

文　旭[4]　肖　立[5]　何海燕[6]　肖　孟[6]　崔德敏[7]　苟建华[8]　王明文[9]

（1. 南充市植保植检站，南充　637000；2. 四川省营山县植保植检站，营山　638100；

3. 南充市高坪区植保植检站，南充　637100；4. 四川省西充县植保植检站，

西充　637200；5. 南充市嘉陵区植保植检站，南充　637005；6. 四川省南

部县植保植检站，南部　637300；7. 四川省蓬安县植保植检站，蓬安

637800；8. 四川省阆中市植保植检站，阆中　637400；9. 四川省仪陇

县植保植检站，仪陇　637641）

摘　要：介绍了南充市水稻重大病虫害综合防控策略确定和组织措施研究，建立健全推广机制和强化组织保障措施。

关键词：水稻；重大病虫害；综合防控策略；组织措施

水稻既是南充市最主要的粮食作物，又是全市人民的主食作物，常年面积 14 万 ~ 15 万 hm^2，仅占全市粮食作物播面 20% ~ 25%，总产却占全市粮食总产的 35% ~ 40%，水稻产量的高低，直接影响全市粮食产量的增减。20 世纪 90 年代后期以来，稻瘟病已成为南充市水稻上的常发病害，发生面积 0.78 万 ~ 6.98 万 hm^2（次），自然损失率 2.8% ~ 30.8%，已成为水稻丰产的主要障碍，属四川省的重发区之一，几乎每年都有个别稻田种植高感品种因穗颈瘟为害严重而绝收，螟虫常年发生面积 8.68 ~ 20.9hm^2（次），稻飞虱重发年发生程度仅次于川南泸州等少数几个市，2012 年新传入的检疫性有害生物稻水象甲，2014 年就扩展到全市 9 县（市、区）145 个乡（镇）、914 个村、5 907 个社，秧田发生面积 676.6hm^2，本田发生面积 14 909.4hm^2，扩张速度之快，是其他病虫难以比拟的，对南充乃至四川水稻生产构成威胁。新中国成立至 1996 年，南充植保工作者对水稻重大病虫害综合防控策略和组织措施进行了许多调查研究，但缺乏系统性，加之南充生态环境、栽培管理和气象条件的特异性，其综防控策略和组织措施与国内外其他地方有所不同，借鉴市外研究成果对南充市没有直接指导作用。为了探明南充市水稻重大病虫综合防控策略和组织措施，减轻重大病虫为害损失，减少农药用量、残留、环境污染和防治成本，确保水稻和粮食生产、农产品质量与贸易和农业生态环境安全，笔者从 1997 年开始，主持全市植保工作者开展水稻重大病虫害综合防控策略和组织措施调查研究工作，基本摸

　* 基金项目：农业部关于认定第一批国家现代农业示范区的通知（农计发〔2010〕22 号）；主要粮油作物重大病虫害预警与综防措施研究和应用项目（N1997 – ZC002）之一

　** 第一作者：彭昌家，男，从事植保植检工作，副调研员、推广研究员、国贴专家、省优专家、省劳模、市学术和技术带头人、市拔尖人才；E-mail：ncpcj@ 163. com

清了水稻重大病虫在南充市的综合防控策略和组织措施,使南充市水稻重大病虫综合防控水平明显提高,重大病虫得到有效遏制。鉴于南充市水稻重大病虫在南充粮食生产中的极端重要性,南充市科委1997年下达了《主要粮油作物重大病虫害预警与综防措施研究和应用》科技计划和2010年农业部第一批国家现代农业示范区项目,本研究是该两项目的一个子项目。为此,笔者对南充市水稻重大病虫综合防控确定和组织措施进行研究,以期为搞好南充市和相同生态区水稻重大病虫综合防控策略和组织工作提供科学依据。

1 综防措施研究

1.1 综防策略确定

根据本地水稻病虫害常年发生为害风险及灾变频率,按照"预防为主,综合防治"植保方针和"公共植保、绿色植保"理念,经过多年摸索,确定了"农业防治是基础、准确预报是前提、示范带动是榜样、适时化防是关键、专业防治是保障、绿色防控是方向、替代高毒是任务、领导重视是动力"的综防策略,具体就是在突出搞好水稻稻瘟病、稻飞虱、稻纵卷叶螟等间歇暴发病虫害的预警与应急防控基础上,大力搞好纹枯病、二化螟等常年为害较重的病虫害综合防控工作,突出搞好稻水象甲检疫和综合防控工作。

1.2 强化检疫控制技术措施

通过对全市水稻检疫性有害生物疫情普查和对周边环境疫情的收集,科学建立健全了水稻检疫性有害生物疫情传播动态信息库和应急处置技术措施。集成了"政府主导、部门配合、农民主体、资金保障、强化执法、搞好阻截,加强监测,用时抽检、全面普查,一旦发现,立即封锁、果断处置、迅速扑灭、研究发生规律、突击有效防控"等一整套检疫控制技术措施。使稻水象甲为害得到有效控制,确保了水稻和粮食生产安全。

2 建立健全推广机制

2.1 建立需求反馈机制

一是建立了以市农情信息网为中心,县农情信息网为纽带,乡镇农业信息服务站和村级农情信息员为基础的农业信息反馈体系。二是建立了农民需求定期收集反馈制,安排专人定期收集、整理、反馈和发布农民相关信息,及时调整相关研究内容,优化相关技术。

2.2 建立技术服务机制

一是在全市水稻重大病虫综合防控示范基地累计建立了86个快速农技服务小组,根据群众需要加强现场技术指导。二是通过市农牧业局开通的"12316"三农服务热线、农技推广QQ群和农业信息网,建立农业专家技术咨询数据库,为农民的农业科技咨询提供了便捷的渠道。三是每年在水稻钟大病虫害防治关键期组织科技人员深入农村,开展农业科技下乡服务,搞好重点区域、重点农户的技术培训。四是加强水稻钟大病虫害监测防控等基础性技术服务项目。

2.3 建多元化主体合作机制

一是加强了与中国和四川省农科院植保所、四川农业大学合作,为关键技术的研发提供了保障。二是各地充分利用植保协会、植保专业化防治等专业合作组织,大力推水稻病虫综防技术。

2.4 建立投入保障机制

除省上的相关项目经费支持外，市、县上也在支农资金中累计划拨 650 余万元，用于支持技术研发推广工作。同时，全市整合高产创建、新型农民科技培训工程、农民工转移培训阳光工程、植保工程等项目资金，集中人力、物力和财力，保障科研和推广经费投入到位，增强实施效果。

2.5 建立督查考核机制

在水稻重大病虫防控关键时期，市政府抽派市农业局全体局领导组成督查组，随时深入各地加强水稻重大病虫防控督查，各县（市、区）也派出督查组对各乡镇的防控情况进行督查，新闻媒体加大了防控典型宣传和舆论监督力度，对防控工作抓得好的予以表彰，对造成严重损失的进行通报批评，追究相关人员责任，确保工作落实和技术到位。

3 强化组织保障措施

3.1 强化组织领导

市、县党政每年都及时下发水稻重大病虫害防控文件，实行水稻重大病虫行政首长负责制，将水稻重大病虫防控任务纳入各级政府的目标管理；成立了分管副市长任组长，农业、财政、气象、救灾、供销、农机等部门主要负责人为成员的病虫防控领导小组，切实加强了水稻重大病虫防控协调管理工作。南充市农业局整合农、科、教有关技术力量，成立了项目领导小组，小组下设关键技术攻关协作组和成果推广应用组，具体负责防控关键技术的研究、试验、示范和推广应用。

3.2 强化宣传发动

一是加强媒体宣传。每年通过南充日报、南充电视台、群发短信和网络加强水稻重大病虫动态、防治技术和防治典型宣传，增强群众水稻重大病虫防治氛围。二是通过《植保情报》《简报》《专报》加强领导宣传，增强领导水稻重大病虫防控决策能力，提高水稻重大病虫防控的组织能力。三是利用各种生产现场和科技赶场，印发技术资料、培训重点农户和专业种植大户，增强水稻重大病虫防控的辐射能力。四是培育和培训各种植保专业化服务组织，提高专业人员的重大病虫害识别能力，提高病虫防控效果，增强基层植保病虫防控的组织化程度。

3.3 强化专家参与

笔者结合农业科技"三大行动"和病虫防控示范，在生产关键期，组织市、县、乡镇课题组技术骨干召开病虫防控示范观摩会。建立专家大院，经常聘请国、省农科院植保所、省植保站、省植检站、四川农业大学等单位水稻病虫岗位科学家和推广专家，协助课题组研究制定技术实施方案和推广方案，指导课题组搞好水稻重大病虫防控关键技术的示范，帮助解决该技术在推广应用过程中的技术难题。

3.4 强化技术培训

一是制订水稻重大病虫综合防控技术。为实现无公害、绿色、有机水稻的规模化生产，经过多年探索实践，制订了"水稻主要病虫的综合防控技术，为生产无公害、绿色、有机水稻提供了技术支撑。二是形成绿色防控宣传平台。各地通过建立万亩绿色防控示范区，搭建绿色防控示范区标牌，公示主要病虫综合防控技术，起到了较好的宣传辐射效果，为宣传绿色防控技术提供了很好的平台。三是加强重点对象的培训。各地以基层干部、植保专合组织从业人员和绿色防控示范区重点农户为对象，围绕水稻重大病虫识别防控技术等进行培训。四是农药安全科学使用。对专合组织从业人员和重点农户进行高效药械选用、农药品种选择、农药安全科学使用等培训。据统计，全市举办科学安全使用农药技术培训班 3 200 多班次、40 余万人。

3.5 强化示范带动

按照中、省、市大示范、大样板、大带动要求和做给农民看，带着农民干和以点带片、以片带面的示范准则，市、县、乡每年都要建立重大病虫害"万、千、百、十"（亩）示范工程，辐射带动了大面积病虫防控工作的落实。据统计，全市从 2000—2013 年共建立市、县级绿色防控示范片 251 处、7.1 万 hm²；水稻重大病虫综合防控示范区 2 076 个、32.4 万 hm²，辐射带动 129.3 万 hm²；替代高毒农药品种使用试验示范和示范区 188 个、3.8 万 hm²，既为赢得水稻重大病虫防控胜利，发挥了重要作用，又为水稻重大病虫害发生流行规律和综合防控技术研究提供了平台。同时，绿色防控、替代高毒农药品种使用，大大提高了农产品质量，为水稻重大病虫害防控找准了安全方向，完成了替代高毒任务。

该项目实施以来，通过宣传培训和示范，增强了各级党政加强防控工作领导与责任和基层干群自觉搞好病虫监测防控意识，提高了农民对水稻重大病虫监测防控、科学安全使用农药水平，使农民"等靠要和政府要我防"的旧思想观念转变为"我要防"的新思想观念。并且，在水稻重大病虫害防治中，全市无一例人畜中毒和药害事件。

3.6 强化执法检查

3.6.1 强化检疫执法

一是加大《植物检疫条例》宣传和执法力度，全力阻截水稻检疫性有害生物传入。据统计，每年全市印制宣传资料 5 万 ~ 8 万份，举办检疫培训 50 期次左右，培训人员 6 000 余人次，使全市所有种子、苗木批发、零售人员参训率达 97% 以上，发布疫情信息 6 ~ 8 期，群发短信 10 000 多条次，制作植检专题电视节目 3 ~ 5 期，签订检疫责任书 120 多份，实施产地检疫 1 万 hm² 以上，水稻调运检疫，调出、调入 500 余批次、100 多万 kg；开展种子检疫执法检查 20 次左右、出动 400 多人次、车 130 余台次，检查种子生产经营商 2 000 多个，立案查处 1 ~ 7 起。从而，使水稻细菌性条斑病检疫性有害生物得到有效阻截。二是规范全市植物检疫行为。对所有种子经营户进行了电子管理，规范检疫签证程序，完善检疫备案制度。全市检疫出证合格率达 100%，微机出证率达 98%。三是搞好了近年新传入的水稻稻水象甲防控。2013—2014 年，全市两年均设立监测点 85 个。各监测点对稻水象甲疫情进行系统监测，并建立监测记录档案。同时按照"县不漏乡、乡不漏村、村不漏户、户不漏田"的原则，出动专业技术人员 5 000 余人次，在水稻秧田期和本田期各开展了一次拉网式普查，全面摸清了稻水象甲发生区域和防治对象田块。争取防控资金 449 万元，购买防控药剂 100.63t，防治秧田 3 943.83hm² 次，防治本田 66 729.00hm² 次。据调查，稻水象甲成虫防治效果为 75% ~ 90%，幼虫防治效果为 75% ~ 85%。

3.6.2 强化农药监管

为确保防治效果，我们除单独依法组织开展农药市场检查整顿、灾害性重大病虫防治专项药剂、除草剂和杀鼠剂等抽检外，还积极配合市农业局执法大队开展了高毒农药的取缔和替代工作，常年开展农药管理宣传月活动。每年依法培训经营法人和经营人员 2 500

余人，及时理顺了农药市场。同时，通过广电、报纸、文件、植保信息等形式明确条锈病、稻瘟病、稻飞虱等灾害性重大病虫防治专项药剂，并在每年条锈病和水稻穗期重大病虫防治关键期各开展一次农药市场整治，严厉打击假冒伪劣农药坑农害农。每年全市农业系统春秋两季都要集中整顿农药市场，检查所有生产企业和经营单位，严格受理举报案件，严肃查处农药生产、经营违法案例，多次受到省农业厅表彰。

通过上述各项措施的扎实落实，使各项防控措施得到全面落实、全市病虫防控技术入户到田率和整体应急防控能力得到显著提高、病虫实际损失率连续 10 年控制在 3% 以内，远远低于全国、省级的 5%、4% 目标，2007—2009 年连续三年荣获市政府先进集体和个人表彰。并且，我市预警与应急防控技术取得的成功经验，多年都在省农业厅召开的小麦条锈病和水稻重大病虫防控现场会上，作典型发言，受到省上充分肯定和表扬。

参考文献

[1] 彭昌家，白体坤，冯礼斌，等．南充市水稻稻瘟病综合防控技术研究 [J]．中国农学通报，2015，31 (11)：190 – 199.

[2] 杜晓宇，丁攀，等．南充市水稻稻瘟病重发成因及治理对策 [J]．中国农学通报，2009，25 (05)：218 – 222.

[3] 彭昌家．南充市水稻稻瘟病重发原因及综合防治研究 [J]．中国农学通报，2002，18 (01)：77 – 81.

[4] 杜晓宇，陈晓娟，丁攀，等．南充市稻飞虱重发条件及防控对策 [J]．西南农业学报，2008，21 (2)：368 – 371.

[5] 丁攀，彭昌家，杜晓宇，等．南充市 2007 年水稻稻飞虱暴发原因及防治成效浅析 [J]．中国植保导刊，2008，28 (8)：14 – 17.

[6] 彭昌家．南充市植保专业化防治探索与实践 [C]．//吴孔明，公共植保与绿色防控——中国植保学会 2010 学术年会论文集．北京：中国农业出版社，2010：660 – 666.

南部县水稻病虫害绿色防控技术

何海燕[1]* 肖孟[1] 彭昌家[2]** 蔡琼碧[1]

（1. 四川省南部县植保植检站，南部 637300；

2. 四川省南充市植保植检站，南充 637000）

摘 要：介绍了检疫控制、农业防控、稻鸭共育、灯诱、性诱、生物农药防控、化学农药防控等水稻病虫害绿色防控技术和各项技术的适用范围，旨在指导农民科学合理地防治病虫害，从而确保水稻生产安全，提高稻谷质量，增强市场竞争力。

关键词：水稻；病虫害；绿色防控；技术

水稻是四川省营山县主要粮食作物，常年种植面积 2 万 hm² 左右，总产 17 万 t 左右。为进一步加快水稻病虫害绿色防控技术推广进程，大幅提高稻米生产质量，促进有机农业强县建设和现代农业发展，在省、市植保站指导下，笔者通过水稻病虫害绿色防控技术试验示范和在一定面积上的推广应用，已基本探索出了一套适合全县水稻病虫害绿色防控的技术措施。现介绍如下。

1 检疫控制

水稻检疫性有害生物有两种，分别是水稻细菌性条斑病和稻水象甲。截止到 2014 年 7 月份，南部县没有水稻细菌性条斑病发生，稻水象甲局部发生。因此，今后要加大检疫执法力度，加强稻种检疫，严禁从有水稻细菌性条斑病发生地区和稻水象甲重发地区调种，禁止用稻草做的包装材料，以阻截水稻细菌性条斑病传入，控制稻水象甲扩展速度和发生程度。

2 农业防控

2.1 选用良种，搞好品种布局

农业主管部门推荐的，经过引进试验示范的品种一般都比较适合当地的种植条件，抗耐病性强，高产优质。如 2015 年市农业主管部门推荐良种：杂交稻川优 8377、宜香 2115、川优 6203、花香 1618、川香优 37、蓉 18 优 198、川香优 198、健优 388、蓉 18 优 662、旌优 127、内 5 优 828、德香 4103 等，糯稻泰糯 1 号、背背糯等。同时要搞好品种布局，同一生态区尽量多种植不同种质资源的杂交稻品种，亲源关系越远越好，防止品种单一化。实施生物多样性生态控制技术，科学布局田间景观和作物生态环境，保持种植区

---

* 第一作者：何海燕，男，从事植保植检工作，高级农艺师；E-mail：1179846468@qq.com

** 通讯作者：彭昌家，男，从事植保植检工作，副调研员、推广研究员、国贴专家、省优专家、省劳模、市学术和技术带头人、市拔尖人才；E-mai：ncpcj@163.com

生物多样性。全面推广杂糯间栽，以生物防控糯稻稻瘟病，减轻杂交稻稻瘟病。

2.2 搞好病稻草处理和播栽前越冬菌源处理

凡是发生了稻瘟病、纹枯病的稻草，在水稻收获后应及时处理，如未处理的，在翌年水稻播栽前须处理完。禁止使用病稻草盖房屋、覆盖催芽和捆秧。如用病稻草做堆肥或垫圈的，要充分腐熟后才能使用。播栽 7 天前处理完田间稻草、稻桩等病虫越冬寄主、宿主，结合整田打捞纹枯病菌核等越冬菌源和越冬寄主病残体，并集中烧毁或深埋。凡在移栽（直播）前未处理完的室外病稻草，必须搬进室内堆放，若是踩在稻田附近围绕树干踩码的稻草堆（垛）或稻田埂及其附近树上的稻草，须用厚塑料薄膜将稻草堆（垛）和树上的稻草全部包裹封严，以隔绝病稻草菌源随风雨扩散传播。

2.3 规范化科学化种植。

晒种。浸种前进行晒种，既能杀死附着在种子表面的病菌，又能提高种子内酶的活性和发芽势，使出芽快而整齐。

培育壮秧。旱育、水育秧田在搞好秧田平整、培肥、施足底肥的基础上，推行稀撒匀播，搞好苗床管理，培育壮秧。

规范栽培。实行机插秧、抛秧、牵绳定距，16.7cm × （23.3 + 30）cm 宽窄行标准化栽植，或三角形强化栽培。

科学施肥。施用有机肥，补充矿物肥，每亩按折纯 N 9 ~ 11kg、P_2O_5 8 ~ 10kg、K_2O 6 ~ 7kg、$ZnSO_4$ 1 ~ 1.5kg 的量施肥。

加强田间管理。浅水勤灌，适时晾田、晒田。

3 生物防控

3.1 保护利用天敌

充分保护利用好生态环境中的自然天敌。如青蛙、蜘蛛、寄生蜂、寄生蝇、寄生菌、黑肩绿盲蝽、线虫、步行虫、瓢虫、隐翅虫等。

保护利用青蛙。在蝌蚪繁育期间，田间不施用对蝌蚪有害的物质；如遇干旱，应在田中挖保护坑，确保蝌蚪正常发育；禁止捕食青蛙。

保护利用蜘蛛。稻田周围及田埂杂草是蜘蛛等天敌的栖息场所，保持一定的杂草生态环境有利于蜘蛛等天敌栖息、繁殖和迁往稻田。

人为提供天敌栖息场所，创造有利于天敌生存的条件。在田埂上或田间道路边种植豆类作物、或其他蜜源植物，以招引天敌并为其提供隐蔽和过度场所。

人工释放天敌。可根据种植生态条件，人工繁育释放赤眼蜂、寄生蝇、青蛙等天敌。

3.2 稻鸭共育防除田间杂草及害虫技术

在水源条件好，交通便利区域要大力推广稻鸭共育防除田间杂草及害虫技术。以 0.67 ~ 0.80hm² 为单元，用尼龙网或遮阳网围栏，栏高 0.7 ~ 0.8m，防鸭子外逃和遭受天敌伤害，每个单元靠田角按每平米 10 只计算，建一个简易避风雨棚，便于小鸭躲风雨和喂饲，提高成活率，于移栽或抛栽后 10 天、直播后 20 天左右（三叶期）趁晴天按每亩 15 ~ 20 只放养注射过疫苗的 10 ~ 12 日龄雏鸭。鸭苗品种以当地抗病性好、适应性强、生长较快、体型中等的为好。

4　灯诱技术和性诱技术

在基础设施条件较好区域视稻田环境可安装杀虫灯。一般平坝地区每 $2.67 \sim 3.33 \mathrm{hm}^2$ 安装一盏，丘陵山区 $1.33 \sim 2.00 \mathrm{hm}^2$ 安装一盏，杀虫灯底部距地面 1.5m，以诱杀二化螟、三化螟、稻纵卷叶螟、稻飞虱、稻水象甲等多种水稻害虫。开灯诱杀时间从3月中下旬开始到8月底结束。开灯期间，为尽量降低杀虫灯对自然天敌的杀伤力，每天务必把握开灯时段，即19：00至次日1：00开灯。切忌灯安装过多、过密，否则将大量杀伤自然天敌，破坏生态平衡。在二化螟越冬代和主害代始蛾期开始，田间可设置二化螟性信息素，每 $666.7 \mathrm{m}^2$ 放一个诱捕器，内置诱芯1个，周边稍密，中心稍稀，每代更换一次诱芯，可诱杀二化螟成虫，降低田间落卵量和种群数量。安放时间为水稻移栽前3天至移栽后5天内，放置区域为连片种植并大于 $6.67 \mathrm{hm}^2$ 的稻田，分蘖至孕穗诱捕器离水面50cm，孕穗后诱捕器（随着稻株长高而调整）低于水稻植株顶端 $20 \sim 30 \mathrm{cm}$。

5　生物农药防控技术

根据水稻病虫害发生情况确实需农药防控，则应当首选生物农药进行防控。

5.1　种子消毒

用30%乙蒜素 $800 \sim 1\,000$ 倍液浸种 $2 \sim 3$ 天，或用"多利维生 – 寡雄腐霉" $10\,000$ 倍液浸没种子为宜，浸种24h以上，两种药剂浸种后均须晾干催芽播种，或用1%石灰水浸种。浸种时间因气温、水温而异，$10 \sim 15\,℃$ 浸 $5 \sim 6$ 天，$15 \sim 20\,℃$ 浸 $3 \sim 4$ 天，$20 \sim 25\,℃$ 浸2天。浸种的水层一定高出种子面13cm左右，加盖，不能翻动，确保水面的一层薄膜不破坏，并注意避免阳光直射，浸种完后，用清水洗净后催芽播种。

5.2　带药移栽技术

水稻带药移栽不仅可有效推迟移栽田稻瘟病发生，减轻一代螟虫发生，而且用药少、方便易行。秧苗移栽前 $1 \sim 2$ 天可用2%春雷霉素水剂 $500 \sim 800$ 倍液 $+1.8\%$ 阿维菌素乳油 $3\,000$ 倍液均匀喷雾秧苗，喷雾至叶面滴水为止。

5.3　稻瘟病防治

当稻叶有急性病斑或有中心病株时，可亩用2%春雷霉素水剂 $80 \sim 100$ mL、或 $1\,000$ 亿个/g枯草芽孢杆菌可湿性粉剂 $15 \sim 20$ g、或用乙蒜素30%乳油 $50 \sim 70$ mL或80%乳油 $20 \sim 30$ mL、或用2% · 8亿个/g井冈 · 蜡芽菌悬浮剂 $100 \sim 150$ g，对水30kg手动喷雾、或对水7.5kg机动弥雾防治。在水稻破口至抽穗初期，对叶瘟发生田块，稻瘟病常发区、重发区和感病品种田块及其邻近稻田，可亩用2%春雷霉素水剂 $80 \sim 100$ mL、或用 $1\,000$ 亿个/g枯草芽孢杆菌可湿性粉剂 $50 \sim 60$ g、或用乙蒜素30%乳油 $60 \sim 70$ mL或80%乳油30mL、或用2% · 8亿个/g井冈 · 蜡芽菌悬浮剂150g，对水 $30 \sim 45$ kg手动喷雾、或对水 $7.5 \sim 15$ kg机动弥雾普遍预防一次穗颈瘟；如遇连阴雨天气，齐穗期用前述药剂和用量再预防一次穗颈瘟。

5.4　纹枯病防治

当田间病丛率分蘖期达到20%，孕穗期达40%时可亩用20%井冈霉素可湿性粉剂 $25 \sim 30$ g、或用2.5%井 · 100亿/mL活芽枯草芽孢杆菌水剂（纹曲宁） $250 \sim 300$ mL，对水 $30 \sim 45$ kg手动喷雾、或对水 $7.5 \sim 15$ kg机动弥雾防治。

5.5 稻曲病防治

水稻孕穗末期，如天气预报未来 4~7 天内有雨，或这段时间晨露较大，应于水稻破口前 5 天，亩用 2.5% 井·100 亿/mL 活芽枯草芽孢杆菌水剂（纹曲宁）250~300mL 对水 30~45kg 手动喷雾、或对水 7.5~15kg 机动弥雾预防稻曲病。

5.6 螟虫防治

当一代螟虫田间枯鞘株率达到 3%~5% 时，二代螟虫在螟卵孵化高峰期内，凡抽穗不到 80% 的稻田，或枯梢株率在 0.5%~1% 的稻田，可亩用 1.8% 阿维菌素乳油 80~100mL、或用甜核·苏云菌可湿性粉剂 30~45g、或用 8 000IU/mg 苏云金杆菌（Bt）可湿性粉剂 60g、或用 2 500IU/mg 苏云金杆菌（Bt）悬浮剂 150~200mL、或用 2 500IU/mg 苏云金杆菌原粉 40~50g，对水 30~45kg 手动喷雾、或对水 7.5~15kg 机动弥雾防治。

5.7 稻飞虱防治

抽穗期以前，田间百丛虫量达到 1 500 头；灌浆—乳熟期，田间百丛虫量达到 600~800 头时，及时喷药防治，可亩用 1.8% 阿维菌素乳油 80~100mL、或用甜核·苏云菌可湿性粉剂 30~45g、或用 8 000IU/mg 苏云金杆菌（Bt）可湿性粉剂 60g、或用 2 500IU/mg 苏云金杆菌（Bt）悬浮剂 150~200mL、或用 2 500IU/mg 苏云金杆菌原粉 40~50g、或用 1.5% 苦参碱 SL 1 500~2 000 倍液、或用 0.5% 藜芦碱 SL600~1 000 倍液，对水 30~45kg 手动喷雾、或对水 7.5~15kg 机动弥雾防治，注意药液喷在稻株中下部。

5.8 稻水象甲防治

5.8.1 越冬场所防治

稻田附近杂草初见时，亩用甜核·苏云菌（禾生绿源）可湿性粉剂 30~45g 对水 30~45kg 手动喷雾防治土表上层及已出土成虫；或杂草出现为害状时，亩用 1.8% 阿维菌素乳油 80~100mL 对水 60kg 手动喷雾，防治土表上层及已出土成虫，喷雾至杂草叶面滴水为止。

5.8.2 稻田防治

秧田期。秧田出现稻水象甲时，每 666.7m² 用 1.8% 阿维菌素乳油 80~100mL 对水 30kg 手动喷雾防治。

本田期。本田出现稻水象甲时，应于移栽后 3 天内或 7 天内喷药防治，每 666.7m² 可用 1.8% 阿维菌素乳油 80~100mL、或用甜核·苏云菌可湿性粉剂 30~45g、或用 8 000 IU/mg 苏云金杆菌（Bt）可湿性粉剂 60g、或用 2 500IU/mg 苏云金杆菌（Bt）悬浮剂 150~200mL、或用 2 500IU/mg 苏云金杆菌原粉 40~50g，对水 30~45kg 手动喷雾、或对水 7.5~15kg 机动弥雾防治。

5.9 稻纵叶螟、稻苞虫、稻蝗防治

稻纵卷叶螟在发蛾高峰日（蛾子出现最多的一天），再加 7~10 天，为卵孵化高峰期，当百丛水稻有束叶尖 60 个时，即为防治适期；稻苞虫从成虫盛发后的 7~10 天起，当每 100 丛水稻有初结虫苞 5~10 个时，即为防治适期；当田边稻蝗平均每丛有蝗蛹 1 头以上时为防治指标，每 666.7m² 用 1.8% 阿维菌素乳油 80~100mL、或用甜核·苏云菌可湿性粉剂 30~45g、或用 8 000IU/mg 苏云金杆菌（Bt）可湿性粉剂 60g、或用 2 500IU/mg 苏云金杆菌（Bt）悬浮剂 150~200mL、或用 2 500IU/mg 苏云金杆菌原粉 40~50g，对水 30~45kg 手动喷雾、或对水 7.5~15kg 机动弥雾防治。

6 化学农药防控

如遇稻瘟病或稻飞虱或稻螟虫等严重发生，单用生物药剂无法有效控制其发生为害，为确保防治效果和水稻高产稳产，避免严重损失甚至绝收，及时按无公害和绿色农产品要求（有机水稻基地自行决定是否使用化学防治），适当加施高效、低（中）毒、低残留的化学农药控制其扩散蔓延。即当叶瘟开始出现化苗、稻飞虱即将"通火"或100丛虫量超1万头、稻螟虫一代枯鞘株率超10%，二代螟虫枯梢株率超2%的稻田，可亩用41%春雷·稻瘟灵可湿性粉剂80~100g、或用40%稻瘟灵乳油80~100mL、或用75%三环唑可湿性粉剂20~30g、或用75%三环唑可湿性粉剂20g+40%稻瘟灵乳油60mL，对水30~45kg手动喷雾、或对水7.5~15kg机动弥雾防治叶瘟、或亩用15%阿维·毒死蜱水乳剂50~60mL、20%阿维·三唑磷乳油50~60g，或用48%毒死蜱乳油70~90mL、或用10%吡虫啉可湿性粉剂20~25g、或用25%噻嗪酮可湿性粉剂50~60g、或用48%毒死蜱乳油60~80mL（可兼治螟虫、稻水象甲），对水30~45kg手动喷雾，或对水7.5~15kg机动弥雾防治稻飞虱、或用5%氯虫苯甲酰胺悬浮剂40~55mL、或用20%氯虫苯甲酰胺悬浮剂10mL（可兼治稻飞虱、稻水象甲），对水30~45kg手动喷雾、或对水7.5~15kg机动弥雾防治稻螟虫。如稻瘟病、稻飞虱、稻螟虫混合发生田块，则可采取病虫一枪药兼治。在孕穗抽穗期，对生长嫩绿，稻株上三叶稻瘟病病叶率达0.2%或有1%以上的剑叶出现急性病斑的稻田，务必在水稻破口至抽穗初期和齐穗期各施药一次预防穗颈瘟，可亩用75%三环唑可湿性粉剂30~40g、或用75%三环唑可湿性粉剂20g+40%稻瘟灵乳油80mL、或用41%春雷·稻瘟灵可湿性粉剂100g、或用13%春雷·三环唑可湿性粉剂100~120g、或用40%稻瘟灵乳油80~100mL，对水30~45kg手动喷雾、或对水7.5~15kg机动弥雾。

参考文献

[1] 邱强. 作物病虫害诊断与防治 [M]. 北京：中国农业科技出版社，2013：82 – 164.

[2] 农业部全国植物保护总站组织编写. 植物医生手册 [M]. 北京：化学工业出版社，1994.

[3] 四川省植农牧厅植保站，四川省植物保护学会编著. 植保专业队员手册 [M]. 成都：四川科技出版社，1992：17 – 65.

[4] 冯礼斌，白体坤，丁攀，等. 川东北地区水稻全程绿色防控技术集成与效果评价 [J]. 中国植保导刊，2013，33（10）：47 – 50.

[5] 袁会珠，李卫国. 现代农药应用技术图解 [M]. 北京：中国农业科技出版社，2013：85 – 345.

南充市水稻重大病虫害预警与应急防控机制研究[*]

白体坤[1][**]　彭昌家[1][***]　冯礼斌[1]　丁　攀[1]　陈如胜[2]　郭建全[2]
尹怀中[3]　文　旭[4]　肖　立[5]　何海燕[6]　肖　孟[6]　崔德敏[7]　苟建华[8]

（1. 南充市植保植检站，南充　637000；2. 四川省营山县植保植检站，
营山　638100；3. 南充市高坪区植保植检站，南充　637100；
4. 四川省西充县植保植检站，西充　637200；5. 南充市嘉陵区植保植检站，
南充　637005；6. 四川省南部县植保植检站，南部　637300；7. 四川省
蓬安县植保植检站，蓬安　637800；8. 四川省阆中市植保植检站，阆中　637400）

摘　要：介绍了南充市水稻重大病虫害测报队伍体系、专业防治队伍体系、"金桥"纽带体系建设和应急防控体系构建等预警与应急防控体系构建措施。

关键词：水稻；重大病虫害；预警；应急防控；机制

水稻既是南充市最主要的粮食作物，又是全市人民的主食作物，常年面积14万~15万 hm^2，仅占全市粮食作物播面20%~25%，总产却占全市粮食总产的35%~40%，水稻产量的高低，直接影响全市粮食产量的增减。20世纪90年代后期以来，稻瘟病已成为南充市水稻上的常发病害，发生面积0.78万~6.98万 hm^2 次，自然损失率2.8%~30.8%，已成为水稻丰产的主要障碍，属四川省的重发区之一，几乎每年都有个别稻田种植高感品种因穗颈瘟为害严重而绝收，螟虫常年发生面积8.68~20.9hm^2 次，稻飞虱重发年发生程度仅次于川南泸州等少数几个市，2012年新传入的检疫性有害生物稻水象甲，到2014年全市9县（市、区）145个乡（镇）、914个村、5 907个社发生，秧田发生面积676.6hm^2，本田发生面积14 909.4hm^2，扩张速度之快，是其他病虫难以比拟的，对南充乃至四川水稻生产构成威胁。新中国成立至1996年，南充植保工作者对水稻病虫害预警和预警防控机制进行了许多调查研究，但缺乏系统性，加之南充生态环境、栽培管理和气象条件的特异性，其预警和预警防控机制与国内外其他地方有所不同，借鉴市外研究成果对南充市没有直接指导作用。为了探明水水稻病虫害预警和预警防控机制，减轻重大病虫为害损失，减少农药用量、残留、环境污染和防治成本，确保水稻和粮食生产、农产品质量与贸易和农业生态环境安全，笔者从1997年开始，主持全市植保工作者从组织和技术角度开展水稻病虫害预警和预警防控机构建工作，通过18年的调查研究，基本摸清了水稻重大病虫在南充市的预警和预警防控机制，使全市水稻重大病虫综合防控水平明显提

* 基金项目：农业部关于认定第一批国家现代农业示范区的通知（农计发［2010］22号）；主要粮油作物重大病虫害预警与综防措施研究和应用项目（N1997-ZC002）

** 第一作者：白体坤，男，从事植保植检工作，副站长，高级农艺师；E-mail：314340521@qq.com

*** 通讯作者：彭昌家，男，从事植保植检工作，副调研员、推广研究员、国贴专家、省优专家、省劳模、市学术和技术带头人、市拔尖人才；E-mail：ncpcj@163.com

高，重大病虫害得到有效遏制。鉴于南充市水稻重大病虫在南充粮食生产中的重要性，南充市科委 1997 年下达了《主要粮油作物重大病虫害预警与综防措施研究和应用》科技计划和 2010 年农业部第一批国家现代农业示范区项目，本研究是该两项目的一个子项目。为此，笔者从 1997 年开始，对水稻重大病虫害预警与应急防控机制进行了研究，以期搞好为南充市和相同生态区水稻病虫害及时有效的预警与应急防控提供科学依据。

1 测报队伍体系建设

1.1 强化队伍管理

一是强化岗位管理。各地按照工作内容定岗、工作任务定量、工作业绩定奖惩，确保了队伍稳定、岗位科学、任务合理、奖惩分明。二是严格目标考核。各地按照省植保站和市农业局《关于切实加强农作物病虫测报工作的通知》和《关于印发〈南充市植保植检考核管理办法〉的通知》文件，要求对在工作中表现好、业绩突出的技术骨干，优先推荐参加各类评优评先表彰、晋职晋级和技术培训，激发了从业人员的积极性。

1.2 完善测报手段

全市形成了以"南充市小麦条锈病菌源地综合治理监控站"为中心，阆中市、营山、仪陇和南部县 4 个"农业有害生物预警防控区域站"、顺庆和高坪区"观测场和应急药械库"建设重点站为纽带，各乡镇农业服务中心和 88 个群测点为基础的病虫预警网络，各地依据植保项目，购置虫情测报灯 14 台（盏）、测报专用工具 10 套、锈病孢子捕捉仪 4 台、电脑 46 台、多媒体教学设施 5 套、视频采编设备 5 套，修建病虫抗性观测圃 6 处 33 亩、温室大棚 6 个 2 650m^2，丰富了测报手段，加快了情报传输，实现了测报管理规范化、情报传递信息化、病虫预报可视化、基础设施现代化，全市植保网络化和突发性与危险性病虫信息快速反应机制，落实了水稻病虫会商制、汇报制、预警制、执班和周报（日报）制"五化、五制"的规范化管理，确保了测报数据的科学性、时效性，统计上报的系统性和准确性。

1.3 强化监测预警

一是加强业务培训。市、县两级植保部门采取集中培训、以会代训、专业进修等形式加强了群测点人员水稻重大病虫发生识别及调查方法的培训、专职测报员水稻重大病虫发生规律、调查统计方法和植保新技术的培训，从而提高了专业技能。二是强化监测预警。在加强灯测基础上，对水稻重大病虫实行定点系统观测、定期或不定期开展大面积普查，及时召开会商会，及时发出预警预报和防治警报，为党政领导指挥防治提供科学依据。据统计，全市每年都要召开水稻病虫会商会 10 次，发布各类病虫预报和防治警报 40 期左右，电视预报 40 期以上，完成省、市、县植保数据交流近 300 次，手机短信 1 500 余条次，确保了全市水稻病虫预警全覆盖。

通过上述措施的落实，使全市水稻病虫中长期预报准确率达 96% 以上，短期预报准确率达 100%，位居全省前列，比项目实施前分别提高 5～15 个百分点。

2　专业防治队伍体系建设

表　2000—2014 年条锈病专业化防控模式结果表

性质	模式	特点	组织措施	防效
集体所有		政府调动方便，行动迅速，防效较好，缺乏简单再生产能力，需不断输血的不可持续模式，对应付突发性病害效果好。	统防统治	好
股份所有	协会、专合组织	能独立开展市场化运作的农村专合组织，同时提供农资、机械、技术等多种服务，能实现简单再生产，与病虫防治既有公益性、又有经济性相符，但管理经验少。	合同形式	好
	病虫防治公司	具有部分公益性的完全经营性单位，运行机制良好，能实现简单再生产甚至扩大再生产，在经济价值高、病害防治难的地区生存力强，在组建、税收、工商管理上需政府支持和协助。		
个人所有	种田大户、龙头企业或联合体	利用自己的剩余能力为其他农户服务，或几个大户之间互助且帮助其他农户，主要在经济发达、田块较多地区存在，内部运行良好，外部技术欠缺，在税收、工商管理上需要支持		
	农资营销店机械出租	属农资销售的业务拓展，负责提供药剂、药械，部分可提供劳务，机械保养维修强，缺点是大部分农民自己施药，防效难保障。	自由式	不稳定
	个体户	个体自己帮助别人开展病虫防治而获得收益，技术欠缺，信誉较差。		

　　通过对病虫防治中出现的各种专业化防控模式（表）研究，我们认为，病虫专业防治组织应定位于政策扶持方便、管理容易、行为具有经济性、公益性、自我管理良好、具备简单再生产能力、具有一定专业水平、从业人员具备相应从业资格的农村经济组织。同时，充分利用植保和农机购置补贴等项目资金，大力发展以集体、协会、专合组织、病虫防治公司、种田大户、龙头企业、联合体农资营销店机械出租公司和个体户等多种所有制并存的多元化基层植保专合组织，切实搞好病害专业化防治。为加强农作物病虫害专业化防治领导和管理，促进专业化防治快速健康发展，2009 年，市府办和市农业局先后发出了《关于推进农作物病虫害专业化防治工作的意见》。据统计，到 2014 年年底，全市已建各类植保专业服务组织 702 个，拥有植保机械装备 12 582 台（套），其中，大中型装备 139 台（套），专业化防治面积达 108 万亩次以上，占水稻重大病虫应治面积的 70% 以上，专业化防治效果比农户自防高 10 个百分点左右。日作业能力 34.3 万亩，较 2013 年增加 6.2 万亩，其中，营山县向坝（植保）专业合作社和西充县"绿农植保专合社"分别于 2012 年、2014 年获"全国农作物病虫害专业化统防统治百强服务组织"。

3　"金桥"纽带体系建设

　　由于乡镇事业单位改革，农业中心没有配备专职植保技术人员，许多职工不懂植保知识，作物遭病虫为害，农民想问，但不好找人，只好问农药销售商，而商家也因不懂植保技术，又想多赚钱，就把防治各种病虫药剂、调节剂卖给农民，不仅成本大增，而且效果也不好。对此，为解决农资经销商不懂植保技术和便于农民咨询植保技术问题，架起植保、经销商和农民之间的"金桥"，南充市植保植检站整合植保、农技、科研和农资经营单位力量，于2009年牵头成立了南充市植保协会，并通过组织会员参加病虫防治现场会和植保技术培训会，提高了会员植保知识水平。在各病虫防治关键时期，市植保站借助市植保协会，将发生病虫和高效药剂通过群发短信，告知会员（即农药经销商），再由经销商告知广大农民，从而架起了市、县（市、区）植保部门、农资经销商和农民之间的"金桥"，为2009年以来，水稻重大病虫偏重发生，赢得防控胜利，发挥了重要作用。

4 应急防控体系构建

4.1 争取党政重视支持

为提高水稻重大病虫害应急处置能力，最大限度减少损失，确保水稻生产、农产品质量与贸易、人畜生命健康和生态环境安全，每年都争取市政府、市农业局下发水稻重大病虫害防控文件和植保植检工作意见。自1997年来，累计争取市政府下发农作物病虫草鼠《统防统治》、水稻重大病虫害《防控工作》《南充市农业重大有害生物灾害应急预案》和表彰文件28个，召开各类防控和示范现场38场次、共2.7万 hm²，安排水稻重大病虫害防控经费1 000多万元，切实加强了水稻重大有害生物防控工作政府主导、部门配合、群众主体、预防为主、平战结合、依靠科技、提高素质的作用，将部门植保上升为政府公共植保，"公共植保"理念深入人心，并得到全面贯彻落实。

4.2 成立组织机构

争取市政府成立了由分管副市长任指挥长，分管副秘书长、市农业局局长任副指挥长、应急办、广电局、财政局、公安局、气象局等相关单位负责人为成员的市水稻重大有害生物灾害应急防控指挥部，下设办公室，挂靠市农业局，办公室主任由分管局长担任，副主任由植保站站长和局办公室主任担任。各县（市、区）也成立了相应组织机构，明确了各自职责。并坚持政府主导、部门配合、群众主体、预防为主、平战结合、依靠科技、提高素质的原则。

4.3 量化预警类别

明确了水稻稻瘟病、螟虫、蝗虫、稻飞虱、植物检疫性有害生物等病虫害预警级别分类和应急响应程序、响应办法和后期处置办法。

4.4 强化应急保障

争取市政府建立健全了信息、队伍、物资、经费、技术、培训、宣传七大保障体系，明确了各体系的工作职责、工作内容和工作方式，细化了奖励与责任追究办法。

4.5 启动应急预案

针对2007年稻飞虱大暴发，我们根据灯测数据，及时加强了田间系统调查和普查，有8个县（市区）达到启动《应急预案》标准，占全省21个达标县的38.1%。我们迅速争取市农业局将大暴发预报和防治警报报告市委、市政府、省农业厅和省植保站，引起了市委、市政府、省农业厅和省植保站高度重视，并庚即报告省委、省政府，得到了省委、省政府高度重视，省政府于7月27日启动了《四川省农业重大有害生物灾害应急预案》

Ⅱ级响应，市政府于7月31日启动了《南充市农业重大有害生物灾害应急预案》Ⅰ级响应，使稻飞虱快速扩散蔓延态势得到有效遏制，赢得了稻飞虱应急防控的重大胜利，荣获了省委、省政府"四川省2007年抗灾减灾工作"先进集体和个人表彰。

参考文献

[1] 彭昌家，白体坤，冯礼斌，等．南充市水稻稻瘟病综合防控技术研究［J］．中国农学通报，2015，31（11）：190－199.

[2] 杜晓宇，丁攀，等．南充市水稻稻瘟病重发成因及治理对策［J］中国农学通报，2009，25（05）：218－222.

[3] 彭昌家．南充市水稻稻瘟病重发原因及综合防治研究［J］．中国农学通报，2002，18（01）：77－81.

[4] 杜晓宇，陈晓娟，丁攀，等．南充市稻飞虱重发条件及防控对策［J］．西南农业学报，2008，21（2）：368－371.

[5] 丁攀，彭昌家，杜晓宇，等．南充市2007年水稻稻飞虱暴发原因及防治成效浅析［J］．中国植保导刊，2008，28（8）：14－17.

[6] 彭昌家．南充市植保专业化防治探索与实践［C］．//吴孔明．公共植保与绿色防控——中国植保学会2010学术年会论文集．北京：中国农业出版社，2010：660－666.

水稻纹枯病药剂防治技术的商榷

冯成玉*

（江苏省海安县植保植检站，海安　226600）

摘　要：为探讨水稻纹枯病的药剂防治技术，进行了部分田间试验。结果表明：每公顷折纯用噻呋酰胺 54～72g、己唑醇 60～75g、嘧菌酯 75～90g，对水稻纹枯病的防治效果显著优于其他药剂；在适期一次用药后 15～20 天的防病效果，水稻拔节之前可达 90% 以上，水稻拔节之后可达 70% 以上。防治水稻纹枯病时，在水稻分蘖期用药的效果明显好于拔节期用药，隔 10 天连续用药两次的效果明显好于仅用药一次，田间有水层用药的效果明显好于无水层用药；每公顷的用水量，在水稻分蘖期可掌握在 450kg 左右，在水稻拔节以后宜掌握在 1000kg 左右，并进行全株均匀喷雾。

关键词：水稻纹枯病；药剂；用药方法；防治效果

近年来，水稻纹枯病呈持续偏重发生态势，已成为本地水稻生产上的重大病害。目前，对水稻纹枯病仍以药剂防治为主。据生产实践，不同的药剂、不同的用药方法，防病的效果明显不同。为充分发挥药剂的防病效果，切实有效地控制水稻纹枯病的发生程度，近几年来，我们在水稻纹枯病的药剂防治技术方面进行了一些探讨，并经大面积生产应用验证，取得了预期的效果。现将有关结果整理如下，以供商榷。

1　有效药剂

随着水稻纹枯病防治需求的增大，市场上针对该病的防治药剂种类逐年增多。据 2013 年 8 月 3 日水稻拔节初期对目前农药市场上可收集到的，且登记用于防治水稻纹枯病的药剂品种田间试验，药后 14 天调查结果表明：对水稻纹枯病防治效果相对较好的药剂主要有：噻呋酰胺、己唑醇、嘧菌酯等及其含有以上成分的复配剂，在其他同等条件下，其推荐剂量的防病效果显著优于井冈霉素及其他药剂（图1）。

2　药剂用量

适宜的田间用药量，不仅可达到理想的防病效果，而且可确保经济和安全。在田间用药防治水稻纹枯病时，每次每公顷用药的经济、安全、有效用量（折纯）：噻呋酰胺 54～72g、己唑醇 60～75g、嘧菌酯 75～90g，以上药剂在适期一次用药后 10 天的防病效果，水稻拔节之前可达 90% 以上，水稻拔节之后可达 70% 以上（图2）；在其他同等条件下，常规药剂井冈霉素的折纯用量达 300g 时，防病效果仅能达到 60% 左右。

---

* 通讯作者：冯成玉；E-mail：crop126@ 163. com

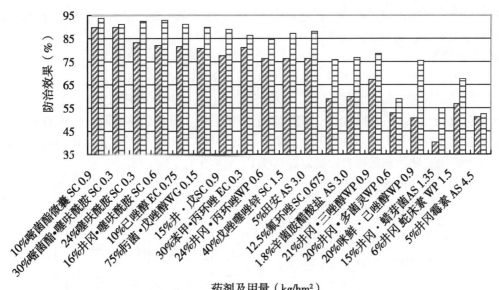

图1 不同药剂对水稻纹枯病的防治效果（2013年，淮稻5号）

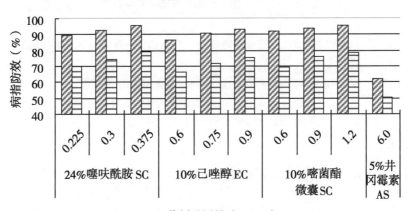

图2 不同药剂用量对水稻纹枯病的防治效果（2013年，淮稻5号）

3 用药时期

3.1 初始用药期

在水稻栽插以后，水稻纹枯病菌的越冬菌核逐渐萌发长出菌丝，通过稻株表面的气孔或直接穿破表皮侵入，数日后显症。试验表明：在稻田菌核萌发后，药剂防治水稻纹枯病的效果随用药时间的推迟而下降；在水稻的一个生长周期中，第一次用药的时间宜掌握在水稻的分蘖盛期，当时正处病菌侵染的最初时期，即菌核萌发的初侵染期；在生产上，当时田间纹枯病株尚未显症或仅零星显症。这时用药，不仅可对未被侵染的稻株形成保护，而且可最大程度地控制正在萌发菌核和已经侵入稻株病菌的进一步扩展，从而有效降低病害的初侵染率，起到治前控后的作用。

3.2 用药次数

由于稻田内的菌核萌发进度不一致，在第一次用药后，必须及时进行第二次用药，以确保持续控制病菌对稻株的侵染。第二次用药宜掌握在水稻植株开始拔节前后，一般距第一次用药 10 天左右。正常情况下，通过以上两次用药，可将当年水稻纹枯病的发生程度控制在较低水平，并为该病的有效防治争取主动。与常规用药防治相比，田间用药次数可减少 2 次以上，防治效果可持续稳定在 90% 以上（图 3）。

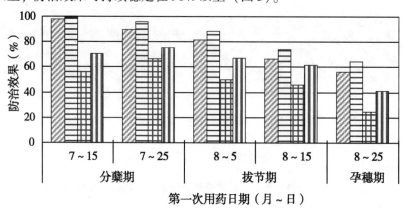

图 3 不同用药期及次数对水稻纹枯病的防治效果

（2011 年 9 月 10 日穗期调查，淮稻 5 号）

4 用药方法

用药方法主要是影响药剂在水稻植株上分布的均匀性和滞留的数量多少。

4.1 喷施液量

据生产实践，常规手动喷雾施药防治水稻纹枯病时，每公顷所用的水量，在水稻分蘖期，以 450kg 左右为宜，并进行细喷雾，以确保喷雾均匀；在水稻拔节之后，以 1 000kg 左右为宜，并进行粗喷雾或全株均匀喷雾，以确保药液均匀分布至植株中下部（图 4）。在以上水量范围内，随着用水量的增大或减少，防治效果相应下降。这可能是常规喷雾时，若水量过少，难以保证喷雾的均匀性，且难以确保药液分布至植株中下部；若水量过多，将导致稻株表面的着药量减少，从而均影响防病效果。

4.2 田间水层

用药时，保持田间薄水层，可提高防病效果。这可能是稻田表面的水层，承接了喷药时落入土壤表层的药液，使其在水层表面及时形成均匀分布的药膜，一方面对菌核的萌发和菌丝的生长与扩展起到一定的控制作用，另一方面落入水中的药液可均匀分布于稻株基部或直接被稻株基部组织吸收，从而使防病药剂得到最大限度地利用。在正常情况下，用药时的田间水层可保持在 2～3cm（图 4），用药后自然落干或持续保水数日。

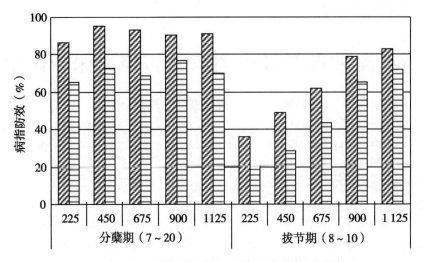

图4 药后7天不同用水量对水稻纹枯病的防治效果

（2014 年，淮稻 5 号，5% 己唑醇 EC 1.2kg/hm²）

5 结果讨论

（1）随着井冈霉素在稻田的多年使用，对水稻纹枯病的防治效果已明显下降。目前，药剂防治水稻纹枯病时，可交替使用噻呋酰胺、己唑醇、嘧菌酯等药剂及其含有以上成分的复配剂。

（2）防治水稻纹枯病时，每公顷用药的经济、安全、有效用量（折纯）为：噻呋酰胺 54～72g、己唑醇 60～75g、嘧菌酯 75～90g。

（3）稻田初次防治纹枯病的用药时期可掌握在水稻分蘖盛期至拔节初期，间隔 10 天左右及时开展第二次用药，在水稻穗期注意复查补治，可有效控制水稻整个生育期的纹枯病发生程度。

（4）稻田用药时的每公顷对水量，在水稻分蘖期可掌握在 450kg 左右，在水稻拔节以后宜掌握在 1 000kg 左右，并进行全株均匀喷雾。

（5）用药时，需建立田间水层 2～3cm，用药后自然落干或持续保水数日。

参考文献（略）

一种新悬浮种衣剂对水稻病虫防控及保产作用研究

徐伟松[1,2]*　　陈　侨[2]　陈树茂[3]

（1. 广东省有害生物预警防控中心，广州　510500；2. 陵水县农业技术管理局，
陵水　572400；3. 东莞市瑞德丰生物科技有限公司，东莞　523000）

摘　要：试验研究结果表明，试验药剂7%吡虫啉·咪鲜胺悬浮种衣剂对稻蓟马和水稻恶苗病具有较好防效，10.41g制剂/kg种子剂量处理，对蓟马、恶苗病的大田防效均可达80%以上，收获保产率达6.2%以上，是同时防治稻蓟马和水稻恶苗病较为理想的药剂，使用方法简单、环保，对水稻安全。

关键词：吡虫啉；咪鲜胺；水稻恶苗病；稻蓟马；防治效果

稻蓟马（*Chloethrips oryzae*）属于缨翅目蓟马科。秧苗期、分蘖期和幼穗分化期均可发生为害。受害叶叶尖两边向内卷折、枯黄，严重造成成片枯死，远看犹如火烧，严重影响水稻生长。穗期可以为害穗苞、颖壳，造成空瘪粒，影响产量。水稻恶苗病又称徒长病，病原为串珠镰孢菌（*Fusarium moniliforme* Sheld.），属半知菌亚门真菌。种子带病常导致谷粒播后不发芽或不能出土，成株期和苗期受害，常造成徒长，叶鞘与叶片变窄而长，根系发育不良。轻病株常提早抽穗，穗形短小或籽粒不实，重病株多在孕穗期枯死，影响水稻生产和农民增收。

目前，防治稻蓟马的主要药剂有杀虫单、丁硫克百威、马拉硫磷、噻虫嗪等。防治恶苗病的主要药剂有丙环唑、三唑酮、己唑醇等常规药剂，往往与稻瘟病、恶苗病同时兼治，通过种子处理防治的药剂很少。吡虫啉是优异的硝基亚甲基类杀虫剂，有触杀、胃毒和内吸作用，常用于防治刺吸式口器害虫。咪鲜胺对由子囊菌和半知菌引起的多种病害具有良好防效，是一种广谱性常规杀菌剂，常用于防治蔬菜、水果各类炭疽病、叶斑病等。悬浮种衣剂是由有效成分、成膜剂、湿润剂、分散剂、增稠剂、填料和水等各种组分，经湿法粉碎而制成的可流动的稳定的均匀悬浮液，是目前种子处理的主流农药制剂剂型。7%吡虫啉·咪鲜胺悬浮种衣剂是东莞市瑞德丰生物科技有限公司开发的一种新型种衣剂，结合了杀虫剂和杀菌剂两种农药优势及制剂特点，可以通过播种前拌种处理达到同时防治蓟马、恶苗病的目的，使用简单可行，能够有效节约人工，提高防效。

本文对7%吡虫啉·咪鲜胺悬浮种衣剂这一农药复配制剂产品进行了田间药效研究，以了解其对水稻蓟马、恶苗病的防治效果和田间安全性，探讨其经济有效的使用剂量和使用技术，为该产品申报农药登记和推广应用提供依据。

---

*　作者简介：徐伟松，男，农学博士，高级农艺师，主要从事农药管理和植保、农业技术推广工作；E-mail：26253327@qq.com

1　材料与方法

1.1　供试药剂

试验药剂：7% 吡虫啉·咪鲜胺悬浮种衣剂（东莞市瑞德丰生物科技有限公司产品）；对照药剂：25% 咪鲜胺乳油（江苏辉丰农化股份有限公司产品，市购）、600g/L 吡虫啉悬浮种衣剂（江苏龙灯化学有限公司产品，市购）。

1.2　试验设计

试验在广东省高要市金渡镇进行，选择在晚稻田进行，试验地常年种植水稻，历年蓟马、恶苗病均有发生，试验地土壤为黏壤土，肥力中等，有机质含量 2.8%，pH 值 5.7，灌溉条件好。供试水稻为当地常栽品种丰山占，于当年 7 月 6 日拌种，7 月 7 日浸种，7 月 9 日播种，8 月 11 日移栽。

试验共设置 6 个处理，依次为试验药剂 7% 吡虫啉·咪鲜胺悬浮种衣剂与水稻种子药种比 1：120、1：96，1：80（依次为 8.33、10.41、12.5g 制剂/kg 种子），对照药剂 25% 咪鲜胺乳油稀释 3 000 倍液处理，600g/L 吡虫啉悬浮种衣剂与水稻种子药种比 1：30（6g 制剂/kg 种子）和空白对照。每个处理设 4 次重复，共 24 个小区，小区按随机区组排列，每小区面积：秧田为 5m²、本田 20m²，有水稻 500～530 株。

1.3　施药方法和天气条件

拌种法处理，每千克水稻种子加 200mL 药液进行搅拌，边搅拌种子边将已稀释好的药液缓慢倒入，让药液均匀包裹种子表面，摊开晾干后，按常规方法进行浸种、催芽和播种。试验从 7 月 6 日至 11 月 15 日进行，试验期间日平均温度 27.1～31.2℃，相对湿度 49%～81%，降水天数 26 天，总降水量为 266.8mm。试验期间在供试田块未施用其他同类杀虫剂和杀菌剂。

1.4　调查时间和方法

药害调查：分别在播种后 3 天、7 天和移栽后 20 天观察有作物无药害发生，调查供试药剂对作物有无药害，记录药害的症状、类型和为害程度。

恶苗病药效调查：在播种后 7 天（7 月 13 日）调查出苗率，秧苗移栽前（8 月 11 日）调查病株率，大田抽穗前（9 月 30 日）调查病株率，全期共调查 3 次。出苗率调查：在空白对照区出齐苗时进行调查，调查各处理区的水稻出苗期和出苗率（出苗率调查按每小区调查 100 粒种子计算）。病株率调查：在秧苗移栽前，每小区对角线五点取样，每点调查 100 株秧苗，计算病株率。在大田抽穗前，每小区五点取样，每点调查 20 丛水稻，记录发病丛数，计算发病率。

蓟马防效调查：在空白对照区蓟马为害基本定型时（移栽后 20 天本田期，8 月 31 日）进行一次性调查。每小区平行跳跃法调查 10 点，每点调查 2 丛水稻，每小区统一调查 500 片叶，记录卷尖叶数，计算卷尖率和防效。

产量测定：在水稻收获期（11 月 15 日）进行测产，对各小区进行实收测产，折算亩产量，计算保产率。

2　结果与分析

试验结果见下表，试验药剂 7% 吡虫啉·咪鲜胺悬浮种衣剂 12.5g 制剂/kg 种子处理与8.33g制剂/kg种子处理比较，移栽前调查和大田期调查对恶苗病防效均在0.01水平上差异显著，对蓟马防效在0.01水平上差异显著，与10.41g制剂/kg种子处理比较，移栽前调查对恶苗病防效在0.01水平上差异显著，大田期调查对恶苗病防效在0.05水平上差异不显著，对蓟马防效在0.05水平上差异不显著；试验药剂7%吡虫啉·咪鲜胺悬浮种衣剂10.41g制剂/kg种子处理与对照药剂25%咪鲜胺乳油3 000倍处理比较，对恶苗病防效均在0.05水平上差异不显著，与对照药剂600g/L吡虫啉悬浮种衣剂6g制剂/kg种子处理比较，对蓟马防效在0.05水平上差异不显著。

测产结果表明，各药剂处理的保产率均在4.97%~8.30%，试验药剂7%吡虫啉·咪鲜胺悬浮种衣剂10.41g制剂/kg种子处理分别与两种对照药剂处理比较，保产率均在0.05水平上差异不显著。

表　7%吡虫啉·咪鲜胺悬浮种衣剂防治水稻蓟马、水稻恶苗病试验结果

| 编号 | 水稻恶苗病药效调查 | | | | | 水稻蓟马防效调查 | | 测产结果 | |
| | 移栽前调查 | | | 大田调查 | | | | | |
	出苗率（%）	病株率（%）	防效（%）	病株率（%）	防效（%）	卷尖率（%）	防效（%）	亩产量（kg）	保产率（%）
1	97.50	2.75	56.07 Cc	3.50	68.07 Bb	2.20	72.63 Bb	475.00	4.97 Bc
2	97.75	2.50	60.24BCbc	2.00	81.51 Aa	1.35	83.24 ABa	480.84	6.28ABbc
3	97.75	1.50	76.55 Aa	1.25	88.83 Aa	0.90	88.94 Aa	490.00	8.31 Aa
4	97.25	2.00	68.81ABab	2.00	82.36 Aa	7.80	2.64 Cc	485.00	7.19ABab
5	97.00	5.50	12.74 Dd	10.25	7.67 Cc	1.50	81.51 ABa	476.67	5.35 Bbc
6	96.25	6.25	—	11.00	—	8.05	—	452.50	—

注：1. 处理编号1~6依次为试验药剂7%吡虫啉·咪鲜胺悬浮种衣剂药种比1∶120、1∶96、1∶80；对照药剂25%咪鲜胺乳油稀释3 000倍处理，600g/L吡虫啉悬浮种衣剂与水稻种子药种比1∶30和空白对照；

2. 表中数据为4个重复的平均值，防效结果采用邓肯氏新复极差法（DMRT）统计分析，数据后大写字母不同表示在0.01水平差异显著，小写字母不同表示在0.05水平差异显著

3　讨论与结论

田间试验结果表明，试验药剂7%吡虫啉·咪鲜胺悬浮种衣剂均表现出对水稻蓟马、水稻恶苗病均具有较好的防效，防效随用药剂量的增加而提高。其中，使用10.41g制剂/kg种子剂量处理，对蓟马、恶苗病的大田防效均可达80%以上，收获保产率达6.2%以上，防效和保产率均与2种常规的对照药剂处理防效相当。同时，试验期间未发现试验药剂对供试水稻产生药害现象，在试验剂量下对水稻安全，未发现供试药剂对有益生物有不良影响。

综上，复配制剂7%吡虫啉·咪鲜胺悬浮种衣剂对水稻恶苗病有较好的防效，对水稻有较好的保产作用，同时又可以避免使用单一药剂易引发的抗药性问题，是防治水稻恶苗病、蓟马较为理想的药剂，使用12.5g制剂/kg种子7%吡虫啉·咪鲜胺悬浮种衣剂处理

的防效可达 88% 以上，保产率达 8.3% 以上。

使用技术上，建议与水稻种子进行拌种处理，用药量以 10.41～12.5g 制剂/kg 种子为宜。拌种前先将药剂稀释至所需浓度，然后边搅拌种子边将药液缓慢倒入，让药液均匀包裹种子表面，摊开晾干或者阴干后便可按常规方法进行浸种、催芽和播种，使用方法轻巧简便、经济环保，同时可以达到较好的防治效果和保产作用。

参考文献

[1] 徐伟松，成秀娟，张晓华，等. 氟环唑对广东水稻恶苗病的田间防治试验 [J]. 农药科学与管理，2013，34（8）：58－60

[2] 唐涛，刘都才，刘雪源，等. 噻虫嗪种子处理防治水稻蓟马及其对秧苗生长的影响 [J]. 中国农学通报，2014，30（16）：299－305

[3] 丁灵伟，陈将赞，戴以太，等. 噻虫嗪种子处理对水稻蓟马的防治效果 [J]. 浙江农业科学，2013（11）：1 440－1 441

[4] 方兴洲，陈莉，产祝龙，等. 水稻恶苗病与浸种、催芽和播种等因子的关系研究 [J]. 热带作物学报，2012，33（6）：1 107－1 110.

黑龙江省水稻恶苗病菌对咪鲜胺敏感基线的建立*

徐 瑶** 李 鹏 穆娟微***

（黑龙江省农垦科学院植物保护研究所，哈尔滨 150038）

摘 要：利用菌丝生长速率法检测了来自黑龙江省 8 个县（市）的 32 个恶苗病菌株对咪鲜胺的敏感性，确定敏感基线值为 0.0036μg/mL，为黑龙江省监测恶苗病菌对咪鲜胺的抗药性奠定基础。

关键词：恶苗病；咪鲜胺；抗药性；敏感基线

水稻恶苗病是由串珠镰孢菌（*Fusarium moniliforme* Sheld）引起的真菌病害[1]，是严重影响黑龙江省水稻生产的主要病害之一，发病地块一般减产 10%～20%，严重的可减产 50% 以上。近年来，旱育秧田的大面积推广使苗床通气性改善，给恶苗病病菌的生长繁殖提供了有利条件；种子生产环节上存在不足，导致病菌再侵染；加之单一化学药剂的长期使用，病菌逐渐产生抗药性，防治效果日益降低，使得水稻恶苗病的发生日趋严重。有关该病的研究得到人们日益重视。

自 20 世纪 90 年代咪鲜胺代替多菌灵防治恶苗病以来，咪鲜胺以防效高、对作物安全等优势倍受农民青睐。咪鲜胺浸种防治水稻恶苗病在黑龙江已应用长达 20 年，连续使用单一杀菌剂会导致抗药性的出现[2]，监测其抗药性对保护水稻安全生产意义重大。本文通过测定黑龙江省不同地区恶苗病菌对咪鲜胺的敏感性，确立该地区恶苗病菌对咪鲜胺的敏感性基线，为黑龙江省监测恶苗病菌对咪鲜胺的抗药性奠定基础。

1 材料与方法

1.1 供试菌株

于 2013 年 8 月在黑龙江省虎林、阿城、讷河、佳木斯、铁力、富裕、绥化和庆安 8 个县（市）采集 67 个水稻恶苗病病株，采用组织分离方法进行病原菌的分离，通过单孢分离纯化培养获得 42 个恶苗病菌株，每个县（市）随机抽取 4 个菌株，共计 32 个供试菌株。

1.2 恶苗病菌对咪鲜胺敏感性测定

通过预备试验确定出药剂的 5 个有效浓度，配制含药平板。以室内生长速率法测定咪鲜胺对水稻恶苗病菌菌株的毒力大小[3~4]。在活化后的恶苗病菌菌落边缘上打取直径为 5mm 的菌碟，挑取菌碟置于含药平板培养皿的中央，将其置于 25℃ 恒温培养箱中培养，7

———————————

* 基金项目：黑龙江垦区一戎水稻科技奖励基金会支持项目

** 第一作者：徐瑶，女，硕士，从事的研究领域：植物病害与综合防治；E-mail：xuyao20111@163.com

*** 通讯作者：穆娟微；E-mail：mujuanwei@126.com

天后以十字交叉法测菌落直径，计算不同浓度药剂对各菌株菌丝生长抑制率。求出药剂对菌株的毒力公式，即回归方程 $y = ax + b$ 及 x 与 y 之间的相关系数 r，计算出咪鲜胺对各供试菌株的抑制中浓度（EC_{50}）。根据病菌对咪鲜胺的敏感性频率分布建立恶苗病菌对咪鲜胺的敏感基线。

2 结果与分析

2.1 供试菌株对咪鲜胺的敏感性

利用室内生长速率法测定了咪鲜胺对 32 个供试菌株的毒力大小，通过分析得出各个菌株的毒力回归方程和 EC_{50} 值，相关系数均在 0.917 7 以上。各菌株的 EC_{50} 值差异较大，最小 EC_{50} 值为 0.001 5μg/mL，最大 EC_{50} 值为 1.306 7μg/mL，相差 871 倍（表）。

表　恶苗病菌对咪鲜胺的敏感性

菌株编号	回归方程（$y =$）	相关系数（r）	抑制中浓度 EC_{50}（μg/mL）
NH-1	6.497 2 + 0.527 6x	0.971 2	0.001 5
NH-2	4.848 9 + 0.888 7x	0.939 3	0.110 9
NH-3	5.161 4 + 0.951 7x	0.996 0	0.676 7
NH-4	6.312 8 + 1.255 9x	0.990 5	0.090 1
HL-1	6.065 0 + 0.965 7x	0.972 2	0.078 9
HL-2	6.559 7 + 1.528 8x	0.988 6	0.095 5
HL-3	6.894 6 + 1.611 3x	0.995 1	0.066 7
HL-4	6.246 3 + 1.487 9x	0.999 2	0.145 3
AC-1	6.505 4 + 1.227 6x	0.953 3	0.059 4
AC-2	5.219 3 + 0.963 1x	0.987 6	0.382 5
AC-3	5.821 6 + 1.397 7x	0.976 3	0.258 3
AC-4	6.734 8 + 1.564 8x	0.995 2	0.077 9
FY-1	6.965 8 + 1.674 8x	0.933 6	0.067 0
FY-2	6.817 6 + 1.305 9x	0.992 2	0.040 6
FY-3	5.634 3 + 1.344 7x	0.994 7	0.337 5
FY-4	5.886 1 + 0.726 7x	0.927 8	0.060 4
JMS-1	6.615 6 + 0.716 4x	0.918 6	0.005 6
JMS-2	6.804 3 + 1.651 4x	0.991 7	0.080 8
JMS-3	4.869 5 + 1.123 1x	0.983 0	1.306 7
JMS-4	6.335 5 + 1.201 1x	0.989 0	0.077 3
TL-1	7.101 9 + 1.544 2x	0.998 0	0.043 5
TL-2	6.805 7 + 1.549 2x	0.970 9	0.068 3
TL-3	7.006 0 + 2.042 6x	0.995 7	0.104 2
TL-4	6.757 2 + 1.358 5x	0.992 8	0.048 3
SH-1	6.649 2 + 1.513 0x	0.986 7	0.081 3
SH-2	6.268 7 + 1.146 1x	0.989 0	0.078 2
SH-3	6.810 9 + 1.071 3x	0.991 0	0.020 4

（续表）

菌株编号	回归方程（$y=$）	相关系数（r）	抑制中浓度 EC_{50}（$\mu g/mL$）
SH-4	$6.3879+1.4884x$	0.9961	0.1168
QA-1	$7.0408+1.3585x$	0.9768	0.0315
QA-2	$6.6950+1.4483x$	0.9842	0.0676
QA-3	$6.4316+1.2585x$	0.9942	0.0728
QA-4	$6.4264+1.3735x$	0.9177	0.2069

2.2 恶苗病菌对咪鲜胺敏感基线的建立

采用类平均法（UPGMA）根据 32 个菌株对咪鲜胺的敏感性进行聚类分析（图 1）。

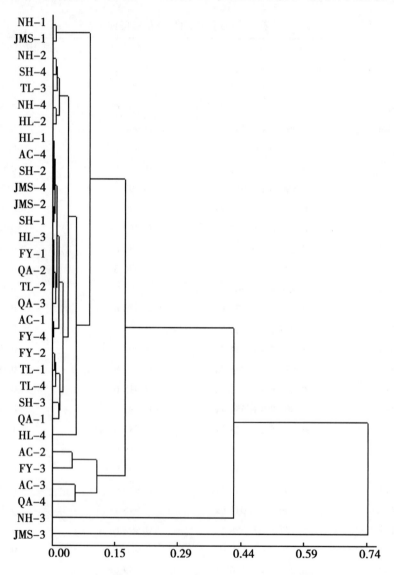

图 1 咪鲜胺对水稻恶苗病菌 EC_{50} 值聚类分析结果

将恶苗病菌对咪鲜胺的敏感性划分为 $EC_{50} < 0.01\mu g/mL$（NH-1、JMS-1）、$0.01\mu g/mL < EC_{50} < 0.2\mu g/mL$（SH-3、QA-1、FY-2、TL-1、TL-4、AC-1、FY-4、HL-3、FY-1、QA-2、TL-2、QA-3、JMS-4、AC-4、SH-2、HL-1、JMS-2、SH-1、NH-4、HL-2、TL-3、NH-2、SH-4、HL-4）、$EC_{50} > 0.2\mu g/mL$（AC-2、FY-3、AC-3、QA-4、NH-3、JMS-3）3 个类群。

在 32 个供试菌株中，$EC_{50} < 0.01\mu g/mL$ 的 2 个菌株（NH-1、JMS-1）对咪鲜胺最敏感，EC_{50} 值平均 $0.003\ 6\mu g/mL$，将其定为黑龙江省水稻恶苗病菌对咪鲜胺的敏感基线。

3 结论与讨论

目前为止，敏感基线的确定方法大致有 3 种[3-7]：第一种方法，FRAC 建议的以没有接触过被测药剂且没有接触过被测药剂同类药剂地区的菌株敏感性（EC_{50}）作为敏感基线；第二种方法，将最敏感的一个菌株或几个菌株 EC_{50} 的平均值作为敏感基线；第三种方法，绘出菌株敏感性频率分布图，正态分布曲线 EC_{50} 的平均值就是敏感性基线。

由于咪鲜胺作为防治水稻恶苗病的药剂在黑龙江省已连续使用长达 20 年，要获得从未接触被测药剂的野生菌株是不可能做到的。而 FRAC 建议方法中采集的水稻恶苗病菌必须是没有接触被测药剂或同类药剂的菌株，对野生敏感菌株的获得要求很严。所以，第一种方法不适合作为确定黑龙江省水稻恶苗病菌对咪鲜胺敏感基线的方法。

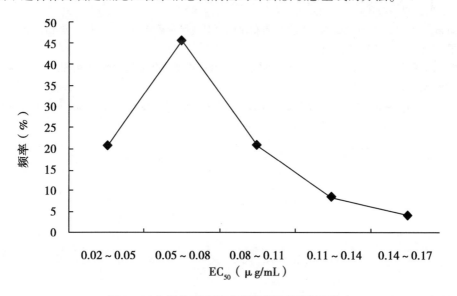

图 2　24 个恶苗病菌株对咪鲜胺敏感性频率分布

第二种方法确定敏感基线，有可能会高估病原菌的抗药水平。本研究使用第二种方法将黑龙江省水稻恶苗病菌对咪鲜胺的敏感基线值确定为 $0.003\ 6\mu g/mL$，与刘永锋[5]确定的敏感基线值 $0.005\mu g/mL$ 相近，比卢国新[9]确定的敏感基线值 $0.000\ 746\ 6\mu g/mL$ 高，不会高估计病原菌的抗药水平。恶苗病菌对咪鲜胺敏感基线的建立，为黑龙江省监测恶苗病菌对咪鲜胺的抗药性奠定基础。

参照 Takuo Wada 等[10]采用第三种方法，将本研究 $0.01\mu g/mL < EC_{50} < 0.2\mu g/mL$ 类群（菌株频率最高的类群）的 24 个菌株绘出菌株敏感性频率分布图（图2），菌株对咪鲜胺的敏感性呈连续的单峰曲线，符合正态分布。卢国新[6]将恶苗病菌对咪鲜胺的敏感基

线确定为 0.000 746 6μg/mL，而本研究 0.01μg/mL < EC_{50} < 0.2μg/mL 组 EC_{50} 平均值为 0.074 3μg/mL，对咪鲜胺敏感性差。因此，此区组的 EC_{50} 平均值不能作为黑龙江省水稻恶苗病菌对咪鲜胺的敏感基线。

参考文献

[1] 产祝龙，丁克坚，檀根甲. 水稻恶苗病的研究进展 [J]. 安徽农业科学，2002，30（6）：880－883.

[2] 陈夕军，卢国新，童蕴慧，等. 水稻恶苗病菌对三种浸种剂的抗性及抗药菌株的竞争力 [J]. 植物保护学报，2007，34（4）：425－430.

[3] 范子耀，孟润杰，韩秀英，等. 马铃薯早疫病菌对咯菌腈的敏感基线及其对不同药剂的交互抗性 [J]. 植物保护学报，2012，39（2）：153－158.

[4] 李恒奎，陈长军，王建新，等. 禾谷镰孢菌对氰烯菌酯的敏感性基线及室内抗药性风险初步评估 [J]. 植物病理学报，2006，36（3）：273－278.

[5] 刘永锋，陈志谊，周保华，等. 江苏省部分稻区恶苗病菌对水稻浸种剂的抗药性检测 [J]. 江苏农业学报，2002，18（3）：190－192.

[6] 卢国新. 江苏水稻恶苗病种类和抗药性研究 [D]. 江苏，扬州大学，2005.

[7] 潘洪玉，杜红军，郭金鹏，等. 东北春麦区小麦赤霉病菌对多菌灵敏感性的测定 [J]. 吉林农业科学，2002，27（增刊）：44－45.

[8] 郑丽娜，靳学慧，张亚玲，等. 黑龙江省稻瘟病菌对施保克敏感性分析 [J]. 黑龙江八一农垦大学学报，2009，21（2）：13－16.

[9] 郑睿，聂亚锋，于俊杰，等. 江苏省水稻恶苗病菌对咪鲜胺和氰烯菌酯的敏感性 [J]. 农药学学报，2014，16（3）：693－698.

[10] Takuo Wada, Seiichi Kuzuma, Mitsuki Takenaka. Sensitivity of *fursarium monilifore* Isolates to pefurazote [J]. Ann Phytopath Soc，1990，56（4）：449－456.

南充市2014年小麦条锈病重发原因
及其成功防控措施

丁　攀[1]* 　彭昌家[1]** 　白体坤[1]　冯礼斌[1]　肖　立[2]

陈如胜[3]　文　旭[4]　何海燕[5]　尹怀中[6]

(1. 南充市植保植检站，南充　637000；2. 南充市嘉陵区植保植检站，
南充　637005；3. 四川省营山县植保植检站，营山　638100；四川省
西充县植保植检站，西充　637200；5. 四川省南部县植保植检站，
南部　637300；6. 南充市高坪区植保植检站，南充　637100)

摘　要：分析了南充市2014年小麦条锈病重发特点、原因和取得的防控成效，总结了防控取得的成功经验。

关键词：小麦条锈病；重发特点；原因；防控成效；经验

由条锈菌（*Puccinia striiformis* West. f. sp. *tritici*）引起的小麦条锈病是威胁中国各麦区的重要病害之一，1950年、1964年、1990年和2002年4次大流行，分别造成60亿、30亿、26亿和10亿kg损失[1~3]。20世纪末新生理小种条中32、33的出现和发展，导致中国90%的小麦品种抗条锈性丧失。自2000年以来，中国小麦条锈病一直处于流行状态，已成为小麦安全生产的限制因素[1]。

小麦是南充市第二大粮食作物，常年种植14万hm²以上，占全市粮食作物面积的30%以上。小麦条锈病4次大流行中，防治不力的，造成小麦减产达30%~50%（2002年由于监测防控得力，产量损失仅15.25%）。1999年来，全市偏重至大发生频率高，每年发生面积居四川前列，已成为影响小麦产量和品质的主要障碍[4]。南充又是小麦条锈菌的重要冬繁区和春季流行区，还是川东南春季流行区和渝、鄂、湘等邻近麦区的主要菌源地，并可随高空气流进一步对中国东部主产麦区造成威胁[5~8]。2014年小麦条锈病在全市偏重发生，部分区域大发生，共发生6.01万hm²，防治9.94万hm²，是发生面积的1.7倍，重病区普防1~3次。防治后挽回损失3 718.4万kg，实际损失656.2万kg。分别占发病面积小麦总产量的14.9%和2.6%。为2009年以来最重年份。不仅确保了本市小麦生产安全，而且确保了中国东部主产麦区小麦生产安全和增产增收，受到省、市领导好评。对此，笔者在调查的基础上，就其发生特点、原因和防控取得的成效作如下探讨。

* 第一作者：丁攀，男，从事植保植检工作，副站长，高级农艺师；E-mail：nanchong0817@126.com

** 通讯作者：彭昌家，男，从事植保植检工作，副调研员、推广研究员、国贴专家、省优专家、省劳模、市学术和技术带头人、市拔尖人才；E-mail：ncpcj@163.com

1 发生特点

1.1 发生时间早

小麦条锈病于 2013 年 12 月 9 日在嘉陵区集凤镇秋苗[9]始见，较上年早 31 天，为四川东北片区首见。到 2 月 13 日，全市 9 县（市、区）均已发病，发病时间均较往年有明显提前。其中嘉陵区提早近 3 个月，营山县提早 13 天，南部县提早 29 天，仪陇县提早 93 天，也是该县 2011 年来发病最早的一年。

1.2 扩散速度快、发病区域广

田间扩展快。位于嘉陵区集凤镇的条锈病始发点 12 月 9 日始见时仅有 1 块地、1 个病点、2 株发病，其中 1 株 2 叶发病，1 株 1 叶发病；到 12 月 24 日出现 6 个病点，其中 2 点为单株 3 叶发病，4 点为单株单叶发病；到 1 月 15 日该区域病田率达 92%，发病田 666.7m² 有中心病团 0～10 个，平均 1.7 个，中心病团病株率 10.5%～87.3%，平均 61.4%，病叶率 17.04%～24.31%，平均 20.7%，病指 15.02～19.38，平均 17.2；到 1 月 24 日，始见地块全田发病，病叶率 1.3%。

发病面积增长快。1 月 15 日，全市 9 个县（市、区）中有 8 个县（市、区）40 个乡镇发病，发病面积 546.7hm²，2 月 18 日，全市 9 个县（市、区）、98 个乡镇发病，面积 7 200.0hm²，是 1 月 15 日的 13.2 倍，到 3 月 24 日，全市 395 个乡镇全部发病，面积 36 106.7hm²，是 2 月 18 日的 5.0 倍，到 4 月 22 日，全市发病面积已达 58 666.7hm²，是 3 月 24 日的 1.6 倍。西充县 1 月 14 日始见小麦条锈病，到 2 月 28 日全县有 26 个乡镇发病，占乡镇总数的 59.1%。营山县 2 月 13 日始见小麦条锈病，到 3 月 7 日全县 52 个乡镇均有发生。小麦老品种种植区病田率达到 100%，病菌侵染部分上至剑叶，达到该县历史大发生年同期发病率水平。

1.3 发病品种多

据调查，全市主栽品种中川麦 26、39、43、44、45、46、47、内麦 8 号、11 号、川育 18、20、川农 16、23、26、蓉麦 2 号、绵麦 29、31、43、宜麦 8 号、绵阳 19，川农麦 1 号、白粒 6 号等 20 多个品种发病，农民自留品种绝大多数都发病严重，发病品种之多，是历史上罕见的。

2 条锈病偏重发生的主要原因

2.1 部分品种种质不纯，抗病性下降

2014 年全市小麦优质品种推广力度大，主栽品种达 20 多个，群体抗病性得到了加强，但根据省专家对我市小麦品种考察分析发现，部分推广品种和农户自留种种质不纯，导致抗病性下降。四川省农业科学院植保所鉴定，2014 年全省小麦品种抗性比例不超过 37.8%，远低于 2010 年 50%。

2.2 条锈病菌致病力强

四川省植保站和四川省农业科学院植保所 2013 年对采集的 122 份小麦条锈病菌标样进行了生理小种鉴定，监测结果表明，Hybrid46 类群的各小种的频率总和为 67.21%，其中条中 32 号出现频率居首位，为 19.67%，条中 33 出现频率为 10.66%，这两个小种致病性强，仍然是四川省小麦条锈病的优势小种[10]。

2.3 气候利于病害流行

气象记载（表）表明，小麦生长期间 2013 年 11 月至 2014 年 5 月平均气温较历年偏（下同）高 0.7 ~ 1.8℃（12 月和 2 月偏低 0.2℃和 0.7℃除外），光照偏多 0.3 ~ 16.1h，降水偏少 2.55mm（3 月和 5 月偏多 1.5mm 和 9.4mm 除外），雨日偏少 0 ~ 2 天，露日偏多 0 ~ 7 天，（3 月和 5 月偏少 3 天和 1 天除外），相对湿度偏高 1% ~ 4%，降水虽偏少，但露日偏多，田间湿度大，暖冬明显，有利于病菌孢子萌发和侵染，冬季气温最低的 1 月平均 7.2℃，对条锈菌孢子萌发无抑制作用；春季 3 ~ 5 月平均气温仅 13.4 ~ 21.3℃，寒潮频繁，回暖缓慢，小麦生育期延长，利于条锈病延期为害，据监测，5 月 20 日后，个别防治不力或未防治的麦田，还有条锈菌夏孢子堆。小麦生长前、中期，全市都是以西北风或偏北风为主，且风力较大，最大风力达 6.7 ~ 8.0 级，有利病菌随气流从西北越夏区传入并扩散蔓延。小麦生长中后期 3 月中下旬至 4 月中旬气温波动较大，回暖偏迟，风力偏大，导致条锈病菌的 2 次传入并迅速扩散，从而促使条锈病大流行。温度适宜于病菌孢子萌发生长，此期间最大风力达 6.5 ~ 8.7 级，更利于病菌从绵阳和广元等地 2 次传入，致使病菌垂直、水平扩散迅速，病情加重[11~13]。

表　南充 2013 年 11 月至 2014 年 5 月主要天气要素

月份	温度（℃）		光照（h）		降水（mm）		雨日（天）		露日（天）		相对湿度（%）	
	年平均	较历年	年平均	较历年	年平均	较历年	年平均	较历年	年平均	较上年	年平均	较历年
11	13.7	0.7	53.0	2.5	35.5	− 4.2	10	− 1	26	0	87	3
12	7.6	− 0.2	31.4	7.9	14.5	− 3.5	8	− 1	31	2	88	3
1	7.2	0.7	29.6	0.3	14.6	− 3.7	9	0	31	2	86	1
2	8.1	− 0.7	43.9	3.9	16.8	− 2.5	8	1	20	0	85	4
3	13.4	0.7	98.3	15.6	36.4	1.5	9	− 2	23	− 3	78	1
4	19.5	1.8	128.8	16.1	70.2	− 5.0	11	− 1	25	7	79	3
5	21.3	0.8	131.9	2.5	125.7	9.4	14	0	22	− 1	76	2

3　成功防控的措施

3.1　领导重视是关键

为搞好防控工作，南充市农牧业局 1 月 8 日发出了《南充市农牧业局关于抓好小麦条锈病春前防控工作的通知》（南市农牧植［2014］1 号），1 月 9 日、3 月 7 日两次就条锈病发生及防控情况呈报市委、市政府，市委分管常委先后在市委办 1 月 9 日《每日要情》和 3 月 28 日市气象局《重大气象信息专报》上做出重要批示，要求切实搞好小麦条锈病督查和防控工作。2 月 28 日，市农牧业局又在顺庆区同仁乡召开了各县（市、区）农牧业局分管副局长和植保站站长参加的全市条锈病为主的小春重大病虫防控现场会，对其防控工作再次安排部署。3 月 19 日，市政府发出《南充市人民政府办公室关于切实抓好小麦条锈病防控工作的通知》（南府办发电［2014］35 号）。各县（市、区）政府也高度重视，先后召开了防控现场会并发文、发电对条锈病防控工作进行安排部署，其中，蓬安为将防治工作落到实处，县委、县政府与各乡镇签订了《蓬安县 2014 年小春和水稻病虫害防治工作目标责任书》，南部把防控工作纳入乡镇年度农业生产目标考核，营山县安排了 5 万元防控经费，西充县政府成立了以分管副县长为组长，相关部门负责人为成员的防治领导小组，县农牧业局成立以分管副局长为组长，相关科站负责人为成员的领导和技术指导小组，各乡镇负责组织发动群众，解决植保专业组织所需器械、药剂等工作，驻各乡镇技术人员则负责进行技术培训，指导条锈病防控工作。

3.2 监测准确是根本

为及早发现条锈病，全市植保科技人员，从 2013 年 11 月上旬开始，在全市有代表性地区，定田块开展小麦条锈病系统调查，掌握病害发生消长动态；当查见条锈病后，植保科技人员随时深入常发、重发、早发区和风口河谷地带、公路铁路沿线等冬繁区[11～13]监测条锈病发生发展情况，尤其是在病害迅速上升期及大面积防治前、后等关键时期（2014 年 1 月上中旬和 3 月上中旬），在全市开展大面积病情普查，掌握病情趋势，及时指导防治。通过调查监测，根据病情，及时启动了周报制度。据统计，全市共发条锈病防治《植保情报》、《防治警报》61 期，电视预报 28 期，预报长期、中期和短期准确率分别达 95%、98% 以上和 100%，获得四川省植保站好评。

3.3 宣传培训是基础

为搞好宣传培训工作，各地充分利用党政网、植保 QQ 群、手机短信等多种媒体对防控知识开展宣传，并在南充日报、南充电视台、南充电台等媒体刊（播）发多篇新闻稿件，在电视上播放滚动字幕。南部县 2 月 24 日和 3 月 18 日制作防治专题片 2 期，并在县电视台播放半个月。仪陇县在 1 月 17 日召开乡镇农业技术干部小春病虫害防治技术培训会，对技术人员开展培训，3 月 5 日又组织县电视台协助拍摄了专业化统防统治电视教学片。据统计，防控期间，全市共印发技术资料 45.85 万份，发送手机短信 11.1 万条，出动专业技术人员 13 304 人次，咨询与培训人员 40 428 人次。

3.4 示范带动是榜样

示范带动是条锈病成功防控经验之总结[14～16]。因此，各地结合小麦"一喷三防"和高产创建等项目，积极搞好条锈病防控示范，带动大面积应急防控。据统计，全市共建立防控示范片 186 个、1.42 万 hm²，其中，市植保站科技人员，在嘉陵区龙蟠和集凤镇、南部县枣儿乡等地建立市级防控示范片 3 个、206.8hm²，组织采购农药 229.4t，及时发到重病地方，有力支持了重病区域的防控工作。据调查，防控示范片的防效都在 85% 以上，防控成效十分显著，成为了带动大面积防控的好榜样。

3.5 综合防控是保障

为搞好小麦条锈病综合防控工作，在 2013 年秋播前，对全市防控工作进行了安排部署。

搞好小麦药剂拌种。常年常发、重发、早发、风口河谷地带、公路铁路沿线和感病品种种植区域拌种率达 100%，为有效减轻和推迟条锈病发生发挥了重要作用，据调查，实施小麦药剂拌种推迟条锈病始见期 25～32 天，每 666.7m² 挽回损失 20～38.3kg，扣除药剂成本后，增收 42.2～62.6 元（小麦按国家收购保护价 2.36 元/kg 计，下同）。与彭昌家等报道的结果一致[14-16]。

全力搞好春前防治工作，压低越冬菌源基数。周报表明，春前 1 月 28 日全市防治条锈病 2 408.7hm²，占发生面积的 106.8%，防效在 86% 以上，大大减少了越冬菌源，为春季防治工作赢得了主动。

切实搞好春季普防工作。从 3 月 1 日到 4 月 22 日，全市发生条锈病的麦地，普遍进行了 1 次防治，重病地块，进行了 2~3 次防治。据统计，春季防治面积 9.70 万 hm²，占发生面积的 167.8%。通过压前控后，使条锈病快速发展的态势得到全面扼制。且减少了菌源传出数量，减轻了川东南和中国东部主产麦区条锈病防治压力。

大力推广专业化统防统治工作。专业化统防统治是近年来推广的条锈病防治新举措[11]，因此，各县（市、区）积极组织植保专合组织，采取按 666.7m² 收费、承包收费、看条锈病情况收费等多种方式防治小春条锈病。据统计，防控期间，全市共出动机动喷雾器 38 243 台次，手动喷雾器 372 010 台次，防治小麦条锈病 9.94 万 hm² 次，其中专业化统防统治面积达 7.98 万 hm² 次，占防治面积的 80.3%，防效验收测产表明，专业化统防统治防效比农户自防的高 10 个百分点以上，平均每 666.7m² 较农民自防增产 38.9kg，增加产值 91.80 元，加上防治成本减少 15.10 元，增收节支 106.90 元。

3.6 督导考核是推动

条锈病发生至小麦蜡熟期，为确保防控工作落到实处，市政府抽派市农牧业局正副局长分别任组长的督导工作组，分赴各县（市、区）尤其是重发地方进行检查督导，各地也高度重视，就防控工作开展检查督导。据统计，条锈病防控期间，市级部门共抽派领导和技术人员 100 多人次，组成条锈病防控督查组 33 个次，对全市绝大部分乡镇，尤其是重病乡镇进行了多次督查。其中，南部县委政府分管领导多次到重点乡镇开展督导，及时解决防控工作中存在的问题，该县目标办还与县农牧业局联合组成工作组，巡回督查各乡镇。通过以上措施，有力地推动了大面积防治工作的开展。

参考文献

［1］康振生. 中国小麦条锈病研究进展与问题［C］//台湾植物病理学会.2009 年海峡两岸植物病理学术研讨会论文集，2009：3 - 6.

［2］张金霞，钮力亚，于亮，等. 小麦条锈病的研究进展［J］. 天津农业科学，2008，14（4）：49 - 52.

［3］姜燕，霍治国，李世奎，等. 全国小麦条锈病预测模型比较研究［J］. 自然灾害学报，2006，15（6）：109 - 113.

［4］杜晓宇，欧晓阳. 南充市小麦条锈病流行成因及治理对策［J］. 植物保护，2004，30（4）：65 - 68.

［5］沈丽，罗林明，陈万权，等. 四川省小麦条锈病流行区划及菌源传播路径分析［J］. 植物保护学报，2008，35（3）：220 - 226.

［6］姚革，蒋滨，田承权，等. 四川省小麦条锈病持续流行原因及防治对策［J］. 西南农业学报，2004，17（2）：253 - 256.

［7］罗林明，沈丽，廖华明. 四川小麦条锈病菌源地综合治理对策与措施研究［C］//成卓敏. 农业生物灾害预防与控制研究，北京：中国农业科学技术出版社，2005：171 - 174.

［8］沈丽. 四川省小麦条锈病流行规律及生态控制研究［D］. 重庆：西南大学，2008.

［9］张跃进. 农作物有害生物测报技术手册［M］. 北京：中国农业出版社，2006.

［10］徐志，章振羽，倪健英，等. 四川省小麦品种对条锈病和白粉病的田间抗性表现及其 SSR 遗传分析（摘要）［C］//陈万权. 生态文明建设与绿色植保——中国植物保护学会 2014 年学术年会论

文集. 北京：中国农业科技出版社，2014：363.

[11] 彭昌家，白体坤，丁攀，等. 近年南充市小麦条锈病发生流行趋势及其成因探讨 ［J］. 中国植保导刊，2015，35（1）：46－50，55.

[12] 彭昌家，冯礼斌，白体坤，等. 小麦条锈病发生流行趋势及其成因探讨 ［J］. 农学学报，2015，5（5）：37－47.

[13] Changjia PENG，Pan DING，Tikun BAI，*et al.* Study on Epidemic Characteristics and its Causes of Wheat Stripe Rust in Nanchong City ［J］. Agricultural Science & Technology，2015，16（2）：292－297.

[14] 彭昌家，丁攀，冯礼斌，等. 南充市小麦条锈病综合防控技术研究 ［J］. 农学学报，2015，5（6）：34－41.

[15] 彭昌家. 南充市小麦条锈病流行原因分析及综合治理探讨 ［J］. 中国植保导刊，2004，24（1）：24－27.

[16] 彭昌家，丁攀，唐高民，等. 南充市小麦条锈病系统控制技术研究 ［J］. 中国科学论坛，2008，113（12）：1－4.

[17] 彭昌家. 南充市植保专业化防治探索与实践 ［C］//吴孔明. 公共植保与绿色防控——中国植保学会2010学术年会论文集，北京：中国农业出版社，2010：660－666.

芽孢杆菌对棉花枯、黄萎病菌抑菌作用测定*

许爱玲[1**]　吕云英[2]　陈耕[1]　席凯鹏[1]　史高川[1]　石跃进[1]

(1. 山西省农业科学院棉花研究所，运城　044000；

2. 山西运城农业职业技术学院，运城　044000)

摘　要：采用平板对峙培养法，测定了地衣芽孢杆菌和巨大芽孢杆菌对棉花枯萎病菌和黄萎病菌的抑菌效果，结果表明两种芽孢杆菌营养条件与枯、黄萎病菌菌丝生长需要一致；棉花枯萎病菌培养至第 7 天时，两种菌的抑菌效果分别为 85.8% 和 86.1%；棉花黄萎病菌菌丝培养至 20 天时，两种菌的抑菌效果分别为 86.2% 和 84.9%；该菌对枯黄萎病菌具有明显的营养竞争和空间竞争作用。

关键词：芽孢杆菌；棉花枯萎病菌；棉花黄萎病菌；抑制作用

棉花枯萎病和黄萎病是棉花生产上为害最严重的两种病害，在世界各产棉国均有发生。由于这两种病均是由土壤带菌引起的维管束系统病害，同时也是典型的土传病害，有棉花"癌症"之称。在枯萎病、黄萎病防治过程中，传统的防治方法效果并不理想。随着"绿色农业，绿色食品"的提出以及"综合治理"这个概念日益受到人们的重视，生物防治在国内外引起了广泛的重视，而且这种防治方法在一些病害防治中已取得良好的效果。如芽孢杆菌对水稻白叶枯病的强拮抗作用，枯草芽孢杆菌对小麦赤霉病、纹枯病，番茄茎基腐病菌，葡萄灰霉病菌，水稻纹枯病等都具有良好的拮抗作用。生物防治被认为是最具有发展潜力的防治方法，获得高效拮抗菌是生物防治的基础。目前，用于生防芽孢杆菌种类有枯草芽孢杆菌、多粘芽孢杆菌、蜡状芽孢杆菌、巨大芽孢杆菌、地衣芽孢杆菌和短小芽孢杆菌。本实验采用巨大芽孢杆菌和地衣芽孢杆菌对棉花枯萎病菌和棉花黄萎病菌进行了皿内拮抗效果试验，为探索防治两病新途径提供理论依据。

1　材料与方法

1.1　供试菌株

地衣芽孢杆菌（*Bacillus licheniformis*）和巨大芽孢杆菌（*Bacillus megaterium*）生物制剂由凯盛肥业有限公司提供；用稀释分离法在芽孢杆菌选择性培养基上分离培养、纯化。分离到的巨大芽孢杆菌菌落扁平，表面粗糙，不透明，灰白色，边缘呈波纹状，较黏稠，菌体短杆状。经革兰氏染色后镜检为阳性。地衣芽孢杆菌菌落表明光滑，半透明，略突起，边缘整齐，经革兰氏染色后镜检为阳性。两种菌种保存在试管斜面上，放入冰箱中备用。

---

*　基金项目：山西省科技厅平台项目（20130910040105）；国家棉花产业技术体系运城试验站

**　作者简介：许爱玲，女，助理研究员，主要从事棉花病害及抗病性鉴定；E-mail：mksxal@ sina. com

棉花枯萎病菌 (*Fusarium oxysporum* f. sp. *vasinfectum*)、棉花黄萎病菌 (*Verticillium dahliae*) 的病株采自山西省农业科学院棉花研究所试验田，经分离培养、致病性测定和病原物形态观察，鉴定为尖孢镰刀菌和大丽轮枝孢菌。

1.2 不同培养基对枯草芽孢杆菌、棉花枯萎病菌和棉花黄萎病菌生长影响（表1）

制备3种不同的培养基：PDA 培养基、NA 培养基、枯草芽孢杆菌选择性培养基。棉花枯萎、黄萎病菌、枯草芽孢杆菌打成直径为5mm 的菌饼，分别移植在3种不同的平板上，每个处理5个重复，置于25℃恒温培养箱中培养，观察，5 天后测量棉花枯萎病菌和枯草芽孢杆菌的菌落直径，15 天后测量棉花黄萎病菌的菌落直径（cm）。

1.3 巨大芽孢杆菌和地衣芽孢杆菌对棉花枯萎病菌和黄萎病菌的皿内平板拮抗测定

采用平板对峙培养法。在 pH 值7.0 左右的 PDA 平皿中心移植相同大小的棉花黄萎病菌的菌饼（D=5mm），再在同一直径两侧与中心相距（长20mm）处分别划线，移植不同浓度的地衣芽孢杆菌和巨大芽孢杆菌，以在平板中央接同样直径的棉花黄萎病菌的菌饼为对照，每个处理4次重复。棉花黄萎病菌于接菌后5 天、10 天、15 天和20 天测量菌落直径的大小（cm），并计算抑菌效果。以 R 值表示拮抗作用的大小：R = 病原菌向拮抗菌生长的长度/CK 中菌落半径。

2 结果与分析

2.1 不同培养基对芽孢杆菌、棉花枯萎病菌和棉花黄萎病菌生长影响（表1）

研究表明，两种芽孢杆菌在3种培养基生长速度表现为：PDA > NA 培养基 > 枯草芽孢杆菌选择性培养基。棉花枯萎病菌3种培养基上生长状况都很良好，差别较小，但以 PDA 培养基上生长菌落直径最大，平均为5.4cm。棉花黄萎病菌在3种培养基上生长速度表现为：NA 培养基 > PDA > 枯草芽孢杆菌选择性培养基。还可看出：两种芽孢杆菌在养分的需求上与棉花枯萎病菌和棉花黄萎病菌一致，在 PDA 培养基上生长的均较好，说明三者在相同环境中存在营养竞争。因此，在后期拮抗实验中，棉花枯萎病菌和黄萎病菌均选择 PDA 培养基。

表1　不同培养基对芽孢杆菌、棉花枯萎病菌和棉花黄萎病菌生长影响

处理	NA 培养基	枯草芽孢杆菌选择性培养基	PDA 培养基
地衣芽孢杆菌（5 天）	3.07	2.18	6.37
巨大芽孢杆菌（5 天）	3.12	2.05	6.42
枯萎病菌（5 天）	5.72	6.64	5.60
黄萎病菌（15 天）	6.84	5.78	6.24

2.2 地衣芽孢杆菌和巨大芽孢杆菌对棉花枯萎病菌皿内抑制作用测定（表2）

平板测定显示：地衣芽孢杆菌和巨大芽孢杆菌对棉花枯萎病菌菌丝生长有明显抑制作用。在培养第1 天时地衣芽孢杆菌菌落平均直径为1.16cm，菌丝向上向外有少许蓬松生长，并且出现明显的抑菌圈，抑菌效果为15.9%；巨大芽孢杆菌菌落平均直径为1.12cm，抑菌效果为18.8%。在第3 天和5 天时，地衣芽孢杆菌菌落平均直径为1.58cm 和

1.49cm，抑菌效果为56.6%和73.4%；巨大芽孢杆菌菌落直径平均为1.53cm和1.44cm，抑菌效果为58.0%和74.3%。芽孢杆菌越过抑菌带向菌饼处扩展，菌丝有少许向外生长，气生菌丝消失，菌丝稀薄。培养至第7天时，菌丝不再向外生长，菌丝非常稀薄，对照菌丝生长蓬松，菌落厚实，此时已长满皿，抑菌效果分别为85.8%和86.1%。

表2 地衣芽孢杆菌和巨大芽孢杆菌对 *Fusarium oxysporium* 的抑制效果

处理	1 天		3 天		5 天		7 天	
枯萎病菌平均直径	平均直径（cm）	抑制率（%）	平均直径（cm）	抑制率（%）	平均直径（cm）	抑制率（%）	平均直径（cm）	抑制率（%）
地衣芽孢杆菌	1.16	15.9	1.58	56.6	1.49	73.4	1.21	85.8
巨大芽孢杆菌	1.12	18.8	1.53	58.0	1.44	74.3	1.18	86.1
CK 棉花枯萎病菌平均直径	1.38	—	3.64	—	5.60	—	8.5	—

2.3 地衣芽孢杆菌和巨大芽孢杆菌对棉花黄萎病菌皿内抑制作用测定（表3）

棉花黄萎病菌在拮抗对峙的皿内无明显生长，表明出现明显的拮抗作用。在培养第5天时地衣芽孢杆菌菌落平均直径为0.82cm，巨大芽孢杆菌菌落平均直径为0.70cm，菌丝向外有少许生长，并且出现抑菌带，抑菌效果为65.2%和66.2%。在第10天、15天时，菌丝有少许向外生长，抑菌效果为76.8%~79.9%和84.8%~81.7%。培养至第20天时，可见明显的抑菌带，对照菌落厚实，此时已长满皿，抑菌效果为86.2%和84.9%。结果表明，地衣芽孢杆菌和巨大芽孢杆菌对棉花黄萎病菌有明显抑制效果。

表3 地衣芽孢杆菌和巨大芽孢杆对 *V. dahliae* 的抑制效果

处理	5 天		10 天		15 天		20 天	
黄萎病菌平均直径	平均直径（cm）	抑制率（%）	平均直径（cm）	抑制率（%）	平均直径（cm）	抑制率（%）	平均直径（cm）	抑制率（%）
地衣芽孢杆菌	0.72	65.2	0.83	79.9	0.95	84.8	1.17	86.2
巨大芽孢杆菌	0.70	66.2	0.96	76.8	1.14	81.7	1.28	84.9
CK 棉花黄萎病菌平均直径	2.07	—	4.13	—	6.24	—	8.5	—

3 结论

地衣芽孢杆菌和巨大芽孢杆菌对棉花枯萎病菌和棉花黄萎病菌拮抗作用实验结果表明，两种芽孢杆菌对棉花枯萎病菌和黄萎病菌均有较强的抑菌作用。棉花枯萎病菌培养至第7天时，抑菌效果均达到85%以上；棉花黄萎病菌培养至第20天时，两种芽孢杆菌对棉花黄萎病菌的抑菌效果均在 85% 左右，抑制作用明显。其次，两种芽孢杆菌在培养前期生长速度很快，有很强的占位效应，说明与棉花枯、黄萎病菌存在空间和营养的竞争。

参考文献

[1] 梅汝鸿，陈壁，鲁素芸，等，棉花枯黄萎病的生物防治研究 [C] //全国生物防治学术讨论会论文摘要集，1995.

[2] 黎起秦，林纬，陈永宁. 枯草芽孢杆菌对水稻纹枯病的防治效果 [J]. 中国生物治，2000，16 (4)：160 – 162.

[3] 刘伟成，潘洪玉，席景会，等. 小麦赤霉病拮抗性芽孢杆菌生防作用的研究 [J]. 麦类作物学报，2005，25 (4)：95 – 100.

[4] 何迎春，高必达. Bacillus subtilis 的生物防治 [J]. 中国生物防治，2000，16 (1)：31 – 34.

[5] 侯珲，朱建兰. 枯草芽孢杆菌对番茄茎基腐病菌和葡萄灰霉病菌的抑制作用研究 [J]. 甘肃农业大学学报，2003，38 (1)：51 – 56.

[6] 李改玲，韩丽丽，周瑞，等. 枯草芽孢杆菌 QM3 对番茄早疫病菌的拮抗机制初探 [J]. 陕西农业科学，2011 (1)：3 – 5.

[7] 宋晓妍，陈秀兰，孙彩云，等，棉花黄萎病菌拮抗木霉的筛选及其抑菌机制的研究 [J]. 山东大学学报，2005，40 (98 – 102).

[8] Shodam. Bacterial control of plant diseases [J]. J BiosciBioeng，2000，89 (6)：515 – 521.

[9] 方中达. 植病研究法（第三版）[M]. 北京：农业出版社，1998.

[10] 孙广宇，宗兆锋. 植物病理学实验技术 [M]. 北京：中国农业出版社，2002.

三种新型杀菌剂对多抗型番茄灰霉病菌的毒力[*]

赵建江[**]　王文桥　张小凤　马志强　韩秀英[***]

（河北省农林科学院植物保护研究所/河北省农业有害生物综合防治工程
技术研究中心/农业部华北北部作物有害生物综合治理重点实验室，保定　071000）

摘　要： 为了明确啶酰菌胺、咯菌腈和啶菌噁唑对多抗型番茄灰霉病菌的活性，本研究采用菌丝生长速率法和离体叶片法测定了这三种药剂对高抗多菌灵、乙霉威和嘧霉胺的番茄灰霉病菌的毒力。结果发现，啶酰菌胺、咯菌腈和啶菌噁唑均对多抗型番茄灰霉病菌具有很高的毒力，有望成为防治灰霉病的替代药剂。

关键词： 番茄灰霉病菌；毒力；啶酰菌胺；咯菌腈；啶菌噁唑

番茄灰霉病是由灰葡萄孢霉（*Botrytis cinerea*）引起的一种世界性病害，是当前番茄生产上的重要病害之一，在设施蔬菜上为害尤为严重，造成的产量损失一般在 10%～20%，严重者可达 60% 以上，甚至绝收。

由于种质资源中尚无抗番茄灰霉病的材料和品种，生产上主要以化学防治为主，辅以生物及生态防治。目前，防治灰霉病常用的化学杀菌剂如苯并咪唑类，N-苯氨基甲酸酯类，苯胺基嘧啶类均因番茄灰霉病菌抗药性的产生，而导致防治效果大大降低（陈治芳，2010；乔广行，2011），生产中亟待新的有效药剂。本研究拟采用菌丝生长速率法和离体叶片法测定啶酰菌胺、咯菌腈和啶菌噁唑 3 种新型作用机制的杀菌剂对多抗型番茄灰霉病菌的毒力，旨在为番茄灰霉病的有效防治和抗药性治理提供依据。

1　材料与方法

1.1　供试材料

菌株：XSZ2，采自保定徐水，高抗多菌灵、乙霉威和嘧霉胺。

番茄品种：L-402。

药剂：96% 啶酰菌胺原药及 95.6% 咯菌腈原药（由沈阳化工研究院从制剂中提取）；50% 啶酰菌胺水分散粒剂（巴斯夫欧洲公司）；50% 咯菌腈可湿性粉剂（瑞士先正达作物保护有限公司）；90% 啶菌噁唑原药和 25% 啶菌噁唑乳油（沈阳科创化学品有限公司）。

1.2　试验方法

1.2.1　离体测定

采用菌丝生长速率法。将 3 种原药分别溶于丙酮，制成 5 000 μg/mL 的母液，再用无

---

* 基金项目：河北省财政专项（F15C10002）；公益性行业（农业）科研专项（201303023）

** 作者简介：赵建江，男，硕士，助理研究员，从事杀菌剂抗性及应用技术的研究；E-mail：chillgess@163.com

*** 通讯作者：韩秀英；E-mail：xiuyinghan@163.com

菌水稀释成系列浓度，并与冷却至60℃左右的PDA培养基按1∶9的比例混合，制成含药平板（啶酰菌胺3.2μg/mL、1.6μg/mL、0.8μg/mL、0.4μg/mL、0.2μg/mL、0.1μg/mL；咯菌腈0.4μg/mL、0.1μg/mL、0.25μg/mL、0.125μg/mL、0.0625μg/mL、0.0156μg/mL；啶菌噁唑0.8μg/mL、0.4μg/mL、0.2μg/mL、0.1μg/mL、0.05μg/mL、0.025μg/mL）。从PDA平板上培养3天的XSZ2菌落边缘打取直径5mm的菌饼，并将菌丝面向下，接种于含药平板中央，每皿1个菌碟，每处理3次重复，置于25℃恒温培养3天后，用十字交叉法量取菌落直径，试验重复3次。利用DPS软件求出3种药剂的毒力回归方程，抑制中浓度（EC$_{50}$）和相关系数。

1.2.2　活体测定

采用离体叶片法。选择大小一致的番茄复叶备用。将供试药剂的制剂配制为10μg/mL、5μg/mL、1μg/mL、0.5μg/mL和0.1μg/mL的药液后，用喉头喷雾器均匀喷布于番茄叶片表面，以流失为度。待药液晾干后，置于铺有湿滤纸的直径15cm的培养皿中，以喷清水为对照，每处理重复5次，然后将浓度约1×10^5/mL个灰霉病菌分生孢子的悬浮液均匀喷布于叶片的表面，23℃保湿培养3天，待对照充分发病后，调查发病情况。病情分级标准如下：0级，未发病；1级，发病面积占叶片的10%以下；3级，发病面积占叶片的10%~25%；5级，发病面积占叶片的25%~50%；7级，发病面积占叶片的50%~75%；9级，发病面积占叶片的75%以上。按照公式计算各处理的病情指数和药剂的抑菌效果。利用DPS软件求出3种药剂的毒力回归方程，抑制中浓度（EC$_{50}$）和相关系数。

病情指数 = Σ（病级×该病级叶片数）/（9×总叶片数）×100

抑菌效果（%）=（对照病情指数 - 处理病情指数）/对照病情指数×100

1.3　数据处理

采用邓肯式新复极差法进行数据处理分析。

2　结果与分析

2.1　离体测定

采用菌丝生长速率法测定了啶酰菌胺、咯菌腈和啶菌噁唑对高抗多菌灵、乙霉威和嘧霉胺的番茄灰霉病菌菌株XSZ2的毒力（表1）。结果发现，3种杀菌剂均对多抗型番茄灰霉病菌表现出很高的毒力。咯菌腈和啶菌噁唑对番茄灰霉病菌的毒力显著高于啶酰菌胺。

表1　三种杀菌剂对多抗型番茄灰霉病菌的离体毒力测定

药剂	毒力回归方程	相关系数	EC$_{50}$（μg/mL）	EC$_{50}$平均值（μg/mL）
	$y=0.6094x+4.9387$	0.9943	1.2607	
啶酰菌胺	$y=0.5227x+4.9808$	0.9974	1.0884	1.1829b ± 0.0873
	$y=0.6405x+4.9494$	0.9837	1.1996	
	$y=1.5101x+6.6793$	0.9578	0.0773	
啶菌噁唑	$y=3.1260x+8.4604$	0.9269	0.0782	0.0747a ± 0.0054
	$y=3.3036x+8.8457$	0.9774	0.0685	

（续表）

药 剂	毒力回归方程	相关系数	EC$_{50}$（μg/mL）	EC$_{50}$平均值（μg/mL）
	$y = 1.107\,5x + 7.388\,1$	0.951 8	0.007 0	
咯菌腈	$y = 1.138\,8x + 7.248\,7$	0.948 3	0.010 6	0.009 0a ± 0.001 8
	$y = 0.923\,6x + 6.873\,5$	0.942 0	0.009 4	

注：表中同列数据后不同小写字母表示差异显著（$P = 0.05$），下表同

2.2 活体测定

采用离体叶片法测定了啶酰菌胺、咯菌腈和啶菌噁唑对高抗多菌灵、乙霉威和嘧霉胺的番茄灰霉病菌菌株 XSZ2 的抑菌作用（表2）。结果发现，啶酰菌胺、咯菌腈和啶菌噁唑均对多抗型番茄灰霉病菌表现出良好的抑菌活性。在离体叶片上，这3种杀菌剂对番茄灰霉病菌的抑菌作用无显著差异。

表2 三种杀菌剂对多抗型番茄灰霉病菌的活体毒力测定

药 剂	毒力回归方程	相关系数	EC$_{50}$（μg/mL）	EC$_{50}$平均值（μg/mL）
	$y = 0.881\,0x + 5.222\,4$	0.957 2	0.559 2	
啶酰菌胺	$y = 0.759\,8x + 5.119\,3$	0.898 1	0.696 5	0.810 5a ± 0.323 7
	$y = 0.934\,5x + 4.934\,3$	0.934 3	1.175 8	
	$y = 1.206\,6x + 5.489\,2$	0.982 5	0.393 1	
啶菌噁唑	$y = 1.001\,7x + 5.205\,0$	0.968 5	0.624 3	0.613 4a ± 0.215 0
	$y = 1.166\,0x + 5.098\,8$	0.981 7	0.822 8	
	$y = 1.916\,6x + 4.818\,1$	0.985 0	1.244 3	
咯菌腈	$y = 1.689\,8x + 4.913\,1$	0.978 1	1.125 8	1.099 0a ± 0.160 3
	$y = 1.426\,4x + 5.046\,9$	0.981 3	0.927 1	

3 结论与讨论

由于灰葡萄孢对苯并咪唑类，N-苯氨基甲酸酯类，苯胺基嘧啶类杀菌剂普遍产生了抗药性，导致这三类杀菌剂对灰霉病的防治效果大大降低。啶酰菌胺是由欧洲巴斯夫公司开发的新型烟酰胺类杀菌剂，通过抑制琥珀酸基质氧的呼吸，从而妨碍病原菌的能量代谢以呈现杀菌活性（颜范勇，2008）；咯菌腈是由先正达公司开发的吡咯类杀菌剂，通过抑制葡萄糖磷酰化有关的转移，并抑制真菌菌丝体的生长，最终导致病菌死亡（杨玉柱，2007）；啶菌噁唑是由沈阳化工研究院开发的甾醇合成抑制剂类杀菌剂，通过抑制病原菌中麦角甾醇的合成，从而抑制病原菌的生长（陈凤平，2010）。啶酰菌胺、咯菌腈和啶菌噁唑这三种杀菌剂作用机制新颖，与传统的防治灰霉病药剂之间不存在交互抗性关系，对多抗型番茄灰霉病菌具有良好的抑菌活性。因此，啶酰菌胺、咯菌腈和啶菌噁唑将成为灰霉病防治的替代药剂。

参考文献

[1] 陈治芳，王文桥，韩秀英，等．灰霉病化学防治及抗药性研究进展［J］．河北农业科学，2010，14（8）：19－23.

[2] 乔广行，严红，么奕清．北京地区番茄灰霉病菌的多重抗药性检测［J］．植物保护，2011，37（5）：176－180.

[3] 颜范勇，刘冬青，司马利峰，等．新型烟酰胺类杀菌剂——啶酰菌胺［J］．农药，2008，47（2）：132－135.

[4] 杨玉柱，焦必宁．新型杀菌剂咯菌腈研究进展［J］．现代农药，2007，6（5）：35－39.

[5] 陈凤平，韩平，张真真，等．啶菌噁唑对灰霉病菌的抑菌作用研究［J］．农药学报，2010，12（1）：42－48.

有机溶剂和乳化剂对黄瓜灰霉病菌的抑制作用*

刘南南** 饶 萍 王桂清***

（聊城大学农学院，聊城 252059）

摘 要：采用生长速率法室内测定了 6 种有机溶剂（二甲基亚砜、石油醚、乙酸乙酯、无水乙醇、N-N 二甲基吡咯烷酮、二甲基甲酰胺）和 5 种乳化剂（植物油乳化剂、吐温-80、乳化剂 601、乳化剂 602、By-140）以及它们之间的不同比例混合复配对黄瓜灰霉病菌的抑制作用。结果表明，植物油乳化剂 EC_{50} 值为 205.09 mg/L，是抑菌效果最好的乳化剂；N，N-二甲基吡咯烷酮 EC_{50} 值为 292.09 mg/L，是最好的有机溶剂；N，N-二甲基吡咯烷酮与植物油乳化剂按 9：1 复配后 EC_{50} 值为 171.22 mg/L，增效系数为 1.713 2，是最佳的复配比例。该研究为乳油研制过程中选择合适的有机溶剂和乳化剂奠定了理论基础。

关键词：植物油乳化剂；N，N-二甲基吡咯烷酮；黄瓜灰霉病菌；抑菌作用

乳油是农药常见的基本剂型之一，由原药、有机溶剂、乳化剂和其他助剂组成。有机溶剂对原药起溶解稀释作用，要求对原药溶解度大，与原药相容性好；乳化剂的作用是使原本互不相容的油水充分混合乳化并长期稳定存在，使乳化后的乳液具有极高的稳定性[1]。杀菌剂的原药对靶标病原菌有较好的抑制效果，但组分中的有机溶剂和乳化剂对病原菌是否具有抑制作用，需要试验证明。本研究以黄瓜灰霉病菌为靶标，测定了 5 种乳化剂和 6 种有机溶剂对该病原菌的抑菌效果，并且分析了有机溶剂和乳化剂复配的增效作用，为乳油研制过程中选择合适的有机溶剂和乳化剂奠定了理论基础。

1 材料与方法

1.1 供试菌种与培养

黄瓜灰霉病菌（*Botrytis cinerea*）：由聊城大学农学院植物病理实验室提供，将接种好的 PDA 培养基放入（25±1）℃的恒温箱中培养约 5 天左右，备用。

1.2 供试试剂及配制

1.2.1 有机溶剂

二甲基亚砜、乙酸乙酯、无水乙醇、石油醚、二甲基甲酰胺和 N，N-二甲基吡咯烷酮均为分析纯。分别用无菌水采用二倍稀释法配制成 10 000 mg/L、5 000 mg/L、2 500 mg/L、1 250 mg/L 和 625 mg/L 的 5 个浓度梯度的溶液，待用。

* 基金项目：山东省自然科学基金（ZR2012CL17）和国家级大学生科技文化创新项目（201410447015）

** 作者简介：刘南南，女，山东聊城人，植物保护专业本科生

*** 通讯作者：王桂清，女，博士（后），教授，主要从事植物保护的教学与科研工作；E-mail：wangguiqing@lcu.edu.cn

1.2.2　乳化剂

乳化剂601、乳化剂602和By-140加热溶解后用无菌水采用二倍稀释法配制成10 000 mg/L、5 000mg/L、2 500mg/L、1 250mg/L和625mg/L的5个浓度梯度；植物油乳化剂和吐温－80直接用无菌水配制成以上5个浓度梯度，待用。

1.2.3　乳化剂和有机溶剂的复配

N, N-二甲基吡咯烷酮和植物油乳化剂按照不同比例（1：1、4：1、9：1、19：1、39：1、79：1）混合后用无菌水采用二倍稀释法配制成10 000mg/L、5 000mg/L、2 500 mg/L、1 250mg/L和625mg/L的5个浓度梯度，待用。

1.3　生物测定方法

以生长速率法（琼胶平板法）[2]测定乳化剂和有机溶剂以及两者复配对黄瓜灰霉病菌的抑菌效果。所用培养基为PDA培养基，药液终浓度分别为1 000mg/L、500mg/L、250mg/L、125mg/L和62.5mg/L。菌饼直径0.5cm，每皿1块，3次重复，（25±1）℃光照培养箱中培养。待对照菌落直径超过3cm以上时，采用十字交叉法测量菌落直径。根据菌落直径求抑制生长的百分率。

1.4　毒力回归线的建立

试验重复3次，建立毒力回归方程。将抑菌的百分率转换成几率值，浓度转换成对数，进行几率值分析，求出不同有机溶剂和乳化剂的抑制中浓度（EC_{50}）。

1.5　数据统计与分析

试验数据的线性回归等均由Excel和DPSv7.05完成。

利用Wsdelly公式[3]计算复配组合增效系数SR，根据增效系数来评价试剂的增效作用，当SR<0.5为拮抗作用，0.5≤SR≤1.5为相加作用，SR>1.5为增效作用。

2　结果与分析

2.1　乳化剂对黄瓜灰霉病菌的抑菌作用

5种乳化剂对黄瓜灰霉病菌的抑制作用存在差异，吐温－80表现为促进作用，By-140在不同浓度区间表现出促进和抑制两种不同的作用（低浓度时促进，高浓度时抑制），植物油乳化剂和乳化剂601、602均表现为抑制作用，植物油乳化剂的抑菌效果最佳，EC_{50}为205.09mg/L，其次为乳化剂602，EC_{50}为1 276.87mg/L，是植物油乳化剂的6.2倍，乳化剂601效果最差，EC_{50}为2 401.19mg/L，是植物油乳化剂的11.71倍。说明，植物油乳化剂是试验所选乳化剂中对黄瓜灰霉病菌抑菌效果最好的（表1）。

表1　乳化剂对黄瓜灰霉病菌的毒力效果

乳化剂种类	回归方程	相关系数	EC_{50}（mg/L）
吐温	$y = -0.209\ 6 - 1.552\ 8x$	-0.944 4	-2 264.21（促进作用）
By-140	$y = 4.544\ 5 + 0.648\ 7x$	-0.945 0	0.20
乳化剂601	$y = 1.810\ 2 + 0.943\ 6x$	0.993 0	2 401.19
乳化剂602	$y = 1.856\ 5 + 1.012\ 0x$	0.996 2	1 276.87
植物油乳化剂	$y = 2.714\ 9 + 0.988\ 4x$	0.957 1	205.09

2.2　有机溶剂对黄瓜灰霉病菌的抑菌作用

6 种有机溶剂对黄瓜灰霉病菌均有抑制作用，二甲基甲酰胺的 EC_{50} 最小，为 136.79mg/L，其次为 N-N 二甲基吡咯烷酮，EC_{50} 为 292.09mg/L，前者约为后者的 1/2；无水乙醇、二甲基亚砜、石油醚和乙酸乙酯的 EC_{50} 分别为 553.04mg/L、4 942.03mg/L、5 963.11mg/L 和 20 556.69mg/L，是 N-N 二甲基吡咯烷酮的 1.89 倍、16.92 倍、20.42 倍和 70.38 倍。但二甲基甲酰胺的缺点是若与皮肤接触，会有不适感，且长期接触对身体有伤害。综合而言，N-N 二甲基吡咯烷酮是所选有机溶剂中最佳的有机溶剂（表 2）。

表 2　有机溶剂对黄瓜灰霉病菌的毒力效果

有机溶剂种类	回归方程	相关系数	EC_{50}（mg/L）
乙酸乙酯	$y = 3.117\ 7 + 0.436\ 4x$	0.985 2	20 556.69
石油醚	$y = 0.671\ 3 + 1.146\ 5x$	0.981 8	5 963.11
二甲基亚砜	$y = 0.914\ 9 + 1.105\ 9x$	0.970 0	4 942.03
无水乙醇	$y = 0.859\ 0 + 1.509\ 8x$	0.980 7	553.04
N-N 二甲基吡咯烷酮	$y = 3.227\ 9 + 0.718\ 8x$	0.996 9	292.09
二甲基甲酰胺	$y = 3.429\ 0 + 0.735\ 5x$	0.935 2	136.79

2.3　N-N 二甲基吡咯烷酮与植物油乳化剂混配对黄瓜灰霉病菌的抑制作用

混配对黄瓜灰霉病菌的抑菌效果表现为，随植物油乳化剂所占比例增大，抑制效果增加。当比例为 1∶1、4∶1、9∶1 时，EC_{50} 分别为 34.11mg/L、68.54mg/L 和 171.22mg/L；SR 均大于 1.5，表现为增效作用。但由于在乳油试剂配制中，乳化剂的含量最适范围为 8%～10%[4]，所以在配制乳油时，最合适的比例应为 N，N 二甲基吡咯烷酮∶植物油乳化剂 = 9∶1（表 3）。

表 3　N，N 二甲基吡咯烷酮与植物油乳化剂混合对黄瓜灰霉病菌的毒力效果

混合比例	回归方程	相关系数	EC_{50}（mg/L）	增效系数（SR）
1∶1	$y = 4.192\ 8 + 0.526\ 6x$	0.971 6	34.11	7.218 5
4∶1	$y = 3.911\ 3 + 0.593\ 0x$	0.982 8	68.54	4.084 4
9∶1	$y = 3.038\ 6 + 0.878\ 2x$	0.974 5	171.22	1.713 2
19∶1	$y = 0.352\ 1 + 1.613\ 4x$	0.997 1	760.05	0.395 4
39∶1	$y = 2.675\ 8 + 0.745\ 4x$	0.977 2	1 312.10	0.231 9
79∶1	$y = 2.365\ 5 + 0.870\ 7x$	0.972 5	1 060.75	0.288 6

3　讨论

乳油是农药常见的基本剂型之一，相较其他农药剂型而言，农药乳油制剂产品在农作

物的防虫杀菌除草方面发挥出了良好的应用价值，至今仍是大多数发展中国家所使用的主要农药剂型之一[5]。农药原药加工成乳油，其目的在于，将具有一定生物活性的农药原药或其混合物，经由一定的加工过程制作成适用产品，使其发挥出最理想的生物效能[6]；乳油中含有大量有机溶剂和乳化剂，使药液容易在作物、虫体和杂草上润湿、展着，具有更好的防治效果[7]；同时，将对施药人员、环境、农作物的负面影响控制在最低水平。所以说，有机溶剂与乳化剂的选择极为重要。国际上自1992年起开始在农药制剂中禁用甲苯、二甲苯、苯胺等有机溶剂，原因在于其对环境污染严重；同时烷基酚聚氧乙烯醚类乳化剂由于其生物降解性差，并随着降解过程，毒性增大，对鱼类、无脊椎动物、海藻和微生物具有很高毒性[7]，而逐渐被其他安全乳化剂所取代。本研究所选的N，N-二甲基吡咯烷酮和植物油乳化剂均为新型制剂和安全性较好的制剂。本研究为乳油研制过程中选择合适的有机溶剂和乳化剂奠定了理论基础。

参考文献

[1] 王宇. 乳化剂的作用机理及其应用 [J]. 山东化工，2012，41（3）：111-113.

[2] 吴文君. 植物化学保护实验技术导论 [M]. 西安：陕西科学技术出版社，1987：141-145.

[3] 曲建禄，李晓军，张勇，等. 戊唑醇对苹果斑点落叶病菌及轮纹病菌的毒力和药效评价 [J]. 农药学学报，2007，9（2）：149-152.

[4] 徐汉虹. 植物化学保护学（第四版）[M]. 中国农业出版社，2010：32.

[5] 吴宇明. 关于农药乳油制剂的质量问题与措施探究 [J]. 科技致富向导，2014（21）：281.

[6] 江华，曹立冬，孔令娥，等. 顶空气相色谱法检测农药乳油制剂中甲醇含量 [J]. 农药学学报，2012，14（1）：56-60.

[7] 王慧君. 5%米尔贝乳油配方研究 [D]. 哈尔滨：东北农业大学，2010.

海南岛辣椒炭疽病对嘧菌酯的敏感性测定[*]

曾向萍[**] 赵志祥 严婉荣 云 霞 肖 敏[***]

（海南省农业科学院植物保护研究所，海南省植物病虫害防控重点实验室，海口 571100）

摘 要：采用生长速率法测定嘧菌酯对辣椒炭疽病菌菌丝的影响。将所分离出的 55 个辣椒炭疽病病菌菌株接种于含有 5μg/mL、1μg/mL、0.1μg/mL、0.01μg/mL、0.001μg/mL 嘧菌酯的 PDA 培养基中，并分别在培养皿中加入 1mL 的 100mg/mL 的水杨肟酸。结果表明 55 个菌株对嘧菌酯的 EC_{50} 范围为 2 223 ~ 162.923 4μg/mL，平均 EC_{50} 值 (76.241 3 ± 38.359 4)μg/mL，标准差为 38.359 4，最大 EC_{50} 与最小 EC_{50} 之间相差 732.898 785 倍。

关键词：辣椒；炭疽病；嘧菌酯；敏感性测定

辣椒属于茄科（Solanaceae）辣椒属（*Capsicum* Linnaeus）一年生草本植物，营养丰富，维生素 C 含量在蔬菜中居第一位，是重要的蔬菜及调味品。辣椒炭疽病是辣椒生产上常见的一种病害，分布广，为害严重，对海南反季节辣椒生产的威胁尤为突出，往往造成病果率达 10% ~ 20%，严重的几乎绝收。目前防治辣椒炭疽病主要是化学防治。嘧菌酯（Azoxystrobin）是瑞士先正达公司仿生合成的第一个商品化甲氧基丙烯酸酯类高效、广谱杀菌剂，几乎可以防治所有真菌（卵菌纲、藻菌纲、子囊菌纲和半知菌纲）病害。具有保护、铲除、渗透和内吸作用，能抑制孢子的萌发和菌丝的生长，是近年在中国登记用于防治辣椒炭疽病及其他病害的新型杀菌剂[1~2]。因嘧菌酯的作用位点单一，因此，杀菌剂抗性委员会（FRAC）将其抗性发展归为高风险，抗性问题已经成为甲氧基丙烯酸酯类新型杀菌剂发展的一个重要问题[3]。尤其是甲氧基丙烯酸酯类杀菌剂作为单剂使用时，问题更加突出[4]。本研究主要研究辣椒炭疽病菌对嘧菌酯的敏感性测定，建立辣椒炭疽病菌对嘧菌酯的敏感基线，从而掌握治理辣椒炭疽病的高效防控技术。

1 材料与方法

1.1 试验菌株

2014 年 3 ~ 6 月，从海南省海口市、万宁市、琼海市、儋州市、澄迈县、定安县等地采集辣椒炭疽病发病菌株，进行组织分离，经单胞纯化并活离体培养确定其致病性后，移入 PDA 培养基中保存备用[5]。总共采集到辣椒炭疽病菌株 55 个。

* 项目基金：海南省自然科学基金——海南岛辣椒炭疽病病院抗药性监测与评价（314158）

** 作者简介：曾向萍，女，研究方向：植物病理；E-mail：zeraser@163.com

*** 通讯作者：肖敏，女，研究员，研究方向：植物真菌病害病理及防治技术研究；E-mail：xiaominnky@21cn.com

1.2 药剂和培养基

95%嘧菌酯原药（Azoxystrobin，简写为 Azo），由试剂公司提供，用甲醇配制成 10mg/mL 母液。

98%水杨肟酸（Salicylhydroxamic Acid，简写为 SHAM），由日本东京化成工业株式会社生产，用甲醇配制成 100mg/mL 母液。

PDA 培养基：马铃薯 200g，葡萄糖 20g，琼脂 20g，水 1 000mL。

1.3 试验方法

采用生长速率法测定嘧菌酯对辣椒炭疽病菌菌丝的影响。将所分离出的 55 个辣椒炭疽病菌株接种于含有 5μg/mL、1μg/mL、0.1μg/mL、0.01μg/mL、0.001μg/mL 嘧菌酯的 PDA 培养基中，并分别在培养皿中加入 1mL 的 100mg/mL 的水杨肟酸。25℃条件下培养 6 天后测量菌落直径。每个浓度设 3 次重复。设无菌水处理为空白对照。用 DPS 软件进行统计分析，求出嘧菌酯对辣椒炭疽病菌抑制中浓度（EC_{50}）。将 EC_{50} 等分 20 个阶段，统计每阶段的菌株个数和频率，再以每阶段 EC_{50} 中值为横坐标，频率为纵坐标，做出 EC_{50} 的频率分布图。

$$相对抑制率（\%）= \frac{对照组菌落平均净生长量 - 处理组菌落平均净生长量}{对照组菌落平均净生长量} \times 100$$

2 结果与分析

表 1　单样本 Kolmogorov-Smirnov 检验

单样本 Kolmogorov-Smirnov 检验		EC_{50}
N		55
正态参数[a,b]	均值	76.241 311
	标准差	38.359 388 9
	绝对值	0.101
最极端差别	正	0.080
	负	−0.101
Kolmogorov-Smirnov Z		0.750
渐近显著性（双侧）		0.627

a. 检验分布为正态分布

b. 根据数据计算得到

55 个菌株对嘧菌酯的 EC_{50} 范围为 0.222 3 ~ 162.923 4 μg/mL，平均 EC_{50} 值 76.241 3μg/mL，标准差为 38.359 4，最大 EC_{50} 与最小 EC_{50} 之间相差 732.898 785 倍，因此，可判断菌株间具有极大的差异性，包括最抗菌株与敏感菌株间也存在有较大的差异。将 EC_{50} 等分为 20 等份，统计每份中出现的菌株的个数和频率，再以每个等分值为横标，频率为纵标，在 SAS 8.1 软件中，绘制海南 55 个菌株对嘧菌酯的敏感性频率分布图（图）；在 SPSS 19.0 统计软件中对 EC_{50} 值进行单样本 K-S 正态性分布检验（表），得 Kolmogorov-Smimov Z = 0.750，渐进连续性 P = 0.627 > 0.05，可以看出辣椒炭疽病菌对嘧菌酯的敏感性频率呈正态分布，EC_{50} 值表现连续性。因此，平均 EC_{50} 值（76.241 3 ± 38.359 4）μg/mL，可作为海南岛辣椒炭疽病菌对嘧菌酯的敏感性基线。

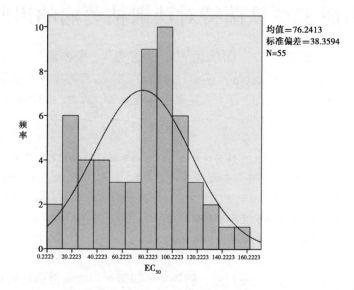

均值=76.2413
标准偏差=38.3594
N=55

图 2014 年海南辣椒炭疽病菌对嘧菌酯的敏感性频率分布

3 讨论

李红霞[6]2005 年采集 2002—2003 年采自海南海口和三亚地区、江苏省淮阴和南京地区从未施用过嘧菌酯的辣椒炭疽病病叶和病果，进行对嘧菌酯敏感性测定。结果表明，嘧菌酯对 45 个辣椒炭疽病菌的 EC_{50} 值为 0.009 ~ 0.091μg/mL，平均 EC_{50} 值为（0.047 ± 0.040）μg/mL（P = 0.05）。本次试验中从海南所采集的 55 个菌株对嘧菌酯的 EC_{50} 范围为 0.222 3 ~ 162.923 4μg/mL，平均 EC_{50} 值（76.241 3 ± 38.359 4）μg/mL。说明近年来辣椒炭疽病对嘧菌酯的抗药性逐渐升高，且已存在对嘧菌酯有抗性的群体。

本试验仅对辣椒炭疽病菌菌丝对嘧菌酯的敏感性进行测定，其分生孢子对嘧菌酯的敏感性还需进行进一步的研究。

参考文献
[1] 贾丽，等. 嘧菌酯在我国登记情况以及抗性研究现状 [J]. 农药科学与管理，2014，35（10）：19 – 22.
[2] 金丽华，陈长军，王建新，等. 旁路氧化作用对嘧菌酯抑制辣椒炭疽菌孢子萌发和菌丝生长的影响 [J]. 植物病理学报，2007，37（3）：289 – 295.
[3] 赵平，等. 甲氧基丙烯酸酯类杀菌剂的开发及抗性发展现状 [J]. 农药，2011，50（8）：547 – 551.
[4] HELGE S, REGULA F, et al. Cytochrome b Gene Sequence and Structure of Pyrenophora teres and P. triticirepentis and Implications for QoI Resistance [J]. Pest Manag Sci, 2007, 63：225 – 233.
[5] 方中达. 植病研究方法 [M]. 北京：中国农业出版社，1998.
[6] 李红霞，等. 辣椒炭疽病菌对嘧菌酯的敏感性测定 [J]. 植物病理学报，2005，35（1）：73 – 77.

新型药剂32%铁菌特对辣椒枯萎病的田间防效

龚朝辉[1]* 龚航莲[2]** 章富忠[2] 房杏发[3]

(1. 江西省萍乡市农技站，萍乡 337000；2. 江西省萍乡市植保站，

萍乡 337000；3. 萍乡市安源区林业分局，萍乡 337000)

摘 要：调查了新型药剂32%铁菌特对田间辣椒枯萎病的防治效果，结果显示，对辣椒移栽后5天灌苑施用32%铁菌特每公顷22.5千克株防效达95.21%，病指防效92.15%，显著高于每公顷3.75kg处理，极显著高于50%多菌灵防效。由此得出，刚移栽5天后辣椒灌苑，可有效地预防辣椒枯萎病的发生与为害。

关键词：32%铁菌特；辣椒枯萎病；田间防效

辣椒枯萎病，又名蔓割病、萎蔫病，病原为半知菌亚门尖镰孢菌辣椒专化型，是毁灭性土传真菌病害，江西省萍乡市各地辣椒种植区均发生，一般病株率15%～20%，重者达80%～90%，重茬地甚至绝产。我市辣椒栽种历史长，随着农村产业结构调整，辣椒生产规格迅速扩大，然而在辣椒生产过程中，由于使用农药不当，辣椒产生抗药性。防治效果不如以前明显。为解决这类问题，萍乡市三农农资公司与萍乡市植保站等单位创制了一种32%铁菌特新型药剂（暂定名），在辣椒生产基地开展了新型药剂田间防治技术研究，取得了初步效果，现总结如下。

1 材料与方法

1.1 试验田概况

试验地位于江西省萍乡市安源区城郊管理处。试验土壤为沙壤土，肥力中等，各个试验小区辣椒品种，植期，长势，肥水管理基本一致。近年，辣椒枯萎病发生程度偏重发生。试验田面积为0.09hm²。

1.2 材料

供试辣椒品种为萍辣一号。防治对象为辣椒枯萎病，供试新型药剂为32%铁菌特（萍乡市三农农资公司研制），对照药剂50%多菌灵（江苏江阴市农药发展有限公司）。

1.3 试验设计

32%铁菌特设3个剂量处理，22.5kg/hm²、7.5kg/hm²、3.75kg/hm²，50%多菌灵0.9kg/hm²；喷施清水处理为空白对照。每个处理3次重复，每重复为一个小区。每小区面积0.006hm²，各小区随机区组排列。

---

* 第一作者：龚朝辉，男，农艺师，研究方向：病虫中长期测报及病虫综合治理；E-mail：26537383@qq.com

** 通讯作者：龚航莲；E-mail：gh11942916@sina.com

1.4 药效调查

药后 10 天、20 天、30 天进行药效调查，每小区调查全部发病株数，取其中 10 株进行病情严重度分级，计算病株率和病情指数，并依据药剂处理区与清水对照区的病株率，病情指数累计算相对防治效果，对防治效果采用 DPS 法进行差异显著性分析。

辣椒枯萎病病情分级标准：0 级，全株无病；1 级，植株基部变褐缢缩，叶片黄色，植株由下而上有 1/4 叶片萎蔫，对结果影响较小；2 级，植株基部变褐缢缩，叶色黄色，植株由下而上有 1/2 的叶片萎蔫，果实生长缓慢；3 级，植株由下而上有 3/4 叶片萎缩或 1 根侧枝萎蔫，茎秆上流出黄褐色胶状物，有裂口，瓜小畸形无光泽；4 级，植株全株萎蔫，不结果或死株。

与防效相关的计算公式如下：

$$病株率（\%）=（病株数/调查总株数）\times 100$$

$$病株防效（\%）=［（对照区病株率 - 处理区病株率）/对照区病株率］\times 100$$

$$病情指数 = \sum（各级发病株数 \times 相应病级数）/（调查总株数 \times 4）\times 100$$

$$病指防效（\%）=［（对照区病情指数 - 处理区病情指数）/对照区病情指数］\times 100$$

2 结果与分析

2.1 辣椒枯萎病发病情况及药剂安全性观察

根据调查记录，试验田清水对照区 5 月 5 日未见辣椒枯萎病，5 月 8 日始见病株率 2.1%，5 月 12 日病株率 36%，5 月 25 日病株率 86%，经观察，田间未发现施药对辣椒的正常生长造成不良影响，表明供试药剂在本试验用量下，对辣椒生长安全。

表　32%铁菌特防治田间辣椒枯萎病的效果[1]

供试药剂	制剂用量（kg/hm²）	施药时间（月 - 日）	病株率（%）	病情指数	最终防效 病株防效		病指防效	
32%铁菌特	3.75	04 - 28	22.85	7.23	73.43	bB	71.66	bB
32%铁菌特	7.5	04 - 28	10.11	4.38	88.24	bB	82.84	bB
32%铁菌特	22.5	04 - 28	4.12	1.90	95.21	aA	92.55	aA
50%多菌灵	0.9	04 - 28	42.15	8.57	50.98	cC	66.41	cC
清水对照 CK			86.00	25.52				

注：表内防效为 3 次重复的平均值，同列数据后不同小写字母表示差异显著（$P < 0.05$）。不同大写字母表示差异极显著（$P < 0.01$）

2.2 新型药剂防治辣椒枯萎病效果

比较 32%铁菌特不同使用剂量与对照药剂防治辣椒枯萎病的效果（表），32%铁菌特 22.5kg/hm²，灌兜的效果最好，其病株防效、病指防效分别为 95.21%、92.55%。显著高于 32%铁菌特 3.75kg/hm² 病株防效 73.43%，病指防效 71.66% 的防治效果。极显著高于 50%多菌灵病株防效 50.98%，病指防效 66.41% 的防治效果。由此得出，刚移栽 5 天后辣椒灌兜，可有效地预防辣椒枯萎病的发生与为害。

3 小结与讨论

田间试验表明，32%铁菌特对辣椒枯萎病具有防效好，持效期长，其使用适期以移栽后灌苗其预防效果好，使用量为 22.5kg/hm^2。但对辣椒枯萎病治疗效果及防病机制等尚未进行试验总结，创制新型农药尚有大量工作。

参考文献

［1］ 方中达．植病研究方法［M］．北京：中国农业出版社，2007．

［2］ 罗华池．苯甲·嘧菌脂对水稻纹枯病的田间防效［J］．中国植保导刊，2015，35（5）：64－65．

［3］ http：//www.doc88.com/p-9929452657386.html

水生蔬菜质量安全的绿色防控浅谈

宋巧凤[1]*　袁玉付[1]　仇学平[1]　谷莉莉[1]　孙万纯[2]

(1. 江苏省盐城市盐都区植保植检站，盐城　224002；

2. 盐都区大纵湖镇农业中心，盐城　224002)

摘　要：江苏省盐城市盐都区通过对水生蔬菜产前、产中及上市期的生产管理及各环节技术指导，试验示范推广绿色防控技术关键措施，纠正了水生蔬菜质量安全管理中存在的问题，提出了实行合理轮作、选用无病株留种、三清杜绝"病虫源"、抓好田间管理、理化诱杀控虫等覆盖水生蔬菜生产全过程的绿色防控管理技术。

关键词：水生蔬菜；质量安全；绿色防控

水生蔬菜是指在淡水中生长的，其产品可作蔬菜食用的维管束植物。盐都区常年种植莲藕 3.68 万亩、慈姑及大棚慈姑 0.8 万亩、荸荠 0.15 万亩、菱角及大棚菱角 800 多亩，均种植于池塘、水洼地或提水养殖区，大多已经套养黑鱼、龙虾、鲫鱼等。病虫害直接影响水生蔬菜的产量和品质。一些对食用安全、鱼虾等毒性高的农药（如菊酯类）禁止使用。另外，莲藕、慈姑、菱角等叶面光滑，表面不易着药，选好农药剂型，并添加合适的活性展着剂，方可提高农药防效。再者，像茭白孕茭后一般不能使用杀菌剂，以免影响茭白孕茭。因此，科学绿色防控、注重农业防治、安全选用农药尤为重要。

1　水生蔬菜质量安全主要问题

1.1　水体环境污染

城市和工业污染，一些工矿企业，直接把或未经彻底处理含有害物质的三废排放入江河湖海，使水体受污染。甚至汞、铅、镉、铬等有毒重金属元素和非金属砷、二噁英类（Dioxins）等对水体环境的污染。

1.2　农药残留超标

农业用农药防治病虫害，特别是传统使用甲拌磷、呋喃丹等中高毒农药和违规使用蔬菜禁限用农药，造成水生蔬菜农药残留严重超标。

2　水生蔬菜病虫绿色防控策略

"以农业防治和生物防治为主，化学防治为辅"，要从水生蔬菜生态系统的总体出发，本着安全、经济、有效的原则，综合利用农业、生物、理化及其他手段，把病虫害控制在允许水平以下，以达到高产、优质、低成本、农业生产安全、农产品质量安全和减少污染的目的。根据不同的药种掌握好用药安全间隔期。

---

*　第一作者：宋巧凤，女，高级农艺师，主要从事植保技术推广工作；E-mail：yyf829001@163.com

3 水生蔬菜绿色防控关键技术

3.1 实行合理轮作

对莲藕腐败病、僵藕、慈姑黑粉病、慈姑斑纹病、茭白胡麻斑病等病害，有条件的地方可实行合理水旱轮作，种藕的田块要与其他水生蔬菜或水稻轮作，间隔3年以上。预防荸荠秆枯病，推行轮作，特别是老产区，实行3年以上轮作，是最经济有效的措施。莲藕食根金花虫发生严重的田块，改种一、两年旱作植物。

3.2 选用无病株留种

不但要选用无病的塘田留种，还要选择无病、健壮、抗病品种做种，预防病源，杜绝残、次、小水生蔬菜植株体做种。预防慈姑斑纹病、慈姑钻心虫，选留无病球茎做种。预防茭白黑粉病，选用健壮无菌优良茭种。

3.3 三清杜绝"病虫源"

清洁田园、清除病残体及四周杂草，塘口尽可能少受污染，减少初侵染源，减轻病虫源基数。清除藕田杂草，尤其是眼子菜、鸭舌草等寄主，可减少成虫取食和产卵场所。对已发病的病株残体要彻底清除，并集中烧毁或深埋。栽种前，对田块实行冬耕冻晒，于冬季尽可能排干田水，进行耕翻；如土壤偏酸性，酸碱度（pH值）在6以下，还需每亩施石灰粉50～80kg，以调整土壤的酸度。防治慈姑斑纹病，及时清除病叶、黄叶、枯叶、杂草和防治害虫。防治荸荠白禾螟，荸荠采收后至翌年越冬幼虫活动前，清理田间残株枯茎，3月上旬前，及时清理并集中烧毁田间遗留的荸荠茎秆，消灭越冬虫源。5月上旬前铲除荸荠田遗留的球茎抽生苗，减少一代虫源。防治菱角菌核病，及时清理池塘边的菱株残体或残渣，并铲除塘边杂草。防治菱角褐斑病，发病初期摘除病叶或病盘，携出到塘外销毁或深埋。防治菱角萤叶甲，采菱后及时处理老菱盘，冬前铲除田边、菱塘边杂草，并集中烧毁，可消灭大量越冬代幼虫、蛹及成虫，减少翌年虫源；针对幼虫、蛹、卵抗水性差的特点，于菱盘封行或开花前，将幼虫、蛹、卵用扫帚扫落水中淹死。另外，4～5月在菱塘周围留一道空白带，宽1.0～1.5m，能有效地防止塘边越冬病菌侵入菱叶为害。

3.4 抓好田间管理

做到增施腐熟有机肥料和氮、磷、钾含量齐全的化肥相结合，以改善土壤理化性状。适时适量追肥，做到有机肥和化肥相结合，氮肥与磷钾肥相结合，避免偏施、过施氮肥。按照生长期需水量管水，浅水勤灌，严防干旱，避免长期深灌，适时适度搁田，做到干干湿湿，促进根系发育，增强植株抵抗力。防治慈姑斑纹病，要根据慈姑发芽期、抽叶至球茎开始膨大和球茎形成期的生育需要管好水层，避免长期深灌。适时换水，避免串灌、浸灌和长期深灌。发病初期应及时拔除病株。防治菱角褐斑病、菱角菌核病，实行合理密植，防止夏、秋水面菱盘过于拥挤。防治茭白胡麻斑病，梅雨季节或高温多雨天气，抓住晴天，放水搁田，1～2天还水，以增加土壤含氧量，提高根系活力，促进植株生长，增强植株抗病能力。盛夏季节适当灌深水降温，并定期换水，以控制后期无效分蘖。茭白生长期间应经常剥除植株基部的黄叶、病叶和无效分蘖，以减少菌源并改善株间通风透光条件。防治茭白黑粉病，结合冬前割茬，清除病残老叶，减少菌源；春季结合割老墩、压茭墩等农事操作，挖除灰茭病墩和雄茭墩（连地下根状茎彻底挖除），并适当降低分蘖节位。老墩萌芽初期（即茭白发苗时），疏除过密分蘖（弱苗），使养分集中，出苗整齐。

3.5 理化诱杀控虫

食根金花虫成虫盛发期用眼子菜等诱集成虫，产卵后集中烧毁或深埋；藕田套养龙虾、放养泥鳅、黄鳝等，控制食根金花虫；冬季排干田水冬耕冻垡，则可杀死部分越冬幼虫，减轻为害。慈姑钻心虫，如幼虫已钻入叶柄蛀食，要及时拔除为害茎叶，或将有虫叶和叶柄一起踩入泥中沤杀。夜蛾类害虫，可利用成虫有趋光性和趋糖醋性的特点，可用频振式杀虫灯和糖醋盆等工具诱杀成虫；或利用夜蛾性诱剂诱杀。

3.6 适期生物化学防治

必须应用生物农药和高效、低毒、低残留农药。

3.6.1 做好种苗处理

慈姑播种前，将种球置于25%多菌灵可湿性粉剂500倍液或50%甲基硫菌灵可湿性粉剂800倍液中浸泡16min左右。定植前，再对幼苗根系或种球进行同样处理，可基本消除种苗带菌。防治慈姑黑粉病，种球用25%多·酮可湿性粉剂1 000～1 500倍液，或80%"402"抗菌剂乳油1 000倍液浸泡1～3h后定植。

3.6.2 病害的化学防治

防治莲藕腐败病，用12%绿乳铜700倍液或多菌灵600倍液或甲基托布津700倍液喷雾，也可每亩用50%多菌灵1.5kg或75%百菌清0.5kg拌细土30kg，堆闷3～4h后，田间保持浅水层施入。隔7～10天一次，连续防治2～3次。防治慈姑斑纹病，发病初期可用70%甲基硫菌灵可湿性粉剂800～1 000倍液、80%代森锰锌可湿性粉剂600倍液、15%粉锈灵可湿性粉剂1 000倍液、或20%三环唑可湿性粉剂1 500～2 000倍液，每15kg药液加入10mL有机硅表面活性剂以增加展着性，7～10天喷1次，连续防治2～3次。交替施用，前密后疏，喷匀喷足。防治荸荠秆枯病，发病初期及时用药交替防治。药剂可选用30%苯甲·丙环唑乳油、或43%戊唑醇3 000倍液、25%丙环唑乳油1 500倍液、10%苯醚甲环唑水分散粒剂1 000倍液。荸荠叶状茎直立光滑，上覆盖着蜡质，药液不易展着，喷药时最好加入展着剂，如加有机硅表面活性剂（每15kg药液加10mL），以提高药物的黏着力。防治茭白黑粉病，初期用40%氟硅唑乳油6 000倍液，或20%腈菌唑可湿性粉剂1 000倍液喷雾防治，7～10天喷1次，连喷3～4次，避免孕茭期用药。若在多雨季节喷药，注意雨后及时补喷。

3.6.3 害虫的化学防治

食根金花虫的防治，常年5月中旬至6月上旬，防治越冬代幼虫，亩用20%氯虫苯甲酰胺悬浮剂30～50mL或5%辛硫磷颗粒剂1～1.5kg，拌细土15～30kg或肥料混匀撒入或对水撒入塘中。对夜蛾类害虫3龄以上，达高龄幼虫，则抗药性增强，难以防治。一般可用15%茚虫威悬浮剂3 500倍液，或5%虱螨脲乳油1 000倍液，或24%甲氧酰肼2 500倍液。对个别老熟幼虫，则可用人工捕杀。蚜虫的防治，发生初期，即全田有蚜株率达15%～20%时用药防治，选用10%吡虫啉可湿性粉剂1 500倍液或50%抗蚜威1 000倍液或50%吡蚜酮4 000倍液喷雾防治。喷药时力求做到细致彻底，以提高防效。防治慈姑钻心虫，掌握在卵孵高峰期进行施药防治。可选择10%虫螨腈乳油2 000倍液，1.8%阿维菌素乳油1 500倍液。荸荠白禾螟，一般二、三代发生期各用药防治2次，在第一代孵化高峰后1～2天进行，隔7～8天再施1次，并以生长嫩绿田、早栽田为防除重点田。药剂可选用20%氯虫苯甲酰胺、40%氯虫苯甲酰胺·噻虫嗪3 000～5 000倍液或10%阿维·氟虫双酰胺1 500倍液。施药时应保持水层，以提高防效。菊酯类农药对鱼虾蟹等毒性大，不要在进行水产养殖的水生蔬菜种植区域及周边使用。

盐都区叶菜类蔬菜绿色防控的"六举措"

袁玉付[1]*　仇学平[1]　宋巧凤[1]　谷莉莉[1]　陶雅萍[2]

(1. 江苏省盐城市盐都区植保植检站，盐城　224002；2. 盐都区楼王镇农业中心)

摘　要：近年来，江苏省盐城市盐都区叶菜类蔬菜种植面积呈逐年增加的态势，病虫害的发生和为害不断加剧，为了让人们吃上放心菜，盐都区植保植检站以创建蔬菜绿色防控示范区为契机和着力点，积极示范推广蔬菜绿色防控技术，并结合科学选用高效、低毒、低残留的环境友好型农药，科学有效地提高了对病虫害的防控效果，从而总结出叶菜类蔬菜绿色防控的"六项"关键技术。

关键词：叶菜类蔬菜；绿色防控；举措

蔬菜病虫防治存在过度依赖化学农药，造成蔬菜生产环境破坏严重、蔬菜农药残留量高、蔬菜质量不安全等现象，毒青菜、毒豇豆等"毒"字事件是蔬菜生产中的悲哀与疵点。创建蔬菜病虫绿色防控技术示范区可以从源头上控制"禁限用农药"进入生产前沿，通过组织开展不同蔬菜种类病虫害发生情况调查分析，制定科学合理的绿色防控策略，优化农业、物理、生物防治技术和科学使用高效低毒低残留对环境友好的农药，集成绿色防控技术，控制蔬菜病虫为害。

1　蔬菜绿色防控示范区的建设目标

1.1　有效控制病虫为害

重抓农业、物理、生物防治，结合科学选用高效、低毒、低残留的环保型农药，提高总体控制效果，优势特色蔬菜作物病虫为害损失率在5%以内。

1.2　蔬菜质量得到提升

最大可能地减少使用化学农药，防治叶菜类蔬菜严重发生的小菜蛾、菜青虫、蚜虫等主要病虫害，绿色防控技术到位率90%以上，防控效果95%以上，蔬菜中的化学农药残留量明显降低，蔬菜农药残留检测不超标，产品质量检验合格。

1.3　有效改善生产环境

通过推广蔬菜病虫绿色防控综合配套技术，有效改善蔬菜生产环境，实现蔬菜产业可持续发展。

1.4　蔬菜增产增效明显

2014年起，通过蔬菜绿色防控示范区建设，辐射带动全区蔬菜病虫害绿色防控面积20.18万亩次以上，蔬菜产品优质优价，同时每亩减少化学防治3.31次以上，减少防虫防病农药成本及劳资，亩增收节支约300元以上，年增收节支达6 000万元以上。

＊ 袁玉付，男，副站长，推广研究员，主要从事植保技术推广工作；E-mail：yyf-829001@163.com

2 盐都区叶菜类蔬菜绿色防控示范区的创建

2.1 地址及蔬菜品种

2014 年起盐都区创建蔬菜绿色防控示范区，示范区核心区选择在盐都区楼王镇文昌居委会，盐城市盐都区鼎绿蔬菜专业合作社蔬菜基地，面积 1 083（亩）。蔬菜品种以叶菜类为主，如芝麻菜、苦叶菜（苦菊）、红叶生菜、玻璃生菜、紫金九层塔、西兰花（青）、有机花菜（白）、广东菜心、芥蓝、奶白菜、芥菜等。广东菜心，不同生育期：分别有 28 天、50 天、80 天等；直生型芥蓝，水芥蓝，生育期 42～45 天。利用分枝型芥蓝，品种有：翠宝、绿宝、奇宝，早期易抽薹开花，需打头，利用分枝上市。

2.2 示范区目标任务

绿色防控技术应用覆盖率 100%，核心示范区农残检测合格率 100%，蔬菜产品质量检验合格率 100%，各项指标达到绿色蔬菜生产标准。

2.3 示范区主推技术

加强病虫调查监测，综合运用农业、物理、生物、化学等防控措施，在示范区叶菜类蔬菜上推广"防虫网防虫 + TFC 太阳能灭虫器诱杀蛾类害虫和甲壳类害虫 + 黄蓝板诱杀蚜虫、潜叶蝇、蓟马 + 生物性杀菌剂"的绿色防控模式，严格控制化学农药用量，实行病虫害专业化统防统治。

3 叶菜类蔬菜绿色防控的"六项举措"

3.1 选用抗病品种

选用生产上抗耐病虫、高产、优质、适应性强的抗抽薹的品种，广东菜心主要有：不同生育期，分别有 28 天、50 天、80 天等。广东芥蓝主要有：直生型芥蓝，水芥蓝，生育期 42～45 天。利用分枝型芥蓝，品种有：翠宝、绿宝、奇宝，早期易抽薹开花，需打头，利用分枝上市。大白菜选用绿宝、鲁白 11、津东中青 1 号等抗病品种，花椰菜选用丰乐、农乐等抗病品种。

3.2 轮作换茬控病

针对土传病害，如：枯萎病、黄萎病、根腐病、根结线虫等和连作障碍返碱严重的设施蔬菜和露地蔬菜，推广水旱轮作换茬控病技术，可有效控制土传病害，对灰霉病、霜霉病、白粉病、轮纹病也有较好的控制效果。或与非叶菜类蔬菜或十字花科作物轮作三年以上，以减轻病虫害发生的程度，同时还可解决土壤盐渍化、返碱等连作障碍，实现蔬菜可持续发展。种植模式如水稻—叶菜、水芹—瓜类等。

3.3 健身栽培技术

优化叶菜类蔬菜作物布局、及时清理田间杂物和杂草，尤其是上茬植株病残体和残病叶，以减少病虫基数，减少病害初侵染来源。合理配方、平衡施肥。增施腐熟的有机肥，每亩施腐熟有机肥 3 000～4 000kg，培育健康种苗，并结合农田生态工程、作物间套种、天敌诱集带等生物多样性调控与自然天敌保护利用等技术，改造病虫害发生源头及孳生环境，人为增强自然控害能力和作物抗病虫能力。

3.4 诱杀迷向技术

针对叶菜鳞翅目害虫采用专用性诱剂、性信息素、食诱剂诱杀和性迷向剂迷向技术。

使用频振杀虫灯、新型飞蛾诱捕器诱杀成虫。利用昆虫性信息素仿生、释放和传递，诱杀成虫或干扰昆虫交配行为控制为害。性诱杀技术主要用于斜纹夜蛾、甜菜夜蛾、甘蓝夜蛾、小菜蛾等叶菜类鳞翅目害虫，通过诱杀大量雄成虫，控制子代种群数量。而且可结合测报进行性诱杀。性迷向技术主要通过性信息素缓慢释放，用于防治小菜蛾、实心虫等，田间浓度长时间维持较高水平，进而减少雌虫与雄虫相遇交配概率，控制害虫发生和为害。

3.5　生物防治技术

对叶菜类蔬菜特别是上市前最后 1～2 次防治使用生物农药，控制为害，减少农残。通过使用病原细菌、真菌、病毒以及植物源农药防治病虫害，如推广细菌性的短稳杆菌、多杀菌素、苏云金杆菌微生物杀虫剂（BT）、乙基多杀菌素、斜纹夜蛾多角体病毒、甜菜夜蛾多角体病毒、印楝素、苦参碱等生物农药防治小菜蛾、菜青虫、蓟马、斜纹夜蛾、甜菜夜蛾、二十八星瓢虫等，推广应用枯草芽孢杆菌防治甜瓜枯萎病、番茄青枯病，推广宁南霉素防治多种蔬菜病毒病。

3.6　烟粉虱控制技术

针对烟粉虱重发地，控制全年烟粉虱发生的关键是抓好冬春季烟粉虱防治。采用 50 目防虫网育苗、大棚通风口防虫网阻隔、无虫苗移栽、摘除下部老叶、棚内黄板诱杀、苦参碱等生物农药使用、丽蚜小蜂、浆角蚜小蜂天敌使用、揭膜前使用吡蚜酮、噻虫嗪、呋虫胺等高效低毒农药，大棚周围 300m 内种植禾本科作物等非嗜好寄主进行绿色防控。

参考文献（略）

葡萄白腐病拮抗细菌 S292 的鉴定及发酵条件优化的研究*

周志勤[1]** 韩玲凤[1] 梁春浩[2] 关昕馨[1] 马贵龙[1]***

（1. 吉林农业大学农学院，长春 130118；

2. 辽宁省农业科学院植物保护研究所，沈阳 110161）

摘 要：拮抗细菌菌株 S292 对葡萄白腐病菌（*Coniella diplodiella*）具有较强的抑制作用。为明确其分类地位及活性物质产生条件，本研究通过形态特征、生理生化特征和 16S rDNA 同源性序列分析，确定了菌株 S292 生物学分类地位，通过单因子和正交试验确定了最适发酵培养基配方和最佳发酵条件。结果表明：菌株 S292 为死谷芽孢杆菌（*Bacillus vallismortis*）；其最适培养基配方为酵母浸粉 5g/L，胰蛋白胨 12g/L，氯化钾 13g/L；最佳发酵条件为培养时间 3 天，培养温度 32℃，摇床转速 160r/min，种龄 46h，接种量为装液量的 5%。

关键词：死谷芽孢杆菌；鉴定；培养基；发酵条件；优化

葡萄是世界上种植面积最大的水果之一，占全球水果种植面积的 10% 以上[1]。葡萄白腐病是葡萄生产中非常严重的病害之一，给葡萄生产造成很大损失[2]。葡萄白腐病的病原菌为葡萄白腐垫壳孢菌（*Coniella diplodiella*），属半知菌类，分生孢子器，扁球形或球形，壁厚，暗褐色或灰褐色[3]。葡萄白腐病主要是在果梗，枝蔓和叶片等部位发病。发病部位先产生淡褐色水浸状不规则病斑，如果是在果梗和穗轴上发病则会很快蔓延至果粒，并在病部表面产生灰白色小颗粒，即分生孢子器。在湿度大时，孢子器内溢出灰白色分生孢子团，使病果脱落[4]。目前，葡萄白腐病的防治方法主要是以化学药剂防治为主，生物防治方面研究很少。近年来，生物农药因其无公害、无污染、无残留、低成本且不易产生抗性的优点备受青睐。本研究在针对葡萄白腐病基础上，对已筛选获得的拮抗细菌 S292 进行鉴定及发酵条件优化研究，为该菌株的进一步研究与利用奠定了基础。

1 材料与方法

1.1 材料

病原菌：葡萄白腐病菌（*Coniella diplodiella*），由吉林农业大学农学院植物病理研究室提供。

拮抗细菌菌株 S292：由吉林农业大学农学院植物病理研究室提供。

* 基金项目：葡萄育种及综合配套技术创新团队项目（2014204004）；长春市科技计划项目（2013201）

** 作者简介：周志勤，男，硕士研究生在读，研究方向：植物病害综合治理；E-mail：626275551@qq.com

*** 通讯作者：马贵龙；E-mail：582293998@qq.com

1.2 供试培养基

PDA 培养基、NA 培养基、LB 液体培养基、YS 培养液、HL 培养基、葡萄糖蛋白陈培养基、明胶培养基、可溶性淀粉琼脂培养基、柴斯纳（Tresner）培养基、石蕊牛乳培养基等。

1.3 方法

1.3.1 菌株鉴定

菌落形态特征观察：将拮抗菌株 S292 接种于 NA 培养基上，于 28℃ 下培养 2 天，观察记录菌落形态特征[5]；采用革兰氏染色法进行细胞染色，孔雀绿染色法进行芽孢染色[6] 并用扫描电镜观察细胞形态。生理生化鉴定：依据《伯杰细菌鉴定手册（第八版）》和《常见细菌系统鉴定手册》对拮抗细菌 S292 进行生理生化鉴定；分子鉴定利用 16S rD-NA 序列分析：将拮抗菌 S292 接种于 LB 液体培养基上培养 24h，并以之为模板提取基因组 DNA，利用细菌 16S rDNA 通用引物进行 PCR 扩增，并将扩增的 16S rDNA 产物割胶回收纯化后送往上海生工生物工程技术服务有限公司进行测序，测序结果通过 NCBI 数据库进行 Blast 比对，并采用 MEGA 4.0 软件构建系统发树[7]。

1.3.2 菌株发酵液、无菌发酵滤液的制备及活性测定

种子液制备：将拮抗细菌 S292 活化后接种于 30mL LB 液体培养基中，起始 pH 值 7.0，28℃，180r/min 培养 2 天，作为种子液。

发酵液及无菌发酵滤液制备：将 S292 菌株种子液以 5% 的接种量接入供试液体培养基中，装瓶量 100mL/250mL，28℃，180r/min 振荡培养 2 天，即得发酵液。发酵液经 0.45μm 微孔滤膜过滤，即得无菌发酵滤液。

活性测定：采用平板对峙法[8]，将培养好的病原真菌制成直径为 10mm 的菌碟。将菌碟接种在新 PDA 平板的中央，在平板四周等距滴加无菌发酵滤液 30μL，置于 28℃ 的恒温箱中培养 7 天，测量抑菌圈直径。

1.3.3 发酵条件优化

1.3.3.1 发酵营养条件优化试验

（1）碳源：将 LB 培养基中的碳源分别用蔗糖、葡萄糖、玉米粉、淀粉、麦芽糖、甘油等量替换，其他成分不变，配置成 7 种不同的发酵培养基。

（2）氮源：将 LB 培养基中的氮源分别用蛋白陈、硝酸铵、氯化铵、硝酸钠等量替换，其他成分不变，配置成 5 种不同的发酵培养基。

（3）无机盐：将 LB 培养基中的无机盐分别用磷酸氢二钾、氯化钾、硫酸镁、氯化钙、硫酸亚铁、硫酸锌等量替换，其他成分不变，配置成 7 种不同的发酵培养基[9]。每个处理 3 次重复，其他发酵条件及活性测定方法同 1.3.2。

发酵营养条件正交试验

根据以上试验确定最佳的碳源、氮源和无机盐后，选取最佳因素进行正交设计试验。确定碳、氮源和无机盐的最佳用量[10]。

1.3.3.2 发酵培养条件优化试验

（1）种龄试验：依据 1.3.2 中 LB 种子液制备条件，将种子液分别培养 16h、22h、28h、34h、40h、46h、52h 和 58h 后，以 5% 的接种量将种子液分别接种在优化后的发酵培养基中，发酵培养 2 天后，用平板对峙法分别测抑菌活性。

（2）接种量试验：根据上面试验结果，选取最佳种龄时间，接种量分别设定为 1%、3%、5%、7% 和 9%，其余条件同上，分别测抑菌活性。

（3）发酵温度试验：根据上面试验结果，选取最佳种龄时间和接种量，发酵温度分别设定为 20℃、24℃、28℃、32℃ 和 36℃，其余条件同上，分别测抑菌活性。

（4）发酵时间试验：根据上面试验结果，选取最佳种龄时间、接种量和发酵温度，发酵时间分别设定为 1 天、2 天、3 天、4 天、5 天、6 天、7 天和 8 天，其余条件同上，分别测抑菌活性。

（5）摇瓶转速试验：根据上面试验结果，选取最佳种龄时间、接种量、发酵温度和发酵时间，摇瓶转速分别设定为 120r/min、140r/min、160r/min、180r/min、200r/min、220r/min 和 240r/min，其余条件同上，分别测抑菌活性[11]。

2 结果与分析

2.1 菌株鉴定

2.1.1 菌落形态特征

菌株 S292 在 NA 培养基上菌落形状为圆形，颜色乳白不透明，边缘整齐，表面光滑，呈台状。革兰氏染色呈阳性，产芽孢，端生，芽孢椭圆形，扫描电镜观察菌体为杆状。

2.1.2 生理生化鉴定结果

菌株 S292 的部分生理生化特征见表 1。可在 5% NaCl 浓度生长，接触酶、氧化酶阳性，能够水解淀粉，可利用的糖类有麦芽糖、蔗糖、葡萄糖和半乳糖，不能使明胶液化。

表 1 菌株 S292 部分生理生化特征

鉴定项目	鉴定结果	鉴定项目	鉴定结果	鉴定项目	鉴定结果
5% NaCl 浓度生长	+	明胶液化	—	麦芽糖利用	+
接触酶	+	H_2S 还原	+	海藻糖利用	–
氧化酶	+	石蕊还原	+	果糖利用	–
MR	—	蔗糖利用	+	甘露醇利用	–
V-P	+	葡萄糖利用	+	棉子糖利用	–
淀粉水解	+	半乳糖利用	+	木糖利用	–

注："+"表示阳性，"–"表示阴性

2.1.3 16S rDNA 序列分析

1% 琼脂糖电泳，150V、100mA、20min 电泳观察如图 1。测序结果表明，菌株 S292 扩增的 16S rDNA 序列全长 1 466bp，在 NCBI 数据库上 Blast 进行同源性比对，结果显示：菌株 S292 鉴定为死谷芽孢杆菌（*Bacillus vallismortis strain* QAMA04），芽孢杆菌属（*Bacillus*）。采用 MEGA4.0 软件构建系统发育进化树，结果见图 2，菌株 S292 与已知菌 *Bacillus vallismortis strain* QAMA04 在同一分支上，相似性达到 98%，亲缘关系最近。

2.2 发酵条件优化

2.2.1 不同碳源、氮源、无机盐对发酵液抑菌活性影响

使用无菌发酵滤液与葡萄白腐病原菌做平板对峙测发酵液活性，结果如表 2、表 3 和表 4 所示，菌株 S292 发酵培养的最佳碳源、氮源和无机盐分别是：酵母浸粉、胰蛋白胨

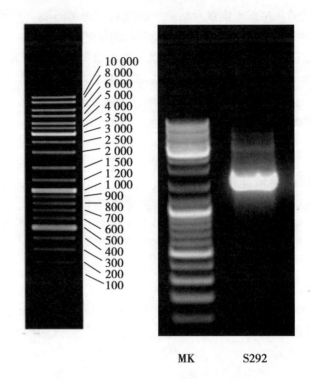

图1　菌株 S292 的 16S rDNA PCR 扩增电泳分析结果

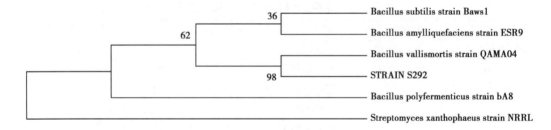

图2　菌株 S292 系统发育进化树

和氯化钾。

表2　不同碳源对菌株 S292 发酵的影响

碳源	抑菌圈直径（mm）			
	I	II	III	平均值
蔗糖	8.8	8.6	9.0	8.8
葡萄糖	11.3	15.0	12.8	13.0
玉米粉	7.6	6.5	7.7	7.3
酵母浸粉	17.5	20.3	19.7	19.2
麦芽糖	10.3	11.2	13.0	11.5
甘油	17.3	15.1	14.5	15.6
淀粉	15.3	14.2	16.8	15.4

表3　不同氮源对菌株 S292 发酵的影响

氮源	抑菌圈直径（mm）			
	Ⅰ	Ⅱ	Ⅲ	平均值
蛋白胨	11.5	16.0	13.1	13.5
硝酸	6.3	5.2	5.5	5.7
氯化铵	9.3	11.2	7.3	9.3
硝酸钠	4.2	8.5	9.4	7.4
胰蛋白胨	18.5	21.0	17.8	19.1

表4　不同无机盐对菌株 S292 发酵的影响

无机盐	抑菌圈直径（mm）			
	Ⅰ	Ⅱ	Ⅲ	平均值
磷酸氢二钾 K_2HPO_4	8.8	8.9	12.5	10.1
氯化钾 K_2Cl	13.7	15.5	16.0	15.1
硫酸镁 $MgSO_4$	4.3	5.6	5.8	5.2
氯化钙 $CaCl_2$	6.8	5.7	9.7	7.4
硫酸亚铁 $FeSO_4$	7.2	5.2	8.3	6.9
硫酸锌 $ZnSO_4$	8.2	10.5	10.7	9.8
氯化钠 Na_2Cl	13.3	12.4	15.0	13.6

2.2.2　营养条件正交试验

　　根据以上试验结果，选取最佳因素进行三因素三水平正交试验，确定碳、氮源和无机盐的最佳用量。正交试验极差分析结果见表5，结果显示，不同营养成分对发酵液活性影响程度为 D > A > B，即：氯化钾 > 酵母浸粉 > 胰蛋白胨；最佳水平组合为 A2B3C3，即菌株 S292 的酵母浸粉 5g/L，胰蛋白胨 12g/L，氯化钾 13g/L。

表5　正交试验设计

试验号	酵母浸粉（g）A	胰蛋白胨（g）B	氯化钾（g）C	抑菌圈直径（mm）
1	1（3）	1（8）	1（7）	12.5
2	1（3）	2（10）	2（10）	15.3
3	1（3）	3（12）	3（13）	19.0
4	2（5）	1（8）	2（10）	17.8
5	2（5）	2（10）	3（13）	20.0
6	2（5）	3（12）	1（7）	18.5

（续表）

试验号	酵母浸粉（g）A	胰蛋白胨（g）B	氯化钾（g）C	抑菌圈直径（mm）
7	3（7）	1（8）	3（13）	19.2
8	3（7）	2（10）	1（7）	13.4
9	3（7）	3（12）	2（10）	17.6
K1	15.6	16.5	14.8	
K2	18.8	16.2	16.9	
K3	16.7	18.3	19.4	
R	3.2	2.1	4.6	
主次顺序		D＞A＞B		
优水平	A2	B3	C3	

2.2.3 发酵培养条件优化

如图 3 中种龄所示，菌株 S292 发酵液抑菌活性，在 46h 时达到最大，之后随种龄时间延长而有所下降，这可能是细菌培养时间过长活性降低导致，因此菌株 S292 发酵的最佳接种种龄为 46h。

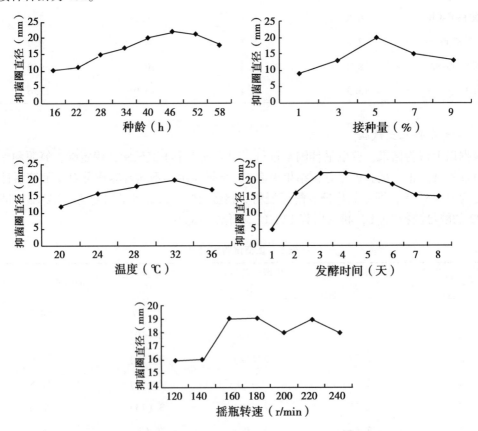

图 3　不同种龄、接种量、温度、发酵时间、摇瓶转速对菌株 S292 的发酵影响

如图 3 中接种量所示，菌株 S292 发酵液抑菌活性开始随着接种量增长而增大，在 5% 时到达最大，当接种量超过 5% 时抑菌活性开始下降，这可能是因为接种量过大导致培养基里的营养成分过快消耗导致，因此菌株 S292 发酵的最佳接种量为 5%。

如图 3 中温度所示，菌株 S292 发酵液抑菌活性在培养温度为 32℃ 时最大，因此菌株 S292 发酵的最佳培养温度为 32℃。

如图 3 中发酵时间所示，菌株 S292 发酵液抑菌活性开始随着发酵时间延长而增大，在第 3 天时达到最大，之后随时间延长而有所下降，这可能是细菌后期代谢产生破坏抑菌活性物质的其他物质所导致，因此菌株 S292 的最佳发酵时间为 3 天。

如图 3 中摇瓶转速所示，菌株 S292 发酵液抑菌活性开始随转速增加而增大，当转速达到 160r/min 后，发酵液抑菌活性随转速增加波动不大，本着节约用电的原则，因此，菌株 S292 发酵的最佳摇瓶转速为 160r/min。

3　结论与讨论

植物病害生物防治是利用有益微生物和微生物代谢产物对农作物病害进行有效防治的技术与方法[12-14]。目前关于葡萄白腐病生物防治的研究还很少，主要还是依靠化学农药防治该病，而菌株 S292 对葡萄白腐病菌具有较强的拮抗作用。本研究通过形态学观察、生理生化特征分析及 16S rDNA 序列分析对菌株 S292 进行生物学分类鉴定，确定为死谷芽孢杆菌（*Bacillus vallismortis*）。近些年陈彦[15]、崔贵青等人先后发现了枯草芽孢杆菌和淡紫灰链霉菌对葡萄白腐病具有一定的防治作用，而死谷芽孢杆菌从未被报道过对葡萄白腐病菌具有抑制作用。

发酵培养是生物农药商品化的基础，因此选择发酵培养的最适培养基配方和最佳培养条件对提高发酵代谢活性产物尤为重要。本研究通过单因子和正交试验确定菌株 S292 的最佳发酵条件，其最适培养基配方为酵母浸粉 5g/L，胰蛋白胨 12g/L，氯化钾 13g/L；最佳培养条件为培养时间 3 天，培养温度 32℃，摇床转速 160r/min，种龄 46h，接种量为装液量的 5%。为进一步研究菌株 S292 的发酵工艺、生物农药创制等方面奠定了良好的基础。

参考文献

[1] 田东，冯建英，陈旭，等. 世界葡萄产业生产及贸易形势分析 [J]. 世界农业，2010，6：46 - 50.

[2] 崔贵青，王连君，姜楠，等. 葡萄白腐病拮抗链霉菌 G4 的筛选、鉴定及发酵条件的优化 [J]. 吉林农业大学学报，2012，34（2）：147 - 151.

[3] Qiu Liu, Jicheng Yu, Jianfang Yan, *et al*. Antagonism and Action Mechanism of Antifungal Metabolites from Streptomyces rimosus MY02 [J]. Phytopathol, 2009, 157：306 - 310.

[4] 陈彦，刘氏远，赵金华，等. 葡萄白腐病生物学特性研究 [J]. 沈阳农业大学学报，2006，37（6）：840 - 844.

[5] R. E. Buchanan. 伯杰细菌鉴定手册（第八版）[M]. 北京：科学出版社，1984：729 - 731.

[6] 东秀珠，蔡妙英. 常见细菌系统鉴定手册 [M]. 北京：科学出版社，2001：353 - 398.

[7] LAHLALI R，HIJRI M. Screening, Identification and Evaluation of Potential Biocontrol Fungal Endophytes against Rhizoctonia solani AG3 on Potato Plants [J]. FEMS Microbiol Lett, 2010, 311：152 - 159.

[8] 周德庆. 微生物学实验手册 [M]. 上海：上海科学技术出版社，1980：339.

[9] 臧超群. 葡萄霜霉病生防细菌 SY286 及控病机理研究 [D]. 沈阳：沈阳农业大学. 2014.

[10] 孙杨. 番茄叶霉病菌拮抗细菌的筛选、鉴定及其发酵液活性的研究 [D]. 长春：吉林农业大学. 2012.

[11] 崔贵青. 葡萄白腐病菌拮抗放线菌的筛选、鉴定及发酵条件研究 [D]. 长春：吉林农业大学. 2012.

[12] 马成涛. 胡青. 杨德奎. 土壤有益微生物防治植物病害的研究进展 [J]. 山东科学，2007，20 (6)：61 – 66.

[13] 张俊华. 微生物代谢产物作用于植物的研究探讨 [J]. 生命科学研究，2007，11 (4)：44 – 47.

[14] 邱德文. 我国生物农药现状分析与发展趋势 [J]. 植物保护，2007，32 (5)：27 – 32.

[15] 陈彦. 刘长远. 赵奎华，等. 葡萄白腐病有益拮抗菌株 YB9 的分类鉴定研究 [J]. 北方果树，2007 (3)：4 – 5.

南部县柑橘病虫害绿色防控技术

何海燕[1]* 肖 孟[1] 彭昌家[2]** 蔡琼碧[1]

(1. 四川省南部县植保植检站，南部 637300；

2. 四川省南充市植保植检站，南充 637000)

摘 要：介绍了检疫控制、农业防控、物理机械防控、生物防控和科学用药等柑橘病虫害绿色防控技术及各项技术的适用范围，旨在指导果农科学合理地防治病虫害，从而确保柑橘果品安全，提高果品质量，增强市场竞争力。

关键词：柑橘；病虫害；绿色防控；技术

柑橘是四川省南部县支柱产业之一，截至 2014 年年底，栽培面积达 5 333.3 hm²，总产量 5 万 t。为进一步加快全区绿色防控技术推广进程，我们通过几年柑橘病虫绿色防控技术试验示范，并在一定区域推广应用，基本探索出了一套适合南充市高坪区柑橘病虫害绿色防控的技术措施，为全区柑橘病虫害绿色防控，尤其是柑橘无公害基地、绿色食品认证基地、有机基地（化学农药除外）生产和相同生态地区柑橘病虫害绿色防控提供参考。

1 检疫控制

1.1 严格执行检疫措施

搞好柑橘苗木、砧木、接穗和果品市场检疫与苗木、砧木和接穗产地及调运检疫，以阻截检疫性病虫（如柑橘溃疡病、柑橘黄龙病、蜜柑大实蝇等）传入。

1.2 新园选址须征询当地植保植检站（或植物检疫站）意见

新建柑橘园严禁选在发生过柑橘溃疡病间隔期不到 3 年的地方，最好选在地势较高、排水好、灌溉方便的地方，在平地或水田上建园时，采用深沟高畦或土墩种植。

1.3 建立检疫性和外来危险性有害生物监测点，及时抽样送检

在园区内设立 1~2 个监测点，安排专人进行定期或不定期监测，对于监测到的有害生物，应立即上报，并抽样送检，待检验报告和专家确认后，紧急采取有效措施，及时进行封锁、防除或扑灭，并逐级上报。

1.4 切实搞好柑橘溃疡病的封锁控制

继续坚持对柑橘溃疡病从严管理的原则，巩固全市柑橘溃疡病防控成果。各柑橘生产区，要严格执行对柑橘溃疡病的检疫措施，对调入、串换和上市的带病果品、苗木、砧木和接穗，一经发现要彻底销毁。

---

* 第一作者：何海燕，男，从事植保植检工作，高级农艺师；E-mail：1179846468@qq.com

** 通讯作者：彭昌家，男，从事植保植检工作，副调研员、推广研究员、国贴专家、省优专家、省劳模、市学术和技术带头人、市拔尖人才；E-mail：ncpcj@163.com

2 农业防控

2.1 选用优良抗性砧木品种和无病毒苗木

对柑橘溃疡病，必须选用优良抗性砧木品种和无病毒苗木。对柑橘裂皮病，利用指示植物如香橼、矮牵牛等诱发苗木症状快速显现，以确定其是否带毒，选用无病母株或培育无病苗木。对柑橘脚腐病和流胶病，一是利用抗病砧木（这是防治此病的根本措施），以枳壳最抗病，红橘、枸头橙、酸橘、香橙和柚次之；用抗病砧木育苗时，应适当提高嫁接口的位置，定植时须浅栽，使抗病砧木的根颈部露出地面，以减少发病。二是靠接换砧，已定植的感病植株于3~5月在主干上靠接3~4株抗病砧木；轻病树和健康树可预防病害发生；重病树靠接粗大的砧木，使养分输送正常，起到增根的效果。

2.2 科学修剪

11~12月剪除介壳虫类和粉虱类等病虫为害重的枝梢，以及过度郁闭的衰弱枝和干枯枝，放在空地上，待天敌飞出后再集中处理，以使树体通风透光良好、生长健壮，减少树上越冬虫源。

2.3 及早摘除树上柑橘大实蝇有虫果

在柑橘树果实发育的中后期，及早采摘"三果"，即产卵迹象明显的青果（晒干加工成中药），随时摘除被幼虫蛀害的未熟黄果，彻底捡拾落在树冠下的虫果，放入挖好的坑里，撒上一层石灰，并用土盖上灭虫，或用刀剖开或用脚将虫果踏烂后再弃粪坑中泡杀幼虫，效果较好，还可作肥料。

2.4 冬春季清园并翻耕

冬季柑橘园修剪后，及时清除园内枯枝落叶、病虫枝和落地果，集中销毁；同时用0.5%烟·参碱（果圣）水剂500倍液、或用4%鱼藤酮乳油600~800倍液、或用10%浏阳霉素乳油1 000~2 000倍液、或用45%晶体石硫合剂20倍液、或用99%矿物油（绿颖）乳油150~200倍液喷雾清园。在冬季霜雪来临前，浅耕园土15cm左右，消灭土壤中的越冬害虫，以压低病虫越冬基数。春季使用上述药剂封杀，控制病虫源头。

2.5 加强栽培管理

肥水管理。平衡施肥，合理灌溉，施用有机肥，补充矿物肥（矿物肥最好是冬季作培肥地力用），喷施不含化学激素的高效氨基酸叶面肥，以增强树势，提高树体抗病虫能力。

地膜覆盖树盘。3月初至6月底，用宽幅地膜覆盖树盘地面，并把树干周围的地膜扎紧，阻止各种越冬代害虫出土为害。同时可提高地温，抑制杂草，保持土壤湿度，促进柑橘树生长发育。

抹芽放梢，切断病虫侵染循环。柑橘树在抽发夏、秋梢时进行人工抹芽，去零留整，集中放梢，使夏、秋梢抽发整齐。

2.6 果实套袋

柑橘树开花、结果时，通过疏花、疏果后，在6月下旬至7月上旬进行果实套袋，务必在套袋前喷施1次杀虫杀菌剂后及时套袋（注意果袋口必须向下，如果果袋口向上，将造成严重落果，降低产量，减少果农收入），套袋时间以晴天9：00~11：00和15：00~18：00为宜，以保证果面光洁，提高果品质量和销售价格。果袋最好选择柑橘专用袋。

2.7 适期采收

根据柑橘品种特性，按照品种成熟时期进行分批采收。采收前注意农药的安全间隔期。

3 物理机械防控

3.1 灯光诱杀

利用害虫趋光特性，安装频振式杀虫灯或太阳能杀虫灯诱杀害虫，平坝地区 2.67 ~ 3.33hm² 安装 1 台，丘陵山地 1.33 ~ 2hm² 安装 1 台。3 月初开始开灯，11 月结束。开灯期间，为尽量降低杀虫灯对自然天敌的杀伤力，每天务必把握开灯时段，春秋季 20：00 ~ 24：00 开灯，夏季 19：00 至次日 1：00 开灯。杀虫灯切忌安装过多、过密，否则将大量杀伤自然天敌，破坏生态平衡。

3.2 人工捕杀

对蛀干性害虫，如天牛类、吉丁虫类、象甲类、小蠹虫类和鳞翅目的透翅蛾、木蠹蛾等，可以用铁丝从被害孔口处插入杀死里面的幼虫，或用脱脂棉蘸取 50% 敌敌畏乳油 200 倍液或 2.5% 溴氰菊酯乳油 1 000 倍液塞入蛀孔，杀死幼虫。对有假死性的害虫如许多金龟子成虫，早晚不善活动，可在盛发期人工振落捕捉消灭。

3.3 黄板诱杀

利用害虫趋色的特性，悬挂黄板诱杀，每亩悬挂黄板 20 ~ 30 张，可对蚜虫类、粉虱类等同翅目害虫进行诱杀。黄板切忌悬挂过多、过密，否则将大量杀伤自然天敌，破坏生态平衡。

3.4 食诱剂诱杀

利用柑橘大实蝇成虫产卵前有取食补充营养（趋糖性）的生活习性，可用糖酒醋敌百虫液或敌百虫糖液制成诱剂诱杀成虫。最好采用挂罐法。挂罐配方：用红糖 5kg、酒 1kg、醋 0.5kg、晶体敌百虫 0.2kg、水 100kg 的比例配制成药液，盛于 15cm 以上口径的平底容器内（如可乐瓶，挂篮盆、罐等），药液深度以 3 ~ 4cm 为宜，罐中放几节干树枝便于成虫站在上面取食，然后挂于树枝上诱杀成虫。一般每 3 ~ 5 株树挂 1 个罐。从 5 月下旬开始挂罐到 6 月下旬结束，每 5 ~ 7 天更换 1 次药液，或者用果瑞特、猎蝇、橘丰等食诱剂进行诱杀。

3.5 主干涂白

主干涂白可保护主干，防止害虫产卵和阳面树皮日灼，避免树皮裂口，从而减少流胶病感染。先将主干上的青苔、翘皮刷去或刮除，再将涂白剂均匀刷于主干上。涂白剂配方：①生石灰 5kg、石硫合剂 1kg、食盐 0.5kg、清水 15kg。②生石灰 5kg、硫磺粉 250g、食盐 100g、兽油 100g，清水适量（以调成糊状液为宜）。

4 生物防控

4.1 性诱剂诱杀

有针对性地使用性诱剂诱芯诱杀蛾类和桃蛀螟雄性昆虫，使雌蛾失去交配机会，减轻蛾类害虫的发生为害。安放方法：一般按 20 ~ 25m 间距安放一个塑料水盆诱捕器，丘陵山地、果树密度大、枝叶茂密的果园安放间距宜密一些，平坝洼地、果树密度较小的果园安放间距可适当远一些。塑料盆直径22cm、高6cm、水深4~5cm，加入少许洗衣粉，诱芯挂在水盆中央，距水面1~2cm，诱捕器挂在距地面1.5m高的枝干上，逐日检查落入盆中的蛾数，注意添加盆内水量，性诱剂每隔20~30天更换1次。安放时期：5月中旬至10月中旬。

4.2 保护利用天敌

柑橘园天敌种类多、数量大，是控制害虫群落的重要因素。一是禁止使用高毒、高残留农药，选用生物农药和高效、低毒、低残留的新药剂，协调保护天敌和化学防治的矛盾。二是改进防治方法和喷药技术。如采用根部施药、树干涂药和包扎内吸性药剂等，避开天敌的发生高峰期施药；尽量采取单株挑治的办法，均可减少对天敌的伤害。三是生草栽培，合理间作。根据生态控制原理，利用生态多样性和物种多样性原理，改变果园小气候和有益生物组成，创造优良的天敌栖息、生存、繁衍的柑橘园生态环境。可在园内或柑橘园周边种植"蜜源"植物或桥梁作物，招引天敌栖息繁衍。增加捕食螨补充食源，保护利用天敌资源的控害作用。主要包括：在果园内种植豆类、蔬菜、紫苏、三叶草、百花草等植物，或者蓄留自生杂草，种草不宜过高、过密，适时进行割草（不得使用除草剂除草），可招引捕食螨、寄生蜂、瓢虫、草蛉等天敌栖息，充分发挥自然天敌的控害作用。

4.2.1 以螨治螨

柑橘园内释放捕食螨——胡瓜钝绥螨防治柑橘红蜘蛛和黄蜘蛛，每株释放捕食螨1~2袋，斜挂于柑橘中下部树枝上，并外套朔料薄膜，防止降水淋湿捕食螨包装袋，影响捕食螨释放。应掌握以下技术要点。

释放捕食螨前施药封杀清园。3月上中旬，捕食螨释放前15~20天，用生物、矿物农药进行封杀清园。可用1.8%阿维菌素乳油3 000倍液、或用10%浏阳霉素乳油1 000倍液（杀螨高效，有效控制期可维持1个月）、或用0.2%苦参碱水剂100~300倍液、或用99%机油乳剂乳油200~300倍液、或用45%晶体石硫合剂20倍液等药剂喷雾，控制越冬基数，确保在释放捕食螨时害螨控制在每叶1~2头及以下，及早建立稳定的种群分布状态。

视树冠大小定释放数量。树高1.5m以下的每株悬挂捕食螨1袋，树高1.5m以上的悬挂捕食螨2袋。

悬挂时期。4~5月是本地柑橘保花、保果的关键时间，也是害螨的第1个为害高峰期，因此，捕食螨的释放时期一般选择在3月下旬，最迟不超过4月上旬，即在本地柑橘害螨发生的第1个高峰之前进行，其控害效果明显优于药剂防治和6月下旬释放。把捕食螨控害期从120天提高到210天，害螨一直处于捕食螨的动态控制水平之下。

悬挂天气和具体时间。根据天气预报1~3天内无明显降水过程，悬挂具体时间最好选择在16：00左右或阴天。

释放方法。胡瓜钝绥螨的释放方法：在纸袋上方一侧斜线剪开2~4cm长的细缝，开口稍向下倾斜，用图钉或细铁丝固定在不被阳光直射的树冠内基部的第一分叉上，与枝干充分接触。不能集中剪袋后分发投放、分装释放、隔株释放、移动释放和撒施。巴氏钝绥螨的释放方法：剪开袋口后，下口内折，将果袋开口朝下斜挂30°~40°，紧贴靠树冠东南面内膛的大枝上，塞入一张新鲜叶片于袋内，再用钉枪击射挂钉固定。

4.2.2 养鸡、养鸭

通过养鸡、鸭对天牛成虫和柑橘大实蝇幼虫等的捕食，可有效减少其发生数量，减轻为害。一般每亩至少放养 3 月龄以上的鸡或鸭 2 ~ 3 只。

5 科学用药

5.1 柑橘裂皮病

在带病柑橘园操作前后用 5% ~ 20% 漂白粉、或用 25% 福尔马林液加 2% ~ 5% 氢氧化钠液、或 5% 次氯酸钠液浸洗嫁接刀、枝条、果剪、锄头等工具和于 1 ~ 2s 消毒，以防接触传染。

5.2 柑橘疮痂病

苗圃和幼龄树在各次新梢芽长 1 ~ 2mm 时喷第 1 次药，10 ~ 15 天后喷第 2 次药；成年结果树在春梢萌动芽长 2mm 时喷第 1 次药，谢花 2/3 时喷第 2 次药，5 月下旬至 6 月上旬再喷 1 ~ 2 次药，保护幼果和夏梢。有效药剂：①生物农药。5% 氨基寡糖素（海岛素）水剂 800 倍液（现蕾、生理落果初和果实膨大 3 个时期各喷 1 次，兼治柑橘炭疽病、柑橘溃疡病等）、2% 农抗 120 水剂（或 2% 武夷菌素水剂）200 倍液。②化学农药。80% 代森锰锌可湿性粉剂 400 ~ 800 倍液、25% 嘧菌酯悬浮剂 800 ~ 1 200 倍液、77% 氢氧化铜可湿性粉剂 800 倍液、10% 苯醚甲环唑水分散粒剂 2 000 倍液、30% 苯醚甲·丙环乳油 3 000 ~ 4 000 倍液、50% 苯菌灵可湿性粉剂 800 倍液、70% 甲基硫菌灵可湿性粉剂 800 ~ 1 200 倍液、75% 百菌清可湿性粉剂 600 ~ 800 倍液、铜皂液 400 倍液（硫酸铜 0.5kg、松脂合剂 2kg、水 200kg）、0.5 : 1 : 1 波尔多液（硫酸铜 0.5kg、石灰 1kg、水 100kg）等药剂，可兼治柑橘炭疽病、树脂病、柑橘溃疡病、煤烟病等。

5.3 柑橘炭疽病

冬季结合防治其他病害，喷布 1 次 45% 石硫合剂晶体 100 ~ 150 倍液。发病果园，在春、夏、秋梢嫩叶期，重点放在幼果期（花谢 2/3）和 8、9 月间喷 1 次药，发病条件特别有利时可在 15 天后再喷 1 次药。有效药剂：①生物农药。20% 龙克菌悬浮剂 500 倍液、12% 绿菌灵乳油 500 倍液、10cfu/g 木霉菌可溶性粉剂 600 ~ 800 倍液。②化学农药。45% 晶体石硫合剂 300 倍液、47% 春雷·王铜可湿性粉剂 800 ~ 1 000 倍液、50% 苯菌灵可湿性粉剂 1 500 倍液、30% 二元酸铜可湿性粉剂 400 ~ 500 倍液等。

5.4 柑橘疫霉病

柑橘疫霉病又称脚腐病、裙腐病，俗称"烂蔸巴"，发现病树应及时将腐烂皮层刮除，纵刻病部深达木质部，间隔 0.5cm 宽，并刮掉病部周围健全组织 1 ~ 2cm，然后于切口处涂抹药剂：①生物农药。10% 农抗 120 可湿性粉剂（或 1% 武夷菌素水剂）200 ~ 250 倍液、20% 井冈霉素可溶性粉剂 1 500 ~ 2 000 倍液，对柑橘树基部喷雾。②化学农药。843 康复剂原液、1 : 1 : 100 倍波尔多液、2% ~ 3% 硫酸铜液等涂抹病部，每隔 15 ~ 20 天涂抹 1 次，连续使用 2 ~ 3 次。

5.5 柑橘流胶病

5 ~ 7 月，发现病树及时用刮刀浅刮病疤，后用刮刀纵刻病部深达木质部，宽 0.5cm 数条，然后于刮口处涂抹药剂：①生物农药。10% 农抗 120 可湿性粉剂（或 1% 武夷菌素水剂或 10% 多抗霉素可湿性粉剂）200 ~ 250 倍液、或用 4% 春雷霉素可湿性粉剂 5 ~ 8 倍液。②化学农药。843康复剂原液、45%晶体石硫合剂50倍液等，各药剂于发病期涂抹2~3次，间隔30天1次。

5.6 柑橘树脂病

春季及时彻底刮除病部后，纵刻病部流胶处数刀，深达木质部，宽0.5cm，然后于切口处涂抹药剂：①生物农药。10%农抗120可湿性粉剂（或1%武夷菌素水剂）200~500倍液。②化学农药。0.8∶0.8∶100倍波尔多液或2%硫酸铜液等涂抹病部，间隔5~7天涂抹1次，连涂3次。或于春季萌芽期、花谢2/3及幼果期时，用20%奥力克速净水剂500~800倍液进行全株（枝、叶及主干）均匀喷雾，有效预防柑橘树脂病、柑橘脚腐病、柑橘炭疽病、柑橘疮痂病、柑橘溃疡病等病害，同时增强植株免疫力，提高株体抗病能力。

5.7 柑橘煤烟病

及时防治柑橘粉虱、黑刺粉虱、介壳虫、蚜虫等害虫是杜绝和减少柑橘煤烟病发生的关键。有效药剂：①生物农药。1.8%阿维菌素乳油4 000~6 000倍液、或4%鱼藤酮乳油800~1 000倍液。②化学农药。发病初期喷0.5∶1∶100倍波尔多液喷雾防治，杀虫剂用10%吡虫啉可湿性粉剂3 000倍液、或用8~10倍液松脂合剂、或用99%机油乳剂200倍液灭虫，有水源条件的地方用水冲刷。

5.8 柑橘全爪螨和柑橘始叶螨

柑橘全爪螨又称柑橘红蜘蛛、瘤皮红蜘蛛，柑橘始叶螨又称柑橘黄蜘蛛、四斑黄蜘蛛。采用以螨治螨的柑橘园，施药同4.2.1。未采用以螨治螨的柑橘树，在3月中旬至4月上旬对越冬卵盛孵期出现虫多卵少时进行第1次挑治，15~20天后对虫叶率达20%时进行第2次挑治，但虫叶率在30%以上时应进行普治。药剂品种用量与释放捕食螨前施药封杀清园相同外，还可用73%克螨特乳油2 000~3 000倍液、5%噻螨酮乳油2 000~2 500倍液、240g/L螺螨酯悬浮剂4 000~5 000倍液、25%三唑锡可湿性粉剂1 000~2 000倍液、50%苯丁锡可湿性粉剂1 000~1 500倍液、15%哒螨灵乳油900~1 000倍液、5%唑螨酯乳油1 250~2 500倍液、20%哒螨灵·单甲脒悬浮剂1 000~1 300倍液等药剂喷雾防治，叶面喷雾至柑橘叶片完全湿润为止。

5.9 介壳虫

介壳虫包括柑橘矢尖蚧、角蜡蚧、吹绵蚧、褐圆蚧、红蜡蚧和糠片蚧等。柑橘矢尖蚧防治应当抓住5月20日左右、6月3日左右和6月20日左右3个防治关键期，有效药剂：①生物农药。1.8%阿维菌素乳油3 000~5 000倍液、4%鱼藤酮乳油800~1 000倍液、0.5%烟·参碱水剂500倍液。②化学农药。99%矿物油乳油200~300倍液（高温天气机油乳剂宜在早晚使用，花蕾期和果实开始转色后慎用，但机油乳剂不可与波尔多液等含硫的杀菌剂混用，前后间隔也应在半个月以上，也不要与乳化剂、展着剂和高度离子化的叶面营养素混用）、或用松脂合剂18~20倍液（松脂合剂配比：烧碱2份、松香3份、水10份）、或用50%稻丰散乳油1 000倍液、或用40%毒死蜱乳油800~1 500倍液、或30%松脂酸钠水乳剂500~1 000倍液、或用50%乙硫磷乳油1 000~1 500倍液、或用40%杀扑磷乳油600~800倍液（20天后再喷1次），在柑橘介壳虫幼蚧盛孵至低龄若虫期喷雾，至叶片完全湿润为止。

5.10 柑橘粉虱和黑刺粉虱

在柑橘粉虱和黑刺粉虱卵孵化高峰期，采用药剂防治。如局部为害，应采取挑治；较大面积发生时，采用专业化统防统治、联防群治。施药时应从外围向中心推进，即包围圈方法，特别注意叶背需喷到，同时注意对行间杂草进行喷药。①生物农药。1.8%阿维菌素乳油4 000～6 000倍液或4%鱼藤酮乳油800～1 000倍液。②化学农药。10%吡虫啉可湿性粉剂3 000倍液，其他同5.9介壳虫中的化学药剂。

5.11 柑橘潜叶蛾

柑橘潜叶蛾又称绘图虫、鬼画符、乱画虫。在7月下旬至8月上旬，以苗圃和幼树为重点，对放梢后7～10天，当嫩梢约3mm、产卵高峰期喷第1次药，隔7天喷第2次药，有效药剂：①生物农药。1.8%阿维菌素乳油2 000倍液、或用2 500IU/mg苏云金杆菌（Bt乳剂）可湿性粉剂500～800倍液、或用苦楝油乳油200倍液、或青虫菌（又名蜡螟杆菌二号）粉剂600～800倍液喷雾防治。②化学农药。3%啶虫脒乳油1 000倍液、或用40%毒死蜱乳油1 000～1 500倍液、或用25%噻虫嗪水分散粒剂3 000～4 000倍液、或用5%氟虫脲乳油1 500～2 000倍液、或用20%氟幼灵悬浮剂5 000～6 000倍液喷雾防治。

5.12 柑橘大实蝇（俗称柑蛆）

5月中旬到6月上旬，柑橘大实蝇成虫羽化出土时用生物农药1.8%阿维菌素乳油1 000倍液、或用4%鱼藤酮乳油500倍液喷施于树冠下或全园地面，化学农药选用敌百虫、辛硫磷颗粒剂1.5～2kg拌土30kg撒施树冠下或全园地面，5月下旬开始到6月下旬，未实施食诱剂诱杀的柑橘园或柑橘树，成虫产卵前喷洒生物农药1.8%阿维菌素乳油2 000～3 000倍液或4%鱼藤酮乳油600～800倍液或化学农药90%敌百虫晶体1 500～1 800倍液或80%敌敌畏乳油1 500倍液喷雾防治成虫，加3%～5%的糖以诱集毒杀成虫，效果更好。

5.13 天牛类

天牛类包括星天牛、褐天牛、光盾绿天牛。采用药剂熏杀，效果较好。即发现排粪孔后，掏尽其中的木屑和虫粪，然后塞入浸有80%敌敌畏乳油的棉球或1粒磷化铝，用泥土封闭所有排粪孔，熏杀幼虫。

5.14 蚜虫

蚜虫包括橘二叉蚜、橘蚜和棉蚜。可用生物农药苦楝油200倍液、或用1.8%阿维菌素乳油4 000～6 000倍液、或用0.38%苦参碱乳油300～500倍液、或用100亿个孢子/g的白僵菌油悬浮剂500倍液等药剂喷雾防治。

此外，防治柑橘果实储藏期的蒂腐病、青霉病、绿霉病、炭疽病等，在采收后用25%咪鲜胺（施保克）乳油500～1 000倍液浸果2min、或用42%噻菌灵悬浮剂300～400倍液、或用50%防腐保鲜剂悬浮剂400～600倍液浸果1min，任选1种浸果后，捞起、晾干、储藏，单果包装，防腐保鲜效果更好。注意：不同成分药剂1年使用1次。

上述检疫控制、农业防控、黄板诱杀、性诱剂诱杀、食诱剂诱杀、人工捕杀、养鸡和养鸭适用于各种柑橘种植生态环境；灯光诱杀、以螨治螨适用于基础设施条件较好的区域和经济收入较高的果农；生物农药防控适用于农业防控、灯光诱杀、黄板诱杀、性诱剂诱杀、食诱剂诱杀、人工捕杀、养鸡养鸭等技术措施使用后，个别或部分柑橘病虫害尚不能有效控制住，或根据病虫发生情况确需配套相应的生物农药防控的各种柑橘种植区域；化学农药防控适用于农业防控、灯光诱杀、黄板诱杀、性诱剂诱杀、食诱剂诱杀、人工捕杀、养鸡养鸭和生物农药等防控措施使用后，个别或部分柑橘病虫害仍不能有效控制住，或根据病虫发生情况确需配套相应的化学农药防控的各种柑橘种植区域。

参考文献

［1］涂建华. 果树病虫害综合防治［M］. 成都：四川科学技术出版社，2001：1－22.

［2］吕佩珂，庞震，刘文珍. 中国果树病虫原色图谱［M］. 北京：华夏出版社，1993：145－332.

［3］农业部全国植物保护总站. 植物医生手册［M］. 北京：化学工业出版社，1994：503－531.

［4］四川省植农牧厅植物保护站，四川省植物保护学会. 植保专业队员手册［M］. 成都：四川科学技术出版社，1992：193－217.

［5］邱强. 果树病虫害诊断与防治彩色图谱［M］. 北京：中国农业科技出版社，2013：198－258.

［6］袁会珠，李卫国. 现代农药应用技术图解［M］. 北京：中国农业科技出版社，2013：85－345.

宜昌地区柑橘病虫害绿色防控措施

卢梦玲[1]* 鄢华捷[1] 贵会平[1] 王友海[1] 陈 玉[2] 费甫华[1]**

(1. 湖北省宜昌市农业科学研究院，宜昌 443004；

2. 湖北省宜昌市点军区农林水局，宜昌 443004)

摘 要：从农业防治、物理防治、生物防治、科学用药等方面，总结了宜昌地区在柑橘病虫害绿色防控上的技术措施。

关键词：宜昌地区；柑橘；病虫害；绿色防控

柑橘是宜昌市农业优势特色产业，在农民增收中发挥着重要作用，2013 年种植面积达到 188.64 万亩，产量达到 275.89 万 t，其中，柑类 152.26 万 t，橘类 89.46 万 t，橙类 32.6 万 t，柚类 1.57 万 t，规模种植品种有蜜橘、椪柑、纽荷尔、红肉、伦晚等。过去，柑橘病虫害主要依赖化学防治措施，在控制病虫害损失的同时，也带来了病虫抗药性上升和病虫暴发几率增加等问题。例如，长期不合理施用化学农药，部分果园生态环境遭到严重破坏，红蜘蛛、锈壁虱、柑橘粉虱、疮痂病等病虫害发生较为严重，并呈逐年上升趋势，导致果实商品价值降低[1]。随着社会经济的发展、人们生活水平的提高，全社会对食品安全越来越重视，柑橘的安全问题也不容忽视。

本文总结了宜昌地区在柑橘病虫害绿色防控上的技术措施。

1 农业防治

从品种选择、土壤管理、科学管水、田间除草、合理整形修剪、清洁果园等多方面管理果园，可达到农业防治的目的。

2 物理防治

物理防治主要以杀虫灯诱杀、色板诱虫、昆虫信息素诱虫、食物诱剂诱虫、物理诱黏剂等为主。

食物诱剂主要用来诱杀柑橘大实蝇成虫，主要包括自制糖醋液和果瑞特诱杀剂两种，可喷雾或挂瓶。

糖醋液诱杀。用 90% 晶体敌百虫 800 倍液 +3% 红糖（50g 敌百虫 +1.25kg 糖 +40kg 水）配成药液，喷 1/3 树冠面积。7~10 天一次，连喷 3~4 次。

---

* 作者简介：卢梦玲，女，硕士，助理农艺师，从事植物保护工作；E-mail：menglinglu88 @ gmail. com

** 通讯作者：费甫华，男，硕士，正高职高级农艺师，从事植物保护工作；E-mail：13997689186@ 163. com

用果瑞特诱杀剂 180 克兑两份水配成药液，每亩喷 10 个点，每点 0.5～1.0m²。7～10 天一次，连喷 4～5 次。

物理诱黏剂是一种新型高效专门用来诱杀实蝇的诱黏剂。利用实蝇专用天然黏胶及植物中提取天然香味诱引实蝇，使虫体黏于黏胶后自然死亡。好田园物理诱黏剂田间诱集效果速效性突出，可推荐在为害高峰期使用[2]。

近年来，宜昌地区新引进了由湖北省农业科学院果树茶叶研究所发明的柑橘大实蝇诱杀芯片（柑橘大实蝇诱杀芯片及制备方法 CN 102388913 B）来防治柑橘大实蝇，取得了较好的效果，可在全国范围内推广。

3　生物防治

每年 5 月中旬到 9 月上旬分别投放捕食螨，捕食柑橘红黄蜘蛛，达到以螨治螨的目的。

释放前 20 天用化学农药做好清园工作，彻底降低病虫害基数（将红黄蜘蛛百叶螨卵量控制在 200 头以下），选择在晴天傍晚投放（保证释放后两天内无大雨），释放后禁用杀虫杀螨剂[1]，如果发生虫害应选用苦参碱等生物农药进行挑治[3]。

4　科学用药

在防治柑橘病虫害时，坚持科学用药，选择高效、低毒、低残留、环境友好型农药。按照《柑橘类果树病虫害绿色防控技术规程》上推荐的生物农药农药品种、高效低毒、低残留农药品种来防治病虫害，禁用高毒高残留农药。

宜昌地区选用印楝素制剂产品对柑橘害虫开展种群控制防治试验（表），达到控制虫害，保护作物，降低农残，提高产品品质。印楝素制剂是纯植物源杀虫剂，因此需提前预防且连续使用。

表　印楝素用药方法一览表

时　间	物候期/防控对象	使用方法
4 月下旬	春梢生长期、现蕾开花期：红蜘蛛、蚜虫	使用 0.3% 印楝素乳油 500 倍液喷雾处理 1 次
5～6 月	谢花期、夏梢抽生期：红蜘蛛、蚜虫	连续使用 0.3% 印楝素乳油 500 倍液喷雾处理 2 次
7～8 月	果实膨大期、秋梢抽生期：红蜘蛛、潜叶蛾	使用 0.3% 印楝素乳油 500 倍液喷雾处理 1 次
9～10 月	秋梢生长期、果实成熟期：红蜘蛛、吸果夜蛾、柑橘粉虱	连续使用 0.3% 印楝素乳油 500 倍液喷雾处理 2 次

印楝素是取自印楝的一类具有良好杀虫活性的植物源提取物，具有杀虫广谱、低毒，不易产生抗药性和环境相容性好等优点。印楝素已成为世界上公认的活性最强的植物源杀虫剂，符合绿色农药和农业可持续发展的要求[4]。

自 2006 年提出"公共植保、绿色植保"理念以来，农业部高度重视绿色防控工作[5]。果树、茶叶、蔬菜等产业上都提倡绿色防控，采用农业防治、物理防治、生物防治、生态调控以及科学、合理、安全使用农药的技术，达到有效控制农作物病虫害，确保农作物生产安全、农产品质量安全和农业生态环境安全，促进农业增产、增收的目的[6]。

现在，我们需要在以往的绿色防控措施的基础上提出更新的想法，集成更多优秀的技术，使病虫害的防控技术达到一个新的水平。

参考文献

［1］曹诗红，朱祚亮，蔡世风，等．宜都市柑橘病虫害绿色防控技术［J］.中国农技推广，2010（06）：42－43.

［2］胡菡青，陆修闽，蔡盛华，等．不同诱剂对橘小实蝇的田间诱集效果比较［J］.福建农业学报，2013（12）：1 273－76.

［3］张建文．柑橘捕食螨应用技术要点［J］.福建农业，2008（3）：24.

［4］陈小军，杨益众，张志祥，等．印楝素及印楝杀虫剂的安全性评价研究进展［J］.生态环境学报，2010，19（6）：1 478－1 484.

［5］范小建．在全国植物保护工作会议上的讲话［J］.中国植保导刊，2006，26（6）：5－13.

［6］宁红，秦蓁．柑橘病虫害绿色防控技术百问百答［M］.北京：中国农业出版社，2009：1－3.

猕猴桃溃疡病防治技术初步研究[*]

赵小明[1**]　周天仓[2]　陈银潮[3]　王文霞[1]　尹　恒[1***]

(1. 中国科学院大连化学物理研究所；2. 陕西西大华特科技
实业有限公司；3. 西北农林科技大学植物保护学院)

摘　要：猕猴桃溃疡病是猕猴桃的癌症，严重时可造成毁园，造成很大的损失，目前生产上尚无有效的方法防治。本试验在生长期喷施壳寡糖免疫诱导剂与噻霉酮，在冬季来临前喷施壳寡糖，对猕猴桃溃疡病有明显的防治效果。壳寡糖免疫诱导剂与噻霉酮处理，不仅能有效的防治猕猴桃溃疡病，还能提高猕猴桃的产量，改善猕猴桃的品质。该试验提出的方法是有效防治猕猴桃溃疡病的方法。

关键词：猕猴桃溃疡病；防治；免疫诱导剂；壳寡糖；噻霉酮

猕猴桃溃疡病是一种严重威胁猕猴桃生产的毁灭性细菌性病害，流行年份致使全园濒于毁灭，造成重大经济损失，该病的发生为害，不仅减低产量，而且导致果皮变厚，果味变酸，果实变小，果形不一，品质下降，商品价值降低，给果农造成巨大的经济损失。溃疡病近年来在秦岭北麓猕猴桃产区对生产造成了严重为害，个别园片发病率达62%，因溃疡病导致的挖树、毁园现象时有出现。猕猴桃溃疡病已成为制约猕猴桃产业发展瓶颈之一，对其防治是生产上亟待解决的问题。

寡糖植物免疫诱导剂是近年研发出的新型生物农药，能提高植物的免疫力，提高植物的抗逆性，包括抗寒、抗旱性，同时具有促进植物伤口愈合的功能，在农业生产上发挥了积极的作用。噻霉酮是一种新型低毒广谱杀菌剂，对多种细菌、真菌性病害有较好的防治效果。为了探索噻霉酮与壳寡糖配合防治溃疡病技术，作者在陕西省眉县进行了防治试验，取得了较好防治效果。

1　试验材料与方法

1.1　试验药品

（1）12%噻胜（苯醚甲环唑10%　噻霉酮2%）SC，陕西西大华特科技实业有限公司生产；

（2）3%细刹（3%噻霉酮可湿性粉剂），陕西西大华特科技实业有限公司生产；

（3）1.6%金霉唑（1.6%噻霉酮水乳剂），陕西西大华特科技实业有限公司生产；

（4）5.0%康喜（5.0%壳寡糖），陕西西大华特科技实业有限公司生产。

* 基金项目：国家高技术研究发展计划（863计划）（2012AA021501）；中科院重点部署项目（KSZD－EW－Z－015－2）；海洋公益项目（201305016－2）

** 第一作者：赵小明；E-mail：zhaoxm@ dicp. ac. cn

*** 通讯作者：尹恒；E-mail：yinheng@ dicp. ac. cn

1.2　试验地基本情况

试验地选择陕西省眉县首山镇第五村刘新怀家猕猴桃园，品种为红阳，面积 4 亩，树龄 10 年，行株距 3×2，南北行向，共 12 行，试验区 6 行，果农自防区 6 行。

1.3　试验方法

1.3.1　喷药时间和药剂

试验区：2014 年 6 月 10 日，喷施康喜（稀释 1 000 倍液）和金霉唑（稀释 1 000 倍液）；6 月 25 日，喷施康喜（稀释 1 000 倍液）和噻胜（稀释 2 000 倍液）；8 月 20 日，喷施康喜（稀释 1 000 倍液）和细剂（稀释 2 000 倍液）；9 月 20 口，喷施康喜（稀释 1 000 倍液）和细剂（稀释 2 000 倍液）；12 月 12 日，喷施康喜（稀释 700 倍液）。

果农自防区：2014 年 6 月 10 日喷施 10% 苯醚甲环唑（稀释 2 000 倍液）；6 月 25 日，喷施 25% 戊唑醇水乳剂（稀释 2 000 倍液）；8 月 20 日，喷施 1% 中生菌素水剂（稀释 1 000 倍液）；9 月 20 日，喷施 46.1% 可杀得叁仟水分散粒剂（1 500 倍液）；12 月 12 日，喷施 0.136% 碧护可湿性粉剂（稀释 15 000 倍液）。

1.3.2　调查方法

2014 年 8 月 17 日叶片溃疡病防效调查，试验区和对照区分别调查 10 棵树，每棵树选一个枝条，调查该枝条上所有叶片，记录各级别病叶数，统计病叶数，计算病指，防效。

叶片溃疡病分级标准

0 级：无病；

1 级：病斑面积占整片叶面积的 10% 以下；

3 级：病斑面积占整片叶面积的 11%～25%；

5 级：病斑面积占整片叶面积的 26%～40% 或叶片 50% 发黄；

7 级：病斑面积占整片叶面积的 41%～65% 或叶片 50%～90% 发黄；

9 级：病斑面积占整片叶面积的 66% 以上或叶片 90% 以上发黄。

防效计算方法：

$$病情指数 = \frac{\sum[各级病梢数 \times 相对级值]}{调查总级梢数 \times 9} \times 100$$

$$防治效果（\%）= \frac{空白对照区施药后病情指数 - 药剂处理区施药后病情指数}{空白对照区施药后病情指数} \times 100$$

2014 年 9 月 26 日测定试验区和对照区果实口感和含糖量。2015 年 3 月 20 日调查枝杆溃疡病防治效果，记录总株树，病株数，计算病株率和防效。

2　结果与分析

2.1　对叶片溃疡病防治效果

2014 年 8 月 17 日对叶片溃疡病发生情况进行了调查，调查结果见表 1。

表 1　叶片溃疡病防治结果调查表

试验处理	调查叶片数	病叶数	病叶率（%）	病指	防效（%）
D 试验区	153	23	15.03	1.96	92.2
对照区	149	116	77.85	25.21	

从表1可以看出，经过两次用药，对叶片溃疡病有明显的防效，防治效果达到92.2%。另外，从田间叶片表现看，试验区叶片颜色深绿，叶片比对照区（自防区）大，叶片边缘有少量干枯，基本没有落叶，而对照区叶片发黄，边缘干枯，落叶较多（图）。

图 试验区与对照区猕猴桃生长情况

2.2 对枝干溃疡病防治效果

3月中旬至4月中旬为猕猴桃溃疡病病菌为害盛期，病斑扩大，病斑皮孔中流出大量黄褐色液体，阴雨天气菌液大量溢出。2015年3月14日调查试验区及对照区枝杆溃疡病发生情况，结果见表2。

表2 防治试验对枝杆溃疡病防治效果调查结果表

处理	调查株数	病株数	病株率（%）	防效（%）
试验区	303	11	3.63	92.1
自防区	267	123	46.07	

由调查结果可知，试验区枝杆溃疡病发病率仅有3.63%，而农户自己防治区枝杆溃疡病发病率高达46.07%，是试验区的12.7倍。试验区的防效达到92.1%。

2.3 试验对果实产量和品质的影响

对试验区的猕猴桃果实口感进行了品尝，同时测定了果实的糖度。十多位专家品尝后认为试验区的果实口感好于对照区，试验区果实比对照区果实甜和爽口，综合评价优于对照区果实。检测糖度为15.43%，对照区为14.63%，较常规处理高0.8个百分点。

对试验区和对照区进行了测产，试验区平均单果重87.44g，产量为2 709kg，对照区平均单果重81.86g，产量为2 271kg，试验区产量比对照区产量提高19.29g。

3 结论与讨论

从试验结果可知，经过6月喷施壳寡糖和噻霉酮两次，有效的控制了叶片溃疡病的发生，这与噻霉酮和壳寡糖的作用密不可分。噻霉酮属于有机杂环类化合物，对真菌、细菌类病害有很强的抑杀作用，特别是对细菌的抑杀效果更强。壳寡糖具有提高植物抗病性及抗旱、抗热等作用，据以前的试验，壳寡糖能较好的预防猕猴桃生理性叶枯病和果实日灼病，本次试验的结果也表明，壳寡糖处理叶枯明显减少，落叶不明显，而农户的自防区叶枯严重，落叶现象严重，这样树势减弱，有利于溃疡病的发生。寡糖处理提高了树势，不利于溃疡病的发生。

从试验结果看，经过6月和8月、9月4次防治，叶片溃疡病得到了较好的控制，叶片发病减轻，树体病菌总数量压低到了较低的程度后，翌年枝杆发病明显减轻。试验结果表明，生长季节积极防治叶片溃疡病是防治枝杆溃疡病的有效办法，过去不重视叶片防治，只重视落叶后的防治措施是不科学的。果实采收后使用杀菌剂和壳寡糖配合促进伤口愈合和防止伤口侵染，有利于病害的防治。

猕猴桃溃疡病是一种细菌病害，通过伤口侵染，冻伤是溃疡病菌侵染的主要途径，喷施壳寡糖能提高植物的抗寒性，特别是在寒害来临之前（12月中旬）喷施壳寡糖，能减少冻害造成的伤口，有利于对溃疡病的控制。

溃疡病既为害枝杆也为害叶片，在叶片生长期喷药防治，叶片能够吸收药剂并传导到植株的各个部位，能有效杀死树体内的病菌，减少病原菌数量，有利于病害的防治，同时喷施有利于提高猕猴桃的抗逆性，提高猕猴桃的树势，同时发挥噻霉酮的杀菌作用，本实验的方法对猕猴桃溃疡病的防治将起到重要作用。

本试验提出的方法，不同于以往不重视叶片防治，只重视落叶后的防治做法，为猕猴桃溃疡病的防治找到了有效的途径。由于试验只进行了一年，结果还需要进一步验证。

参考文献（略）

红枣黑斑病发生影响因素及防治措施[*]

徐兵强[**]　宋　博　阿布都克尤木·卡德尔　朱晓锋　杨　森[***]

（农业部西北荒漠作物有害生物综合治理重点实验室，特色林果产业
国家地方联合工程研究中心，新疆农业科学院植物保护研究所，乌鲁木齐　830091）

摘　要：以新疆南疆枣园普遍发生的枣黑斑病为研究对象，在枣黑斑病发病盛期进行发病情况调查，研究红枣品种、不同种植模式、不同结果枝等对枣黑斑病发生为害的影响。结果初步表明，在调查的红枣品种中，"骏枣""梨枣"发病最重，"灰枣""鸡心枣"发病最轻；在调查的不同间作模式中，红枣—棉间作园发病最重，红枣单作园、红枣—粮间作园和红枣—黄豆间作园均有发生，但没有明显影响；在修剪时，保留多年生枣股枣吊挂果发病相对较重，保留当年二次枝枣吊挂果发病相对较轻。并结合田间观察和调研，提出了红枣黑斑病防治措施。

关键词：红枣黑斑病；间作模式；品种；结果枝；防治措施

新疆幅员辽阔，光热资源十分丰富，有着发展林果业得天独厚的自然条件。自治区党委、政府高度重视特色林果业发展，自 20 世纪 90 年代中期以来，全面支持和大力推广林果业发展，并取得显著成效。目前全区红枣、核桃、杏、葡萄、香梨、苹果等 12 个主栽品种有效株数近 13 亿株，林果总面积已达 $1.33 \times 10^{6} hm^{2}$。其中，枣树作为新疆栽培面积最大的果树目前已发展到 $4.7 \times 10^{5} hm^{2}$（含兵团面积 $1.04 \times 10^{5} hm^{2}$），全区枣产区重点分布在阿克苏、喀什、和田、哈密、吐鲁番和巴州南部等地区，成为当地经济发展和农民致富的重要支柱产业，同时也为改善和治理当地的生态环境发挥着巨大作用[1]。由于红枣种植面积快速增加，而综合管理措施相对滞后，致使枣黑斑病发生日益严重[2]。自 2009年首次在阿克苏、和田地区发现以来，2010 年在阿克苏暴发成灾[3,4]。据 2010 年调查，8月初果实发病率在 10% 以下，采收前发病率上升到 20% ~ 30%，采收后储藏 30 天发病率竟高达 50% 以上，造成的损失难以估量。然而，随着红枣种植规模迅速扩大，红枣的种植品种、种植模式和修剪措施等存在差异，它们对枣黑斑病的发生有何影响。为此，本研究从红枣种植品种、种植模式和红枣结果枝等方面着手，相应调查枣黑斑病发生情况，分析红枣黑斑病严重发生的影响因素，以期为红枣黑斑病的综合治理提供参考依据。

---

　* 基金项目：自治区财政林业科技专项资金项目；新疆维吾尔自治区科技计划项目（201130102 - 3）资助

　** 第一作者：徐兵强，男，硕士，助理研究员，主要从事果树病虫害防治；E-mail：xbqs05 @ 163. com

　*** 通讯作者：杨森；E-mail：yangsenxj@ 126. com

1 材料与方法

1.1 调查时间及地点

2013 年 9 月 21~26 日，选取新疆喀什地区红枣种植集中区域疏勒泽普县等 5 县 33 地块典型红枣园，开展红枣黑斑病发生情况调查，具体地点分布见表 1。

2014 年 10 月 24 日，选取新疆南疆红枣主要种植区阿克苏地区、和田地区和喀什地区 4 县 1 市 15 地块典型红枣园，开展红枣黑斑病发生情况调查，具体地点分布见表 1。

1.2 调查方法

采用五点取样法对红枣黑斑病的发生为害情况进行调查，调查每点取 5 棵树，每块地共计调查 25 棵树，每棵树分上、中、下部 3 点取样，每点 25 个果实，每棵树调查 75 个果实。最后计算病果率和病情指数，并进行方差分析。

1.3 病害分级标准

0 级：无病斑；

1 级：病斑 1 个，病斑直径在 0.5cm 以下；

2 级：病斑 1~3 个，最大病斑直径在 1cm；

3 级：病斑 4~5 个，最大病斑直径在 1~2cm；

4 级：病斑 5 个以上，最大病斑直径超过 2cm。

表 1 红枣烂果病调查时间及调查地点分布表

调查时间	红枣品种	调查地点
2013 年 9 月 21~26 日	骏枣、鸡心枣	喀什地区英吉沙县
	骏枣、灰枣、梨枣	喀什地区莎车县
	骏枣、灰枣	喀什地区泽普县
	骏枣、灰枣	喀什地区疏勒县
	灰枣、鸡心枣	喀什地区疏附县
2014 年 10 月 11~24 日	骏枣	阿克苏地区新和县
	骏枣	阿克苏地区阿克苏市
	骏枣	和田地区洛浦县
	骏枣	喀什地区泽普县
	骏枣	喀什地区麦盖提县

2 结果与分析

2.1 红枣黑斑病发病症状

一般在 8 月下旬或 9 月下旬，果实表面开始发病。红枣果实感染烂果病后，发病病斑一般较果实颜色深，为深红褐色至黑色，病斑处表面略凹陷或凸起，病斑大小、形状不一，一个病果上病斑数少者 1~3 个，最多可达十几个，后期病斑发展连成大块病斑，表面偶有黑色霉状物。病处果肉组织呈红褐色至深红褐色半球形，可发展至黑色圆疗，病健交界处明显易剥离。病皮下果肉浅黄或浅褐色，味苦。

2.2 影响红枣黑斑病的发生因素

2.2.1 不同品种对红枣黑斑病发生的影响

由表2可知，红枣不同品种对枣黑斑病的抗性有差异，其中，"骏枣"和"梨枣"发病明显重于"灰枣"和"鸡心枣"，"灰枣"和"鸡心枣"未观察到枣黑斑病发生。其中，2013年调查喀什地区莎车县枣—棉间作园，"骏枣"病果率为4.30%，病情指数为2.78；"梨枣"病果率为3.70%，病情指数为2.67。调查莎车县红枣单作园，"骏枣"病果率为1.48%，病情指数为1.06；"灰枣"未观察到枣黑斑病发生。调查英吉沙县红枣—粮间作园，"骏枣"病果率为1.98%，病情指数为1.33；"鸡心枣"未观察到枣黑斑病发生。调查泽普县红枣—黄豆间作园，"骏枣"病果率为1.17%，病情指数为0.80；"灰枣"未观察到枣黑斑病发生。调查疏附县枣单作园，"骏枣"和"鸡心枣"均未观察到枣黑斑病发生。

表2 不同品种对红枣黑斑病发生的影响（2013年）

品种	调查地点	种植模式	树龄（年）	病果率（%）	病情指数
"骏枣"	喀什英吉沙县	红枣—粮间作	5	1.98	1.33a
"鸡心枣"	喀什英吉沙县	红枣—粮间作	5	0.00	0.00b
"骏枣"	喀什莎车县	红枣—棉间作	6	4.30	2.78a
"梨枣"	喀什莎车县	红枣—棉间作	6	3.70	2.67a
"骏枣"	喀什莎车县	红枣单作	6	1.48	1.06a
"灰枣"	喀什莎车县	红枣单作	6	0.00	0.00b
"骏枣"	喀什泽普县	红枣—黄豆间作	6	1.17	0.80a
"灰枣"	喀什泽普县	红枣—黄豆间作	6	0.00	0.00b
"骏枣"	喀什疏勒县	红枣单作	6	0.44	0.33a
"灰枣"	喀什疏勒县	红枣单作	6	0.00	0.00b
"鸡心枣"	喀什疏附县	红枣单作	6	0.00	0.00a
"灰枣"	喀什疏附县	红枣单作	6	0.00	0.00a

注：不同字母表示在0.05水平上差异显著，下同

2.2.2 不同间作模式对红枣黑斑病发生的影响

由表3、表4可知，不同间作模式对红枣黑斑病有一定影响，红枣—棉间作园发病明显重于红枣—粮间作园、红枣—黄豆间作园和红枣单作园，红枣—粮间作园、红枣—黄豆间作园和红枣单作园没有明显影响。2013年调查泽普县红枣—黄豆间作园，红枣黑斑病病果率为1.17%，病情指数为0.80；调查红枣单作园，红枣黑斑病病果率为0.63%，病情指数为0.53。2014年调查泽普县红枣—粮间作园，红枣黑斑病病果率为6.77%，病情指数为5.65；调查红枣单作园，枣黑斑病病果率为12.65%，病情指数为7.54。2013年调查麦盖提县红枣—棉间作园，枣黑斑病病果率为3.11%，病情指数为2.22；红枣—粮间作园，枣黑斑病病果率为1.33%，病情指数为0.83；红枣单作园，红枣黑斑病病果率

为1.22%，病情指数为0.89。2014年调查麦盖提县红枣—棉间作园，红枣黑斑病病果率为12.46%，病情指数为8.56；红枣—粮间作园，红枣黑斑病病果率为3.81%，病情指数为2.44；红枣单作园，红枣黑斑病病果率为10.94%，病情指数为6.33。2014年调查阿克苏新和县红枣—棉间作园，红枣黑斑病病果率为3.67%，病情指数为1.83；红枣—粮间作园，红枣黑斑病病果率为1.56%，病情指数为1.06；红枣单作园，枣黑斑病病果率为2.43%，病情指数为2.33。2014年调查阿克苏市红枣—棉间作园，红枣黑斑病病果率为11.86%，病情指数为6.76；红枣单作园，枣黑斑病病果率为5.33%，病情指数为3.52。2014年调查和田洛浦县红枣—粮间作园，红枣黑斑病病果率为0.96%，病情指数为0.59；红枣单作园，枣黑斑病病果率为1.53%，病情指数为1.14。

表3　不同间作模式对红枣黑斑病发生的影响（2013年）

间作模式	调查地点	品种	树龄（年）	病果率（%）	病情指数
红枣—黄豆间作	喀什泽普县	"骏枣"	6	1.17	0.80a
红枣单作	喀什泽普县	"骏枣"	6	0.63	0.53a
红枣—粮间作	喀什麦盖提县	"骏枣"	6	1.33	0.83b
红枣—棉间作	喀什麦盖提县	"骏枣"	6	3.11	2.22a
红枣单作	喀什麦盖提县	"骏枣"	6	1.22	0.89b

表4　不同间作模式对红枣黑斑病发生的影响（2014年）

间作模式	调查地点	品种	树龄（年）	病果率（%）	病情指数
红枣—粮间作	喀什泽普县	"骏枣"	7	6.77	5.65a
红枣单作	喀什泽普县	"骏枣"	7	12.65	7.54a
红枣—粮间作	喀什麦盖提县	"骏枣"	7	3.81	2.44c
红枣—棉间作	喀什麦盖提县	"骏枣"	7	12.46	8.56a
红枣单作	喀什麦盖提县	"骏枣"	7	10.94	6.33b
红枣—粮间作	阿克苏新和县	"骏枣"	7	1.56	1.06b
红枣—棉间作	阿克苏新和县	"骏枣"	7	3.67	1.83a
红枣单作	阿克苏新和县	"骏枣"	7	2.43	2.33a
红枣—棉间作	阿克苏阿克苏市	"骏枣"	7	11.86	6.76a
红枣单作	阿克苏阿克苏市	"骏枣"	7	5.33	3.52b
红枣—粮间作	和田洛浦县	"骏枣"	7	0.96	0.59a
红枣单作	和田洛浦县	"骏枣"	7	1.53	1.14a

2.2.3　不同结果枝对红枣黑斑病发生的影响

由表5可知，不同结果枝对红枣黑斑病发生有明显影响，在修剪时保留多年生枣股枣吊结果比保留当年二次枝枣吊结果发病重。2014年，在喀什麦盖提红枣单作园，保留多年生枣股枣吊结果的枣黑斑病病果率为 9.88%，病情指数为 5.42；保留当年二次枝枣吊结果的枣黑斑病病果率为 0.86%，病情指数为 0.86。

表5   不同挂果部位对红枣黑斑病发生的影响（2014 年）

结果枝	调查地点	间作模式	品种	树龄（年）	病果率（%）	病情指数
多年生枣股枣吊	喀什麦盖提县	红枣单作	"骏枣"	7	9.88	5.42a
二次枝枣吊	喀什麦盖提县	红枣单作	"骏枣"	7	0.86	0.86a

3   红枣黑斑病综合防治措施

针对红枣黑斑病的防治，积极贯彻"预防为主，科学防控，依法治理，促进健康"的防治方针。以农业管理措施为主，药剂防治为应急手段的综合防治措施。

3.1   农业管理措施

3.1.1   及时清园，减少病原

彻底清除枣园病果、园地内的落果、枯枝落叶，清除杂草，并集中烧毁，以减少病原。

3.1.2   加强水肥管理

多施有机肥，增强树势，提高树体抗性。适时灌水和中耕除草，增加土壤的通透性和降低园间湿度。增施磷钾肥、有机肥，减少氮肥使用，适当补充中微量元素；确保果园排水通畅，避免积水；果实转入白熟期阶段严格控水。

3.1.3   合理整形修剪

及时疏除过密株和过密枝，采用撑枝、拉枝措施提高树体通风透光条件。

3.1.4   合理使用植物生长调节剂

控制赤霉素使用次数，幼果期严禁使用细胞分裂素、膨大素等含激素类的叶面肥、滴灌肥。提高枣果有机质的积累，提高枣果抗病力。

3.1.5   合理负载，适量坐果，以增强树势，提高枣树自身的抗病力。

3.2   药剂防治

在枣树休眠期，喷施石硫合剂两次，即采收清园后喷施 5 波美度石硫合剂 1 遍，早春萌芽前喷 3~5 波美度石硫合剂 1 遍，可有效降低病原基数。

在枣进入白熟期前，可对整个果园喷施保护性杀菌剂，建议可使用戊唑醇、嘧菌酯等药剂；进入白熟期后，已有部分被病菌侵染，但还未表现症状时，这时需要使用治疗性杀菌剂对整个枣园进行喷雾防治，建议药剂可选用多抗霉素、苯醚甲环唑、吡唑醚菌酯和氟硅·嘧菌酯等。

4   结论与讨论

红枣黑斑病是新疆南疆枣园发生最为普遍的病害之一，严重影响了红枣的健康康生长。通过研究初步明确了红枣品种"骏枣"和"梨枣"发病明显重于"灰枣"和"鸡心枣"；不同间作模式枣园，红枣—棉间作园明显重于红枣—粮间作园、红枣—黄豆间作园

和红枣单作园，红枣—棉间作园发病最重，红枣—粮间作园、红枣—黄豆间作园和红枣单作园发病没有明显影响；不同结果枝，在修剪时保留多年生枣股枣吊结果明显重于保留当年二次枝枣吊结果。另据报道红枣黑斑病发病原因和大量使用赤霉素、膨大素类激素，与当年气温、湿度、虫害环境条件，管理措施不当等有关，与枣园多施氮肥、灌水次数等有关[4~6]。然而，影响红枣黑斑病严重发病的最主要原因还有待进一步研究。

红枣黑斑病是近年来在新疆南疆红枣种植区发生的一种危险性病害，由于其对红枣黑斑病的产量、品质影响很大，蔓延速度快，使之在一些地区严重发生，对红枣的生产造成了严重威胁。鉴于其潜在的危险性，还需进一步加强其病原菌、生物学特性等研究，探索更加理想的防治措施，从而确保我区红枣产业的健康持续发展。

参考文献

[1] 成玲玉. 新疆枣园害螨、天敌种类调查及天敌的捕食功能反应研究 [D]. 乌鲁木齐：新疆农业大学，2014.

[2] 王兰，冯宏祖，熊仁次，等. 新疆红枣病虫害发生现状及对策 [J]. 中国植保导刊，2014，34 (6)：73 - 75.

[3] 马荣，张传燕，刘玉，等. 新疆红枣黑斑病病菌的室内杀菌剂筛选 [J]. 农药，2012，52 (10)：767 - 770.

[4] 陈小飞，熊仁次，徐崇志，等. 红枣黑斑病研究现状与展望 [J]. 黑龙江农业科学，2013 (10)：141 - 144.

[5] 丁建中. 红枣黑斑病发病因素与防治措施 [J]. 农村科技，2014 (5)：40.

[6] 杨红，包建平. 枣树病害与栽培管理的关系 [J]. 落叶果树，2013，45 (2)：58 - 59.

我国烟草有害生物绿色防控技术应用现状及对策*

陈德鑫[1]** 张 顺[2] 田福海[3] 纪晓玲[1] 刘 勇[4] 王凤龙[1]***

(1. 中国农业科学烟草研究所，青岛 266101；2. 重庆市质量
监督检验检疫局，重庆 400020；3. 山东临沂烟草有限公司，临沂 276000；
4. 山东临沂烟草有限公司沂水分公司，沂水 276400)

摘 要：烟草绿色防控技术是以烟草为中心主体，以烟草有害生物为靶标，通过协调农业栽培、物理防治、生物防治和精准用药等措施，改善烟株生长微生态，控制烟草有害生物发生在防治阈值以下，以促进烟草健康生长，获取安全、高品质烟叶为目的的综合防控技术。本文简要阐述了烟草有害生物防治的发展历史，烟草绿色防控的概念和意义，以及烟草绿色综合防治中的所应用到的农业措施、物理措施、生物措施和化学措施，分析了目前烟草绿色防控技术中存在的问题并提出了对应举措。

关键词：烟草；有害生物；绿色防控

有害生物防治是农业生产过程中的重要组成部分，其所采用的手段和技术与人类社会所处发展阶段的经济和科技水平高度关联[1]，大致经历了化学防治、综合治理、无公害治理、绿色农业以及绿色防控等几个阶段。

20世纪40年代，由于化学工业的发展，DDT等农药相继问世并大规模应用于生产，形成了以化学农药为主的害虫防治理论与技术[1]。此后，由于滥用农药而引发的害虫抗药性、害虫再猖獗以及农药残留引发的环境污染等问题引起了人们重视，Stern等提出了害虫综合防治的概念（IPC）（吴孔明等，2009；Stern *et al.*，1959），1967年，联合国粮农组织正式提出有害生物综合治理（IPM）的概念（马世骏，1976；王洪亮等，2006）。1979年，我国马世骏先生也对有害生物综合防治下了一个比较全面的定义（Kogan，1998；王洪亮等，2006）。我国在1975年全国植物保护工作会议上，确定了"预防为主，综合防治"的害虫防治工作方针（吴孔明等，2009），对我国有害生物实施综合治理的防治手段。

随着现代工业以及城市发展的进步，带来了严重的环境污染，环境污染的加剧，食品污染的问题日趋严重，对人类的健康构成了极大威胁，人们对农作物及食品安全也日趋重视，20世纪90年代，我国农业和农产品加工领域提出了无公害农业的概念（武志杰等，2001）。由于人口持续增长对食品数量和质量的需求压力加大，人们将可持续发展的思想

* 基金项目：国家烟草专卖局资助项目110200902065、110200902067

** 第一作者：陈德鑫，男，博士，副研究员，主要从事烟草病虫害生物防治研究；Email：chendexin@caas. cn

*** 通讯作者：王凤龙，男，博士，博士生导师，研究员，主要从事烟草病虫害防治研究；E-mail：wangfenglong@ caas. cn

引入农业生产，提出了绿色农业这一安全、优质、高产、高效的现代农业理论（张培涛，2012；刘宇辉，2011）。卷烟作为嗜好品消费者对其安全性更加重视，影响烟叶安全性的因素除了烟叶自身有毒有害物质外，农药残留和重金属污染已经成为影响烟叶安全性的重要因素，为提高烟叶品质和烟叶安全性，减轻农业污染对人体健康的影响，提高我国烟叶的国际竞争力和影响力，发展环境友好型农业，提出烟草有害生物绿色防控概念。

1 烟草有害生物绿色防控技术概念和意义

关于绿色防控的概念国内外学者有着不同观点，Greathead 和 DeBach 等国外学者认为绿色防控主要是利用捕食性、寄生性天敌或病原菌控制另一种有害生物的密度在较低水平上，偏重于生物防治（Greathead，1964；DeBach，1964）。国内学者的观点则偏重于综合防治措施，在"预防为主，综合防治"的植保方针指导下，倡导"公共植保、绿色植保"理念，转变植保防灾方式，综合利用农业措施、生态调控技术、物理防治技术、生物防治技术、适当应用高效低毒化学农药，控制农业有害生物的为害，减少化学农药的投入，降低农药对人类、环境和产品的污染，提高农产品质量的一项综合性防治技术（周旗和张宏伟，2005；李珊珊，2013；孙作文，2013；四川省农业厅科教处，2012；连红香，2014；江安县科技局，2012）。

农业部办公厅 2011 年发文指出（农办农［2011］54 号）：绿色防控是指以确保农业生产农产品质量和农业生态环境安全为目标，以减少化学农药使用为目的，优先采取生态控制、生物防治和物理防治、科学用药等环境友好型技术措施控制农作物病虫为害的行为（农业技术与装备，2012；叶贞琴，2013）。

烟草有害生物绿色防控是指以烟草为主体，以烟草有害生物为靶标，建立健全烟草有害生物预测预警机制，综合利用农业防治、物理防治、生物防治、生态调控以及科学、合理、安全使用农药等技术措施，实现有效控制烟草病虫害，确保烟草生产安全、烟叶质量安全和烟区农业生态环境安全，促进烟叶增产、提高烟叶品质、增加烟农收入。

烟草有害生物绿色防控坚持"绿色、生态、低碳、循环"理念，以烟田生态系统为整体，以生态系统控制为主线，以烟草为主体，以主要有害生物为靶标，紧紧围绕烟草—害虫—天敌系统、烟草—其他植物（作物）系统、烟草—病原物—微生物系统、烟草—烟农—生态系统等四大系统，通过推进和实施农业防治、物理防治、生物防治、生物多样性调控以及精准施药五大技术，提升对烟田主要有害生物的控制效能和农田生态作用效应，为我国烟区农业可持续发展提供保障。

烟草有害生物绿色防控较传统化学防治可以减少化学农药使用在 30%～50%（杨普云等，2012），从而减轻化学农药使用对农户和消费者身体健康的负面影响，保障烟叶生产安全。随着市场经济的发展我国经济进入转型期，各行业逐步进入改革深水区，烟草专卖也可能逐步市场化，绿色防控能够有效降低烟叶农药残留浓度，提高烟叶产品质量和市场竞争力，有利于破除国际贸易保护主义进入国际市场。绿色防控重在综合防控、生态防控，它不仅能够有效降低农药、化肥使用量，减少农业污染；更重要能保护烟田有益生物多样性，改善烟田生态环境，降低烟草有害生物大面积暴发的可能性。烟草有害生物绿色防控是解决烟叶安全问题和保护生态环境的重要举措，是对绿色植保、公共植保的响应，烟草有害生物绿色防控集成技术与其他作物防控措施具有相辅相成、相互促进的作用。

2 烟草绿色防控技术措施

2.1 建立健全烟草有害生物预测预报机制

近年来随着全球气候变化加剧、烟田作物布局和栽培制度改变，使得烟草病虫害发生呈上升趋势，甚至有些病害如青枯病在某些烟区暴发造成绝产。烟草有害生物预测预报能为烟草植保工作者提供及时准确情报信息，为政府决策提供指导，是有效防控烟草有害生物发生的基础性工作。早在 20 世纪末德国就开发了烟草病虫害预测预报计算机决策系统，美国通过利用 GIS 系统将不同年度烟草品种、气象、有害生物发生情况集合处理预测烟草未来病虫害的发生情况，日本、韩国等降水量、结露时间、田间温湿度等气象信息的自动采集（叶晓波，2011）。国内学者也做了大量相关研究，研发了针对不同地区和不同烟草病害的预测预报模型，但也存在一些问题如信息共享处理不及时、往年历史数据不予调查、测报准确性较差等。

笔者认为，为进一步提高烟草有害生物发生预测预报的准确性，应从田间数据调查、预测预报系统优化和针对性等 3 个方面做进一步的努力。病虫害发生的历史数据和相关气候指标是预测预报的核心，只有真实可靠的大数据才能拟合出具有良好精确度的预测预报系统。针对不同生态环境、品种布局和历年病虫害发生种类及为害程度等实际情况，确定病虫害测报对象，建立预测圃和普查圃，按照烟草病虫害分级及调查方法进行系统调查和普查，根据系统调查和普查结果进行相关分析，研究分析各病虫害的发生特点及发生消长规律，提高田间监测水平、情报传递速度和预报发布质量。另外，加强烟草病虫害预警技术方法的研究，充分利用气象部门的灾害预警机制，建立完善的病虫害预警、预防及应急机制，收集整理烟区信息、气象信息和病虫害信息，建设烟草病虫害数据库，设计开发病虫害预警信息平台，实现测报网络管理和病虫普查模块开发，提高对病虫害发生的预警能力，通过健全病虫害测报预警体系，扩大病虫监测范围，准确预报，提高病虫测报信息传递的速度，在预测预报过程中调整优化测报系统，提高预测预报精度（邹宏斌等，2013；杨佩文等，2013）。

2.2 农业绿色防控措施

农业防治是烤烟病虫害绿色防控的基础，通过直接改变病虫害的生活环境，达到控制病虫害发生的目的，是一项环保、经济的防治措施。

农业防治针对不同植烟区生态特点和耕作制度差异，根据烟草病虫害发生种类、特点和流行规律，着重烟草病毒病、黑胫病、青枯病和地下害虫等防治靶标，从培育健康烟株和良好的生长环境入手，减少病虫初始侵染源，控制传播途径，并创造有利于天敌的生存繁衍，而不利于病虫发生的生态环境，系统的开展"清洁生产和合理农作"为主的农业防治技术研究（邹宏斌等，2013）。组织人力把种烟区域内的烟株残体（烟杆、烟根等）清除烧毁，以减少越冬病虫源。做好熏杀残虫的工作，在作物生长期内应及时彻底的去除并焚烧或掩埋有虫、有病枝叶，在主要种烟区域内建立烟株病残体及杂草处理池，减少病虫再侵染源（杨佩文等，2013）。选育抗病虫烟草品种可以有效的防控病虫害的发生，因此，在生产中需合理利用抗性品种，了解和掌握本地的主要病虫害及其分布和发展趋势，做到知己知彼，同时弄清各品种的抗病虫性能，并了解抗性与品质的关系，据此选用合适的品种耕作。作物连作是引起和加重病虫害为害的一个重要原因，因此，按照烟田轮作规划要求，建立合理的轮作制度，建立以烟为主的耕作制度，实现"以烟为主、种养结合"的轮作模式。种烟田地在小春收获后及时进行机械深耕、晒垡，以改变土壤理化性状、减少土壤中的病原菌和虫卵（胡坚，2008；向青松等，2009）。实行烟田高垄深沟，促排水，控积水；实行排灌分离，防止烟田流水漫灌。合理施肥能改善烤烟的营养条件，提高烟株的抗病虫能力。一方面，根据土壤的营养状况，科学平衡施肥，确保养分平衡；另一方面，增施有机肥，积极推广烟草专用有机肥，以改良土壤、培肥地力，提高土壤的通透性和保水性，促进烟株健康生长，提高烟株抗逆能力（刘金海等，1996；张祖清和钟翔，2009；佘清等，2012）。

为有效控制烟草有害生物传染源，提高烟株自身抵抗力，应根据当地生态环境形成系统耕作方式，注意田间卫生，选用抗性品种，合理施肥，建立轮作制度。

2.3 物理绿色防控措施

物理防治主要通过频振诱捕灯、黄板诱捕或设防虫网阻隔害虫迁飞，减轻病害传播等。主要针对鳞翅目和鞘翅目害虫，利用害虫较强的趋光特性，将杀虫灯的光波设在特定的范围内，灯外配以频振高压电网触杀，达到降低田间卵量，压缩虫口基数，尤其在夏秋季害虫发生高峰期，对害虫起到良好的诱杀作用，最终形成不同烟区虫害监测、预警和控制一体化技术装备，可实现虫害持续监测、及时预警、实时诱控、信息共享和综合防控。色板（黄蓝板）诱杀技术是利用某些害虫成虫对黄、蓝色敏感，具有强烈趋性的特性，将专用胶剂制成的黄色、蓝色胶粘害虫诱捕器（简称黄板、蓝板）悬挂在田间，进行物理诱杀害虫的技术（赖荣泉等，2005）。该技术遵循绿色、环保、无公害防治理念，主要以烟蚜、粉虱、蓟马和潜叶蛾为防控靶标。色板从苗期和定植期起使用，保持不间断使用可有效控制害虫发展，用铁丝或绳子穿过诱虫板的两个悬挂孔，将其固定好，将诱虫板两端拉紧垂直悬挂在温室上部，在露地环境下，应使用木棍或竹片固定在诱虫板两侧，然后插入地下，固定好。粘虫板悬挂于距离作物上部 15～20cm 即可，并随作物生长高度不断调整粘虫板的高度。当诱虫板上粘的害虫数量较多时，用木棍或钢锯条及时将虫体刮掉，可重复使用，在温室使用效果更佳。物理防治措施不会产生任何环境污染，且诱捕防治效果很好，也是目前各烟区广泛推广的绿色防控技术，但都较为独立，不能很好的与其他技术集成，有待于进一步的研究。

2.4 生物防控措施

生物防治是病虫害绿色防控中的重要方法，在病虫害防治策略中具有非常重要的地位。烟草病虫害的生物防治主要包括"害虫天敌的保护利用、烟草抗性诱导及转基因技术抗虫抗病、拮抗微生物、性诱剂诱捕和害虫致病微生物的利用、生物农药的应用"等。

2.4.1 害虫天敌的保护利用

保护利用害虫天敌是烟草害虫生物防治中的常用手段，包括天敌的保护、天敌的人工繁殖和散放、外地有效天敌的输引等方法。通过保护烟田内的自然天敌如烟蚜茧蜂、草蛉、瓢虫等，使烟田内天敌种群数量能维持在较高的水平，可以有效的抑制烟田害虫的种群数量（农化市场十日讯，2006）。通过人工繁殖天敌，在害虫发生的关键时期散放天敌，可以取得良好的防控效果。外地天敌的引入，可以改变当地的昆虫群落结构。使某种害虫与天敌种群达到新的平衡，从而达到控制害虫的目的。

目前，随着实验条件和饲养技术的进步，国内外已经能够大规模工厂化人工繁殖一些天敌昆虫，如赤眼蜂、小花蝽、蚜茧蜂、瓢虫等（蔺忠龙等，2011）。云南省烟草科学研究所已形成一套繁殖、释放利用烟蚜茧蜂控制烟蚜为害的成熟技术。山东、贵州相继开展了释放赤眼蜂防治烟青虫、斜纹夜蛾等鳞翅目害虫的研究，其中利用螟黄赤眼蜂防治烟青虫效果良好。中国科学院烟草所对丽蚜小蜂防治烟田粉虱的技术进行研究，研究明确了丽蚜小蜂的人工饲养条件及释放技术。

2.4.2 烟草抗性诱导及转基因技术抗虫抗病

植物诱导抗性是植物受到外界物理、化学或生物等因素侵袭时所产生的一种获得性抗性，又称交叉保护、人工免疫（McKinney，1929）。烟草抗性诱导一般采用弱致病力菌株对烟草进行保护，或是利用外源物质诱导烟草的抗病性或抗虫性增强，如通过接种弱病毒株系保护烟草不受病毒的侵染（Davis and Nielsen，1999）；转基因抗虫抗病是将一种或是多种抗病虫目的基因同时或依次导入烟草，培育出抗病虫转基因烟草新品种。

1986 年，Powell Abel 等将烟草花叶病毒（TMV）的外壳蛋白基因（CP）导入烟草，获得第一例抗 TMV 转基因植株（Davis and Nielsen，1999），此后，Beachy 等研究发现转 CP 基因烟草对 CMV、PVY、PVX 等病毒也有低水平的抗性（Beach et al.，1990）。1993年，中国科学院微生物研究所成功获得烟草品种 NC89 的双抗 TMV 和 CMV 的株系，该品种既保持了原有的优良性，又增强了对花叶病的抗性。目前，豇豆中的蛋白酶抑制基因（PI）和苏云金杆菌（Bt）杀虫晶体蛋白基因（IPC）是研究应用较多的抗虫基因。

2.4.3 拮抗微生物和害虫致病微生物的利用

应用拮抗微生物和害虫致病微生物是烟草病虫害生物防治的重要手段，利用有益微生物作为活的屏障用于排斥病害为害或是阻止其侵染、抑制病原菌的生长繁殖，或是利用害虫的致病微生物造成害虫形成疾病流行。

拮抗微生物，如芽孢杆菌、荧光假单孢杆菌等对烟草青枯病菌的生长繁殖有明显的抑制作用，也可用于防治黑胫病，同时芽孢杆菌也可用于防治赤星病；淡紫拟青霉、厚壁轮枝霉、巴氏杆菌可用于防治烟草根结线虫；李云梅等通过培养筛选出绿色木霉菌株，用于防治烟草赤星病，目前已应用于生产（吴红波，2005；张玉玲等，2009）。

害虫致病微生物主要包括真菌、细菌、病毒，通过传播、扩散、再侵染，在适宜的条件下形成疾病流行来控制害虫，真菌如利用白僵菌、绿僵菌、虫霉防治烟青虫、烟蚜和地下害虫；应用蜡蚧轮枝菌和玫烟色拟青霉防治粉虱和蚜虫；利用莱式野村菌、蚜虫疫霉防治烟蚜、烟青虫和斜纹夜蛾等。病原细菌主要有苏云金杆菌、金电子乳状芽孢杆菌、球形芽孢杆菌，其中苏云金杆菌（Bt）制剂已经商业化生产并得到了广泛应用，可防治100 多种害虫，特别是对烟青虫效果显著（龙汉广，2013；周鹏等，2012）。病原病毒种类繁多，主要有棉铃虫 NPV、斜纹 NPV 等，应用防治鳞翅目害虫，专一性强，杀虫效率高。

2.4.4 生物农药的应用

生物农药是目前烟草病虫害生物防治中运用最广泛的手段，主要以代谢产物类居多，对昆虫具有毒杀、麻醉、引诱、忌避、干扰昆虫正常行为和生长发育等，造成拒食、拒产卵、致畸、不育、抗蜕皮、破坏神经和内分泌系统以及致死等，如防治赤星病的多抗菌素、防治野火病的农用链霉素等（高崇等，2012）。

2.4.5 性信息素诱控技术对烟草主要害虫的防控研究

主要针对斜纹夜蛾、烟青虫、棉铃虫、地老虎、金针虫、蛴螬等 6 种害虫，特异性开发和引进其性信息素、迷向干扰素和产卵诱集素，筛选和研发不同携药和诱捕装置，采用引诱＋集中杀灭的模式，将靶标害虫聚集于特定目标区域集中杀死，建立不同生态区不同防控靶标的信息素诱控技术规范或标准（杨明文等，2011；李丽等，2012）。

利用昆虫性信息素进行大量诱杀防治，目前主要在鞘翅目、直翅目、同翅目等害虫中应用较多。昆虫的交配求偶是通过性信息素的传递来实现的，根据这一原理，利用高新技术人工合成性信息素，制成对同种异性个体有较大吸引力的诱芯，结合诱捕器（塑瓶式、水盆式、粘胶式）配套使用。性信息素引诱剂（雌虫气味）在田间释放吸引雄虫来交配，通过诱捕器将成虫捕捉，从而干扰雌雄成虫；而迷向防治则干扰成虫交配前的化学通讯为主要手段，不产生抗药性（吕涛，2014；石栓成，1998）。昆虫性信息素是利用个体昆虫对化学物质产生反应而被杀，不会产生后代，故无抗性发生。具有种特异性，即专一性，对益虫、天敌不会造成为害。目前，为了防治烟草害虫而研发的烟草甲诱捕器、烟草甲性诱剂、烟草甲信息素；烟草粉斑螟诱捕器、烟草粉斑螟性诱剂、烟草粉斑螟信息素能够有效的进行虫情监测与迷向防治（任广伟，2009）；解决烟草害虫带来的为害；利用性信息素诱捕防治烟草害虫，大量诱杀成虫，降低成虫的自然交配率，从而达到减少次幼虫的虫口密度、保护烟草不受害虫的侵害，降低烟草的经济损失。

2.5 生态防控措施

生态防治是根据烟田微生态整体性，利用生物多样性、生物与生物间、生物与环境间的互作，在此基础上进行适当的人为调控，创造一个有利于烟草生长而不利于有害生物生长的生态环境，从而达到绿色防控有害生物的目的（陈顺辉等，2010）。主要防治措施有利用和保护有害生物的天敌资源，研究天敌的生物学特性和生态学规律，充分发挥天敌对烟草有害生物的自然控制和调节作用；充分利用生物多样性，合理区划品种布局，选用抗耐病虫害品种，调整种植结构，改变单一而脆弱的烟田生态环境；充分利用种间化学信息物质，如植物产生的次生物质引诱害虫，害虫产生的利它素引诱天敌，应用信息物质调控天敌的行为从而控制有害生物。

烟草有害生物绿色防控不是单指上述的某一种防控措施，也不是简单的将上述某几种措施简单的组合堆砌，出现"绿色防控是个筐，什么技术都往里面装"的怪现象。绿色防控应该针对特定的生态区域特点，做到因地制宜，将多种绿色防控措施有机结合起来，形成某一生态区域或针对某一种病害的绿色防控规程，创新技术和管理方式，提高绿色防控技术的针对性和集成度。

2.6 化学精准防控措施

农药是确保烟叶产量和品质的重要生产资料，在烟草生产中发挥了巨大作用。随着化学农药的使用量不断增加，病虫害的抗药性不断增强，导致农药用量越来越大，环境污染问题日益严重，因此烟草农药的合理使用不仅能增强施药效果，而且可以降低农药对环境的影响（陈海涛等，2012；杜卫民等，2010）。精准施药技术是指选择环保型农药，科学使用农药，采用新型施药器械，提高药液雾化效果，以减少农药用量，提高农药的有效性。根据害虫的生理习性和植物的病理特点，选用适当的喷雾设施，并且在烟草不同时期，采用不同的施药方法和药量（董贤春等，2010）。

3 烟草有害生物绿色防控应用现状及存在问题

近年来，烟草绿色防控由于其对烟叶安全生产和生态保护的重要意义，逐渐得到相关部门的重视，开展了大量绿色防控技术的研究和示范推广，经过烟草植保工作者的共同努力取得了以下三方面的成果。其一，结合烟叶生产基地单元建设，逐渐形成了一些烟草有害生物绿色防控示范生态区，取得了良好的综合效益。湖南安仁通过精益生产和 GAP 综合管理措施，建立"优质特色、绿色生态、经典浓香"生态示范区；云南弥渡、泸西利用黄板、蓝板和诱捕器，减少农药使用量，建立烟草有害生物绿色防控示范单元；湖北房县通过落实责任、提前预测预报、加强水利等基础建设、黄板诱杀、银灰色地膜趋避等综合措施积极发展烟草有害生物绿色防控，减少了农药使用量，起到良好示范作用。其二，摸索出了农业合作社式推广模式，在山东潍坊烟草专卖局通过组织烟农成立合作社，为烟农提供系统烟草有害生物防治服务，不仅提高了防治效果，还集约了资源提高了农民收入。其三，形成了一些烟草有害生物绿色防控技术体系和防控应用技术，如已形成烟蚜、病毒病、根茎类病害和叶部病害的绿色防控技术体系，以及性诱技术、灯诱技术、生防菌拮抗技术、低为害低残留农药选用技术等绿色防控技术。有力地推动了烟草有害生物绿色防控发展，提高了社会影响力和认识度。

但是我国烟草绿色防控技术尚处于起始摸索阶段，还存在许多问题，主要表现在绿色防控概念不清楚，可用绿色防控技术不多且集成化程度低；推广模式单一、不健全，推广面积小；绿色防控未品牌化，市场认可度低，相关政策支持乏力等。

高集成性、高实用性和高效的烟草有害生物绿色防控技术是加快绿色防控技术发展的根本和基础。虽然现在烟草上的绿色防控技术较多，但大多技术较为复杂，可应用的绿色防控适应技术太少，主要还是黄板诱捕、天敌防控等单一措施，集成化程度低；或者一些防控技术本身存在缺陷，很难在实际生产中发挥有效作用，从而从根本上限制了其推广应用。目前由于绿色防控技术不成熟，在实际生产应用中往往存在应用成本高、管理复杂、应用难度大、素质要求高且见效慢，与性价比较低的化学农药防治相比处于明显劣势，也导致在农民中的认可度低。

良好的推广模式是促进烟草有害生物绿色防控技术发展的关键，但现在主要推广模式比较单一，主要是示范带动。在烟草公司和工业企业为主导的示范模式下，整体示范规模还较小且与市场衔接不够理想，经济效益不高，不能够有效提高最大应用主体—烟农的使用积极性。这种单一的推广模式，难以产生规模化影响，引路效果不明显，无法满足市场需求，达不到公共植保、绿色植保的要求。

政策是加快绿色防控技术发展的保障，作为一个新兴概念和事物，其本身不够成熟，其受众多为接受能力较低的广大农民群众，如果没有烟草公司和相关农业部门优惠政策的扶持很容易夭折于襁褓。然而目前有关促进绿色防控技术发展的政策相当乏力，主要表现在缺少绿色防控技术应用补贴，从而使得低性价比、慢成效表现的绿色防控技术发展举步维艰；对生产绿色防控技术产品的企业缺少税收减免、贷款贴息等优惠政策；相关专项研究经费较为欠缺，使得研究、示范和推广难以持续开展；烟草公司和政府相关宣传较少，难以形成绿色防控市场品牌，使得优质烟叶难以获得优价，经济效益较差，未形成绿色防控技术推广氛围，在社会上认识度低，这些问题都会制约烟草有害生物绿色防控技术应用发展。

4 促进烟草有害生物绿色防控技术发展的对策及展望

烟草有害生物绿色防控技术是未来烟草有害生物防控的新方向和新策略；是为满足优质、安全烟叶的市场需求，提高我国烟叶国际竞争力和影响力；是减轻农业污染、保护生态环境，可持续发展绿色农业的要求；是对公共植保、绿色植保的有力响应。为使我国烟草有害生物绿色防控技术得到长足发展，必须解决好"一机两翼"问题。所谓的"一机"指的是绿色防控技术本身，是推动绿色防控技术发展的引擎；所谓的"两翼"指的是扶持政策和推广模式，相应的优惠政策和应用补贴可以被动的提高受众的接受度，缓解初步推广困难，健康的推广模式则能提高应用主体的主动性和积极性，促进烟草绿色防控"产—学—研"的良性循环发展。

烟草有害生物绿色防控技术今后研发方向注重单一防治措施深度研究同时，还应注重农业措施、物理措施、精准用药、生物措施和生态措施等多种举措的有机结合，提高综合防控措施的集合程度和系统性；针对不同生态区域或某种有害生物发生特点规律，建立绿色防控技术规程标准，提高实际应用的规范性；科研工作者能够深入田间、系统调研农民防控有害生物需求，结合实际情况解决目前绿色防控技术实用性不强、效果不好的问题，从根本上提高绿色防控技术水平。

在政策扶持方面，烟草公司和相关农业部门应当加大绿色防控研究经费投入，储备技术；绿色防控具有一定的公益性且其使用成本较高，应予使用绿色防控技术的烟农相应补贴；另外，政府和相关企业应做好宣传、服务和监督工作，营造绿色防控氛围，提高社会对绿色防控、优质安全烟叶的认可度。笔者认为应加快"三品一标"的认证机制和市场准入制度的建立，建立烟叶溯源系统，从根本上落实责任。

目前，烟草有害生物绿色防控技术推广模式单一，不能从根本上调动广大烟农使用积极性也是制约其发展的重要因素。因此，应该大胆创新应用推广模式，建立健全适合不同生态区域的独特模式，在具体模式创新上可借鉴目前大农业上较成熟的推广模式，包括依托相关企业开展绿色防控基地单元示范和带动模式、政府相关部门＋企业＋烟农相互协调配合模式、烟农专业合作化模式[100]。在烟草有害生物绿色防控技术推广模式上主要以基地单元示范为主，有些烟区正在探索烟农合作社式发展模式。笔者认为，一种模式能否成功其关键在于市场是否认可，关键在于能否产生良好的经济效益、社会效益和生态效益。而要产生良好的经济效益则需要将绿色防控技术产业化、品牌化，使优质烟叶得到社会和市场的认可，售以优价。增产提质，切实增加烟农收入，提高应用主体的主动性和自发性，获得社会效益和生态效益也便是顺理成章、下自成蹊的事情；否则，再好的应用技术也只能束之高阁，再强的政策扶持力度也难以扶起阿斗。

烟草有害生物绿色防控技术的应用与推广是一个循序渐进的过程，它的发展需要政府的引导和支持、需要科研工作者的深入研究、需要推广人员的模式创新、需要广大烟农的积极配合，各方面统筹协调，形成良好的社会效应和生态效应，逐步构建烟草绿色防控技术体系。尽管绿色防控技术在研究开发和应用等方面仍存在一些问题，相信经过各方共同努力，绿色防控终将取代多有弊端的化学农药防控，其社会效益、生态效益和经济效益也会逐渐凸显。烟叶生产与大农业息息相关，我们要继续加大绿色防控技术在烟草农业上的推广力度，并加速向大农业辐射延伸，传递烟草行业正能量，打造责任烟草新名片，力争成为农业可持续发展的典范。

参考文献

[1] 陈海涛，丁伟，许安定，等.烟田农药减量增效施药技术的关键因素分析 [J]. 江苏农业科学，2012 (11)：125 – 127.

[2] 陈顺辉，顾刚，巫升鑫，等.福建省烟草植保研究发展报告.海峡科学，2010 (1)：48 – 52.

[3] 董贤春，秦铁伟，刘兰明，等.不同药剂及施药方式对防治烟草赤星病效果的影响 [J]. 湖北农业科学，2010，(7)：1 630 – 1 632.

[4] 杜卫民，罗定棋，张成省，等.不同施药器械对烟蚜的田间防治效果研究 [J]. 中国农村小康科技，2010 (10)：54 – 56.

[5] 高崇，高玉亮，孙立娟，等.生物防治在烟草主要病虫害上的应用 [J]. 延边农业科技，2012 (1)：21 – 25.

[6] 胡坚.农业手段防治烟草虫害技术 [J]. 农村实用技术，2008 (4)：42.

[7] 江安县科技局.农业科技"三举措"实施绿色防控 [J]. 宜宾科技，2012 (3)：10.

[8] 赖荣泉，杨东星，黄光伟，等.佳多频振式杀虫灯对烟草病虫害的生态控制效果研究 [C]. 重大农业害虫频振诱控技术国际研讨会论文集.2007：23 – 31.

[9] 李丽，李永亮，胡志明，等.不同性信息素和灯具诱杀烟草斜纹夜蛾·烟青虫·棉铃虫的效果和评价 [J]. 安徽农业科学，2012 (33)：121 – 122，132.

[10] 李珊珊.绿色防控技术的应用与实践 [J]. 农业开发与装备，2013 (2)：64 – 65.

[11] 连红香.绿色防控技术在实践中的应用 [J]. 新农村（黑龙江），2014 (2)：75 – 76.

[12] 蔺忠龙，郭怡卿，蒲勇，等.病虫害生物防治技术最新研究进展 [J]. 中国烟草学报，2011 (2)：90 – 94.

[13] 刘金海，黄海棠，王振东.烟草主要病虫害综合防治 [J]. 烟草科技，1996 (2)：45.

[14] 刘宇辉.梅州市绿色农业发展研究 [J]. 安徽农业科学，2011，39 (16)：10 058 – 10 061，10 063.

[15] 龙汉广.生物防治在烟草病虫害防治中的应用进展分析 [J]. 中国农业信息，2013 (7)：138.

[16] 吕涛.三种性诱剂对烟草害虫的诱捕效应研究 [J]. 云南农业科技，2014 (1)：13 – 16.

[17] 马世骏.谈农业害虫的综合防治 [J]. 昆虫学报，1976，19 (2)：129 – 140.

[18] 农化市场十日讯.烟草病虫害生物防治的基本途径 [J]. 农化市场十日讯，2006 (12)：31.

[19] 农业技术与装备.农业部全面部署农作物病虫害绿色防控工作 [J]. 农业技术与装备，2012 (22)：85 – 86.

[20] 欧高财，郑和斌，任凡，等.农作物绿色防控发展制约因素及解决对策 [J]. 中国植保导刊，2012 (8)：59 – 63.

[21] 任广伟，王新伟，王秀芳，等.三种性信息素诱捕器对烟田棉铃虫的诱捕效果比较 [J]. 华东昆虫学报，2009，18 (1)：51 – 54.

[22] 石栓成.烟草害虫性信息素的应用研究与防治实践 [J]. 烟草科技，1998 (6)：45 – 46.

[23] 四川省农业厅科教处.农作物有害生物绿色防控技术 [J]. 四川农业与农机，2012 (2)：41.

[24] 孙作文.快速发展中的山东农业有害生物绿色防控 [J]. 科技致富向导，2013 (34)：7.

[25] 王洪亮，王丙丽，李朝伟.害虫综合治理研究进展 [J]. 河南科技学院学报（自然科学版），2006，34 (3)：40 – 42.

[26] 吴红波.生物防治在我国烟草病虫害防治上的应用 [J]. 贵州农业科学，2005 (51)：105 – 107.

[27] 吴孔明, 陆宴辉, 王振营. 我国农业害虫综合防治研究现状与展望 [J]. 昆虫知识, 2009, 46 (6): 831 – 836.

[28] 武志杰, 梁文举, 李培军, 等. 我国无公害农业的发展现状及对策 [J]. 科技导报, 2001 (2): 47 – 50.

[29] 向青松, 彭军, 舒杰, 等. 利用农业生物多样性控制烟草病虫害 [J]. 作物研究, 2009 (51): 192 – 195.

[30] 杨明文, 何元胜, 张开梅, 等. 性信息素诱杀技术控制烟草斜纹夜蛾研究 [J]. 安徽农业科学, 2011 (28): 200 – 202.

[31] 杨佩文, 肖志新, 尚慧, 等. 绿色植保技术在高黎贡山绿色生态优质烟叶生产中的应用 [J]. 山西农业科学, 2013, 41 (12): 1 376 – 1 379.

[32] 杨普云, 赵中华, 朱景全, 等. 关于农作物病虫害绿色防控工作的几点思考 [J]. 中国农药, 2012 (4): 16 – 19.

[33] 叶晓波. 烟草病虫害预报信息系统的研究与设计 [D]. 贵阳: 贵州大学生命学院院. 2011.

[34] 叶贞琴. 大力实施绿色防控 加快现代植保步伐 [J]. 中国植保导刊, 2013 (2): 5 – 9.

[35] 余清, 张如阳, 汤首全. 普洱市烤烟主要病虫害监测及防治措施 [J]. 安徽农业科学, 2012 (2): 181 – 184, 191.

[36] 张培涛. 有关发展绿色农业的深入探究 [J]. 农业与技术, 2012 (3): 151.

[37] 张玉玲, 朱艰, 杨程, 等. 生物防治在烟草病虫害防治中的应用进展 [J]. 中国烟草学报, 2009 (4): 81 – 85.

[38] 张祖清, 钟翔. 烟草病虫害综合防治技术应用效果调查 [J]. 农技服务, 2009, 26 (2): 93 – 94.

[39] 周鹏, 覃春华, 陈明, 等. 烟草病虫害生物防治的研究进展 [J]. 农技服务, 2012 (11): 1 224 – 1 226.

[40] 周旗, 张宏伟. 河南省绿色农业发展对策 [J]. 地域研究与开发, 2005, 24 (3): 95 – 98.

[41] 邹宏斌, 何涛, 李良国. 房县烟草病虫害绿色防控技术 [J]. 湖北植保, 2013 (4): 29 – 30.

[42] Beach RN, Loesch-friies S, Tumer NE. Coat protein-mediated resistance against virus infection [J]. Annual Review of Phytopathology, 1990, 28: 451 – 474.

[43] Davis DL, Nielsen MT. Tobacco production, chemistry and technology [M]. Nk Cambridge: The Cambridge University Press. 1999.

[44] DeBach Biological Control of Insect Pests and Weeds [M]. Londen: Chapman and Hall. 1964.

[45] Greathead. Bulleun of the Royal Entomological [J]. SOCIETY, 1964 (4): 181 – 199.

[46] Kogan M. Integrated pest management: historical perspectives and contemporary developments [J]. Annual Review of Entomology, 1998, 43: 243 – 270.

四川烤烟根茎类病害发生特点及防治策略*

曾华兰** 叶鹏盛 何 炼 蒋秋平 韦树谷

刘朝辉 张骞方 李琼英 代顺冬

（四川省农业科学院经济作物育种栽培研究所，成都 610300）

摘 要：本文概述了四川烤烟主要根茎类病害黑胫病、青枯病及根黑腐病的发病症状、发生规律，提出了以生态调控为基础，生物防治为重点，科学用药为关键的防治策略。

关键词：烤烟；根茎类病害；发生特点；防治策略

四川是全国优质烟叶的重要产区，为国内第三大烟叶生产基地，特别是四川的攀西地区，生产的"山地清香型""清甜香型"优质烟叶备受卷烟企业青睐，已进入众多名优卷烟品牌的主配方，形成了稳定的市场，并呈现出供不应求的态势。四川烤烟常年种植面积在10万 hm² 左右，烤烟生产已成为当地的支柱产业之一，也是山区和少数民族地区农民脱贫致富的主要途径。但由于连年种植，导致烟草病虫害发生严重，特别是根茎类病害发生为害日趋严重，已成为制约四川烤烟发展的重要因子。

1 烤烟根茎类病害

四川烤烟的根茎类病害普遍发生的主要有黑胫病、青枯病、根黑腐病，零星发生的有猝倒病、空茎病、立枯病、根结线虫病等。

1.1 烟草黑胫病

烟草黑胫病由烟草疫霉菌（*Phytophthora parasitica* var. *nicotianae*）引起，俗称"烂腰""黑根"，主要为害烟株的茎基部和根。病菌以菌丝体、卵孢子及厚垣孢子在病残体、堆肥及土壤中越冬，能在土壤中存活2年以上，通过伤口或直接侵入。症状有黑胫、穿穿大褂、黑膏药、碟片状和烂腰等5种。"黑胫"为典型症状，从茎基部侵染并迅速横向和纵向扩展，可达烟茎1/3以上，叶片自下而上凋萎枯死，剖开病茎可见髓干缩成"碟片状"，其间有白色菌丝。茎基部受害后向髓部扩展，病株叶片自下而上依次变黄，大雨过后遇烈日高温，则全株叶片迅速凋萎、变黄下垂，呈"穿大褂状"，严重时全株死亡。在多雨季节，出现"烂腰"症状，叶片出现黑褐色4~5cm坏死斑，俗称"黑膏药"。在四川的各大烟区均有发生，以凉山和攀枝花发生更为严重，生产上常与青枯病混合发生，蔓延速度较快，重病田块会造成绝产。发病适宜温度为26~28℃，烟株在团棵至旺长前后

---

* 基金项目：四川省烟草公司项目（SCYC201402003）；四川省财政基因工程项目（2013YCZX-001）；四川省财政创新能力提升项目（2013XXXK-003）

** 作者简介：曾华兰，女，硕士，研究员，主要从事经济作物病虫害防治及评价研究；E-mail：zhl0529@126.com

发病普遍，盛发期在现蕾阶段，高温高湿有利于黑胫病的发生，干旱后的潮湿须进行重点监测与防治。

1.2 烟草青枯病

烟草青枯病由青枯雷尔氏菌（*Ralstonia solanacearum*）引起，俗称"半边疯"，主要为害烟株的根、茎和叶片。病菌在土壤、病残体及堆肥中越冬，能在土壤中存活多年，通过根部伤口侵入，典型症状是叶片枯萎后仍为绿色。该病最明显症状为烟株一侧烟叶凋萎下垂，随着病情加重，叶片颜色由绿色变为黄色，俗称"半边疯"，病情严重时，病株叶片全部萎蔫，直到整株枯死为青色。发病时茎秆出现黑褐色长条斑，从茎基部向顶部和叶柄上蔓延，用力挤压伤口或横剖放置一段时间后出现黄白色乳状菌脓，茎部横切维管束变黄褐色。发病后期，病茎髓部呈蜂窝状或全部腐烂形成仅留木质部的空腔。在四川的各大烟区均有发生，以凉山和攀枝花发生更为严重，生产上常与黑胫病混合发生。发病适宜温度为 30~35℃，在相对湿度大于 90% 的情况下，有利于青枯病细菌的生长与繁殖。烟株在大田旺长期发病普遍，高温高湿有利于青枯病的发生。

1.3 烟草根黑腐病

烟草根黑腐病由根串株霉菌（*Thielaviopsis basicola*）引起，主要为害烟株的根系。病菌在土壤、病残体中越冬，通过根部伤口侵入。该病的典型症状为根呈现特异性的黑色腐烂。病菌从根茎部侵入，侧根的根尖变黑，病株生长迟缓，植株矮小，叶色发黄。重病株的整株根系变黑褐、坏死。苗期感病后，引起根部发黑的"猝倒"；气候炎热时，白天病株萎蔫，夜间恢复正常，病株叶片变黄、变薄。在四川的各大烟区均有发生，以凉山烟区发生更为严重。发病适宜温度为 17~23℃，低于 15℃ 和高于 30℃ 不利于该病的发生，土壤偏酸、土壤水分高均对病害的发生和蔓延有利。烟株在幼苗到成株期均可发病，适温高湿有利于根黑腐病的发生。

2 烤烟根茎类病害防治策略

烤烟根茎类病害的防治应遵循"预防为主、生态防控、综合防治"的原则，在种植生产中充分发挥和挖掘烟株的自身智慧的生态调控为基础，以测报指导防治，生物防治为重点、科学用药为关键，真正全面实现农药"减量增效"和有效降低烟叶农药残留，提高烟叶质量安全性，提升四川烟叶市场竞争能力。

2.1 生态防控

2.1.1 种植抗病性品种

选择生长势强、对根茎类及其他病虫具有一定抗性的抗病虫品种。

2.1.2 合理轮作

根茎类病害多为土传病害，且不为害禾本科作物，可开展大面积的与禾本科作物如水稻进行水旱轮作（隔年一烟或三年一烟），可显著减少土壤中黑胫病菌和青枯菌等土传病害的病菌数量，减少初侵染源，降低病害发生程度。勿与马铃薯、番茄、辣椒、花生、芝麻、姜类、豆类、蔬菜等作物连作或轮作，避免病菌积累和传播。

2.1.3 加强田间栽培管理

选择无病地并未种过烟草及其他茄科作物的田块作育苗床，不施带病菌有机肥；做好田间卫生，及时清除烟田中的病叶、病株，在田外进行深埋或烧毁，病穴内撒少量石灰，以免病菌传播；选择适宜的播种期避开低温；及时中耕松土，注意田间排湿降低土壤湿度；起垄栽植，防止田间过水、积水，使田间通风，减少湿度，防止串灌漫灌，减少病菌传播的机会；合理施肥，氮磷钾及其他元素比例要合理，均衡营养，提高植株对病害的抵抗力。

2.2 药剂防控

在烟草根茎类病害发生初期，采用药剂进行防治。

2.2.1 烟草黑胫病

可选用下列药剂，10~15天一次，连续2~3次，几种药剂交替使用。

生物农药：1 000亿芽孢/g枯草芽孢杆菌可湿性粉剂225~300g/hm^{2}灌根、10亿个/g枯草芽孢杆菌可湿性粉剂1 500~1 800g/hm^{2}喷雾、100万孢子/g寡雄腐霉菌可湿性粉剂150~300g/hm喷雾。

化学农药：50%烯酰吗啉可湿性粉剂200~00g/hm^{2}喷雾、50%氟吗·乙铝可湿性粉剂600~800g/hm^{2}灌根。

2.2.2 烟草青枯病

用下列药剂喷淋茎基部，10~15天一次，连续施用2~3次，几种药剂交替使用。

生物农药：3 000亿个/g荧光假单胞菌粉剂8 000~9 000g/hm^2、0.1亿cfu/g多粘类芽孢杆菌细粒剂16 000~21 000g/hm^2、100亿/g芽孢枯草芽孢杆菌可湿性粉剂750~900g/hm^{2}等。

化学农药：20%噻菌铜悬浮剂400~600倍液等。

2.2.3 烟草根黑腐病

可选用70%甲基硫菌灵可湿性粉剂400~550g/hm^{2}喷雾、20%噁霉·稻瘟灵乳油1 500倍液灌根等交替使用。

参考文献（略）

三亚市绿色防控工作探讨

袁伟方* 罗宏伟 陈川峰 李祖荏 王 硕 周国启

（海南省三亚市农业技术推广服务中心，三亚 572000）

摘 要：农作物病虫害绿色防控是重要的植保工作，三亚市从2008年开始在全市实施绿色防控，本文概述了工作成效和存在问题等，从加强政策支持、加大资金投入、强化宣传发动等方面提出了加快绿色防控技术推广的对策和建议。

关键词：农作物病虫害；绿色防控；发展对策

三亚市位于海南省最南端，地处热带，拥有独特的热带季风气候条件和丰富的自然资源，全年适宜农作物的生长，是我国重要的冬季瓜菜、热作水果产区，也是重要的南繁育种、制种生产基地。本地区年平均气温在20℃以上[1]，大部分害虫可以安全越冬，农田全年可种植农作物，种植规模化程度较低，连片区域内种植作物种类繁多，种植进度差别较大，大田全年都有适宜病虫生长的条件，农作物病虫害发生偏重，防治难度大。

农作物病虫害绿色防控，是指以确保农业生产、农产品质量和农业生态环境安全为目标，以减少化学农药使用为目的，优先采取生态控制、生物防治、物理防治和科学用药等环境友好型技术措施控制农作物病虫为害的行为[2]。实施绿色防控是贯彻"公共植保、绿色植保"理念的具体行动，是确保农业增效、粮食增产、农民增收和农产品质量安全的有效途径[3]。2008年以来，三亚市通过建立示范区、开展宣传培训等，在全市范围内开展病虫害绿色防控技术推广工作。在全市各级农业部门的共同努力下，绿色防控工作取得了显著进展，为保障本市的农产品质量安全，保护农业生态安全做出了重大贡献。

1 主要做法

1.1 绿色防控技术集成创新

根据三亚市农业产业特点，针对不同作物和病虫害，不断引进科研成果，集成创新绿色防控技术体系，积极探索适应本地区农作物的技术模式。经过多年的试验、示范和推广应用实践，逐渐形成了以水稻为代表的粮食作物绿色防控技术模式、以豇豆、苦瓜为代表的冬季瓜菜绿色防控技术模式和以芒果为代表的热作水果绿色防控技术模式，有利地促进了三亚市热带特色现代农业产业发展。

1.2 加强示范带动作用

通过与农民专业合作社、种植大户合作等方式在全市范围内建立绿色防控技术示范基

---

* 作者简介：袁伟方，女，理学硕士，高级农艺师，主要从事植物保护和农业技术推广研究；E-mail：oyfang@sina.com

地，示范作物主要有水稻、豇豆、苦瓜、芒果等三亚市主要农作物品种。每个示范区核心面积 3.3hm² 以上，辐射带动面积 33.3hm² 以上。基地全程使用绿色防控集成技术，通过良好的示范作用，结合技术讲解、组织现场观摩、示范点农户介绍等方式向周边农户进行宣传，引导他们主动应用该项技术。

1.3 做好技术指导服务

为了更好地指导农民开展病虫害防治，三亚市农技中心技术人员充分利用现有技术平台，积极主动为农民提供技术支持和服务。一是做好病虫害监测预报工作。市农技中心充分发挥三亚市区域病虫监测站的作用，不断更新虫情测报仪器设备，提高病虫害监测的时效性和准确定。在水稻种植期和冬季瓜菜生产季节，每周制作并发布病虫情报。二是适时指导病虫害防治。通过"市、区、村"三级农技推广体系，借助农业信息宣传栏、"农信通"等平台，及时发布病虫害情报，提出防治方法和建议，指导农民进行有效防治。三是积极推动病虫害统防统治工作。组建病虫害"统防统治"专业队伍，重点防治稻飞虱、蓟马、斑潜蝇等三亚市主要农作物病虫害。

1.4 培养绿色防控技术带头人

通过建立示范基地、举办培训班、现场技术指导等形式，主要面向农村实用人才开展农作物病虫害绿色防控技术培训，重点培养技术带头人，使他们能够较快地掌握这些技术并开展应用。几年来，利用各种培训项目和平台，共举办培训班 70 多期，发放技术资料 3 万多册（份）。培养技术带头人 200 多人，他们都是一些当地群众公认的"土专家"，在农民中有一定的威信，通过他们的带动作用，可以显著提高技术在农民群众中的传播效果。

2 工作成效

2.1 绿色防控示范规模不断扩大

近年来，三亚市采取政府引导、财政扶持的方式，通过组建推广队伍、加强技术培训、增加物资投入等有效措施，大力实施病虫害绿色防控工程。市农业部门于 2008 年在凤凰镇建立了首个"水稻病虫害绿色防控"示范区，取得了良好的效果，之后在全市范围内相继建立了不同规模的绿色防控示范区。7 年来，共推广使用灭虫灯 1 840 台、粘虫色板 460 万张，实现了水稻、豇豆、苦瓜、芒果、莲雾等多种作物上的应用，累积推广面积约 1 万 hm²，有效地控制了稻飞虱、蓟马、斑潜蝇等重大虫灾的发生。

2.2 农药使用量下降

近些年，在全市农业部门的共同努力下，通过加强农药监管，大力推广农作病虫害绿色防控技术和安全用药技术培训等工作，全市瓜菜和热作水果种植面积和产量逐年增加，农药使用总量呈逐年下降的趋势。通过对比发现，绿色防控示范区比农民自防区一般可减少农药使用量 10% ~20%。

2.3 绿色防控的观念逐渐被理解和接受

随着绿色防控工作的推进，客观的示范效果，大量的宣传培训，产生了明显的经济、社会、生态效益，一方面使得政府领导充分认识到了绿色防控的重要性和必要性，给予政策支持和资金扶持，市财政连续几年都列支了绿色防控专项经费，从 2012 年开始，该项工作已上升为三亚市的农业重点民生项目。目前，三亚市已累积投入资金 1 000 多万元用于开展绿色防控技术推广。另一方面群众看到应用技术的农产品质量的提高，思想上从最初的依赖化学防治、怀疑绿色防控转变为接受绿色防控技术，绿色防控观念逐渐得到社会各界的理解和接受。

3 存在的问题

3.1 社会资金投入明显不足

目前，三亚市绿色防控技术的引进推广主要依靠政府的财政扶持，农业企业、农民专业合作社和农民自己主动购买使用的比例很低，社会资金投入严重不足。农业生产经营者自己不出资或是出资比例小，导致了他们推广使用绿色防控技术的主动性和积极性不高，技术的引进推广缺乏长足的推动力。

3.2 技术有待完善

与传统农作物病虫害防治技术相比，应用绿色防控技术本身存在一些不利因素，从客观条件上限制了农民的应用。一方面绿色防控新技术的使用成本过高。目前，农民十分关注所采用新技术的直接经济投入与成本，技术的使用直接经济成本影响农民对新技术的采用率[4]。另一方面绿色防控技术复杂，种类多、使用技术要求较高，而大多数农民本身文化水平不高，不能很好地掌握使用方法，生产应用过程中不合理使用、浪费等现象时有发生，绿色防控技术没能很好地发挥应有的作用。

3.3 农民没有从根本上转变思想

经过长期大量的培训、示范宣传，虽然有部分群众在思想上接受了绿色防控技术，但还是有相当一部分的农民没能够转变思想，传统种植模式、种植习惯根深蒂固，对绿色防控技术的接受还需要时间，有些群众还对这项技术存在误解，如田间应用杀虫灯时，安装位置附近田块的农户因担心杀虫灯引诱的害虫迁飞时会落到自己的田块上为害农作物，会极力反对安装杀虫灯，甚至有意破坏，导致三亚市目前安装的杀虫灯损毁比较严重。

3.4 使用绿色防控技术没有显著优势

与化学防治相比，绿色防控技术一次性投入费用高，杀灭病虫时间较长，作用范围偏小，有些技术的使用还要受到环境的限制。而且，使用绿色防控技术和传统化学农药防治生产的农产品在市场上不能识别和区分，不能形成价格优势，极大地影响了农民主动使用绿色防控技术的积极性。

3.5 区域种植特点限制

绿色防控技术手段主要应用粘虫色板、太阳能灭虫灯等技术手段，需大面积使用才能发挥显著的效果，如果面积太小，安装使用的太阳能灭虫灯、粘虫色板等会将附近田块的害虫诱集过来，影响防控效果。从三亚市现有耕地状况来看，每个农户实际分得责任田面积为不足1亩，而且由于冬季瓜菜种植和南繁育种对土地的需求不断增加，将连片区域的农户组织起来统一种植比较困难，也在一定程度上阻碍了绿色防控技术在本地区的推广应用。

4 加快绿色防控推广的对策和建议

4.1 加强政策支持力度

推动基层政府部门将农作物病虫害绿色防控工作列入议事日程，制定绿色防控发展规划，明确目标，细化工作方案。积极推动全市各级政府部门出台绿色防控相关的扶持政策，明确病虫害绿色防控的推广应用范围和内容，结合本地区农业发展特点探索相关扶持模式，对实施绿色防控的生产者和生产基地在资金和项目审批等方面提供适当支持和奖励。

4.2 加大资金投入力度

多渠道筹措项目资金，拓宽资金来源，推动绿色防控技术的推广。一是通过有效整合现有项目资源、争取财政加大投入等方式，切实加大对绿色防控工作的支持力度，支持开展病虫害绿色防控的示范、推广、宣传和培训等工作。二是完善资金投入机制，积极探索病虫绿色防控推广经费补贴和物资补贴机制，鼓励社会资本参与绿色防控的推广和应用，形成多元化的投入机制，提高农民和企业的参与积极性[5]，提升发展动力。

4.3 加强技术指导

通过技术指导服务，提升广大农业生产者绿色防控技术水平。一是加大培训力度，切实做好对农业企业、农民专业合作社和农户的培训工作，让使用者能够真正掌握绿色防控技术。二是转变培训思路和方法，深入田间地头，了解农户实际需求，根据具体情况及时调整培训方法，采取集中上课、现场指导、电话咨询等相结合的形式，切实提高培训效果。三是做好信息服务，及时将绿色防控新技术和适应本地区的防控产品等信息传递给农民，引导农民主动应用绿色防控技术。四是继续做好病虫害预测预报，及时提供准确的病虫害发生预测预警信息，指导农民科学防治病虫害。

4.4 强化宣传发动

加大宣传，提高对社会大众对绿色防控的认识水平。一是广泛利用各类媒体，开展以"实施绿色防控、保障农产品质量安全"为主题的宣传活动，让广大农业生产经营者和有关政府部门负责人了解和支持绿色防控工作，营造良好氛围。二是通过组织现场观摩、制作宣传视频、发布网络信息、移动信息服务等方式让社会大众都了解、接受和欢迎绿色防控技术和产品，提高全社会对绿色防控农产品的认知度。三是积极打造绿色防控农产品品牌，通过农超对接、网络销售、社区直销等形式，积极拓展产品营销渠道。

4.5 加强技术研究和推广

加强基础研究与关键技术开发的力度，强化技术指导，提高集成应用的水平，创新推广应用模式。一是加大科研试验力度，积极引进先进的绿色防控技术，不断优化完善配套技术，集成组装以水稻、瓜菜、热作水果等主导产业为主线的技术体系，形成完整的技术规程。二是大力推进绿色防控示范区建设，扩大示范规模，配套实施"五个一"行动，即设立统一的示范展示牌，明确不少于一名技术指导，制定一套技术实施方案，推介一批绿色防控产品，落实一批扶持政策，力争将示范区办出亮点和特色，以点带面带动农民应用，推动病虫害绿色防控上规模。

参考文献

[1] 三亚市统计局，国家统计局三亚调查队. 三亚市统计年鉴（2013）[M]. 中国统计出版社，2013.

[2] 农业部办公厅，农业部办公厅.《关于推进农作物病虫害绿色防控的意见》[J]. 中国植保导刊，2011，31（6）：5-6.

[3] 范小建. 在全国植物保护工作会议上的讲话 [J]. 中国植保导刊，2006，26（6）：5-13.

[4] 杨普云，赵中华，朱景全，等. 关于农作物病虫害绿色防控工作的几点思考 [J]. 中国植保导刊，2011，31（11）：51-54.

[5] 周阳，赵中华，杨普云. 以绿色防控促进生态文明建设 [J]. 中国植保导刊，2013，33（11）：75-78.

生物农药防治玉米纹枯病试验简报[*]

李石初[**] 唐照磊 杜 青 农 倩 磨 康

（广西农业科学院玉米研究所/国家玉米改良中心广西分中心，南宁 530006）

摘 要：为了寻找防治玉米纹枯病有效的生物农药，利用井冈霉素、枯草芽孢杆菌和井冈·枯芽菌开展防治玉米纹枯病对比试验研究。试验结果表明：各药剂处理都能有效降低玉米纹枯病的病情指数，各处理平均病情指数与清水对照差异极显著，但各处理间的平均病情指数差异不显著。20%井冈霉素 +0.5%增效剂处理与井冈·枯芽菌处理之间的防治效果差异不显著；20%井冈霉素 +0.5%增效剂处理与20%井冈霉素处理之间的防治效果差异显著；20%井冈霉素 +0.5%增效剂处理与枯草芽孢杆菌处理之间的防止效果差异显著；井冈·枯芽菌处理与枯草芽孢杆菌处理及20%井冈霉素处理之间的防治效果差异不显著。结论：生防药剂井冈·枯芽菌、枯草芽孢杆菌能有效防治玉米纹枯病，防治效果58%以上，可以用来代替传统防治玉米纹枯病的抗生素药剂井冈霉素。

关键词：玉米；纹枯病；抗生素；生物制剂；防治

玉米纹枯病（*Rhizoctonia solani*）是世界上玉米产区广泛发生、为害严重的世界性病害之一，20世纪60～70年代，美国、印度、日本、南非、法国、前苏联等国家相继报道玉米纹枯病的发生。在我国，20世纪70年代后，随着玉米种植面积的扩大，杂交玉米品种的推广应用，施肥量及种植密度的提高，造成玉米纹枯病的发生、发展和蔓延日趋严重，已成为我国玉米产区的主要病害之一，且其为害日益严重。特别是我国西南玉米种植区，由于玉米生长期气温高、湿度大，再加上目前主栽的玉米品种又不抗病，纹枯病已经成为玉米持续减产的一大病害（唐海涛等，2004；高立起等，2004；黄明波等，2007；崔丽娜等，2009）。玉米纹枯病为土传病害（赵茂俊等，2006），防治效果不佳。目前防治玉米纹枯病还是以农业防治和化学防治为主，而农业防治速度慢、效果差；化学防治虽然效果较为理想，但长期使用又会造成严重的化学农药残留污染等问题。随着人们对环境保护意识的提高，近年来，微生物（生物）防治成为植病防治研究的重点，利用微生物（生物）农药进行植病防治是一种新方法（胡晓，2010）。为了寻找有效防治玉米纹枯病的微生物制剂，笔者开展了本试验研究。

1 材料与方法

1.1 试验时间与地点

2014年3～7月，广西壮族自治区农业科学研究院玉米研究所/国家玉米改良中心广

　* 基金项目：广西农业科学院基本科研业务专项资助项目（桂农科 2013YZ21、桂农科 2014YZ19、2015YT29）。

　** 第一作者：李石初，男，副研究员，从事玉米种质资源抗病虫性鉴定及玉米病虫害防控技术研究；E-mail：shichuli@ aliyun.com

西分中心明阳试验基地。

1.2 试验材料

1.2.1 供试药剂

20%井冈霉素水溶性粉剂，浙江钱江生物化学股份有限公司生产；枯草芽孢杆菌可湿性粉剂，有效成分：10亿/g，云南星耀生物制品有限公司生产；井冈·枯芽菌水剂，井冈霉含量2.5%，枯草芽孢菌含量100亿活芽孢/mL，江苏苏滨生物农化有限公司生产；增效剂（99%有机硅乳剂），广西崇左市喜农乐新型肥料有限公司生产。

1.2.2 玉米品种

供试玉米品种：帮豪玉108，重庆帮豪种业有限公司生产。

1.3 试验方法

1.3.1 试验设计

田间试验设计：4种药剂组合（20%井冈霉素+0.5%增效剂、20%井冈霉素、枯草芽孢杆菌、井冈·枯芽菌）、1个空白对照共5个处理。每个处理3次重复，共15个小区。每个小区6行区种植（5m行长×0.7m行距），随机区组排列。播种品种：帮豪玉108。每行定苗20株玉米，田间常规种植管理。

1.3.2 田间施药方法

各处理药剂按500倍浓度配成溶液，于傍晚时分，分别在玉米拔节期和抽雄期对玉米茎基部进行喷雾（喷湿透为止），空白对照喷雾清水。

1.3.3 病情调查计算统计方法

病情调查时间为玉米乳熟期。调查方法：每处理小区调查中间4行，逐株调查发病级别，然后计算各处理区的病情指数和防治效果。采用新复极差测验（SSR）法对各处理间的病情指数和防治效果进行差异性统计分析。

纹枯病病情分级标准：0级：植株全株不发病；1级：植株果穗下第4片叶鞘以下部位发病；3级：植株果穗下第3片叶鞘以下部位发病；5级：植株果穗下第2片叶鞘以下部位发病；7级：植株果穗下第1片叶鞘以下部位发病；9级：植株果穗及其以上部位发病（李芦江等，2014）。

病情指数=[∑（每病级株数×该病级代表的数值）/（调查总株数×最高病级代表的数值）]×100

防治效果（%）=[（对照区的病情指数−处理区的病情指数）/对照区的病情指数]×100%

2 结果与分析

2.1 药剂处理对玉米纹枯病病情的影响

试验结果表明，4种药剂处理都能有效降低玉米纹枯病的病情指数，各处理的3次重复平均病情指数与清水对照平均病情指数的差异极显著（表1）。其中，20%井冈霉素+0.5%增效剂处理的平均病情指数最低，仅有18.72；井冈·枯芽菌处理的平均病情指数为23.95；枯草芽孢杆菌处理的病情指数为27.13；20%井冈霉素处理的平均病情指数为28.29。但是各药剂处理之间的平均病情指数差异不显著。

表1 不同药剂处理的田间发病情况

药剂处理	病情指数（3次重复）			平均病情指数
	1	2	3	
20%井冈霉素	32.60	24.92	27.37	28.29 Bb
20%井冈霉素+0.5%增效剂	15.56	17.38	23.23	18.72 Bb
枯草芽孢杆菌	28.04	25.15	28.21	27.13 Bb
井冈·枯芽菌	32.80	19.05	20.00	23.95 Bb
清水对照	69.62	55.93	70.74	65.43 Aa

注：表中小写英文字母表示0.05水平差异显著性、大写英文字母表示0.01水平差异显著性

2.2 药剂处理对玉米纹枯病的防治效果

各药剂处理对玉米纹枯病的防治效果见表2。20%井冈霉素+0.5%增效剂的防治效果最高，可达71.26%；井冈·枯芽菌的防治效果为63.52%；枯草芽孢杆菌的防治效果为58.26%；20%井冈霉素的防治效果仅为56.64%。20%井冈霉素+0.5%增效剂处理与井冈·枯芽菌处理之间的防治效果差异不显著；20%井冈霉素+0.5%增效剂处理与20%井冈霉素处理之间的防治效果差异显著；20%井冈霉素+0.5%增效剂处理与枯草芽孢杆菌处理之间的防止效果差异显著；井冈·枯芽菌处理与枯草芽孢杆菌处理及20%井冈霉素处理之间的防治效果差异不显著。

表2 不同药剂处理的防治效果

药剂处理	防治效果（3次重复）（%）			平均防效（%）
	1	2	3	
20%井冈霉素	53.17	55.44	61.31	56.64 Ab
20%井冈霉素+0.5%增效剂	77.65	68.93	67.19	71.26 Aa
枯草芽孢杆菌	59.72	55.03	60.12	58.29 Ab
井冈·枯芽菌	52.88	65.94	71.73	63.52 Aab

注：表中小写英文字母表示0.05水平差异显著性、大写英文字母表示0.01水平差异显著性

3 小结与讨论

玉米纹枯病的生物防治药剂不多，田间防治应用进展不太大，尚未有田间大规模应用的成功报道。本文研究结果表明，生防药剂井冈·枯芽菌、枯草芽孢杆菌可以有效防治玉米纹枯病，防治效果达到58%以上，可以用来代替传统防治玉米纹枯病的抗生素药剂井冈霉素。一旦大面积推广应用，必定会产生巨大的生态社会效益。但本文研究的防治效果仅限于500倍浓度的药液，至于多少浓度药液的防治效果最佳、每公顷施用多少量的药液防治效果最好等问题仍需进一步研究。

参考文献

[1] 崔丽娜, 李晓, 杨晓蓉, 等. 四川玉米纹枯病为害与防治适期研究初报 [J]. 西南农业学报, 2009, 22 (4): 1 181 – 1 183.

[2] 高立起, 王占廷, 梁秋华, 等. 玉米纹枯病对种子产量及质量性状的影响 [J]. 作物杂志, 2004 (4): 17 – 19.

[3] 黄明波, 谭君, 杨俊品, 等. 玉米纹枯病研究进展 [J]. 西南农业学报, 2007, 20 (2): 209 – 213.

[4] 胡晓. 枯草芽孢杆菌防治玉米纹枯病的研究 [D]. 成都: 四川农业大学, 2010.

[5] 李芦江, 陈文生, 张敏, 等. 240 份玉米自交系纹枯病抗性鉴定与评价 [J]. 植物遗传资源学报, 2014, 15 (5): 1 113 – 1 119.

[6] 唐海涛, 荣廷昭, 杨俊品. 玉米纹枯病研究进展 [J]. 玉米科学, 2004, 12 (1): 93 – 96, 99.

[7] 赵茂俊, 张志明, 李晚枕, 等. 玉米纹枯病研究进展 [J]. 植物保护, 2006, 32 (1): 5 – 8.

农作物病虫害生物防治技术应用概况

高一娜 刘 红 任广涛 徐连伟

（哈尔滨市农产品质量安全检验检测中心，哈尔滨 150070）

摘 要：本文就当前农作物生产上主要的天敌防控、生物农药防控、诱导抗性及交叉保护作用等生物防治技术应用情况进行了概述，并提出了生物防治技术应用推广的一点建议。

关键词：病虫害；生物防治；推广应用

资料显示全世界每年谷物因病虫害损失的收成量为 20%～40%，其经济损失高达 1 200亿美元[1]。为了防治病虫害，保证农业的丰产和稳产，越来越多的农药被投入使用。其中主要是化学农药，但由于长期大量使用化学农药产生了诸多负面影响。最显著的就是有害微生物和害虫的后代出现了选择性进化优势，产生了抗药性。过去的 60 多年间，抗药性害虫种类急速增加，这导致化学农药的投入量不断加大，因而农药在农产品及其生长环境中的大量积累，影响农产品的质量，造成环境污染，甚至引起人畜中毒，严重影响农业的可持续发展。

因此，开发、推广一系列选择性强、低毒、高效、低成本的农作物病虫害防控技术是当前的重要课题之一。生物防治技术的出现对于这一矛盾的解决无疑是最佳选择。生物防治是利用生物有机体或其代谢产物来控制农作物病虫草鼠等有害生物的为害，减少遭受为害和损失的方法。采用生物防治的方法控制病虫害，具有对人畜、生态环境安全，维护生态平衡，无污染残留，确保农产品安全优质等优点。

1 我国生物防治技术种类及其应用状况

2006 年以来，随着"公共植保、绿色植保"理念的贯彻落实，我国绿色防控技术的推广应用水平不断提高[2]。2014 年全国主要作物病虫害绿色防控面积达 9.2 亿亩次，占总防治面积的 20.7%。生物防治作为绿色防控技术的最重要组成部分，得到了大力支持和发展，经过这些年的不断努力，我国生物防治技术整体水平基本达到国际先进水平。但我们在全面应用生物防治技术控制农作物病虫害方面尚有一段不短的路要走。

2 生物防治技术及其应用

目前，生物防治技术主要可以概括为天敌治虫、生物农药和诱导抗性及交叉作用等四个方面。现将部分生物防治技术应用情况整理如下。

2.1 天敌生物防治技术及其应用

保护和利用天敌，发挥其对害虫的自然控制作用，是生物防治中的一个重要手段，具有成本低、效果好、保护环境、有持续性生态效应等优点。

2.1.1 寄生性天敌治虫

寄生性天敌主要是寄生蜂和寄生蝇，其将卵产于害虫幼虫体内，从而抑制害虫繁殖，常见的有姬蜂、茧蜂、蚜茧蜂、大腿小蜂、金小蜂、赤眼蜂、缨小蜂、头蝇、寄蝇、麻蝇等[3]。目前应用较广的是赤眼蜂、丽蚜小蜂、平腹小蜂等，在玉米、水稻、蔬菜、果树、棉花等作物中应用面积达232万 hm²，占全国生物防治应用面积的1/4以上。其中赤眼蜂是全世界害虫生物防治技术中研究最多、应用最广泛的一类卵寄生蜂，我国主要应用于华南、华东、西南和东北地区，可寄生稻纵卷叶螟、二化螟、米蛾、棉铃虫、亚洲玉米螟等多种农业害虫，在害虫产卵盛期放蜂，每667 m² 每次放蜂1万头，每隔5~7天放一次，连续放蜂3~4次，寄生率80%左右。该方法不但能有针对性的控制害虫的当代为害，而且具有持续的生态效应，被人们形象地称为"生物导弹"。

2.1.2　捕食性天敌治虫

捕食性天敌包括各种捕食性动物和昆虫，如猫头鹰，燕子、喜鹊、啄木鸟、蝙蝠、蛇、蜥蜴、青蛙、蟾蜍、瓢虫、捕食螨、草蛉、食虫虻、蚂蚁、食虫蝽等。鸟类消灭害虫的能力很大，一只燕子在一个夏季能吃掉6.5万只蝗虫，一只夜鹰一个晚上就可捕捉蚊虫500只，一只猫头鹰一个夏季可捕食1 000只田鼠。目前，我国将瓢虫、捕食螨、小花蝽等主要用于防治小麦、玉米、蔬菜、果树、棉花、茶叶等作物上的害虫，应用面积84.22万 hm²，占全国生物防治面积的1/10以上。其中，瓢虫[4]是我国目前应用面积最大的一种捕食性天敌，可捕食麦蚜、棉蚜、槐蚜、桃蚜、介壳虫、壁虱等多种害虫，可有效防治树木、瓜果等农作物遭受虫害。捕食螨[5]中胡瓜钝绥螨也是国际上各天敌公司的主要产品，主要应用于草莓、温室黄瓜、辣椒等，可防治茶黄螨和二斑叶螨等多种虫害。目前，国内已建立起年生产能力为110亿~120亿头捕食螨的工厂化生产基地，为全面使用生物防控奠定了基础。

2.2　生物农药生物防治技术及其应用

生物农药是指利用生物活体或其代谢产物对害虫、病菌、杂草、线虫、鼠类等有害生物进行防治的一类农药制剂，或是通过仿生合成的具有特异作用的农药制剂。目前，关于生物农药的范畴国内外还没有十分明确的界定。按照联合国粮农组织的标准，生物农药一般是天然化合物或遗传基因修饰剂，主要包括生物化学农药（信息素、激素、植物调节剂、昆虫生长调节剂）和微生物农药（真菌、细菌、昆虫病毒、原生动物，或经遗传改造的微生物）两个部分。但是，在我国农业生产实际应用中，生物农药一般主要泛指可以进行大规模工业化生产的微生物源农药。

2.2.1　生物化学农药

2.2.1.1　昆虫信息素诱控技术及其应用

昆虫信息素诱控技术应用广泛的是性信息素、报警信息素、空间分布信息素、产卵信息素、取食信息素等[6]，其中，诱控果树、蔬菜、水稻害虫面积较大。性诱剂已成功应用于害虫测报、迷向和诱杀，国内已开发出多种昆虫性诱剂。用于防治农作物上水稻螟虫、玉米螟、小麦吸浆虫、大豆食心虫、甜菜夜蛾、棉铃虫、小菜蛾等20多种害虫。

2.2.1.2　昆虫激素诱控技术及其应用

昆虫激素诱控技术目前已经大量应用于实际农业生产中，例如用保幼激素的类似物处理七星瓢虫雌虫，促使它多产卵，快速繁殖来防治蚜虫。或是利用昆虫或人工合成的性引诱剂干扰害虫正常交配，影响其生长发育和新陈代谢，使害虫死亡并直接影响繁殖下一代。还可以喷撒蜕皮激素，促使昆虫过早地蜕皮，以致于发育成没有生殖能力的成虫。目前，国内已大量推广使用或正在推广的品种有除虫脲、氟虫脲、特氟脲、氟氟脲、虫螨腈和米螨等。

2.2.1.3 农用抗生素防控技术及其应用

农用抗生素已经广泛应用有春雷霉素、农抗120、中生菌素、浏阳霉素、链霉素、阿维菌素等。我国目前已经成功研制并广泛应用灭瘟素、和春雷霉素防治水稻稻瘟病，井冈霉素防治水稻纹枯病病，农抗120防治黄瓜白粉病、西瓜枯萎病、炭疽病等，此外，阿维菌素应用防治小菜蛾、菜青虫、棉铃虫、斑潜蝇和蜱螨目的螨类等多种害虫效果显著，持效期达 7 ~ 15 天。我国年应用面积超过 70 万 hm^2 次，已成为杀虫素市场的主导产品。武夷菌素、新植霉素等对防治瓜、菜白粉病、炭疽病、枯萎病、软腐病、黑斑病等均有良好防效，应用前景广阔。

2.2.1.4 植物源农药防控技术及其应用

植物源农药是指利用植物的某些部位（根、茎、叶、花或果实）所含的稳定的有效成分，按一定的方法对农作物进行使用后，使其免遭或减轻病、虫、杂草等损害的植物源制剂。常用治虫植物有烟草、大蒜、苦楝、鱼藤、皂角等，相应的制剂有烟碱、大蒜素、鱼藤酮、印楝素制剂等，对 200 多种害虫有效。目前，石家庄植物农药研究所用中草药制成"虫敌"制剂，可防治蚜虫、菜青虫、棉铃虫、螟虫等，持续有效期 20 天；西北农业大学研制成果蔬净、蚜螨特、胺西菊酯等 7 种植物农药，防治蔬菜和茶叶害虫效果达90% 以上。

植物光活化毒素是近年来人们发现的植物源农药的一种，该药剂是指一些植物次生物质在光照条件下对害虫的毒效可提高几倍、几十倍甚至上千倍，显示出光活化特性。自花椒毒素的光活化性质被首次报道以来，陆续发现的植物源光活化毒素有多炔类、噻吩类、生物碱类、扩展醌类等，作为新型无公害农药有巨大的潜力。但目前，我国研制、推广及使用力度不大，尚未商品化。

2.2.2 微生物农药防控技术及其应用

昆虫病原微生物被利用制作生物农药主要包括病原细菌、真菌、病毒、拮抗性细菌、益菌等种类的利用。目前全世界有病原微生物 2 000 多种，利用人工方法对病原微生物进行培养，然后制成菌粉、菌液等微生物农药制剂，田间喷施后可侵染害虫致其死亡[7]。

（1）细菌型农药有腊质芽孢杆菌、枯草芽孢杆菌、荧光假单孢杆菌、球形芽孢杆菌等。苏云金杆菌（*Bacillus thuringiensis*，B. t.）制剂占国际生物农药市场销售额的 80%，广泛应用于玉米螟、小菜蛾、菜青虫、棉铃虫等害虫幼虫防治。目前，我国 Bt 制剂生产厂家已达 70 多家，可生产粉剂、水剂、乳剂等多种剂型，年产量高达 2 万 t 以上。

（2）真菌型农药有白僵菌、布氏白僵菌和绿僵菌制剂等。白僵菌制剂通过消化道及体壁侵入使昆虫体内长满菌丝，形成僵硬的菌核导致害虫死亡。中科院生防所与沈阳化工研究院联合研制、工厂化生产了性能优良的白僵菌可湿性粉剂，已广泛用于防治玉米螟、蛴螬、松毛虫等害虫，田间应用防治效果达 70% ~ 80%。

（3）病毒型农药有质型多角体病毒（CPV）、核型多角体病毒（NPV）两类。农业部发布的无公害农产品生产推荐农药品种中有甜菜夜蛾核多角体病毒、棉铃虫核多角体病毒、小菜蛾颗粒体病毒等，这些病菌型生物农药用于防治菜青虫、棉铃虫、斜纹夜蛾等。中科院武汉病毒所、武汉大学病毒所与科诺等有关企业合作先后建立了棉铃虫病毒杀虫剂和小菜蛾颗粒体病毒杀虫剂工厂。

（4）昆虫病原线虫制剂目前大概占国际生物农药市场销售额的 13%，仅次于 Bt 制剂。应用芜菁夜蛾线虫防治心叶期玉米螟虫，幼虫死亡率达 80.4% ~90.5%；小卷蛾线虫防治木麻黄星天牛，感染率 90% 以上。福建省开展释放中华卵索线虫防治蔬菜害虫试验，斜纹夜蛾和甜菜夜蛾的感染率为 60% ~76.7%，菜青虫的感染率为 66%。

（5）昆虫病原立克次体目前报道较多的是鳃金龟微立克次体，能引起多种金龟子的大量死亡，但是实际应用方面尚待进一步推广。

2.3 诱导抗性防控技术及其应用

诱导抗性的机理主要涉及到寄主的细胞结构变化和生理生化反应，实验证实生物和非生物因子都能够诱导作物的抗性。诱导抗性因子中，生物因子研究较多的是拮抗菌，物理诱导主要有 γ-射线、离子辐射、紫外光照和热水处理等方法，化学诱导剂主要有水杨酸（SA）、β-氨基丁酸（BABA）、苯丙噻重氮（ASM）、茉莉酸（JA）和茉莉酸甲酯（MJ）等。到目前为止，已有不少化学药剂作为农药产品投入使用，如乙膦铝、烯丙异噻唑、壳聚糖等。目前，0.4% 低聚糖素广泛应用于各种农作物真菌类病害如赤霉病、稻瘟病、纹枯病、锈病、枯萎病、碳疽病、白粉病、叶斑病、叶枯病的防治。

2.4 交叉保护作用防控技术及其应用

交互保护作用是指接种棉花受棉虫损伤后，其株体内主要抗虫物质（棉酚和单宁）含量增加，扰乱了虫体内正常的生理代谢。我国通过亚硝酸诱变得到了烟草花叶病毒弱毒突变株系 N11 和 N14，黄瓜花叶病毒弱毒株系 S-52，将弱毒株系用加压喷雾法接种辣椒和番茄幼苗，可诱导交互保护作用，已用于病毒病害的田间防治。

3 生物防控技术发展的一点建议

我国生物防治推广应用工作经过近 10 年的发展，取得了显著成效，但还存在一些问题与不足，如科研成果转化商品慢、相关法律法规不完善等。针对这些问题，提出四点建议：①加速成果转化，提高生物防治普及率。②加快技术创新，增加生物防治选择性。③加大资金投入，加快生物防治推广。④完善相关法规，推动生物防治发展[8]。

参考文献

[1] 权桂芝，赵淑津. 生物防治技术的应用现状 [J]. 天津农业科学，2007，13（3）：12 – 14.

[2] 夏敬源. 公共植保、绿色植保的发展与展望 [J]. 中国植保导刊，2010，30（1）：5 – 9.

[3] 廖华明，宁红，秦蓁. 茄果类蔬菜病虫害绿色防控技术百问百答 [M]. 北京：中国农业出版社，2010：36 – 42.

[4] 荆英，黄建，黄蓬英. 有益瓢虫的生防利用研究概述 [J]. 山西农业大学学报，2002，22（4）：299 – 303.

[5] 余德亿，张艳璇，唐建阳. 捕食螨在我国农林害螨生物防治中的应用 [J]. 昆虫知识，2008，45（4）：537 – 541.

[6] 杜永均. 化学信息素在蔬菜害虫综合防治中的应用 [J]. 中国蔬菜，2007（1）：35 – 39.

[7] 陈凤春，胡英华，乔晓琳. 浅谈生物防治与农产品质量安全 [J]. 安徽农学通报，2008，14（7）：189 – 190.

[8] 赵中华，尹哲，杨普云. 农作物病虫害绿色防控技术应用概况 [J]. 植物保护，2011，37（3）：29 – 32.

灯光诱杀技术在我国的研究进展与发展趋势*

张长禹[1]** 王小平[2] 雷朝亮[2]***

(1. 贵州大学农学院，贵州省山地农业病虫害重点实验室，贵阳 550025；2. 华中农业大学植物科技学院，湖北省昆虫资源利用与害虫可持续治理重点实验室，武汉 430070)

摘 要：灯光诱杀技术是一种利用昆虫的趋光性来进行害虫防治的技术，具有高效、绿色、不产生抗性等特点。本文介绍了灯光诱杀技术在我国的发展历史、研究与应用现状，以及昆虫趋光性的理论研究概况，分析了该技术目前存在的主要问题进行了分析，进而展望了其未来的发展趋势。

关键词：灯光诱杀；趋光性；光胁迫；昆虫

昆虫的趋光性即昆虫通过视觉器官对光的刺激所产生的反应，是众多夜行性昆虫的重要生态学特征之一。从《诗经》"秉彼蟊贼，付畀炎火"到《梁书·到溉传》"如飞蛾之赴火，岂焚身之可吝"，2 000多年前，我国劳动人民早已观察到飞蛾扑火，并开始加以利用（周尧，1980）。到了现代，人们依据这种特性，研制开发出了一系列灯光诱杀技术来预测预报和防治害虫的发生（如黑光灯、高压汞灯、频振灯等）。由于该技术具有高效、绿色、操作简便、害虫不产生抗性等优点，已广泛应用于各种农、林作物的主要害虫防治。

中国是农业大国，也是害虫暴发最为严重的国家之一。然而，我国农业害虫防治长期依赖化学防治，造成了农药残留、害虫抗药性的产生和生态环境的破坏等不良后果。进入21 世纪以来，随着生活水平的不断提高，人们对农副产品的质量提出了更高的要求，农药残留问题越来越受到关注。特别是自中国加入世贸组织以来，农产品出口贸易量日益增大，对出口农产品的质量要求也越来越高。因此，有机农业和食品安全对无害化的害虫防治技术的需求十分迫切。灯光诱杀技术是利用光进行害虫防治，具有保护环境、无残留、对害虫不产生抗性等特点，被认为是一种无公害的绿色防治方法，顺应了有机农业生产的要求，具有广阔的应用前景。

1 灯光诱杀技术的研究进展

1.1 发展历史

利用夜出性昆虫趋光的特性而对害虫进行诱杀，在我国具有悠久的历史。以火灭虫是

* 基金项目：国家自然科学基金（31401754）；贵州省农业公关项目（黔科合 NY 字［2012］3007号）

** 第一作者：张长禹，男，博士；副教授，主要从事害虫综合治理方向的研究；E-mail：zcy1121@aliyun.com

*** 通讯作者：雷朝亮；E-mail：ioir@mail.hzau.edu.cn

灯光诱杀技术的雏形，最早可追溯到两千多年前的"炎火"治虫描述。晋代葛洪《符子》先后有"明燎举则有聚死之虫""夕蛾趋暗，赴灯而死"的记述。唐开元四年（公元716）山东发生大蝗灾，宰相姚崇根据"蝗既解飞，夜必扑火"的生活习性，创造了"夜中设火，火边掘坑，且焚且瘗"的开沟诱杀捕蝗法，动员灾区官民扑灭了此次蝗灾。此后，民间便一直流行燃点篝火、火把、油灯诱杀害虫的习惯。

新中国成立后，一些地方多次利用"万家灯火"方法开展害虫防治群众运动（武予清，2009）。20 世纪 50 年代，主要利用普通的白炽灯诱虫，在无电地区也有使用煤油灯进行害虫诱捕的，但早期的光源在诱虫效果上都不很理想，尽管如此，通过灯海战术，还是消灭了大量害虫。随后，能发出近紫外光的黑光灯被用来测报某些主要害虫。60 年代，由于黑光灯诱虫量大，充分体现出害虫物理诱杀技术的优势，受到了社会广泛重视和关注。1973 年，据浙江等 12 个省、市、区的不完全统计，应用黑光灯约 90 万盏，防治面积约 166.7 万 hm^2，主要用于棉田和稻田，开启了黑光灯监测和直接防控害虫的先河（陈宁生，1979）。但是，由于黑光灯无成型的固定灯具且对天敌杀伤力较强，主要用来作为害虫发生动态的测报工具（胡伟，2011）。

70 年代以后，高压汞灯、双波灯等开始出现，诱杀效果好于黑光灯，灯的使用寿命也较长，利用高压汞灯可大量诱杀成虫，减少田间落卵量和诱虫数量，从而减轻化学防治压力，达到控制害虫的目的（赵文新等，1999）。然而，由于高压汞灯安全性较差，对灯具和设置地点的要求较高，因此，也没有获得大面积的推广。90 年代频振式杀虫灯问世，大大推进了害虫灯光诱杀技术的发展。该灯具综合运用光、波、色、味 4 种诱杀方式杀灭害虫，并通过设置不同波长的光波干扰害虫的活动能力，对天敌的杀伤为害轻，已经被广泛应用于水稻、小麦、棉花、蔬菜和茶园等农林害虫的测报和防治（赵季秋，2012）。

1.2 研究与应用现状

目前，灯光诱杀技术在我国已经得到了广泛的应用，在农、林、渔和养殖业的害虫测报和防控中都发挥了重要作用，对地下和仓储害虫的监测和防治过程中也表现出良好的效果（庄波和陈远煌，2012）。此外，灯光诱杀技术在对园林景观和园区的害虫防控中也逐渐展现出其突出的优越性（白芳芳等，2013）。现阶段，我国农业生产中主要使用的灯光诱捕器种类包括黑光灯、紫外灯和频振式杀虫灯等。其中，频振式杀虫灯的诱虫效果好、使用方便、对天敌的杀伤影响相对较小等特点，有研究表明其对二化螟、稻纵卷叶螟、稻飞虱、棉铃虫、地老虎、甜菜夜蛾、斜纹夜蛾、烟草夜蛾、美国白蛾等 87 科、1287 种害虫有很好的防治作用。随着太阳能利用技术的提升和推广，利用太阳能的"光波共振式太阳能杀虫灯"等智能型太阳能杀虫灯具被开发出来，由于摆脱了对电源的依赖，加上杀虫效率更高，使得灯光诱杀技术的应用地域更广、用户的使用意愿更强（白芳芳等，2013）。杀虫灯的推广应用大大减少了农药的使用量，极大地提高了我国农产品的质量与竞争力。

自 1999 年频振诱控技术被列入农业部全国农技中心推广技术以来，频振式杀虫灯在田间得到了大规模的应用。特别是近三年来，以灯光诱杀为核心的害虫综合防控技术在全国 20 多个省市的水稻、棉花、柑橘、蔬菜、玉米、茶叶、花生、甘蔗主产区大面积推广应用。与同期推广的同类技术体系相比较，亩均节省用药：水稻 1～2 次、柑橘 1～2 次、蔬菜 2～4 次、茶园 1～3 次；亩均节省用工：水稻 0.4 个、柑橘 0.4 个、蔬菜 1.0 个、茶园 0.4 个；杀虫效果提高 30% 左右，天敌上灯率降低 50% 以上，单灯节电 50% 以上。推广应用面积达 2 亿多亩次，取得了巨大的经济效益、社会效益和生态效益。

本研究组与佳多科工贸有限责任公司和农业推广部门多单位合作，对灯下昆虫种类及组成进行了系统的分析，评价了灯光诱杀技术的生态安全性，认为中性昆虫是生态安全性评价的关键；开展了昆虫趋光后生物学特性的变化及内源机制的研究，明确了 40 多种主要农业害虫趋光行为及上灯节律，对水稻、棉花、蔬菜、茶、柑橘五大作物近 60 种害虫进行了 20 种光源的敏感性筛选，筛选出了适合不同农田生态系统中用于不同害虫防治的高效、安全的特异性光源，有效地保护了中性昆虫及天敌昆虫，保护了农田生态系统的生物多样性。

1.3 昆虫趋光性的理论研究概况

灯光诱杀技术是基于昆虫趋光性的开发利用，然而，在正常情况下昆虫为什么会去扑灯？为什么会在灯下表现出复杂异常的行为？为了弄清楚这一现象的原因，探索昆虫趋光的机理，从而进一步提高灯光诱杀的选择性和高效性，昆虫学家们对昆虫趋光的行为机理进行了广泛而深入的研究，主要包括昆虫的趋光行为特点、视觉生理等方面。

1.3.1 昆虫趋光性的行为学研究

昆虫的趋光性与对光的敏感度有关，对从 250nm 的紫外光到中远红外光均能感受，其感受的波长范围，因昆虫种类不同而异（丁岩钦等，1974）。为了有效地提高灯光诱杀靶标性，研究者对多种昆虫的趋光行为开展了研究。在黑暗条件下夜行性昆虫对光源的趋向性是一种本能反应，当同时存在多种光源时，上灯具有一定的选择性（陈小波等，2003）。魏国树等（2000）分析了不同波长单色光和白光刺激下棉铃虫的行为反应，结果显示，经过一定时间暗适应的棉铃虫成虫对不同光波均具有趋光行为反应，光谱反应曲线在 483nm、340nm、400nm 和 538nm 处有峰值，且趋光反应率随光强度的增强而增大，至一定光强度时增长变缓呈近 "S" 曲线形。Dufay（1964）对 8 种夜蛾进行了 365～675nm 波长范围内的趋光性比较，峰值分别在 365nm、450nm、525nm 等处，说明不同种类昆虫对波长的要求不同。靖湘峰（2004）调查了多种夜行性昆虫对不同波段光波的趋性，发现趋性从大到小依次为黑光灯（320～390nm）、蓝光灯（350～490nm）、红光灯（500～565nm）、绿光灯（555～610nm）、黄光灯（625～670nm），且黑光灯波段显著大于其他 4 个波段。

1.3.2 昆虫趋光的生理学研究

复眼是昆虫的主要感光器官，因此，在很长一段时间内，学者们对昆虫趋光的生理学研究主要集中于视觉生理特性。例如，Agee（1972，1973）用电生理的方法检测了美国棉铃虫复眼的相对光谱灵敏度，发现其最敏感的波长范围是 480～575mμm，复眼达到最高敏感度的时间为 30～285min。Eugehi 等（1982）比较了 35 种鳞翅目昆虫对不同波长单色光的敏感性，多数种类的昆虫在 383～700nm 的波长范围内都有 3～4 个峰值，且有两个峰值分别在紫外和蓝光区。这些研究结果对昆虫复眼的形态及微细结构（吴卫国等，1990，1991；郭柄群等，1996，1997）、光暗条件的适应变化（靖湘峰等，2004）和视网膜电图（Eguchi，1982；魏国树等，1999）与昆虫趋光的关系也进行了深入的分析，阐明了昆虫趋光的一些视觉生理特性，解释了昆虫趋光的部分行为特点。

近年来，研究者们发现昆虫趋光不仅仅局限于视觉生理，而是涉及一个更复杂更微妙的生理过程。Zhang 等（2011）研究发现棉铃虫趋光后出现了生殖补偿现象，其成虫寿命均随着 UV 照射时间的延长而缩短，而其生殖力则会随着 UV 照射时间的延长而显著增加。Meng 等（2009，2010）的研究结果则表明，UV 对趋光昆虫棉铃虫成虫而言，也是一种环境胁迫因子，能够对其造成的氧化损伤，影响其体内 AchE、CarE 活性及酯酶、POX、CAT 同工酶谱带的变化，并通过蛋白质组学研究揭示了趋光性昆虫棉铃虫对 UV 的应答反应是多基因参与的复杂过程。本研究组还研究了 UV 对棉铃虫、赤拟谷盗与黑腹果蝇的各种生理生化影响，研究结果进一步证实了光会对昆虫造成环境胁迫（Wang et al.，2012；Sang, et al.，2012；Zhou et al.，2013）。

1.3.3　昆虫趋光的本质假说

昆虫学家们根据研究结果，对昆虫趋光的机理提出了种种假设和猜想，较成熟的有光定向行为假说、生物天线假说和光干扰假说（靖湘峰等，2004）。然而，这些有关昆虫趋光机理的研究和假说，多数从昆虫的行为特点和视觉生理出发，主要是阐述昆虫趋光的行为机理，不能够全面的反映昆虫趋光的本质。

雷朝亮课题组根据长期的研究结果，提出了光胁迫的假说，认为昆虫的趋光和避光是光胁迫下的行为结果，而非昆虫本身喜欢或讨厌光辐射而表现出的行为。趋光性昆虫白天不出来活动，夜间则趋光可能是由于：白天受其正常的生物节律调节，处于静息状态；夜间受到光刺激，产生应激反应，导致其处于一种持续兴奋状态进而趋向光源活动。畏光性昆虫则可能由于在长期的进化过程中适应了黑暗环境，其体内缺乏由于光照对细胞造成不利影响的修复系统，为最大程度的减少光对其造成的损害，产生了这种见光即避的习性（朱智慧和雷朝亮，2011）。

2　存在的问题与发展趋势

我国有机农业病虫害防治的理念是"绿色植保，公共植保"。以灯光诱杀为代表的害虫物理防治技术，通过诱杀成虫的方式，高效地降低了下一代的虫口基数，在害虫造成为害之前即起到了预防的作用。同时，这种防治方式，不使用任何人工合成的杀虫剂，无任何残留，对农产品、土地、水和大气等环境不造成任何污染，害虫不易产生抗性，能很好的满足有机农业对农产品和农业可持续发展的要求。因此，随着灯光诱杀技术在杀虫效率、靶向性等方面技术的进一步提高，将有可能成为今后我国有机农业生产中最有前途、最重要的害虫防治方式之一。

尽管灯光诱杀技术经过多年的研究与实践应用，已经取得了很大的进步，得到了广泛的推广应用，但仍存在如下一些不足，需要进一步的研究改善。首先，目前已有的灯光诱杀技术对诱捕害虫的选择性还不是很强，即对害虫和益虫都具有诱捕效果，对生物多样性和生态平衡的保护存在一定的威胁。因此，提高诱捕靶标专一性是目前灯光诱杀技术研究中首要解决的问题，而专一性强的高效灯光诱捕设备将是今后灯光诱杀的一个发展趋势。其次，由于很多农林种植区的电网设置不完备不适于直接使用接电灯光诱捕器，蓄电池诱捕器却费时费力，而太阳能诱捕器成本太高，因此，研究开发节能、简便易用、低成本的灯光诱捕器也将是灯光诱杀技术的另一重要发展趋势。此外，随着高水平科技温室大棚和现代农业的发展，综合利用昆虫的多种光反应现象开发的干扰害虫正常生长发育或影响害虫活动节律和能力的新概念害虫光生理控制器也将是一个新的发展趋势。最后，灯光诱杀技术的理论依据，即昆虫趋光的原理尚不清楚，需要进一步研究昆虫趋光的机理，揭示趋光昆虫对 UV 刺激的应答机制，从而为合理利用昆虫趋光性来治理农业害虫提供理论基础。

总而言之，灯光诱杀是害虫综合治理中绿色环保的一项重要举措，将越来越趋于高效、绿色与智能。毋庸置疑，灯光诱杀技术具有广阔的应用前景，必将在生产上，特别是在无公害农产品、绿色食品、有机食品生产中发挥着越来越重要的作用。

参考文献

[1] 白芳芳，查振道，王晓利. 频振式太阳能杀虫灯对园林害虫的诱杀效果 [J]. 植物医生，2013，26 (2)：30 – 32.

[2] 陈宁生. 灯光防治，中国主要害虫的综合防治 [M]. 北京：科学出版社，1979.

[3] 陈小波，顾国华，葛红，等. 棉铃虫成虫趋光行为的初步研究 [J]. 南京农专学报，2003，19：39 – 41.

[4] 丁岩钦，高慰曾，李典谟. 夜蛾趋光特性的研究：棉铃虫和烟青虫成虫对单色光的反应 [J]. 昆虫学报，1974，17：307 – 317.

[5] 胡伟. 现代物理农业工程技术概论 [M]. 天津：天津科学技术出版社，2011.

[6] 靖湘峰，雷朝亮. 昆虫趋光性及其机理的研究进展 [J]. 昆虫知识，2004，41 (3)：198 – 203.

[7] 武予清，段云，蒋月丽. 害虫的灯光防治研究与应用进展 [J]. 河南农业科学，2009，9：127 – 130.

[8] 魏国树，张青文. 棉铃虫蛾复眼视网膜电位研究 [J]. 生物物理学报，1999，15：682 – 688.

[9] 魏国树，张青文，周明牂，等. 不同光波及光强度下棉铃虫成虫的行为反应 [J]. 生物物理学报，2000，16：89 – 95.

[10] 魏国树，张青文，周明牂，等. 棉铃虫蛾复眼光反应特性 [J]. 昆虫学报，2002，45：323 – 328.

[11] 赵季秋. 灯光诱杀害虫技术的发展与应用 [M]. 沈阳：辽宁农业科学，2012.

[12] 赵文新，贺建峰，张国彦，等. 高压汞灯诱杀棉铃虫成虫技术的研究 [J]. 河南农业大学学报，1999，33 (2)：151 – 155.

[13] 庄波，陈远煌. LED 灯光诱捕器储粮害虫防治应用. 第三届粮食储藏技术创新与仓储精细化管理研讨会论文集. 2012.

[14] 周尧，中国昆虫学史 [M]. 杨凌：昆虫分类学报社，1980.

[15] 朱智慧，雷朝亮. 昆虫趋光性与光胁迫研究进展. 中国害虫物理监测与控制技术研究，武汉：湖北科学技术出版社.

[16] Agee H G. Sensory response of the compound eye of adults Heliothis zea and H. virescens to ultraviolet stimuli [J]. Ann Entomol Soc Am, 1972, 65：701 – 705.

[17] Agee H G. Spectral sensitivity of the compound eye of field-collected adult bollworms and tobacco budworms [J]. Ann Entomol Soc Am, 1973, 66：613 – 615.

[18] Dufay P O. Contribution a I' etude du phototvopisme des Lepidopteres Noctuids [J]. Ann Sci Nat Zool Paris Ser, 1964, 12：281 – 408.

[19] Eguchi E, Watanbe K, Hariyama T, et al. Acomparison of electro-physiologically determined spectral responses in 35 species of Lepidoptera [J]. J Insect Physiol, 1982, 28 (8)：675 – 682.

[20] Meng JY, Zhang CY, Lei CL. A proteomic analysis of Helicoverpa armigera adults after exposure to UV light irradiation [J]. J Insect Physiol, 2010, 56 (4)：405 – 410.

[21] Meng JY, Zhang CY, Zhu F, et al. Ultraviolet light-induced oxidative stress：Effects on antioxidant re-

sponse of Helicoverpa armigera adults [J]. J Insect Physiol, 2009, 55 (6): 588 – 592.

[22] Sang W, Ma WH, Qiu L, *et al.* The involvement of heat shock protein and cytochrome P450 genes in response to UV-A exposure in the beetle Tribolium castaneum [J]. J Insect Physiol, 2012, 58 (6): 830 – 836.

[23] Wang Y, Wang LJ, Zhu ZH, *et al.* The molecular characterization of antioxidant enzyme genes in Helicoverpa armigera adults and their involvement in response to ultraviolet-A stress. J Insect Physiol, 2012, 58 (9): 1 250 – 1 258.

[24] Zhang CY, Meng JY, Lei CL. Effects of UV-A exposures on longevity and reproduction in Helicoverpa armigera, and on the development of its F_1 generation [J]. Insect Sci, 2011, 18 (6): 697 – 702.

[25] Zhou LJ, Zhu ZH, Liu ZX, *et al.* Identification and Transcriptional Profiling of Differentially Expressed Genes Associated With Response to UVA Radiation in Drosophila melanogaster (Diptera: Drosophilidae) [J]. Environ Entomol, 2013, 42 (5): 1 110 – 1 117.

微生物肥料"宁盾"对四季豆的促生防病效果研究[*]

戴相群[1][**]　陈刘军[2]　王宁[1]　郭坚华[1][***]

(1. 南京农业大学植物保护学院/农作物生物灾害综合治理教育部重点实验室/江苏省生物源农药工程中心，南京　210095；2. 无锡本元生物科技有限公司，无锡　214092)

摘　要：本实验通过四季豆在播种时使用微生物肥料"宁盾"浇灌处理，发现能够有效的提高四季豆的出苗率，促进四季豆的生长，有效的防治四季豆疫病，并显著的提高四季豆的果实品质。结果表明：处理10天之后，"宁盾"处理组的出苗率较对照组高9.52%。宁盾处理25天之后，株高、茎粗分别增长了10cm、0.06cm；处理41天之后，株高、茎粗分别增长了16.6cm、0.12cm，叶绿素也提高了2.8SPAD，"宁盾"不仅能促进四季豆生长，而且可以很好的防治四季豆疫病，"宁盾"处理组疫病严重度显著低于对照组，生防效果达42.75%。同时，"宁盾"处理组四季豆果实的可溶性蛋白、维生素C、可溶性固形物等品质指标都显著优于对照组。

关键词：微生物肥料；四季豆；宁盾；防病促生

四季豆又名云扁豆、豆角、菜豆等，在四川等一些华中地区叫作四季豆，在植物分类学中属于豆科。因其具有丰富的蛋白质和多种氨基酸，有健脾利胃增进食欲的功效，并且大量的维生素和钙含量能够很好的预防缺铁性贫血和骨质疏松。

近些年来随着化学农药的为害越来越突出，微生物在农业上也逐渐被人们所熟知，对这方面的研究也越来越多，根据大量文献报道，微生物的作用巨大，不仅可以增加土壤中氮素的来源，有些还可以将土壤中难溶的磷、钾溶解出来，转变为作物能吸收利用的磷、钾离子从而提高土壤肥力，减少化肥用量，改善作物品质。而且多种微生物可以诱导植物的过氧化物酶、多酚氧化酶、苯甲氨酸解氨酶、脂氧合酶、几丁质酶等参与植物防御反应，利于防病抗病。有的微生物种类还能产生抗菌素类物质，有的则是形成了优势种群，降低了作物病虫害的发生（张岩等，2010）。

"宁盾"由南京农业大学生物源农药研发实验室研制，主要成分是2种芽孢杆菌和沙雷氏菌（邢卫峰等，2014），获得微生物肥料正式登记，通过OFDC的有机评估。前期研究发现，"宁盾"对疫病、青枯病和根结线虫病等多种土传病害具有较好的防治效果（彭震等，2014）。本研究通过田间试验，初次评价了微生物肥料"宁盾"（简称"NS"）防治四季豆疫病的效果、对四季豆的促生作用和对果实品质的提高，为四季豆生产实践过程中克服连作障碍、提高综合效益提供参考。

---

　*　基金项目：江苏省自主创新项目［cx（15）1044］

　**　第一作者：戴相群，女，硕士研究生；E-mail：2014802157@njau.com

***　通讯作者：郭坚华，教授，博士生导师；E-mail：jhguo@njau.edu.cn

1 材料和方法

1.1 试验地、供试菌剂、四季豆品种

试验地安排在江苏省南京市白下区南农大牌楼实验基地。

微生物肥料"宁盾"（Nanjing shield，简称 NS）由南京农业大学生物源农药研发及农作物疾病绿色防控实验室研制、南京农大生物源农药创制有限公司开发的微生物肥产品（登记证号为微生物肥（2013））准字（1096）号）。本实验中所用为"宁盾一号"A 型，使用时的有效活菌含量 $\geqslant 2 \times 10^8$ cfu/mL。

四季豆品种为"四川红花白荚"。

1.2 试验设计

本次试验于 2015 年 4 月 12 日开展，共设 2 个处理。处理组：微生物肥料"宁盾"；对照组：清水对照。每处理设 3 小区重复，每个小区面积为 32m²，各处理随机区组排列。小区之间以保护行隔离，试验田按常规管理。播种时先用宁盾 200 倍液浸泡 3min，播入洞穴中之后再用的宁盾 150 倍液浇灌，每株 300mL。

1.3 调查内容与方法

1.3.1 出苗情况统计

播种后第 10 天，调查小区出苗数量，计算出苗率。

$$出苗率（\%）＝出苗株数/播种个数 \times 100$$

1.3.2 促生作用调查

调查四季豆播种 25 天后的生长指标，每小区分别取至少 24 株测量株高、茎粗（地上 2cm 处）、叶片数。

1.3.3 品质检测方法

四季豆成熟后宁盾处理组和对照组分别随机取样测定其可溶性蛋白、还原性糖、维生素 C、可溶性固形物等品质指标。每个重复 3 组样品，做 3 次重复。四季豆果实的可溶性固形物的检测采用手持折射仪，可溶性蛋白的测定采用考马斯亮蓝比色法（Bradford，1976），还原性糖的测定采用斐林试剂滴定法（冯俊华等，1991），维生素 C 的测定采用 2，6-二氯靛酚滴定法（李合生，2000）。

1.3.4 生物防效统计

采用 5 点取样法，并计算病害的病情指数和生防效果。四季豆疫病的病害严重度的分级标准（Nam，2009）如下：0 级，全株无病，外部无症状；1 级，全株叶片总数的 25% 以下叶片发病；2 级，全株叶片总数的 26%～50% 叶片发病；3 级，全株叶片总数的 51%～75% 叶片发病；4 级，全株叶片总数的 76%～100% 叶片发病，整株因病萎蔫枯死。病害严重度和生防效果的计算公式如下：

$$病害严重度（\%）＝[\sum（发病植株数 \times 病级数）/$$
$$（总植株数 \times 最高病级数）] \times 100$$

$$生防效果（\%）＝[（对照病害严重度－处理病害严重度）/对照病害严重度] \times 100$$

1.3.5 数据统计分析

生长指标及品质测定的相关数据均运用数据分析软件 DPS 7.05 进行结果分析。所用数据的显著性差异都在 $P＝0.05$ 水平下完成。

2 结果与分析

2.1 微生物肥料"宁盾"对四季豆出苗的影响

表1 微生物肥料"宁盾"对四季豆出苗率的影响

处理	出苗率（%）			出苗率（%）	增加量
	Ⅰ	Ⅱ	Ⅲ		
宁盾	97.5	95	95	95.83 ± 1.44a	9.52
空白对照	87.5	85	90	87.50 ± 2.50b	

注：不同小写字母者表示在0.05水平上差异显著

处理后第10天后统计各个处理的出苗情况，结果显示，宁盾处理组出苗率较对照组出苗率提高9.52%（表1），表明生物肥料"宁盾"有利于四季豆种子的萌发和幼苗的生长。

2.2 微生物肥料"宁盾"对四季豆生长的影响

表2 微生物肥料"宁盾"对四季豆的促生效果（处理后25天）

处理	株高（cm）	茎粗（cm）	叶绿素（SPAD）
宁盾	23.83 ± 2.714a	0.43 ± 0.034a	30.78 ± 2.225a
空白对照	13.83 ± 3.817b	0.37 ± 0.034b	28.80 ± 3.579a

注：不同小写字母者表示在0.05水平上差异显著。

处理后25天之后，统计各项生长指标，与对照组相比，"宁盾"处理组四季豆幼苗的株高、茎粗显著性增加，表明"宁盾"处理组的四季豆幼苗更加健壮，叶绿素含量在数据分析上虽然没有显著差异，但是，在数值上要高于空白对照组（图1和图2）。

表3 微生物肥料"宁盾"对四季豆的促生效果（处理后41天）

处理	株高（cm）	茎粗（cm）	叶绿素（SPAD）	叶片数/片
宁盾	187.8 ± 4.09a	0.86 ± 0.081a	24.65 ± 3.18a	87 ± 7.75a
空白对照	171.2 ± 5.31b	0.74 ± 0.041b	21.85 ± 2.56b	72 ± 3.87b

注：不同小写字母者表示在0.05水平上差异显著

处理41天之后，统计各项生长指标，与对照组相比，"宁盾"处理组四季豆株高、茎粗、叶绿素和叶片数上都有显著增加，表明宁盾对四季豆的生长有良好的促进作用。

2.3 微生物肥料"宁盾"对四季豆疫病的防治效果

四季豆生长过程会有许多病害的发生，本次试验对四季豆的主要病害进行了统计，本次试验主要发生的病害是四季豆疫病。统计结果及防效见表5。

图1 宁盾对四季豆促生作用的效果图（处理25天）

图2 宁盾对四季豆促生作用的效果图（处理41天）

表4 生物肥料"宁盾"对四季豆疫病的防治效果（处理后68天）

处理	病害严重度（%）	生防效果（%）
宁盾	14.02±13.8b	42.75
空白对照	24.49±14.23a	

注：不同小写字母者表示在0.05水平上差异显著

从表4中可以看出，处理68天之后，宁盾处理组四季豆疫病病害严重度为14.02%，而对照组的病害严重度为24.49%。"宁盾"对四季豆疫病的生防效果达42.75%，防病效果十分显著。

2.4 微生物肥料"宁盾"对四季豆品质的影响

在采收期5点取样，每个处理随机选取10个豆角检测果实的可溶性蛋白、维生素C、可溶性固形物，检测结果见表5。

表5 微生物肥料"宁盾"对草莓果实品质的影响（50天）

处理	可溶性蛋白（mg/g）	维生素 C（mg/100g）	可溶性固形物 Brix（%）
宁盾	18.95 ± 0.18a	17.19 ± 0.22a	5.93 ± 0.51a
空白对照	17.71 ± 0.69b	16.48 ± 0.44b	4.87 ± 0.06b

注：不同小写字母者表示在0.05水平上差异显著

由表5可见，可溶性蛋白和维生素 C 都是果蔬品质和营养的重要评价指标，"宁盾"处理组的可溶性蛋白、维生素 C 含量均显著高于空白对照组，表明"宁盾"处理后能够明显提高四季豆的品质和风味；同时，可溶性固形物不仅反应了果实的保存期，而且对果实的品质和产量有重要的作用，通过手持折射仪检测了四季豆果实的可溶性固形物的含量，检测结果显示，"宁盾"处理组的可溶性固形物高于空白对照组，表明微生物肥料"宁盾"从另一指标上提高了四季豆的品质。

3 结论与讨论

近些年来，随着人们对农产品安全的越来越重视，生产无公害有机绿色食品逐渐成为人们追求的热点，逐渐追求既能促进植物生长又能减少有害物质的积累和对土壤、环境的污染的肥料，为了满足这一需求，微生物肥料的开发和应用显得十分必要（孟瑶等，2008）。

微生物肥料主要有改良土壤营养状况，增加植物营养元素的供应，产生植物激素促进植物生长和减轻植物病害等作用（刘鹏等，2013），并且在逆境条件下可以促进植物抗逆。PGPR 菌即植物根围促生菌，是由于能够促进植物生长，增加作物产量而受到关注（陈晓斌等，2000），PGPR 不仅能提高根际养分有效性，还能促进植物激素如吲哚乙酸（IAA）的合成和分泌，由此促进植物的生长（Marulanda et al.，2009）。另外，PGPR 还能通过营养竞争、位点竞争、诱导抗性等方式提高植物对细菌、真菌和病毒等引起的植物病害的抗性（Kloepper et al.，2004）。有些报道还显示，PGPR 也可作为诱导因子提高植物对非生物胁迫如干旱、盐碱、营养匮乏或营养过量等的耐受性。

微生物肥料"宁盾"是由多种芽胞杆菌和沙雷氏菌复配而成的新型微生物肥料，集微生物肥料与微生物农药的功效于一身，即不仅具有良好的促生作用也具有良好的防病功效，经过多年的温室与大田实验验证，在很多作物上都有明显的效果。"宁盾"的主要成分 AR156，是从健康的番茄根系土壤中分离出来的，可以在植物根围建立稳定的种群，王勇等研究表明，AR156 处理辣椒60天后，在辣椒根围定殖量可达到10 5cfu/g（FW），说明 AR156 在辣椒根围表现出较好的定殖能力，并持续较长时间，从而保护植物免受病原菌的侵染，并且 AR156 所表现出的生防潜能，在针对各种病害的生防研究中都有所体现，如辣椒叶斑病、疫病等（王勇等，2014）。

"宁盾"不仅可以很好的促进植物生长，增加植物抗病和抗逆性，而且具有改善果实口感提高果实品质的功效，宁盾处理的四季豆可溶性蛋白、维生素 C、可溶性固形物等品质指标分别提高了1.24mg/g、0.71mg/100g、1.06%，从而提高了果实的口感和经济效益。

参考文献

［1］ Almario J，Kyselková M，Kopeck05 J，*et al*. Assessment of the relationship between geologic origin of soil，rhizobacterial community composition and soil receptivity to tobacco black root rot in Savoie region（France）［J］. Plant & Soil，2013，371 – 408.

［2］ Benhamou N. Induction of Defense-Related Ultrastructural Modifications in Pea Root Tissues Inoculated with Endophytic Bacteria.［J］. Plant Physiology，1996，112（3）：919 – 929.

［3］ Chen Y，Yan F，Chai Y R，*et al*. Biocontrol of tomato wilt disease by Bacillus subtilis isolates from natural environments depends on conserved genes mediating biofilm formation［J］. Environmental Microbiology，2013，15（3）：848 – 864.

［4］ Dardanelli M S，Manyani H，González-Barroso S，*et al*. Effect of the presence of the plant growth promoting rhizobacterium（PGPR）Chryseobacterium balustinum Aur9 and salt stress in the pattern of flavonoids exuded by soybean roots［J］. Plant & Soil，2009，328（1 – 2）：483 – 493.

［5］ Desoignies N，Schramme F，Ongena M，*et al*. Systemic resistance induced by Bacillus lipopeptides in Beta vulgaris reduces infection by the rhizomania disease vector Polymyxa betae.［J］. Molecular Plant Pathology，2013，14（4）：416 – 421.

［6］ Fulchieri M，Lucangeli C，Bottini R. Inoculation with Azospirillum lipoferum affects growth and gibberellin status of corn seedling roots.［J］. Plant & Cell Physiology，1993，34（8）：1 305 – 1 309.

［7］ JhaY，Subramanian R B，Patel S. Combination of endophytic and rhizospheric plant growth promoting rhizobacteria in Oryza sativa shows higher accumulation of osmoprotectant against saline stress［J］. Acta Physiologiae Plantarum，2011，33（3）：797 – 802.

［8］ Nadeem S M，Ahmad M，Zahir Z A，*et al*. The role of mycorrhizae and plant growth promoting rhizobacteria（PGPR）in improving crop productivity under stressful environments［J］. Biotechnology advances，2014，32（2）：429 – 448.

［9］ Guo J. -H.，Liu H. -X.，and Li S. -M.. 2012. PSX combination，a bio-control bacterium combination that can prevent and control soil-borne diseases of a variety of crops. European patent No. 2255660. 证书发放日：2012. 1. 2. 此项专利在欧洲 12 个国家生效.

［10］ Vacheron J，Desbrosses G，Bouffaud M L，*et al*. Plant growth-promoting rhizobacteria and root system functioning［J］. Frontiers in Plant Science，2013，4（1）：356.

［11］ 陈刘军，俞仪阳，王超，等. 蜡质芽孢杆菌 AR156 防治水稻纹枯病机理初探［J］. 中国生物防治学报，2014，30（1）：107 – 112.

［12］ 邓开英，凌宁，张鹏，等. 专用生物有机肥对营养钵西瓜苗生长和根际微生物区系的影响［J］. 南京农业大学学报，013，2：019.

［13］ 李合生. 植物生理生化实验原理与技术（面向 21 世纪课程教材）［J］. 2000.

［14］ 刘红霞，李师默，郭坚华，等. 防治蔬菜土传病害的 AR156 合剂［P］. 中国专利：ZL200810088388. X. 14. 刘立新，尹秀兰. 微生物肥料的应用及发展趋势［J］. 农民致富之友，003，（1）：15 – 16.

［15］ 刘鹏，刘训理. 中国微生物肥料的研究现状及前景展望［J］. 农学学报，2013，3（3）：26 – 31. DOI：10. 3969/j. issn. 1007 – 7774. 2013. 03. 007.

［16］ 刘苏闽，周冬梅，杨敬辉，等. 复合菌剂对草莓黄萎病的田间防治效果［J］. 中国生物防治，2010，26（4）：501 – 503.

［17］ 刘秀梅，聂俊华，王庆仁，等. 多种微生物复合的微生态制剂研究进展［J］. 中国生态农业学报，2002，10（4）：80 – 83.

［18］ 孟瑶，徐凤花，孟庆有，等. 中国微生物肥料研究及应用进展［J］. 中国农学通报，2008，24

（6）：276 – 283.

[19] 齐爱勇，赵绪生，刘大群 . 芽孢杆菌生物防治植物病害研究现状 [J]. 中国农学通报，2011，27（12）：277 – 280.

[20] 王勇，周冬梅，郭坚华 . 蜡质芽孢杆菌 AR156 对辣椒的防病促生机理研究 [J] 植物病理学报，2014，44（2）：195 – 203. DOI：10. 3969/j. issn. 0412 – 0914. 2014. 02. 011.

[21] 王春娟，郭亚辉，王超，等 . 根围促生细菌（PGPR）蜡质芽孢杆菌 AR156 对番茄的诱导耐旱性研究 [J]. 农业生物技术学报 . 2012. 20（10）：1097 – 1105. DOI：10. 3969/j. issn. 1674 – 7968. 2012. 10. 001.

[22] 王奎萍，周冬梅，刘苏闽，等 . 宁盾一号菌剂不同处理方法对番茄生长的影响 [J]. 广东农业科学，2013，40（23）：61 – 64. DOI：10. 3969/j. issn. 1004 – 874X. 2013. 23. 016.

[23] 邢卫峰，于侦云，陈刘军，等 . 生物肥料"宁盾"对甜瓜枯萎病的防治效果 [J]. 江苏农业科学 . 2014.（3）：78 – 81. DOI：10. 3969/j. issn. 1002 – 1302. 2014. 03. 028.

[24] 余波，李志芳 . AM 菌根真菌和根瘤菌对四季豆生长影响的效应初报 [J]. 天津农业科，2003，9（4）：21 – 24. DOI：10. 3969/j. issn. 1006 – 6500. 2003. 04. 007.

[25] 郑传进 . 多功能复合微生物肥料的研制 [D]. 江西农业大学，2003.

[26] 张文芝 . 生物农药 AR156 制剂发酵工艺、田间应用及其防病机理初探 [D]. 南京农业大学，2010.

[27] 张文芝，陈云，郭坚华 . 生物制剂 BBS、JH21 对稻瘟病和水稻纹枯病的生物防治作用研究 [C] //中国植物病理学会 2009 年学术年会论文集 . 2009.

[28] 张岩 . 微生物肥料的作用及效果 [J]. 吉林农业，2010，（1）：65 – 65. DOI：10. 3969/j. issn. 1674 – 0432. 2010. 01. 045.

农业生物防治技术服务体系建设研究

王一凡

(哈尔滨市农产品质量安全检验检测中心，哈尔滨　150070)

摘　要：针对当前农业生物防治的方法，概括分析我国生物防治服务体系建设的现状，以及面临的挑战和存在的不足，并在此基础上提出相应的对策建议。

关键词：农业；生物防治；服务体系建设

1　引言

我国作为一个典型的农业大国，同时也是受虫害破坏较为严重的国家，长时间以来人们普遍依赖化学农药等的使用来应对农业生产过程中的问题，与此同时也带来了一系列诸如农产品的农药残留、环境污染等问题。这直接导致了我国农产品出口量因农药残留等急剧下降，不利于我国农业经济发展[1]。近年来人们对于环境污染的重视随着经济社会的发展水平不断提高，化学农药用量也不断减少。与此同时，生物防治因其取于自然、来源丰富、对环境无污染、可保证农产品高质量等特点深受人们喜爱，掀起了生物防治研究的热潮。

生物防治是利用生物和其代谢而产生的产物进行防治植物害虫的方法。生物防治技术主要是以生物为基础的产品，比如昆虫信息素、生物制剂、释放害虫的天敌等。生物防治包括以虫治虫和以菌治虫。其主要措施是保护和利用自然界害虫的天敌、繁殖优势天敌、发展性激素防治虫害等。我国生物防治策略是从 1958 年开始形成，农业部依据八字宪法以及《全国农业发展纲要》的精神制定了植物防治的十六字方针[2]。邢万静、阚云超、乔慧丽等概述分析了我国生物防治的现状和未来发展趋势，认为我国生物防治已取得很大成效[3]。张春榕则在肯定成绩的基础上认为我国应进一步促进生物防治向产业化发展，并分析了其产业化发展的可行性[4]。在我国农业生物防治技术体系的未来发展方面，高爱华认为应该建立信息化的害虫暴发为害监控体系，对其进行有效监控，同时还应该坚持高效率低污染的综合防治措施[5]。

总而言之，目前学者对于生物防治的研究多基于生物学技术角度，对于生物防治技术体系建设的研究较少，因此，本文对于我国农业生物防治技术服务建设的现状分析，并提出未来发展的对策对于生物防治的未来发展具有理论和现实意义。

2　生物防治体系建设现状

我国生物防治策略于 1958 年开始形成，在党中央的十六字方针的政策引领下，我国开展了一系列生物防治技术体系建设工作，取得了初步成绩。

2.1　植保机构及人力资源现状

我国多数省份以及建立高新技术示范区，低至县级都建立了植保机构，共同承担植保新技术的推广、病虫防治等系列工作。各省市植保站职工数在不断增加，并且职工学历水平逐年提高，研究生、本科生占比逐渐增多，为生物防治体系的长远发展提供坚实的人力基础。

2.2 病虫检测体系和预警能力现状

全国病虫重点测报站不断增加，农业大省数量尤其增多，如山西省就有国家重点病虫测报站 18 个。这些测报站承担着害虫、流行性为害和农作物病虫的检测工作，及时发布信息预防病虫灾害发生。并且我国建立并完善了病虫害定期汇报和重大病虫的会商预报制度，检测体系和预警能力有了重大突破。

2.3 重大生物灾害防控能力

2000 年后，中央不断加大对重大生物灾害防控能力的建设，中央财政投资不断加大，建立蝗虫地面应急防御防治站等多种防治站，农业生物预警控制站及其他非疫区建设项目不断增加，并且各省均在病虫严重的县市建立建设农作物重大虫害防治专业队，各省市应对生物灾害的能力明显提高，并取得了显著成效。

2.4 外来有害生物疫情防控能力现状

近年来，国家不断组织建立并完善植物疫情控制预案，将病虫疫情控制消灭工作纳入科学化、法制化、规范化轨道，为我国疫情的生物防治提供了有力保障，各级政府对于外来有害生物的防控意识不断加强，相关疫情防治工作都放在促进农村发展和社会主义新农村建设的新高度进行，各种外来有害生物疫情防控工作全面展开，为害程度大大降低，疫情蔓延速度不断减缓。

2.5 植保新技术的研发推广能力

近年来，各植保部门做了大量的调查工作，并认真总结经验，大力推广各种病虫害的综合防治技术以及疫情控制技术等一系列植保新技术，为病虫害、植物的疫情监控工作的完成提供了有力保障，同时大大提高了植保方面的技术水平。

3 生物防治服务技术体系面临的挑战

我国农业生物防治在不断总结经验教训下的情况不断成长，取得了可喜成绩，但是目前还存在一些问题和面临新的挑战，许多环节还比较薄弱，成为生物防治发展的阻碍。

3.1 服务组织管理体系仍需完善和加强

目前我国农业生物防治管理机构尚未健全，许多地区特别是县级行政区还未设立专门的防治机构，已有机构中仍存在经费不足等问题致使相关服务不能顺利开展。此外，人员编制不足也在一定程度上阻碍了组织管理机构的运营，机构中专业技术队伍的老化现象较为严重，缺乏专业技术人才，人才流失严重等导致机构服务能力弱。

3.2 防治任务逐渐加重

随着优势产业的兴起和发展以及农业结构的不断优化调整，使得农业有害生物种类和发生规律不断变化，生物防治对象不断增多，防治任务增大，与此同时，生物防治服务体系的服务对象要不断向专业户、专业村拓展，这些都为防治工作带来压力。另外，随着农业市场开放程度不断加大，国际农贸日趋活跃。我国从国外进口植物和植物产品数量增大，种类增多，由于其来源复杂、种植地点分散等的特点使得外来有害生物入侵风险加大，使得检疫检验的工作量增大，增加了有害生物蔓延的可能。

3.3 服务对象观念难度大

由于长期对农药的大量使用，使得农产品质量安全存在很大问题，同时还引发环境污染、生态失衡等问题。虽然我们大量宣传和呼吁科学合理使用农药，但是由于服务对象文化素质较低，对于新技术、新材料的接受能力不强，在短期内难以改变，仍存在体制、机制、人才、观念等的困难和问题。

4 加强农业生物防治服务体系建设的对策措施

我国农业生物防治在取得了系列成就的同时，随着农贸开放程度不断加大，植物国际引进增加，生物防治的未来挑战不断增加，加之目前生物防治服务体系的不足，使得生物防治未来发展困难重重，因此，必须对其进行改进。

4.1 不断深化改革、健全组织体系

首先需不断强化行业管理，积极推进农业生物防治管理机构纳入参公管理单位，强化行业管理职能，为全面开展生物防治服务奠定基础。此外，各农业生物防治管理机构要切实转变职能，真正做好检测预报、疫情普查等基础工作，同时还要强化政策制定以及规划编制等宏观调控职能。

4.2 完善配套政策

各级政府以及工商银行等职能部门要在农业用地流转、税费减免、特别是融资等方面给予优惠支持，国家农业项目资金要不断向生物防治服务体系建设倾斜，在资金上予以支持。同时政府要利用电视广告等媒体加大宣传力度，逐步增强人们的生物防治意识，促进新技术的传播。

4.3 加强外来有害生物防控体系建设

在保证基础体系建设的基础上，要做好技术配套组装，完善生物防治技术标准，建立完善的检疫制度，制定严密的防控预案，建议做好农业植物建议、卫生防疫和动物检疫的联合发展，发展新技术提高检疫效率降低检疫成本，从而做好外来有害生物防治工作。

5 结论

本文从我国农业生物防治体系建设的现状出发，在肯定农业生物防治体系建设取得的成就的同时，分析了该体系目前存在的不足以及未来发展可能遇到的成本加大、外来有害生物入侵加大等诸多挑战，并据此提出对策，建议健全组织体系，完善配套政策，加强外来有害生物防控体系建设等，对于我国农业生物防治服务体系的长远发展具有重要意义。

参考文献

[1] 关秋英. 农业害虫的防治方法 [J]. 现代农业科技, 2011, 14 (5).

[2] 金德瑞, 徐广. 论中国有害生物防治策略的形成与发展 [J]. 河南职技师院学报, 1994 (22): 22 – 25.

[3] 邢万静, 阚云超, 乔惠丽. 农业害虫生物防治的现状及发展趋势综述 [J]. 安徽农业科学, 2014, 42 (18): 5 803 – 5 806.

[4] 张春榕. 基于生态农业背景下的生物防治技术产业化发展研究 [J]. 福建农业科技, 2013 (3): 69 – 72.

[5] 高爱华. 农业害虫生物防治模式及效果评价研究——以果树生物杀虫剂为例 [D]. 南京: 南京农

业大学，2013.

[6] 苏斌. 潜山县林业有害生物防治公共服务体系建设现状与对策研究 [J]. 现代农业科技，2012（16）：206 – 208.

[7] 李青松，才玉石，孙玉剑. 林业有害生物防治服务体系建设问题探讨 [J]. 中国森林病虫，2012（31）：42 – 46.

[8] 白新盛，张木. 生物农药的发展现状及前景展望 [J]. 上海环境科学，2002（11）.

[9] 王艳. 蔬菜病虫害综合防治技术 [J]. 云南农业，2009（11）：37 – 38.

[10] 吴孔明，陆宴辉，王振营. 我国农业害虫综合防治研究现状与展望 [J]. 昆虫知识，2009（6）：15 – 17.

柠条优势害虫与天敌时空生态位分析*

张 锋** 洪 波 李英梅 张淑莲***

（陕西省动物研究所，西安 710032）

摘 要：对纸房沟流域人工治理区中的柠条林生态系统主要害虫、天敌的时间、空间生态位关系进行了研究，结果表明，在柠条林中，害虫之间以三种种实害虫三维生态位重叠较高，相互之间竞争激烈，其次是柠条蚜虫与三种种实害虫。从天敌三维生态位重叠看，豆象盾腹茧蜂与姬小蜂重叠值最高，二者之间竞争激烈。天敌与害虫之间以豆象盾腹茧蜂、姬小蜂与三种种实害虫重叠值相对较高，其中，豆象盾腹茧蜂与柠条豆象生态位重叠值最高，说明豆象盾腹茧蜂对柠条豆象重控制和跟随作用最强；对蚜虫起控制的天敌中以蚜茧蜂最强，生态位重叠值最高。本文明确了害虫与天敌在时间与空间资源上的分布变化规律，为柠条害虫的综合生态调控提供理论依据。

关键词：柠条；害虫和天敌；生态位；竞争

生态位理论是现代生态学中的一个重要内容[1~3]。生态位宽度指数可衡量各物种种群数量在资源序列上的分散与集中，在某个资源上的数量愈集中，高峰期愈明显，即分布窄，该指数就小，反之则大。它不能反映某一种群数量的多少和在总类群中的排位。生态位重叠指数是度量物种间对生态位共同享用程度的一个指标，与各种群之间相互在同一资源序列上的分布比例有关。该指数愈高，对同一资源的占用和相互竞争就愈激烈。在一定时间条件下，生物群落必须利用的多个资源系列就是多维生态位。时空生态位是多维生态位的重要体现形式，不同生物种群随着季节变化和在空间多维资源的位置异质关系分别体现在在时间序列和空间位置上的分布比例[6,7]。对不同恢复林地节肢动物群落天敌与害虫多维生态位的分析，可了解种群对时空间维度利用情况及其种间相互关系，对害虫生态控制，天敌资源保护利用具有很重要的意义。根据上述思想，本研究选择了节肢动物群落稳定性较差的柠条林主要害虫、天敌之间的时间和空间关系做了较为细致的研究，探讨不同纯林生境的害虫、天敌之间是否存在生态位竞争，从生态位的角度寻求它们之间的关系，为害虫生态调控提供科学依据。

1 材料与方法

1.1 研究区概况

纸坊沟流域（36°51′N，109°19′E）位于陕西省安塞县。在气候区划上属暖温带半干

---

* 基金项目：国家科技支撑项目（2011BAD31B05-04）

** 作者简介：张锋，男，博士，副研究员，从事昆虫生态和害虫防治研究；E-mail：zhangfeng1973@tom.com

*** 通讯作者：张淑莲；E-mail：1456981493@qq.com

旱气候。处于森林（落叶阔叶林）和草原的过渡带，属于黄土丘陵沟壑区第二副区，在同一气候条件下森林和草原群落同时出现，并处于激烈的竞争状态。该流域面积 8.27km²，海拔 1 010 ~ 1 431m，年日照时均约 2 300h，年平均气温 8.8℃，干燥度 1.48，年均降水量 483.9mm，其中，7 ~ 9 月的降水占全年的 58%，无霜期 160 天左右[8,9]。

1.2 调查方法

选择纸房沟流域人工治理区中的柠条林进行五点式抽样，标记 5 丛，2005 年 4 ~ 10 月，每隔 20 天调查 1 次，共调查 11 次，作为时间生态位的间隔，采用定时系统调查。每株（丛）取东南西北 4 个方位，作为水平方向生态位的资源维，每方位又分上中下 3 个层次，作为垂直生态位的资源维，将整个树冠分为 12 个资源单位。先环绕树干目测 2 ~ 3min，检查树冠上活动性大的害虫及天敌。对不同种类害虫采用不同的方法，对蛀果类每株调查 120 个荚果，统计虫果数；食叶类害虫每株检查 120 个叶片，统计其上害虫及天敌种类和数量。枝干类害虫每样点随机抽取 30cm 枝条，仔细调查其上所有的害虫及天敌种类和数量。

1.3 处理方法

（1）生态位宽度采用 Levins（1968）的公式：$Bi = \dfrac{1}{\sum\limits_{i=1}^{s} P_i^2(s)}$，$B$ 表示物种生态位宽度；S 表示每个资源序列单位总数，P_i 表示一个物种在一个资源序列的第 i 个单位中所占的比例[8,9]。

（2）生态位重叠采用 Hurbert（1978）的公式 $L_{jk} = S\sum\limits_{h=1}^{s} P_{ih}^* P_{jh}$，$L_{jk}$ 表示种类 K 对种类 j 的生态位重叠；P_{ij}、P_{ik} 表示由种类 k 或种类 j 所利用的整个资源所占比例[8,9]。

2 结果分析

2.1 柠条林优势害虫与天敌种类

选择柠条林种群数量较多的害虫与天敌进行分析，主要害虫有柠条黑角蝉（*Gargara* sp.）、柠条蚜虫（*Aphis* sp.）、存疑豆芫菁（*Epicauta dubid* Fabricius）、柠条种子小蜂（*Bruchophagus necaraganae*（Liao）、柠条豆象（*Kytorhinus immixtus* Motschulsky）柠条种子象甲（*Apion* sp.）、主要天敌有星豹蛛（*Pardosa astrigera* L. Koch）、鞍形花蟹蛛（*Xysticus ephippiatus*）、蚜茧蜂 *Aphidius* sp.、中华草蛉（*Chrysopa sinica* Tjedet）、豆象盾腹茧蜂（*Phanerotomella* sp.）、凹面灿姬小蜂（*Entedon* sp.）、七星瓢虫（*Coccinella septempunctata* Linnawus）、异色瓢虫［*Harmonia ascyridis*（Pallas）］。

2.2 柠条林主要害虫和天敌时间生态位宽度和重叠

从表 1 可知，柠条主要害虫时间生态位宽度值从大到小排列顺序为：存疑豆芫菁（0.738 7）、柠条种子小蜂（0.617 3）、柠条黑角蝉（0.602 2）、柠条豆象（0.595 1）、柠条种子象甲（0.515 6）、柠条蚜（0.477 1）。存疑豆芫菁和柠条黑角蝉发生为害时间较长，且不同时期种群密度差异较小，生态位较高。柠条种子象甲、柠条豆象和柠条种子小蜂为害主要集中在果实生长期间，发生时期较短，因此其生态位较小。柠条蚜在不同时期调查时种群数量变化较大，其生态位最小。柠条豆象、柠条种子象甲和柠条种子小蜂均为种食害虫，在发生为害时间上较为一致，生态位重叠值较高，这3种害虫的竞争作用最强。柠条黑角蝉和柠条蚜生态位重叠相对较低，为（1.273 9）。

主要天敌时间生态位宽度值从大到小排列顺序为：星豹蛛（0.755 9）、蚜茧蜂（0.727 9）、鞍形花蟹蛛（0.720 6）、七星瓢虫（0.684 1）、中华草蛉（0.671 4）、异色瓢虫（0.662 7）、凹面灿姬小蜂（0.558 9）、豆象盾腹茧蜂（0.523 2）。星豹蛛、蚜茧蜂和鞍形花蟹蛛食性较广，发生时间较长，且不同时期种群密度差异较小，生态位较高。凹面灿姬小蜂和豆象盾腹茧蜂生态位较小，主要集中在果实期发生，种群数量在时间序列上具有不均匀性。凹面灿姬小蜂与豆象盾腹茧蜂生态位重叠值较高，为2.492 6，说明二者之间竞争作用较强。异色瓢虫与鞍形花蟹蛛生态位重叠值较低，为1.429 2，说明二者之间竞争作用缓和。

柠条豆象与凹面灿姬小蜂、豆象盾腹茧蜂重叠值较高，分别为2.169 4、2.144，说明两种天敌对柠条豆象控制作用较强。柠条蚜与鞍形花蟹蛛生态位重叠较低，为1.279 7，说明鞍形花蟹蛛对柠条蚜控制作用相对较弱。

表1 柠条林主要害虫和天敌时间生态位宽度和重叠指数

物种	1	2	3	4	5	6	7	8	9	10	11	12	13	14
1	0.755 9	1.497 3	1.573 9	1.687 9	1.872 8	1.801 3	1.592	1.508 6	1.603 4	1.404	1.489 7	1.636 7	1.605 7	1.543 3
2		0.720 6	1.461 9	1.634 6	1.808 7	1.698	1.528 2	1.429 2	1.565	1.279 7	1.432	1.530 8	1.509 4	1.419
3			0.727 9	1.658 7	1.891 5	1.902 4	1.670 3	1.708	1.552 2	1.695 6	1.616 2	1.973 5	1.934 9	2.011
4				0.671 4	2.119 4	2.018 8	1.745 5	1.619 4	1.807 3	1.337 3	1.594 1	1.716 3	1.658 5	1.544 5
5					0.523 2	2.492 6	1.939 1	1.790 3	1.979 4	1.517 7	1.777 4	2.169 4	2.107 8	1.947 2
6						0.558 9	1.845 3	1.794 1	1.866 8	1.530 3	1.726 5	2.144	2.029	1.941 2
7							0.684 1	1.661 4	1.638 3	1.523 4	1.575 4	1.777	1.764 6	1.758 3
8								0.662 7	1.503	1.643 7	1.583 6	1.864 2	1.844 9	1.954
9									0.602 2	1.273 9	1.499	1.59	1.549	1.425 1
10										0.477 1	1.452	1.812 4	1.853 5	2.054 2
11											0.738 7	1.821 9	1.781 1	1.799 2
12												0.595 1	2.351 2	2.449
13													0.617 3	2.445 3
14														0.515 6

1：星豹蛛 *Pardosa astrigera* L. Koch；2：鞍形花蟹蛛 *Xysticus ephippiatus*；3：蚜茧蜂 *Aphidius* sp；4：中华草蛉 *Chrysopa sinica* Tjedet；5：豆象盾腹茧蜂 *Phanerotomella* sp.；6：凹面灿姬小蜂 *Entedon* sp.；7：七星瓢虫 *Coccinella septempunctata* Linnawus；8：异色瓢虫 *Harmonia ascyridis*（Pallas）9：黑角蝉 *Gargara* sp.；10：柠条蚜虫 *Aphis* sp.；11：存疑豆芫菁 *Epicauta dubid* Fabricius；12：柠条豆象 *Bruchophagus necaraganae*（Liao）；13：柠条种子小蜂 *Kytorhinus immixtus* Motschulsky；14：柠条种子象甲 *Apion* sp.；Spiders；对角线上数字为各种群生态位宽度，下同

2.3 柠条林主要害虫和天敌垂直生态位宽度和重叠

从害虫与天敌垂直生态位宽度和重叠指数来分析（表2），主要害虫垂直生态位宽度值从大到小排列顺序为，存疑豆芫菁（0.633 7）、柠条黑角蝉（0.426 3）、柠条豆象（0.229）、柠条种子小蜂（0.190 9）、柠条蚜（0.100 5）、柠条种子象甲（0.073 5）。柠条种子小蜂、柠条豆象、柠条蚜及柠条种子象甲生态位较低，主要原因是这些害虫集中在柠条植株上部的幼嫩叶片或荚果取食。存疑豆芫菁和柠条黑角蝉分布于中部和上部的叶片或枝条上，所以，垂直生态位较高。在生态位重叠方面，就有相似习性的害虫垂直生态位重叠较高，如3种种实害虫之间、蚜虫与3种种实害虫之间，取食部位均在上部，所以垂直生态位重叠也高。

主要天敌垂直生态位宽度值从大到小排列顺序为，中华草蛉（0.528 5）、凹面灿姬小蜂（0.337）、七星瓢虫（0.334）、豆象盾腹茧蜂（0.255 7）、异色瓢虫（0.244 7）、蚜茧蜂（0.203 2）、星豹蛛（0.160 2）、鞍形花蟹蛛（0.127 1）。星豹蛛和鞍形花蟹蛛多在下部活动捕食，垂直生态位较低。中华草蛉在上中部位分布相对均一，垂直生态位较高。星豹蛛和鞍形花蟹蛛取食习性相似，生态位重叠较高，为2.623，二者之间存在较强的竞争。两种蜘蛛与其他天敌生态位重叠较低，竞争作用缓和。

表2　柠条林主要害虫和天敌垂直生态位宽度和重叠指数

物种	1	2	3	4	5	6	7	8	9	10	11	12	13	14
1	0.160 2	2.623	0.020 8	0.222 7	0.025 8	0.033 1	0.238 3	0.081 1	0.163 5	0.050 7	0.284 4	0.023 3	0.096	0.027 4
2		0.127 1	0.016 8	0.21	0.020 7	0.026 6	0.233 6	0.073 4	0.152 3	0.047 8	0.267 7	0.018 7	0.091 1	0.024 8
3			0.203 2	1.742 3	2.439 8	2.359 6	2.090 4	2.221 7	1.914 3	2.495 2	1.449 9	2.466 8	2.321 6	2.552 2
4				0.528 5	1.725	1.699	1.556 4	1.643 5	1.527 4	1.733 6	1.353 2	1.733 7	1.668 4	1.757 6
5					0.255 7	2.313 3	2.052 8	2.181 6	1.889 1	2.440 5	1.447 2	2.414 7	2.275 4	2.495 1
6						0.337	1.996 5	2.121 7	1.851 4	2.358 8	1.443 2	2.336 7	2.206 2	2.409 6
7							0.334	1.897 9	1.679 3	2.090 1	1.349 4	2.071 7	1.966 8	2.131 1
8								0.244 7	1.777 6	2.219 2	1.420 6	2.201 8	2.085 8	2.264 1
9									0.426 3	1.907 6	1.381 1	1.901 8	1.818 5	1.939
10										0.100 5	1.436 6	2.468 1	2.321 9	2.555 5
11											0.633 7	1.448 6	1.414 8	1.447 5
12												0.229	2.298 7	2.523 9
13													0.190 9	2.371 8
14														0.073 5

2.4 柠条林主要害虫和天敌水平生态位宽度和重叠

表3表明，害虫和天敌在树冠4个方位的生态位及重叠值较高，差异较小，说明害虫与天敌在水平方位利用资源的能力基本相同，选择性不强。

表 3　柠条林主要害虫和天敌水平生态位宽度和重叠指数

物种	1	2	3	4	5	6	7	8	9	10	11	12	13	14
1	0.994 4	1.000 6	1.000 5	0.997 1	0.999 1	1.000 2	1.003 2	0.998 6	1.000 1	1.004 4	1.003	1.000 7	1.001 2	1.001 9
2		0.989 4	0.998 1	1.001 4	0.995 4	1.002 3	1.001 4	1.003 6	1.007 1	1.010 1	1.008 1	1.001 4	1.00 5	1.004 6
3			0.998 2	0.999 8	1.000 9	1	1.000 2	0.999 3	0.998 7	0.998 8	0.997 8	0.999 5	0.99 9	0.998 3
4				0.996 3	0.999 5	1.000 7	0.998 1	1.002 1	1.001 9	0.999 6	0.999 3	0.999 7	1.000 3	0.999 2
5					0.996 4	0.998 6	0.998 7	0.998 1	0.995 9	0.993 6	0.995 1	0.999 1	0.997	0.997 3
6						0.998 7	1.000 5	1.001 3	1.002 3	1.003 3	1.001 9	1.000 2	1.001 5	1.000 8
7							0.996 6	0.999 5	1.001	1.004 6	1.003 2	1.000 6	1.001 5	1.001 9
8								0.996 7	1.003 6	1.003 5	1.002 5	1.000 3	1.002	1.001 1
9									0.991 3	1.008 9	1.006 6	1.001 1	1.004 4	1.003 5
10										0.978 4	1.011 9	1.002 1	1.007 2	1.006 5
11											0.986 7	1.001 9	1.005 5	1.006 1
12												0.999 5	1.001	1.001 2
13													0.995 6	1.003 1
14														0.994 7

2.5　柠条林主要害虫和天敌三维生态位宽度和重叠

从柠条害虫、天敌三维生态位来看（表4），害虫三维生态位宽度值从大到小排列顺序为，存疑豆芫菁（0.461 9）、柠条黑角蝉（0.254 5）、柠条豆象（0.136 2）、柠条种子小蜂（0.117 3）、柠条蚜（0.046 9）、柠条种子象甲（0.037 7）。说明在时间、空间的资源利用上，存疑豆芫菁最大，柠条蚜最小，这主要是因为它们对小生境有不同的选择而导致其生境生态位有或多或少的分离。主要天敌生态位宽度值从大到小排列顺序为，中华草蛉（0.353 5）、七星瓢虫（0.227 7）、凹面灿姬小蜂（0.188 1）、异色瓢虫（0.161 6）、蚜茧蜂（0.147 6）、豆象盾腹茧蜂（0.133 3）、星豹蛛（0.120 4）、鞍形花蟹蛛（0.090 6）。说明在时间、空间的资源利用上，中华草蛉最大，鞍形花蟹蛛最小。

从害虫三维生态位重叠看，3 种种实害虫三维生态位重叠较高，说明 3 种害虫之间竞争激烈，其次是柠条蚜虫与 3 种种实害虫，存疑豆芫菁与柠条黑角蝉竞争较弱；从天敌三维生态位重叠看，豆象盾腹茧蜂与凹面灿姬小蜂重叠值最高，为 5.758 1，说明二者之间竞争激烈。星豹蛛、鞍形花蟹蛛与其他天敌生态位重叠均较低，说明星豹蛛、鞍形花蟹蛛与其他天敌竞争较弱；从害虫与天敌生态位重叠看，豆象盾腹茧蜂、姬小蜂与 3 种种实害虫重叠值相对较高，其中，豆象盾腹茧蜂与柠条豆象生态位重叠值最高，为 5.233 7，说明豆象盾腹茧蜂对柠条豆象控制和跟随作用最强。对蚜虫起控制的天敌中以蚜茧蜂最强，生态位重叠值最高，为 4.225 3。星豹蛛、鞍形花蟹蛛与其他害虫重叠值较低，说明两种蜘蛛对害虫的控制作用较弱。

表 4　柠条林主要害虫和天敌三维生态位宽度和重叠指数

物种	1	2	3	4	5	6	7	8	9	10	11	12	13	14
1	0.120 4	3.929 8	0.032 8	0.374 8	0.048 3	0.059 6	0.380 6	0.122 2	0.262 2	0.071 5	0.424 9	0.038 2	0.154 3	0.042 4
2		0.090 6	0.024 5	0.343 7	0.037 3	0.045 3	0.357 5	0.105 3	0.240 0	0.061 8	0.386 5	0.028 7	0.138 2	0.035 4
3			0.147 6	2.889 4	4.619 0	4.488 9	3.492 3	3.792 0	2.967 5	4.225 3	2.338 2	4.865 8	4.487 6	5.123 7
4				0.353 5	3.654 1	3.432 2	2.711 5	2.667 1	2.765 7	2.317 4	2.155 6	2.974 7	2.767 9	2.712 4
5					0.133 3	5.758 1	3.975 4	3.898 3	3.724 0	3.680 2	2.559 6	5.233 7	4.781 7	4.845 3
6						0.188 1	3.686 0	3.811 5	3.464 1	3.621 6	2.496 4	5.010 9	4.483 1	4.681 3
7							0.227 7	3.151 6	2.753 9	3.198 7	2.132 6	3.683 6	3.475 8	3.754 2
8								0.161 6	2.681 4	3.660 5	2.255 3	4.105 8	3.855 8	4.4289
9									0.254 5	2.451 7	2.083 9	3.027 2	2.829 3	2.772 9
10										0.046 9	2.110 8	4.482 6	4.334 6	5.283 6
11											0.461 9	2.644 2	2.533 8	2.620 2
12												0.136 2	5.410 1	6.188 4
13													0.117 3	5.817 7
14														0.037 7

3　小结与讨论

生物群落所利用的环境资源包括时间序列、空间区域及食物类型等，生态位理论阐明了生物群落内物种对环境资源的利用状况及种间竞争关系，资源可以是食物类型、空间区域和时间序列等。生态位宽度反映了物种对环境资源的利用程度，生态位重叠指两个物种对资源共同利用程度，以此阐明物种间的生态分离与竞争的关系，种间竞争进一步阐明了群落内物种对环境资源共同利用的程度[10~18]。

多数学者对生态位的研究，通常只考虑生物群落中两个种群之间的关系，然而某一环境中群落中有多个物种种群存在，也就会对相同的环境资源进行利用，形成了群落内种群间的相互竞争。多个物种生态位分析有助于阐明群落的结构、功能及各物种在群落中的地位与作用。

对柠条林地来说，3 种种实害虫三维生态位重叠较高，相互之间竞争激烈，其次是柠条蚜虫与 3 种种实害虫。从天敌三维生态位重叠看，豆象盾腹茧蜂与姬小蜂重叠值最高，二者之间竞争激烈。豆象盾腹茧蜂、姬小蜂与 3 种种实害虫重叠值相对较高，其中，豆象盾腹茧蜂与柠条豆象生态位重叠值最高，说明豆象盾腹茧蜂对柠条豆象重控制和跟随作用最强。对蚜虫起控制的天敌中以蚜茧蜂最强，生态位重叠值最高。所以，在防治主要害虫中，应考虑生态位重叠特性，采用兼治的措施调控害虫的为害；在有害生物生态调控中，应采取有效的天敌保护措施，充分发挥它们的作用。

参考文献

[1] Colwell R K, Futuyma D J. On the measurement of niche breadth and overlap [J]. Ecology, 1971, 52: 567 – 576.

[2] Hutchison G E. The niche: an abstractly inhabited hyper volume [M]. Yale University Press. Conn. New Haven, 1965: 26 – 78.

[3] Adama J A. The definition and interpretation of sub-community structure in ecological communities [J]. Journal of Animal Ecology, 1985: 53 – 59.

[4] Levins R. Evolution in changing environments [M]. Princeton University Press, New Jersey, 1968.

[5] Hurbert S H. The measurement of niche and some derivative [J]. Ecology, 1978, 59: 66 – 77.

[6] 陈天乙. 生态学基础教程 [M]. 天津: 南开大学出版社, 1995: 116 – 130.

[7] 赵志模, 郭依泉. 群落生态学原理和方法 [M]. 重庆: 重庆科技文献出版社, 1990: 117 – 169.

[8] 张锋, 张淑莲, 陈志杰, 等. 纸坊沟流域植被恢复区灌木林昆虫群落时间结构及动态 [J]. 生态学报, 2007, 27 (11): 4 555 – 4 561.

[9] 王国梁, 刘国彬, 侯喜禄. 黄土高原丘陵沟壑区植被恢复重建后物种多样性研究 [J]. 山地学报, 2002, 20 (2): 182 – 187.

[10] 杨云峰, 古德祥, 周之铭. 稻田蜘蛛的空间生态位的初步研究 [J]. 昆虫天敌, 1990, 12 (3): 108 – 110.

[11] 秦玉川, 蔡宁华. 山楂叶螨、苹果全爪螨及其捕食性天敌生态位的研究——时间与空间生态位 [J]. 生态学报, 1991, 11 (4): 331 – 337.

[12] 王开洪, 周新运, 李隆术. 柑橘叶螨及其天敌的生态位研究 [J]. 西南农学院学报, 1985, 3: 70 – 84.

[13] 原国辉, 尹新明, 王高平, 等. 菜田潜叶蝇及其天敌生态位的研究 [J]. 河南农业大学学报, 2000, 34 (1): 59 – 62.

[14] 袁中林, 沈长朋, 傅建祥. 萝卜田节肢动物群落生态位研究 [J]. 山东农业大学学报 (自然科学), 2002, 31 (3): 294 – 296.

[15] 吕文彦, 娄国强, 秦雪峰, 等. 短季棉棉田主要害虫及天敌时间生态位研究 [J]. 中国棉花, 2008, 35 (11): 13 – 14.

[16] 郭线茹, 付晓伟, 罗梅浩, 等. 小麦生长中后期麦蚜及其天敌生态位的研究 [J]. 河南农业大学学报, 2008 (04): 430 – 442.

[17] 郑方强, 张晓华, 墨铁路, 等. 苹果园主要害虫及其天敌生态位和集团分析 [J]. 生态学报, 2008 (10): 4 830 – 4 840.

[18] 王丽, 张志勇, 王进忠, 等. 北京山区板栗园主要害虫及其天敌生态位初步研究 [J]. 北京农学院学报, 2008 (01): 14 – 17.

大面积释放螟黄赤眼蜂防治甘蔗螟虫初报

张清泉　陈丽丽　王华生　覃保荣　谢义灵　王凯学

（广西壮族自治区植保总站，南宁　530022）

摘　要：根据 2012—2013 年在广西甘蔗产区利用螟黄赤眼蜂防治甘蔗螟虫的试验与研究结果表明，放蜂区螟虫卵寄生率明显高于常规防治对照区，放蜂区蔗苗枯心率均较未放蜂的常规化学防治区降低，大多数地区的宿根蔗释放赤眼蜂后枯心苗率较对照区减少 2 倍以上；新植蔗放蜂后枯心苗率比对照区降低 2% ~ 12.6%。放蜂区螟害节率均低于常规防治对照区螟害节率，无论是新植蔗还是宿根蔗放蜂区甘蔗产量均高于常规防治对照区，各放蜂区甘蔗增产平均都在 7.5t/hm² 以上，放蜂治螟效果明显。

关键词：螟黄赤眼蜂；甘蔗螟虫；生物防治

广西作为全国的糖业龙头，甘蔗常年种植面积约 100 万 hm²，是甘蔗产区的重要经济支柱产业，而每年因螟虫为害平均造成糖料蔗减产 10% ~ 20%，严重时甚至超过 30%，因影响甘蔗质量造成的产值损失约为 3% ~ 5%。甘蔗螟虫包括条螟、二点螟和黄螟，长期以来主要依赖化学农药防治，由于螟虫以幼虫蛀入蔗茎为害，化学农药防治适期极为短暂，甘蔗生长中后期株高行密，给施药防治造成较大困难，加之甘蔗生长期长、螟虫种类多、世代重叠严重，不合理的用药，致使化学农药防治效果不佳；不仅没能达到防控目的，还造成人力、物力的浪费和环境的污染。据谭裕模等[1]报道，"受土地资源的限制和各种农作物争地的影响，约占 90% 以上的新植蔗的土地是来自于上年宿根蔗的翻种，由于长年连作的结果，不仅造成土壤状况变差、失衡，也引发多种病虫害发生面积和程度日趋严重"。我们过去 3 年的调查结果表明，常规防治田块螟害株率 80%，螟害节率 15%；而 20 世纪 80 年代上半叶螟害株率和螟害节率分别为 41% ~ 48% 和 6% ~ 8%[2]。由于螟虫钻蛀性为害特点及施药适期短暂、预测预报困难，致使大面积单一依靠化学农药防治较难凑效；加上高毒农药的禁用和害虫抗药性增强，化学防治成本不断上升。以寄生蜂生物防治螟虫是一种与保护环境及生物多样性相结合的绿色防治措施之一。

赤眼蜂是一类卵寄生蜂，它们攻击以鳞翅目昆虫为主的 400 多种害虫[3]。在欧美，赤眼蜂被用于防治温室、果园的鳞翅目害虫和玉米螟；巴西在 2009 年仅甘蔗就有 50 万 hm² 释放赤眼蜂[4]，而在哥伦比亚、墨西哥、古巴、厄瓜多尔、委内瑞拉、秘鲁等拉美国家均有不同程度的赤眼蜂生产和利用。我国于 20 世纪 50 年代起对赤眼蜂进行了系统研究，并在广东、广西和福建等省区甘蔗实地利用，获得良好效果[5~7]，但是，由于没有实现规模化生产，应用面积有限，为此，广西植保总站进行了大面积释放螟黄赤眼蜂防治甘蔗螟虫试验。

1 材料和方法

1.1 试验材料

赤眼蜂采用广西南宁合一生物防治技术有限公司生产的螟黄赤眼蜂蜂卡，试验于2012年和2013年3~12月分别在上思县金光农场1 866.67hm²、武鸣县仙湖镇3 533hm²、扶绥县金光农场1 333.33hm² 和来宾市小良村667hm² 等甘蔗大面积连片种植区进行，防治对象为螟虫（包括条螟、二点螟、黄螟）。

1.2 试验方法

在各试验点分别设放蜂区和未放蜂常规防治区（对照区）。每次75 000头/hm²，释放5次，总共37 5000头/hm²。

1.3 调查方法

每块田5点取样，每个点调查20株。螟虫卵块采回室内，逐日镜检寄生情况。

1.3.1 螟卵寄生率

第2或第3次放蜂后，在放蜂区及未放蜂常规防治区各随机选择品种一致的3~5块田。

1.3.2 枯心苗率

当螟害枯心苗基本稳定时即行调查，时间在5月下旬到6月中旬间，在放蜂区及未放蜂常规防治区各随机选择品种一致的3~5块田，每块田5个点，每个点调查20株。

1.3.3 螟害节率

9~11月在放蜂区和未放蜂常规防治区（对照区）随机选择品种一致（新台糖22号）的宿根和新植蔗各3~5块田，每块田5个点，每个点调查20株。记录总蔗节数、受害节数、并丈量蔗茎长度和蔗茎径。

1.3.4 螟害株率和断尾率

9~11月分别在放蜂区和未放蜂常规防治区（对照区）随机选择品种一致（新台糖22号）的宿根和新植蔗各3~5块田，每块田5个点，每个点丈量16m长蔗垄，记录有效茎数（1m以上）和断尾株数。

1.3.5 理论产量估测

9~11月分别在放蜂区和对照区各随机选取4块蔗田（新植蔗和宿根蔗各2块）；每块田调查100株，5点取样，每点计数垄长16m内的有效茎数（1m以上）和断尾株数，连续测量20株有效茎的蔗茎高和茎径。

2 结果与分析

2.1 螟卵寄生率

2012年和2013年分别在当年第二次放蜂后调查甘蔗螟虫卵寄生率，结果如图1所示。从图1可以看出，释放赤眼蜂后螟卵寄生率在不同年份表现不一。2012年武鸣仙湖镇放蜂后螟虫卵寄生率远远高于常规防治对照区，其中，放蜂区新植蔗条螟、黄螟卵寄生率最高达100%，新植蔗二点螟卵寄生率最低22.5%；常规防治对照区新植蔗黄螟卵寄生率最高达40%，对新植蔗条螟卵、宿根蔗二点螟卵、宿根蔗黄螟卵寄生率为0。武鸣仙湖经过2012年放蜂后，2013年在放蜂区与常规防治对照区螟卵寄生率无明显差别，在放蜂区宿根蔗条螟卵寄生率最高 48.5%，而在常规防治对照区宿根蔗条螟卵寄生率最高 46.5%，在放蜂区与对照区新植蔗对黄螟卵寄生率均为 0。由此表明，经过一年的放蜂后，田间存活一定密度的蜂群天敌群落。2013 年昌菱农场第一年放蜂，除二点螟卵、黄螟卵在放蜂区与对照区均未查到卵块外，放蜂区与对照区条螟卵寄生率相差较大，在放蜂区宿根蔗条螟卵寄生率达 75%，常规防治对照区宿根蔗条螟卵寄生率为 39.7%。2013 年金光农场也为第一年放蜂，在放蜂区螟卵寄生率均高于常规防治对照区。

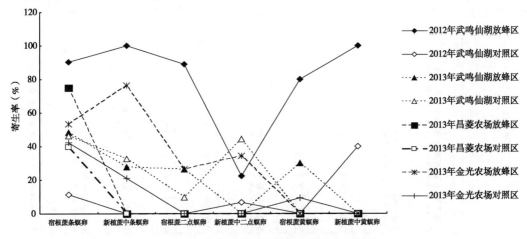

图 1　释放赤眼蜂对甘蔗螟虫卵寄生率比较

2.2　枯心苗率

放蜂区蔗苗枯心率均较未放蜂的常规化学防治区降低，结果如图 2 所示。宿根蔗上表现较新植蔗明显，大多数地区的宿根蔗释放赤眼蜂后枯心苗率较对照区减少 2 倍以上；新植蔗放蜂后枯心苗率比对照区降低 2%～12.6%。

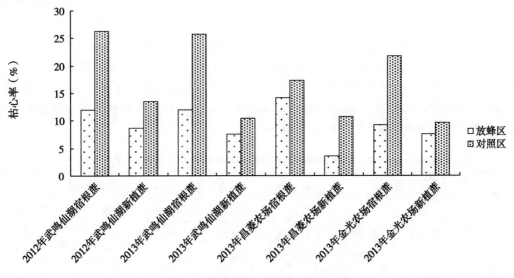

图 2　释放赤眼蜂甘蔗苗枯心率比较

2.3　螟害节率

2012 年武鸣县仙湖镇 3 533.33 hm² 大面积放蜂治螟后，放蜂区宿根蔗螟害节率较未放蜂对照区下降 3.89 个百分点，放蜂区新植蔗螟害节率则较未放蜂对照区下降 1.83 个百分点。2013 年武鸣仙湖放蜂区宿根蔗和新植蔗螟害节率分别比未放蜂对照区降低 3.97 和 3.2 个百分点；2013 年昌菱农场放蜂区宿根蔗和新植蔗螟害节率分别较未放蜂对照区降低 6.64 和 6.39 个百分点；金光农场放蜂区宿根蔗和新植蔗螟害节率分别比未放蜂对照区降低 10.22 和 5.37 个百分点；来宾良江放蜂区宿根蔗和新植蔗螟害节率分别较未放蜂对照区降低 5.33 和 9.53 个百分点。由此可知，放蜂区螟害节率均低于常规防治对照区螟害节率，如图 3。

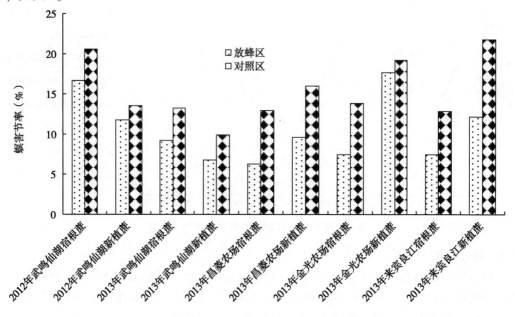

图 3　释放赤眼蜂甘蔗中后期螟害节率比较

2.4　螟害株率和断尾率

无论宿根蔗还是新植蔗，放蜂区在螟害株率和断尾率方面均较未放蜂对照区降低，尤其在种植水平较高的昌菱和金光农场表现更为明显（表）。昌菱农场放蜂区宿根蔗和新植蔗螟害株率分别较未放蜂对照区降低 18 和 14 个百分点，金光农场则分别下降 25 和 9 个百分点；昌菱农场放蜂区宿根蔗和新植蔗断尾率分别较未放蜂对照区降低 9 和 8 个百分点，金光农场则分别下降 16 和 15 个百分点。

表　释放赤眼蜂后甘蔗中后期螟害株和断尾率

年份	地区	处理	放蜂面积（hm²）	螟害株率（%）		断尾率（%）	
				宿根蔗	新植蔗	宿根蔗	新植蔗
2012	武鸣仙湖	放蜂区	3 533.33	83.9	74.7	9.44	6.47
		对照区		89.5	81.7	14.65	9.83
	武鸣仙湖	放蜂区	1 333.33	53.56	53	4.72	2.84
		对照区		75.57	69	8.64	2.85

（续表）

年份	地区	处理	放蜂面积（hm²）	螟害株率（%）		断尾率（%）	
				宿根蔗	新植蔗	宿根蔗	新植蔗
	昌菱农场	放蜂区	666.67	61.19	75.78	9.25	10.13
		对照区		79.25	90	19.00	18.88
	金光农场	放蜂区	333.33	69.15	86.15	7.56	11.94
2013		对照区		94.67	95.29	24	27.63
	来宾良江	放蜂区	666.67	69	93	3.54	0.44
		对照区		89	99	3.50	9.69

2.5 甘蔗产量

2012 年武鸣仙湖镇释放赤眼蜂后甘蔗平均亩产较未放蜂的甘蔗产量有所提高，宿根蔗上升 10.35t/hm²，新植蔗增加 7.5t/hm²。放蜂区平均 81.3t/hm²，较未放蜂对照区的 72.375t/hm² 高出 8.925t。

2013 年各地放蜂区甘蔗平均亩产均高于未放蜂的常规化防区。在武鸣，宿根蔗和新植蔗分别增产 20.85t/hm² 和 20.4t/hm²；昌菱农场放蜂后宿根蔗和新植蔗分别增产 8.25t/hm² 和 9.15t/hm²；金光农场宿根和新植甘蔗产量分别提高 15.9t/hm² 和 3.6t/hm²；来宾小良村放蜂区较未放蜂太平村的宿根蔗和新植蔗分别增加 6.9t/hm² 和 43.05t/hm²。2013 年所有放蜂区之综合平均达 91.32t/hm²，较未放蜂对照区的 75.315t/hm² 提高 16.005t/hm²。武鸣连续两年放蜂治螟，增产效果呈上升趋势，而且在宿根和新植蔗上均表现较稳定。昌菱农场宿根和新植蔗的增产也比较一致；金光农场宿根蔗增产较新植蔗更为明显；而来宾则出现相反的情况，新植蔗增产比较宿根蔗更高。

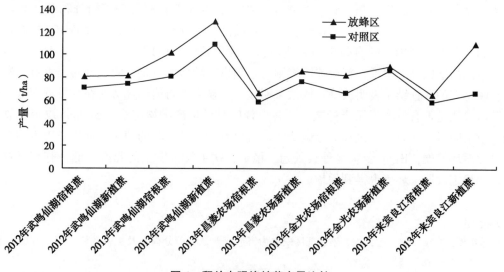

图 4　释放赤眼蜂甘蔗产量比较

3 结论与讨论

从2012—2013年两年的调查分析结果可知，2013年武鸣仙湖镇放蜂区与对照区螟卵寄生率无明显差别，可能是放蜂后的田间螟卵寄生率在不同年份间表现不一，缺乏稳定性，即便在同一地方，由于天气条件、螟虫发生程度等因素变化，螟卵寄生率也会有波动。Medcalfe和Brenière[8]在总结前人的研究工作时认为，以寄生率衡量赤眼蜂效能往往会随寄主的数量而变动，在寄主密度较低时赤眼蜂效果明显较低；根据对我们调查数据的初步分析，亦发现类似情况或趋势，2012年螟卵密度较高时，寄生率也较高，2013年螟卵密度较低时，寄生率也较低，螟虫种群密度与螟卵寄生率的关系尚待深入细致的研究。也可能是由于2012年经过一年放蜂后，田间形成自然天敌群落，如果由于放蜂后形成的田间自然天敌群落造成的寄生率无差别，经过几年的放蜂后，可不再释放赤眼蜂，将大大减少化学农药的使用，还有待于进一步论证。因此，孤立的寄生率并不能作为防治效果的单一评价指标，但在理论生命表中，当卵寄生率接近100%时，它确实是决定螟虫种群的重要因素[8]。

大面积释放赤眼蜂防治甘蔗螟虫效果明显，同时，大面积连片释放赤眼蜂是取得良好防效的必要条件之一。广西蔗区甘蔗连作时间长，螟虫虫口基数高，小面积释放赤眼蜂难以达到控制螟害的作用，而且赤眼蜂扩散速度快，非大面积连片释放，不足以形成数量上的优势。甘蔗生长前期，田间自然天敌种群数量偏低时，人工释放赤眼蜂所形成的数量优势尤为关键。由于冬季气温较低，田间螟虫数量少，尤其缺乏螟卵供赤眼蜂寄生，因此，早春田间自然赤眼蜂数量极低；而生物防治方法的特点之一是需要长期连续释放天敌，以确保防治效果的持续和稳定。当害虫数量降低到一定水平，农药使用减少，自然天敌得到较好保护，人工释放天敌的数量和次数也会下降。

黎焕光等[9]通过对不同虫节率蔗茎与健康蔗茎，全虫节段与无虫节段的螟害甘蔗的甘蔗蔗糖分和蔗汁品质分析，认为甘蔗生长中、后期螟害会使甘蔗蔗糖分和蔗汁品质降低，所以，防治甘蔗生长中、后期螟害是一项提高甘蔗蔗糖分和改善蔗汁品质，提高甘蔗产量和甘蔗综合利用率的有效措施。然而，甘蔗生长中、后期，由于蔗株高大、行间密闭，给施药造成极大困难，释放赤眼蜂则可达到事半功倍的效果。收获前对螟害节、螟害株和断尾率的调查结果表明放蜂治螟效果明显，彰显生物防治的优势所在。甘蔗产量是评估防治方法是否有效的可靠指标之一。各放蜂区甘蔗增产平均都在$7.5t/hm^2$以上，放蜂治螟效果明显。同时，通过释放赤眼蜂，还可以减少化学农药的使用，促进农田生态平衡向良性循环发展，田间益/害物种数量趋于稳定，病虫灾害发生的几率降低，有利于农业生产的稳定发展，环境也得到保护。

参考文献

[1] 谭裕模，卓宁，黎焕光，等. 崇左蔗区螟虫为害造成产量和糖分损失及生防效果 [J]. 甘蔗糖业，2011 (4)：18–25.

[2] 杨皇红，邓国荣，金孟肖. 改进繁放赤眼蜂防治甘蔗螟害的技术总结 [J]. 广西农学院学报，1988，7 (1)：25–32.

[3] 陆庆光. 世界赤眼蜂研究现状 [J]. 世界农业，1992 (9)：24–26.

［4］ Jose Roberto Postali Parra，2010. Egg parasitoids commercialization in the new world，In：F. L. Consoli *et al.* （eds.），*Egg Parasitoids in Agroecosystems with Emphasis on Trichogramma*，Progress in Biological Control 9，Springer Science + Business Media B. V.，pp373 – 388.

［5］ 蒲蛰龙，刘志诚. 赤眼蜂大量繁殖及其对于甘蔗螟虫的大田防治效果［J］. 昆虫学报，1962，11（4）：409 – 414.

［6］ 广东省农科院植保所、番禺县石楼公社、广州市石龙寄生蜂研究中心站，甘蔗害虫综合防治大面积试验示范［J］. 广东农业科学，1979（3）：70 – 11.

［7］ 张中联，林展明. 坚持繁殖利用赤眼蜂防治甘蔗螟虫十八年的体会［J］. 昆虫天敌，1995，17（3）：125 – 127.

［8］ Metcalfe，J. R. and Brenière，J. 1969. Egg parasites（*Trichogramma* spp.）for control of sugar cane moth borers. In：Williams *et al.*（eds），Pests of sugar cane. Elsevier Publishing Company，pp. 81 – 115.

［9］ 黎焕光，谭裕模，谭芳，等. 2007. 甘蔗生长中后期螟害对甘蔗品质的影响［J］. 广西蔗糖，2007（3）：11 – 16.

不同防治措施对广西桑蚕的安全性评价*

黄立飞[1]　陈红松[1]　姜建军[1]　王伟力[1,2]　杨　朗[1]**

(1. 广西作物病虫害生物学重点实验室, 广西农业科学院植物保护研究所, 南宁　530007; 2. 广西大学农学院, 南宁　530004)

摘　要: 广西桑蚕业规模和产值多年稳居全国第一, 成为多地农民的支柱产业。但桑园主要害虫发生严重, 影响桑蚕业的健康发展, 对桑树主要害虫进行有效防控极为迫切。本文研究了 9 种防治措施对桑蚕存活率、结茧率、茧质量的影响, 以评价不同防治措施对桑蚕的安全性, 筛选对害虫高效、对桑蚕安全的防治措施。桑蚕取食处理后 7 天的桑叶, 其存活率、结茧率、茧质量均与对照无显著差异, 结合主要害虫田间防治效果, 40% 灭多威乳油 6 000 倍 +60% 敌·马乳油 2 000 倍液 +10% 蚜虱净可湿性粉剂 4 000 倍液 + 黄板 60 块和 73% 炔螨特乳油 3 000 倍液 +8% 残杀威可湿性粉剂 2 000 倍液 +60% 敌·马乳油 2 000 倍液 + 蓝板 60 块 + 杀虫灯 1 盏可推广使用, 安全间隔期不低于 7 天。

关键词: 桑蚕; 防治措施; 存活率; 结茧率; 质量

广西紧紧抓住历史机遇, 积极实施国家"东桑西移"战略, 深化农业产业结构调整, 大力推进桑蚕业发展, 实现了桑蚕业的跨越式发展, 2013 年起广西桑园面积、蚕茧产量和生丝产量均居全国第一 (宾荣佩等, 2014)。随着桑蚕业的迅猛发展, 种桑养蚕规模的不断扩大, 桑树主要害虫发生和为害的趋势逐年加重, 某些年份暴发成灾, 直接影响桑叶的产量和质量, 进而影响桑蚕业的健康发展 (宾荣佩等, 2014)。因此, 对桑园主要害虫进行有效防控, 对广西桑蚕业的健康持续发展意义重大。化学防治由于见效快、省事、省力等特点, 在农业害虫综合治理方面一直扮演着重要的角色 (Arjmandi et al., 2012)。桑蚕与桑树主要害虫取食习性类似, 以桑叶为食料, 但桑蚕对化学杀虫剂较为敏感, 稍有不慎即产生药害 (黄立飞等, 2013), 造成一定的经济损失。而不同防治措施, 对害虫的控制效果不同, 从而影响桑叶的产量和质量, 最终影响桑蚕生产 (杨振国等, 2015)。因此, 比较不同防治措施对桑蚕的安全性, 对田间防治措施的合理选取, 和广西桑蚕业的健康、持续发展, 均有积极意义。

1　材料与方法

1.1　材料

供试桑园和蚕种: 广西横县桑蚕种业站蚕桑种植基地, 桂桑优 12, 株距 0.5m, 行距 1.0m, 株高约 1.8m, 5 年树龄, 面积 40 000m², 蚕种为桂蚕二号。

---

*　基金项目: 南宁市科学研究与技术开发计划项目 (20132308); 广西农业科学院基本科研业务专项 (桂农科 2015YT37, 2015YM18, 2015JZ41)

**　通讯作者: 杨朗; E-mail: yang2001lang@163.com

供试药剂（设备材料）：40%灭多威乳油（浙江安吉邦化化工有限公），60%敌·马乳油（江苏省生久化学有限公司），73%炔螨特乳油（江苏风山集团有限公司），8%残杀威可湿性粉剂（江苏生久农化有限公司），40%毒死蜱乳油（江苏省东台农药厂），40%乐果乳油（安徽生力农化有限公司），77.5%敌敌畏乳油（南通市江山农业化工股份有限公司），10%蚜虱净可湿性粉剂（江苏克胜集团股份有限公司），黄板、蓝板（25cm×30cm，天津光宁科技有限公司），频振式太阳能杀虫灯（PS-15Ⅵ-2型，鹤壁佳多科工贸有限责任公司）。

1.2 方法

共设置10个处理。①清水对照；②黄板30块+蓝板30块+杀虫灯1盏；③40%灭多威乳油6 000倍液+60%敌·马乳油2 000倍液+10%蚜虱净可湿性粉剂4 000倍液+黄板60块；④73%炔螨特乳油2 000倍液+8%残杀威可湿性粉剂2 000倍液+60%敌·马乳油2 000倍液+黄板60块；⑤40%毒死蜱乳油1 500倍液+黄板60块+杀虫灯1盏；⑥40%乐果乳油800倍液+77.5%敌敌畏乳油1 500倍液+黄板60块；⑦40%灭多威乳油1 500倍液+60%敌·马乳油+10%蚜虱净可湿性粉剂4 000倍液+蓝板60块；⑧73%炔螨特乳油3 000倍液+8%残杀威可湿性粉剂2 000倍液+60%敌·马乳油2 000倍液+蓝板60块+杀虫灯1盏；⑨40%毒死蜱乳油1 500倍液+蓝板60块；⑩40%乐果乳油800倍液+77.5%敌敌畏乳油1 500倍液+蓝板60块。

各处理随机排列，每处理面积1 334m²，四周设2 m宽隔离保护行，用3WBD-18型背负式电动喷雾器，于2014年5月17日16：30按设定浓度均匀喷雾于桑树全株，用竹竿将黄板、蓝板按试验设计均匀悬挂于各处理小区（板底部距桑树顶端50cm距离），按试验设计在处理小区中部架设杀虫灯。

1.3 调查统计

采摘处理区及对照区处理后3天和7天的桑叶，分别按常规方法饲喂300头4龄起蚕，饲喂1天、2天、3天后观察蚕的中毒情况，统计活虫数（以毛笔轻触虫体，无明显动作者为死亡），以确定安全间隔期。幸存活虫继续饲养至上蔟结茧，统计蚕茧数量、平均单茧重量（随机选取30头，单头称重），以评价不同处理对养蚕成绩的影响。每处理5次重复。

存活率公式计算如下：

$$存活率（\%）=\frac{处理后活虫数}{处理前活虫数}\times100$$

用单因素进行方差分析，用LSD法比较不同处理间的差异情况（$P<0.05$）（SPSS for Windows，version 21.0）。

2 结果

2.1 不同防治措施对桑蚕存活率的影响

从表可以看出，取食处理后3天的叶片，处理4对桑蚕的存活率影响最大，取食1天、2天、3天后，桑蚕存活率均在75%以下。除纯物理处理措施，其他化学处理对桑蚕存活率均有或多或少的影响，但取食1天、2天、3天后，桑蚕存活率均在90%以上。取食处理后7天的叶片，各处理存活率均为100%，在此未单独列出。

表　不同措施处理后 3 天对桑蚕存活率的影响

处理	存活率（%）		
	1 天	2 天	3 天
1	100.00 ± 0.00a	100.00 ± 0.00a	100.00 ± 0.00a
2	100.00 ± 0.00a	100.00 ± 0.00a	100.00 ± 0.00a
3	98.44 ± 0.59a	98.44 ± 0.59a	98.44 ± 0.59a
4	72.77 ± 0.85d	72.15 ± 0.84d	71.90 ± 0.94d
5	96.66 ± 1.19c	96.66 ± 1.19c	96.66 ± 1.19bc
6	97.80 ± 0.79bc	95.73 ± 0.98c	95.73 ± 0.98c
7	99.23 ± 0.24ab	98.22 ± 0.42ab	98.22 ± 0.42ab
8	99.90 ± 0.10a	99.90 ± 0.10a	99.75 ± 0.11a
9	99.21 ± 0.26ab	96.54 ± 0.88bc	96.54 ± 0.88bc
10	99.94 ± 0.06a	99.94 ± 0.06a	99.94 ± 0.06a
$F_{9,40}$	215.63	162.5	158.23
P	<0.0001	<0.0001	<0.0001

注：1. 清水对照；2. 黄板 30 块 + 蓝板 30 块 + 杀虫灯 1 盏；3. 40% 灭多威乳油 6 000 倍液 + 60% 敌·马乳油 2 000 倍液 + 10% 蚜虱净可湿性粉剂 4 000 倍液 + 黄板 60 块；4. 73% 炔螨特乳油 2 000 倍液 + 8% 残杀威可湿性粉剂 2 000 倍液 + 60% 敌·马乳油 2 000 倍液 + 黄板 60 块；5. 40% 毒死蜱乳油 1 500 倍液 + 黄板 60 块 + 杀虫灯 1 盏；6. 40% 乐果乳油 800 倍液 + 77.5% 敌敌畏乳油 1 500 倍液 + 黄板 60 块；7. 40% 灭多威乳油 1 500 倍液 + 60% 敌·马乳油 + 10% 蚜虱净可湿性粉剂 4 000 倍液 + 蓝板 60 块；8. 73% 炔螨特乳油 3 000 倍液 + 8% 残杀威可湿性粉剂 2 000 倍液 + 60% 敌·马乳油 2 000 倍液 + 蓝板 60 块 + 杀虫灯 1 盏；9. 40% 毒死蜱乳油 1 500 倍液 + 蓝板 60 块；10. 40% 乐果乳油 800 倍液 + 77.5% 敌敌畏乳油 1 500 倍液 + 蓝板 60 块。表中数据为平均值 ± 标准误，同列平均值后不同字母表示差异显著（SPSS 21.0，One-way ANOVA，LSD test，$P = 0.05$）

2.2　不同防治措施对桑蚕结茧率的影响

从图 1 可以看出，取食处理后 3 天的叶片，处理 4、5 对桑蚕结茧率有显著的影响，两者结茧率均低于 90。取食处理后 7 天的叶片，各处理的结茧率在 93% ~ 95%，各处理间差异不显著。

2.3　不同防治措施对蚕茧质量的影响

从图 2 可以看出，取食处理后 3 天和 7 天的叶片，对桑蚕茧的质量均无显著影响，各处理单头茧重均接近 1.6g。

3　小结与讨论

化学防治是桑农应对桑田病虫害的常用手段，而家蚕对农药十分敏感，稍有不慎即产生药害，导致严重的经济损失。因此，在大面积推广应用前，对新的防治措施进行安全性评价非常重要。

前人在杀虫剂对桑蚕的安全性评价方面做了大量工作。孙海燕等（2012）研究发现 60% 敌·马乳油对 3 龄蚕的残毒期较短，1 000 倍液和 1 500 倍液的安全间隔期仅为 3 天。徐锦松等（2007）、白景彰等（2009）、林小丽等（2009）在室内测定了毒死蜱乳油对家蚕的急性毒性，均认为毒死蜱乳油对家蚕为高毒。田间试验表明，65%桑用毒死蜱乳油或40%毒死蜱乳油在桑园的安全间隔期均在10天以上（徐锦松等，2007；白景彰等，2009；林小丽等，2009）。杨振国等（2015）分析了苯丁锡、溴虫腈、炔螨特、丁醚脲等杀螨剂对家蚕的安全风险，认为这4种杀螨剂均可在田间推广使用。

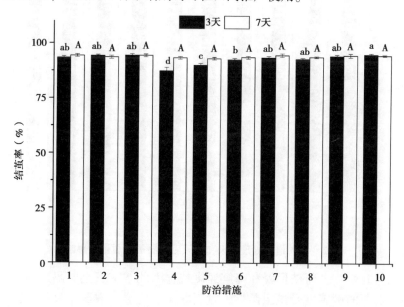

图1　不同措施处理3天和7天后对桑蚕结茧率的影响

注：1. 清水对照；2. 黄板30块＋蓝板30块＋杀虫灯1盏；3. 40%灭多威乳油6 000倍液＋60%敌·马乳油2 000倍液＋10%蚜虱净可湿性粉剂4 000倍液＋黄板60块；4. 73%炔螨特乳油2 000倍液＋8%残杀威可湿性粉剂2 000倍液＋60%敌·马乳油2 000倍液＋黄板60块；5. 40%毒死蜱乳油1 500倍液＋黄板60块＋杀虫灯1盏；6. 40%乐果乳油800倍液＋77.5%敌敌畏乳油1 500倍液＋黄板60块；7. 40%灭多威乳油1 500倍液＋60%敌·马乳油＋10%蚜虱净可湿性粉剂4 000倍液＋蓝板60块；8. 73%炔螨特乳油3 000倍液＋8%残杀威可湿性粉剂2 000倍液＋60%敌·马乳油2 000倍液＋蓝板60块＋杀虫灯1盏；9. 40%毒死蜱乳油1 500倍液＋蓝板60块；10. 40%乐果乳油800倍液＋77.5%敌敌畏乳油1 500倍液＋蓝板60块。图中长柱为平均值，误差棒为标准误，不同小（大写）字母表示差异显著（SPSS 21.0，One-way ANOVA，LSD test，$P=0.05$）。图2同

本文中，处理后3天，处理4（73%炔螨特乳油2 000倍液＋8%残杀威可湿性粉剂2 000倍液＋60%敌·马乳油2 000倍液＋黄板60块）对桑蚕具有明显的致死作用，存活的幼虫，结茧率也受到显著影响。处理后3天，除纯物理处理措施，其他化学处理对桑蚕存活率均有或多或少的影响。而处理7天后，各处理桑蚕存活率、结茧率、蚕茧质量均与对照无显著差异，结合田间防治数据（另文发表），3（40%灭多威乳油6 000倍液＋60%敌·马乳油2 000倍液＋10%蚜虱净可湿性粉剂4 000倍液＋黄板60块）和8（73%炔螨特乳油3 000倍液＋8%残杀威可湿性粉剂2 000倍液＋60%敌·马乳油2 000倍液＋蓝板60块＋杀虫灯1盏）为田间防治桑树主要害虫的适宜措施，夏季广西桑园安全间隔期不少于7天。

由于蚕种不同，蚕龄不同（本文为4龄起蚕），加之5月中旬，横县气温较高，雨水

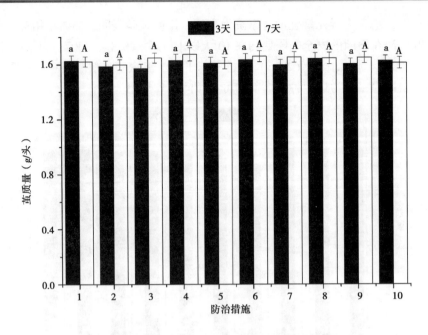

图2 不同措施处理3天和7天后对桑蚕茧质量的影响

充沛，桑树长势旺盛，农药被稀释和降解速度快，因此本文安全间隔期短于其他文献中的。而昆虫对农药的敏感性受昆虫龄期、食料状态、气温、农药半衰期、降解速度等影响，因此田间用药应结合多种生物和非生物因素，综合考虑，合理用药，以免产生药害。

参考文献

[1] 白景彰，朱方容，黄贤帅，等.40%毒死蜱乳油对桑蚕急、慢性中毒和桑园治虫药效试验报告 [J].广西蚕业，2009，46（1）：28－35.

[2] 宾荣佩，陈小青，潘启寿，等.广西桑树主要病虫害的发生与综合防治措施 [J].广西蚕业，2014，51（4）：23－31.

[3] 黄立飞，杜晓利，王伟兰，等.广西桑园节肢动物群落结构及季节动态 [J].南方农业学报，2013，44（6）：943－948.

[4] 林小丽，单正军，韩志华，田丰.40%毒死蜱乳油在桑园使用后对家蚕的影响评估 [J].农药学学报，2009，11（2）：255－260.

[5] 孙海燕，冯海丽，陈伟国.敌畏·马乳油对桑尺蠖防效及对家蚕残毒试验 [J].蚕桑茶叶通讯，2012，（2）：1－2.

[6] 徐锦松，朱伟，王建新，等.65%桑用毒死蜱乳油对家蚕的毒性试验 [J].蚕桑通报，2007，38（4）：19－22.

[7] 杨振国，谢道燕，江秀均，等.桑园专用高效安全杀螨农药的室内筛选试验 [J].蚕业科学，2015，41（1）：48－52.

[8] Arjmandi R, Heidari A, Moharamnejad N, Nouri J, Koushiar G. Comprehensive survey of the present status of environmental management of pesticides consumption in rice paddies [J]. Journal of Pesticide Science, 2012, 37 (1)：69－75.

新菠萝灰粉蚧蒸热处理效果初报

康芬芬 魏亚东 杨 菲 方 焱 潘佃安

（天津出入境检验检疫局，天津 300461）

摘 要：探讨蒸热处理对新菠萝灰粉蚧的杀死效应，以期为进境货物中发现该虫进行检疫处理提供技术参考。本文利用95%～98%的饱和蒸汽对新菠萝灰粉蚧各虫态进行47～49℃的热处理。结果表明：随着温度的增加，100%杀灭各虫态所需时间明显缩小，47℃处理需要60min，48℃处理需要20min，49℃处理需要10min。

关键词：新菠萝灰粉蚧；蒸热处理

新菠萝灰粉蚧（*Dysmicoccus neobrevipes* Beardsley）是近年传入我国的外来有害生物之一，据报道，最早于1998年在我国海南省昌口市青坎农场的剑麻园暴发[1]。目前，在中国主要分布于广东省和海南省[2]。在夏威夷，新菠萝灰粉蚧被认为是重要的经济害虫，是导致农作物减产的最严重的病虫害种类之一。该虫还是一种重要的病媒害虫，在菠萝上，其可以传播枯萎病和绿斑病[3]。近年来，我国检验检疫部门频繁截获新菠萝灰粉蚧，2009年上半年，佛山澜石口岸3次从进口泰国香蕉上截获；2010年上半年，山东口岸连续从8批进口水果中截获新菠萝灰粉蚧；2010年，天津口岸从菲律宾香蕉和菠萝中截获新菠萝灰粉蚧10余批次。

目前，在进境水果中发现新菠萝灰粉蚧尚没有可行的检疫处理方法。据Sung B. K. 等报道，韩国进境香蕉熏蒸后对香蕉品质产生一定的不良影响[4]。同时据从事一线检疫的工作人员介绍，溴甲烷熏蒸后香蕉品质受到了影响。

本文利用蒸热处理对新菠萝灰粉蚧的杀灭效应进行了初步研究，初步确立了47～49℃蒸热处理新菠萝灰粉蚧100%杀灭各虫态所需的最短时间，以期为口岸发现新菠萝灰粉蚧实施蒸热处理提供技术参考。

1 材料与方法

1.1 材料

新菠萝灰粉蚧于2010年8月截获于进境菲律宾香蕉，用日本南瓜在实验室饲养繁殖多代，饲养条件为25℃，60%～80%RH，光周期14：10（L：D）。该虫为卵胎生，属孤雌生殖，雌虫有4个虫态，分别是1龄幼虫、2龄幼虫、3龄幼虫、成虫。

为保证实验时选用粉蚧的均一性，先用柔软的小毛笔刷在每一个日本南瓜接种100头左右的新菠萝灰粉蚧成虫，40天后，每一个南瓜上繁殖有混合虫态的粉蚧，待用。用于该实验的试虫为实验室繁殖第6代新菠萝灰粉蚧。

1.2 蒸热处理

1.2.1 设备

智能控温控湿热处理系统（HRT105P型，升温速率≥10℃/min，重庆市威尔试验仪器有限公司)、温湿度巡检仪(BUP-C20A 型,北京捷力测控新技术公司)、传感器(S 型热电偶)、传感器(K 型热电偶)、传感器(Pt-100)。

1.2.2 方法

用柔软的小毛笔刷轻轻将南瓜上繁殖有混合虫态的粉蚧随机收集至一次性塑料培养皿中,敞开皿盖,放在白磁盘上,移入智能控温控湿热处理系统中央,在培养皿东南西北四个方向及培养皿中央安置 5 个传感器,通过温湿度巡检仪实时监测培养皿周围及中央温度。该实验在一周内完成,所有处理的加热初始温度为常温,温度范围在 21 ~ 22℃,湿度范围在 40% ~ 50%。每个处理开启热处理装置后,待 5 个传感器温度达到预期设定的温度时开始计时,持续预设加热时间,加热停止,打开热处理装置门,排气降温。待温度降至常温后,取出盛有粉蚧的培养皿,1 天后在解剖镜下观察并记录粉蚧的死亡情况。

实验温度时间组合设置如下:47℃15min、30min、45min、60min、75min,48℃5min、10min、15min、20min、25min、30min,49℃5min、10min、15min、20min,每个组合实验重复 3 次(为简化结果与分析中表格格式,试虫总数是 3 个重复的总和),湿度范围93% ~ 99%,湿度偏差 ±3%。

1.2.3 蒸热处理效应评价

幼虫及成虫死亡判定依据:用解剖针轻触粉蚧胸腹部足,不发生活动判定为死亡。

$$死亡率(\%) = 死亡数量/试虫总数×100$$

$$校正死亡率(\%) = (处理组死亡率 - 对照组死亡率) / (1 - 对照组死亡率) ×100$$

$$校正存活率(\%) = (1 - 校正死亡率) ×100$$

2 结果与分析

2.1 处理温度47℃持续不同处理时间对新菠萝灰粉蚧的杀灭效应

表1 47℃各处理时间对新菠萝灰粉蚧的杀灭效应

时间(min)	虫态	试虫总数	存活率(%)	校正存活率(%)
CK	1 龄	142	93.0	100
	2 龄	150	95.3	100
	3 龄	152	92.1	100
	成虫	164	91.5	100
15	1 龄	157	12.7	13.7
	2 龄	122	13.1	13.7
	3 龄	147	12.2	13.2
	成虫	154	15.1	16.1
30	1 龄	150	4.1	4.4
	2 龄	154	5.4	5.7
	3 龄	152	4.9	5.3
	成虫	146	5.5	6.0

（续表）

时间（min）	虫态	试虫总数	存活率（%）	校正存活率（%）
45	1龄	154	0	0
	2龄	157	0	0
	3龄	158	0.6	0.7
	成虫	142	0.7	0.8
60	1龄	140	0	0
	2龄	154	0	0
	3龄	137	0	0
	成虫	144	0	0
75	1龄	172	0	0
	2龄	145	0	0
	3龄	151	0	0
	成虫	155	0	0

由表1可以看出，47℃处理45min可100%杀灭菠萝灰粉蚧1龄、2龄，3龄幼虫校正存活率为0.7%，不带卵和带卵成虫校正存活率分别为1.4%和0.8%；47℃处理新菠萝灰粉蚧的最耐热虫态为不带卵成虫；47℃处理60min可使新菠萝灰粉蚧各虫态100%杀灭。

2.2　处理温度48℃持续不同处理时间对新菠萝灰粉蚧的杀灭效应

表2　48℃各处理时间对新菠萝灰粉蚧的杀灭效应

时间（min）	虫态	试虫总数	存活率（%）	校正存活率（%）
CK	1龄	137	91.2	100
	2龄	142	96.5	100
	3龄	154	94.8	100
	成虫	160	93.8	100
5	1龄	142	74.6	81.8
	2龄	170	71.8	74.4
	3龄	144	76.4	80.6
	成虫	141	78.0	83.2
10	1龄	150	8.7	9.5
	2龄	162	9.3	9.6
	3龄	146	8.7	9.2
	成虫	151	8.9	9.5

（续表）

时间（min）	虫态	试虫总数	存活率（%）	校正存活率（%）
	1龄	177	0	0
15	2龄	152	1.3	1.3
	3龄	144	1.4	1.5
	成虫	138	1.4	1.5
	1龄	151	0	0
20	2龄	164	0	0
	3龄	157	0	0
	成虫	150	0	0
	1龄	164	0	0
25	2龄	153	0	0
	3龄	157	0	0
	成虫	155	0	0
	1龄	148	0	0
30	2龄	157	0	0
	3龄	151	0	0
	成虫	160	0	0

由表2可以看出，48℃处理15min可100%杀灭菠萝灰粉蚧1龄，2龄、3龄幼虫校正存活率分别为1.3%和1.5%，带卵和不带卵成虫校正存活率分别为2.1%和1.5%，48℃处理新菠萝灰粉蚧5min和15min的最耐热虫态为不带卵成虫，处理10min的最耐热虫态为2龄幼虫；48℃处理20min以上可使新菠萝灰粉蚧各虫态100%杀灭。

2.3　处理温度49℃持续不同处理时间对新菠萝灰粉蚧的杀灭效应

表3　49℃各处理时间对新菠萝灰粉蚧的杀灭效应

时间（min）	虫态	试虫总数	存活率（%）	校正存活率（%）
	1龄	162	92.6	100
CK	2龄	154	90.9	100
	3龄	157	90.4	100
	成虫	149	92.6	100
	1龄	177	52.5	56.7
5	2龄	158	53.8	59.2
	3龄	164	51.8	57.3
	成虫	159	56.1	60.6

（续表）

时间（min）	虫态	试虫总数	存活率（%）	校正存活率（%）
	1 龄	155	0	0
	2 龄	161	0	0
10	3 龄	158	0	0
	成虫	164	0	0
	1 龄	169	0	0
	2 龄	157	0	0
15	3 龄	151	0	0
	成虫	181	0	0
	1 龄	134	0	0
	2 龄	157	0	0
20	3 龄	171	0	0
	成虫	164	0	0

由表 3 可以看出，49℃处理 5min 后新菠萝灰粉蚧各虫态的校正存活率达 55%～60%，49℃处理新菠萝灰粉蚧 5min 的最耐热虫态为不带卵成虫；49℃处理 10min 以上可使新菠萝灰粉蚧各虫态 100% 杀灭。

3　讨论

本研究发现随着温度的增加，100% 杀灭各虫态所需时间明显缩小，47℃处理 60min、48℃处理 20min、49℃处理 10min 可 100% 杀死新菠萝灰粉蚧各虫态，但是，该虫可为害凤梨科多种经济作物，包括金合欢属（*Acacia*）、人心果属（*Achras*）、雨树属（*Samanea*）、蕃荔枝属（*Annona*）、玉蕊属（*Barringtonia*）、藤黄属（*Garcinia*）、芭蕉属（*Musa*）等[3]。因此，在这些处理温度与时间下对于新菠萝灰粉蚧各寄主的品质是否有影响还需更多的实验数据支撑。对于表面光滑的农产品处理时间可能变化不大，但对于表面不光滑的农产品，可能要更长的处理时间才能保证农产品的各个点均能达到所需的温度。所以，如果要将本研究得出的蒸热处理技术指标应用于检疫处理现场需求，还需进一步针对产品做大规模的验证试验。对温度敏感的农产品来说，处理温度越低对品质的影响越小，这就要求更低的处理温度与时间指标，如 47℃以下温度可能持续更长的时间。另外，本研究发现 47～49℃蒸热处理新菠萝灰粉蚧的最耐热虫态为不带卵成虫，48℃处理 10min 的最耐热虫态为 2 龄幼虫。笔者认为，本实验初步摸索了新菠萝灰粉蚧蒸热处理的温度—时间范围，所得出的最耐热虫态还需要做进一步的确证，使其最终能够用于新菠萝灰粉蚧蒸热处理的大规模验证试验（Large-scale testing），以期达到检疫处理几率值 9 的要求。

新菠萝灰粉蚧经常在进境香蕉和菠萝中发现。欧利叶等人研究发现 45℃热空气处理 12min 有利于保持香蕉果实的外观，可延缓香蕉成熟与衰老的进程[5,6]。另外，卢厚林等报道适合于蒸热处理的水果和蔬菜，包括木瓜、茄子、菠萝、南瓜及番茄等[6]。对于本研究得出的实验数据是否可用于进境香蕉和菠萝的检疫处理实际需要，笔者将进一步深入研究能 100% 杀死新菠萝灰粉蚧的蒸热处理温度时间对香蕉和菠萝品质的影响。

参考文献

[1] 劳有德. 广西剑麻产区要重视新菠萝灰粉蚧的防治 [J]. 广西热带农业，2008，5：24－25.

[2] 张小冬，陈泽坦，钟义海，陈伟. 新菠萝灰粉蚧雌成虫空间分布型的初步研究 [J]. 植物保护，2009，35（3）：81－83.

[3] Jayma L Martin Kessing, Ronald F L Man. Department of Entomology Honolulu, Hawmi. Dysmicoccus neobrevipes（Beardsley）. 1992.

［http：//www. extento. hawmi. edu/Kbase/crop/Type/d_ neobre. hun.

[4] Sung B. K., Park G., Kang M. K., Lee B. H. Application of vapormate to imported banana. Annual International Research Conference on Methyl Bromide Alternatives and Emissions Reductions, San Diego, California, USA, 29th October-1st November, 2009, 83－1－83－3.

[5] 欧立叶，彭永宏，李玲，等. 热空气处理对香蕉果实生理变化的影响 [J]. 园艺学报，1998，25（2）：139－142.

[6] 欧立叶，彭永宏，李玲，等. 热空气处理对香蕉果实品质指标的影响 [J]. 仲恺农业技术学院学报，1999，12（1）：35－38.

[7] 卢厚林，张宝峰，王新，等. 赴美国水果检疫处理考察见闻 [J]. 检验检疫科学，2001，11（4）：52，53，56.

化学农药在我国农作物生产中的应用与分析

贾振华* 李 静 贾中雄

（山西省临汾市植保植检站，临汾 041000）

摘 要：化学农药在农产品生产中发挥重要作用，但是也存在农产品农药残留超标、生产环境污染以及影响人们健康现象。推广先进病虫草鼠防控技术，限制化学农药使用，通过立法形式监督农作物生产过程中使用化学农药，保障农产品质量有效供给，是发展现代农业重要内容。

关键词：农药；农作物；应用分析

1 化学农药在农业生产中的地位分析

1.1 中国农业特色分析

我国有 960km^2 土地，占世界的 1/5 人口（13.6 亿人），国土面积和人口居世界第一。耕地 18 亿亩，人均 1.3 亩（发达国家人均 3 亩以上）。据国家统计局公告，2014 年全国粮食总产量达到 60 709.9 万 t。每年进口粮食 1 300 万 t。水果总产量 3 200 万 t。蔬菜 78 000 万 t。地大物博，人口众多，耕地不足，供给尚欠，效益不高。

1.2 近期我国食品营养标准分析

据中国食物与营养发展纲要规划，从 2014 年到 2020 年全国人均全年消费农产品：① 粮消费 135kg；② 食用植物油 12kg；③ 豆类 13kg；④ 肉类 29kg，蛋类 16kg，奶类 36kg；⑤ 水产品 18kg；⑥ 蔬菜 140kg；⑦ 水果 60kg。

1.3 农药在粮食生产中的作用分析

据统计，我国每年使用农药防治病虫草鼠挽回粮食损失 3 500 万 t；棉花 3 万 t；水果 520 万 t；蔬菜 4 000 万 t，挽回经济损失 600 亿元左右。

据报道，小麦"一喷三防"提高绿色防控技术推广，提升了病虫防治效果，每亩节省人工费 40～50 元，平均挽回粮食产量损失 10%～20%；蔬菜挽回产量损失 8%～10%，果树优质果率提高 5%～10%。

据报道，我国现在每年农药制剂用量约 250 万 t（有效成分用量每年基本在 23 万 t 左右），其中，除草剂约 180 万 t，杀虫剂 61 万 t，杀菌剂 20 万 t。从 1950 年以来农药用量增长 50 倍，全世界每年农药总销售额 400 亿美元，除草剂 175 亿美元，杀虫剂和杀菌剂分别各约 105 亿美元。据 2013 年报道，我国有杀菌剂 120 余种，年产量 21 万 t，国内销售 8 万 t 左右，剩余 12 万 t 杀菌剂靠出口消化。

---

* 第一作者：贾振华，男，农业推广研究生，临汾市农业执法大队，农艺师，从事农业综合执法工作；E-mail：sxlfjzx@163.com

据报道，世界粮食单产由 1949 年 $1t/hm^2$ 提高到 1988 年的 $2.499t/hm^2$。我国粮食 2013 年平均亩产 358.5kg，相比 10 年前提高了 69.6kg，农药使用被公认是对农作物产量作出贡献的四大核心因素之一（种子、肥料、水利），农药投入产出比发达国家为 1:6~1:8，中等发达国家为 1:2.5~1:4，美国达到 1:4 投入产出水平。

1.4　农药推广应用中的问题分析

农药推广应用对农作物安全生产起到了积极作用，有效解决了本国农产品供给问题，同时也出现了农产品质量安全、生产环境污染、人畜触毒时有发生等亟待解决问题。

农产品农药残留超标。据相关报道，在我国多个省市销售和生产地蔬菜、水果、食用菌或茶叶中检出克百威，检出率范围为 0.96%~56.3%，超标率范围为 0.001 7%~20.9%。又据京华时报报道，从北京新发地农产品批发市场等地购买 8 份草莓样品，经有关部门检测都检测出百菌清和乙草胺农药。此次检出样品里乙草胺最高是 0.367mg/kg，按欧盟标准 0.05mg/kg，最高的超标 6 倍多，最低样品超标大约 1 倍。

据 2015 年 3 月全国政协会代表发言，中国耕地占世界耕地总数 8%，农药化肥用量占世界用量 1/3。可想而知，中国农产品质量安全如何能够得到保证，人的生命健康应该引起高度重视。据调查，我国人体内有机氯农药残留量均已超过日本和一些欧美国家浸染高峰水平。

人畜中毒事件触目惊心。全世界每年因农药中毒的约 200 万人，其中约 4 万人死亡。近十年来我国平均每年发生中毒事故约 10 万人，死亡 1 万多人，占世界农药中毒死亡人数的 1/4。

农药使用寿命正在缩短，病虫害抗性不断提高。据报道，在 50~60 年代一个新农药使用 8~9 年才会有抗性；70 年代缩短到 6~7 年；80 年代缩短到 4~5 年；90 年代缩短到 2~3 年。

土壤污染加剧。据 2014 年第九届中国环境修复论坛报道，"全国土壤污染调查公报"显示，全国土壤污染总超标率为 16.1%，我国适宜农业种植的一、二类土壤占 87.9%，存在潜在生态风险的占 12.1%。

专家研究表明：土壤污染加剧原因，主要在于化肥施用量，以及农药使用过量不科学造成的农残超标。我国农药使用量每年达到 140 万吨左右，每公顷施药量达到 11.7kg，超出发达国家对应限值每公顷农药用量 7kg（限值 4.7kg）。此外，近年禁止了高毒农药、新品种农药推出，我国农药用量仍是世界平均水平 2 倍以上。

生物种类受到威胁。据来自日本资料，在日本东北地区苹果园调查资料，在当地长期使用有机合成杀虫剂，使害虫种类迅速减少，从 130~180 种减少到几种。与此同时有 40 种害虫天敌销声匿迹。水田害虫从原来的 210 种减少到 10 余种。

作物生长单一化。据山西临汾地方农户反映，自家经营耕地只能生长玉米或小麦，其他作物已不能生长怪现象。据推广部门分析，这与除草剂长期使用有着密切关系。

2　亟待解决问题

实现"中国人的饭碗里盛自己的粮食"目标，保障粮食稳产增产，农产品质量达标，生态环境优良，亟待解决四方面问题。一是农作物产量与病虫害发生防控矛盾。二是保护生态环境与化学农药用量矛盾。三是剧毒、高毒农药与低毒低残留农药替代的矛盾。四是病虫草鼠害综合防控技术推广应用与化学防治关键技术问题。

3 采取对策

3.1 强化宣传科学合理使用农药，保障粮食、特色农产品安全生产和质量安全

宣传化学农药科学合理使用，充分认识农药在农业生产中的重大作用。同时科学的认识目前化学农药大量使用给生产环境和生态环境造成污染为害。农产品农药残留超标为害人类健康，带来的经济损失难以弥补。非法经营农药，假冒伪劣、坑农害农事件时有发生。农药正确使用存在技术盲区，不按规范使用农药，以及增加生产成本。通过抓宣传工作，统一思想认识，把农药安全使用作为舌尖安全头等大事来抓。把农药安全使用与环境保护同样摆在各级政府议事日程。不仅仅是抓农业推广部门、抓农户，更重要的是靠各级政府来抓，增强各级干部群众对治虫防病、控制污染、保护环境自己自觉性。层层落实责任，加强督查指导，建立生产用药记录，推动防治工作正常开展。加强市场和生产领域管理，规范农药经营秩序，打击各种坑农害农，破坏生态环境违法行为，落实农产品追溯制度，坚持依法科学合理使用农药，保护农民合法利益。

3.2 修改《农药管理条例》，依法保障农药安全使用

1982 年农业部出台了农药安全使用规范，时隔十年，1992 年又进行了修改。农药管理法规出台加强了农药市场管理，规范了农药登记、生产和销售，增加了对违法行为打击力度。但是，农作物生产过程中农药使用问题无章可循。完善农药管理条例势在必行，应重点考虑四方面。首先是将原《农药管理条例》改为"农药管理使用条例"，增加使用部分；第二方面鼓励推广应用矿物农药、生物农药，限制使用化学合成农药，禁止在生产过程中使用剧毒、高毒、致癌、致畸、高残留农药；第三方面按防治指标用药剂防治，不准打安全药，或者滥打药，减少用药次数和用药量，一种作物生育期用药 1~2 次，水果、蔬菜 3~5 次；第四方面制定违规用药制度，农产品残留超标生产者处罚制度，靠法制解决化学农药给人们健康带来的为害。

3.3 建立农作物病虫草害综合防控技术体系，有效开展防治

化学防控是近年来主要应用技术，其作用效果明显，农户容易接受，化学农药用量逐年递增，带来后果不容忽视。党的"十八大"把环境保护列入政府工作日程，农产品质量安全成为农业生产领域头等大事。农业部推出了化学农药零增长行动。组装防控植保技术，建立农作物综合病虫草鼠防控体系，减少化学药剂用量，是保障粮食生产安全和农产品质量安全有效手段。重点解决两项技术，一是大力推广传统农业防治，现代的物理防治，新型生物防治技术；二是精准用药技术，做到按指标防治、精量用药、减少飘移蒸发，提高利用率，改进药械和施药技术。

3.4 实行病虫草鼠防治政府买单，发挥专业化统防统治

针对土地分散经营，农民进城务工，专业队伍作用发挥困难、农药使用不科学重大问题。对农作物病虫害防控有效途径一是推行政府买单，对农田发生的重大或暴发性病虫草害防控，政府从农药、药械采购、田间施药作业、防控处置等防治费用由政府来承担。二是植保部门负责病虫情报预警发布，协调组织专业队伍完成防控任务，并负责防控效果评估。

3.5 建立农药使用监管机制，依法监管农药使用

通过立法形式建立农药使用法律法规，严格生产过程中农药使用，对农作物生育期用药种类、用量浓度、时间进行登记、建档，以便追溯。同时通过农业执法监督农作物生产过程中农药使用不良行为，包括废弃包装物回收。对违规使用农药行为进行打击处罚。严重者可移交司法部门依法惩治，通过立法、监督、惩治，保障农作物安全生产，减少化学农药用量，保护农业生产资源和生态环境。

参考文献

［1］2015 年全国植物保护工作要点［J］. 中国植保导刊，2015，35（2）：5－7.

［2］白小宁，宋稳成，薄瑞，等.2014 年我国农药登记产品的特点和趋势分析［J］. 农药科学与管理，2015，36（2）：1－3.

［3］胡笑形. 世界农药发展趋势及重点专利农药潜力分析（一）［J］. 农药科学与管理，2014，35（11）：6－10.

［4］朴秀英，吕宁，林荣华，等. 克百威、丁硫克百威和丙硫克百威登记现状及其潜在风险关注分析［J］. 农药科学与管理，2015，36（4）：10－16.

防治植物细菌性和真菌性土传病害及叶部病害的新型、高效微生物杀菌剂——多粘类芽孢杆菌和海洋芽孢杆菌系列产品的创制及产业化*

罗远婵[1]　李淑兰[2]　刘盼西[2]　陈　杰[1]　张道敬[1]　田　黎[3]　李元广[2]**

(1. 华东理工大学生物反应器工程国家重点实验室海洋生化工程研究室，

上海　200237；2. 上海泽元海洋生物技术有限公司，上海　200237；

3. 国家海洋局第一海洋研究所，青岛　266042)

摘　要：随着人们环保意识的增强及对食品安全关注的日益提高，微生物农药因其无公害、无污染、无残留、且不易产生抗药性等特点，近年在研发、登记和应用上都获得了长足的发展。微生物杀菌剂作为微生物农药的两大品种之一。目前，在国内外已经登记多个产品，且逐步被国外大型农药企业所并购。而对于微生物杀菌剂，我国大型农药企业少有涉足，更未涉足防治素有植物"癌症"之称的土传病害的微生物农药。众所周知，我国的土传病害日益严重，是微生物农药及微生物肥料发展的主要方向，农业生产中迫切需要此类产品。

关键词：微生物农药；多粘类芽孢杆菌；海洋芽孢杆菌；微生物肥料；生物防治；产业化

华东理工大学生物反应器工程国家重点实验室、上海泽元海洋生物技术有限公司及浙江省桐庐汇丰生物化工有限公司共同合作，在"十五"国家 863 计划、国家农业科技成果转化资金等项目的支持下，在国内外首次利用多粘类芽孢杆菌（HY96-2 菌株）成功地创制出了防治植物青枯病的微生物农药——0.1 亿 cfu/g 多粘类芽孢杆菌细粒剂，它是国内外利用类芽孢杆菌属菌株成功创制的第一个微生物农药，具有我国自主知识产权（中国发明专利：ZL 02151019.9、PCT 专利：WO 2004/050861、美国专利：US 2006/0018883），于 2004 年由上海泽元海洋生物技术有限公司获得了防治番茄、辣椒、茄子及烟草青枯病的农药临时登记证（LS20040563）与生产批准证（HNP31069-D3535），同年被中国烟叶生产购销公司推荐为中国防治烟草青枯病的唯一的一个生物农药，并于 2007 年被认定为有机产品（COFCC-R-0706-0118）；2009 年委托浙江省桐庐汇丰生物化工有限公司进行生产，获得农药正式登记证（PD20096844）及新的生产批准证（HNP33077-D3535），2013 年被全国农业技术推广服务中心下属的《中国植保导刊》杂志社评选为

* 资助项目：国家 863 项目（2002AA245011、2005AA001500、2006AA02Z222、2006AA10A211、2007AA091507、2011AA09070402、2011AA10A205、2011AA10A202）；国家农业科技成果转化资金项目（04EFN213100093、2007GB2C000101）；国家科技支撑项目（2011BAE06B04）

** 通讯作者：李元广，男，博导，973 首席，主要从事微生物农药创制与产业化、微藻能源与微藻固碳技术开发；E-mail：ygli@ecust.edu.cn

"我信赖的绿色防控品牌产品"。

针对细粒剂存在用量较大、使用不方便、不能喷雾使用等不足，在"十一五"863计划及国家农业科技成果转化资金等项目的支持下，又成功地创制出了具有我国自主知识产权的10亿cfu/g多粘类芽孢杆菌可湿性粉剂（中国发明专利：ZL 200710038803.6）。该产品于2011年获得了防治番茄青枯病（细菌性土传病害）、西瓜枯萎病（真菌性土传病害）、黄瓜角斑病（细菌性叶部病害）及西瓜炭疽病（真菌性叶部病害）的农药临时登记证（LS20110203）与生产批准证（HNP 33077-D4604），2014年获得农药正式登记证（PD20140273）。

50亿cfu/g多粘类芽孢杆菌原药已于2011年获得农药临时登记证（LS20110205）、2014年获得农药正式登记证（PD20140421）。

此外，研究结果表明，多粘类芽孢杆菌产生的大量多糖对农药载体具有助悬浮作用、对活菌具有热保护及紫外保护等作用（中国发明专利公开号：CN101870739A），有望被开发成微生物农药及医药制剂中的一种生物助剂，此方面的研发工作又获得了国家"十二五"863课题的立项支持（2011AA10A205）。

针对我国耕地盐渍化日趋严重，迄今国内外所成功开发的微生物农药中的生防菌均源于陆地微生物，而未见利用海洋微生物成功创制微生物农药的现状。笔者所在团队根据海洋微生物具有耐盐和能产生不同于陆地微生物代谢产物的特点，提出海洋微生物是开发适合盐渍化耕地使用的防治土传病害微生物农药的最佳选择的观点。

基于上述观点及在多粘类芽孢杆菌农药创制方面的工作基础，在国家"十一五"海洋863计划重点项目课题（2007AA091507）支持下，在国内外首次利用从渤海潮间带盐生植物碱蓬分离的海洋芽孢杆菌（*Bacillus marinus*）菌株为生防菌，创制出10亿cfu/g海洋芽孢杆菌可湿性粉剂（下称海洋WP）并已申请了中国发明专利（CN101331881A）。之后，又在国家"十二五""863"重大项目子课题（2011AA10A202-2）（2011AA09070402）资助下，海洋WP于2011年获得防治番茄青枯病（SY201102557）及防治黄瓜灰霉病（SY201100409）的田间试验批准证书，建成了年产200吨海洋WP生产线。毒理学研究表明，海洋WP属微毒类农药（毒性最低一档）。海洋WP（10亿cfu/g海洋芽孢杆菌可湿性粉剂）及其原药（50亿cfu/g海洋芽孢杆菌原药）已于2014年底获得了农药正式登记证（PD20142273、PD20142272），海洋WP登记防治番茄青枯病和黄瓜灰霉病，是国内外首个获得登记的以海洋微生物为生防菌的微生物农药（海洋微生物农药）。海洋WP的生产批准证申请材料已提交工信部，有望于今年下半年获得生产批准证，成为国内外首个实现产业化的海洋微生物农药。

海洋芽孢杆菌具有良好的耐盐特性，海洋WP在盐渍化耕地能有效防治黄瓜根腐病、花生青枯病、萝卜软腐病等土传病害，且效果明显优于陆地微生物农药。

经多年努力，"新型微生物杀菌剂——多粘类芽孢杆菌和海洋芽孢杆菌系列产品的创制与产业化"荣获"2011中国国际工业博览会"铜奖。

自2004年多粘类芽孢杆菌系列微生物农药（曾用商品名：康地蕾得，商标：康蕾）进入市场销售以来，已在全国各省均有销售，且销售额逐年增加，在微生物杀菌剂领域，具有很高的知名度，特别是在我国的土传病害生物防治领域已成为品牌。

自1998年以来，"康蕾"牌多粘类芽孢杆菌系列产品已在湖南、山东、广东、广西、海南、福建、辽宁、安徽、四川、江西、重庆、云南、贵州、河南、河北、北京、浙江、上海、湖北、黑龙江、甘肃、陕西、内蒙、宁夏、新疆、山西、江苏、天津28个省市进行了多年的试验、示范和推广，防治作用显著，效果稳定，深受广大农民欢迎。试验结果表明，680g/亩10亿 cfu/g 多粘类芽孢杆菌可湿性粉剂对番茄青枯病的平均防效为83.50%，西瓜枯萎病的平均防效为79.83%，黄瓜细菌性角斑病的平均防效为76.95%，西瓜炭疽病的平均防效为72.03%，且防效都优于对照药剂。多年多点的试验示范表明，"康蕾"牌多粘类芽孢杆菌系列产品是目前防治植物青枯病和枯萎病等细菌性和真菌性土传病害最理想的农药。

但目前，因产品品种较单一及缺少资金进行市场的大规模开发，导致"康蕾"牌系列产品的市场销量上升速度不快。

针对上述问题，上海泽元海洋生物技术有限公司正在进行优势资源的整合，希望以微生物农药销售、研发、生产为主体，在几年内分阶段实现下述目标。

（1）加大市场投入，首先开拓国内市场，待国内销量达到一定规模、且形成一支稳定的高素质销售队伍时，开始国外市场的开拓。

（2）建立专门的微生物农药生产工厂。

（3）基于在国内外独家创制的多粘类芽孢杆菌及海洋芽孢杆菌原药，围绕农药产品复配，开发：①多粘类芽孢杆菌、海洋芽孢杆菌与其他微生物农药的系列微生物农药复配产品；②开发多粘类芽孢杆菌、海洋芽孢杆菌与化学或农抗的系列"微生物—化学农药"复配产品。

（4）基于多粘类芽孢杆菌及海洋芽孢杆菌药肥兼能的特点，围绕植物根部及土壤进行药肥制剂的复配，开发；①多粘类芽孢杆菌及海洋芽孢杆菌菌剂登记；②多粘类芽孢杆菌及海洋芽孢杆菌与有机肥、生物菌肥及化肥的系列生物肥料复配产品；③将多粘类芽孢杆菌、海洋芽孢杆菌与土壤调节剂、生根剂、防治根结线虫药剂等施于植物根部及土壤中的产品，进行组合应用，甚至开发复配产品。

欢迎有识之士加盟，共同推进我国微生物杀菌剂特别是防治日益严重的土传病害的微生物农药及微生物肥料的创制与产业化之进程！

参考文献（略）

小黑瓢虫对烟粉虱自然种群的控制作用[*]

罗宏伟[1][**]　黄　建[2][***]　王竹红[2]　王联德[2]

(1. 海南省三亚市农业技术推广服务中心，三亚　572000；2. 福建农林大学
生物农药与化学生物学教育部重点实验室，福州　350002)

摘　要：在网室内组建烟粉虱自然种群生命表，运用排除作用控制指数（EIPC）评价小黑瓢虫在室外对烟粉虱种群的控制作用。结果表明：小黑瓢虫的捕食作用是影响烟粉虱种群数量动态的重要因子，如果排除该捕食作用，烟粉虱种群趋势指数将比原来增长 16.490 5 倍，由此可见，外引天敌小黑瓢虫具有极大的田间应用潜力。

关键词：小黑瓢虫；烟粉虱；种群生命表；排除作用控制指数

烟粉虱 [*Bemisia tabaci* (Gennadius)] 是当今严重为害全球蔬菜、经济作物、园林花卉的一类刺吸式害虫（罗晨和张芝利，2002）。因其寄主范围广，产卵量大，对一般的化学杀虫剂产生了抗药性和交互抗性，单纯依靠化学农药已经很难将其为害控制在经济域值允许的范围内，研究烟粉虱的生物防治技术对控制烟粉虱种群为害具有一定的实际意义（邱宝利等，2002）。

小黑瓢虫 [*Delphastus catalinae* (Horn)] 引自欧美，是粉虱类害虫的重要捕食性天敌，目前，主要依靠烟粉虱在室内进行人工繁殖（黄建等，1998；荆英和韩巨才，2004）。为了客观地了解和评价小黑瓢虫对烟粉虱的控制作用，笔者在开放式的网室内采用小区实验，模拟田间自然状况，组建由作用因子组配的烟粉虱自然种群生命表，运用干扰作用控制指数（IIPC）和排除作用控制指数（EIPC）来分析评价人工繁殖的小黑瓢虫对烟粉虱的控制作用，以期为我国小黑瓢虫的实际应用和烟粉虱的生物防治提供科学依据。

1　材料与方法

1.1　供试虫源

供试的小黑瓢虫取自福建农林大学植物保护学院养虫室（4.5m×3.8m×3.2m）内饲养的实验种群。饲养条件为温度 23～28℃，相对湿度 70%±5%，光照 15L：9D（养虫架（1.08m×0.52m×0.64m）的顶板上 4 盏 30W 的日光灯）。饲养所用的寄主植物为盆栽花椰菜（*Brassica oleracea* var. *botrytis* L.）或甘蓝（*Brassica caulorapa* Pasq.），在室外接种粉虱后放入 9 个养虫架内供瓢虫取食。

---

　*　基金项目：国家自然科学基金资助项目（30270904）；福建省科技计划项目（2004N024）

　**　作者简介：罗宏伟，男，博士，高级农艺师，研究方向：昆虫生态与害虫生物防治；E-mail：luohongw@163.com

　***　通讯作者：黄建；E-mail：jhuang@fjau.edu.cn

供试的 B 型烟粉虱饲养在福建农林大学植物保护学院的玻璃小温室（3.2m×3.2m×3.5m）内。

1.2 供试植物

供试的植物为花椰菜，品种为福花 70 天，种子购自福州市种子公司。

1.3 实验设计

2004 年 10～11 月在福建农林大学昆虫网室（11.6m×8.0m×3.5m）内进行，在网室内做畦成正方形（1.3m×1.3m），种植花椰菜后接入烟粉虱让其自然繁殖，然后用大养虫笼（1.4m×1.4m×0.8m）罩住。释放小黑瓢虫前对烟粉虱的种群数量进行跟踪调查。实验分对照区与释放区，释放区在粉虱 1 龄若虫高峰期释放 100 头小黑瓢虫成虫，对照区则不释放小黑瓢虫。对照区和释放区均在释放后第 2 天进行调查，每 2 天调查 1 次，共调查 15 次。每次观察记录烟粉虱各虫态的死亡原因和数量。在调查过程中，随机选取带有一定数量粉虱卵、若虫和拟蛹的叶片放在盛有植物营养液的塑料杯中培养，跟踪观察记录各个虫态的死亡原因和数量，以此来估计其相应虫期的各个作用因子的存活率。

1.4 调查方法

成虫的抽样方法：每小区随机抽取 5 株花椰菜，每株选 5 片叶，小心地掀起叶片，计数叶背上烟粉虱成虫的虫口数量。

卵和若虫的抽样方法：每小区随机抽取 3 株花椰菜，每株随机取上、中、下 3 个层次的叶片各 1 片，带回实验室内解剖镜下计数烟粉虱各虫态的虫口数量。

拟蛹羽化率的统计：将每次调查随机取样的叶片选 2 片，将叶柄插入浸泡在盛有植物营养液的塑料杯中的花泥里，待烟粉虱拟蛹全羽化后，放入冰箱内将成虫冻死，镜检统计成虫雌雄比。

成虫平均产卵量的统计：将刚羽化的 1 对烟粉虱成虫放入玻璃马灯罩（Φ=8cm，h=20cm）内的新鲜花椰菜叶片上（叶柄插入浸泡植物营养液的花泥中，马灯罩罩住叶片，上端口用网纱盖住），观察其产卵情况，共设 10 对重复，统计烟粉虱的平均产卵量。

1.5 烟粉虱各个虫期作用因子存活率估计

烟粉虱各个虫期作用因子存活率估计方法参考王联德的方法（王联德，2003），系统调查的镜检过程中，发现烟粉虱卵、若虫和拟蛹有被捕食的现象，被捕食后留下碎残渣；若虫和伪蛹有被寄生蜂寄生的现象和被真菌寄生的现象（虫尸有白色菌丝粒）。按作用因子的先后逻辑关系，卵期的作用因子分别为捕食、不孵及其他；若虫期的作用因子分别为捕食、真菌寄生等。由于寄生蜂寄生烟粉虱若虫后，烟粉虱若虫仍然存活，一般在拟蛹期寄生蜂羽化时才死亡。因此，寄生蜂寄生烟粉虱 1～4 龄若虫的寄生率全部归到拟蛹。

1.6 烟粉虱生命表组建方法

根据庞雄飞的方法以作用因子组配自然种群生命表，建立种群趋势指数模型，估计烟粉虱在不同条件下的种群发展趋势（庞雄飞等，1986；庞雄飞等，1988；庞雄飞等，1995）：

$$I = N_1/N_0 = S_1 S_2 S_3 \cdots S_K F P_F P_♀ \sum P_{fi}(S_{Aa})^i \tag{1}$$

式中：I：种群趋势指数；

N_1、N_0：下一代、当代的种群数量；

S_i：各个作用因子相对应的存活率（$i=1$，2，3…，K）；

F：设定的标准卵量；

P_F：达标卵量的概率；

$P_♀$：雌性概率；

P_{fi}：成虫逐日产卵概率；

S_{Aa}：成虫逐日存活率

1.7 干扰作用控制指数（IIPC）的计算方法

庞雄飞在种群趋势指数方程的基础上提出了种群干扰作用控制指数（Interference of Index of Population Control，IIPC），研究各类因子对种群趋势指数的影响（庞雄飞等，1995）。

在干扰作用分析法中，如果排除一个因子 i 的作用，其相对应的存活率 S_i 将改为 S_i'，其种群趋势指数由原来的 I 变为 I'，即

$$I' = N_1/N_0 = S_1 S_2 S_3 \cdots S_i' \cdots S_K F P_F P_♀ \sum P_{fi} (S_{Aa})^i \qquad (2)$$

则干扰作用控制指数（IIPC）为：

$$IIPC(S_i) = I'/I = \frac{S_1 S_2 S_3 \cdots S_i' \cdots S_K F P_F P_{雌} \sum P_{fi} (S_{Aa})^i}{S_1 S_2 S_3 \cdots S_i \cdots S_K F P_F P_{雌} \sum P_{fi} (S_{Aa})^i \sum} \qquad (3)$$

式中：S_i：各个作用因子相对应的存活率（$i=1$，2，3…，K）；

F：设定的标准卵量；

P_F：达标卵量的概率；

$P_♀$：雌性概率；

P_{fi}：成虫逐日产卵概率；

S_{Aa}：成虫逐日存活率。

1.8 烟粉虱种群系统中重要因子的分析

昆虫的种群系统存在着外界因素的影响，即环境对系统的作用。特别是自然系统（生态系统、种群系统等）处理为控制系统时，往往把反作用于系统的各种环境因子认定为系统的空间边界。即使如此，各边界因子在种群系统中的作用并不是等同的。一些因子对种群数量发展起着重要的作用，称为重要因子（important factors）。一些因子对种群数量年间变动起着重要的作用，称为关键因子（key factors）。庞雄飞等提出的排除作用控制指数（exclusion index of population control，EIPC）是重要因子分析的基础（庞雄飞等，1995）。在排除分析法中，如果排除一个因子 I 的作用，其相对应的存活率 $S_i = 1$，则其种群趋势指数将由原来的 I 改变为 I'。即：

$$I' = S_1 S_2 S_3 \cdots 1 \cdots S_K F S P_F P_♀ \qquad (4)$$

$$EIPC_{(Si)} = \frac{I'}{I} = \frac{S_1 S_2 S_3 \cdots 1 \cdots S_K F S P_F P_♀}{S_1 S_2 S_3 \cdots S_i \cdots S_K F S P_F P_♀} = \frac{1}{S_i} \qquad (5)$$

如果排除多个因子 1、2、3…的作用，其对应的存活率 $S_1 = 1$，$S_2 = 1$，$S_3 = 1$，…其种群趋势指数将由原来的 I 改变为 I'。即：

$$I' = (1)(1)(1) \cdots S_i \cdots S_K F S P_F P_♀ \qquad (6)$$

$$EIPC_{(S1,S2,S3)} = \frac{I'}{I} = \frac{(1)(1)(1) \cdots S_i \cdots S_K F S P_F P_♀}{S_1 S_2 S_3 \cdots S_i \cdots S_K F S P_F P_♀} = \frac{1}{S_1 S_2 S_3 \cdots S_i} \qquad (7)$$

由此看来，如果排除其中一个因子（I）的作用，该因子的控制指数相当于其对应存活率的倒数（$1/S_1$）。如果排除其中一些因子（1，2，3……）的作用，这些因子的控制指数相当于其对应存活率积的倒数，（$1/S_1$）（$1/S_2$）（$1/S_3$）……排除作用控制指数即为下代种群趋势指数可能增长的倍数。

2 结果与分析

烟粉虱在不同处理条件下的自然种群生表命见表 1。在对照区中，烟粉虱未采取防治措施，经过一个世代后，种群数量是上一代的 33.591 9 倍。烟粉虱各虫期的致死因素主要是寄生蜂寄生和真菌寄生等，尤为 2 龄若虫，存活率仅为 0.753 4。处理区释放小黑瓢虫成虫 100 头，结果瓢虫的捕食作用发挥出明显的控制效果，烟粉虱各虫期经瓢虫捕食后的存活率都明显降低，最终下一代的种群数量为上一代的 2.932 9 倍。比较两者的干扰作用控制指数（IIPC），释放瓢虫区与对照区分别为 0.087 3 和 1，表明释放瓢虫区的烟粉虱种群增长的数量下降至对照区的 8.73%，小黑瓢虫对烟粉虱的控制作用是显著的，具有田间广泛应用的潜力。

表 1 烟粉虱自然种群生命表

虫期（X_i）	作用因子（F_i）	不同处理区的烟粉虱种群的存活率（S_i）	
		释放瓢虫 100 头	CK
卵	捕食	0.728 0	1.000 0
	不孵及其他	0.953 6	0.919 8
1 龄若虫	捕食	0.382 0	1.000 0
	真菌寄生及其他	0.916 3	0.838 6
2 龄若虫	捕食	0.408 5	1.000 0
	真菌寄生及其他	0.887 4	0.753 4
3 龄若虫	捕食	0.603 3	1.000 0
	真菌寄生及其他	0.880 4	0.800 0
4 龄若虫及拟蛹	捕食	0.884 8	1.000 0
	真菌寄生及其他	0.920 4	0.894 6
	寄生蜂寄生	0.796 0	0.834 4
成虫	雌性概率 $P_{\female}$	0.554 1	0.554 1
	标准卵量 F	400	400
	达标卵量概率 P_F	0.436 3	0.436 3
种群趋势增长指数（I）		2.932 9	33.591 9
干扰作用控制指数（IIPC）		0.087 3	1.000 0

采用排除作用控制指数（EIPC）来分析烟粉虱种群系统中的重要因子，结果（表 2）表明，对照区中，真菌寄生及其他、寄生蜂寄生对烟粉虱的种群数量起着重要作用，为该

虫虫期的重要因子，它们的控制指数分别为2.402 0和1.198 5，两者间相差不大。如果排除这两个因子的作用，烟粉虱的种群趋势增长指数将比原来分别增长2.402 0倍和1.198 5倍。释放区中，小黑瓢虫的捕食作用对烟粉虱的种群数量起着极其重要的影响，为烟粉虱虫期的最重要因子，瓢虫捕食的控制指数为16.490 5，远远大于真菌寄生及其他（1.591 5）、寄生蜂寄生（1.256 3）。如果排除瓢虫捕食这个因子的作用，烟粉虱的种群趋势增长指数将比原来增长16.490 5倍，这再次说明小黑瓢虫对烟粉虱有极大的控制作用，人工繁殖的小黑瓢虫是烟粉虱生物防治的一种重要天敌。

表2 各处理区中各作用因子的控制指数

虫期（X_i）	作用因子（F_i）	控制指数（$EIPC = 1/S_i$）	
		释放瓢虫100头	CK
卵	捕食	1.373 6	1.000 0
	不孵及其他	1.048 7	1.087 2
1龄若虫	捕食	2.617 8	1.000 0
	真菌寄生及其他	1.091 3	1.192 5
2龄若虫	捕食	2.448 0	1.000 0
	真菌寄生及其他	1.126 9	1.327 3
3龄若虫	捕食	1.657 6	1.000 0
	真菌寄生及其他	1.135 8	1.248 8
4龄若虫及拟蛹	捕食	1.130 2	1.000 0
	真菌寄生及其他	1.086 5	1.117 8
	寄生蜂寄生	1.256 3	1.198 5
成虫	达标卵量概率 P_F	2.292 0	2.292 0
种群趋势增长指数（I）		2.932 9	33.591 9
EIPC（p.）	捕食	16.490 5	1.000 0
EIPC（fu. n）	真菌寄生及其他	1.591 5	2.402 0
EIPC（p. r.）	寄生蜂寄生	1.256 3	1.198 5

3 小结与讨论

目前，天敌作用的评价方法主要有3种类型，一是通过寄生物与寄主、捕食者与猎物相互关系数学模型中的天敌参数估价天敌对害虫种群的控制作用，主要有功能反应和数值反应模型，应用较广泛的是Holling圆盘方程和Nicholson and Bailey模型。第二类是天敌添加、干扰和排除的实验方法。第三类是应用以作用因子组配的生命表及与之相对应的排除作用控制指数分析方法（沈斌斌等，2004）。

该实验所释放的小黑瓢虫均是室内人工繁殖所获得。结果表明，小黑瓢虫在室外对烟粉虱自然种群具有极强的控制作用，表现为处理区释放小黑瓢虫成虫100头后，烟粉虱各虫期经瓢虫捕食后的存活率都明显降低，最终下一代的种群数量仅为上一代的2.932 9倍。与对照区相比，释放瓢虫区的烟粉虱种群增长的数量下降至对照区的8.73%，这表明小黑瓢虫对烟粉虱的控制作用是显著的。采用排除作用控制指数（EIPC）来分析烟粉虱种群系统中的重要因子，结果表明，小黑瓢虫的捕食作用对烟粉虱的种群数量起着极其重要的作用，为烟粉虱虫期的最重要因子，表现为瓢虫捕食的控制指数为16.490 5，远远大于真菌寄生及其他（1.591 5）、寄生蜂寄生（1.256 3）。如果排除瓢虫捕食这个因子的作用，烟粉虱的种群趋势增长指数将比原来增长16.490 5倍，这再次说明小黑瓢虫对烟粉虱极大的控制作用。同时，以上研究结果也表明采用人工繁殖技术所繁育的小黑瓢虫对室外烟粉虱有很强的生防潜力，可通过人为地大量繁殖小黑瓢虫应用于田间释放，及时有效地控制住粉虱的为害，使小黑瓢虫真正成为我国粉虱生防上的一种新的重要捕食性天敌。与本地种天敌刀角瓢虫相比，外引种小黑瓢虫的控制作用还略强些（罗宏伟等，2005）。

虽然人工繁殖的小黑瓢虫对烟粉虱具有较强的控制作用，但要充分发挥小黑瓢虫的生防作用，还要进一步进行小黑瓢虫田间释放技术等方面的研究，如瓢虫的释放次数、释放最佳时间、释放最佳虫态及虫量、释放后的保护利用等问题都还有待今后深入地研究。

参考文献

[1] 黄建，徐离永，傅建炜. 国外害虫天敌产品的商品化及小黑瓢虫的引种利用 [J]. 华东昆虫学报，1998，7（1）：101 – 104.

[2] 荆英，韩巨才. 三种猎物对小黑瓢虫成虫繁殖及寿命的影响 [J]. 山西农业大学学报，2004，24（1）：31 – 33.

[3] 罗晨，张芝利. 烟粉虱的发生与防治 [J]. 植保技术与推广，2002，22（3）：35 – 39.

[4] 罗宏伟，黄建，王竹红，等. 小黑瓢虫与刀角瓢虫对烟粉虱控制作用的比较研究 [A]. 迈入二十一世纪的中国生物防治论文集 [C]. 北京：中国农业科学技术出版社. 2005. 156 – 159.

[5] 庞雄飞，梁广文，尤民生. 种群生命系统研究方法概述 [J]. 昆虫天敌，1986，8（3）：176 – 186.

[6] 庞雄飞，梁广文，尤民生，等. 昆虫种群生命系统研究的状态方程 [J]. 华南农业大学学报，1988，9（2）：1 – 10.

[7] 庞雄飞，梁广文. 害虫种群系统的控制 [M]. 广州：广东科技出版社，1995：38 – 45.

[8] 邱宝利，任顺祥，吴建辉，等. 寄生蜂和杀虫剂对烟粉虱种群的控制效果 [J]. 华南农业大学学报（自然科学版），2004，25（1）：37 – 39.

[9] 沈斌斌，吴建辉，任顺祥. 烟粉虱天敌作用的评价 [J]. 江西农业大学学报，2004，26（1）：17 – 20.

[10] 王联德. 蜡蚧轮枝菌毒素对烟粉虱种群系统的控制作用 [D]. 福州：福建农林大学，2003：103 – 105.

昆虫聚集信息素的研究及应用进展[*]

刘丹丹[1**] 张鑫鑫[1,2] 房迟琴[1,2] 尹 姣[1] 张 帅[1] 李克斌[1***]

（1. 中国农业科学院植物保护研究所，北京 100193；

2. 东北农业大学，哈尔滨 150036）

摘 要：聚集信息素是昆虫种内或种间进行沟通交流的重要物质，尤其对于寻找资源、栖息地、集结抵御外来侵袭、寻找配偶等行为发挥重要的信息交流作用。近年来，对于了昆虫聚集信息素的研究不断深入，越来越多的昆虫种类的聚集信息素得到鉴定，并开始应用于昆虫防治中。本文针对近年来昆虫聚集信息素的研究方法和应用进行综述。

关键词：昆虫；聚集信息素；研究；应用

近年来，昆虫化学生态的研究蓬勃发展，越来越多的的研究成果不断应用到生产中，其中昆虫信息素以其微量、高活性、与农药兼容等特性表现出巨大的杀虫潜力（闫凤鸣，2013；徐汉生，2001）。昆虫信息素又称外激素（pheromone），是指由一种昆虫个体的分泌腺体分泌到体外，能影响同种（也可能为异种）其他个体的行为、发育和生殖等的化学物质，具有刺激和抑制两方面作用（彩万志，2001）。昆虫信息素对于昆虫的定向、聚集、召唤、交尾、产卵、告警、追踪、防御以及种间识别等行为均有重要作用（姜勇，2002）。聚集信息素是群居性、社会性昆虫体内非常重要的一种信息素，是一类由昆虫产生能同时引起同种雌、雄两性昆虫聚集行为的化学物质，作为昆虫聚集为害的重要媒介，对诱集害虫有特殊作用（张善学，2001）。

1 昆虫聚集信息素的研究概况

昆虫聚集信息素（aggregation pheromone）一般被定义为由昆虫产生，并且能够引起雌、雄两性的同种昆虫产生聚集行为反应的化学物质（姜勇，2002）。

1.1 昆虫聚集信息素的成分

昆虫聚集信息素最早在森林害虫异加州齿小蠹 *Ipsparaconfusus* 中得以分离鉴定，其组分主要包括三种，它们分别为小蠹稀醇（ipsenol）、小蠹二稀醇（ipsdienol）和顺/反-马鞭草稀醇（cia/trans-verbenol），继而鉴定出西部松小蠹的聚集信息素中的一个组分：布诺维卡明（brevicomin）及南部松小蠹聚集信息素中的佛若他林（frotalin）（Kinzer G，1969）。由于在生产和环境保护中聚集信息素所具有的巨大的应用潜力，以及国外在这一

* 基金项目：国家自然科学基金（31371997）；公益性行业（农业）科研专项（201303027）

** 作者简介：刘丹丹，硕士，专业为植物保护；联系电话：010 – 62815694；E-mail：dan_ happy99@163.com

*** 通讯作者：李克斌，研究员，研究方向为昆虫生理；联系电话：010 – 62815619；E-mail：kbli@ippcaas.cn

领域内研究的进展十分迅速，目前，已经从多种昆虫尤其是森林害虫中分离并鉴定出了聚集信息素的主要成分，主要包括鞘翅目、直翅目、双翅目、蜚蠊目以及半翅目等（姜勇，2002）。一般来说聚集信息素成分复杂，譬如一种性别的蠹虫所分泌的信息素往往包括三四个甚至更多化合物的混合物（Niassy A，1999）。聚集信息素主要成分多为一些烃、醇、酸、酮、酸、酯、酸酐、胺以及腈类化合物，且多数昆虫同属的聚集信息素组分极为相似（姜勇，2002；王海建，2012）。

1.2 昆虫聚集信息素的来源及其作用对象

昆虫聚集信息素的来源多样。除了蛹外，雌/雄成虫、幼虫、若虫均可产生聚集信息素，但是，在不同的类群中，其来源和作用对象均存在一定的差异（王海建，2012）。多数种类的昆虫，雄虫可以通过腺体或排泄物释放产生聚集信息素，至少能对两性成虫起作用。鞘翅目中，绝大多数种类的聚集信息素都是由雄虫产生的，且对于两性成虫均具有一定的引诱能力。但是，在直翅目和蜚蠊目中，有些种类不仅雄成虫可以产生释放聚集信息素，若虫也能产生释放聚集信息素（姜勇，2002）。沙漠蝗（*S. gregaria*）不仅成虫可以产生释放聚集信息素，而且 2 ~ 5 龄的若虫也能产生释放聚集信息素，且二者的成分完全不同（Assad *et al.*，1997；Mahamat *et al.*，1993）。

目前的一些研究表明，有些昆虫的聚集信息素，不仅可以作用于同种的个体，还可以对近源种起到一定作用。例如花蓟马聚集信息素的成分经分离鉴定后与西花蓟马聚集信息素成分相同，经过行为试验之后发现对两种蓟马均有诱捕作用（祝晓云，2012）。

不同种的昆虫聚集信息素的分泌器官不一样，人们对它们所处的位置、形态结构等进行了研究。昆虫的粪便及中肠是聚集信息素分泌的主要部位，目前，已知多种昆虫聚集信息素均从后肠及粪便中分离鉴定得到（周楠，1997；张庆贺，2012；范丽华，2015）。另外，表皮腺是许多昆虫重要的聚集信息素分泌器官。*Aleochara curtala* 的腹部表皮腺分泌聚集信息素异丙基—（Z9）—十六碳烯（Peschke K，1999）。对这种蜡质液体的主要功能进行研究发现，其主要功能并不是防止水分散失、保持体内水分平衡的保护组织，而是昆虫信息素的分泌器官（张善学，2002）。

有学者把一些寄主植物释放的挥发物作为聚集信息素的组分，因为昆虫信息素一旦离开具体的环境，其传递的信息可能就会失去意义；而不同生理状态的同种昆虫，其聚集信息素的组分可以完全不同或者同一信息化学物质的功能有所不同；但聚集信息素并不是调节昆虫聚集行为的唯一因素，性信息素、利他素以及报警信息素等其他的信息化学物质也能够导致一些昆虫聚集（姜勇，2002）。

1.3 昆虫聚集信息素的一般研究方法

在昆虫聚集信息素的分离、鉴定与合成工作中往往需要昆虫学者与化学学者的紧密合作。昆虫聚集信息素多为复合组分，因此，目前对聚集信息素的研究多是从腺体中分离提取得到粗提物，通过气质联用（Gas Chromatography Mass Spectrometry，GC/MS）鉴定得到初步成分，再结合 Y 型嗅觉仪及触角电位技术（Electro Antenno Graphy，EAG）探究昆虫对粗提物成分的反应活性，从而获得活性较好的单组分/多组分及其混合比例。最后进行田间生测，得到聚集信息素中有聚集活性的物质成分及其结构。其一般研究步骤如下。

（1）提取产生或分泌聚集信息素的部位，例如，从昆虫的分泌腺体、消化道提取，也可从昆虫的活体和粪便中提取。通常采用气体收集法、有机溶剂直接浸提法和超声波提取法等方法进行提取。

（2）用各种色谱法将粗提物进行分离。目前最广泛使用的是气相色谱和高效液相色谱法。

（3）为了确定具有生物活性的组分，将分离得到的各组分进行生物测定。

（4）对于具生物活性的组分进行鉴定，并推断出其可能的化学结构。一般采用化学方法或各种波谱法，如质谱法、核磁共振法、红外光谱法等。

（5）通过化学方法来合成推断出的结构，并用波谱法来证实合成化合物的结构及其纯度。

（6）将天然提取物与化学合成的化合物用田间生物测定的方法进行比较，以此来确定合成化合物的生物活性（赵博光，1993）。

除了上述常见的系统鉴定聚集信息素防法外，有的学者还采用一些简捷的方法，如研究星形小蠹聚集信息素的时候，使用保幼激素类似物来促使雄虫产生释放聚集信息素（Francke W，1997）。另外，对于大家熟知的多种昆虫共同的聚集信息素组分不必再重复进行相关的化学合成和验证工作。

2 昆虫聚集信息素的应用

昆虫聚集信息素主要应用于害虫诱杀和虫情监测等方面。昆虫聚集信息素最早应用于森林害虫小蠹的防治上。自20世纪60年代发现和鉴定出小蠹聚集信息素以来，特别是欧美学者对小蠹聚集信息素进行了广泛而深入的研究，开发出了一系列完善的应用技术。并已广泛应用于森林小蠹的种群监测及大量诱杀的生产防治（赵玉民，2011）。除此之外，聚集信息素与杀虫剂混用，诱杀半翅目害虫及一些鞘翅目害虫（Ross and Daterman，1997）。

2.1 种群监测

利用聚集信息素检测害虫发生的范围、发生期和发生量是预防害虫发生的重要措施，对指导害虫生产防治具有重要意义。

应用聚集信息素诱捕器对云杉八齿小蠹种群监测是种群监测最成功的例子。赵玉民等2007年进行重齿小蠹对人工合成聚集信息素的昼夜反应节律的监测显示，其昼夜反应节律发生在白天，从7：00一直持续到21：00，反应高峰在14：00～19：00，反应模式为"单峰式—白天型"；而2009年利用人工合成的聚集信息素对重齿小蠹成虫发生期的监测表明，成虫扬飞的开始时间为5月20日左右，扬飞高峰期为6月下旬和7月上旬，扬飞末期为8月26日，成虫扬飞的持续期为98天，准确地反映出了重齿小蠹的昼夜反应节律以及成虫扬飞的始、盛和末期与持续期，为重齿小蠹的综合治理提供了科学的依据。而且，连续多年对重齿小蠹成虫发生期的监测显示出，不同年份的成虫扬飞的始、盛和末期与持续期不同，这主要是由于各年份的气象因子的指标（如温度）不同所造成的（赵玉民，2011）。

2.2 诱杀

利用聚集信息素诱杀害虫具有持续时间长、经济、安全、无抗性等优点，因此在害虫诱杀方面具有广阔的应用前景。

白河林业局自2003年以来开展了应用性信息素监测与防治云杉八齿小蠹的试验，发现防治效果可达 90.9%；小蠹虫聚集信息素防治松纵坑切梢小蠹也收到了良好的效果（王泽斌，2013）。

3 讨论

昆虫聚集信息素在有害生物可持续治理中的潜在价值，一直以来推动了昆虫聚集信息素的研究。近 50 年来，多种昆虫聚集信息素已被分离鉴定，国外已有将聚集信息素与其他药剂混用来诱杀害虫的先例，且表现出明显的诱杀作用。利用昆虫聚集信息素进行害虫诱杀依然具有广阔的前景。同时，对于聚集信息素的研究依然有待进一步深入，在昆虫聚集信息素调节中，多种信息素及环境中挥发物相互作用也存在诸多疑惑，并已引起人们的注意，揭示它们之间的联系对于了解昆虫信息交流方式都有重要意义。

参考文献

[1] 彩万志. 普通昆虫学 [M]. 北京：中国农业大学出版社，2001.

[2] 苏茂文，张钟宁. 昆虫信息化学物质的应用进展 [J]. 昆虫知识，2007，44（4）：477 – 485.

[3] 姜勇. 雷朝亮，张钟宁. 昆虫聚集信息素 [J]. 昆虫学报，2002，45（6）：822 – 832.

[4] 闫凤鸣，陈巨莲，等. 昆虫化学生态学研究进展及未来展望 [J]. 昆虫学报，2013，39（5）：9 – 15.

[5] Niassy A，Torto B，Njagi PG，*et al*. journal of chemical ecology，1999，25（5）：1 029 – 1 042.

[6] Assad Y O H，Hassanali A，Torto B，Mahamat H，Bashir N H H，El Bashir S，1997. Eff ects of fifth-instar volatiles on sexual maturation of adult desert locust *Schistocerca gregaria*. J. Chem. Ecol. ，1997，23（5）：1 373 – 1 388.

[7] Kinzer G W，Fentiman A F，Page T F，Folt R L，Vite J P，Pitman G B，1969. Bark beetle attractants：identification，synthesis and field bioassay of a new compound isolated from *Dendroctonus*. Nature，1969，221：477 – 478.

[8] Mahamat H，Hassanali A，Odongo H，Torto B，El Bashir E S. Studies on the maturation accelerating pheromone of the desert locust Schistocerca gregaria（*Orthoptera：Acrididae*）. Chemoecology，1993，4：159 – 164.

[9] 祝晓云，张蓬军，等. 花蓟马雄虫释放的聚集信息素的分离和鉴定 [J]. 昆虫学报，2012，55（4）：376 – 385.

[10] 周楠，李丽莎，等. 云南松纵切梢小蠹聚集信息素研究 [J]. 云南林业科学，1997，79（2）：20 – 37.

[11] 张庆贺，马建海，等. 青海云杉齿小蠹聚集信息素研究进展 [J]. 林业科学，2012，48（6）：118 – 126.

[12] 范丽华，牛辉林，等. 脐腹小蠹聚集信息素的提取鉴定和引诱效果 [J]. 生态学报，2015，35（3）：892 – 899.

[13] 赵博光，张松山. 国外昆虫聚集信息素研究概况 [J]. 南京林业大学学报，1993，17（1）：81 – 90.

[14] Francke W，Heemann V，Gerken B，*et al*. 2-Ethyl-1，6-dioxaspiro [4，4] nonane，principal aggregation pheromone of *Pityogenes chalcographus*（L. ）[J]. Biomedical and Life Sciences，1997，64：590 – 591.

[15] 王泽斌，陈越渠，等. 云杉八齿小蠹聚集信息素应用技术研究 [J]. 吉林林业科学，2013，42（3）：24 – 26.

[16] 赵玉民，王艳军，等．小蠹聚集信息素研究与应用进展［J］．内蒙古林业科技．2011（3）．

[17] 赵玉民，王艳军，等．小蠹聚集信息素研究与应用的进展［C］//科技创新与经济结构调整——第七届内蒙古自治区自然科学学术年会优秀论文集．2012.

[18] Ross D W, Daterman G E, 1997. Using pheromone-baited traps to control the amount and distribution of tree mortality during outbreaks of the Douglas fir beetle. Forest Science, 1997, 43 (1)：65 – 70.

[19] Peschke K, Friedri ch P, Kaiser U, Franke S, Franke W. Isopropyl（Z9）-hexadecenoate as a male attract ant pheromone from the sternal gland of the rove beetle *Aleochara curtula*（Coleoptera：Staphylinidae）. Chemoecology, 1999, 9 (2)：47 – 54.

[20] 王海建，李彝利，等．西藏飞蝗虫粪粗提物的成分分析及其活性测定［J］．生态学报，2013，33（14）：4 361 – 4 369.

[21] 张善学，曾鑫年．昆虫聚集信息素研究进展［C］//昆虫与环境——中国昆虫学会2001年学术年会论文集．2001

[22] 徐汉生．信息化合物与害虫治理［J］．湖北化工，2001，1：4 – 6.

甘蔗螟虫绿色防控集成模式试验示范效果探析[*]

陈丽丽[1**]　谢义灵[1]　徐盛刚[2]　覃保荣[1]　黄清康[3]

(1. 广西壮族自治区植保总站，南宁　530022；2. 南宁市植保植检站，
南宁　530001；3. 武鸣仙湖镇农业技术推广站，武鸣　530106)

摘　要：试验示范结果表明，放蜂＋性诱集成技术对甘蔗螟虫的防控效果优于单一放蜂和常规防治，宿根蔗与新植蔗平均枯心率、花叶率控制在3%、0.05%，比常规防治分别减少了74.94%和94.90%。

关键词：甘蔗螟虫；绿色防控；集成模式；效果

螟虫是甘蔗的主要害虫，甘蔗从出苗到收获均遭受其为害，造成缺苗断垄和螟害节，每年造成8%～10%的产量损失，局部地区损失可达30%～50%。近年来，甘蔗螟虫在广西发生呈加重的态势，年发生面积1 000万～1 200万亩次，由于甘蔗螟虫钻蛀性为害，防治难度大，特效药剂特丁硫磷禁止使用后，化学防治效果不理想，导致了化学农药用量增大，对甘蔗质量安全、整个生态环境和天敌造成了严重的影响。为了探索高效、经济、环保的甘蔗螟虫绿色防控集成模式，本文对放蜂＋性诱集成技术模式进行了研究探索。

1　材料与方法

1.1　材料

螟黄赤眼蜂蜂卡由南宁合一生物防治技术有限公司提供；二点螟、黄螟、条螟性诱剂及飞蛾诱捕器由宁波纽康生物技术有限公司提供。

1.2　试验地情况

试验地点设在武鸣仙湖镇苏梁村、三冬村，甘蔗连片种植，为2～3年的宿根蔗，零星杂有新植蔗，品种为粤糖94/128、粤糖93/159。

1.3　试验处理

试验设3个处理，分别为放蜂＋性诱技术集成区、单一放蜂区和常规防治区，放蜂＋性诱技术集成区33.33hm²，单一放蜂区设在仙湖镇苏梁村766.67hm²，常规防治区设在仙湖镇三冬村66.67hm²。

释放螟黄赤眼蜂：根据甘蔗螟虫监测预报放蜂，整个生长季共放蜂5次，第1次放蜂时间为3月18日，第2、第3、第4、第5次依次为3月26日、4月3日、27日、6月10日。每亩每次放5张蜂卡，蜂量6 000头，均匀放置，将蜂卡插在两片蔗叶之中，尽可能使蜂卡的正面（赤眼蜂附着面）朝下，蜂卡印有文字的一面朝上，以防雨水冲刷。

＊ 基金项目：公益性（农业）行业科技专项（201203036）；科学研究与技术开发计划项目（20122010）
＊＊ 第一作者：陈丽丽，女，高级农艺师；E-mail：575681825@ qq. com

性诱捕器的安装：3月5~6日安装诱捕器，每亩安装二点螟、黄螟、条螟性诱捕器各1个，呈直线排列，采用平行式布局，不同诱捕器间距10m，相同诱捕器间距20m。诱捕器的高度为诱虫孔距离地面距离60cm左右，试验期间更换了1次性诱剂。

1.4　调查方法

螟卵寄生率：

$$螟卵寄生率（\%）=（寄生卵粒/总卵粒）\times100$$

枯心率和花叶率：每个区随机选择6块蔗田，含3块宿根蔗、3块新植蔗，每块田随机调查5个点，每个点连续调查100株、共500株，分别调查枯心和花叶株数。

$$枯心率（\%）=（枯心株数/调查株数）\times100$$

$$花叶率（\%）=（花叶株数/调查株数）\times100$$

2　结果与分析

2.1　对枯心率的控制效果

由表1可知，放蜂+性诱集成技术对控制甘蔗螟虫造成的枯心率具有较好的效果，宿根蔗和新植蔗枯心率均为最低，平均枯心率为3%，比单一放蜂区减少42.64%，比常规防治区减少74.94%。宿根蔗、新植蔗放蜂+性诱技术集成区与单一放蜂区控制枯心率效果相当，差异不显著，但与常规防治相比差异显著。

表1　绿色防控集成技术防控枯心率的效果对比

（2015年5月10日　武鸣仙湖）

处理	地点	枯心率（%）		
		宿根蔗	新植蔗	平均
单一放蜂区	苏梁	7.8aA	2.67abA	5.23
放蜂+性诱技术集成区	苏梁	5.13aA	0.87aA	3
常规防治区	三冬	17bB	6.93bA	11.97

注：①宿根与新植蔗枯心率为3次重复的平均数。②同列数据后不同小写字母表示差异显著（$P<0.05$），不同大写字母表示差异极显著（$P<0.01$）

2.2　对花叶率的控制效果

由表2可知，放蜂+性诱技术集成对甘蔗螟虫幼虫具有较好的防治效果，宿根蔗和新植蔗平均花叶率0.05%，比单一放蜂区减少85.29%，比常规防治区减少94.90%。宿根蔗放蜂+性诱技术集成区的花叶率与常规防治相比，在0.05水平上差异显著。

表2　绿色防控集成技术防控花叶率的效果

（2015年5月10日　武鸣仙湖）

处理	地点	花叶率（%）		
		宿根蔗	新植蔗	平均
单一放蜂区	苏梁	0.67abA	0aA	0.34

（续表）

处理	地点	花叶率（%）		
		宿根蔗	新植蔗	平均
放蜂＋性诱技术集成区	苏梁	0.1aA	0aA	0.05
常规防治区	三冬	1.87bA	0.1aA	0.98

注：①宿根与新植蔗花叶率为 3 次重复的平均数。②同列数据后不同小写字母表示差异显著（$P <$ 0.05），不同大写字母表示差异极显著（$P < 0.01$）

3　结论与讨论

　　放蜂＋性诱技术集成区和单一放蜂区由于没有施用化学农药，田间的甘蔗螟虫的天敌——赤眼蜂得到补充和利用，螟卵寄生率达 80% 以上，明显高于常规防治区。

　　放蜂＋性诱集成技术对控制甘蔗螟虫造成的枯心率、花叶率具有较好的作用，效果优于单一放蜂和常规防治，尤其对甘蔗螟虫发生较重的宿根蔗，枯心率、花叶率控制在 5.13%、0.1%，远低于常规防治区枯心率 17%、1.87%。在整个试验期间，放蜂＋性诱技术集成区、放蜂区没有使用任何农药进行防治，而常规防治区施用了 3 次氯虫苯甲酰胺等农药。

　　放蜂＋性诱集成模式既诱杀了甘蔗螟虫的成虫，也寄生螟卵，双重控害效果明显，由于甘蔗螟虫世代重叠严重，加上 500 亩的甘蔗涉及范围较广，甘蔗砍收进度不同苗情略有差异，放蜂和性诱只能依据大部分的甘蔗螟虫发育进度进行统一投放，田间还有少量的幼虫孵化造成枯心，在下一步的研究中，将在本文的基础上进一步研究放蜂＋性诱＋生物农药集成模式的效果和作用。

参考文献（略）

20%烯肟菌胺·戊唑醇悬浮剂防治花生叶斑病田间药效试验*

王军锋**　单中刚　李志念　司乃国

（沈阳化工研究院有限公司新农药创制与开发国家重点实验室，沈阳　110021）

摘　要：20%烯肟菌胺·戊唑醇悬浮剂是沈阳化工研究限有限公司开发的新型杀菌剂，对多种病害具有优异的防治效果，花生叶斑病是影响花生生产的主要病害之一，论文采用杀菌剂防治花生叶斑病田间药效试验准则进行试验，结果表明20%烯肟菌胺·戊唑醇悬浮剂50mg/L、100mg/L、200mg/L三个浓度叶面喷雾处理对花生叶斑病有不同程度的控制作用，在使用浓度100mg/L以上时，其防治效果尤为突出，并且在浓度200mg/L以下使用对花生没有不利影响，对非靶标生物安全。建议生产中使用20%烯肟菌胺·戊唑醇悬浮剂防治花生叶斑病，使用浓度在100mg/L以上，施药至少两次为宜。

关键词：烯肟菌胺；戊唑醇；花生叶斑病；田间药效

20%烯肟菌胺·戊唑醇悬浮剂是沈阳化工研究有限公司开发的新型杀菌剂，对多种病害具有良好的防治效果（何献声等，2011；兰杰等，2010；史翠萍等，2013；赵云和等，2010；周爱萍等，2011），已登记作为水稻稻瘟病、水稻纹枯病、黄瓜白粉病、小麦锈病及水稻稻曲病的防治药剂。花生叶斑病包括花生褐斑病 [*Cercospora arachidlicola*（Hori）Jenk]、花生黑斑病 [*Cercospora personata*（Berk. & Curt.）V. Arx]，为全球花生生产中最常见、为害最大的病害，其共同特征是在叶上产生病斑，造成叶片枯死、脱落，影响花生光合作用，严重的也会发展至叶柄和茎秆，叶斑病一般使花生减产10%～20%，严重的可达50%以上，是花生产量的重要限制因素之一（徐秀娟等，1998；万书波，2003；Zhang, *et al*, 2001）。目前，国内用来防治花生叶斑病的杀菌剂仍以甲基硫菌灵、多菌灵、百菌清、代森锌、代森锰锌、硫磺为主、新型高效杀菌剂较少，叶斑病专用杀菌剂的开发亟须深入（沈一等，2014）。本文以新型高效杀菌剂20%烯肟菌胺·戊唑醇悬浮剂为研究对象，考察药剂防治效果、花生产量和对非靶标生物的影响，确定该药剂防治花生叶斑病的可行性。

1　材料与方法

1.1　材料

1.1.1　试验药剂

20%烯肟菌胺·戊唑醇悬浮剂（商品名称爱可），沈阳科创化学品有限公司生产；300g/L苯醚甲环唑·丙环唑乳油（商品名称爱苗），瑞士先正达作物保护有限公司生产；

＊　基金项目：国家重点基础研究发展研究计划（973计划）项目（2012CB724501）

＊＊　作者简介：王军锋，男，高级工程师，主要从事创制杀菌剂生物活性筛选及植物病害化学防治技术研究；E-mail：syrici_ wjf@126.com

500g/L 多菌灵悬浮剂（龙灯统旺），江苏龙灯化学有限公司生产；430g/L 戊唑醇水乳剂（商品名称安万思），安道麦马克西姆有限公司生产。

1.1.2　试验对象

花生叶斑病［包括花生褐斑病（*Cercospora arachidlicola*）、花生黑斑病（*Cercospora personata*），田间发生以褐斑病为主］。

1.1.3　试验作物

试验作物为花生，品种为大白沙。

1.1.4　试验地点及环境条件

试验地点设在沈阳化工研究院农药基地试验田，试验地为壤质土，有机物含量较丰富，肥力中等，灌溉方便。

1.2　方法

试验参考杀菌剂防治花生叶斑病田间药效试验准则进行（中华人民共和国农业部，2004）。

1.2.1　药剂试验剂量设计

20% 烯肟菌胺·戊唑醇悬浮剂设 3 个浓度分别为 50mg/L、100mg/L、200mg/L，300g/L 苯醚甲环唑·丙环唑乳油、430g/L 戊唑醇水乳剂与 500g/L 多菌灵悬浮剂 3 个药剂各设一个浓度分别为 100mg/L、100mg/L、500mg/L，另设喷水处理空白对照，共计 7 个处理。

1.2.2　小区安排

试验各处理设 4 次重复，共计 28 个小区，每小区 30m^2，随机区组排列。

1.2.3　施药方法

药剂以水稀释，采用喷雾法处理花生植株，施药器械为浙江锦欧机械有限公司生产的"锦欧" 3WBD-16B 智能型电动喷雾器，喷液量为 450kg/hm^2，以叶面全部着药且液滴不滴落为准，共施药 2 次，第一次施药时间为 2014 年 7 月 4 日，第二次施药时间为 7 月 14 日。

1.2.4　调查方法

花生收获前约两周进行病情调查，每小区随机取五点，每点查 4 株，每株调查主茎全部叶片，记录调查总叶数、各级病叶数，收获期每处理小区取 3 点，每点 1m^2，对荚果称重，折算亩产量。

花生叶斑病分级标准（以叶片为单位）为：

0 级：无病斑；

1 级：病斑面积占整个叶面积的 5% 以下；

3 级：病斑面积占整个叶面积的 6%～25%；

5 级：病斑面积占整个叶面积的 26%～50%；

7 级：病斑面积占整个叶面积的 51%～75%；

9 级：病斑面积占整个叶面积的 76% 以上。

1.2.5　药效及增产率计算方法

根据调查总叶片数、发病叶片数和发病叶的病级数，计算病情指数；处理区和对照区病情指数比较计算防效。

$$病情指数（\%）=\frac{\sum（各级病叶数 \times 相对级数值）}{调查总叶数 \times 最高病级数} \times 100$$

$$防治效果（\%）=\frac{对照病情指数 - 处理病情指数}{对照病情指数} \times 100$$

$$增产率（\%）=\frac{处理区产量-空白对照区产量}{空白对照区产量}\times100$$

2 结果与分析

2.1 防治效果

20％烯肟菌胺·戊唑醇悬浮剂防治花生叶斑病田间药效试验结果见表1，其50mg/L、100mg/L、200mg/L三个浓度处理对花生叶斑病的平均防效分别为62.94％、76.81％、89.25％，随试验浓度的提高，其防效相应提高；该药剂200mg/L浓度处理防治效果最好，好于430g/L戊唑醇悬浮剂100mg/L浓度处理76.06％的防效、30％苯醚甲环唑·丙环唑乳油100mg/L浓度处理76.91％的防效、500g/L多菌灵悬浮剂500mg/L浓度处理60.12％的防效，并且方差分析结果表明存在显著差异；100mg/L浓度处理防效与430g/L戊唑醇悬浮剂和30％苯醚甲环唑·丙环唑乳油100mg/L浓度处理防效大体相当，显著好于500g/L多菌灵悬浮剂500mg/L浓度处理的防效；50mg/L浓度处理防效好于500g/L多菌灵悬浮剂500mg/L浓度处理的防效，较430g/L戊唑醇悬浮剂和30％苯醚甲环唑·丙环唑乳油100mg/L浓度处理防效差。

表1 20％烯肟菌胺·戊唑醇悬浮剂防治花生叶斑病田间药效试验结果

药剂	试验浓度（mg/L）	试验小区防效（％）				
		I	II	III	IV	平均
烯肟菌胺·戊唑醇	50	63.84	63.18	61.83	62.93	62.94 cC
	100	76.68	76.35	78.01	76.19	76.81 bB
	200	89.16	88.65	89.48	89.70	89.25 aA
戊唑醇	100	75.59	75.69	76.41	76.54	76.06 bB
苯醚甲环唑·丙环唑	100	76.58	75.79	77.78	77.48	76.91 bB
多菌灵	500	61.04	60.29	57.28	61.88	60.12 dD
空白对照	—	平均病情指数5.81				

注：表中大写字母代表差异显著性分析1％水平，小写字母代表5％水平

2.2 产量影响

20％烯肟菌胺·戊唑醇悬浮剂各试验浓度处理田间防治花生叶斑病能够提高花生产量，50mg/L、100mg/L、200mg/L三个浓度处理对花生的增产率分别为4.14％、10.28％、17.36％，100mg/L以上浓度处理对花生增产效果明显，试验结果详见表2。

表2 20％烯肟菌胺·戊唑醇悬浮剂田间防治花生叶斑病对花生产量的影响

药剂	试验浓度（mg/L）	产量（kg/666.67m²）	增产率（％）
烯肟菌胺·戊唑醇	50	311.88	4.14
	100	330.28	10.28
	200	351.48	17.36
戊唑醇	100	321.62	7.39
苯醚甲环唑·丙环唑	100	329.35	9.97

（续表）

药剂	试验浓度（mg/L）	产量（kg/666.67m^2）	增产率（%）
多菌灵	500	308.82	3.12
空白对照	—	299.48	—

2.3 对非靶标生物的影响

田间试验过程中，20%烯肟菌胺·戊唑醇悬浮剂各处理对花生没有不利影响，对非靶标生物安全。

3 小结

20%烯肟菌胺·戊唑醇悬浮剂 50mg/L、100mg/L、200mg/L 三个浓度叶面喷雾处理对花生叶斑病有不同程度的控制作用，平均防病效果分别为 62.94%、76.81%、89.25%，在使用浓度 100mg/L 以上时，其防治效果至少与 430g/L 戊唑醇悬浮剂 100mg/L 浓度处理和 30%苯醚甲环唑·丙环唑乳油 100mg/L 浓度处理的防效相当，较 500g/L 多菌灵悬浮剂 500mg/L 浓度处理的防效好，并且在浓度 200mg/L 以下使用对花生没有不利影响，对非靶标生物安全。建议生产中使用 20%烯肟菌胺·戊唑醇悬浮剂防治花生叶斑病，使用浓度在 100mg/L 以上为宜，施药至少两次。

参考文献

[1] 何献声，姚娜.20%烯肟菌胺·戊唑醇悬浮剂对辣椒白粉病的防治效果 [J]. 农药，50（1）：73-74.

[2] 兰杰，梁博，单忠刚，等.20%烯肟菌胺·戊唑醇悬浮剂防治稻瘟病田间试验 [J]. 农药，2010，49（11）：842-843.

[3] 沈一，刘永惠，陈志德. 花生叶斑病研究概述 [J]. 花生学报，2014，43（2）：42-46.

[4] 史翠萍，王龙，赫东玉，等. 爱可防治水稻稻瘟病试验 [J]. 现代化农业，2013（7）：5-6.

[5] 徐秀娟，卢云军，赵冬蕾. 花生几种叶斑病的发生与防治研究 [J]. 植物保护，1998，1（16）：12-14.

[6] 万书波. 中国花生栽培学 [M]. 上海：上海科学技术出版社，2003.

[7] 赵云和，仵继刚，郎兆光，等.20%烯肟菌胺·戊唑醇悬浮剂对几种苹果主要病害的防治 [J]. 农药，2010，49（12）：927-929.

[8] 中华人民共和国农业部.GB/T 17980.85-2004：农药 田间药效试验准则（二）第 85 部分：杀菌剂防治花生叶斑病 [S]. 北京：中国标准出版社，2004.

[9] 周爱萍，何木兰，熊桂和，等.20%烯肟菌胺戊唑醇（爱可）防治水稻纹枯病田间药效试验 [J]. 安徽农学通报，2011，17（05）：86，106.

[10] Zhang S, Reddy M S, Kokalis-Burelle N, *et al*. Lack of induced systemic resistance in peanut to late leaf-spot disease by plant growth-promoting rhizobacteriaand chemical elicitors [J]. Plant Disease, 2001, 85 (8)：879-884.

不同药剂处理对草莓植株抗病性的影响*

肖　婷** 吉沐祥 杨敬辉 陈宏州 狄华涛 姚克兵***

（江苏丘陵地区镇江农业科学研究所，句容　212400）

摘　要：为寻找替代化学防治克服草莓枯萎病的高效安全生防菌和仿生药剂，通过采用吡唑醚菌酯、枯草芽孢杆菌、哈茨木霉、多粘类芽孢杆菌和EM复合菌灌根处理草莓苗，研究其对草莓枯萎病的诱抗促生作用和机理，结果表明，5种处理均能提高草莓抗枯萎病能力，其中吡唑醚菌酯和EM复合菌对草莓生长发育有一定的促进作用。分别测定处理后草莓根系和叶片中过氧化物酶（POD）、多酚氧化酶（PPO）、超氧化物歧化酶（SOD）的活性变化及其根际周围土壤微生物含量，结果表明，吡唑醚菌酯和枯草芽孢杆菌处理草莓根部POD、PPO和SOD活性提高，哈茨木霉处理后，草莓叶片POD和SOD活性提高，EM复合菌处理后草莓叶片POD、PPO和SOD活性提高，各处理根际土壤细菌数量均高于对照，真菌和尖孢镰刀菌数量均低于对照。由此可见，供试诱抗剂对植株体内防御酶活性均有提高，但其诱抗机制存在一定的差异性。

关键词：抗病；草莓；诱导；机理

草莓色泽艳丽，风味浓郁，营养丰富，深受广大消费者喜爱，在国际市场上具有很重要的经济地位。江苏省草莓种植历经30年的发展历程，从露地栽培为主转入大棚设施栽培为主，规模由20世纪80年代中期的20hm^{2}发展到10 000 hm^2，大棚栽培产量达15 000～22 500kg/hm^2。其上市时间从当年11月底持续至翌年4月下旬，横跨元旦、春节等传统节日，供应周期长，经济效益高。目前，设施大棚草莓已成为本地区农民增收致富的重要手段，但是随着设施促成草莓新品种的广泛推广应用，长期连作与商品化规模生产，枯萎病等土传病害的发生也日益加剧，为害严重，导致草莓产量下降，安全品质不能保证，草莓的声誉和市场构成威胁，成为草莓生产可持续发展最主要的障碍。有效控制枯萎病等土传病害，提高草莓的安全质量和优质果产量，是当前草莓生产中亟待解决的问题。目前，草莓病害的防治仍主要依赖化学农药，由此引起的病原菌抗药性增加、环境污染及果实的农药残留问题愈加突出，寻求安全有效的微生物与仿生药剂等诱导抗病与拮抗防病日益受到重视。植物诱导抗病性是调动植物内在抗性机制的一种新的病害治理对策。它是利用植物在受到病原菌（无致病力菌系或弱毒株）、非病原菌、微生物激活蛋白等生物因子和一些化学诱导剂等非生物因子的局部刺激发生反应，调动自身体内的防御系统而

* 基金项目：江苏省农业科技自主创新项目［CX（13）3062］；江苏省农业科技支撑［BE2012378］；镇江市科技局项目［NY2014029］

** 第一作者：肖婷，女，助理研究员，硕士，主要从事植物病虫害的研究；E-mail：xiaoting826448@163.com

*** 通讯作者：姚克兵，男，高级农艺师，硕士，主要从事植物保护方面的研究

产生局部的或系统的类似于动物免疫机制，抵御病原物的再次侵染，使植物免受或减轻为害。

目前，利用生防菌及生物化学诱抗剂作为新型诱抗剂也作了一些探索。国际上，美国、日本、荷兰等国做了一些田间工作。国内起步虽晚，但在苹果、哈密瓜、黄瓜、烟草、水稻和小麦多种作物人工诱导免疫研究上亦取得了可喜的结果。本研究选用几种生防菌与仿生制剂，研究其对草莓枯萎病的诱导抗病能力和对草莓生长发育影响，测定不同药剂处理后过氧化物酶活性（POD）、多酚氧化酶活性（PPO）、超氧化物歧化酶（SOD）与草莓根际土壤微生物群，研究其诱抗防病的作用机理，从而为草莓病害的综合防治开辟新的途径，这对于促进草莓的绿色安全生产和经济的可持续发展具有重要的理论和实践意义。

1 材料与方法

1.1 试验材料

1.1.1 草莓

试验所用草莓苗品种为红颊，从育苗田选取长势较好、大小一致的健康幼苗，定植于事先经过太阳能消毒的草莓大棚内。

1.1.2 试验药剂与浓度

本试验选用的 5 种药剂及其使用浓度，见表 1。

表 1 试验药剂及其使用浓度

处理	试验药剂	稀释倍数	生产厂家或提供单位
1	25% 吡唑醚菌酯乳油	2 000	巴斯夫（中国）有限公司
2	1 000 亿枯草芽孢杆菌可湿性粉剂	500	江苏省绿盾植保农药实验有限公司
3	6 亿 cfu/g 哈茨木霉菌细粒剂	500	荷兰科伯特有限公司
4	100 亿 cfu/g 多粘类芽孢杆菌可湿性粉剂	300	江苏丘陵地区镇江农业科学研究所
5	50 亿活孢子/g EM 复合菌剂	500	江苏句容亚达生物科技有限公司

1.2 试验方法

1.2.1 田间药剂处理

试验于 2014 年 9 月 16 日进行，将定植苗定植于田间，灌根接种枯萎病菌孢子悬浮液 100mL（孢子浓度为 1.0×10^6/mL），枯萎病孢子液的制作方法：将草莓枯萎病菌转接到 PDA 平皿上，在 26℃培养箱内培养 5 天后转接到 PDA 培养液中，然后放置于 26℃摇床上 120 转/min 培养 5 天后收集病原菌的孢子液，并用无菌水将孢子液配制成 1.0×10^6 个孢子/mL 后置于 4℃冰箱中备用。3 天后用上述药剂灌根处理，每株草莓苗灌根 200mL，设置空白对照和接种对照，共计 7 个处理，每个处理约 100 株。3 天后用上述药剂灌根处理，每株草莓苗灌根 200mL，设置空白对照和接种对照，共计 7 个处理，每个处理约 100 株。

1.2.2 不同药剂处理对草莓抗病性的影响

分别于试验 10 天、20 天、30 天，调查各处理枯萎病发病状况，统计病株和死苗数，计算发病率。

1.2.3 不同药剂处理对草莓生长发育的影响

11月10日分别测定各个处理草莓植株株高、叶面积、花果数，计算花果株率。

1.2.4 不同药剂处理对草莓过氧化物酶活性（POD）测定

试验30天后测定各处理草莓根系和叶片中过氧化物酶活性（POD），POD提取及活性测定参照李关荣（2011）的方法，略有改动，随机取草莓苗用水冲洗去盆内土壤，以获得带有完整根系的植株，用吸水纸吸干表面水分，减去地上部分，将根系剪碎混匀，取2.0g，置于预冷的研钵中，加20mL pH值=7.8的磷酸缓冲液研磨提取，4℃、12 000g下离心20min，取上清液，低温备用。反应混合液为50mL磷酸缓冲液、28μL愈创木酚、19μL30% H_2O_2。在反应体系中包含粗酶液0.04mL，反应混合液3mL，于紫外分光光度计（T6新世纪，北京普析通仪器）470nm波长下测定，每隔20s读数一次，共测1min，酶活性以每分钟变化0.01吸光度值为一个酶活性单位U。叶片中POD提取和活性测定方法同上。

1.2.5 不同药剂处理对草莓多酚氧化酶活性（PPO）测定

试验30天后测定各处理草莓根系和叶片中多酚氧化酶活性（PPO），PPO提取及活性测定参照薛超彬（2004）方法，略有改动，取混匀的根系碎片2.0g，加20mL pH值=6.0的磷酸缓冲液冰浴研磨，冷冻离心，取上清液，以0.20mol/L邻苯二酚为反应底物，加入1mL的酶液，反应总体积3mL。酶活性以反应液在420nm波长1min内OD值增加0.001为一个酶活力单位U。叶片中PPO提取和活性测定方法同上。

1.2.6 不同药剂处理对草莓超氧化物歧化酶（SOD）测定

试验30天后测定各处理草莓根系和叶片中超氧化物歧化酶（SOD）活性，采用氮蓝四唑（NBT）法测定，称取洗净后样品2.0g（叶片或根系）置于预冷的研钵中，加入20mL预冷的磷酸缓冲液（pH值=7.8）在冰浴上研磨成匀浆，转入离心管中在4℃、12 000g下离心20min，上清液即为SOD粗提液。反应混合液配制（以60个样为准）：分别取配好的14.5mmol/L Met溶液162mL，3mmol/L EDTA-Na$_2$溶液6mL，60μmol/L 2.25mmol/L NBT溶液6mL，60μmol/L核黄素溶液6mL，混合后充分摇匀。在反应体系中包含粗酶液0.04mL，反应混合液3mL，置于光照培养箱中在4 000lx光照25℃下反应20min，测定在560nm下的吸光度（OD$_{560}$）。SOD活性单位以抑制NBT光化还原的50%为一个酶活单位（U）。

1.2.7 不同药剂处理对草莓根际土壤微生物数量测定

试验30天后测定各处理草莓根际土壤微生物数量，取草莓根系土壤10g，1份置于105℃烘箱中烘干，称取干重，另1份置于装有90mL无菌水的三角瓶中，在摇床上振荡30min后备用。土壤中细菌、放线菌及真菌的分离和数量测定采用稀释平板法。细菌用NA培养基，培养2天后计数；放线菌用GA培养基（倒皿前加入灭菌 $K_2Cr_2O_7$ 使其终质量浓度为90μg/mL）、真菌用马丁氏培养基，培养3天后计数；尖孢镰刀菌用镰孢菌专性选择培养基，培养7天后计数。细菌和放线菌培养温度为（30±1）℃，真菌培养温度为（26±1）℃。每个稀释度重复4次。根据干土质量和平板生成的菌落数，计算每1g干土中细菌、放线菌、真菌、尖孢镰刀菌数量。

2 结果与分析

2.1 不同药剂处理对草莓抗病性的影响

表2 不同药剂处理对草莓抗枯萎病的影响

处理	10 天		20 天		30 天	
	枯萎病株率（%）	防效（%）	枯萎病株率（%）	防效（%）	枯萎病株率（%）	防效（%）
吡唑醚菌酯	0	100	0	100	0	100
枯草芽孢杆菌	2.1	90.23	4.47	79.42	8	61.37
哈茨木霉菌	0	100	1.2	95.26	4.45	79.38
多粘类芽孢杆菌	0	100	3.23	83.46	8.35	58.49
复合菌剂	0	100	0	100	0	100
接种对照	8.26		15.29		20.89	
空白处理	1.93		2.21		4.85	

试验采用 5 种药剂对已接种枯萎病菌的草莓苗进行灌根处理，处理 10 天后，除了枯草芽孢杆菌处理部分表现发病症状，其余各处理均未发病，相比接种对照防效较好。20天后吡唑醚菌酯处理和复合菌剂处理未发病，其他各处理陆续表现发病症状，30 天后接种对照处理病株率达到 20.89%，未接种对照病株率为 4.85%，枯草芽孢杆菌和多粘类芽孢杆菌防效相当，60% 左右。由此可见，供试药剂对草莓枯萎病均有一定的防效，其中，吡唑醚菌酯和复合菌剂防效最好，其次是哈茨木霉，枯草芽孢杆菌和多粘类芽孢杆菌（表2）。

2.2 不同药剂处理对草莓生长发育的影响

2014 年 11 月 10 日测定各个处理草莓植株生长发育情况，如表3 所示，经药剂处理的草莓植株长势良好，与未接种对照相比，均未受到接种病菌的影响，其中，吡唑醚菌酯和复合菌剂处理的草莓植株平均株高和叶面积均高于未接种对照，枯草芽孢杆菌、哈茨木霉菌和多粘类芽孢杆菌处理草莓植株平均株高和叶面积均略高于接种对照，但与未接种对照相差不大，即对草莓植株正常生长未造成影响。从花果株率看各药剂处理的花果数均远远高于两个对照，由此可见，各处理均能有效地抑制枯萎病菌对草莓植株生长发育的影响，并有促进花芽分化的作用（表3）。

表3 不同药剂处理对草莓生长发育的影响

处理	株高（cm）	叶面积（cm²）	平均花果数（个/株）	平均花果株率（%）
吡唑醚菌酯	14.35	68.54	0.69	53.38
枯草芽孢杆菌	11.85	50.61	0.61	52.20

（续表）

处理	株高 （cm）	叶面积 （cm²）	平均花果数 （个/株）	平均花果株率 （%）
哈茨木霉菌	12.05	51.65	0.58	45.98
多粘类芽孢杆菌	12.25	48.29	0.49	44.79
复合菌剂	14.70	66.54	0.76	59.82
接种对照	11.15	45.95	0.37	28.26
不接种 OF 对照	12.00	50.44	0.39	30.12

2.3 不同药剂处理对草莓过氧化物酶活性（POD）测定

试验 30 天后采用愈创木酚法测定各处理草莓根系和叶片中过氧化物酶活性（POD），结果显示：处理后草莓根部与叶片 POD 活性呈现不同趋势，EM 复合菌处理过的草莓叶片中 POD 活性高出其他各处理，与其他各处理存在显著性差异，其余处理叶片中 POD 活性相差不大，不存在显著性差异；但不同处理对根系中 POD 活性影响较大，吡唑醚菌酯、枯草芽孢杆菌处理的草莓与未接种对照中草莓根系 POD 活性一致，均远高出其他处理，EM 复合菌处理与接种对照草莓根系中 POD 活性一致，略低于哈茨木霉菌和多粘类芽孢杆菌处理后草莓根部 POD 活性。由此可见，吡唑醚菌酯、枯草芽孢杆菌、哈茨木霉菌、多粘类芽孢杆菌对接种草莓灌根处理 30 天后，草莓根部 POD 活性有不同程度的上升，而对叶片无影响（图 1）。

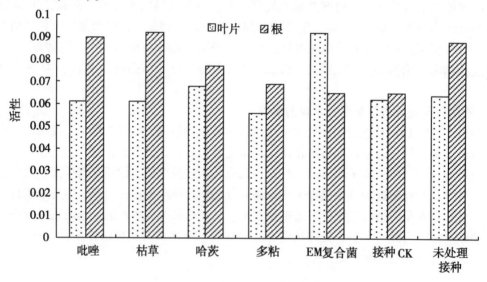

图 1 不同药剂处理对草莓过氧化物酶（POD）活性测定

2.4 不同药剂处理对草莓多酚氧化酶活性（PPO）测定

试验 30 天后测定各处理草莓根系和叶片中多酚氧化酶活性（PPO），结果显示：与未接种对照相比，接种植株根系中 PPO 活性较低，叶片中 PPO 活性上升，经过吡唑处理后，叶片和根系中 PPO 活性与未接种相差不大，而经过枯草处理后，根系中 PPO 活性上升，叶片无变化，哈茨木霉菌、多粘类芽孢杆菌处理后根系中 PPO 活性下降，叶片变化不大。

EM 复合菌叶片中 PPO 含量远远高于其他各个处理（图 2）。

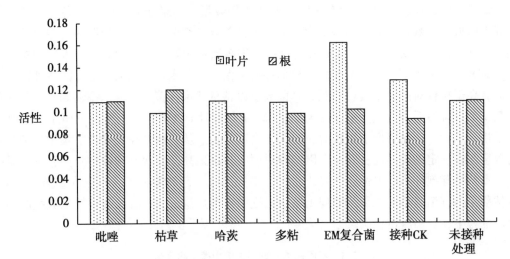

图 2 不同药剂处理对草莓多酚氧化酶（PPO）活性测定

2.5 不同药剂处理对草莓超氧化物歧化酶（SOD）活性测定

试验 30 天后采用氮蓝四唑（NBT）法测定各处理草莓根系和叶片中超氧化物歧化酶（SOD）活性，结果显示：EM 复合菌处理过的草莓叶片中 SOD 活性与未接种植株叶片中 SOD 活性一致，均高出其他各处理，与其他各处理存在显著性差异，吡唑醚菌酯处理和枯草芽孢杆菌处理的草莓叶片中 SOD 活性与接种对照中叶片 SOD 活性相差不大，略低于哈茨木霉和多粘类芽孢杆菌处理。根系中，吡唑醚菌酯、枯草芽孢杆菌处理的根系 SOD 活性较高，EM 复合菌处理与未接种对照相差不大，接种植株根系 SOD 活性较低，哈茨木霉和多粘芽孢杆菌处理根系 SOD 活性略高于接种植株（图 3）。

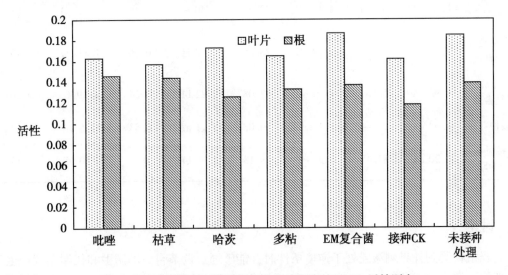

图 3 不同药剂处理对草莓超氧化物歧化酶（SOD）活性测定

2.6 不同药剂处理对草莓根际土壤微生物数量测定

试验 30 天后测定各处理草莓根际土壤微生物数量，结果如表 4 所示，各处理后草莓根际土壤放线菌数量与对照相差不大，无显著性差异；细菌数量显示出明显的差异性，以枯草芽孢杆菌、哈茨木霉菌和 EM 复合菌处理细菌数量较高，与接种对照和未接种对照均差异显著，其余药剂处理均明显低于枯草芽孢杆菌、哈茨木霉菌和 EM 复合菌各处理，但均显著高于接种对照和未接种对照。真菌数量以枯草芽孢杆菌、哈茨木霉菌和多粘类芽孢杆菌 3 个处理最低，其次为吡唑醚菌酯、EM 复合菌两个处理，与未接种对照土壤中真菌数量相差不大，而显著低于接种对照土壤中真菌数量。从各药剂灌根处理土壤中尖孢镰刀菌数量存在一定的差异性，其中，以接种对照中含量最高，其次是未接种对照，吡唑醚菌酯、多粘类芽孢杆菌和 EM 复合菌处理土壤中尖孢镰刀菌数量相当，不存在显著性差异，以枯草芽孢杆菌和哈茨木霉菌处理土壤中尖孢镰刀菌数量最少。各处理中均以放线菌和细菌数量为主，真菌所占比例较小（表 4）。

表 4　不同药剂处理后土壤中微生物含量

处 理	放线菌 数量（×10^6 cfu/g 干土）	比例（%）	细菌 数量（×10^6 cfu/g 干土）	比例（%）	真菌 数量（×10^4 cfu/g 干土）	比例（%）	其中：尖孢镰刀菌 数量（×10^2 cfu/g 干土）	占真菌比例（%）
吡唑醚菌酯	4.33aA	74.39	1.47 cdCD	25.24	2.17 bB	0.37	4.64 cC	2.14
枯草芽孢杆菌	4.39 aA	43.3	5.73 aA	56.56	1.48 cC	0.15	3.71 dD	2.50
哈茨木霉菌	4.27 aA	47.54	4.40 bB	52.31	1.40 cC	0.16	3.70 dD	2.63
多粘类芽孢杆菌	4.50 aA	71.38	1.79 cC	28.36	1.67 cC	0.26	4.55 cC	2.73
EM 复合菌	4.92 aA	52.69	4.70 bB	47.08	2.22 bB	0.24	4.79cC	2.16
接种对照	4.68 aA	79.44	1.18 deDE	20.03	3.11 aA	0.53	11.5 aA	3.68
未接种对照（OF）	4.20 aA	81.47	0.94 eE	18.13	2.08 bB	0.4	6.50 bB	3.13

3　讨论

当植物受到外界刺激或处于逆境条件时，能够通过调节自身的防卫和代谢系统产生免疫反应，植物的这种防御反应或免疫抗性反应，可以使植物延迟或减轻病害的发生和发展，减少化学农药与化学肥料的使用量，降低农产品残留。然而，我们目前所使用的大部分控制植物病害药物的基本原则都是以病原菌为靶标，再把能快速全面杀死靶标的药物进一步按农药登记要求研制成农药，忽视了被病原菌为害的寄主植物本身对外来生物抵抗能力的利用。

植物免疫诱抗剂对农作物病虫害却没有直接的杀灭作用，而是由外源生物或分子通过诱导或激活植物所产生的抗性物质，对某些病原物产生抗性或抑制病菌的生长。当其施用在农作物上后，通过诱导农作物产生抵御或防控农作物病虫害的物质，从而达到防治病虫害的目的。在激活植物体内分子免疫系统，提高植物抗病性的同时，植物免疫诱抗剂还可激发植物体内的一系列代谢调控系统，具有促进植物根、茎、叶生长和提高叶绿素含量，最终起到作物增产的作用。本研究选用 5 种生菌或仿生制剂，研究其对草莓生长发育的影响及其抗枯萎病作用，并探讨了其作用机理。从试验结果来看，5 种处理均能提高草莓抗枯萎病能力，其中，吡唑醚菌酯和 EM 复合菌对草莓生长发育有一定的促进作用。吡唑醚菌酯和枯草芽孢杆菌处理草莓根部 POD、PPO 和 SOD 活性提高，哈茨木霉菌处理后，草莓叶片 POD 和 SOD 活性提高，EM 复合菌处理后草莓叶片 POD、PPO 和 SOD 活性提高，各处理根际土壤细菌数量均高于对照，真菌和尖孢镰刀菌数量均低于对照。由此可见，吡唑醚菌酯、枯草芽孢杆菌、哈茨木霉菌和 EM 复合菌均有一定的防病促生功能，能够抑制草莓土传病害—枯萎病的致病菌生长、产生诱导抗性，提高草莓对连作土传病害的抗性。

现有关于作物诱导抗性的研究大多集中在各种诱导剂对作物叶片 PPO、PAL 等保护性酶活性的影响方面，而在诱导因子对作物根系保护性酶的影响方面研究很少。对土传病害而言，病原菌作用部位为根系，因此，根系保护性酶的研究对于评价生防菌的作用更有意义。对于灌根药剂，叶片保护性酶的研究可以有效地评价药剂的传导性，及其是否为系统抗病性。本研究结合前期研究基础，不仅评价了供试药剂对草莓枯萎病的防治作用，而且结合其对植株生长发育的影响极其体内保护性酶活性的变化，探索诱抗剂的作用机理，对植物诱抗剂的开发应用提供理论基础。

参考文献

[1] 高志华，葛会波，李青云，等．Myeokick 菌根对连作草莓的影响 [J]．果树学报，2004，21（2）：188 – 190.

[2] 罗佳，赵爽，袁玉娟，等．施用微生物有机肥对棉花抗病性相关酶活性的影响 [J]．南京农业大学学报，2011，34（3）：89 – 91.

[3] 罗明，卢云．内生拮抗细菌在哈密瓜植株体内的传导定殖和促生作用研究 [J]．西北植物学报，2007，27（4）：0719 – 0725

[4] 李丽，邱德文，刘峥，等．植物激活蛋白对番茄抗病性的诱导作用 [J]．中国生物防治，2005，21（4）：265 – 268.

[5] 邱德文．微生物蛋白农药研究进展 [J]．中国生物防治，2005，20（2）：91 – 94.

[6] 屈海勇，罗曼，蒋立辩，等．T901 木霉菌的筛选和对草莓灰霉病菌作用机制的研究 [J]．微生物学报，2004，44（2）：244 – 247.

[7] 许英俊，薛泉宏，邢胜利，等．3 株放线菌对草莓的促生作用及对 PPO 活性的影响 [J]．西北农业学报，2007，16（6）：146 – 153.

[8] 王静，李学文，刘媛，等．嘧菌酯处理对哈密瓜采后抗病性的影响 [J]．新疆农业科学，2012，49（3）：440 – 447.

[9] 王生荣, 朱可恭. 植物系统获得抗病性研究进展 [J]. 中国生态农业学报, 2002, 10 (2): 32-35.

[10] 韦巧婕, 郑新艳, 邓开英, 等. 黄瓜枯萎病拮抗菌的筛选鉴定及其生物防效 [J]. 南京农业大学学报, 2013, 36 (1): 40-46.

[11] 甄文超. 草莓再植病害发生机理及控制措施的研究 [D]. 保定: 河北农业大学, 2003.

[12] Baino O M, Salazar S M, Ramallo A C, et al. Frist report of Macrophomina phaseolina causing strawberry crown and root or in northwesten Argentina [J]. Plant Disease, 2011, 95 (11): 1 477.

[13] Fang X, Phillips D, Li H, et al. Severity of crown and root diseases of strawberry and associated fungal and oomycete pathogens in Western Australia [J]. Australsian Plant Pathology, 2011, 40 (2): 109-119.

油酸甲酯对甲氨基阿维菌素苯甲酸盐和高效氯氟氰菊酯增效作用初探[*]

齐浩亮[1,2][**]　　崔　丽[1]　　吴梅香[3]　　刘　峰[2]　　芮昌辉[1][***]

（1. 中国农业科学院植物保护研究所，北京　100193；2. 山东农业大学植物保护学院，

泰安　271018；3. 河北益海安格诺农化有限公司，石家庄　052160）

摘　要：在室内将油酸甲酯与甲氨基阿维菌素苯甲酸盐或高效氯氟氰菊酯按不同比例混用，分别测定其对小菜蛾和棉蚜的室内生物活性。结果表明，油酸甲酯能够显著提高甲氨基阿维菌素苯甲酸盐对小菜蛾的毒力，在油酸甲酯体积分数分别为1%、5%、10%、20%和30%时，其增效倍数分别为1.11、1.75、2.13、1.69和1.59，在油酸甲酯体积分数为10%时有最大增效倍数，其增效作用最大。同时，油酸甲酯也能显著提高高效氯氟氰菊酯对棉蚜的毒力，在油酸甲酯体积分数分别为1%、5%、10%、20%和30%时，其增效倍数分别为1.05、1.52、1.70、1.46和1.29，在油酸甲酯体积分数为10%时有最大增效倍数，其增效作用最大。

关键词：增效剂；油酸甲酯；甲氨基阿维菌素苯甲酸盐；高效氯氟氰菊酯

农药助剂是农药剂型加工中重要的组成成分。选用合适的农药助剂将农药原药加工成方便使用的农药制剂，不仅能显著改善农药原药在田间的使用性能，而且能够提高农药对靶标生物的生物活性，同时改善农药药液润湿或渗透性能的农药助剂往往对农药的药效具有良好的增效作用。而且，与农药混用时，能显著减少农药使用量，减少农药残留，还有可能延缓害虫的抗药性[1]。

油酸甲酯是一类环保的酯化油类助剂，具有可再生、毒性小、生物降解快、环境相容性好、闪点高、储运安全等优点，将其作为替代溶剂可减少传统芳烃类农药溶剂对人畜和环境的为害，符合未来农药剂型发展对溶剂的要求[2]。油酸甲酯作为一种油类助剂，能够延长雾滴干燥时间，有助于提高药液在难以湿润靶标上的黏附和扩散；同时，油酸甲酯作为一种亲脂性的油类助剂，具有破坏昆虫表皮蜡质层的作用，有利于药剂渗透。目前，油酸甲酯等甲酯化油类助剂在我国主要应用于除草剂的喷雾助剂[3,4]。本文研究探讨了高效氯氟氰菊酯和甲氨基阿维菌素苯甲酸盐乳油中加入不同油酸甲酯的用量对其室内毒力的影响，以期为油酸甲酯在杀虫剂增效和害虫抗药性治理方面的应用提供科学依据。

　*　基金项目：公益性行业（农业）科研专项201203038

　**　作者简介：齐浩亮，男，在读硕士研究生，研究方向为农药毒理学；E-mail：q15505483122@yeah. net

　***　通讯作者：芮昌辉，研究员，研究方向为农药毒理学；E-mail：chrui@ ippcaas. cn

1 材料与方法

1.1 材料

供试虫源：供试小菜蛾（*Plutella xylostella*）为本实验室室内继代饲养。棉蚜（*Aphis gossypii* Glover）采自中国农业科学院植物保护研究所木槿树。

供试药品及助剂：油酸甲酯、1%甲氨基阿维菌素苯甲酸盐乳油和25g/L高效氯氟氰菊酯乳油均由河北益海安格诺农化有限公司提供。

1.2 室内毒力测定方法

药剂配制方法：将油酸甲酯与供试药剂按油酸甲酯的体积分数为1%、5%、10%、20%、30%混配，然后用清水稀释5~7个系列浓度。

甲氨基阿维菌素苯甲酸盐对小菜蛾的生物活性测定方法采用浸叶法和喷雾法进行。将甘蓝叶片洗净晾干，放入药液中浸渍10s，取出后晾干，放入垫有滤纸的直径9cm的培养皿中。每培养皿中放入1片叶片，接入3龄幼虫10头，用环保型小喷壶对接虫叶片用相应浓度的药液进行喷雾处理，等叶片和虫体晾干后用保鲜膜封口，并用拨针扎几个小孔透气。每处理重复3次，以清水作为对照。

高效氯氟氰菊酯对棉蚜的生物活性测定方法采用带虫浸叶法。将带有蚜虫的木槿叶片在药液中浸渍10s取出后晾干，放入垫有滤纸的直径6cm的培养皿中，用保鲜膜封口，并用拨针扎几个小孔透气。每处理重复3次，以清水作为对照。

1.3 数据分析

数据处理和数据机值分析均采用DPS数据分析软件，求得毒力回归式及LC_{50}。

2 结果与分析

2.1 油酸甲酯对甲氨基阿维菌素苯甲酸盐的增效作用

由表1可见添加油酸甲酯后，对小菜蛾的毒力明显提高，油酸甲酯体积分数为1%、5%、10%、20%和30%时，其增效倍数分别为1.11、1.75、2.75、1.69和1.59，油酸甲酯体积分数为10%时具有最大的增效作用（表1）。

表1 甲氨基阿维菌素苯甲酸盐添加油酸甲酯对小菜蛾生物活性测定

油酸甲酯（V）：甲氨基阿维菌素苯甲酸盐（V）	b值	相关系数	LC_{50}（mg/L）	95%置信区间	增效倍数
甲氨基阿维菌素苯甲酸盐 EC	1.161 1	0.899 6	0.643 3	0.162 7~2.543 5	1.00
1：99	1.134 0	0.870 4	0.578 6	0.116 2~2.881 6	1.11
5：95	0.751 5	0.885 9	0.366 8	0.079 1~1.700 7	1.75
10：90	1.256 1	0.902 6	0.301 8	0.104~0.875 8	2.13
20：80	1.299 9	0.949 5	0.380 3	0.186 9~0.773 7	1.69
30：70	1.118 8	0.947 6	0.404 8	0.151 5~1.082	1.59

2.2 油酸甲酯对高效氯氟氰菊酯的增效作用

由表2可见，添加油酸甲酯后，高效氯氟氰菊酯对棉蚜的毒力也有明显的提高，油酸甲酯体积分数为1%、5%、10%、20%和30%时，其增效倍数分别为1.05、1.52、1.70、1.46和1.29，油酸甲酯体积分数为10%具有最大增效倍数。

表2 高效氯氟氰菊酯添加油酸甲酯对棉蚜生物活性测定

油酸甲酯（V）：高效氯氟氰菊酯（V）	b值	相关系数	LC_{50}（mg/L）	95%置信区间	增效倍数
高效氯氟氰菊酯EC	2.510 1	0.889 5	3.285 4	0.704 1 ~ 15.330 8	1.00
1：99	0.552 9	0.969 6	3.119	1.600 8 ~ 6.077 1	1.05
5：95	0.703	0.968 9	2.165 3	0.843 7 ~ 5.555 6	1.52
10：90	1.988 5	0.850 5	1.933 8	0.379 5 ~ 9.855 1	1.70
20：80	2.372	0.908 4	2.249 4	0.753 ~ 6.719 7	1.46
30：70	2.651 4	0.952	2.554 9	1.215 3 ~ 5.371	1.29

3 讨论

害虫体壁主要由蜡质、脂类和碳氢化合物构成，是虫体内外间的隔离屏障，此外，某些农作物的蜡质层也具有较厚的蜡质层，所以水及一般的药液对它们的亲和力较低，药液难以在其表面润湿展布，从而影响防治效果[5]。油类助剂具有亲脂性强的特点，有利于药剂渗透和在难以湿润的叶片表面的黏附和扩散，从而显著提高药效。本研究中，油酸甲酯对于甲氨基阿维菌素苯甲酸盐防治小菜蛾和高效氯氟氰菊酯防治棉蚜具有显著的增效作用。一方面与油酸甲酯可以改善药液在虫体表面的黏附和渗透有关[6]；另一方面与油酸甲酯可以使药液更好的在叶片表面展布和分散，增加有效成分和害虫接触概率有关。此外，对油酸甲酯在不同昆虫表面以及不同植物表面的附着、展布和渗透能力是否存在差异还需要进一步研究。

此外，油酸甲酯的增效作用在于其对昆虫体壁和叶表面的理化性质的改变有关，理论上来说应该体积分数越高其增效倍数越大。但实际上杀虫剂对害虫的杀虫效果是一种剂量效应关系。而杀虫剂穿透害虫体壁的剂量受药剂本身的理化性能、害虫体壁的构造特性及环境因素等复杂因子的影响。因此，油酸甲酯对杀虫剂的增效作用存在一个合适的比例范围，本文初步的试验结果说明了这一点。但针对不同的杀虫剂或不同的害虫，其合适的添加比例是否相同，需要根据具体情况进行验证。

参考文献（略）

烷基修饰的1，3，4-噻二唑啉
衍生物的合成与杀菌活性研究*

姜　锐** 　宗光辉　尹义芹　张建军*** 　梁晓梅　王道全

（中国农业大学理学院应用化学系，北京　100193）

摘　要：本研究以取代苯胺、丙酮及1-乙酰-1-氯代环丙烷为原料，设计合成了两个系列共18个含环丙烷基修饰的1，3，4-噻二唑啉衍生物和丙酮叉基修饰的1，3，4-噻二唑啉衍生物，并对其进行了杀菌活性测试。活性数据表明，部分化合物对供试植物病原菌表现出较高的抑制活性，具有进一步深入研究的价值。

关键词：葡萄糖-6-磷酸脂合成酶；1，3，4-噻二唑啉；呋喃糖；环丙烷；杀菌活性

1，3，4-噻二唑啉化合物是一类含有 N、S 的五元杂环，其"碳氮硫"基本骨架结构能够螯合生物体内的一些金属离子，因而具有较好的组织细胞通透性，可以很好的发挥药效。相关化合物不仅在医药研究方面表现出较高的抗癌[1]、抗结核[2]、抗炎[3,4]活性，而且在农药研究方面也显示出了良好的抗真菌[5,6]、杀虫[7]、除草[8]及植物生长调节[9]活性。课题组前期研究的2-十二亚甲基-5-（取代亚氨基）-1，3，4-噻二唑啉、2-六亚甲基-5-（取代亚氨基）-1，3，4-噻二唑啉、及大环内酯/内酰胺-1，3，4-噻二唑啉化合物大多具有较好的杀菌活性，部分化合物对供试植物病原菌表现出极好的活性[10~13]。近年来以1，3，4-噻二唑啉结构为母体进行结构修饰从而获得具有更好生物活性的药物品种是新农药创制研究的一个热点，在结构改造探索更高生物活性的同时，研究者也更加注重了目标化合物与环境的相容性问题。

作为一种重要的生命物质，糖类化合物以各种形式参与生命过程。糖基修饰的生物小分子一般具有良好的环境相容性和多个的结构修饰微位点，是绿色农药先导研究的热点。2003年曹克广等[14]首次将糖苷引入到亚氨基1，3，4-噻二唑化合物中，设计合成了8种2-芳基-5-（2，3，4，6-四-O-乙酰基-β-D 吡喃葡萄糖基）亚氨基-1，3，4-噻二唑啉化合物，抑菌实验表明部分化合物对小麦赤霉的防效达85%，但糖基异硫氰酸酯的合成比较复杂，制备成本较高。呋喃糖环的结构是几丁质合成酶系中关键酶己糖胺酶（Glms）的催化底物，因此模拟该底物的结构设计合成的分子有可能会作用于己糖胺酶上的催化位点从而抑制该酶的活性，进一步抑制几丁质的合成发挥杀菌作用。本课题组前期研究中[15,16]采用1，2；5，6-异丙叉呋喃葡萄糖修饰1，3，4-噻二唑分子，合成一系列呋喃葡萄糖基噻二唑螺环化合物并对其杀菌活性进行了研究，发现部分化合物对茄绵疫病、玉米小斑病的 EC_{50}

---

* 基金项目：国家自然科技基金项目（No：20902108；21172257）

** 第一作者：姜锐，男，博士生，研究方向为新农药创制；E-mail：jiangrui789@126.com

*** 通讯作者：张建军，男，教授，研究方向为新农药创制与合成；E-mail：zhangjianjun@cau.edu.cn

值和 EC$_{90}$值明显低于对照药剂百菌清，引入呋喃糖环基团后展现出优异的杀菌活性表明呋喃糖及的存在对生物活性有较大的影响，甚至这类化合物对有害病菌的作用机制较 1，3，4-噻二唑类化合物可能发生了变化。该系列化合物在合成上难度不大，但产物由于螺环的存在，容易产生异构体给分离纯化带来一定的困难。

总结课题组前期研究结果发现对于十五元环、十二元环及六元环修饰的 1，3，4-噻二唑啉衍生物的杀菌活性，环的大小对此类化合物的活性影响较大，用六元环替代十二元环其杀菌活性有所提高，由此推断小环修饰的 1，3，4-噻二唑啉衍生物的杀菌活性会进一步提高，因此，课题组尝试将环更小的环丙烷基团引入到 1，3，4-噻二唑啉分子中，设计合成了一系列含环丙烷基 1，3，4-噻二唑啉衍生物（系列 A），并对其进行杀菌活性测试研究。另一方面由于此类化合物的合成原料 1-乙酰-1-氯代环丙烷价格较高，提高了此类化合物的合成成本，为了降低目标化合物的合成成本，并进一步研究 1，3，4-噻二唑啉开环衍生物的杀菌活性，我们将 1-乙酰-1-氯代环丙烷用烷基链更短且廉价的丙酮代替，设计合成了另一系列 2，2-二甲基-5-取代芳基氨基-1，3，4-噻二唑啉化合物（系列 B），并对该类化合物进行广泛的杀菌活性测试，以期获得高活性、杀菌谱广的药物分子，并对后期的研究提供理论基础。

目标化合物合成路线如下图所示。

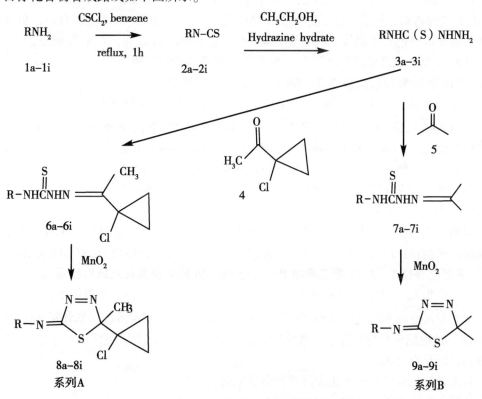

图　目标化合物合成路线

1 实验部分

1.1 仪器与试剂

仪器：Yanagimoto 熔点仪（温度计未经校正）；Brucker DPX 300M 核磁共振仪（以 CDCl3 为溶剂，TMS 为内标）；Agilent LC/MSD Trap VL 液质联用仪。

试剂：取代苯胺，苯胺，苯，甲苯，三乙烯二胺，氯甲酸烯丙酯，二硫化碳，乙醇，85% 水合肼，二氯甲烷，三氯甲烷，活性二氧化锰，丙酮，1-乙酰-1-氯代环丙烷。所有试剂均为市售 AR 或 CR 级试剂，部分有特殊要求的试剂经无水处理。

说明：薄层色谱（TLC）由 HF254 硅胶板上用 30%（V/V）的硫酸甲醇溶液或紫外（UV）检测器检测。柱色谱采用 100~200 目的硅胶在 16mm×240mm，18mm×300mm，35mm×400mm 的硅胶柱上用乙酸乙酯/石油醚（60~90℃）作为淋洗液，溶剂在小于 60℃时减压蒸馏。

1.2 中间体 N-取代氨基硫脲（3a~3i）的合成

以化合物 3a（其中 R 基团为 4-Cl-3-CF_3-C_6H_3-）为例，其合成步骤如下：

在 500mL 圆底烧瓶中加入 4-氯-3-三氟甲基苯胺（1.95g，10mmol），无水苯 10mL，氮气保护下加入硫光气 1mL，加热回流 1h 后，过滤除去不溶物，滤液减压浓缩。浓缩液用 10mL 乙醇溶解，剧烈搅拌下加入 3mL 水合肼（85%）和 12mL 水的混合液，析出大量固体。抽滤得白色固体粗品。乙醇重结晶后得白色晶体纯品 2.3g，收率为 85%。

其他 N-取代氨基硫脲中间体 3b~3i 均按上述步骤进行合成。

1.3 中间体 N-取代缩氨基硫脲（6a~6i、7a~7i）的合成

以化合物 6a（其中 R 基团为 4-Cl-3-CF_3-C_6H_3-）为例，其合成步骤如下：

在 100mL 圆底烧瓶中加入 1-乙酰基–氯代环丙烷（0.78g，6.6mmol），N-4-Cl-3-CF_3-苯基氨基硫脲（1.48g，5.5mmol），无水二氯甲烷 30mL 溶解，加热回流 6h，反应结束后直接浓缩，出产物用乙醇重结晶，析出白色固体 1.7g，收率 85%。

其他 N-取代缩氨基硫脲中间体 6b~6i、7a~7i 均按上述步骤进行合成。其中 7a~7i 的合成过程中直接采用丙酮作溶剂进行反应。

说明：上述反应结束后直接浓缩，浓缩物可以直接进入下一步反应，也可以根据反应情况将浓缩物快速通过短的硅胶柱初步分离或是采用乙醇或石油醚/乙酸乙酯重结晶。

1.4 目标化合物 1，3，4-噻二唑啉 8a~8i、9a~9i 的合成制备及结构鉴定

以化合物 8a（其中 R 基团为 4-Cl-3-CF_3-C_6H_3-）为例，其合成步骤如下：

将上步反应得到的化合物 6a 溶于适量的三氯甲烷中，加入活性二氧化锰 4g，室温下搅拌 2h，反应结束后过滤除去二氧化锰，滤液减压浓缩，粗产品用石油醚/乙酸乙酯重结晶得到目标化合物 8a。

其他目标化合物均按上述步骤进行合成制备。

目标化合物的物理性质及收率见表 1。

表1 目标化合物 8a-8m、9a-9m 的理化性质

编号	R	分子式	外观	熔点（℃）	收率（%）
8a	4-Cl-3-CF$_3$-C$_6$H$_3$-	C$_{13}$H$_{10}$Cl$_2$F$_3$N$_3$S	橘黄色固体	82~83	79
8b	2，5-二-Me-C$_6$H$_3$-	C$_{14}$H$_{16}$ClN$_3$S	橘黄色液体	—	82
8c	2-MeO-C$_6$H$_4$-	C$_{13}$H$_{14}$ClN$_3$0S	橘红色液体	—	73
8d	3，4-二-Cl- C$_6$H$_3$-	C$_{12}$H$_{10}$Cl$_3$N$_3$S	橘黄色固体	81~83	92
8e	2-Me-4-i-C$_3$F$_7$-C$_6$H$_3$-	C$_{16}$H$_{13}$ClF$_7$N$_3$S	橘黄色固体	77~78	85
8f	C$_6$H$_5$-	C$_{12}$H$_{12}$ClN$_3$S	橘黄色固体	63~64	65
8g	4-Cl-2-CF$_3$-C$_6$H$_3$-	C$_{13}$H$_{10}$Cl$_2$F$_3$N$_3$S	橘黄色固体	82~83	86
8h	4-i-C$_3$F$_7$-C$_6$H$_4$-	C$_{15}$H$_{11}$ClF$_7$N$_3$S	橘黄色固体	71~73	77
8i	2，4，5-三-Cl-C$_6$H$_2$-	C$_{12}$H$_9$Cl$_4$N$_3$S	橘黄色固体	82~84	78
9a	4-Cl-3-CF$_3$-C$_6$H$_3$-	C$_{11}$H$_9$ClF$_3$N$_3$S	黄色固体	112~113	90
9b	2，5-二-Me-C$_6$H$_3$-	C$_{12}$H$_{15}$N$_3$S	黄色固体	142~143	80
9c	2-MeO-C$_6$H$_4$-	C$_{11}$H$_{13}$N$_3$OS	黄色固体	110~112	78
9d	3，4-二-Cl- C$_6$H$_3$-	C$_{10}$H$_9$Cl$_2$N$_3$S	黄色固体	151~152	68
9e	2-Me-4-i-C$_3$F$_7$-C$_6$H$_3$-	C$_{14}$H$_{12}$F$_7$N$_3$S	黄色固体	88~89	79
9f	C$_6$H$_5$-	C$_{10}$H$_{11}$N$_3$S	黄色固体	92~94	86
9g	4-Cl-2-CF$_3$-C$_6$H$_3$-	C$_{11}$H$_9$ClF$_3$N$_3$S	黄色固体	166~168	77
9h	4-i-C$_3$F$_7$-C$_6$H$_4$-	C$_{13}$H$_{10}$F$_7$N$_3$S	黄色固体	158~160	75
9i	2，4，5-三-Cl-C$_6$H$_2$-	C$_{10}$H$_8$Cl$_3$N$_3$S	黄色固体	198~200	84

1.5 杀菌活性测试

采用菌丝生长速率测定法，选取了6种真菌作为靶标，对化合物进行杀菌活性初筛。测试结果见表2。

2 结果与讨论

2.1 合成部分

在制备中间体缩氨基硫脲6时，一般情况下用二氯甲烷作溶剂，回流反应3h即可完全反应，但当原料3为含有多个强吸电子取代基团的芳环时，原料在溶剂中的溶解度很差，此时可以加入乙醇或四氢呋喃等高极性溶剂，原料可以很好地溶解且混合溶剂对反应的收率没有影响。

2.2 生测结果

表2　目标化合物对6种植物病原菌的活性初筛结果（%，50mg/L）

编号	油菜菌核病	茄绵疫病	番茄灰霉病	苗床立枯病	稻瘟病	棉花枯萎病
8a	94.8	99.2	42.6	82.9	69.8	97
8b	79.9	99.9	63.6	91.6	63.3	39
8c	95.6	99.9	57.6	90.8	83.3	34
8d	93.8	98.4	99.3	86.8	73.5	95
8e	67.7	45.6	50.6	62.2	28.6	95
8f	90	93.7	82.8	82.8	62.0	20
8g	86.2	93.4	77.7	82.2	98.0	95
8h	59.0	87.7	28.4	71.0	29.9	76
8i	69.0	98.7	99.9	85.6	64.1	71
9a	96	100	99	99	97	69
9b	82	93	45	93	39	30
9c	69	91	20	74	34	36
9d	93	99	99	98	95	62
9e	47	36	99	72	95	68
9f	69	82	75	73	20	16
9g	94	99	57	96	95	43
9h	61	15	94	54	76	41
9i	93	98	64	99	71	60

　　生测数据结果表明，在50mg/L浓度下所有化合物对供试植物病原菌均表现出一定的杀菌活性。其中，部分化合物对油菜菌核病、茄绵疫病表现出较高的抑制活性，尤其是化合物8a、8c、8d、9a、9g、9i对油菜菌核病和茄绵疫病抑制活性均在90%以上，一些化合物对供试病原菌的抑制率达95%以上，且化合物8d、9a对所有6种供试植物病原菌均表现出了较高的抑制活性，具有进一步深入筛选的价值。实验结果还显示用开环的丙酮叉基代替三元环时，化合物的活性变化不是特别明显。

2.3 构效关系讨论

　　研究化合物结构与活性之间的关系可以发现：当苯环上的取代基团为吸电子基团时，增强了苯环的吸电子能力，化合物的杀菌活性普遍增强。但是，当苯环上吸电子基团数目增加苯环吸电子能力增强时对化合物的活性影响不是特别明显。取代基位置与活性之间的关系不大明确，有待进一步的研究。

参考文献

[1] Noolvi, M.；Patel, H.；Singh, N.；Gadad, A.；Cameotra, S.；Badiger, A. Synthesis and anticancer

evaluation of novel 2-cyclopropylimidazo［2，1－b］［1，3，4］– thiadiazole derivatives. *Eur. J. Med. Chem.* 2011，46，4 411－4 418.

［2］ Oruc，E.；Rollas，S.；Kandemirli，F.；Shvets，N.；Dimoglo，A. 1，3，4-Thiadiazole derivatives. Synthesis，structure elucidation，and structure-antituberculosis activity relationship investigation. *J. Med. Chem.* 2004，47，6 760－6 767.

［3］ Kadi，A.；Al-Abdullah，E.；Shehata，I.；Habib，E.；Ibrahim，T.；El-Emam，A. Synthesis，anti-microbial and anti-inflammatory activities of novel 5-（1-adamantyl）-1，3，4-thiadiazole derivatives. *Eur. J. Med. Chem.* 2010，45，5 006－5 011.

［4］ Schenone，S.；Brullo，C.；Bruno，O.；Bondavalli，F.；Ranise，A.；Filippelli，W.；Rinaldi，B.；Capuano，A.；Falcone，G. New 1，3，4-thiadiazole derivatives endowed with analgesic and anti-inflammatory activities. *Bioorg. Med. Chem.* 2006，14，1 698－1 705.

［5］ Chen，C.；Song，B.；Yang，S.；Xu，G.；Bhadury P. S.；Jin，L.；Hu，D.；Li，Q.；Liu，F.；Xue，W.；*et al.* Synthesis and antifungal activities of 5-（3，4，5-trimethoxyphenyl）-2-sulfonyl-1，3，4- thiadiazole and 5-（3，4，5-trimethoxyphenyl）-2-sulfonyl-1，3，4-oxadiazole derivatives. *Bioorg. Med. Chem.* 2007，15，3 981－3 989.

［6］ Niewiadomy，A.；Matysiak，J. Fungicidal evaluation of substituted 4-（1，3，4-thiadiazol-2-yl）benzene-1，3-diols. *Pestycydy* 2011，1－4，5－14.

［7］ Wan，R.；Zhang，J.；Han，F.；Wang，P.；Yu，P.；He，Q. Synthesis and insecticidal activities of novel 1，3，4-thiadiazole 5-fluorouracil acetamides derivatives：An RNA interference insecticide. *Nucleos. Nucleot. Nucleic Acids* 2011，30，280－292.

［8］ Wang，T.；Miao，W.；Wu，S.；Bing，G.；Zhang，X.；Qin，Z.；Yu，H.；Qin，X.；Fang，J. Synthesis，crystal structure，and herbicidal activities of 2-cyanoacrylates containing 1，3，4-thiadiazole moieties. *Chin. J. Chem.* 2011，29，959－967.

［9］ Chen，C.；Zhang，Z.；Du，M.；Wang，S.；Wang，Y. Synthesis of N-［［（5-mercapto-1，3，4-thia-diazol-2-yl）amino］carbonyl］benzamide and 2-（phenoxy）-N-［［（5-mercapto-1，3，4-thiadiazol-2-yl）amino］carbonyl］acetamide derivatives and determination of their activity as plant growth regulators. *Chin. J. Org. Chem.* 2007，27，1 444－1 447.

［10］ Chen，L.；Wang，D.；Jin，S. Synthesis and fungicidal activity of 2-（1，11-undecylidene）-5-substi-tuted imino-Δ3－1，3，4-thiadiazolines. *Chin. J. Appl. Chem.* 2002，19，212－215.

［11］ Yang，X.；Jin，S.；Yang，C.；Wang，D. Synthesis and fungicidal activity of 2-（1，5-pentamethyl-ene）-5-substituted imino-Δ3－1，3，4-thiadiazolines. *Chin. J. Pest. Sci.* 2004，6，22－25.

［12］ Li，J.；Liang，X.；Jin，S.；Zhang，J.；Yuan，H.；Qi，S.；Chen，F.；Wang，D. Synthesis，fungicidal activity，and structure-activity relationship of spiro-compounds containing macrolactam（macro-lactone）and thiadiazoline rings. *J. Agric. Food Chem.* 2010，58，2 659－2 663.

［13］ Zong G，H；Zhao H，Q，；Jiang R，；Zhang，J，J，；Liang X，M，；Li B，J，；Shi Y，X，；and Wang D，Q. Design，Synthesis and Bioactivity of Novel Glycosylthiadiazole Derivatives. *Molecules.* 2014，19，7 832－7 849.

［14］ 曹克广，王忠卫，赵信歧. 2-芳基-5-（2′，3′，4′，6′-四-O-乙酰基-β-D-吡喃葡萄糖基）亚氨基-1，3，4-噻二唑啉的合成及其抑菌活. 精细石油化工，2003，4，42－44.

［15］ 张建军，王道全，颜世强，等. 一类含噻二唑林和呋喃环的螺环化合物，其制备方法和作为杀菌剂的用途. 申请号：200910085788. X

［16］ 张建军，宗光辉，梁晓梅，等. 喃糖基修饰的1，3，4-噻二唑衍生物及其制备方法与作为杀菌剂的应用. 申请号：201110045257. 5

咪唑菌酮·霜霉威盐酸盐450SC对黄瓜霜霉病的药效评价

刘晓琳* 　郝永娟 　刘春艳 　霍建飞 　王万立

（天津市植物保护研究所，天津　300384）

摘　要：2013年、2014年两年田间药效试验结果表明，咪唑菌酮·霜霉威盐酸盐450g/L悬浮剂各剂量对黄瓜霜霉病均有较好防效。建议使用剂量（有效成分）为337.5～900g/hm²。

关键词：咪唑菌酮·霜霉威盐酸盐；黄瓜霜霉病；田间药效

黄瓜霜霉病（*Pseudoperponspora cubensis*）是黄瓜主要病害之一，且整个生长周期均有发生，严重影响了黄瓜的产量和品质。咪唑菌酮·霜霉威盐酸盐450g/L悬浮剂是拜耳作物科学公司生产的一种防治黄瓜霜霉病的新型复配杀菌剂。摸清该药剂的最佳用药剂量及该药剂对黄瓜生长的安全性等，为该药剂登记和田间推广应用提供依据，于2013—2014年对该药进行了防治黄瓜霜霉病的田间药效试验，现将试验结果总结如下。

1　材料与方法

1.1　供试药剂

试验药剂：450g/L咪唑菌酮·霜霉威盐酸盐悬浮剂，拜耳作物科学公司提供。对照药剂：咪唑菌酮500g/L悬浮剂，72.2%普力克水剂，687.5g/L银法利悬浮剂，均由拜耳作物科学公司提供；50%烯酰吗啉可湿性黏剂为巴斯夫（中国）有限公司产品（表1和表2）。

1.2　试验对象、作物和品种的选择

黄瓜霜霉病（*Pseudoperponspora cubensis*）。

黄瓜品种为"津优1号"。

1.3　试验地情况

试验在天津市植物保护研究所武清创新基地温室内进行，试验地土壤略偏碱性，肥力一般，常规管理，排灌条件较好，基肥施干鸡粪约7 500kg/hm²，复合肥约1 500kg/hm²。植株长势一致。试验开始时，正值结瓜期，下部叶片霜霉病已经发生。

1.4　施药时间

施药日期分别为2013年9月23日、9月30日、10月9日；2014年9月19日、9月26日、10月3日。试验开始时正值黄瓜结瓜期。

1.5　试验处理

小区随机区组排列。小区面积：每小区12m²。重复次数：每次处理重复4次。

＊　作者简介：刘晓琳，女，副研究员；E-mail：lxl888@126.com

表1　2013年供试药剂试验设计

处理编号	药　剂	施药剂量（制剂量）（g/亩）	施药量（有效成分量）（g/hm²）
1	空白对照	—	—
2	450g/L 咪唑菌酮·霜霉威盐酸盐 SC	50	337.5
3	450g/L 咪唑菌酮·霜霉威盐酸盐 SC	75	506.25
4	450g/L 咪唑菌酮·霜霉威盐酸盐 SC	100	675
5	500g/L 咪唑菌酮 SC	11.25	84.38
6	72.2% 普力克 AS	39	421.88
7	687.5g/L 银法利 SC	75	773.3
8	50% 烯酰吗啉 WP	40	300

注：SC—悬浮剂；AS—水剂；WP—可湿性粉剂，下同

表2　2014年供试药剂试验设计

处理编号	药　剂	施药剂量（制剂量）（g/亩）	施药量（有效成分量）（g/hm²）
1	450g/L 咪唑菌酮·霜霉威盐酸盐 SC	133	900
2	450g/L 咪唑菌酮·霜霉威盐酸盐 SC	100	675
3	450g/L 咪唑菌酮·霜霉威盐酸盐 SC	75	506.25
4	500g/L 咪唑菌酮 SC	15	112.5
5	72.2% 普力克 AS	52	562.5
6	687.5g/L 银法利 SC	75	773.3
7	50% 烯酰吗啉 WP	40	300
8	清水对照	—	—

1.6　调查方法、时间和次数

1.6.1　调查时间和次数

2013年：第1次用药前（2014年9月19日）先进行病情基数调查，第3次用药后7天（2014年10月10日）及3次药后14天（10月17日）调查各处理的病情，共调查3次。

2014年：第1次用药前（2013年9月23日）先进行病情基数调查，第2次用药后8天（2013年10月8日）及3次药后7天（10月16日）调查各处理的病情，共调查3次。

1.6.2　调查方法

每小区随机取4点，每点调查2株的全部叶片，每片叶按病斑占叶面积百分率分级记录。

病害分级标准：

0级　无病斑；

1 级　病斑面积占整个叶面积的 5% 以下；

3 级　病斑面积占整个叶面积的 6%～10%；

5 级　病斑面积占整个叶面积的 11%～25%；

7 级　病斑面积占整个叶面积的 26%～50%；

9 级　病斑面积占整个叶面积的 50% 以上。

1.6.3　药效计算方法

根据调查叶片的病级计算病情指数及防效。

$$病情指数 = \Sigma（发病叶数 \times 相应病级数）\times 100 /（调查总叶数 \times 9）$$
$$防治效果（\%）= [1 - CK_0 \times PT_1 /（CK_1 \times PT_0）] \times 100$$

CK_0：空白对照区药前病情指数，CK_1：空白对照区药后病情指数；

PT_0：药剂处理区药前病情指数，PT_1：药剂处理区药后病情指数。

2　结果与分析

2.1　对黄瓜的影响

试验期间观察，试验药剂 450g/L 咪唑菌酮·霜霉威盐酸盐悬浮剂各处理对黄瓜植株均无药害等不良影响。

2.2　对黄瓜霜霉病的防治效果

2013 年试验结果（表 3），2 次药后 8 天，450g/L 咪唑菌酮·霜霉威盐酸盐悬浮剂 675g/hm²、506.25g/hm² 和 337.5g/hm² 的防效分别为 78.49%、77.18% 和 75.61%。对照药剂 500g/L 咪唑菌酮 84.38g/hm² 的防效为 74.14%；72.2% 普力克水剂 421.88g/hm² 的防效为 75.11%；687.5g/L 银法利悬浮剂 773.3g/hm² 防效为 80.07%，当地常用药 50% 烯酰吗啉可湿性粉剂 300g/hm² 防效为 73.20%。方差分析和多重比较结果表明，试验药剂 450g/L 咪唑菌酮·霜霉威盐酸盐悬浮剂中、高剂量的防效与对照药剂银法利、普力克的防效均无显著差异，显著高于当地对照药剂 50% 烯酰吗啉可湿性粉剂 300g/hm² 的防效，中、低剂量的防效与对照药剂咪唑菌酮相当。

试验药剂 450g/L 咪唑菌酮·霜霉威盐酸盐悬浮剂 3 个剂量之间的防效均无显著差异。

3 次药后 7 天，450g/L 咪唑菌酮·霜霉威盐酸盐悬浮剂 675g/hm²、506.25g/hm² 和 337.5g/hm² 的防效分别为 83.19%、82.58% 和 80.42%。对照药剂 500g/L 咪唑菌酮 84.38g/hm² 的防效为 76.40%；72.2% 普力克水剂 421.88g/hm² 的防效为 79.86%；687.5g/L 银法利悬浮剂 773.3g/hm² 防效为 85.51%，当地常用药 50% 烯酰吗啉可湿性粉剂 300g/hm² 防效为 75.80%。

方差分析和多重比较结果表明，试验药剂 450g/L 咪唑菌酮·霜霉威盐酸盐悬浮剂中、高剂量的防效与对照药剂银法利、普力克的防效均无显著差异，显著高于对照药剂咪唑菌酮及烯酰吗啉的防效，中、低剂量的防效与对照药剂相当；低剂量与普力克相当，显著低于银法利，显著高于咪唑菌酮及烯酰吗啉。

表 3 不同药剂防治黄瓜霜霉病田间药效试验结果（2013 年）

药剂处理	基数病指	试验结果					
		2 次药后 8 天			3 次药后 7 天		
		病指	防效（%）	5%	病指	防效（%）	5%
450g/L 咪唑菌酮·霜霉威盐酸盐 SC675g/hm²	2.61	4.88	78.49	ab	6.13	83.19	ab
450g/L 咪唑菌酮·霜霉威盐酸盐 SC506.25g/hm²	2.40	4.77	77.18	abc	5.86	82.58	ab
450g/L 咪唑菌酮·霜霉威盐酸盐 SC337.5g/hm²	2.48	5.35	75.61	bcd	6.82	80.42	b
500g/L 咪唑菌酮 SC84.38g/hm²	2.52	5.12	74.14	cd	8.33	76.40	c
72.2% 普力克水剂 421.88g/hm²	2.46	5.39	75.11	bcd	6.95	79.86	b
687.5g/L 银法利 SC773.3g/hm²	2.48	4.37	80.07	a	5.10	85.51	a
50% 烯酰吗啉 WP300g/hm²	2.51	5.90	73.20	d	8.57	75.80	c
空白对照	2.50	21.77	—	—	34.89	—	—

2014 年试验结果（表 4），3 次药后 7 天，450g/L 咪唑菌酮·霜霉威盐酸盐悬浮剂 900g/hm²、675g/hm² 和 562.5g/hm² 的防效分别为 85.44%、82.00% 和 77.40%。方差分析和多重比较结果表明，试验药剂 450g/L 咪唑菌酮·霜霉威盐酸盐悬浮剂高剂量的防效与对照药剂银法利防效均无显著差异，72.2% 显著高于当地对照药剂普力克水剂 562.5g/hm² 及 50% 烯酰吗啉可湿性粉剂 300g/hm² 的防效，中、低剂量的防效与对照药剂咪唑菌酮、普力克及烯酰吗啉相当。

试验药剂 450g/L 咪唑菌酮·霜霉威盐酸盐悬浮剂 3 个剂量之间高剂量显著好于低剂量的防效，中、高及中、低间均无显著差异。

3 次药后 14 天，450g/L 咪唑菌酮·霜霉威盐酸盐悬浮剂 900g/hm²、675g/hm² 和 506.25g/hm² 的防效分别为 82.26%、80.74% 和 76.60%。方差分析和多重比较结果表明，试验药剂 450g/L 咪唑菌酮·霜霉威盐酸盐悬浮剂中、高剂量的防效与对照药剂咪唑菌酮、银法利、普力克的防效均无显著差异，显著高于对照药剂烯酰吗啉的防效，低剂量的防效与显著低于对照药剂银法利；与咪唑菌酮、普力克及烯酰吗啉相当。

表4 不同药剂防治黄瓜霜霉病田间药效试验结果（2014年）

药剂处理	基数病指	试验结果					
		3次药后7天			3次药后14天		
		病指	防效（%）	5%	病指	防效（%）	5%
450g/L 咪唑菌酮·霜霉威盐酸盐 SC900g/hm²	2.26	2.75	85.44	ab	3.87	82.26	ab
450g/L 咪唑菌酮·霜霉威盐酸盐 SC675g/hm²	2.15	3.39	82.00	bc	4.62	80.74	ab
450g/L 咪唑菌酮·霜霉威盐酸盐 SC506.25g/hm²	2.25	4.72	77.40	c	5.73	76.60	bc
500g/L 咪唑菌酮 SC112.5g/hm²	2.27	3.96	81.74	bc	5.23	79.57	abc
72.2% 普力克 AS562.5g/hm²	2.08	3.99	79.08	c	5.29	76.76	bc
687.5g/L 银法利 SC773.3g/hm²	2.34	2.78	87.68	a	3.89	85.11	a
50% 烯酰吗啉 WP300g/hm²	2.16	4.38	78.13	c	6.08	74.26	c
清水对照	2.48	23.44	—	—	27.63	—	—

3 结论与讨论

2013年、2014年两年试验结果表明，拜耳作物科学公司的450g/L咪唑菌酮·霜霉威盐酸盐悬浮剂对黄瓜霜霉病有较好的防治效果。而且2013年、2014年两个年度试验期间未发生该药剂对黄瓜产生的药害现象。可以作为防治黄瓜霜霉病药剂登记使用，建议使用剂量（有效成分）为337.5～900g/hm²。为减缓抗药性的产生，生产中应用时，应与其他类型药剂交替使用。每个生长季连续使用该药时不要超过3次。

参考文献

［1］郝永娟，等．黄瓜常见病害的明断巧治［M］．天津：天津科技翻译出版公司，2011.

［2］杨士玲，马丽，李新民，等．50%吡唑醚菌酯水分散粒剂防治黄瓜霜霉病田间药效试验［J］．现代农业科技，2014（17）：139，143.

［3］毕可可，等．阿米西达对黄瓜霜霉病的室内药效试验［J］．农业研究与应用，2014（1）：5－9.

［4］周振标，谭耀华，徐伟松．新型杀菌剂吲唑磺菌胺对黄瓜霜霉病的防治效果研究［J］．农药科学与管理，2014，35（9）：56－58.

［5］刘殿敏．黄瓜霜霉病的发病特点与综合防治［J］．农业科技通讯，2014（7）：304－305.

［6］谭定凤．2种杀菌剂对黄瓜霜霉病田间药效评价［J］．安徽农业科学，2014（13）：3 889－3 890.

［7］夏元兵，戚士胜，李金宝．25g/L嘧菌酯悬浮剂防治黄瓜霜霉病田间药效试验［J］．现代农业科技，2014（11）：114，116.

［8］国家质量技术监督局．农药田间药效试验准则（二）［M］．北京：中国标准出版社，2004.

不同农药防治韭蛆田间药效试验*

王付彬**　曹　健　段成鼎　马井玉***

（济宁市农业科学研究院，济宁　272031）

摘　要：为了有效控制韭蛆为害和筛选安全、高效的农药，笔者对6种环境友好型农药或生物农药进行了田间药效试验。施药后7天，1.8%阿维菌素乳油2 000倍液、50%噻虫胺水分散粒剂2 500倍液和25%灭幼脲悬浮剂1 000倍液对韭蛆的防治效果达到了80.17%、84.2%、80.3%；施药后14天，50%噻虫胺水分散粒剂2500倍液、25%灭幼脲悬浮剂1 000倍液防治效果最好，分别达到83.8%和79.4%。从防效、药效持续期及生态环境角度综合分析，50%噻虫胺水分散粒剂、25%灭幼脲悬浮剂可作为防治韭蛆的环境友好型农药，1.8%阿维菌素乳油可作为防治韭蛆的生物农药，在韭菜田大面积推广应用。

关键词：韭蛆；药效试验；推广应用

韭蛆学名为韭菜迟眼蕈蚊（*Bradysia odoriphaga* Yang et Zhang），属双翅目眼蕈蚊科，是为害韭菜的主要地下害虫。韭蛆群集蛀食韭菜地下部，使鳞茎和幼茎受害严重，造成叶片变黄，重者甚至整墩死亡。由于韭蛆主要在地下为害，虫体小、繁殖力强，世代重叠，防治难度大。菜农为了防治该病害往往使用高毒、高残杀虫剂或过量使用农药，造成农药残留过量，这不但会对土壤造成污染，亦影响韭菜的品质和安全，更会对人们的身体健康产生伤害。环境友好型农药或生物农药具有安全、有效、无污染等特点，在防治植物病虫害的同时，还能保护生态环境。因此，韭菜无公害生产上急需研究开发高效、低毒的环境友好型农药或生物农药，以丰富用药品种、增强防病效果、有效控制韭蛆为害，减轻双高化学农药使用造成的环境污染和农药残留超标。为了筛选安全、高效的农药，我们在2014年5月对6种药剂进行了田间药效试验，以期为合理使用高效低毒农药控制韭蛆提供科学依据。

1　试验材料与方法

1.1　试验药剂

1.8%阿维菌素乳油（山东潍坊双星农药有限公司）、50%噻虫胺水分散粒剂（日本住友化学株式会社）、10%吡虫啉可湿性粉剂（浙江海正化工股份有限公司）、25%灭幼脲悬浮剂（济南绿霸农药有限公司）、0.6%苦参碱水剂（内蒙古清源保生物科技有限公司）、6 000IU/mL苏云金杆菌悬浮剂（青岛中达农业科技有限公司）。

* 基金项目：山东省现代农业产业技术体系项目（SDAIT-02-022-10）

** 作者简介：王付彬，男，助理农艺师，主要从事植物病虫害防控技术研究；E-mail：fbw2007@163.com

*** 通讯作者：马井玉，男，研究员；E-mail：mjy309@163.com

1.2 试验地基本情况

试验设在济宁市农业科学研究院蔬菜试验基地内，试验地地势平坦，排灌方便，土壤条件为壤土，肥力条件中等。韭菜田连续种植3年，栽培方式、施肥量等条件和植株生长势均一致，韭蛆为害较重。

1.3 试验方法

1.3.1 试验设计

试验设1.8%阿维菌素乳油2 000倍液、50%噻虫胺水分散粒剂2 500倍液、10%吡虫啉可湿性粉剂500倍液、25%灭幼脲悬浮剂1 000倍液、0.6%苦参碱水剂1 000倍液、6 000IU/mL苏云金杆菌悬浮剂500倍液及清水对照，共7种处理，随机区组排列，每个小区面积15m²，每种处理重复4次。

1.3.2 施药方法

试验采用WS-18D背负式电动喷雾器（工作压力0.15～0.4MPa，压力稳定，喷雾均匀）进行常规喷灌，按药剂规定剂量对水稀释，将喷雾器喷头调至喷液位置，对准韭菜根茎部进行喷灌，喷灌的药液下渗到地面5 cm以下，对照喷灌等量清水。

1.3.3 安全性试验调查及评价方法

试验共调查3次，分别在药后3天，7天和14天各调查1次。每小区随机调查20株韭菜，观察不同处理对韭菜生长影响，记录药害症状并按药害分级方法记录药害程度。药害分级标准如下："-"为无药害；"+"为轻度药害，不影响作物正常生长；"++"为中度药害，可复原，不会造成作物减产；"+++"为重度药害，影响作物正常生长，对作物产量和质量造成一定程度的损失；"++++"为严重药害，作物生长受阻，产量和质量损失严重。

1.3.4 田间防效试验调查内容及方法

采用5点取样法，每小区对角线5点取样，每点调查有虫株3株，于施药前调查虫口基数，药后3天、7天、14天调查各小区的残存活虫数，统计虫量，计算虫口减退率及校正防效。

虫口减退率（％）＝（防治前活虫数－防治后活虫数）/防治前活虫数×100

校正防效（％）＝（1－对照区药前虫数×药剂处理区药后虫数/

对照区药后虫数×处理区药前虫数）×100

2 结果与分析

2.1 6种农药对韭菜的安全性

试验过程中，6种农药对韭菜均安全，韭菜老叶及新长出的嫩叶没有出现明显斑点，韭菜生长状况良好，未出现明显的药害症状，结果见表1。

表 1 　6 种农药处理对韭菜安全性影响

处理	药害程度		
	药后第 3 天	药后第 7 天	药后第 14 天
1.8% 阿维菌素乳油 2 000 倍液	—	—	—
50% 噻虫胺水分散粒剂 2 500 倍液	—	—	—
10% 吡虫啉可湿性粉剂 500 倍液	—	—	—
25% 灭幼脲悬浮剂 1 000 倍液	—	—	—
0.6% 苦参碱水剂 1 000 倍液	—	—	—
6 000IU/mL 苏云金杆菌悬浮剂 500 倍液	—	—	—

2.2　6 种农药对韭蛆的防治效果

由表 2 可知，施药 3 天后，1.8% 阿维菌素乳油 2 000 倍液、50% 噻虫胺水分散粒剂 2 500 倍液、25% 灭幼脲悬浮剂 1 000 倍液、6 000IU/mL 苏云金杆菌悬浮剂 500 倍液，对韭蛆有较好的防治效果，其校正防效分别为 60.7%、69.1%、66.8% 和 63.5%，其中，以 50% 噻虫胺、25% 灭幼脲防效最好，0.6% 苦参碱水剂 1 000 倍液校正防效为 49.2%，效果最差；施药后 7 天，1.8% 阿维菌素乳油 2 000 倍液、50% 噻虫胺水分散粒剂 2 500 倍液和 25% 灭幼脲悬浮剂 1 000 倍液对韭蛆的防治效果达到了 80% 以上，其中，50% 噻虫胺水分散粒剂 2 500 倍液防治效果最好，达到 84.2%，0.6% 苦参碱水剂 1 000 倍液和 6 000IU/mL 苏云金杆菌悬浮剂 500 倍液校正防效较差；施药后 14 天，1.8% 阿维菌素乳油 2 000 倍液、50% 噻虫胺水分散粒剂 2 500 倍液、10% 吡虫啉可湿性粉剂 500 倍液和 25% 灭幼脲悬浮剂 1 000 倍液校正防效均达到 70% 以上，其中，50% 噻虫胺水分散粒剂 2 500 倍液、25% 灭幼脲悬浮剂 1 000 倍液防治效果最好，分别达到 83.8% 和 79.4%，比药后 7 天的防效略有下降，药效持续期较长，0.6% 苦参碱水剂 1 000 倍液和 6 000IU/mL 苏云金杆菌悬浮剂 500 倍液校正防效较差。

表 2 　6 种农药防治韭蛆田间药效结果

处理	虫口基数（头）	药后第 3 天			药后第 7 天			药后第 14 天		
		活虫数	虫口减退率（%）	校正防效（%）	活虫数	虫口减退率（%）	校正防效（%）	活虫数	虫口减退率（%）	校正防效（%）
1.8% 阿维菌素乳油 2 000 倍液	23	9.8	57.4	60.7ab	5.1	77.87	80.17ab	8	65.27	70.2ab
50% 噻虫胺水分散粒剂 2 500 倍液	26	8.7	66.5	69.1a	4.6	82.3	84.2a	4.9	81.2	83.8a
10% 吡虫啉可湿性粉剂 500 倍液	23.5	11	53.2	56.8b	7	70.28	73.38b	7.5	68.1	72.6ab
25% 灭幼脲悬浮剂 1 000 倍液	25	9	64	66.8ab	5.5	78	80.3ab	6	76	79.4a
0.6% 苦参碱水剂 1 000 倍液	24.6	12.5	49.2	53.1b	9.8	60.2	64.3c	11.3	54.1	60.6b

（续表）

处理	虫口基数（头）	药后第3天			药后第7天			药后第14天		
		活虫数	虫口减退率（%）	校正防效（%）	活虫数	虫口减退率（%）	校正防效（%）	活虫数	虫口减退率（%）	校正防效（%）
6 000IU/mL 苏云金杆菌悬浮剂500倍液	24	9.5	60.4	63.5ab	12	50	55.2d	13.8	42.5	50.7c
CK 清水	24	26	-8.3	—	26.8	-11.7	—	28	-16.7	—

注：表中数据均为4次重复平均值。同列数据后不同字母表示 $P < 0.05$ 水平差异显著

3　结论与讨论

（1）阿维菌素由灰色链霉菌发酵产生，为广谱杀虫杀螨剂，渗透力强，渗入植物薄壁组织内的活性成分可较长时间存在。昆虫与药剂接触后出现麻痹症状，难以活动和取食，最终死亡。噻虫胺是新烟碱类杀虫剂，毒力高，对有机磷、氨基甲酸酯和合成拟除虫菊酯具高抗性的害虫对噻虫胺无抗性，在防治韭蛆中应用价值大，是取代有机磷类杀虫剂的理想药剂。灭幼脲是一种药效持续时间长的用药，在施药15天后仍然对昆虫有毒害作用，药后第14天，防治韭蛆的校正防效仍高达到79.4%。本试验结果表明，1.8%阿维菌素乳油、50%噻虫胺水分散粒剂、25%灭幼脲悬浮剂对韭蛆有较好的防治效果，从药效、生态环境角度综合分析，可作为防治韭蛆的推荐药剂，在韭菜田大面积推广应用。

（2）试验研究表明10%吡虫啉可湿性粉剂和0.6%苦参碱水剂在7天后效果较显著，药效平稳。吡虫啉是烟碱类超高效杀虫剂，具有广谱、高效、低毒、低残留，害虫不易产生抗性，对人、畜、植物和天敌安全等特点。防效长达25天左右，其药效和温度呈正相关，温度高，杀虫效果更好。在田间应用中应注意温度的影响，在北方韭菜产区最好选择在地温较高时使用，以充分发挥其对韭蛆的最佳防治效果，减少用药量，降低防治成本。苦参碱作为植物源农药，是以喹嗪啶类为主的生物碱，具有触杀、胃毒作用，对多种害虫和病菌均有活性，但苦参碱的速效性较弱。苏云金杆菌属于微生物源农药，药效挥发慢，田间持效期也短，在韭蛆为害较重时施药，防效较差，宜掌握在韭蛆为害初期施药。

参考文献

[1] 杜春华. 不同药剂防治韭蛆的田间药效分析 [J]. 农药，2013，52（2）：145-150.

[2] 李贤贤，马晓丹，薛明，等. 不同药剂对韭菜迟眼蕈蚊致毒的温度效应及田间药效 [J]. 北方园艺，2014（9）：125-128.

[3] 张华敏，尹守恒，张明，等. 韭菜迟眼蕈蚊防治技术研究进展 [J]. 河南农业科学，2013，42（3）：6-9.525-527.

[4] 程志明编译. 杀虫剂噻虫胺的开发 [J]. 世界农药，2004，26（6）：1-3，22.

[5] 孙艳丽，王原野，张红梅. 不同剂量25%灭幼脲Ⅲ号飞机防治美国白蛾的试验 [J]. 山东林业科技，2013（4）：41-46.

[6] 杨集昆，张学敏. 韭菜蛆的鉴定迟眼蕈蚊属二新种 [J]. 北京农业大学学报，1985，11（2）：153-156.

[7] 王洪涛，宋朝凤，王英姿. 5%氟虫脲可分散液剂对韭蛆的室内毒力测定及田间防效 [J]. 农药，2014，53（7）.

蚜虫为害对金银花产量和品质的影响及
休眠期蚜虫防治技术研究[*]

刘　磊[**]　张文丹　祝国栋　李朝霞　薛　明[***]

（山东农业大学植物保护学院，泰安　271018）

摘　要：胡萝卜微管蚜是为害山东金银花的重要害虫。本文研究了胡萝卜微管蚜为害金银花对其产量和品质的影响，并在金银花休眠期进行了蚜虫防治技术研究。结果表明：蚜虫为害对金银花干花的产量和10种主要药用成分的含量影响很大。在冬季金银花植株休眠期，进行中度修剪，可减少越冬虫量66.25%，喷施石硫合剂，可减少越冬虫量43.92% ～ 66.49%。金银花植株休眠期推行适度修建和喷洒石硫合剂都能显著减轻春季蚜虫发生，对保证金银花药材质量和产品安全具有重要意义。

关键词：金银花；蚜虫；产量及品质；休眠期防治

金银花为忍冬科植物忍冬（*L. japonica* Thunb.）的干燥花蕾或带初开的花（中国药典，2010），药用历史悠久，有"中药中的抗生素"之称（王亚丹等，2014）。其茎、叶、花均可入药，具有保肝利胆疏散风寒等功效（简美玲等，2011；王瑞娟和张立秋，2006；），近年来，随着金银花开发力度的加大，其应用领域不断拓宽，国内外对金银花的需求量越来越大，金银花的种植面积逐年增加。山东是金银花的传统主产区，种植面积约$3.33 \times 10^4 hm^2$，产量约占全国产量的70%以上，尤其在平邑县已成为当地的支柱产业（张金等，2014）。蚜虫是为害金银花的最重要害虫，发生普遍，该虫刺吸金银花嫩叶、幼蕾，使受害叶片卷缩发黄，严重时花蕾枯焦、叶片脱落，植株不能正常开花，对金银花的产量和品质影响极大（孙莹等，2013）。因此，在金银花药材栽培过程中有效防治蚜虫对于保证药材质量十分必要。

对于金银花蚜虫等金银花病虫害的防治，目前，仍停留应急性喷药状态。而蚜虫为害盛期正值春季采花期，不合理的用药地上喷雾，易导致产品中农药残留超标（李冰等，2012）。而金银花多年生，休眠期树体是蚜虫等多种病虫害的越冬场所，实施休眠期防治，对有效控制生长期害虫种群数量作用大，但目前尚缺少系统研究。

金银花中含有绿原酸、异绿原酸、木犀草苷、挥发油等多种化学成分，其中，绿原酸、木犀草苷是目前公认的金银花有效成分，并被作为金银花药材及其制剂的质量控制指标之一。研究蚜虫为害后金银花植株体内药用成分含量及其变化，对于科学评价蚜虫的为害，通过控制蚜虫提高金银花药材的质量，具有非常重要的理论意义和应用价值。

---

　*　基金项目："十二五"国家科技支撑计划（2011BAI06B01）

　**　作者简介：刘磊，男，硕士，研究方向：害虫综合治理；E-mail：164801676@ qq. com

　***　通讯作者：薛明；E-mail：xueming@ sdau. edu. cn

1 材料

1.1 供试药剂

45％石硫合剂结晶粉，湖北宜昌三峡农药厂。

标样芦丁（100080-200306）购于中国食品药品检定研究院。

新绿原酸（PA0819RA13），绿原酸（20130415）隐绿原酸（ZS0922BA13），木犀草苷（20130521）异绿原酸 B（20131021）异绿原酸 A（20130816）异绿原酸 C（20130924）由上海源叶生物科技有限公司提供；乙腈、磷酸为色谱纯，其余试剂均为分析纯。

1.2 供试仪器

1260 系列高效液相色谱仪（包括 G1311C 四元泵，G1329B 自动进样器、G1315B 二极管阵列检测器、G1316A 柱温箱和 Agilent Chem Station 工作站，美国安捷伦公司），型号电子分析天平（梅特勒-托利多仪器），KQ-500DE 型超声仪（厂家）。

2 方法

2.1 蚜虫为害对金银花产量和品质影响

2.1.1 试验处理及采样方法

试验于 2014 年 5 月在山东省平邑县金银花种植基地进行，常年种植金银花。供试品种为四季花，植株长势大小一致，栽培管理一致，试验期间不施用任何药剂。于 2014 年 5 月 23 日采第一茬花时，采集大白期花蕾，蚜虫为害植株分为高、中、低、无 4 个为害密度：高度为害植株虫量约 227～285 头/枝，花蕾被害严重，皱缩弯曲；中度为害虫量约 130～145 头/枝，花蕾被害较严重，有不明显皱缩；轻度为害虫量约 29～41 头/枝，花蕾无明显为害；以无蚜虫为害植株做为对照。每处理重复 3 次，每重复 12 株；每个重复采集鲜花 200g，将鲜花于 50～60℃环境下鼓风干燥至恒重，密封储存于-20℃冰箱中备用。

2.1.2 样品提取与净化

取 1.0g 金银花药材粉末，精密称定，置于 100mL 具塞锥形瓶中，精密加入 50％甲醇 50mL，密塞，称定质量，超声处理（功率 100W，频率 100Hz）30min，放冷，再称定质量，用 50％甲醇溶液补足减失的质量，摇匀，离心（4 000r/min）10min，精密量取上清液过滤（0.22μm）作为供试品溶液。

2.1.3 仪器条件

ZORBAXSB-C18 色谱柱（4.6mm×250mm，5μm），流动相 0.1％硫酸溶液（A）-乙腈（B）二元梯度洗脱（0～10min，92％～90％A，10～20min，90％～85％A，20～30min，85％A，30～40min，85％～75％A，40～60min，75％～0％A），柱温 30℃，检测波长 325，350nm，进样量 20μm。理论板数按绿原酸峰计算不低于 10 000。

2.2 休眠期修剪对蚜虫发生的影响

试验方法：试验于 2014 年 2 月在山东省平邑县金银花基地进行，选取长势良好，栽培管理一致四季花，设计轻修剪、中修剪、重修剪、不修剪 4 个处理，且 4 个处理均不施用药剂，每处理 3 个重复，每重复 25 棵；在每株金银花上按东、西、南、北、中随机各选 2 个虫量适中的长枝条，并挂牌标记，分别在施药前及施药后每隔 10 天调查一次；记录所选枝条蚜虫活虫数。重剪，留枝量 30 左右：疏除全部二级枝，一级枝剪去 2/3，保留 2~3 对芽；中剪，留枝量 50 左右：保留少量粗壮二级枝，一级枝剪去 1/2，保留 3~4 对芽；轻剪，留枝量 90 左右：保留适当粗壮二级枝，一级枝剪去 1/3，保留 4~5 对芽；对照：不修剪，只剪去铺地枝。

$$虫口减退率（\%）= \frac{施药前活虫数 - 施药后活虫数}{施药前活虫数} \times 100$$

$$防治效果（\%）= \frac{处理区虫口减退率 - 对照区虫口减退率}{1 - 对照区虫口减退率} \times 100$$

2.3 喷施石硫合剂对蚜虫控制作用

试验方法：试验于 2014 年 2 月 10 日在平邑金银花基地进行，在金银花干枝期喷施 45% 石硫合剂结晶（湖北省宜昌三峡农药厂），稀释 150 倍，设置未喷药剂植株为对照，共 2 个处理，每处理重复 3 次，每重复 25 株金银花。调查方法参上。

3 结果与分析

3.1 金银花蚜虫为害对金银花产量的影响

金银花蚜虫重度、中度和轻度为害干花百针重量分别较无为害降低了 32.6%、15.9% 和 7.2%；干花长度分别较无为害下降了 37.61%、14.96% 和 9.83%（表 1）。

表 1 蚜虫为害对金银花干重影响

为害等级	虫量（头/枝）	干花重量（g/百针）	干花长度（mm/针）
重度为害	227~285	0.93 ± 0.05c	14.6 ± 0.54c
中度为害	130~145	1.16 ± 0.05b	19.9 ± 0.21b
轻度为害	29~41	1.28 ± 0.05ab	21.1 ± 0.42b
无为害	0	1.38 ± 0.02a	23.4 ± 0.36a

3.2 胡萝卜微管蚜为害植株对金银花品质的影响

金银花不同程度蚜虫为害对花蕾产量和品质均有明显影响。在干花测定的 10 项品质指标中，蚜虫为害后，绿原酸、新绿原酸、木犀草苷、芦丁四种成分的含量均较无蚜虫为害的对照明显降低，且随着蚜虫为害程度的加重，降低的愈明显，重度为害较对照花蕾中的含量分别降低了 25.63%、32.79%、31.35%、30.38%；而咖啡酸、槲皮素、异绿原酸 B、异绿原酸 C 4 种物质蚜虫为害后含量较无为害的对照有所升高，轻度分别较对照升高了 0.21%、9.09%、11.73%、24.08%；隐绿原酸、异绿原酸 A 蚜虫中度和轻度为害时含量较对照也有所升高（表 2）。

表2　胡萝卜微管蚜为害不同程度对金银花品质影响

主要成分	成分含量（mg/g）			
	重度为害	中度为害	轻度为害	无为害
新绿原酸	0.238 ± 0.003c	0.303 ± 0.002b	0.305 ± 0.003b	0.320 ± 0.003a
绿原酸	15.077 ± 0.208d	20.412 ± 0.132c	21.171 ± 0.071b	22.434 ± 0.106a
隐绿原酸	0.135 ± 0.002c	0.167 ± 0.001a	0.172 ± 0.002a	0.158 ± 0.001b
咖啡酸	0.006 2 ± 0.000 5b	0.006 8 ± 0.000 5a	0.006 8 ± 0.000 3a	0.005 4 ± 0.000 4c
芦丁	0.668 ± 0.004c	0.870 ± 0.009b	0.991 ± 0.001a	0.973 ± 0.012a
木犀草苷	0.362 ± 0.002d	0.391 ± 0.004c	0.467 ± 0.003b	0.520 ± 0.002a
异绿原酸 B	0.147 ± 0.000 3bc	0.162 ± 0.002 6a	0.149 ± 0.000 7b	0.143 ± 0.001 0c
异绿原酸 A	6.693 ± 0.078c	7.478 ± 0.115a	6.705 ± 0.087c	7.191 ± 0.061b
异绿原酸 C	0.915 ± 0.008b	0.980 ± 0.014a	0.810 ± 0.003c	0.744 ± 0.008d
槲皮素	0.052 ± 0.002ab	0.052 ± 0.001ab	0.055 ± 0.000 04a	0.050 ± 0.004b

3.3　休眠期修剪对蚜虫发生的影响

从图1可以看出，不修剪的植株蚜虫发生量最大，轻修剪的次之，中度修剪和重度修剪对蚜虫的发生有明显的抑制作用。轻度修剪、中度修剪和重度修剪较不修剪的蚜虫数量分别降低了19.87%、66.25%和76.61%。中度修剪对蚜虫有明显的控制作用，有利于来年金银花的成长和产量，适宜在生产中应用。

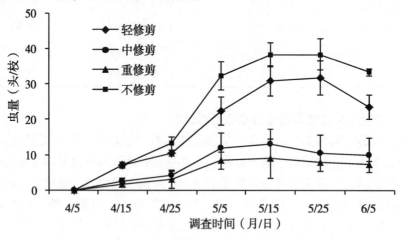

图1　休眠期修剪对蚜虫发生的影响

3.4　喷施石硫合剂对蚜虫控制作用

由表3可知，喷施石硫合剂之后蚜虫的基数和增幅明显减少，而且随着施药时间延长，蚜虫的虫量始终保持在一个比较低的水平。药后75天防治效果为43.92%，药后105天仍达到66.49%，越冬期喷施石硫合剂可以压低越冬虫量，减少早春蚜虫发生量。

表 3 喷施石硫合剂对蚜虫控制作用

药剂	稀释倍数	基数（头/枝）	药后 75 天		药后 85 天		药后 95 天		药后 105 天	
			活虫数（头/枝）	防效（%）	活虫数（头/枝）	防效（%）	活虫数（头/枝）	防效（%）	活虫数（头/枝）	防效（%）
45%石硫合剂结晶	150	1.74	3.53	43.92 ± 35.61	6.19	51.84 ± 32.37	6.98	62.3 ± 25.15	10.13	66.49 ± 20.29
CK		7.2	40.67		87.33		130		200.01	

4 讨论与结论

本研究通过产量测定和质量检测，明确了蚜虫优势种胡萝卜微管蚜为害对金银花产量和质量的影响，蚜虫重度和中度为害，不仅可导致产量显著降低，而且对金银花中 10 种药用成分的含量产生显著的影响，其中蚜虫为害程度与金银花中的新绿原酸、绿原酸、芦丁、木犀草苷的含量降低呈正相关；还发现蚜虫为害，可使金银花中的咖啡酸、槲皮素、异绿原酸 B、异绿原酸 C 4 等物质含量较无为害对照升高。表明蚜虫为害金银花植株可诱导其体内产生的次生物质含量发生变化。张芳等（2012）研究蚜虫为害后金银花中 4 种有效成分绿原酸、马钱苷、木犀草苷、咖啡酸都比正常植株含量低。陈美兰等（2006）在研究白粉病发生程度对金银花药材含量的影响时，也发现轻度发病提高了金银花药材中绿原酸的含量。由此可知蚜虫的为害改变了金银花主要药用成分的含量，会对金银花的药效产生影响。

合理的修剪既有利于翌年金银花的成长和产量，对主要病虫害有明显的控制作用。在山东金银花主产区，胡萝卜微管蚜以卵在忍冬植株上越冬。通过人工修剪，可以剪去大部分越冬卵，但是，重剪对来年金银花产量影响较大，而中剪既有效减少蚜虫数量又不影响金银花产量，所以在生产上建议采用中度修剪。休眠期喷施石硫合剂可杀死越冬的蚜虫和红蜘蛛，也对多种病害有控制作用，对于降低病虫害基数，减轻翌年的发生量作用显著。因此，在金银花休眠期实施适度修剪和喷洒石硫合剂对减轻病虫害发生，保证金银花产量和质量意义重大。

参考文献

[1] 陈美兰，刘红彦，李琴，等. 白粉病发生程度对金银花药材中绿原酸含量的影响 [J]. 中国中药杂志，2006（10）：846 – 847.

[2] 杨庆山，刘桂民，周健，等. 金银花栽培管理技术 [J]. 现代农业科技，2009（10）：48.

[3] 许东飞. 金银花丰产修剪技术 [J]. 安徽林业，2007，06：40 – 41.

[4] 李冰，魏新田. 金银花病虫害的识别症状及防治方法 [J]. 现代农业科技，2012，22：134.

[5] 国家药典编委会. 中国药典（一部）[S]. 北京：中国医药出版社，2010：205 – 207.

[6] 简美玲，等 广东省金银花主要病虫害调查初报 [J]. 广东农业科学，2011，14：74 – 76.

[7] 孙莹，等. 金银花蚜虫的发生与防治技术研究 [J]. 中国中药杂志，2013，21：3 676 – 3 680.

[8] 王瑞娟，张立秋. 金银花的主要病虫害及其防治 [J]. 河北林业科技，2006，05：66 – 67.

[9] 王亚丹，杨建波，戴忠，等. 中药金银花的研究进展 [J]. 药物分析杂志，2014，11：1 928 – 1 935.

[10] 吴世福，等. 影响金银花植株体内绿原酸含量的因素 [J]. 山东医药工业，2003，02：32 – 34.

[11] 张芳，张永清，于晓，等. 蚜虫为害对金银花药材质量的影响 [J]. 安徽农业科学，2012，09：5 306 – 5 307，5 636.

[12] 张金，孙秀娟，石岩，等. 蚜虫为害对忍冬叶片防御酶活性及初生代谢的影响 [J]. 山东农业科学，2014，08：57 – 60.

设施番茄熊蜂授粉技术应用示范效果*

王俊侠[1**]　孙　海[2]　胡学军[1]　王晓青[2]　刘　民[3]　郑建秋[1]

（1. 北京市昌平区植保植检站，北京　102200；2. 北京市植物保护站，
北京　100029；3. 北京市昌平区蔬菜技术推广站，北京　102200）

摘　要：在昌平区川府菜缘蔬菜种植基地应用番茄熊蜂授粉技术进行试验示范，结果表明，与传统的人工激素沾花授粉相比，番茄采用熊蜂授粉不仅减少了化学激素的使用，每亩地可以降低约260元生产成本，而且果实饱满、整齐度高、果型周正、色泽好，增产达到18.1%，应用效果显著。

关键词：设施番茄；熊蜂授粉；示范效果

番茄目前是我国最主要的种植蔬菜之一，为保证周年供应，设施番茄面积逐年扩大，成为秋冬季人们餐桌上重要的补充[1]。近年来设施番茄品种日益更新，尤其是大量鲜食品种的种植，使人们对于番茄的口感、安全性有了更高的需求。而传统使用化学制剂或人工促进坐果的方法已经逐渐与人们的需求脱节。加之目前随着用工费用的增加、劳动力的缺乏，农民越来越倾向于选择更简便更实用的授粉技术。近几年，利用熊蜂对番茄授粉逐渐在国内兴起，本文就传统的番茄人工激素沾花和熊蜂授粉技术进行了全面的比较评价，为该技术的推广应用提供试验依据。

1　材料和方法

1.1　试验地点

试验地点设在昌平区崔村镇南庄营村的北京川府菜缘蔬菜种植基地，土壤为沙壤土，肥力中等。

1.2　试验材料

熊蜂，由荷兰科伯特公司提供；激素为2,4-D；番茄，品种为浙粉202，定植密度为2 600株/亩，试验棚室面积400m²（长50m×宽8m）。试验棚番茄2014年1月10日育苗，3月11日定植，3月31日初花期；4月9日熊蜂授粉棚室释放熊蜂一箱，人工激素沾花棚室开始点花授粉；5月25日开始采收，7月15日拉秧。

1.3　试验设计

试验设熊蜂授粉和人工激素沾花两个处理，不同处理棚室在种苗品种、长势、栽培管理条件等方面一致。熊蜂授粉棚室于番茄始花期放入熊蜂，每个棚室释放1箱熊蜂，激素授粉棚室同时开始采用点花授粉。在棚室内随机选取3个小区，每个小区10株番茄，调

* 基金项目：2014北运河流域减少农药用量控制农业面源污染技术示范（20140808025317）

** 第一作者：王俊侠，女，高级农艺师，从事病虫害防治工作；E-mail：bjlczwyy@163.com

查小区产量、座果数、单果重、籽粒数等，观察果实色泽、绒毛、果实组织形态等指标。

1.4 调查方法

1.4.1 产量调查方法

在采收期记录小区内所有番茄各穗果的产量，根据定植密度计算亩产量。

1.4.2 座果数调查方法

在每穗果的座果期调查不同处理的座果数，计算平均座果数。调查 3 个小区，每个小区随机取 5 株。

1.4.3 果型和单果重调查方法

在第一穗果时取成熟番茄，称量单个果实重量，调查 3 个小区，每个小区随机取 10 个果实调查。计算每个小区最大的 3 个果实和最小的 3 个果实平均单果重的差值。

1.4.4 籽粒数和千粒重调查方法

在第一穗果时取成熟番茄，放置 2 天，切开取籽粒，将籽粒放在清水中浸泡 2 天，冲洗干净后晾干，调查籽粒数，称量计算千粒重。

1.4.5 果实品质调查方法

在不同处理棚室中整体观察不同处理对番茄转色、果肉、绒毛等果实生长规律和品质的影响。

2 结果与分析

2.1 不同处理对番茄产量的影响

测产结果显示（表 1）：熊蜂授粉的番茄亩产 8 192.5kg，人工点花授粉的番茄亩产为 6 938.0kg，熊蜂授粉比点花处理的亩增产 1 254.5kg，增产率达到 18.1%。

表 1 不同处理对番茄浙粉 202 产量的影响

处理	产量（kg/亩）
熊蜂授粉	8 192.5a
人工激素沾花	6 938.0b

注：表中纵列数据后小写字母相同者表示 5% 水平差异不显著

2.2 不同处理对座果数的影响

试验数据显示（表 2），熊蜂授粉第一果穗到第四果穗平均座果数分别为 2.9 个、3.4 个、3.6 个、2.8 个，平均每个果穗座果 3.17 个；点花处理的座果数分别为 2.6 个、3.0 个、3.2 个、2.85 个，平均每个果穗座果 2.91 个；熊蜂授粉与人工激素沾花处理在座果数上无显著性的差异。

表 2 不同处理对番茄浙粉 202 座果数的影响

	定植密度（株/亩）	1 穗果（个）	2 穗果（个）	3 穗果（个）	4 穗果（个）	平均（个/穗）
熊蜂授粉	2 600	2.9a	3.4a	3.6a	2.8a	3.17a
人工激素沾花	2 600	2.6a	3.0a	3.2a	2.85a	2.91a

注：表中纵列数据后小写字母相同者表示 5% 水平差异不显著

2.3 不同处理对番茄单果重的影响

番茄熊蜂授粉的平均单果重为 198.8g，人工激素沾花处理的平均单果重为 183.4g，平均单果重相差 15.4g。在最大单果重上，熊蜂授粉番茄平均最大单果重为 249.3g，低于人工激素沾花的平均最大单果重 253.3 个；而在最小单果重上，熊蜂授粉的番茄平均最小单果重达到 169.9g，人工激素沾花处理的番茄平均最小单果重仅为 123.6g，两者相差较大；熊蜂授粉平均最大果与最小果之间的相差为 79.4g，人工激素沾花达到 129.7g（表3），综合以上数据说明，与人工激素沾花相比，使用熊蜂授粉的番茄产生的小果少，果实大小更加均匀。

表3 不同处理对番茄浙粉202果型影响

	平均最大单果重（g）	平均最小单果重（g）	最大果与最小果单果重平均差值（g）	平均单果重（g）
熊蜂授粉	249.3	169.9	79.4a	198.8a
人工激素沾花	253.3	123.6	129.7b	183.4b

注：表中纵列数据后小写字母相同者表示5%水平差异不显著

2.4 不同处理对番茄种子的影响

人工激素沾花处理的番茄单果种子数只有 55 个，熊蜂授粉处理的为 158 个，约是人工激素沾花处理的 3 倍（表4），说明熊蜂授粉更加有利于果实种子的正常形成。两个处理在种子千粒重上差异不显著。

表4 不同处理对番茄浙粉202种子的影响

处理	单果种子数（粒）	千粒重（g）
熊蜂授粉	158a	3.774a
人工激素沾花	55b	3.448a

注：表中纵列数据后小写字母相同者表示5%水平差异不显著

2.5 不同处理对番茄果实品质的影响

熊蜂处理的番茄是从下面果穗往上面果穗依次成熟，每穗果实是从靠近植株向远离植株的果实依次成熟。点花授粉的果实成熟转色规律混乱，打破了每株果实从下向上的成熟顺序，打破了每个果穗从靠近植株向远离植株的果实成熟的顺序，先膨大的先成熟转色，后膨大的后成熟后转色或不转色。

熊蜂授粉的番茄果皮表面光滑、光亮、转色均匀，果肉松软肥厚且中隔分布规矩，滋养组织充盈饱满，种子外的绒毛规整且有光泽；点花处理的果皮表面较粗糙、无光泽、转色不均匀，果肉硬实较薄且中隔分布散乱，滋养组织不饱满，种子外的绒毛不规整且无光泽（表5）。

表 5　不同处理对番茄浙粉 202 果实品质的影响

	种子绒毛	绒毛光泽	果皮	果肉	滋养组织
熊蜂授粉	规整	有	光亮转色均匀	中隔规矩肥厚	饱满
人工激素沾花	不规整	无	无光泽转色不一致	中隔散乱较薄	不饱满

2.6　不同处理授粉成本比较

番茄全生育期授粉需要释放熊蜂 2 次，每次亩使用熊蜂 1 箱，每箱 350 元，熊蜂授粉成本为每亩 700 元；点花授粉全生育期进行 12 次，每个工 80 元计算，每亩点花授粉成本 960 元；熊蜂授粉比点花授粉节省人工成本 260 元。

3　讨论

人工激素授粉的番茄籽粒数明显减少，往往大小不一，色泽不均，而使用熊蜂授粉的番茄饱满肥厚，大小、色泽均匀，籽粒数多，在品质方面要优于人工激素授粉，产量也明显提高。这是因为熊蜂在开花期为植物授粉时，能够选择在花粉成熟最佳的时机进行授粉，受精完全，果实经过正常的发育生长，而人工授粉是机械的定时操作，很难保证每一朵花在花粉成熟最佳的时机授粉，再加上没有正常的受精过程，所以，在果实产量和品质上都要差于熊蜂授粉[2,3]。

利用熊蜂对设施番茄授粉，不仅能够提高产量和品质，而且每亩地还能够降低约 260 元的人工授粉成本，替代了化学激素的使用，减少了对生态环境的影响，在川府菜缘基地的试验示范中取得了很好的效果。今后将在京郊番茄的主要种植区大面积的推广应用熊蜂授粉技术，实现农民增收和番茄的绿色安全生产。

参考文献

[1] 张真和. 蔬菜产业可持续发展对策 [J]. 中国蔬菜, 2004 (1): 1-3.

[2] 黄家兴, 安建东, 吴杰, 等. 熊蜂为温室茄属作物授粉的优越性 [J]. 中国农学通报, 2007, 23 (3): 5-9.

[3] 邢艳红, 彭文君, 安建东. 不同蜂授粉对设施番茄产量和品质的影响 [J]. 中国养蜂, 2005, 56 (7): 8-10.

康宁霉素对臭椿幼苗生长发育的影响*

张　赛**　王桂清***

（聊城大学农学院，聊城　252059）

摘　要：康宁霉素是木霉菌重要的次生代谢产物，具有抑菌和促长等多种生物活性。为了探究康宁霉素对木本园林植物生长发育的影响，本研究以臭椿幼苗为试验材料，采用灌根加喷施法，测定了康宁霉素、天达2116和多菌灵在适宜浓度下对臭椿幼苗株高、根长、鲜重、干重、叶绿素a、叶绿素b和总叶绿素含量的影响。结果表明，康宁霉素具有与植物生长营养液天达2116相似的作用，均对臭椿幼苗的生长发育表现出促生效果，且康宁霉素的促生长作用更强；康宁霉素的药效持效期为18天左右，超过27天促生长作用降低；杀菌剂多菌灵则主要表现出抑制臭椿幼苗的生长。本研究为康宁霉素制剂在农林业生产上的合理利用提供了科学的理论依据。

关键词：康宁霉素；臭椿幼苗；生长发育

臭椿是我国北方常见用材树种，因其生长快，抗逆性强，常被用于造林绿化[1]。康宁霉素（Trichokonins, TKS）是从拟康氏木霉（*Trichoderma pseudokoningii*）生防菌SMF2的固体培养物中分离提纯出的一类Peptaibols抗菌肽[2]，其具有多种生物活性。已有的研究表明，木霉及其次生代谢产物对植物生长发育的影响作用极为复杂，既有促进植物生长的一面，又有抑制植物生长的一面[3~4]。为了进一步探究其对木本园林树木生长发育的影响，本文以臭椿幼苗为靶标植物，以植物生长营养液天达2116和杀菌剂多菌灵为阳性对照，比较了三者对株高、根长等的影响，为推广和扩大TKS的应用奠定理论基础。

1　材料与方法

1.1　供试材料及种植

供试材料为臭椿幼苗。挑选颗粒饱满的臭椿种子，用3%次氯酸钠溶液浸泡10min、清水冲洗4~5次、40℃±1℃温水浸泡24h后，移入育苗盘，24℃±1℃培养箱中催芽，及时洒水以保持种子湿润。待幼苗长出2~4片真叶时移入培养钵（选用当地土壤与沙子1∶1混合配制试验用土），每钵5棵，于温室内常规管理。

1.2　供试试剂及配制

康宁霉素，水溶剂，有效成分14.39mg/mL，山东大学微生物技术重点实验室惠赠。用少

---

　* 基金项目："863"子项目（2011AA0907）；山东省科技攻关项目（2014GJH03）和聊城大学大学生科技文化创新项目（SF2014201）。

　** 作者简介：张赛，女，植物保护专业本科生；E-mail：2304980575@qq.com

　*** 通讯作者：王桂清，女，博士（后），教授，主要从事植物保护的教学与科研工作；E-mail：wangguiqing@lcu.edu.cn

量无水乙醇（不超过所配体积的2%）溶解，无菌水稀释成终浓度4.4mg/mL的制剂，备用。

天达2116，植物生长营养液，有效成分1g/mL，山东天达生物制药股份有限公司生产。用无菌水稀释成终浓度64mg/mL的制剂，备用。

多菌灵，可湿性粉剂，有效成分含量为60%，青岛好利特生物农药有限公司生产。用无菌水稀释成终浓度32mg/mL的制剂，备用。

3种供试试剂的终浓度均为根据常规用量预实验而得的最佳浓度。

1.3　取样方法

每一处理50株臭椿幼苗，待臭椿幼苗长至10cm时进行制剂处理，每株幼苗使用5mL试剂（其中，喷施1mL、浇灌4mL），每隔5天处理一次，共处理5次，以清水处理作为对照，期间常规管理。最后1次施药后的第3天、6天、11天、18天、27天进行取样，每次每一处理取样10株，连根拔出，注意勿断和勿伤根系，清洗干净，用滤纸吸干水分，测定各项指标。

1.4　生物测定方法

1.4.1　叶绿素含量的测定

从每一处理的10株幼苗上取同一叶位的叶片各1片，去大叶脉，混合后称取0.5g样品于研钵中，加入少量碳酸钙和80%丙酮5mL，充分研磨细碎至变白（大约5min），80%丙酮定容至25mL；按照李合生的方法[5]进行测定，并计算叶绿素含量。

1.4.2　植株鲜重的测定

将冲洗干净并吸干水分的臭椿幼苗，分单株用分析天平称量其鲜重。

1.4.3　株高和根长的测定

将称完鲜重后的整株幼苗用WinRHIZO根系扫描仪获得图片，并对图片进行分析，测量株高和总根长。

1.4.4　植株干重的测定

将测定完株高和根长的整株幼苗置于烘箱内105℃±1℃杀青15min，70℃±1℃烘至恒重，分单株用分析天平称量其干重。

1.5　数据处理

采用Excel软件和DPS7.5对数据进行统计分析。

2　结果与分析

2.1　对臭椿幼苗株高的影响

康宁霉素、天达2116和多菌灵对臭椿幼苗株高的影响见图1。康宁霉素和天达2116均表现出促生长作用，对于康宁霉素而言，促进率表现出先升高后降低的趋势，在第11天达到最高，为8.40%，处理27天时还表现出一定的抑制作用，其原因可能是，供试康宁霉素为复合物，到达27天时，其有效成分被植物所利用，而其中的杂质等物质对臭椿幼苗表现为一定的抑制作用；对于天达2116而言，促进率则表现为先降低后升高的趋势，且处理6天后，促进率升高幅度较小，比较稳定，在0.72%～1.36%，在第11天取样时促进率最低，为0.72%，康宁霉素是其11.67倍；多菌灵对臭椿幼苗株高的影响主要表现为抑制作用，抑制率为0.34%～4.29%，第一次取样（处理3天时）表现出微弱的促生长作用，促进率为1.73%，原因可能是用药时间短，其影响还没有显现出来。

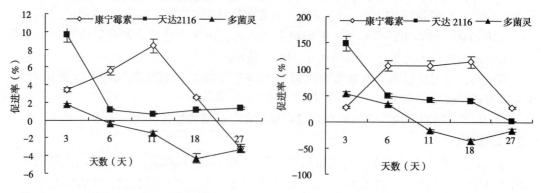

图1　不同药剂对臭椿幼苗株高的影响　　　　图2　不同药剂对臭椿幼苗总根长的影响

2.2　对臭椿幼苗总根长的影响

3种供试制剂对臭椿幼苗总根长的影响见图2。康宁霉素和天达2116均表现出促生长作用，且在处理6天后两者的促进率趋势相同，但康宁霉素的促生效果强于天达2116，前者的促进率为27.04%～113.77%，后者的为1.46%～49.26%，前者为后者的2.6倍以上。处理27天时，康宁霉素和天达2116的促生作用明显降低，原因在于营养成分已被利用。多菌灵对臭椿幼苗总根长的影响在前两次取样时（处理时间不超过6天）表现为较明显的促进作用，促进率为33.42%～52.64%，而从第三次取样开始（即处理时间长于11天）则表现出一定的抑制作用，抑制率为15.8%～37.39%，原因可能是前期多菌灵主要作用于土壤中的有害真菌，减少了致病菌对根系的为害，从而有利于根系的生长，而后期则主要作用于植物的根系，对根系的伸长表现出抑制作用。

2.3　对臭椿幼苗鲜重的影响

3种供试制剂对臭椿幼苗鲜重的影响见图3。康宁霉素和天达2116均表现出促进鲜重增加的作用，且总体而言，前者的促进作用明显强于后者。对于康宁霉素而言，促进率表现出先升高后降低的趋势，在处理6～18天时，促进率比较稳定，为51.86%～58.85%，处理时间超过18天，促进作用逐渐降低，到27天时，促进率仅为20.6%，大约为18天时的1/3；对于天达2116而言，促进率则表现为随着处理时间的延长逐渐降低的趋势，处理时间少于11天时，下降幅度较大，从3天的促进率54.1%降为11天的4.53%，超过11天，下降幅度较小，促进率比较稳定，在1.13%～4.53%；多菌灵对臭椿幼苗鲜重的影响，主要表现为抑制作用，且随着处理时间的延长抑制率增加。

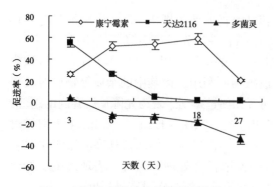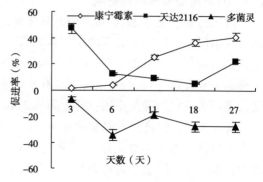

图3　不同药剂对臭椿幼苗鲜重的影响　　　　图4　不同药剂对臭椿幼苗干重的影响

2.4 对臭椿幼苗干重的影响

三种供试制剂对臭椿幼苗干重的影响见图 4，康宁霉素和天达 2116 均表现出促进作用，康宁霉素的促进率表现为逐渐升高的趋势，为 1.03% ~40.75%，而天达 2116 则表现为先降低后升高的趋势，拐点为第 18 天，此时促进率最低，为 4.81%，到第 27 天时又升高到 21.92%；多菌灵对臭椿幼苗干重的影响表现为抑制作用，抑制率为 6.81% ~34.54%。

2.5 对臭椿幼苗叶绿素含量的影响

三种制剂对臭椿幼苗叶绿素 a 的影响见图 5，对叶绿素 b 的影响见图 6，对总叶绿素含量的影响见图 7。处理时间不超过 18 天时，康宁霉素和天达 2116 主要表现为促进作用，且随处理时间延长表现出先升高后降低的趋势，到 27 天时则呈现抑制作用。康宁霉素对总叶绿素含量的影响和对叶绿素 a 的影响相似，对叶绿素 b 的影响较小，即对臭椿幼苗总叶绿素含量的影响主要取决于对叶绿素 a 的影响，如处理 3 ~11 天时，对总量的促进率为 7.39% ~11.74%，其中，对叶绿素 a 的促进率为 5.33% ~9.10%，对叶绿素 b 的促进率仅为 0.10% ~0.16%，a 是 b 的 33 ~91 倍。多菌灵对臭椿幼苗叶绿素含量表现为抑制作用，抑制率先降低后升高，抑制率均超过 7%。

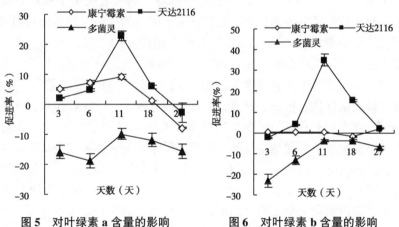

图 5 对叶绿素 a 含量的影响   图 6 对叶绿素 b 含量的影响

3 讨论

木霉除对病原真菌存在拮抗作用外，对植物的生长发育也会产生一定的影响。木霉的促生机制可概括为：产生植物生长调节剂、抑制或降解根际有害物质、增加养分利用率。木霉次生代谢产物对植物生长也会产生促进作用，该机制可归纳为以下 2 个方面：一是指生防菌代谢产物的杀菌作用，木霉代谢产物中含有多种抗生素，可以抑制许多病原真菌的生长，可能是促进植物生长的重要因素之一；二是指木霉代谢产物的诱导抗性作用，激活了植物本身的防御系统而使植物能够抵御病原菌的侵害，从而促进植物的生长[6]。

康宁霉素（Peptaibols）作为一种特殊的抗菌肽具有广谱的抗微生物活性，对革兰氏阳性菌和阴性菌以及真菌都有很好的灭杀作用，如 Peptaivirins A 和 B 对 TMV 有强的抑制效果，在 5μM 的浓度下，可分别达到 74% 和 79% 的抑制率[7]。罗琰[8]通过康宁霉素抗烟

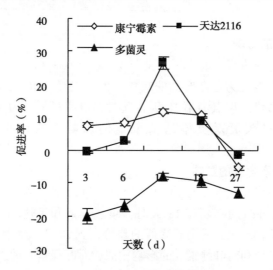

图7　对总叶绿素含量的影响

草花叶病毒活性及其调控拟南芥根系生长的研究，发现康宁霉素对烟草花叶病毒有抑制作用，并能诱导烟草产生抗性和在一定浓度范围内对拟南芥、苜蓿、烟草等有促生长作用。董平[9]研究了康宁霉素对蝴蝶兰灰霉病的防治机理，结果表明康宁霉素对蝴蝶兰灰霉病菌菌丝生长、孢子萌发具有抑制作用；能够促进蝴蝶兰的生长，使其比对照明显旺盛，地上部和地下部的生物量增加，根系的各项指标不同程度的加强。朱衍杰等[10]研究表明，康宁霉素灌根处理对国槐幼苗的株高、根冠比及各物质含量均有促进作用。本研究以臭椿幼苗为试验材料，以植物生长营养液天达2116为对照，比较了康宁霉素、天达2116在适宜浓度下对臭椿幼苗株高、根长、鲜重、干重、叶绿素a、叶绿素b和总叶绿素含量的影响，结果表明，康宁霉素具有与植物生长营养液天达2116相似的作用，即对臭椿幼苗的生长发育表现出促生效果，此结论与前人的研究结果相同，本研究还证明康宁霉素的促生长作用更强，其药效持效期为18天左右，超过27天促生长作用降低。因为康宁霉素具有抑菌作用，本研究以广谱性杀菌剂多菌灵为对照，比较了两者对臭椿幼苗生长发育的影响，结果表明，多菌灵只是单一的杀菌剂，对臭椿幼苗的生长起抑制作用，而康宁霉素既有抑菌作用又有促生长作用，即具有杀菌剂和植物生长调节剂双重作用，说明康宁霉素的应用更广泛。该研究结果进一步为扩大和推广康宁霉素在农林业生产上的合理利用提供了科学的理论依据。

参考文献

[1] 慕德宇. 极具开发潜力的城区绿化树种-臭椿 [J]. 山东林业科技，2007 (6)：90 – 91.

[2] 潘顺，刘雷，王为民. 哈茨木霉发酵液中 peptaibols 抗菌肽的鉴定及活性研究 [J]. 中国生物防治学报，2012，28 (4)：528 – 536.

[3] 宋晓妍，张玉忠，王元秀. 木霉 peptaibols 抗菌肽的研究进展 [J]. 微生物学报，2011，51 (4)：438 – 444.

[4] Shi M，Wang HN，Xie ST，et al. Antimicrobial peptaibols，novel suppressors of tumor cells，targeted calcium-mediated apoptosis and autophagy in human hepatocellular carcinoma cells [J]. Molecular Cancer，2010，9：26.

［5］李合生．植物生理生化实验原理和技术［M］．北京：高等教育出版社，2000：134－137.

［6］朱双杰，高智谋．木霉对植物的促生作用及其机制［J］．菌物研究，2006，4（3）：107－111.

［7］Yun BS，Km YS，Kim YH，*et al*. Peptaivirins A and B，two new antiviral peptaibols against TMV infection［J］．Tetrahedron Lett，2000（41）：1 429－1 431.

［8］罗琰．康宁霉素抗烟草花叶病毒活性及其调控拟南芥根系生长的机制［D］．2010.

［9］董平．康宁霉素对蝴蝶兰灰霉病菌的防治机理研究［D］．2014.

［10］朱衍杰，张秀省，穆红梅，等．康宁霉素对国槐幼苗生长及生理指标的影响［J］．北方园艺，2014（9）：71－74.

三亚市农区害鼠为害分析和防控建议

王　硕[1]*　王苇望[2]　袁伟方[1]**　陈川峰[1]　李祖莅[1]

罗宏伟[1]　邓德智[1]　麦昌青[1]

（1. 三亚市农业技术推广服务中心，三亚　572000；

2. 海南省植物保护总站，海口　571000）

摘　要：2009 年以来三亚市农区害鼠发生面积和发生程度呈加大加重的趋势，主要鼠种为黄毛鼠、黄胸鼠和褐家鼠。通过深入分析三亚市农区害鼠为害逐年加重的原因，提出针对性防控建议。

关键词：农区害鼠；为害；防控建议

三亚地处海南岛南端，素有天然大温室之称，全市农用地面积（含耕地、园地、林地、牧草地和其他）161 957hm²[1]，全年均可开展农业生产，主要栽培模式为冬季瓜菜和水稻轮作，间伴常年蔬菜，气候适宜，食源丰富且天敌少，对农区害鼠滋生繁衍极为有利。农区害鼠对农业的为害几乎涉及所有农作物及其整个生育期，造成作物减产，同时，害鼠还能传播鼠疫等卫生疾病[2]，特别是我市部分农村目前仍存在着食鼠现象，对生命健康安全存有隐患。三亚作为全国重要的冬季农业生产基地和国际化旅游城市，要实现农业增效和农民增收，保障市民和游客的身体健康，必须要控制住农区鼠害的发生为害。

1　农区害鼠发生为害情况

1.1　优势鼠种调查

2014 年调查结果表明（表 1），三亚市农田害鼠主要鼠种为黄毛鼠、黄胸鼠、褐家鼠。其中，黄毛鼠比例最高，占 86.7%；其次为黄胸鼠，占 8.6%；再次为褐家鼠，占 3.4%，其他鼠种仅占 1.3%。2014 年度调查结果与黄佳亮等调查的海南岛山区稻田旱地鼠形动物群落组成相似[3]，也与劳世军等调查的海南省野栖鼠种群组成一致[4]。

表 1　2014 年优势鼠种调查

监测时间（月－日）	捕获量（只）	黄毛鼠		黄胸鼠		褐家鼠		其他	
		只	%	只	%	只	%	只	%
09－10	173	163	94.2	9	5.2	1	0.6	—	—
10－13	72	56	77.8	9	12.5	6	8.3	1	1.4

　* 作者简介：王硕，男，农艺师，主要从事植物保护和病虫测报研究；E-mail：wodeyouxiang_2006@163.com

　** 通讯作者：袁伟方；E-mail：yuanwf2008@163.com

（续表）

监测时间 （月－日）	捕获量 （只）	黄毛鼠		黄胸鼠		褐家鼠		其他	
		只	%	只	%	只	%	只	%
10－22	56	42	75	8	14.2	3	5.4	3	5.4
合计	301	261	86.7	26	8.6	10	3.4	4	1.3

1.2　年度鼠害监测情况

2014 年采用捕鼠笼法进行鼠密度监测，依据农区鼠害监测技术规范（NY/T 1481—2007）分析[5]，结果表明（图），农田害鼠的捕获率远远高于农舍，10 个月监测的平均捕获率，农田为 17.58%，达到大发生的标准，农舍 8.18%，达到中等发生标准，农田比农舍高 9.4 个百分点，可见农区害鼠防控的重点应放在农田。从发生时间动态分析，农田鼠害发生以秋冬季为高峰期，夏季为低峰期，这与三亚的种植模式相一致，冬季瓜菜生产为农田害鼠提供丰富的食料。但农舍鼠害却在冬春季达到低峰，夏季却达到高峰，与农田鼠害的发生情况相反，可能是因为三亚夏季主要种植水稻且种植面积小，农田食料不足，农区害鼠迁入到农舍为害。

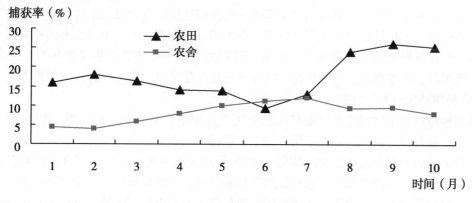

图　2014 年农区鼠害监测情况

1.3　历年农区鼠害发生防控情况

从 2009 年开始开展农区鼠害的调查和防控工作，结果表明（表2），农区鼠害发生总体呈上升趋势，发生面积和发生程度加大加重，2014 年达最高值，发生面积达 11.5 万亩次，发生程度达 3 级，防控任务艰巨。为控制农区鼠害为害，逐年加大防面积，但多数年份防控面积未达到发生面积。为有效控制农区鼠害为害，必须深入分析鼠害大发生的原因，为科学有效地防控奠定基础。

表2　历年农区鼠害发生防治情况

年度	发生面积（万亩次）	发生程度（级）	防控面积（万亩次）
2009	8.5	1	5.6
2010	8.5	1	5.6
2011	9.5	2	7.6

（续表）

年度	发生面积（万亩次）	发生程度（级）	防控面积（万亩次）
2012	9.5	2	7.8
2013	10	2	7.8
2014	11.5	3	8.9

2 农区害鼠发生原因分析

2.1 鼠源基数大

近年来，我市农区鼠害呈逐年增长之势，而且发生面积大，密度较高。2014年，全市农田害鼠发生面积11.5万亩次，农舍发生户数3.8万户次，农田总体呈偏重大发生，部分地区大发生，农舍中等发生，防控率77.4%，因防控不到位导致鼠源基数增大，为今后的灭鼠防控工作增加难度。

2.2 环境气候适宜

我市素有天然大温室之称，农作物一年多熟。随着种植结构的调整，瓜果菜种植面积不断扩大，品种多，农户种植时间参差不齐，收获期延长以及种植结束残留作物处理不及时或者不处理，如早稻收割后不深耕整田，再生稻、落种稻丛生，为农田害鼠提供了丰富的食料，给害鼠繁殖暴发提供便利。同时，温和的气候也特别适合鼠类的生存，一年多胎，一胎多仔，终年繁殖。特别是蛇、猫等天敌被大量捕捉，间接推进害鼠的为害。

2.3 农民防范意识有待加强

随着种植产业结构的改变，农户在农业生产过程中"重病虫、轻草鼠"的防治意识愈发明显。据调查，农户通常在水稻种植中会进行防治病虫害1~3次，冬季瓜菜种植期间，农户平均防治病虫次数达20次以上，但冬种前灭鼠率不足3成，部分农户甚至没有灭鼠意识。而且，目前我市部分农村依然存在着食用田鼠的现象，给生命健康造成一定的威胁。同时，部分农民认为农田害鼠统防统控与己无关，农田害鼠统防过程中有极少数农户为了个人利益阻挠统防工作的现象。

2.4 防控经费还不足

目前，全市还没有设立农区害鼠防控专项资金，鼠害防控工作的开展主要依靠市农技中心的项目整合。2014年，全市共投入防治资金50万元，但相对于全市约16.2万农用地以及农村约6.2万户，统一灭鼠经费明显不足。

2.5 农区统一灭鼠政府干预有待进一步加强

农区统一灭鼠工作是一项公益性、长期性的系统工程，需要社会各界的支持和广泛参与。缺乏政府行为的领导和指挥协调，大规模全民统一灭鼠行动就很难组织实施，新型高效安全杀鼠剂配套技术也难以大范围、大面积推广应用。部分农户单家独户自发零星购药灭鼠，但由于缺乏科学指导，防治效果差，农业生产、人畜安全难以保障。加之周边没有灭鼠的地区害鼠的不断入迁为害，或者农田农舍没有联合统防，农田农舍害鼠来回返窜，农区害鼠难得以有效控制。

3 农区害鼠防控建议

3.1 加强领导，落实防控任务

鼠害多发造成粮食损失，并且传播疾病。做好农区害鼠防控工作是确保农业增效农民增收、实现农业的可持续发展的重要工作。农区害鼠防控任务重大，各级政府应加强对防控工作的领导，坚持属地管理的原则，责任层层细化分解，将监测防控任务落到实处，做到分工明确，责任到人，并加强督导，对农区鼠害监测防控积极的给予肯定表彰，对因不作为而造成重大损失的加以惩戒。

3.2 加强宣传培训，积极推广科学灭鼠技术

以市农技中心为主体，各级政府部门要积极配合，对农区做好安全灭鼠、科学灭鼠宣传和技术培训，提高对鼠害的认知和综合防控的意识。积极发动农户实行统防统控，农田防治以毒饵站毒饵诱杀为主，农舍发放捕鼠夹物理灭鼠，开展大面积联防联控，必要时也可考虑实行政府出资买服务企业化运行模式以迅速压低害鼠密度，提高防治效率。

3.3 加大资金投入，确保防控工作全面开展

为了推进农区害鼠防治工作，全方位压低害鼠密度，保证农业增产、农民增收及降低害鼠传播疾病风险，建议各级政府要加大对农区害鼠防控工作的资金投入，每年增加农区鼠害防治专项经费，使农区害鼠统防工作在全市有效展开。

3.4 因地制宜，大力推广农区灭鼠配套技术

根据各地区的鼠情和作物布局特点及鼠害发生规律新特点，因地制宜制订具体灭鼠方案。组织做好杀鼠药剂的筛选与推荐，科学轮换使用杀鼠剂，积极探索生物灭鼠等新技术，充分利用天敌控鼠，做好技物结合配套服务。

3.5 健全制度，将农业害鼠防控列入常年工作范畴

借鉴贵州、广东等其他省市农田灭鼠先进做法，充分发动组织农户开展统防统控和联防联控，形成常态工作机制。各级政府农业部门可提供防控物资如灭鼠药剂、毒饵站等发放给农户，组织牵头，发动农户自觉全民参与统一时间统一防控，即安全可靠，防治效果又明显，达到长效不易反弹的功效。

参考文献

[1] 三亚市统计局-统计数据-三亚统计年鉴2014 [EB/OL]. http：//www. systats. gov. cn/tjnj. php

[2] 宋秀高. 福建省农区鼠现状及治理对策 [J]. 福建农业科技, 2004 (6)：27 – 29.

[3] 黄佳亮，周培盛，龙芝美. 海南岛山区鼠形动物群落结构与空间分布 [J]. 医学动物防制, 1996, 12 (3)：25 – 27.

[4] 劳世军，黄昌和，王家豪. 海南省鼠疫疫源地调查 [J]. 中国热带医学, 2007, 7 (9)：1 530 – 1 532.

[5] 农区鼠害监测技术规范 [EB/OL]. [2008 – 03 – 01] http：//www. docin. com/p-507101356. html.

吉林省柳河县植保体系现状及发展方向

王晶峰* 张 琼

（柳河县农业技术推广总站，柳河 135300）

摘 要：本文阐述了柳河县植保体系现状以及存的问题及未来的发展方向。

关键词：植保；病虫；发展；方向

植物保护工作是农业技术推广工作的重要组成部分，是农业稳定增产、农民持续增收、农产品质量安全和农业可持续发展的重要保障，是农业科学发展的重要技术支撑。其中，农业信息是柳河县农业及农村社会经济发展的重要资源，也是搞好农业植保工作的重要保障，随着现代农业的发展，信息日益成为影响植保工作的关键因素。

1 吉林省柳河县植保工作现状

1.1 柳河县基本情况

柳河县地处长白山向松辽平原过渡地带，第二松花江源头，是一个"七山半水二分田，半分道路和庄园"的半山区。山清水秀，森林资源丰富，森林覆盖率57%，水资源充足，水质清澈，空气清新，土壤肥沃，气候宜人，农业生态环境优良，是国家优质粮生产基地县之一。柳河县属温带大陆性季风气候区，四季分明。春季干燥，多西南风，气温变化较为明显，夏季高温多雨，秋季温和凉爽，多晴朗天气，温差较大，冬季较长，气候寒冷。年平均降水量736.3mm，5~9月降水668.6mm，年大于10℃有效积温2 800~3 000℃。全年日照时数2 560h左右，5~9月作物生长季节日照时数为1 160h左右。无霜期为130~140天。半山区日温差大，有利于糖分和干物质积累。土地总面积33.5万hm²，耕地面积8.9万hm²，全县辖15个乡（镇）219个行政村，总人口37.26万人，其中农业人口是25.96万，常年种植面积8.9万hm²，其中，玉米播种面积5.5万hm²、稻谷面积2.1万hm²、经济作物1.3万hm²（烟叶0.3万hm²，中药材0.26万hm²，山葡萄0.2万hm²，树苗0.5万hm²）。年总产玉米37.4万t，年产稻谷12.4万t。

1.2 农作物病虫发生为害情况

近年来，由于气候、土壤和耕作制度条件的改变及有害生物的多样性和发生规律的复杂性，2013—2014年农作物病虫害总体中等偏轻发生程度，普遍较2012年轻，2013—2014年柳河县玉米病虫害中等偏轻发生，发生面积为85余万亩次，比2012年略少，造成玉米损失4 054t，比2012年减少损失1 300t。水稻病虫害总体中等偏轻发生。2013—2014年发生面积60万亩次，比2012年略少，造成水稻损失1 525t。常发生性病虫害玉米

---

* 作者简介：王晶峰，男，高级农艺师，现主要从事农作物的试验、示范、推广及农作物病虫草鼠害综合防治工作；E-mail：joan1971@126.com

螟、稻瘟病发生普遍，发生面积不大，局部较 2012 年重。玉米黏虫、蚜虫发生较轻，与 2012 年相当，玉米大斑病发生较轻，比 2012 年轻，玉米茎腐病较 2012 年重，玉米上的禾谷缢管蚜有加重趋势，地下害虫（金针虫）较 2012 年重。水稻稻曲病、象甲虫、二化螟、潜叶蝇、二代黏虫在水稻上为害较 2012 年重。水稻负泥虫发生较 2012 年轻。农田恶性杂草加重，如野慈姑、苘麻、节节菜、田旋花、萤蔺等。由于退耕还林，鼠害近年有加重发生趋势。

1.3 农作物病虫草鼠害防治措施

柳河县认真贯彻落实"预防为主，综合防治"的植保方针，树立"科学植保、公共植保、绿色植保"的理念。准确掌握病虫草鼠害发生发展动态，本着"治早、治小、治了"的原则，大力推广农作物病虫害草鼠专业化统防统治及绿色防控技术，不断加强防治技术的推广与防治人员的技术培训，综合运用农业、生物、物理和化学防治措施，减少高毒、高残留农药的使用，有效控制了病虫草鼠的为害，专业化程度明显提高，防治水平明显提升，平均防治效果达 85% 以上，防灾减灾效果显著，为柳河县粮食生产实现"十连增"奠定坚实基础。

1.4 柳河县植保体系现状

柳河县植物保护职能是负责全县农作物病、虫、草、鼠害的监测、预测、预报、防控和新农药、新药械和植保新技术的试验、示范与推广工作，承担的多为公益性服务职能，全站共 28 人，其中，研究员 3 人、副高 8 人、中级职称 15 人、初级职称 2 人，全县 15 个乡（镇）农业站，负责本乡（镇）农业生产技术推广工作。没有专职植保人员，更没有植保专业技术人员，只能按要求进行植保工作。乡（镇）各村均无植保员。全县具有植保专业毕业生 2 人。专业人员太少，并且人员老龄化。

2 植保工作存在的主要问题

2.1 近年农作物病虫草鼠害有加重发展趋势

在新品种、新技术、新农药大量应用的同时，病虫消长和为害规律正发生变化，传统作物上常发性病虫草害有上升趋势，次要病虫害上升为严重发生的主要病虫害，随着病虫害产生的抗药性，害虫繁殖力、虫口密度、病害的致病力比过去大大增强，病虫害发生面积逐渐扩大。突发性、迁飞性害虫有加重发展趋势。

2.2 农民对病虫草鼠防治意识不强

现在农村青壮劳动力大多出去打工，家里剩下的是老弱病残的老人与儿童，他们对病虫草鼠害的防治意识淡薄，对防治技术了解的少，对于病虫草鼠害防治的时期不正确，仍以传统的化学防治为主，生物防治比例低，盲目打药、随意增加用药量与次数，用药量不准，用药不及时，用药的方法不正确、防治时间不统一、同一成分的农药重复多次使用造成抗药性、施药器械落后，农药利用率低（传统喷雾器"跑、冒、滴、漏"严重）等问题造成了费工、费药、费时、污染重，有害生物抗药性强，生理小种和生物型不断出现对作物为害严重的后果，给防治工作带来困难。

2.3 测报经费不足

农作物病虫草鼠害预测预报需要花费大量的时间到各乡（镇）调查、了解、掌握病虫发生消长动态，需要一定的测报经费。现有的测报经费只能够在县城周边进行病虫草鼠害调查与研究。

2.4 植保专业人员少

柳河县植保专业技术人员太少，对农作物病虫草鼠害的监测预警和科学防控水平，都是一边学习，一边进行指导服务，服务手段落后，不能满足现代农业、高效农业、生态农业的发展需要，科技人员水平有待进一步提高。

2.5 测报预警仪器设备等需进一步完善

没有先进的病虫害监测仪器，各乡（镇）测报点少，不能对突发生、暴发性病虫害有效预警，不能建立病虫预测预报经验模型，不能做中长期预报。如农作物病虫害虫情测报灯、检测设备、观测场地、交通工具等不完善，植保工作人员全凭一双手、一双眼，下乡调查指导不便，加上仪器设备和测报手段落后，大大降低了预测预报的准确性与时效性。

2.6 专业防治队伍对公共植保应急能力较差

专业防治队伍是各乡（镇）植保专业合作社组成，由于他们缺乏对病虫草鼠害基本知识了解，没有经过专门培训，对于突发性、流行性病虫害发生应急防控能力较差。不能及时掌握病虫防治信息，从而影响了病虫防治效果。

3 柳河县植保工作发展方向

3.1 抓好测报基础工作

包括农作物病虫草鼠害的调查监测、基础数据采集整理与上报、情报发布等基础工作。条件允许下，全县 219 个行政村，每村配备一个懂业务的植保专业技术员。以便更好的开展全县病虫草鼠害的监测、预警、测报工作。

3.2 测报信息及时准确化

大力加强县、乡（镇）两级植保基础设施建设，改善办公环境。充分发挥农业有害生物预警与控制区域站项目的优势，县、乡两级要把测报信息及时利用先进的仪器设备和防控网络、手机短信、电话热线等形式及时发布到农户手中，及时准确发布病虫情报，提高测报信息的入户率和时效性。解决对农民信息传递慢、病虫防治难到位、暴发性为害难以控制的局面，从而提升植保服务整体水平。建立县、乡、村三级监测信息制度，密切关注突发性病虫害的发生和发展动态，建立完善的病虫害发生动态报告制，互通病虫情报，做到专业监测与群众监测相结合，做到监测准确性，开展电视预报工作，使病虫预报工作逐步可视化、网络化，提高病虫发生信息的传递速度和病虫测报的覆盖面，做到家喻户晓，防治及时，增强病虫草鼠害的有效防控能力。

3.3 提高植保队伍素质

建立植物保护从业人员与专业化队伍培训，优化人员结构，把懂业务、素质高、能吃苦、作风扎实的人员调整、充实到基层病虫测报岗位上，保证植保人员的稳定性。同时加速人才引进和培养，充分利用一切条件引进植保专业大学生，提高科技服务水平。建立一支专业化、高素质、懂业务的的植保队伍，加强三级植保队伍建设，关键是加强县级、充实乡（镇）级、培育村级，形成以县级植保站为中心，乡（镇）村植保服务中心为纽带，植保专业合作社、稻米企业、种植大户等服务组织为基础的新型植保服务体系，使其正规化、规模化、可持续化发展，进一步提高重大病虫防控应对能力，不断完善柳河县专业化防治队伍组织形式和管理运行机制，进一步提升柳河县植保专业化统防统治水平。

3.4 加强植保人员技术培训提高服务水平

通过冬春科技培训、赶科普大集、新型职业农民、创办农民田间学校、电视讲座、下乡巡讲、下发"农技推广简报"等多种形式开展县（乡）村三级植保技术人员的培训，主要培训农作物病虫害的识别及防治技术，宣传科学精准用药，提升科学用药水平，实现农药减量控害，《农药安全使用规定》和《农药安全使用准则》等有关农药常识；农作物病虫草鼠统防统治及绿色防控技术等，提高植保工作人员的素质，提高病虫害综合防治技术指导能力，由技术服务转向提供技术指导、信息咨询和物资供应相结合的全方位多层次服务。使广大农民允分认识和掌握农作物病虫害防治知识及不安全正确使用农药的严重后果，提高他们对病虫害综合防治技能，提高防病治虫效果。

3.5 大力推广农作物病虫草鼠害统防统治与绿色防控相融合防治技术

坚持"预防为主，综合防治"的植保方针，进一步加大无公害农产品生产技术的推广，重点以农业防治、物理防治、生物防治、生态控制等综合措施，按照"控、替、精、统"的技术路径，采用绿色防控技术控制病虫发生为害，推进低毒低残留农药替代高毒高残留农药、高效大中型药械替代低效小型药械，推行精准施药，实施统防统治，逐步降低单位面积化学农药使用量。推广绿色防控与统防统治相融合技术，应用生物农药、杀虫灯、性诱剂、生物等防治病虫害，从根本上解决了农产品的质量安全，保护生态环境，提高了统防统治与绿色防控效果，推进资源节约型、环境友好型的生态农业可持续发展，为柳河县粮食生产质量安全再上新台阶奠定坚实基础。

参考文献（略）

我国绿色防控研究文献的可视化分析[*]

练　勤[1][**]　　俞超维[2]　吴祖建[***]

（福建农林大学植物保护学院，福州　350002）

摘　要：为了解我国绿色防控领域的研究情况，以信息分析领域中有较大影响力的信息可视化软件 CiteSpace 为工具，绘制绿色防控论文知识图谱。结果表明，我国绿色防控研究已初步形成较为系统的研究网络，涵盖理念和技术应用方面，出现实用性技术研究趋势。但存在作者和机构合作网络密度低、研究网络较为松散、研究热点不够突出等问题。据此，我国绿色防控研究应增强研究力量、拓展研究的广度和深度、构建完善的研究网络。

关键词：绿色防控；CiteSpace；可视化分析；研究热点

信息可视化是常用的数据挖掘方法之一，可利用人类在可视化形式下对模型及结构的获取能力来观察、筛选和理解信息，发现数据背后隐藏的含义[1]。CiteSpace 是用于计量和分析科学文献数据的信息可视化软件，通过绘制科学知识图谱直观地展现科学领域的信息全景，识别其中的热点以及前沿[2]。近年来的中央一号文件均强调要提升农产品质量，2014 年还明确提出"支持开展绿色防控，促进生态友好型农业发展"。而绿色防控的目标正是确保农作物安全生产、农产品质量，是优先采用生态控制、生物防治和物理防治等环境友好型技术措施控制农作物病虫为害的行为[3]。绿色防控已成为我国共同关注的问题。本文从科学计量学的角度出发，对绿色防控领域的研究热点和前沿开展定量考察与可视化分析，通过图谱形象地展示出绿色防控的研究热点和前沿，展现绿色防控的发展脉络，为绿色防控相关研究与政策制定提供一定的信息支撑。

1　数据来源与分析方法

1.1　数据来源

数据统一于 2015 年 6 月 2 日采集。在中国知网数据库收录的所有期刊中，学科领域选择"植物保护"，期刊类别选择"SCI"、"CSSCI"、"核心期刊"，采用主题词检索式，选取绿色防控领域的关键主题词"绿色防控、生态调控、生物防治、物理防治、科学用药、绿色植保、农业防治"进行检索，时间范围限定在 1992（论文出现时间）—2014 年，检索出 3 616篇论文。

1.2　分析方法

将文献题录数据（作者、作者单位、题目、机构、关键词、发表年份等）导入 CiteSpaceⅢ（CiteSpace 的最新版本）——用于分析和可视化共引网络的 JAVA 应用程序，

---

　*　基金项目：水稻绿色生产关键技术研究与示范（项目编号：2012N4001）

　**　作者简介：练勤，女，植保管理经济学硕士；E-mail：942889140@ qq. com

　***　通讯作者：吴祖建；E-mail：wuzujian@ 126. com

由美国德雷克塞尔大学信息科学技术学院的陈超美博士研发，可分析知识领域的新趋势[4]。采用作者共现分析法、研究机构共现分析法、关键词共现分析法和突变检测（Burst Detection）算法等分析方法。

科研合作日益成为现代科学研究的主要方式，成为科学发展和解决问题的主要途径[5]。作者共被引分析和研究机构共现分析法可识别研究领域合作情况。CiteSpace 中，网络结点类型分别选择作者、机构，设置相应阈值，运行软件，可分别得到论文作者合作网络图谱、绿色防控研究文献合著机构分布图[6]。研究热点是指在一定时期内某一研究领域中重点关注的领域，一般通过关键词词频结合内容分析方法来确定[7]。Citespace 可通过生成基于关键词频次的关键词共现知识图谱，较为准确全面的辨别研究的微观主题领域[8]。CiteSpace 软件中，网络结点类型选择关键词，并设定合适阈值可得到关键词共现知识图谱[9]。

词频突发增长的"突变词"可以用来展现某一领域的研究前沿和发展趋势。突变检测（Burst Detection）算法是 Kleinberg 于 2002 年提出的[10]，他认为突变检测算法能在不受外界因素影响的情况下及时发现未达到词频阈值但具有情报意义的词[11]，突变词更有可能涉及领域局部热点的变化，有助于发现和推动学科领域中的微观因素[12]。CiteSpace中，术语类型选择突变术语，网络结点类型选择术语并设置好相应阈值，可得到突变术语共现图谱[13]。CiteSpace 软件运行所得到的图谱中，N 表示节点总数，E 为节点之间的连线暨存在合作关系的节点总数，网络密度 density 描述了网络中作者之间联系的紧密程度，图谱中的一种颜色对应一个年份，冷色向暖色的过渡为年份由远到近的过渡，中心度（Centrality）量度一个节点和其他节点的相互影响程度，一个节点与其他节点联系的数目和强度越大，这个节点在整个研究工作中就越趋于中心地位，可衡量网络中不同位置的节点的重要性[14]。

2 绿色防控文献的时空分布

2.1 时间分布

图 1 列出了从 1992 年至 2014 年有关绿色防控研究的论文发表时间分布曲线。由图 1 可知，我国绿色防控论文最早出现于 1992 年，之后数量呈现逐年增加的总体趋势。我国绿色防控研究历程可分为 3 个阶段：（1）起步阶段：1992—2003 年，各年发文在 100 篇内，可称为绿色防控研究的起步阶段，该阶段经历了 12 年的时间，发文速度缓慢，但数量呈现波动上升的趋势。（2）发展阶段：2004—2011 年，各年发文从 128 篇逐渐增长至 326 篇，增长迅速。（3）瓶颈阶段：2012—2013 年，这两年间发文数量有所下降，但下降幅度不是很大；（4）新发展阶段：2014 年发文数量开始回升，预计绿色防控研究将迎来新发展。

2.2 学科和研究层次分布

从研究的学科分布（图 2）来看，绿色防控研究的文献高度集中于植物保护学科，园艺学科也有所分布，其他学科分布极少。从研究层次分布看（图 3），绿色防控的研究主要集中在基础与应用基础研究，专业实用技术和行业指导研究偏少。

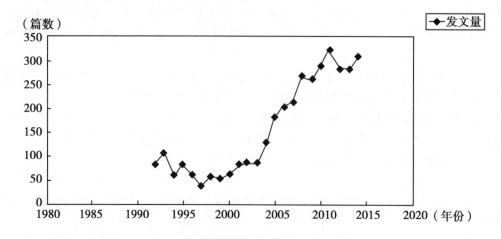

图 1 绿色防控论文发表时间分布图

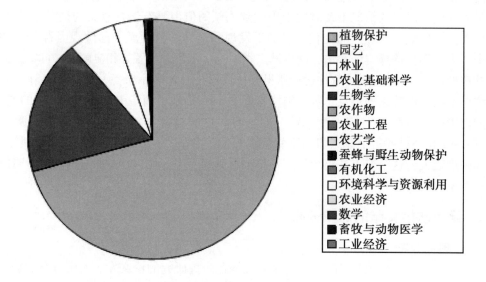

图 2 学科分布图

3 绿色防控研究的可视化结果及分析

3.1 作者合作网络图谱

通过绘制作者合作网络图谱，可以直观地展现作者合作发文的状况（4）。综合图 4 和表 1 的结果可知，随着时间的推进，绿色防控研究领域已初步形成了合作网络，出现一些合作团体；合作网络中，有小部分作者发文量较大，但作者合作网络密度低，网络松散，表明作者之间合作少。在所有的合作关系中主要呈现两种合作关系：线性关系和放射关系，团状合作关系不明显，由中心度的值也可推断，绿色防控合著网络中缺乏具有强影响力的作者，这极大地影响了整个研究领域内的科研合作广度和深度。

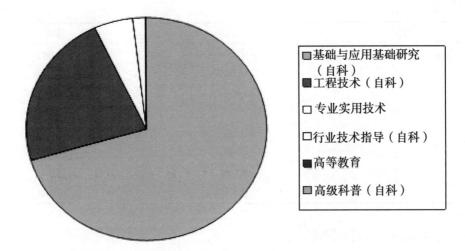

图3 研究层次分布图

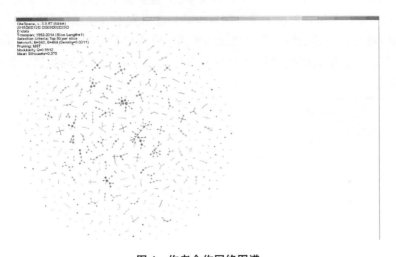

图4 作者合作网络图谱

表1 发文频次≥15的作者分布

频次	中心度	作者
45	0.00	杨忠岐
27	0.00	张帆
27	0.00	万方浩
26	0.00	王小艺
24	0.00	李保平
22	0.00	陈志谊
21	0.00	郭坚华
20	0.00	孟玲

（续表）

频次	中心度	作者
19	0.00	王刚
17	0.00	陈捷
17	0.00	宗兆锋
16	0.00	薛泉宏
16	0.00	杨普云
15	0.00	沈其荣
15	0.00	魏建荣
15	0.00	刘邮洲

3.2　论文机构合作网络图谱

由图5和表2可知，论文机构合作网络松散，只有初步的网络雏形，说明各大研究绿色防控主题的机构之间合作极为薄弱。发文≥25篇的机构只有6个，累计发文195篇，占总发文的5.4%。全国农业技术推广服务中心、沈阳农业大学植物保护学院等发文频次较高的机构可视为在该领域研究实力较强的机构，机构类型包括植保行政、植保高等院校和植保科研院所。从中心度小于等于0.01可知，并未出现在绿色防控研究领域有核心影响力的机构。

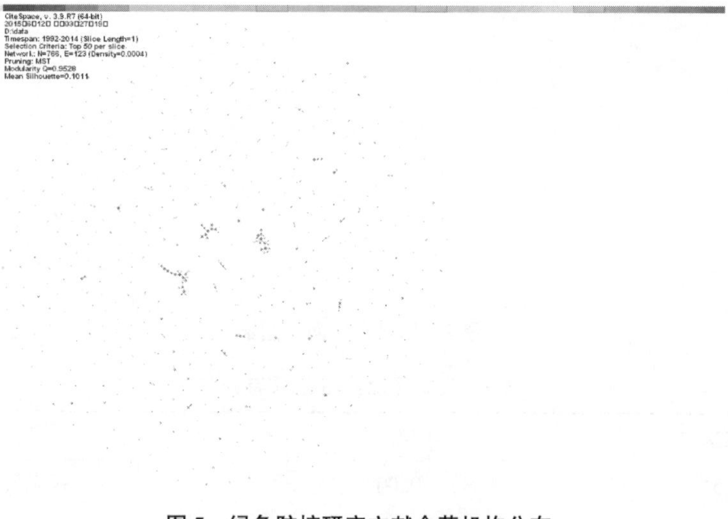

图5　绿色防控研究文献合著机构分布

表2　发文频次≥25的研究机构分布

频次	中心度	机构
39	0.01	中国农业科学院植物保护研究所
37	0.01	沈阳农业大学植物保护学院
33	0.00	江苏省农业科学院植物保护研究所
30	0.01	中国林业科学研究院森林生态环境与保护研究所
29	0.00	广东省昆虫研究所
27	0.00	山东农业大学植物保护学院

3.3 研究热点知识图谱

如图 6 所示，图谱中处于中心网络的圆形节点即绿色防控研究领域的研究热点术语，具有关联关系的节点通过连线连接，连线反映了关键词间的共现关系。图 6 中，研究热点图谱的网络节点为 532，研究热点较为丰富，从网络颜色的分布看，近年出现的研究热点联系较为紧密，已经初步形成网络，但从节点的中心性（均小于 0.3，属于低中心性的范围）看，研究热点不够突出，初步形成混合型的网络结构：网络中心为团状结构，外围为散点式网络结构。词频大于 100 的研究热点只有 5 个，节点中心性偏低，近几年出现的研究热点词频也偏低。结合表 3 和表 4 可以看出，绿色防控研究内容丰富，但研究热点网络末出现中心度较高的研究热点，并且不同热点之间的联系不够紧密。研究热点主要为"生物防治"、"农业防治"等绿色防控技术的实施方式和措施，其中，"生物防治"词频高达 1 315，可见是一个经典的研究热点。趋势从最初的"物理防治"、"生物防治"等较为宏观的防治技术研究逐步向"拮抗细菌"等微观的技术研究转变。

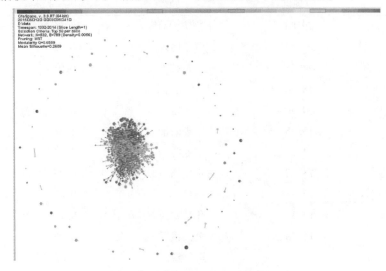

图 6　绿色防控关键词共现知识图谱

表 3　绿色防控高频关键词（≥54）

频次	中心度	关键词	年份
1 315	0.20	生物防治	1992
223	0.25	农业防治	1992
196	0.27	物理防治	1992
136	0.06	防治	1995
113	0.03	综合防治	1995
84	0.06	枯草芽孢杆菌	2000
80	0.07	生物学特性	1993
72	0.03	病虫害	2004
70	0.06	拮抗细菌	1992

（续表）

频次	中心度	关键词	年份
67	0.09	药剂防治	1992
66	0.03	鉴定	2007
64	0.10	拮抗菌	1993
63	0.11	化学农药	1992
62	0.04	发生规律	1995
54	0.12	天敌昆虫	1992

表 4 突现度大于 10 的研究前沿术语

频次	突现度	主题	中心度	年份
68	29.88	生物防治研究	0.06	1993
81	27.18	绿色防控	0.00	2010
90	21.28	防控技术	0.01	2010
48	18.57	中国农业科学院	0.03	1993
120	18.4	鉴定	0.03	1992
351	15.45	物理防治	0.28	1992
400	14.73	农业防治	0.26	2007
68	13.28	害虫生物防治	0.05	1992
45	12.78	寄生率	0.09	1992
115	12.33	化学农药	0.12	1992
56	11.76	公共植保	0.06	1992
37	11.7	苏云金杆菌	0.02	1998
42	11.62	大发生	0.05	1992
45	11.11	世代重叠	0.05	1992

3.4 突变术语共现图谱

如图 7 所示，突变术语共现图谱形象地展现了绿色防控研究前沿和发展趋势。从图的中心到外围展现了绿色防控的发展脉络，结合表 5 的解读可知，绿色防控研究从基础研究转向应用研究，从宏观研究转向微观研究，根据年份可显著划分为以下几个发展阶段。

①1992—1994 年，绿色防控研究处于研究初期，产生了大量具有突现度较大的突现词，结合突现词，可知绿色防控产生于病虫害大暴发时期，最初是从"物理防治"、"生物防治"等宏观手段开始，并提出"科学用药"等理念。从突变词的数量比较多可以看出绿色防控一经提出就成为研究的热点，形成多样化的研究中心。突现词"中国农业科学院"拥有较高的突现度，表明绿色防控受到科研院所的高度重视。从初期突现词成为后续突现词发展的中心可以看出，研究初期提出的理念和技术对之后的研究有很大的影响力。因而，初期的绿色防控研究主要是探索绿色防控的多样化实施路径，同时进行概念界

定和理念凝练，为之后的研究打下了良好的基础。②1995—2005 年，突现词的数目大量下降，仅 1998 年出现两个突变词。结合绿色防控的现状可知，这段时期绿色防控研究主要是对前期出现的理念和技术进行深入研究，较少进行全新的探索。③2006—2014 年，绿色防控研究领域的突现词数又开始增加，尤其 2010 年突现"绿色防控"和"防控技术"等研究前沿术语。结合绿色防控现状可知，2012—2013 年，并未出现新的突现词，这两年间的研究进入瓶颈阶段。

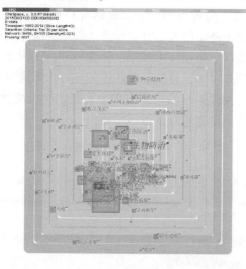

图7　突变术语共现图谱

4　讨论

研究发现，绿色防控研究起步较早，但前期发展较慢。2000 年以来在相关政策的推动下发展速度加快，期间曾碰到研究瓶颈；2014 年中央一号文件明确提出支持绿色防控举措之后，又迎来了新的发展。绿色防控研究呈现两个发展方向：一是绿色防控理念的应用研究："绿色植保"、"公共植保"被引入具体的绿色防控管理当中，研究如何在生产实际中贯彻这些理念，从宏观的角度谈绿色防控的现状、工作进展、问题、制约因素、解决对策以及发展趋势；二是微观的角度，如某类农作物某种绿色防控技术的研究，尤其侧重于生物技术研究。

我国绿色防控研究呈现如下特点：①研究领域已经形成了较为系统的研究网络，既有作为研究基础的关键知识，又有表现研究发展脉络的前沿术语，为后续绿色防控学科知识与理论的延续与发展打下了坚实基础。②研究层次主要为自然科学类的基础和应用型研究，对于绿色防控的研究多侧重于自然科学的视角，而基于经济学、社会学视角来研究绿色防控的文献较少。另外，侧重对绿色防控技术的开发与研究，实用性和适用性较强的技术研究还有待加强。③绿色防控的研究范畴开始拓展，研究热点频现。出现与其他学科交叉融合的趋势，如植病经济学的兴起。但鲜有研究热点发展成为成熟的研究前沿，不同热点之间的联系也不够紧密。④绿色防控研究贴近实际，能反映农业生产实际的变化。近两年来，绿色防控实践中出现的绿色防控技术问题，在已有的绿色防控论得到体现，说明绿色防控相关研究能够密切联系农业生产实际。⑤科研合作欠缺，无论是作者合作网络还是机构合作网络都未形成有对绿色防控的研究有较大贡献度的作者和机构，机构之间的协同研究能力还有待提升。

绿色防控研究也存在一些不足，未来可能要关注：①增强研究力量，提高绿色防控领域的科研合作与协同创新能力。学者之间应增强交流合作意识，研究机构要积极为学者创建交流合作的平台并有针对性地对绿色防控中的难题开展联合攻关研究，培育具有较强影响力的研究学者和机构，促进研究资源在合作网络中顺畅的流通与共享，为增强绿色防控科研合作的广度和深度提供良好的智力资源保障。②拓展研究广度和深度。加强与经济学、社会学等其他学科的合作，借助经济学原理、社会学方法等已有的理念和方法提高绿色防控技术的实用性和适用性，推动绿色防控技术成果的转化研究。③构建完善的研究网络。从研究热点知识图谱的分布和特点可知，目前绿色防控领域并未形成完善的研究热点网络，发文频次低，被引频次低，适用性还不够强。应集中力量培育出成熟的研究中心，引领绿色防控的研究潮流。绿色防控的研究还有待进一步探索。

参考文献

[1] 周宁，张玉峰，张李义. 信息可视化与知识检索 [M]. 北京：科学出版社，2005：1-2.

[2] Chen C. Searching for intellectual turning points：Progressive knowl-edge domain visualization [J]. PNAS，2003，101（1）：5 303-5 310.

[3] 张鸿光，阎莎莎，杨国栋. 农作物病虫绿色防控技术指南 [M]. 北京：中国农业出版社，2012：1-2.

[4] Chen C.，Hu Z.，Liu S.，TsengH. Emerging trends in regenerativemedicine：a scientometric analysis in CiteSpace [J]. Expert Opinionon Biological Therapy，2012，12（5）：593-595.

[5] 郭崇慧，王佳嘉. "985 工程" 高校校际科研合作网络研究 [J]. 科研管理，2013，S1：211.

[6] 陈悦. 引文空间分析原理与应用 CiteSpace 实用指南 [M]. 大连：科学出版社，2014：47-48.

[7] 邱均平，宋艳辉. 引文分析领域研究热点前沿与高频作者的二维时空分析 [J]. 图书情报知识，2011（6）.

[8] Chen C. Searching for intellectual turning points：Progressive knowl-edge domain visualization [J]. PNAS，2004，101（1）：5 303-5 305.

[10] Kleinbeng J. Bursty and Hierarchical Structure in Streams. Pro-ceedings of the 8thACM SIGKDD International-al Conference onKnowledge Discovery and Dala Mining，Edmonton，Alberta，Can-ada：ACM Press，2002：91-101.

[11] 魏晓峻. 基于科技文献中词语的科技发展监测方法研究 [J]. 情报杂志，2007（3）：35.

[12] 王孝宁，崔累，刘刚，等. 突发监测算法用于共词聚类分析的尝试 [J]. 图书情报工作，2009，53（53）：103.

[13] 陈悦. 引文空间分析原理与应用 CiteSpace 实用指南 [M]. 大连：科学出版社，2014：22-24.

[14] Chaomei chen. CiteSpace II：Detecing and Visualizing Emerging Trends and Transient Patterns in Scientifii-iiic Literature. Journal of the American Society for Information Science and Technology，2006，57（3）：359-377.

研究简报及摘要

植物病害

吉林省水稻稻瘟病菌与主栽水稻品种互作研究[*]

吴　宪[1][**]　徐　珊[2]　任金平[1]　张金花[1]　刘晓梅[1]

姜兆远[1]　孟祥宇[1,2]　王继春[1][***]

（1. 吉林省农业科学院，长春　130033；2. 吉林农业大学，长春　130018）

摘　要： 水稻稻瘟病是吉林省水稻生产中重要病害之一。种植抗病品种是有效防控稻瘟病发生、为害最为经济、有效、环境友好的措施，鉴定（认定）的品种抗性跟踪评价及合理布局，有赖于掌握各地区稻瘟病致病性及变异趋势，进而加以引导和利用。本研究选用吉林省不同地区稻瘟病菌 20 份单孢分离物，与 24 份抗稻瘟病单基因品种、89 份水稻粳稻品种开展温室人工接种互作研究。试验结果显示：吉林省的水稻品种广谱抗病基因型以 $Pi9$，$Pi12$（t），$Piz-t$，$Pi19$，$Pi20$，$Piz5$ 等为主，抗病频率均达到 90% 以上；高致病力菌株并非出现在稻瘟病重发区；89 份主推品种中，65 份品种抗病频率在 90% 以上，表明目前吉林省主推品种抗病性表现较强；但其中个别品种抗病频率在 35% 以下，对抗病性较弱的品种在种植过程中需高度重视，防控稻瘟病发生为害。

关键词： 水稻稻瘟病；品种抗病性；病原菌致病性；广谱抗病基因

*　基金项目：吉林省科学技术与发展计划项目（20140204016NY）；吉林省农业科学院创新团队项目（2012cxtd006）

**　第一作者：吴宪，男，硕士研究生，研究方向为水稻病害；E-mail：975057500@ qq. com

***　通讯作者：王继春，男，博士研究生，研究方向为水稻病害；E-mail：wangjichun@ cjaas. com

水稻单基因抗瘟品种与高感品种抗性差异基因表达谱分析*

姜兆远** 刘晓梅 任金平*** 王继春 吴 宪

（吉林省农业科学院植物保护研究所，公主岭 136100）

摘 要：分析单基因 $Pi9$ 抗瘟品种与高感稻瘟病品种蒙古稻接种稻瘟病菌（$Magnaporthe\ grisea$）48h 后抗感水稻品种基因表达差异，探索抗感品种抗性差异的分子机理。单基因抗瘟品种 IRBL9-W 与蒙古稻分别接种含无毒基因 $avr\text{-}pi9$ 稻瘟病菌株，以未接菌的水稻为对照；运用 Affymetrix 表达谱芯片分析差异表达 mRNA；应用聚类软件 gene cluster3.0 对抗感品种差异表达基因进行聚类；通过分子注释系统平台（MAS 3.0）对聚类后差异表达基因进行了注释及 Go 分析；应用实时定量 PCR 对部分差异表达基因进行验证。IRBL9-W 中 Fold change 大于 2.5 的基因 1 267 个，蒙古稻中 Fold change 大于 2.5 的基因 1 848 个；gene cluster3.0 将差异表达基因聚为 4 类：第一类接种后蒙古稻上调 IRBL9-W 下调基因共 34 个，第二类两组都下调基因共 394 个，第三类接种后蒙古稻下调 IRBL9-W 上调基因共 8 个，第四类两组都上调的基因共 365 个。所验证的 4 个基因的荧光 PCR 结果与芯片结果基本一致。经 GO 分析差异基因对应的蛋白主要有植物抗病性蛋白、WRKY 转录因子、蛋白激酶等这些蛋白参与了信号转导、生物刺激反应、转录及其他生物学反应。抗感品种在接种稻瘟病菌后诱导和抑制表达基因数量较大，两组同时上调或同时下调的基因相对较多，而两组一个上调一个下调的基因数较少可为抗病与致病相关基因的筛选与鉴定提供了可能，本结果有利于进一步了解植物抗病机制。

关键词：水稻；稻瘟病；基因芯片

---

　* 基金项目：吉林省重大专项（20126029）；吉林省青年基金（20150520119）

　** 第一作者：姜兆远，男，博士，助理研究员，研究方向：水稻病害；E-mail：jzy_ 80@163.com

　*** 通讯作者：任金平；E-mail：15043461118@163.com

东北水稻白叶枯病菌株遗传多样性分析
及品种对白叶枯病抗性评价[*]

王继春[1][**] 吴 宪[1] 许 晶[1,2] 张佳环[2] 任金平[1] 姜兆远[1] 刘晓梅[1]

张金花[1] 温嘉伟[1] 刘文平[1] 孟祥宇[1,2]

（1. 吉林省农业科学院，长春 130033；2. 吉林农业大学，长春 130118）

摘 要：水稻白叶枯病最近几年在东北地区呈现突发和暴发态势。明确当地病原菌毒性和品种抗性情况，是指导品种布局和科学防控有效措施。选择东北地区 23 株水稻白叶枯病菌株，进行了 IS-PCR 扩增和系统分析，结果显示：在 0.83 遗传距离水平，23 个菌株可划分为 5 个簇。利用这些菌株与当地粳稻品种互作，"通禾 855"等品种表现抗谱较强。用 9 个中国水稻白叶枯病菌标准菌株对 15 份北方粳稻品种人工接种，结果显示出品种"通系 929"表现中抗外，其他品种的抗性综合表现感病。研究结果表明，北方水稻白叶枯病菌遗传多样性较复杂，筛选、引进广谱抗水稻白叶枯病种质资源材料非常必要；而且，利用当地菌株筛选抗原更具有实用价值。

关键词：水稻白叶枯病菌；病原菌致病性；DNA 指纹图谱；品种抗性；东北地区

* 基金项目：国家自然科学基金项目（31371907）；农业部公益性行业（农业）科研专项（201303015）

** 第一作者：王继春，男，吉林四平人，博士研究生，研究方向为水稻病害；E-mail：wangjichun@cjaas.com

玉米大斑病菌黑色素合成途径中关键基因的转录模式分析*

贾　慧　杨　阳　刘　俊　马双新　刘　宁

藏金萍　曹志艳** 　董金皋**

（河北农业大学生命科学学院，河北省植物生理与分子

病理学重点实验室，保定　071001）

摘　要：玉米大斑病菌（*Setosphaeria turcica*）是引起玉米大斑病的丝状病原真菌，侵染过程为分生孢子萌发产生芽管，芽管顶端分化产生附着胞，附着胞上再产生侵入丝，侵入丝从玉米表皮细胞或表皮细胞中间直接侵入，侵入后形成泡囊组织，再从泡囊产生次生菌丝向四周扩展蔓延。研究发现，DHN-黑色素在玉米大斑病菌附着胞穿透侵入过程中起关键作用，本实验室前期克隆得到黑色素合成途径中关键基因 *StPKS*、*St3HNR*、*St4HNR*、*StSCD*、*StLAC*1、*StLAC*2，并通过生物信息学技术对各个基因的功能进行初步分析，本研究对 6 个基因在分生孢子萌发至穿透不同时期及菌丝生长时期的表达模式进行分析，进一步明确黑色素合成途径关键基因与病菌发育和致病的关系。收集玉米大斑病菌从分生孢子萌发到侵染的不同时期及菌丝生长时期的菌体材料，提取总 RNA，以 *β-tubulin* 作为内参基因，根据黑色素合成 6 个关键基因序列设计引物，采用实时定量 RT-PCR 技术检测基因的表达模式，对比病菌在营养生长和生殖生长时期的表达情况。结果发现 6 个基因的相对表达量在分生孢子诱导萌发至穿透过程的 5 个时期中呈上调—下调—上调或上调—下调—上调—下调两种模式；分生孢子时期，*StLAC*2 表达量最高，明显高于其他基因，差异极显著；菌丝生长时期，*St3HNR*、*StSCD* 表达量最高，明显高于其他基因，差异极显著。由此看出 6 个基因在分生孢子萌发到侵染的 5 个时期均有表达，表达量存在显著差异，但各基因的表达模式相似，说明 6 个基因参与了玉米大斑病菌的侵染过程，在大斑病菌的致病方面具有重要作用；同时在菌丝生长时期 *St3HNR* 和 *StSCD* 发挥的作用更明显，分生孢子时期，*StLAC*2 更活跃。因此，明确黑色素合成途径中关键酶基因的实时表达情况，为深入研究黑色素合成途径中各关键酶的功能及病菌的侵染机制奠定基础。

关键词：玉米大斑病菌；黑色素合成途径；关键基因；表达模式

* 基金项目：国家自然科学基金（31101402）；国家玉米产业技术体系（CARS－02）

** 通讯作者：曹志艳；E-mail：caoyan208@126.com

董金皋；E-mail：dongjingao@126.com

玉米品种对大斑病菌的抗性测定

樊圣垚　李景华　周国侨　张安琪

（吉林大学植物科学学院，长春　130062）

摘　要：针对先玉335、郑单958、哲单37、良玉99和垦粘1号5个品种玉米的4~6叶期、小喇叭口期（7~10叶）、大喇叭口期（11~12叶）、抽雄期，这4个生育期对玉米大斑病菌的敏感性进行测试分析，发现不同生育期的玉米对玉米大斑病菌的敏感性有明显的差异。玉米叶龄与对玉米大斑病菌的敏感性呈正相关。模拟田间玉米大斑病菌的传播方式与菌量对玉米进行接种实验，并运用数学分析软件SPSS19.0进行分析。

通过使用孢子捕捉器连续63天对农田中大斑病菌孢子的监测记录，估算实际田间孢子量，模拟田间病原传播方式，采用人工接种玉米大斑病菌的方法，在温室模拟大田环境下，对玉米不同的生育期接种大斑病菌，通过观察记录发病时间，发病状态，病情级数，病情指数等指标，分析测定不同品种对大斑病菌的抗性。

选用目前东北地区种植比较广泛的几大品种如：先玉335、郑单958等品种，更加能贴近实际的生产。菌种选用的是美国ATCC的菌株号为28A的大斑病菌和本实验室经过单孢分离的大斑病菌株。采用孢子悬浮液喷菌法接种病原菌，温室内保湿24h后，开始观察记录发病情况，每隔24h记录一次。每个品种每个生育期喷菌20株，另取10株做空白对照。5个品种，4个生育期，共400株玉米，空白对照200株，共600株玉米。

实验结果经过软件进行差异性分析后得出如下结论：

（1）在不同品种间比较：

①各品种发病率均为100%，没有发现绝对抗病品种；②敏感性强弱为：先玉335 > 哲单37 > 垦粘1号 > 郑单958 > 良玉99，即先玉335最敏感，良玉99最不敏感；③平均病情等级为：先玉335 > 垦粘1号 > 哲单37 > 郑单958 > 良玉99，即平均发病等级最高为先玉335，最低为良玉99。其中良玉99与郑单958无明显差异，都为抗性品种，哲单37与垦粘1号无明显差异，都为中抗病品种，先玉335为感病品种；④病情指数为：先玉335 > 垦粘1号 > 哲单37 > 郑单958 > 良玉99，即病情最严重的为先玉335，最轻为良玉99。

（2）在不同生育期内比较

①平均发病时间：4~6叶期 > 小喇叭口期（7~10叶） > 大喇叭口期（11~12叶） > 抽雄期；②平均病情等级为：抽雄期 > 大喇叭口期（11~12叶） > 小喇叭口期（7~10叶） > 4~6叶期；③病情指数为：抽雄期 > 大喇叭口期（11~12叶） > 小喇叭口期（7~10叶） > 4~6叶期；

即在不同生育期内，玉米对大斑病菌的敏感性具有显著性差异。

关键词：玉米大斑病菌；生育期；敏感性；品种抗性

玉米杂交种对茎腐病的抗性评价*

李 红** 晋齐鸣***

（吉林省农业科学院，公主岭 136100）

摘 要：玉米茎腐病又称玉米茎基腐病，是世界玉米产区普遍发生的一种土传病害，严重影响到玉米的产量。近年来，由于耕作制度、种植结构及气候环境的影响，茎腐病在我国有逐年加重的趋势。一般年份发病率为 10% ~ 20%，严重年份发病率达 50% 以上，给农业生产带来极大损失。选育和推广抗病品种是防治玉米茎腐病的最为有效的措施。2014 年笔者对东北春玉米区生产上的主栽品种进行了玉米抗茎腐病鉴定评价，监测品种的抗性变化，指导农业生产。

收集玉米杂交种 138 份。对照品种为掖 478 和齐 319。试验设在吉林省农业科学院植物保护研究所农作物抗病性鉴定圃内。采用田间人工接种鉴定技术方法。播种时，将禾谷镰刀菌在高粱粒上扩繁的培养物 30g 撒在种子旁边。在玉米乳熟后期进行病株率调查。抗性鉴定评价标准：病株率 0 ~ 5.0%，高抗（HR）；病株率 5.1% ~ 10.0%，抗病（R）；病株率 10.1% ~ 30.0%，中抗（MR）；30.1% ~ 40.0%，感病（S）；病株率 40.1% ~ 100%，高感（HS）。

试验结果：茎腐病对照材料齐 319 发病率为 0（HR）、掖 478 发病率为 42.9%（HS）。人工接种成功，鉴定结果可靠。138 份材料中，对茎腐病表现高抗（HR）53 份，占 38.4%；抗病（R）31 份，占 22.5%；中抗（MR）44 份，占 31.9%；感病（S）6 份，占 4.3%；高感（HS）4 份，占 2.9%。可以看出生产上的多数品种为抗病品种，对茎腐病表现抗病（高抗 HR、抗病 R、中抗 MR）的有 128 份，占总数的 92.8%；表现感病（感病 S、高感 HS）的有 10 份，占总数的 7.2%。感病品种仍然对生产存在威胁，应注意对品种的选择应用，避免造成严重损失。

在抗病育种工作中，应选择优良抗病自交系作亲本，以获得抗病的后代。由于耕作模式变化、气候变化等因素，病原菌可能出现新的生理小种，导致原来抗病的品种丧失抗性。因此，应加强抗原的筛选与利用、生理小种监测与抗病性鉴定，为品种合理布局提供参考。

关键词：玉米杂交种；茎腐病；抗性

---

* 基金项目：国家玉米产业技术体系项目

** 第一作者：李红，女，副研究员，从事玉米病害研究；E-mail：lihongcjaas@163.com

*** 通讯作者：晋齐鸣，男，研究员，从事玉米病害研究，国家玉米产业技术体系病虫害防控研究室岗位专家

玉米茎腐病的侵染机理研究*

贾　娇**　苏前富　孟玲敏　张　伟　李　红　晋齐鸣***

（吉林省农业科学院植物保护研究所，公主岭　136100）

摘　要：玉米茎腐病是世界玉米生产上的重要病害，主要造成乳熟期至蜡熟期玉米植株茎基部变软变褐，果穗下垂，导致玉米籽粒无法充分灌浆，不仅降低玉米的产量和品质，而且为机械化收获带来很大困难，因此，研究玉米茎腐病原菌的侵染机理，为探寻新的玉米茎腐病防治方法提供理论依据。本研究选择高感玉米茎腐病的自交系掖478为试验材料，在玉米播种期接种高粱粒培养基生长的禾谷镰孢，分别在玉米成株期和显症期采集10株玉米苗，采用病菌分离法对玉米植株从茎基部至顶部每个节位的禾谷镰孢进行分离。结果发现，在玉米成株期植株第8节位前的分离频率为30%～40%，在第9～11节位没有分离到禾谷镰孢，但是在第12～14节位也分离到少量禾谷镰孢；在采集的玉米茎腐病发病植株的第1～4节位的分离频率达到80%，第5～9节位的分离频率为40%，第10节位及其以上部分的禾谷镰孢分离频率与成株期的相近。结果表明，在玉米成株期至蜡熟期过程中，禾谷镰孢在玉米植株的1～4节位大量繁殖，造成茎基部空瘪。陈捷等人研究发现8月初至8月底是玉米茎腐病病原菌快速上升时期，降水和温度是影响病程发展速度的关键因子；陈冲等人研究发现玉米抽雄期禾谷镰孢侵染速度较快。本研究发现玉米成株期已有禾谷镰孢侵染至第8节位，推测该时期禾谷镰孢在植株体内快速向上扩展；病株的1～4节位几乎均可分离获得禾谷镰孢，推测病原菌一旦遇到合适的环境条件生长突破第4节位便可快速扩展至第8节位；成株期和病株的第12～14节位均分离获得禾谷镰孢，推测是由于气流传播定植在玉米植株茎秆上的病菌，禾谷镰孢很少可以从茎基部扩展到顶部。

关键词：玉米；禾谷镰孢；分离频率

　*　基金项目：国家玉米产业技术体系 CAR - 02
　**　第一作者：贾娇，女，助理研究员，研究方向玉米病害综合防治；E-mail：jiajiao821@163.com
　***　通讯作者：晋齐鸣，男，研究员，研究方向为玉米病虫害综合防治；E-mail：qiming1956@163.com

不同地区玉米圆斑病菌的生物学特性比较[*]

孟玲敏[**]　苏前富　贾　娇　张　伟　李　红　晋齐鸣[***]

（吉林省农业科学院，农业部东北作物有害生物综合治理重点实验室，公主岭　136100）

摘　要： 玉米圆斑病（*Bipolaris zeicola*）是一种世界上普遍发生的玉米叶部病害。该病害早在 1938 年就有发生，随后美国、中国、尼日利亚、德国和日本等许多国家都有发生报道，在我国，于 1958 在云南发现，20 世纪 60 年代在吉林省成为玉米生产的重要病害，后期由于使用抗病品种，此病害仅在我国零星发生，然而近年来该病害有上升趋势。为了明确玉米圆斑病菌的生物学特性，本研究分离了采集自云南（YN）、公主岭（GZL）、德惠（DH）、克山（KS）4 个地区的玉米圆斑病病菌，进行了病原形态和病菌 ITS 序列比较。随后对其进行不同生长条件的比较试验，主要包括不同培养基、不同温度、不同碳氮源、不同 pH 对菌落生长的影响。试验结果如下：①供试菌株 YN、GZL、DH、KS 在PDA、PSA、OMA、MLEA、Czapek、WA、Rhicard 培养基上均可生长，在相同培养基生长速度略有不同，但均在 OMA 培养基上生长最快。②供试菌株接种到 PDA 培养基后，放置在 5℃、10℃、15℃、20℃、25℃、30℃、35℃、40℃培养，结果均以温度为 30℃的 PDA培养基生长最快。③供试菌株在以含蔗糖、葡萄糖、麦芽糖和乳糖为碳源的 Rhicard 培养基中，均以在含麦芽糖为碳源的培养基中生长最快；在以含硝酸钠、蛋白胨、苯丙氨酸、甘氨酸、蛋氨酸、牛肉粉、硫酸铵、硝酸铵和氯化铵为氮源的 Rhicard 培养基中，均以在含牛肉粉为氮源的培养基上生长最快，以含氯化铵为氮源的培养基上生长最慢。④供试菌株在 pH 值为 5、6、7、8、9、10、11、12 的 PDA 培养基中，菌株 YN、DH 在 pH 值为 6的培养基中生长最快，而菌株 GZL、KS 在 pH 值为 5 的培养基中生长最快。因此，我们得出以下结论：不同地区玉米圆斑病菌生物学特性基本相同，菌落生长最适培养基为 OMA，最适温度为 30℃，最适碳源为麦芽糖，最适氮源为牛肉粉，最适 pH 值为 5~6。

关键词： 玉米圆斑病菌；生物学特性；比较

---

　*　基金项目：国家玉米产业技术体系 CARS – 02

　**　第一作者：孟玲敏，女，硕士，助理研究员，研究方向玉米病害防治；E-mail：mlm9012@163.com

　***　通讯作者：晋齐鸣，男，研究员，从事玉米病虫害综合防治研究；E-mail：qiming1956@163.com

东北地区玉米穗腐病和茎腐病
镰孢菌种类鉴定*

盖晓彤** 姚 远 潘晓静 陈 楠 唐 琳 梁兵兵 高增贵***

（沈阳农业大学植物免疫研究所，沈阳 110866）

摘 要： 玉米是我国的主要农作物之一，玉米穗腐病茎腐病是玉米病害中常见的真菌性病害，镰孢菌（Fusarium）为主要致病菌。2013 年和 2014 年从黑龙江省、吉林省、辽宁省和内蒙古自治区东部地区玉米种植区采集玉米穗腐病和玉米茎腐病标样，通过组织分离法进行病原物的分离培养，单孢纯化，结合形态学和延伸因子 EF-1α 分子手段进行种类鉴定。获得玉米穗腐病镰孢菌 127 株，鉴定为 5 个种，其中轮枝镰孢菌（F. verticillium）47 株，约占 37.0%，层出镰孢菌（F. proliferatum）45 株，约占 35.4%，二者为优势种；禾谷镰孢菌（F. graminearum），胶孢镰孢菌（F. subglutinans）、F. temperatu 分离频率分别为 14.9%、11.8% 和 3.14%。获得玉米茎腐病镰孢菌 129 株，鉴定为 6 个种，其中禾谷镰孢菌 80 株，约占 62.0%，为优势种；轮枝镰孢菌、胶孢镰孢菌、层出镰孢菌、木贼镰孢菌（F. equisetu）分离频率依次为 19.37%、13.95%、8.52% 和 4.65%。通过 UP-PCR 聚类分析，两种病害分离得到的轮枝镰孢菌和禾谷镰孢菌分别在两种病害上存在遗传差异，亲缘关系相关性差与地理因素无关。

关键词： 玉米；穗腐病；茎腐病；镰孢菌；EF-1α

* 基金项目：辽宁省农业科技创新团队项目（2014201003）；公益性行业（农业）科研专项（201303016）

** 第一作者：盖晓彤，女，硕士研究生，从事玉米病害研究

*** 通讯作者：高增贵；E-mail：gaozenggui@sina.com

玉米尾孢灰斑病抗性 QTL 定位研究*

张小飞** 李 晓 崔丽娜 邹成佳 杨晓蓉 向运佳***

（四川省农业科学院植物保护研究所，农业部西南作物有害生物
综合治理重点实验室，成都 610066）

摘 要：由玉米尾孢（*Cercospora zeina*）引起的玉米灰斑病目前在云南、湖北、四川等西南地区严重发生，并呈现快速上升趋势，已成为西南玉米生产中最重要的叶部病害。本研究采用适合的 127 个 SSR 标记构建遗传图谱用于玉米尾孢灰斑病抗性 QTL 定位研究。采用自然诱发辅以人工接种在云南、湖北 2 年 3 点 345 个 $F_{2:3}$ 株系进行表型鉴定，利用复合区间作图法进行抗病 QTL 初步定位，综合三点联合 QTL 检测结果，其中有多个 QTL 在 3 个环境都能检测到，分别位于 2、5、8、9 染色体上，可分别解释 4.78% ~ 37.77% 的表型变异，尤其是第 2 染色体上的 QTL "qRcz2" 效应明显（LOD 值 > 10，可分别解释 16.22% 的表型变异），表达稳定且已被标记辅助选择试验验证，是一个可靠的主效 QTL。研究结果有助于了解玉米灰斑病的抗性机制，为挖掘抗玉米尾孢灰斑病 QTL，为候选基因克隆和 QTL 标记辅助选育抗病品种提供理论依据和技术支撑。

关键词：玉米尾孢；灰斑病；QTL；定位

* 基金项目：国家自然科学基金（31401702）

** 第一作者：张小飞，男，博士，副研究员，研究方向为玉米抗病性；E-mail：zhangxiaofei1982@gmail.com

*** 通讯作者：向运佳

拮抗木霉菌系统诱导玉米抗病性 MAMP/DAMP 模式的研究[*]

陈　捷[**]　范莉莉　余传金　傅科鹤

（上海交通大学农业与生物学院，上海交通大学国家微生物代谢重点实验室，
农业部都市农业（南方）重点实验室，上海　200240）

摘　要：本研究以生防菌哈茨木霉（*Trichoderma harzianum*）Th30 为出发菌，研究木霉菌系统诱导玉米抗弯孢菌叶斑病（*Curvularia lunata*）微生物相关分子模式/损伤相关分子模式（MAMP/DAMP）。本试验共构建 450 株 ATMT 突变株，经过筛选后，共获得 6 株对诱导玉米抗叶斑病差异明显的突变株。Southern blot 分析表明 T – DNA 为单拷贝插入。通过反向 PCR 扩增到侧翼序列，分析表明，突变株与野生株的功能差异是因为 T-DNA 插入到基因的 ORF 框，该基因命名为 *Thc*6，编码 327 个氨基酸，为 C6 型锌指转录因子。为了研究该基因的功能，构建了该基因的敲除子、互补子及过表达子。研究表明，该基因对菌体生长无明显影响；通过荧光标记发现该基因定位于细胞核中；挑战接种表明，通过表达该基因后，玉米对弯孢菌叶斑病抗性高于野生株。RT-qPCR 结合 LC-MS 测定水杨酸（salicylic acid，SA）、茉莉酸（jasmonic acid，JA）含量表明，发现该基因通过影响玉米的茉莉酸（jasmonic acid）代谢通路调控玉米的抗病能力。以上结果表明，*Thc*6 通过调控玉米茉莉酸代谢相关通路，从而调控玉米对弯孢霉叶斑病的抗性。通过酵母单杂交技术从哈茨木霉基因组中筛选到两段与 Thc6 蛋白互作的 DNA 片段，扩增侧翼序列，并结合生物信息学分析，获得被 Thc6 调控的两个纤维素水解酶基因 *Thph*1、*Thph*2。EMSA 实验确定蛋白与基因启动子区的结合区域为 6 个碱基的保守区域。在纤维素为唯一 C 源诱导下，基因 *Thph*1、*Thph*2 表达水平受纤维素底物调控，而敲除 Thc6 基因后，调控不明显。分别敲除 *Thph*1、*Thph*2 或同时敲除两个基因后，突变株在纤维素为唯一 C 源培养基上生长明显减慢。透射电镜观察表明，木霉菌主要定殖于玉米根表皮层细胞内。Western blot 检测到在木霉菌定殖的玉米根部皮层内有 Thph1、Thph2 蛋白的分泌；分别用蛋白 Thph1、Thph2 处理玉米根系后，能够系统诱导玉米对弯孢菌叶斑病的和茎腐病防御反应；HPLC 分析发现木霉菌定殖的玉米根皮层组织有木霉菌纤维素酶降解的纤维素释放的纤维二糖；RT-qPCR 测定表明玉米防御相关基因 *Opr*7、*Erf*1 表达上调，防御过程中，蛋白处理后的玉米活性氧暴发强度也高于野生株。定量蛋白质组学分析发现，*Thph*1 基因敲除子处理种子长出的玉米根系，可导致玉米根系、叶片防御反应 JA/ET 通路相关蛋白 MYC2、ACO 表达下调，活性氧清除相关蛋白 POD 表达也明显下调，茎腐病菌侵染发生变化，进一步说明木霉菌纤维素酶及纤维二糖作为激发子可诱导寄主防御反应信号长距离转导，从而引发玉米根系对茎腐病菌、叶片对弯孢菌叶斑病菌的防御反应。

关键词：玉米病害；木霉菌；诱导抗抗性；弯孢菌叶斑病；茎腐病

---

* 基金项目：国家自然科学基金（31471734，30971949）；国家玉米产业技术体系（CARS-02）

** 第一作者：陈捷，男，教授，主要从事植物病害生物防治研究；E-mail：jiechen@ sjtu. edu. cn

小麦白粉菌效应蛋白研究*

薛敏峰** 袁 斌 曾凡松 龚双军 史文琦 杨立军 喻大昭***

(农业部华中作物有害生物综合治理重点实验室/农作物重大病虫草害可持续控制
湖北省重点实验室湖北省农业科学院植保土肥研究所，武汉 430064)

摘 要： 由禾谷科布氏白粉菌小麦专化型（*Blumeria graminis f. sp. tritici*）引起的小麦白粉病是为害小麦的重要病害。小麦白粉病菌为专性活体寄生菌，其在侵染过程中分泌功能多样的效应蛋白进入寄主，可以在多个层次抑制寄主的防卫反应。以中国江苏分离得到的菌株 21-2 为材料，通过从头测序和注释得到基因和蛋白数据。利用 THMM、signalP 和 Psort 软件预测蛋白的跨膜结构和亚细胞定位，获得 553 个不含有跨膜结构的分泌性蛋白，其中 491 个在大麦白粉菌中有同源蛋白，以它们作为候选效应蛋白基因。分析候选效应蛋白基因在菌丝、分生孢子和吸器转录组数据，发现有 68 个基因在 24hpi、36hpi 和 48hpi 的吸器中持续高表达，但在菌丝和分生孢子中低表达；另有 126 个基因在吸器中的部分时期高表达，其他时期低表达。这些基因可作为后续功能验证工作的靶标基因。另外，通过比较候选效应蛋白与专性寄生菌小麦条锈菌的蛋白序列，发现 34 个蛋白为两个小麦病原菌所共有。

关键词： 小麦白粉菌；效应蛋白；比较基因组；转录组

* 基金项目：国家科技部 973 计划课题（2013CB127700）；小麦产业体系项目（CARS-03-04B）和湖北省农业科技创新中心项目（2014-620-003-003）

** 第一作者：薛敏峰，男，助理研究员，研究方向为病原真菌比较基因组；E-mail：xueminfeng@126. com

*** 通讯作者：喻大昭；E-mail：dazhaoyu@ china. com

小麦条锈病研究态势的文献计量学分析*

张学江**　史文琦　杨立军***

（湖北省农业科学院植保土肥研究所，武汉　430064）

摘　要：本文采用文献计量学方法，基于 Web of Science（WOS）平台的 SCI-E 和 CNKI 数据库中小麦条锈病相关研究的文献数据，从文献年代分布、文献学科分布、主要发文期刊、核心作者、主要研究机构和高引论文等方面，客观地分析国内外小麦条锈病研究现状，明确当前的研究热点与前沿，为农业生产领域的科研工作者和决策部门提供参考。WOS 数据库中，小麦条锈病研究文献呈现快速上升趋势，其中，发文量前五位的国家为中国、美国、澳大利亚、墨西哥和加拿大，发文量占比均超过 5%，而前三名发文量均超过 10%，中美两国发文量则分别超过 30%；在发文量前五的机构中，华盛顿州立大学发文量位居榜首，其次为西北农林科技大学、悉尼大学、中国农业科学院和墨西哥国际玉米与小麦改良中心。发文学科主要分布在植物科学、农学、遗传、生物技术与应用为生物学，以及生化与分子生物学等领域。发文量前十位的期刊累计发文量高达 32.25%，其中 Phytopathology（11.264%），THEOR APPL GENET（9.286%）和 EUPHYTICA（7.653%）发文量遥遥领先。从 CNKI 数据库看，西北农林科技大学和中国农业科学院发文数量居绝对主导地位，发文量分别占 24.786% 和 13.579%，发文量前十名的期刊囊括了 47.60% 的发文量，发文量最高的为《麦类作物学报》，占总发文量的 9.031%。就发文总量来看，中国和美国为主要贡献国家。

关键词：小麦；条锈病；文献计量分析；Web of Science；CNKI

---

　* 基金项目：农业部公益性行业专项 201203014；农业部公益性行业专项 200903035 – 09；小麦产业体系项目 CARS – 3 – 1 – 2

　** 第一作者：张学江，副研究员，博士，主要从事植物病理学研究；E-mail：zhangxuejiang@ hot-mail. com

　*** 通讯作者：杨立军，副研究员，硕士，主要从事植物病理学研究；E-mail：yanglijun1993@163. com

农杆菌介导的小麦全蚀病菌的遗传转化体系的建立 *

杨丽荣** 徐俊蕾 孙润红 武 超 全 鑫 任念慈 梁 娟 薛保国***

（河南省农业科学院植物保护研究所，农业部华北南部作物有害生物综合治理
重点实验室，河南省农作物病虫害防治重点实验室，郑州 450002）

摘 要：由禾顶囊壳菌小麦变种（*Gaeumannomyces graminis var. tritici*，*Ggt*）引起的小麦全蚀病菌，是一种世界范围内发生的毁灭性病害。利用分子生物学技术揭示该病菌致病的分子机理，从根本上揭示小麦全蚀病菌的致病机理，对小麦全蚀病菌的有效预防具有重要意义。本研究利用根癌农杆菌（*Agrobacterium tumefaciens*）介导的遗传转化方法对小麦全蚀病菌进行了转化，初步建立了农杆菌介导的小麦全蚀病菌遗传转化体系，即最佳抑制小麦全蚀病菌的潮霉素浓度为 90μg/mL，IM 培养基中乙酰丁香酮（AS）浓度为200μM/L，农杆菌诱导时间为 6h $OD_{600}=0.15$，之后取 200μL 农杆菌菌液与研磨后的小麦全蚀菌混匀后，在覆盖有玻璃纸的 AIMA 上共培养 2 天，将玻璃纸转移至 PDA（含90μg/mL hyg，400μg/mL cef，60μg/mL str）上 25℃共培养 4 天。本研究建立的根癌农杆菌介导的遗传转化体系进一步建立插入突变体库、筛选致病突变体等的技术平台，进而为克隆相关基因，深入解析小麦全蚀病菌的致病机理奠定基础，最终为病害的有效防治提供有效的思路。

---

* 基金项目：2014 国家科学自然基金

** 第一作者：杨丽荣，女，博士，副研究员，研究方向为农用微生物学研究；E-mail：luck_ ylr@126. com

*** 通讯作者：薛保国，男，博士，研究员，主要从事分子微生物学和生物防治研究；E-mail：13613714411@163. com

河南小麦根部主要病害病原菌分离鉴定[*]

全　鑫[**]　杨艳艳　孙润红　杨丽荣　武　超　徐俊蕾

任念慈　梁　娟　邹小桃　郭　骋　薛保国[***]

（河南省农业科学院植物保护研究所，农业部华北南部作物有害生物综合治理
重点实验室，河南省农作物病虫害防治重点实验室，郑州　450002）

摘　要：2013—2014 年采集河南临沂、原阳、漯河、延津、商水、周口 6 个地区小麦根部主要真菌病害 324 株发病株，采用常规组织分离方法进行病原菌的分离，明确河南小麦主要根部真菌病害的病原组成，并在此基础上对病原菌进行分子检测。采集小麦根部病害 324 株发病株，得到 256 株分离菌株，通过菌落特征、菌丝特征以及孢子形态特征初步确定 76 株为小麦赤霉病菌，59 株小麦纹枯病菌，47 株为小麦全蚀病菌，39 株为小麦根腐病菌，以 ITS1 和 ITS4 为引物 PCR 扩增，测序后得到 rDNA-ITS 区序列，与已知的小麦镰刀菌、小麦纹枯病菌、小麦全蚀病菌、小麦根腐病菌进行同源性比对，通过 ITS 序列与其序列同源性为 97% ~ 99%，结合形态特征、致病性测定以及再分离的结果，鉴定出小麦赤霉病菌主要是禾谷镰孢菌（*Fusarium graminearum*）41 株，其余 35 株的 rDNA-ITS 区序列和小麦冠腐病菌（*Fusarium pseudograminearum*）的同源性较高，可达 97% 以上；小麦全蚀病菌（*Gaeumannomyces graminis*）47 株；小麦纹枯病的病原菌主要是禾谷丝核菌（*Rhizoctonia cerealis*）44 株；小麦根腐病原菌主要为小麦根腐离蠕孢（*Bipolaris sorokiniana*）33 株。

关键词：根部病害；病原真菌；分离鉴定

＊ 基金项目：河南省农业科学院创新基金项目

＊＊ 第一作者：全鑫，女，硕士，助理研究员，主要从事职务病理学研究；E-mail：iamamilepixy@163.com

＊＊＊ 通讯作者：薛保国，男，博士，研究员，主要从事农用分子微生物学和生物防治研究；E-mail：13613714411@163.com

抗、感谷子品种接种谷锈病菌后防御
酶活性变化研究*

白　辉[1][**]　董　兵[2]　李志勇[1]　董　立[1]　刘　磊[1]　董志平[1][***]

(1. 河北省农林科学院谷子研究所，国家谷子改良中心，河北省杂粮研究实验室，
石家庄　050035；2. 拜耳作物科学（中国）有限公司，北京　100020)

摘　要： 比较抗、感谷子品种接种谷锈菌单孢 93-5 在不同时间点的叶片中防御酶活性的变化。在谷子六叶期接种谷锈菌单孢 93-5，分别于接种后 12h、24h、36h、48h、72h、96h 和 120h 采集叶片，采用黄嘌呤氧化酶法（羟胺法）测定超氧化物歧化酶（SOD）活性；采用愈创木酚法测定过氧化物酶（POD）活性；采用紫外吸光法测定过氧化氢酶（CAT）活性，采用邻苯二酚法测定多酚氧化酶（PPO）活性。谷子抗病品种十里香和感病品种豫谷 1 号的叶片分别接种谷锈菌后，组织内 POD、SOD、CAT 和 PPO 活性均发生不同程度的变化。其中，POD 活性在两种谷子材料中较为稳定，变化幅度小，十里香中 POD 活性缓慢上升，于接菌后 48h 和 96h 时分别出现两次活性高峰；而豫谷 1 号中 POD 活性在接菌处理的 120h 内基本保持稳定。在处理时间内，十里香叶片中的 SOD 活性一直高于豫谷 1 号，前者 SOD 活性在接菌后 24h 达到活性高峰，之后活性开始逐渐下降；后者 SOD 活性在接菌处理的 120h 内基本保持稳定，只于 24h 和 72h 时出现小幅升高。十里香叶片组织中的 POD 与 SOD 两种酶活性均明显高于豫谷 1 号。在锈菌侵染早期，十里香叶片组织中 PPO 活性就开始迅速上升，24h 达到高峰，之后缓慢下降直至接种后 120h；而豫谷 1 号中 PPO 活性在接种后较十里香上升缓慢，36h 时达到高峰，程度与十里香 24h 时相近。与 POD、SOD 和 PPO 活性变化模式相反，在接种处理的 120h 时间内豫谷 1 号组织中的 CAT 活性整体高于十里香。接种谷锈菌能够诱导抗、感谷子叶片产生一系列应激生化反应，4 种防御酶活性均会发生不同程度的变化，感病品种豫谷一号叶片组织中防御酶 POD、SOD 和 PPO 的活性或增幅较小或较抗病品种十里香滞后，而 CAT 在感病谷子中活性变化较抗病十里香更为明显。它们的酶活性与十里香的抗病性具有相关性，这些防御酶活性峰值出现的高低与早晚，可作为早期鉴定谷子抗谷锈病的生理指标。

关键词： 谷子；谷子锈病；防御酶

---

*　基金项目：国家自然科学基金（31101163 和 31271787））；河北省自然科学基金（C2014301028 and C2013301037）；农业部现代农业产业技术体系谷子病虫害防控岗位（CARS – 07 – 12.5 – A8)

**　第一作者：白辉，副研究员，主要从事谷子抗病分子生物学研究；E-mail：baihui_ mbb@126. com

***　通讯作者：董志平，研究员，主要从事农作物病虫害研究；E-mail：dzping001@163. com

谷子十里香与锈菌非亲和互作数字
基因表达谱测序分析*

董志平** 李志勇*** 董 立 白 辉 王永芳 全建章

（河北省农林科学院谷子研究所，河北省杂粮重点实验室，
国家谷子改良中心，石家庄 050035）

摘 要：由粟单胞锈菌引起的谷子锈病是谷子上的一种重要真菌病害，严重影响谷子的产量和质量。谷子十里香是目前发现的唯一抗锈谷子种质资源，因此，分析谷子十里香与锈菌互作的基因表达情况对研究抗锈相关基因、阐明谷子与锈菌互作的分子机制具有重要意义。本研究采用高通量测序技术，对接种锈菌的谷子十里香转录组进行测序。另外，应用数字基因表达谱技术分析谷锈菌侵染谷子 0h，24h，48h 后的基因差异表达情况，选择抗锈特异表达和上调表达基因，利用生物信息学分析基因功能，以及可能参与的生理生化路径，揭示谷子十里香抗锈机理。转录组序列经组装获得 32 538 条 unigene，最终 113 478 个参考标签序列作为表达谱分析的参考基因数据库。通过 Solexa 测序，3 个文库：即接种 0h，接种 24h，和接种 48h 得到的 Clean tag 数目分别为 3.40×10^6 个，3.39×10^6 个，3.24×10^6 个。其中，能够比对到 unigene 的数目分别为 2.05×10^6 个，2.08×10^6 个，2.02×10^6 个。表达谱分析结果表明，十里香接种锈菌 24h 后有 3 442 条基因上调表达、1 100 条下调表达；48h 后 3 941 条基因上调表达，1 171 条基因下调表达；48h 后与 24h 对比，上调基因 518 个，下调基因 450 个。利用生物信息学技术将差异表达基因映射到 KEGG 通路数据库中，进一步的途径富集分析表明，接种锈菌后与能量相关的基因上调，这表明十里香抗锈需要能量产生与运输。另外，接种锈菌后防卫反应相关物质及代谢途径中基因上调表达，如苯丙素类（Phenylpropanoids）、苯丙氨酸（Phenylalanine）、类苯基丙烷（Phenylpropanoid）、类黄酮（Flavonoid biosynthesis）、过氧化物酶（Peroxisome），这些物质的产生抑制锈菌侵入与扩散。此外，寄主与病原物互作蛋白有可能直接调控寄主抗病，在寄主与病原物互作途径中十里香可能通过两条途径抗病。一是表面受体感受锈菌，激活 MAPK 信号传导途径，通过 WRKY 转录因子进入细胞核激活抗病基因。二是通过 RAR、SGT 引发过敏性坏死，从而阻止病原菌的进一步扩散。经表达谱分析初步筛选出 9 个抗锈候选基因，利用 RT-qPCR 进行了定量分析，其结果与表达谱一致。为了快速检测这些基因的功能，笔者正在利用雀麦花叶病毒诱导的基因沉默技术（VIGS）快速筛选候选抗锈及其相关基因，为抗锈及其相关基因功能研究提供了技术保障。利用基因沉默技术筛选具有功能的基因，再进行农杆菌转化，详细研究其基因功能。

关键词：谷子；抗锈基因；表达谱；生物信息学分析

---

* 基金项目：国家自然科学基金（31271787，31101163）；河北省自然基金（C2013301037，C2014301028）

** 第一作者：董志平，女，研究员，主要从事谷子病害研究；E-mail：dzping001@163.com

*** 通讯作者：李志勇，男，副研究员，主要从事谷子病害研究；E-mail：lizhiyongds@126.com

东北大豆花叶病毒 3 号株系全基因组
感染性克隆的构建

张淋淋[1,2]* 李小宇[1] 张春雨[1] 尤 晴[3] 王永志[1] 张俊华[2] 李启云[1]

(1. 吉林省农业科学院植物保护研究所，东北作物有害生物综合治理重点实验室，

吉林省农业微生物重点实验室，公主岭 136100；2. 东北农业大学，

哈尔滨 150030；3. 吉林农业大学，长春 1301181)

摘 要：为获得东北大豆花叶病毒 3 号株系（SMV-3）全基因组感染性克隆，提取 SMV-3 总 RNA，反转录体外合成 cDNA 第一条链，采用 PCR 方法扩增出 SMV-3 全长的三个片段，将各 PCR 产物与载体通过同源重组的方法连接获得含有完整 SMV-3 基因组的重组质粒，并经测序验证比对构建前后病毒的全基因组序列，命名为 pSMV，利用基因枪法将 pSMV 重组质粒导入大豆，通过 ELISA，RT-PCR 和 Western blot 检测，结果显示，pSMV 感染性克隆已成功侵染受体植株，表明成功构建了 SMV-3 全基因组的感染性克隆。为进一步研究大豆花叶病毒提供了良好的反向遗传操作技术平台。

关键词：大豆花叶病毒；东北 3 号株系；感染性克隆

---

* 第一作者：E-mail：419192448@qq.com

温度对河北和内蒙古地区不同致病疫霉致病力的影响*

胡珍珠　杨志辉　张　岱　朱杰华**

（河北农业大学植物保护学院，保定　071000）

摘　要：由致病疫霉 *Phytophthora infestans*（Mont.）de Bary 引起的马铃薯晚疫病，对马铃薯产业造成最具毁灭性的灾害。为了研究温度对致病疫霉菌株致病力的影响，本文测定了采集自河北和内蒙古各 8 株致病疫霉菌株在 10℃、15℃、17.5℃、20℃、22.5℃ 和 25℃ 共 6 个温度下对荷兰十五马铃薯品种离体叶片的致病力。对病斑直径、孢子囊浓度和单位面积产孢量等指标进行统计，研究了温度对河北和内蒙古地区不同致病疫霉菌株致病力的影响。结果表明：河北和内蒙古致病疫霉致病的最适温度都是 20℃，适温区为 17.5~22.5℃，随着温度的升高或降低，菌株在叶片上的病斑直径和孢子囊浓度逐渐减小。采集自河北的菌株 JW13-10 和 JW13-16 和采集自内蒙古的菌株 NY13-26 和 NY13-12 在不同温度下均发病较早，且病斑直径和产孢量较大，说明这 4 株菌株是强致病力菌株；而菌株 JW13-5 和 NY13-25 在不同温度下几乎都不发病，为弱致病力菌株。结果表明，温度对致病疫霉致病力的影响较大，且不同致病疫霉菌株的致病力在同一温度下差异显著。

关键词：致病疫霉；温度；致病力

* 基金项目：公益性行业（农业）科研专项（No. 201303018）；现代农业产业技术体系建设专项资金（No. CARS – 10 – P12）

** 通讯作者：朱杰华；E-mail：*zhujiehua356@126.com*

马铃薯 Y 病毒 CP 蛋白的克隆、
表达、纯化及抗体鉴定*

尤　晴[1]** 　张淋淋[2] 　李小宇[3] 　张春雨[3] 　王永志[3]*** 　李启云[3]***

(1. 吉林农业大学，长春　130118；2. 东北农业大学，哈尔滨　150030；

3. 吉林省农业科学院植物保护研究所，东北作物有害生物综合治理重点实验室，

吉林省农业微生物重点实验室，公主岭　136100)

　　摘　要：马铃薯 Y 病毒（*Potato Virus Y*，PVY）是马铃薯种植产区重要的病害，CP 蛋白是 PVY 唯一的结合蛋白，含有抗原决定簇，决定着病毒的抗原特异性。本研究克隆、表达和纯化了马铃薯 Y 病毒 CP 蛋白，并进行抗体鉴定，结果表明：序列分析 PVY CP 基因序列与 22 个参比序列相比均有不同程度的碱基缺失和突变，同一性为 96.69%。应用 DNAMAN6.0 软件计算 PVY 各地区样品 CP 基因之间最低同源性为 87.30%；最高同源性为 99.90%。应用 MEGA5.10 软件构建系统发育树，表明 PVY CP 基因与陕西、安徽、福建三个序列和日本、朝鲜两个序列归为一类。其他国家和地区的样品未呈现明显的区域规律性分组的特征，可归为一类。用 PVY、大豆花叶病毒（SMV）、白三叶黄脉病毒（CLYVV）3 种病毒研磨粗液上清与实验室已制备的 9 株单克隆抗体进行 ELISA 鉴定，PVY 检测的 OD_{490} 与阴性 OD_{490} 的比值均大于 2.1，表明均可与 9 株抗体反应；SMV 结合抗体的能力高于 PVY 和 CLYVV，与 2D3、4F9 和 4G12 三株抗体结合强烈；CLYVV 与 2A8、2D3 反应较弱，与其他两种病毒相比，反应抗体的特异性最低。结果说明 PVY、SMV、CLYVV 有抗原的交叉性，即存在共同的抗原表位。

　　关键词：马铃薯 Y 病毒；CP 蛋白；抗体鉴定

---

　　* 基金项目：吉林省自然科学基金项目（130101089JC）；吉林省农业微生物重点实验室平台建设项目（20122105）

　　** 第一作者：尤晴，女，硕士，研究方向：分子病毒学；E-mail：1246759614@qq.com

　　*** 通讯作者：王永志；E-mail：yzwang@cjaas.com

李启云；E-mail：qyli1225@126.com

VIGS 技术解析激素信号途径相关
基因抗黄萎病功能[*]

张华崇[**] 刘 凯 司 宁 齐放军 张文蔚[***] 简桂良[***]

（中国农业科学院植物保护研究所，植物病虫害生物学国家重点实验室，北京 100193）

摘 要：黄萎病严重威胁我国棉花可持续生产，由于病菌易变异、寄主范围广、微菌核的存在导致病害的控制十分困难，而且棉花种资源中抗病品种的稀缺使得常规杂交育种控制病害的方法也变的收效甚微。目前，随着分子生物学、遗传学和生物化学的发展，我们可以通过富集抗病基因的分子手段达到抗黄萎病的目的，但是陆地棉上还没有克隆到抗黄萎病的主效基因，笔者希望通过研究陆地棉抗黄萎病激素信号途径，以期寻找到理想的抗黄萎病相关基因。本研究以抑制差减杂交文库为基础，筛选出 6 个激素信号途径的基因，包括上调表达的泛素连接酶、JAZ10、转录因子 bHLH25、EIN3-bing F-box 和下调表达基因 *TGA*7、*BZR*1。分别构建上述 6 个基因的 VIGS 沉默载体，以抗病品种中植棉 KV-3 和感病品种 86-1 为材料进行 VIGS 沉默试验。结果显示：在上调表达的基因中，泛素连接酶、JAZ10、bHLH25、EIN3-bing F-box 沉默植株的病情指数分别为 55.48 ± 2.11、70.74 ± 4.03、64.29 ± 6.74 和 62.78 ± 2.72，转空载体和野生型植株病情指数分别为 26.04 ± 1.17 和 19.94 ± 1.25；下调表达基因 *TGA*7、*BZR*1 沉默植株的病情指数分别为 21.08 ± 2.85 和 18.11 ± 1.74，转空载体和野生型植株病情指数分别为 51.77 ± 1.66 和 42.57 ± 1.43。这 6 个激素信号途径的基因沉默后，其病情指数与对照组均存在显著的差异（$P < 0.05$），6 个基因均参与了陆地棉的抗黄萎病反应，证明了激素信号途径相关基因在陆地棉抗黄萎病过程中发挥重要的作用。

关键词：VIGS；陆地棉；黄萎病；激素信号途径

* 基金项目：公益性行业（农业）科研专项（201503109）

** 第一作者：张华崇，男，硕士在读，从事植物病理学研究；E-mail：huachongzhang@163.com

*** 通讯作者：张文蔚；E-mail：wwzhang@ippcaas.cn

简桂良；E-mail：gljian@ippcaas.cn

油菜霜霉病病原菌生物学特性及发病条件的研究

王　伟* 　方小平

（中国农业科学院油料作物研究所，武汉　430062）

摘　要： 油菜霜霉病是由寄生霜霉（*Hyaloperonospora parasitica*）侵染所致，该病原菌是鞭毛菌亚门卵菌纲霜霉属的一种专性活体寄生霜霉菌，主要为害油菜叶片，子叶期发病严重时也会对茎产生为害。然而国内外关于霜霉病的研究主要集中在大白菜等十字花科蔬菜，对油菜霜霉病的研究鲜有报道，本文主要研究油菜霜霉病病原菌的生物学特性以及适合霜霉病发病的环境条件，以其为后期霜霉并病原菌保存和抗性遗传规律的研究提供基础。

通过对采自长江流域 3 个省份 13 个地区的油菜霜霉菌进行生物学特性及发病条件的研究。油菜霜霉菌孢子萌发受温度、相对湿度、环境 pH 值，以及接种使用吐温 – 20 的含量的影响，在环境温度（T）为 9 ~ 25℃时霜霉菌孢子均有萌发，但是，在 17℃时萌发率最高；相对湿度（RH）为 80% ~ 100% 时霜霉菌孢子均能萌发，孢子萌发率随 RH 的升高而增大；pH 值为 4 ~ 8 的条件下霜霉菌孢子均能萌发，在 pH 值为 5.5 时霜霉菌孢子萌发率最高；适量的吐温 – 20 对孢子萌发和霜霉病发病均有一定的抑制作用，但不产生显著差异。研究得出霜霉菌孢子萌发最适条件为温度为 17℃、pH 值为 5.5、，达到 56.4%。霜霉病发病指数（DI）受接种孢子浓度、温差、光照时长、环境相对湿度的影响，孢子浓度为 1×10^5 个孢子/mL、温差为 14℃、光照时长为 11h、环境相对湿度为 95% 以上时霜霉病发病指数最高为 80.4。

关键词： 油菜；霜霉菌；生物学特性

---

* 第一作者：王伟；E-mail：wwei1006@163.com

侵染海南番茄 CMV 分子检测及其序列分析[*]

余乃通[1][**] 李涛[2] 刘锋[1] 王健华[1] 刘志昕[1][***]

(1. 中国热带农业科学院热带生物技术研究所，农业部热带作物生物学与遗传资源利用重点实验室，海口 571101；2. 海南省植物保护总站，海口 570100)

摘　要：为了鉴定引起海南定安县番茄叶片呈蕨叶型，变窄呈线条状，叶片表面凹凸不平、生长不规则等症状的病原物，对该病样的叶片提取总 RNA，反转录成第一链 cDNA，然后根据 CMV RNA1 保守序列设计 2 对特异引物，再利用常规 PCR 方法鉴定其病原是否为 CMV。利用两对特异引物进行 PCR 方法扩增后，分别获得大小约为 500bp 和 700bp 的目的 DNA 条带，经序列相似性比对，发现海南定安县番茄的病原物为 CMV。构建系统进化树和同源性分析，进一步确定了引起番茄叶片蕨叶和生长不规则的 CMV 为重花叶株系（包括蕨叶症状），属 CMV IB 亚组。本研究鉴定了 CMV 是引起番茄叶片蕨叶和生长不规则等症状的重要病原物，通过序列比较和同源分析确定了该病原物为 CMV 的重花叶株系（包括蕨叶症状）。

关键词：番茄；病原物；同源性分析

* 基金项目：海南省自然科学基金项目（No. 20153130）和海南省重大科技项目（ZDZX2013023 - 1）共同资助

** 第一作者：余乃通，男，助理研究员，从事病毒学与分子生物学研究；E-mail：yunaitong@ 163. com

*** 通讯作者：刘志昕，研究员，博导，从事病毒学与分子生物学研究；E-mail：liuzhixin@ itbb. org. cn

番茄细菌性溃疡病 LAMP 检测方法研究

毛芙蓉　　刘燕妮*

（吉林省蔬菜花卉科学研究院，长春　130033）

摘　要：番茄细菌性溃疡病是番茄上具有毁灭性的病害之一。番茄细菌性溃疡病最初发生在美国密执安州，后逐渐扩展成一种世界性的病害。番茄细菌性溃疡病在我国主要发生在北京、黑龙江、吉林、辽宁、内蒙古等地。番茄细菌性溃疡病是由密执安棒形杆菌密执安亚种（*Clavibacter michiganensis* subsp. *Michiganensis*，简称 *Cmm*）引起的一种维管束病害。本研究针对番茄细菌性溃疡病原菌的两个特异性基因 *cytC*、*tomA* 分别设计了两组 LAMP 引物 cytC-49、cytC-170；tomA-107、tomA-8（每组引物均包含内引物 F3、B3 和外引物 FIP、BIP），并以番茄青枯假单胞菌、茄青枯假单胞菌、黄瓜角斑病菌、西瓜果斑病菌、马铃薯环腐病菌、马铃薯疮痂病菌 6 种其他重要植物病原菌，及梯度稀释的 *Cmm* 菌株基因组 DNA 样品为对象，测试了 LAMP 检测引物的特异性和灵敏度。结果显示，引物 cytC-170、tomA-107 对 Cmm 均表现出严格的特异性；引物 cytC-170 对 *Cmm* 的检测灵敏度达 50copies，引物 tomA-107 对 *Cmm* 菌的检测灵敏度达 5copies。同时通过环引物设计和加环试验可使反应进程缩短 15min。结果表明，本研究建立的以 *cytC* 基因和 *tomA* 基因为靶标的 *Cmm* 菌株 LAMP 检测方法特异性强、灵敏度高，并可以在 50min 内完成整个检测过程，非常适用于 *Cmm* 菌株的现场快速检测。

关键词：番茄溃疡病菌；LAMP；*tomA* 基因；*cytC* 基因；检测方法

* 通讯作者：刘燕妮；E-mail：liuyanni1813@ sina. com

海南辣椒上 potyviruses 的株系多样性分析*

梁 洁** 王健华 余乃通 张 真 周启林 刘志昕***

（中国热带农业科学院热带生物技术研究所，农业部热带作物生物
技术重点开放实验室，海口 571101）

摘 要：为澄清侵染海南辣椒的马铃薯Y病毒属病毒的株系和亲缘关系，我们克隆了多个辣椒样品上的 ChiRSV、PVMV 和 ChiVMV 3 种 potyviruses 的 *CP* 基因，进行了序列多态性分析。以 *CP* 基因为基础，结合 GenBank 中已登录的各病毒 *CP* 基因序列，运用最大似然法，构建各病毒的系统进化树。结果表明：ChiVMV 各分离物能分成 4 组，分别命名为 Group 1、Group 2、Group 3 和 Group 4，ChiVMV 海南分离物之间的 *CP* 基因序列一致性大于 98%，是一个株系，且属于其中的 ChiVMV Group 1 株系；根据系统进化树，ChiRSV 海南分离物的 *CP* 基因分成两个有差异的簇，各簇内的 ChiRSV *CP* 基因序列一致性高，但簇与簇的分离物之间的 *CP* 基因序列与 *CP* 氨基酸序列一致性分别为 91.6% ~ 100%，92.9% ~ 100%，因此海南辣椒上存在两个 ChiRSV 株系，暂命为 ChiRSV I 组与 ChiRSV II 组；PVMV 海南分离物 *CP* 基因序列一致性大于 98%，聚为一簇，属于一个 PVMV 株系，暂命为 PVMV 亚洲组。

关键词：辣椒；Potyviruses；*CP* 基因；多样性分析

* 基金项目：海南省重点科技计划应用研究及产业化项目（No. ZDXM20130046）；海南省自然科学基金项目（No. 313076）；海南省创新引用集成专项（No. KJHZ2014 – 01）

** 第一作者：梁洁，女，硕士研究生，分子植物病理学专业；E-mail：451254478@ qq. com

*** 通讯作者：刘志昕，研究员，研究方向为植物分子病毒学；E-mail：liuzhixin@ itbb. org. cn

哈茨木霉 T2-16 菌剂对不同西瓜
品种种子活力的影响*

黄怀冬** 梁志怀*** 魏 林 张 屹 许 斌

（湖南省农业科学院西瓜甜瓜研究所，长沙 410125）

摘 要：生防木霉菌因其生长速率快，产孢量大、抑菌谱广、作用机制多样、可促进植物生长等诸多优势而备受关注。笔者前期研究也表明，哈茨木霉 T2-16 分生孢子菌剂可显著提高水稻、花生、油菜等作物种子活力，促进苗期的生长。本实验应用 T2-16 菌株分生孢子悬浮液对湖南省栽种面积较大的早春红玉、西农八号、蜜桂、小绿黄、黑美人、早佳842、洞庭3号7个西瓜品种，进行了浸种处理，研究其对西瓜种子活力的影响，为木霉菌在西瓜种植和病害防治等方面的开发利用提供参考。

试验数据显示：哈茨木霉孢子 T2-16 分生孢子菌剂对供试的 7 个西瓜品种种子活力的影响，并不像前期对其他作物种子的研究那样均具有促进提高作用，其影响作用存在明显的差异性。本试验除空白对照外共设置了 1×10^3 孢子/mL，1×10^4 孢子/mL，1×10^5 孢子/mL，3 个供试木霉菌孢子液浓度梯度，其中各个浓度对早春红玉种子活力均表现为促进作用，在 1×10^5 孢子/mL 的高孢子悬浮液浓度下，其种子活力比空白对照提高了161%；而对其余 6 个供试品种的种子活力，则表现出不同程度的抑制作用，抑制作用最明显的品种是黑美人，在 1×10^5 孢子/mL 浓度处理下种子活力比空白对照减小了91.9%，在 1×10^3 孢子/mL 较低的供试浓度下，其种子活力仍降低了76%；对种子活力抑制作用较不明显的品种是蜜桂，在 1×10^5 孢子/mL 浓度处理下种子活力比空白对照减小了42%。本次试验结果显示，不同西瓜品种对生防木霉菌 T2-16 分生孢子发酵液存在较大差异的敏感性，具体机理还有待进一步研究。

关键词：木霉；西瓜；种子活力

---

* 基金项目：公益性行业（农业）科研专项（201503110－03）

** 第一作者：黄怀冬，男，中南大学硕士研究生，主要进行西瓜枯萎病防治研究

*** 通讯作者：梁志怀，研究员，主要进行土传病害综合防治研究；E-mail：liangzhihuainky@163.com

花生叶腐病症状及近年在我国部分省市的为害情况 *

鄢洪海[1]** 张茹琴[1] 迟玉成[2] 许曼琳[2] 夏淑春[1]***

（1. 青岛农业大学农学与植物保护学院，青岛 266109；

2. 山东省花生研究所，青岛 266110）

摘　要：花生叶腐病是一种新病害，由徐秀娟等于 2004 年首次在山东省花生研究所莱西试验基地发现，鄢洪海等对该病害病原进行了鉴定，明确为立枯丝核菌（*Rhizoctonia solani* AG-1-IA）。该病害在 2007 年之前在山东为零星发生，但近几年呈明显上升趋势，为害逐年加重。2013 年在青岛、临沂、日照和烟台等地（市）严重发生，个别地块 8 月中旬花生叶片全部腐烂，植株枯死，造成花生严重减产。目前，该病害在我国花生主产区河南、广东和辽宁、河北等省市都有不同程度发生，应引起重视。

该病主要为害花生叶片，严重时病斑也可蔓延到茎秆上。叶片受害初期水浸状，逐渐发展成淡褐色近圆形病斑，直径 0.5～1.5cm，边缘有不清晰黄褐色晕纹，叶片上的病斑往往连成片，呈不规则大斑，甚至整个叶片枯死。在病组织表面常有白色蛛丝状的菌丝，后期病株上的菌丝逐渐缠结成团，由最初的白色小绒球状，逐渐变为如西红柿种子大小的褐色至黑褐色菌核。当雨量大、田间湿度高，或植株倒伏时，发病叶片常常几个叶片粘在一起腐烂；病斑还可沿叶柄蔓延到茎秆上形成不规则褐色大斑；该病害在田间多呈点片发生，形似‘蜘蛛窝’状，地势低洼、种植密度大、植株生长繁茂、尤其是营养生长过度地块发病严重。

关键词：花生叶腐病；山东省；为害

＊　基金项目：山东省科技发展项目（2009GG10009022）；山东省自然科学基金项目（ZR2011CL005）山东省"泰山学者"建设工程专项（BS2009NY040）

＊＊　第一作者：鄢洪海，博士，教授，主要从事植物病理生理与分子生物学研究；E-mail：hhyan@qau.edu.cn

＊＊＊　通讯作者：夏淑春，副教授，主要从事植物有害生物综合治理；E-mail：xiashhchun@163.com

苹果锈果类病毒 RT-PCR 检测体系的建立[*]

杨金凤^{**}　吕运霞　李　婷　韩玉立　王亚南^{***}　曹克强^{***}

（河北农业大学植物保护学院，保定　071001）

摘　要：苹果锈果病又名花脸病或裂果病，是为害苹果较为严重的非潜隐性病毒之一，也是中国苹果上重要的检疫性对象。苹果锈果病的病原为苹果锈果类病毒（Apple skin scar viroid，ASSVd），属于马铃薯纺锤块茎类病毒科（Pospivioidae）、马铃薯纺锤块茎类病毒属（Pospiviroid），主要侵染苹果和梨。发病重的果园病株率高达 30% 以上。近年来，反转录聚合酶链反应（RT-PCR）的发明和应用为果树病毒的检测提供了有力的依据，因其灵敏度高、专一性强，且无放射性危险，在病毒检测上占有绝对优势。由于果树病毒含量低且树体中富含酚类物质和多糖、分布不均等因素，目前，ASSVd 田间样本检测技术相关报道较少。

为了开发更为准确、灵敏的 ASSVd 田间样本检测方法，本研究以感染 ASSVd 田间苹果幼嫩枝条为试材，以 RNA 提取改良法提取的高质量总 RNA 为模版，首先对已发表和自行设计的 11 对检测引物扩增效果进行测定，选择特异性好的引物，在此基础上，对 RT-PCR 程序和反应体系进行优化，并对检测灵敏度进行测定，最后利用优化的检测体系对保定市曲阳县某苗圃苹果苗木及 3~5 年生母本树 ASSVd 带毒情况进行检测，验证该体系的可靠性。结果表明，自行设计引物 ASSVdQxin3 特异性最好，检测体系灵敏度达到能够检测 3.75ng 新鲜样本中的病毒，可准确、灵敏检测 ASSVd 田间样本。曲阳果园 48 株苗木，携带 ASSVd 13 株，带毒率 27.1%；18 株母本树，携带 ASSVd 5 株，带毒率 27.8%。该研究结果为田间 ASSVd 早期诊断提供了高效、快速、灵敏的技术方法。

关键词：苹果锈果类病毒；RT-PCR；检测

---

* 基金项目：国家苹果现代产业技术体系（CARS–28）；河北省高等学校科学技术研究项目（YQ2014023）；河北省青年拔尖人才计划

** 第一作者：杨金凤，女，在读硕士生，研究方向为植物病害流行与综合防治

*** 通讯作者：王亚南，女，副教授，博士，从事植物病毒学研究；E-mail：wyn3215347@163.com；
曹克强，男，博士，教授，从事植物病害流行与综合防治研究；E-mail：ckq@hebau.edu.cn

苹果炭疽叶枯病菌致病力丧失突变体 M744 的 T-DNA 标记基因的克隆及功能分析 *

吴建圆** 周宗山 冀志蕊 迟福梅 张俊祥***

（中国农业科学院果树研究所，兴城 125100）

摘　要：苹果炭疽叶枯病是由苹果炭疽叶枯病菌（*Glomerella cingulata*；无性，*Colletotrichum* spp.）引起的，该病害在我国山东、河北、陕西、辽宁和山西等苹果主产区连年大发生，给苹果产业带来巨额损失。该病菌既为害叶片又为害果实，流行速度极快。叶片感病，初为黑色小点，逐渐扩展为边缘模糊的病斑，病斑在高温高湿条件迅速扩展形成大型枯死斑，导致叶片变黑枯死；果实染病，初为红褐色小点，后发展为圆形或近圆形直径 1～3mm 红褐色凹陷斑，果实的病斑量很大，单个果实上多达几百个病斑。目前，苹果炭疽叶枯病菌侵染苹果叶片的过程相对清楚，但该病原菌的致病机理研究较少，明确该病原菌的致病机理是控制该病害必要的基础性工作。前期，本实验室已经通过建立农杆菌介导的苹果炭疽叶枯病菌遗传转化技术体系，构建了苹果炭疽叶枯病菌菌株 W16 的 T-DNA 插入突变体库，并通过致病性测定筛选得到多株致病性变异的突变体。其中突变体 M744 丧失了致病能力，利用 Southern 杂交技术进行检测，结果显示突变体 M744 T-DNA 插入为单拷贝插入。

利用 TAIL-PCR 的方法扩增突变体 M744 侧翼序列，获得了 T-DNA 插入位点的左臂侧翼序列，其大小为 358bp。通过与数据库中围小丛壳菌 23 基因组数据比对，得知 T-DNA 插入位点位于基因组数据库 Scaffold_3 序列。Fgenesh 程序预测该基因是由 3 个外显子和 2 个内含子组成，转录起始位点与翻译起始密码子重合，PolyA 信号与翻译终止密码子 TAG 重合。该基因由 1 681 个碱基组成，含有 2 段内含子，外显子碱基 1 569 个，编码氨基酸 523 个。该基因在丝状真菌中还未报道，在植物中该基因参与激素、脂质、金属离子、次生代谢产物和外源物质的运输，还参与植物与病原体间的相互作用和植物体内离子通道调控等重要的生理过程。推断该基因可能参与了苹果炭疽叶枯病菌内源物质的运输过程从而影响孢子萌发、侵染钉形成等相关过程，也可能参与对离子通道的调控影响毒素的释放过程进而影响病原菌的致病能力。

关键词：苹果；基因；T-DNA；突变体；致病

* 基金项目：中国农业科学院科技创新工程

** 第一作者：吴建圆，男，在读硕士研究生，主要从事分子植物病理学研究；E-mail：jianyuanwu920115@163.com

*** 通讯作者：E-mail：zhangjunxiang@caas.cn

苹果炭疽叶枯病菌致病相关基因的筛选与鉴定*

张俊祥** 吴建圆 冀志蕊 迟福梅 周宗山***

（中国农业科学院果树研究所，兴城 125100）

摘 要： 近几年，由围小从壳菌（*Glomerella cingulata*）侵染引起的苹果炭疽叶枯病，在我国山东、河北、陕西、辽宁和山西等苹果主产区大发生。该病菌除了为害叶片，也为害果实，给果农造成了巨大的经济损失。前期，本实验构建了苹果炭疽叶枯病菌菌株 W16 的 T-DNA 插入突变体库。以感病品种嘎拉为寄主，采用无伤接种方法，从 T-DNA 插入体库中筛选到一些致病性变异的突变体，其中突变体 M659 丧失了致病能力。Southern 杂交结果显示，该突变体的 T-DNA 插入为单拷贝插入，hiTAIL-PCR 和 Bridge-PCR 结果显示，T-DNA 的插入位点位于一个预测的基因（*eg_* 3569.1.*C*）的第二个外显子上。通过对目的基因的上下游核苷酸序列设计引物，构建了潮霉素抗性基因敲除载体，然后通过 ATMT 技术进行同源重组敲除基因 *eg_* 3569.1.*C* 及通过 Southern blot 和 PCR 位点检测分析，获得了敲除突变株 KN659，并对敲除突变体进行了产孢和毒力进行了分析。

取得的结果如下：①*eg_* 3569.1.*C* 基因 DNA 全长 4326bp，包含 4 个内含子。预测转录起始位点（TSS）位于翻译起始密码子 ATG 上游 -137bp 的位置；预测的 PolyA 信号位于翻译终止密码子 TAG 下游 +25bp 位置。与胶胞炭疽病菌（*Colletotrichum gloeosporioides*）源基因核苷酸相似性为 99%。②生理生化特性分析结果表明：只有 Δ*eg_* 3569.1.*C* 与 M659 在 PDA 培养基中表型无明显差异，但与野生型菌株 W16 差异明显。在 PDA 培养基中，Δ*eg_* 3569.1.*C* 菌落形态表现为灰白色。该基因的敲除会导致苹果炭疽叶枯病菌分生孢子产量下降。Δ*eg_* 3569.1.*C* 基因的敲除突变体完全丧失了致病能力。③ATMT 介导的基因 *eg_* 3569.1.*C* 恢复了敲除突变体的产孢能力及致病能力，证实基因 *eg_* 3569.1.*C* 参与该病菌的分生孢子形成及致病过程的调控。④*eg_* 3569.1.*C* 的氨基酸序列 InterProScan 分析结果表明，*eg_* 3569.1.*C* 及同系物在 N 端都有 1 个共同的保守的 Myb-类型结构域。根据 SingalP 软件，对 BZcon1 蛋白的信号肽位置及切割位点进行了预测。*eg_* 3569.1.*C* 蛋白没有信号肽。Myb-类型的转录因子具有重要的角色，如细胞的增殖、分化、死亡、新陈代谢等。因此，该基因的蛋白可能作为转录因子调节该菌的产孢和致病。

关键词： 基因；炭疽；苹果；致病；突变体

---

* 基金项目：中国农业科学院科技创新工程

** 第一作者：张俊祥，男，博士，助理研究员，主要从事分子植物病理学研究；E-mail：zhangjunxiang@ caas. cn

*** 通讯作者：周宗山；E-mail：zszhouqrj@ 163. com

新疆红枣烂果病病原分离及鉴定*

宋　博**　徐兵强　朱晓锋　阿布都克尤木·卡德尔　杨　森***

（农业部西北荒漠作物有害生物综合治理重点实验室，特色林果产业国家地方
联合工程研究中心，新疆农业科学院植物保护研究所，乌鲁木齐　830091）

摘　要：红枣烂果病是新疆南疆地区红枣尤其是骏枣上为害十分严重的病害之一，已经成为新疆红枣产业发展的制约因素之一。弄清红枣烂果病的病原为田间开展有效防控提供理论依据。

2013—2014 年，于新疆南疆阿克苏、和田和喀什地区红枣主要种植区采集典型红枣烂果病病果，室内采用传统组织分离法进行病原菌的分离，对获得的真菌分离物的菌落特征进行初步观察，确认分离物主要为链格孢属真菌（代表菌株分别为 zao37 和 zao21）以及少量的镰刀菌属真菌（代表菌株为 zao23）。将分离物进行单孢分离，依据科赫氏法则进行代表性菌株的田间回接实验，确定其致病性。最终确认链格孢属真菌菌株 zao37 是红枣烂果病病原菌，其在 PCA 上菌落特征表现为菌落初期为灰白色，后期颜色逐渐变绿变深，绿色至墨绿色，边缘白色，圆形，边缘整齐，具有轮纹，背面初期为棕色后期蓝色至深蓝色。显微镜下产孢表型为分生孢子链长，可形成含 8 ~ 10 个孢子的长孢子链，一般不分枝。分生孢子一般为倒棒形或（长）椭圆形，颜色为淡褐色或褐色，孢身长（15.6 ~ 34.4）μm ×（7.7 ~ 15.4）μm，平均 24.6 ~ 10.6μm；喙多为短柱状假喙和单细胞假喙，（4.1 ~ 20.0）μm ×（2.1 ~ 8.1）μm，平均 9.3 ~ 4.5μm；主横隔膜一般为 3 ~ 6 个，1 ~ 4 个纵（斜）隔膜，分隔处常缢缩，常有 1 ~ 4 个主横隔膜因较粗而色深。确定病原为细极链格孢 *Alternaria tenuissima*（Fr.）。镰刀菌属 zao23 的接种发病果实果肉为浆状，与国内学者报道的枣果软腐病病症十分相似，菌株经鉴定为尖孢镰刀菌 *Fusarium oxysporum*。另一链格孢属真菌 zao21 接种发病症状与 zao37 类似，但是，该菌在各种处理下均产孢较少，目前正在进一步鉴定中。

关键词：红枣烂果病；形态鉴定；细极链格孢；尖孢镰刀菌

* 基金项目：自治区财政林业科技专项资金项目；新疆维吾尔自治区科技计划项目（201130102 - 3）

** 第一作者：宋博，男，助理研究员，主要从事果树病害综合防治；E-mail：kacin0521@163.com

*** 通讯作者：杨森，男，研究员，主要从事果树病虫害综合治理；E-mail：yangsenxj@126.com

桃美澳型核果褐腐病菌的检疫鉴定

刘丽玲* 魏春艳** 李海滨 姚贵哲 孟庆峰 李晓娜 李德林

（吉林省出入境检验检疫局检验检疫技术中心，长春 130062）

摘　要：本文主要研究 2015 年从进境旅客携带的桃（*Amygdalus persica* L.）上发现的未知腐烂斑，病斑近圆形，边缘清晰，斑表面布有灰白色霉层，这些症状与链核盘菌属（*Monilinia* spp.）中核果链核盘菌［*M. laxa*（Aderh. et Ruhl.）］、美澳型核果褐腐病菌［*M. fructicola*（Wint.）Honey］和果生链核盘菌［*M. fructigena*（Aderh. et Ruhl.）Honey］3 种病原菌引起的症状相似，其中，美澳型核果褐腐病菌因寄主范围广、为害周期长，而被列入 EPPO 检疫性有害生物，同时它也是《中华人民共和国进境植物检疫性有害生物名录》中检疫性真菌之一。为弄清病桃上病原物是否为检疫性种类，防止其传入我国，笔者对发病组织进行分离、培养及菌落纯化，所得病原物经致病性测定证实，病原分离物可再次侵染桃，并表现与截获样品相同的症状。形态学观察表明：分离得到的病原菌与美澳型核果褐腐病菌形态一致。根据真菌的核糖体 DNA（rDNA）内转录间隔区（ITS）的保守性和变异性，采用 ITS1、ITS4 进行 PCR 扩增，对 PCR 产物进行胶回收，连接到克隆载体 PMD18-T 上，然后进行测序。结果表明：测试菌株序列与 GenBank 上注册的 4 个美澳型核果褐腐病菌已知的 ITS 基因序列同源性均为 100%，分子鉴定结果与形态学鉴定的结果一致，最终证明该病原菌即为美澳型核果褐腐病菌。

关键词：桃；美澳型核果褐腐病；检疫；分子鉴定

＊　第一作者：刘丽玲，女，硕士；E-mail：liuliling858@163.com

＊＊　通讯作者：魏春艳；E-mail：cyf20030102@163.com

甘肃省桃果实褐斑病病原鉴定

何苏琴[1]*　　白　滨[2]　文朝慧[3]　荆卓琼[1]

(1. 甘肃省农业科学院植物保护研究所，兰州　730070；

2. 甘肃省农业科学院农业质量标准与检测技术研究所，兰州　730070；

3. 甘肃出入境检验检疫局，兰州　730020)

摘　要：甘肃是桃的原产地之一，桃树栽培历史悠久，2005年甘肃省桃树栽培面积达21.25万亩，产量10.2万t，已成为甘肃省优势果树产业之一[1]。近年来，桃果实褐斑病在甘肃省中部的兰州、临洮等地的桃园中为害严重。在疏于防治的桃园，受害严重的中晚熟桃，病果率超过70%。经病原菌分离培养、柯赫氏法则证病，及病原菌形态学和分子生物学鉴定（GenBank accession number：KT002183），明确其病原为 *Thyrostroma carpophilum*（Lév.）B. Sutton［Synonymy：*Helminthosporium carpophilum* Lév.；*Clasterosporium carpophilum*（Lév.）Aderh.；*Coryneum carpophilum*（Lév.）Jauch；*Stigmina carpophila*（Lév.）M. B. Ellis；*Sciniatosporium carpophilum*（Lév.）Morgan-Jones；*Sporocadus carpophilus*（Lév.）Arx；*Wilsonomyces carpophilus*（Lév.）Adask., J. M. Ogawa & E. E. Butler；*Macrosporium rhabdiferum* Berk.；*Passalora brunaudii* Sacc.；*Coryneum beyerinckii* Oudem.］[2]。在罹病桃果实上，病斑圆形，褐色，散生，稍凹陷，直径0.5～1.5cm，病斑上有时可见环生的黑色粉粒状孢子堆；病菌分生孢子淡褐色至褐色，梭形或地蚕形，端细胞锥状或钝圆，具2～9个横隔膜，分隔处缢缩，孢子大小为（24.68～72.21）μm×（9.36～14.94）μm，平均（53.58±8.95）μm×（12.65±1.15）μm。病菌适宜生长温度为20℃；30℃几乎不生长；35℃培养7天，部分培养物即死亡。

关键词：桃；果实褐斑病；*Thyrostroma carpophilum*

参考文献

[1] 陈建军，赵秀梅，王玉安，等. 甘肃桃、油桃新品系选育初报// 中国园艺学会桃分会成立暨学术研讨会论文集. 河南郑州：中国园艺学会桃分会，2007：117–119.

[2] Mycobank. Thyrostroma carpophilum（Release：2015–03–30）［OL］. 2015-5-30. http://www.mycobank.org/Biolomics. aspx?Table = Mycobank&MycoBankNr_ = 443000

---

* 第一作者：何苏琴，女，研究方向：植物病理及资源微生物利用；E-mail：gshesuqin@sina.com

炭疽病对芒果品质的影响[*]

李　娇[1,2][**]　张燕宁[1]　张　兰[1]　蒋红云[1][***]

（1. 中国农业科学院植物保护研究所，北京　100193；

2. 福建农林大学植物保护学院，福州　350000）

摘　要： 芒果在生长发育的挂果期至采后储运过程中，常会感染各种侵染性病害而受到损害，易发生的病害主要为炭疽病。炭疽病对芒果的影响是致命的，它对芒果的幼苗、嫩梢、嫩叶、刚刚形成的果实，以及成熟的果实都是有着非常明显的影响。在花芽形成的过程感染了炭疽病会引起落花；在果实形成的过程中，会造成落果；还会形成很多的枯萎的花穗、枯萎的树梢，甚至果实近成熟或成熟期若感病，会出现大小形状不一的黑褐色凹陷圆斑，多个病斑常常扩展联成大斑块，病部常深入到果肉，使果实在田间或储运中腐烂。其致病菌为黑盘孢科炭疽菌属胶孢炭疽菌（*Colletotrichum gloeosporioides* Penz）。分生孢子单胞，无色，长椭圆形，盘上有或无刚毛，该菌以分生孢子从皮孔、气孔、伤口侵入，也可直接从果皮上侵入侵染植物的叶、梢、花穗、果，引起梢枯、叶斑、落叶和落花落果，特别是由于采果前潜伏侵染，储运期引起果实腐烂，大大缩短商品芒果的货架期，有时病果率达60%以上（储藏期为10天），严重影响芒果品质及外观质量。本文研究胶孢炭疽菌对芒果主要营养成分的影响。以台农芒果、海南澳芒、越南金煌芒、海南贵妃芒果实为材料，将炭疽菌属胶孢炭疽菌（*Colletotrichum gloeosporioides*）菌饼接于果实伤口，于25℃、相对湿度90%条件下储藏，果实病斑直径分别达1cm、2cm、3cm时，测定其健康组织的品质指标。结果表明：四种芒果受胶孢炭疽菌侵染后，品质均发生了变化：病斑扩展至3cm时，4种芒果的可滴定酸含量显著下降，维生素C含量显著下降，pH值显著升高；金煌芒病斑1~3cm可溶性固形物含量均显著升高，其他3种芒果可溶性固形物含量无显著变化；台芒与澳芒在病斑扩展至3cm时，还原糖含量显著降低，而金煌芒和贵妃芒在病斑扩展为3cm时，还原糖含量则显著升高。

关键词： 胶孢炭疽菌；芒果；品质

* 基金项目：国家农产品质量安全风险评估项目

** 第一作者：李娇，女，在读硕士研究生；E-mail：liuyuelingwei@163.com

*** 通讯作者：蒋红云，女，研究员，E-mail：hyjiang@ippcaas.cn

芒果畸形病病原菌鉴定及其遗传多样性分析[*]

张 贺[1**] 梅志栋[2] 刘晓妹[2] 谢艺贤[1] 蒲金基[1,2***]

(1. 中国热带农业科学院环境与植物保护研究所，海口 571101；

2. 海南大学环境与植物保护学院，海口 570228)

摘 要：为明确我国入侵危险性新病害-芒果畸形病病原菌的种类和遗传多样性，对分离自四川、云南、广西和海南等省区多个生态区域的菌株，通过形态学与特异性引物（1-3F/R、AF1）进行鉴定，并结合 Histone H3、EF-1α 和 β-tubulin 基因序列构建系统发育树，比较分析菌株间的遗传多样性与地理区域之间的关系。研究结果表明，我国芒果畸形病病原菌主要为芒果镰刀菌（*Fusarium mangiferae*）、少量为层出镰刀菌（*Fusarium proliferatum*）；我国多个生态区域的芒果畸形病病原菌的遗传多样性与地理区域有一定的相关性，分离自四川省（22 个）、云南省（3 个）和广西区（1 个）的 26 个菌株与国外报道的一个 *F. mangiferae* 标准菌株聚为 1 个分支，再与分离自海南省（4 个）菌株聚为 1 个较大的分支，说明分别来自大陆地区和海南的两个畸形病病原菌类群的亲缘关系较远，推测存在不同的传入途径。

关键词：芒果畸形病菌；鉴定；遗传多样性

---

* 基金项目：公益性行业（农业）科研专项"芒果产业技术研究与示范"（No. 201203092）

** 第一作者：张贺，男，助理研究员，主要从事植物病理学方面的研究；E-mail：atzzhef@ 163. com

*** 通讯作者：蒲金基，男，博士，副研究员，主要从事植物病理学方面的研究；E-mail：cataspjj@ 163. com

云南香蕉枯萎病病原菌的分离鉴定及4号小种的致病力研究[*]

郭志祥[**]　番华彩　白亭亭　杨佩文　曾　莉[***]

（云南省农业科学院农业环境资源研究所，昆明　650205）

摘　要： 为了明确香蕉枯萎病在云南的发生为害和蔓延情况，给香蕉生产提供科学、合理的防控措施。在云南香蕉主产区进行调查并采集大量病害标样，进行了病原菌的分离培养，应用传统病理学方法和分子生物学技术进行了病原菌的鉴定，通过接种蕉苗进行致病性测定以及分离菌 rDNA-ITS 测序，结果表明，香蕉病样分离菌株均为 4 号生理小种，粉蕉病样分离菌株多为 1 号生理小种，仅红河产区的粉蕉病样上的分离菌有 4 号生理小种。为进一步了解 4 号生理小种的致病性，选取不同地区的 16 份菌株，用伤根接种法接种盆栽巴西蕉苗，结果各菌株接种蕉苗均出现发病症状，但不同菌株接种蕉苗的发病病情指数间存在较大差异，病情指数最高达 96.43，最低仅 26.19，差异达极显著。本实验结果可为香蕉枯萎病病害的检测和制定防治技术提供科学的理论依据。

关键词： 香蕉枯萎病；病原菌；鉴定；病情指数；致病力

* 基金项目：现代农业产业技术体系建设项目（CAR‑32‑08）；农业部公益性行业专项（201503229）

** 第一作者：郭志祥；E-mail：zhixiangg@163.com

*** 通讯作者：曾莉；E-mail：ynzengli@163.com

香蕉根际矮化线虫的调查及鉴定[*]

陆秀红[1,2][**]　黄金玲[1,2]　胡钧铭[3]　罗维钢[4]　刘志明[1,2][***]

（1. 广西农业科学院植物保护研究所，南宁　530007；

2. 广西作物病虫害生物学重点实验室，南宁　530007；

3. 广西农业科学院农业资源与环境研究所，南宁　530007；

4. 南宁市灌溉试验站，南宁　530001）

摘　要： 矮化线虫（*Tylenchorhynchus* spp.）是香蕉重要的病原线虫，可为害香蕉根系，影响根系发育，严重时根系腐烂，进而导致植株矮化。2014—2015 年对南宁市坛洛镇、北海市合浦县、崇左市东罗镇等广西香蕉主产区香蕉根际植物寄生线虫进行了调查。调查结果表明，矮化线虫在广西香蕉主产区普遍发生，检出率为 47.23%；不同的香蕉产区矮化线虫的发生严重度不同，其中，南宁市灌溉试验站香蕉种植基地矮化线虫发生最为严重，根际矮化线虫和根结线虫（*Meloidogyne* spp.）的虫口密度分别为 172 条/100mL 土和 32 条/100mL 土，矮化线虫和根结线虫占总植物寄生线虫量的 47.06% 为其优势类群。

形态学鉴定发现：经热杀死后，虫体直或略向腹面弯曲；体环明显；头部略缢缩，头架中等骨化；口针发达，基部球扁圆形；食道腺梨形，不覆盖肠；雌虫尾圆锥形，无刻痕；阴门位于虫体中部，阴门横裂明显；雄虫交合刺缘膜发达。形态测量值如下，雌虫（$n = 10$）：$L = 590.96\,\mu m$（$523.95 \sim 723.55$），$a = 28.75$（$24 \sim 36.25$），$b = 4.44$（$4 \sim 5.37$），$c = 13.94$（$10.91 \sim 17.50$），$V/\% = 53.56$（$46.33 \sim 66.67$），口针长度 = $20.67\,\mu m$（$19.96 \sim 24.95$）；雄虫（$n = 5$）：$L = 578.84\,\mu m$（$623.75 \sim 648.70$），$a = 30.35$（$29.00 \sim 32.50$），$b = 4.67$（$4.46 \sim 5.00$），$c = 12.66$（$11.90 \sim 13.00$），口针长度 = $20.96\,\mu m$（$19.96 \sim 24.95$）。

关键词： 香蕉；矮化线虫

---

[*] 基金项目：广西作物病虫害生物学重点实验室基金项目（14 - 045 - 50 - ST - 02）；广西农业科学院基本科研业务专项（桂农科 2014YQ30）；广西农业科学院基本科研业务专项（2015YT43）；南宁市西乡塘区科学研究与技术开发计划项目（2014301）

[**] 第一作者：陆秀红，女，副研究员，从事植物线虫学研究；E-mail：lu8348@126.com

[***] 通讯作者：刘志明，女，研究员，从事植物线虫学研究；E-mail：liu0172@126.com

海南莲雾果腐病病原鉴定[*]

罗志文[1**]　范鸿雁[1]　胡福初[1]　胡加谊[1,2]　彭　超[1,3]

余乃通[4]　刘志昕[4]　何　凡[1***]　李向宏[1***]

（1. 海南省农业科学院热带果树研究所，农业部海口热带果树科学观测实验站，
海南省热带果树生物学重点实验室，海口　571100；2. 海南省农垦科学院，
海口　570206；3. 海南大学环境与植物保护学院，海口　570228；
4. 中国热带农业科学院热带生物技术研究所，农业部热带作物生物学与遗
传资源利用重点实验室，海口　571101）

摘　要：果腐病是海南莲雾果实上发生的重要病害，也是莲雾主要病害之一。笔者从海南海口、琼海和三亚的莲雾园中采集果腐样本中分离到 23 株形态相近的真菌菌株，经柯赫氏法则验证，该菌为海南莲雾果腐病病原。以代表菌株 SMP2010005 为对象开展形态学研究，研究结果表明：该菌菌落规则，呈圆形，灰褐色至黑褐色，边缘色稍浅，边缘较整齐，正背面具明显轮纹，菌丝发达厚实，呈绒毛状。分生孢子梗暗褐色，具真隔膜，单生或簇生，大小为（22.5～101.8）μm×（3.6～6.8）μm（平均 68.57μm×4.85μm）。分生孢子大小不一，多（8.2～64.5）μm×（8.0～15.4）μm（平均 29.05μm×11.67μm），单生或串生，以单生为主，浅褐色至褐色；形态差异大，其中以倒棒形、卵圆形或梭形居多，常具横隔膜 3～8 个，纵隔膜 0～3 个，分隔处常呈缢缩状。经鉴定，该菌为茶褐斑拟盘多毛孢菌 [*Pestalotiopsis guepinii*（Desm.）Stey]，属半知菌类、腔孢纲、黑盘孢目、拟盘多毛孢属真菌。据笔者所知，该菌在海南莲雾上属首次报道。

关键词：果腐病；莲雾

---

* 基金项目：海南省科学事业费项目（琼财预［2012］162 号）海口市重点科技计划项目（海科工信立［2011］58 号），海南省财政厅农业技术引进与推广项目

** 第一作者：罗志文，男，助理研究员，主要从事热带果树植物病理学研究；E-mail：zhiwenluo@163.com

*** 通讯作者：何凡，男，研究员，主要从事热带果树病理学研究；E-mail：hefanhn@163.com

李向宏，男，推广研究员，主要从事热带果树资源与育种研究；E-mail：lxh.0898@163.com

利用常规 PCR 和实时荧光定量 PCR 检测杨梅凋萎病菌[*]

任海英[**]　戚行江[***]　梁森苗　郑锡良

（浙江省农业科学院园艺研究所，杭州　310021）

摘　要：凋萎病是近年来为害杨梅的主要病害。为了快速灵敏的检测杨梅凋萎病菌（*Pestalotiopsis versicolor* 和 *P. microspora*），本研究开发了常规 PCR 和 SYBR Green 实时荧光定量 PCR 技术各一套。利用 *P. versicolor*（JN861773）和 *P. microspora*（JN861776）的 ITS1-5.8S rRNA-ITS2 序列的相同部分设计引物对（Pvm1L/Pvm1R）。该引物对利用常规 PCR 技术能特异性扩增出杨梅凋萎病菌的 188 bp 目标产物，而对照菌株则呈阴性。该常规 PCR 体系能够检测人工接种后 21 天和田间自然发病的有病症杨梅组织中的凋萎病菌，检测下限是 0.6×10^5 拷贝数。利用 Pvm1L/Pvm1R 进行 SYBR Green 实时荧光定量 PCR，检测灵敏度是常规 PCR 的 100 倍，检测下限是 0.6×10^3 拷贝数，能够检测出人工接种及田间已经感染但是尚未表现症状的杨梅组织中的凋萎病菌。这两项技术，简单、快速、灵敏，特异性强，可以应用于杨梅凋萎病的诊断和苗木检疫。

关键词：杨梅；凋萎病菌；常规 PCR；SYBR Green 实时荧光定量 PCR；分子检测

　* 基金项目：浙江省重大科技专项（优先主题）农业项目（2012C12009-5）；国家公益性行业（农业）科研专项（201203089）

　** 第一作者：任海英，女，博士，副研究员，主要从事果树病理学研究；E-mail：renhy@mail.zaas.ac.cn

　*** 通讯作者：戚行江，男，研究员，主要从事果树学及病理学研究；E-mail：qixj@mail.zaas.ac.cn

烤烟资源黑胫病抗性与 SRAP 分子标记的关联性分析[*]

刘朝辉[1,2][**]　　曾华兰[1,2][***]　　叶鹏盛[1,2]　　张骞方[1,2]

韦树谷[1,2]　　何　炼[1,2]　　代顺冬[1,2]　　黄位年[1]

（1. 四川省农业科学院经济作物育种栽培研究所，成都　610300；

2. 农业部西南作物有害生物综合治理重点实验室，成都　610066）

摘　要：烟草黑胫病的为害已成为限制烤烟生产发展的主要因素之一。抗病资源的创新利用及抗病基因的发掘是培育烟草抗黑胫病品种的技术关键。进行 SRAP 标记和抗病性的关联分析可为烤烟优异种质和亲本材料发掘、分子辅助育种和功能基因研究提供依据。本研究对 80 份不同来源的烤烟品种资源进行了黑胫病抗性鉴定，采用 SRAP 分子标记技术对 80 份种质进行多态性分析。从 360 对 SRAP 引物组合中筛选出 34 对多态性引物，扩增共产生 686 个条带，其中，多态性条带有 683 条，多态性位点占 99.56%，平均每对引物扩增 20.176 个条带。采用 Nei's 遗传距离和 UPGMA 法进行聚类分析，在对供试材料进行群体结构分析的基础上，利用 TASSEL 软件，对获得的分子标记与这些品种的黑胫病抗性进行关联分析。群体遗传结构分析与聚类结果一致，可将 80 份不同来源的烤烟品种资源划分为 9 个亚群结构：第一类群包含了 52 个材料，主要由 42 个国内选育而成的品种资源与 10 个国外引进材料组成；第二、第三、第四、第五类群各包含 1 个材料；第六类群包含了 4 个国外选育的材料；第七类群包含了 3 个国外选育的材料和 1 个国内选育的材料；第八类群包含了革新六号、Coker 347；第九类群包含的 15 个材料主要由以国外选育成的品种资源构成。通过关联分析，发现有 6 个标记位点与黑胫病抗性关联（$P < 0.01$），各位点对表型变异的解释率在 9.184% ~ 15.640%。结果表明，利用 SRAP 标记可有效地对烟草进行群体结构的判断和划分，关联分析能够有效地找到与烟草抗性关联的 SRAP 标记，能用于分子标记辅助育种。

关键词：烤烟；黑胫病；抗病性；SRAP；关联分析

　*　基金项目：四川省烟草公司项目（SCYC201402003）；四川省财政基因工程项目（2013YCZX－001）；四川省财政创新能力提升项目（2013XXXK－003）

　**　第一作者：刘朝辉，男，副研究员，主要从事经济作物病虫害研究；E-mail：drlzhui@163.com

　***　通讯作者：曾华兰；E-mail：zhl0529@126.com

剑麻斑马纹病菌 5 个多聚半乳糖醛酸酶基因的克隆与序列分析[*]

吴伟怀[1][**]　梁艳琼[1]　郑金龙[1]　习金根[1]　郑肖兰[1]　李　锐[1]

刘巧莲[2]　张弛成[3]　贺春萍[1][***]　易克贤[1][***]

（1　中国热带农业科学院环境与植物保护研究所，农业部热带农林有害生物入侵
检测与控制重点开放实验室，海南省热带农业有害生物检测监控重点实验室，
海口　571101；2. 中国热带农业科学院热带生物技术研究所，
海口　571101；3. 海南大学环境与植物保护学院，海口　570228）

摘　要：由烟草疫霉引起的剑麻斑马纹病是一种严重为害剑麻的主要病害。本研究以寄生疫霉菌多聚半乳糖醛酸酶 $pppg1 \sim pppg5$ 等 5 个基因 cDNA 序列为参考，设计基因编码区特异性引物。利用 5 对引物分别对剑麻斑马纹病菌进行了分子检测以及基因同源克隆。通过此方法首次从剑麻斑马纹病菌中获得了 5 个多聚半乳糖醛酸酶基因，并分别命名为 $Szpg1 \sim Szpg5$。检测结果表明，$Szpg1 \sim Szpg5$ 基因普遍存在于被检测剑麻斑马纹病菌中。序列分析结果表明，$Szpg1 \sim Szpg5$ 基因与 $pppg1 \sim pppg5$ 对应基因之间存在核苷酸序列差异，由此导致个别氨基酸的差异，甚至提前终止。由此推测，$Szpg1 \sim Szpg5$ 基因与 $pppg1 \sim pppg5$ 在功能上可能存在着一定的差异。本研究为进一步研究剑麻斑马纹病菌 PG 在致病过程中的作用奠定了基础。

关键词：剑麻斑马纹病；多聚半乳糖醛酸酶；基因克隆

[*]　基金项目：海南省自然科学基金项目（314105）；中国热带农业科学院环植所自主选题项目（2013hzsJY04）；中央级公益性科研院所基本科研业务费专项（No. 2014hzs1J012）

[**]　第一作者：吴伟怀，男，博士，副研究员；研究方向：植物病理；电话：0898 – 08986696238；E-mail：weihuaiwu2002@163.com

[***]　通讯作者：贺春萍，女，硕士，副研究员；研究方向：植物病理；E-mail：hechunppp@163.com；易克贤，男，博士，研究员；研究方向：分子抗性育种；E-mail：yikexian@126.com

人参内生真菌的分离及拮抗菌株筛选鉴定*

卢占慧**　傅俊范***　周如军　袁　月　徐海娇

（沈阳农业大学植物保护学院，沈阳　110866）

摘　要： 人参（*Panax ginseng* C. A. Mey）为五加科人参属多年生宿根草本药用植物。我国人参栽培历史悠久，主要分布在辽宁和吉林东部山区。人参病害种类多、为害重，严重影响人参产业健康发展。目前人参病害主要采用化学防治，但频繁使用化学农药使病原菌产生抗药性，导致人参和参床农药残留超标，严重威胁人参药材品质和安全。本文对人参内生真菌进行研究，旨在筛选对人参主要病害病原菌具有拮抗活性的生防真菌，为人参病害的防控提供理论依据。

从吉林省集安市采集不同年生人参植株样品，采用常规组织分离法得到97株内生真菌，其中，参根35株、参茎42株、参叶13株、参果7株。经形态学鉴定到9个属，其中交链孢属（*Alternaria*）为人参内生真菌优势属，曲霉属（*Aspergillus*）、青霉属（*Penicillium*）为常见属。

分别以人参锈腐病菌（*Cylindrocarpon destructans*）、人参黑斑病菌（*Alternaria panax*）、人参灰霉病菌（*Botrytis cinerea*）和人参菌核病菌（*Sclerotinia schinseng*）为靶标，对分离得到的人参内生真菌进行了平板对峙实验，其中，15.5%的菌株对靶标真菌具有抗菌活性，分别来自曲霉属（*Aspergillus*）、新萨托菌属（*Neosartorya*）、木霉属（*Trichoderma*）和镰刀菌属（*Fusarium*），表明人参内生真菌的抗菌活性较为普遍。复筛后得到两株对4种靶标菌均有较好抑制效果的菌株Psn86和Psn87。

菌株Psn86抑菌机制为营养竞争和空间竞争，对人参锈腐病菌（*Cylindrocarpon destructans*）、人参黑斑病菌（*Alternaria panax*）、人参灰霉病菌（*Botrytis cinerea*）和人参菌核病菌（*Sclerotinia schinseng*）的抑制率分别为84%、76%、80%、80%，经形态学和ITS序列相结合将其鉴定为哈赤木霉*Trichoderma harzianum*。

菌株Psn87的抑菌机制为产生代谢产物，对人参菌核病菌（*Sclerotinia schinseng*）、人参灰霉病菌（*Botrytis cinerea*）、人参黑斑病菌（*Alternaria panax*）、和人参锈腐病菌（*Cylindrocarpon destructans*）的抑制带宽分别为22cm、21cm、12cm、3cm，经形态学和（ITS、act、cal、β-tubulin）联合进化树分析相结合将其鉴定为新萨托菌属的*Neosartorya hiratsuke*。本研究为人参内生防制剂的开发和利用提供了依据，也为开发经济环保的生物农药提供了菌种资源。

关键词： 人参；内生真菌；拮抗；病原菌

---

* 基金项目：农业部行业专项（20130311）"人参产业化技术研究与示范"

** 第一作者：卢占慧，女，在读硕士研究生，研究方向：药用植物病理学；E-mail：luzh147@163. com

*** 通讯作者：傅俊范，博士，教授，研究方向：药用植物病理学；E-mail：fujunfan@163. com

山西省黄芪根腐病优势病原菌的鉴定及
拮抗芽孢杆菌的室内初筛

任小霞[1]　郝　锐[2]　秦雪梅[1]　王梦亮[2]　高　芬[2]*

(1. 山西大学中医药现代研究中心，太原　030006；

2. 山西大学应用化学研究所，太原　030006)

摘　要：黄芪根腐病是为害黄芪生产的主要土传病害，近年来在黄芪主产区普遍发生。山西省作为道地蒙古黄芪 *Astragalus membranaceus*（Fisch.）Bge. var. *mongholicus*（Bge.）Hsiao 的主产地之一，根腐病的发生呈逐年上升趋势。据本课题调查，一般地块发病率为 10%~30%，重者达60%，3 年或 3 年生以上植株发病更为严重。目前，山西省黄芪根腐病病原菌的分离鉴定还未见报道。同时，该病的防治依然以传统的农业防治和化学防治为主，但传统农业措施受限因素多、实施困难，化学农药又易导致农药残留、污染环境、使病原菌产生抗药性，甚至降低药材的品质，因而无法满足生产实际需要，亟待进行生物农药的研究开发。鉴于上述情况，笔者于 2013—2014 年从山西省浑源县、五寨县、应县采集新鲜黄芪根腐病样品，采用组织块分离法、菌丝尖端纯化法纯化、按柯赫氏法则回接证病，获得了黄芪根腐病的优势病原菌；采用形态学和 *EF-1α* 序列分析相结合的方法将优势病原菌鉴定为镰刀菌属腐皮镰刀菌（*Fusarium solani*）。同时，从健康黄芪根际土壤中分离出 138 株芽孢杆菌菌株，采用同步—平板对峙培养法和异步—平板对峙培养法进行拮抗菌的活体初筛，得到 28 株拮抗性能较好的菌株，其中 2013-SH88 的拮抗效果最好，抑菌带达 15.17mm；2013-SH42、2013-G11、2013-G10 和 2013-SH57 拮抗效果次之，抑菌带分别为 14.33mm、13.50mm、13.50mm 和 13.17mm；对筛选出的拮抗菌采用牛津杯法进行发酵复筛，获得 19 株发酵液抑菌效果明显且活性稳定的菌株，经 3 次重复试验，菌株 2013-SH88、2013-SH42 和 2013-G10 的抑菌效果最好，且发酵效果稳定，抑菌圈直径分别为 24.25mm、19.92mm 和 19.17mm。以上研究结果为黄芪根腐病的防控提供了理论依据与参考，也为进一步筛选出有显著生防效果的拮抗芽孢杆菌，进而开发生防制剂奠定了基础。

关键词：黄芪根腐病；病原菌；拮抗芽孢杆菌；筛选

---

* 通讯作者：高芬；E-mail：511601626@ qq. com

海南番木瓜小叶病植原体病原的分子检测鉴定*

杨　毅** 　车海彦　　曹学仁　　罗大全***

（中国热带农业科学院环境与植物保护研究所，农业部热带作物有害生物综合
治理重点实验室，海南省热带农业有害生物监测与控制重点实验室，海口　571101）

摘　要：番木瓜（*Carica papaya* L.），通称木瓜，番木瓜科番木瓜属常绿软木质小乔木，在世界热带、亚热带地区广泛栽培，是重要的热带水果之一。世界上主要番木瓜生产国印度、巴西、古巴等均有植原体病原侵染番木瓜的报道。笔者 2012 年在海南儋州市的番木瓜上发现了类似植原体感染的症状，具体表现为番木瓜的叶片变小、黄化、树干侧枝增多。利用植原体 16S rDNA 通用引物对表现症状的番木瓜植株进行 PCR 检测，证实该病害与植原体病原相关；对检测到的番木瓜小叶植原体 16S rDNA 序列进行克隆测序比对、虚拟 RFLP 分析和系统进化树分析，结果表明，番木瓜小叶植原体为 australasia 植原体候选种相关株系，属花生丛枝植原体组（16S rII）的一个新亚组，这也是首次报道在中国发现植原体病原侵染番木瓜。

关键词：番木瓜；小叶病；植原体；检测鉴定；16S rDNA

---

* 　基金项目：国家自然科学基金(31201492)；中央级公益性科研院所基本科研业务费专项（2012hzs1J001；2015hzs1J006）

** 　第一作者：杨毅，博士，助理研究员，主要从事病毒和植原体病害研究；E-mail：yiyang569@163.com

*** 　通讯作者：罗大全，研究员；E-mail：luodaquan@163.com

基于 Logistic 回归模型的苜蓿褐斑病和锈病的图像识别*

秦　丰**　阮　柳　马占鸿　王海光***

（中国农业大学植物病理学系，北京　100193）

摘　要：苜蓿褐斑病（由 *Pseudopeziza medicaginis* 引起）和锈病（由 *Uromyces striatus* 引起）是两种重要的苜蓿叶部病害，发生较重时会严重影响苜蓿的产量和品质。对植物病害进行及时、准确识别对于病害的监测、预测和防治策略的制定具有重要意义。植物病害的图像识别是随着信息技术迅速发展起来的一种病害识别和诊断方法，并且随着互联网和移动网络的迅猛发展，该种病害识别方法将具有更好的发展和应用前景。本研究提出了一种基于图像处理技术的苜蓿褐斑病和锈病的识别方法。利用获得的苜蓿病害图像，通过人工裁剪获得包含典型苜蓿病斑的子图像，采用中值滤波方法对子图像进行去噪处理，应用 K 均值聚类算法分割病斑区域，提取病斑区域的颜色特征、形状特征和纹理特征共 132 个，并将所有特征的范围归一化至 [0，1]。利用一种基于关联的特征选择方法（correlation-based feature selection，CFS）选择最优特征子集，根据优选的 9 个特征，结合 Logistic 回归方法建立了病害识别模型，所建模型训练集识别正确率为 98.88%，测试集识别正确率为 96.59%。利用提取的全部 132 个图像特征，结合随机森林方法也建立了病害识别模型，所建模型训练集识别正确率为 100%，测试集识别正确率为 96.59%。结果表明，本研究所用两种方法对于苜蓿褐斑病和锈病的识别效果均较好。与随机森林模型相比，基于 Logistic 回归方法所建模型仅使用了 9 个特征，该方法简单且易于实现，更适于区分这两种苜蓿病害。本研究提出的基于 Logistic 回归模型的方法可用于苜蓿褐斑病和锈病的识别，对于这两种病害的诊断、防治以及苜蓿安全生产具有一定的意义。

关键词：苜蓿褐斑病；苜蓿锈病；图像识别；K 均值聚类；Logistic 回归；CFS；随机森林

＊　基金项目：公益性行业（农业）科研专项经费项目（201303057）

＊＊　第一作者：秦丰，男，硕士研究生，主要从事植物病害流行学研究；E-mail：15210590688@163.com

＊＊＊　通讯作者：王海光，男，副教授，主要从事植物病害流行学研究；E-mail：wanghaiguang@cau.edu.cn

核盘菌转录因子 Ss-Nsd1 和 Ss-FoxE1 的差异蛋白质组解析[*]

李　乐[**]　刘言志　范惠冬　潘洪玉　张祥辉[***]　张艳华

（吉林大学植物科学学院，长春　130062）

摘　要： 核盘菌［*Sclerotinia sclerotiorum*（Lib.）de Bary］是一种寄主广泛的植物病原真菌，引起多种作物的菌核病，给农业生产造成严重威胁。核盘菌有性生殖产生的子实体决定着菌核病的初侵染及流行程度，其中菌核在核盘菌的整个生活史中扮演着非常重要的角色，是最主要的初侵染来源，菌核能萌发形成子囊盘或菌丝，当子囊盘发育成熟时释放大量的子囊孢子开始新的侵染循环，为核盘菌的远距离传播提供了可能，也是目前菌核病防控的难点所在。因此，本研究从差异蛋白质组水平对核盘菌转录因子敲除菌株及其野生型菌株进行分析，探讨转录因子在核盘菌子囊盘形成过程中蛋白的差异表达，为有效防治核盘菌病害提供理论依据。本课题组通过 PEG 介导的遗传转化方法获得 *Ss-nsd*1 基因的完全敲除菌株，*Ss-nsd*1 基因的敲除影响了菌核结构发育的完整性及萌发过程中产囊体的形成，从而导致菌核不能萌发形成子囊盘。在前期工作基础上，本研究通过双向电泳对核盘菌 *Ss-nsd*1 基因敲除菌株和野生型菌株菌丝全蛋白质组进行比较分析，发现蛋白质的丰度变化在 3 倍以上且有较好的重复性的差异表达点有 43 个。43 个差异点中有 18% 与能量代谢相关，7% 与新陈代谢相关，5% 与命运蛋白相关，4% 与压力反应相关，2% 与细胞的生长和分裂相关，以及 2% 与细胞组织相关，剩余的蛋白则是预测蛋白和假想蛋白。这其中 18% 的蛋白与能量代谢相关，说明 Ss-Nsd1 转录因子显著影响能量代谢从而影响子囊盘的形成。课题组前期研究表明，Ss-FoxE1 是与核盘菌有性发育相关的转录因子，*Ss-foxE*1 影响子囊盘的正常形成，通过双向电泳对核盘菌 *Ss-foxE*1 基因敲除菌株和野生型菌株菌丝全蛋白质组进行比较分析，结果表明，蛋白质的丰度变化在 3 倍以上且有较好的重复性的差异表达点有 42 个，42 个差异点中有 21% 的蛋白与能量代谢相关，15% 与细胞组织相关，9% 与新陈代谢相关，9% 与命运蛋白相关，6% 与细胞生长和分裂相关，6% 与压力反应相关，剩余的蛋白则是预测蛋白和假想蛋白。上述结果表明，转录因子 Ss-FoxE1 对能量代谢的影响最显著，从而也直接或间接的影响了子囊盘的正常形成。本研究首次从蛋白功能的角度对核盘菌转录因子 Ss-Nsd1 和 Ss-FoxE1 进行分析，为这两个转录因子在子囊盘形成差异表达的基因和分子机制的解析提供了重要依据，为深入揭示核盘菌子囊盘形成方面的相关蛋白的研究奠定了基础。

关键词： 核盘菌；转录因子；Ss-Nsd1；Ss-FoxE1；蛋白质组

---

[*]　基金项目：国家自然科学基金（No. 31471730，No. 31271991）；行业计划项目（201103016）

[**]　第一作者：李乐，硕士研究生，植物病理学专业；E-mail：lile19890904@126.com

[***]　通讯作者：张祥辉，讲师；E-mail：xzhangbook@sina.com

　　　　张艳华，教授；E-mail：yh_zhang@jlu.edu.cn

核盘菌转录因子 Ss-FOXE4 功能研究[*]

范惠冬[**] 刘言志 王 璐 张祥辉 潘洪玉[***]

（吉林大学植物科学学院，长春 130062）

摘 要：核盘菌是一种世界性植物病原真菌，其寄主范围非常广泛可引起多种植物病害，对农林经济及食品安全产生重大的威胁。核盘菌为丝状真菌，菌丝聚集而形成菌核，可使核盘菌度过不良环境，同时也是核盘菌由无性生殖过渡到有性生殖过程中重要的生理结构，因而对于菌核的防治成为防治菌核病的重要途径。Forkhead-box 转录因子家族在 DNA 结合区均具有翼状螺旋结构，该类转录因子在真菌的生长发育、细胞分裂、致病性等方面具有重要调控作用。本研究中克隆得到 Forkhead-box 转录因子家族中的 *SsFOXE*4 基因，分别用沉默载体 pSilent、pSilent-Dual 构建了两种重组质粒，利用原生质体转化的方法将重组质粒转入到核盘菌中，经相应抗性基因上的三次纯化筛选后，提取阳性转化子的 DNA 进行 PCR 进行检测，通过 RT-PCR 分析基因 *Ss-FOXE*4 在不同沉默转化子中的表达量，结果表明与野生型核盘菌相比基因 *Ss-FOXE*4 在沉默转化子中的表达量均有下降，但在不同的沉默转化子中表达量下降的程度有所不同。与此同时，将沉默转化子分别培养在 PDA 培养基上进行平板培养观察，与野生型核盘菌相比，沉默转化子的生长速度明显减慢。番茄叶片离题实验结果显示，沉默转化子的致病性有不同程度减弱。野生型核盘菌与沉默转化子土豆泥培养基对峙培养 7 天后可以明显得看到当野生型核盘菌已经形成成熟的菌核时，沉默转化子仍然没有菌核的形成。RT-PCR 检测与黑色素形成相关的基因 *Ss-pks* 基因在沉默转化子中的表达量，与野生型核盘菌相比转化子中 *Ss-Pks* 表达量大幅度下降，而核盘菌菌核的形成需要黑色素的沉积，如果没有黑色素的沉积菌核就不能正常的形成，而没有菌核参与到核盘菌的生长发育过程，菌核病的发生的几率将会大大地降低。本研究通过基因沉默的方法研究 *Ss-FOXE*4 基因在核盘菌菌丝生长，形态，致病性及其在菌核形成等过程中的功能，为核盘菌的防治提供科学依据和理论支持。

关键词：核盘菌；基因沉默；转录因子；RNAi 干扰

---

[*] 基金项目：国家自然科学基金（No. 31471730，No. 31271991）；行业计划项目（201103016）

[**] 第一作者：范惠冬，硕士研究生，植物病理学专业；E-mail：fanhd13@mails.jlu.edu.cn

[***] 通讯作者：潘洪玉，教授；E-mail：panhongyu@jlu.edu.cn

核盘菌 *SsMADS* 基因酵母双杂诱饵载体的构建和自激活检测[*]

刘晓丽[**]　张祥辉　刘金亮　刘言志　张艳华[***]　潘洪玉

（吉林大学植物科学学院，长春　130062）

摘　要：核盘菌 [*Sclerotinia sclerotiorum*（Lib.）de Bary] 是一种寄主范围广泛、为害极其严重的腐生型植物病原真菌。由核盘菌引起的植物菌核病是世界性分布的重要病害，主要为害油菜、向日葵、大豆等油料作物和莴苣、胡萝卜等蔬菜作物，尤其在东北地区大豆菌核病发病严重，已成为影响大豆等作物产量和品质的最主要障碍因素之一。MADS-box 基因家族是真核生物中重要的转录调控因子，存在于植物、昆虫、线虫、真菌、低等脊椎动物及哺乳动物中，可调控多种细胞功能，包括初级代谢、细胞周期、细胞识别等。

本课题组克隆了核盘菌 MADS-box 基因 *SsMADS*，该基因与酿酒酵母（*S. cerevisiae*）中调控多种生物学功能的重要转录因子 Mcm1 高度同源。初步研究表明，SsMADS 参与核盘菌菌丝营养生长、子囊盘形成及致病力（Qu *et al.*，2014）。MADS 转录调控因子在核盘菌中具有上述功能，但是其具体调控机制尚未阐明，因此，为了阐明与 SsMADS 互作的蛋白质及调控的靶基因，明确其转录调控网络，本课题组在前期工作基础上进行了以下相关实验：用设计带有 *EcoR* I 和 *Sal* I 酶切位点的特异引物，利用反转录 PCR 技术从核盘菌菌核中克隆获得了 *SsMADS* 基因。将克隆的靶基因测序后连接到 pGBKT7 质粒上构成含有 *Ss-MADS* 基因的重组质粒 pGBKT7-*SsMADS*，将其转入酵母细胞中。随后对其进行自激活检测，发现其无自激活活性，可以进行酵母双杂交试验。利用酵母双杂交系统中的 GAL4 系统，将核盘菌 cDNA AD 融合表达文库中的基因转入含有重组质粒的酵母菌株，并筛选与 SsMADS 转录调控因子互作的蛋白，为深入研究 SsMADS 转录调控因子的调控网络奠定基础。

关键词：核盘菌；酵母双杂系统；转录调控因子；*SsMADS* 基因

* 基金项目：国家自然科学基金（No. 31101394，No. 31271991）

** 第一作者：刘晓丽，硕士研究生，植物病理学专业

*** 通讯作者：张艳华，教授；Email：yh_ zhang@jlu. edu. cn

　　　　　潘洪玉，教授；Email：panhongyu@jlu. edu. cn

核盘菌转录因子 Ss-FoxE2 在核盘菌中表达动态研究及酵母双杂交诱饵载体构建[*]

刘言志[**] 陈 亮 王 璐 范惠冬 穆文辉 王雪亮

李 乐 张祥辉 潘洪玉[***]

（吉林大学植物科学学院，长春 130062）

摘 要：核盘菌［*Sclerotinia sclerotiorum*（Lib.）de Bary］为重要的植物病原真菌，能够引起包括大豆、向日葵、油菜等 75 个科中 400 多种植物病害，每年给农业生产带来巨大的经济损失。在核盘菌生活史中，子囊盘扮演了重要的角色，成熟的子囊盘可以释放大量子囊孢子，而子囊孢子作为再侵染源可以萌发继续侵染寄主植物，加重病害的传播流行。本实验室在核盘菌基因组数据库中，发现一类含有 Forkhead 结构域的转录因子，分别命名为 Ss-FoxE1、Ss-FoxE2、Ss-FoxE3 和 Ss-FoxE4。并且通过基因敲除技术获得了 Ss-FoxE1 和 Ss-FoxE2 的敲除突变体。对突变体的表型分析发现，其影响着子囊盘的发育。

以 Ss-FoxE2 为研究对象，以其开放阅读框中 196bp 大小片段为模板，设计引物，通过荧光定量 PCR 的方法分析 *Ss-FoxE2* 基因在核盘菌野生型菌株 UF-70 不同生长时期组织中的表达情况。结果显示该转录因子基因在子囊盘中表达量明显高于其在菌丝及菌核时期中的表达量。这表明 Ss-FoxE2 转录因子对子囊盘的生长发育具有重要的作用，是调控子囊盘发育的关键转录因子之一。通过烟草瞬时表达系统对转录因子 SsFoxE2 进行了亚细胞定位分析，结果显示 SsFoxE2 定位在细胞核上，与生物信息学预测相一致。

为了寻找与 Ss-FoxE2 相互作用的蛋白以期待发现调控子囊盘发育的调控网络，我们拟采用酵母双杂交的方法在核盘菌 cDNA 文库中进行互作蛋白的筛选。我们克隆得到了长度为 1 350bp 编码 Ss-FoxE2 的基因序列 *Ss-FoxE2*，成功构建了酵母双杂交诱饵载体 pG-BKT7-*Ss-FoxE2*。通过检测诱饵蛋白自激活性发现，转录因子 Ss-FoxE2 具有转录激活活性，全长 ORF 无法满足酵母双杂交的试验。因此我们重新克隆得到包含 Forkhead 功能域的一段大小为 399bp 的片段 *Ss-FoxE2-CD*，连接入诱饵载体 pGBKT7，获得诱饵载体 pG-BKT7-*Ss-FoxE2-CD*。通过检测发现，其无自激活性，对酵母无毒性，通过 Western blot 验证，其在酵母中可以正常表达，即该诱饵载体可以用于后续互作蛋白的筛选。

关键词：核盘菌；Ss-FoxE2；子囊盘；表达动态；诱饵载体

[*] 基金项目：国家自然科学基金（No. 31471730，No. 31271991）；行业计划项目（201103016）

[**] 第一作者：刘言志，硕士研究生，植物病理学专业；E-mail：liuyz8209@ mails. jlu. edu. cn

[***] 通讯作者：潘洪玉，教授；E-mail：panhongyu@ jlu. edu. cn

核盘菌转录因子 SsMADS1 的表达
及其互作蛋白筛选的研究*

王雪亮** 刘言志*** 张祥辉 黄 彬 刘新平

邓高雄 杨 锐 潘洪玉****

（吉林大学植物科学学院，长春 130062）

摘 要：核盘菌（*Sclerotinia sclerotiorium*）是一种典型同宗配合子囊真菌，是一类重要的植物病原真菌。MADS-box 蛋白家族基因作为真核生物体内重要的一类转录因子，广泛存在于生物体中并参与调控多种细胞的功能。实验室前期研究表明，转录因子 SsMADS1 参与核盘菌的生长和毒力的调节。

为明确 SsMADS1 的作用机制和原理，本研究通过反转录 RT-PCR 扩增获得 SsMADS1 基因的完整开放阅读框序列，构建原核表达载体，经 IPTG 诱导 Ni-NTA Agarose 亲和层析获得大量纯化的 SsMADS1 融合蛋白。以 SsMADS1 融合蛋白为抗原，通过实验动物的自身免疫作用，促使其产生了抗血清，通过琼脂免疫双扩散、Western-blot 两种实验方法进行特异性免疫检测，间接 ELISA 进行抗血清的效价测定，结果显示，所得的抗血清与 SsMADS1 融合蛋白特异性结合稳定效果良好。利用所制得的抗血清与目的蛋白特异性结合的特性，分别提取核盘菌不同组分的蛋白质与所得抗血清实验，同时构建该基因亚细胞定位载体进行烟草瞬时表达，结果发现 SsMADS1 定位于细胞核上。结合实时荧光定量 PCR 检测，发现该基因在菌丝期的表达量较高。利用生物信息学分析 Domain 互作预测和 STRING 分析，并结合 His-tag Pull-down 进行 SsMADS1 互作蛋白的筛选，通过 SDS-PAGE 分离和气质联动检测鉴定相结合的方法，进行 SsMADS1 互作蛋白的进一步筛选与鉴定。结果表明，SsMADS1 主要与蛋白质合成酶、丝氨酸合成酶以及蛋白酶等相互作用。上述结果有助于揭示核盘菌生殖发育机理，为菌核病的防治提供理论依据。

关键词：核盘菌；转录因子；SsMADS1；亚细胞定位；互作蛋白

---

* 基金项目：国家自然科学基金（No. 31471730，No. 31271991）；行业计划项目（201103016）

** 第一作者：王雪亮，男，硕士，植物病理学植物病原真菌分子生物学方向；E-mail：mewxl@163.com

*** 刘言志，男，硕士，植物病理学专业；E-mail：liuyz8209@mails.jlu.edu.cn

**** 通讯作者：潘洪玉，男，教授，博士生导师，主要从事植物病理学植物病原真菌分子生物学与抗病基因工程、以及植物病害生物防治的研究；E-mail：panhongyu@jlu.edu.cn

核盘菌转录因子 Ss-FoxE2 的基因功能研究*

王　璐** 刘言志 范惠冬 张祥辉 潘洪玉***

（吉林大学植物科学学院，长春　130062）

摘　要：核盘菌［*Sclerotinia sclerotiorum*（Lib.）de Bary］是一种腐生丝状病原真菌，寄主范围广泛，可侵染 75 科 278 属 450 多种植物引起菌核病，并造成重大经济损失。核盘菌的生活史包括 3 种主要形态：菌丝、菌核和子囊盘，其中，子囊盘是核盘菌的有性生殖结构，是由菌核在合适的条件下萌发而成的圆盘状子实体，发育成熟的子囊盘将会释放大量子囊孢子，子囊孢子飞落到周围环境中继续发育并侵染寄主植物，造成菌核病害的流行。因此，有性阶段所产生的子囊孢子是田间病害大流行的最主要侵染来源。叉头框（Forkhead-box，Fox）蛋白家族是一类 DNA 结合区具有翼状螺旋结构的转录因子，在真菌的细胞分裂、生长发育、致病性等方面具有重要调控作用。

核盘菌基因组中存在 4 个 Fox 类转录因子的同源基因，分别为 Ss-FoxE1、Ss-FoxE2、Ss-FoxE3 和 Ss-FoxE4，经生物信息学分析，我们推断它们与核盘菌的有性生殖密切相关，本研究中我们以 Ss-FoxE2 为研究对象，对其在核盘菌有性生殖中的作用进行探索。首先利用生物信息学的手段，明确 Ss-FoxE2 在核盘菌基因组的位置及序列，根据 Ss-FoxE2 序列，构了 Ss-FoxE2 的敲除载体，然后利用裂解酶消化核盘菌菌丝细胞壁，从而制备了质量较好的原生质体细胞，并用 PEG-CaCl$_2$ 介导的原生质体转化法将已构建好的敲除载体转化到核盘菌的原生质体中，使其发生同源重组从而替换掉目的基因，以潮霉素为筛选抗性进行转化子的筛选培养，然后利用快速 PCR 检测方法进行初步验证，将验证正确的转化子用 Southern 杂交的方法进行进一步验证。另一方面，克隆 Ss-FoxE2 编码基因及其上下游在内的 3.4kb 的片段并连接到互补载体 pD-NEO1 上，将构建好的互补载体转化至敲除突变体的原生质体细胞中，通过 G418 抗性筛选以及 PCR 验证得到互补成功的转化子。将 Ss-FoxE2 缺失菌株和 Ss-FoxE2 互补菌株对照野生型菌株，进行生物学特性分析和致病性分析，结果发现：Ss-FoxE2 敲除突变体与野生型菌株相比，在菌丝生长速率、菌核数量、菌核干重以及致病性上几乎没有任何差别，但是，Ss-FoxE2 缺失菌株不能诱导发育形成子囊盘，说明核盘菌转录因子 Ss-FoxE2 参与调控核盘菌子囊盘的形成，影响核盘菌的有性生殖，这将为菌核病的防治提供新的理论依据与技术保障。

关键词：核盘菌；转录因子；Ss-FoxE2；基因敲除；子囊盘

* 基金项目：国家自然科学基金（No. 31471730，No. 31271991）；行业计划项目（201103016）
** 第一作者：王璐，硕士研究生，植物病理学专业；E-mail：believewanglu@126.com
*** 通讯作者：潘洪玉，教授；E-mail：panhongyu@jlu.edu.cn

柱花草炭疽菌致病力丧失突变菌株 994 的 T-DNA 标记基因的分析[*]

许沛冬[1,2**]　郑肖兰[1]　李秋洁[1]　吴伟怀[1]　贺春萍[1]　习金根[1]

梁艳琼[1]　郑金龙[1]　张驰成[2]　唐　文[2]　张晓波[3,4,5***]　易克贤[2,***]

（1. 中国热带农业科学院环境与植物保护研究所，海口　571101；
2. 海南大学农学院，海口　570228；3. 中国热带农业科学院热带
生物技术研究所，海口　571101；4. 热带作物种质资源保护与开发
利用教育部重点实验室（海南大学），海口　570228；5. 海南大学旅游
学院，海口　570228）

摘　要：通过对实验室已构建的柱花草炭疽菌 T-DNA 突变体库中各突变体致病力的测定，获得致病力丧失突变菌株 994。对其进行菌落生长速率、菌落形态及产孢量等生物学特性的研究，利用 TAIL-PCR 克隆标记基因侧翼序列，分析 T-DNA 插入位点，通过本地 blast 比对进行序列分析，采用生物信息学方法进行基因预测及功能分析。结果表明，与柱花草炭疽菌野生型菌株 CH008 相比，突变菌株 994 表现致病力丧失，生长速率(1.32 ± 0.02) cm/d，与野生型（1.41 ±0.03）cm/d 无显著性差异；产孢量（3.04 ±0.15）× 10^6 个/mL，显著低于野生型（9.26 ±0.14）×10^6 个/mL；孢子萌发率（0.00 ±0.00)%，显著低于野生型（91.14 ±6.66)%；在分生孢子形态、附着胞形成等方面与野生型并无明显差异。TAIL-PCR 扩增得到 T-DNA 插入位点 RB 端侧翼序列 680 bp，LB 端侧翼序列 495 bp，经两侧序列拼接本地 blast 比对，与全基因组同源性为 79%，进行生物信息学分析，预测 T-DNA 插入位点为基因末端外显子附件区域，ORF 开放阅读框分析基因编码 556 个氨基酸，NCBI 检索所得基因属焦磷酸硫胺素（TPP）家族，乙酰乳酸合成酶（AHAS）亚科，与乙酰乳酸合成酶催化亚基相似的蛋白质组成。

关键词：柱花草；炭疽菌；T-DNA；焦磷酸硫胺素

---

　* 基金项目：国家自然科学基金（31072076，31101408）；公益性行业科研专项（201303057）和中央级公益性科研院所基本科研业务专项（2015hzs1J002）

　** 第一作者：许沛冬，男，在读硕士生，主要从事草坪管理、草地植物病理相关研究；E-mail：xuridongshengxpd@163.com

　*** 通讯作者：易克贤，男，研究员，主要从事分子抗性育种相关研究；E-mail：yikexian@126.com。
　　　　　　张晓波，男，副教授，主要从事草坪管理相关研究；E-mail：angiaoo@126.com。

邦得 2 号杂交狼尾草叶斑病菌分离与鉴定[*]

张驰成[1,2][**]　吴伟怀[1]　梁艳琼[1]　唐　文[1,2]　郑金龙[1]　习金根[1]

郑肖兰[1]　许沛冬[3]　李　锐[1]　贺春萍[1][***]　易克贤[1][***]

（1. 中国热带农业科学院环境与植物保护研究所，农业部热带农林有害生物入侵
检测与控制重点开放实验室，海南省热带农业有害生物检测监控重点实验室，
海口　571101；2. 海南大学环境与植物保护学院，海口　570228；
3. 海南大学农学院，海口　570228）

摘　要：对采自广西北海的邦得 2 号杂交狼尾草叶斑病病样进行了分离和纯化，得到
6 株致病性真菌。对其进行了培养特性以及形态观察，从形态上初步鉴定为弯孢菌。进而
利用真菌核糖体转录间隔区通用引物 ITS1 和 ITS4，对其基因组 DNA 进行了 PCR 扩增，
均扩增出约 600 bp 的特异性条带。回收特异性条带克隆后测序。经测序获得了 590bp 长
的序列。将获得 6 个供试菌株 ITS 序列分别于 GenBank 中进行同源性搜索，结果显示 6 条
序列与新月弯孢菌（*Curvularia lunata*）的同源性非常高，高达 95% 以上。由此，通过形
态并结合分子鉴定结果，将来自邦得 2 号杂交狼尾草叶斑病致病菌株鉴定为新月弯孢菌
（*Curvularia lunata*）。

关键词：杂交狼尾草；分离与鉴定；ITS

* 基金项目：热带牧草病害防控技术研究与示范（201303057）

** 第一作者：张驰成，男，硕士研究生；E-mail：cczhang1992@126.com

*** 通讯作者：贺春萍，女，硕士，副研究员；E-mail：hechunppp@163.com

易克贤，男，博士，研究员；E-mail：yikexian@126.com

芜菁花叶病毒 P3 蛋白与拟南芥 AtSWEET1 蛋白的互作研究*

张雅琦[1]** 祝富祥[1] 王 艳[1] 李向东[2] 潘洪玉[1] 刘金亮[1]***

(1. 吉林大学植物科学学院，长春 130062；

2. 山东农业大学植物保护学院，泰安 271018)

摘 要：芜菁花叶病毒（*Turnip mosaic virus*，TuMV）是马铃薯 Y 病毒科（Potyviridae）马铃薯 Y 病毒属（Potyvirus）的重要成员。该病毒具有广泛的寄主范围，可侵染至少 156 属的 300 多种植物，尤其对十字花科蔬菜造成严重威胁，同时也是传播最广、破坏性最强的侵染芸薹属植物的病毒，给农业生产带来巨大损失。TuMV 基因组是正义单链 RNA，包含一个大的开放阅读框（ORF），P3 蛋白是该病毒编码的一个重要蛋白，相比其他蛋白，P3 蛋白高度变异，对其结构和功能了解较少。目前已知，P3 是一个膜蛋白，在 TuMV 侵染寄主的过程中发挥着一定的作用，可能涉及决定致病性、病毒移动、病毒复制、症状形成和寄主抗性等方面。

为了了解 TuMV P3 蛋白与寄主植物之间的互作关系，利用 TuMV JCR06 分离物 *p3* 基因（GenBank 登录号：KP165425）构建诱饵载体，通过酵母双杂交融合的方法，从拟南芥酵母双杂交 cDNA 文库中筛选到一个与 P3 蛋白互作的糖转运蛋白（AtSWEET1），并用共转化的方法进行了验证两者之间的互作。对 *p3* 基因 C 端进行缺失，利用 *p3* 基因 N 端 663bp 构建诱饵载体，并与 *AtSWEET*1 基因猎物载体共转化酵母，进一步验证 AtSWEET1 和 *p3* 基因 N 端 663bp 同样存在互作。将 *p3* 基因和 *AtSWEET*1 基因分别连接到植物表达载体 pCG-1301 上，转化农杆菌 EHA105，侵染本生烟进行亚细胞定位分析，结果显示二者均存在于本生烟表皮细胞的细胞膜上。在此基础上，利用双分子荧光互补技术（BiFC）验证 P3 蛋白与 AtSWEET1 蛋白之间的相互作用，结果表明二者在洋葱内表皮细胞内互作，且作用部位位于细胞膜，推测两个蛋白均为膜蛋白，这为研究 TuMVP3 蛋白与 AtSWEET1 蛋白的互作机制及其在 TuMV 致病过程中的功能奠定了理论基础。

关键词：芜菁花叶病毒；P3；糖转运蛋白 AtSWEET1；蛋白互作

* 基金项目：国家自然科学基金项目（31201485）

** 第一作者：张雅琦，女，硕士研究生，主要从事分子植物病毒学的研究；E-mail：zhang_ya_qi@163.com

*** 通讯作者：刘金亮；E-mail：jlliu@jlu.edu.cn

芜菁花叶病毒 basal-BR 组分离物
全基因组序列测定及分析[*]

祝富祥[1,2][**]　　王　艳[1]　田延平[2]　潘洪玉[1]　李向东[2][***]　刘金亮[1][***]

（1. 吉林大学植物科学学院，长春　130062；

2. 山东农业大学植物保护学院，泰安　271018）

摘　要：芜菁花叶病毒（*Turnip mosaic virus*，TuMV）是马铃薯 Y 病毒属（Potyvirus）的重要成员，其寄主范围广泛，可侵染 43 科 156 属的 300 多种植物，尤其对十字花科蔬菜为害严重。TuMV 是正义单链 RNA 基因组，5′末端是通过共价键结合的 VPg，3′末端是 Poly A 尾巴，两端均含有一段非翻译区（UTR），中间仅包含一个大的开放阅读框（ORF），起始翻译成一个约 360kDa 的多聚蛋白，然后在自身编码的 3 种蛋白水解酶（Pl、HC-Pro 和 NIa-Pro）的作用下将其裂解成 10 个成熟蛋白。近年又发现在 P3 蛋白编码区内部存在一个较短的 ORF，通过核糖体移码策略翻译形成 P3N-PIPO 蛋白。

本研究中 CCLB、LWLB、WFLB14 三个 TuMV 分离物分别采自吉林长春、山东莱芜和山东潍坊表现典型花叶症状的萝卜。根据 GenBank 中已报道的该病毒序列设计兼并引物扩增病毒的全基因组序列，并进行全基因组的序列测定和分析。

3 个 TuMV 分离物的基因组结构分析显示，除了 3′末端 Poly A，基因组全长均由 9 833 个核苷酸组成，5′末端 UTR 为 129nt，3′末端 UTR 为 209nt，除此之外，包含两个开放阅读框（ORF），分别由 9495nt 和 183nt 组成，并分别编码 3 164 个氨基酸的多聚蛋白（polyprotein）和 61 个氨基酸的 PIPO 蛋白。3 个分离物氨基酸序列均包含 Potyviruses 典型功能保守基序。全基因组序列比对及构建的系统进化树表明，33 个 TuMV 分离物共分为五组，分别为 basal-B、basal-BR、Asian-BR、World-B 和 OMs，本研究获得的 3 个分离物均分在 basal-BR 组，与来自欧亚的几个分离物（Cal1、DEU4、PV0104、ITA8）同源性最高。重组分析表明，3 个分离物基因组不存在明显的重组。对不同组分离物保守氨基酸分析发现，TuMV 外组（OGp）与 OMs 组三个位点（852，1 006，1 548）的氨基酸相同，而与其他组相应位点的氨基酸存在差异。遗传多样性分析显示，基因组所有编码区的 d_N/d_S 值均小于 1，表明 TuMV 在其进化过程中处于负向或纯化选择压力，其中 *pipo* 基因承受的选择压力最大，而 *P3N-PIPO* 区和 *p3* 基因的选择压力几乎一样，由此推测 *p3* 基因的大部分选择压力集中在 *P3N-PIPO* 区域。

关键词：芜菁花叶病毒；basal-BR；基因组全长；序列测定

* 基金项目：国家自然科学基金项目（31201485）

** 第一作者：祝富祥，男，硕士研究生，主要从事分子植物病毒学的研究；E-mail：fengxiangsui2009@163.com

*** 通讯作者：李向东，刘金亮；E-mail：jlliu@jlu.edu.cn

象耳豆根结线虫 *Hsp70* 基因相关功能分析[*]

陈　慧[1,2**]　　王会芳[1]　　陈绵才[1***]

（1. 海南省农业科学院农业环境与植物保护研究所，海南省病虫害防控重点实验室，
　　海口　571100；2. 海南大学环境与植物保护学院，海口　571101）

摘　要：象耳豆根结线虫（*Meloidogyne enterolobii*）是世界上公认的一种为害巨大的根结线虫，常造成农作物严重的经济损失。研究象耳豆根结线虫 *Hsp70* 基因相关功能有助于解析其生存适应机制，为寻找高效低毒的方法防治象耳豆根结线虫病害打下坚实基础。热应激蛋白（Heat shock protein，HSP）是一类进化保守的蛋白，是一组分子伴侣。Hsp70是热应激蛋白几个家族中最主要的一个家族，Hsp70 对于物种抗逆性、寿命以及繁殖再生能力有着重要的影响。*Hsp70* 基因的表达量在研究中常作为一个重要的生理指标来反映机体的状况。当机体遭遇高温、缺氧、低温等恶劣环境时，*Hsp70* 基因通常会上调表达，以维持细胞中关键蛋白质的空间构象，维持细胞生命活动，使机体损伤程度降低。

本研究前期通过 RACE-PCR 技术克隆得到象耳豆根结线虫的 *Hsp70* 基因 cDNA 的全长，全长 2 203 bp（GenBank 登录号 KF534787）。以 *MeHsp70* 基因为靶基因，成功构建 pEASY-E1-*MeHsp70* 和 pET30a-*MeHsp70* 两个原核表达载体。通过热激转化将两个原核表达载体分别转入大肠杆菌 BL21 进行表达。转入 *MeHsp70* 基因的大场杆菌、转入空载的大肠杆菌和原始菌种在 55℃ 进行生存时间测定以及 37℃ 生长曲线测定。转入 *MeHsp70* 基因的大场杆菌生存时间较长，而其余两种菌株生存时间相近。通过 SDS-PAGE 凝胶电泳及荧光定量 PCR 测定发现 *MeHsp70* 基因均上调表达。转入 *MeHsp70* 基因的菌株调整期滞留时间长于另外两株菌株，通过荧光定量 PCR 技术确定 *MeHsp70* 基因表达量与大肠杆菌生长曲线的关系。转入 *MeHsp70* 基因的大肠杆菌、转入空载的大肠杆菌和原始菌种使用相应浓度的杀线虫剂进行处理，探究 *MeHsp70* 基因是否能够增强其抗逆性。利用 RNAi 技术对象耳豆根结线虫 *MeHsp70* 基因进行基因沉默，用杀线剂以及高温处理该象耳豆根结线虫，检测其生存时间与 *MeHsp70* 基因表达量的关系，从而探究 *MeHsp70* 基因与象耳豆根结线虫抗逆性之间的关系。分别将原始象耳豆根结线虫和 RNAi 处理后的象耳豆根结线虫侵染番茄，检测其侵染率和根结指数，探究 *MeHsp70* 基因与象耳豆根结线虫生存适应机制的关系。

关键词：角耳豆根结线虫；热休克蛋白 70 基因；大肠杆菌；抗逆性；RNA 干扰

---

　* 基金项目：国家自然科学基金（31160024，31360432，31260424）；公益性行业（农业）科研专项（201103018）
　** 第一作者：陈慧，男，在读硕士研究生，研究方向为植物病原线虫学；E-mail：18208942059@163.com
　*** 通讯作者：陈绵才，男，研究员，主要从事植物病理学研究；E-mail：miancaichen@163.com

安徽首次发现菲利普孢囊线虫
（*Heterodera filipjevi*）为害小麦[*]

彭　焕[**]　李　新　崔江宽　彭德良[***]　黄文坤　贺文婷　孔令安

（农业病虫害生物学国家重点实验室，中国农业科学院植物保护研究所，北京　100193）

摘　要：由小麦禾谷孢囊线虫（*Heterodera avenae*）等引起的小麦孢囊线虫病（Cereal Cyst Nematode，CCN）是严重威胁我国小麦生产安全的主要病害之一，在我国 16 个省市均有发生和为害，受害面积超过 6 000 万亩，每年造成巨大的产量和经济损失。自 2010 年彭德良等报道在我国河南多地发现菲利普孢囊线虫（*Heterodera filipjevi*）的为害以来，其发生面积不断扩大，为害程度日趋严重。2015 年 6 ~ 7 月，从安徽宿州、蚌埠、淮南、阜阳和亳州等地共采集到小麦根系土壤 42 份，其中 27 份土壤分离获得孢囊，采用形态学技术从安徽宿州的 2 份土壤样品中初步鉴定其含有菲利普孢囊线虫。同时采用 ITS 和 28S 通用引物和菲利普孢囊线虫 SCAR 分子标记对上述样品的进行 PCR 扩增、测序和特异性检测，每个样品检测 10 个孢囊，其中，ITS 和 28S 扩增片段长度分别为 1 054bp 和 782bp，Blast 比对发现，和已报道的菲利普孢囊线虫分别具有 99% 和 100% 的一致性，菲利普孢囊线虫 SCAR 分子标记检测发现，从 546 号样品的中的 4 个孢囊和 547 号样品中的 2 个孢囊和河南许昌的菲利普孢囊线虫阳性对照中 PCR 扩增得到大小一致的的特异性片段（646bp），其他检测样本和阴性对照均无特异性条带。综上所述，这是首次在安徽发现菲利普孢囊线虫为害小麦，且为禾谷孢囊线虫和菲利普孢囊线虫混合发生。由于菲利普孢囊线虫危害程度更大，抗逆性更强，迫切需要采取必要的防控手段，防止其进一步不扩散为害，从而避免给我国小麦生产带来更大的产量损失。

关键词：小麦孢囊线虫；菲利普孢囊线虫；安徽

---

[*]　基金项目：公益性行业农业科研专项（201503114）和国家自然科学基金项目（31171827）资助。

[**]　第一作者：彭焕，博士，主要从事植物线虫分子生物学研究；E-mail：hpeng83@126.com

[***]　通讯作者：彭德良，研究员，主要从事植物线虫研究；E-mail：pengdeliang@caas.cn

禾谷孢囊线虫细胞壁扩展蛋白基因
（HaEXPB2）克隆和功能分析[*]

刘 敬[**] 彭德良[***] 彭 焕

（中国农业科学院植物保护研究所，植物病虫害生物学国家重点实验室，北京 100193）

摘 要：细胞壁扩展蛋白 Expansin 广泛存在于植物界中，几乎参与了植物的整个发育过程。研究发现，植物寄生线虫在浸染过程中能够分泌 expansin 修饰细胞壁促进寄生。本研究从已经完成的禾谷孢囊线虫 Heterodera avenae 转录组数据库中选取含有完整开放阅读框（ORF）和信号肽，且没有跨膜结构域的蛋白作为候选效应蛋白。设计引物，利用高保真酶以 Heterodera avenae J2 幼虫 cDNA 为模板扩增候选基因的 CDS 序列，最后得到 46 个候选基因的完整序列，连接到 35S 启动子表达载体 pGD 中。利用烟草瞬时表达候选效应蛋白，发现效应蛋白 Ha-EXP2 可以引起非寄主烟草叶片的细胞死亡。细胞壁扩展蛋白 expansin 基因 Ha-exp2 编码长度为 289 个氨基酸（aa）的蛋白序列 Ha-EXP2，与 Ha-EXPB1 蛋白具有 89% 的一致性，含有纤维素结合域 CBM II（33～116aa）和 expansin-like 结构域（232～259aa）两个结构域。为了研究两个结构域在引起植物叶片细胞死亡中的功能，我们构建了 Ha-EXP2 不同截断的表达载体，在烟草叶片瞬时表达后发现任何一个结构域的缺失都不能引起细胞凋亡。

关键词：禾谷孢囊线虫；细胞壁扩展蛋白；瞬时表达

* 基金项目：国家自然科学基金项目（31171827）和 973 课题（2013CB127502）资助。

** 第一作者：刘敬，博士研究生，主要从事植物线虫研究；E-mail：liujing3878@ sina. com

*** 通讯作者：彭德良，研究员，主要从事植物线虫研究；E-mail：pengdeliang@ caas. cn

禾谷孢囊线虫对大麦 Golden Promise 致病性鉴定*

罗书介** 彭德良*** 彭 焕

（中国农业科学院植物保护研究所，植物病虫害生物学国家重点实验室，北京 100193）

摘 要：禾谷孢囊线虫是国内危害小麦的重要病害，其寄主范围窄、与寄主互作研究滞后；随着大麦 *Hordeum vulgare* 基因组测序工作的完成和相关分子生物学研究的深入，逐渐成为禾本科常见的研究对象。本实验研究了禾谷孢囊线虫对大麦 Golden Promise 的侵染能力，对长至 3~6cm 高时的大麦苗接种刚孵化的侵染性二龄幼虫，平均每株接种二龄线虫 700 条，放置于 20℃光照 16h、16℃黑暗 8h 的光照培养箱中培养，在接种线虫后分别在第 2 天、9 天、19 天用酸性品红染色观察发现根内线虫数量分别约 30 头、180 头、280 头，其中在第 19 天时已经发育到 3 龄幼虫，并在第 35 天时形成白雌虫露出根表。实验证明线虫在大麦 GP 根内侵染、发育，并形成白雌虫，侵染率和发育进程与对照感病品种温麦 19 相当，说明大麦 GP 是一个良好的亲和性品种，可作为禾谷孢囊线虫与寄主互作的研究对象。

关键词：大麦 Golden Promise；禾谷孢囊线虫；侵染率

* 基金项目：国家自然科学基金项目（31171827）和公益性行业农业科研专项（201503114）资助。
** 第一作者：罗书介，博士研究生，主要从事植物线虫研究；E-mail：loshujie@ sina. com
*** 通讯作者：彭德良，研究员，主要从事植物线虫研究；E-mail：pengdeliang@ caas. cn

旱稻孢囊线虫的发生分布及寄生调查 *

崔思佳[1]** 张大帆[1] 彭德良[2] 黄文坤[2] 丁 中[1]***

（1. 湖南农业大学植物保护学院，植物病虫害生物学与防控湖南省重点
实验室，长沙 410128；2. 中国农业科学院植物保护研究所，
植物病虫害生物学国家重点实验室，北京 100193）

摘 要： 孢囊线虫（*Heterodera* sp.）是一类具有重要经济意义的病原线虫。该类线虫广泛分布在温带、热带和亚热带，可严重为害禾谷类、马铃薯、大豆等多种农作物。其中旱稻孢囊线虫（*Heterodera elachista*）是新近在我国发现的一种严重为害水稻的病原线虫。该线虫一般可造成7%~19%的损失。随着全球气候变暖和水稻种植、管理制度的变化，其潜在的威胁性正在加大。

采用随机抽样的方法，2014—2015年对湖南省13个地区19个市县（乡、镇）及广西、湖北、江西等省部分县市的作物孢囊线虫发生情况进行了调查。调查发现，湖南省长沙县、浏阳市、平江县、衡东县、桃江县、永州市、湘乡市、邵阳市、慈利县、湘西州吉首市和保靖县等11个市县以及湖北省赤壁市、广西省桂林市灵川县及江西省芦溪县的丘陵或山地水稻田均有孢囊线虫发生，通过形态及分子鉴定确定分离的水稻孢囊线虫均为旱稻孢囊线虫（*H. elachista*）。其中长沙县干杉镇及桃江县浮邱山乡两地中稻和晚稻的田间孢囊数量较高，每丛孢囊量达500个以上。通过室内盆栽人工接种发现，旱稻孢囊线虫可侵染稗草、高粱和玉米。野外调查结果表明，稗草是旱稻孢囊线虫的寄主。

关键词： 旱稻孢囊线虫；分布；寄主

---

* 基金项目：公益性行业（农业）科研专项经费资助项目（200903040、201503114）

** 作者简介：崔思佳，女，硕士研究生，研究方向为植物线虫；E-mail：604530580@qq.com

*** 通讯作者：丁中；E-mail：dingzx88@aliyun.com

解淀粉芽孢杆菌 B1619 对设施蔬菜
根结线虫病的防治效果

蒋盼盼　陈志谊　陆　凡

（江苏省农业科学院植物保护所，南京　210014）

摘　要： 近年来对解淀粉芽孢杆菌（*Bacillus amyloliquefaciens*）的研究与探索越来越多，由于其具有广泛的抑制菌能力，因而成为具有生物农药开发潜力的微生物。江苏省农科院植保所生防基础实验室从 2 万多个菌株中分离出一株具有较强拮抗能力的生防菌——解淀粉芽孢杆菌 B1619。该菌株可以产生多种胞外蛋白水解酶、嗜铁素和抗生素等物质，并能诱导植物产生抗病性，能有效控制设施蔬菜枯萎病、青枯病、根腐病、立枯病等重要土传病害引起的连作障碍，而且对植株具有明显的促生作用。解淀粉芽孢杆菌 B1619 已获得国家发明专利（专利号：ZL 2012 1 0208366.9），研发成生物杀菌剂"1.2 亿活芽孢/mL 解淀粉芽胞杆菌 B1619 水分散粒剂"，已进入农药登记程序。

本文主要从室内毒力测定和设施大棚药效试验两个方面研究了解淀粉芽孢杆菌 B1619 对设施蔬菜根结线虫病的防治效果。

室内毒力测定试验，用解淀粉芽孢杆菌 B1619 发酵原液、稀释 10 倍液、稀释 100 倍液、稀释 1 000 倍液、稀释 10 000 倍液对设施蔬菜根结线虫进行毒力测定；24h 后它们对线虫作用的死亡率分别为 100%、88%、67.45%、30.92%、9.41%；用解淀粉芽孢杆菌 B1619 粗提物（除去菌体的发酵液）原液、稀释 10 倍液、稀释 100 倍液、1 000 倍液，24h 后它们对线虫作用的死亡率分别为 100%、92.33%、25.07%、8.81%；用甲基异柳磷（40% 乳油）作为阳性对照，甲基异柳磷浓度为 500mg/kg、125mg/kg、62.5mg/kg、31.25mg/kg、15.625mg/kg，24h 后它们对线虫作用的死亡率分别为 100%、88.57%、71.70%、30.40%、25.86%；甲基异柳磷处理 24h 对线虫的 EC_{50} 为 54.87mg/kg。

设施大棚药效试验在江苏徐州铜山区棠张镇前进村日光温室中进行。2014 年 8 月开展 B1619 菌粉防治番茄根结线虫病试验，每亩施药总量为 27.20kg，采用番茄定植时沟施、定植后连续灌根 3 次的施药方式，防治效果为 56.15%。2015 年 2 月开展 B1619 菌粉防治黄瓜根结线虫病试验，每亩地施药总量 22.40kg，采用黄瓜定植时沟施、定植后连续灌根两次的施药方式，防治效果为 64.02%。

从室内毒力测定和设施大棚药效试验结果证明：解淀粉芽孢杆菌 B1619 对设施蔬菜根结线虫有较强抑制作用，对番茄、黄瓜根结线虫病有良好的防治效果。

关键词： 解淀粉芽孢杆菌 B1619；设施蔬菜根结线虫；室内毒力测定；防治效果

中国与土耳其禾谷孢囊线虫（*Heterodera* spp）群体系统发育进化研究[*]

崔江宽[1][**]　黄文坤[1]　彭　焕[1]　Gul Erginbas Orakci[2]

孔令安[1]　李　婷[1]　Adam Willman[3]　Amer Dababat[2][***]　彭德良[1][****]

（1. 中国农业科学院植物保护研究所/植物病虫害生物学国家重点实验室，
北京　100193；2. 国际玉米小麦改良中心（CIMMYT）土耳其安卡拉
试验站 P. K. 3906511；3. 美国爱荷华州立大学农学与园艺学院）

摘　要：植物寄生线虫是生产上一种十分常见的病原物，尤其是作物根结线虫和作物孢囊线虫的危害十分严重。禾谷类孢囊线虫（cereal cyst nematode，CCN）是小麦孢囊线虫病的重要病原线虫，已在全世界40多个国家和地区发生，可寄生小麦、大麦、燕麦等27属禾本科作物和黑麦草、鹅冠草、苇状羊茅草等十多种禾本科杂草，严重影响禾本科类作物的产量和品质。

土耳其作为全球小麦产量排名前十的国家，自从 Yüksel（1973）报道小麦孢囊线虫（*Heterodera avenae*）的发生以后，后续的系统性研究十分不足，甚至一度中断，而禾谷孢囊线虫是一种积年流行病害，其潜在的危害性十分严重。随着全球气候的变化，干旱缺水的年份不断增多，受旱地区面积将不断扩大，孢囊线虫的发生范围也将不断蔓延。2014年夏季，在 CIMMYT 中心土耳其土传病害研究室的协助下，作者对土耳其13个省21个行政区的大麦、小麦和燕麦的主产区共采集到了83份土样。采样地点覆盖了土耳其国内5个气候地理分布区（土耳其境内共7个分布区）：中部安那托利亚地区（Central Anatolia Region）、马尔马拉地区（Marmara Region）、爱琴海地区（Aegean Region）、东南部安纳托利亚地区（Southeast Anatolia Region）以及黑海地区（Black Sea Region）。

利用分子检测手段 SCAR 标记特异性引物检测技术，分别挑取供试孢囊线虫群体1个饱满的孢囊，放入 10μL 灭菌双蒸水的 PCR 管中，在液氮中冷冻。取出后置于冰上，用75% 酒精消毒的玻璃棒在 PCR 管中将孢囊捅破。加入 8μL 的 10×PCR buffer，2μL 蛋白酶 K 溶液（600g/mL），在 -80℃ 条件下冷冻 2h 后，将 PCR 管取出，置 65℃ 下温育1.5h，然后 95℃ 10min，最后 1 000r/min 下离心 1min，取上清 DNA 悬浮液于 -20℃ 保存备用。利用特异性引物分别进行 PCR 扩增检测，在 83 份样品中有 66 份土样检测到孢囊线虫（Cyst-forming nematodes）存在，其中，2 份样品无效，其余 64 份土样中的孢囊线虫完成了分离鉴定。他们分别是菲利普孢囊线虫［*Heterodera filipjevi*（Madzhidov 1981）

---

[*]　基金项目：国家自然科学基金项目（31171827）和公益性行业农业科研专项（201503114）资助。

[**]　第一作者：崔江宽，博士研究生，主要从事植物线虫研究；E-mail：jk_ cui@163. com

[***]　Amer Dababat，博士，主要从事土传病害研究；E-mail：a. dababat@ cgiar. org

[****]　通讯作者：彭德良，研究员，主要从事植物线虫研究；E-mail：pengdeliang@ caas. cn

Stelter，1984]，小麦孢囊线虫（*Heterodera avenae* Wollenweber 1924）以及大麦孢囊线虫（*Heterodera latipons* Franklin 1969）。

对土耳其地区的 21 个禾谷孢囊线虫的群体进行 rDNA-ITS 区间扩增，扩增产物的测序结果表明：ITS 片段长度为 1 045~1 046bp。序列比对结果揭示，它们分别与 GenBank 中小麦禾谷孢囊线虫（*Heterodera avenae*），菲利普孢囊线虫（*Heterodera filipjevi*），大麦孢囊线虫（*Heterodera latipons*）的 ITS 序列同源相性高达 99.9%，部分群体的序列同源性甚至达 100%。从 GenBank 中下载 26 个世界上不同地区以及国内 10 个小麦孢囊线虫（*Heterodera avenae*）不同群体的 ITS 序列，进行 ITS 序列的多重比对。用 MEGA 5.05 软件的 UPGMA 法构建系统发育树，以马铃薯金线虫（*Globodera rostochiensis*）作为参照。

研究发现，大麦孢囊线虫（*Heterodera latipons*）与其他国家和地区的群体单独聚在一起。小麦孢囊线虫群体 *Heterodera avenae* 与 *Heterodera filipjevi* 聚在一支，但是，土耳其地区的小麦孢囊线虫群体（*Heterodera avenae*）与欧洲国家的群体具有高度的同源性并且聚类在一起。国内的小麦孢囊线虫群体（*Heterodera avenae*）单独聚在一起，但与澳大利亚线虫（*H. australis*）亲缘关系较劲，聚在同一支。而国际上所有的（*Heterodera filipjevi*）则全部聚在同一支。

中国自 1989 年首次在湖北天门县发现禾谷孢囊线虫为害后，目前，已证实在湖北、河南、河北、北京、山西、内蒙古、青海、安徽、山东、江苏、宁夏、天津、新疆、西藏等 16 个省（市）均有发生，发生面积在 6 000 万亩以上。一般病田可减产 20%~40%，严重地块减产达 70% 以上甚至绝收。了解小麦孢囊线虫病的发生分布及危害情况，对保障粮食生产安全具有重要意义。

由于禾谷孢囊线虫在中国的环境的适应能力很强，有进一步蔓延的趋势，对小麦生产构成严重威胁。禾谷孢囊线虫的主要传播途径是土壤和水流，同时也通过农机具、农事操作、人及牲畜携带的方式传播。近几年来，随着耕作制度的改变和联合收割机的推广应用，禾谷孢囊线虫病扩散迅速、发生面积逐年扩大。对我国北部冬麦区、黄淮冬麦区、长江中下游冬麦区及北部春麦区的小麦生产带来严重影响。所以，加强禾谷孢囊线虫的发生分布检测以及预防扩散十分重要，同时要严控其种群密度位于经济阈值以下，阻止其进一步在小麦产区扩展蔓延，保障粮食生产安全。

关键词：禾谷孢囊线虫；SCAR 标记；聚类分析

马铃薯腐烂茎线虫 14 - 3 - 3 蛋白基因
克隆与序列分析[*]

李　新[**]　彭　焕　彭德良[***]

（中国农业科学院植物保护研究所，植物病虫害生物学国家重点实验室，北京　100193）

摘　要： 马铃薯腐烂茎线虫（*Ditylenchus destructor*）是为害我国甘薯生产的主要病原物之一，由它所引起的甘薯茎线虫病，每年造成严重的经济损失。14 - 3 - 3 蛋白是真核生物特有的，具有高度的保守性，且在信号转导过程起到重要作用。14 - 3 - 3 蛋白能与许多其他蛋白直接互作，例如，它可以稳定（或者激活）靶蛋白的特定构象，或者保护靶蛋白不被水解。14 - 3 - 3 蛋白也与某些蛋白在细胞内的分布有关。例如，结合 14 - 3 - 3 蛋白后，非洲爪蟾的 Cdc25 蛋白便不能进入细胞核内，从而阻止了该蛋白参与有丝分裂过程。此外，14 - 3 - 3 蛋白还可以监测和调节某个特定位点的磷酸化状态，并将该位点的变化信息转化为生理变化。因此，该蛋白在植物体内的许多信号途径中扮演重要角色，包括代谢调控，激素信号传导，细胞分裂和对生物和非生物刺激的应答反应。

本研究采用 EST 分析和 RACE 克隆相结合的方法，从马铃薯腐烂茎线虫中成功克隆出一个 14 - 3 - 3 蛋白基因（*Dd* - 14 - 3 - 3*a*，GenBank accession：ADW77527.1）。*Dd* - 14 - 3 - 3*a* cDNA 全长为 986bp，包含一个长度为 756bp 的开放阅读框，编码着一个长度为 251 个氨基酸的蛋白质。Blast 比对结果表明，Dd - 14 - 3 - 3a 蛋白与已报道的南方根结线虫（*Meloidogyne incognita*）、松材线虫（*Bursaphelenchus xylophilus*）、大豆孢囊线虫（*Heterodera glycines*）以及水稻干尖线虫（*Aphelenchoides besseyi*）中的 14 - 3 - 3 蛋白的一致性分别为 98%、98%、98% 和 97%。对该蛋白结构的分析结果表明，Dd - 14 - 3 - 3a 蛋白包含一个典型的 14 - 3 - 3 蛋白结构域，且并无信号肽和跨膜结构域。该基因的克隆和分析将有助于明确植物寄生线虫 14 - 3 - 3 蛋白在线虫侵染和与寄主互作中的作用。

关键词： 马铃薯腐烂茎线虫；Dd - 14 - 3 - 3a 蛋白；基因克隆；序列分析

---

* 基金项目：国家自然科学基金（31301646）；中国博士后科学基金（2014T70148，2013M541025）

** 第一作者：李新，女，硕士研究生，主要从事植物线虫致病分子机理研究；E-mail：lixin9745@163.com

*** 通讯作者：彭德良，男，博士，研究员，主要从事植物线虫致病分子机理及控制技术研究；E-mail：pengdeliang@caas.cn

甘肃首次发现大豆孢囊线虫 (*Heterodera glycines*) [*]

叶文兴[1,2][**]　彭德良[1][***]　黄文坤[1]　徐秉良[2]　彭　焕[1]

(1. 中国农业科学院植物保护研究所，植物病虫害生物学国家重点实验室，
北京　100193；2. 甘肃农业大学草业学院，兰州　730070)

摘　要：大豆孢囊线虫 (*Heterodera glycines*，SCN) 在世界各地广泛分布，是为害大豆生产的一种重要病害。本研究在甘肃首次发现大豆孢囊线虫并对甘肃 8 个大豆孢囊进行群体进行 ITS 特征分析。采用特异性引物 PCR 技术对甘肃 SCN 群体进行了鉴定，利用 PCR 技术对这些群体的核糖体基因 (ribosomal DNA，rDNA) 中的内转录间隔区 (Internal Transcribed Spacers，ITS) 进行扩增，获得的片段长度约为 1 030bp。利用 UPGMA 方法分析了甘肃 SCN 群体之间以及近缘种之间的系统发育关系。用 8 种限制性内切酶 Alu I、Ava I、Bsh1236 I、BsuR I、Cfo I、Hinf I、Rsa I 和 Mva I 对甘肃 SCN 群体进行了 ITS-RFLP 分析。结果表明，双倍 PCR 扩增片段显示供试的甘肃孢囊群体均为 SCN 群体；在 rDNA-ITS 区的序列上存在个别碱基的替换、增加和缺失，差异不显著；在系统发育树上，甘肃的 SCN 群体之间分支不突出，与 *H. schachtii* 和 *H. ciceri* 的遗传距离很接近，但有明显的差异；8 种酶切结果中，*Bsh*1236 I、*Bsu*R I、*Cfo* I、*Hinf* I、*Rsa* I 和 *Mva* I 的 ITS-RFLP 分别具有相同表型，只有 *Ava* I 产生有两种表型。此结果显示，甘肃的大豆孢囊线虫群体存在异质性，这种异质性的产生可能与 rDNA 中的 ITS 的遗传变异有直接关系。

关键词：大豆孢囊线虫；核糖体基因；内转录间隔区；ITS-RFLP 分析

[*]　基金项目：公益性行业 (农业) 科研专项 (201503114 和 200903040) 资助
[**]　第一作者：叶文兴，男，甘肃农业大学硕士；E-mail：ywxing07@163.com
[***]　通讯作者：彭德良；E-mial：dlpeng@ippcaas.cn

大豆孢囊线虫生防真菌的初步筛选*

李　婷** 彭德良*** 黄文坤

（中国农业科学院植物保护研究所 植物病虫害生物国家重点实验室，北京　100193）

摘　要：大豆孢囊线虫（*Heterodera glycines*）是危害大豆生产的主要病害之一，目前的防治手段主要有种植抗病品种、轮作、化学药剂防治和生物防治。近些年来，人们对生物防治的关注度逐渐升高。在大豆孢囊线虫生物防治的研究中，研究较多的有生防真菌、细菌和抑制性土壤。本研究以生防真菌为研究对象，从采自挪威和中国河南的小麦孢囊线虫群体、本实验室室内繁殖的大豆孢囊线虫群体上分离真菌，共分离24株菌株，利用ITS序列结合形态学观察鉴定出21株，分别属于曲霉属，被孢霉属，青霉属，棘壳孢属，木霉属，矛束孢属，*Plectosphaerella*，棘壳孢属，*Microdochium*，链孢霉属，枝孢霉属，镰刀菌属和链孢霉属。其中曲霉属，链孢霉属，枝孢霉属和棘壳孢属的4株真菌发酵液对大豆孢囊线虫具有较高的杀线活性，平均校正死亡率分别为87.45%，93.35%，90.81%，84.97%。*Plectosphaerella*和木霉属的2株真菌孢子悬浮液有寄生大豆孢囊线虫卵和二龄幼虫的现象。

关键词：大豆孢囊线虫；生防真菌

* 基金项目：公益性行业科研专项（201503114）和973课题（2013CB127502）资助

** 第一作者：李婷，女，研究生，线虫生物防治研究；E-mail：ltingsmile@126.com

*** 通讯作者：彭德良，研究员，从事植物线虫分子生物学和线虫病害治理研究；E-mail：dlpeng@ippcaas.cn

4种体系下松材线虫的择偶行为研究

刘宝军[1,2]* 赵双修[3] 刘振宇[3] 吕 全[1] 理永霞[1] 张星耀[1]**

(1. 中国林业科学院森环森保所，北京 100091；2. 河北出入境检验检疫局曹妃
甸办事处，唐山 063200；3. 山东农业大学植物保护学院，泰安 271018)

摘 要：通过研究松材线虫一雌一雄 (1♀+1♂)、多雌一雄 (3♀+1♂)、一雌多雄 (1♀+3♂) 和多雌多雄 (3♀+3♂) 体系下的择偶特征，发现松材线虫在交配过程中存在着明显的雄性间竞争行为和雌性对配偶的选择行为。不同体系下其总交配过程、各个交配阶段的时长、择偶时长、身体接触次数、首次接触交配成功率等都存在着明显的差异。交配效率测定实验结果表明，多雌一雄体系下的交配效率显著的高于一雌多雄体系下的交配效率，并且多雌一雄体系下后代的交配效率更高。交配效率模拟曲线表明雌雄比为3.4：1时，松材线虫的交配效率最高。松材线虫的交配对策符合状态制约选择理论，即偏雌性比下，交配效率高，后代的性比和成幼比较高，种群繁殖快，偏雄性比下，交配效率低，后代的性比和成幼比较低，种群繁殖慢。

关键词：松材线虫；择偶；交配效率；状态制约选择

* 作者简介：刘宝军，男，博士，中级工程师，研究方向：松材线虫的繁殖生物学研究；E-mail：liubaojun003@163.com

** 通讯作者：张星耀；E-mail：cosmosliuchina@gmail.com，E-mail：zhangxingyao@126.com

硅诱导水稻增强对病虫害抗性的机制研究[*]

占丽平　彭德良　吴青松　彭　焕　孔令安　崔江宽　黄文坤[**]

（中国农业科学院植物保护研究所，植物病虫害生物学国家重点实验室，北京　100193）

摘　要： 诱导抗病性（Induced resistance）就是利用物理的、化学的以及生物的方法处理植株，改变植物对病害的反应，从而使用植物产生局部或系统抗性的现象[1]。这些诱导因子又称激发子，主要包括真菌、细菌、病毒和线虫等生物因子及盐分、温度、干旱、化合物等非生物因子[2]。硅作为一种诱导因子，在诱导植物对生物压力和非生物压力的抗性方面的作用越来越受到人们关注[3]。水稻（*Oryza sativa* L.）作为单子叶植物的模式植物，早在 1926 年，美国的农业研究人员就提出水稻是喜硅作物，硅素是水稻良好生长的必需元素[4]。硅对水稻生长过程有着非常显著的影响，是仅次于氮、磷、钾之后的第四大重要元素[5]。

越来越多的证据表明，水稻的抗逆性的强弱与硅的诱导作用存在着密切的关系，硅可以诱导植物加强对逆境的抗性[6]。邓接楼研究表明，施用硅肥能够增强水稻的抗倒伏性[7]。Agarie 研究表明，水稻吸收硅后能够增强水稻抗热、抗旱能力[8]。张翠珍与王应锉等研究表明硅提高了水稻对稻瘟病、褐斑病、叶鞘腐败病和螟虫等侵入的抵抗力[9,10]。蔡德龙认为，硅肥能防治硫化氢、甲烷等对作物根系的为害，有防止水稻烂根的作用[11]。Kim 等研究发现，硅可以诱导水稻减轻对重金属的毒害作用[12]。Massey 发现施用硅肥使禾本科杂草的叶片粗糙度提高、阻碍食叶昆虫取食、发育历期延长、食物同化率降低[13]。并且通过使用不同的硅类化合物，可以诱导植物对病原物的抗性和显著降低病虫害的为害程度。Dutra 等发现，应用硅酸钙可以显著降低蚕豆、西红柿及咖啡根部多种根结线虫（*Meloidogyne* spp.）的根结数量和卵量[14]。

目前，主要对硅诱导水稻抗病虫害的两种作用机制研究得比较透彻：第一，由于水稻吸收硅后，硅素沉积于水稻表皮细胞，使之硅质化，则水稻叶片及叶鞘的表皮细胞上形成角质—双硅层，一层在表皮细胞壁与角质层之间，一层在表皮细胞壁内与纤维素相结合。这种构成的"硅－角质"双层结构有利于降低蒸腾作用，增强水稻的抗旱、抗热能力[8]，还可以增加茎秆强度、增强水稻的抗倒伏能力[7]，同时可以作为物理屏障阻碍病原物的侵染[15,16]，增强水稻对病原物的抗性。第二，硅可以诱导植物产生酚类等植物防卫激素（phytoalexins），提高过氧化物酶（peroxidase）、多酚氧化酶（polyphenol oxidase）及苯丙氨酸解氨酶（phenylalanine ammonialyase）活性，激发一些病程相关基因（pathogenesis re-

---

　* 基金项目：国家科技支撑计划（2012BAD19B06）；国家自然科学基金（31272022）；公益性行业（农业）科研专项（201103018）课题

　** 通讯作者：黄文坤，博士，副研究员，主要从事植物线虫病害致病机理及控制技术研究；E-mail：wkhuang2002@163.com

lated gene）的表达等[17]，从而诱导植物对线虫及其他病害的抗性。

关键词：诱导抗病性；病害；反应

参考文献

[1] 张元恩．植物诱导抗病性研究进展［J］．生物防治通报，1987，3（2）：88－90．

[2] Vallad GE, Goodman RM. Systemic acquired resistance and induced systemic resistance in conventional agriculture. Crop Sci, 2004, 44: 1 920－1 934.

[3] Cacique IS, Domiciano GP, Rodrigues FA; Francisco XRV. Silicon and manganese on rice resistance to blast. Bragantia, Campinas, v. 71, n. 2, pp. 239－244, 2012.

[4] Lian S. Fertilization of rice［J］. In The Fertility of Paddy Soil and Fertilizer Applications for Rice. Taipei: Food Fertil Technol Cent Asian Pac Reg, 1976, 197－220.

[5] 张玉龙，王喜艳，刘鸣达．植物硅素营养与土壤硅素肥力研究现状和展望［J］．土壤通报，2004，06：785－788．

[6] Tripathi, DK, Singh, VP, Gangwar, S, Prasad, SM, Maurya, JN and Chauhan, DK. Role of silicon in enrichment of plant nutrients and protection from biotic and abiotic stresses. In Improvement of crops in the era of climatic changes, Ahmad, P, Wani, MR, Azooz, MM, and Tran, LSP, eds. (Springer, New York, USA). 2014: pp. 39－56.

[7] 邓接楼，付国良，晏燕花．硅肥对水稻茎秆 SiO2 含量与抗折力的影响［J］．安徽农业科学，2011，39（5）：2 696－2 698．

[8] Agarie S., Uchida H., Agata W., Kubota F. Effects of silicon on transpiration and leaf conductance in rice Plants（*Oryza sativa* L.）. Plant production science, 1998, 1（2）：89－95.

[9] 张翠珍，邵长泉，孟凯，等．小麦吸硅特点及效果的研究［J］．山东农业科学，1998（4）：29－31．

[10] 王应锉，减惠林．早稻和单季晚稻施用硅肥与窑灰钾肥的效应研究［J］．土壤肥料，1987（5）：17－19．

[11] 蔡德龙．中国硅素研究与硅肥应用〔M〕．郑州：黄河水利出版社，2000：40－200．

[12] Kim, YH, Khan, AL, Kim, DH, Lee, SY, Kim, KM, Waqas, M, Jung, HY, Shin, JH, Kim, JG and Lee, IJ. Silicon mitigates heavy metal stress by regulating P-type heavy metal ATPases, Oryza sativa low silicon genes, and endogenous phytohormones. BMC plant biology, 2014: 14: doi: 10.1186/1471－2229－14－13.

[13] Massey F. P, Ennos A. R., Hartley S. E. Silica in grasses as a defence against insect herbivores: contrasting effects on folivores and a phloem feeder. Journal of Animal Ecology, 2006, 75: 595－603.

[14] Dutra MR, Garcia ALA, Paiva BRTL, Rocha FS, Campos VP. Efeito do Silício aplicado na semeadura do feijoeiro no controle de nematoide de galha. Fitopatol. Bras. 2004, 29: 172.

[15] Ma J. F., Yamaji N. 2006. Silicon uptake and accumulationin higher plants. Trends in plant science, 11: 392－397.

[16] Kim S. G., Kim K. W., Park E. W., Choi D. Silicon induced cell wall fortifycation of riceleavesra possible cellular mechanism of enhanced host resistance to blast［J］. Phytopathology, 2002, 92: 1 095－1 103.

[17] Liang YC, Sun WC, Si J, Römheld V. Effects of foliar-and root-applied silicon on the enhancement of induced resistance to powdery mildew in Cucumis sativus. Plant Pathology, 2005, 54, 678－685.

Small RNA – 植物与病原互作的新媒介[*]

乔　芬[**]　彭德良[***]

（中国农业科学院植物保护研究所，植物病虫害生物学国家重点实验室，北京　100193）

非编码 small RNA 有两类：siRNA 和 miRNA，是由核酸内切酶 DICER 和 DICER-Like（DCL）切割产生的。通常 miRNA 为 20～22nt，来源于具有发卡结构的单链 RNA（ssRNA）前体，而 siRNA 由双链 RNA（dsRNA）前体切割产生，种类和生物形成途径较 miRNA 更丰富。产生的 Small RNA 与 AGO 蛋白结合，在转录水平和转录后水平沉默靶标互补序列。在拟南芥中具有 4 个 DCLs，10 个 AGOs（Bartel，2009；Weiberg *et al.*，2014）。

1　非编码 small RNA 可以调控宿主植物的抗性

拟南芥中的 miR393，能够被 flg22 诱导，抑制靶标基因，生长素受体 TIR1 及其同源序列的表达，从而抑制生长素信号途径（Navarro *et al.* 2006）。丁香假单胞菌（*Pseudomonas syringae* pv *tomato*）诱导 AGO2 上调表达，AGO2 与 miR393b * 结合促进 PR1 合成（Zhang *et al.*，2011）。因此，非编码 small RNA 参与了植物的 PTI 调控，在植物 ETI 中非编码 small RNA 也具有超级调控子的作用（Yang and Huang，2014）。典型的 *R* 基因具有 nucleotide-binding site（NBS）-leucine-rich repeat（LRR）基因结构，是 small RNA 产生的热点区域，例如，miR6019、miR482、miR6020 能够控制 NBS-LRR 类的 *R* 基因在无病原物存在的情况下，处于低表达水平，从而避免 *R* 基因持续表达对植物自身带来伤害。而当遇到病毒及细菌病害的侵染时，抑制作用解除从而促进抗病基因上调表达（Zhai *et al.*，2011）。有报道称植物内源 small RNA 在真菌侵染过程中，也参与了抗病反应的调控。水稻抗感品种在稻瘟菌侵染过程中，small RNA 的表达情况存在差异，例如 miR160 和 miR164 在抗病品种中上调表达，miR396 下调表达，但在感病品种中没有这种表达差异。另有一些 small RNA 在抗感品种中表达谱一致，表明其参与了基本反应的调控（Li *et al.*，2014）。small RNA 在植物病原线虫侵染过程中也具有调控作用，针对大豆孢囊线虫抗感两个品种，在接种和未接种线虫的情况下构建 4 个 small RNA 数据库，通过深度测序分析表明在差异表达的 miRNA 中，在线虫侵染后大部分下调表达，只有 6 个上调表达，表明下调表达 miRNA 对大豆孢囊线虫的侵染具有重要作用。其中，miR171c 和 miR319 在抗感品种中均显著诱导表达，miR390b 在抗病品种中诱导表达，而 miR862，miR5372 及 4 个 miR169 成员在感病品种中诱导表达。另外发现 21 个新的 miRNA 在 4 个库中的表达不同

* 基金项目：国家自然科学基金项目（31171827）和 973 课题（2013CB127502）资助

** 第一作者：乔芬，博士研究生，主要从事植物线虫分子生物学研究；E-mail：qiaofen121@163.com

*** 通讯作者：彭德良，研究员，主要从事植物线虫研究；E-mail：pengdeliang@caas.cn

（Zhang *et al.* ，2012）。在根结线虫研究中发现，miR319 与其靶标基因 TCP4 负相关，miR319/TCP4 能够影响茉莉酸合成基因的表达，影响叶片中茉莉酸的含量，调控植物对根结线虫的抗性（Zhao *et al.* 2015）。

植物内源 small RNA 在调控自身免疫反应相应病原物包括病毒、细菌、真菌和线虫侵染过程中具有清楚明确的作用（Weiberg and Jin，2015；Weiberg *et al.* ，2014）。

2 非编码 Small RNA 可以调控病原物的毒性

针对病原的 small RNA 研究相对较少，在细菌中非编码 sRNA 与抗性与发育相关。例如，非编码 RNAs sX12（67/nt）和 sX13（105nt）对黄单菌的致病性具有重要作用，去除这一位点能够降低病原物的致病性。sX12 和 sX13 还是 type III secretion system（T3SS）的关键调控因子（Schmidtke *et al.* 2013；Schmidtke *et al.* ，2012）。sRNA 结合蛋白 *hfq* 的突变也会降低病原物的毒性（Wilms *et al.* ，2012）。在真菌研究中，通过测序技术及突变体研究证明真菌可以模拟植物内源 small RNA，并利用宿主植物的 RNAi 通路系统抑制其免疫反应以利于真菌的致病性（Weiberg *et al.* ，2013）。在植物病原线虫研究中，对松材线虫 small RNA 进行深度测序，PCR 方法获得 22 个已知 miRNA 前体和 35 个新的 miRNA 前体，并利用了实验方法证明了松材线虫中 miRNA 存在的真实性，其靶标位点与环境抗逆性、神经敏感性及运动相关（Huang *et al.* ，2010）。

3 Small RNA 及 RNAi 信号通路在物种间的交流和相互利用

Small RNA 可以在细胞之间及组织之间进行短距离及长距离的移动，同时部分 small RNA 在物种间具有保守性，并可以在物种间移动和发挥功能（Brosnan and Voinnet，2011；Knip *et al.* ，2014）。宿主介导的基因沉默（HIGS）是 small RNA 在物种间移动和发挥作用的有利证据，利用 HIGS 沉默细胞色素 P450 可以提高对禾谷镰刀菌的抗性（Kocha *et al.* ，2013）。拟南芥中沉默 RNAi 信号通路相关基因，可以减低对甜菜孢囊线虫的感病性，推测认为线虫利用宿主的 RNAi 系统调控宿主的抗病性，以达到完成侵染的过程（Hewezi *et al.* ，2008）。在动物寄生线虫和真菌中也有相关报道病原微生物利用 small RNA 抑制宿主的免疫机制（Buck *et al.* ，2014；Weiberg *et al.* ，2013）。

参考文献

［1］Bartel DP. MicroRNAs：Target Recognition and Regulatory Functions. Cell，2009，136：215 – 233.

［2］Brosnan CA，Voinnet O. Cell-to-cell and long-distance siRNA movement in plants：mechanisms and biological implications. Curr Opin Plant Biol，2011，14：580 – 587.

［3］Buck AH，Coakley G，Simbari F，McSorley HJ，Quintana JF，Le Bihan T，Kumar S，Abreu-Goodger C，Lear M，Harcus Y，Ceroni A，Babayan SA，Blaxter M，Ivens A，Maizels RM. Exosomes secreted by nematode parasites transfer small RNAs to mammalian cells and modulate innate immunity. Nature communications，2014，5：5 488.

［4］Hewezi T，Howe P，Maier TR，Baum TJ. Arabidopsis Small RNAs and Their Targets During Cyst Nematode Parasitism MPMI，2008，21：1 622 – 1 634.

［5］Huang Q-X，Cheng X-Y，Mao Z-C，Wang Y-S，Zhao L-L，Yan X，Ferris VR，Xu R-M，Xie B-Y. MicroRNA，2010.

[6] Discovery and Analysis of Pinewood Nematode Bursaphelenchus xylophilus by Deep Sequencing. PLoS ONE 5: e13271. Knip M, Constantin ME, Thordal-Christensen H. Trans-kingdom Cross-Talk: Small RNAs on the Move. PLoS Genet, 2014, 10: e1004602.

[7] Kocha A, Kumara N, Weberb L, Kellerc H, Imania J, Kogela K-H. SM_ Host-induced gene silencing of cytochrome P450 lanosterol C14α-demethylase-encoding genes confers strong resistance to Fusarium species. PNAS, 2013: 110.

[8] Li Y, Lu YG, Shi Y, Wu L, Xu YJ, Huang F, Guo XY, Zhang Y, Fan J, Zhao JQ, Zhang HY, Xu PZ, Zhou JM, Wu XJ, Wang PR, Wang WM. Multiple rice microRNAs are involved in immunity against the blast fungus Magnaporthe oryzae. Plant Physiol, 2014, 164: 1 077 – 1 092.

[9] Navarro L, Dunoyer P, Jay F, Arnold B, Dharmasiri N, Estelle M, Voinnet O, Jones JDG. A Plant miRNA Contributes to Antibacterial Resistance by Repressing Auxin Signaling. Science, 2006, 312: 436 – 439.

[10] Schmidtke C, Abendroth U, Brock J, Serrania J, Becker A, Bonas U. Small RNA sX13: a multifaceted regulator of virulence in the plant pathogen Xanthomonas. PLoS Pathog, 2013, 9: e1003626.

[11] Schmidtke C, Findeiss S, Sharma CM, Kuhfuss J, Hoffmann S, Vogel J, Stadler PF, Bonas U. Genome-wide transcriptome analysis of the plant pathogen Xanthomonas identifies sRNAs with putative virulence functions. Nucleic Acids Res, 2012, 40: 2 020 – 2 031.

[12] Weiberg A, Jin H. Small RNAs-the secret agents in the plant-pathogen interactions. Current opinion in plant biology, 2015, 26: 87 – 94.

[13] Weiberg A, Wang M, Bellinger M, Jin H. Small RNAs: a new paradigm in plant-microbe interactions. Annual review of phytopathology, 2014, 52: 495 – 516.

[14] Weiberg A, Wang M, Lin FM, Zhao H, Zhang Z, Kaloshian I, Huang HD, Jin H. Fungal Small RNAs Suppress Plant Immunity by Hijacking Host RNA Interference Pathways. Science, 2013, 342: 118 – 123.

[15] Wilms I, Moller P, Stock AM, Gurski R, Lai EM, Narberhaus F. Hfq influences multiple transport systems and virulence in the plant pathogen Agrobacterium tumefaciens. Journal of bacteriology, 2012, 194: 5 209 – 5 217.

[16] Yang L, Huang H. Roles of small RNAs in plant disease resistance. Journal of integrative plant biology, 2014, 56: 962 – 970.

[17] Zhai J, Jeong DH, De Paoli E, Park S, Rosen BD, Li Y, Gonzalez AJ, Yan Z, Kitto SL, Grusak MA, Jackson SA, Stacey G, Cook DR, Green PJ, Sherrier DJ, Meyers BC. MicroRNAs as master regulators of the plant NB-LRR defense gene family via the production of phased, trans-acting siRNAs. Genes Dev, 2011, 25: 2 540 – 2 553.

[18] Zhang B, Li X, Wang X, Zhang S, Liu D, Duan Y, Dong W. Identification of Soybean MicroRNAs Involved in Soybean Cyst Nematode Infection by Deep Sequencing. PLoS ONE, 2012, 7: e39650.

[19] Zhang X, Zhao H, Gao S, Wang WC, Katiyar-Agarwal S, Huang HD, Raikhel N, Jin H. Arabidopsis Argonaute 2 regulates innate immunity via miRNA393 (＊) -mediated silencing of a Golgi-localized SNARE gene, MEMB12. Molecular cell, 2011, 42: 356 – 366.

[20] Zhao W, Li Z, Fan J, Hu C, Yang R, Qi X, Chen H, Zhao F, Wang S. Identification of jasmonic acid-associated microRNAs and characterization of the regulatory roles of the miR319/TCP4 module under root-knot nematode stress in tomato. J Exp Bot, 2015, 66: 4 653 – 4 667.

青海马铃薯晚疫病流行动态监测及预警技术应用研究

马永强　　郭青云

（青海省农林科学院，农业部西宁作物有害生物科学观测实验站，
青海省农业有害生物综合治理重点实验室，西宁　810016）

摘　要：由致病疫霉引起的马铃薯晚疫病是一种流行性、暴发性和灾害性极强的真菌性病害，一般年份可减产 10%～20%，大发生年份可达 50%～70%，甚至绝收。据估计，我国每年因晚疫病造成的损失高达 80 亿元，因此，对马铃薯晚疫病的有效监测和防控成为马铃薯生产的当务之急。为了保证青海省马铃薯产业的持续健康发展，2014 年在青海省马铃薯主产区湟中县大源乡、乐都县中岭乡、民和县峡门镇、湟源县申中乡、互助县台子乡建立了长期定位监测点，重点监测马铃薯晚疫病的发生特点。通过收集各个监测点的温度和湿度，应用比利时预测预警系统，对晚疫病流行趋势进行预测，确定最佳药剂使用适期，提高了农药使用的安全性、经济性和科学性，为生产上有效指导马铃薯晚疫病防治提供科学依据。

关键词：马铃薯晚疫病；动态监测；预警技术应用

农业害虫

国内稻水象甲的研究现状

朱晓敏[1]　骆家玉[2]　田志来[1]

(1. 吉林省农业科学院植物保护研究所，农业部东北作物有害生物综合治理重点实验室，公主岭　136100；2. 安徽省国营沙河集林业总场白米山林场，滁州　239060)

摘　要：稻水象甲（*Lissorhoptrus oryzophilus* Kuschel）又名稻水象、稻根象和稻象甲等。属鞘翅目（Coleoptera），象虫科（Curculionidae），沼泽象亚科（Erirhininae），稻水象属（*Lissorhoptrus*），主要为害水稻等禾本科农作物，是一种世界性检疫害虫。我国从20世纪80年代开始开展稻水象甲的研究工作，对稻水象甲的行为学、生态学、生理生化及发生、防治方面进行了大量研究，解决了许多关键问题：

发生与分布：20世纪70年代初，发现孤雌生殖型稻水象甲已传入亚洲。1988年稻水象甲在我国河北省唐海县首次发现，此后稻水象甲的研究工作在我国陆续展开，根据资料和文献记载，到2013年止，在国内稻水象甲已扩延到北部黑龙江、辽宁、吉林、内蒙古、北京、天津、河北、山东；南部浙江、安徽、福建、台湾、江西、湖南、湖北、山西、陕西；西部云南、贵州、新疆、四川等多个省市。此外据文献报道江苏、广东、广西也有此虫的分布。目前形式来看，稻水象甲还不断的继续蔓延，对作物为害十分严重，发生面积也逐渐增多。

预测预报技术：国内学者利用越冬基数数量、本田成虫数量、卵的数量动态等因子对稻水象甲发生期及发生量进行预测，但对发生量的预测相对较困难，预测结果只能用于短期决策。还有国内学者根据成虫发生期和发生量预测发生面积，并结合当地栽培制度、品种布局和苗情、长势及气象因素（温度）综合分析做出预报。随着时代的发展，预测预报技术也进入了电子信息化，在国内也有人利用数据分析对稻水象甲在全国内扩散入侵进行预测分析。

种群分布空间格局：有学者研究表明，在稻水象甲迁入水稻移栽田时，无论稻水象甲成虫、幼虫还是卵均呈聚集分布。目前，对于稻水象甲种群分布空间格局及田间抽样技术实践研究中，采用了新的模拟分析法，又结合当前的现代技术，同时也对理论抽样数及序贯抽样技术等进行规范，进而调查稻水象甲的种群密度及为害程度，为该虫的监测、预报和防控提供理论及实践依据。

为害损失及防治指标：国外学者对稻水象甲为害损失研究较多，美国学者研究表明：稻水象甲发生一般田块减产为28.8%，严重地块减产为37.9%；日本报道为15% ~ 22%；韩国报道为4% ~ 22%。国内稻水象甲发生田块，一般减产10% ~ 20%，受灾严重田块减产50% ~ 60%。我国学者刘雅坤研究表明：稻水象甲每1m² 增加一头成虫，产量损失增加0.91%，可见稻水象甲严重影响我国水稻的产量。

关于稻水象甲的防治指标方面，国内学者做了大量卓有成效的工作，但还缺乏系统性、连贯性。防治指标应结合当地的耕作栽培条件、气象条件等因素因地制宜确定动态防治指标。因此，需要更科学更合理规范稻水象甲的防治指标，为稻水象甲大面积田间防治提供了理论依据。

防治方法与展望：目前，稻水象甲仍然是我国对外重要性检疫害虫，针对稻水象甲的综合防治措施主要有农业防治、化学防治、生物防治和物理防治四种防治方法。但随着稻水象甲疫情的逐渐扩散蔓延，全国已有 20 多个省区有稻水象甲发生，严重威胁我国水稻产量。由于稻水象甲大面积传播与扩延，新疫情的不断出现，对其综合防控仍是一项艰巨而漫长的任务。加强植物检疫，防止稻水象甲进一步人为扩散、传播，进一步建立和完善稻水象甲的监测预警技术，深入、系统地开展稻水象甲入侵生物学、生态学和综合防控技术研究尤为迫切与重要。

关键词：入侵害虫；稻水象甲；预测预报；防治

基于 Android 的水稻害虫诊断系统[*]

张谷丰[1**]　罗　岗[2]　孙雪梅[2]　易红娟[2]

(1. 江苏省农业科学院植物保护研究所，南京　210014；

2. 江苏省通州区农委，通州　226300)

摘　要：为了让农业智能诊断系统更加便捷、高效地为用户服务，本文提出并开发了一种基于 Android 系统的水稻害虫诊断系统。系统结构包括服务器端和手机客户端，服务器端采用了开放式的设计，授权用户可对水稻害虫资料进行修改、更新；手机客户端可根据水稻害虫体型大小、为害部位、为害症状、为害特性等进行初步分类，再结合害虫文字描述、对照图片等进行实时诊断，使用简单，携带方便，同时，由于 Android 智能手机价格低廉、用户广泛，推广应用前景广阔。

关键词：水稻害虫；诊断系统；Android

* 基金项目：科技基础性工作专项（2013FY113200）；江苏省创新项目 CX（12）1003–10

** 通讯作者：张谷丰，男，研究员，从事农业昆虫与害虫防治研究；E-mail：tzzbzzgf@ hotmail. com

转 *Cry1Ca* 基因水稻不会扰乱二化螟绒茧蜂寄主搜索行为

刘清松　李云河*　彭于发*

（中国农业科学院植物保护研究所，植物病虫害生物学国家重点实验室，北京 100193）

摘　要：田间调查数据显示靶标害虫寄生蜂种群数量在包括 *Bt* 水稻在内的 *Bt* 作物田低于其在对照非转基因作物田数量。本研究以转 *Cry1Ca* 基因水稻（T1C-19）及其对应非转基因亲本水稻明恢63（MH63）为受试植物，二化螟及其幼虫寄生蜂二化螟绒茧蜂为受试昆虫，以水稻—二化螟—二化螟绒茧蜂三级营养为受试系统，通过 Y 型嗅觉仪行为学试验及水稻挥发物的 GC-MS 分析试验，研究了 *Bt* 水稻对二化螟绒茧蜂寄主搜索行为影响。结果显示：二化螟绒茧蜂对处于分蘖期健康的 TIC-19 水稻和对照 MH63 水稻具有相似趋性；无论是转基因水稻还是非转基因水稻，与健康水稻相比，二化螟绒茧蜂更趋于 3 龄二化螟为害的水稻，但绒茧蜂并不能区分虫害后的 *Bt* 水稻和对照水稻；对相应时期健康及虫害水稻挥发物的 GC-MS 分析表明，健康的两种水稻释放的挥发物无论在种类上还是在数量上均不存在显著性差异；而虫害后两种水稻均释放一些新的化合物，一些化合物及挥发物总含量显著高于健康水稻，且虫害后的水稻挥发物在种类和数量上也没有显著性差异。以上结果表明：信息化合物介导的转基因水稻和二化螟绒茧蜂之间的关系不会因水稻转 *Cry1Ca* 基因而受到影响。我们推测 *Bt* 作物田靶标害虫种群数量低是由于 *Bt* 作物田害虫为害量及挥发物诱导量远低于对照非转基因作物田。

关键词：转基因作物；植物挥发物；非靶标影响；三级营养相互作用；T1C-19

---

* 通讯作者：李云河；E-mail：yunheli2012@126.com，yfpeng@ippcaas.com

螟蛉盘绒茧蜂寄生对稻纵卷叶螟生长发育的影响 *

陈　媛[1]** 刘映红[1]*** 吕仲贤[2]

(1. 西南大学植物保护学院，重庆市昆虫学及害虫控制工程重点实验室，
重庆　400716；2. 浙江省农业科学院植物保护与微生物研究所，杭州　310021)

摘　要：螟蛉盘绒茧蜂［*Cotesia ruficrus*（Haliday）］是稻田生境中重要的寄生性天敌之一，对稻螟蛉（*Naranga aenesc*）、二化螟［*Chilo suppressalis*（Walker）］和稻纵卷叶螟［*Cnaphalocrocis medinalis*（Guenée）］的田间种群有较好的控制作用。本文研究螟蛉盘绒茧蜂寄生对稻纵卷叶螟幼虫发育历期、体重增长的影响。结果表明：稻纵卷叶螟 2 龄末 3 龄幼虫被螟蛉盘绒茧蜂寄生后，与对照健康幼虫相比，寄主幼虫 3 龄历期无明显变化，4 龄历期显著延长，发育速率明显减慢；被寄生寄主幼虫无法蜕皮进入 5 龄时期，螟蛉盘绒茧蜂幼虫总是在寄主 4 龄钻出，而正常未寄生稻纵卷叶螟幼虫则正常发育至 5 龄末后，正常化蛹。

螟蛉盘绒茧蜂寄生后寄主体重均随着处理后时间延长而逐渐增加，但寄生后寄主体重均低于对照。寄生后 1~5 天，与对照相比，寄主体重减缓率均较低，第 1 天体重减缓率为 3.94%，第 2~4 天体重减缓率均为 6% 左右，而在寄生后 6~8 天，寄主体重减缓率明显增加，分别为 10.57%、16.28% 和 22.87%，在寄生后第 8 天体重减缓率最高。本研究有助于了解螟蛉盘绒茧蜂与寄主稻纵卷叶螟之间的相互调控关系，并为定量评估其控害潜能及大量饲养寄生蜂提供理论依据。

关键词：螟蛉盘绒茧蜂；稻纵卷叶螟；发育历期；体重

---

* 基金项目：国家现代农业产业技术体系（CARS – 01 – 17）

** 第一作者：陈媛，女，硕士研究生，研究方向为昆虫生态学及害虫综合治理；E-mail：yuanzi775@qq. com

*** 通讯作者：刘映红，研究员；E-mail：yhliu@ swu. edu. cn

稻纵卷叶螟红腹姬蜂触角感器的扫描电镜观察[*]

刘小改[1,2][**]　刘映红[1][***]　吕仲贤

（1. 西南大学植物保护学院，重庆市昆虫学及害虫控制工程重点实验室，重庆　400715；
2. 浙江省农业科学院植物保护与微生物研究所，杭州　310021）

摘　要： 稻纵卷叶螟红腹姬蜂 *Eribourus vulgaris*（Morley）是稻纵卷叶螟 *Cnaphalocrocis medinalis* Guenée、稻显纹纵卷叶螟 *Susumia exigua* Butler 等水稻害虫的重要寄生蜂。触角是昆虫的重要感觉器官，着生着不同类型的感器，在觅食、求偶、产卵、栖息、防御等活动中均起着重要作用。本研究采用扫描电镜对稻纵卷叶螟红腹姬蜂成虫触角的外部形态进行观察，研究了其触角感器的种类、数量和分布，为探究触角嗅觉和识别机制提供依据。结果表明，稻纵卷叶螟红腹姬蜂触角属于鞭状触角，由柄节、梗节、鞭节组成，鞭节共 32～34 亚节，雌蜂触角长于雄蜂触角。红腹姬蜂触角感器有 5 种类型，分为毛形感觉器（Ⅰ、Ⅱ）、刺形感觉器、板形感觉器、腔锥形乳突状感觉器和 Böhm 氏鬃毛。毛形感觉器（Ⅰ、Ⅱ）、刺形感觉器、腔锥形乳突状感觉器和板形感觉器主要分布在鞭节各个亚节。Böhm 氏鬃毛分布在梗节和柄节的基部。雌、雄蜂触角感觉器的数量和密度存在明显差异。雄蜂各类感觉器的数量和密度明显高于雌蜂。

关键词： 稻纵卷叶螟红腹姬蜂；触角感觉器；扫描电镜

---

　* 基金项目：国家现代农业产业技术体系（CARS – 01 – 17）

　** 第一作者：刘小改，女，硕士研究生，研究方向为昆虫生态与害虫综合治理；E-mail：xiaogai_liu@ 163. com

　*** 通讯作者：刘映红，男，研究员；E-mail：yhliu@ swu. edu. cn

鄂东南地区水稻螟虫越冬生物学调查[*]

吕 亮[**] 张 舒 常向前 杨小林 袁 斌

（湖北省农业科学院植保土肥研究所/农业部华中作物有害
生物综合治理实验室，武汉 430064）

摘 要：鄂东南地区是著名的"渔米之乡"，属低山丘陵地区。近些年，随着劳动力转移、轻简栽培措施的推广及种植制度的改变，该地区水稻螟虫的发生亦出现较为明显的变化。为明确鄂东南地区水稻螟虫的发生现状，本文于 2013—2014 年 11 月上旬连续两年在武穴市、蕲春县、大冶市和崇阳县四地通过剥取稻茬进行了水稻螟虫的越冬调查。结果表明：四地越冬螟虫种类主要为二化螟（*Chilo suppressalis*）、大螟（*Sesamia inferens*）和三化螟（*Tryporyza incertulas*），其中，均以二化螟为优势种群，武穴、蕲春、大冶和崇阳四地二化螟越冬比例分别为 73.25%、70.66%、80.63% 和 78.06%，武穴、蕲春、大冶和崇阳四地大螟的越冬比例分别为 17.39%、15.21%、17.20% 和 14.38%；对二化螟的越冬虫龄调查结果表明，武穴、蕲春、大冶和崇阳均以较高比例的 3 龄以上老熟幼虫越冬，所占比例分别为 89.33%、82.06%、87.15% 和 79.69%。另外，对二化螟越冬部位及头部朝向情况的调查结果表明，武穴、蕲春、大冶和崇阳四地越冬二化螟处于稻茬离根 5cm 以下部位的比例分别为 39.72%、48.33%、30.25%、55.29%，处于离根 5~10cm 部位的比例分别为 43.65%、38.70%、44.67%、30.82%，处于离根 10cm 以上部位的比例分别为 16.63%、12.97%、15.08%、13.89%；武穴、蕲春、大冶和崇阳越冬二化螟头部朝上的比例分别为 81.62%、79.69%、84.55% 和 85.31%，头部朝下的比例分别为 18.38%、20.31%、15.45%、14.69%。

综上说明，鄂东南四地水稻螟虫越冬以二化螟为优势种群，所占比例较高，大螟亦有一定的比例越冬，三化螟已渐渐少见了。四地二化螟均以为 3 龄以上老熟幼虫位于稻茬离根 10cm 以下部位越冬，且大多数头部朝上，以利于向外迁移，寻找适合越冬场所。本文还就种植制度的改变分析探讨了鄂东南地区水稻螟虫的发生现状及可行的农业防控措施。

关键词：越冬；水稻螟虫；调查

---

* 基金项目：国家公益性行业（农业）科研专项"南方多食主秆螟虫区域综合治理技术研究与示范"（201303017）

** 第一作者：吕亮，男，副研究员，农业害虫防治研究方向；E-mail：lvlianghbaas@126.com

褐飞虱类酵母共生菌 ProFAR-I 基因的克隆与表达模式研究[*]

唐耀华[1,2][**]　　袁三跃[1,3]　　王鑫鑫[1,3]　　万品俊[1]　　俞晓平[2][***]　　傅　强[1][***]

(1. 中国水稻研究所，杭州　310006；2. 中国计量学院生命科学学院，杭州　310018；3. 南京农业大学，南京　210095)

摘　要：组氨酸是褐飞虱［*Nilaparvata lugens*（Stål）］的必需氨基酸，自身不能合成，必须从食物中摄取或由体内共生菌合成。褐飞虱基因组中缺失组氨酸合成的所有基因，而其体内类酵母共生菌（YLSs）基因组中存在相关基因。为探明类酵母共生菌在组氨酸合成中作用及其对褐飞虱生长发育及存活的影响，本文通过同源搜索在 YLS 基因组中发现一个组氨酸合成基因磷酸核糖亚氨甲基-5-氨基咪唑-甲酰胺核糖核苷酸异构酶基因（*NlylsProFAR-I*），并通过 RACE 得到其全长 cDNA。*NlylsProFAR-I* 基因编码的蛋白催化组氨酸合成第四步反应，全长为 877bp，其中，813bp 为编码区，5′- 和 3′-非编码区长度分别为 31bp、36bp。*NlylsProFAR-I* 预测编码 271 个氨基酸残基，分子量为 65.53kDa。同源性和进化分析表明，*NlylsProFAR-I* 与其他物种 *ProFAR-I* 序列的相似性达到 50% ~ 83%，其中，与绿僵菌（*Metarhizium guizhouense*）*ProFAR-I* 的相似性最高。qPCR 结果表明 *NlylsProFAR-I* 在褐飞虱脂肪体和卵巢中的表达量最高，显著高于其在头、翅、足、中肠和表皮中的表达量，这与 YLS 主要分布于褐飞虱脂肪体和卵巢而极少分布于其他部位的现象较一致。进一步注射 ds*NlylsProFAR-I* 至褐飞虱若虫中，处理 4 天后，*NlylsProFAR-I* 的表达量显著下调了 40%，降低了褐飞虱若虫存活率，延长了若虫的生长发育历期。本实验结果为进一步研究 *NlylsProFAR-I* 基因功能调控及组氨酸合成代谢途径奠定了基础。

关键词：类酵母共生菌；褐飞虱；ProFAR-I；组氨酸合成

　* 基金项目：国家自然科学基金项目（NSFC31371939）

 ** 作者简介：唐耀华，男，硕士；E-mail：yaohuatj@126.com

*** 通讯作者：俞晓平，研究员；E-mail：yxp@cjlu.edu.cn

　　　　　　傅强，研究员；E-mail：fuqiang@caas.cn

稻飞虱种群从 Bt 稻田向非 Bt 稻田转移扩散的生态学机制

王兴云[1]* 李云河 彭于发[2]**

(中国农业科学院植物保护研究所，植物病虫害生物学国家重点实验室，北京 100193)

摘 要：稻飞虱种群从 Bt 稻田向非 Bt 稻田转移扩散的现象已被发现，但究其原因是由于 Bt 外源基因的插入导致了水稻营养或者化学物质的改变引起的，还是由于植物上昆虫间的互作效应减少引起的，目前研究较少，但植食性昆虫间的互作效应是化学生态学研究领域中的一个重要方面，植食性昆虫取食植物后，使受害植物释放一些在质和（或）量上与健康植株不同的挥发性化合物或次生代谢物，这些化合物会对昆虫自身、其他植食性昆虫等产生影响。本文基于以上两个假设展开研究，主要包括褐飞虱对 Bt 稻株和非 Bt 稻株的选择行为和二化螟为害诱导水稻对褐飞虱寄主选择行为、生长发育和种群动态的影响。结果发现，褐飞虱对 Bt 稻株和非 Bt 稻株的选择行为没有显著性差异。二化螟为害苗上的褐飞虱数量极显著地比健康苗上的褐飞虱数量，但褐飞虱为害株和健康株上的生长发育（体重、体长、发育历期等）没有显著性差异。田间罩笼实验采用转基因水稻华恢 1 号（转 *Cry*1*Ab*/1*Ac* 基因）和对照亲本明恢 63，发现褐飞虱在二化螟为害株明恢 63 上的种群数量较大，但是与健康株没有显著性差异。可见分析二化螟和褐飞虱的互作机制还要对二化螟为害诱导水稻产生的初级和次生代谢产物（挥发性和非挥发性）分别对飞虱寄主选择、生长发育和繁殖能力发挥重要调控作用的关键物质进行研究，从而揭示相关生理生化和分子机制。

关键词：水稻；褐飞虱；二化螟；互作

* 作者简介：王兴云，女，博士研究生，研究方向为转基因生物安全评价；E-mail：wangxingyun402@163.com

** 通讯作者：彭于发；E-mail：yfpeng@ippcaas.cn

褐飞虱 IR56 种群与 TN1 种群的营养物质含量比较*

郑　瑜** 万品俊 赖凤香 傅　强***

（中国水稻研究所，杭州　310006）

摘　要：褐飞虱 *Nilaparvata lugens*（Stål）是亚洲水稻的重要害虫之一，给水稻生产造成严重损失。在对褐飞虱的防治中，抗虫品种的推广是最为有效、安全的措施。但抗性品种易导致褐飞虱的致害性发生变化，使抗虫品种逐渐丧失了其原来的抗性，这给稻作生产带来很大损失。自 20 世纪褐飞虱先后对含 *Bph*1 抗虫基因及 *bph*2 抗虫基因的水稻品种致害性发生变化以来，近年来对含 *Bph*3 抗虫基因的水稻品种 IR56 的致害能力开始明显增强。本实验室通过在 IR56 上的连续 40 代以上的饲养培育出褐飞虱 IR56 种群，其对 IR56 表现为较强的致害力。本文从初羽化雌虫及羽化 48h 后雌虫体内的糖原、总脂肪、总蛋白含量方面，对该种群与感虫品种 TN1 上的褐飞虱 TN1 种群进行了比较。

结果表明：①总脂肪含量，TN1 种群、IR56 种群初羽化雌虫分别为（20.12 ± 0.98）% 和（18.86 ± 2.79）%，48h 后含量分别上升至（22.16 ± 1.78）% 和（19.03 ± 2.40）%，其中，TN1 种群的脂肪含量高于 IR56 种群，但无显著性差异。②蛋白质含量，初羽化 TN1 雌虫和 IR56 雌虫分别为（282.53 ± 52.36）μg/mg 和（255.82 ± 66.74）μg/mg，48h 后则分别为（242.53 ± 33.13）μg/mg 和（227.88 ± 42.23）μg/mg，48h 后的蛋白含量低于初羽化，且 TN1 种群的蛋白含量高于 IR56 种群，但两者之间无显著性差异。③糖原含量，TN1 种群与 IR56 种群初羽化雌虫分别为（1.01 ± 1.07）μg/mg 和（10.48 ± 0.99）μg/mg，48h 后分别为（2.25 ± 0.42）μg/mg 和（5.51 ± 0.53）μg/mg，48h 后的糖原含量低于初羽化，且 IR56 种群的糖原含量显著性高于 TN1 种群。由此推测，褐飞虱 IR56 种群与 TN1 种群致害力的差异可能与糖的摄取及其代谢相关。本研究结果为进一步研究褐飞虱种群致害性变异的分子机理提供了基础资料。

关键词：褐飞虱；IR56 种群；致害性；糖代谢

---

* 基金项目：农业现代产业技术体系（CARS-1-18）和中国农业科学院科技创新工程创新团队项目

** 第一作者：郑瑜，女，硕士研究生；E-mail：zhengyu711@163.com

*** 通讯作者：傅强，研究员；E-mail：fuqiang@caas.cn

褐飞虱甲硫氨酸合成酶基因 *NlylsMS* 的克隆及功能分析[*]

袁三跃[1,2**]　唐耀华[1,3]　万品俊[1]　李国清[***2]　傅　强[1***]

(1. 中国水稻研究所水稻生物学国家重点实验室，杭州　310006；

2. 南京农业大学植物保护学院农作物生物灾害综合治理教育部重点实验室，
南京　210095；3. 中国计量学院生命科学学院，杭州　310018)

摘　要：甲硫氨酸是生物体内一种重要的含硫氨基酸，可通过自身的合成分解间接调控细胞内生理生化过程，如细胞分裂、细胞壁和细胞膜形成等。就褐飞虱而言，甲硫氨酸是必需氨基酸，必须从食物中摄取或通过体内共生菌合成。本文通过同源预测从褐飞虱的类酵母共生菌基因组中得到一个甲硫氨酸合成酶（methionine synthase）基因 *NlylsMS*，该基因编码的蛋白可催化高半胱氨酸合成甲硫氨酸，是甲硫氨酸合成途径中的关键酶。*NlylsMS* 基因全长 2 211bp，预测编码 736 个氨基酸残基。序列比对表明，*NlylsMS* 与真菌的甲硫氨酸合酶高度相似（75% ~86%），其中与 *Ophiocordycepssinensis* 的 *MS* 一致性最高（89%）。qPCR 结果显示，*NlylsMS* 在褐飞虱卵巢中的表达量最高，其次是脂肪体，在头部的表达量最低。此外，*NlylsMS* 在褐飞虱各个发育阶段均表达，其中，在 3 龄若虫表达量最高。与对照组相比，取食 2 天 ds*NlylsMS*，*NlylsMS* 的表达量显著下降了 40%，若虫死亡率达到 80%，显著高于对照组（15%）。本研究结果为深入探明褐飞虱类酵母共生菌在甲硫氨酸合成中的功能提供了依据。

关键词：褐飞虱；共生菌；氨基酸；甲硫氨酸合成酶；RNAi

---

　* 基金项目：国家自然科学基金项目（NSFC31371939）

　** 第一作者：袁三跃，男，硕士研究生；E-mail：yuansanyue@163.com

*** 通讯作者：李国清，教授；E-mail：ligq@njau.edu.cn；傅强，研究员；E-mail：fuqiang@caas.cn

RNA 干扰糖运输蛋白基因对褐飞虱
生长和繁殖的影响*

戈林泉** 夏 婷 蒯 鹏 黄 博 丁 俊 王 恒 吴进才***

（扬州大学园艺与植物保护学院，扬州 225009）

摘 要：褐飞虱 Nilaparvata lugens（Stål）（Hemiptera：Delphacidae）糖运输蛋白基因 6（Nlst6）是一个促进葡萄糖/果糖运输的蛋白（通常称为被动载体）。褐飞虱 Nlst6 在中肠特异性表达，从褐飞虱中肠转运已糖类物质到血淋巴中。目前，有关下调糖转运蛋白基因表达对昆虫生长、发育、繁殖的影响仍未见报道。尽管如此，调节糖吸收的运输蛋白对取食韧皮部昆虫的生物而言是至关重要的，也是毫无疑问的。在这基础上，我们提出一个这样的假设，即沉默或下调一个褐飞虱糖运输蛋白基因的表达对褐飞虱将可能是有害的。为了验证我们的假设，我们研究了沉默褐飞虱 Nlst6 对褐飞虱生物学特性的影响。研究结果表明，下调 Nlst6 表达对褐飞虱产生了显著的影响。与对照组相比，显著延长了产卵前期，缩短了产卵期，降低了产卵数量和体重。敲除 Nlst6 也显著降低脂肪体和卵巢（特别是卵黄原蛋白）内的蛋白质含量，并且降低卵黄原蛋白基因的表达。与对照组相比，处理组的褐飞虱脂肪体内积累更少的葡萄糖。因此，我们推断 Nlst6 在褐飞虱的生长和繁殖方面起着重要的作用，也有可能成为控制韧皮部取食昆虫的一个新靶标基因。

关键词：褐飞虱；糖运输蛋白基因 6（Nlst6）；生殖参数；卵黄原蛋白基因（Nlvg）；葡萄糖

＊ 基金项目：国家自然科学基金（31201507）

＊＊ 第一作者：戈林泉，男，博士学位，副教授，从事昆虫分子生态与害虫综合治理研究；E-mail：lqge@ yzu. edu. cn；lqge1027@163. com

＊＊＊ 通讯作者：吴进才；E-mail：jincaiwu1952@ sina. com

褐飞虱 *Taiman* 基因的克隆及功能分析[*]

陈龙飞[1,2**]　万品俊[1]　王渭霞[1]　朱廷恒[2***]　傅强[1***]

(1. 中国水稻研究所，杭州　310006；2. 浙江工业大学生物
与环境工程学院，杭州　310014)

摘　要：褐飞虱的发育和变态由保幼激素（JH）和蜕皮激素（20E）协同调控。通过褐飞虱基因组和 RT-PCR，在褐飞虱中克隆得到 JH 通路中的 *Taiman*cDNA 序列并命名为 *NlTai*，其中，1299bp 为编码区，预测编码 432 个氨基酸残基。序列比对和结构域分析表明 *NlTai* 包含 bHLH、PAS-A 和 PAS-B 三个保守的结构域。qPCR 结果表明 *NlTai* 在 4 龄褐飞虱若虫中表达量最高，在 5 龄若虫和雌成虫中表达最低。与对照组相比，体外注射 *dsNlTai* 后 *NlTai* 的表达量显著性降低了 60%，其下游基因 *Kr-h*1 的表达量也下降了 70%。注射 *dsNlTai* 后的第 5 天，褐飞虱的存活率仅为 3%，显著性低于对照组存活率（95%）。生物测定结果表明注射 *dsNlTai* 后，5 龄若虫的发育历期延长至 4.1 天，比对照组略长（3.2 天），且两者差异显著。此外，注射 *dsNlTai* 的 5 龄若虫无法正常蜕皮，进一步导致不能羽化并死亡。上述结果表明，*NlTai* 可能参与褐飞虱的发育和变态过程。

关键词：保幼激素；RNAi；Taiman；发育；变态

---

　* 基金项目：现代农业产业技术体系（CARS-1-18）和中国农科院科技创新工程创新团队项目

　** 第一作者：陈龙飞，男，硕士研究生；E-mail：phoenix77626@126.com

　*** 通讯作者：朱廷恒，副教授，硕士生导师；E-mail：thzhu@zjut.edu.cn

　　　　傅强，研究员；E-mail：fuqiang@caas.cn

通过 RNA 干扰技术研究 *Ran* 在褐飞虱发育和繁殖中的作用*

李凯龙**　王渭霞　万品俊　赖凤香　傅　强***

（中国水稻研究所，杭州　310006）

摘　要：Ran 参与昆虫 20E 信号转导途径。在本文中，笔者克隆了一种为害严重的刺吸式害虫科褐飞虱体内的 *Ran* 基因并命名为 *NlRan*，NlRan 蛋白具有昆虫中 Ran 蛋白典型的保守结构。结果表明 *NlRan* 基因在褐飞虱发育的蜕皮过程中具有较高的表达丰度，此外 *NlRan* 基因在卵巢和脂肪体中的表达量较体壁、中肠和腿中的表达量高。通过对褐飞虱 3 龄、4 龄、5 龄若虫注射 *NlRan* 基因的 dsRNA、对照 dsGFP 及空白对照水，注射 3 天后检测到 *NlRan* 基因在注射了 ds*NlRan* 的褐飞虱体内的表达量较注射了 dsGFP 虫体内的表达量分别降低了 94.3%、98.4% 和 97.0%。同时我们发现 *NlFTZ-F*1 在处理后若虫中的表达水平较对照分别降低了 89.268% 和 23.782%，相反 *NlKr-h*1 的表达水平分别上调了 67.530 倍和 1.513 倍。*NlRan* 基因沉默后的若虫体重增重显著减少、处理若虫的下一龄期发育时间显著延长、若虫第 3 天死亡率大约为 40%，且死虫表现出以下两种缺陷表型：①虫体细长并有细腰而蜕皮失败；②虫体背板上的旧表皮已经裂开但整个旧表皮还未完全蜕下而蜕皮失败。所有若虫在第十天时全部死亡。当对 5 龄若虫注射 dsRNA 时，与对照相比，*NlRan* 和 *vitellogenin* 的表达量均显著下降，这就导致了处理褐飞虱的雌虫繁殖力、体重增重、蜜露分泌量均显著降低，卵巢解剖结果还发现处理褐飞虱的卵巢出现严重畸形从而无成熟卵形成。这些结果表明，*NlRan* 编码的功能蛋白 Ran 参与了褐飞虱的发育和繁殖过程，也为 *NlRan* 能作为以 dsRNA 为基础的飞虱防治中的一个可能靶标提供了证据。

关键词：褐飞虱；Ran；20E；蜕皮；繁殖；RNA 干扰

　* 基金项目：浙江省自然科学基金项目（LY15C140004）

　** 作者简介：李凯龙，男，博士；E-mail：lannuolkl@foxmail.com

　*** 通讯作者：傅强，研究员；E-mail：fuqiang@caas.cn

苗龄、光照强度和施氮量对抗褐飞虱水稻品种可溶性糖含量的影响[*]

吴碧球[1**]　黄所生[1]　李　成[1]　孙祖雄[2]　黄凤宽[1***]

凌　炎[1]　蒋显斌[3]　黄　芊[3]　龙丽萍[3]

(1. 广西农业科学院植物保护研究所，广西作物病虫害生物学重点实验室，
南宁　530007；2. 防城港市农业技术推广服务中心，防城港　538001；
3. 广西农业科学院水稻研究所，南宁　530007)

摘　要：褐飞虱 [*Nilaparvata lugens* (Stål)] 是亚洲国家水稻上的重要迁飞性害虫，该虫具有迁飞性、暴发性和毁灭性等特点，严重为害水稻生产。实践证明，栽培抗虫品种是防治该虫安全、经济有效的措施，但作物抗性表达易受环境因子的影响。已有研究表明，苗龄、光照强度、施氮量对水稻抗褐飞虱有影响，但其影响机制尚未见报道。

本研究采用均匀设计法研究苗龄、光照强度和施氮量3个因子对抗褐飞虱水稻品种可溶性糖含量的影响。每个因子设3个水平，经设计后共需进行6个处理的试验，分别为试验号1（8天苗龄、2层纱网遮光、30kg/亩）、试验号2（13天苗龄、不遮光、30kg/亩）、试验号3（18天苗龄、4层纱网遮光、15kg/亩）、试验号4（8天苗龄、不遮光、15kg/亩）、试验号5（13天苗龄、4层纱网遮光、不施N）、试验号6（18天苗龄、2层纱网遮光、不施N）。研究结果表明，苗龄、光照强度和施氮量对不同水稻品种可溶性糖含量有影响，但影响程度因品种而异。TN1在试验号5中可溶性糖含量最高，显著高于试验号1、3、4、6，在试验号3中含量最低，显著低于其余试验号；IR56和Ptb33在试验号6中可溶性糖含量最高，均显著高于其余试验号，在试验号1中含量均较低；RathuHeenati（RHT）在试验号2中可溶性糖含量最高，显著高于试验号1、2和5，而与试验号4和6差异不显著。

对不同水稻品种可溶性糖含量在不同试验号间的试验数据进行二项式逐步回归，得到不同水稻品种中可溶性糖含量与苗龄、光照强度、施氮量的回归关系式，通过对回归模型进行检验，检验达到显著或极显著水平的模型可以很好地描述苗龄、光照强度和施氮量对TN1、IR56、RHT和Ptb33中可溶性糖含量的影响。其中，光照强度和施氮量单独作用对

---

* 基金项目：国家自然科学基金项目（31160369）；"十二五"国家科技支撑计划项目（2012BAD19B03）；国家国际科技合作专项（2012DFA31220）；广西科技合作与交流计划项目（桂科合14125007－2－4）；广西农业科学院基本科研业务专项（桂农科2014YZ29）；广西作物病虫害生物学重点实验室基金（13－051－47－ST06）

** 第一作者：吴碧球，女，副研究员，主要从事农业昆虫生态学、水稻害虫综合防控、水稻抗虫性及机制研究；E-mail：bqwu@ gxaas. net

*** 通讯作者：黄凤宽，男，研究员，主要从事水稻害虫综合防控、水稻抗虫性及机制研究；E-mail：huangfengkuan@ gxaas. net

TN1 中可溶性糖含量的影响极显著，且两者的交互作用及苗龄和光照强度交互作用极显著影响 TN1 中可溶性糖含量；苗龄单独作用对 IR56 中可溶性糖含量的影响极显著，而苗龄与光照强度、苗龄与施氮量的交互作用极显著影响 IR56 中可溶性糖含量；苗龄、光照强度和施氮量单独对 RHT 中可溶性糖含量的影响极显著，而两两因素间的交互作用对 RHT 中可溶性糖含量的影响均不显著；苗龄、光照强度、施氮量单独作用及苗龄与施氮量交互作用对 Ptb33 中可溶性糖含量的影响极显著。

关键词：环境因子；褐飞虱；抗虫品种；可溶性糖

灰飞虱 NADPH-细胞色素 P450 还原酶基因克隆及抗性功能分析

张月亮* 刘宝生 张志春 王利华 姚 静 郭慧芳 方继朝

（江苏省农业科学院植物保护研究所，南京 210014）

摘 要： 细胞色素 P450 在昆虫对外源化合物解毒代谢过程中发挥着非常重要的作用，而 NADPH-细胞色素 P450 还原酶是细胞色素 P450 参与各种氧化还原反应的核心电子供体，灰飞虱（*Laodelphax striatellus*）是水稻上一种主要的农业害虫，其不仅刺吸为害还传播多种病毒病。研究发现灰飞虱对杀虫剂抗药性的产生是其种群暴发的一个重要因子，噻嗪酮是一种昆虫生长调节剂，长期以来其对稻飞虱若虫具有优异的防控效果，但近几年来田间监测表明不同地理种群灰飞虱已对噻嗪酮产生了不同程度的抗性。因此，对灰飞虱 NADPH-细胞色素 P450 还原酶基因克隆及抗性功能分析能为有效控防灰飞虱提供理论基础。本研究发现，200ng/μL 喂饲法在第五天能有效干扰灰飞虱若虫 NADPH-细胞色素 P450 还原酶基因表达量，且重复间稳定性较强。此剂量 RNAi 对灰飞虱致死效应不明显，但能显著降低灰飞虱的发育进度，且在此剂量干扰后，灰飞虱噻嗪酮抗性品系敏感下降倍数显著高于敏感品系。而在第 3、第 5 和第 7 天 50ng/μL 喂饲对 NADPH-Cytochrome P450 reductase 基因表达量抑制作用不明显，且出现一定的技术重复不稳定性。值得注意的是以 500 ng/μL 喂食显示在不同干扰时间表达量逆增长的趋势，此原因有可能是外在超负荷胁迫因子刺激昆虫应激免疫反应。

关键词： 灰飞虱；NADPH-细胞色素 P450 还原酶；RNAi；抗性功能分析

* 第一作者：张月亮，农学博士，副研究员，主要从事水稻害虫防空研究；E-mail：moonjaas@126.com

白背飞虱中肠酵母双杂交 cDNA 文库的构建和分析

郑立敏* 张德咏 张松柏 彭 静 刘 勇**

（湖南省植物保护研究所，长沙 410125）

摘 要：南方水稻黑条矮缩病毒（Southern rice black-streaked dwarf virus，SRBSDV）由白背飞虱（*Sogatella furcifera*）以持久增殖型方式进行传播。在病毒的侵染循回过程中，白背飞虱中肠上皮细胞是病毒的初侵染和增殖场所。为了研究 SRBSDV 和白背飞虱的互作关系，本研究构建了高带毒白背飞虱群体中肠的酵母双杂交 cDNA 文库。首先以高带毒白背飞虱群体中肠组织为实验材料，Trizol 法提取总 RNA，纯化其 mRNA，并将其反转录成cDNA，经过酶切连接到酵母表达载体 pGADT7，获得白背飞虱中肠 cDNA 文库。经过检测表明：构建的文库滴度为 1.5×10^6 cfu/mL，平均插入片段主要分布在 1.0～2.0kb。白背飞虱带毒群体中肠酵母双杂交 cDNA 文库的构建为开展 SRBSDV 和昆虫介体的互作研究奠定了基础。

关键词：南方水稻黑条矮缩病毒；白背飞虱中肠；酵母双杂交；cDNA 文库

———————————

* 第一作者：郑立敏，女，博士，助理研究员，研究方向：水稻病毒和介体昆虫的互作；E-mail：lmzheng66@126.com

** 通讯作者：刘勇，研究员，博士生导师，研究方向：植物病毒学；E-mail：haoasliu@163.com

吉林省中部地区水稻害虫发生情况调查研究

张 强 高月波 张云月 孙 嵬 周佳春

(吉林省农业科学院植物保护研究所，公主岭 136100)

摘 要：为了明确吉林省中部地区水稻在不同生长发育时期，水稻害虫发生的种类及种群变化规律，在吉林省中部水稻田针对水稻害虫开展了系统调查，结果如下：从 2014 年 5 月末水稻插秧开始，到 2014 年 10 月初水稻收获结束，在水稻的不同生育期内，水稻田害虫的种类及为害部位各有不同，在插秧期至分蘖期间，主要有潜叶蝇、稻水象甲、负泥虫害虫等为害水稻叶片；在分蘖期至孕穗期间，主要有水稻二化螟、黏虫、飞虱等害虫为害茎秆及叶片；在孕穗期至成熟期间，主要有飞虱、黏虫、尺蠖等害虫为害水稻叶片及茎秆，且各类害虫种群消长规律呈明显的动态变化；其中，稻飞虱由灰飞虱和白背飞虱两种组成，以灰飞虱为优势种；两种飞虱的种群虫龄结果相似，均有世代重叠现象。明确了吉林省中部地区水稻害虫在水稻不同生长发育时期的种群动态，对预测预报吉林省中部地区水稻害虫的为害程度及提出有效防治水稻害虫的措施有着重要的意义。

关键词：水稻害虫；种群动态；飞虱；黏虫

亚洲玉米螟化性遗传规律研究[*]

汪洋洲[1]** 黄艳玲[2] 袁海滨[2] 李启云[1] 高月波[1] 张正坤[1] 王振营[3]***

（1. 吉林省农业科学院植物保护研究所，公主岭 136100；2. 吉林农业大学，长春 130118；3. 中国农业科学院植物保护研究所，北京 100094）

摘 要： 亚洲玉米螟 Ostninia furnacalis（Guenée）是我国玉米上的主要害虫。具有不同化性遗传规律的生态型玉米螟种群发生规律也不同。一化和二化玉米螟对光周期和温度的反应不同，导致滞育和解滞育的时间不同，表现在春季羽化的时间不同，从而在越冬代出现不同的羽化峰期。近年来，随着全球平均气温升高，处于同域中的不同化性玉米螟的发生规律也发生改变。例如，吉林省中部玉米主产区的公主岭地区，由一年一代区转变为一年二代区。然而短的生长季有利于一化玉米螟种群繁殖，而高温且长生长季会增加一化玉米螟的死亡率。这样对一化和二化玉米螟的遗传多样性产生影响。

所以，本研究在环境平均温度升高情况下，在一化性玉米螟和二化性玉米螟同域的吉林省公主岭地区，针对亚洲玉米螟成虫种群的发生动态、不同发生高峰期雄性成虫线粒体细胞色素 C 氧化酶 COI 和 COII 基因遗传多态性等相关方面进行了研究试验。为同域不同化性遗传规律研究提供数据。本研究主要结果如下。

（1）通过对公主岭地区 2013 年、2014 年连续 111 天、125 天的诱集监测，明确了该地区亚洲玉米螟不同化性成虫发生的高峰期。二化性玉米螟越冬代成虫盛发期在 6 月 10 日左右，第二代成虫盛发期在 9 月 20 日左右；一化性玉米螟成虫盛发期在 6 月 30 日左右。

（2）对亚洲玉米螟 15 个不同峰期群体的线粒体基因 COI 和 COII 全长或片段进行了 PCR 扩增并测序。序列分析结果发现，亚洲玉米螟群体中线粒体基因 COI 和 COII 多态性比较高，共检出 COI 基因单倍型 86 种，COII 基因单倍型 70 种。亚洲玉米螟 COI 基因单倍型间的系统发育树显示，一化性和二化性玉米螟存在遗传分化；而 COII 基因单倍型间的系统发育树显示，各峰期种群具有的单倍型均处于相互散布的、比较混杂的分布格局中。

* 基金项目：公益性行业科研专项——二点委夜蛾、玉米螟等玉米重大害虫监测防控技术研究与示范（201303026）

** 第一作者：汪洋洲，副研究员；E-mail：wang_yangzhou@163.com

*** 通讯作者：王振营，研究员；E-mail：wangzy61@163.com

不同玉米品种对二斑叶螨种群参数的影响*

张云会**　王章训　王新谱***

（宁夏大学，银川　750021）

摘　要：宁夏地处国内最佳玉米生产气候带，素有"西部黄金产业带"的美誉。近年来玉米播种面积赶超小麦成为宁夏种植面积最大的农作物。农业部"一增四改"技术的实施，郑单 958、先玉 335、西蒙 6 号、平玉 8 号和正大 12 号 5 个可密植型玉米品种在宁夏灌区广泛种植。二斑叶螨 Tetranychus urticae Kouch 是宁夏灌区玉米生产上的主要害虫，其寄主广泛，发生为害严重，是造成玉米减产的主要原因。为了解不同玉米品种对二斑叶螨生长发育繁殖的影响以及二斑叶螨与寄主植物的相互关系，探讨玉米对二斑叶螨的抗性机制，为今后的抗螨性育种提供理论基础。试验于智能人工气候室内进行，设定温度 (25 ± 1)℃，光照 16h，相对湿度 20%，利用叶盘饲养法，每个品种 50 个重复，首次接雌雄成虫 2 对，次日产卵后剔除，仅留一粒卵继续观察，组建二斑叶螨在以上 5 个主栽玉米品种上的实验种群生命表。经 SPASS 检验，在不同品种玉米上，二斑叶螨的卵历期、后若螨期、产卵前期、产卵期、产卵量、世代历期、内禀增长率、平均世代周期、净增值率、周限增长率、种群加倍时间均存在显著差异（$P < 0.05$）；幼螨期、前若螨期以及日均产卵量差异不显著（$P > 0.05$）；卵的孵化率由大到小依次为西蒙 6 号 > 先玉 335 > 郑单 958 > 正大 12 > 平玉 8 号；存活曲线介于 I ~ Ⅲ 型，以郑单 958 为典型代表，死亡主要发生于幼虫期和产卵后期，幼虫期以西蒙 6 号存活率最高，生殖后期各品种存活率差异不大；雌性所占比例以正大 12 和西蒙 6 号最大为 85%，以郑单 958 最低为 75%；平均世代周期和种群加倍时间以平玉 8 号历期最短，分别为 14.54 天和 3.91 天，而净增值率 13.14 和内禀增长力 0.18 相较均高于其他品种。先玉 335 内禀增长率、净增值率相较很低，依次为 0.12、5.98，种群加倍时间历期最长 6.01 天。二斑叶螨对平玉 8 号的嗜食性强，此品种抗螨性相对较弱，其次为郑单 958 和西蒙 6 号，其对先玉 335 和正大 12 号嗜食性最弱，此 2 品种的抗螨性较强。

关键词：二斑叶螨；玉米；种群参数；宁夏

---

　* 基金项目：教育部新世纪优秀人才支持计划（NCET – 07 – 0470）

　** 第一作者：张云会，女，在读研究生，主要从事农业害虫调查研究；E-mail：1064603048@ qq. com

　*** 通讯作者：王新谱，男，教授，博士，硕士生导师，主要从事昆虫系统学与多样性研究；E-mail：meloidae@ 126. com

棉蚜 *CYP6A2* 过表达与螺虫乙酯抗性相关性研究及交叉抗性谱测定[*]

彭天飞^{**} 潘怡欧 杨 晨 席景会 辛雪成 占 超 尚庆利^{***}

（吉林大学植物科学学院，长春 130062）

摘 要：与敏感品系相比，室内筛选获得的抗性品系成蚜和 3 龄若蚜对螺虫乙酯的抗性分别达到了的 579 倍和 15 倍。交互抗性谱结果显示，抗性品系棉蚜对高效氯氰菊酯、联苯菊酯分别达到了 238 倍和 37 倍的交互抗性，对其他供试验杀虫剂具有较低或者不具有交互抗性。增效剂增效醚（PBO）可以显著提高螺虫乙酯和高效氯氰菊酯对抗性棉蚜的的毒性。实时荧光定量 PCR 结果表明，抗性棉蚜中 *CYP6A2* 转录水平显著高于敏感品系，这与差异转录组结果一致。RNAi 沉默抗性棉蚜 *CYP6A2* 后可显著增加其对螺虫乙酯与高效氯氰菊酯的敏感度。这些结果表明，抗性棉蚜的 *CYP6A2* 的超表达可能与螺虫乙酯、高效氯氰菊酯抗性相关。

关键词：螺虫乙酯；细胞色素 P450 单加氧酶；耐药性；棉蚜

　* 基金项目：本项目受到国家自然基金（31101456，31330064）资助

　** 第一作者：彭天飞

　*** 通讯作者：尚庆利，副教授，研究方向：昆虫毒理学与害虫抗药性；E-mail：shangqingli@163.com

温度对绿豆象生长发育与繁殖的影响[*]

刘昌燕[**] 李 莉 焦春海 陈宏伟 刘良军 万正煌[***]

（湖北省农业科学院粮食作物研究所，粮食作物种质创新与
遗传改良湖北省重点实验室，武汉 430064）

摘 要：绿豆象是绿豆、豌豆、鹰嘴豆、豇豆和蚕豆等食用豆仓储期间为害最为严重的一种害虫，绿豆象为害后被害豆粒发芽率和品质大为降低，严重影响了食用豆产业安全生产。为明确温度对绿豆象生长发育的影响，本研究以绿豆为食料，在20℃、25℃、30℃和35℃等4个温度条件下，逐日观察记录绿豆象卵孵化数、成虫羽化数和产卵粒数等生物学参数。结果表明，在35℃时，绿豆象卵期、豆内期、未成熟期、雄虫历期及雌虫历期均较其他3个温度短；绿豆象卵、豆内期、未成熟期及整个世代的发育起点温度分别为14.69℃、11.11℃、12.03℃和13.73℃，有效积温分别为82.63℃、342.87℃、427.94℃和565.59℃；在25℃时，绿豆象雌虫总产卵量高于30~35℃温度下，但是内禀增长率和周限增长率则明显低于后者。以上结果表明，30~35℃温度条件最有利于种群增长，为绿豆象发育的最适宜温度。

关键词：绿豆象；温度；生长发育；生物学特性

[*] 基金项目：国家现代农业产业技术体系专项资金（CARS - 09）；科技部国际合作重点项目（2011DFB31620）；湖北省农科院青年科学基金（2014NKYJJ35）

[**] 第一作者：刘昌燕，女，博士，助理研究员，主要从事害虫综合防治研究；E-mail：Liucy0602@163.com

[***] 通讯作者：万正煌，研究员，主要从事食用豆病虫害综合防治研究；E-mail：zhwan168@163.com

葱蝇对不同寄主植物的适应性*

刘艳艳** 张云霞 纪桂霞 刘 芳 薛 明***

（山东农业大学植保学院昆虫系，泰安 271018）

摘 要： 葱蝇 *Delia antiqua*（Meigen），是一种世界性害虫，广泛分布于亚洲、欧洲和北美洲，是为害百合科蔬菜大蒜、大葱、圆葱、韭菜的重要地下害虫。该虫在我国主要为害大蒜和大葱，一般造成 20% ~ 30% 的损失，为害严重者损失可达 50% 以上。研究明确寄主植物对其生长发育和繁殖的影响和其适应性差异，可为掌握田间不同寄主上种群数量变化，进行预测预报、合理进行作物布局和减轻发生为害提供依据。研究结果表明，蒜蛆取食大蒜、大葱、圆葱和韭菜四种不同寄主植物，其存活率、幼虫历期、蛹重、成虫羽化率和单雌产卵量差异显著。幼虫取食不同寄主的存活率大小为圆葱（82.2%）＞大葱（78.9%）＞大蒜（77.8%）＞韭菜（62.1%）；其幼虫历期依次为大葱（15.2 天）＜圆葱（15.3 天）＜大蒜（16.0 天）＜韭菜（16.6 天）；其成虫的羽化率依次为圆葱（100%）＞大葱（93.0%）＞韭菜（85.4%）＞大蒜（82.2%）；其单雌产卵量依次为圆葱（390.0 粒）＞大葱（362.0 粒）＞大蒜（318.2 粒）＞韭菜（243.5 粒）。幼虫取食四种不同寄主植物对其卵的孵化率、蛹的历期、产卵前期和成虫寿命影响不大。建立葱蝇幼虫取食 4 种寄主植物的实验种群生命表，比较了其生命力主要参数，证明取食圆葱最有利于该虫生长发育繁殖，取食大葱和大蒜次之，取食韭菜最为不利。取食四种寄主植物对滞育蛹耐寒性也有较明显的影响，其中，以取食大蒜的耐寒能力最强，过冷却点 −29.06℃，冰点 −23.67℃；其次为取食韭菜的，取食圆葱的大葱的耐寒力最差。葱蝇取食大蒜、圆葱、韭菜和大葱四种寄主植物，其 3 龄幼虫体内羧酸酯酶的比活力分别为 0.580 0、0.493 7、0.430 5 和 0.430 5mmol/L/mgPr/15min，以取食大蒜为最高，其次为取食圆葱的，取食韭菜和大葱的较低。其 3 龄幼虫体内乙酰胆碱酯酶的比活力以取食圆葱的活力 0.074 2mmol/L/mgPr/15min 最高，取食大蒜和大葱的次之，取食韭菜的最低，为 0.058 4mmol/L/mgPr/15min。由此说明，圆葱和大蒜是葱蝇最适宜的寄主植物。

关键词： 葱蝇；寄主植物；生长发育繁殖；耐寒性；酶活力

---

* 基金项目：山东省农业重大应用技术创新专项

** 第一作者：刘艳艳，女，硕士研究生，研究方向：害虫综合治理；E-mail：1029786304@ qq. com

*** 通讯作者：薛明；E-mail：xueming@ sdau. edu. cn

我国小菜蛾种群动态及治理：气候、天敌和种植模式的影响

李振宇[1]* Myron P. Zaluck[2] 胡珍娣[1] 尹 飞[1]

陈焕瑜[1] 林庆胜[1] 冯 夏[1]**

(1. 广东省农业科学院植物保护研究所/广东省植物保护新技术重点实验室，
广州 510640；2. 澳大利亚昆士兰大学生物科学学院，布里斯班 4072)

摘 要：小菜蛾 *Plutella xylostella*（L.）属鳞翅目（Lepidoptera）菜蛾科（Plutellidae），是世界范围内十字花科作物最主要害虫，也是产生抗药性最早、抗性最严重的害虫之一，全球小菜蛾年防治费用 50 亿美金。目前，小菜蛾已成为抗药性最严重的和最难防治的害虫之一，对包括新型杀虫剂氯虫苯甲酰胺在内的 90% 以上的药剂产生了极强抗性。

小菜蛾种群发育过程受到很多生物和非生物因素的影响。影响小菜蛾种群发育的非生物因素主要包括温度和降水等环境因子，通过研究利用温度、降水等环境因子在 DYMEX 模型中模拟小菜蛾种群动态，表明温度和降水是影响小菜蛾种群发生的重要因素，同时天敌和耕作制度对小菜蛾灾变规律亦有影响。进一步研究表明降水对种群各虫态、虫龄均有影响，对低龄幼虫影响较大，对种群发育影响明显。基于温度和降水两个重要非生物因子对种群发育的重要影响，通过对温度、降水对种群发育的影响研究，应用多年监测的田间小菜蛾种群动态数据，系统分析了种群动态与温度、降水的相关性，结果表明温度、降水与小菜蛾种群动态高度相关，并构建基于温度和降水的 CLIMEX 模型对我国小菜蛾种群分布和种群动态进行了预测和拟合，结果表明，利用基于温度和降水的 CLIMEX 模型仅能够对种群分布和发生进行初步预测。进一步通过 DYMEX 构建种群发育历期（虫态和龄期）模型，分析耕作制度、天敌及气候因子对种群发育的影响，揭示小菜蛾种群发育机制，实现对小菜蛾种群的预测预警，从传统生态学角度为小菜蛾持续控制技术和措施的研究提供新的思路。

关键词：种群模型；预测预警；综合防治；种植模式

* 第一作者：李振宇；E-mail：zhenyu_ li@163.com

** 通讯作者：冯夏

小菜蛾氯虫苯甲酰胺抗性快速形成的生物学机制[*]

王海慧[1,2][**]　　章金明[2]　　吕要斌[1,2][***]

(1. 杭州师范大学生命与环境科学学院，杭州　310021；2. 浙江省农业
科学院植物保护与微生物研究所，杭州　310021)

摘　要：小菜蛾［*Plutella xylostella*（Linnaeus）］是世界性的十字花科蔬菜害虫，在我国每年均造成严重的经济损失。氯虫苯甲酰胺（chlorantraniliprole）是一种邻甲酰氨基苯甲酰胺类杀虫剂，其通过高效激活昆虫肌肉鱼尼丁受体，过度释放细胞内钙库中的钙离子，导致昆虫瘫痪死亡。由于该药剂作用机制新颖，与常规药剂无相互抗性，且杀虫谱广活性高，自 2008 年在中国正式上市以来，被广泛用于水稻、蔬菜等多种作物上的害虫防治。但抗性监测显示，经过 2009—2011 年 3 年的使用，我国广东增城小菜蛾种群已经产生了 606 倍的抗性（胡珍娣等，2012 年），而 Wang 等（2012）等的研究则显示同样来自广东增城的小菜蛾种群对该药剂产生了 2 140 倍的抗药性，在当地该药剂已无法控制小菜蛾的为害，田间抗性形成速度极快。但是室内对多种鳞翅目害虫抗性筛选则显示，氯虫苯甲酰胺抗性形成的速度并未有田间那样快，如 Lai 和 Su（2011）对甜菜夜蛾 *Spodoptera exigua* 连续 22 代汰选后，其抗性仅上升 12 倍；Sial 和 Brunner（2012）对蔷薇斜纹卷叶蛾（*Choristoneura rosaceaha*）筛选 12 代，抗性水平仅升高 8.5 倍。而谭晓伟（2012）在室内用氯虫苯甲酰胺筛选小菜蛾 23 代，与起始种群相比，抗性上升了 17.11 倍，与同源对照种群相比，抗性仅仅上升了 16.81 倍。因此，我们推测虽然解毒酶活性和靶标位点突变等是氯虫苯甲酰胺抗性产生的重要因素，但是不是还有其他因子在决定抗性形成速度中扮演重要作用呢？

本论文以氯虫苯甲酰胺高抗（大于 200 倍）、低抗（约 15 倍）（高抗和低抗上一代未用氯虫苯甲酰胺处理）和敏感 3 个品系为对象，在实验室条件下［温度（24 ±1)℃，相对湿度 70% ±10%］比较了 3 个品系与生长发育相关的卵孵化率、卵平均历期、幼虫期、蛹期、成虫寿命、产卵天数等生物参数的变化情况。本研究不仅可明确氯虫苯甲酰胺抗性对小菜蛾各个发育阶段的具体影响，也为探究其抗性快速形成是否存在内在生物学机制提供一些参考。实验的初步结果如下：①高抗品系、低抗品系、敏感品系的平均产卵量分别为 65.75 颗、70.08 颗、49.90 颗，高抗和低抗品系产卵量高于敏感品系，且差异显著（$P < 0.05$，下同）；高抗品系卵孵化率 0.63 要比低抗品系 78% 和敏感品系 70% 略低，但 3 个品系间差异不显著；卵的平均历期为 3.3 天，低于低抗品系的 3.7 天和敏感品系的

* 基金项目：农业部公益性行业专项（201103021）

** 作者简介：王海慧，女，在读硕士，研究方向为害虫综合防治；E-mail：manbuyunduan926@126.com

*** 通讯作者：吕要斌；E-mail：luybcn@163.com

3.4 天。②高抗品系、低抗品系、敏感品系幼虫期分别为 11.56 天、12.21 天、11.78 天，三者差异不明显；蛹期分别为 5.50 天、6.08 天、7.19 天，低抗品系蛹期更长，并与高抗品系、敏感品系间差异显著。③高抗品系、低抗品系、敏感品系雌成虫的存活天数分别为 17.59 天、16.75 天、15.90 天，三者差异不显著。高抗品系、低抗品系、敏感品系雄成虫的存活天数分别为 20.93 天、18.86 天、17.48 天，差异性也不显著。④高抗品系、低抗品系、敏感品系产卵前期天数分别为 2.70 天、2.22 天、1.79 天，随着抗性倍数的增加，产卵前期在变长。高抗品系、低抗品系、敏感品系产卵期分别为 13.91 天、13.22 天、12.71 天，三者差异也不显著。在本试验中，氯虫苯甲酰胺高抗品系、低抗品系与敏感种群比并未有明显的生长发育方面的劣势，甚至在产卵量方面更多，显示出一定的竞争优势。但是分析 3 个品系各个生物学参数后也发现，本次试验的产卵量比较低，幼虫期明显较长，这是实验方法引起的，还是试验误差需要通过正式实验来验证。

关键词：小菜蛾；氯虫苯甲酰胺；生物学机制

韭菜不同设施栽培条件下韭蛆的
发生规律及影响因素[*]

祝国栋^{**} 李朝霞 纪桂霞 刘　芳 薛　明^{***}

（山东农业大学植保学院昆虫系，泰安　271018）

摘　要：韭菜迟眼蕈蚊（*Bradysia odoriphaga* Yang et Zhang），俗称韭蛆，是为害韭菜的重要地下害虫。因个体小、发生隐蔽、防治困难和滥用农药，易造成产品中农药残留超标。山东是我国韭菜生产大省，冬季设施韭菜发展很快，设施模式多样，已成为山东韭菜生产的主要模式。但目前对不同栽培模式下韭蛆发生特点及环境温湿度条件对韭蛆发生的影响尚缺乏系统研究。本文系统研究了山东不同设施栽培条件下冬季韭菜上迟眼蕈蚊幼虫及成虫的发生规律，温湿度变化与韭蛆发生的关系，为掌握防治的关键时机，实施生态控制提供依据。结果表明，韭蛆在冬季设施栽培的小拱棚、中型拱棚和日光温室中，其发生和为害特点存在较大的差异。在小拱棚韭菜生产中，12月中下旬韭蛆幼虫为害有一个高峰；2月上旬为成虫发生盛期。在中型拱棚韭菜生产中，分别在12月份和2月底3月初，韭蛆幼虫为害形成两个高峰；成虫发生高峰在1月底至2月上旬。在日光温室韭菜生产中，自扣棚后每月可发生1代，为害最为严重。在冬季不同设施韭菜扣棚前后，采取适当措施压低虫口基数，是冬季设施韭菜生产期间减轻韭蛆为害的关键环节。田间监测结果显示，在冬季不同设施栽培棚中，温度差异较大，小拱棚土壤 5~10cm 处的土温为 8.3~14.7℃，中型拱棚为 9.4~18.6℃，日光温室为 14.5~21.6℃，尤其在不通风的3种设施棚内，晴天中午的气温均可达38℃以上；而3种设施棚内的土壤相对湿度均在66%以上，可满足韭蛆生长发育和繁殖的需要。夏季设施栽培揭膜后韭菜的养根期间，中午土壤5cm最高温度可达35℃，地面最高气温超过40℃，土壤湿度变化幅度大，韭蛆发生量少，可知高温低湿、高温高湿不利于韭蛆存活与繁殖。室内试验表明：韭蛆在较高温度下，幼虫孵化率、存活率、成虫羽化率、产卵量均明显下降。在32℃下，幼虫孵化率、死亡率及成虫羽化率、产卵量分别为71.36%、52.4%、71.82%和55.13粒/雌；34℃下，幼虫不能孵化和化蛹，成虫不能羽化。气温32℃时，成虫存活时间不超过3天，产卵量较25℃时降低59.4%；气温40℃时，雌雄成虫存活时间小于14min，且不能产卵。土壤相对湿度低于40%，幼虫孵化率、存活率、成虫产卵量明显降低；相对湿度降至20%时幼虫几乎无法生存，成虫几乎不能产卵。因此，在设施韭菜管理中，应抓住夏季揭膜后韭菜养根期，通过农业措施创造不利于韭蛆发生的温湿度条件，可大大减少扣棚时的虫口数量。在扣棚后的韭菜生产阶段，采用防治幼虫和成虫相结合的方法，可实现对韭蛆为害的高效控制，保证韭菜产品绿色安全生产。

关键词：韭菜迟眼蕈蚊；设施栽培模式；发生动态；温湿度条件；生态控制

---

* 基金项目：山东省农业重大应用技术创新专项；国家公益性行业（农业）科研专项（201303027）

** 第一作者：祝国栋，男，硕士研究生，研究方向：害虫综合治理；E-mail：zhufeitian1990@163.com

*** 通讯作者：薛明；E-mail：xueming@sdau.edu.cn

昆明市蔬菜区昆虫群落结构特征分析*

张红梅[1**]　陈福寿[1]　王　燕[1]　徐兴才[2]　袁琼芬[3]　杨艳鲜[1]　陈宗麒[1***]

（1. 云南省农业科学院农业环境资源研究所，昆明　650205；2. 云南省农业科学院，
昆明　650205；3. 昆明市晋宁县农业技术推广中心，晋宁　650400）

摘　要： 为了明确昆明市晋宁县蔬菜园昆虫群落结构特征及时间动态，于 2014 年1 ~ 12 月在蔬菜种植区采用马来氏网、目测法对该区昆虫群落进行调查，该区早春主要种植青花菜、玉米、笋瓜、四季豆，秋季主要种植笋瓜、青花，冬季主要种植豌豆、青蒜、青花。结果表明：蔬菜区调查到昆虫个体数 43 442 头，隶属 8 目 23 个类群。植食性昆虫 13 个类群，占总类群 56.52%，占总个体数 51.17%，分别为菜蛾类、粉蝶类、夜蛾类、潜蝇类、果蝇类、实蝇类、叶甲类、象甲类、盲蝽类、叶蝉类、蚜虫类、粉虱类、蓟马类；寄生性昆虫 4 个类群，占总类群 17.39%，占总个体数 24.42%，分别为茧蜂类、小蜂类、姬蜂类、其他蜂；捕食性昆虫有 4 个类群，占总类群 17.39%，占总个体数 1.34%，食蚜蝇类、瓢虫类、小花蝽类、草蛉类；其他昆虫有 2 个类群，占总类群 8.69%，占总个体数 23.07%，分别是蚊子类、苍蝇类。从蔬菜区昆虫群落结构看，植食性昆虫最多，潜蝇类为优势类群，占植食性昆虫 64.38%；寄生性优势类群小蜂类占 72.19%；捕食性优势类群食蚜蝇占 71.99%；其他类群优势类群苍蝇占 84.63%。

采用群落特征指数分析，结果表明：昆明市晋宁县蔬菜园昆虫群落物种数 8 ~ 22 类，除 1 月、3 月，其他月份物种数变化幅度不大，9 月、10 月物种数最多为 22 类，1 月物种数最低为 8 类，其次是 3 月。昆虫个体数量变化幅度较大，3 ~ 5 月个体数量急剧上升，其中，4 月个体数最多为 15 328 头，6 月下降，7 ~ 11 月逐渐升高趋于平稳，1 月、2 月、12 月个体数量较低，其中，1 月最低为 68 头。昆虫多样性指数和均匀度指数的季节变化趋势基本一致，多样性指数在 0.938 ~ 2.327，均匀性指数在 0.299 ~ 0.742，多样性指数和均匀性指数由大到小依次表现为 7 月 > 6 月 > 8 月 > 10 月 > 9 月 > 12 月 > 1 月 > 2 月 > 11 月 > 5 月 > 4 月 > 3 月，1 ~ 2 月气温较低，大部分昆虫处于越冬状态，昆虫群落物种数相对较少，个体数数最少，群落相对较稳定，3 ~ 5 月，随着气温升高，豌豆成熟，植食性害虫潜蝇类大暴发，3 ~5 月昆虫群落结构不均匀，以潜蝇类害虫为优势种群，6 月豌豆收获后，大量潜蝇类害虫减少，6 ~ 10 月群落多样性指数和均匀性指数变化幅度不大，群落趋于稳定。昆虫群落丰富度指数在 1.271 ~ 2.850，2 月丰富度指数最高，其次是 10 月，在 6 ~ 12 月昆虫群落丰富度整体变化相对稳定，数值也相对较高，1 月、3 ~ 5 月丰富度整

---

　* 基金项目：滇池流域农田面源污染综合控制与水源涵养林保护关键技术及工程示范（2012ZX07102 - 003）；农业部行业专项，新种植模式下病虫害生物防治主打型新技术研究（201103002）

　** 第一作者：张红梅，女，助理研究员；E-mail：bshrjs999@163.com

　*** 通讯作者：陈宗麒，研究员；E-mail：zongqichen55@163.com

体较低。昆虫群落优势度和优势集中性指数季节动态变化趋势表现出一致性，在 3 月和 11 月出现高峰值，6~9 月昆虫群落优势度和优势集中性指数季节动态变化相对较小，指数相对更低。晋宁蔬菜区昆虫群落稳定性指数 Ss/Si、Sn/Sp，Ss/Si 表示总昆虫群落物种数和个体数的比值，比值越高说明物种数量相对较多，而个体数量较少，反映种间在数量上的制约作用，Ss/Si 稳定性指数整体偏低在 0.001~0.117 6，Ss/Si 稳定性指数峰值分别在 1 月、12 月，3~12 月 Ss/Si 稳定性指数变化波动较小，说明晋宁蔬菜区 3~12 月昆虫物种种间制约小；Sn/Sp 反映昆虫群落内食物网关系的复杂性及相互制约程度，值越大说明天敌所占比例较大，说明群落稳定性较强，Sn/Sp 稳定性指数 0.4~0.7，峰值分别在 5 月、10 月，Sn/Sp 稳定性指数整体低，4~6 月、8~10 月昆虫群落稳定性较强，其他月份昆虫群落稳定性较差。

关键词：蔬菜园；昆虫；群落特征；时间动态

对柑橘木虱高致病性病原真菌的分离筛选*

刘亚茹[1,2]　彭　威[1,2]　张　群[1,2]　张宏宇[1,2]**

(1. 华中农业大学植物科学技术学院，农业微生物学国家重点实验室，城市与园艺昆虫研究所，武汉　430070；2. 大别山特色资源开发湖北省协同创新中心，黄冈　438000)

摘　要：柑橘木虱（*Diaphorina citri* Kuwayama）是传播柑橘黄龙病（citrus huanglongbing，HLB）的唯一虫媒，黄龙病的流行区和柑橘木虱主要分布于我国台湾、广东、福建、广西、浙江、江西等柑橘产区，并有向北方发展的趋势，严重为害我国柑橘产业的安全。防治柑橘木虱是治理黄龙病的关键措施之一。为选择对柑橘木虱高致病力的生防菌，从橘园中被侵染的柑橘木虱虫体上分离获得的木虱病原真菌，经形态鉴定和毒力筛选，获得对柑橘木虱高致病性病原真菌多株，真菌分生孢子浓度为 1×10^7 spores/mL 时，橘形被毛孢（*Hirsutella citriformis*）、玫烟色棒束孢（*Isaria fumosorosea*），对柑橘木虱的致死率分别超过 78% 和 65%，同时对褐飞虱（*Nilaparvata lugens*）、柑橘锈壁虱（*Phyllocoptruta oleivor*）也有较好的致病性。实验表明上述病原真菌在木虱、褐飞虱和锈壁虱，尤其是柑橘木虱的防治中具有很好的应用潜力。

关键词：柑橘黄龙病；柑橘木虱；玫烟色棒束孢；橘形被毛孢

*　基金项目：现代农业（柑橘）产业技术体系建设专项（CARS-27）

**　通讯作者：张宏宇

柑橘粉虱鱼尼丁受体基因的克隆与选择性剪接分析[*]

王柯依[**]　蒋玄赵　袁国瑞　王进军[***]

（西南大学植物保护学院，昆虫学及害虫控制工程重点实验室，重庆　400716）

摘　要：鱼尼丁受体是一类控制钙离子从胞内钙库向外释放的配体门控钙离子通道。在哺乳动物中有三种不同类型的鱼尼丁受体基因（RyR1，RyR2，RyR3），而昆虫中只有一个编码鱼尼丁受体的基因，且在氨基酸水平上的同源性低于 50%，这为研制出对害虫高效而对人畜低毒的化学农药提供可能。除此之外，鱼尼丁受体基因 cDNA 的克隆对研究昆虫 RyR 的结构和功能关系具有十分重要的意义。本文以隶属于同翅目粉虱科的柑橘粉虱（*Dialeurodes. citri*）为研究对象，克隆得到一条长为 15 504bp 的 cDNA 序列，包含 1 个 15 378bp 的完整开放阅读框，共编码 5 126 个氨基酸。所克隆的序列包含鱼尼丁受体基因所有典型特征。荧光定量 PCR 结果显示，DcRyR mRNA 在柑橘粉虱成虫头部的表达量最高，在不同发育阶段的表达量其卵 > 成虫 > 若虫。该鱼尼丁受体基因存在 4 个选择性剪接子，其中，包括 2 个选择性外显子和一对互斥外显子。通过特异性 PCR 检测发现以上 4 个外显子在不同体段、不同发育阶段的表达频率不等。综上所述，本研究克隆获得了柑橘粉虱鱼尼丁受体基因 cDNA 序列，明确了其生物信息学特征，为设计以昆虫鱼尼丁受体为靶标的有效杀虫剂奠定理论基础。

关键词：柑橘粉虱；鱼尼丁受体；克隆；mRNA 表达；选择性剪接

---

　* 基金项目：现代农业（柑橘）产业技术体系（CARS – 27）；教育部创新团队发展计划（IRT0976）

　** 第一作者：王柯依，女，硕士研究生，研究方向为昆虫分子生态学；E-mail：344026835@ qq. com

　*** 通讯作者：王进军，教授，博士生导师；E-mail：jjwang7008@ yahoo. com

褐色橘蚜转录组及不同翅型差异表达
基因数字表达谱分析*

尚 峰** 熊 英 魏丹丹 魏 冬 豆 威 王进军***

（西南大学植物保护学院，昆虫学及害虫控制工程重点实验室，重庆 400716）

摘 要：褐色橘蚜（*Toxoptera citricida* Kirkaldy）隶属于半翅目（Hemiptera）、蚜科（Aphidiae），是重要的柑橘害虫，也是柑橘衰退病（citrus tristeza virus，CTV）病毒的主要传播媒介。橘蚜分为有翅和无翅两种翅型，无翅型橘蚜繁殖能力较强而有翅型橘蚜有强壮的飞行肌从而使 CTV 在柑橘产区传播。本研究利用高通量测序技术获得褐色橘蚜转录组信息，共获得 44 199 条 Unigenes，其中，长度在 1kb 以上的 Unigenes 共有 9 468 条。同时进行 Unigenes 的生物信息学注释，包括与 NR、Swiss-Prot、KEGG、COG、GO 数据库的比对，共获得 27 640 条 Unigenes 注释结果。分别提取有翅成蚜及无翅成蚜 RNA 通过高通量测序，进行差异表达基因数字表达谱分析，分析结果发现 5 749 条差异表达基因，其中无翅型相比有翅型上调基因数为 5 470 条，下调基因数为 279 条。通过 qPCR 对差异表达基因表达谱结果进行验证，结果表明，二者在总体趋势上保持一致，但是，差异倍数有所不同。本研究结果为今后褐色橘蚜抗性、翅型分化等相关研究奠定了一定的分子基础。

关键词：褐色橘蚜；转录组；表达谱；翅型；定量表达

---

* 基金项目：国家公益性行业（农业）科研专项（201203038）；现代柑橘产业体系岗位科学家经费（CARS–27–06B）

** 第一作者：尚峰，男，硕士研究生，研究方向为昆虫分子生态学；E-mail：fengshang1994@ yahoo.com

*** 通讯作者：王进军，教授，博士生导师；E-mail：jjwang7008@yahoo.com

云阳柑橘大实蝇成虫群体生物学特性概述*

冉　峰[1]** 　刘　洪[2]　刘祥贵[2]　袁文斌[1]　张亚东[1]　彭　敏[1]　吕玲玲[1]

(1. 重庆市云阳县农委，云阳　404500；2. 重庆市农委，重庆　401121)

摘　要：综述成虫群体生活习性及规律，为制定有效防控策略提供理论依据。通过室外化蛹羽化试验、室内饲养与野外自然状态下的观察、果园5年定点诱测、定位定时捡拾落地蛆果剖查。结果：①野外羽化试验观察成虫在蛹壳内发育成熟后，可见各个器官的明显分节，头部有两个小黑点，在湿度适宜时，成虫腹部末端蛹壳脱落，个体依足倒退出爬至土面，留下具有两个小黑点的蛹壳；羽化出土需有效积温459.22℃，羽化始期与寄主座果期契合，不同时期捡、摘的蛆果化蛹羽化出土始期对比没有明显区别。雌、雄成虫同时羽化出土，历期长短相近，其数量比接近1:1，雄虫数量略多于雌虫，雄虫羽化动态有一个高峰，雌虫羽化动态有1小高峰和2个主高峰，主高峰位于雄虫羽化高峰两侧，雌虫主高峰过后每日出土虫量大于雄虫每日出土虫量；埋于10~15cm的蛹，土壤湿度相对稳定适宜，羽化历期集中需20~22天，羽化动态近似为"∧"形图，5cm、20cm土层温度、湿度变化大，历期拉长达35天、33天，羽化动态近似倒"f"形图。②定点诱测成虫的取食，对甜、酸、香味有趋性，对浓香型酒（38~45度）、生物制剂阿维菌素等具特殊气味的物质有极强烈的趋性；同寄主不同海拔诱测始见期相同，在有效积温满足时，湿度是羽化出土早迟的主要因素；拟合诱测始见期海拔变化100m，相差5~7天，诱测始见期距羽化出土始期7~10天，距产卵始期20~25天。③羽化饲养观察刚出土表的成虫暂停并抖摆躯体，然后缓慢匍匐爬行，观察产卵管1~2mm，翅伏于体背，个体间寻找隐蔽场所的行为极不整齐，或暂停湿润的土表、草木等枝叶上取食水份或营养，或几小时没有寻找到隐蔽场所或逃离时要做好预备飞行姿势后能飞行5m左右寻找隐蔽场所。羽化后1~3天以补充水分为主、活动以匍匐爬行，范围狭窄，摄取临近水分或食源后不群居隐藏；4~6天翅开始平展于体躯两侧，以取食补充营养为主，成虫群体仍不群居，当取食同一食源时可短暂聚集后又匍匐爬行回原处栖息，受大剂量水滴喷洒易受伤掉落死亡；7~10天伸足立翅期（足伸高透风透光，翅立于体背中央），开始短距离飞行寻找食源，对反差光源、动感物敏感；11~14天取食补充营养有所增加，雄虫短暂抱握雌虫的行为多；15~20天取食迅速增加，雌虫短暂抱握雄虫的行为多；第25天左右雌成虫在气温25℃条件下性成熟，雄成虫性成熟需20天左右，性成熟前5天多数个体取食补充营养迅速增加。成虫诱导取食具有量少、临近、无特殊选择特性，喜爱附着的液体颗粒食源。第20天用黄、蓝绿、红三种颜色的诱集器在网内盛蜂蜜观察，蓝绿色诱集器的内、外壁的

---

* 基金项目：公益性行业（农业）科研专项"果树实蝇类害虫监测与防控技术研究"（200903047）；重庆市柑桔非疫区建设项目（2007-A2501-500112-A0204-001）

** 第一作者：冉峰，男，高级农艺师，主要从事农作物重大病虫害防控；E-mail: rfcqyy@163.com

诱虫效果最好，黄色诱集器次之，不盛诱剂时，黄色诱集器最好，蓝绿色最差。在无反差光源的环境中饲养非常平静，有反差光源时表现强烈趋性；多数个体取食量增加后，个体腹部易感染变黑褐死亡。野外观察，成虫的行为取食特性与室内饲养观察结果一致，活动取食多在果园与临近的杂木林之间往返飞行，但对反差光源、动感物的反应更为强烈；羽化后 20 天左右有一短期聚集在半荫半光的环境中寻爱配偶，但不取食，随后分散离去。成虫在低温条件下活动不频繁，25～30℃活动频繁，超过30℃表现出趋避行为。④卵、幼虫在果内发育受环境因素干扰小，定点剖查落地蛆果内幼虫的发育进度，观察晚熟柑橘大实蝇成虫群体在野外的产卵是分散的，产卵始期与寄主稳果期契合，产卵规律以 1 龄幼虫的发育进度分，每一时段 30 天左右，以每果中着卵量的多少分，第一产卵时段长达 50 天，每果产卵量最多，第二、第三产卵时段分别为 15～20 天，每果产卵量较少，中熟品种纽荷尔上产卵只有 2 个时段。成虫群体在柑橘果园活动历期长达 110～120 天，中熟品种纽荷尔园内活动历期 90 天左右，晚熟柑橘园内活动历期推迟 15 天。成虫产卵对不同品种、同一品种不同果实的大小、位置有极强的选择性与排异性，同一果子内一般只产一次卵，极少产两次卵的，对 w 墨可特不产卵为害；对果园不同方位为害调查表明，产卵不仅具有边行优势，其产卵的量也差异大；成虫的产卵对品种及果子的甜、酸、香味有极强的趋性，果子果壳的厚薄、组织紧密与纤维化程度对产卵孔数、产卵量及果内幼虫的成活数量有明显的影响，成虫取食补充营养的多寡、气温的高低也是影响产卵的重要因素。成虫的迁移是以果园为依附，交配、产卵为源动力近距离逐级扩散的行为。拟合蛆果内幼虫的发育动态与成虫群体试验羽化动态、诱剂诱测发生动态一致。成虫群体羽化、取食、交配、产卵行为受温、湿度，寄主，虫口密度等因素的影响，特别是山区、丘陵土壤湿度不稳定，历期变幅极大，在防控中具有重要参考意义。

关键词：柑橘大实蝇；成虫；群体；习性；规律；防控

橘小实蝇生长发育过程中 *BdFoxO* 基因的重要作用 *

吴怡蓓** 杨文佳 谢逸菲 许抗抗 田 怡 袁国瑞 王进军***

（西南大学植物保护学院，昆虫学及害虫控制工程重点实验室，重庆 400716）

摘 要：胰岛素是由胰岛 β 细胞受内源性或外源性物质的诱发而分泌的蛋白质激素，通过细胞的信号转导发挥调节糖、脂肪和蛋白质代谢，影响生殖以及衰老等生长发育过程的作用。O 亚型叉头框（FoxO）基因是一种重要的胰岛素信号通路下游转录因子，它能够调控昆虫的生长发育以及虫体大小。本研究从橘小实蝇 *Bactrocera dorsalis*（Hendel）体内获得 *BdFoxO* 基因（GenBank 登录号：KP896485），该基因的 cDNA 全长序列的开放阅读框为 2 732bp，编码 910 个氨基酸残基。不同发育阶段和不同组织的荧光定量 PCR 结果表明 *BdFoxO* 基因具有明显的时空表达模式，*BdFoxO* 基因在橘小实蝇整个发育阶段均有表达，但在幼虫时期表达量显著高于其他时期，这也预示着其在幼虫阶段有着潜在功能。而在脂肪体中的高表达表明此基因与营养代谢有着密切关系。我们还发现 20-羟基蜕皮铜（20E）处理以及饥饿处理对于 *BdFoxO* 基因的表达量均有显著影响。此外，RNAi 结果表明：第 5 天的橘小实蝇幼虫注射 ds*BdFoxO* 后，其基因表达量显著下调，24h 后沉默效率可达 54%。沉默此基因后幼虫生长发育过程表现为化蛹时间延迟，虫体体重增加。在该基因沉默 24h 以及 48h 后，利用 HPLC 技术对橘小实蝇体内蜕皮激素滴度进行了测定。结果发现：与对照相比，沉默 *BdFoxO* 基因 48h 后的橘小实蝇体内蜕皮激素滴度显著下调，这一结果验证了 RNAi *BdFoxO* 基因导致化蛹延迟的结果，揭示了该基因在橘小实蝇蜕皮过程中的重要作用。本研究结果为深入探讨 *BdFoxO* 基因在橘小实蝇生长发育过程中所起到的关键作用奠定了理论基础。

关键词：橘小实蝇；20E 处理；饥饿处理；RNAi

* 基金项目：重庆市自然科学重点基金（CSTC2013jjB0176）；教育部创新团队发展计划（IRT0976）
** 第一作者：吴怡蓓，女，硕士研究生，研究方向为昆虫分子生态学；E-mail：260320862@ qq. com
*** 通讯作者：王进军，教授，博士生导师；E-mail：jjwang7008@ yahoo. com

橘小实蝇性别决定基因 *transformer* 的功能研究[*]

彭 威^{**}　郑文平　张宏宇^{***}

（华中农业大学植物科学技术学院，农业微生物学国家重点实验室，
城市与园艺昆虫研究所，武汉　430070）

摘　要：*transformer* 基因是昆虫的性别决定级联系统中的一个双开关基因，通过 RNA 的选择性剪切来实现性别分化。在实蝇中，Y 染色体连接的雄特异因子（M）控制着性别决定途径。为拓展对橘小实蝇性别决定的理解以及运用性别决定来控制橘小实蝇数量，我们分离鉴定了性别决定关键基因 *transformer* 和 *transformer-2*，*transformer* mRNA 前体经过选择性剪切转录产生两种雄特异和一种雌特异的亚型，雌特异的亚型能翻译成有功能的 TRA 蛋白而雄特异的亚型由于终止密码子不能翻译成有功能的 TRA 蛋白。*Bdtra* 上存在的 TRA/TRA-2 结合位点表明 TRA 和 TRA-2 作为剪切管理因子通过 *tra* 反馈调节来维持和促进雌性的性别发育。通过 RNA 干扰对 *transformer* 进行了功能研究，发现胚胎期敲除 *transformer* 基因能导致雌虫雄性化，表明橘小实蝇在胚胎早期实现性别分化；成虫期敲除 *transformer* 基因能降低雌虫卵黄蛋白基因 yolk protein gene（*Bdyp*1）的表达，进而降低雌虫产卵量，表明 *transformer* 基因能正向调控卵黄蛋白基因 yolk protein gene（*Bdyp*1）的转录。

关键词：橘小实蝇；*transformer* 基因；RNA 干扰；性别决定

* 基金项目：现代农业（柑橘）产业技术体系建设专项（CARS-27）

** 第一作者：彭威；E-mail：pengweijack@163.com

*** 通讯作者：张宏宇

橘小实蝇幼虫五条胰蛋白酶基因功能研究*

李亚丽** 侯明哲 申光茂 王进军***

（西南大学植物保护学院，昆虫学及害虫控制工程重点实验室，重庆 400716）

摘　要：橘小实蝇隶属于双翅目实蝇科，其幼虫阶段可取食 250 多种蔬菜瓜果，是世界性的农业经济害虫。到目前，对昆虫消化蛋白酶的基因组和转录组研究在不同昆虫中都取得了巨大成就，而对橘小实蝇消化系统的研究相对较少，仍然是一个亟待探索的领域。本研究首先对橘小实蝇四日龄幼虫进行饥饿处理，24h 后测定 5 条胰蛋白酶基因（$BdTry1$、$BdTry2$、$BdTry3$、$BdTry4$、$BdTry5$）的相对表达情况并以此为对照；以恢复饲喂为处理，利用 RT-qRCR 分别测定恢复饲喂后 6h、12h、18h、24h 后 5 条基因的表达情况。研究表明，除 $BdTry3$ 外，其余 4 条胰蛋白酶基因均在橘小实蝇恢复饲喂后显著上调，并在 12 ~ 18h 达到高峰，而在 24h 出现回落。利用饲喂法对橘小实蝇幼虫进行 RNA 干扰，除 $BdTry2$ 外，其余 4 条基因均被显著性沉默，沉默效率分别为 $BdTry1$ 68%、$BdTry3$ 59%、$BdTry4$ 39%、$BdTry5$ 34%，然而试虫并没有出现明显的表型差异。此外，合成并混合 5 条基因的高浓度 dsRNA 溶液（$10\mu g/\mu L$），添加至幼虫饲料中。高浓度 dsRNA 混合溶液有效地沉默了 5 条胰蛋白酶基因，沉默效率分别为 $Try1$ 51%、$Try2$ 28%、$Try3$ 29%、$Try4$ 58%、$Try5$ 46%，并导致橘小实蝇幼虫出现明显的滞育现象。本研究表明，4 条胰蛋白酶基因 $BdTry1$、$BdTry2$、$BdTry4$、$BdTry5$ 参与了橘小实蝇幼虫日常的消化作用，但单一沉默一条胰蛋白酶基因不会对橘小实蝇幼虫造成生长发育上的影响，而当 5 条基因同时沉默时，橘小实蝇幼虫不能正常生长而出现滞育现象。

关键词：橘小实蝇；胰蛋白酶基因；饲喂；RNAi

＊ 基金项目：国家公益性行业（农业）科研专项（201203038）；现代柑橘产业体系岗位科学家经费（CARS－27－06B）

＊＊ 第一作者：李亚丽，女，硕士研究生，研究方向为昆虫分子生态学；E-mail：651139137@qq.com

＊＊＊ 通讯作者：王进军，教授，博士生导师；E-mail：jjwang7008@yahoo.com

柑橘全爪螨线粒体 MnSOD 基因的表达与功能研究[*]

冯英财^{**} 沈晓敏 李 刚 胡 浩 王进军^{***}

（西南大学植物保护学院，昆虫学及害虫控制工程重点实验室，重庆 400716）

摘 要：柑橘全爪螨 *Panonychus citri*（McGregor），又名柑橘红蜘蛛，是一种世界性的多食性害螨。在我国主要柑橘产区发生都较为严重。柑橘全爪螨通过取食嫩梢、叶片、果实来降低柑橘品质，造成严重的经济损失。长期以来，有关柑橘全爪螨的防治一直以化学防治为主要手段，由于大量化学农药不科学的使用，该害螨不可避免地对多种类型的农药产生了不同程度的抗药性。生物体呼吸作用会产生活性氧和自由基，超氧化物歧化酶（SOD）能够有效防止活性氧和自由基对细胞产生的氧化损伤，且 SOD 进一步还可以减少生物体受到来自环境中的氧化损伤。为了研究超氧化物歧化酶的抗氧化功能，运用原核表达的技术，获得 PcMnSOD-PET-28a 重组质粒，并将质粒转入 BL21（DE3）大肠杆菌中，利用 IPTG 诱导得到重组蛋白 PcMnSOD；之后对其酶学性质及功能进行相关研究。SDS-PAGE 电泳结果显示，重组蛋白大小约为 25kDa，包括 His tag 标签（3.6kDa）和去信号肽的 PcMnSOD（21.7kDa）。

关键词：柑橘全爪螨；超氧化物歧化酶；原核表达

---

* 基金项目：公益性行业（农业）科研专项（20110320）；重庆市自然科学基金重点项目（2013jjB0176）；现代农业体系岗位科学家（CARS-27-06B）

** 第一作者：冯英财，男，硕士研究生，研究方向为昆虫分子生态学；E-mail：fengyingcai520@163.com

*** 通讯作者：王进军，教授，博士生导师；E-mail：jjwang7008@yahoo.com

灰茶尺蠖的生物学特性研究*

葛超美**　　殷坤山　　肖　强***

（中国农业科学院茶叶研究所，杭州　310008）

摘　要：灰茶尺蠖（*Ectropis grisescens* Warren）在我国 10 个茶叶主产茶省均有分布，是茶树主要害虫之一。通过野外调查和室内观测，研究了灰茶尺蠖的形态特征、生活史、生活习性、种群生命表、发育起点温度和有效积温。结果表明，灰茶尺蠖幼虫 4~5 龄，在浙江新昌、松阳等地 1 年发生 6~7 代，第 1~6 代幼虫分别发生在 3 月下旬至 4 月下旬、5 月下旬至 6 月上旬、6 月下旬至 7 月上旬、7 月中旬至 8 月上旬、8 月中旬至 9 月上旬和 9 月中旬至 10 月上旬，10 月中下旬陆续开始以蛹在茶树根际土壤中越冬。灰茶尺蠖发育历期随着温度升高而缩短，成虫在 23℃ 左右时寿命最长。灰茶尺蠖每雌平均产卵291.0 粒，幼虫一生食叶量 736.2mg/头，各龄食叶量呈指数增长，食叶量（y）与虫龄（x）的指数曲线为 $y = 1.012e^{1.5857x}$，3 龄后食量总计占 96.01%。在 19~27℃ 恒温条件下，卵、幼虫、蛹、成虫、成虫产卵前期和全世代的发育起点温度分别是 8.38℃、6.10℃、8.54℃、14.75℃、14.70℃ 和 8.08℃，有效积温分别是 96.7℃、285.8℃、140.5℃、37.0℃、19.3℃ 和 532.0℃。在室内 24℃ 变温条件下，卵、1~3 龄幼虫、4~5 龄幼虫、预蛹、蛹的存活率分别为 93.8%、98.6%、98.6%、98.6% 和 82.2%，性比雌：雄为 1：0.85，种群增长指数为 116.1，即灰茶尺蠖繁殖一代种群增长 116.1 倍。

关键词：灰茶尺蠖；形态特征；生活习性；有效积温；种群生命表

---

　*　基金项目：中国农业科学院科技创新工程

　**　第一作者：葛超美，女，在读硕士研究生，主要从事茶园有害生物综合治理研究；E-mail：ge-he163@163.com

　***　通讯作者：肖强，研究员；E-mail：xqtea@vip.163.com

槟榔黄化病媒介昆虫的研究进展[*]

唐庆华^{**}　朱　辉　宋薇薇　余凤玉　牛晓庆　覃伟权^{***}

（中国热带农业科学院椰子研究所，文昌　571339）

摘　要：槟榔黄化病是一种毁灭性病害，该病已给印度和中国槟榔产业造成巨大的经济损失。槟榔黄化病于 1949 年在印度喀拉拉邦中部几个地区报道，该病已扩展至印度其他槟榔种植区。在中国，该病于 1981 年在海南屯昌首次发现，现已蔓延至海南省琼海、万宁、陵水、三亚、五指山、琼中、保亭、乐东和儋州等市县。目前，已有向文昌扩散的趋势（未发表资料）。YLD 通常发病率为 10%～30%，重病区高达 90% 左右，造成减产 70%～80%，发病严重的槟榔园甚至已绝产。迄今，生产上已有大面积发病槟榔园遭砍伐，该病是已成为中国槟榔生产上的头号威胁。印度学者报道槟榔黄化病的媒介昆虫为 *Proutista moesta* Westwood，该虫还是植原体病害椰子喀拉拉枯萎病（先前称为椰子根枯萎病）和油棕箭叶腐烂病的的媒介昆虫。该虫从卵发育到成虫需要 28～35 天，5 个龄期，若虫期平均为 25 天。成虫可存活 50～60 天，雌虫平均产卵 45 枚，性比为 1：0.59。调查结果显示该虫在田间种群于 5、6 月间开始建立，至 10～11 月达到顶峰。*P. moesta* 的寄主除了槟榔还有椰子、油棕、甘蔗，该虫偶尔也在香蕉、高粱、玉米、水稻和狗尾草吸食植物汁液。在中国，我们于 2015 年 1 月在文昌发现 *P. moesta*，而且我们现已知该虫在海南省是一种常见的昆虫。但是，由于印度和中国槟榔黄化病的病原植原体不同（分属于 16Sr XI 组和 16Sr I 组），该虫是否为中国槟榔黄化病的媒介昆虫还有待进一步研究。

关键词：槟榔黄化病；媒介昆虫；*Proutista moesta*；植原体

* 基金项目：海南省重大科技项目（ZDZX2013008、ZDZX2013019）；海南省自然基金项目（314144）

** 第一作者：唐庆华，男，博士，助理研究员，研究方向为病原细菌－植物互作功能基因组学及植原体病害综合防治；E-mail：tchuna129@163.com

*** 通讯作者：覃伟权，男，研究员；E-mail：QWQ268@163.com

miRNA 在 *CYP6CY3* 介导的桃蚜寄主协同进化中功能研究[*]

彭天飞　潘怡欧　杨　晨　席景会　辛雪成　占　超　尚庆利^{**}

（吉林大学植物科学学院，长春　130062）

摘　要：桃蚜细胞色素 P450（*CYP6CY3*）过量表达在其对烟碱和新烟碱类杀虫剂耐受性中起到重要作用。而 miRNA 是非编码小 RNA（18~25nt），在多种生物学过程中发挥着重要的作用，其可能参与 *CYP6ACY3* 的转录后调控。通过高通量测序共获得桃蚜 73 个保守的 miRNA 和 47 个新的 miRNA。我们预测获得 15 个保守的 miRNA 和 8 个新的 miRNA 可能作用于 *CYP6CY3*。其中，*api-let-7*、*api-277*、*api-100* 在寄主为烟草的桃蚜体内表达量显著低于寄主为白菜的桃蚜。进一步通过体内功能性缺少及体外功能性获得验证，证明了 *api-let-7*、*api-3040*、*api-100* 参与了 *CP6CY3* 的转录后调控。这可能是 miRNA 参与到桃蚜与寄主协同进化的直接证据。

关键词：miRNA；细胞色素 P450 单加氧酶；烟碱；桃蚜

---

* 基金项目：国家自然基金（31101456，31330064）

** 通讯作者：尚庆利，副教授，研究方向：昆虫毒理学与害虫抗药性；E-mail：shangqingli@163.com

不同季节茶园黄板悬挂高度对假眼小绿叶蝉诱集量的影响

王庆森[1,2]*　李慧玲[1,2]　张　辉[1,2]　王定锋[1,2]　刘丰静[1,2]

(1. 福建省农业科学院茶叶研究所，福安　355015；

2. 国家茶树改良中心福建省分中心，福安　355015)

摘　要：为明确不同季节茶园应用黄板诱集假眼小绿叶蝉的最佳悬挂高度，在不同季节开展了茶园不同悬挂高度黄板对假眼小绿叶蝉成虫的诱集试验。试验分别于 2014 年 6 月 4~9 日、6 月 9~12 日、6 月 16~26 日、7 月 9~15 日和 2015 年 5 月 4~11 日、5 月 11~15 日在福建省农业科学院茶叶研究所 2 号山平地 10 年生丹桂茶园（茶园树冠高度 0.80~1.00m，遮阴度 85% 左右），2014 年 10 月 15~20 日、10 月 20~24 日在福建省农业科学院茶叶研究所二号山福云 6 号茶园（茶园树冠高度 0.80~1.00m，遮阴度 85% 左右）进行。试验前对供试茶行间进行适当修剪，以便于黄板扦插作业。试验设黄板下缘距离茶树树冠蓬面 -0.40m，-0.20m，0m，0.20m 和 0.40m 共 5 种处理，随机区组排列，同一区组内 5 种不同高度处理的黄板间距 3m。区组间黄板间距 6m。试验重复 5 次。每次试验悬挂黄板 25 块。上述试验分别于挂板后 3~10 天取下挂放的黄板并做好标记后带回实验室，观察记录黄板上诱集的假眼小绿叶蝉成虫数量。试验结果表明：不同季节茶园应用黄板诱集假眼小绿叶蝉成虫的最佳悬挂高度存在较大的差异。在春季茶园（5 月份）和秋季茶园（10 月份）应用黄板诱集假眼小绿叶蝉成虫的最佳悬挂高度为 -0.4~-0.2m；在初夏季节（6 月份），茶园应用黄板诱集假眼小绿叶蝉成虫的最佳悬挂高度为 -0.2~0.2m；在盛夏季节（7 月份），茶园应用黄板诱集假眼小绿叶蝉成虫的最佳悬挂高度为 0.4~0.6 m。

关键词：不同季节；黄板；悬挂高度；假眼小绿叶蝉；诱集量

* 第一作者：王庆森；E-mail：13950515321@163.com

基于机器视觉的害虫监测技术
田间应用现状分析*

陈梅香** 李文勇 李 明 赵 丽 孙传恒 田 冉

张睿珂 明 楠 杨信廷***

（北京农业信息技术研究中心，国家农业信息化工程技术研究中心，农业部农业信息技术重点实验室，北京市农业物联网工程技术研究中心，北京 100097）

摘 要：害虫动态数量的获取是精准防治的重要基础之一，传统的害虫监测方法费时费力，难以满足生产实际需求。本文论述了基于机器视觉的害虫监测技术要点，综述了基于机器视觉的不同种类监测技术田间应用现状，分析了其优缺点，提出了改进田间害虫机器视觉监测准确率的措施，并展望了未来发展趋势。

根据图像中害虫所处理的环境分为基于机器视觉的诱集性害虫监测、植株害虫监测等类型；根据害虫的诱集方法分为基于机器视觉的色诱害虫监测、性诱害虫监测、灯诱害虫监测等类型。在诱集性害虫监测中，目前田间应用比较多的是基于机器视觉的色诱害虫监测技术。色诱粘虫板害虫诱捕效率高，但一种颜色的粘虫板常会诱集到多种害虫，需构建识别模型以实现多种害虫的准确识别；此外粘虫板质地软，需采用固定装置。基于机器视觉的性诱害虫监测常将诱芯与粘虫板相结合，该方法所诱捕的害虫种类较单一，害虫识别计数方法较简单，但需定期更换粘虫板，可采用自动更换粘虫板的害虫监测装置，以提高害虫的监测效率。基于机器视觉的灯诱害虫监测能同时监测多种害虫。但害虫死亡后，由于翅膀张合程度不一样，害虫姿态呈现多样性，害虫识别算法的普适性容易受到影响，可应用立体视觉解决姿态因素对害虫识别的影响。基于机器视觉的植株害虫监测能早期监测害虫为害情况，直接对植株上的害虫进行图像获取，图片背景复杂，叶片背面、茎杆背面的害虫不容被监测到；此外，若害虫的颜色与叶片的颜色接近，导致害虫分割困难，可采用非颜色特征进行害虫分割。

基于机器视觉的诱集害虫监测主要监测成虫阶段；基于机器视觉的植株害虫监测可监测害虫的不同阶段，在害虫早期监测上具有较大的优势。在田间应用中可根据实际需求选择不同的监测技术，以达到较高的监测准确率。田间监测主要为害虫防治提供重要参考，未来可将基于机器视觉的害虫监测技术与自动喷药设备充分相结合，达到及时防控的效果。同时，开发基于移动设备的田间害虫监测技术，提高监测技术使用的便捷性。

关键词：机器视觉；害虫监测；粘虫板；性诱；灯诱；植株

---

* 基金项目：北京市自然科学基金资助项目（4132027）；国家自然科学基金青年基金项目（31301238）；欧盟 FP7 项目（PIRSES – GA – 2013 – 612659）

** 第一作者：陈梅香，女，博士，副研究员。研究方向：害虫自动监测预警；E-mail：chenmx@ nercita. org. cn

*** 通讯作者：杨信廷；E-mail：yangxt@ nercita. org. cn

基于转录组数据的嗜虫书虱5个 *P450* 基因的克隆与表达*

李　婷** 　刘　燕　　石俊霞　　魏丹丹　　豆　威　　王进军***

（西南大学植物保护学院，昆虫学及害虫控制工程重点实验室，重庆　400716）

摘　要：嗜虫书虱隶属于啮虫目、书虱科、书虱属，是我国储粮书虱害虫中的优势种，其分布遍及我国大部分省区，在各个国家粮食储备库密封储藏的小麦、玉米和稻谷堆中均有发生。目前，有关嗜虫书虱分子生物学的研究较少，如何开展嗜虫书虱抗逆性分子机制的研究是亟待解决的问题。本研究基于转录组数据，从嗜虫书虱体内分离克隆5个 P450 基因，其名称和 GenBank 登录号分别为 *CYP358B1*（KT071005）、*CYP345P1*（KT071006）、*CYP4FD2*（KT071007）、*CYP4CD2*（KT071008）和 *CYP6JN1*（KT071009）。开放阅读框长度范围为 1 500～1 554 bp，编码氨基酸序列在 499～517 aa。系统发育分析结果表明嗜虫书虱5个 P450 基因分属于2个分支（CYP3 Clade 和 CYP4 Clade），且相同家族基因聚在一起。利用 qPCR 技术对嗜虫书虱5个 P450 基因在不同发育阶段（卵，1 龄、2 龄、3 龄、4 龄若虫，雌成虫）的表达模式解析发现，5个基因均有表达且在成虫中表达量最高，暗示它们可能参与到成虫阶段对内外源物质的代谢过程。非成虫阶段表达量，除 *CYP4CD2* 和 *CYP6JN1* 在 3 龄若虫阶段有差异外，其余 3 个基因则在虫体内呈组成型表达，说明其在整个生长发育过程中均可能行使重要作用。此外，利用高剂量的 LC_{50} 完成了溴氰菊酯、马拉硫磷和残杀威对嗜虫书虱不同时间的胁迫处理，并利用 qPCR 技术解析了 5 个 P450 基因在药剂胁迫下的表达模式。结果发现，嗜虫书虱 P450 对马拉硫磷响应的幅度最大，在胁迫后 12 h，*CYP4CD2* 和 *CYP6JN1* 上调倍数达到 9 倍以上，而 *CYP368B1*、*CYP345P1* 和 *CYP4FD2* 的相对表达量也在药剂胁迫后 12 h 达到峰值；溴氰菊酯胁迫下，5 个 P450 基因表达量均能被诱导上调，*CYP6JN1* 表达量上升倍数最大（4.11 倍），且 *CYP345P1*、*CYP4FD2*、*CYP4CD2* 和 *CYP6JN1* 均在 12 h 后表达水平最高，而 *CYP358B1* 的最大诱导值出现在 24 h，暗示了以上基因在一定程度上参与了嗜虫书虱对溴氰菊酯的代谢过程；与以上两种杀虫剂不同，嗜虫书虱 P450 对残杀威的胁迫后表达量表现为下调。

关键词：嗜虫书虱；转录组；P450；药剂诱导；定量表达

---

* 基金项目：国家自然科学基金项目(31301667)；中央高校基本科研业务费(XDJK2015B034；XDJK2013A005)

** 第一作者：李婷，女，硕士研究生，研究方向为昆虫分子生态学；E-mail：Liting29@126.com

*** 通讯作者：王进军，教授，博士生导师；E-mail：jjwang7008@yahoo.com

雀皮螨属(羽螨总科：皮螨科)概况

穆　宁[*]　　王梓英　　况析君　　胡思怡　　刘　怀[**]

(西南大学植物保护学院，重庆　400716)

摘　要： 雀皮螨属 Passeroptes 隶属于真螨目 Acariformes 羽螨总科 Analgoidea 皮螨科 Dermationidae，是寄生于鸟类体表的一种螨类。到目前为止，该属共包含有 24 种，分别为 P. ampeliceps，P. armatus，P. cecropis，P. dermicola，P. eulabis，P. formosus，P. garrulax，P. geopeliae，P. hippolais，P. hirundiphilus，P. inermis，P. lamprotornis，P. lophophaps，P. myrmecocichlae，P. oenanthe，P. picae，P. poecilorhynchus，P. sylviae，P. temenuchi，P. turdoides，P. viduicola，P. gaudi，P. johnstoni，P. cephalote；其中，中国已报道 5 种，分别为 P. dermicola、P. poecilorhynchus、P. picae、P. formosus、P. garrulax。雀皮螨属 Passeroptes 区别于皮螨科其他属的特征主要有：顶毛缺如，$c1$、$d1$、$e1$、$f2$、$h1$ 和胫节 II 上 cG 毛均缺如，膝节 III 上没有感棒 $\sigma1$，跗节 III 有一根腹毛，跗节 I 感棒 $\omega1$ 缺如或退化，雄螨的足 IV 比足 III 粗壮，跗节毛序是 7-7-4-4；雀皮螨属 Passeroptes 与 Paddacoptes 属近源，主要区别是 Paddacoptes 跗节 III 和 IV 改变(缩短或拉长)，并且具有向后粗壮的骨突；而 Passeroptes 属跗节 III 和 IV 正常，无或者仅有细小的骨突。

世界上对雀皮螨属的研究主要集中在加拿大、俄罗斯等国家；Fain(1965)出版了《A review of the family Epidermoptidae Trouessart parasitic on the skin of birds》一书，其中涉及雀皮螨属 11 种。而我国，仅有王梓英对雀皮螨属 3 个新种 2 个中国新记录种进行了描述。笔者通过对西南大学现存羽螨标本以及 2014 年四川地区采集标本(59 号标本)的鉴定，发现这些标本分属于 5 新种。

雀皮螨属的羽螨寄主范围特别广，据目前报道的 24 种该属羽螨，涉及的寄主范围主要有鹱形目 Procellariiformes、鹈形目 Pelecaniformes、雁形目 Anseriformes、佛法僧目 Coraciiformes、雀形目 Passeriformes、鸮形目 Strigiformes、鸽形目 Columbiformes。

关键词： 羽螨；雀皮螨属；系统分类

---

[*] 第一作者：穆宁，女；E-mail：muning109@163.com

[**] 通讯作者：刘怀，教授，博士生导师；E-mail：liuhuai@swu.edu.cn

取食 Cry1C 和 Cry2A 蛋白对白符跳生长发育及体内酶活性的影响[*]

杨　艳[**]　李云河[***]　彭于发

（中国农业科学院植物保护研究所，植物病虫害生物学国家重点实验室，北京　100193）

摘　要： 利用转 *Bt* 基因水稻防治害虫具有高效和减少化学农药施用量的优点。然而，转基因作物的商业化种植也可能带来潜在的安全问题。因此，在任何转基因作物商业化应用前对其进行严格的安全性评价是至关重要的。在转基因抗虫作物环境安全评价中，评价其对非靶标节肢动物的潜在影响是一个重要内容。白符跳（*Folsomia candida*），属于弹尾纲等节跳科，是土壤生态系统中最丰富、多样性最高的土壤节肢动物之一。转 *Bt* 基因水稻种植后，白符跳可通过取食水稻植株残体或根际分泌物等途径取食到 *Bt* 杀虫蛋白。本研究发展并验证了一种可用于评价转基因杀虫蛋白如 *Bt* 蛋白对白符跳潜在毒性影响的试验体系。把不同浓度的杀虫化合物砷酸钾（PA）、蛋白酶抑制剂 E-64 和雪花莲凝集素 GNA 混入酵母粉饲喂白符跳。结果显示：白符跳生存率和生长发育随杀虫化合物浓度的提高显著降低。然而，当白符跳取食含高剂量 Cry1C（300μg/g）或 Cry2A（600μg/g）蛋白的酵母粉时对其生命参数没有显著负面影响。同样，白符跳取食 Cry1C 或 Cry2A 蛋白不影响其体内超氧化物歧化酶（SOD）、过氧化物酶（POD）、谷胱甘肽还原酶（GR）、羧酸酯酶（CES）、总蛋白酶（t-Pro）、类胰蛋白酶（TPS）的活性；然而，取食 E-64（75μg/g）的白符跳其体内与抗氧化、解毒和消化相关的酶的活性显著提高。本研究结果说明，Cry1C 和 Cry2A 蛋白对白符跳没有毒性。

关键词： Bt 水稻；Cry1C；Cry2A；白符跳；生长发育；酶活性

---

* 基金项目：转基因生物新品种培育重大专项（2014ZX08011-001）和（2014ZX08011-02B）

** 第一作者：杨艳，女，博士研究生，主要从事昆虫生态学及转基因生物环境安全评价研究；E-mail: yyhndx@126.com

*** 通讯作者：李云河；E-mail: yunhe.li@hotmail.com

桉袋蛾雄虫触角感受器超微结构观察[*]

张媛媛[**] 刘志韬 马 涛 孙朝辉 温秀军[***]

（华南农业大学林学与风景园林学院，广州 510642）

摘 要：桉袋蛾（*Acanthopsyche subferalbata* Hampson），又称小袋蛾，隶属鳞翅目（Lepidoptera）、袋蛾科（Psychidae），主要为害桉树（Eucalyptus）及棕榈科植物，如棕竹（*Rhapis excelsa*）、散尾葵（*Chrysalidocarpus lutescens*）、蒲葵（*Livistona chinensis*）等；桉袋蛾成虫雌雄异型，雌成虫触角退化，本文利用扫描电镜观察桉袋蛾雄虫触角感受器的分布和形态特征；结果表明：桉袋蛾雄虫触角由三部分组成：柄节、梗节和鞭节（41~45个亚节）；其上着生6种感受器，即毛形感受器（sensilla trichodea）、刺形感受器（sensilla chaetica）、柱形感受器（sensilla cylindric）、鳞形感受器（sensilla squamiformia）、腔锥形感受器（sensilla coeloconica）和球形感受器（sensilla orbiculate），其中，毛形感受器最多；桉袋蛾雄虫触角感受器的扫描电镜观察为深入研究桉袋蛾性信息素及雄蛾触角叶对雌蛾性信息素的编码机制等研究提供参考，也为今后桉袋蛾的电生理学和行为生态学研究奠定了基础。

关键词：桉袋蛾；触角感受器；扫描电镜

* 基金项目：公益性行业（农业）科研专项经费项目201203036

** 第一作者：张媛媛，女，在读研究生，研究领域：昆虫信息化合物与害虫信息控制技术；E-mail：1551977342@ qq. com

*** 通讯作者：温秀军，教授；E-mail：wenxiujun@ msn. com

药材甲丝氨酸蛋白酶家族成员的克隆及气调胁迫下的响应分析*

孟永禄** 姚茂芝 杨文佳 曹 宇 杨大星 许抗抗 王丽娟 李 灿***

（贵阳学院生物与环境工程学院，有害生物控制与资源利用贵州省高校特色重点实验室）

摘 要：丝氨酸蛋白酶是一个超基因家族的基因，在昆虫体内起着及其重要的生理作用，例如先天免疫、生长发育、消化等。本论文以对药材甲为研究对象，研究了浓度为 10%、30%、50% 和 70% 的 CO_2 在 0.5h、1h、3h、6h 和 9h 处理下对药材甲成虫丝氨酸蛋白酶转录本表达的影响。通过基因克隆并进行同源性分析，获得了 8 个丝氨酸蛋白酶家族成员。RT-PCR 结果表明，以 *SpRPS* 为对照，*SpSP1A1* 在 50% CO_2 的 9h 浓度时响应表达最弱，在 CK 的 6h 时响应表达最强；*SpSPS281* 在 30% CO_2 的 9h 浓度时响应表达最弱，在 10% CO_2 的 1h 时响应表达最强；*SpSP6H1* 在 70% CO_2 的 6h 浓度时响应表达最弱，在 50% CO_2 的 3h 时响应表达最强；*SpSPS11* 在 CK 的 0.5h 时响应表达最弱，在 50% CO_2 的 9h 时响应表达最强；*SpSPS12* 在 70% CO_2 的 6h 浓度时响应表达最弱，在 10% CO_2 的 0.5h 时响应表达最强；*SpSPS13* 在 30% CO_2 的 9h 浓度时响应表达最弱，在 CK 的 3h 时响应表达最强；*SpSPS14* 在 10% CO_2 的 1h 浓度时响应表达最弱，在 30% CO_2 的 3h 时响应表达最强；*SpSPS15* 在 50% CO_2 的 6h 浓度时响应表达最弱，在 30% CO_2 的 0.5h 时响应表达最强。对比发现，丝氨酸蛋白酶在成员在 CO_2 处理下具有多种表达模式。

关键词：药材甲；丝氨酸蛋白酶；基因克隆；气调胁迫；响应分析

* 基金项目：国家自然科学基金项目（31460476）；贵州省自然科学基因项目（黔科合 JZ 字 [2014] 2002 号）贵州省国际合作项目（2013 – 7047）；贵州省高校特色重点实验室建设项目（2012 – 013）；贵州省重点学科（ZDXK – 201308）

** 第一作者：孟永禄，男，博士学位，讲师，有害生物控制；mengyonglu@126.com

*** 通讯作者：李灿；lican790108@163.com

高温胁迫对小金蝙蛾幼虫过氧化氢酶、过氧化物酶活性的影响

张　青[1]* 　涂永勤[2] 　张文娟[1] 　张　航[1] 　覃语思 　刘　怀[1]**

（1. 西南大学植物保护学院，重庆　400716；2. 重庆市中药研究院，重庆　400065）

摘　要： 小金蝙蛾（*Hepialus xiaojinensis* Tu）是鳞翅目（Lepidoptera）、蝙蝠蛾科（Hepialidae）、蝙蛾属（*Hepialus*）昆虫，我国名贵中药材冬虫夏草的寄主昆虫之一，具有极高的商业价值。该物种适宜在低温条件下（12℃以下）生存，主要分布在四川金钏、小金县交界的空卡山地区，海拔3 000～4 800m。在自然条件下，小金蝙蛾完成一个世代需要3～5年的时间，有卵、幼虫、蛹、成虫4种虫态，其幼虫生活在地下5～40cm土壤中，可取食多种植物根茎的幼嫩部分，土壤温度是影响小金蝙蛾幼虫存活率的重要因素之一。当生物体处在高温或者低温条件下时，体内会产生大量的过氧化氢（H_2O_2），过氧化氢酶和过氧化物酶的作用就是将生物体内生成的大量H_2O_2转化成对细胞无害的H_2O，从而达到清除氧自由基，保护细胞的目的。因此，本文研究了小金蝙蛾四龄幼虫体内过氧化氢酶（CAT）、过氧化物酶（POD）在高温条件下胁迫后的活力变化，胁迫温度为12℃，16℃，20℃，24℃，28℃，胁迫时间为4h和12h，每个温度-时间组合设置5个重复，高温处理结束后迅速用液氮冷冻，然后保存在 -80℃备用。试验时用液氮研磨虫体提取粗酶液，按照南京建成生物工程研究所生产的试剂盒说明书对CAT和POD分别进行活力测定。测定结果表明，胁迫时间和胁迫温度显著影响了小金蝙蛾幼虫体内CAT和POD的活性。对照组的CAT和POD活性分别为23.18U/mgprot和4.89U/mg prot，CAT活性在28℃条件下胁迫处理4h时达到最高值（50.71U/mgprot），而20℃条件下胁迫处理12h后达到最高值（46.53U/mgprot）；同一胁迫温度下，4h胁迫过后的CAT活性均高于12h；POD活性在4h胁迫处理组和12h胁迫处理组均在28℃达到最高值，分别是6.89U/mgprot和9.22U/mgprot；在同一胁迫温度下，12h胁迫后的POD活性均高于4h。从试验结果可以看出，CAT的活力远大于POD的活力，由此可以推测出CAT消除了小金蝙蛾幼虫体内大量的H_2O_2，而POD消除了小量的H_2O_2，与其他昆虫的实验结果是一致的。综上所述，CAT和POD均在小金蝙蛾幼虫的耐高温过程中均发挥了重要的作用。

关键词： 温度胁迫；小金蝙蛾；过氧化氢酶；过氧化物酶

＊ 作者简介：张青，女，硕士研究生

＊＊ 通讯作者：刘怀，教授，博士生导师；E-mail：liuhuai@swu.edu.cn

温度对重庆地区烟田温室白粉虱生长发育的影响

张文娟* 张 青 张 航 卫秋阳 张开军 刘 怀**

（西南大学植物保护学院，重庆 400716）

摘 要： 温室白粉虱 [*Trialeurodes vaporariorum*（Westwood）] 属同翅目，粉虱科，是我国重要的蔬菜害虫，其世代重叠严重，一年可发生多代，寄主范围更是广泛，包括豆科、茄科以及十字花科等植物，在北方为害更为严重。温室白粉虱成虫和若虫吸食植物汁液，被害叶片褪绿、变黄、萎蔫，甚至全株死亡。此外，尚能分泌大量蜜露，污染叶片和果实，导致煤污病的发生，造成寄主植物减产并降低商品价值。温室白粉虱亦可传播病毒病。近年来，温室白粉虱在重庆地区海拔较高的烟田定殖并造成大量为害，而其相关的生物学习性尚无研究。由于昆虫是变温动物，温度变化对其影响很大，是造成种群季节消长的重要原因之一。本文研究了采自重庆市奉节县烟田的温室白粉虱种群在不同温度条件下（19℃、22℃、25℃、28℃、31℃、34℃）的生长发育参数。结果表明，温度是影响温室白粉虱生长发育的重要因素。在 19~28℃ 温度范围内，各虫态发育历期均随温度升高而缩短，19℃完成一个世代需36.72天，22℃完成一个世代需28.55天，25℃完成一个世代需21.32天，而28℃条件下只需要18.23天，31~34℃条件下其发育历期又有延长趋势，分别为23.13天和26.83天。研究结果表明，温室白粉虱的生长发育最适合温度为28℃，低温和过高的温度对温室白粉虱的发育均有抑制作用。另外，温室白粉虱各虫态在不同温度下的存活率也有较大的差别。卵、3龄、4龄若虫在19℃、22℃和31℃条件下无显著差异，但在34℃条件下存活率较低，分别为61.62%、46.16%、35.22%。在28℃条件下，温室白粉虱各虫态的存活率都较高，依次为94.66%、88.87%、93.33%、92.24%和95.92%。不同温度下雌虫寿命和产卵量也显著不同。在19℃条件下雌虫平均寿命为41.63天，而在34℃条件下时只有8.32天。说明随着温度的升高，雌虫平均寿命在逐渐缩短。另外，在19℃条件下的产卵量也是34℃条件下产卵量的2倍多。说明温度对温室白粉虱的存活和繁殖影响非常大。随温度升高，产卵量亦随之下降。单雌最高产卵量出现在19℃时。

关键词： 温室白粉虱；温度；生长发育；存活率

* 作者简介：张文娟，女，在读硕士研究生；E-mail：zhangwenjuan0907@163.com
** 通讯作者：刘怀，教授，博士生导师；E-mail：liuhuai@swu.edu.cn

交配行为对扶桑绵粉蚧卵及胚胎发育的影响[*]

赵春玲[1,2][**]　　黄　芳[1][***]　　吕要斌[1,2][***]

（1. 浙江省农业科学院植物保护与微生物研究所，杭州　310021；

2. 浙江师范大学化学与生命科学学院，金华　321004）

摘　要：扶桑绵粉蚧的生殖方式在国际上一直存在争议，一些研究者认为其即可营两性生殖又可营孤雌生殖，但我国的一些研究者认为其只可营两性生殖。之前针对扶桑绵粉蚧开展的行为学及生物学研究发现，扶桑绵粉蚧雌性成虫在单头饲养并不进行交配的情况下，不能产卵，即其不可进行孤雌生殖。那么，为了进一步明确扶桑绵粉蚧的生殖方式，在细胞生物学、生理学及个体发育的层面上提供理论支持，我们对交配及未交配对扶桑绵粉蚧卵巢及卵细胞和胚胎发育的影响进行研究。

我们利用体视显微镜观察描述卵巢发育及卵细胞和胚胎的发育过程；在明确扶桑绵粉蚧卵黄蛋白基本特性的基础上，结合不同交配条件下卵黄蛋白的发生发展情况，分析交配行为对卵巢发育的影响；利用 TUNEL-PI 双染色法结合 DNA 电泳方法，明确卵细胞发育过程中的凋亡情况以进一步论证交配行为在卵成熟过程中的关键调控作用。

结果显示：①交配后的卵细胞会吸收滋养细胞内的营养物质进行下一步的胚胎发育，待成熟卵细胞产出后，会在卵巢管上残留卵泡细胞萎缩后形成的木塞状结构；而未交配的卵细胞会被母体重吸收，在卵巢管上留下萎缩的卵细胞，顶端仍带有滋养细胞，但已不具有活性，其形状、大小与开始发育时相近。②交配后卵巢内的蛋白总量在扶桑绵粉蚧进入成虫后呈指数增加，而未交配的卵黄蛋白没有明显的沉积。扶桑绵粉蚧的卵黄蛋白具有三个亚基，大小分别为 107.82kDa、68.89kDa 和 40kDa，交配后的卵巢内卵黄蛋白的含量呈现先上升后下降的趋势，而未交配的卵巢内卵黄蛋白含量始终维持在一个较低的水平。③交配后的卵细胞在发育成熟的过程中，滤泡细胞会经历正常的凋亡，即胞核固缩，为卵细胞发育的必要阶段之一；而未交配的卵细胞不能进行正常的细胞凋亡，出现细胞坏死现象。交配后扶桑绵粉蚧卵细胞内调控凋亡过程的关键酶 caspase 活性显著高于未进行交配的卵细胞内的酶活；TUNEL 染色结果也同样证明了未交配卵巢中的卵细胞不能进行正常的凋亡，而交配后可以正常发育的卵细胞的凋亡现象明显。以上结果表明扶桑绵粉蚧的雌虫在不进行交配的情况下，卵巢内的卵细胞不能完成正常的胚胎发育过程。

关键词：扶桑绵粉蚧；交配行为；凋亡；卵巢发育；胚胎发育

[*]　基金项目：浙江省自然基金项目（LQ14C140002）；国家自然基金项目（31270580）

[**]　作者简介：赵春玲，女，在读硕士研究生，研究方向为害虫综合防治；E-mail：zhaochunling1026@126.com

[***]　通讯作者：黄芳；E-mail：huangfang_ch@hotmail.com

吕要斌；E-mail：lyybcn@163.com

广西南宁草坪绿地红火蚁发生为害及分布

李　成[1]* 　吴碧球[1]　黄所生[1]　孙祖雄[2]　凌　炎[1]　黄凤宽[1]

（1. 广西农业科学院植物保护研究所/广西作物病虫害生物学重点实验室，南宁　530007；
2. 广西防城港市农业技术推广服务中心，防城港　538001）

摘　要：红火蚁原产于南美洲，2005 年广西南宁首次在西乡塘区石埠发现该虫，严重为害人畜安全。为了明确南宁市红火蚁发生区域及防治效果，为南宁市红火蚁防控工作提供科学依据，本研究于 2013—2015 年每年 3 月和 6 月采用区域定点监测、标记巢穴、诱饵诱集等方法对南宁市草坪绿地进行调查。研究结果表明，红火蚁在南宁草坪绿地 2014 年比 2013 年新增为害面积占总面积的 19.5%，2015 年比 2014 年新增为害面积占总面积的 17.7%，总体发生面积呈上升趋势；在用药剂防治后，效果明显，2013 年、2014 年和 2015 年药剂防治效果分别为 86.2%、92.8% 和 93.4%。但目前药剂防治无法彻底扑杀红火蚁，在红火蚁高发地区，药剂防治一段时间后，会出现再猖獗现象；个别地区药后红火蚁发生扩散，为害面积增加。

关键词：红火蚁；绿地；为害面积

---

* 第一作者：李成；E-mail：799686156@qq.com

有害生物综合防治

稻瘟病菌对氯啶菌酯敏感性及抗药性突变体生物学特性研究*

王海宁** 魏松红*** 张 优 李思博 罗文芳 刘志恒***

（沈阳农业大学植物保护学院，沈阳 110866）

摘 要：稻瘟病是水稻生产中为害最严重的病害之一，全世界各个稻区都有发生，开发、筛选出用于防控稻瘟病的新药剂，对于水稻生产具有十分重要的意义。本研究采用菌丝生长速率法测定了分离自辽宁省 8 个水稻产区 109 株稻瘟病菌（*Magnaporthe grisea*）对氯啶菌酯（SYP-7017）的敏感性，并对室内诱导的抗药性突变体的主要生物学特性、交互抗性及多抗性进行了研究。结果表明：供试菌株中最敏感菌株的 EC_{50} 值为 0.049 6 μg/mL，最不敏感菌株的 EC_{50} 值为 1.086 7 μg/mL，敏感性差异达 22 倍。供试菌株的敏感性频率分布呈近似正态分布，初步确定将供试菌株的 EC_{50} 平均值（0.301 0 ± 0.020 7）μg/mL 作为辽宁省稻瘟病菌对氯啶菌酯的敏感基线。稻瘟病菌不同生理种群对氯啶菌酯的敏感性无明显差异。采用紫外线和药剂驯化联合诱导获得 5 株抗氯啶菌酯突变体菌株的抗药性水平范围为 4.8~22.3 倍。突变体在 PDA 平板上的生长速率与亲本菌株无显著性差异，但其菌丝干重和产孢量明显低于亲本菌株。除 YK-BF-5 菌株外，其余 4 株突变体致病力均发生变化，5 株突变体的抗药性均不能稳定遗传。利用 rep-PCR 技术对突变体及亲本菌株进行指纹图谱分析，突变体及亲本菌株扩增的条带数目与大小均有差异。氯啶菌酯与嘧菌酯、醚菌酯均无交互抗性，与戊唑醇、多菌灵、稻瘟灵之间无多抗性关系。

关键词：稻瘟病菌；氯啶菌酯；敏感性；抗药性突变体；生物学特性

* 基金项目：辽宁水稻产业体系专项资金（辽农科〔2013〕271 号）；国家水稻产业技术体系项目（CARS－01－02A）

** 作者简介：王海宁，硕士研究生，从事植物病原真菌学研究；E-mail：934803601@qq.com

*** 通讯作者：魏松红，教授，从事植物病原真菌学研究；E-mail：songhongw125@163.com

刘志恒，教授，从事植物病原真菌学研究；E-mail：lzhh1954@163.com

稻瘟病菌对戊唑醇敏感性分析及抗药性
突变体生物学特性研究*

王海宁**　魏松红***　张　优　李思博　罗文芳　刘志恒***

（沈阳农业大学植物保护学院，沈阳　110866）

摘　要： 在我国北方稻区，稻瘟病的发生呈现逐年加重的趋势，由于一些地区常年应用单一药剂，已导致对某些药剂出现个别抗药性的菌株，开发、筛选出用于防控稻瘟病的新药剂，对于水稻生产具有十分重要的意义。本研究采用菌丝生长速率法测定了 2013 年采集分离自辽宁省 8 个地区的 109 株稻瘟病菌（*Magnaporthe grisea*）对三唑类杀菌剂戊唑醇（tebuconazole）的敏感性，并对室内诱导的抗药性突变体的主要生物学特性、交互抗性及多抗性进行了研究。结果表明：戊唑醇对 109 株稻瘟病菌的 EC_{50} 值范围为 0.067 5 ~ 1.248 6 $\mu g/mL$，相差 18.49 倍，供试菌株的敏感性频率分布呈近似正态分布，初步确定将供试菌株的 EC_{50} 平均值（0.383 3 ± 0.026 3）$\mu g/mL$ 作为辽宁省稻瘟病菌对戊唑醇的敏感基线。田间尚未出现对戊唑醇产生抗药性的菌株，不同地区间稻瘟病菌对戊唑醇的敏感性无显著差异，稻瘟病菌不同生理种群对戊唑醇的敏感性无明显差异。采用紫外线和药剂驯化联合诱导获得 4 株抗戊唑醇的突变体菌株的抗药性水平范围为 6.5 ~ 19.2 倍。突变体在 PDA 平板上的生长速率和菌丝干重与亲本菌株无显著性差异，但其产孢量明显低于亲本菌株，4 株突变体致病力均发生变化，4 株突变体的抗药性均不能稳定遗传。利用 rep-PCR 技术对突变体及亲本菌株进行指纹图谱分析，突变体及亲本菌株扩增的条带数目与大小均有差异。戊唑醇与氟环唑、苯醚甲环唑、咪鲜胺和己唑醇均无交互抗性，与嘧菌酯、多菌灵和稻瘟灵之间无多抗性关系。

关键词： 稻瘟病菌；戊唑醇；敏感性；抗药性突变体；生物学特性

---

　* 基金项目：辽宁水稻产业体系专项资金（辽农科〔2013〕271 号）；国家水稻产业技术体系项目（CARS－01－02A）

　** 作者简介：王海宁，硕士研究生，从事植物病原真菌学研究；E-mail：934803601@ qq. com

　*** 通讯作者：魏松红，教授，从事植物病原真菌学研究；E-mail：songhongw125@ 163. com
　　　　　　　刘志恒，教授，从事植物病原真菌学研究；E-mail：lzhh1954@ 163. com

5 种杀菌剂防治水稻纹枯病的药效评价

张金花*　刘晓梅　姜兆远　张　伟　王义生　孙　辉

（吉林省农业科学院植物保护研究所，公主岭　136100）

摘　要：采用田间小区试验对 5 种常用杀菌剂对水稻纹枯病的田间防治效果进行了比较。结果表明 5 种药剂中肟菌·戊唑醇，申嗪霉素对水稻纹枯病有较好防治效果，其中，肟菌·戊唑醇对水稻纹枯病的药后第 7 天和药后 14 天的防效分别为 65.51% 和 77.95%；申嗪霉素药后 14 天的防效为 75.99%。两种药剂的防效相当，噻呋酰胺的防效略低，仅为 49.52%，井冈霉素和苯甲丙环唑在仅施一次药的情况下几乎没有防效。在本研究条件下，5 种供试药剂对水稻无药害；其中，肟菌·戊唑醇、申嗪霉素可较好的防治水稻纹枯病；井冈霉素，噻呋酰胺和苯甲·丙环唑的防效一般，建议在水稻孕穗后期再施一次药，在水稻纹枯病发病重的田块齐穗期可再施药一次，以达到更好的控制效果。

关键词：水稻纹枯病；防治效果；药效评价

---

* 第一作者：张金花；E-mail：helen_ email2001@163.com

"一浸二喷、叶枕平准确定时"防控水稻后期穗部病害理论与实践*

黄世文** 刘连盟 王玲 孙磊 李路

（中国水稻研究所，杭州 310006）

摘 要：稻曲病、穗腐病、稻粒黑粉病是水稻后期穗部重要病害，不但影响水稻产量，而且降低品质，特别是病原菌产生毒素，对人、畜禽造成毒害。这些病害均为种子带菌、有的病原复杂、有的侵染机制不明确，潜伏期长，防控非常困难，效果差。"选对药剂，定准打药时期"对于有效防控这些病害非常重要。在强调"减肥减药"、绿色环保，农业可持续发展的当下，既要省工、省力、省药，又要取得好的防效，经过多年的研究，我们探索出一套"一浸二喷、叶枕平准确定时"的防控水稻后期穗部病害的技术，多年、多地的试验、示范和生产应用，防效比过去常用方法提高20%左右。

一浸：播种前种子药剂浸种，减少种子带菌。浸种可选用下列药剂之一：烯唑醇＋咪鲜胺（1∶10）、烯唑醇＋腈菌唑（10∶1）（前两者兼治恶苗病、稻瘟病）、烯唑醇＋井冈霉素（5∶1）、丙环唑、肟菌酯、咪鲜胺或戊唑醇等。

二喷：以多数稻株"叶枕平"△（零叶枕距）打第一次药，破口期打第二次药。叶枕平解决了准确确定防治时期的问题。喷雾可选用下列药剂之一：43%戊唑醇（好力克）SC、25%嘧菌酯SC、25%咪鲜胺EC、25%丙环唑EC、12.5%烯唑醇、12.5%氟环唑（欧博）悬浮剂、25%苯醚甲环唑EC、50%醚菌脂（翠贝）悬浮剂、24%噻呋酰胺（满穗）悬浮剂、75%肟菌·戊唑醇（拿敌稳）水分散粒剂、30%代森锰锌悬浮剂。也可选用下列复配剂之一：8%井冈霉素A＋4%苯醚甲环唑WP、30%苯醚甲环唑·丙环唑（爱苗）EC、75%咪鲜胺锰盐·苯醚甲环唑WP（苗盛）、嘧菌酯＋戊唑醇（或苯醚甲环唑）、吡唑醚菌酯＋氟环唑（或己唑醇、或戊唑醇）、噻呋酰胺＋咪鲜胺（或己唑醇）等，均对水 $600 \sim 675 \text{kg/hm}^2$，细雾均匀喷雾。

△说明：（下图）：剑叶叶枕与倒2叶叶枕持平（剑叶为倒1叶）。过去建议第一次打药在抽穗前5~7天，由于准确确定"抽穗前几天"比较困难，尤其对普通稻农来说，很难在田间准确把握和实际操作。以水稻生理指标"叶枕平"很容易判别。第二次打药在水稻破口期（此生育期也很容易识别）。

---

* 基金项目：中国农业科学院创新工程项目"水稻病虫草害防控技术创新团队"；农业科技支撑项目（2012BAD19B03）；转基因重大专项（2011ZX08010-005）；中央级公益性科研院所基本科研业务费专项资金项目（2012RG003-4，2012ZL096）

** 第一作者：黄世文：男，博士，中国水稻研究所，研究员，长期从事植物保护、水稻病害及生物防治研究；E-mail：huangshiwen@ caas.cn

一般地，"叶枕平"相当于水稻破口前 5～13 天（5～13 天天数与水稻此生育期间当地气候条件有关，且品种间差异较大），如常规籼稻、粳稻和籼型杂交稻，相当于破口前 5～7 天；而对于籼／粳杂交稻（如甬优12）则相当于破口前 10～13 天。

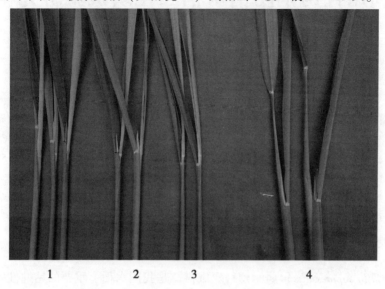

图　水稻生理指标"叶枕平"或"零叶枕距"

1—负叶枕距：剑叶叶枕低于倒二叶叶枕；2—叶枕平（叶枕距零）：剑叶叶枕与倒二叶叶枕持平；3—正叶枕距：剑叶叶枕稍高于倒二叶叶枕；4—正叶枕距：剑叶叶枕明显高于倒二叶叶枕，即将破口

利用性诱剂防治水稻二化螟试验研究

张　静　王晓蔷　董本春　李晓光*

（通化市农业科学研究院，通化　135007）

摘　要：在吉林省通化市对利用性诱剂防治水稻二化螟成虫进行了试验研究，结果表明：试验期间二化螟诱捕器共诱杀二化螟成虫 927 头，二化螟性诱剂防治田白穗率为 0.36%，药剂防治田白穗率为 0.29%，对照田白穗率为 0.85%。二化螟性诱剂田间防治效果为 57.6%，杀虫单粉剂防治效果为 65.9%，药剂防治效果略高于二化螟性诱剂防治效果，但二者对二化螟的防治效果均不理想。二化螟性诱剂防治效果不理想的原因为二化螟性诱剂释放面积太小，药剂防治不理想的原因为多年施用杀虫单粉剂的单一药剂，二化螟已经产生抗药性。

关键词：性诱剂；防治；二化螟

二化螟（*Chilo suppressalis*）属鳞翅目螟蛾科，是我国水稻上重要的钻蛀性害虫，是吉林省稻区常发性主要害虫，在分蘖期受害造成枯鞘、枯心苗，在穗期受害造成虫伤株和白穗，当前，随着绿色农业的普遍实施及害虫可持续控制策略的推广，应用信息素诱杀成虫已成为二化螟综合治理的重要措施之一（盛成发等，2000；叶生海等，2008；洪峰等，2009）。本研究利用二化螟性信息素诱杀成虫，调查诱捕器诱虫数量及对水稻二化螟的防治情况，旨在为水稻二化螟无公害治理提供理论依据。

1　材料与方法

1.1　试验材料

试验地点为通化市农业科学研究院试验田，水稻品种为通稻 3。试验设 3 个处理，处理 1 为放置二化螟性诱剂诱捕器田；处理 2 为化学药剂防治田；处理 3 为对照田，整个生育期不使用化学农药，不设重复。二化螟性诱剂和三角形诱捕器购置于北京中捷四方生物科技有限公司。化学药剂为杀虫单粉剂。

1.2　试验方法

试验区各处理面积均为 666.7m²，三角形诱捕器用一根竹棍架起，放置离地面 1m 高，每亩放置 5 套诱捕器，按对角线 5 点放置。6 月 1 日开始诱蛾，9 月 1 日诱蛾结束。试验期间每 3 天调查 1 次，记录诱捕器的诱蛾数量。90% 杀虫单粉剂 40g/亩，对水进行均匀喷雾，于 7 月 10 日二化螟正处于卵孵高峰期喷施一次，试验时田间保持 3cm 水层 3 天以上。水稻二化螟田间为害稳定后，采用对角线 5 点取样法，共取 5 点，每点查 20 丛，5 个点共查 100 丛，调查总株数、白穗数，计算田间白穗率及防治效果。白穗率（%）= 调查白穗数/调查总株数×100%，白穗防治效果（%）=（对照区白穗率 – 处理区白穗率）/

---

*　通讯作者：李晓光；E-mail：lixiaoguang0438@sina.com

对照区白穗率×100。

2 结果与分析

6月1日至9月1日共诱捕二化螟927头，由于诱捕器在田间放置的地点不同，诱蛾数量也有所不同（董本春等，2013），中间位置即第3点位置的诱蛾数量最少，外缘位置即其他4点位置的诱蛾数量均高于中间点。

由表可见，二化螟性诱剂防治田白穗率为0.36%，药剂防治田白穗率为0.29%，对照田白穗率为0.85%。二化螟性诱剂防治田白穗率略高于药剂防治田白穗率，明显低于对照田白穗率。二化螟性诱剂防治效果为57.6%，药剂防治效果为65.9%，药剂防治效果略高于二化螟性诱剂防治效果，但二者对二化螟的防治效果均不理想。二化螟性诱剂防治效果不理想的原因为二化螟性诱剂释放面积太小，药剂防治不理想的原因为多年施用杀虫单粉剂的单一药剂，二化螟已经产生抗药性，再者，1次施药也很难有效的防治二化螟的为害。

表 二化螟性诱剂防治水稻二化螟田间调查结果与防治效果

处理	调查株数	白穗株数	白穗率（%）	防治效果（%）
二化螟诱捕器	1 676	6	0.36	57.6
药剂防治	1 740	5	0.29	65.9
对照	1 654	14	0.85	—

3 结果与讨论

二化螟性信息素是对二化螟雄虫有专一性的天然昆虫信息素，保护天敌，恢复生态，对环境无不利影响，对人畜无毒副作用。随着无公害农产品生产的发展，害虫的无公害防治方法日趋显得重要。利用水稻二化螟性诱剂诱杀成虫具有低毒环保的特点，对害虫进行可持续控制，由于诱杀了大量雄蛾，导致田间雌雄比例失调，降低了成虫自然交配率，有效减少了子代虫口密度和为害程度，也可以检测二化螟发生动态，为防治二化螟工作提供理论依据。本试验调查了诱捕二化螟数量及性诱剂对二化螟的防治效果，但由于试验面积小，防治效果不明显，如大面积应用性诱剂会有更好的防治效果，将带来更大的经济与生态环境效益。

参考文献

[1] 董本春，王晓蔷，李晓光，等．利用性诱剂诱杀二化螟的效果研究 [J]．安徽农业科学，2013（27）：11 012 – 11 015．

[2] 洪峰，张艳菊，张洪文，等．性诱剂防治二化螟效果的研究 [J]．黑龙江农业科学，2009（6）：72 – 73．

[3] 盛承发，杨辅安，韦永保，等．2000．性诱剂诱杀二化螟的田间效果试验 [J]．植物保护，2000，26（5）：4 – 5．

[4] 叶生海，卢增斌，程年娣，等．二化螟性引诱剂田间防治效果初步研究 [J]．湖北植保，2008（6）：39 – 40．

呋虫胺在水稻中的残留消解及膳食风险评估[*]

孙明娜[**]　董　旭　王　梅　肖青青　段劲生[***]　高同春[***]

（安徽省农业科学院，植物保护与农产品质量安全研究所，农业部
农产品质量安全风险评估实验室（合肥），合肥　230031）

摘　要：为评价呋虫胺在水稻中的残留消解行为和产生的膳食摄入风险，于 2012、2013 两年在安徽、重庆、广西进行了规范残留试验，建立了呋虫胺在水稻稻米和植株中的残留分析方法，并对我国不同人群的膳食暴露风险进行了评估。样品经乙腈提取，Florisil 柱层析净化，高效液相色谱-紫外检测器检测，外标法定量。结果表明，在 0.05 ~ 2mg/kg 添加水平下，呋虫胺的平均回收率为 70.4% ~ 99.8%，相对标准偏差（RSD）为 1.5% ~ 6.56%；方法最低检测浓度为 0.05mg/kg。呋虫胺在水稻植株中的消解符合一级动力学方程，半衰期为 2.3 ~ 4.8 天，末次药后 7 天糙米中的最大残留量为 0.526mg/kg，低于日本和国际食品法典委员会（CAC）和规定的最大残留限量 2.0、8.0mg/kg。长期膳食摄入和风险评价的结果显示，我国各类人群的呋虫胺国家估计每日摄入量（$NEDI$）为 0.425 ~ 1.054μg/（kg bw·天），慢性风险商值（RQ）为 0.002 ~ 0.005，说明呋虫胺在糙米中的膳食摄入风险较低。

关键词：呋虫胺；水稻；残留消解；风险评估

---

* 基金项目：安徽省农科院科技创新团队项目（14C1105）

** 第一作者：孙明娜，助理研究员，硕士，从事农药残留检测和农产品质量安全风险评估研究；E-mail：smnzbs@ sina. com

*** 通讯作者：段劲生，男，博士，副研究员，主要从事农药残留与农产品质量安全方面的研究工作；E-mail：djszbs@ sina. com

高同春，男，博士，研究员，从事植物保护、植物病理学和农产品质量安全方面研究；E-mail：gtczbs@ sina. com

双株定向栽培对玉米纹枯病发生流行及产量损失影响[*]

景殿玺[**] 傅俊范[***] 刘 震 周如军 郭晓源

（沈阳农业大学植物保护学院，沈阳 110866）

摘 要：为保障玉米持续增产，近年来辽宁地区推广双株定向栽培等新型高产栽培模式。玉米双株定向栽培是指在整体密度不变的条件下每穴播种两粒，两粒种子来自同一穗轴且连在一起，育种专家认为这样的种子遗传背景相同，从长出幼苗到长大结实始终保持叶片、果穗方向一致，显著提高整齐度，合理搭配植株布局，提高植株光能利用率，发挥群体增产潜力。玉米栽培模式的改变影响农田生态系统的冠层结构，可能导致冠层温湿度等影响病害发生流行的气象因素也随之发生改变。本文根据植物病害流行学原理，通过田间试验设计及人工接种技术，以常规清种栽培模式为对照，系统研究双株定向栽培模式对玉米纹枯病发生流行及产量损失的影响，探索病害流行成因及其机制，为病害防治提供科学的理论依据。

本试验供试玉米品种为辽单 565，为辽宁玉米产区主栽品种之一。试验田位于沈阳农业大学实验基地。以栽培密度 45 000 株/hm² 为前提设置 2 个处理组：①双株定向栽培模式，每种植两行空一行，垄距 60cm，穴距 48cm；②常规清种栽培模式（CK），垄距 60cm，株距 36cm。各重复 3 次，同时各处理增设零发病区，不进行人工接种并喷施 25% 多菌灵 500 倍液控制病害发生，作为产量损失试验空白对照。将玉米纹枯病菌转置于高粱粒培养基，28℃培养 5 天，以带菌高粱粒作为接种体。7 月 1 日进行人工接种，7 月 10 日接种植株发病后每 5 天调查一次田间发病情况，并使用温湿度记录仪（HOBO® U12-011）对田间冠层环境实时监测，持续到生长季末。9 月 15 日玉米完熟后按小区收获装袋，自然风干后测量不同小区玉米单株产量。为保证处理与对照面积及测产株数一致，各处理选用 2 行 50 株测产，利用 SAS 9.4 进行数据统计分析。

试验结果表明，至 9 月 15 日病害流行末期，双株定向栽培模式玉米纹枯病病情指数低于常规栽培模式，二者分别为 67.4 和 72.9。冠层环境监测结果显示，双株定向栽培模式比常规栽培模式冠层温度低 0.3℃、湿度低 3.5%，相对低温低湿环境是玉米纹枯病在双株定向栽培模式下发生流行程度轻的原因。

利用 Logistic 模型对病害流行时间动态进行拟合：双株定向栽培模式 $Y = 1/$

---

* 基金项目：国家自然科学基金项目"双株定向栽培模式对玉米纹枯病流行影响及灾变机制研究"（31171791）；国家"粮丰工程"项目"东北平原南部（辽宁）春玉米水稻持续丰产高效技术集成创新与示范课题"（2011BAD16B12）；"辽宁春玉米粳稻大面积均衡增产技术集成研究与示范"（2012BAD04B03）

** 第一作者：景殿玺，男，博士研究生，研究方向为植物病害流行学；E-mail：jingdianxi@qq.com

*** 通讯作者：傅俊范；E-mail：fujunfan@163.com

［0.014 6 + 0.611EXP（ - 0.084t）］，常 规 栽 培 模 式 $Y = 1/$ ［0.013 4 + 0.551EXP（-0.083t）］，式中 Y 为病情指数，t 为调查时间。推导病害流行时期可知，双株定向栽培模式与常规栽培模式相比，盛发始期晚且衰退始期早。

研究病害产量损失发现，双株定向栽培模式玉米纹枯病产量损失率低于常规栽培模式，二者平均损失率分别为 10.9% 和 18.3%。对不同栽培模式病情指数与产量损失率线性回归，得到产量损失估计模型：双株定向栽培模式 $Y = 0.541x - 0.177$，常规栽培模式 $Y = 0.793x - 4.907$，式中 Y 为产量损失率，x 为病情指数。

关键词：玉米；栽培模式；玉米纹枯病；流行动态；产量损失

玉米秸秆腐解液对玉米大斑病和纹枯病病菌生长的影响[*]

郭晓源[**]　景殿玺　周如军　傅俊范[***]

（沈阳农业大学植物保护学院，沈阳　110866）

摘　要：秸秆是农业生态系统中一种重要的可再生资源。中国是秸秆产量大国，每年产生农作物秸秆约7亿t。近年来，玉米秸秆还田面积不断增加，已逐渐成为农业生产中一种常规方式。有研究表明，秸秆还田可以提高土壤有机质含量，改善土壤肥力。秸秆还田后在土壤微生物作用下进行腐解，释放出氮、磷、钾等作物所需养分，供作物吸收，促进作物生长，达到增产的目的。另有研究，秸秆在土壤中会腐解出多种化感物质（主要是酚酸类物质），这些物质会直接影响土壤中的病原菌数量，进而影响病害的发生流行。本文通过不同腐解时间的玉米秸秆对玉米大斑病和纹枯病病原菌菌丝生长的影响，为研究秸秆还田后玉米病害在田间的发生流行提供依据。

试验通过提取不同腐解时间（10天、30天、60天、90天、120天、180天、240天）的玉米秸秆腐解液，经旋转蒸发得到浓度为5g/mL的液体，再稀释成0.5g/mL、0.25g/mL、0.125g/mL、0.0625g/mL、0.03125g/mL五个浓度，以等量清水为对照，采用生长速率法研究玉米秸秆腐解液对玉米大斑病和纹枯病病菌的影响，所得数据经SPSS 19统计分析。

试验结果表明，0.5g/mL的秸秆腐解液对玉米大斑病和纹枯病病菌菌丝生长具有较强的抑制作用，抑菌率为100%。不同时期提取的腐解液对病原菌菌丝生长的抑制作用不同，其中腐解60天的提取液对玉米大斑病病原菌菌丝生长的抑制效果较强，5个浓度腐解液的抑菌率分别为100%、71.84%、52.83%、52.12%和42.07%。同一腐解时期不同浓度的秸秆腐解液对玉米大斑病病菌菌丝生长产生抑制作用，且随腐解液浓度增加抑制作用增强。但同一时期腐解液对玉米纹枯病病菌菌丝生长抑制效果不同，其中0.5g/mL、0.25g/mL、0.125g/mL的腐解液能够抑制病原菌菌丝的生长，抑菌率在20.18%以上，0.0625g/mL和0.03125g/mL的腐解液在腐解10天、90天、240天时能够促进病原菌菌丝的生长。秸秆还田后在土壤中腐解是个复杂的过程，产生的化感物质对病原菌的影响也是多种物质共同作用的结果，还需进一步探讨。

关键词：秸秆还田；腐解液；玉米大斑病；玉米纹枯病

---

* 基金项目：国家自然科学基金项目"双株定向栽培模式对玉米纹枯病流行影响及灾变机制研究"（31171791）；国家"粮丰工程"项目"东北平原南部（辽宁）春玉米水稻持续丰产高效技术集成创新与示范课题"（2011BAD16B12）；国家"粮丰工程"项目"辽宁春玉米粳稻大面积均衡增产技术集成研究与示范"（2012BAD04B03）

** 第一作者：郭晓源，男，硕士研究生，研究方向为植物病害流行学；E-mail：guoxiaoyuan9004@163.com

*** 通讯作者：傅俊范；E-mail：fujunfan@163.com

75%戊唑醇·肟菌酯水分散粒剂（NATIVO）对玉米大斑病和灰斑病的防治效果*

向礼波[1]　龚双军[1]　史文琦[1]　喻大昭[1]**　刘传兵[2]　田祚旭[3]

（1. 湖北省农业科学院植保土肥研究所，武汉　430064；2. 湖北省恩施州农业科学院，
恩施　445000；3. 恩施市农业技术推广中心，恩施　445000）

摘　要：为了更好的防治玉米大斑病和灰斑病，对 NATIVO 防治玉米大班和灰斑病进行两年田间试验。结果表明，NATIVO 有成分用量225g 处理的防效均显著高于对照药剂丙森锌和代森锰锌。第2次药后14天对玉米大斑病和灰斑病防治效果分别达到83.7% ~ 84.2%；并且，拿敌稳对玉米的产量也有显著提高作用。NATIVO 有成分用量225g 处理，玉米产量分别提高13.2% ~ 18.1%。本研究结果显示，NATIVO 是在生产中防治玉米大斑病和灰斑病的优良药剂。

关键词：玉米；大斑病；灰斑病；戊唑醇·肟菌酯；防治效果

＊　基金项目：湖北省农业科技创新中心（2011 - 620 - 003 - 03 - 01）

＊＊　通讯作者：E-mail：dazhaoyu@ china. com

玉米鞘腐病抗性品种的筛选及田间药效防治[*]

刘　俊[**]　马双新　杨　阳　王　宽　曹志艳[***]　董金皋[***]

（河北农业大学生命科学学院真菌毒素与植物分子病理学实验室，保定　071001）

摘　要： 玉米鞘腐病（corn sheath rot）是近几年我国玉米产区普遍发生的一种病害，且病情呈逐年加重的趋势。该病主要由层出镰孢（*Fusarium proliferatum*）引起，然而目前国内外对玉米鞘腐病发病规律和防治措施尚缺乏深入研究。本研究以我国北方玉米产区2014年5~10月主推的55个玉米品种为试验材料，在田间筛选确定玉米品种的抗病能力，并对3种常见的杀菌剂吡唑醚菌酯、苯醚甲环唑、烯唑醇进行筛选。田间接种鉴定结果显示，55个玉米品种中有43个表现高抗，12个表现抗病，未发现中抗和感病品种，说明我国北方玉米产区主推的玉米品种对鞘腐病均有较好的抗性；田间药剂筛选实验结果显示，与对照相比，喷施苯醚甲环唑、烯唑醇的小区内，玉米产量影响较小，喷施吡唑醚菌酯的小区内，对玉米产量无影响，说明初步证实苯醚甲环唑和烯唑醇的杀菌效果较好。该结果为田间防治玉米鞘腐病的发生、流行奠定了前期基础。

关键词： 玉米鞘腐病；层出镰孢；杀菌剂

---

　* 基金项目：现代农业产业技术体系（CARS - 02）

　** 作者简介：刘俊，男，硕士研究生，研究方向为鞘腐病致病性的研究；E-mail：liujun920828@126. com

　*** 通讯作者：曹志艳；E-mail：caoyan208@126. com

　　　　　　　董金皋；E-mail：dongjingao@126. com

白僵菌定殖对玉米苗期生长和防御酶指标的影响[*]

隋　丽[1,3**]　费泓强[2]　张正坤[1]　王德利[3]　陈日曌[2]　徐文静[1***]　李启云[1***]

(1. 吉林省农业科学院植物保护研究所，公主岭　136100；2. 吉林农业
大学农学院，长春　130118；东北师范大学生命科学学院，长春　130024)

摘　要： 为明确球孢白僵菌在玉米苗期的定殖规律及其对玉米生长状态和生理特性的影响，采用盆栽控制实验，研究了白僵菌孢子悬液处理种子对玉米种子发芽率、苗期株高、叶面积、地上地下生物量等生理指标，以及叶片、根部几种相关防御酶活性的差异。结果表明，白僵菌孢子悬液浸泡种子12h效果优于24h；叶片中白僵菌定殖率最高，茎部其次，定殖率最低的为玉米根系；最佳检测时期为出苗14天，叶片定殖检出率达到60%。玉米种子发芽率在处理组和对照组之间差异不显著，而各时期（7天，14天，21天，28天）幼苗生长势，平均叶片数量，叶面积指数（LAI），地上地下生物量，白僵菌处理组均高于对照组。其中，出苗14天平均株高增加率最大，为4.16%；同时期平均叶面积达到236.91cm^2，比对照增加9.92cm^2；地上生物量增加率随着出苗天数的增加呈升高趋势，出苗28天增加率最高，达到14.4%，而地下生物量变化不显著；白僵菌处理种子后，叶片材料中玉米抗性相关防御酶苯丙氨酸解氨酶（PAL）、多酚氧化酶（PPO）、超氧化物歧化酶（SOD）、过氧化氢酶（CAT）和过氧化物酶（POD）均呈升高趋势，其中，PPO活性增加最多，增长率达到49%，CAT活性增加最少，增长率为4.45%，而根系材料中几种防御酶活性都比较低，无显著差异。本研究的结果显示，白僵菌浸种对玉米苗期的生长有一定的促进作用，玉米相关防御酶的活性变化同白僵菌—玉米之间的互作存在一定的相关性。

关键词： 球孢白僵菌；玉米；定殖；生理生态

* 基金项目：吉林省科技厅重大项目"白僵菌新剂型创制及田间防控玉米螟技术演技与示范"，（项目编号：20140203003NY）；吉林省科技厅自然基金项目"白僵菌—玉米—玉米螟互作关系与利用研究"，（项目编号：20150101074JC）

** 第一作者：隋丽，助理研究员，研究方向为微生物农药；E-mail：suiyaoyi@163.com

*** 通讯作者：徐文静，副研究员，研究方向为微生物制剂；E-mail：xuwj521@163.com
　　　李启云，研究员，研究方向为生物农药；E-mail：qyli1225@126.com

春玉米苗期低温冷害药害解除技术研究 *

苏前富** 晋齐鸣*** 贾 娇 孟玲敏 张 伟 李 红

（吉林省农业科学院植物保护研究所，公主岭 163100）

摘 要： 东北地区春玉米播种期经常遭遇"倒春寒"气候，对早播春玉米籽粒发芽、除草剂安全使用等均产生影响。由低温导致的籽粒腐烂、种衣剂药害、除草剂药害等在东北春玉米区普遍发生。因此，研究简单有效能够缓解苗期生长遭遇的低温冷害药害技术对东北春播玉米具有非常重要的意义。

本研究针对东北主要病虫害和低温冷害问题，开展新型复配种衣剂 B 缓解或解除除草剂药害伤苗的研究。研究发现，新型种衣剂成分芸薹素内酯对缓解种衣剂和除草剂药害有十分明显的效果。以富尔 1 号和利民 3 号为试验品种进行了试验，在缓解种衣剂冷害药害处理中，盆栽试验最初 7℃ 处理 8 天，然后转入白天 16℃ 夜间 10℃，处理 7 天，再转入 20℃，恒温处理，调查不同处理出苗率。试验结果表明：新型种衣剂包衣出苗率 80%，空白对照出苗率 73%，市售某成品种衣剂包衣出苗率仅 22%。说明新型种衣剂能够明显提高出苗率。在缓解种衣剂药害中，盆栽试验最初 10℃ 处理 7 天，然后转入 15℃ 处理 7 天，再转入 20℃，恒温处理，10 天后调查不同处理药害率。试验结果表明：富尔 1 号不包衣处理，正常用药量药害率 27.8%，1 倍用药量出苗率为 35.3%，而 1.5 倍除草剂用量药害率达 100%；而采用含有芸薹素内酯的新型复配种衣剂包衣后，正常用量除草剂药害率仅为 5.6%，1 倍用量除草剂药害率为 13.3%，1.5 倍除草剂用量药害率为 18.75%。2015 年田间设置 2 倍乙草胺除草剂药量苗前喷雾，结果对照药害率 51.2%，新型复配种衣剂 B 药害率 1.83%，复配种衣剂 A（无芸薹素内酯成分）药害率 7.51%。试验说明新型种衣剂 B 可以明显缓解除草剂药害。芸薹素内酯作为种衣剂添加成分在预防和缓解种衣剂和除草剂药害方面，操作简单实用，具有广阔的应用前景。

关键词： 低温冷害；除草剂药害；芸薹素内酯

---

* 基金项目：国家玉米产业技术体系（CARS－02）

** 作者简介：苏前富，男，副研究员，研究方向玉米病害综合防治；E-mail：qianfusu@126.com

*** 通讯作者：晋齐鸣，男，研究员，从事玉米病虫害综合防治研究；E-mail：qiming1956@163.com

南充市小麦条锈病发生流行规律及综合治理技术研究与应用[*]

彭昌家[1]^{**}　白体坤[1]　冯礼斌[1]　丁攀[1]　陈如胜[2]　郭建全[2]　尹怀中[3]

文旭[4]　肖立[5]　何海燕[6]　肖孟[6]　崔德敏[7]　苟建华[8]　王明文[9]

(1. 南充市植保植检站，南充　637000；2. 四川省营山县植保植检站，营山
638100；3. 南充市高坪区植保植检站，南充　637100；4. 四川省西充县
植保植检站，西充　637200；5. 南充市嘉陵区植保植检站，南充　637005；
6. 四川省南部县植保植检站，南部　637300；7. 四川省蓬安县植保植检站，
蓬安　637800；8. 四川省阆中市植保植检站，阆中　637400；
9. 四川省仪陇县植保植检站，仪陇　637641)

摘　要： 由条锈菌 (*Puccinia striiformis* West. f. sp. *tritici*) 引起的小麦条锈病 (简称条锈病) 是威胁中国各麦区的重要病害之一，1950 年、1964 年、1990 年和 2002 年 4 次大流行，分别造成 60 亿、30 亿、26 亿和 10 亿 kg 损失。20 世纪末新生理小种条中 32、33 的出现和发展，导致中国 90% 的小麦品种抗条锈性丧失。自 2000 年以来，中国小麦条锈病一直处于流行状态，已成为小麦安全生产的限制因素。

小麦是南充市第二大粮食作物，常年种植 14 万 hm^2 以上，占全市粮食作物面积的 30% 以上，其中，条锈病发生面积占四川省的 16.9%～27.0%，在中国的 4 次大流行中，防治不力的地方，造成小麦减产达 30%～50% (2002 年开始实施本项目，产量损失仅 15.25%)。1999 年来，全市偏重至大发生频率高，每年发生面积居四川前列，已成为影响小麦产量和品质的主要障碍。南充又是小麦条锈菌的重要冬繁区和春季流行区，还是川东南春季流行区和渝、鄂、湘和中国东部主产麦区的主要菌源地，对四川和全国小麦造成威胁。新中国成立至 1997 年，对本市条锈病发生流行规律和综合治理技术进行了许多调查研究，但缺乏系统性，发生流行规律和综合治理技术尚未弄清，加之南充生态、栽培和气象条件的差异，其发生流行规律和综合治理技术与国内外其他地方有所不同，市外研究成果对南充没有直接指导作用，加强南充市小麦条锈病发生流行规律及综合治理技术研究工作意义重大。

课题组通过研究，明确了本市条锈病早期菌源区的分布及中后期不同生态区流行规律，为病害的综合治理提供了科学依据。研究了利用生物多样性理论与实践控制病害流行

* 基金项目：南充市小麦条锈病菌源地综合防治监控站 (农业部农计函 [2003] 104 号)；农业部关于认定第一批国家现代农业示范区的通知 (农计发〔2010〕22 号)；南充市小麦条锈病发生流行规律研究及综合治理技术研究与应用 (N1998-ZC018)

** 第一作者：彭昌家，男，从事植保植检工作，副调研员、推广研究员、国贴专家、省优专家、省劳模、市学术和技术带头人、市拔尖人才；E-mail：ncpcj@163.com

的相关技术。提出了本市条锈病菌源区分区综合治理策略，大胆探索并创新技术推广的思路和模式，使技术成果得到大面积推广应用，为减轻南充和四川乃至中国东部广大麦区条锈病的流行程度、确保全市小麦连续 12 年丰收和小麦安全生产、粮食 12 年位居全省第一大市，做出了重要贡献。

一是首次探明了南充市小麦条锈病初始菌源地，传入时间、路径、流行峰次、程度之间的关系；运用 GPS、GIS 等技术，探明了南充市小麦条锈病菌源发生流行区划，并定位至乡村和麦地。明确了冬繁区有 70 乡镇、20 多万亩，春季流行区有 168 个乡镇、80 多万亩，为病害的区域治理提供了科学依据。二是通过大数据分析，建立小麦条锈病发生趋势多元回归预测模型，进行长、中、短期预报，预报准确率分别达到 95%、98% 和 100%，比成果应用前提高 5 个百分点以上。并利用互联网、短信平台等技术将预测结果传递到户。三是提出了以冬繁区控制为重点、预防流行区为保证的分区治理策略。集成了抗性品种合理布局、混播、间作等生物多样性利用，与药剂拌种和科学用药相结合的小麦条锈病综合防控技术体系。四是构建了乡级为基础、县级为骨干、市级为核心的高效应急防控体系，确保了小麦条锈病为害损失率控制在 2% 以内。五是经济、社会、生态效益显著。2001—2014 年，累计推广 1 591.0 万亩，挽回小麦损失 88 841.6 万 kg，减少农药制剂用量 1 591t，节约防治费用 23 228.6 万元，增收节支 170 677.48 万元。其中，近 3 年（2012—2014 年）推广 263.6 万亩，占条锈病防治总面积的 90.1%，增收节支 26 765.76 万元。

课题执行期间，在 10 余种中英文杂志刊物发表论文 21 篇，其中，核心期刊 8 篇，英文 1 篇，为国内外提供了经验。

关键词：南充市；小麦条锈病；综合治理

小麦根部内生细菌 ZY-1 对小麦白粉菌的抑菌活性及拮抗机理[*]

龚双军　向礼波　杨立军　史文琦　薛敏峰　张学江

曾凡松　汪 华　喻大昭^{**}

（农业部华中作物有害生物综合治理重点实验室，农作物重大病虫草害可持续控制湖北省重点实验室，湖北省农业科学院植保土肥研究所，武汉　430064）

摘　要： 从小麦根部中分离到 6 株代谢表面活性剂的菌株，比较各菌株排油性和抑菌性，结合 PCR 方法优选出一株具广谱抗菌性且含有 *srfA*、*fenA*、*ituB* 和 *bacD* 等 4 个关键基因的细菌 ZY-1。经 BIOLOG 生理生化试验测定和 16SrDNA 序列系统发育学分析，将其鉴定为蜡样芽孢杆菌。平板和盆栽试验结果显示，菌株 ZY-1 的代谢液对活体专性寄生菌小麦白粉菌的生防效果分别达到 $(97.9 \pm 1.3)\%$ 和 $(82.5 \pm 2.1)\%$（$P < 0.01$），优于 $10\mu g/mL$ 的三唑酮化学药剂。组织学显微观察表明，ZY-1 菌株代谢液对小麦白粉病菌的分生孢子萌发和吸器形成具有极显著的抑制作用（$P < 0.01$）。产脂肽细菌 ZY-1 是一株应用前景广阔的功能菌。

关键词： 内生细菌；ZY-1；抗菌活性；作用机制；小麦白粉菌

---

* 基金项目：公益性行业（农业）科研专项（201303016）；小麦产业体系项目（CARS‑03‑04B）和湖北省农业科技创新中心项目（2014‑620‑003‑003）

** 通讯作者：喻大昭；E‑mail：Dazhaoyu@ china. com

小麦纹枯病内生拮抗细菌 W-1 的
分离鉴定和定殖*

张毓妹** 杨文香*** 刘大群***

(河北农业大学植物病理学系，河北省农作物病虫害生物防治工程
技术研究中心，国家北方山区农业工程技术研究中心，保定 071001)

摘 要： 为筛选获得对小麦纹枯病菌有效的内生生防菌，丰富小麦纹枯病的防治方法，本试验利用组织破碎液涂布平板法从小麦植株中分离出 8 株内生菌，采用抑菌圈法和平板对峙培养法筛选获得对小麦纹枯病菌有明显抑制作用的内生菌 W-1。其发酵液可以使纹枯病菌丝生长畸形、断裂和消融，且具有稳定的拮抗活性。通过菌落形态特征、生理生化特性及 16S rDNA 系统发育树分析，鉴定 W-1 为枯草芽孢杆菌。通过逐步提高药物浓度的方法，获得能够在含 300μg/mL 利福平的牛肉膏蛋白胨培养基上稳定生长、并对小麦纹枯病菌 (*Rhizoctonia cerealis*) 的拮抗作用稳定的抗性菌株，测定 W-1 在小麦根部的定殖能力。结果表明，内生菌 W-1 能够在不影响小麦正常生长的情况下很好地定殖于小麦根部，且从接种后的第 3~15 天定殖数量稳定，30 天后仍有很强的定殖能力，与前期定殖数量相比差异不显著。

关键词： 小麦纹枯病；内生拮抗细菌；分离鉴定；枯草芽孢杆菌；定殖

* 基金项目：河北省现代农业产业体系小麦产业创新团队建设项目

** 第一作者：张毓妹，女，在读硕士研究生，主要从事小麦病害防治与分子植物病理学研究；E-mail：zym890208@163.com

*** 通讯作者：杨文香，女，博士，教授，博士生导师，主要从事分子植物病理学及小麦病害生物防治研究；E-mail：wenxiangyang2003@163.com

刘大群，男，博士，教授，博士生导师，主要从事分子植物病理学及植物病害生物防治研究；E-mail：ldq@hebau.edu.cn

谷子 VIGS 沉默体系的研究*

李志勇**　白　辉　董　立　王永芳　全建章　董志平***

（河北省农林科学院谷子研究所/河北省杂粮重点实验室/
国家谷子改良中心，石家庄　050035）

摘　要： 美国 JGI 和中国华大基因分别完成了谷子常规种及杂交种的基因组测序，意味着谷子从结构基因组学到功能基因组学的跨越。在功能基因组学领域的研究中，VIGS 技术成为最具吸引力的首选技术手段。与传统的基因功能分析方法相比，VIGS 能够在侵染植物时对目标基因进行沉默和功能分析，可以避免植物转化，对基因功能分析更透彻，而且具有高通量特性。利用雀麦花叶病毒（Brome mosaic virus）已成功在玉米、高粱和水稻上建立起病毒介导的基因沉默体系，但谷子上还未见报道。谷子锈病是谷子上重要流行性病害，十里香是目前发现的唯一具有全生育期抗锈性的谷子种植资源，利用 VIGS 技术发掘十里香抗锈基因具有重要意义。

为在谷子上建立 BMV 介导的 VIGS 体系，根据 GenBank 上公布的豫谷 1 号基因组序列，设计带有酶切位点的特异性引物扩增谷子十里香 PDS 基因，将扩增纯化获得谷子十里香 PDS 基因和 p 1 300m/F13m 载体同时利用 NcoⅠ和 AvrⅡ酶切过夜，酶切产物回收后连接过夜，热激法转化到大肠杆菌 JM109 中，根据 p 1 300m/F13m 载体插入位置两侧的序列信息，设计一对引物进行 PCR 扩增检测插入片段，筛选获得插入目的片段的沉默载体。把构建好的 p 1 300m/F13m/PDS 和 p 1 300m/RNA1 +2 载体分别转入农杆菌中。通过 2 种方法进行基因沉默研究，其中一种方法是把活化的农杆菌注射到本生烟叶片中，注射 3 天后收集接种叶，研磨后摩擦接种到 2 叶期的十里香幼苗上，接种 2 周后观察症状并利用实时荧光定量 PCR 技术检测基因沉默效果。另一种方法是把 2 叶期谷子幼苗利用抽真空浸润法进行基因沉默研究。

研究结果表明，农杆菌 AG-1、EHA105、GV3101、C58C1 和 LBA4404 对谷子基因沉默效果有一定差异，发现农杆菌 C58C1 对谷子毒性较小，沉默效果最好。接种后检测发现抽真空浸润法效果不好，而通过本生烟扩繁病毒进而接种谷子幼苗的方法较好。通过本生烟扩繁病毒后再接种谷子幼苗，接种 2 周后谷子叶片上可以明显看到光漂白症状，并且利用 RT-PCR 还可以在上位叶检测到插有谷子 PDS 基因片段的雀麦花叶病毒。利用 RT-PCR 技术检测病毒在豫谷 1 号中稳定性，发现接种 14 天后在接种叶部位和上位叶均可以检测到插入片段的病毒组分，同时利用 BMV DAS-ELISA 试剂盒检测接种叶和上位叶病毒，发现病毒检测均为阳性。接种 14 天后提取接种后阳性及对照谷子叶片总 RNA，以谷

---

* 基金项目：国家自然科学基金（31271787，31101163）；河北省自然基金（C2013301037，C2014301028）

** 作者简介：李志勇，男，副研究员，主要从事谷子病害研究；E-mail：lizhiyongds@ 126. com

*** 通讯作者：董志平，女，研究员，主要从事谷子病害研究；E-mail：dzping001@ 163. com

子 18SrRNA 为内参基因，通过荧光定量分析谷子 *PDS* 基因表达水平，结果表明阳性接种植株 *PDS* 基因的表达仅为对照植株叶片 *PDS* 基因表达水平的 30%，表明沉默效率较高。

目前，已构建了十里香接种锈菌后不同阶段数字基因表达谱文库，并利用定量 PCR 技术找到了受锈菌特异诱导表达的基因，今后利用谷子 VIGS 技术来研究这些候选基因功能，为十里香抗锈基因的克隆奠定基础。

关键词：谷子；抗锈病；基因沉默；雀麦花叶病毒

多酚氧化酶在棉花诱导型抗性中的作用[*]

楚　博^{**}　张　帅　雒珺瑜　王春义　吕丽敏　朱香镇　王　丽　崔金杰^{***}

（中国农业科学院棉花研究所，棉花生物学国家重点实验室，安阳　455000）

摘　要：多酚氧化酶家族是棉花中存在的一种防御酶类，Me-JA 与昆虫为害都能诱导其表达。*Ghppo* 是本实验室克隆的到的一个特异应答昆虫为害的多酚氧化酶基因。利用荧光定量 PCR 技术测定中棉所 49 和中棉所 41 两个棉花品种 *Ghppo* 表达量，结果显示，Me-JA 处理后 18h，*Ghppo* 表达量与对照相比达到显著差异，分别为对照的 4.30 倍和 1.88 倍，多酚氧化酶总活性分别为对照的 2.36 倍和 2.46 倍。1 龄棉铃虫处理中棉所 49 中棉所 41 两个棉花品种，*Ghppo* 表达量均在 18h 左右显著高于对照。分别 Me-JA 和 1 龄棉铃虫处理 18h 的中棉所 49 中棉所 41 植株饲喂 3 龄棉铃虫与甜菜夜蛾 24h，中棉所 49 饲喂的棉铃虫虫重增加量显著低于对照，分别为对照的 0.17 倍和 0.52 倍，甜菜夜蛾增加量同样显著低于对照处理，分别为对照虫重的 0.58 倍和 0.44 倍。中棉所 41 饲喂的棉铃虫虫重减少量均显著高于对照处理，分别为对照虫重的 2.00 倍与 3.16 倍，甜菜夜蛾虫重分别为对照虫重 4.11 倍与 2.13 倍。这些结果表明，诱导表达的多酚氧化酶能够抑制棉铃虫与甜菜夜蛾的虫重增加，与棉花诱导型抗性有直接关系。

关键词：多酚氧化酶；棉铃虫；甜菜夜蛾；诱导型抗性

　*　基金项目：国家自然科学基金青年科学基金（31201518）

　**　第一作者：楚博，男，硕士研究生；E-mail：chubo907@163.com

　***　通讯作者：崔金杰；E-mail：cuijinjie@126.com

链霉菌769施用对大豆生长、抗病及土壤环境的影响[*]

杜　茜[1,3][**]　初佳芮[2]　张金花[1]　张正坤[1]　汪洋洲[1]

潘洪玉[3]　李启云[1][***]　陈　光[2][***]

（1. 吉林省农业科学院植物保护研究所，公主岭　136100，2. 吉林农业大学生命科学学院，长春　130118；3. 吉林大学植物科学学院，长春　130062）

摘　要：植物自身拥有一套复杂的抵御病原物侵入的防御机制，最重要的抗病机制是产生植保素，在植保素的合成途径中引起植物体内抗病相关因子的变化，进而引起植物生理指标的变化，从而产生抗病性。如苯丙烷类代谢的变化，植物氧化酶的变化，PR蛋白活性的变化等。另外，植物根系分泌物形成的根际微生态环境是植物与土壤直接进行物质转化最活跃的场所，在植物抗病相关的酶发挥作用的同时，也会产生一些代谢产物，这些代谢产物有的在植物体内循环继续发挥作用，而有的则随着植物根系分泌物一起分泌到土壤中，引起植物根际土壤微环境的变化。

链霉菌769（*Streptomyces gongzhulingensis* 769）是一株对真菌有广谱抑菌作用的生防放线菌菌株，所产生的抗生素称为公主岭霉素，是一种自然生物合成的混合制剂，具有广泛的抑菌谱，对多种蔬菜和大田作物的病原菌具有较好的拮抗作用，并对植物具有诱导抗性，可诱导植株体内抗病相关防御酶活性的变化，提高植株的抗病性。

大豆是世界上主要的油料作物和饲料作物及重要的工业原料，然而大豆病虫害却是制约大豆品质和产量的重要因素之一。大豆疫霉根腐病是一种由 *Phytophthora sojae* Kaufmann and Gerdemann 引起的分布广，为害严重的毁灭性、世界性大豆病害之一。我国在东北地区、北京市、内蒙古自治区、黑龙江省、山东省、福建省及安徽省等地均发现大豆疫霉根腐病。

链霉菌769主要应用于水稻、高粱、小麦等作物病害的防治，目前还未将其应用于大豆病害防治。本研究以大豆研究中常用的模式品种（Jack，Williams82）及大豆生产中中感（沈农9号）、高感（九农21）疫霉根腐病的品种为研究对象，研究了链霉菌769的施用对大豆生长及生长环境的影响，并探索了链霉菌769影响下大豆对疫霉根腐病抗性和诱导抗性的变化，为链霉菌769防治大豆病害提供理论依据。实验结果表明：

本试验从大豆播种开始浇灌链霉菌769菌液，以清水浇灌为对照，采用盆栽试验

---

　* 基金项目：吉林省农业微生物研究与利用研究创新团队（20121812）

　** 第一作者：杜茜，女，助理研究员，硕士，从事微生物农药及分子生物学研究；E-mail：dqzjk@163.com

　*** 通讯作者：李启云，男，研究员，博士；E-mail：qyli@cjaas.com

　　　　　　　陈光，女，教授；E-mail：chg61@163.com

（大豆苗期）和田间试验（大豆开花期）两种试验方法，结果表明：链霉菌769的施用可以提高大豆出苗率，但不同大豆品种，出苗增长率不同，其中沈农9号出苗增长率最高，为16.90%；对大豆不同生育期生长势指标的测定表明：769菌液施用后大豆在幼苗期的株高低于对照，而主茎直径、叶片长度、叶片宽度和主根长度则均大于对照，而在大豆花芽分化期植株在株高、叶片长度、叶片宽度、茎直径与主根长度等方面均高于清水对照，说明链霉菌769对大豆的生长具有促进作用，而植株在幼苗期高度降低、主茎直径增大的生长趋势使得植株生长健壮，在一定程度上增加了植株对病害的抗性。以Williams82和沈农9号为供试品种，大豆成熟后，收获时大豆的豆荚数和大豆豆荚重均有提高，豆荚数分别提高31.53%和5.60%，豆荚重分别提高10.49%和11.72%，大豆百粒重则差异不显著。链霉菌769可提高大豆的产量，其贡献在于促进大豆的分支和结荚，且提高的幅度与大豆品种有关。

有关农用抗生素诱导植物产生抗病性的报道不是很多，本试验探讨了链霉菌769施用下不同大豆品种抗病性及诱导抗性的变化。在链霉菌769施用下，不同大豆品种对大豆疫霉根腐病的抗性有不同程度的提高。其中，以Williams82抗性增强的最多，其抗性与对照相比增加了74.9%，Jack抗性增加的比率最低，仅为3.85%，选择抗性改变率最低的品种Jack，进行链霉菌769对大豆诱导抗病性的研究，着重研究了与大豆抗病性相关的因子：PAL、PPO、POD、SOD、CAT、MDA、叶绿素、β-1，3-葡聚糖酶的变化。施用链霉菌769后，大豆幼苗第一片复叶中PAL、PPO、POD、SOD、叶绿素和β-1，3-葡聚糖酶活性较清水对照显著提高，而CAT活性下降，且MDA含量降低，说明当病原菌侵染大豆时，链霉菌769可诱导大豆提高对病原菌的反应速度及强度，从而诱导大豆提高抗病性。这与张振鲁等研究链霉菌769发酵液可以提高百日草幼苗中过氧化物酶（POD）和苯丙氨酸解氨酶的活性而抑制过氧化氢酶的活性的研究结果是一致的。由于链霉菌769的代谢产物成分复杂，关于链霉菌769发酵液诱导防御酶活性变化的机理还需进一步研究。

土壤微生物数量、土壤酶活性与大豆生长三者之间呈相互作用相互影响的关系，而土壤微生物和土壤酶是土壤有机物转化的执行者，常被认为是土壤肥力与质量的重要衡量指标。以Williams82和沈农9号品种为田间试验材料，在大豆的生长期，以合适浓度的链霉菌769菌液浇灌，试验研究结果表明：随着大豆的生长，浇灌链霉菌769菌液的地块土壤中的细菌、放线菌菌群数逐渐增多，而真菌菌群数逐渐降低。土壤中大多数病原菌为真菌，故真菌数量降低有助于控制田间植物病害的发生；浇灌链霉菌769菌液可提高土壤中脲酶、磷酸酶、蔗糖酶、过氧化氢酶活性，且在大豆收获后脲酶、磷酸酶、蔗糖酶、过氧化氢酶活性均较播种前高，说明浇灌链霉菌769菌液可提高土壤肥力，促进大豆生长，提高大豆产量，链霉菌769的施用具有改良土壤肥力的迹象。本研究仅为一年的实验数据，链霉菌769对土壤改良作用还需进一步试验证明。

关键词：链霉菌769；大豆疫霉根腐病；抗病相关因子；土壤酶；土壤微生物；大豆

4 种不同剂型药剂对苹果树桃小食心虫的田间防治研究[*]

张鹏九[1,2][**] 高 越[1,2] 史高川[2] 范仁俊[1,2][***]

(1. 山西省农业科学院植物保护研究所，太原 030031；

2. 农业有害生物综合治理山西省重点实验室，太原 030031)

摘 要：果树食心虫种类有十几种之多，分布范围遍及我国北方主要果品产区，主要为害是蛀食桃、梨、苹果等，严重影响果实的品质和产量，对果树生产造成极大的威胁。目前农业部登记在果树上对食心虫防治的药剂大多为乳油制剂，有效成分也多为单一药剂。该研究为了了解不同剂型、不同有效成分的农药对桃小食心虫的防治效果。挑选市面上有代表性的几种非乳油剂型，与传统乳油剂型进行田间对照防治效果试验研究。对多种药剂的田间药效进行了评价。

结果显示，4% 高氯·甲维盐微乳剂药后 5 天 1 000～1 500 倍浓度防效达到 100%；药后 10～15 天防效保持在 92% 以上与对照药剂 4.5% 高效氯氰菊酯乳油 2 000 倍液差异不显著；2 000 倍液药后 5 天、10 天、15 天，防效仅为 70% 左右，与对照药剂 1.8% 阿维菌素乳油 3 000 倍液差异不显著。20% 高氯·毒死蜱微胶囊剂药后 5 天 500 倍液、1 000 倍液防效分别为 90.63% 和 80.8%，10～15 天后药效降至 50% 以下；1 500 倍液对于食心虫基本没有防效。20% 氯虫苯甲酰胺悬浮剂 4 000～5 000 倍液药后 5 天防效在 60% 左右，药后 10～15 天防效上升到 70% 以上，有较好的持效性；其防效高于对照药剂 1.8% 阿维菌素乳油 3 000 倍液，但低于 4.5% 高效氯氰菊酯乳油 2 000 倍液；6 000 倍液药后 5 天、10 天、15 天防效均在 40% 以下。2.5% 高效氟氯氰菊酯水乳剂 2 000 倍液、3 000 倍液药后 5 天、10 天、15 天，防效均达到 90% 以上。试验结果表明 2.5% 高效氟氯氰菊酯水乳剂对桃小食心虫防治效果最佳，其次是 4% 高氯·甲维盐微乳剂，防治效果最差的为 20% 高氯·毒死蜱微胶囊剂。综合分析推荐防治桃小食心虫应采用 2.5% 高效氟氯氰菊酯水乳剂 3 000 倍液与 4% 高氯·甲维盐微乳剂 1 500 倍液进行轮换使用。初步明确 20% 高氯·毒死蜱微胶囊剂对食心虫具有一定的速效性，但持效性不佳，难以持续控制其田间为害，不建议在生产上推广使用。

关键词：苹果[i]；桃小食心虫；防治效果；药剂

* 基金项目：公益性行业（农业）科研专项（200903033 – 07）；山西省科技攻关项目（20100311037）；山西省农业科学院科技自主创新能力提升工程（2015ZZCX—15）；公益性行业（农业）科研专项（201103024）

** 第一作者：张鹏九，男，助理研究员，主要从事农药新剂型开发果树病虫害防治；E-mail：mss_1105@163.com

*** 通讯作者：范仁俊，男，研究员，主要从事有害昆虫综合防治及农药剂型开发；E-mail：rjfan@163.com

甜橙中柑橘衰退病毒强弱毒株系 *P20* 基因的分子变异[*]

王亚飞[1][**] 李 科 周 彦[1,2] 周常勇[1,2][***] 青 玲[1,2][***]

(1. 西南大学植物保护学院，植物病害生物学重庆市高校级重点实验室，
重庆 400716；2. 中国农业科学院柑桔研究所，重庆 400712)

摘 要：柑橘衰退病毒（*Citrus tristeza virus*，CTV）引起的柑橘衰退病是甜橙上的重要病害。CTV 的基因组为约 20kb 的正义单链 RNA，可翻译表达 19 种蛋白质。CTV *P20* 基因片段编码的蛋白是柑橘衰退病毒 RNA 沉默抑制子之一，在感染 CTV 的寄主细胞中以无定形的形式形成包含体，可以同时抑制细胞内和细胞间沉默的发生。本研究初步分析了甜橙中强弱毒株系对 CTV *P20* 基因片段种群结构和分子变异的影响，旨在为运用弱毒株系交叉保护防治柑橘衰退病提供科学依据。

本研究利用 CTV *P20* 基因的特异性引物从来自甜橙的强毒株系 TR-514Y 和弱毒株系 Perq、CT31 中均扩增到 549bp 的特异条带，然后通过分子克隆及序列测定建立其种群，进而对其遗传多样性和变异水平进行分析。结果表明，甜橙中强毒株系 TR-514Y 种群的突变克隆百分率较高，为 30.8%，所得 26 个克隆中有 8 个克隆发生突变，种群内碱基突变频率为 7.71×10^{-4}；弱毒株系 Perq 种群的突变克隆百分率为 9.5%，所得 21 个克隆中仅有 2 个克隆发生突变，种群内碱基突变频率为 1.73×10^{-4}；弱毒株系 CT31 种群所得的 25 个克隆中无突变发生。弱毒株系种群所得的共 46 个克隆中仅有 2 个发生突变，种群平均突变克隆百分率为 4.3%，种群内平均碱基突变频率仅为 7.92×10^{-5}，和强毒株系种群的突变频率相差一个数量级。另外，在寄主甜橙中，强毒株系 TR-514Y 种群共检测到 11 个碱基发生突变，分别为 4 个 A→G，2 个 C→T，2 个 G→A，2 个 T→C 和 1 个 G→C，碱基转换与碱基颠换的比例为 10：1；弱毒株系种群中检测到的 2 个碱基突变为 1 个 A→G 和 1 个 T→C 突变，全部为碱基转换类型突变。无论在强毒株系种群中还是在弱毒株系种群中均没有发现碱基的缺失和插入。甜橙中强毒株系种群内发现的多态位点有 45、136、222、259 和 261 位点，弱毒株系种群中发现的多态位点与强毒株系种群不同，为 139 和 537 位点。

关键词：柑橘衰退病毒；*P20* 基因；种群；分子变异

---

[*] 基金项目：国家公益性行业（农业）科研专项（201203076 – 04）

[**] 第一作者：王亚飞，男，西南大学植物保护学院 2013 级硕士研究生

[***] 通讯作者：青玲，女，博导，教授，主要从事分子植物病毒学研究；E-mail：qling@ swu. edu. cn
　　　　　　　周常勇，男，博导，研究员，主要从事分子植物病毒学研究；E-mail：zhoucy@ cric. cn

湖南莲藕主要叶部病害病原菌的
鉴定及防治药剂筛选*

吕　刚** 魏　林*** 梁志怀 张　屹 陈玉荣

（湖南省农业科学院植物保护研究所，长沙　410125）

摘　要： 莲藕（含藕莲和籽莲）是湖南省的传统特色产业，全省种植面积一直保持在30万亩以上。该产业在农业增效、农民增收中发挥着重要作用。近年莲藕整个生长过程中，各类叶部病害发生日趋严重，已成为发展莲藕产业的一大障碍。由于莲叶部病害种类繁多（目前报道的就有近十种），各种病原菌发生规律较为复杂，莲农在防治莲藕叶部病害上盲目用药现象频发，对该类病害的防治很难取得理想效果。我们通过对湖南各莲藕主产地重要叶部病害进行采样分析，从中主要分离得到了4株真菌菌株，经柯赫氏法则回接试验证明其均为病原菌。通过形态学和分子生物学的方法鉴定，确定其分别为交链孢属 [*Alternaria nelumbii* （Ell. et Ev.） Enlows et Rand.]，拟盘多毛孢属（*Pestalotiopsis dissemi-nata*），拟茎点霉属（*Phomopsis vaccinii*）及葡萄座腔菌属（*Botryosphaeria rhodina*）的真菌。应用当地防治莲藕叶部病害的常用化学农药，通过菌丝生长速率分别测定各药剂对4种病原菌的毒力。通过比较 EC_{50} 值，获得了对4种病原菌均具有抑制作用的高效广谱化学药剂3种，分别为99%噁霉灵可湿性粉剂，40%氟硅唑乳油，50%多菌灵可湿性粉剂。再利用这3种药剂进行防治各类叶部病害田间药效试验，其防效分别达到了46.15%，75.0%，76.47%，表明0%氟硅唑乳油，50%多菌灵可湿性粉剂可作为大田防治莲藕叶部病害的选用药剂，该实验结果可为藕农生产提供指导。

关键词： 莲藕；病原菌；防治药剂

* 基金项目：国家科技支撑计划项目"水生蔬菜高效生产技术与示范"（2012BAD27B00）

** 作者简介：吕刚，男，中南大学硕士研究生，从事水生蔬菜病害防治研究；E-mail：446380880@qq. com

*** 通讯作者：魏林，女，研究员，主要从事植物病害综合防治研究；E-mail：nkyweilin@ 163. com

生物农药 EXTN-1 防治蔬菜病害的效果*

葛蓓孛** 刘 艳 刘炳花 陈菲菲 邢亚楠 王家旺 张克诚***

（中国农业科学院植物保护研究所，北京 100193）

摘 要：生物农药 EXTN-1 是由韩国农业微生物研究所研制的具有促进植物生长和防病效果的微生物制剂，其有效组分是从辣椒根际分离到的死谷芽孢杆菌（*Bacillus vallis-mortis*）。目前，生物农药 EXTN-1 得商业化产品有可湿性粉剂、种衣剂和微生物肥料。为满足国内蔬菜病害生物防治的需要，2014 年通过中韩国际合作项目引进了 EXTN-1 可湿性粉剂并开展 EXTN-1 对不同蔬菜病害防治效果的室内和田间试验。在室内无菌栽培的条件，采用密度为 1×10^5 的 EXTN-1 与番茄青枯病菌同时接种番茄根部，分别在 11 天、20 天、30 天和 40 天调查番茄苗发病率（%），结果为 0、0、15%、65%，对照的发病率为 15%、55%、85%、95%；在 40 天检测番茄根际青枯菌密度（%）8.1×10^3，对照为 1.5×10^5，结果证明生物农药 EXTN-1 能有效提高番茄对青枯病抗病性。在温室里，采用 EXTN-1 可湿性粉剂 200 倍液，在番茄苗期、花期叶面喷施 3 次，观察番茄植株生长过程病害发生情况，试验结果：喷施 EXTN-1 的番茄白粉病、青枯病和灰霉病的发病率（%）分别为 0.3%、0、0.7%，对照的发病率为 0.3%、32.1% 和 1.3%。结果表明，叶面喷施 EXTN-1 生物农药能够提高番茄对多种病害抗病性，同时提高番茄的质量。2005 年保护地防治辣椒枯萎病（*Fusarium oxysporum*），采用 EXTN-1 可湿性粉剂 200 倍液浸种和叶面喷施，施用 EXTN-1 的辣椒枯萎病发病率为 10.5%，对照为 52.5%；增加产量 30.53%。综合室内和田间试验结果，生物农药 EXTN-1 能够提高蔬菜的抗病性，对多种蔬菜病害防治效果明显，增产效果显著。

关键词：生物农药；死谷芽孢杆菌；灰霉病；防治效果

---

* 基金项目：公益性行业（农业）科研专项（201103002、201303025）；国家外专局引智成果示范推广项目（Y20150326003）

** 第一作者：葛蓓孛，女，博士，助理研究员，研究方向：农用抗生素；E-mail：bbge@ ippcaas. cn

*** 通讯作者：张克诚；E-mail：zhangkecheng@ sina. com

不同组分比例的 surfactin 对枯草芽孢杆菌生物膜形成的影响

高毓晗[*]　　郭荣君[**]　　李世东

（中国农业科学院植物保护研究所，北京　100081）

摘　要：表面活性素 surfactin 由多种同系物组成，根据脂肪酸碳链长度可将其分为 C12～C16 五种组分。Surfactin 具有多种功能，前人研究表明 surfactin 的 5 种同系物杀灭细菌和病毒的能力以及诱导植物产生系统抗性的能力不同（Assié 等，2002；Jourdan 等，2009；Kracht 等，1999；Henry 等，2011；Malfanova 等，2012）；Surfactin 对细菌在植物根部的定殖还起着重要作用（Bais 等，2004），其产量和组分受到根分泌物中碳源种类的影响（Nihorimbere 等，2011）。根分泌物中的有机酸更利于生防菌 *P. fluorescens* WCS365 在根部的扩展和定殖（De Weert 等，2002；Lugtenberg 等，2001）。关于 surfactin 各组分对芽孢杆菌生物膜形成的影响，目前尚未见报道。本研究首先测定了芽孢杆菌 B006 在以柠檬酸、苹果酸和琥珀酸为单一有机酸的根分泌物培养液中产生的 surfactin 产量及 surfactin 各组分的比例。HPLC-ESI-MS 检测结果表明，与葡萄糖对照相比，3 种有机酸不仅可促进 B006 产生 surfactin，而且可改变 surfactin 各同系物的比例。3 种有机酸中，琥珀酸明显提高 surfactin 的产量；葡萄糖、柠檬酸、苹果酸和琥珀酸培养液中的 C15 占 surfactin 总量的比例依次降低，分别为 58%、53%、48%、36%；C16、C12 和 C13 的组分依次升高，依次为 1%、2%、5% 和 10%；1%、2%、3% 和 3%；11%、12%、15% 和 18%。将浓度为 0μM，10μM，50μM 和 100μM 的不同同系物组分比例的 surfactin 分别添加到不产 surfactin 的枯草芽孢杆菌 B168 和产 surfactin 的重组菌株 B168S 菌悬液中，测定不同组分比例的 surfactin 对芽孢杆菌生物膜产生的影响，探讨芽孢杆菌本身产生和来自于外部的 surfactin 的功能。结果表明：外源添加 surfactin 粗提物能够促进芽孢杆菌生物膜的形成，从葡萄糖和琥珀酸培养液中获得的 surfactin 粗提物 A 和 B 分别在 50μM 和 10μM 以上对芽孢杆菌 B168 和 B168S 生物膜的形成具有明显促进作用。

关键词：芽孢杆菌；生物膜；影响

---

[*] 第一作者：高毓晗，女，硕士，主要从事植物病害生物防治方向的研究；E-mail：gaoyuhan - amy@ 163.com

[**] 通讯作者：郭荣君；E-mail：guorj@ ieda.org.cn

调控基因 *fliZ*，*gltB* 和 *serA* 对枯草芽孢杆菌 Bs916 定殖能力与防效的影响[*]

周华飞^{**}　罗楚平　方先文　向亚萍　王晓宇　张荣胜　陈志谊^{***}

（江苏省农业科学院植物保护研究所，南京　210014）

摘　要： 枯草芽孢杆菌 Bs916 作为一株优秀的生防细菌，已经被成功用于防治水稻纹枯病、水稻稻瘟病及水稻稻曲病等水稻真菌性病害长达 20 多年。本文通过同源重组技术构建 3 个调控基因 *fliZ*，*gltB* 和 *serA* 单敲除突变株，研究了 3 个突变株及野生型菌株 Bs916 在接种水稻纹枯病菌的水稻茎秆上的定殖能力、对水稻纹枯病的防治效果、3 种抑菌脂肽类抗生素 bacillomycin L，surfactin 和 fengycin 分泌含量的变化、对水稻纹枯病菌 *Rhizoctonia solani* 的平板抑菌效果、生物膜形成能力及生物膜形成基本组分蛋白 EPS 和 TasART-PCR 转录分析、游动性和自身菌落形态的变化，综合评价 3 个调控基因对枯草芽孢杆菌 Bs916 定殖能力与防效的重要作用。

试验结果表明：

（1）分别敲除 3 个调控基因 *fliZ*，*gltB* 和 *serA* 均不同程度的影响了 3 种抑菌脂肽类抗生素 bacillomycin L，surfactin 和 fengycin 的分泌含量，相比于野生型菌株 Bs916，敲除基因 *fliZ* 和 *serA* 均导致 3 种脂肽类抗生素的分泌含量的增加，而敲除基因 *gltB* 则丧失了脂肽类抗生素 bacillomycin L 的分泌，同时导致了脂肽类抗生素 surfactin 含量增加达到 5 倍之多，说明基因 *gltB* 对起到抑菌作用的脂肽类抗生素调控作用显著。

（2）对于 3 个突变株及 Bs916 对水稻纹枯病菌 *Rhizoctonia solani* 的抑菌效果分析发现，敲除基因 *fliZ* 和 *serA* 对于抑制水稻纹枯病菌无影响，但是，敲除基因 *gltB* 则完全丧失了对水稻纹枯病菌的抑制效果，本研究认为是由于丧失了 bacillomycin L 的合成导致对水稻纹枯病菌抑制效果的丧失，说明脂肽类抗生素 bacillomycin L 在对水稻纹枯病的抑菌试验中起到了主要的作用。

（3）对于 3 个突变株及 Bs916 在接种水稻纹枯病菌的水稻茎秆上的定殖能力观察及防治效果的测定试验中发现，相对于野生型菌株 Bs916，3 个突变株均不能很好地定殖在水稻茎秆上且菌落不产生聚集效应，只是很分散的随机分布，菌体数量很少，而野生型菌株 Bs916 在病斑处可以产生明显的菌落聚集效应，菌落数量增加显著，在第十五天左右菌体数量基本消失。

---

* 基金项目：国家高技术研究发展计划（863 计划）（2011AA10A201）；江苏省农科院科技自主创新资金（CX（14）2128）；公益性行业（农业）科研专项（201103002 – 3）

** 作者简介：周华飞，男，博士研究生，主要从事枯草芽孢杆菌相关研究；E-mail：zhhf2010@126. com

*** 通讯作者：陈志谊，研究员；E-mail：chzy84390393@163. com

（4）对 3 个突变株的生物膜形成能力的观察表明，相比于野生型菌株 Bs916，3 个突变株的生物膜形成能力均丧失严重，且 Bs916 形成的生物膜具有明显的三维结构，而 3 个突变株形成的生物膜量少且仅有二维平面结构，对于生物膜形成必须组分蛋白 EPS 和 TasA 的半定量 RT-PCR 检测发现，3 个突变株中均不能同时正常表达蛋白 EPS 和 TasA，导致了其生物膜形成严重减弱。

（5）对于 3 个突变株及 Bs916 游动性能力的检测发现，敲除基因 *gltB* 基本上丧失了游动性，敲除基因 *serA* 则增加了菌落游动性能力，表明基因 *serA* 对 Bs916 游动性能力有明显的调控作用。通过对 3 个突变株及 Bs916 在固体 MSgg 培养基上的菌落形态的观察发现，3 个突变株均只能形成二维结构，而野生型菌株 Bs916 则可以形成明显的三维结构且边缘圆滑。敲除基因 *fliZ* 形成了明显的粗糙边缘，敲除基因 *gltB* 则形成明显的颗粒状的菌体结构，敲除基因 *serA* 则基本上形成菌落结构不完整且边缘不连续，因此，3 个调控基因对于 Bs916 调控菌落结构及维持正常的菌体形态具有很大的影响。

综上所述，3 个调控基因 *fliZ*，*gltB* 和 *serA* 对于枯草芽孢杆菌 Bs916 在水稻茎秆上的定殖能力和对水稻纹枯病的防治效果均产生很大的影响，分别敲除 3 个调控基因均导致 Bs916 对水稻纹枯病防效的严重下降，同时 3 个调控基因对 Bs916 的生物膜形成有着显著的作用，因此，本研究认为由于分别敲除 3 个调控基因导致了 Bs916 在水稻茎秆上的定殖能力的严重下降最终导致了对水稻纹枯病的防效的显著严重降低，即枯草芽孢杆菌 Bs916 在水稻上的定殖能力起到了关键作用，其分泌产生的抑菌脂肽类物质起到了次要的作用。同时 3 个调控基因影响了菌落的游动性能力，使菌落不能快速扩张与繁殖，菌体数量达不到防治病原菌所需菌量，菌体形态出现异常，最终共同作用导致了对水稻纹枯病菌防治效果的严重丧失。

关键词：枯草芽孢杆菌；调控基因；脂肽类抗生素；生物膜；游动性；定殖能力；防治效果

解淀粉芽孢杆菌生防菌 B1619 对设施番茄枯萎病的防治效果*

张　斌　杨晓云　陈志谊**

（江苏省农业科学院植物保护研究所，南京　210014）

摘　要：设施番茄枯萎病是一类分布广、为害重、且难以防治的真菌性土传病害，在世界各国普遍发生。我国设施番茄枯萎病的为害尤为严重。随着设施番茄连续种植年代的增加，现已成为设施番茄安全生产的主要瓶颈。目前，生产上防治设施番茄土传病害连作障碍主要依靠化学农药，但防治效果非常不理想；同时化学防治易造成设施生态环境污染，增加设施番茄有毒化学物质的残留量，对人类健康带来严重为害。因此，使用生物防治技术控制土传病害，达到生态修复设施番茄连作障碍的策略，受到越来越多的国内外植保专家的关注，并初见成效。江苏省农业科学院植保所植病生防研究室针对农业生产上化学药剂难防的设施蔬菜土传病害，开展生物防控技术研究。通过定向筛选，获得一株解淀粉芽孢杆菌生防菌株 B1619，室内平板和盆栽试验结果表明，生防菌 B1619 对枯萎病菌有很强的抑制作用；能有效防控枯萎病的发生和为害，有望研发成生物杀菌剂。

本研究在江苏沭阳、铜山和溧潼番茄种植基地开展了生防菌 B1619 防控番茄枯萎病田间试验示范，同时分离鉴定和检测了上述 3 个番茄种植基地枯萎病菌种类及其种群数量变化，为应用生防菌 B1619 生物防控设施茄科蔬菜枯萎病提供科学依据。试验结果表明：3 个番茄种植基地番茄全生育期枯萎病菌种群数量消长规律基本一致，番茄枯萎病菌数量在番茄定殖后迅速繁殖，盛果期达到最大值，采收后数量开始下降。在番茄定植时用生防菌 B1619 处理土壤后，枯萎病菌的数量明显比未处理过的对照低，在盛果期枯萎病菌的种群数量平均下降了 43%，说明生防菌 B1619 对番茄枯萎病菌的生长繁殖具有较好的抑制作用。在 3 个番茄种植基地开展了生防菌 B1619 防控番茄枯萎病田间试验示范，结果显示，铜山基地用生防菌 B1619 处理土壤后的番茄枯萎病发病率为 1.5%（对照 17.8%）；溧潼基地没有发生番茄枯萎病；沭阳基地用生防菌 B1619 处理土壤后的发病率为 0.1%（对照 52.3%）。

关键词：番茄枯萎病菌；种群数量变化；解淀粉芽孢杆菌；生防菌 B1619；控病效果

* 基金项目：江苏省农业科学院科技自主创新资金目（CX（13）3061）

** 通讯作者：陈志谊，研究员，主要从事植物病害生物防治研究；E-mail：chzy@jaas.ac.cn

植物内生芽孢杆菌对番茄南方根结线虫
病害的生防潜力研究

胡海静* 陈双林 闫淑珍**

（南京师范大学生命科学学院，江苏省微生物与功能

基因组学重点实验室，南京 210023）

摘 要：南方根结线虫（*Meloidogyne incognita*）由于其生活史的多数时间在植物根部繁殖和为害，这种特殊的生态位造成其难以根治，是世界范围内蔬菜生产的一大为害。本研究从多种作物中分离和筛选得到杀线虫的植物内生细菌菌株，其中，一株在体外条件下对南方根结线虫的二龄幼虫有强致死作用，并在黄瓜和番茄根部能稳定定殖，通过 GFP 和抗抗生素标记，用 CLSM 检测定殖量稳定在 $10^5 \sim 10^6$ cfu/g，并观察到在番茄根不同组织中均可大量存在，在根结线虫侵染的病变组织中能清晰地观察到内生细菌的大量菌体。这个菌株经 16S rDNA 及生理生化特征鉴定为芽孢杆菌。盆栽实验中接种内生细菌菌株对南方根结线虫显示出较大的生防潜力。接种方法实验证明提前接种内生细菌对番茄苗产生根结和卵块的形成抑制率分别是 80% 和 77%；内生细菌与根结线虫同时接种对根结和卵块的抑制率分别是 78% 和 67%；对先接种根结线虫已经产生根结的番茄苗再接种内生细菌对根结和卵块的抑制率分别是 43% 和 35%；同时，通过株高、鲜重和干重调查发现，内生细菌菌株对番茄的生长有促进作用。实验结果证明本研究的植物内生细菌菌株能稳定定殖在植物根部，对南方根结线虫侵染番茄形成根结及卵块有较好的抑制作用，说明分离的内生细菌菌株主要是通过在植物根部大量定殖的能力与根结线虫竞争生态位和分泌杀线虫物质防治根结线虫的为害。

关键词：植物内生芽孢杆菌；南方根结线虫；生防潜力

---

* 第一作者：胡海静，博士研究生；E-mail：huhaijing0504@163.com

** 通讯作者：闫淑珍；E-mail：yanshuzhen@njnu.edu.cn

枯草芽孢杆菌对烟草根际细菌多样性的影响

韩 腾 孔凡玉 冯 超 王 静 张成省*

（中国农业科学院烟草研究所，烟草行业烟草病虫害监测与
综合治理重点实验室，青岛 266101）

摘 要：本实验室前期研究获得一株枯草芽孢杆菌 Tpb55 菌株，该菌株对烟草黑胫病菌表现出了良好的生防潜力。为了深入分析枯草芽孢杆菌对烟草根际土壤细菌种群的影响，本研究以未施药处理的烟草根际土壤作为对照，采用 454 高通量测序技术，分析枯草芽孢杆菌对烟草根际细菌群落的影响，并测定 Tpb55 对烟草黑胫病的大田防效。结果表明，Tpb55 处理（T）的烟草黑胫病病情指数（5.29）显著低于对照 CK（38.52）。样品 CK 和 T 测序后共获得了 41 207 个优质序列，分为 25 个细菌门。所有样品中优势菌群均为放线菌门（Actinobacteria）、变形菌门（Proteobacteria）和酸杆菌门（Acidobacteria）。在病情发展过程中，放线菌门含量不断下降，变形菌门含量呈上升趋势。施用 Tpb55 后，酸杆菌门含量明显上升并高于对照。对照（CK）中芽孢杆菌科（Bacillaceae）和多样性指示菌草酸杆菌科（Oxalobacteraceae）均明显下降，处理（T）中，芽孢杆菌科含量不断上升，草酸杆菌科含量相对稳定。Chao 1、ACE 和 Shannon 指数分析表明，Tpb55 处理样品细菌多样性和丰富度不断提高且明显高于对照。上述研究结果表明，Tpb55 可以在烟草根际大量增殖，显著提高土壤细菌多样性和群落结构稳定性，这可能是其发挥良好生防作用的重要机制。

关键词：454 焦磷酸；测序；细菌群落；枯草芽孢杆菌；烟草

---

* 通讯作者：张成省；E-mail：zhchengsheng@126.com

芽孢杆菌抑菌活性与其产脂肽类抗生素相关性研究*

向亚萍**　陈志谊***　罗楚平　周华飞　刘永锋

（江苏省农业科学院植物保护研究所，南京　210014）

摘　要： 芽孢杆菌是重要的生物防治资源，能够产生丰富的具有极高生物工程利用价值的脂肽类抗生素。笔者实验室一直从事芽孢杆菌类生防作用的研究，已保存许多具有较强抗真菌活性的芽孢杆菌菌株。国内外已有许多对芽孢杆菌产生的脂肽类物质及其抑菌活性的研究，但大多以单一菌株为研究对象。本研究挑选了 55 株芽孢杆菌菌株，探讨其所产生脂肽类抗生素的种类、分泌量与芽孢杆菌抑制真菌活性的关系，这在国内外鲜有报道。探明芽孢杆菌在生物防治过程中产生的抗生素种类及分泌量，对于深入开展芽孢杆菌生防机理的研究具有重要意义。

本研究明确了 55 株芽孢杆菌（*Bacillus* spp.）菌株对 3 种植物病原真菌［小麦纹枯病菌（*Rhizoctonia cerealis*）、小麦赤霉病菌（*Fusarium graminearum* Sehwabe）、西瓜枯萎病菌（*Fusarium oxysporum* f. sp. *niveum*）］抑菌活性及与其产生的脂肽类抗生素种类的定性定量关系。采用平板对峙培养分别测定 55 株芽孢杆菌活体菌及其脂肽类抗生素粗提物对 3 种真菌的抑菌活性；根据脂肽类抗生素合成相关基因序列 *srfA*、*ituA* 和 *fenA*，对 55 株芽孢杆菌进行 PCR 扩增；采用质谱及液相色谱分析 55 株芽孢杆菌脂肽类抗生素的种类、数量。55 株芽孢杆菌菌株及其脂肽类抗生素粗提物对 3 种病原真菌均具有一定的抑菌活性，其中，有 16.5% 菌株脂肽类粗提物的抑菌活性比活体菌的强，55.8% 菌株粗提物的抑菌活性比活体菌的弱，27.7% 菌株粗提物的抑菌活性基本没有变化。55 株芽孢杆菌基因组 PCR 扩增结果表明，89.1% 菌株含有 *srfA* 基因，87.3% 菌株含有 *ituA* 基因，只有 56.4% 菌株中含有 *fenA* 基因。55 株芽孢杆菌粗提物质谱检测结果表明，53 株菌株检测到 surfactins，48 株检测到 iturins，只有菌株 Bs916（*Bacillus subtilis* 916）检测到 fengycins，粗提物中没有检测到 3 种抗生素的菌株其抑菌活性较弱或者没有。同时发现，在检测到 iturins 的 48 株菌株中，48 株均检测到 bacillomycin D，2 株检测到 bacillomycin L，12 株检测到 bacillomycin F、iturin A 或者 mycosubtilin。对 55 株芽孢杆菌粗提物的液相色谱检测结果表明，53 株菌株检测到 surfactins；51 株检测到 iturins；只有菌株 Bs-916 检测到 fengycins；有 2 株菌株未检测到上述 3 种抗生素；根据 iturins 的色谱峰出峰时间及峰型分为四大类，命名为 1、2、3 和 4 型，4 种类型的 iturins 对病原菌的抑菌活性强度顺序为 1 型 >2 型 >3

---

　* 基金项目：国家高技术研究发展计划（863 计划）（2011AA10A201）；江苏省农科院科技自主创新（CX（14）2128）；公益性行业（农业）科研专项（201103002 – 3）

　** 第一作者：向亚萍，女，硕士研究生，研究方向为植物生防；E-mail：xiangyaping393@163.com

　*** 通讯作者：陈志谊，女，研究员，博士生导师，研究方向为植病生防；E-mail：chzy84390393@163.com

型 > 4 型。还在 3 株菌株 JCC-1、JCC-9、和 JCC-18 中检测到 2 个未知的脂肽类化合物（命名为 unknows：unknow1、2）的质谱峰。

芽孢杆菌脂肽类抗生素是抑制植物病原真菌的主要成分，并具有多样性特性；iturins 结构的变化及其分泌量与抑制植物病原真菌活性有一定的相关性。芽孢杆菌还产生一些未知的脂肽类化合物。

关键词：芽孢杆菌；抗真菌活性；脂肽类抗生素；相关性

苏云金芽孢杆菌抑真菌物质的初步探究 *

张　娜** 李蓬飞 陈月华***

（南开大学微生物学系，分子微生物学与技术教育部重点实验室，天津　300071）

摘　要：苏云金芽孢杆菌（*Bacillus thuringiensis*，Bt）是一种在农业生产中广泛应用的生防微生物，其杀虫制剂已商业化多年。为了扩大 Bt 生防范围，关于 Bt 抑制植物病原真菌的研究也越来越多。Bt519-1 是本实验室前期研究筛选出的一株杀虫兼抑真菌的高效菌株。本研究旨在探究苏云金芽胞杆菌 Bt519-1 菌株的抑真菌成分，为构建多功能生防菌株提供理论依据。

将 PDA 培养基与 Bt519-1 发酵液混合均匀制成固体平板，用该平板接种不同真菌菌饼（用打孔器切割的菌丝体），以测定 Bt519-1 菌株的抑真菌谱，计算抑菌效率，确定对其敏感的植物病原真菌。结果显示，Bt519-1 菌株对供试 10 种真菌中的花生褐斑菌（*Cercospora arachidicola*）、苹果轮纹病菌（*Physalos porapiricola*）、油菜菌核菌（*Sclerotinia sclerotiorum*）、黄瓜灰霉（*Botrytis cinerea*）和水稻纹枯（*Rhizoctonia solani*）6 种真菌的抑菌率达到 80% 左右。选择黄瓜灰霉（*B. cinerea*）为后续试验的供试真菌。

酸沉淀 Bt519-1 发酵培养液，沉淀由甲醇抽提、干燥后用一定缓冲液溶解获取脂肽类物质。用含 30% ~70% 等硫酸铵的不同饱和度溶液沉淀 Bt519-1 培养液，获取粗蛋白。牛津杯法测定所获脂肽类物质及各硫酸铵饱和度沉淀所得粗蛋白的抑真菌活性。结果证明酸沉淀所获得的脂肽类物质，可抑制黄瓜灰霉孢子萌发，且特异性引物 PCR 表明，Bt519-1 菌株的基因组中含有脂肽类物质 fengycin 合成的关键调控基因。60% 硫酸铵饱和度沉淀所得蛋白的抑真菌效果高于其他饱和度。

将发酵浓缩的粗酶液利用 Sephacryl S-200 HR 柱分离，收集各峰值蛋白并分别检测其抑真菌活性，选取有抑菌活性的组分进行 SDS-PAGE 与 ESI-QUAD-TOF 质谱分析。经 Sephacryl S-200 HR 柱分离到了有抑真菌活性的组分，质谱分析结果显示，此蛋白与苏云金芽胞杆菌蛋白序列库中的氨肽酶或肽酶序列相似。

本研究表明，苏云金芽孢杆菌 Bt519-1 的抑真菌物质既有脂肽类也有蛋白类。

关键词：苏云金芽孢杆菌；抑真菌；脂肽；抑菌蛋白

---

　* 基金项目：教育部博士点基金项目（No. 20120031110019）；天津市自然科学基金项目（No. 12JCYBJC198000）

　** 第一作者：张娜，女，在读硕士，生防微生物的研究；E-mail：shengji11@126.com

　*** 通讯作者：陈月华；E-mail：yhchen@nankai.edu.cn

中国东北和西北地区木霉菌生物多样性研究*

马　景** Estifanos tsegaye 李　梅*** 蒋细良***

（中国农业科学院植物保护研究所，农业部作物有害生物
综合治理重点实验室，北京　100081）

摘　要： 木霉属（*Trichoderma*）真菌为世界性分布真菌，在土壤生物量中占有较大比例。木霉可以生产多种酶类及抗生素，是重要工业酶制剂的生产菌。木霉也是一类重要的生防菌，据报道至少对18个属29种植物病原真菌具有拮抗作用。因此，掌握木霉多样性和地理分布对于木霉菌资源的挖掘和开发利用具有重要的意义。

在新疆，内蒙古，吉林，黑龙江等省的草原和森林生态系统中共采集了323份土样，并对这些土壤样品进行了木霉菌分离，共获得1 161株木霉。采用分子生物学技术，并结合菌株形态特征对分离菌株进行鉴定。菌落形态特征包括菌落大小、孢子颜色和形态、产孢结构等。分子生物学鉴定采用PCR技术，扩增rDNA的内转录间隔区（ITS）序列，使用寡核苷酸条形码程序TrichOKey 2.0和木霉数据库TrichoBLAST进行序列相似性检索。目前，完成了247株木霉菌株的鉴定，共发现木霉菌18种，分别为：盖姆斯木霉（*T. gamsii*）、钩状木霉（*T. hamatum*）、拟康宁木霉（*T. koningiopsis*）、长枝木霉（*T. longibranchiatum*）、*T. afroharzianum*、*T. asperelloides*、东方肉座菌（*H. orientalis*）、假哈茨木霉（*T. pseudoharzianum*）、俄罗斯木霉（*T. rossicum*）、李氏木霉（*T. reesei/ H. jecorina*）、绒毛木霉（*T. tomentosum*）、蜡素木霉（*T. cerinum*）、绿木霉（*T. virens*）、渐绿木霉（*T. viridescens*）、土星孢木霉（*T. saturnisporum*）、厚木霉（*T. crassum*）、*T. asperelloides*、弯梗木霉（*T. sinuosa*）、*H. alni*。其中，长枝木霉、假哈茨木霉和*T. afroharzianum*是中国西北和东北地区的优势种，占所鉴定菌株的比例分别为48.99%、19.03%和12.55%，这与已报道的南部地区的优势种棘孢木霉（*T. asperellum*）、哈茨木霉（*T. harzianum*）存在差异。另外，假哈茨木霉、*T. afroharzianum*、*T. asperelloides*、俄罗斯木霉、渐绿木霉、土星孢木霉、厚木霉、*T. asperelloides*、*H. alni*在国内未见报道。

关键词： 木霉菌；生物多样性；分子鉴定；ITS rDNA

---

* 基金项目：国家科技基础性工作专项（2014FY120900）

** 作者简介：马景，女，硕士生，主要从事生物防治微生物多样性研究工作；E-mail：952349821@qq. com

*** 通讯作者：李梅，女，博士，副研究员；E-mail：limei@ caas. cn
　　　　　　蒋细良，男，博士，研究员；E-mail：jiangxiliang@ caas. cn

深绿木霉菌碳代谢抑制子 CRE1 功能分析

李雅乾　周于聪　谢秋瑾　傅科鹤　陈　捷

（上海交通大学 农业与生物学院，上海　200240）

摘　要： 木霉菌（*Trichoderma* spp.）是一类广泛存在于土壤及植物根系环境中的丝状真菌，具有拮抗植物病原真菌，促进植物的生长和修复土壤等多种功效。研究表明：木霉菌碳代谢抑制子 CRE1 全局性调控细胞生长代谢过程，保障木霉在不同生境中的存活特性。本研究以拮抗深绿木霉 T23（*T. atroviride* 23）为出发菌株，采用生物信息学和分子遗传操作相结合策略，并利用农杆菌介导的遗传转化技术（*Agrobacterium tumefaciens*-mediated transformation，ATMT）构建敲除突变株 T23 Δ*cre*1。比较突变株（Δ*cre*1）与野生株（wide type，WT）的生长代谢特性，结果表明：*cre*1 基因沉默后，Δ*cre*1 较 WT 菌丝生长变慢，产孢滞后，且 *cre*1 调控菌丝和产孢特性依赖于培养基组分。此外，碳代谢因子 CRE1 还调控木霉菌分泌的细胞壁降解酶和多种拮抗性代谢产物，*cre*1 基因抑制几丁质酶、β-1，3-葡聚糖酶基因转录，调控与抗生素和毒素合成和运输相关的非核糖体肽合成酶（NPRS）、聚酮合成酶基因（PKS）和 ABC 转运蛋白的表达，间接影响木霉抗菌代谢产物的合成与转运。进而深入研究 CRE1 对参与代谢产物运输相关的 ABC 转运蛋白 Taabc2 的表达调控机制，系统分析 *taabc2* 基因转录启动子区域各区段受 Cre1 调控呈现区别性表达，确定 CRE1 与 *taabc2* 编码基因启动区直接作用的关键区域。推断 CRE1 参与生防调控的途径之一是通过抑制 *taabc2* 的表达间接影响重要代谢产物运输。综上，木霉菌碳代谢因子 CRE1 作为一个全局性的转录调控因子，对深绿木霉 T23 的生长代谢及其产物运输相关的基因具有明显的抑制作用，对指导以 CRE1 为靶标，促进木霉菌细胞壁降解酶及相关次级代谢产物的合成和分泌，提高木霉菌生防效果具有重要意义。

关键词： 深绿木霉 T23；碳代谢抑制因子 CRE1；细胞壁降解酶；次级代谢；ABC 转运蛋白 Taabc2

人参锈腐病生防菌哈茨木霉 Tri41 固体发酵条件研究

李自博　魏晓兵　周如军　傅俊范

（沈阳农业大学植物保护学院，沈阳　110866）

摘　要：人参（*Panax ginseng* C. A. May）为五加科多年生药用植物，是我国传统名贵中药材。人参锈腐病是我国人参产业最重要的土传根部病害之一，严重影响人参的产量和品质。目前生产上防治人参锈腐病主要依赖化学农药，极易造成人参产品及参床农药残留超标。哈茨木霉（*Trichoderma harzianum*）是多种植物病原菌的生防拮抗菌，作用机制包括营养和空间竞争作用、重寄生作用、抗生作用和溶菌作用，其分生孢子制成的产品在防治植物白绢病、立枯病、疫病等土传病害上被认为是最有希望的生物农药，而且木霉菌拌种或土施可诱导植物抗病性并促进生长。固态发酵由于其特有的经济实用性、易于保存和运输，已经引起了人们的广泛重视。哈茨木霉 Tri41 为沈阳农业大学药用植物病害研究室从人参根际土壤中筛选获得，其对人参锈腐病菌（*Cylindrocarpon destructans*）有较强的抑制作用。

本研究将培养好的哈茨木霉 Tri41 用无菌水配制成孢子悬浮液（1×10^5 cfu/mL），将孢悬液接种到培养基中，取 0.5g 培养物，0.1% 吐温水稀释，在磁力搅拌器上充分搅匀，血球计数板测定孢子浓度；培养基采用 4 种混合物质培养基：玉米粉 + 稻壳、玉米粉 + 麦麸、稻壳 + 麦麸、玉米粉 + 稻壳 + 麦麸，混合培养基中不同物质等比例混合，根据产孢量筛选最佳培养基，并在此基础上筛选培养基中不同成分的最佳配比；在已筛选出的培养基中分别添加不同含量的水和 0.2g 的 $CuSO_4$、Na_2SO_4、K_2SO_4、$MgSO_4$、$FeSO_4$、$CaSO_4$、$ZnSO_4$，在单因素试验基础上，进行 3 因素多水平正交试验；优化养基后，分别向 250mL 三角瓶中添加 10g、15g、20g、25g、30g、35g、40g、45g、50g 优化培养基；分别向 25g 优化培养基中接种 1mL、2mL、3mL、4mL、5mL、6mL、7mL、8mL、9mL 孢悬液；设定不同处理温度及变温 25℃-20℃-28℃（每 2 天变换温度），每天测定产孢量，确定达到最大产孢量的培养时间。试验结果采用 Excel 软件（2003 版）进行数据处理，采用 SPSS 11.5 中的单因素方差分析（One-way ANOVA）结合 LSD 法对统计结果进行单因素显著性方差分析。

试验结果表明，当稻壳与玉米粉配比为 5：5、6：4 和 7：3 时，哈茨木霉 Tri41 的产孢量最大，且差异不显著；当初始加水量为 5mL、6mL、7mL 时，哈茨木霉 Tri41 的产孢量达到最大，且差异不显著；Ca^{2+} 能过促进哈茨木霉 Tri41 的生长和产孢；经统计分析，组合 6（玉米粉：稻壳 =6：4，$CaSO_4$ 含量 0.3g，加水量 5mL）产孢量最大；哈茨木霉 Tri41 在 250mL 三角瓶中的最适装瓶量为 25g 固体培养基；当接种量为 7mL 时，哈茨木霉 Tri41 产孢量达到最大；25℃条件下，哈茨木霉 Tri41 产孢量达到最大；随着发酵时间延长，哈茨木霉 Tri41 的产孢量符合逻辑斯蒂增长模型，在第 8 天达到最大值，培养基转为深绿色，8~12 天为饱和期，孢子量基本保持不变。通过单因子和正交试验得到哈茨木霉 Tri41 固体发酵最佳培养基和最适发酵条件：250mL 三角瓶中装入 25g 固体培养基，其中，玉米粉与稻壳按 6：4 混合，$CaSO_4$ 含量 0.375g，水 6.25mL，接种量 7mL，25℃ 培养 8 天。

哈茨木霉 Tri41 对人参锈腐病菌有较好的抑制效果，本研究使用廉价的农副产品及其副产物为主料，并辅以微量矿质元素作为发酵培养基，通过单因子和正交试验对哈茨木霉 Tri41 固体发酵条件和培养基组分进行了优化，研究结果为下一步产业化生产和生防菌剂的研发提供理论参考，同时为人参锈腐病田间生物防治奠定了科学依据。

关键词：人参锈腐病；哈茨木霉 Tri41；固体发酵；生物防治

哈茨木霉 Th-33 *Thga*1 基因的功能*

孙　青** 蒋细良*** 庞　莉 王丽荣 李　梅***

（中国农业科学院植物保护研究所，农业部作物有害生物综合
治理重点实验室，北京　100081）

摘　要： 木霉菌（*Trichoderma*）是一类重要的生防真菌，具有适应性强、抗菌谱广、诱导植物抗性和多重拮抗作用机制等特点。木霉菌生防相关基因的表达由内源信号途径所调节，G 蛋白介导的信号传递系统是真核生物中一类重要的细胞跨膜信号传递系统，在细胞外信号向胞内传递及调控细胞内反应中起到关键的分子开关的作用。本实验室从生防菌哈茨木霉（*T. harzianum*）Th-33 中克隆到一种 I 型 G 蛋白 α 亚基基因 *Thga*1，*Thga*1 基因敲除后，突变株的生物学特性和理化特性均发生显著变化，包括菌丝生长速度下降，分生孢子梗分枝和产孢量均减少，对立枯丝核菌（*Rhizoctonia solani*）的重寄生作用下降，突变株疏水性降低，胞内 cAMP 水平降低了 50% 左右。为进一步阐明 *Thga*1 基因的功能，本研究开展了 *Thga*1 基因的过表达研究，并对 Th-33 进行了基因组测序，以及 *Thga*1 突变株的转录组测序，结果如下。

（1）通过原生质体转化方法获得了 *Thga*1 基因的过表达菌株，过表达菌株与野生型 Th-33 相比产孢量是野生型的 1.63 倍，生长速度快于野生型，对病原菌拮抗能力增加，进一步明确了 *Thga*1 基因能够正调控木霉菌的生长、产孢和拮抗特性。

（2）利用 Hiseq2500 高通量测序平台对哈茨木霉 Th-33 全基因组进行序列测定，获得196 个 scaffolds，共预测了 10 849 个基因，平均长度为 1 776 bp（GenBank 登录号：PRJNA272949）。以 GO（gene ontology）数据库对预测出的基因做基因注释，共注释基因6 238个；以 KEGG（kyoto encyclopedia of genes and genomes pathway database）数据库对预测出的基因做基因注释，有 6 789 个基因注释到 279 条 KEGG 代谢途径。KEGG 富集分析显示，对氨基苯甲酸甲酯降解代谢通路涉及基因最多，有 232 个基因；其次是双酚降解代谢通路，有 206 个基因。利用 Rfam 数据库对基因组序列进行 RNA 分类预测，共分为 25个类别，包含 7 123 个基因，其中涉及基因最多的为转录后修饰、蛋白质转换和分子伴侣一类。基因组测序结果为转录组测序分析提供参考基因组，进一步提高了转录组测序结果分析的可靠性。同时，本研究还比较了哈茨木霉、深绿木霉（*T. atroviride*）、绿木霉（*T. virens*）以及里氏木霉（*T. reesei*）基因组中重寄生相关的碳水化合物活性酶、蛋白酶及次生代谢相关基因，发现哈茨木霉基因组中含有较多的蛋白酶及次生代谢相关基因，这

* 基金项目：国家自然科学基金（31371983，31071728）

** 作者简介：孙青，女，硕士研究生，研究方向为生物农药；E-mail：sunqing0208@126.com

*** 通讯作者：蒋细良，男，博士，研究员；E-mail：jiangxiliang@caas.cn

　　　　　　李梅，女，博士，副研究员；E-mail：limei@caas.cn

些基因可能在木霉重寄生过程中发挥重要作用。

（3）采用 Illumina Hiseq2000 高通量测序平台完成了哈茨木霉 Th-33 及敲除突变株 1-1 产孢前的转录组测序，分别产生 2 838 821 746 和 3 242 007 080 条 reads（GenBank 登录号：PRJNA272748）。随机选取 16 个基因进行实时荧光定量 PCR 验证，所有基因的表达趋势均与转录组测序结果一致，证明转录组测序结果的可靠性。突变株相对野生型 Th-33，共有差异表达基因（DEG）888 个，427 个上调，461 个下调。差异表达基因中，有 318 个基因被注释到 184 条 KEGG 代谢途径中，其中双酚降解和对氨基苯甲酸甲酯降解代谢途径涉及的差异基因最多，并且以细胞色素 P450 家族的编码基因最多。GO 富集分析显示，507 个差异表达基因分到 707 个功能亚类，涉及差异表达基因最多的为催化活性和代谢过程，其中发现大量编码碳水化合物活性酶、次生代谢物质、分泌蛋白及转录因子的差异表达基因。Kog 功能分析显示，463 个差异表达基因分到 23 个功能亚类中，其中次生代谢物的合成、运输及分解代谢过程中差异表达基因最多。转录组测序结果显示，G 蛋白 *Thga*1 基因影响木霉菌物质合成、代谢、运输、信号传递等多个生物学过程，有复杂的信号调控机制。本研究获得的差异表达基因对进一步挖掘木霉菌产孢相关基因及阐明 G 蛋白信号传递途径具有重要的意义。

关键词：哈茨木霉 Th-33；基因组测序；转录组测序；*Thga*1

哈茨木霉 T2-16 发酵产物中抗菌促长活性物质的初步研究

魏　林[1]*　　梁志怀[2]　　张　屹[2]　　吕　刚[1]　　陈玉荣[1]

（1. 湖南省植物保护研究所，长沙　410125；2. 湖南省西瓜甜瓜研究所，长沙　410125）

摘　要：笔者前期研究表明，哈茨木霉 TUV-13 分生孢子发酵液，对水稻纹枯病具有较好的防治作用，并能显著提高水稻种子的活力。为此，对该发酵液中的抗菌促长活性物质进行了提取分析。试验结果表明，采用系统溶剂法对活性物质提取时，在供试的乙醇、丙酮、氯仿、乙酸乙酯、正丁醇、石油醚等极性不同的有机溶剂中，氯仿是木霉菌水稻体外模拟培养物有效物质提取的最适溶剂。进一步对 TUV-13 菌株氯仿提取物进行 GC-MS 检测，结果获得 40 多种化学成分，以烷烃类数量最多，为 13 种，其他成分主要为有机酸类、酯类、酮类、类固醇类等有机化合物。大孔吸附树脂 HP-20 与硅胶柱层析分离试验结果确定，石油醚乙酸乙酯作洗脱剂的硅胶柱层析系统是分离木霉菌 TUV-13 活性物质的最适方法，能有效地分离出 3 种结构不同的活性物质。其中，2 号流分活性最强，经鉴定为十八碳二烯酸甲酯，9 号流分次之，鉴定为类固醇类抗生素。应用分离获得的十八碳二烯酸甲酯对水稻纹枯病（*Rhizoctonia solani*），水稻稻瘟病（*Pyricularia oryzae*），水稻恶苗病菌（*Fusarium moniliforme*），稻曲病（*Ustilaginoidea virens*）4 个常见病原菌及花生白绢病（*Sclerotium rolfsii*）、辣椒疫病（*Phytophthora capsici*）两个重要作物病原菌进行室内体外细胞毒力测定，结果显示，具有该物质较好的抑菌活性，但对不同病原菌其抑制效果存在差异性。其中，对水稻纹枯病菌抑制作用最好，EC_{50} 值仅为 9.27μg/mL；其次对花生白绢病菌的 EC_{50} 值为 21.53μg/mL；但对水稻恶苗病菌的 EC_{50} 高达 772.27μg/mL。试验结果还显示，经十八碳二烯酸甲酯处理的 11 个水稻品种的发芽指数和种子活力指数均得到了提高，种子活力提高的幅度为 9.24% ~ 22.42%。试验结果显示了该物质在水稻生产上的应用潜力。

关键词：哈茨木霉；发酵产物；活性物质

---

　　* 第一作者：魏林，女，博士，研究员，主要从事农作物病害生物防治研究；E-mail：nkyweilin@163.com

哈茨木霉 T2-16 菌剂防治西瓜枯萎病的研究 *

梁志怀[1]** 魏 林[2] 肖 密[2] 张 屹[1] 吕 刚[2] 陈玉荣[2]

（1. 湖南省西瓜甜瓜研究所，长沙 410125；2. 湖南省植物保护研究所，长沙 410125）

摘 要：以麦麸、木屑为主要培养基质，以生防菌株哈茨木霉 T2-16 为种子菌，制备有效活菌数约为 1×10^8 个孢子/g 的生防固态菌剂。选择枯萎病发生严重的 3 年西瓜连作土壤，将该木霉菌剂应用适宜的吸附基质按 1：50 的比例混合均匀后，在西瓜移栽时每一种植孔穴施 50g 菌剂处理。在西瓜开花期，再以含 1×10^6 个孢子/mL 的哈茨木霉 T2-16 分生孢子悬浮液以 300mL 的用量对每株进行灌根处理一次。在对照西瓜枯萎病大发生时，调查木霉菌剂对枯萎病的防治效果，并测定植株体内与抗病性相关的酶活性及植株根际土壤主要微生物种群的数量。试验结果显示，经哈茨木霉 T2-16 菌剂处理后，西瓜植株枯萎病发病率及死株率较空白对照都显著降低，其对田间西瓜枯萎病的防治效果为 53.11%，并且木霉处理区西瓜产量也得到了提高，各小区平均增产率为 14.19%；经哈茨木霉 T2-16 菌剂处理后，西瓜植株内的苯丙氨酸解氨酶（PAL）、过氧化物酶（POD）、过氧化氢酶（CAT）与多酚氧化酶（PPO）等与诱导植物抗病性相关的防御酶活性与对照植株的相比，也都有不同程度的提高；T2-16 菌剂处理后，西瓜根际微生物除细菌和固氮菌的种群数量增长率高于未施木霉菌剂的对照，真菌、放线菌和氨化细菌的微生物种群的增长率则明显低于对照。这些研究为应用生防木霉菌克服西瓜病原性连作障碍做了有益的尝试。

关键词：生物防治；哈茨木霉；西瓜；枯萎病

* 基金项目：公益性行业（农业）科研专项（201503110 - 03）

** 作者简介：梁志怀，男，研究员，主要从事土传病害综合防治研究；E-mail：liangzhihuainky@163.com

木霉菌转录因子 Tha-01888 基因功能分析*

王丽荣** 蒋细良*** 孙 青 庞 莉 李 梅***

（中国农业科学院植物保护研究所，农业部作物有害生物

综合治理重点实验室，北京 100081）

摘 要：转录因子（transcription factor，TF）又称反式作用子，是直接或间接与基因启动子区域中顺式作用元件发生特异性相互作用，并对基因转录的起始进行调控的一类蛋白质。木霉菌是植物病害重要的生防真菌，据报道至少对 18 个属 29 种植物病原真菌具有拮抗作用。目前，生产上木霉菌制剂主要是分生孢子制剂，研究与木霉菌产孢相关基因，对于促进木霉菌产孢，降低成本，提高生防效果具有重要意义。木霉产孢基因的表达受多级调控，而转录因子的调控是基因表达过程的第一步，在木霉的产孢过程中起着关键性的作用。

本研究从哈茨木霉野生菌 Th-33 中克隆获得了转录因子 Tha-01888 基因，其 cDNA 全长 1 446bp，编码 481 个氨基酸，与球孢白僵菌的金属硫蛋白激活因子以及蛹虫草中锌指蛋白 swi5 相似性都为 78%，通过生物学信息分析并查阅相关文献推测 Tha-01888 基因可能调控金属离子的代谢。为研究 Tha-01888 基因的功能，分别克隆了 Tha-01888 转录因子的基因上游和下游各 1 000bp 的 DNA 序列，与潮霉素抗性基因连接，构建 Tha-01888 基因敲除盒，再与载体 pDHt/sk 连接获得 Tha-01888 基因敲除载体 pDHt/sk-Tha-01888-Hyg，采用 ATMT 法转入 Th-33 中，通过对潮霉素抗性筛选假定转化子，通过 PCR 扩增验证潮霉素基因、同源臂序列和遗传稳定性分析，获得敲除突变株△1888。通过对敲除突变株的表型进行初步分析，发现与野生型菌株 Th-33 相比，△1888 菌落颜色加深，气生菌丝增多，生长速度加快，生物量、产孢量增加，对辣椒疫霉、棉花枯萎病菌等病原菌拮抗性能提高；此外，对△1888 耐金属铜和镉的特性进行了初步测定，在培养基铜离子（$CuSO_4 \cdot 5H_2O$）浓度达到 300mg/mL 时，能够完全抑制野生型菌株 Th-33 的产孢，而△1888 的产孢几乎不受影响；当金属离子镉（$CdN_2O_6 \cdot 4H_2O$）浓度达到 10mmol/L 时，对野生菌 Th-33 和△1888 生长抑制率分别为 50% 和 30%。说明△1888 对铜、镉等金属的耐受性高于野生菌。以上实验结果表明，Tha-01888 基因可能负调控木霉菌的生长、产孢、拮抗特性，以及对重金属的耐受性，作用机制有待进一步研究。

关键词：哈茨木霉；转录因子；基因敲除；功能分析

---

* 基金项目：国家自然科学基金（31371983）

** 第一作者：王丽荣，女，硕士生，主要从事植物保护学研究；E-mail：wanglirong0615@163.com

*** 通讯作者：蒋细良，男，博士，研究员；E-mail：jiangxiliang@caas.cn

李梅，女，博士，副研究员；E-mail：limei@caas.cn

拟康宁木霉的分离鉴定及其在纤维素降解中的应用研究[*]

伍文宪[1,2][**]　刘　勇[1,2][***]　张　蕾[1,2]　黄小琴[1,2]　周西全[1,2]　刘红雨[2]

(1. 农业部西南作物有害生物综合治理重点实验室，成都　610066；

2. 四川省农业科学院植物保护研究所，成都　610066)

摘　要： 木霉菌（*Trichodema* sp. ）是一种广泛存在于土壤、植物根际和叶面的重要生防菌，目前国内外已经有 50 多种木霉商品化制剂，最为常用的木霉生防因子有 *T. harzianum*，*T. viride* 等几种。然而截至目前，已报道的木霉种类高达两百余种，因此，深入挖掘新的木霉生防因子对于木霉的研究利用和植物病害生物防治具有深远意义。本实验从成都油菜种植区土壤中分离得到一株木霉，经形态学及分子鉴定确定该木霉为拟康宁木霉（*T. koningiopsis*），该木霉最适生长温度为 25℃，在 PDA 培养基上的生长速率为 29.6mm/天，培养 3 天即可产孢，其分生孢子椭圆形，深绿色，壁光滑，直径大小 4μm。室内抗菌谱实验表明拟康宁木霉可有效拮抗灰葡萄孢（*Botrytis* sp.）、镰刀菌（*Fusirum* sp.）、丝核菌（*Rhizoctonia* sp.）、链格孢属（*Alternaria* sp.）等病原真菌，其生防作用机制主要为竞争作用和重寄生作用。采用羧甲基纤维素钠水解圈测定法、秸秆失重法等常规秸秆纤维素降解菌的筛选方法确定拟康宁木霉具有较强的秸秆纤维素降解能力，其对纤维素分解率为 25.74%。以上研究表明，拟康宁木霉在纤维素降解及生物防治上的潜能为其开发应用提供了可能。

关键词： 拟康宁木霉；生物防治；纤维素降解

＊ 基金项目：农业公益性行业计划：保护地果蔬灰霉病绿色防控技术研究与示范（201303025）资助

＊＊ 第一作者：伍文宪，男，研究实习员，硕士；E-mail：wuwenxian07640134@163.com

＊＊＊ 通讯作者：刘勇，男，研究员，博士；E-mail：liuyongdr@163.com

武夷菌素生物活性成分研究进展 *

葛蓓孛** 刘 艳 刘炳花 张克诚***

（中国农业科学院植物保护研究所，北京 100193）

摘 要：武夷菌素（Wuyiencin）是由不吸水式链霉菌武夷变种（*Streptomyces ahygroscopicus* var. *wuyiensis*）产生的一种广谱、高效、低毒的抗真菌生物农药，对露地、保护地蔬菜病害及果树、粮食作物病害具有显著的防治效果。为了明确进一步武夷菌素生物活性成分，采用不同的分离纯化方法和活性追踪技术对不吸水链霉菌武夷变种的代谢产物进行鉴定。武夷变种发酵液粗品经过葡聚糖凝胶 G-25 柱、常压和中压反相柱分离及高效液相色谱半制备，得到其主要活性成分：含有两个组分混合物（a 和 b）分别占 87% 和 13%。主成分 a 经过结构鉴定，其分子量为 443，分子式为 $C_{13}H_{21}N_3O_{14}$，此化合物结构是一种含有胞苷骨架和过氧键的核苷类抗生素。武夷变种发酵液粗品采用大孔吸附树脂 AB-8 进行粗分后，利用水–乙醇和水–甲醇系统极性由高到低梯度洗脱，每个浓度进行 5 倍柱体积淋洗，将淋洗液减压浓缩，获得 6 个组分。利用中压正相硅胶柱层析、葡聚糖凝胶 Sephadex LH-20 柱层析、正相硅胶制备薄层层析、高压反相硅胶柱层析等方法进行分离，共鉴定出 3 个化合物的分子结构：化合物 1 为黄酮类化合物，分子式 $C_{30}H_{18}O_{11}$，分子量 554；化合物 2 为有机胺类化合物，分子式为 $C_8H_{16}N_2O_2$，分子量 172；化合物 3 为原阿片碱类化合物，分子式为 $C_{20}H_{19}NO_5$，分子量为 353.133 41。

关键词：武夷菌素；次生代谢物；活性成分；化合物分子式

* 基金项目：公益性行业（农业）科研专项（201103002、201303025）；国家自然科学基金项目（31371985、31401796）；国家外专局引智成果示范推广项目（Y20150326003）

** 第一作者：葛蓓孛，女，博士，助理研究员，研究方向：农用抗生素；E-mail：bbge@ ippcaas. cn

*** 通讯作者：张克诚；E-mail：zhangkecheng@ sina. com

热带作物根际土壤解磷微生物筛选鉴定
及其生防效果评价 *

梁艳琼** 吴伟怀 李 锐 郑肖兰 郑金龙

习金根 贺春萍*** 易克贤***

（中国热带农业科学院环境与植物保护研究所，农业部热带农林有害生物入侵监测
与控制重点开放实验室，海南省热带农业有害生物检测监控重点实验室，海口 571101）

摘 要：磷是植物细胞中能量物质 ATP 和遗传物质的基本构成元素，是植物生长发育必需的重要元素之一，同时也以多种方式参与植物体内各种生理生化过程，对促进植物的新陈代谢、生长发育具有重要的作用。植物所吸收利用的磷素主要来自土壤。因此利用溶磷圈法和钼蓝比色法从海南岛内芒果、胡椒、橡胶树、香蕉、荔枝、菠萝蜜等热带作物根际土壤分离和筛选获得 72 株具有一定溶磷能力的微生物菌株，其中，真菌 7 株，细菌 65 株；从 7 株真菌菌株中复筛获得 3 株溶磷能力强的真菌（PSFM、PSFC 和 PSFH3），从 65 株细菌菌株中复筛获得 7 株溶磷能力较强的细菌（PSB3、PSB4、PSB7、PSB12、PSB15、PSB58 和 PSB65），其 D/d 值（溶磷圈直径 D 与菌落直径 d 比值）均超过 1.40，最高达到 1.80，有效溶磷量均超过 358.75mg/L，最高达到 511.28mg/L；通过形态学和分子生物学鉴定，将 PSFM、PSFC 和 PSFH3 菌株分别鉴定为 *Aspergillus niger*、*Penicillium janthinellum* 和 *Penicillium aculeatum*；PSB3、PSB4、PSB7、PSB12、PSB15、PSB58 和 PSB65 菌株分别鉴定为 *Burkholderia* sp.、*Klebsiella* sp.、*Burkholderia cepacia*、*Uncultured Pseudomonas* sp.、*Burkholderia* sp.、*Salmonella enterica* subsp.、*Burkholderia* sp. 和 *Burkholderia* sp.。利用平板对峙法测定了 10 株解磷微生物对 15 个热带作物常见病原菌的拮抗作用，发现这些解磷菌株对西瓜枯萎病、香蕉枯萎病、胡椒枯萎病、芒果炭疽病、香蕉黑星病、橡胶炭疽病等病原菌均有不同程度的拮抗作用，并对拮抗效果较好的进行了拮抗后病原菌菌体形态观察，发现这些病原菌有较明显的形态畸变。该研究结果初步揭示了热带作物根际土壤的解磷菌结构，对我国热带农业土壤的磷利用问题具有较强的针对性和区域特色。

关键词：热带作物根际土壤；解磷微生物；生防效果

---

* 资金项目：国家天然橡胶产业技术体系病虫害防控专家岗位项目（No. CARS - 34 - GW8）；中央级公益性科研院所基本科研业务费专项资助项目（NO. 2014hzs1J013；NO. 2015hzs1J014）
** 作者简介：梁艳琼，女，助理研究员，研究方向：植物病理学
*** 通讯作者：贺春萍；E-mail：hechunppp@163.com
 易克贤；E-mail：yikexian@126.com

粉红螺旋聚孢霉 67-1 转醛醇酶基因的功能研究*

刘静雨** 孙漫红 李世东*** 孙占斌

（中国农业科学院植物保护研究所，北京 100081）

摘 要：粉红螺旋聚孢霉（*Clonostachys rosea*，异名：粉红粘帚霉，*Gliocladium roseum*）是一类重要的菌寄生菌，能够防治多种植物真菌病害。为研究粉红螺旋聚孢霉寄生相关基因，本实验室对高效菌株 67-1 寄生核盘菌菌核转录组进行了测序分析，获得一个高差异表达的转醛醇酶基因 *TAL67*。实时荧光 PCR 监测表明，菌核诱导下该基因在不同侵染阶段（8h、24h 和 48h）均明显上调表达，24h 表达量最高，比对照提高 12.9 倍。通过 67-1 全基因组序列克隆获得 *TAL67* 全长，结果显示，该基因为 1 031bp，不含内含子。生物信息学分析表明，*TAL67* 含有 750bp 的开放阅读框，可以编码 249 个氨基酸的多肽，其 N 末端无信号肽，C 末端无 GPI 锚定信号，无疏水区和跨膜区。

为研究 *TAL67* 在 67-1 寄生菌核过程中的作用，将 *TAL67* 上下游同源臂与 pKH-KO 载体（中国农业科学院植物保护研究所张昊博士惠赠）连接构建敲除载体，通过 PEG-CaCl$_2$ 转化方法转入 67-1 原生质体中。经潮霉素抗性平板筛选，获得 95 个稳定遗传的转化子，PCR 验证表明突变株中未检测到目标片段。对 67-1 和基因敲除突变株 $\Delta TAL67$ 进行生物学测定，结果显示，$\Delta TAL67$ 在 PDA 培养基上的生长速率为 0.53 ± 0.016cm/天，显著低于野生菌株的 0.59 ± 0.03cm/天（$P < 0.05$）。基因缺失后粉红螺旋聚孢霉对番茄灰霉病菌（*Botrytis cinerea*）的拮抗能力降低，对峙培养 20 天后 $\Delta TAL67$ 菌株在病原菌菌落中的延伸距离为 5.00cm，显著低于野生菌株的 5.76cm（$P < 0.05$）。对核盘菌菌核寄生性测定发现，侵染 5 天和 10 天时突变株对菌核的致腐指数分别为 33.3 和 68.6，比野生型降低 35.5% 和 22.5%。分别采用浓度为 5.0×10^6 孢子/mL 的生防菌和尖孢镰刀菌孢子悬液处理黄瓜种子，测定生防菌株对黄瓜枯萎病菌致病力的影响。结果表明，保湿培养 7 天，67-1 对黄瓜枯萎病的防效达到 75.6%，而 $\Delta TAL67$ 处理防效仅为 23.1%，表明 *TAL67* 基因参与了粉红螺旋聚孢霉 67-1 菌寄生过程。本研究结果丰富了菌寄生相关基因的种类，同时也为研究粉红螺旋聚孢霉生防作用机制奠定了基础。

关键词：粉红螺旋聚孢霉；转醛醇酶；real-time PCR；基因敲除

---

* 基金项目：国家"863"计划项目（2011AA10A205）

** 第一作者简介：刘静雨，女，硕士研究生，从事生防真菌基因功能研究；E-mail：liujingyu1201@163.com

*** 通讯作者：李世东；E-mail：lisd@ieda.org.cn，2388360218@qq.com

粉红螺旋聚孢霉 67-1 转几丁质酶基因高效工程菌株的构建与筛选*

孙占斌** 李世东 孙漫红***

（中国农业科学院植物保护研究所，北京 100081）

摘 要：粉红螺旋聚孢霉（*Clonostachys rosea*，syn. *Gliocladium roseum*）是一类重要的菌寄生真菌，可以防治核盘菌、灰葡萄孢、镰刀菌、丝核菌等多种植物病原真菌，并促进作物生长，具有巨大的生防潜力。本研究从粉红螺旋聚孢霉 67-1 寄生核盘菌菌核转录组中获得高表达丰度的几丁质酶基因 *chi*67。采用 SYBR Green Ⅰ 法进行实时荧光 PCR 监测，结果表明菌核诱导下该基因表达显著增加，24h 时表达量比对照提高 36 倍。利用 67-1 全基因组信息克隆获得 *chi*67 DNA 全长，结果显示该基因包含 1 307 个碱基，无内含子。生物信息学分析表明 *chi*67 含有 1 047bp 的编码框，可以编码 348 个氨基酸的多肽。

为构建 67-1 转 *chi*67 高效工程菌株，本研究将 *gpdA-chi*67-*trpC* 连接到 pAN7-1 载体上，构建过表达载体，采用 PEG-CaCl$_2$ 转化方法将过表达载体转入 67-1 原生质体中，通过潮霉素抗性标记筛选，连续转接三代筛选稳定表达的阳性克隆。对 68 株 *chi*67 转化子进行生物学性状测定，结果表明，相对于野生菌株 44.1% 的转化子生长速率提高，PDA 平板上培养 7 天转化子中最大菌落半径为（34.73 ± 1.41）mm，最小为（30.61 ± 1.11）mm。33.8% 的转化子产孢量显著提高，其中最大产孢量达到（57.2 ± 1.67）× 10^7 孢子/mL，比野生型提高 2.3 倍；转化子中最小产孢量为（5.30 ± 0.22）× 10^7 孢子/mL。菌核寄生性测定表明，转化子寄生能力比野生菌株普遍提高，16h 时有 32.4% 的转化子寄生能力提高 50% 以上。对几丁质酶活测定表明，转化子 4-4 产酶能力比野生菌株提高 1.4 倍；对其 *chi*67 基因表达水平荧光定量监测，突变株几丁质酶基因表达量提高 100 倍以上。温室盆栽防病试验表明，转化子 4-4 对大豆菌核病的防效达到 81.4%，比野生菌株和多菌灵分别提高 31.7% 和 28.7%。本研究为研发高效粉红螺旋聚孢霉工程菌株提供了理论基础。

关键词：粉红螺旋聚孢霉；核盘菌菌核；几丁质酶基因；real-time PCR；过表达

---

* 基金项目：国家 "863" 计划项目（2011AA10A205）；国家科技支撑计划（2012BAD19B01）

** 第一作者：孙占斌，男，博士研究生，从事生防真菌功能基因研究；E-mail：twins5616@126.com

*** 通讯作者：孙漫红；E-mail：sunmanhong2013@163.com

一株多孔烟管菌菌株高氏 15 号的鉴定
及抑菌活性研究[*]

汪 华[1][**]　喻大昭[1]　郭 坚[2]

(1. 湖北省农业科学院植保土肥研究所，农业部华中作物有害生物
综合治理重点实验室，武汉　430064；2. 三峡大学医学院，宜昌　443002)

摘　要：为满足环境保护、食品安全和农业可持续发展的需要，从植物提起物、内生真菌、和拮抗菌株的发酵产物中分离纯化活性物质是生物农药开发和利用的主要方向。高氏 15 号菌株是从咸宁市"星星竹海"景区竹林腐败竹节霉变组织中分离筛选出来的一株多孔烟管菌 (*Bjerkandera adusta*)，该菌株保藏在武汉的中国典型培养物保藏中心 (CCTCC)，保藏编号为：CCTCC. 2015351。主要参照周茂繁的《植物病原真菌属分类图索》分类方法对高氏 15 号菌株进行了形态学分类鉴定。通过 ITS 正反向基因测序结果，与 NCBI 网站公布序列进行比对，高氏 15 号菌株与已知同源性最高菌株的基因同源性为 97%，同源性最高菌株 NCBI 登录号为 KP050680.1，为多空烟管菌 (*Bjerkandera adusta*)；认为高氏 15 号菌株是一株新的多空烟管菌 (*Bjerkandera* sp.)。

竞争性抑制实验结果表明：高氏 15 号菌株对土传根腐病菌、全蚀病菌、白绢病菌、立枯病菌、青枯病菌、纹枯病菌、黄萎病菌的抑制率分别达 67.3%、56.2%、72.6%、87.8%、89.4%、76% 和 74.2%；以该菌株制备的散粒剂用于田间根部病害的效果显著，如番茄根腐病、青枯病、立枯病的防治效果分别达 72.4%、86.2% 和 81.4%，魔芋根腐病、立枯病的防治效果分别达 83.2% 和 87.4%，棉花根腐病、立枯病、黄萎病的防治效果分别达 76.4%、87.2% 和 71.4%，西瓜根腐病、立枯病的防治效果分别达 72.4% 和 82.6%，显示出广阔的应用前景。

关键词：多孔烟管菌；鉴定；抑菌活性

---

[*] 基金项目：公益性行业专项"作物根腐病综合治理技术方案 (20150311 - 8)"；湖北省农业科学院青年基金项目"小麦全蚀病农药室内生测方法研究 (2013NKYJJ09)"；国家现代农业产业技术体系项目"小麦产业技术体系 (CARS - 03 - 04B)"

[**] 作者简介：汪华，男，副研究员，主要从事作物根部病害、农药研发及应用研究；E-mail：wanghua4@163.com

高致病力扁座壳孢菌固体发酵及其生防制剂研究[*]

张为丽[1,2]　彭　威[1,2]　张宏宇[1,2]

（1. 华中农业大学植物科学技术学院，农业微生物学国家重点实验室，城市与园艺昆虫研究所，武汉　430070；2. 大别山特色资源开发湖北省协同创新中心，黄冈　438000）

摘　要： 粉虱类害虫是一类重要的农业害虫，如烟粉虱（*Bemisia tabaci* Gennadius）、黑刺粉虱（*Aleurocanthus spiniferus* Quaintanc）和柑橘粉虱（*Dialeurodes citri* Ashmead）等是我国蔬菜、茶叶和柑橘等园艺作物重要害虫，造成严重的经济损失，长期以来依赖化学农药防治，引起害虫抗药性、农药残留等一系列副作用，无公害微生物源农药日益受到重视。我们在分离调查橘园扁座壳孢菌（*Aschersonia*）资源及其遗传多样性，获得高致病性扁座壳孢菌 YW3 基础上，本文通过正交实验研究了扁座壳孢菌固体发酵培养基及培养条件，建立了扁座壳孢菌 YW3 固体发酵技术工艺；并采用界面聚合法建立了扁座壳孢菌分生孢子微胶囊制剂制备方法与生产工艺。毒力测定结果显示，在相对湿度（55 ±5%）时扁座壳孢菌 YW3 微胶囊制剂对柑橘粉虱 LC_{50} 为 8.67×10^{6} conidia/mL，致病性显著高于分生孢子悬浮液（LC_{50} 为 9.96×10^{8} conidia/mL）。

关键词： 粉虱；扁座壳孢菌；微胶囊制剂；固体发酵

* 基金项目：现代农业（柑橘）产业技术体系建设专项（CARS-27）

国内外不同地理来源球孢白僵菌遗传多样性分析

张正坤[1]*　孟鑫睿[2]　张佳诗[1]　徐文静[1]　李启云[1]　冯树丹[2]

(1. 吉林省农业科学院植物保护研究所，农业部东北作物有害生物综合
治理重点实验室，吉林省农业微生物重点实验室，公主岭　136100；
2. 哈尔滨师范大学生命科学与技术学院，哈尔滨　150025)

摘　要：将来源于中国 11 个省及法国等 3 个国家采集分离的 90 株球孢白僵菌按省份和国家划分成 14 个类群进行研究。又针对吉林省采集分离的菌株细划分为 9 个不同地理来源类群，以及按照寄主化性类型的不同划分为 3 个类群。本研究获得以下结果。

(1) ITS 序列分析：供试球孢白僵菌菌株通过 ITS-PCR 反应，构建系统发育树分析，表明供试菌株的亲缘关系同地理来源无相关性。

(2) ISSR 引物的多态性分析：10 个引物共扩增得到 90 个清晰的位点，引物的多态位点百分率（PPL）均为 100%，说明 ISSR 分子标记技术是适合用于分析球孢白僵菌种群遗传多样性的方法。

(3) 遗传多样性分析：供试球孢白僵菌种群的 PPL 为 100%，Nei 基因多样性指数（H_e）为 0.325 3，Shannon 信息指数（I_s）为 0.493 0。各类群的遗传多样性指标差异较大，其中，吉林、山东地区两类群的 PPL 和遗传多样性指数最高，辽宁地区类群的 PPL 和两个遗传多样性指数均为最低。而吉林省各类群中，榆树地区类群和玉米螟一代区类群的遗传多样性指数最高，双辽地区类群和玉米螟一代兼二代区类群的遗传多样性指数和 PPL 最低。

(4) 各类群间的遗传分化：不同地理来源各类群的遗传分化系数（G_{st}）为 0.690 9，基因流（N_m）为 0.223 6。辽宁—湖北两类群间的遗传分化系数最高。吉林省内部，双辽—通化两类群间的遗传分化系数最高；随着玉米螟化性类型由一代过渡到二代，遗传分化系数逐渐增大。该结果说明，球孢白僵菌各类群的遗传分化程度同地理位置无关，吉林省白僵菌菌株的遗传分化同寄主玉米螟化性类型有关。

(5) 遗传距离：不同地理来源各类群的遗传距离在 0.046 4 ~ 0.526 7，河北—广东两类群间的遗传距离最大。吉林省各白僵菌类群中，梨树—通化两类群间以及一代区类群和二代区类群间的遗传距离最大。该结果同样说明，球孢白僵菌各类群的遗传距离同地理距离无关；吉林省白僵菌菌株的遗传距离同寄主玉米螟化性类型存在相关性。

(6) 聚类分析：不同地理来源白僵菌类群的聚类图表明，各类群白僵菌的分布不存在地理相关性。

综上所述可得出结论，国内外不同地理来源供试白僵菌菌株的遗传多样性同地理距离无明显关系。吉林省不同地理来源供试白僵菌菌株的遗传多样性同地理距离无关，同寄主亚洲玉米螟化性类型存在相关性。

关键词：球孢白僵菌；遗传多样性；ITS；ISSR；玉米螟化性

---

* 第一作者：张正坤；E-mail：zhangzhengkun1980@126.com

放线菌 BZ45（*Actinobacteria* BZ45）代谢物抑菌活性研究

赵玉海[1]*　　王秀明　　杨正宇　　张祥辉　　潘洪玉[2]**

（吉林大学植物科学学院，长春　130062）

摘　要：在世界主要的玉米产区，玉米大斑病仍是玉米上一种重要的叶枯病害，分布广泛，严重威胁玉米产量。目前对于玉米大斑病的防治主要以选育抗病品种为主，化学防治、栽培管理为辅。由于化学防治效果不稳定，且易造成环境污染，因此，开发新型的玉米大斑病生防制剂对玉米大斑病的防治具有重要意义。

本研究通过对放线菌 BZ45 进行液体发酵，经过对其发酵产物进行萃取分离，得到石油醚层、乙酸乙酯层、正丁醇层、水层 4 个组分，以 3 种细菌：金黄色葡萄球菌（*Staphy lococcus aureus*）、链球菌（*Streptococcus*）、大肠杆菌（*Escherichia coli*）；八种植物病原真菌：玉米大斑病菌（*Setosphaeria turcica*）、人参锈腐病菌（*Cylindrocarpon destructans*）、稻瘟病菌（*Pyriculara oryzae*）、尖孢镰刀菌（*Fusarium oxysporum*）、玉米纹枯病菌（*Rhizoctonia solani*）、玉米灰斑病菌（*Cercospora zeaemaydis*）、大豆核盘菌（*Sclerotinia sclerotiorum*）和柑橘炭疽病菌（*Colletotrichum gloeosporioides*）作为靶标菌株，对这 4 个组分，采用滤纸片扩散法和抑制菌丝生长速率法进行了抑菌活性筛选。实验结果表明，石油醚层提取物对大肠菌杆菌（*Escherichia coli*）有明显的抑菌活性；正丁醇层提取物对玉米大斑病菌（*Setosphaeria turcica*）有明显的抑菌活性。对这两部分进行活性跟踪分离，最终通过气质联用分析（GC-MS）对石油醚提取物进行分析，从该组分中分析得到 29 种化合物；对正丁醇组分分离得到对玉米大斑病有明显抑菌活性的活性组分 A。采用滤纸片扩散法和抑制菌丝生长速率法对放线菌 BZ45 石油醚层提取物和正丁醇层活性组分 A 进行体外抑菌活性研究，结果表明，石油醚层组分 50mg/mL 对大肠杆菌的抑菌活性最强，抑菌率为 47.72%；正丁醇层活性组分 A 50mg/mL 对玉米大斑病菌的抑菌活性最强，抑菌率达到 54.94%。在玉米活体条件下，放线菌 BZ45 正丁醇层活性组分 A，对玉米大斑病菌的抑菌活性进行研究。结果表明，未加正丁醇层活性组分 A 对玉米大斑病菌孢子的侵染面积为（182.78±17.12）a mm²；加入活性组分 A 浓度为 50mg/mL 对玉米大斑病菌的侵染面积为（28.12±3.35）天 mm²，表明放线菌 BZ45 正丁醇活性组分 A 对玉米大斑病菌孢子明显的抑菌活性。以大肠杆菌和玉米大斑病菌为指示菌株，对放线菌 BZ45 石油醚层提取物和正丁醇层活性组分 A 的抑菌活性稳定性进行研究，结果表明，放线菌 BZ45 石油醚层提取物，经高温和紫外照射处理后对大肠杆菌的抑菌活性几乎无影响；放线菌 BZ45 正丁醇层活性组分 A，经高温和紫外处理后对玉米大斑病菌的抑菌活性无影响。上述结果表明放线菌 BZ45 石油醚层提取物和正丁醇层活性组分 A 分别对大肠杆菌和玉米大斑病菌的抑菌活性较稳定。

关键词：放线菌；化学成分；大肠杆菌；玉米大斑病菌；抑菌活性；稳定性

---

　* 第一作者：赵玉海，男，硕士研究生，农药学专业；E-mail：zhaoyuhai9@ sina. cn

　** 通讯作者：潘洪玉，教授；E-mail：panhongyu@ jlu. edu. cn

链霉菌 769 胆固醇氧化酶毒力分析及其提高球孢白僵菌毒力研究[*]

路　杨[1]** 佟雨航[2] 杜　茜[1] 徐文静[1] 谭　笑[1,2]

陈日曌[2] 张正坤[1]*** 李启云[1]***

（1. 吉林省农业科学院植物保护研究所，长春　130033；

2. 吉林农业大学，长春　130118）

摘　要： 胆固醇氧化酶（Cholesterol oxidase），是胆固醇降解代谢过程中的关键酶。研究发现，胆固醇氧化酶可使多种鳞翅目及鞘翅目昆虫内消化道的上皮细胞破裂，从而抑制昆虫的生长发育，被认为是一种非常有效的生物杀虫剂。国外学者已经将胆固醇氧化酶基因在烟草（*Nicotiana tabacum*）中进行了验证，获得了对鳞翅目及鞘翅目昆虫均具有较强杀虫能力的转基因植株，同时发现转胆固醇氧化酶基因烟草组织对棉铃象甲幼虫具有高达87%的致死率，并严重迟缓棉铃象甲幼虫发育进程。球孢白僵菌［*Beauveria bassiana* (Bals. -Criv.) Vuill.］是一种应用非常广泛的微生物真菌，具有寄主范围广、防治效果好、无毒和不污染环境等优点。但该生防真菌致病周期长，杀虫速度总难尽如人意，这一直是影响球孢白僵菌进一步应用推广的重要因素，也是国内外试图重点攻关解决的技术难题。利用基因工程技术将毒力基因导入球孢白僵菌中，提高球孢白僵菌的致病能力，是目前高效菌株开发的主要手段之一，已成为该领域研究的热点。目前，尚未见到利用对害虫血腔有破坏作用的毒力因子提高虫生真菌毒力的研究报道。

本研究利用前期纯化得到的具有较高酶活性的链霉菌 769（*Streptomyces ahygroscopicus* 769）胆固醇氧化酶重组蛋白，通过室内毒力分析测定该蛋白对吉林省玉米主要害虫——亚洲玉米螟（*Ostrinia furnacalis* Guenée）的毒性；采用透射电镜观察重组蛋白对亚洲玉米螟中肠组织的病理变化；利用 PEG 介导的原生质体的遗传转化方法将胆固醇氧化酶基因导入球孢白僵菌；通过酶活性测定比较不同转化子基因表达差异；采用室内毒力分析比较不同转化子毒力提高程度。具体结果如下。

（1）采用注射法测定重组蛋白对亚洲玉米螟 3 龄幼虫的毒力。结果表明，在注射后 2 天，几乎所有的实验组幼虫体表面颜色都变深，而对照组虫体颜色没有发生变化。重组蛋白对亚洲玉米螟有着很强的毒性，致死率与注射的蛋白浓度呈正相关。经计算重组蛋白

---

* 基金项目：吉林省科技厅青年基金（20130522064JH）；吉林省农业微生物研究与利用研究创新团队（20121812）；吉林省人力资源与社会保障厅博士后基金（0010406）；吉林省农业科学院博士启动基金（c4207010305）

** 第一作者：路杨，助理研究员，研究方向为微生物基因工程；E-mail：jluluyang@163.com

张正坤，副研究员，研究方向为生物农药；E-mail：zhangzhengkun1980@126.com

通讯作者：李启云，研究员，研究方向为生物农药；E-mail：qyli1225@126.com

对亚洲玉米螟的 LC_{50} 为 27.4μg/mL，该发现增大了胆固醇氧化酶的杀虫谱。

（2）通过透射扫描电镜观察发现，注射重组蛋白的亚洲玉米螟幼虫中肠细胞微绒毛发生大量脱落，细胞核染色质减少，内质网肿胀断裂，杯状细胞微绒毛也出现明显的脱落，且病变程度随时间的增加而加剧。

（3）利用原生质体转化技术将胆固醇氧化酶基因导入球孢白僵菌中，通过对转化子进行 PCR 和 RT-PCR 鉴定，获得了 5 株阳性转化子。

（4）对不同转化子进行胆固醇氧化酶活性测定，选出了 3 株具有较高酶活性的转化子，这 3 株转化子均表现出相似的酶活力，并都高于出发菌株 BbOFDH1-5。我们对二者酶活力进行了对比分析，发现 3 株转基因菌株的平均最高酶活是出发菌株的 3.74 倍。即使在诱导的初始阶段（12h），二者酶活力差值为最小值时，转化子的平均酶活也是出发菌株的 2.6 倍。

（5）采用浸渍法比较转化子与出发菌株对亚洲玉米螟毒力，在供试的 3 个转化子中，转化子 3 号和 8 号毒力较出发菌株 BbOFDH1-5 显著增强，而转化子 7 号毒力较出发菌株弱。

综上所述，链霉菌 769 胆固醇化氧化酶对亚洲玉米螟具有较高毒性，很可能通过破坏亚洲玉米螟中肠细胞相关膜系统，从而发挥毒性。此外，链霉菌 769 胆固醇化氧化酶能显著提高球孢白僵菌毒力，因而该酶是一种具有重要应用前景的杀虫毒力蛋白。同时本研究还为球孢白僵菌基因工程改良提供了一个新的思路。

关键词：链霉菌 769；毒力分析

激活蛋白 peaT1 对麦蚜、天敌和小麦产量的影响[*]

徐润东[**] 梁晓辰 刘英杰 刘 勇[***]

（山东农业大学植物保护学院，泰安 271018）

摘 要：麦蚜对小麦产量及品质均会造成重大为害。单纯地依赖杀虫剂进行麦蚜的防治会导致很多环境、食品安全的负面影响。环境的破坏和人类健康的代价驱使着农药的替代品的开发和使用。激发子是指能诱导寄主植物形成对病原菌和逆境因子的抗性反应，从而使植物免遭病害或减轻病害的外界因子。在近年来的研究中发现激发子诱导的抗性对于害虫及害虫天敌均有影响。激活蛋白 peaT1 是从极细链格孢菌（*Alternaria tenuissma*）中分离到的一种蛋白激发子（GenBank Accession NO. EF030819），能提高植物体内相关防卫基因的表达，促进作物生长，诱导作物产生抗性，从而提高作物产量与质量。其在小麦病虫害的绿色防控中，可能具有重要作用。

本试验研究了在小麦田喷施激活蛋白 peaT1 后，对田间蚜虫及其天敌种群数量的影响，并系统比较了处理区与对照区小麦产量的差异，旨在为评价激活蛋白 peaT1 在麦田的生态功效提供数据支持和理论依据。试验分别于 2014 年和 2015 年 4 月初至 5 月下旬在山东泰安麦田进行。自 2014 年 4 月 10 日和 2015 年 4 月 15 日开始，每周 1 次喷雾施用激活蛋白 peaT1（100g/亩），共 3 次。同时采用 5 点取样法，系统地调查田间蚜虫和天敌的种群数量的变化，直至小麦收获，并于小麦收获时产量测算。结果表明，在施用激活蛋白 peaT1 的田块内，在小麦扬花灌浆初期（2014 年 4 月 28 日，2015 年 4 月 29 日），蚜虫的数量高于对照田块（2014：$P < 0.05$；2015：$P < 0.05$）；在小麦灌浆期（2014 年的 5 月 7 日，2015 年 5 月 13 日），麦蚜天敌异色瓢虫的数量在处理田块内高于对照田块（2014：$P < 0.05$；2015：$P < 0.05$）。其余调查期没有显著性差异。在 peaT1 处理田块的蚜茧蜂种群数量除 2014 年 5 月 7 日调查显著高于对照田块外（$P < 0.05$），其他没有显著性差异。两年间，peaT1 处理田块的小麦产量较对照分别提高 6.39% 和 18.66%。综上所述，激活蛋白 peaT1 施用后，在一定时间内引起的蚜虫数量的增加，可以通过自然天敌数量的增加来控制。同时 peaT1 可能通过诱导小麦植株其他防卫或抗逆基因的表达，或者通过调节小麦植株的光合作用，来促进作物生长，进而提高产量。

关键词：激发子；激活蛋白 peaT1；麦蚜；天敌；产量

---

* 资助项目：国家国际科技合作项目（2014DFG32270）

** 作者简介：徐润东，男，硕士研究生，研究方向为昆虫生态与害虫综合防治；E-mail：aphid@ sdau. edu. cn

*** 通讯作者：刘勇，男，教授；E-mail：liuyong@ sdau. edu. cn

几种植物的花粉对捕食性天敌的诱集效应

李 姝* 赵 静 肖 达 王 然 王 甦 张 帆

（北京市农林科学院，北京）

摘 要：生物防治是基于捕食者和猎物之间的相互作用关系，来抑制害虫的有效方式。然而在自然生境和目标作物中，有哪些物质可以用来监测或收集捕食性天敌呢？近年来，大量工作集中在植物受害后释放的化学、物理信号作为害虫治理新途径的探究，虫害挥发物质可招引天敌保护的利他素一直备受关注。然而有些植物的花也是可以吸引捕食者天敌的。

本研究通过十臂嗅觉仪试验，评估了7种作物及储蓄植物的花粉对两种捕食性天敌龟纹瓢虫和东亚小花蝽的趋向选择。同时也将花粉与龟纹瓢虫和东亚小花蝽的共同猎物蚜虫、蓟马的匀浆的诱集效果分别进行了比较。并在有机果园进行的实地诱捕试验、在温室番茄棚中进行的释放—重诱捕试验，证实了被测物质的诱集效果。室内及田间试验的结果均表明，玉米和油菜花粉对龟纹瓢虫和东亚小花蝽具有显著诱集作用。此外，龟纹瓢虫会被薄荷花粉强烈吸引，东亚小花蝽则更喜欢苜蓿花粉。本研究结果表明，作物及储蓄植物的花粉可作为低成本且环保的诱剂，可用来监测和吸引捕食性天敌，为增殖保护捕食性天敌的生物防治策略提供新途径。

关键词：苜蓿；薄荷；玉米；化学生态学；龟纹瓢虫；东亚小花蝽；有机挥发物质

* 作者简介：李姝，女，博士后，目前主要从事天敌植物支持系统筛选研究；E-mail：ls_ baafs@163.com

丽蝇蛹集金小蜂 PEPCK 基因的分子特征及其在滞育和逆境胁迫下的表达量分析*

李玉艳[1,2]**　　张礼生[1]***　　David L. Denlinger[1,2]***　　陈红印[1]

（1. 中国农业科学院植物保护研究所，北京　100081；2. Departments
of Entomology and Evolution, Ecology, and Organismal Biology,
Ohio State University, Columbus, OH 43210, USA）

摘　要： 磷酸烯醇式丙酮酸羧激酶（Phosphoenolpyruvate carboxykinase，PEPCK）是催化糖异生途径的第一个限速酶，催化草酰乙酸生成磷酸烯醇式丙酮酸，其活性调节主要表现在转录水平上，*pepck* 基因的表达量直接影响糖异生能力，对调控机体的能量代谢具重要作用，PEPCK 在介导昆虫对低温、干旱及其他环境胁迫反应和滞育反应中具有核心作用，已开展 pepck 研究的昆虫种类不足 10 种。本研究以丽蝇蛹集金小蜂（*Nasonia vitripennis*）为研究对象，分离克隆了 pepck 基因的完整编码区序列，进行了序列分析，并应用实时荧光定量 PCR 技术测定了丽蝇蛹集金小蜂在非滞育期、滞育初始期、滞育发育期（滞育 10 天，30 天和 60 天）、滞育解除期以及胁迫条件下 pepck 基因的相对表达量，结果表明：丽蝇蛹集金小蜂 pepck 全长 ORF 大小为 2 181bp，编码 726 个氨基酸，预测蛋白分子量为 80.93kDa，预测等电点为 8.684，其编码的蛋白酶为线粒体型 PEPCK（PEPCK-M），该蛋白酶可能存在 27 个磷酸化位点，空间二级结构主要为无规则卷曲和 α-螺旋。序列比对分析显示丽蝇蛹集金小蜂 pepck 与膜翅目近缘种的相似性较高（69% ~ 78%），其预测保守结构位点与同源比对的膜翅目小蜂、果蝇和人类的保守位点一致，具有与草酰乙酸结合的特定结构域以及与 GTP 三磷酸链和 Mg^{2+} 结合的激酶 I 和激酶 II 保守基序，这些保守区域在无脊椎动物和脊椎动物中均高度保守。系统进化分析也表明 PEPCK 在进化上具高度保守性，昆虫纲各目昆虫及哺乳类动物的类聚结果与传统分类进化顺序一致，显示其具有重要的生物功能。荧光定量分析表明丽蝇蛹集金小蜂 pepck 基因在滞育期间显著下调，其相对表达量在滞育初始期较高，与非滞育期幼虫无显著差异；随滞育深度增加，滞育 10 天、30 天和 60 天的幼虫其 pepck 的 mRNA 表达量均显著下调，但三者之间差异不显著；其中，滞育 30 天幼虫的 pepck 相对表达量下调最明显，比非滞育期下降了 2 倍；在滞育解除期，丽蝇蛹集金小蜂 pepck 相对表达量也显著下降，比非滞育期下调了约 1 倍；这些结果与代谢水平上葡萄糖的显著降低结果相一致。高温胁迫对 pepck 相对表达量无显著影响，但低温胁迫可诱导 pepck 基因显著下调。丽蝇蛹集金小蜂在滞育及低温胁迫

---

* 资助项目：948 重点项目（2011 - G4）；国家公派出国留学基金（201203250010）

** 作者简介：李玉艳，女，博士；E-mail：leanna1209@163.com

*** 通讯作者：张礼生；E-mail：hongyinc@163.com

David L. Denlinger；E-mail：Denlinger.1@osu.edu

下 pepck 的下调，显示滞育和耐寒性的代谢反应机制可能相同。本研究结果与已报道的几种昆虫 pepck 基因在滞育及不同环境胁迫下的表达模式不同，说明昆虫应对环境胁迫的反应机制因种而异，不同昆虫在滞育期间的生理代谢特征和分子调控机制也存在差异，揭示了昆虫滞育及抗逆机制的丰富多样性，也为深入研究线粒体型 PEPCK 的生物功能、作用机制等提供了参考依据。

关键词：基因表达量分析；磷酸烯醇式丙酮酸羧激酶；滞育；逆境胁迫；丽蝇蛹集金小蜂

异色瓢虫对扶桑绵粉蚧的捕食功能探究[*]

马彩亮[1][**]　　王冬生[1][***]　　滕海媛[1]　　袁永达[2]　　张天澍[2]　　常晓丽[2]

（上海市农业科学院生态环境保护研究所，上海市设施园艺技术重点实验室，
上海　201403；上海海洋大学水产与生命学院，上海　201306）

摘　要： 扶桑绵粉蚧（*Phenacoccus solenopsis* Tinsley）是我国大陆近年发现的广泛分布于热带、亚热带和温带地区的一种为害园林、蔬菜、水果、大田作物的外来入侵害虫，其寄主植物多达61科149属207种，已在中国南方大部分省区发生，并且已经扩散至北方，目前在中国13个省（自治区）的局部地区已对棉花、蔬菜、水果及花卉等造成了严重为害。目前国内主要依靠化学药剂防治。国内研究发现扶桑绵粉蚧的天敌有32种，但缺乏利用天敌进行生物防治的数据。异色瓢虫［*Leis axyridis*（Pallas）］原产于亚洲地区，是扶桑绵粉蚧的捕食性天敌昆虫之一，作为害虫的重要生物防治天敌，在世界各地发挥了极大的控害功效。本文进行了异色瓢虫1龄幼虫对扶桑绵粉蚧年龄等级功能反应试验、干扰效应试验及异色瓢虫捕食量试验，以期为评价异色瓢虫对粉蚧控制作用和充分利用天敌资源提供依据。

试验结果表明，在相同猎物密度下，随着扶桑绵粉蚧龄期的增大，1龄异色瓢虫对扶桑绵粉蚧的日捕食量逐渐降低；异色瓢虫1龄幼虫对各年龄等级的扶桑绵粉蚧的捕食量均随着猎物密度的增加而上升，当猎物增加到一定水平，捕食量趋向稳定，捕食功能反应曲线符合Holling II 型方程。1龄异色瓢虫对扶桑绵粉蚧1龄幼虫、2龄幼虫、3龄雌幼虫和雌成虫的理论最大日捕食量分别为282.96头、87.68头、72.82头和60.41头。其捕食功能反应的数学模型分别为：$Na = 1.0018N_0 / (1 + 0.0035N_0)$、$Na = 0.7534N_0 / (1 + 0.0086N_0)$、$Na = 0.2518N_0 / (1 + 0.0035N_0)$、$Na = 0.1485N_0 / (1 + 0.0025N_0)$。捕食者对猎物的瞬时攻击率（$a$）分别为：1.0018、0.7534、0.2518、0.1485，捕食1头猎物所需时间（T_h）分别为0.0035h、0.0114h、0.0137h、0.0166h。1龄异色瓢虫对扶桑绵粉蚧的寻找效应随着猎物种群密度的增加搜寻时间减少，捕食率提高。

通过不同密度的1龄异色瓢虫对扶桑绵粉蚧的干扰试验发现，结果表明，1龄异色瓢虫对扶桑绵粉蚧各龄期虫态的寻找效应随天敌密度的增加而下降，干扰作用逐渐增强。1龄异色瓢虫对扶桑绵粉蚧各虫态的干扰模型分别为：$E = 0.7333 \times P^{\wedge 0.9005}$、$E = 0.3239 \times P^{\wedge 0.4715}$、$E = 0.1037 \times P^{\wedge 0.4317}$、$E = 0.0504 \times P^{\wedge 0.3010}$。

捕食者对猎物的瞬时攻击率与处置时间之比，是衡量捕食性天敌作用的参数之一，a / T_h 值越大，对害虫的控制能力越强，1龄异色瓢虫对扶桑绵粉蚧1龄幼虫、2龄幼虫、

* 基金项目：农业生物灾害监测预警及防控技术研究（沪农科攻字（2012）第2–10号）
** 作者简介：马彩亮，女，上海海洋大学硕士研究生；E-mail：cailiangma2013@163.com
*** 通讯作者：王冬生；E-mail：wangds064@163.com

3 龄雌幼虫和雌成虫的 a/T_h 分别为 283.46、66.06、18.34、8.97，说明 1 龄异色瓢虫对扶桑绵粉蚧的控制能力随着扶桑绵粉蚧的虫体变大而减弱。而其他虫态的异色瓢虫对扶桑绵粉蚧的控制能力还有待探究。捕食性天敌对扶桑绵粉蚧的寻找效应、干扰作用会随着天敌密度、猎物密度的变化而变化，所以在判断其控制扶桑绵粉蚧能力时，要考虑多种因素。

目前，国内共发现 32 种扶桑绵粉蚧的天敌，但仅对班氏跳小蜂（*Aenasius barnbawalei* Hayat）、六斑月瓢虫［*Menochilus sexmaculatus*（Fabricius）］、异色瓢虫等天敌有初步研究，应加强扶桑绵粉蚧捕食性天敌种类和控制作用的研究，应用各类天敌来防治扶桑绵粉蚧，避免其猖獗发生与为害。

关键词：异色瓢虫；扶桑绵粉蚧；功能反应；寻找效应；干扰效应

利用转录组技术分析滞育七星瓢虫脂肪酸
合成代谢相关基因的变化趋势[*]

齐晓阳[1,2**]　任小云[1]　蒋莎[1,2]　安涛[1]　陈红印[1]　黄建[2]　张礼生[1***]

(1. 中国农业科学院植物保护研究所，中国－美国生物防治实验室，
北京　100081；2. 福建农林大学植物保护学院，福州　350002)

摘　要： 随着杂交技术的发展，再加上以标签序列为基础的方法应用，基于新一代测序技术的转录组测序（RNA-seq）已逐渐成为大规模研究转录组的一种新的且更为有效的方法。转录组研究是发掘功能基因的一个重要途径，其针对性更强，能特异性地对被转录基因进行深入分析，总结表达规律。七星瓢虫（*Coccinella septempunctata* Linnaeus）是一种优良的捕食性天敌昆虫，隶属于鞘翅目瓢甲科，分布广、食量大、适应性强、繁殖力高、可取食多种蚜虫，被多个国家大规模扩繁应用。滞育是指部分昆虫在特定环境刺激下终止发育，又可在其他特定刺激后继续发育的一种遗传现象，是昆虫对环境适应性的一种表现，利用滞育调控技术可以大幅度延长七星瓢虫产品的货架期，保障周年扩繁天敌，及时供应产品，近年来，七星瓢虫滞育诱导的温光周期反应特点、滞育后生物学特征、滞育蛋白质组学规律等，相继有研究报道。利用转录组测序技术能更深入地探索七星瓢虫滞育机理，本研究以正常发育、滞育30天及滞育贮存30天后再解除滞育的七星瓢虫雌成虫作为研究对象，进行3次生物学重复，采用Trizol试剂分别提取总RNA，抽提质检合格后对其纯化，对纯化后的总RNA进行mRNA的分离或rRNA去除、片段化、第一链cDNA合成、第二链cDNA合成、末端修复、3′末端加A、连接接头、富集等步骤，完成测序样本文库构建。用Agilent2100检测所构建文库的大小，检测合格后在Illumina HiSeq 2500测序仪上进行双向测序。根据测序所得结果，共获取unigene 82 820个，通过与Uniprot或者Nr数据库进行Blastx比对，其中，被注释上的unigene共有37 872个，注释比例为45.7%。应用KEGG KAAS在线pathway比对分析工具对Unigene进行KEGG映射分析，共Mapping到308条pathway。采用两两比较对正常发育组和滞育组、滞育组和滞育解除组进行差异表达分析，筛选其中FDR≤0.05且表达差异倍数Fold-change≥2的unigene为差异显著基因（DEGs），分别获得3 501个、1 427个DEGs。以KEGG Pathway为单位，应用超几何检验，与整个基因组背景相比，筛选在差异表达基因中显著富集的Pathway，得到75条显著富集的pathway。在正常发育组和滞育组的比较中，脂肪酸合成代谢途径共有38个DEGs参与，且在滞育期上升的DEGs有33个，包括17个脂肪酸合酶基因（fatty acid synthase，FAS），10个乙酰辅酶A羧化酶基因（acetyl-CoA carboxylase，ACCase），1

---

* 基金项目：公益性行业（农业）科研专项（201103002）；"948"项目（2011－G4）
** 作者简介：齐晓阳，硕士研究生；E-mail：qixiaoyang1024@163.com
*** 通讯作者：张礼生，博士，研究员；E-mail：zhangleesheng@163.com

个极长链脂肪酸辅酶 A 连接酶（very-long-chain-fatty-acid-CoA ligase），1 个长链脂肪酸辅酶 A 连接酶基因（long-chain-fatty-acid-CoA ligase）。在滞育组与滞育解除组的比较中，共有 9 个 DEGs 参与脂肪酸合成代谢途径，且都在滞育期表达量高，其中，有 7 个基因为脂肪酸合酶（fatty acid synthase，FAS）。结果表明，脂肪酸合酶是七星瓢虫滞育期间脂肪酸合成代谢途径中的重要酶。本研究丰富了鞘翅目昆虫的转录组信息，揭示了滞育七星瓢虫脂肪酸合成代谢途径中滞育相关基因的变化趋势，为进一步阐明瓢虫滞育期间脂肪酸合成的机理提供了参考。

关键词：转录组测序；七星瓢虫；脂肪酸合成代谢；脂肪酸合酶

七星瓢虫滞育生化指标的波动规律

任小云* 齐晓阳 陈红印 张礼生**

（中国农业科学院植物保护研究所，北京 100081）

摘 要： 七星瓢虫（*Coccinella septempunctata* Linnaeus）隶属于鞘翅目（Coleoptera）、瓢虫科（Coccinellidae），中国大部分地区均有分布，可捕食多种为害作物、果蔬、苗木的蚜虫、介壳虫等，是优良的捕食性天敌。当遭受逆境胁迫如低温、光周期变化、食物资源匮乏时，七星瓢虫可进入滞育状态，其遗传和表型的多态性使其适应性增强，抵御不良环境，提高生命力，保障种群存活率。本课题组研究表明，通过调控七星瓢虫进入滞育状态并贮存，能将产品货架期由 1 个月延长至 6 个月，满足了周年扩繁及适时释放天敌的技术需求。

滞育是部分昆虫在特定环境刺激下终止发育，又可在其他特定刺激后继续发育的一种遗传现象。滞育期间，昆虫常伴随发生一系列的生理和生化改变，包括新陈代谢速率降低、能量消耗及呼吸速率下降、活动能力减弱、抗逆能力增强等。本研究以七星瓢虫雌成虫为试材，设置正常发育、滞育及滞育解除共 3 组处理，定量测定试虫体内糖、脂、蛋白等关键代谢物质含量波动规律，分别采用物质干湿重差数法测定七星瓢虫的含水量，采用氯仿-甲醇法抽提除去自由水个体的脂肪，采用标准曲线法测定总糖、海藻糖、甘油、山梨醇及总蛋白含量。结果表明，七星瓢虫滞育期间，体内含水量极显著性降低，平均为 58.11% ±6.55%，显著低于正常发育组（68.49% ±2.26%）和滞育解除组（65.84% ±4.02%）的水平（$F = 8.15$，$P < 0.01$），滞育解除后含水量恢复至正常发育组水平；与能量代谢相关的糖脂代谢出现剧烈波动，滞育组总糖（10.60 ±0.54 μg/mg）、糖原（8.72 ±0.62 μg/mg）、脂肪（173.66 ±19.01 μg/mg）含量远远高于正常发育组和滞育解除组（$F = 46.57$，$P = 0.000\ 6$；$F = 114.25$，$P < 0.000\ 1$；$F = 8.48$，$P < 0.01$），解剖亦显示滞育试虫体内充斥大量脂肪体、体液内悬浮脂肪液滴；与生命活动相关的酶及总蛋白含量的检测显示，滞育组总蛋白含量（49.20 ±3.80 μg/mg）显著低于正常发育组（71.02 ±6.15 μg/mg）和滞育解除组（69.45 ±4.66 μg/mg）（$F = 46.57$，$P = 0.000\ 6$），说明代谢催化反应已降低至较低水平。研究还发现，滞育组的海藻糖（1.31 ±0.27 μg/mg）、甘油（1.74 ±0.50 μg/mg）、

---

* 第一作者：任小云，女，硕士研究生，研究方向：生物防治学；E-mail：renxiaoyunyouxiang@163.com

** 通讯作者：张礼生，博士，研究员；E-mail：zhangleesheng@163.com

山梨醇（9.84±3.02μg/mg）含量与正常发育组、滞育解除组无显著性差异（$F = 0.79$，$P = 0.494\ 6$；$F = 1.33$，$P = 0.300\ 4$；$F = 1.69$，$P = 0.238\ 7$）。

综上研究表明，七星瓢虫滞育期间，含水量下降促使体内游离态水转化为结合态，降低虫体冰点、提高抗寒性；滞育期间代谢速率显著降低，以糖原、脂肪作为主要的储能物质和抗寒物质，提升对逆境胁迫的抵御能力；七星瓢虫滞育属于糖原积累型而不是海藻糖积累型。

关键词：七星瓢虫；滞育；生化物质；糖原积累型

胡瓜钝绥螨与海氏桨角蚜小蜂对烟粉虱
联防控效研究[*]

李茂海[1,2,3][**] 傅俊范[1][***] 万方浩[3][***] 杨念婉[3] 沙宪兰[4] 李建平[2]

(1. 沈阳农业大学植物保护学院，沈阳 110866；2. 吉林省农业
科学院科植物保护研究所，公主岭 136100；3. 中国农业科学院
植物保护研究所植物病虫害生物学国家重点实验室，北京 100193；
4. 青岛农业大学农学与植物保护学院，青岛 266109）

摘 要：烟粉虱（*Bemisia tabaci* Gennnadius）属半翅目（Hemiptera）、粉虱科（Aley-rodidae）、小粉虱属（*Bemisia*），起源于北非、中东地区，目前，广泛分布于全球除南极洲外各大洲的 90 多个国家和地区，是热带、亚热带及相邻温带地区的一种为害十分严重的世界性入侵害虫。烟粉虱 MEAM1 凭其寄主范围广、扩散能力强、繁殖速度快、耐高温及抗药性强等特点，在我国境内迅速扩散，逐渐取代本地隐种成为优势种，成为我国农作物的一种重要的农业入侵害虫。近年来，以多种天敌对烟粉虱进行防控逐渐成为生物防治的研究热点。胡瓜钝绥螨（*Neoseiulus cucumeris* Oudemans）在世界范围内广泛分布，广食性螨类，食物范围比较广泛，是蓟马、跗线螨、粉螨、叶螨和粉虱等小型害虫的重要捕食性天敌，其对烟粉虱卵及 1、2 龄若虫有较强的捕食性，也是烟粉虱的一种重要天敌。海氏桨角蚜小蜂（*Eretmocerus hayati* Zolnerowich & Rose）为单寄生型寄生若虫的寄生蜂，仅寄生粉虱类昆虫，并且对烟粉虱 2~3 龄若虫具有较高的寄生率，两种天敌对烟粉虱种群均有较强的控制作用。

本研究主要在实验室条件下，利用胡瓜钝绥螨和海氏桨角蚜小蜂对番茄植株上烟粉虱进行联合控制，明确胡瓜钝绥螨和海氏桨角蚜小蜂联合释放对番茄植株上烟粉虱联控效应。试验主要以番茄为寄主植物，B 型烟粉虱为寄主昆虫，胡瓜钝绥螨与海氏桨角蚜小蜂 5∶0、10∶0、20∶0、0∶5、0∶10、0∶20 及 20∶20 进行释放对烟粉虱进行防治，每 10 天调查一次。结果表明，单独释放胡瓜钝绥螨和海氏桨角蚜小蜂，以及捕食螨与寄生蜂联合释放对烟粉虱若虫种群均可产生一定程度的控制效果，并随释放密度的增加对其若虫种群控制效果越

---

* 基金项目：国家重点基础研究发展计划（"973"项目）（2009CB119200）；国家自然科学基金项目（31100269）

** 第一作者：李茂海；E-mail：maohai_ li@163.com

*** 通讯作者：傅俊范；E-mail：fujunfan@163.com

万方浩；E-mail：wanfanghaocaas@163.com

显著。释放第 20 天时，所有处理对烟粉虱若虫的防治效果为 57.7% ~ 78.0%。联合释放在 10 ~ 40 天，对烟粉虱均具有较好的防效，并表现出长期稳定的控制效果，第 40 天时防治效果为 24.6%，烟粉虱若虫种群增长率为 -22.5%。研究表明，联合释放胡瓜钝绥螨和海氏桨角蚜小蜂可有效控制番茄上烟粉虱的发生，二者之间的干扰随释放时间的增加而减弱，并没有影响对烟粉虱的防治效果。

关键词：胡瓜钝绥螨；海氏桨角蚜小蜂；烟粉虱；联防控效

交配时长对智利小植绥螨的生殖参数的影响*

张保贺** 徐学农*** 王恩东 吕佳乐

（中国农业科学院植物保护研究所，农业部作物有害生物

综合治理重点实验室，北京 100193）

摘　要：智利小植绥螨［*Phytoseiulus persimilis* Athias-Henriot（Acari：Phytoseiidae）］是叶螨的专性捕食者，对蔬菜花卉瓜果上的叶螨具有很好的防控效果。作为一种商品化产品，其生物学及生态学等方面都有较为透彻的研究。在繁殖生物学上，对其生殖方式与生殖结构研究还不够深入，特别是其生殖机理仍然不清楚。

交配是植绥螨科捕食螨产卵的必要条件，不交配不产卵。交配时长如何影响到产卵量及后代性比，可能会为交配的意义提供一些间接的佐证。本文在实验室条件下，设计了不同的交配时间对产卵量及性比的影响试验。前期的预试验表明，初"羽化"雌雄螨完整的一次交配平均时长为112.80 ± 1.21min，长于150min 的很少。根据交配时长划分出以下6 种处理，即 30min、60min、90min、120min、完全单次交配（分两种情况，分别为长或短于120min 的）。另外，增加一个完全多次交配的处理（雌雄成螨交配开始后一直共存直至产卵结束）。确定交配时长的雌螨挑入新的小室中单头饲养，每天记录产卵量。移出雌成螨于新的小室中继续饲养，而其所产的卵留在小室中并在 5 天后检查子代的性别及数量。试螨在温度为（25 ±1）℃，相对湿度为（80 ±5）%，光照为 L：D = 16：8h 的人工气候箱中饲养。雌螨被供以充足的叶螨作猎物。实验结果如下：

6 种交配时长［30min、60min、90min、120min、完全单次交配小于 120min，平均时长为（97.84 ±2.09）min、完全单次交配高于120min，平均时长为（137.1 ±4.67）min］及完全多次交配下的产卵量分别为（11.35 ±0.59）a、（29.93 ±1.52）b、（49.71 ±2.15）c、（63.80 ±2.67）d、（44.16 ±3.96）c、（68.65 ±2.83）天和（70.94 ±2.20）天（单位：粒）；后代雌雄比分别为（3.08 ±0.16）a、（5.78 ±0.31）b、（5.73 ±0.31）b、（7.50 ±0.43）c、（5.83 ±0.35）b、（6.79 ±0.24）bc 和（6.51 ±0.26）b（数字后的不同字母表示在 0.05 水平上的差异显著）。结果表明，交配时长不仅影响到后代卵量，也影响到后代的性比。随着交配时长的增加，产卵量显著增加，后代雌性比也显著增加。交配时长（x）与产卵量（y）之间显著线性正相关，拟合方程为 $y = 0.539\,4x - 3.494\,1$（$R^2 = 0.974$）；交配时长与后代雌雄比（z）的呈 S 形曲线关系：$\ln z = 2.162 - 30.536/x$

* 基金资助：973 天敌昆虫控制害虫机制及可持续利用研究专题：捕食螨营养与生殖生理及人工饲料的研制（2013CB1276024）

** 作者简介：张保贺，男，硕士研究生，研究方向：害虫天敌基础研究；E-mail：749850516@qq.com

*** 通讯作者：徐学农，研究员；E-mail：xnxu@ippcaas.cn

（ $R^2 = 0.925$ ）。

经过显微镜测量，发育为雌螨的卵的长度为（222.79 ± 1.35） μm，宽度为（180.59 ± 1.01） μm；发育为雄螨的卵的长度为（211.74 ± 1.44） μm，宽度为（169.01 ± 0.82） μm。发育为不同性别卵之间，在长度、宽度以及长宽比上存在显著差异。雄螨较为瘦长而雌螨较为肥大。

本试验中，根据数据显示累计交配时长大于120min 就可以达到理想的生殖作用。充足猎物条件下卵存在二态性，说明这种差异为遗传差异。智利小植绥螨交配后才能产卵、稳定的后代性比和卵在性别上的二态性表明雄性配子启动卵的发育以及参与卵的性别决定。

关键词：智利小植绥螨；交配时长；雌雄比；长宽比

温度和卵日龄对 4 种赤眼蜂对寄生稻纵卷叶螟卵寄生的影响[*]

王子辰[1,2][**]　田俊策[1]　郑许松[1]　徐红星[1]　杨亚军[1]　臧连生[3]　吕仲贤[1][***]

(1. 浙江省农业科学院，植物保护与微生物研究所，杭州　310021；

2. 浙江农林大学，农业与食品科学学院，临安　311300；

3. 吉林农业大学生物防治研究所天敌昆虫应用技术工程研究中心，长春　130118)

摘　要： 稻纵卷叶螟（*Cnaphalocrocis medinalis*）是中国及东南亚水稻产区的重要迁飞性害虫，近年来在我国的发生日益严重，对水稻稳产、高产造成了巨大的影响。赤眼蜂（*Trichogramma* spp.）作为水稻鳞翅目害虫卵期的主要寄生性天敌，对稻纵卷叶螟具有良好的防治效果。为了了解不同温度和稻纵卷叶螟卵龄对赤眼蜂寄生稻纵卷叶螟能力的影响，为在我国南方稻田释放赤眼蜂防治稻纵卷叶螟、提高防治效果提供可靠的理论依据和技术指导。本试验选择了稻螟赤眼蜂（*T. japonicum*）、螟黄赤眼蜂（*T. chilonis*）、玉米螟赤眼蜂（*T. ostriniae*）和松毛虫赤眼蜂（*T. dendrolimi*）为试验对象，进行了在不同温度（20℃、24℃、28℃、32℃、36℃）下赤眼蜂对稻纵卷叶螟卵的寄生以及在28℃时对不同日龄稻纵卷叶螟卵（1日龄、2日龄、3日龄、4日龄）的寄生的试验，考查了赤眼蜂24h的寄生力和子代出蜂数。温度试验结果表明，20℃时，稻螟赤眼蜂的寄生力最高，4种蜂的出蜂数无显著差异；24℃时，4种蜂寄生力和出蜂数均无显著差异；28℃时，稻螟赤眼蜂寄生力和出蜂数最高，松毛虫赤眼蜂次之，而螟黄赤眼蜂和玉米螟赤眼蜂最差；32℃时，4种蜂的寄生力无显著差异，但稻螟赤眼蜂的出蜂数最高；36℃时，4种蜂对稻纵卷叶螟卵均不能寄生。不同日龄卵试验结果显示，4种蜂均对4日龄的稻纵卷叶螟卵的寄生力较差，每雌仅能寄生（7.8±2.3）～（10.8±1.5）粒卵，而对1~3日龄卵的寄生效果较好，其中，对1日龄卵的寄生力和出蜂数最高的为稻螟赤眼蜂；对2日龄卵的出蜂数4种蜂无显著差异，寄生力最强的也为稻螟赤眼蜂；对3日龄卵的寄生力4种蜂无显著差异，出蜂数最低的为玉米螟赤眼蜂；对4日龄卵的寄生力4种蜂无显著差异，出蜂数最低的为松毛虫赤眼蜂。由于在我国南方水稻生长期通常持续高温，因此，稻螟赤眼蜂更适合在南方稻区释放用于防治稻纵卷叶螟，且释放应在稻纵卷叶螟卵1~3日龄时进行，以达到更好的控制效果。

关键词： 温度；卵龄；赤眼蜂；稻纵卷叶螟

　＊　基金项目：国家水稻产业技术体系（CARS-01-17）；国家重点基础研究发展计划项目（2013CB127600）

　＊＊　第一作者：王子辰，女，硕士研究生，研究方向为农业昆虫与害虫防治；E-mail：wangzichen0305@gmail.com

　＊＊＊　通讯作者：吕仲贤；E-mail：luzxmh2004@aliyun.com

三种赤眼蜂对不同密度大豆食心虫卵的寄生功能反应及其自身密度的干扰效应[*]

温玄烨　宋丽威　臧连生[**]

（吉林农业大学生物防治研究所，天敌昆虫应用技术工程研究中心，长春　130118）

摘　要：为评估赤眼蜂对大豆食心虫的生物防治潜能，于室内研究了黏虫赤眼蜂（*Trichogramma leucaniae*）、玉米螟赤眼蜂（*Trichogramma ostriniae*）和螟黄赤眼蜂（*Trichogramma chilonis*）对自然寄主大豆食心虫（*Leguminivora glycinivorella*）卵的寄生功能反应及其自身密度对防治效果的影响。结果表明，3 种赤眼蜂对大豆食心虫卵的寄生功能反应均符合 Holling Ⅱ型模型，黏虫赤眼蜂、玉米螟赤眼蜂和螟黄赤眼蜂的瞬间攻击率（a）值分别为 0.975 7、0.847 0 和 0.615 6，其寄生处置时间（T_h）分别为 0.022 5、0.022 1 和 0.021 9。3 种赤眼蜂寄生大豆食心虫卵的数量均表现出随寄主密度的增大而增加的趋势，除寄主密度 20 粒卵外，3 种赤眼蜂在其他寄主密度下的寄生数量均无显著差异。自身密度对 3 种赤眼蜂寄生作用均存在明显的干扰效应，表现出寻找效应随自身密度增加而降低的趋势，Hassell 模型和 Beddington 模型均能较好地拟合赤眼蜂的寻找效应与其自身密度的关系，用 Hassell 模型对黏虫赤眼蜂、玉米螟赤眼蜂和螟黄赤眼蜂的模拟结果分别为：$E = 0.328\,9\,P^{-0.611\,6}$、$E = 0.327\,0\,P^{-0.608\,5}$ 和 $E = 0.290\,6\,P^{-0.454\,3}$。研究结果为评价 3 种本地赤眼蜂对大豆食心虫的寄生潜能及其田间合理释放应用提供了依据。在自身密度干扰作用下，3 种赤眼蜂中，黏虫赤眼蜂对大豆食心虫表现出最好的防控潜能。

关键词：黏虫赤眼蜂；大豆食心虫；功能反应；寻找效应；生物防治

---

　*　基金项目：国家重点基础研究发展计划（2013CB127605）；现代农业产业技术体系建设专项（CARS－04）

　**　通讯作者：臧连生；E-mail：lsz0415@163.com

三叶草花作为赤眼蜂田间蜜源植物的可行性 *

赵燕燕[1,2]** 田俊策[1] 郑许松[1] 徐红星[1] 杨亚军[1] 吕仲贤[1,2]***

（1. 浙江省农业科学院植物保护与微生物研究所，杭州 310021；
2 南京农业大学 植物保护学院，南京 210095）

摘　要：蜜源植物作为一种提高生物防治效果的有效手段已有广泛应用。其中，在稻田生态系统，田埂种植蜜源植物（如芝麻）已经取得了较大成功。然而由于芝麻种植具有一定的局限性，如不同地区农民接受程度不一、芝麻不耐涝和种植要求较高等，因此，有必要筛选一些其他容易被接受、可替代的蜜源植物。三叶草花——车轴草花 *Trifolium repens* L.（白花三叶草）和酢酱草花 *Oxalis corniculata*（红花三叶草）都是多年生的植物，易于在田边栽培成活，花期长，车轴草花花期一般在 60 天，而酢酱草花花期在南方某些地区的栽培花期可达 200 天，是十分具有潜力的蜜源植物候选植物。所以，本文主要考察了两种三叶草花能否延长和提高螟黄赤眼蜂（*Trichogramma chilonis*）寿命和寄生力以及酢酱草花不同时间段花蜜含量及其花蜜成分。实验结果显示，酢酱草花能显著延长和提高螟黄赤眼蜂的寿命和寄生力，分别是清水对照组的 3.85 倍和 2.34 倍；车轴草花也能延长和提高螟黄赤眼蜂寿命和寄生力，分别是清水对照组的 1.50 倍和 1.49 倍，但差异不显著。花蜜含量结果显示，8：00 每朵酢酱草花的花蜜含量分别是 0.18μL、14：00 为 0.36μL、17：00 为 0.40μL。数据显示，中午至傍晚的时间段内酢酱草花蜜含量最高。最后还考察了 2 种三叶草花的开闭情况，车轴草花基本是全天 24h 开花，不闭合。酢酱草花早上 8：00 有 80% ~90% 已开花；14：00 有 95% ~100% 已开花；17：00 有 30% ~40% 已开花；19：00 之后酢酱草花则基本全部闭合。因此，酢酱草花内具有较高数量的花蜜，可以显著提高寄生蜂的生态功能，同时酢酱草花仅在白天开放，不会作用于夜间活动的螟虫，生态风险较低，是一种潜在的适合稻田系统的蜜源植物。

关键词：三叶草花；蜜源植物；螟黄赤眼蜂；生物防治

---

* 资助项目：国家自然科学基金（31401736）和国家现代农业产业技术体系（CARS-01-17）
** 作者简介：赵燕燕，女，硕士研究生，研究方向为农业昆虫与害虫防治；E-mail：1301225592@qq.com
*** 通讯作者：吕仲贤；E-mail：luzxmh2004@aliyun.com

低温冷藏对越冬代异色瓢虫种群适合度的影响

杜文梅* 王秀梅 臧连生 阮长春

（吉林农业大学生物防治研究所/天敌昆虫应用工程技术研究中心，长春 130118）

摘 要：异色瓢虫 *Harmonia axyridis*（Pall）属鞘翅目（Coleoptera）瓢甲科（Coccinellidae），是很有利用前景和产业化发展价值的一类天敌昆虫。我国东北地区，越冬异色瓢虫常常会大量聚集在一起越冬，资源丰富。前期我们试验结果表明适合越冬代异色瓢虫冷藏的最佳温度为3℃，本文对3℃条件下，越冬代异色瓢虫在不同冷藏天数（0天、50天、100天、150天）的存活率、捕食量、繁殖及子代发育历期及子代捕食量的测定，结果如下：①随着冷藏天数的增加异色瓢虫存活率呈下降趋势，至150天时，存活率达到87.79%，显著低于冷藏0天的，但与50天和100天的存活率无显著性差异；②随着冷藏天数的增加，产卵前期明显缩短，存在显著性差异，冷藏0天时，异色瓢虫产卵前期为9.60天，至150天时，产卵前期为7.25天，显著低于冷藏0天的，产卵量也随着冷藏天数的增加显著升高，冷藏150天时，产卵量最高，为535.75粒，显著高于0天、50天的，但与100天的无显著性差异；③连续测定了各处理异色瓢虫成虫10天的捕食能力，结果表明，除第1天外，2~10天的捕食量均是冷藏150天的显著高于其他处理，说明冷藏并不影响其取食能力；④通过对不同处理子代发育历期的测定，结果表明，冷藏天数对子代发育历期存在显著性差异，冷藏0天的发育历期最长为16.25天，冷藏100天时，发育历期显著低于冷藏0天的，但与其他处理无显著性差异；⑤通过对不同处理子代幼虫捕食量的测定，结果表明，经过不同冷藏处理的子代幼虫捕食量无显著性差异。综合各指标，低温冷藏虽对越冬代异色瓢虫存活率有一定影响，但对其繁殖、捕食及子代发育及捕食存在积极效果，为越冬代异色瓢虫批量冷藏和应用提供了理论依据。

关键词：越冬；异色瓢虫；低温冷藏；适合度

---

* 第一作者：杜文梅；E-mail：duwm19840102@163.com

大草蛉气味结合蛋白基因克隆、
原核表达及结合特性[*]

王　娟[**]　刘晨曦　张礼生　王孟卿　郭　义

安　涛　张海平　李娇娇　陈红印[***]

（中国农业科学院植物保护研究所，中国—美国生物防治实验室，北京　100081）

摘　要： 大草蛉 [*Chrysopa pallens*（Rambur）] 是蚜虫、叶螨、鳞翅目低龄幼虫等多种农林害虫的重要天敌，在对寄主搜索、定位的过程中，大草蛉触角嗅觉系统发挥着关键的作用。为明确其嗅觉识别机制及信号转导通路，从大草蛉触角转录组测序结果鉴定到一个气味结合蛋白（Odorant binding proteins，OBPs）基因 *CpalOBP*1 序列，利用 RT-PCR 方法，克隆了该基因序列的编码区。序列分析表明，该编码区开放阅读框长 498bp，编码 166 个氨基酸，推测的编码蛋白的相对分子量和等电点分别为 18.42kDa 和 8.17。同源性比较发现，在氨基酸水平上，大草蛉 *CpalOBP*1 与其他昆虫气味结合蛋白基因同源性较远，其相似性分布在 22% ~ 39%，其中，与内华达古白蚁（*Zootermopsis nevadensis*）普通气味结合蛋白 OBP19 基因一致性达 33%，与家蚕 *Bombyx mori* OBP5 基因一致性达 32%，与中红侧沟茧蜂 *Microplitis mediator* OBP3 基因一致性达 32%，与丽蝇蛹集金小蜂 *Nasonia vitripennis* OBP56 基因一致性达 30%，与棉铃虫 *Helicoverpa armigera* OBP4 基因一致性达 29%，与赤拟谷盗 *Tribolium castaneum* 普通气味结合蛋白 OBP28a 基因一致性仅为 25%。构建原核表达载体 pET-28a（+）-CpalOBP1，经 IPTG 诱导，大草蛉气味结合蛋白 *Cpal-OBP*1 在大肠杆菌 *Escherichia coli* BL21（DE3）中高效表达。运用荧光竞争结合实验，并选取 1-NPN 作为荧光探针研究 *CpalOBP*1 与 60 种气味化合物的结合能力，结果表明只有 β-石竹烯和莰烯两种气味化合物能使荧光反应中荧光值降低到一半以下，表明目的蛋白与这两种气味化合物结合能力较强，其他气味化合物均结合较弱或是不能结合，据此推断烯烃类气味在大草蛉嗅觉识别中对被捕食者的成功捕获过程中扮演着重要角色。该结果为进一步研究 *CpalOBP*1 在大草蛉嗅觉识别中的作用机制奠定基础，为合理利用大草蛉进行生物防治提供理论依据。

关键词： 大草蛉；气味结合蛋白；嗅觉；原核表达

---

* 基金项目："973" 计划（2013CB127602）；公益性行业（农业）科研专项（201103002）；"948" 项目（2011 – G4）

** 作者简介：王娟，女，博士研究生，研究方向为害虫生物防治；E-mail：wangjuan350@163.com

*** 通讯作者：陈红印；E-mail：hongyinc@163.com

梨园梨小食心虫性信息素迷向防治技术研究[*]

刘中芳[1][**]　庾琴[1]　高　越[1]　史高川[2]　王冰霞[3]　范仁俊[1][***]

(1. 山西省农业科学院植物保护研究所，农业有害生物综合治理
山西省重点实验室，太原　030031；2. 山西省农业科学院棉花研究所，
运城　044000；3. 盐湖区果业发展中心，运城　044000)

摘　要： 梨小食心虫，简称"梨小"，是一种世界性的果树害虫，主要以幼虫蛀食梨、桃、苹果、油桃、樱桃等多种仁果类和核果类果树的果实或新梢。目前，对梨小食心虫的防治仍以化学农药防治为主，导致害虫抗性增强、果品和环境污染严重等问题。依赖性信息素的成虫交配干扰技术，俗称"迷向法"，具有高效、无毒、不伤害天敌、不污染环境、不易产生抗性、应用地域广等诸多优点，已广泛应用于梨小食心虫的虫情测报、大量诱捕、干扰交配等综合治理过程中。但是，目前应用性信息素迷向防治梨小食心虫研究多集中于单植果园，而对为害更严重的混植果园内梨小食心虫的迷向防治却鲜有报道。基于此，本研究于 2012 年、2013 年和 2014 年利用北京中捷四方生物科技有限公司生产的梨小食心虫性信息素迷向散发器 [每根含梨小食心虫性外激素（270 ± 20）mg]，对 600 根/hm^2、900 根/hm^2 和 1 200根/hm^2 三种密度条件下单植梨园和混植梨园内梨小食心虫的防治效果进行了研究。结果表明：单植梨园梨小食心虫各代成虫发生高峰期集中，而混植梨园内梨小食心虫除越冬代成虫发生较整齐外，其余各世代成虫发生高峰期不明显。单植梨园内，1 200根/hm^2 的处理迷向效果最好，整个调查期内始终未诱到成虫，迷向率为 100%。混植梨园内，性信息素迷向散发器对梨小食心虫的迷向效果低于单植梨园，1 200 根/hm^2 对梨小食心虫的迷向效果最好，迷向率最低为 97.71%。防治效果方面，2012 至 2014 年逐年提高，其中，2014 年，设置 600 根/hm^2、900 根/hm^2 和 1 200根/hm^2 三种密度的单植梨园内，梨小食心虫的蛀果率最低仅为 0.40%、0.20% 和 0.20%，防治效果分别为 80.00%、90.00% 和 92.86%；而设置相同密度的混植梨园内，梨小食心虫的蛀果率最低则为 0.80%、0.40% 和 0.40%，防治效果分别为 69.23%、84.62% 和 84.62%。综合防治成本和效果，建议单植梨园可使用 900 根/hm^2 密度处理，混植梨园使用 1 200根/hm^2 以上密度处理，并建议大面积连片使用 3 年以上。

关键词： 梨小食心虫；性信息素；迷向法；单植梨园；混植梨园

---

　*　资助项目：山西省农业科学院财政支农项目（yjkt1423）；公益性行业（农业）科研专项（201103024）

　**　作者简介：刘中芳，男，博士，研究方向为果树害虫；E-mail：30447291@ qq. com

　***　通讯作者：范仁俊；E-mail：rjfan@ 163. com

浅黄恩蚜小蜂和丽蚜小蜂对温室
白粉虱的寄生潜能分析*

张超然　吕　兵　臧连生**

（吉林农业大学生物防治研究所，天敌昆虫应用技术工程研究中心，长春　130118）

摘　要： 浅黄恩蚜小蜂（*Encarsia sophia*）和丽蚜小蜂（*Encarsia formosa*）是防治粉虱类害虫的优势寄生蜂，应用生命表技术分析了2种寄生蜂对温室白粉虱（*Trialeurodes vaporariorum*）的防治潜能。研究结果表明，丽蚜小蜂在羽化第3天和第10天分别出现二次产卵高峰，占其总产卵量的13.7%，8.0%，在两次高峰之间逐日寄生粉虱数量比较平稳，单雌逐日平均产雌数保持在10.6～13.4个，10 d后寄生量呈明显的下降趋势；而浅黄恩蚜小蜂羽化10天内逐日寄生粉虱量变化不大，单雌逐日产雌数稳定在4.2～5.4个，羽化14天后寄生量程明显下降趋势。丽蚜小蜂和浅黄恩蚜小蜂的R_0、T、r_m、λ值分别为171.5、18.0、0.285 4、1.330 3和61.6、16.2、0.254 4、1.289 7；在提供充足的粉虱若虫时，丽蚜小蜂平均单雌寄生若虫数是浅黄恩蚜小蜂的2.7倍，而后者平均单雌取食若虫数为60.6个，明显高于前者（42.7个），总的来看，丽蚜小蜂通过寄生和取食杀死粉虱总量（220.8个）明显高于浅黄恩蚜小蜂（127.9个）。在应用寄生蜂防治温室白粉虱时，单独释放丽蚜小蜂比浅黄恩蚜小蜂显示出更好的防治潜能。

关键词： 丽蚜小蜂；浅黄恩蚜小蜂；温室白粉虱；烟粉虱；生命表

* 基金项目：公益性行业（农业）科研专项（201303019）；国家重点基础研究发展计划（2013CB127605）

** 通讯作者：臧连生；E-mail：lsz0415@163.com

天敌昆虫滞育关联蛋白的研究进展*

张礼生** 任小云 齐晓阳 安 涛 陈红印

（中国农业科学院植物保护研究所，国家农业生物安全科学中心，北京 100081）

摘 要：滞育关联蛋白是昆虫滞育期间特异性表达、在非滞育阶段不表达或微量表达的一类蛋白质，主要存于血淋巴和脂肪体中，偶于中后肠、脑、组织匀浆中发现，作为储藏蛋白、抗冻蛋白、热休克蛋白、分子伴侣或重要的代谢调节酶类物质，参与昆虫滞育适应、抵抗逆境胁迫等生化过程并发挥重要作用。

近年来，采用蛋白质组学、转录组学并结合 iTRAQ 分析技术，开展了七星瓢虫、多异瓢虫、烟蚜茧蜂等天敌昆虫的滞育关联蛋白研究，发现约 100 种滞育关联蛋白，参与滞育昆虫的能量代谢、表皮黑化、脂肪积累、免疫调节等重要生命功能，以及滞育激素结合、免疫防御等多种调控信号通路。其分子功能主要包括 ATP 结合、氧化还原酶活性、锌离子结合、核酸结合、金属离子结合、碳水化合物结合、核苷酸结合、钙离子结合等；参与较多的生物过程包括信号转导、碳水化合物的代谢过程、跨膜转运、形成前起始翻译复合物、生物合成过程、翻译起始调控、能量代谢及转换、蛋白质翻译及折叠、细胞内蛋白转运等；主要集中在滞育昆虫的代谢过程、次生物代谢生物合成、糖酵解、三羧酸循环、半乳糖代谢、RNA 降解、氨基酸生物合成、滞育激素受体调控等信号通路。

研究发现与表皮黑化相关的滞育关联蛋白有漆酶-4、酚氧化酶亚基 A3、角质层类蛋白-2、延胡索酰乙酰乙酸水解酶等，调控昆虫酪氨酸代谢，影响表皮鞣化和黑化，这与滞育烟蚜茧蜂体色变深、滞育瓢虫体色变浅应具相关性；与能量代谢相关的滞育关联蛋白主要有丙酮酸脱氢酶、酮戊二酸脱氢酶、琥珀酸脱氢酶，调控三羧酸循环速度下降，利于昆虫降低能量消耗水平，抵御并度过逆境时段；与脂代谢相关的酶主要有脂肪酸合酶、羧酸酯酶 E4、酰基辅酶 A、三功能酶 α 亚基、突触糖蛋白 SC2 等，促进脂肪形成及积累，可揭示滞育天敌昆虫的个体腹部充斥大量的脂肪体的现象；与滞育激素调控相关的有蛋白激酶 II α 链、细胞色素 P450 4G15、细胞色素 P450 9E2 等，促进激素受体形成，并参与关键的信号调控如胰岛素信号调控等过程。上述研究结果，对揭示滞育调控的分子机制提供了理论参考。

关键词：滞育关联蛋白；蚜茧蜂；瓢虫

---

* 基金项目："973" 项目（2013CB127602）；公益性行业（农业）科研专项（201103002）
** 作者简介：张礼生，博士，研究员；E-mail：zhangleesheng@163.com

生物熏蒸对棉田地下害虫及土传病害的控制作用*

张丽萍** 魏明峰 刘 珍 范巧兰 张贵云***

（山西省农业科学院棉花研究所，运城 044000）

摘 要：为了明确生物熏蒸对棉田地下害虫及土传病害的控制作用，获得棉田最佳生物熏蒸技术，我们进行了不同生物熏蒸处理对棉田地下害虫金针虫、蛴螬和棉花土传病害立枯病、黄萎病的熏蒸效果研究。结果显示，生物熏蒸＋浇水1＋覆膜处理的熏蒸效果最好，对金针虫、蛴螬的防治效果分别为90.6%和86.8%，对棉花立枯病、黄萎病的防治效果分别为78.2%和63.5%；熏蒸＋浇水1、熏蒸＋浇水2＋覆膜2个处理的防治效果依次次之；而熏蒸后既不浇水也不覆膜的处理，熏蒸效果最差，对金针虫和蛴螬的防治效果仅为40.2%和37.9%，对棉花立枯病、黄萎病的防治效果仅为32.1%和25.3%。从棉花产量看，熏蒸＋浇水1＋覆膜处理的棉花产量最高，较空白对照高15.49%，熏蒸后既不浇水也不覆膜处理的棉花产量最低，比空白对照高0.62%。研究结果表明，在棉花收获时，棉田撒播油菜，来年棉花播种前，连同棉秆与油菜植株一起破碎翻耕，并适量浇水，同时覆膜，可有效降低棉田地下害虫和土传病害的发生率，并提高作物产量。该研究为棉田病虫害绿色高效可持续治理，提供了新的栽培模式和管理技术。

关键词：棉田；生物熏蒸；地下害虫；土传病害；防治效果

* 资金资助：山西省回国留学人员科研资助（2014–094）；山西省农科院攻关项目（YGG1111）

** 第一作者：张丽萍，女，博士，研究员，主要从事有害生物综合防治研究；E-mail：lipingzh2006@126.com

*** 通讯作者：张贵云，男，博士，研究员；E-mail：guiyunzhang@126.com

椰林天敌——垫跗螋的室内繁育方法

钟宝珠* 吕朝军 孙晓东 覃伟权

（中国热带农业科学院椰子研究所，文昌 571339）

摘 要：垫跗螋（*Chelisoches morio* Fabricius）是海南棕榈园中一种重要的捕食性天敌，对椰心叶甲（*Brontispa longissima* Gestro）、红脉穗螟（*Tirathaba rufivena* Walker）等多种害虫的捕食潜能巨大。目前，国内外对垫跗螋的养殖方法鲜见报道，本研究采用果蝇（*Drosophila melanogaster*）成虫喂食垫跗螋，果蝇饲养箱通过连接管与垫跗螋饲养箱相连，为垫跗螋提供源源不断的食料供给。当雌性垫跗螋有产卵迹象时，移出其中的雄性个体，保持 25～30℃，85%～95% 的相对湿度环境中至卵孵化且雌虫不再为若虫提供保护，之后将雌虫与雄虫以（1～3）：1 放置在一个饲养箱中任其自由交配。通过本方法繁育的垫跗螋生长整齐、个体发育良好、且有效减少了人为因素对养殖环境的干扰和垫跗螋之间相互攻击取食的机会，提高了垫跗螋的繁殖和成活率。

关键词：垫跗螋；昆虫天敌；饲养；果蝇

---

* 第一作者：钟宝珠；E-mail：baozhuz@163.com

虫生真菌几丁质酶基因的克隆、原核共表达及生物活性研究

王秀明* 王 岩 赵玉海 张祥辉 潘洪玉**

（吉林大学植物科学学院，长春 130062）

摘 要：微生物农药由于具有广泛的生产原料，防治对象不易产生抗药性，对环境友好等特点，而逐步成为生物防治的支柱产业。本文以球孢白僵菌（*Bassiana bassiana*）和蜡蚧轮枝菌（*Verticillium lecanii*）两种虫生真菌为主要研究对象，研究通过克隆球孢白僵菌和蜡蚧轮枝菌的几丁质酶基因，并在大肠杆菌中原核共表达，研究融合蛋白的抑菌活性。由于它们来源不同的菌株，二者结合使用可以作为一种新型生物农药应用于病虫害防治。

根据球孢白僵菌和蜡蚧轮枝菌的序列信息设计引物，通过 PCR 的方法，克隆得到球孢白僵菌和蜡蚧轮枝菌的几丁质酶基因，球孢白僵菌几丁质酶基因全长 1 047bp，蜡蚧轮枝菌的几丁质酶基因全长 1 272bp，分别构建几丁质酶基因原核表达载体，转入大肠杆菌 BL21 原核表达，SDS-PAGE 电泳检测目的蛋白正常表达，并且发现在大肠杆菌 BL21 中蛋白表达量在 4h 达到最大。并且将构建球孢白僵菌和蜡蚧轮枝菌的几丁质酶基因融合表达在大肠杆菌 BL21 中，SDS-PAGE 电泳检测目的蛋白正常表达，并且发现在大肠杆菌 BL21 蛋白表达量在 4h 达到最大。

通过对峙培养法测定三种蛋白裂解液对玉米大斑病菌和核盘菌的抑菌活性；测定了不同浓度蛋白裂解液对玉米大斑病菌菌丝生长的抑制效果；采用离体叶片法，测定不同浓度蛋白裂解液对玉米叶片上的玉米大斑病的防治效果。同时还测定了不同浓度蛋白裂解液对大豆核盘菌菌丝生长的抑制效果；同时测定不同浓度蛋白裂解液对番茄叶片上的大豆核盘菌的抑制效果。结果表明，球孢白僵菌和蜡蚧轮枝菌几丁质酶蛋白的抑菌活性无显著差异，但是其融合表达的几丁质酶抑菌活性显著高于单独表达的几丁质酶活性。

本研究将球孢白僵菌和蜡蚧轮枝菌在大肠杆菌 BL21 中融合表达，增强了它们的抑制活性，减少了多次性发酵成本。初步探索了两种真菌几丁质酶基因融合表达蛋白，具有抑制玉米大斑病菌和核盘菌的活性，为融合蛋白的抑制病虫害方法的研究提供了理论基础，为生物农药的发展提供了有新的材料和思路。

关键词：虫生真菌；几丁质酶基因；融合蛋白；生物测定

* 第一作者：王秀明，男，硕士研究生，农药学专业；E-mail：wangxiuming130@163.com

** 通讯作者：潘洪玉，教授；E-mail：panhongyu@jlu.edu.cn

黏虫与米蛾作为猎物室内繁殖
蠋蝽的初步探究

李娇娇　　郭　义　　王　娟　　张海平　　张礼生　　刘晨曦　　王孟卿　　陈红印

（中国农业科学院植物保护研究所，中国—美国生物防治实验室，北京　100081）

摘　要： 天敌昆虫的人工繁殖和释放是害虫生物防治的重要手段之一。蠋蝽是一种优良天敌昆虫，属半翅目、蝽总科、蝽科、益蝽亚科、蠋蝽属，能够捕食鳞翅目、鞘翅目、膜翅目及半翅目等多个目的害虫，但生产成本的高昂，尤其是食物费用过高，限制其扩繁。蠋蝽嗜食榆紫叶甲和松毛虫，但这两种昆虫在室内条件下很难伺养，而国内常用的柞蚕蛹，目前，市价达到 50 元/500g，饲喂成本较高，而且柞蚕蛹个体较大，在未取食完全之前就已经发生腐烂，造成极大的浪费，蠋蝽取食了腐烂的柞蚕蛹会造成死亡。基于以上背景，我们考虑选择新的猎物黏虫与米蛾来饲养蠋蝽，探讨对蠋蝽生长发育的影响。黏虫是蠋蝽自然界的天然猎物，米蛾是饲养技术成熟的仓库害虫，成功应用于繁殖东亚小花蝽。试验以黏虫与米蛾作为蠋蝽的重要营养来源，按食料、猎物、捕食者的三级营养传递关系展开，研究取食不同营养来源的蠋蝽生长发育情况及取食行为，探究含有不同营养的黏虫与米蛾对蠋蝽生长发育的影响。黏虫主要研究 2 个虫态，老熟幼虫期和蛹期，米蛾主要研究老熟幼虫期。3 个试验组猎物供蠋蝽捕食，对照是取食柞蚕蛹的蠋蝽，记录蠋蝽发育历期、存活率、死亡率、产卵量、体重、体长等生物学指标。同时检测黏虫与米蛾体内主要营养物质差异以及对应蠋蝽营养物质差异，为蠋蝽生物学指标差异显著性找到营养原因。研究同时还要兼顾生产成本的问题，本试验对此种方法成本进行了核算，以期为工厂化生产提供参考。本试验通过分析取食黏虫与米蛾的蠋蝽之间的关系，评判蠋蝽生物学指标及营养代谢指标，判断蠋蝽的生存需求，初步探讨黏虫与米蛾作为蠋蝽替代猎物的适宜机制。

关键词： 蠋蝽；营养；黏虫；生长发育

球孢白僵菌致病东亚飞蝗作用机理研究*

徐文静[1]** 王 娟[2] 武海峰[2,3] 隋 丽[1] 张正坤[1] 张佳诗[1] 路 杨[1]
赵 宇[1] 王金刚[2]*** 李启云[1]**** 王秋华[1] 栾丽[1]

(1. 吉林省农业科学院植物保护研究所，长春 130033；2. 东北农业
大学园艺学院，哈尔滨 150030；3. 北京东方园林生态股份有限公司，北京 100000)

摘 要：东亚飞蝗 [*Locusta migratoria manilensis*（Meyen）] 作为重要草坪害虫之一，取食多种禾本科植物。飞蝗蚕食草坪叶片对草坪为害极大，导致草坪生态环境恶化，影响人们的观赏和娱乐。因此，防治蝗虫对草坪生态保护至关重要。传统的化学农药防治对环境污染大，采用生物防治可以在防虫的同时最大限度的降低对周边环境的污染，满足人们亲近绿色的需求。球孢白僵菌（*Beauveria bassiana*）是一种应用非常广泛的微生物真菌，对人畜无伤害、维持生态平衡、防治效果好等诸多优点，目前在草坪中应用白僵菌防治蝗虫的研究报道较少。

本研究利用吉林省农业科学院植物保护研究所保存的球孢白僵菌菌种，通过室内生物测定筛选出高毒力的菌株；通过酚氧化酶活性变化研究球孢白僵菌对东亚飞蝗的致病力；通过菌株的生物学特性和 pr1 蛋白酶活性变化研究菌株不同传代方式对东亚飞蝗毒力的影响；通过检测球孢白僵菌对东亚飞蝗的电镜致病过程明确球孢白僵菌对东亚飞蝗的致病途径；通过测定东亚飞蝗体重、饮食的变化研究球孢白僵菌对东亚飞蝗的营养生理毒性；通过测定东亚飞蝗生理生化酶的变化研究球孢白僵菌对东亚飞蝗的酶学毒性；通过检测东亚飞蝗消化道器官的细胞病理变化研究球孢白僵菌对东亚飞蝗的细胞病理毒性。具体结果如下。

（1）5 株供试优势菌对东亚飞蝗均有一定的致病作用，僵虫死亡率在 50% ~ 80%，其中，D4-2-1 菌株对蝗虫僵死率最高，因此，D4-2-1 为高毒力菌株。

（2）通过浸渍法和饲喂法两种生测方法检测了 D4-2-1 菌株对 3 龄东亚飞蝗幼虫的毒力，在球孢白僵菌孢子浓度为 1×10^8 个/mL 时对东亚飞蝗毒力效果最好，但由于 1×10^7 个/mL 的死亡率与 1×10^8 个/mL 死亡率差异不大，因此，1×10^7 个/mL 浓度是最佳浓度，浸渍法菌液 LT_{50} 为 7.4 天，饲喂法菌液 LT_{50} 为 8.9 天。

（3）通过蝗虫酚氧化酶活性变化，不同处理方式酶活性变化均是先上升后下降，浸渍法在 32h 达到最高峰，饲喂法在 48h 达到最高峰。

---

* 基金项目：吉林省中青年科技领军人才及优秀创新团队"吉林省农业微生物研究与利用创新团队"（项目编号：20121812）

** 第一作者简介：徐文静，副研究员，研究方向为微生物制剂；E-mail：xuwj521@ 163. com

*** 王金刚，教授，研究方向为园林植物；E-mail：wangjingang99@ yahoo. com. cn

**** 通讯作者：李启云，研究员，研究方向为生物农药；E-mail：qyli1225@ 126. com

（4）通过虫体传代的球孢白僵菌，菌落生长速度加快，产孢量增加，pr1 蛋白酶活性增强，孢子萌发率无明显差异；而通过培养基传代的菌种，生长速度减慢，产孢量降低，pr1 蛋白酶活性减弱。

（5）球孢白僵菌致病东亚飞蝗，48h 附着在体表的孢子大量萌发，体表血腔下有大量孢子和菌丝，4 天致死，僵虫体表腹部节间、体壁缝隙、体毛基部、气孔等高湿度或软组织部位具有大量的菌丝和孢子；48h 消化道内壁有少量孢子附着和萌发，消化道外壁无孢子和菌丝。球孢白僵菌致病东亚飞蝗主要通过体表进行。

（6）东亚飞蝗感染球孢白僵菌后，其营养生理会受到影响。取食量在第 3 天开始显著降低，平均体重增加量在第 4 天开始显著降低，食物利用率在第 6 天开始显著降低。

（7）东亚飞蝗感染球孢白僵菌后，其体内的各种代谢酶的代谢会受到影响，其 3 种保护酶及谷胱甘肽-s-转移酶活性变换趋势为先上升后下降，都为 48h 后达到最高值，其羧酸酯酶活性变化趋势为先上升后下降，再上升，48h 形成一个波峰；乙酰胆碱酯酶活性的趋势为先抑制再激活，48h 达到峰谷。

（8）球孢白僵菌进入东亚飞蝗消化道后，随着作用时间的延长，对试虫消化道各组织细胞的破坏性越严重，且处理相同时间时，嗉囊、胃盲囊、中肠 3 个结构的破坏性依次为中肠 > 胃盲囊 > 嗉囊。

综上所述，球孢白僵菌 D4-2-1 菌株是园林草坪蝗虫的有效生防真菌，可通过东亚飞蝗传代活化菌株，体表侵染为主要致病途径，致病过程中东亚飞蝗的营养生理、生理生化和细胞器均会发生不同程度的病理改变，是东亚飞蝗重要的潜力生防菌种。

关键词：球孢白僵菌；东亚飞蝗；致病；作用机理

球孢白僵菌 Bb025 对三种不同品系朱砂叶螨的实验室毒力效果测定[*]

张　航[**]　张　青　张文娟　张开军　刘　怀[***]

（西南大学植物保护学院，重庆　400716）

摘　要： 朱砂叶螨 [*Tetranychus cinnabarinus*（Boisduval）] 是世界范围内广泛分布的农业害螨，且由于化学杀螨剂的长期大量使用造成朱砂叶螨种群抗药性的急剧上升，探索以生物防治为主体的综合控制方法已经成为目前防治抗性朱砂叶螨所关注的热点。球孢白僵菌（*Beauveria bassiana*）隶属半知菌亚门、丝孢霉纲、丝孢目、丛梗孢科、白僵菌属，广泛分布于全世界，可寄生鞘翅目、半翅目、鳞翅目等共 15 目、149 科、521 属、707 种昆虫以及蜱螨目的 6 科、10 余种螨和蜱。具有致病力强，寄主范围广，对人、畜无毒害，不伤害天敌，不污染环境等优点，广泛应用于有害生物的综合防治。为此，本试验配置了 1.0×10^4 个/mL、1.0×10^5 个/mL、1.0×10^6 个/mL、1.0×10^7 个/mL、1.0×10^8 个/mL 共 5 个浓度梯度的球孢白僵菌 Bb025 孢子悬浮液，采用喷雾法接种，将带有雌成螨的叶碟置于全自动喷塔下进行喷菌处理。将处理过后的叶碟放置于恒温光照培养箱（27 ± 1℃，14L：10D）中培养，每天定时观察并记录死亡数目。一共测定了球孢白僵菌 Bb025 对敏感、甲氰菊酯抗性、阿维菌素抗性 3 种品系的朱砂叶螨在实验室环境下的致死率，评估了其毒力效果。试验结果表明，在孢子浓度为 1×10^7 个/mL 时，接种 7 天后，球孢白僵菌 Bb025 对敏感、甲氰菊酯抗性、阿维菌素抗性 3 种品系的朱砂叶螨的校正死亡率分别是 74.3%、42.86%、52.33%，因此，Bb025 对 3 种品系的朱砂叶螨均有致病作用，且随着孢子浓度的升高，三种抗性朱砂叶螨的死亡率逐渐上升，在孢子浓度为 1×10^8 个/mL 时，死亡率分别为 (86.7 ± 5.8)%、(51.1 ± 3.8)%、(68.9 ± 8.4)%。其 LC_{50} 分别是 3.528×10^5 个/mL、7.073×10^7 个/mL、3.473×10^6 个/mL。根据测定结果可以得出，球孢白僵菌 Bb025 对 3 种品系的毒力表现为：抗甲氰菊酯品系 < 抗阿维菌素品系 < 敏感品系。因此，球孢白僵菌 Bb025 对敏感品系和阿维菌素抗性品系的防治效果较好，而对甲氰菊酯抗性品系的防治效果较差。本试验说明：球孢白僵菌 Bb025 在实验室条件下能够有效的防治对阿维菌素产生抗性的朱砂叶螨，同时为球孢白僵菌 Bb025 在田间防治阿维菌素抗性的朱砂叶螨提供了理论依据。

关键词： 白僵菌；朱砂叶螨；抗性；毒力效果

---

[*] 基金项目：重庆市科委攻关项目（2011GGC020）

[**] 作者简介：张航，男，在读硕士研究生；E-mail：zhanghang18@ gmail. com

[***] 通讯作者：刘怀，教授，博士生导师；E-mail：liuhuai@ swu. edu. cn

三种中草药对狭胸散白蚁毒效比较

刘广宇　　陈亭旭　　郭建军　　金道超

（贵州大学昆虫研究所，贵阳　550025）

摘　要：白蚁属昆虫纲、蜚蠊日（Blattaria）、等翅下目（Isoptera），是世界上公认的五大害虫之一。为探索绿色安全防治白蚁的方法，本研究以闹羊花（*Flos Rhododendri*）、博落回（*Macleaya cordata*）、除虫菊（*Pyrethrum cinerariifolium*）等三种常见中草药药用部位打成的粉末为药源，以玉米芯粉为对照，以狭胸散白蚁（*Reticulitermes angustatus*）为靶标，从毒杀作用、趋避作用和传毒效果等方面对其毒效进行了比较，探讨了三种植物作为植物源杀虫剂的应用前景。

毒杀实验结果表明：除虫菊以及闹羊花处理组的白蚁死亡率在第 9 天即达到 100%；博落回处理组的白蚁死亡率在第 15 天时能达到 96%；而对照组玉米芯粉在第 15 天时，死亡率只有 5%。说明三种植物药物对狭胸散白蚁均有比较好的毒杀效果，且排序为闹羊花 = 除虫菊 > 博落回。驱避效果实验为：处理 7 天后，各处理组按白蚁数量多少的次序为玉米芯粉 > 博落回 > 除虫菊 > 闹羊花，说明三种植物药物对白蚁均有一定的驱避性，且闹羊花 > 除虫菊 > 博落回。此外，随着白蚁往玉米芯粉中转移，其死亡率增长速率下降，也能从侧面说明三种植物源杀虫剂对狭胸散白蚁具有毒杀效果。传毒效果实验表明：随着狭胸散白蚁染毒时间的延长，传毒效率提高，该杀虫剂毒杀效果也越好，传毒效果的总体趋势是除虫菊 > 博落回 > 闹羊花；第 4 天时，除虫菊染毒 12h 的传毒白蚁和受毒白蚁死亡率达到 95%。以上结果说明，此三种植物可在实际生产中用于防治狭胸散白蚁。

关键词：闹羊花；博落回；除虫菊；狭胸散白蚁；毒效

9 种植物源农药对红火蚁的室内毒力测定 *

齐国君** 吕利华***

(广东省农业科学院植物保护研究所,广东省植物保护新技术重点实验室,广州 510640)

摘 要: 红火蚁 (*Solenopsis invicta* Buren) 是世界上最危险的 100 种入侵有害生物之一。2003 年我国台湾首次发现红火蚁,此后在我国香港、澳门、广东、广西、湖南、福建、江西、海南、云南、四川等地迅速蔓延并暴发成灾,造成了严重的经济损失和生态灾难。化学防治是目前红火蚁防治的主要方法,在红火蚁防控中取得了较为显著的效果,但化学农药的长期大量使用对农业、城乡土壤、水源造成了不同程度的污染。随着人类的环境安全意识逐渐提高,迫切需要低毒、长效及选择性强的红火蚁防治方法。植物源农药是一类来源广、易获得的天然产物,而且具有生物降解快、对环境及非靶标生物低毒、害虫不易产生抗性等特点,现已成为红火蚁高效、低毒药剂开发研究的重点。

本研究挑选了鱼藤酮、苦参碱、印楝素、苦楝素、烟碱、苦皮藤素、藜芦碱、白胡椒以及三叶蔓荆子等常见植物源杀虫剂作为供试药剂,利用药膜法测定了以上 9 种植物源活性物质对红火蚁工蚁的 24h 触杀毒性,采用 SPSS 的 Probit 模块分析了药剂对红火蚁工蚁的 LC_{50}。研究结果表明:①不同植物源杀虫剂对红火蚁工蚁的急性触杀毒性具有很大差异。印楝素、苦楝素、苦皮藤素、藜芦碱、白胡椒、蔓荆子的毒性非常低,在高浓度药剂下,红火蚁工蚁 24h 的校正死亡率较低,以上药剂不适合用于研制红火蚁防控药剂,而鱼藤酮、苦参碱、烟碱的对红火蚁的毒性较高。②鱼藤酮、苦参碱、烟碱 3 种药剂对红火蚁工蚁的 24 h 触杀活性顺序依次为:鱼藤酮 > 烟碱 > 苦参碱。鱼藤酮 24h 触杀 LC_{50} 最低,为 8.551mg/L,毒力回归方程为 $Y = -1.635 + 1.789 X$, $X^2 = 13.557$, $P = 0.406$;烟碱的 24h 触杀 LC_{50} 次之,为 23.291mg/L,毒力回归方程为 $Y = -3.689 + 2.698 X$, $X^2 = 18.221$, $P = 0.149$;苦参碱 24h 触杀 LC_{50} 最高,为 131.915mg/L,毒力回归方程为 $Y = -4.383 + 2.067X$, $X^2 = 33.838$, $P = 0.006$。本研究表明鱼藤酮对红火蚁工蚁的毒杀效果最佳,而烟碱的作用速度快,瞬间击倒能力强,这为进一步研究与开发防治红火蚁的植物源杀虫剂提供参考。

关键词: 植物源农药;红火蚁;毒力测定

---

* 基金项目: "十二五"国家科技支撑计划 (2015BAD08B02);科技部科技伙伴计划 (KY201402015);广州市科技计划项目 (2013J4500032)

** 第一作者:齐国君,男,硕士,助理研究员,主要从事昆虫生态学研究;E-mail:super_ qi@ 163. com

*** 通讯作者:吕利华;E-mail:lhlu@ gdppri. com

不同寄主对黑点切叶野螟生长发育的影响*

褚世海** 丛胜波 李儒海 万 鹏

（湖北省农业科学院植保土肥研究所，武汉 430064）

摘 要：黑点切叶野螟是一种能够取食空心莲子草的鳞翅目昆虫。调查发现，该昆虫对空心莲子草具有一定的控制作用。寄主专一性试验表明其最重要寄主为空心莲子草，但同时也取食其他一些植物，主要为苋科植物，特别是作为蔬菜的苋菜。因此，研究了空心莲子草与苋菜两种植物对黑点切叶野螟生长发育的影响。结果表明，这两种寄主植物饲养下，黑点切叶野螟的幼虫历期为别为13.1天和14.2天；蛹历期为别为6天和6.3天；10天幼虫体长为别为1.65g和1.10g；体重分别为0.0486g和0.0374g；蛹重为别为0.0359g和0.0306g；羽化率分别为74.07%和72.73%；成虫寿命分别为9.1天和9.51天。两种寄主饲养下，以上多数指标无显著差异，但空心莲子草饲养的幼虫体长、幼虫体重、蛹重显著优于苋菜饲养。这表明，相比苋菜，空心莲子草更利于黑点切叶野螟的生长发育。

关键词：不同寄主；黑点切叶野螟；生长发育

* 基金项目：湖北省农业科技创新中心项目（2011－620－003－03－04）

** 第一作者：褚世海，副研究员，主要从事杂草学和生物入侵研究；E-mail：chushihai1@163.com

温湿度对伞裙追寄蝇飞行能力的影响[*]

王梦圆[1**]　刘爱萍[1***]　高书晶[1]　韩海斌[1]　丛靖宇[2]　王惠萍[3]　德文庆[4]

(1. 中国农业科学院草原研究所，呼和浩特　010010；2. 内蒙古农业大学，

呼和浩特　010010；3. 锡盟太仆寺旗草原站，宝昌　027000；

4. 兴安盟农牧业机械推广站，兴安盟　137400)

摘　要： 研究不同温度和湿度对伞裙追寄蝇飞行能力的影响，探索其飞行规律，为利用天敌昆虫伞裙追寄蝇，防控害虫草地螟的扩散提供依据。本文采用吊飞技术，在室温条件下，通过昆虫飞行磨系统测定了不同温度、湿度下伞裙追寄蝇的飞行能力。统计分析结果表明，适于伞裙追寄蝇飞行的温度为21℃，湿度为40%。在一定温度范围内，伞裙追寄蝇的飞行能力随温度的升高而增强，21℃时飞行能力较好，随后其飞行能力随温度的升高而下降。在一定湿度范围内，伞裙追寄蝇的飞行能力随湿度的升高而下降，湿度为40%时飞行能力最好。

关键词： 伞裙追寄蝇；温度；湿度；飞行能力

* 基金项目：公益性行业（农业）科研专项经费项目（201103002）；农业部"948"项目（2011 - G4）；十二五"国家科技支撑计划（2012BAD13B07）

** 第一作者：王梦圆，女，在读研究生，研究方向：害虫生物防治；E-mail：wmy19891012@126.com

*** 通讯作者：刘爱萍，女，研究员，主要从事草地害虫生物防治研究；E-mail：liuaiping806@sohu.com

胰岛素信号通路参与 FOXO 调控烟蚜茧蜂滞育的研究*

安　涛** 黄凤霞 陈红印 张礼生***

（中国农业科学院植物保护研究所，中美合作生物防治实验室，北京　100081）

摘　要：烟蚜茧蜂（*Aphidius gifuensis* Ashmead）隶属于膜翅目蚜茧蜂科，是防治蚜虫的一种优良内寄生性天敌，在应用过程中可以通过人工诱导滞育显著延长产品货架期，保障天敌产品供求时间与田间害虫发生期相一致，解决天敌产品供求脱节等问题。利用 iTRAQ 技术分析得到滞育相关蛋白 2 847 个，其中，滞育关联蛋白（Diapause Associated Protein，DAP）88 个，其免疫适应功能、细胞合成功能、生物功能等在滞育过程中具有重要作用。经生物信息学分析显示，在烟蚜茧蜂滞育过程中，胰岛素信号通路、PI3K-Akt 信号通路、JAK-STAT 信号通路、三羧酸循环等通路相关的蛋白和转录因子在滞育前后的表达量有显著差异，上述这些通路均属于 FOXO 信号通路。FOXO 是 FOX 转录因子家族中非常重要的一个亚家族，其转录活性受保守的磷脂酰肌醇-3-激酶/蛋白激酶 B 磷酸化级联通路的调节，在生物的生长发育、代谢、衰老和免疫中具重要调节作用。已有研究表明：胰岛素信号转导通路和 FOXO 是控制滞育的关键，包括代谢开关和脂质存储、卵巢发育的停滞以及增强越冬存活率。在短日照下，胰岛素信号通路被关闭，并且解除对下游 FOXO 的抑制，从而导致脂质的积累，呈现出滞育状态，胰岛素信号转导通路在其他休眠形式中也表现出相同作用机制。

关键词：滞育烟蚜茧蜂；滞育关联蛋白；FOXO；胰岛素信号通路

---

* 基金项目："973"项目（2013CB127602）；公益性行业（农业）科研专项（201103002）；国家自然科学基金项目（31071742）

** 第一作者：安涛，男，硕士研究生；E-mail：antaolyzj@163.com

*** 通讯作者：张礼生；博士，研究员；E-mail：zhangleesheng@163.com

蝎蝽人工饲料中甾醇的种类和含量研究*

郭　义** 李娇娇　王　娟　张礼生　刘晨曦　王孟卿　陈红印***

（中国农业科学院植物保护研究所农业部作物有害生物

综合治理重点实验室，北京　100081）

摘　要： 在研究甾醇对蝎蝽（*Arma chinensis* Fallou）生长发育的影响时，人工饲料是首选。本实验室已有的蝎蝽人工饲料中添加了许多动物成分，甾醇的种类和含量未知，需要明确后，经过改良才能使用。实验中经冷冻干燥、氯仿和甲醇混合溶液浸提、气相色谱和质谱联用法测定几个步骤，明确了现有蝎蝽人工饲料中的主要成分如猪肝、鱼肉、鸡蛋、植物油、干酪素等中甾醇的种类和含量，为寻找低甾醇或无甾醇含量的基础饲料配方作指导。结果表明，鸡蛋清和干酪素中主要是胆固醇，含量相当，都很低，可作为候选配方，鸡蛋清中蛋白质含量约为13.09%，低于柞蚕蛹中的21.5%，在配制饲料时可添加冷冻干燥后的鸡蛋清粉来提高蛋白质的含量。鸡蛋黄、猪肝、鱼肉中都只含有胆固醇，其中，鸡蛋黄中胆固醇含量最高，为鸡蛋清的429.81倍，猪肝和鱼肉中其次，分别为鸡蛋清的63.59倍和47.92倍，在配制饲料时可弃去，但猪肝和鸡蛋黄中含有多种维生素和微量元素，在配制无甾醇的基础饲料时可通过额外添加来补充。植物油中主要为3种植物甾醇，谷甾醇、豆甾醇、菜油甾醇分别占总甾醇含量的58.83%、21.83%、19.34%，在配制饲料时可采用油酸和亚油酸来代替，且甾醇易溶于其中，在向饲料中添加甾醇时，可用油酸或亚油酸作溶剂。

关键词： 甾醇；蝎蝽；人工饲料；胆固醇

* 基金项目：公益性行业（农业）科研专项（201103002）；"948"项目（2011-G4）

** 第一作者：郭义，男，博士研究生，研究方向为害虫生物防治；E-mail：guoyi20081120@163.com

*** 通讯作者：陈红印；E-mail：hongyinc@163.com

叶蝉为害致茶梢挥发物变化及其引诱
微小裂骨缨小蜂效应[*]

韩善捷[**]　潘　铖　韩宝瑜[***]

（中国计量学院浙江省生物计量及检验检疫技术重点实验室，杭州　31001）

摘　要：以 SDE 法提取健康茶梢、假眼小绿叶蝉为害茶梢挥发物，以 GC-MS 配合标准样品从二者中鉴定了 17 种共有成分，包括顺-3-己烯-1-醇、反-2-己烯醛、芳樟醇、香叶醇、β-紫罗酮和橙花叔醇等常见香气成分。从前者另外检出顺-3-己烯基丁酸酯等 9 种成分，还从后者另外测出了己醛等 7 种成分。叶蝉为害茶梢挥发物各组分总含量、健康茶梢挥发物各组分总含量相对于内标含量的比例分别是 1783.8% 和 360.3%。从蝉害茶梢测出了丰富的反-2-己烯醛、苯甲醛、α-法呢烯和水杨酸甲酯，四者分别占蝉害茶梢、健康茶梢挥发物总量 11.8% 和 8.3%；室内以蝉害茶梢 19 种主要挥发物的 10^{-2} g/mL 剂量为味源，液体石蜡为 CK，以 Y 管嗅觉仪进行行为测定结果表明：这 4 种成分皆显著引诱微小裂骨缨小蜂（$P < 0.05$）。分析认为：蝉害改变了茶梢挥发性化合物的组成及其相对含量，尤其是产生的反-2-己烯醛、苯甲醛、α-法呢烯和水杨酸甲酯等互利素显著地引诱该叶蝉的卵寄生蜂微小裂骨缨小蜂。

关键词：假眼小绿叶蝉；微小裂骨缨小蜂；互利素；茶梢挥发物；引诱

* 基金项目：国家自然科学基金项目（31071744）；杭州市科技计划项目（20140533B01）；浙江省大学生创新创业项目（2014R409056）

** 第一作者：韩善捷，男，硕士研究生；E-mail：hanshanjie@126.com

*** 通讯作者：韩宝瑜；男，博士，教授；E-mail：han-insect@263.net

黄腿双距螯蜂对两种飞虱的捕食
选择性及寄生选择性*

何佳春** 孙燕群 林晶晶 李 波 傅 强***

（中国水稻研究所，稻作技术研究与发展中心，杭州 310006）

摘 要：褐飞虱 *Nilaparvata lugens*（Stål）和白背飞虱 *Sogatella furcifera*（Horváth）是我国水稻生产上重要的迁飞性害虫，不仅能直接吸取水稻汁液造成为害，还能作为媒介昆虫传播水稻病毒病害造成间接为害。黄腿双距螯蜂 *Gonatopus flavifemur*（Esaki et Hashimoto）是稻飞虱主要的捕食兼寄生性天敌，其雌性成虫既可直接捕食稻飞虱，同时又可以产卵寄生稻飞虱成虫或若虫。因此，研究黄腿双距螯蜂对褐飞虱和白背飞虱的捕食及寄生作用，对利用该天敌开展生物防治有重要意义。

通过室内笼罩试验，研究了在有选择条件下黄腿双距螯蜂对相同虫态2种稻飞虱的捕食选择性和寄生选择性。结果表明：①捕食选择性：在48h内，黄腿双距螯蜂对2龄的褐飞虱和白背飞虱平均捕食量分别为（4.5 ± 1.5）头和（4.0 ± 2.4）头，3龄分别为（4.0 ± 2.1）头和（6.2 ± 1.4）头，4龄分别为（1.8 ± 1.4）头和（3.2 ± 2.4）头，5龄分别为（1.1 ± 1.2）头和（2.9 ± 1.6）头，成虫分别为（2.4 ± 1.4）头和（3.5 ± 1.4）头。其中，仅3龄和5龄时存在显著差异（$P < 0.05$）。②寄生选择性：黄腿双距螯蜂对2龄的褐飞虱和白背飞虱，平均寄生率分别为（31.3 ± 5.0）%和（5.0 ± 2.7）%，对3龄分别为（45.0 ± 5.7）%和（5.0 ± 1.9）%，对4龄分别为（46.7 ± 5.3）%和（5.6 ± 2.4）%，对5龄分别为（62.2 ± 5.2）%和（17.8 ± 4.7）%，对成虫分别为（31.0 ± 6.1）%和（2.0 ± 1.3）%。各虫态褐飞虱的寄生率均显著高于同虫态的白背飞虱（$P < 0.05$）。

由此看来，在可选择条件下，黄腿双距螯蜂对褐飞虱和白背飞虱有一定的捕食选择性，多以对白背飞虱的捕食量较大（仅2龄例外）；与此不同的是，黄腿双距螯蜂对两种飞虱的寄生选择性较明显，且以对褐飞虱的寄生率显著较高。

关键词：黄腿双距螯蜂；褐飞虱；白背飞虱；捕食；选择性；寄生选择性

* 基金项目：中国农业科学院创新工程创新团队项目

** 第一作者：何佳春，男，助理研究员，主要从事水稻害虫防治和稻田节肢动物群落多样性研究；E-mail：hejiachun1984@126.com

*** 通讯作者：傅强，研究员；E-mail：fuqiang@caas.cn

CMV 2b 氮端 7 肽抑制了烟草植株受病毒 CMV △2b 诱导的对甜菜夜蛾的抗性

竺锡武[1,2]*　　朱　品[2]

（1. 湖南人文科技学院农业与生物技术学院，娄底　417000；

2. 浙江理工大学生命科学学院，杭州　310018）

摘　要：构建完全缺失 2b 并插入 GFP 序列的黄瓜花叶病毒（CMV）F_{209} 人工突变体 $F_2 \triangle 2b$-GFP 质粒；保留 2b 氮端 7 肽对应的碱基序列（$2b_{7aa}$）形成一个 ORF 并加接甜菜夜蛾 HR3 基因反义 RNA 序列（约 350bp）的 CMV F_{209} 突变体 $F_2 \triangle 2b$-$2b_{7aa}$-asHR3 质粒；保留 2b 氮端 7 肽对应的碱基序列（$2b_{7aa}$）形成一个 ORF 并加接甜菜夜蛾 ECR3 基因反义 RNA 序列的 CMV F_{209} 突变体 $F_2 \triangle 2b$-$2b_{7aa}$-asECR 质粒。各质粒农杆菌分别与 CMV F_{109}、F_{309} 混合分别形成突变体病毒侵染性克隆 CMV △2b-GFP、CMV △2b-$2b_{7aa}$-asHR3、CMV △2b-$2b_{7aa}$-asECR，浸润接种本生烟植株，10 天后，甜菜夜蛾 2 龄幼虫分别取食各处理的系统叶。结果显示，甜菜夜蛾生长发育在各处理中发生了显著差异：a. 取食 4 天后，CMV △2b-$2b_{7aa}$-asHR3 处理和 Mock 处理的甜菜夜蛾平均体重是 CMV △2b-GFP 处理的甜菜夜蛾幼虫平均重量的 3 倍以上；取食 6 天后，CMV △2b-$2b_{7aa}$-asHR3 处理和 Mock 处理的甜菜夜蛾平均体重是 CMV △2b-GFP 处理的甜菜夜蛾幼虫平均体重的大约 2 倍。b. CMV △2b-$2b_{7aa}$-asHR3 处理和 Mock 处理的幼虫期天数是 CMV △2b-GFP 处理的幼虫期的 1/2。c. CMV △2b-$2b_{7aa}$-asHR3 处理和 Mock 处理的甜菜夜蛾体重和幼虫期天数无显著差异。d. CMV △2b-$2b_{7aa}$-asECR 处理 4 天的甜菜夜蛾平均体重也显著大于 CMV △2b-GFP 处理的甜菜夜蛾平均体重。分析推断，CMV 2b 氮端 7 肽抑制了受 CMV △2b 诱导的烟草植株对甜菜夜蛾的抗性。

---

*　第一作者：竺锡武；E-mail：zhuxw9999@ aliyun. com

提高杆状病毒杀虫活性及抗紫外活性的
遗传改良方法及效果评价

李 进 马瑞鹏 周 吟 类承凤 孙修炼*

（中国科学院武汉病毒研究所，农业与环境微生物学重点实验室，武汉 430071）

摘 要：杆状病毒作为环保型生物杀虫剂已经成功用于多种农、林、牧害虫的防治，但它们具有杀虫速度慢、对高龄幼虫活性低、对紫外线敏感的缺陷，严重制约了它们在更大规模的应用。我们前期将编码北非蝎子昆虫特异性神经毒素（*Aa*IT）或者麻蝇组织蛋白酶（cathL）的基因插入杆状病毒基因组，成功提高了其杀虫速度。这里我们报道将杆状病毒的多角体膜蛋白（PEP）的关键结构域与纳米物质结合肽融合，提高其抗紫外线活性，以及将增效蛋白高效包装到杆状病毒包涵体提其杀虫活性的方法。

通过已知的 PEP 蛋白序列的比对，发现杆状病毒在 PEP 的进化上可以分为 Group I NPV、Group II NPV 和 GV 三支。将分别来自 Group II NPV 和 GV 的 4 种 *pep* 同源物回复进缺失 *pep* 的 AcMNPV Bacmid，扫描电镜观察结果显示，杆状病毒的 PEP 蛋白具有种属特异性，同源物不能代替 AcMNPVPEP 的功能。通过对 GenBank 中公布的 33 种 NPV 和 14 种 GV 的 PEP 蛋白 aa 序列的比对，发现杆状病毒 PEP 的 N 端（N 区）以及 C 端（C 区）具有保守性，而中间区（M 区）差异较大。通过观察一系列截短的 PEP 与增强型绿色荧光蛋白（eGFP）融合的重组病毒包涵体表面结构以及荧光情况，发现只有 PEP 的 NM 区结构域与野生型病毒一样能够形成完整的多角体膜；同时除了单独的 N 区外，PEP 的其他结构域均能将 eGFP 展示于包涵体的表面。在此基础上，构建了 AcMNPV PEP 的 NM 区与纳米 ZnO 结合肽融合的重组病毒。Western blot 及免疫荧光电镜结果表明，ZnO 结合肽成功展示于包涵体的表面。在实验室条件下，多角体表面含纳米 ZnO 结合肽的重组病毒与纳米 ZnO 颗粒特异结合并经 UV-B 照射处理后，其感染性大约是未结合纳米 ZnO 的 9 倍；而室外条件下的盆栽实验结果显示，特异结合纳米 ZnO 的重组病毒的半数存活时间［（3.3 ±0.15）天］要比混合了纳米 ZnO 的对照病毒的半数存活时间［（0.49 ±0.06）天］显著地延长。这种策略为提高杆状病毒在野外条件下的紫外线抗性提供了新的思路。

为了提高杆状病毒的生物活性，根据 AcMNPV 多角体蛋白（Polyhedrin）的晶体结构特点，将其分为 N 端 150 aa 和 C 端 95 aa 两段，并将 C 端 95 aa 分别与黄地老虎颗粒体病毒增效蛋白（En4）和苹果蠹蛾颗粒体病毒增效蛋白（GP37）融合，构建了 2 种重组病毒；利用 PEP 的 C 端 86 aa 与 En4 或者 GP37 融合，也构建了 2 种重组病毒。Western blot 结果表明，这两种方法均将 En4 和 GP37 成功包装到 AcMNPV 的包涵体上。生物活性测定结果显示，与仅回复了多角体蛋白的对照病毒 vAc-ph 相比，这 4 种重组病毒的 LC_{50} 降低了 3.0 ~ 5.3 倍，表明包装到包涵体上的增效蛋白发挥了增加病毒杀虫活性的作用。

关键词：杆状病毒；多角体膜蛋白；紫外线抗性；多角体蛋白；增效蛋白；杀虫活性

---

* 通讯作者：孙修炼；E-mail：sunxl@ wh. iov. cn

转 *Bar* 基因大豆单克隆抗体的制备与免疫胶体金试纸条检测方法的建立[*]

张春雨[1]　李小宇[1]　郭东全[1]　张淋淋[2]　尤　晴[3]

董英山[1]　王永志[1**]　李启云[1**]

（1. 吉林省农业科学院植物保护研究所，东北作物有害生物综合治理
重点实验室，吉林省农业微生物重点实验室，公主岭　136100；2. 东北农业
大学植物保护学院，哈尔滨　150030；3. 吉林农业大学农学院，长春　130118）

摘　要：为了建立转 *Bar* 基因大豆的快速、有效检测方法，本研究表达了有生物活性的 *Bar* 基因编码蛋白PAT，制备了PAT蛋白的单克隆抗体，进一步建立了免疫胶体金试纸条检测方法。得到以下结果：成功制备了PAT蛋白单克隆抗体10C8和PB3，其抗体亚型均为IgG1，效价均为 1∶128 000，且识别不同的抗原表位，可以作为配对抗体用于免疫胶体金试纸条的研制。以10C8作为金标抗体，PB3作为检测抗体，兔抗鼠多抗作为质控抗体，制备了免疫胶体金试纸条，检测PAT蛋白的灵敏度为 $1\mu g/mL$。为提高试纸条的灵敏度，降低检测成本，还需要对抗体包被浓度，pH值等条件进一步优化，以实现免疫胶体金试纸条法对转 *Bar* 基因大豆的快速检测。

关键词：转基因；单克隆抗体；试纸条

[*] 作者简介：张春雨，女，助理实习研究员，硕士，研究方向：植物病毒与生物反应器；E-mail：wawanice@126.com

[**] 通讯作者：王永志，男，副研究员，博士，研究方向：植物病毒与生物反应器；E-mail：yzwang@126.com.

李启云，男，研究员，博士，研究方向：植物保护；E-mail：qyli1225@126.com.

NO 和 H₂O₂ 在花生抗叶腐病菌侵染中的作用机制[*]

夏淑春[1**]　张茹琴[1]　迟玉成[2]　徐曼琳[2]　鄢洪海[1***]

（1. 青岛农业大学农学与植物保护学院，青岛　266109；

2. 山东省花生研究所，青岛　266100）

摘　要：由立枯丝核菌（*Rhizoctonia solani*）引起的花生叶腐病近些年来在山东等省市的许多高产田中为害越来越严重，呈现由点及面的扩展发生，造成植株的叶片大量腐烂，最后干枯脱落，影响果实的饱满度甚至其正常发育，从而导致花生大面积减产。花生叶腐病主要在花生的结荚期始发，而发病盛期是在 7 月中下旬到 8 月初，发病适宜温度为 22~27℃、相对湿度 85%~90%。通过对病害的流行动态分析显示常年连作的地块发病重，轮作的地块发病轻。

明确寄主抗病防御反应的分子机制，是有效控制生产上一些重要病害发生的主要先决条件。虽然已经证明，NO 和 H₂O₂ 在诱导植物防卫反应中起关键作用，这些信号分子参与诱导许多防卫相关基因的表达，但对 NO 和 H₂O₂ 参与花生抗叶腐病防卫反应的分子机制了解甚少。因此，为了明确一氧化氮（NO）和过氧化氢（H₂O₂）在调控花生抵御叶腐病菌感染过程中的生理机制，以对花生叶腐病具有不同抗性的 3 个花生品种花育 17、鲁花 9、花育 25 为材料，研究了外源施用硝普钠（SNP）、2-4，4，5，5-苯-四甲基咪唑-1-氧-3-氧化物（cPTIO）、过氧化氢（H₂O₂）、抗坏血酸（AsA），对花生叶腐病病情、植株内 NO 和 H₂O₂ 含量，及寄主防御酶活性的变化影响。结果表明：外施一定浓度的 NO 供体硝普钠（SNP）和 H₂O₂ 均可减缓花生叶腐病菌侵染进程，降低感病率和平均病情指数，并且能够不同程度地提高植株防御酶活性，尤其抗性弱的花生品种鲁花 9 植株内过氧化物酶（POD）、过氧化氢酶（CAT）、苯丙氨酸解氨酶（PAL）、超氧化物歧化酶（SOD）和 β-1，3-葡聚糖酶（Glu）的活性，诱发了花生过敏性坏死反应；接种花生叶腐病菌后 3 个花生品种叶片中 NO 和 H₂O₂ 含量均有猝发现象，而 NO 和 H₂O₂ 的清除剂 cPTIO 和 AsA 在一定程度上能够提高植株感病率和病情指数。因此，初步研究结果表明，NO 和 H₂O₂ 是花生叶腐病的重要信号分子，可通过提高植株内 POD、SOD、PAL、CAT 和 Glu 病程相关蛋白活性，进而增强花生对叶腐病菌的抗性。

关键词：叶腐病菌；机制；防御反应

---

　* 基金项目：山东省科技发展项目（2009GG10009022）；山东省自然科学基金项目（ZR2011CL005）；山东省"泰山学者"建设工程专项经费资助（BS2009NY040）

　** 第一作者：夏淑春；E-mail：xiashuchun@163.com

　*** 通讯作者：鄢洪海；E-mail：hhyan@ qau. edu. cn

亟待开发的杂草利用价值

曹坳程*　郭美霞　王秋霞　李　园　欧阳灿彬　颜冬冬

（中国农业科学院植物保护研究所，北京　100193）

摘　要：杂草在进化过程中，具有耐旱、耐贫瘠、抗病虫等优良特性。如果加以利用将具有广阔的前景。

长期以来，从 C_4 植物中寻找增产的途径一直是科学家们坚持不懈追求的目标，而从杂草中寻找优良的基因并加以利用则很少有科学家涉足。

杂草所具有的优良特性，刚好是人类特别是我国最短缺最亟待解决的问题。

（1）中国北方缺水，而杂草具有耐旱的特性。

（2）中国北方土地盐渍化严重，而不少杂草具有耐盐渍的特点。

（3）中国很多作物缺钾，而一些杂草，特别是入侵植物如紫茎泽兰具有强列吸收钾的能力，植物体中富含钾。

（4）不少作物连年种植，土传病害发生严重，而杂草具有优良的抗土传病害的能力。

（5）抗病虫能力，在自然的状态下，杂草很少发生严重的病虫害而大量死亡，在根结线虫发生严重的地块，仍有一些杂草不受根结线虫的为害。

（6）杂草产种子能力，一些杂草具有强大的产生种子的能力，如紫茎泽兰一株可产种子上万粒，一株黄顶菊可产 10 万粒种子。而现有的作物很难达到其产种子的能力。

杂草利用途径：

①抗逆基因的挖掘；②嫁接利用，将同一科杂草与作物进行嫁接获得抗土传病害的砧木；③杂草作为中药利用；④作为植物源农药利用；⑤作为肥料利用；⑥作为生物质原料利用；⑦制作为生物碳，在水体净化、缓释肥、重金属修复上进行利用；⑧杂草相关机理的阐明和利用，如杂草能量评价与转换机理、杂草遗传进化机理、杂草抗病虫机理等。

关键词：杂草；开发价值；利用途径

*　第一作者：曹坳程；E-mail：caoac@ vip. sina. com

CO_2 气调对烟草甲的毒力及其能源物质的影响*

曹　宇**　杨文佳　孟永禄　王丽娟　杨大星　李　灿***

（贵阳学院生物与环境工程学院，有害生物控制与资源利用
贵州省高校特色重点实验室，贵阳　550005）

摘　要：烟草甲是一种重要的仓储害虫，可为害许多储藏物，造成巨大的经济损失。为研究 CO_2 气调对烟草甲的控制作用，采用不同 CO_2 气调浓度（10%，30%，50%，70%和90%）胁迫，每隔3h观察其对烟草甲的致死情况，直至其全部死亡，拟合其毒力回归方程。同时，研究了其致死作用下烟草甲体内能源物质（多糖、可溶性蛋白质及脂肪）的含量变化和利用情况，以期从生理生化角度探讨 CO_2 气调的作用机制。结果表明，随着 CO_2 浓度的升高，其对烟草甲的毒力增强，10% CO_2 浓度下，LT_{50} 和 LT_{99} 分别为23.21h和128.06h；90% CO_2 浓度下，分别为7.26h和19.25h。自然条件对照组，药材甲多糖、可溶性蛋白质及脂肪含量差异显著，分别为15.67μg/头，139.51μg/头和44.74μg/头。不同 CO_2 浓度致死后，烟草甲的多糖、可溶性蛋白质和脂肪等能源物质的含量显著降低。但仅从气调处理来看，其随着气调浓度的升高显著增加，利用率则显著降低。10%浓度下致死下，其剩余量分别为5.79μg/头，74.80μg/头和14.89μg/头，利用率分别为63.05%，46.38%和66.71%；90%浓度下，剩余量分别为9.56μg/头，95.88μg/头和23.57μg/头，利用率分别为38.99%，31.28%和47.33%，且无论何种浓度处理下，烟草甲对3种能源物质的利用率均具有显著差异，其大小为脂肪 > 多糖 > 可溶性蛋白质。因此，不同 CO_2 浓度对烟草甲不同的毒力作用，可能与其胁迫下烟草甲能源物质的不同响应有关；而烟草甲对三种能源物质利用率的显著差异，则可能与其抗气性的形成有关。

关键词：CO_2 气调；烟草甲；能源物质；多糖；可溶性蛋白质；脂肪

---

* 基金项目：贵州省国际合作项目（黔科合外 G 字［2013］7047 号）；黔教合 KY 字［2011］001、［2012］013，黔学位合字 ZDXK［2013］08

** 第一作者：曹宇，男，实验师，硕士，主要从事昆虫生态与综合治理；E-mail：yucaosuccess@126.com

*** 通讯作者：李灿，男，教授，博士，主要从事有害生物控制与资源利用；E-mail：lican790108@163.com

超临界 CO_2 萃取人参挥发油工艺研究

崔丽丽[*]　关一鸣　闫梅霞　侯召华　王英平[**]

（中国农业科学院特产研究所，长春　130112）

摘　要：人参（*Panax giseng* C. A. Mey）为五加科多年生宿根草木植物，在植物病理学、栽培生理学、植物化学、药理学和临床医学等领域都有深入研究。挥发油是中药中一类重要的活性物质，具有广谱抗菌作用，近十年来国内外对中药挥发油对治病真菌和细菌的抑菌活性研究发现，许多中药挥发油抑菌谱广，对革兰氏阳性菌、革兰氏阴性菌、病原真菌均有抑菌活性。目前，传统的挥发油提取方法为水蒸气蒸馏、超声波提取、索氏提取等，不仅提取率低，而且由于温度高、受热时间长，某些有效成分的破坏或分解。如今超临界萃取技术提取天然中草药有效成分的研究广泛引起人们的关注，主要集中在活性多糖、挥发油、皂苷、生物碱、黄酮类、醌类等多种物质的提取研究。超临界 CO_2 萃取应用于中药领域与传统方法比较，具有萃取速率快、分离工艺简单、萃取温度低、保护热敏性物质、萃取物无有机溶剂污染，且成分保留全等优点。本实验对人参挥发油的超临界 CO_2 萃取工艺进行研究，以期提高人参挥发油提取率，推动进一步应用于其他领域研究。以生晒参为原料，响应面分析法优化超临界 CO_2 提取挥发油的工艺，采用自动质谱退卷积定性系统（AMDIS）和保留指数方法对挥发油化学成分定性。结果表明，最佳工艺条件为萃取压力 38MPa，温度 55℃，静态萃取时间 120min，动态萃取 60min，此条件下挥发油提取率达 1.12%。气相色谱-质谱法（GC-MS）结果显示分离出 35 个色谱峰，鉴定出 29 种化学成分，占挥发性物质总峰面积的 99.69%，其中，含烷烃、醛、醇、酮、脂肪酸及酯等脂肪族化合物，桉油烯醇、蓝桉醇、愈创木烯等倍半萜类物质。

关键词：人参挥发油；抑菌；超临界萃取

＊ 第一作者：崔丽丽，女，硕士研究生，助理研究员，主要研究方向中药材病害防治与质量评价；E-mail：cbscui@126.com

＊＊ 通讯作者：王英平，研究员，药用植物资源与评价；E-mail：yingpingw@126.com

6种杀虫剂对铜绿丽金龟卵的防治效果*

宫庆涛**　武海斌　张坤鹏　张学萍　孙瑞红***

（山东省果树研究所，泰安　271000）

摘　要：铜绿丽金龟（*Anomala corpulenta* Motschulsky）属鞘翅目丽金龟科，是北方农区的重要地下害虫之一。幼虫主要取食作物的地下部分，导致缺苗断垄。成虫取食多种果树和林木的叶片，对苹果、梨、榆、杨等林种为害最重，造成叶片缺刻和空洞，严重时仅残留叶脉和叶柄，甚至光枝秃秆。铜绿丽金龟成虫将卵散产于寄主根际附近5~6cm的土层内，卵孵化后，幼虫（蛴螬）集结于作物根部为害花生、大豆、甘薯和其他旱作物及花卉、苗木等。在果树和林木种植较多的地区对花生等农作物为害尤为严重。据统计，植物地下部分受害的百分之八十以上是由于蛴螬为害造成的。除成虫期外，铜绿丽金龟卵、幼虫、蛹均存在于土壤中，为土栖类害虫，生长周期长，且具有隐蔽为害特点，给防治带来很大困难，是世界性的一类较难防治的地下害虫。目前，防治铜绿丽金龟卵、幼虫和蛹时，多采用呋喃丹、甲拌磷、甲基异硫磷、甲胺磷等高毒农药，防治效果也比较高。但随着高毒农药品种在许多地方被禁用或限用，导致铜绿丽金龟为害再猖獗，亟待筛选部分高效、低毒、低残留且对非靶标节肢动物安全的药剂，作为优选药剂进行田间防治。本试验针对铜绿丽金龟田间防治的实际情况及国内外近年来报道的防治金龟子新型药剂，选择氟啶虫胺腈、氯虫苯甲酰胺、氟虫双酰胺、灭幼脲、毒死蜱和辛硫磷6种药剂，每种药剂分别按有效成分设定4个浓度处理，25%灭幼脲 SC 62.5mg/L、125mg/L、250mg/L、500mg/L，20%氟虫双酰胺 WG 50mg/L、100mg/L、200mg/L、400mg/L，35%氯虫苯甲酰胺 WG 87.5mg/L、175mg/L、350mg/L、700mg/L，50%氟啶虫胺腈 WG 62.5mg/L、125mg/L、250mg/L、500mg/L，40%毒死蜱 EC 200mg/L、400mg/L、800mg/L、1 600mg/L，40%辛硫磷 EC 200mg/L、400mg/L、800mg/L、1 600mg/L。参照生测标准方法 NY/T 1154.1—2006（触杀活性试验，点滴法）、NY/T 1154.5—2006（杀卵活性试验，浸渍法）和 NY/T 1154.15—2009（地下害虫，浸虫法）处理铜绿丽金龟的卵，评价6种药剂对卵及初孵幼虫的防治效果，旨在为铜绿丽金龟卵期及初孵幼虫期田间防治提供参考。通过室内药效试验评价氟啶虫胺腈、氯虫苯甲酰胺、氟虫双酰胺、灭幼脲、毒死蜱和辛硫磷6种杀虫剂对铜绿丽金龟卵和初孵幼虫的防治效果可知：6种药剂均有效降低铜绿丽金龟卵的孵化率，显著提高幼虫的死亡率。就不同药剂对卵孵化率影响而言，毒死蜱＞辛硫磷＞氟虫双酰胺＞灭幼脲＞氯虫苯甲酰胺＞氟啶虫胺腈，说明传统防治地下害虫的有机磷类杀虫剂毒死蜱和辛硫磷对卵的杀灭效果较好，尤其是毒死蜱

* 基金项目：山东省农业科学院院地科技合作引导计划项目（2015YDHZ53）

** 第一作者：宫庆涛，男，研究实习员，硕士，主要从事农业害虫综合防控技术研究；E-mail：gongzheng. 1984@163. com

*** 通讯作者：孙瑞红；E-mail：srhuihong@126. com

效果最好，4个浓度处理均将卵的孵化率降低到 24.44% 以下，而其余 4 种药剂对孵化率影响均较小，氟啶虫胺腈有效成分浓度 250mg/L 以下，卵孵化率均在 60.00% 以上，效果最差。就不同药剂对幼虫死亡率影响而言，氯虫苯甲酰胺 > 毒死蜱 > 氟啶虫胺腈 > 辛硫磷 > 灭幼脲 > 氟虫双酰胺。氯虫苯甲酰胺表现出较高的卵幼活性，4个浓度处理对幼虫致死作用均在 95.24% 以上，毒死蜱 4 个浓度幼虫死亡率也在 83.33% 以上，显著高于其他杀虫剂处理。与对照相比，6 种杀虫剂各浓度处理防效均显著提高，毒死蜱 4 个浓度处理防效均在 97.78% 以上，氯虫苯甲酰胺次之，防效均在 93.33% 以上。比较 6 种杀虫剂各浓度间防效和校正防效，发现浓度间差异较小，可见，各杀虫剂防效主要与药剂种类有关，而与浓度相关性较小。综合分析推荐在铜绿丽金龟卵期可使用毒死蜱 200 ~ 400mg/L 或氯虫苯甲酰胺 87.5 ~ 175mg/L 进行处理，可有效控制卵的孵化并毒杀初孵幼虫，达到抑制其早期为害的目的。

关键词：铜绿丽金龟；杀虫剂；卵；防效

一株解磷根瘤菌 XMT-5 及其对农作物
生长与磷吸收的影响[*]

李海峰[**]　张倩倩　屈建航

（河南工业大学 生物工程学院，郑州　450001）

摘　要： 以 $Ca_3(PO_4)_2$ 作为唯一磷源，通过透明圈筛选及解磷能力测定，从土壤中分离获得高效解磷菌株 XMT-5。该菌株在 LB 固体培养基上生长 3 天后，菌落呈白色、凸起、黏稠、半透明状。生理生化测定结果显示，甲基红、V.P 和柠檬酸利用实验结果均为阴性，而产淀粉酶、产吲哚及明胶液化实验结果为阳性。结合 16S rRNA 基因的序列比对结果，确定该菌株为一株根瘤菌（*Rhizobium* sp.）

将菌株 XMT-5 培养至对数生长期，制备解磷菌剂进行盆栽试验，考察该菌剂对玉米、小麦、鸡毛菜及大豆的生长及磷吸收的影响。结果表明，与对照处理相比，添加了解磷菌剂后，4 种盆栽作物的茎高分别增加 20.24%、4.56%、38.3% 和 15.45%；干重分别增加 20.92%、19.3%、35.48% 和 3.37%；总磷含量分别增加 17.4%、15.6%、15.2% 和 4.89%。土壤中速效磷含量分别增加了 21.3%、25.1%、18.01% 和 10.4%，而总磷含量均有不同程度的减少表明土壤磷的利用率有所提高。因此，以菌株 XMT-5 制备的解磷菌剂具有促进小麦、玉米等农作物生长及磷吸收的能力，具有较好的应用潜质。

关键词： 解磷菌；作物生长；磷吸收

　*　基金项目：国家自然科学基金青年项目（31400103）

　**　通讯作者：李海峰；E-mail：hfli@ haut. edu. cn

双抗夹心 ELISA 检测转 *Bar* 基因抗除草剂大豆的研究与应用[*]

李小宇[1][**]　张春雨[1]　郭东全[1]　张淋淋[2]

尤　晴[3]　董英山[1]　王永志[1][***]　李启云[1][***]

(1. 吉林省农业科学院植物保护研究所，东北作物有害生物综合治理重点实验室，
吉林省农业微生物重点实验室，公主岭　136100；2. 东北农业大学植物保护学院，
哈尔滨　150030；3. 吉林农业大学农学院，长春　130118)

摘　要：为快捷有效的检测转 *Bar* 基因抗除草剂大豆，本研究利用已制备的抗除草剂 *Bar* 基因编码蛋白（PAT）单克隆抗体和多克隆抗体，建立 PAT 蛋白双抗夹心 ELISA 检测方法，对转 *Bar* 基因抗除草剂大豆不同组织材料进行定量检测。结果显示最佳检测条件为：捕获抗体浓度为 $0.125\mu g/mL$，包被酶标板，37℃孵育 1h 后 4℃静置过夜，检测样品 37℃孵育 1.5h，检测抗体浓度为 $6.25\mu g/mL$，37℃孵育 1.5h；检测 PAT 蛋白的最低检测限 $0.04ng/mL$，大豆蛋白体系中为 $8ng/mL$；重复性变异系数小于 3%。利用上述检测条件，对笔者单位创制的转 *Bar* 基因抗除草剂大豆进行 PAT 蛋白定量检测，成功的在根、茎、花、叶和种子不同部位检测到该蛋白的表达。本研究运用双抗夹心 ELISA 定量检测转 *Bar* 基因抗除草剂大豆，可为转 *Bar* 基因抗除草剂大豆及相关产品的检测提供参考。

关键词：*Bar*；双抗夹心 ELISA；大豆；检测

---

[*] 基金项目：吉林省自然科学基金项目（20130101089JC）；吉林省中青年科技领军人才及优秀创新团队（20121812）；国家转基因生物新品种培育重大专项（2014ZX08004）

[**] 作者简介：李小宇，男，助理研究员，硕士，研究方向为植物病毒与生物反应器；E-mail：lxyzsx@163.com

[***] 通讯作者：王永志，男，副研究员，博士，研究方向为植物病毒与生物反应器；E-mail：yzwang@126.com
李启云，男，研究员，博士，研究方向为植物保护；E-mail：qyli1225@126.com

硝磺草酮在辽宁地区土壤中的主要环境行为研究 *

梁兵兵** 王素娜 郝瑞辰 杨瑞秀 刘 限 姚 远 高增贵***

（沈阳农业大学植物免疫研究所，沈阳 110866）

摘 要：硝磺草酮（mesotrion），又名甲基磺草酮，中文化学名称为2-（2-硝基-4-甲磺酰基苯加酰）环己烷-1，3-二酮，是继吡唑酮类、异唑酮类除草剂之后，由先正达公司开发的另一类抑制对羟基苯基丙酮酸双氧化酶（HPPD）的除草剂主要用来防治玉米田阔叶杂草及禾本科杂草。本文采用高效液相色谱法（HPLC）检测了辽宁沈阳棕壤土，辽宁昌图黑土，辽宁阜新褐土3种类型土壤和水中的硝磺草酮的残留量。采用振荡平衡法、土柱淋溶法、室内温箱模拟法，分别研究了硝磺草酮在土壤中的吸附、淋溶、降解三种环境行为，分析了吸附、淋溶两种环境行为与土壤的理化性质（pH值、有机质含量、阳离子交换量、物理性黏粒含量）之间的关系以及环境条件（温度、光照、pH值、含水量、微生物数量）对硝磺草酮的降解的影响。试验结果表明：土壤吸附硝磺草酮过程为物理吸附，符合 Freundlich 方程 $Cs = KCe^{1/n}$，相关性系数 $R^2 = 0.917\,6 \sim 0.998\,5$，由3种类型种土壤的吸附常数 K 大小得出的吸附硝磺草酮的强弱顺序为沈阳棕壤土 > 阜新褐土 > 昌图黑土，pH 值与 CEC 为影响吸附的主要因素。淋溶主要受土壤的 pH 值影响，土壤 pH 越高，硝磺草酮越容易向下淋溶。硝磺草酮在土壤中的降解符合一级反应动力学方程，降解速率分别随土壤 pH 值升高、土壤含水量的升高加快，受光照及温度的影响较弱。

关键词：硝磺草酮；环境行为；土壤理化性质；环境条件；吸附

---

* 基金项目：国家公益性行业（农业）科研专项（201203098）

** 作者简介：梁兵兵，男，硕士研究生，研究方向：有害生物与环境安全；E-mail：liangbb2121@qq.com

*** 通讯作者：高增贵，男，博士，研究员，主要从事植物病理学和有害生物与环境安全研究工作；E-mail：gaozenggui@sina.com

红脉穗螟驱避剂的开发和利用

吕朝军　　钟宝珠　　孙晓东　　覃伟权

（中国热带农业科学院椰子研究所，文昌　571339）

摘　要：红脉穗螟（*Tirathaba rufivena* Walker）是棕榈科植物的重要害虫，主要以幼虫钻蛀寄主植物幼嫩花苞和嫩果，导致花穗受损、果实脱落，严重影响产量。由于该虫为害具有隐蔽性，目前，生产上主要采用喷施化学农药来防治其为害，不仅会造成环境的污染，而且药剂残留严重为害到人类健康。本研究为有效防治红脉穗螟，减少或降低红脉穗螟防治的负面影响，研制了一种红脉穗螟驱避剂。该驱避剂主要组成为柠檬烯、丁酸芳樟酯、助剂尼泊金甲酯和载体琼脂熔胶熔融而成，其中，各成分的体积份数分别为柠檬烯 2～50 份、丁酸芳樟酯 5～50 份、助剂 1～3 份、载体 10～500 份。采用本方法配置的驱避剂对红脉穗螟的驱避率可达到 83.75%。

关键词：红脉穗螟；驱避活性；驱避率

朱砂叶螨滞育螨对药剂敏感性测定

倪　婧　杨振国　谢道燕　达爱斯　罗雁婕

（云南省农业科学院蚕桑蜜蜂研究所，蒙自　661101）

摘　要： 滞育是节肢动物积极适应生存环境变化的特殊表现，螨类在生存环境发生改变或极端环境下，通过滞育调整自身形态、改变生理生化反应、抑制新陈代谢等生态对策来应对环境变化。在相同饲养条件下，朱砂叶螨随外界季节气候变化表现出一系列滞育特性，本研究为明确朱砂叶螨抗炔螨特品系冬季滞育雌成螨对常用杀螨剂的药剂敏感性，采用玻片浸渍法测定炔螨特与丁醚脲对该害螨滞育雌成螨的室内毒力。结果显示：炔螨特对抗性滞育螨处理后24h 和48h 的LC_{50}分别为225.67mg/L 和178.04mg/L。丁醚脲对抗性滞育螨处理后24h 和48h 的LC_{50}分别为1 125.98mg/L 和872.72mg/L，两种药剂处理后的抗性滞育螨LC_{50}值均高于抗性正常螨和敏感螨的LC_{50}值。炔螨特处理后24h 和48h 时对抗性正常螨的抗性分别是敏感螨的7.58 倍和4.72 倍，对抗性滞育螨的抗性分别是敏感螨的9.55 倍和8.34 倍，是抗性正常螨的1.26 倍和1.77 倍；丁醚脲处理后24h 和48h 时对抗性正常螨的抗性分别是敏感螨的5.73 倍和5.34 倍，对抗性滞育螨的抗性分别是敏感螨的7.28 倍和7.05 倍，是抗性正常螨的1.27 倍和1.32 倍。［结论］朱砂叶螨抗炔螨特品系滞育雌成螨对炔螨特和丁醚脲的敏感性低于抗性正常螨，因此在光照缩短、温度降低等环境条件下防治，需适当提高药剂浓度，且朱砂叶螨抗炔螨特品系对丁醚脲有较高的交互抗性，使丁醚脲防效减弱，田间施用时应根据实际情况提高丁醚脲浓度或使用交互抗性低的药剂进行防治。

关键词： 朱砂叶螨；滞育；炔螨特；丁醚脲

保健食品中有机氯农药残留的考察

孙　亮* 邬国庆 邱　铮 刘　齐 张　蓉**

（北京市药品检验所，北京市保健食品化妆品检测中心，北京　100035）

摘　要： 六六六（HCB）、滴滴涕（DDT）为高效广谱有机氯杀虫剂，曾被广泛使用，其具有化学性质稳定、在自然环境中极难降解，在作物和环境中残留量较高，易于在生物体内蓄积，使人致癌、致畸等众多为害，世界各国已禁止对其使用。而其在保健食品中残留情况却少有报道。本研究采用气相色谱法测定了 2014 年市场上在售的 108 批保健食品中 8 种有机氯农药残留（α-HCB、β-HCB、γ-HCB、δ-HCB、p, p'-DDE、o, p'-DDT、p, p'-DDD 和 p, p'-DDT）。样品经石油醚提取、浓硫酸磺化后，经 HP-1701 弹性石英毛细管柱分离，电子捕获监测器检测。方法检出限 0.2 ~1.2μg/kg。检测结果显示，108 批保健食品中，六六六残留检出 9 批次，检出率为 8.3%，其含量在 3~69μg/kg，均符合各企业标准对六六六农药残留限量的要求。滴滴涕农药残留检出 23 批次，检出率为 21.3%，其含量在 3~133μg/kg，均符合企业标准对滴滴涕药残留限量的要求。滴滴涕的检出率明显高于六六六，以茶叶为基质的保健食品，有机氯农药残留检出率要高于以淀粉为基质保健食品及口服液类保健食品，而含玛咖等新兴原料的保健食品需要持续关注。

关键词： 有机氯农药残留；六六六；滴滴涕

* 作者简介：孙亮，农药学博士；E-mail：chemliang@ 126. com

** 通讯作者：张蓉；E-mail：zhangrong@ bidc. org. cn

杀虫剂对愈纹萤叶甲成虫的生物活性[*]

武海斌[1][**]　耿海荣[2]　宫庆涛[1]　张坤鹏[1]　孙瑞红[1][***]

（1. 山东省果树研究所，泰安　271000；2. 中国农业科学院农产品加工研究所，北京　100193）

摘　要：愈纹萤叶甲［*Galeruca reichardti*（Jacobson）］又名韭萤叶甲、蒜萤叶甲，属鞘翅目叶甲科，是一种严重为害韭菜、葱、洋葱和大蒜的害虫。在我国主要分布在辽宁、内蒙古、甘肃、新疆、河北、山西、山东、四川等省（自治区）（冷德训等，2008）。近年来，随着生产迅速发展和栽培管理模式的改变，在山东肥城一些绿色韭菜、葱、洋葱等蔬菜生产基地集中种植区为害越来越严重，单簇韭菜草上成虫可达 10 余头，虫口密度达 295 头/m²，严重威胁蔬菜生产，已成为韭菜、葱、洋葱等蔬菜生产中的重要害虫。目前，生产上愈纹萤叶甲的防治仍以化学杀虫剂为主，常使用敌敌畏、敌百虫、辛硫磷、毒死蜱等进行防治（李志勇等，1991；冷德训等，2008）。高毒、剧毒杀虫剂的使用，不仅导致其抗药性的产生，还严重影响韭菜的食用品质，甚至出现毒韭菜（王萍等，2011）。另外，由于我国蔬菜种植的规模化程度低，很多蔬菜仍由小农小户在种植，很多农民缺乏对农药的认识，这就使蔬菜中农药残留问题更加突出。随着人们对绿色无公害蔬菜需求的增加，高毒、剧毒农药逐渐面临淘汰。因此，评价和筛选安全、高效的杀虫剂非常必要。本研究采用胃毒触杀联合毒力法测定了 8 种低毒、安全药剂对愈纹萤叶甲成虫的毒力。

材料与方法：愈纹萤叶甲成虫采集于山东肥城乡乐园蔬菜基地。8 种药剂分别为：95% 鱼藤酮原药，95% 氯虫苯甲酰胺原药，95% 噻虫嗪原药，70% 除虫菊素原药，95.5% 氟啶虫胺腈原药，95% 虫酰肼原药，98% 蛇床子素原药，98% 苦参碱原药。采用胃毒触杀联合毒力法（慕卫等，2004）将各供试药剂以丙酮为溶剂溶解并稀释成一定浓度的母液，用 0.1% 的吐温水将母液按等比方法稀释成 5 个浓度梯度备用。将干净滤纸平铺在直径 9cm 培养皿内，在滤纸上定量滴加 1.2mL 药液。将新鲜韭菜叶在不同浓度药液中浸泡 10 s 后取出，在吸水纸上吸去多余药液后置于铺有相同药液处理滤纸的培养皿内，然后挑取整齐、生理状态一致、活泼健康的试虫供试。每皿接入试虫 10 头，每浓度重复 4 次，以 0.1% 的吐温水溶液为对照。药剂稀释与结果检查方法同浸虫法。

结果：胃毒触杀联合法测定结果显示，氟啶虫胺腈对愈纹萤叶甲成虫的毒力最高，其 LC_{50} 值为 67.94mg/L，其他由高到低分别为除虫菊素、氯虫苯甲酰胺、虫酰肼，而噻虫嗪和蛇床子素对愈纹萤叶甲成虫的杀虫活性较低，苦参碱则基本没有杀虫活性。

关键词：愈纹萤叶甲；毒力；成虫；杀虫剂

---

　* 基金项目：国家公益性行业（农业）科研专项（201303027）；山东省农业科学院青年科研基金（2015YQN30）

　** 第一作者：武海斌，男，助理研究员，主要从事害虫综合防治研究；E-mail：jinghaijiangxuan@126.com

　*** 通讯作者：孙瑞红，女，研究员，主要从事害虫综合防治研究；E-mail：srhuihong@126.com

四川高原地区玛咖生产及病虫害绿色防控策略*

叶鹏盛** 曾华兰 韦树谷 刘朝辉 何 炼
蒋秋平 代顺冬 张骞方 李琼英

（四川省农业科学院经济作物育种栽培研究所，成都 610300）

摘 要： 本文介绍了四川高原地区的玛咖生产情况，明确了玛咖引种到四川高原地区种植后，在栽培过程中所发生的猝倒病、根腐病、灰霉病、白粉病、软腐病等主要病害，根蛆、小菜蛾、菜青虫、金针虫、小地老虎、蛴螬、芫菁、草原蝗虫等主要虫害。为保障玛咖生产的优质、高产和健康发展，根据"预防为主、综合防治"的方针，推荐了病虫害绿色防控策略。

关键词： 玛咖；生产状况；病虫害；绿色防控

1 四川高原地区玛咖生产情况

玛咖是十字花科独行菜属草本植物，含有独特的玛咖烯、玛咖酰胺等功能活性成分，以及丰富的营养成分和芥子油苷等次生代谢物质，具有增强体力抗疲劳、增强活力改善性功能等功效。玛咖原产于秘鲁安第斯山脉，中国卫生部 2002 年批准玛咖进入国内，并于 2011 年批准为国家新资源食品，国内云南、四川、新疆和西藏等省均有引种栽培。

四川省甘孜、阿坝、凉山、乐山等部分高海拔地区，日照丰富、昼夜温差大、土地肥沃、且远离污染源，适宜玛咖种植栽培的区域预计超过 30 000 hm²，发展潜力巨大。其中，位于四川省理塘县藏坝乡的玛咖生产基地，处于北纬 29.39°，海拔 3 690m，年平均气温 5.9℃，昼夜温差 30～45℃，年平均日照时数 2 640h，年降水量 720mm，土壤属于高山草甸土，腐殖质积聚丰富，非常适宜优质玛咖的种植生产。2010 年以来，四川省高海拔适宜地区开始引种栽培玛咖，到 2014 年阿坝县、峨边县、红原县、理塘县等地已经成功种植玛咖 600hm²，2015 年将发展到 1 500hm²。玛咖生产的发展，将有助于四川省高寒地区少数民族脱贫致富，引领和满足中高端消费者的营养保健市场需求。

2 玛咖病虫害绿色防控策略

玛咖引种到四川高原地区种植后，在栽培过程中病虫害有所发生，对玛咖生产造成一定影响。主要的病害有猝倒病、根腐病、灰霉病、白粉病、软腐病等，主要的虫害有根蛆、小菜蛾、菜青虫、金针虫、小地老虎、蛴螬、芫菁、草原蝗虫等。

为保障玛咖生产的优质、高产、健康发展，对病虫害应贯彻"预防为主、综合防治"

---

* 基金项目：四川省财政创新能力提升项目（2013XXXK-003）

** 作者简介：叶鹏盛，男，硕士，研究员，主要从事经济作物研究；E-mail：yeps18@163.com

的方针，做好农业防治，重视育苗阶段消毒处理，通过清洁田园等控制和减少越冬虫害和病原等措施，必要时辅助使用高效、低毒、地残留农药。主要防治措施如下。

2.1 农业防治

可与豆类、玉米及麦类作物轮作。整地时可通过翻耕整地、暴晒土壤、清除杂草，以杀灭虫卵。

2.2 种子消毒处理

播前进行种子处理，选取饱满、无病变、光泽度好的种子，用 25～30℃ 温水浸种24h，再用药剂拌种播种。

2.3 物理防控

充分利用害虫的趋性，采取田间悬挂黄板诱杀蚜虫。田间设置利用频振式杀虫灯，诱杀小地老虎、小菜蛾、菜青虫、金针虫、根蛆蝇类等害虫。

2.4 毒饵诱杀

采用毒饵诱杀地老虎，按照敌百虫∶水∶油枯为 1∶5∶60 制成毒饵，每亩用毒饵2kg 在傍晚撒入植株旁。

2.5 人工捕杀

根据地下害虫的日息傍晚觅食的习性，在发现被为害植株的附近地下找到地下害虫并捕杀。

2.6 生物防治

保护和利用瓢虫、蜘蛛、捕食蝽、草蛉、捕食螨、寄生蜂等害虫天敌。

2.7 加强田间管理

做好田间管理工作，雨季应注意排水，避免湿度过大；开展中耕、除草，避免杂草滋生，使土质疏松通气，以增强幼苗抗病力；发现病株及时拔除，集中销毁。

2.8 科学使用高效低毒低残留农药

在病害发生初期，采用恶霉灵、嘧菌酯、甲霜灵·锰锌等药剂，进行灌根或者叶面喷雾防治。在虫害发生时，可用苦参碱、苦皮藤素、印楝素、白僵菌、藜芦碱、噻虫嗪、溴氰虫酰胺等高效、低毒、低残留农药进行喷雾防治。不同类型药剂要交替使用，避免产生抗药性。

绿长突叶蝉绿色防控体系*

周天跃[1***]　　陈刘生　　王少山[***]

（新疆绿洲农业病虫害治理与植保资源利用自治区普通
高校重点实验室/石河子大学农学院，石河子　832003）

摘　要：在对绿长突叶蝉（*Batracomorphus pandarus* Knight）生物学习性及种群动态研究的基础上，组建了绿长突叶蝉绿色防控技术体系。针对不同时期，绿长突叶蝉不同世代、不同虫态，综合采取了栽培管理技术措施（及时修剪，去除虫卵）、物理机械措施（黄板及灯光诱杀成虫）和化学防治（选用环保型杀虫剂，保护天敌），有效控制了绿长突叶蝉的为害。

关键词：绿长突叶蝉；绿色防控

---

　* 基金项目：石河子大学高层次人才计划（RCZX201003）；石河子地区农业重大科研项目（项目编号：2009031）

　** 第一作者：周天跃，男，在读硕士，从事农业昆虫及害虫综合治理研究；E-mail：zhoutianyue@126.com

　*** 通讯作者：王少山，男，副教授，博士，从事农业昆虫及害虫综合治理研究；E-mail：wang_shaoshan@163.com

抗虫抗除草剂转基因水稻的抗虫性评价

朱欢欢* 陈 洋* 沈新兰 赖凤香 傅 强**

（中国水稻研究所，杭州 310006）

摘 要： 随着转基因技术的发展，复合性状转基因作物已经成为转基因作物的新方向，其种植面积逐年上升，2014年占全球转基因作物种植面积的27%。目前复合性状应用最多的即抗除草剂性状和抗虫性状。转基因水稻虽然没有商业化生产，但其研究在我国颇受重视。目前已有不少复合性状的转基因水稻品系研发成功，因此，本研究以转bar基因和cry2A基因水稻W1为材料，采用室内生物测定和田间人工接虫的方法对其进行靶标害虫的抗虫性鉴定，同时对其Cry2A蛋白表达量进行测定，以期评价该转基因水稻对靶标螟虫的抗虫性。研究结果如下。①室内抗虫效果：分蘖期，二化螟的平均死亡率为50.9%，体重抑制率为81.4%；抽穗期，二化螟的平均死亡率为31.3%，体重抑制率为80.6%；黄熟期，二化螟的平均死亡率6.4%，体重抑制率为45.2%。W1分蘖期对二化螟的抗性相对较强。②田间抗虫效果：分蘖期，W1的枯心率为0；抽穗期，W1平均白穗率为4.6%。W1对二化螟田间抗性效果亦以分蘖期为好。③Cry2A蛋白表达量：分蘖期，Cry2A蛋白含量的波动范围为1 655.0～23 933.4ng/g鲜重；抽穗期，Cry2A蛋白含量的波动范围为12 319.8～26 221.8ng/g鲜重。研究结果表明该复合性状的转基因水稻对二化螟具有一定的抗性，且以分蘖期抗性相对较高，但其Bt蛋白的表达波动幅度大，可能是影响其抗性稳定性的重要原因。

关键词： 转基因水稻；Cry2A基因；二化螟；抗虫性；Bt蛋白

---

* 第一作者：朱欢欢，女，硕士研究生；陈洋，女，博士，助理研究员，主要从事转基因水稻安全性评价；E-mail：zhh2014@163.com；chenyang-82@163.com

** 通讯作者：傅强，研究员；E-mail：fuqiang@caas.cn

对花生蛴螬高效低毒药剂的筛选及评价[*]

朱秀蕾[1] 陆秀君[1,2]** 李瑞军[1] 康占海[1] 赵 丹[1] 郭 巍[1]

(1. 河北农业大学植物保护学院，保定 071001；

2. 河北省核桃工程技术研究中心，保定 071001)

摘 要：筛选出对花生蛴螬［华北大黑鳃金龟（*Holotrichia oblita* Faldermann）和暗黑鳃金龟（*Holotrichia parallela* Motschulsky）幼虫］高效低毒药剂，为田间应用提供参考。本研究采用了触杀、胃毒、拌毒土等方法室内试验研究了生产上常用农药对华北大黑鳃金龟和暗黑鳃金龟二龄幼虫的活性。40%辛硫磷乳油、48%毒死蜱乳油对华北大黑鳃金龟和暗黑鳃金龟二龄幼虫72h 的触杀活性 LC_{50} 分别为 2.65mg/L 和 88.60mg/L，1.1mg/L 和 13.44mg/L；72h 胃毒活性 LC_{50} 分别为 5.76mg/L 和 5.46mg/L，9.47mg/L 和 9.73mg/L。拌毒土田间模拟实验结果表明，在推荐浓度下，72h 后，对华北大黑鳃金龟二龄幼虫平均校正死亡率由高到低依次为辛硫磷，扶农丹（3%克百威颗粒剂），5%毒死蜱颗粒剂，10%吡虫啉可湿性粉剂；6 天后，各处理组平均校正死亡率均为100%。在田间用于预防性用药时，各药剂均可以，但考虑到药剂的残留及毒性，吡虫啉，毒死蜱和辛硫磷均可作为扶农丹的替代药剂。

关键词：蛴螬；二龄幼虫；胃毒；触杀；拌毒土

* 基金项目：国家现代农业（花生）产业技术体系（CARS – 14）；河北省"十二五"重点科技支撑计划（14236811D）；河北农大博士基金及教研项目（2012 – B33）

** 通讯作者：陆秀君；E-mail：luxiujun@ hebau. edu. cn；1787421502@ qq. com

3种不同作物叶片表面自由能的研究[*]

高　越[1,2**]　张鹏九[1,2]　史高川[2]　范仁俊[1,2***]

(1. 山西省农业科学院植物保护研究所，太原　030031；

2. 农业有害生物综合治理山西省重点实验室，太原　030031)

摘　要： 针对农药在实际生产中用量大，利用率低的问题，从靶标作物叶片的角度，采用光学视频接触角测量仪，通过研究水、乙二醇、甲酰胺等标准试剂在不结球甘蓝、小白菜、生菜叶片上的接触角，利用 OWRK 法计算出不同作物叶片的表面自由能、色散力分量和极性分量，反映作物叶片对药液的亲疏性能。结果表明，不结球甘蓝叶片近轴面和远轴面表面自由能分别为 $25.33mJ/m^2$ 和 $28.13mJ/m^2$，近轴面色散分量和极性分量分别为 $21.48mN/m$ 和 $3.85mN/m$，远轴面色散分量和极性分量分别为 $21.90mN/m$ 和 $6.23mN/m$，近轴面和远轴面都有较低的表面自由能，且表面自由能是以色散力分量为主导，即含非极性溶剂比例较高的药液更容易在不结球甘蓝叶片表面附着。小白菜叶片近轴面和远轴面表面自由能分别为 $58.59mJ/m^2$ 和 $19.31mJ/m^2$，近轴面色散分量和极性分量分别为 $3.10mN/m$ 和 $55.48mN/m$，远轴面色散分量和极性分量分别为 $4.68mN/m$ 和 $14.63mN/m$，近轴面有较高的表面自由能，而远轴面有较低的表面自由能，近轴面和远轴面的表面自由能是以极性分量为主导，即含极性溶剂比例较高的药液更容易在小白菜叶片表面附着。生菜叶片近轴面和远轴面表面自由能分别为 $36.34mJ/m^2$ 和 $48.49mJ/m^2$，近轴面色散分量和极性分量分别为 $27.63mN/m$ 和 $8.71mN/m$，远轴面色散分量和极性分量分别为 $48.04mN/m$ 和 $0.45mN/m$，近轴面和远轴面都有较高的表面自由能，且表面自由能是以色散力分量为主导，即含非极性溶剂比例较高的药液更容易在生菜叶片表面附着。通过上述试验为提高农药制剂在作物上的科学使用技术提供量化数据支持。

关键词： 作物叶面；接触角；表面自由能；色散力分量；极性分量

---

* 基金项目：公益性行业（农业）科研专项（200903033-07）；山西省科技攻关项目（20100311037）；山西省农业科学院科技自主创新能力提升工程（2015ZZCX—15）

** 作者简介：高越，男，助研，研究方向为农药学；E-mail：gaoyue1207@sina.com

*** 通讯作者：范仁俊，研究员，E-mail：rjfan@163.com

苜蓿及其可传带的 AMV 及 TBRV 的 LAMP 检测方法研究

贾　茜[1,2]　丁小兰[1]　李明福[1]

(1. 中国检验检疫科学研究院，北京　100121；

2. 中国农业大学农学与生物技术学院，北京　100193)

摘　要： 苜蓿是全世界最重要的豆科牧草之一，素有"牧草之王"之美称。苜蓿花叶病毒（*Alfalfa mosaic virus*，AMV）是苜蓿上最常见的病毒，一旦侵染苜蓿并扩散传播，将造成巨大的经济损失；番茄黑环病毒（*Tomato black ring virus*，TBRV)）是我国进境检疫性病毒之一，可以在自然状态下侵染苜蓿，目前，在我国尚未有分布，也未见在苜蓿上的报道。加强风险监控，建立快速有效的苜蓿物种鉴定和健康检测体系对于苜蓿物种资源的保护和利用十分重要。环介导等温扩增技术（loop-mediated isothermal amplification，LAMP）是一种在等温条件下（60～65℃）对靶基因片段特异性扩增的技术，本研究利用该技术，分别建立了苜蓿物种、AMV 和 TBRV 的 LAMP 检测鉴定方法。

选取苜蓿叶绿体基因组中的 *matK* 基因，用在线 LAMP 引物设计软件 Primer Explore 4.0 设计了两组引物，选取了可以较早发生扩增的特异性引物组 K1，进行反应条件优化，从而建立了苜蓿物种的 LAMP 鉴定方法。优化后，该方法的反应温度设定为 62℃，在 45min 内完成鉴定，并且灵敏度比 PCR 法高 10 倍；特异性较好，可有效区分羽扇豆、百脉根、柱花草及红豆草等几种同为豆科的牧草；在实际样品检测中，均可发生扩增，与 PCR 法的检测结果一致，表明建立的 LAMP 检测可应用于苜蓿物种的快速鉴定。

根据 AMV 的外壳蛋白序列设计了 4 组特异性引物，最终选取了可以较早发生扩增的引物组 A4，并设计了一条下游环引物进行后续反应条件的优化，从而建立了 AMV 的 RT-LAMP 检测方法。优化后的反应温度设定为 64℃，45min 完成反应，灵敏度比 RT-PCR 法高 100-1000 倍；特异性强，可有效区分同样可侵染苜蓿的黄瓜花叶病毒（CMV）、烟草线条病毒（TSV）、李属坏死环斑病毒（PNRSV）、菜豆普通花叶病毒（BCMV）和豌豆种传花叶病毒（PSbMV）；对接种在四种鉴别寄主上并且有发病症状的样品进行检测，检测结果均为阳性，与 RT-PCR 法检测结果一致，表明建立的 RT-LAMP 方法可以应用与 AMV 的实际样品检测。

根据 TBRV 的外壳蛋白序列设计了四组特异性引物，最终选取了较早发生扩增的引物组 T1，并设计了一条上游环引物进行后续反应条件的优化。优化后反应温度设定为 64℃，30min 即可完成反应；该检测方法灵敏度比 RT-PCR 法高 10 倍；特异性强，可有效区分同属的南芥菜花叶病毒（ArMV）和烟草环斑病毒（TRSV），以及同样可侵染苜蓿的烟草线条病毒和苜蓿花叶病毒；对接种在鉴别寄主上并且有发病症状的样品进行检测，检测结果均为阳性，与 RT-PCR 法检测结果一致，表明建立的 RT-LAMP 方法可以应用于 TBRV 实际样品的快速检测。

关键词： 苜蓿；环介导等温扩增技术；苜蓿花叶病毒；番茄黑环病毒

Vip3A 蛋白诱导昆虫细胞凋亡 *

姜　昆** 　汪婷婷　袁　宇　陈月华　蔡　峻***

（南开大学微生物学系，分子微生物学与技术教育部重点实验室，天津　300071）

摘　要： 苏云金芽胞杆菌 （*Bacillus thuringiensis*，Bt） 营养期分泌产生的 Vip3A 蛋白与 Bt 芽胞期产生的杀虫晶体蛋白 （insecticidal crystal proteins，ICPs） 没有同源性，尤其他对很多杀虫晶体蛋白不敏感的夜蛾科害虫有特效，因此被誉为第二代杀虫蛋白。随着靶标昆虫对转 ICP 类杀虫蛋白作物和杀虫制剂的抗性的产生，研发新的、安全有效的杀虫蛋白迫在眉睫。目前的研究显示 Vip3 蛋白与 Cry 蛋白无论在作用受体和杀虫模式上都有所不同，从而使其备受关注。但 Vip3A 具体的作用机理尚不明确。

我们研究发现，在离体条件下，纯化的 Vip3A 蛋白能够与 sf9 细胞结合，并有效杀死 sf9 细胞，对 sf9 细胞的半致死浓度为 6.8μg/mL，与国外文献报道基本一致。sf9 细胞用 Vip3A 处理 12h 之后，细胞内有明显的空泡。经 Vip3Aa 蛋白处理的 sf9 细胞 Total DNA 在琼脂糖凝胶中呈现典型的凋亡细胞 DNA 的梯状条带。TUNEL staining，Caspase-1 酶活分析，annexin V/PI 双染后的流式细胞仪检测结果均表明 Vip3Aa 蛋白处理的 sf9 细胞发生了明显的凋亡现象。

关键词： 苏云金芽孢杆菌；Vip3A；sf9 细胞；细胞凋亡

---

　*　基金项目：国家自然科学基金 （No. 31371979）；天津市自然科学基金项目 （No. 15JCYBJC30200）

**　第一作者：姜昆，男，博士生，从事生防微生物与昆虫互作的研究；E-mail：jk471989@163.com

***　通讯作者：蔡峻，教授；E-mail：caijun@nankai.edu.cn

葡萄糖基噻唑啉衍生物的合成与活性研究[*]

孔涵楚[1]** 陈 威[2] 路慧哲[1] 杨 青[2] 董燕红[1] 王道全[1] 张建军[1]***

(1. 中国农业大学理学院应化系，北京 100193；2. 大连理工大学
生命科学与技术学院，大连 116024)

摘 要：β-N-乙酰己糖胺酶在多种生物体中参与糖基代谢过程，具有重要生物学作用，该酶分布广泛且作用功能十分复杂，根据氨基酸序列的相似性分为多个家族，其中，20 家族 β-N-乙酰己糖胺酶因参与几丁质的降解过程是近年来新农药靶标的研究热点。昆虫蜕皮和变态发育是其特有的生理过程，其中，涉及到几丁质的合成和降解，因此，几丁质代谢的相关酶是公认的绿色靶标。而几丁质合成过程非常复杂，目前用作与几丁质合成的抑制剂在体内稳定性差，副作用未知且机理不明，不利于其进一步的研究开发，而几丁质的降解系统相对简单，仅由糖基水解酶中 18 家族几丁质酶和 20 家族 β-N-乙酰己糖胺酶这两种酶构成，目前，针对 18 家族的几丁质酶抑制剂报道较少，且合成难度大，不具有选择性，而前期研究发现，含有糖基噻唑啉结构的化合物 NAG-Thiazoline 可以通过模拟底物水解过渡态来抑制 20 家族 β-N-乙酰己糖胺酶活性，因此，课题组在其母体结构上进行衍生（如图），并研究了其酶抑制活性以及杀虫活性。

在合成过程中，以氨基葡萄糖盐酸盐为原料，通过氨基的保护和去保护得到 1，3，4，6-四-O-乙酰基-2-脱氧-2-氨基-β-D-吡喃葡萄糖盐酸盐，进一步与芳基酰氯反应得到相

---

* 基金项目：国家自然科学基金（No. 20902108）
** 第一作者：孔涵楚，男，博士；E-mail：khc1989@163.com
*** 通讯作者：张建军；E-mail：zhangjianjun@cau.edu.cn

应酰胺。在甲苯为溶剂，80℃条件下与劳森试剂（0.6equiv）反应，将乙酰氨基上羰基硫代并进一步发生分子内关环得到糖基噻唑啉，最后甲醇钠溶液脱除乙酰基保护，酸性树脂中和得到 CAU-A 系列化合物。同时，我们合成了全乙酰化 NAG-Thiazoline，该化合物在四氢呋喃溶液，吡啶/三氟甲磺酸缓冲体系中可直接与碘单质反应并得到单取代产物，进一步以叠氮钠作为叠氮化试剂进行取代反应得到重要中间体 3，4，6-三-O-乙酰基-1，2-二脱氧-2′-叠氮亚甲基-α-D-吡喃葡萄糖基-［2，1-d］-Δ2′-噻唑啉。末端的叠氮基可在甲醇/水（V：V=1：1）混合溶剂中以硫酸铜和抗坏血酸钠催化与相应炔基化合物反应得到 1，2，3-三唑类产物，进一步脱除乙酰基得到 CAU-B 系列化合物。利用上述合成方法共合成 2 个系列 14 个 NAG-Thiazoline 衍生物，目标化合物经过核磁共振波谱、高分辨质谱的确证。

对亚洲玉米螟中负责几丁质降解的 20 家族 β-N-乙酰己糖胺酶 ofHex 酶抑制活性通过使用发色底物 pNP-GlcNAc 进行了测定，标准反应体系（100μL）中，适量的酶与 0.2mM 底物在 30℃孵育，缓冲液为 Britton-Robinson 缓冲液，pH6.0。之后，加入 100μL 0.5M 碳酸钠终止反应。释放的 pNP 通过检测 405nm 吸光值进行定量。葡萄糖基噻唑啉衍生物对于酶的抑制活性通过在上述的反应体系中加入不同浓度的抑制剂进行测定，初筛结果表明，部分抑制剂在 25μM 浓度下表现出较好的酶抑制活性。

对小菜蛾和棉铃虫进行活体杀虫活性的测定，在 600ppm 浓度下通过浸渍法处理叶片，3 天后测定虫体死亡率，初筛结果表明，多数化合物对小菜蛾具有较高的杀虫活性，部分化合物活性高于对照药剂氟铃脲。

关键词：β-N-乙酰己糖胺酶抑制剂；NAG-Thiazoline 衍生物；合成；杀虫活性

一种20%氯虫苯甲酰胺悬浮剂的液相色谱检测方法的研究[*]

刘秦燕^{**}　李　伟　阳仲斌　金晨钟　胡军和^{***}

（湖南人文科技学院农业与生物技术学院，娄底　417000）

摘　要：研究筛选出一种高效液相色谱技术检测20%氯虫苯甲酰胺悬浮剂的最佳方法。方法：首先通过液相色谱检测不同浓度的标准品建立标准曲线（$y=2.9E+8x-1.8E+6$，$R^2=0.9999$），然后通过对5种不同提取剂（甲醇、乙醇、乙腈、苯酮、二氯甲烷）的提取样品液相色谱结果的比较性研究，筛选出其中较好的提取试剂-二氯甲烷，其结果表明，最佳浓度为55%（检出效果为：0.2mg/mL和0.87mg/mL）。建立了一种氯虫苯甲酰胺最佳液相色谱方法（在常规的液相色谱条件下，以55%的二氯甲烷提取），为氯虫苯甲酰胺后续的残留以及消解等方面研究奠定了基础。

关键词：氯虫苯甲酰胺；高效液相色谱；二氯甲烷；标准曲线

---

　*　基金项目：国家自然科学基金资助项目（#31301978）；湖南省教育厅科学研究青年项目（#13B056）；湖南省娄底市科技计划项目；湖南省人文科技学院"英才支持计划"项目；湖南省人文科技学院"高层次人才科研启动基金"项目提供资助

　**　刘秦燕，男，硕士研究生，研究方向：农药残留检测方法的研究

　***　通讯作者：胡军和，博士，副教授，硕士生导师，研究方向：农业与生物技术领域的研究与应用；E-mail：junhe_ hu@126.com

微波辅助提取鬼针草总黄酮工艺研究[*]

谢　晶^{**}　周江铃　金晨钟　谭显胜　刘　秀

（湖南人文科技学院，农田杂草防控技术与应用协同创新中心，娄底　417000）

摘　要：为探索微波辅助提取鬼针草中总黄酮类物质的最佳工艺。采用微波辅助提取鬼针草中的总黄酮类物质，以芦丁作为标准品绘制标准曲线，利用紫外分分光光度计测定样品中总黄酮的吸光度，采用 $L_9(3^4)$ 正交试验法筛选最佳提取工艺。微波辅助提取鬼针草中总黄酮类物质最佳工艺条件为微波功率700W，提取时间10min，30%乙醇，料液比 1：20。

关键词：微波辅助；总黄酮；鬼针草；提取工艺

---

　　* 基金项目：湖南人文科技学院校级青年项目（2013QN02）；湖南人文科技学院产学研合作引导项目（2013CXY04，2014CXY08）；湖南人文科技学院重点学科资助

　　** 第一作者：谢晶，女，讲师，主要研究方向为生物源活性成分提取与利用

以 TCTP 为靶标的新农药筛选模型的初建*

闫 超** 张 静 叶火春 冯 岗***

（中国热带农业科学院环境与植物保护研究所，海口 571101）

摘 要：在新农药的创制研究中，寻找新的先导化合物或骨架结构是未来新型农药研究的方向。为寻找新的先导化合物，并进行有目标的药剂筛选，通过克隆斜纹夜蛾 TCTP 的开放阅读框，在 Bac-to-Bac 表达系统中构建 pDEST10-TCTP 真核表达载体获取重组质粒，并将其转染至粉纹夜蛾卵巢细胞系中，经荧光定量 PCR 初步验证了以 TCTP 为靶标的新农药筛选模型的建立。

经 PCR 扩增出斜纹夜蛾 TCTP 基因的开放阅读框长度为 519bp，通过连接酶连接将目的基因片段 attB1 - TCTP - attB2 亚克隆到入门载体 pDONR221 后经卡那霉素培养基平板筛选阳性克隆，小量提取质粒，再以 pDONR221-TCTP 质粒为模板成功构建 pDEST10-TCTP 表达载体，再将其转化入含穿梭载体 Bacmid 的受体大肠杆菌 DH5α 中，经多重抗性和蓝白斑筛选后，得到杆状重组病毒 Bacmid-TCTP 的 DNA，并在粉纹夜蛾卵巢细胞中进行转染。通过荧光定量 PCR 检测过表达体系粉纹夜蛾卵巢细胞系 High Five 细胞中 TCTP 的表达量，结果发现转染后细胞中的 TCTP 表达量上调，为未转染细胞中表达量的 2.6 倍，说明细胞转染成功，这表明以 TCTP 为靶标的新农药筛选模型已经初步建立成功，为获取有效防治斜纹夜蛾药剂的筛选提供了技术支撑。

关键词：农药；筛选模型；TCTP；斜纹夜蛾

* 基金项目：中央级公益性科研院所基本科研业务费（NO. 2013hzs1J002）

** 作者简介：闫超，女，博士，助理研究员，新农药研制与应用；E-mail：fish0209@ gmail. com

*** 通讯作者：冯岗；E-mail：feng8513@ sina. com

以植物转酮醇酶为靶标的除草活性
物质筛选及其生物活性测定[*]

赵　斌[1,2]　霍静倩[1]　张　哲[1]　时佳妹[1]　张金林[1,2]**　董金皋[2]**

(1. 河北农业大学植物保护学院；

2. 河北农业大学真菌毒素与植物分子病理学实验室，保定　071000)

摘　要：转酮醇酶在植物碳代谢中起着重要作用，在植物光合作用的卡尔文循环中起着核心作用，且各种植物的转酮醇酶蛋白序列和功能都很相似，因而研究转酮醇酶对于提高植物光合效率以及研究新型除草剂均有重要意义。本研究以转酮醇酶为作用靶标利用计算机辅助药物设计技术筛选新型活性化合物并对其进行生物活性测定从而获得较好的除草活性物质。试验首先对模式植物拟南芥的转酮醇酶保守性进行分析，并利用 Modeller 对其蛋白结构进行模拟，利用 Amber 对其结构进行了优化最终获得合理的蛋白构象；试验以该蛋白结构为受体，利用虚拟筛选的方法从 ZINC 商品化数据库中进行筛选，最终获得 10 种结合能低于 $-35KJ/mol$ 的小分子化合物；试验最后对筛选的得到的化合物采用小杯法进行生物活性测定，最终获得 1 种高活性的小分子化合物 ZINC12007063，其对马唐的根长抑制率 IC_{50} 为 2.55mg/L，对反枝苋根长抑制率 IC_{50} 分别为 5.33mg/L，表明该化合物具有很好的植物生长抑制作用。本研究将为除草剂先导化合物的筛选及新型绿色除草剂的开发奠定基础。

关键词：转酮醇酶；除草活性；虚拟筛选

* 基金项目：国家自然科学基金（批准号：No.31171877）资助

** 通讯作者：张金林，男，博士，教授，博士生导师，主要从事天然产物农药研究；E-mail：zhangjinlin@ hebau. edu. cn

董金皋，男，博士，教授，博士生导师，主要从事植物病原真菌毒素研究；E-mail：dongjingao@ 126. com

齐墩果酸肟醚类化合物作为氨基己糖生物合成抑制剂的设计、合成及活性研究[*]

赵汗青[1][**]　张建军[2][***]　梁晓梅[2]　王道全[2]

（1. 北京农学院生物科学与工程学院应用化学系，北京　102206；

2. 中国农业大学理学院应用化学系，北京　100193）

摘　要： 氨基己糖（己糖胺）生物合成途径（HBP）存在于所有的生物群体，其产物氨基葡萄糖-6-磷酸（GlcN-6-P）为几丁质生物合成前体—脲苷二磷酸酯-N-乙酰胺基葡萄糖（UDP-GlcNAc）的生物合成的唯一底物。其产物 N -乙酰氨基葡萄糖-6 磷酸（GlcNAc-6-P）是细菌细胞壁的主要组成部分之一，是细菌中肽聚糖和脂多糖的前体物质，也是真菌、昆虫和甲壳类动物的几丁质的原料。主要受一个限速步骤的控制调节，此步骤的速率是由己糖胺酶（本文用 GlmS 表示）催化决定：D-果糖-6-磷酸 + L-谷氨酰胺→D-葡糖胺-6-磷酸 + L-谷氨酸。具体催化反应过程如下所示：

fructose-6-phosphate　　glucosamine-6-phosphate

此反应是首步、不可逆反应。对真菌和细菌而言，GlmS 的失活或被抑制而导致的 GlcNAc-6-P 的缺失是致命的，而对于哺乳动物却不会致死，其活性因组织而异。由于其所具有的独特安全性和高度选择性，因而以 GlmS 为靶标的抑制剂的探索日益引起人们关注。

齐墩果酸（Oleanolic acid, OA），属五环三萜类天然产物，广泛存在于白花蛇舌草、山楂、丁香、大枣、女贞子等植物中，是治疗黄疸型肝炎和慢性肝炎的常用药物。齐墩果酸及其衍生物还具有护肝、抗炎、抗高血脂及抗肿瘤等多种生物活性。近年来从多种天然产物中发现了许多齐墩果酸的衍生物，其生物活性研究引起了人们的广泛关注。为了获得更为高效的衍生物，对该类化合物的结构进行修饰和化学改造以及作为医药、农药的研究很长时间以来都是国内外许多课题组的前沿课题。2011 年 Shimoga M. V. 等人研究报道了过岗龙酸（entagenic acid, EA）的抑制 GlmS 活性，鉴于 OA 和 EA 的结构特点，我们曾引入农药有效活性基团肟酯结构，设计并合成了一系列齐墩果酸肟酯类化合物（化合物

　＊　基金项目：北京农学院"大北农青年教师科研基金"项目（14ZK008）；国家自然科学基金（No. 20902108）

　＊＊　作者简介：赵汗青，男，博士，讲师，主要从事基于天然产物的新农药创制；E-mail：zhaohanqing@ bua. edu. cn

　＊＊＊　通讯作者：张建军；E-mail：zhangjianjun@ cau. edu. cn

1），并研究了其生物活性。发现部分化合物具有一定的酶抑制活性和杀菌活性。在此基础上，我们用应用范围更广，效果更明显的农药活性基团肟醚结构替代肟酯结构，设计并合成一系列新型齐墩果酸肟醚类化合物（化合物2），通过研究其生物活性，发现先导化合物，比较肟醚和肟酯结构的活性差异，综合分析测定结果和已有研究数据，为该类化合物的结构-活性关系的深入研究和先导结构的优化奠定基础。

在合成过程中，先使齐墩果酸 C-28 羧基分别生成苄酯和甲酯。然后氧化 3-OH，盐酸羟胺作用下制成肟，与对应卤代烷在碱性条件下生成相应肟醚，得到对应目标化合物。所得 36 个化合物均为新化合物，目标化合物结构经核磁共振波谱，MS 确证。

利用蛋白的过表达方法制备白色念珠菌的 GlmS，采用 Elson-Morgan 法测定在 595nm 的吸收度，从而测得 GlcN-6-P 的量，进而测定抑制剂的 GlmS 抑制活性。结果表明部分化合物表现出一定的酶抑制活性。

用苗床立枯病，茄棉疫病，苹果轮纹病，棉花炭疽病，黄瓜灰霉病，棉花枯萎病，梨黑斑病，芦笋茎枯病，番茄叶霉病，苗床猝倒病作为测定菌种，采用菌丝生长速率测定法进行化合物杀菌活性测定。设空白对照并以百菌清和齐墩果酸为药剂对照，测定 3 次重复。初筛实验结果表明部分化合物表现出较好的杀菌活性，整体活性较肟酯类化合物好。带有强吸电子取代基团的活性要略优于给电子取代基团的活性。而 C-28 羧酸的不同基团保护对于活性结果影响不是十分明显，但相比较来看，甲基取代肟醚相对杀菌活性较好。进一步研究正在进行中。

关键词： 己糖胺酶；过岗龙酸；齐墩果酸；肟醚；酶抑制活性，杀菌活性

三种常用杀菌剂对 12 种橡胶炭疽菌的毒力测定[*]

郑肖兰[1][**]　许沛冬[1,2]　李秋洁[1,2]　吴伟怀[1]　郑金龙[1]　习金根[1]

梁艳琼[1]　张驰成[1]　唐　文[1]　贺春萍[1][***]　易克贤[1,3][***]

（1. 中国热带农业科学院环境与植物保护研究所，海口　571101；

2. 海南大学农学院，海口　570228；

3. 中国热带农业科学院热带生物技术研究所，海口　571101）

摘　要： 橡胶树炭疽病是橡胶树上重要的叶部病害之一，主要由胶孢炭疽菌（*Colletotrichum gloeosporioides*）和尖孢炭疽菌（*Colletotrichum acutatum*）侵染造成的。化学药剂防治是防治橡胶炭疽病最有效的方法之一，在生产实践中，防治橡胶炭疽病的化学药剂多为苯并咪唑类、托布津类、取代苯类、有机硫类的杀菌剂，但由于有些地区长期使用同一种农药，容易使得橡胶炭疽菌产生抗药性，增加化学防治的难度。本实验选择生产上常用的 3 种杀菌剂：百菌清（取代苯类）、腈菌唑（三唑类）、甲基硫菌灵（苯并咪唑类），用室内毒力测定法测定这 3 种杀菌剂对橡胶炭疽菌的毒力作用，初步分析各地区的橡胶炭疽菌对这 3 种常用的杀菌剂是否产生抗药性。结果表明腈菌唑对橡胶炭疽菌的防治效果最好，平均 EC_{50} 为 8.94mg/L，平均 EC_{90} 为 147.27mg/L，甲基硫菌灵效果次之，平均 EC_{50} 为 12.83mg/L，平均 EC_{90} 为 199.9367mg/L，百菌清最差，平均 EC_{50} 为 110.18mg/L，平均 EC_{90} 为 193 917.94mg/L。

关键词： 橡胶炭疽菌；杀菌剂；毒力测定；抗药性分析

　* 基金项目：国家自然科学基金（31101408）和中央级公益性科研院所基本科研业务专项（2015hzs1J002）资助

　** 作者简介：郑肖兰，女，副研究员，主要从事植物病理相关研究；E-mail：orchidzh@163.com

　*** 通讯作者：易克贤，男，研究员，主要从事分子抗性育种相关研究；E-mail：yikexian@126.com
　　　　　　　　贺春萍，女，副研究员，主要从事植物病理相关研究；E-mail：hechppp@163.com

伊维菌素和阿维菌素、丁氟螨酯复配对
朱砂叶螨毒力最佳配比的筛选

田　亚* 　赵恒科　卢文才　申光茂　钱　坤　何　林**

（西南大学植物保护学院，重庆　400716）

摘　要：朱砂叶螨是一种重要的农业害螨，是抗药性问题最严重的节肢动物之一，严重为害棉花、玉米等多种作物。在我国分布广泛且难以防治。由于生产上长期持续、不科学大面积使用化学农药防治，造成朱砂叶螨抗性发展迅速，防治效果逐年降低，使得有效的药剂日益短缺，再加上新农药品种研制和生产的投资与风险越来越大，市场开发的周期越来越长，而通过复配可扩大防治谱、降低用药量和生产成本，并在一定程度上减缓有害生物对药剂的抗药性，对环境安全性等方面具有重要的意义。因此，在对常用杀虫杀螨剂进行复配或混配以提高杀螨效果是解决上述问题的最为有效的方法之一。

本研究采用药膜法对伊维菌素、阿维菌素、丁氟螨酯进行朱砂叶螨敏感品系的室内毒力测定，使用共毒因子法评判伊维菌素和其他两种药剂复配的增效作用，通过共毒系数法进行最佳配比筛选，基于配比与共毒系数拟合伊维菌素和阿维菌素，伊维菌素和丁氟螨酯最佳配比的方程。结果显示，伊维菌素、阿维菌素、丁氟螨酯对室内朱砂叶螨敏感品系的LC50分别为7.88mg/L、3.76mg/L、28.74mg/L，共毒因子法表明伊维菌素和阿维菌素、丁氟螨酯复配具有增效作用，在增效区间设置一系列配比，进行最佳配比筛选，其中伊维菌素：阿维菌素＝7：9时，共毒系数（CTC）最高，CTC＝226.02，伊维菌素：丁氟螨酯＝1：1时，共毒系数高达265.66。伊维菌素和阿维菌素复配最佳配比拟合方程为 $Y = -2.8493X^2 + 179.62X - 2626.8$，$R^2 = 0.8402$，理论最佳配比为9：11，CTC＝204.01；伊维菌素和丁氟螨酯复配最佳配比拟合方程为 $Y = -1.3787X^2 + 79.264X - 881.41$，$R^2 = 0.9154$，理论最佳配比为1：1，CTC＝257.77。由以上结果可知理论最佳配比与实际最佳配比增效作用一致，说明最终确定的伊维菌素和阿维菌素、丁氟螨酯最佳配比具有实际可靠性，该结果为伊维菌素和阿维菌素、伊维菌素和丁氟螨酯复配剂开发奠定基础。

关键词：伊维菌素；阿维菌素；丁氟螨酯；最佳配比

---

* 第一作者：田亚，女，硕士研究生，研究方向为农药加工及新剂型研究；E-mail：wotiany@163.com

** 通讯作者：何林，教授，博士生导师；E-mail：helinok@vip.tom.com

纳米多孔二氧化硅控释载体的制备及其性能研究

严 伟* 赵恒科 卢文才 申光茂 肖 伟 钱 坤 何 林**

（西南大学植物保护学院，重庆 400716）

摘 要：常规农药制剂存在有效成分流失严重、持效期短、反复施药造成环境污染等问题，控释技术在农药中的应用能够有效的缓解这一问题，也受到越来越多的关注。本研究以十六烷基三甲基溴化铵（CTAB）为模板，正硅酸乙酯（TEOS）为前驱物，甲醇和水为溶剂，氢氧化钠为催化剂，通过调节醇水比例，制备出不同粒径介孔二氧化硅。采用动态光散射分析仪（DLS）、扫描电镜（SEM）、傅里叶红外光谱仪（FT-IR）、氮气吸附孔径分析比表面积分析仪（TGA-DSC）等对其各项性能指标进行研究，结果表明：介孔二氧化硅颗粒多为分散均匀的空心球，孔径在 2~4nm，属于介孔二氧化硅。醇水比例为 50/50，40/60 及 30/70 时，介孔二氧化硅水合粒径分别为 136nm，97nm 及 77nm，表明随着醇水比例的减少，二氧化硅粒径逐渐减小。本研究得到了粒径均匀且具有孔结构的二氧化硅空心球，为下一步介孔二氧化硅的载药及植物体内吸收传导的研究奠定了基础。

关键词：介孔二氧化硅；农药控释；制备；性能

* 第一作者：严伟，男，硕士研究生，研究方向为农药加工及新剂型研究；E-mail：yl024@vip.qq.com

** 通讯作者：何林，教授，博士生导师；E-mail：helinok@vip.tom.com

淡紫紫孢菌颗粒菌剂配制改进初步探究*

杨　波**　王高峰　肖雪琼　肖炎农***

(湖北省作物病害检测和安全控制重点实验室，华中农业大学

植物科学技术学院，武汉　430070)

摘　要：淡紫紫孢菌（*Purpureocillium lilacinu*）属于子囊菌门粪壳菌纲肉座菌目蛇形虫草科紫孢属，为一种重要的植物病原线虫生防真菌，其对南方根结线虫卵的寄生率可达54% 以上。在我国淡紫紫孢菌颗粒菌剂已被注册用于防治番茄根结线虫病害。然而，淡紫紫孢菌颗粒菌剂在常温条件储存时其活孢子衰减率高，这严重制约了淡紫紫孢菌颗粒菌剂的应用。本研究通过进一步优化淡紫紫孢菌颗粒剂的辅料配方，旨在降低颗粒菌剂中活孢子的衰减率，提高淡紫紫孢菌颗粒菌剂的储存期。结果表明，在常温条件下储存 3 个月后，与初始淡紫紫孢菌颗粒菌剂相比，优化后的淡紫紫孢菌颗粒菌剂中活孢子的衰减率由 88.3% 下降至 11.6%，活孢子含量达到 10^7 cfu/g。本研究为进一步降低淡紫紫孢菌颗粒菌剂的活孢子衰减率，延长储存期奠定了基础。

关键词：淡紫紫孢菌颗粒菌剂；辅料；活孢子衰减率

---

*　基金项目：农业部公益性行业（农业）科研专项"蔬菜产业区根结线虫综合防控技术研究与示范推广"（项目编号：201103018）

**　第一作者：杨波，硕士研究生，从事根结线虫病害生物防控技术研究；E-mail：13163259176@163.com

***　通讯作者：肖炎农，教授，从事分子植物病理学、植物病害生物防治和病原线虫学研究；E-mail：xiaoyannong@mail.hzau.edu.cn

1，2，3－三唑类化合物的设计、合成与抗菌活性研究

王 兴[1]　戴志成[1]　陈永飞[1]　叶永浩[1]*

（南京农业大学植物保护学院，南京　210095）

摘　要：1，2，3－三唑衍生物因其优良抗菌、抗病毒、抗肿瘤、抗血栓等生物活性已成为医药领域的研究热点，但在新农药开发领域的相关研究并不多见。本课题组围绕1，2，3－三唑母核，引入具有活性的苯腙、酰肼、酰腙、肟醚等基团，采用点击化学（click chemistry）方法设计并合成了不同系列具有抗植物病原真菌活性的新型1，2，3－三唑类衍生物，并通过核磁共振、质谱、元素分析和 X 射线单晶衍射等手段对化学结构进行表征。体外活性测试结果表明，1，2，3－三唑苯腙和1，2，3－三唑酰肼系列化合物对重要农业病原菌，如水稻纹枯病菌（*Rhizoctonia solani*）、油菜菌核病菌（*Sclerotinias clerotiorum*）和小麦赤霉病菌（*Fusarium graminearum*）等均有显著的抑制活性，而1，2，3－三唑酰腙和1，2，3－三唑肟醚类化合物相对活性较弱。通过3D－QSAR 模型分析发现 R_1 为邻位卤素取代，R_2 为对位卤素取代可增加化合物抗菌活性有关键作用。如1，2，3－三唑苯腙类的化合物 A－15 对以上四种农业病原真菌的 EC_{50} 值分别为0.18、2.28、1.01μg/ml；1，2，3－三唑酰肼类化合物 B－19 的 EC_{50} 值分别为0.17、0.62、0.37μg/ml。活体防效实验表明，A－15 和 B－19 在浓度为200μg/ml 时，对水稻纹枯病的防效分别为90.1%和92.5%；对油菜菌核病的防效分别为65.4%和82.0%；对小麦赤霉病的防效分别为74.6%和85.6%，与阳性对照井冈霉素和多菌灵相当。研究结果表明1，2，3－三唑类化合物是一种具有开发潜力的新农药先导化合物。

关键词：1，2，3－三唑；抗菌活性；农业病原菌；设计与合成

	A-15	B-19
Rhizoctonia solani	0.18 μg/mL	0.17 μg/mL
Sclerotinia sclerotiorum	2.28 μg/mL	0.62 μg/mL
Fusarium graminearum	1.01 μg/mL	0.37 μg/mL

* 通讯作者：叶永浩，男，教授，主要从事新农药创制工作；E-mail：yeyh@njau.edu.cn